Springer Lehrbuch

U. R. Fölsch · K. Kochsiek · R. F. Schmidt

Pathophysiologie

Mit 269 überwiegend
farbigen Abbildungen
in 347 Einzeldarstellungen
und 121 Tabellen

Springer

PROFESSOR
DR. U. R. FÖLSCH
Klinik für Allgemeine
Innere Medizin
I. Med. Universitätsklinik
Schmitthelmstr. 12
24105 Kiel

PROFESSOR em.
DR. DR. h. c. mult. K. KOCHSIEK
Medizinische Universitätsklinik
Josef-Schneider-Str. 2
97080 Würzburg

PROFESSOR
DR. DR. h. c. ROBERT F. SCHMIDT
Universität Würzburg
Physiologisches Institut
Röntgenring 9
97070 Würzburg

ISBN 978-3-642-63004-0

Die Deutsche Bibliothek –
CIP-Einheitsaufnahme
Pathophysiologie / Hrsg.: U. R. Fölsch . . . .
– Berlin ; Heidelberg ; New York ;
Barcelona ; Hongkong ; London ; Mailand ;
Paris ; Singapur ; Tokio : Springer, 2000
(Springer-Lehrbuch)
ISBN 978-3-642-63004-0
ISBN 978-3-642-57115-2 (eBook)
DOI 10.1007/978-3-642-57115-2

Ursprunglich erschienen bei Springer-Verlag Berlin Heidelberg New York in 2000
Softcover reprint of the hardcover 1st edition 2000

Umschlaggestaltung: de'blik, Berlin
Umschlagabbildung: de'blik Berlin, mit freundlicher Unterstützung der St.-Hedwig-Kliniken in Berlin.
Herstellung: Margot Weichhold
Zeichnungen: A. Nehren, Mannheim
Satz, Druck und Bindearbeiten: Appl, Wemding

Gedruckt auf säurefreiem Papier.
SPIN 10542402 15/3135/We-5 4 3 2 1 0

Vorwort

Pathophysiologie und Pathobiochemie sind die „Hohe Schule" der Medizin. Natürlich sind wir noch weit davon entfernt, alle Krankheiten und hier vor allem die funktionellen Störungen pathophysiologisch und pathobiochemisch erklären zu können; aber unsere Kenntnisse dieser wichtigen Grundlagen der Krankheitslehre nehmen ständig zu. Diagnostik und Therapie werden dadurch nicht nur erweitert, sondern oftmals erst auf ein rationales Fundament gestellt. Vielfach bildet die Kenntnis der pathophysiologischen Grundlagen einer Krankheit ein exemplarisches Beispiel für die Ursachen zahlreicher anderer Krankheitsgruppen. Pathophysiologie hat also auch immer einen erkenntnistheoretischen Hintergrund.

In diesem Buch ist durch eine enge Zusammenarbeit von Klinikern und Physiologen der derzeitige Stand unseres Wissens der pathophysiologischen Grundlagen und Ursachen von Krankheiten dargestellt. Wir halten eine solche integrierende Darstellung für notwendig und berechtigt, da als Folge des derzeitigen Prüfungssystems, das im wesentlichen auf Faktenwissen aufbaut, die pathophysiologischen Zusammenhänge von Krankheiten kaum noch gelehrt werden, so daß das Bewußtsein der pathophysiologischen Verbindungen unterschiedlicher Organkrankheiten in zunehmendem Maße unbekannt bleibt. Das Buch soll diese Lücke ausfüllen und spricht damit Studenten sowie klinisch und theoretisch tätige Ärzte gleichermaßen an. Da einer der Herausgeber (R. F. S.) ein seit Jahrzehnten besonders erfolgreiches Lehrbuch der Physiologie mitherausgibt, sind die bewährten didaktischen Hilfen dieses Werkes auf unser Buch übertragen worden. Das Lehrbuch der Pathophysiologie kann als klinische Fortsetzung des Lehrbuchs der Physiologie von Schmidt/Thews/Lang (28. Aufl. 2000 in diesem Verlag) betrachtet werden. Die Orientierung wird dadurch ganz wesentlich erleichtert.

Ein Lehrbuch lebt nicht nur von den Autoren und den Herausgebern, ebenso wichtig ist die konstruktive Kritik der Leser. Wir hoffen darum auf eine lebhafte Resonanz unserer Leserschaft als unerläßliche Rückkopplung für unsere weitere Arbeit.

Dem Springer-Verlag in Heidelberg sind Autoren wie Herausgeber für die großzügige Unterstützung in allen Stadien der Entstehung dieses Buches und für seine ausgezeichnete Ausstattung zu großem Dank verpflichtet. Frau A. C. Repnow mit ihren Mitarbeiterinnen hat das Werk in allen seinen Stadien kompetent und effizient begleitet, und Frau M. Weichhold ist für die zügige und sorgfältige Herstellung zu danken. Für die eindrucksvolle grafische Gestaltung der von den Autoren zur Verfügung gestellten Abbildungsvorlagen schulden wir Herrn Ambrosius Nehren, Mannheim, ebenfalls großen Dank.

Kiel und Würzburg im März 2000

U. R. Fölsch
K. Kochsiek
R. F. Schmidt

Zur Didaktik

Das vorliegende Buch stellt die für die Pathophysiologie wichtige Fakten kurz und übersichtlich dar. Die folgenden Symbole sollen den Lesern zur besseren Orientierung dienen und das Lernen erleichtern.

... Einleitung

! Merksatz

Inhalt

Mitarbeiterverzeichnis

Dr. T. Arendt
I. Medizinische Universitätsklinik
Klinik für Allgemeine Innere Medizin
Schittenhelmstr. 12
24105 Kiel

Dr. P. Barthel
I. Medizinische Klinik
Klinikum rechts der Isar
Ismaninger Straße 22
81675 München

Dr. H. Beck
Universitätsklinik für Epileptologie
Sigmund-Freud-Str. 25
53127 Bonn

Prof. Dr. H. Beckmann
Psychiatrische Klinik und Poliklinik
Universitäts-Nervenklinik
Füchsleinstr. 15
97080 Würzburg

Prof. Dr. H. D. Bruhn
I. Medizinische Universitätsklinik
Klinik für Allgemeine Innere Medizin
Schittenhelmstr. 12
24105 Kiel

Prof. Dr. G. R. Burmester
Universitätsklinikum Charité
Campus Mitte
Medizinische Klinik mit Schwerpunkt
Rheumatologie und Klinische Immunologie
10098 Berlin

PD Dr. F. Buttgereit
Universitätsklinikum Charité
Campus Mitte
Medizinische Klinik mit Schwerpunkt
Rheumatologie und Klinische Immunologie
10098 Berlin

Prof. Dr. W. F. Caspary
Medizinische Klinik II
Universitätsklinikum Frankfurt
Theodor-Stern-Kai 7
60590 Frankfurt/Main

Prof. Dr. V. Diehl
Klinik I für Innere Medizin
der Universität zu Köln
Joseph-Steltzmann-Str. 9
50924 Köln

Dr. C. Dodt
Medizinische Universität zu Lübeck
Medizinische Klinik I
Ratzeburger Allee 160
23538 Lübeck

Dr. T. Dörner
Universitätsklinikum Charité
Medizinische Klinik mit Schwerpunkt
Rheumatologie und Klinische Immunologie
10098 Berlin

Prof. Dr. C. E. Elger
Universitätsklinik für Epileptologie
Sigmund-Freud-Str. 25
53127 Bonn

PD Dr. A. Engert
Klinik I für Innere Medizin
der Universität zu Köln
Joseph-Steltzmann-Str. 9
50924 Köln

Prof. Dr. G. Ertl
Medizinische Universitätsklinik
Josef-Schneider-Str. 2
97080 Würzburg

Prof. Dr. H. L. Fehm
Medizinische Universität zu Lübeck
Medizinische Klinik I
Ratzeburger Allee 160
23538 Lübeck

Prof. Dr. U. R. Fölsch
I. Medizinische Universitätsklinik
Klinik für Allgemeine Innere Medizin
Schittenhelmstr. 12
24105 Kiel

Prof. Dr. P. R. Galle
I. Medizinische Klinik und Poliklinik
Langenbeckstr. 1
55101 Mainz

PD Dr. B. S. Gathof
Transfusionsmedizin
Universitätsklinik Köln
Joseph-Stelzmann-Str. 9
50924 Köln

Dr. P. Geisler
Schlafmedizinisches Zentrum
Fachklinik für Psychiatrie
und Neurologie
Bezirkskrankenhaus
Universitätsstr. 84
93042 Regensburg

Dr. P. R. Grahmann
Klinkum der
Friedrich-Schiller-Universität Jena
Klinik für Innere Medizin IV
Pneumologie
07740 Jena

Dr. C. Grupp
Georg-August-Universität
Zentrum Innere Medizin
Robert-Koch-Str. 40
37075 Göttingen

Dr. S. Hahn
Medizinische Universitätsklinik
Knappschaftskrankenhaus
In der Schornau 23–25
44892 Bochum

Prof. emerit. Dr. H. Heimpel
Abt. Innere Medizin III
Medizinische Universitätsklnik
Robert-Koch-Str. 8
89081 Ulm

Prof. Dr. V. Henn †
Universitätsspital Zürich
Neurologische Klinik und Poliklinik
Rämistr. 100
CH-8091 Zürich
Schweiz

Dr. M. Herzum
Klinikum der Philipps-Universität
Marburg
Abt. Innere Medizin/Kardiologie
Baldingerstraße 1
35043 Marburg

Prof. Dr. H. Höhn
Institut für Humangenetik
Biozentrum
Am Hubland
97074 Würzburg

Prof. Dr. Dr. W. H. Hörl
Universitätsklinik für Innere Medizin III
Klinische Abteilung für Nephrologie
und Dialyse
Währinger Gürtel 18–20
A-1090 Wien
Österreich

Dr. K. Hübel
Klinik I für Innere Medizin
der Universität zu Köln
Joseph-Steltzmann-Str. 9
50924 Köln

Dr. G. Hufnagel
Klinikum der Philipps-Universität
Marburg
Abt. Innere Medizin/Kardiologie
Baldingerstraße 1
35043 Marburg

Prof. Dr. W. Jänig
Physiologisches Institut der Universität
Olshausenstr. 40–60
24118 Kiel

DR. S. KATSOULIS
I. Medizinische Universitätsklinik
Klinik für Allgemeine Innere Medizin
Schittenhelmstr. 12
24105 Kiel

PROF.(EM.) DR.DR.H.C.MULT.
K. KOCHSIEK
ehem. Direktor der Medizinischen
Universitätsklinik
Josef-Schneider-Str. 2
97080 Würzburg

PROF. DR. DR. C. KROEGEL
Klinkum der
Friedrich-Schiller-Universität Jena
Klinik für Innere Medizin IV
Pneumologie
07740 Jena

PROF. DR. W. KUSCHINSKY
I. Physiologisches Institut
Im Neuenheimer Feld 326
69120 Heidelberg

PROF. DR. M. M. LERCH
Medizinische Klinik B
Westfälische Wilhelms-Universität
Albert-Schweitzer-Str. 33
48129 Münster

PROF. DR. B. MAISCH
Klinikum der Philipps-Universität
Marburg
Abt. Innere Medizin/Kardiologie
Baldingerstraße 1
35043 Marburg

DR. MOHORN
Klinkum der
Friedrich-Schiller-Universität Jena
Klinik für Innere Medizin IV
Pneumologie
07740 Jena

PROF. DR. G. A. MÜLLER
Georg-August-Universität
Zentrum Innere Medizin
Abt. Nephrologie und Rheumatologie
Robert-Koch-Str. 40
37075 Göttingen

DR. M. MÜLLER-SCHILLING
Klinik für innere Medizin IV
Medizinische Klinik
Bergheimerstr. 58
69115 Heidelberg

PD DR. W. NACIMIENTO
Neurologische Klinik
Rheinisch-Westfälische Technische
Hochschule Aachen
Pauwelsstr. 30
52057 Aachen

PROF. DR. M. A. NAUCK
Diabeteszentrum Bad Lauterberg
Kirchberg 21
37431 Bad Lauterberg

PROF. DR. J. NOTH
Neurologische Klinik
Rheinisch-Westfälische Technische
Hochschule Aachen
Pauwelsstr. 30
52057 Aachen

PROF. DR. T. PHILIPP
Medizinische Klinik und Poliklinik
Universitätsklinikum Essen
Abt. f. Nieren- u. Hochdruckkrankheiten
Hufelandstraße 55
45147 Essen

PD DR. A. RAGHAVACHAR
Abteilung für Hämatologie u. Onkologie
Medizinische Klinik II
Klinikum Wuppertal GmbH
Heusnerstr. 40
42283 Wuppertal

PROF. DR. R. RÜDEL
Universität Ulm
Abt. Allgemeine Physiologie
Albert-Einstein-Allee 11
89081 Ulm

PROF. DR. H.-G. SCHAIBLE
Friedrich-Schiller-Universität Jena
Institut für Physiologie
Teichgraben 8
07743 Jena

PROF. DR. G. SCHMIDT
I. Medizinische Klinik
Klinikum rechts der Isar
Ismaninger Straße 22
81675 München

PROF. DR. R. E. SCHMIDT
Medizinische Hochschule Hannover
Abteilung Klinische Immunologie
Carl-Neuberg-Str. 1
30625 Hannover

PROF. DR. DR. H. C. R. F. SCHMIDT
Physiologisches Institut der Universität
Röntgenring 9
97070 Würzburg

PROF. DR. W. E. SCHMIDT
Medizinische Klinik I
Klinikum der Ruhr-Universität Bochum
St.Joseph-Hospital
Gudrunstr. 56
44791 Bochum

PROF. DR. W. SCHMIEGEL
Medizinische Universitätsklinik
Knappschaftskrankenhaus
In der Schornau 23–25
44892 Bochum

DR. A. SCHOTTELIUS
Abteilung Experimentelle Dermatologie
Schering AG
Müllerstr. 178
13353 Berlin

PROF. DR. S. SCHREIBER
I. Medizinische Universitätsklinik
Klinik für Allgemeine Innere Medizin
Schittenhelmstr. 12
24105 Kiel

PROF. DR. U. WALTER
Medizinische Universitätsklinik
Institut für Klinische Biochemie
und Pathobiochemie
Josef-Schneider-Str. 2
97080 Würzburg

PD DR. T. WEHRMANN
Medizinische Klinik II
Universitätsklinikum Frankfurt
Theodor-Stern-Kai 7
60590 Frankfurt/Main

PROF. DR. K. WERDAN
Klinikum Kröllwitz
Martin-Luther-Universität
Ernst-Grube-Straße 40
06120 Halle/Saale

PROF. DR. E. WINDLER
I. Med. Universitätsklinik
Universitätskrankenhaus Eppendorf
Martinistraße 22
20251 Hamburg

PROF. DR. R. ZIEGLER
Medizinische Universitätsklinik
Abteilung Innere Medizin I
(Endokrinologie und Stoffwechsel)
Bergheimer Straße 58
69115 Heidelberg

PD DR. J. ZULLEY
Schlafmedizinisches Zentrum
Fachklinik für Psychiatrie
und Neurologie
Bezirkskrankenhaus
Universitätsstr. 84
93042 Regensburg

1 Humangenetische Grundlagen der Pathophysiologie

H. Höhn

EINLEITUNG Abbildung 1.1 zeigt den Stammbaum einer Familie, in der mehrere Mitglieder auf Grund verschiedener Gendefekte erkrankt sind oder ein erhöhtes Krankheitsrisiko haben. Drei Tage nach einer Gallenblasenoperation bekam die 42jährige Mutter von drei Kindern (Stammbaumsymbol II-5) starke Schmerzen in der Brust, Schweißausbrüche und zunehmende Atemnot. Die Thoraxübersichtsaufnahme bestätigte den Verdacht auf eine Lungenembolie. Seit ihrer dritten Schwangerschaft leidet die Patientin an Krampfadern und intermittierenden Schmerzen im Wadenbereich des linken Unterschenkels. Die molekulare Untersuchung ergab, daß die Patientin Trägerin der Faktor-V-Leiden-Mutation ist, die das Risiko von thrombo-embolischen Komplikationen in der Folge von operativen Eingriffen deutlich erhöht. Als der 45jährige Ehepartner (II-4) von der lebensbedrohlichen Situation seiner Frau informiert wird, erleidet er einen Herzinfarkt. Bei der Abklärung der Ursachen des Herzinfarktes findet man einen stark erhöhten Cholesterinwert von 380 mg/dl. Da bereits sein Vater (I-3) und sein Onkel (I-2) an einer KHK verstorben sind, wird eine Mutationsanalyse im LDL-Rezeptorgen durchgeführt. Es findet sich die Mutation R329X, welche die Aufnahme von LDL-Cholesterin in die Leberzelle blockiert. Von den drei Kindern des Paares zeigen zwei (III-4 und III-5) ebenfalls erhöhte Cholesterinwerte. Wie ihrem Vater wird den Kindern eine fettarme Ernährung und die Einnahme von Levostatin zur Senkung des Cholesterinspiegels nahegelegt. Die 22jährige Tochter (III-3) ist wie ihre Mutter Trägerin der Faktor-V-Leiden-Mutation. Wegen Nikotinabusus und hormoneller Kontrazeption trägt sie ein zusätzliches Risiko für thromboembolische Komplikationen.

1.1 Vom Gen zur Krankheit

Es gibt nur relativ wenige Gene, die sich in scheinbarer Unabhängigkeit von Umweltbedingungen manifestieren. Man spricht dann von Genen mit hoher oder 100 %iger Penetranz. Wenn man z. B. eine bestimmte Mutation in der Transmembran-Domäne des FGFR3-Gens erbt, so wird man mit an Sicherheit grenzender Wahrscheinlichkeit kleinwüchsig (***Achondroplasie***), unabhängig davon, wie gut oder wie schlecht die prä- und postnatale Ernährung und die frühkindliche Förderung war. Sehr viel häufiger sind jedoch Krankheitsgene mit ***variabler Penetranz***, deren Manifestation relativ stark durch Umweltbedingungen modifiziert wird. Zum Beispiel erkranken nur etwa 70 % der Trägerinnen für eine (dominante) Mutation im ***BRCA1-Gen*** zeitlebens wirklich an Brustkrebs. Genauso entwickeln weniger als 50 % der Menschen, die homozygot für das Risiko-Gen APOE-4 sind, den ***Morbus Alzheimer***. Diese Gene haben demnach eine niedrige Penetranz. Letztlich gibt es eine Reihe von Genen, die sich überhaupt nur unter extremen Umweltbedingungen manifestieren. Dies sind in der Regel seltene Gene, deren Kenntnis jedoch für Arzt und Patient gleichermaßen wichtig ist (vgl. Tabelle 1.1).

Familiäre Häufung und frühes Manifestationsalter sprechen für genetische Ursachen einer Erkrankung

Neben den klassischen, seltenen Erbkrankheiten haben auch die meisten der häufigen Erkrankungen des Menschen (z. B. Diabetes mellitus, Asthma bronchiale, Schizophrenie) eine mehr oder weniger starke geneti-

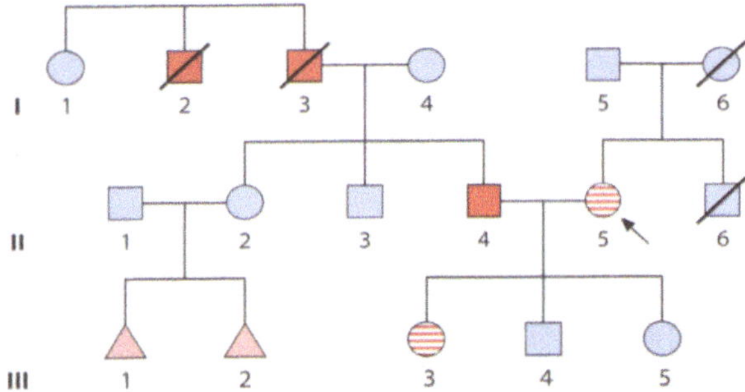

Abb. 1.1. Stammbaum einer Familie mit genetisch bedingten Erkrankungen und Krankheitsdispositionen. Bereits verstorbene Familienmitglieder sind mit einem Schrägstrich durch das Stammbaumsymbol gekennzeichnet. Zwei Schwangerschaften von II-2 endeten spontan vor der 14. Woche und könnten durch eine Chromosomentranslokation bei einem Elternteil bedingt sein. Siehe Fallgeschichte zur weiteren Erläuterung des Stammbaums

Tabelle 1.1. Genetisch bedingte Krankheitsdispositionen, die sich nur unter bestimmten Umweltbedingungen manifestieren

Gen/Mutation	Situation	Krankheit
Faktor-V-Leiden	Immobilisierung	Lungenembolie
Faktor-IX-Mutation	Markumar-Behandlung	massive Blutungen
Ryanodin-Rezeptor	Halothan-Narkose	maligne Hyperthermie
BCE	Succinylcholin-Narkose	postoperative Probleme
Glukose-6-PD	Medikamente	hämolytische Anämie
ATM, NBS	ionisierende Strahlen	Leukämie, Tumoren
PBGD	Barbiturate etc.	Porphyrie

BCE (Butyrylcholinesterase); *Glukose-6-PD* (Glukose-6-Phosphat-Dehydrogenase); *ATM* (Ataxia-telangiectasia-Gen); *NBS* (Nijmegen-Breakage-Syndrom-Gen); *PBGD* (Porphobilinogen-Desaminase-Gen)

sche Komponente. Die überwiegend erbliche Form einer Erkrankung unterscheidet sich von der sporadischen Form durch ihr ***früheres Manifestationsalter*** und ihr familiäres Vorkommen. Wenn Menschen im Alter von unter 50 Jahren an koronarer Herzerkrankung, an Morbus Alzheimer oder an Brust-, Ovarial-, oder Dickdarmkrebs erkranken, muß man an die Möglichkeit einer erblichen Form der Erkrankung denken.

Durch alternative Spleißvorgänge und RNA-Editing können aus ein und demselben Gen unterschiedliche Genprodukte (Proteine) und Phänotypen (Krankheiten) entstehen

Das genetische Dogma „ein Gen – ein Polypeptid – ein Phänotyp" gilt heute nicht mehr uneingeschränkt Wir haben gelernt, daß die Beziehung zwischen Genotyp und Phänotyp viel weniger zwangsläufig ist. Beispielsweise können durch ***differentielles Spleißen*** des primären Transkripts aus ein und demselben Gen sehr unterschiedliche Peptide entstehen [1]. Ebenso kann die genetische Information auf der mRNA-Ebene durch ***RNA-Editing*** zusätzlich verändert werden [1]. Sowohl differentielles Spleißen als auch RNA-Editing erfolgen in Abhängigkeit von Zelltyp und Zellmetabolismus, sind also auf Grund der reinen DNA-Sequenz nicht vorhersagbar. Die Realisation genetischer Information vom Genotyp zum Phänotyp geschieht daher über eine komplexe Zwischenstufe, welche als ***„Ribotyp"*** bezeichnet wird [2]. Der Ribotyp beinhaltet die Gesamtheit der prozessierten und modifizierten RNA, die das Ausgangsmaterial für die Proteinbiosynthese darstellt (Abb. 1.2). Zusätzlich kann ein Genprodukt nach der Translation z. B. durch Glykosierung modifiziert werden.

Sequenzmotive auf DNA-Ebene und Domainen-Strukturen auf Proteinebene erlauben Rückschlüsse auf Funktionen eines Gens bzw. eines Genproduktes

Aufgrund der reinen DNA-Sequenz sind nur begrenzte Aussagen über die Funktion eines Genproduktes möglich. Aussagekräftiger ist die Erkennung von bestimmten Sequenz-Motiven als Hinweis auf eine mögliche Funktion (z. B. DNA-Bindungsstellen für Transkriptionsfaktoren). Auf der Proteinebene sind es z. T. hochkonservierte Domainen-Strukturen die auf eine bestimmte Funktion eines Proteins hinweisen (z. B. Zink-Finger als DNA-Bindungsdomaine oder Leuzin-Zipper als Protein-Protein-Interaktionsdomaine) [3].

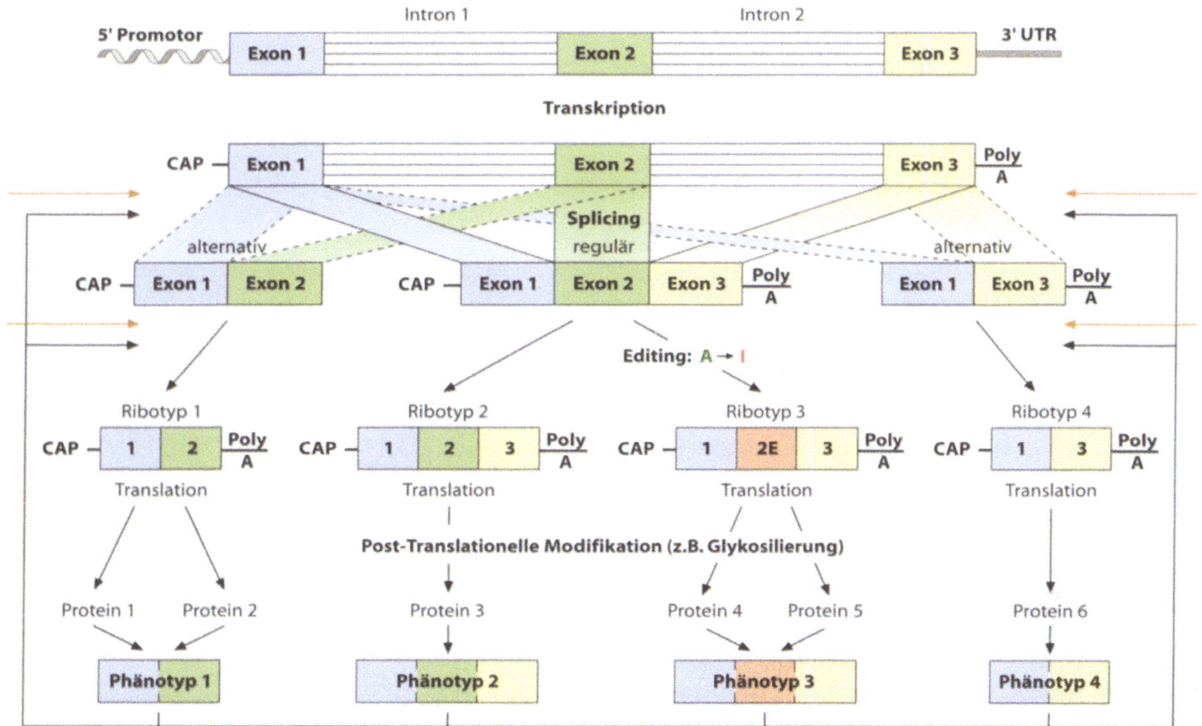

Abb. 1.2. Vom Genotyp zum Phänotyp: Ebenen der Realisation genetischer Information. Aus einem Prototyp-Gen mit 3 Exons und 2 Introns entsteht das primäre Transkript (hnRNA). Durch den Spleißvorgang werden die Introns aus dem primären Transkript entfernt. Je nach Zelltyp kann der Spleißvorgang unterschiedliche Abschnitte des Transkriptes betreffen. Beim alternativen Spleißen entstehen somit mRNAs mit unterschiedlicher Repräsentation der ursprünglichen genetischen Information (z. B. Verlust von Exons). Durch RNA-Editing (Deaminierung von Adenosin nach Inosin) entsteht ein neues, in der ursprünglichen DNA-Sequenz nicht vorhandenes Kodewort in der mRNA. Der resultierende Ribotyp (die reife mRNA) kann also je nach Spleißvariante und Editing in seinem Informationsgehalt vom ursprünglichen Genotyp sehr unterschiedlich sein. Nach der Translation können die Genprodukte weiter verändert werden (z. B. durch Glykosilierung oder Phosphorylierung). Dies führt zu einer zusätzlichen Variabilität der resultierenden Proteine (z. B. sind phosphorylierte Proteine oft aktiv, nichtphosphorylierte Proteine inaktiv). Im vorliegenden Modellbeispiel entstehen also letztlich aus dem ursprünglichen Gen vier unterschiedliche (zelluläre) Phänotypen, die auf Grund der primären DNA-Sequenz („Genotyp") nicht mit Sicherheit vorhergesagt werden können. Die verschiedenen Proteine bzw. Phänotypen *(schwarze Pfeile)* beeinflussen im Verbund mit Umweltfaktoren *(braune Pfeile)* ihre eigenen Spleißvorgänge und das RNA-Editing („Autopoiese"). Die Expression genetischer Information ist somit ein komplexer und dynamischer Vorgang, der auf verschiedenen Ebenen durch das Zusammenspiel von Feed-back-Schleifen, d. h. autopoietisch, sowie durch Umweltfaktoren gesteuert und modifiziert wird [2]

> Unter Imprinting versteht man die unterschiedliche Prägung der genetischen Information in der mütterlichen und väterlichen Keimbahn

Als molekulares Substrat des Imprinting wird eine ***differentielle Methylierung*** mütterlicher und väterlicher Allele angenommen, die zu einer unterschiedlichen Expression während der Ontogenese führt. Auf dem menschlichen Chromsom Nr. 11 wird z. B. das H19-Gen nur vom mütterlichen Chromosom, das IGF2-Gen hingegen nur vom väterlichen Chromosom exprimiert [1]. Die Expression des WT1-Gens hängt zusätzlich vom Zelltyp ab: In der Plazenta und in der Niere werden nur mütterliche Allele exprimiert, in der Niere erfolgt die normale biallele Expression. Das ***Prader-Willi-Syndrom*** (Muskelhypotonie, Hypogonadismus, geistige Retardierung, Adipositas) ensteht in 75 % der Fälle durch eine Deletion des väterlichen Chromosoms Nr. 15 im Bereich 15q12 [3], in 20 % der Fälle durch maternale uniparentale Disomie, also die Vererbung von *beiden* mütterlichen Chromosomen Nr. 15 und keiner väterlichen Kopie dieses Chromosoms. In 2 % der Fälle wird das Syndrom durch eine fehlerhafte Prägung bei strukturell intakten Chromsomen Nr. 15 verursacht. Genauso entsteht das ***Angelman-Syndrom*** (schwere geistige Behinderung, Minderwuchs, Lachanfälle) in 75 % der Fälle durch Deletion der Region 15q12 auf dem mütterlichen Chromosom Nr. 15, in 3 % der Fälle durch paternale uniparentale Disomie, in 5 % der Fälle durch eine fehlerhafte Prägung und in 15 % der Fälle aus noch unbekannten Gründen durch Versagen der Expression des mütterlichen Allels [3].

Das gleiche Krankheitsbild kann durch Mutationen in ganz unterschiedlichen Genen ausgelöst werden

Genetische Heterogenität. Die Korrelation zwischen Genotyp und Phänotyp wird zusätzlich durch das Phänomen der genetischen Heterogenität kompliziert. Dies bedeutet, daß ein bestimmter klinischer Phänotyp (z. B. die Augenerkrankung Retinitis pigmentosa) durch Mutationen in einer Vielzahl von ganz unterschiedlichen Genen bedingt sein kann. Auf molekularer Ebene müssen die Produkte dieser Gene entweder als Protein-Komplex oder als Protein-Kaskade an der Sicherstellung der jeweiligen Zell-und Organfunktion beteiligt sein. Es ist dann letztlich egal, welcher Teil des Komplexes oder der Kaskade durch eine Mutation seine Funktion verliert.

Mutationen sind quantitative oder qualitative Veränderungen der genetischen Information

Stammesgeschichtlich waren Mutationen die Voraussetzung für Evolution durch Selektion [4]. Man spricht von ***konstitutionellen Mutationen***, wenn alle Zellen eines Organismus die genetische Veränderung tragen. Solche Mutationen sind bereits in der befruchteten Eizelle (Zygote) vorhanden. Sie entstehen in den Keimzellen eines Elternteils, können jedoch auch bereits bei einem Elternteil konstitutionell vorhanden sein und werden dann zwangsläufig durch die Keimbahn weitergegeben. Im Gegensatz zu konstitutionellen Mutationen entstehen ***somatische Mutationen*** erst jenseits der Zygote und sind daher nicht in allen Körperzellen vorhanden [4].

! Der Mensch ist das Produkt eines komplexen Zusammenspiels einer Vielzahl von Genen und Umwelteinflüssen. Dieses Zusammenspiel führt zu Leistungsstärken auf einigen Gebieten und zu Leistungsschwächen auf anderen. Das Konzept des in allen seinen genetischen Anlagen perfekten und leistungsstarken Menschen entspricht nicht der biologischen Wirklichkeit. Jeder Mensch trägt eine Reihe von Mutationen in seinem Genom, die eine potentielle Krankheitsgefährdung bedeuten. Ohne Mutationen gäbe es weder Erbkrankheiten noch Krebserkrankungen, aber auch keine höherentwickelten Organismen. Lebenserwartung und Lebensqualität der meisten Menschen hängen stärker von Umweltbedingungen ab als von der genetischen Konstitution. Der durch Mendel und die Watson-Crick-Ära geprägte genetische Determinismus wird aufgrund neuer molekularbiologischer Erkenntnisse durch ein dynamisches und umweltabhängiges Genkonzept abgelöst.

1.2 Chromosomenmutationen und ihre Auswirkungen

Bis auf wenige Ausnahmen haben die somatischen Zellen des Menschen 46 Chromosomen, sind also diploid, während die reifen Keimzellen mit 23 Chromosomen haploid sind. Im Lichtmikroskop zeigen die menschlichen Chromosomen nach bestimmten Vorbehandlungen ein charakteristisches Bandenmuster, das ihre Identifizierung und die Kartierung von einzelnen Genen durch In-situ-Hybridisierung gestattet (Abb. 1.3). Konstitutionelle Triploidie und Tetraploidie führen zu schweren Entwicklungsstörungen und spontaner Beendigung der Schwangerschaft im 1. Trimenon. 10–15 % aller Fehlgeburten vor der 12. Woche weisen einen triploiden Chromosomensatz auf, wobei die Befruchtung einer Eizelle durch zwei Spermien ***(Dispermie)*** oder durch ein diploides Spermium die häufigsten Ursachen sind. Somatische Polyploidie findet sich häufig in Tumorzellen [3, 4].

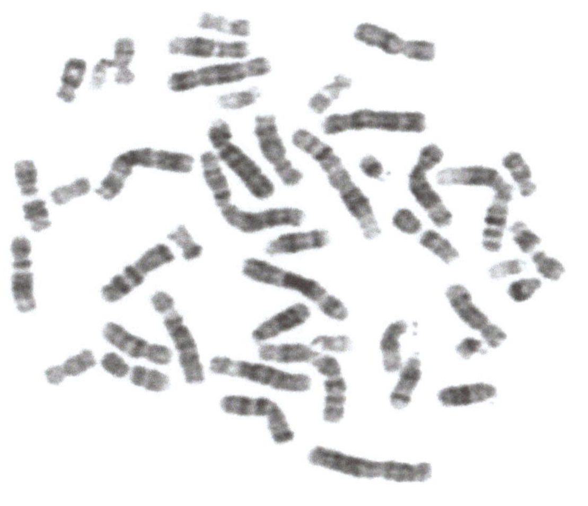

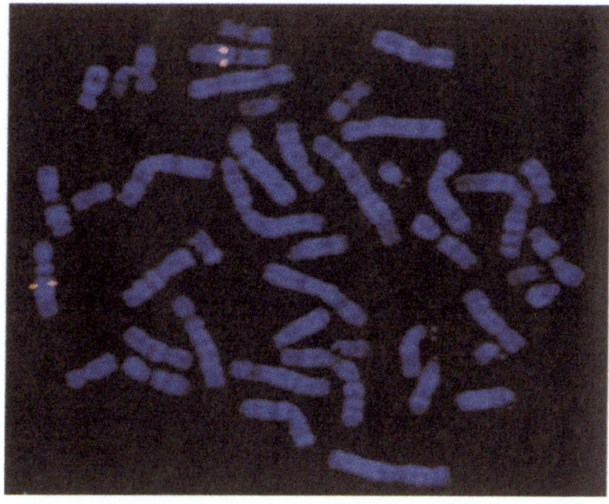

Abb. 1.3. Identifizierung menschlicher Chromosomen durch Giemsa-Bänderung und Lokalisierung eines Gens auf dem menschlichen Chromosom Nr. 12 durch In-situ-Hybridisierung (Präparat und Aufnahme: Dr. I. Nanda, Institut für Humangenetik, Universität Würzburg)

Chromosomenaberrationen sind eine häufige Ursache von Fehlgeburten

Chromosomenmutationen. Durch sie kann die Zahl oder die Struktur der Chromosomen verändert werden. 50 % aller vor der 12. Woche spontan beendeten Schwangerschaften weisen Chromosomenaberrationen auf, wobei Trisomien fast aller Chromosomen vorkommen. Mit Ausnahme der Monosomie X (45, X) wird der Verlust von genetischem Material (Monosomie) in der menschlichen Entwicklung noch weniger toleriert als Trisomie. Nur die Trisomien 13,18 und 21, balanzierte Translokationen, kleinere Deletionen und Duplikationen sowie Aberrationen der Geschlechtschromosomen sind beim Menschen lebensfähig [5].

Was wir bei der Geburt als lebensfähige Chromosomenaberrationen sehen, ist eindeutig nur die Spitze des Eisbergs. Die Überlebensfähigkeit der Trisomien 13, 18 und 21 erklärt sich aus der Tatsache, daß diese Chromosomen sehr viel weniger Gene tragen als die übrigen Autosomen. Dennoch weisen Kinder, die mit diesen Trisomien geboren werden, charakteristische Fehlbildungsmuster und Krankheitsdispositionen auf, deren Entstehung man sich durch ***Gendosis-Effekte*** erklärt. Ein Beispiel für solche Gendosis-Effekte bei der Trisomie 21 (Down-Syndrom) ist das auf dem langen Arm des Chromosoms 21 liegende ***Amyloid-Precursor-Protein-Gen***, dessen dreifache Dosis wahrscheinlich für das verfrühte Auftreten von Alzheimer-Veränderungen im Kortex von Down-Patienten verantwortlich ist [6].

Bei Reproduktionsstörungen können eine Chromosomentranslokation, ein Klinefelter-Syndrom oder eine Mutation im zystischen Fibrose-Gen ursächlich sein

Balanzierte Translokationen. Diese haben keine unmittelbaren Auswirkungen auf den Träger. Balanzierte Translokationen können lediglich bei der Reproduktion durch die Bildung genetisch unbalanzierter Keimzellen zu einer Häufung von ***Spontanaborten***, aber auch zur Geburt entwicklungsgestörter Kinder führen.

Aberrationen der Geschlechtschromosomen. Sie haben nur geringe oder segmentale Auswirkungen, die vor allem die Differenzierung und Funktion der Gonaden betreffen. Damit der Unterschied zwischen dem Y-Chromosom (mit wenigen Genen) und dem zweiten weiblichen X-Chromosom (mit sehr vielen Genen) ausgeglichen wird, erfolgt im weiblichen Geschlecht die ***genetische Inaktivierung*** des zweiten X-Chromosoms [7]. Mit Ausnahme einiger zum Y-Chromosom homologer Gensequenzen werden daher in weiblichen Körperzellen jeweils nur die Gene eines einzigen X-Chromosoms exprimiert.

Die Inaktivierung des 2. X-Chromosoms in weiblichen Zellen findet zwischen dem 8. und 12. Tag der Embryogenese statt. Durch den Mechanismus der Inaktivierung wird der weibliche Körper zu einem regelrechten Mosaik, in dessen Zellen zufallsmäßig entweder das mütterliche oder das väterliche,

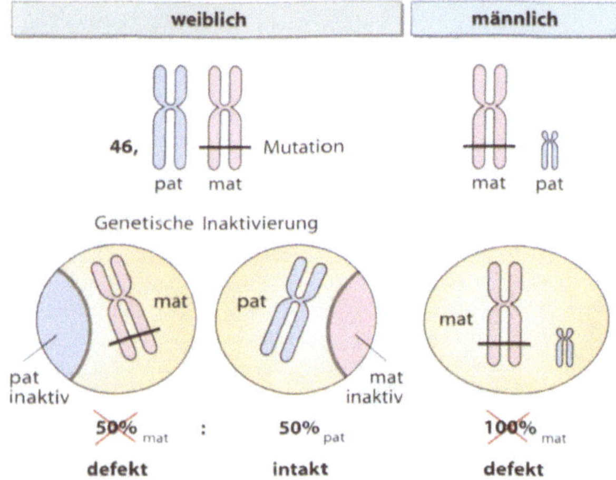

Abb. 1.4. Veranschaulichung der Expression X-chromosomaler Gendefekte in 100% der männlichen, auf Grund der zufälligen X-Inaktivierung jedoch nur in 50% der weiblichen Körperzellen

jedoch niemals beide X-Chromosomen aktiv sind. Sichtbar wird die genetische Inaktivität des zweiten X-Chromosoms durch seinen höheren Kondensationsgrad. Im Interphasen-Kern liegt das inaktive X als Sex-Chromatin oder ***Barr-Körper*** vor. Molekular initiiert wird die Inaktivierung durch ein spezifisches Transkript (Xist), das von dem inaktiven X selbst exprimiert wird [1].

Bedeutung der Geschlechtschromosomen. Neben den Genen für die Geschlechtsdifferenzierung (SRY) und die Spermatogenese (DAZ, AZF) finden sich auf dem Y-Chromosom nur wenige Gene [7]. Die überdurchschnittliche Körpergröße von XYY-Männern weist auf die Existenz von wachstumsfördernden Genen auf dem Y-Chromosom hin. Im Gegensatz zum Y-Chromosom ist das X ausgesprochen genreich. Bis heute sind allein über 40 X-chromosomale Gene bekannt, deren Mutation geistige Behinderung bedingen. ***X-chromosomale Gene*** sind also insbesondere für die normale Funktion unseres Gehirns wichtig. Bei Mutationen in X-chromosomalen Genen sind Männer auf Grund ihrer ***Hemizygotie*** für das X-Chromosom unweigerlich betroffen (vgl. Abb. 1.4). Dies ist eine hinreichende Erklärung dafür, warum Männer sehr viel häufiger als Frauen Sinnesstörungen (z. B. Farbenblindheit) oder geistige Behinderung aufweisen. In Einrichtungen für geistig behinderte Menschen finden sich daher stets mehr Männer als Frauen [4].

Numerische Chromosomenaberrationen nehmen mit dem mütterlichen Alter zu

Das Risiko für ein Kind, mit einer numerischen Chromosomenaberration geboren zu werden nimmt mit dem mütterlichen Alter zu. Zur Erklärung dieser Altersabhängigkeit gibt es drei gleichwertige Hypothesen [4]:

Die ***Diktyotän-Hypothese*** bezieht sich auf eine Besonderheit der weiblichen Keimzellbildung, bei der Keimzellen in einem Frühstadium der Meiose I („Diktyotän") bis zur Befruchtung verharren. Dieses Ruhestadium beginnt bereits im 7. vorgeburtlichen Monat und kann bis über 40 Jahre dauern, je nachdem wann eine Befruchtung eintritt. In diesem langen Ruhestadium können z. B. durch Strahleneinwirkung oder genotoxische Substanzen Schäden entstanden sein, die mit einer regelrechten Segregation der Chromosomen in der Meiose I interferieren. Dies könnte vor allem die akrozentrischen Chromosomen des Menschen betreffen (Chromosomen 13, 14, 15, 21, 22) die auf ihren kurzen Armen repetitive rDNA Gene tragen, welche für die 18- und 28S-ribosomale RNA kodieren. Im Interphase-Kern sind diese Gene im Nukleolus assoziiert. Für die Diktyotän-Hypothese spricht die Tatsache, daß über 90% der Extra-Chromosomen bei der Trisomie 21 auf eine Fehlverteilung (Non-Disjunction) in der *mütterlichen* Meiose I zurückgehen.

Die ***Rekombinations-Hypothese*** geht davon aus, daß mit zunehmendem Alter weniger Rekombinationen („crossing-over") zwischen den homologen Chromosomen während der Prophase der Meiose I stattfinden. Nicht- oder niedrigrekombinante Chromosomen neigen zur früheren Auflösung ihrer meiotischen Paarung (Synapse), so daß diese Chromosomen eher getrennt (univalent) als gepaart (bivalent) vorliegen. Nichtgepaarte Chromosomen haben eine höheres Risiko der irregulären Segregation bei der Reduktionsteilung. Die Bestimmung der Crossover-Häufigkeiten mit polymorphen genetischen Markern weisen darauf hin, daß die Rekombinationshäufigkeit mit dem mütterlichen Alter abnimmt.

Die ***Oozyten-Selektionshypothese*** geht davon aus, daß trisome Vorstufen der Oozyten bei jeder Frau vorhanden sind, diese jedoch mit einer langsameren Kinetik zur Reifung gelangen als die disomen Vorstufen. Die physiologische Abnahme disomer Oozyten mit zunehmenden Alter könnte jedoch zu einer relativen Zunahme des Anteils trisomer Oozyten unter den reifen Eizellen führen. Hinweise auf eine deratige auf die Gameten beschränkte Mosaik-Konstellation ergeben sich durch seltene Familien, in denen mehrere Kinder mit freier Trisomie 21 geboren werden.

→

Abb. 1.5. Häufige Chromosomen-Translokationen bei menschlichen T-Zell- *(solide Linien)* und B-Zell- *(gestrichelte Linien)* -Leukämien bzw. Lymphomen. Einer der Bruchpunkte liegt jeweils auf dem langen Arm des Chromosoms Nr. 14, der andere Bruchpunkt ist variabel, jedoch stets in der Nähe eines Wachstum-regulierenden Gens (= Proto-Onkogen, z. B. c-myc auf Chromosom 8q oder bcl-2 auf Chromosom 18q). *Solide Balken* bedeuten Duplikation, *offene Balken* Deletion eines Chromosoms bzw. eines Chromosomenabschnittes. Diese quantitativen Veränderungen des Genoms treten in fortgeschrittenen Stadien der Leukämien bzw. Lymphome zusätzlich zu den Translokationen auf. Siehe Text für weitere Erläuterungen

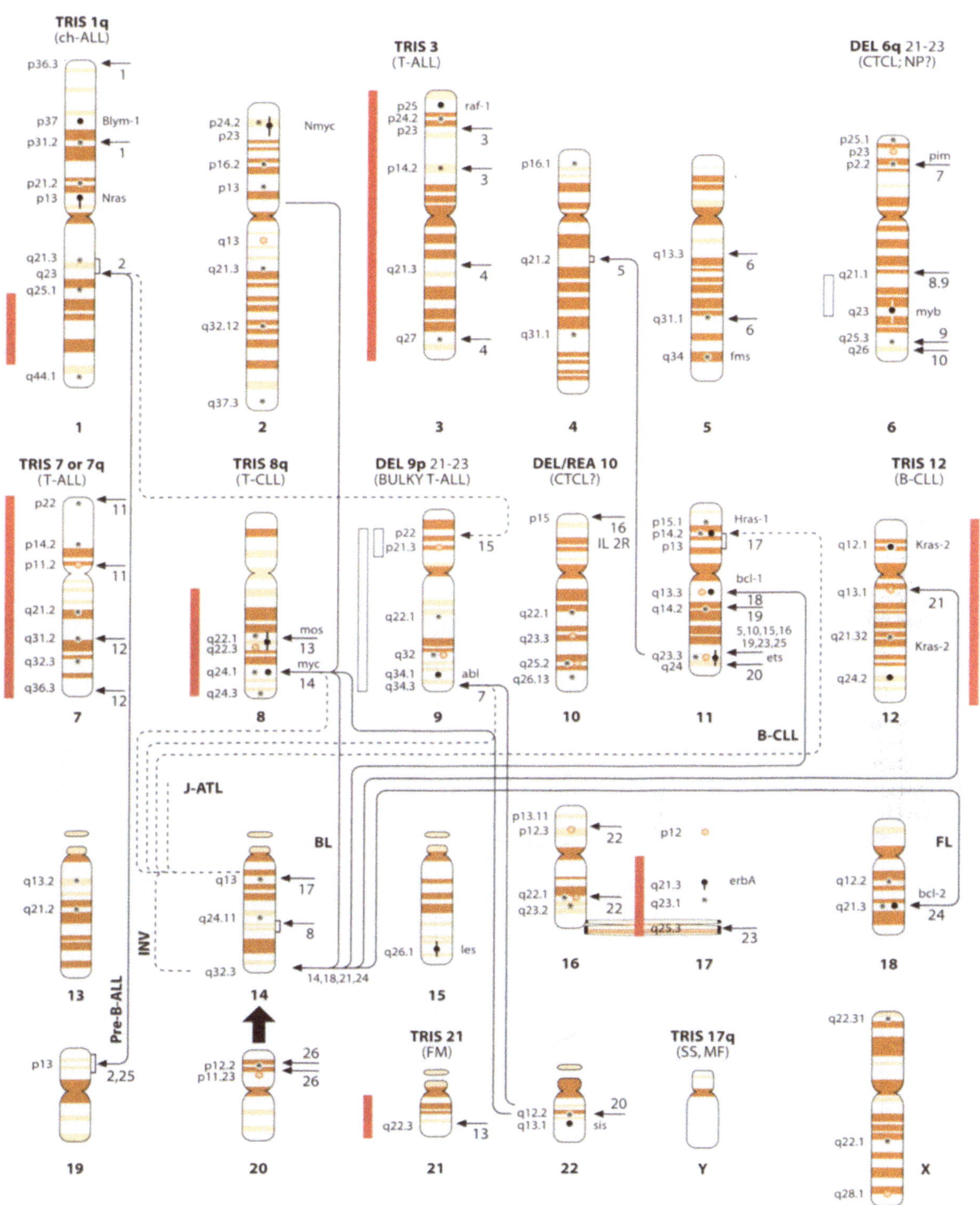
TRIS 1q
(ch-ALL)
TRIS 3
(T-ALL)
DEL 6q 21-23
(CTCL; NP?)
Blym-1
Nras
Nmyc
raf-1
pim
myb
fms
TRIS 7 or 7q
(T-ALL)
TRIS 8q
(T-CLL)
DEL 9p 21-23
(BULKY T-ALL)
DEL/REA 10
(CTCL?)
TRIS 12
(B-CLL)
Hras-1
Kras-2
bcl-1
ets
mos
myc
abl
IL 2R
B-CLL
J-ATL
BL
FL
INV
Pre-B-ALL
les
erbA
bcl-2
sis
TRIS 21
(FM)
TRIS 17q
(SS, MF)
14,18,21,24
1
2
3
4
5
6
7
8
9
10
11
12
13
14
15
16
17
18
19
20
21
22
Y
X

Somatische Chromosomenaberrationen kennzeichnen Leukämien und solide Tumoren

Somatische Chromosomenaberrationen nehmen ebenfalls mit dem Alter zu und müssen als Manifestation zunehmender DNA-Schädigung bzw. abnehmender Reparaturfähigkeit interpretiert werden. Die altersabhängige Zunahme struktureller Chromosomenaberrationen reflektiert die Zunahme der ***genetischen Instabilität*** in unseren Körperzellen. Zusammen mit der Abnahme der Telomersequenzen trägt sie damit zur Zellalterung, aber auch zur ***Entstehung von Tumorzellen*** bei [8].

Strukturelle Aberrationen (Translokationen). Diese führen zu neuen Gennachbarschaften. Wenn dadurch ein Differenzierungs-Gen unter die Kontrolle eines Zellwachstums-Gens (z. B. c-myc, c-abl) gerät, kann eine Leukämie enstehen. Bei B- und T-Zell-Leukämien ist das Chromosom 14 überdurchschnittlich häufig an Translokationen beteiligt. Grund hierfür sind die Genorte für die alpha-Ketten der T-Zellrezeptoren auf 14q11 sowie die Genorte für die schweren Ketten-Gene der Immunglobuline auf 14q32 [8].

Während der Reifung der T-und B-Zellen kommt es in diesen Regionen physiologischerweise zu DNA-Austauschen, damit jeweils aus konstanten und variablen Kettenanteilen spezifische T-Zellen und spezifische Immunglobuline hergestellt werden können („somatische Rekombination"). Existiert gleichzeitig an einer anderen Stelle des Genoms ein DNA-Schädigung, so besteht die Gefahr, daß die zuständigen Enzyme (Rekombinasen) diese Schadenstellen sozusagen irrtümlich in den physiologischen Prozeß der somatischen Rekombination miteinbeziehen. Befindet sich an der Schadenstelle ein Zellwachstums-Gen („Proto-Onkogen"), so kann die neue Gennachbarschaft fatale Folgen haben: Die Zelle teilt sich immer weiter, anstatt sich zu differenzieren. Es entsteht eine Leukämie. Die Graphik der Abb. 1.5 zeigt, daß ein Bruchpunkt der Translokationen bei T-Zell-Leukämien oft den Genort der alpha-Kette des T-Zellrezeptors auf 14q11 betrifft, während bei B-Zell-Leukämien und Lymphomen der Genort der schweren Ketten-Gene der Immunglobuline auf 14q32 involviert ist. Inzwischen gibt es über 50 spezifische Chromosomentranslokationen bei menschlichen Leukämien, die neben ihrer offensichtlichen pathogenetischen Bedeutung auch diagnostische und prognostische Bedeutung haben.

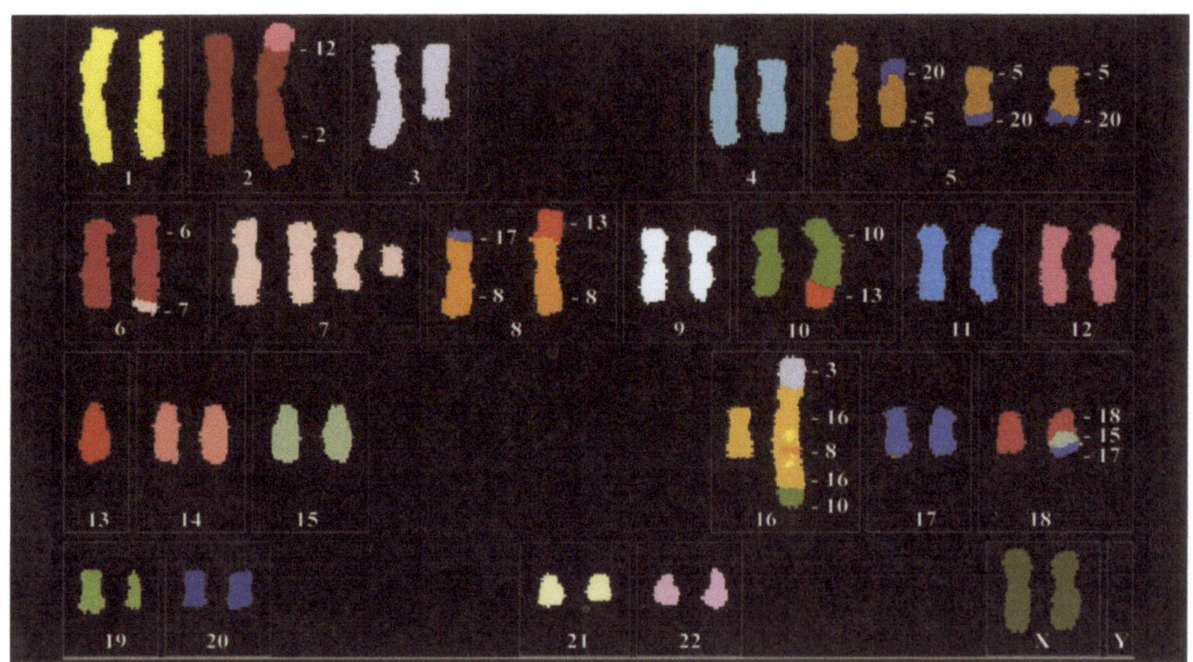

Abb. 1.6. Spektralkaryotypisierung einer menschlichen Kolonkarzinomzellinie („chromosome painting"). Zahlreiche numerische und strukturelle Veränderungen des Chromosomensatzes sind erkennbar (Präparat und Aufnahme: G. Melcher, Institut für Humangenetik, Universität Würzburg)

Verlust von genetischem Material (Deletionen). Deletionen treten häufig bei soliden Tumoren auf. Die betroffenen Genorte beinhalten Tumorsuppressor-Gene (z.B. Retinoblastom-Gen, Wilms-Tumor-Gen, p53-Gen). Tumoren entstehen nur, wenn beide Allele eines Tumorsuppressor-Gens strukturell oder funktionell deletiert sind (Zwei-Treffer-Modell nach Knudson [8]). Die meisten erblichen Tumorerkrankungen des Menschen folgen diesem Prinzip (Tabelle 1.2)

Vermehrung (Amplifikation) von genetischem Material. Amplifikation findet sich häufig in fortgeschrittenen und therapieresistenten Tumoren (Abb. 1.6). Mit Hilfe der vergleichenden genomischen Hybridisierung *(CGH)* kann man Duplikationen und Defizienzen größerer Chromosenabschnitte im Tumormaterial nachweisen. Mit molekulargenetischen Methoden werden sie im Tumorgewebe als Verlust eines Allels eines heterozygoten DNA-Markers nachgewiesen ***(LOH = „loss of heterozygosity")***. Bei der Untersuchung „geprägter" Gene findet man im Tumorgewebe oft den Verlust der Prägung ***(LOI = „loss of imprinting")***. LOH und LOI sind Ausdruck der erhöhten genetischen Instabilität neoplastischer Zellen [9].

Konstitutionelle Chromosomenaberrationen sind eine wichtige Ursache von Fehlgeburten, Infertilität, angeborenen Fehlbildungen und geistiger Behinderung. Der veränderte Phänotyp ensteht zumeist als Folge eines Gen-Dosis-Effektes. Somatische Chromosomenaberrationen betreffen nur einzelne Gewebe oder Zellen des Körpers. Sie sind häufig klonalen Ursprungs und Ursache neoplastisches Zellwachstums. Viele menschliche Leukämien und solide Tumoren weisen spezifische Chromosomenveränderungen mit ätiologischer und prognostischer Bedeutung auf. Dabei sind Translokationen typisch für Leukämien und Deletionen/Amplifikationen typisch für solide Tumoren.

Tabelle 1.2. Familiäre Tumorerkrankungen des Menschen, deren pathogenetisches Prinzip überwiegend auf dem Zwei-Treffer-Modell nach Knudson beruht

Entstehungsmechanismus	Hereditäre Tumorerkrankung	Gen
„Two-hit" Modell der biallelischen Inaktivierung von Tumor-Suppressorgenen (Knudson-Modell)	Retinoblastom	RB1
	Wilms-Tumor: WAGR-Syndrom,	WT1
	Denys-Drash-Syndrom	WT1
	Brust- und Ovarial-Karzinom	BRCA1 BRCA2
	Familiäre adenomatöse Polyposis (FAP)	APC
	Von-Hippel-Lindau-Syndrom (VHL)	VHL
	Multiple endokrine Neoplasie 1	MEN1
	Neurofibromatose Typ 1 (NF-1)	NF1
	Neurofibromatose Typ 2 (NF-2)	NF2
	Malignes Melanom	p16
	Li-Fraumeni Syndrom (LFS)	p53
	Hereditäres nichtpolypöses Kolon-Karzinom (HNPCC)	hMSH2 hMLH1 hPMS1 hPMS2
Tumor-Suppressorgene mit dominant-negativer Wirkung	Wilms-Tumor, Denys-Drash-Syndrom	WT1
	Familäre adenomatöse Polyposis (FAP)	APC
	Li-Fraumeni Syndrom (LFS)	p53
Proto-Onkogen Aktivierung	Multiple endokrine Neoplasie 2 (MEN 2)	Ret
	Malignes Melanom	CDK4
Verlust von Imprinting (LOI)	Wilms-Tumor bei Beckwith-Wiedemann-Syndrom	IGF27

1.3 Genmutationen und ihre Auswirkungen

Punktmutationen. Unter klassischen Punktmutationen versteht man in der Regel den Austausch, die Deletion oder die Insertion einzelner Basen in der DNA-Sequenz [1].

Die Bezeichnung der Punktmutationen erfolgt durch Angabe der Nukleotid-Position in der jeweiligen DNA-Sequenz und die Art des Basenaustauschs. C2346T markiert demnach einen Austausch von Cytosin nach Tymidin an der Position 2346 einer DNA Sequenz.

Hinsichtlich ihrer Folgen auf der Proteinebene unterscheidet man ***synonyme*** oder stille von ***nichtsynonymen*** oder pathogenen Mutationen. Da stille Mutationen nicht dem Selektionsdruck unterliegen, sind sie in der menschlichen DNA sehr viel häufiger als pathogene Mutationen. Sie verändern oft lediglich die dritte Base eines Kodons (die sogenannte „wobble-Position"), wodurch auf Grund der Degeneration des genetischen Codes trotz des Basenaustauschs oft die gleiche Aminosäure (AS) kodiert wird. So kann z.B. die AS Threonin durch die Basentripletts ACA, ACG, ACC und ACU kodiert werden.

Nonsense-Mutationen. Unter den nichtsynonymen Mutationen unterscheidet man grundsätzlich Nonsense- und Missense-Mutationen. Bei einer Nonsense-Mutation entsteht durch den Basenaustausch ein ***Stopkodon*** (UAA, UAG, UGA), das nicht mehr für eine AS kodiert, sondern zum Abruch der Proteinsynthese führt. Auf der AS-Ebene wird die Mutation in ein Stopkodon mit dem Buchstaben X nach der AS-Position gekennzeichnet. Nach dem Einbuchstaben-Code für Aminosäuren bedeutet „R329X" also die Umwandlung eines Argininkodons an der Position 329 des LDL-Rezeptor-Moleküls in ein Stopkodon [1].

Die unmittelbare Folge von Nonsense- oder Stop-Mutationen ist die Verkürzung des Translationsproduktes, dem die karboxyterminal kodierenden Sequenzen fehlen. Solche verkürzten Proteine lassen sich mit Hilfe des ***Protein-Truncation-Tests (PTT)*** bei den Produkten einer Vielzahl von menschlichen Genen nachweisen, deren Mutationen schwerwiegende Krankheiten auslösen. Das Beispiel in Abb. 1.7 zeigt den Nachweis eines verkürzten (trunkierten) Proteins im Falle des menschlichen ATM-Gens, das beim Menschen das Krankheitsbild des Louis-Bar-Syndroms (Ataxie, Immunschwäche, Strahlensensbibilität und erhöhtes Neoplasie-Risiko) bedingt. Nonsense-Mutationen können darüber hinaus für eine ***erhöhte Instabilität der mRNA*** verantwortlich sein, so daß diese degradiert und nicht mehr nachweisbar ist [1].

Missense-Mutationen. Bei Missense-Mutationen wird ein Basentriplett so verändert, daß statt der ursprünglichen AS eine andere kodiert wird Wenn eine ursprüngliche AS im Rahmen dieser Mutation durch eine chemisch nahestehende AS ersetzt wird, spricht man von einer ***„konservativen"*** Substitution (z.B. Asparagin ersetzt durch Glutamin oder Leuzin ersetzt durch Valin). Auf der Proteinebene haben diese konservativen Aminosäureaustausche in der Folge einer Missense-Mutation oft nur eine geringe Wirkung, da sich die ausgetauschten Aminosäuren in ihrer Funktion entsprechen. Eine schwerwiegendere Beeinträchtigung der Proteinfunktion erfolgt durch ***„nichtkonservative"*** AS-Substitutionen, wenn zum Beispiel ein Arginin durch ein Prolin ersetzt wird. Auf der Triplett-Code-Ebene handelt es sich bei diesen Mutationen oft um Basenaustausche an den weniger degenerierten Positionen 1 oder 2 des jeweiligen Kodons (z. B. C<u>G</u>A nach C2<u>C</u>A, Arginin ersetzt durch Prolin). Die verschiedenen Typen und Folgen von Punktmutationen lassen sich in Analogie zur menschlichen Sprache gut veranschaulichen (Tabelle 1.3)

Bei nichtkonservativen AS-Substitutionen werden AS mit unterschiedlichen Seitenketten ausgetauscht, wodurch sich die elektrische Ladung oder die Polarität des Peptids verändern

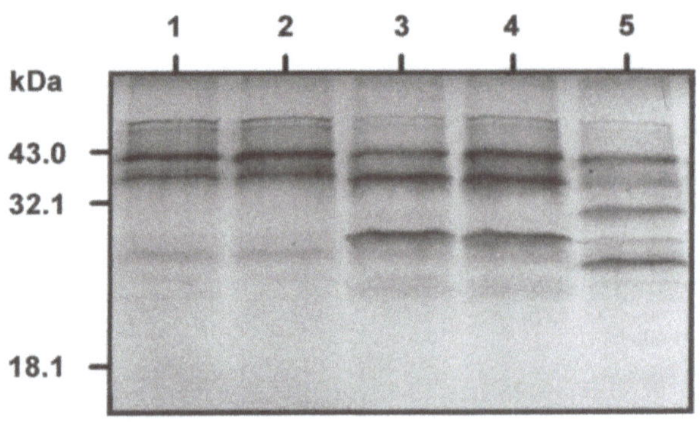

Abb. 1.7. Protein-Trunkation-Test (PTT) nach reverser Transkription von RNA mit spezifischen Primern für das ATM-Gen, Invitro-Translation mit Hilfe von Retikulozyten-Extrakt und elektrophoretischer Trennung der Proteine. Die durch Nonsense-Mutationen im ATM-Gen verkürzten („trunkierten") Proteine sind in den Spalten 3–5 durch Banden im Größenbereich unterhalb 32,1 kilo Dalton (kD) zu erkennen. Die Spalten 1 und 2 zeigen die ATM-Genprodukte von Kontrollpersonen ohne Mutationen im ATM-Gen (Präparat und Aufnahme: A. Sobek, Institut für Humangenetik, Universität Würzburg)

Tabelle 1.3. Veranschaulichung der Auswirkungen von Veränderungen genetischer Information durch Mutationen

Regulärer Triplettcode	JAN GEH MIT ZUR TÜR	Auswirkung
Punktmutationen (Substitution einer Base)		
1. Missense-Mutation	JAN GEH MIR ZUR TÜR	leicht
2. Nonsense-Mutation	JAN REH MIT ZUR TÜR	schwer
Deletionen, Insertionen, Spleiß-Varianten		
Verschiebung des Leserasters	JAN GEM IRZ URT ÜR..	schwer
Erhalt des Leserasters	JAN GEH_ZUR TÜR	leicht

kann. Nichtkonservative Austausche können daher die Funktion eines Proteins erheblich beeinträchtigen oder verändern. Jedoch ist es bei Missense-Mutationen prinzipiell schwierig, den Grad ihrer möglichen pathogenen Wirkung vorauszusagen. Es ist bemerkenswert, daß in einigen menschlichen Genen fast ausschließlich Missense-Mutationen beobachtet werden. Dies gilt z. B. für eine Reihe von Genen, die in der menschlichen Retina exprimiert werden, sowie für die Präsenilin-Gene, deren Mutationen die familiären Formen der Alzheimer-Erkrankung bedingen. Die Missense-Mutationen führen offenbar nur zu einem geringfügigen Funktionsverlust (oder -änderung) des jeweiligen Proteins, so daß sich der Krankheits-Phänotyp erst mit zunehmendem Alter manifestiert. Die Beschränkung auf reine Missense-Mutationen in diesen Genen sagt aber auch aus, daß schwerwiegendere Mutationen (Nonsense, Deletionen etc.) wahrscheinlich nicht mit dem Leben vereinbar wären *(„Letalfaktoren“)* [4].

Mutationen mit Verschiebung des Leserasters sind schwerwiegender als Mutationen, bei denen das Leseraster erhalten bleibt

Deletionen und Insertionen. Diese Mutationen können eine oder mehrere Basen, aber auch ganze Exons, Introns und Gene umfassen. Ihre Auswirkungen richten sich letztlich danach, ob es zu einer Verschiebung des Leserasters kommt *(„frame-shift“)*. „In-frame“-Deletionen oder Insertionen führen meistens nur zu einer Verkürzung oder Verlängerung, jedoch nicht zum völligen Funktionsausfall des Proteins. Bei „Out-of-frame“-Deletionen oder Insertionen ist mit Antikörpern oftmals überhaupt kein Protein nachweisbar (negativer Westernblot) und der Funktionsausfall entsprechend schwer [1].

Ein markantes Beispiel für die unterschiedliche Wirkung von Deletionen mit und ohne Leserasterverschiebung findet sich für das X-chromosomale Dystrophin-Gen [1, 5]. Die sehr schwer verlaufende, bereits im Kindesalter manifeste ***Muskeldystrophie Duchenne*** wird überwiegend durch Frameshift-Deletionen im Dystrophin-Gen bedingt. Im Gegensatz dazu entsteht die klinisch sehr viel leichter verlaufende und erst im höheren Lebensalter manifeste Becker-Muskeldystrophie durch Deletionen ohne Leserasterverschiebung (Abb. 1.8)

Spleißmutationen. Am Beginn und am Ende eines Introns befindet sich jeweils ein hochkonserviertes Nukleotid-Paar, das als Signalsequenz für den Spleißvorgang dient (GT bzw. AG). Trifft z. B. eine Mutation das

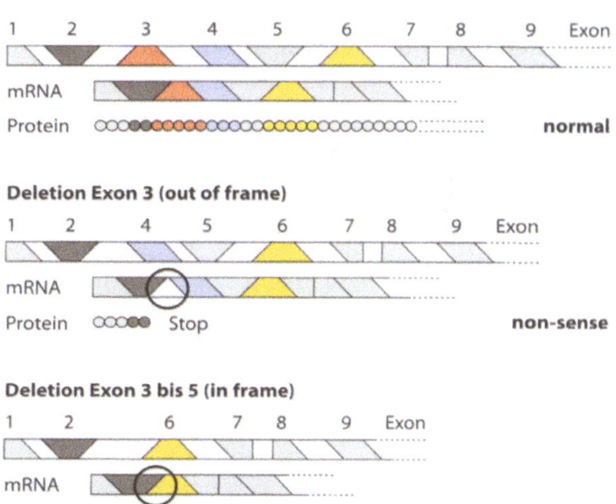

Abb. 1.8. Unterschiedliche Auswirkungen von Deletionen im Dystrophin-Gen: Eine Deletion von Exon 3 mit Leserasterverschiebung bedingt die schwerwiegende Duchenne-Muskeldystrophie. Eine In-frame-Deletion von Exon 3 bis 5 führt zu einem verkürzten, jedoch noch funktionsfähigen Protein und damit zu dem sehr viel leichteren Krankheitsbild der Becker-Muskeldystrophie (Graphik: T. Grimm, Abteilung für Medizinische Genetik, Universität Würzburg)

Tabelle 1.4. Durch Triplett-Repeat-Expansionen verursachte Erkrankungen des Menschen

Triplett	Normal	Expansion	Phänotyp	Genort
Typ I (Lokalisation im 5'-Bereich außerhalb eines Gens)				
CGG	5–50	200–1.000	Fragiles X-Syndrom A	Xq27
CGG	5–25	> 200	Fragiles X-Syndrom E	Xq28
CGG	15–50	1.000–2.000	Normal (nur fragile Stelle)	16q22
Typ II (Lokalisation im 3'- untranslatierten Bereich eines Gens)				
CTG	5–35	50–4.000	Myotone Dystrophie	19q13
Typ III (Lokalisation im Intron-Bereich eines Gens)				
GAA	10–21	200–900	Friedreich-Ataxie	9q13
Typ IV (Lokalisation im kodierenden Bereich eines Gens)				
CAG	9–35	36–100	Chorea Huntington	4p16
CAG	17–24	40–55	Spinobulbäre Muskelatrophie	Xq21
CAG	19–36	43–81	Spinozerebellare Ataxie	16p23
CAG	12–36	67–80	Spinozerebellare Ataxie	314q32
CAG	7–23	49 > 75	DRPLA	12p

DRPLA Dentatorubral-Palliodoluysiane Atrophie

Spleißdonor-Dinukleotid GT, so kann das strangaufwärts gelegene Exon bei der Transkription übersprungen werden. Dies kann zu einer Destabilisierung des Transkriptes und einer Funktionseinschränkung des resultierenden Proteins führen. Es kann auch zur Aufnahme eines Intronsequenzbereiches in das Transkript kommen, wodurch zusätzliche AS eingebaut werden können [1].

Dies geschieht auch, wenn anstelle der regulären eine sogenannte ***„kryptische" Spleißstelle*** verwendet wird. Hingegen führt das mutationsbedingte Auftreten einer kryptischen Spleißstelle (Dinukleotid GT oder AG) in einem Exon zu einer Deletion von cDNA und damit zu einer Verkürzung des späteren Proteins. Selbst die oben genannten und prinzipiell harmlosen synonymen Substitutionen können zu einer Funktionsbeeinträchtigung führen, sofern der Basenaustausch die Entstehung einer kryptischen Spleißstelle im Exonbereich begünstigt [1].

Expansionen von Trinukleotid-Sequenzen inner- und außerhalb von Genen sind ein wichtiges, krankheitsauslösendes Mutationsprinzip beim Menschen

Gemeinsam ist dieser Art von Mutationen, daß sie Krankheiten nur dann auslösen, wenn eine jeweils kritische Anzahl von ***Trinukleotid-Repeats*** überschritten wird. Weil die Anzahl der Basen-Tripletts von Generation zu Generation (aber auch innerhalb eines Individuums) nicht konstant ist, spricht man auch von ***„dynamischen Mutationen"*** [1, 3]

Bisher sind vier verschiedene Typen von solchen TN-Mutationen bekannt (Tabelle 1.4). ***CGG-Tripletts*** finden sich im Promotor-Bereich des FMR1-Gens auf dem langen Arm des menschlichen X-Chromosoms (Xq27) und führen durch expansionsbedingte ***Hypermethylierung*** zum Funktionsausfall dieses Gens, dessen Funktion für eine normale geistige Entwicklung offenbar wichtig ist. Auf zytogenetischer Ebene ensteht dabei eine fragile Stelle (daher auch: ***„fragiles X-Syndrom"***). Der Funktionsausfall manifestiert sich erst, wenn sich über 200 bis 600 CGG-Repeats angehäuft haben. Die Expansion geschieht ausschließlich bei der Vererbung durch die weibliche Linie, jedoch können Männer abweichend von der regulären X-chromosomalen Vererbung klinisch unauffällige Überträger der Erkrankung sein, wenn sie zwischen 50 und 200 Repeats auf ihrem X-Chromosomen tragen (sog. „transmitting males") [3, 5].

Eine weitere Klasse von Trinukleotid-Repeats, die vor allem bei neurologischen Erkrankungen auftritt, betrifft ***CAG-Repeats.*** Diese Repeats sind zumeist in die kodierenden Regionen verschiendener Gene eingebettet und werden damit auch transkribiert. CAG kodiert für Glutamin, so daß die resultierenden Proteine durch vergrößerte Polyglutamin-Trakte verändert sind. Diese Veränderung führt offensichtlich im Laufe des Lebens zur Ablagerung von Protein-Aggregaten, die vor allem in bestimmten Bereichen des Zentralnervensystems zum Zelluntergang führen.

Neben den spinozerebellären Ataxien gehört die ***Chorea Huntington*** zur Gruppe der CAG-Repeat-Erkrankungen. Die Anzahl der Repeats korreliert dabei mit dem Alter des Krankheitsbeginns. Für alle durch CAG-Expansionen bedingten Erkrankungen liegt die krankheitsauslösende Expansionsgröße zwischen 35 und 50 und die maximale Repeatanzahl bei ca. 100 Trinukleotid-Repeats [3].

> Typisch für dynamische Mutationen ist das Phänomen der Antizipation. Darunter versteht man das immer frühere Auftreten einer Erkrankung im Verlaufe mehrerer Generationen

Die dritte Gruppe von Triplett-Mutationen sind ***CTG-Repeats*** im 3'-untranslatierten Bereich des Myotonin-Kinase-Gens, welche die überhaupt größten Expansionen aufweisen können (bis zu 4.000 Repeats). Diese Expansionen bedingen das Krankheitsbild der ***Myotonen Dystrophie***, eine Multisystem-Erkrankung mit ***Antizipation***, d.h. einer verstärkten und verfrühten Ausprägung der Krankheitssymptome in aufeinanderfolgenden Generationen. Ursache dieser Antizipation ist die kontinuierliche Vermehrung der CTG-Repeat-Anzahl im Verlaufe der Generationenfolge [3].

Während die durch CTG- und CAG-Expansionen verursachten Krankheitsbilder autosomal-dominant vererbt werden, folgt die GAA-Repeat-Expansion bei der ***Friedreich-Ataxie*** einem autosomal-rezessiven Erbgang. Dies bedeutet, daß Expansionen auf beiden Allelen vorhanden sein müssen, damit sich die Krankheit manifestiert.

> Repetitive DNA-Sequenzen begünstigen die Entstehung von Mutationen

Neben den Trinukleotid-Repeats weist das menschliche Genom eine große Zahl anderer repetitiver DNA-Sequenzen auf (LINEs, SINEs, Alu, Mikrosatelliten, CA-Repeats etc.) [10]. Glücklicherweise befinden sich die meisten repetitiven Sequenzen in den nichtkodierenden Bereichen unseres Genoms, wo ihre Variation in der Regel ohne phänotypische Expression bleibt. Dennoch sind einige Klassen der repetitiven Sequenzen direkt oder indirekt für die Auslösung von Mutationen in kodierenden Bereichen verantwortlich. Ein Paradebeispiel hierfür ist die sogenannte „Intron 22"-Inversion im Faktor-VIII-Gen, die eine schwere Form der ***Hämophilie A*** bedingt. Ursache der Mutation ist eine intrachromosomale Rekombination zwischen einem 9 kb großen Bereich im Intron 22 des Faktor-VIII-Gens und einer identischen, telomerwärts in Xq28 gelegenen Kopie dieses Bereichs [11]. Ein weiteres Beispiel sind die reziproken Duplikationen bzw. Deletionen des PMP22-Gens bei der ***Charcot-Marie-Tooth-Erkrankung*** bzw. der tomakulösen, druckempfindlichen Neuropathie, die durch ungleiche Rekombinationen zwischen flankierenden 23 kb großen DNA-Repeats ausgelöst werden.

Ursächlich beteiligt an der Auslösung von größeren Deletionen sind die in unserem Genom häufigen ***Alu-Repeat-Sequenzen***, die sich z.B. in größerer Anzahl in den Intronbereichen des LDL-Rezeptorgens und vieler anderer Gene finden [1]. Kleinere Deletionen und Insertionen werden überdies durch kleinere Basenpaar-Wiederholungen ausgelöst. Ein Beispiel hierfür ist wiederum das Faktor-VIII-Gen, in dem solche Deletionen und Insertionen überdurchschnittlich häufig mit ***Polynukleotid-Trakten*** von 8 bis 10 Adeninnukleotiden assoziiert sind [11]. Diese repetitiven Bereiche sind offenbar anfällig für Polymerasefehler bei der Replikation (***„polymerase slippage"***) und sind daher für die hohe Mutabilität eines Gens verantwortlich.

> Punktmutationen enstehen überwiegend in der väterlichen, Deletionen in der mütterlichen Keimbahn

Punktmutationen entstehen überwiegend in den väterlichen Keimzellen und nehmen mit dem väterlichen Alter zu [4]. Dies belegt die führende Rolle der DNA-Replikation bei der Entstehung von Punktmutationen. Das reife Spermium eines 28jährigen Mannes hat ca. 200, das eines 40jährigen Mannes bereits 350 und das eines 60jährigen Mannes über 600 DNA-Replikationen hinter sich. Bei jeder Replikation besteht ein, wenn auch sehr geringes, Risiko des Einbaus eines falschen Nukleotid-Bausteins. Es ist lange bekannt, daß ältere Männer ein höheres Risiko haben, Kinder mit ***Achondroplasie*** zu zeugen. Diese Entwicklungsstörung der langen Röhrenknochen beruht bezeichnenderweise auf einer Punktmutation (im FGFR3-Gen auf Chromsom 4p). Deletionen in X-chromosomalen Genen (Dystrophin-Gen, Faktor-VIII-Gen) entstehen häufiger im weiblichen als im männlichen Geschlecht, vermutlich als Folge von fehlerhafter meiotischen Rekombination zwischen den beiden X-Chromosomen [11].

!

Nonsense-Mutationen bewirken in der Regel einen Funktionsverlust des betroffenen Genproduktes. Missense-Mutationen bedingen oft nur eine geringfügige oder überhaupt keine Funktionseinschränkung. Bei Deletionen, Insertionen und Spleißmutationen hängt die Schwere des Funktionsverlustes davon ab, inwieweit es zu einer Verschiebung des Leserasters kommt. Trinukleotid-Expansionen sind eine häufige Ursache neurodegenerativer Erkrankungen. Sie zeigen das Phänomen der Antizipation. Die Entstehung von Mutationen wird durch repetitive DNA-Sequenzen begünstigt. Punktmutationen entstehen in der väterlichen Keimbahn und nehmen mit dem väterlichen Alter zu. Deletionen entstehen überwiegend in der mütterlichen Keimbahn. Genmutationen werden durch die vergleichende Sequenzierung von Patienten- und Kontroll-DNA nachgewiesen.

1.4 Funktionsverlust, Funktionsgewinn, oder Funktionsänderung als pathogenetische Prinzipien einer Genveränderung

Loss-of-function-Mutationen. Der Funktionsverlust eines Gens kann verschiedene Ursachen haben. Bei autosomal dominant vererbten Gendefekten beruht der Funktionsverlust oft auf Haploinsuffizienz oder auf einem dominant-negativen Effekt. Bei autosomal-rezessiv vererbten Erkrankungen sind oft Gene betroffen, die für enzymatische Proteine kodieren. Die Funktionseinschränkung beruht hierbei zumeist auf einem Gen-Dosis-Effekt [4].

Haploinsuffizienz bedeutet, daß die Funktion eines Allels nicht ausreicht. Dieses pathogenetische Prinzip findet sich häufig bei Mutationen in Genen, die zelltyp-spezifische Proteine synthetisieren. Dazu gehören z. B. die ***Hämoglobingene***, die Gene für die ***LDL-Rezeptoren*** und die Gene für den ***C1-Esterase-Inhibitor*** (dessen Ausfall das ***hereditäre Angioneurotische Ödem*** verursachen). Bei diesen Genen reicht ein intaktes Allel auf Dauer nicht aus, um die jeweilige Organ- oder Zellfunktion sicherzustellen. Der Funktionsausfall von Genen mit Regulationscharakter, die unterhalb eines bestimmten Schwellenwertes nicht ausreichend funktionieren, wird ebenfalls durch Haploinsuffizienz erklärt. Hierzu gehören das PAX3-Gen, das für das ***Waardenburg-Syndrom*** verantwortlich ist, das PAX6-Gen, das beim Menschen das Fehlen der Iris bedingt, das GLI3-Gen, das eine komplexe Fehlbildung ***(Greig-Zephalopolysyndaktylie)*** verursacht, das Wilms-Tumor-Gen WT1, das RDS/Peripherin-Gen, das bei einer Form der ***Retinitis pigmentosa*** mutiert ist, und das KIT-Gen, das Pigmentierungsstörungen bedingt [1, 3].

Dominant-negative Genwirkung. Wenn der Ausfall einer Untereinheit bei multimeren Proteinen zum Funktionsausfall des Gesamtproteins führt, spricht man von dominant-negativer Auswirkung der Mutation. Ein klassisches Beispiel hierfür sind die Gene COL1A1 und COL1A2, die für das am weitesten verbreitete Kollagen unseres Körpers kodieren. Kollagen wird in der Form von Triple-Helices gebildet. Wenn eine oder mehrere der drei Ketten defekt ist, kommt es zum Funktionsverlust und vermehrten Abbau des Kollagens. Wie die Abb. 1.9 zeigt, kommt es bei der ***Osteogenesis imperfecta*** unter 7 von 8 möglichen Kettenkombinationen zum Einbau von zumindest einer defekten Kette, falls ein Allel des COL1A1-Gens mutiert ist [4].

Ein weiteres Beispiel für dominant-negative Genwirkung sind Mutationen in einer Reihe von Genen, die beim Menschen eine ***hypertrophe Kardiomyopathie*** mit dem Risiko des plötzlichen Herztods bedingen [12]. Hierzu gehören die Gene für beta-Myosin, alpha-Tropomyosin, Troponin T, Troponin I, die Gene für das kardiale Myosin-Bindungsprotein C sowie Mutationen in den Genen für die leichten Myosinketten vom Typ ELC und RLC. Die Produkte dieser Gene sind Teile von ***Multiproteinkomplexen*** (Aktin- und Myosinfilamente), bei denen sich der Ausfall einer Untereinheit nachteilig auf die Funktion des gesamten Komplexes auswirken kann.

Eines der am besten untersuchten Beispiele für dominant-negative Genwirkung ist das ***p53-Protein***, das in tetramerer Form bei DNA-Schädigungen aktiv wird. In Tumorgeweben bilden sich Tetramere aus mutierten und Wildtyp-Proteinen, welche funktionell verändert sind. Das mutierte Protein übt also einen dominant-negativen Effekt auf das Wildtyp-Protein aus. Der dominant-negative Effekt besteht in einer Verminderung der DNA-Bindungsfähigkeit des Komplexes aus Wildtyp- und mutiertem Protein. Helix-Loop-Helix-Proteine und Leukin-Zipper-enthaltendene Transkriptionsfaktoren binden, in ähnlicher Weise wie das p53-Tetramer, in zumindest dimerer Form an die DNA. Auch im Falle dieser Moleküle können sich dominant-negative Effekte einstellen, wenn ein defektes mit einem normalen Protein komplexiert. Auch Tyrosinkinase-Rezeptoren auf der Zelloberfläche sind ein gutes Beispiel für multimere Proteine, die beim Ausfall einer Untereinheit in ihrer Gesamtfunktion beeinträchtigt werden. Zum Beispiel kommt es bei der Megagangliose des Kolons ***(Morbus Hirschsprung)*** zu einem Funktionsverlust der durch das RET-Gen kodierten Tyrosinkinase im Sinne einer dominant-negativen Genwirkung [1].

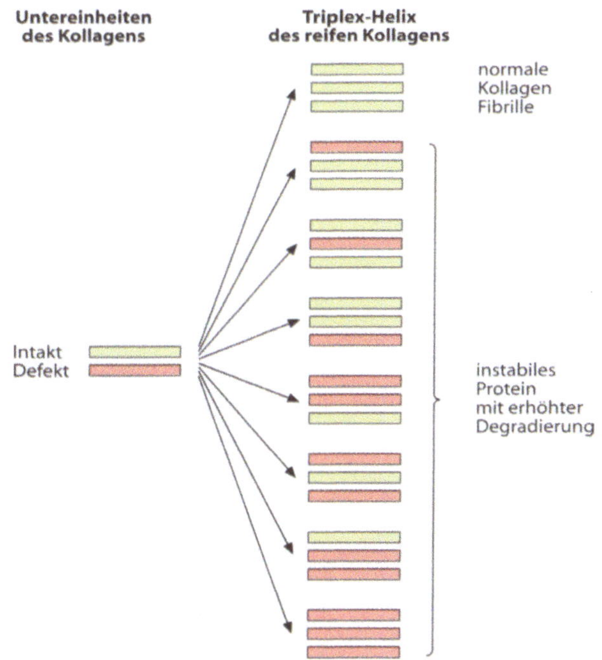

Abb. 1.9. Veranschaulichung des pathogenetischen Prinzips der dominant-negativen Genwirkung am Beispiel der trimeren Kollagen-Fibrille. Beim Ausfall eines Allels kommt es in 7 von 8 Möglichkeiten zum Einbau zumindest einer defekten Untereinheit. Derartige Proteine werden verstärkt degradiert, so daß es zu einer Funktionseinschränkung bzw. Funktionsausfall im betroffenen Bindegewebe oder Knochen kommt. Dies ist z.B. beim Krankheitsbild der Osteogenesis imperfecta („Glasknochenkrankheit") der Fall

Mutationen im Promotorbereich können die Transkriptionsrate eines Gens erhöhen oder verringern und damit die Genfunktion beeinträchtigen

Gain-of-function-Mutationen. Diese Arten von Mutationen sind beim Menschen bisher relativ selten. Ein Beispiel wäre die mutationsbedingte ständige Anschaltung des GNAS1-kodierten Rezeptors beim ***McCune-Albright-Syndrom*** (poly-ostotische fibröse Dysplasie) oder das ständige fehlerhafte Öffnen des SCN4A-kodierten Ionenkanals bei der ***Paramytonia congenita Eulenburg.*** Auch bei der Chorea Huntington wird vermutet, daß der expandierte Polyglutamin-Trakt zu einer vermehrten Protein-Interaktion führen könnte und in diesem Sinne eine Überfunktion darstellt. Prinzipiell würde man erwarten, daß „Gain-of-function"-Mutationen vorwiegend den ***Promotor-Bereich*** eines Gens betreffen. Dies wird im Falle des APOE-Gens vermutet, bei dem eine Promotor-Mutante mit der Bezeichnung -427T/C eine erhöhte transkriptionelle Aktivität aufweist [13].

> **!** Genmutationen können Verlust, Änderung oder Zugewinn an Genfunktion zur Folge haben. Die Funktionsbeinträchtigung durch dominante Mutationen beruht auf einem dominant-negativen Effekt oder auf Haploinsuffizienz. Dominante Mutationen manifestieren sich oft erst im höheren Lebensalter, zeigen Pleiotropie und variable Penetranz. Autosomal-rezessive Mutationen führen in der Regel zu metabolischen Störungen durch Ausfall von enzymatischer Aktivität. Sie manifestieren sich bereits im Kindesalter und treten gehäuft bei Blutsverwandtschaft auf.

1.5. Literatur

1. Strachan T, Read AP (1996) Molekulare Humangenetik. Spektrum akademischer Verlag, Heidelberg Berlin Oxford
2. Herbert A, Rich A (1999) RNA processing and the evolution of eukaryotes. Nat Genet 21:265-9
3. Aravind L, Koonin EV (1999) Gleaning non-trivial structural, functional and evolutionary information about proteins by iterative database searches. J Mol Biol 287:1023-40
4. Buselmaier W, Tariverdian G (1999) Humangenetik. Springer, Berlin, Heidelberg, New York
5. Vogel F, Motulsky AG (1997) Human Genetics, Springer, Berlin Heidelberg New York
6. Petronis A (1999) Alzheimer Disease and Down Syndrome: From Meiosis to Dementia. Exp Neurol 158:403-13
7. Lahn BT, Pagec DC (1997) Functional coherence of the Y-chromosome. Science 278:675-80
8. Ponder BAJ, Cavenee WK, Solomon E (1995) Genetics and Cancer: A Second Look. Coldy Spring Harbor Laboratory Press, New York
9. Lengauer C, Kinzler KW, Vogelstein B (1998) Genetic instabilities in human cancers. Nature 396:643-9
10. Singer M, Berg P (1992) Gene und Genome. Spektrum Akademischer Verlag, Heidelberg Berlin Oxford
11. Oldenburg J, Brackmann HH (1998) Diagnostik, Pathogenese und Klinik der Hämophilie A und B. In: Müller-Berghaus/Pötzsch (Hrgs) Haemostaseologie. Springer, Heidelberg Berlin New York
12. Unkelbach K, Vosberg HP (1999) Die Genetik der hypertrophischen Kardiomyopathie: Ursachen und Mechanismen. Med Genetik 11:261-6
13. Artiga MJ, Bullido MJ, Frank A et al. (1998) Risk for Alzheimer's disease correlates with transcriptional activity of the APOE gene. Hum Mol Genet 7:1887-92

2 Neoplasmen

K. Hübel, A. Engert, V. Diehl

EINLEITUNG Bei einem 53jährigen Chemiearbeiter, Raucher (ca. 10 Zigaretten/Tag), wurde anläßlich einer Routineuntersuchung ein Lungenrundherd mit einem Durchmesser von 3 cm im linken Unterlappen festgestellt und operativ entfernt. Histologisch konnte ein Plattenepithelkarzinom gesichert werden; die regionalen Lymphknoten waren, soweit ersichtlich, nicht befallen. Nach zwei Jahren stellte sich der Patient erneut vor aufgrund zunehmenden Durstgefühls, Sprachstörungen, Obstipation und mangelhaften Konzentrationsvermögens. Die eingeleitete Diagnostik ergab zwei Metastasen des Bronchialkarzinoms im Bereich des rechten Leberlappens; die Lunge war tumorfrei. Im Labor fand sich ein Kalzium-Spiegel von 2,8 mmol/l. Eine ambulant durchgeführte Chemotherapie konnte das Tumorwachstum zunächst stoppen und die Symptomatologie bessern. Der Patient verstarb jedoch 11 Monate später nach erneuter Krankheitsprogression.
Im vorliegenden Fall war das Zusammenwirken chemischer Karzinogene (hier: Chromat) und Zigarettenrauch ursächlich für die Entstehung des Bronchialkarzinoms verantwortlich. Die Hyperkalzämiesymptomatik ist auf eine Parathormonproduktion durch die Tumorzellen zurückzuführen.
Die malignen Neubildungen stellen nach den Herz-Kreislauf-Erkrankungen die zweithäufigste Todesursache der westlichen Welt dar. Jeder vierte Bundesbürger stirbt heute an Krebs, wobei die steigende Lebenserwartung zu einer stetigen Zunahme der Krebshäufigkeit führt. Nur eine fundierte Kenntnis der Tumorentstehung und des biologischen Verhaltens maligner Zellen kann die Tumortherapie verbessern.

2.1 Merkmale maligner Zellen

Die möglichst genaue Einordnung einer Neoplasie hinsichtlich ihrer Dignität ist Voraussetzung jeder Therapie

Neoplasien entstehen – und dies grenzt sie von anderen Gewebsvermehrungen ab – durch den Verlust der Wachstumskontrolle einer Zelle. Die Verhaltensweise und die Morphologie der entarteten Zelle bzw. Zellverbandes bestimmen die ***Dignität*** des Tumors:

- ***Benigne Neoplasien*** verdrängen das umliegende Gewebe, ohne es zu durchdringen ***(expansives Wachstum)***. Morphologisch sind sie dem Muttergewebe eindeutig zuzuordnen. Sie sind lokale Gebilde, infiltrieren nicht und setzen keine Metastasen (s. unten). Ihr Wachstum ist eher langsam.
- ***Maligne Neoplasien*** zeigen oft eine rasche Proliferation, ihr Wachstum ist ***autonom***, d.h. es entzieht sich physiologischen Kontrollmechanismen, sie wachsen ***destruierend*** und ***infiltrierend*** und sind in der Lage, ***Metastasen*** zu setzen. Ihre Morphologie reicht von gut differenzierten bis hin zu völlig entdifferenzierten Zellen, deren Herkunft nicht mehr erkennbar ist.

Nicht jede entartete Zelle läßt sich eindeutig nach diesen Kriterien beurteilen. Es existieren Übergangsformen, d.h. Geschwülste, die nur einen Teil der Charakteristika benigner oder maligner Neoplasmen erfüllen:

- ***Bedingt gutartige Tumoren*** zeigen zunächst einen gutartigen Verlauf, sind aber fähig, maligne zu entarten (z.B. bestimmte Formen der Chondrome).
- ***Semimaligne Tumoren*** wachsen infiltrierend, metastasieren jedoch nicht (z.B. Basaliome der Haut).
- ***Präkanzerosen*** gehen im Laufe ihres Wachstums mit hoher Wahrscheinlichkeit in eine maligne Form über (z.B. Leukoplakien der Mundschleimhaut).

Für den Kliniker wichtig ist die möglichst exakte Erfassung der Dignität; sie ist entscheidend für Therapie und Prognose: Da maligne Neoplasien lebensbedrohend sind, erfordern sie umgehend eine zielgerichtete Therapie. Hingegen kann bei benignen Geschwülsten u. U. der weitere Verlauf abgewartet werden. Jedoch können auch gutartige Tumoren letale Komplikationen verursachen, nämlich wenn ihr expansives Wachstum lebensnotwendiges Gewebe verdrängt (z. B. zerebrale Tumoren).

!

Jede Neoplasie sollte möglichst genau hinsichtlich ihrer Dignität eingeschätzt werden. Im Gegensatz zu benignen Tumoren, die expansiv, aber nicht infiltrierend wachsen, können maligne Tumoren metastasieren und sind potentiell in der Lage, den Tod des Patienten zu verursachen.

2.2 Ätiologie maligner Neoplasien

Die Ursache für die Entstehung maligner Neoplasien ist bis auf wenige Ausnahmen unklar; wertvolle Hinweise liefern jedoch epidemiologische Untersuchungen sowie die tierexperimentelle Forschung

Danach lassen sich verschiedene Gruppen krebsauslösender Faktoren, sogenannter ***Karzinogene***, differenzieren:

- ***Chemische Noxen***: Vielen chemischen Substanzen wird eine krebsauslösende Wirkung angelastet. Ein Großteil dieser Verbindungen beeinflußt körpereigene Enzymsysteme, wodurch es zur unphysiologischen Bildung bestimmter Verbindungen und zur Anhäufung „aktivierter" Substanzen kommt. Diese reagieren mit dem Erbgut der Zelle und können eine maligne Transformation (s. unten) hervorrufen. Als Beispiel sei das Benzpyren genannt, das in Autoabgasen und Tabakrauch vorhanden ist und in mehreren enzymatischen Schritten zum Benzopyren-7,8-diol-9,10-Epoxidum gewandelt wird, welches die karzinogene Wirkung entfaltet.

Auch einige Pharmazeutika, insbesondere zytostatisch wirkende Substanzen, müssen als karzinogen eingestuft werden. Hierzu zählen besonders ***Cyclophosphamid, Busulfan, Procarbazin*** und ***Thioharnstoff***.

- ***Physikalische Noxen***: Wichtigste Vertreter dieser Gruppe sind die ionisierenden Strahlen und das UV-Licht. Dosis und Dauer der Strahlenbelastung bestimmen dabei das Risiko, an einer Neoplasie zu erkranken. Beispiele sind die Hautkarzinome bei Physikern und Radiologen, die Bronchialkarzinome bei Arbeitern in der Radiumindustrie und die hohe Leukämierate bei Opfern der Atombombenkatastrophen in Japan. Kürzlich konnte auch ein Zusammenhang zwischen Strahlenbelastung nach Knochenmarkstransplantation und späterer Bildung solider Tumoren gesichert werden [3].
- ***Biologische Noxen***: Sowohl einige Bakterien als auch Pilzstämme gelten als karzinogen. Bekanntestes Beispiel sind Stoffwechselprodukte von Schimmelpilzen, die ***Aflatoxine***, die das Entstehen von Leber- und Magentumoren fördern.

Für den Menschen bedeutsamer scheint jedoch der Einfluß sogenannter ***Tumorviren*** zu sein. Schon 1774 stellte Bernard Peyrilhe in seiner Schrift *„Dissertatio academica de cancro"* als erster die Hypothese von einem karzinogenen Virus auf [11]. Tumorviren sind DNS- oder RNS-Viren, die ihr genetisches, onkogenes Material in das Genom der Wirtszelle integrieren können. Hinweise für eine virale Onkogenese beim Menschen gibt es für das Epstein-Barr-Virus (Burkitt-Lymphom), das HTLV 1 (adulte T-Zell-Leukämie), das Papillomavirus Typ 16 (Zervixkarzinom) und für das Hepatitis-B-Virus (Leberzell-Karzinom).

Wichtige kanzerogene Agenzien sind in Tabelle 2.1 zusammengestellt.

Individuelle Disposition: Auch wenn Krebs keine Erbkrankheit im Sinne der Mendelschen Gesetze ist, erhöhen bestimmte genetische Konstellationen das Risiko zur Bildung maligner Tumoren. Für einige Tumorleiden, z. B. dem familiären Retinoblastom, wurde sogar ein einziges Gen als prädisponierender Faktor identifiziert.

Schließlich stehen auch Alter, Ernährungsbedingungen und psychische Einflüsse als mögliche Faktoren bei der Karzinogenese zur Diskussion.

Bei der Ursachenforschung zur Bildung maligner Geschwülste stehen sowohl chemische Substanzen als auch radioaktive Strahlung, Tumorviren und Erbfaktoren im Mittelpunkt des Interesses.

2.3 Entstehungs- und Ausbreitungsmechanismus von Tumoren

Tumorinitiatoren können eine maligne Zelltransformation bewirken, Tumorpromotoren sind Voraussetzung des Tumorwachstums

Vorgang der malignen Transformation. Vieles spricht dafür, daß das Krebswachstum ***klonal*** erfolgt, also von einer einzigen, maligne entarteten Zelle seinen Ausgang nimmt. Diese Zelle vererbt ihre Eigenschaft an ihre Tochterzellen weiter. Somit müssen alle, im vorangegangenen Abschnitt genannten, krebsinduzierenden Noxen eines gemeinsam haben: Sie bewirken eine Änderung im Erbgut der Zelle. Diese Mutationen der DNS werden als ***Tumorinitiierung*** bezeichnet, die auslösende Noxe als ***Tumorinitiator***. Es handelt sich um kurzdauernde, noch reversible Ereignisse, die eine ***maligne Transformation*** der Zelle bewirken, alleine aber noch keine Zellproliferation auslösen. Zellen, die durch Tumorinitiatoren maligne transformiert sind, haben die Möglichkeit, mittels Reparaturmechanismen den Schaden zu beheben; sie gelten als ***potentielle Tumorzellen***. Erst in einer zweiten Phase, der ***Realisationsphase***, die auch Jahre nach der Initiierung beginnen kann, wird die potentielle Tumorzelle zu einer ***manifesten Tumorzelle***. Dieser Vorgang erfordert Tumorpromotoren, wobei der Mechnismus der Promotorwirkung noch weitgehend unklar ist. Es wird vermutet, daß sie DNS-Reparaturvorgänge hemmen oder auch immunsuppressiv wirken. Tumorpromotoren müssen – anders als die Initiatoren – über einen langen Zeitraum einwirken. Einige Noxen haben sowohl Initiator- als auch Promotorwirkung ***(komplette Kanzerogene)***; Tumorpromotoren alleine sind unwirksam. Die Abb. 2.1 und 2.2 stellen schematisch die Bildung eines malignen Tumors dar, Tabelle 2.2 nennt einige Tumorinitiatoren und -promotoren.

Der Mechanismus der malignen Transformation wurde eingehend im Tiermodell am Beispiel ***onkogener Viren*** untersucht. Onkogene Viren sind – im Gegensatz zu „herkömmlichen" Viren – nicht oder nur kaum infektiös. Auch vermehrt sich das Virus nicht in der Wirtszelle, sondern es integriert seine DNS in der infizierten Zelle. Bei RNS-Viren erfolgt vor diesem Schritt die Herstellung einer korrespondierenden DNS-Matrize durch die reverse Transkriptase. Molekulargenetische Analysen zeigten, daß nur bestimmte Genregionen der Virus-DNS, die ***v-Onkogene***, für die maligne Transformation verantwortlich sind. Erstaunlicherweise finden sich analoge Gene auch in der DNS normaler, nicht transformierter Zellen. Hier rufen sie jedoch als ***Protoonkogene*** keine maligne Entartung hervor. Vielmehr handelt es sich unter physiologischen Bedingungen um hochkonservierte Gene, die Zellproliferation und Zelldifferen-

Tabelle 2.1. Auswahl einiger Agenzien, die als Karzinogene für humane Tumoren identifiziert sind

Karzinogen	Neoplasie
Aflatoxin	Leber, Magen
Alkohol	Mundhöhle, Pharynx, Ösophagus, Larynx, Leber
Alkylanzien	Akute myeloische Leukämie, Blase
Androgene	Leber
Aromatische Amine	Blase
Arsen, Arsenate	Lunge, Haut, Leber
Asbest	Lunge, Pleura, Peritoneum
Benzidin	Blase
Benzol	Akute myeloische Leukämie
Benzpyren	Haut, Lunge
Beryllium	Lunge
Cadmium	Prostata, Lunge
Chromat	Lunge
Holzstaub	Nasennebenhöhlen
Immunsuppressiva	Non-Hodgkin-Lymphome
Ionisierende Strahlen	*Ubiquitär*
Mineralöl	Haut
Nickel	Lunge, Nasenraum
Nitrosamine	*Wechselnd, je nach Nitrosaminderivat*
Östrogne	Endometrium
Pestizide	Lunge, Non-Hodgkin-Lymphom
Phenacetin	Nierenbecken, Blase
Polyvinylchlorid	Leber, Lunge, Gehirn
Polyzyklische Kohlenwasserstoffe	Lunge, Haut
Ruß	Haut, Lunge
Senfgas	Lunge, Kopf-Hals-Tumoren
Steinkohlenteer	Haut, Lunge, Blase
UV-Licht	Haut, Retina
Tumorviren:	
Epstein-Barr-Virus	Burkitt-Lymphom
Hepatitis-B-Virus	Leberzell-Karzinom
Papillomavirus 16	Zervixkarzinom
HTLV-1	Adulte T-Zell-Leukämie

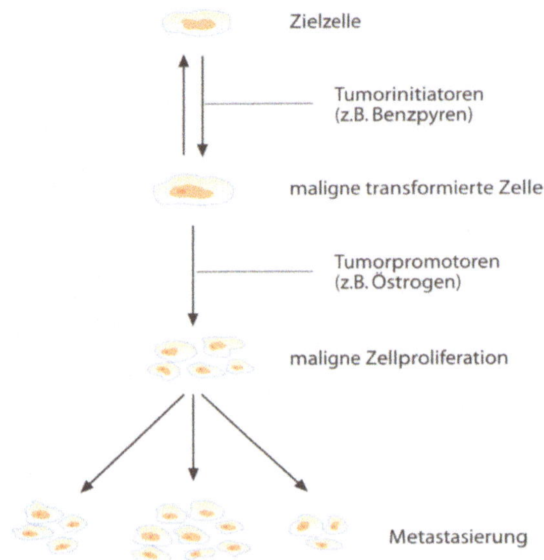

Abb. 2.1. Mehrschritthypothese der Tumorentstehung. Unter dem Einfluß von Tumorinitiatoren entsteht – noch reversibel – eine maligne transformierte Zelle. Erst nach Einwirkung von Tumorpromotoren kann die maligne Zellproliferation – nicht mehr reversibel – ausgelöst werden: Die Neoplasie wird manifest und besitzt die potentielle Möglichkeit zur Metastasierung

zierung steuern. Eine Aktivierung dieser Protoonkogene zu ***Onkogenen*** wird erst ermöglicht durch die Integration eines v-Onkogens (definitionsgemäß eine Mutation), aber auch durch Punktmutation (Austausch einer Aminosäure im Strukturgen, welches ein Protein kodiert), Translokation durch Crossover von DNS-Fragmenten auf den Chromosomen oder durch Genamplifikation, also der extrachromosomalen Kopie eines Protoonkogens (Abb. 2.3).

Tabelle 2.2. Beispiele für Tumorinitiatoren und Tumorpromotoren. Einige Substanzen haben sowohl Initiator- als auch Promotorwirkung

Tumorinitiatoren	Tumorpromotoren
Aflatoxin	Asbest
Arsen	Benzpyren
Asbest	Östrogene
Benzol	Phenobarbital
Benzpyren	Phorbolester
Nitrosamine	Saccharin
Polyvinylchlorid	Steinkohlenteer
Steinkohlenteer	

Onkogene entziehen sich physiologischen Regelmechanismen; die von ihnen kodierten ***Onko-Proteine*** können die eigene Zelle ***(autokrine Stimulation)*** oder andere Zellen ***(parakrine Stimulation)*** zur Proliferation anregen. Sie sind für die Produktion von Wachstumsfaktoren verantwortlich, fungieren als Wachstumsfaktorrezeptor auf der Zellmembran oder fördern die Signaltransduktion der Wachstumsimpulse vom Rezeptor ins Zellinnere (s. Abb. 2.3). Beispielsweise bewirken Punktmutationen des N-ras Onkogens bei der akuten myeloischen Leukämie eine Überflutung

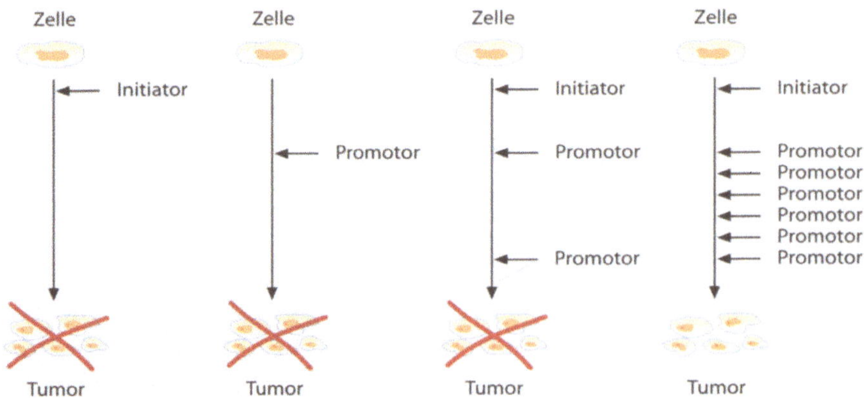

Abb. 2.2. Zeitmuster der multifaktoriellen Karzinogenese am Beispiel maligner Neoplasien der Maus. Nur durch das Einwirken eines Initiators und – nachfolgend – stetige, langandauernde Promotorenwirkung kann sich ein Tumor entwickeln

der Zelle mit wachstumsstimulierenden Signalen. Die Translokation (9;22; „Philadelphia-Chromosom") bei der chronisch myeloischen Leukämie verursacht die Verschmelzung des abl-Protoonkogens mit dem bcr-Gen und Bildung des bcr-abl-Fusionsgens, welches normalen Regulationsmechanismen nicht mehr unterliegt.

Mutationen, welche die Umwandlung von Protoonkogenen zu Onkogenen bewirken, sind somatischer Natur und haben keinen Einfluß auf die Keimbahn. Sie erklären folglich nicht die erbliche Prädisposition für Krebserkrankungen. Es müssen noch andere Gene vorhanden sein, deren Aktivierung oder Deaktivierung eine maligne Entartung bewirken. Hierbei handelt es sich um ***Suszeptibilitätsgene***; eine wichtige Untergruppe stellen die ***Tumor-Suppressor-Gene*** dar. Im Gegensatz zu Protoonkogenen führen diese Gene zu Krebs, wenn sie deletiert oder anderweitig inaktiviert werden. Auch sie sind auf vergleichbaren Ebenen wie die Protoonkogene wirksam, z. B. hemmen sie den Transfer von Wachstumssignalen im Zytoplasma. Als Prototyp gilt gegenwärtig das Tumor-Suppressor-Gen p53, dessen experimentelle Punktmutation Neoplasien von Kolon, Lunge, Ösophagus, Mamma, Gehirn und hämatopoetischem System auslösen kann. Auch üben p53-Mutationen in Verbindung mit dem Hepatitis-B-Virus eine karzinogene Wirkung auf die Leberzellen aus [12] .

! Die Tumorgenese ist ein Mehrschrittprozeß: nur durch den Einfluß von Tumorinitiatoren und – nachfolgend – -promotoren kann malignes Wachstum ausgelöst werden, wobei zwischen Initition und Promotion Jahre vergehen können. Durch somatische Mutation von Protoonkogenen oder durch Inaktivierung von Tumor-Suppressor-Genen werden zelluläre Onkogene aktiviert, die physiologischen Regelmechanismen nicht mehr gehorchen und die eigene Zelle zur Proliferation anregen.

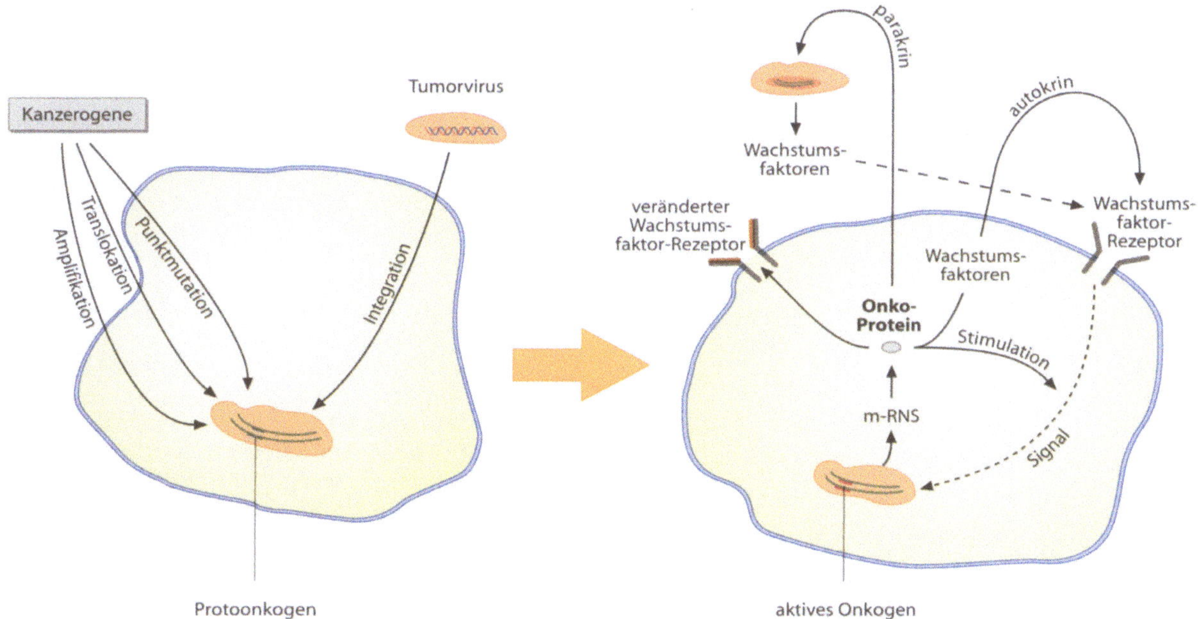

Abb. 2.3. Aktivierung eines Protoonkogens durch Integration einer Virus-DNA, durch Punktmutation, Translokation oder Genamplifikation. Das aktivierte Onkogen kann auf verschiedenen Ebenen ein Tumorwachstum beeinflussen: 1. über die Produktion von Wachstumsfaktoren, welche die eigene Zelle (autokrin) stimulieren; 2. durch die Stimulation einer zweiten Zelle zur Produktion von Wachstumsfaktoren (parakrin), welche dann auf der eigenen Zelle wirksam werden; 3. über den direkten Einfluß auf die Signaltransduktion im Zytoplasma; 4. durch die Kodierung eines veränderten Wachstumsfaktor-Rezeptors

Entscheidend für Tumorwachstum und zytostatische Therapie ist der Anteil proliferierender Zellen, welcher sich jedoch bei zunehmender Größe des Tumors verringert

Vorgang der Tumorzellvermehrung. Abgeleitet aus der Beobachtung, daß maligne Zellen infiltrierend und destruierend wachsen (s. unten) und physiologische Mechanismen der Kontakthemmung verlieren, wurde lange Zeit der Schluß gezogen, Tumorzellen würden grundsätzlich schneller wachsen als gesunde Zellen. Beim heutigen Wissensstand muß diese Annahme jedoch kritisch überdacht werden.

Prinzipiell durchläuft jede Zelle - ob maligne entartet oder nicht - den in 4–5 Phasen unterteilten Zellzyklus (Abb. 2.4): In der G_1-Phase werden die RNS, Proteine und Enzyme synthetisiert. In der S-Phase findet eine Verdopplung des gesamten Genoms statt. Als G_2-Phase wird der Abschluß der DNS-Synthese bis zum Beginn der M-Phase bezeichnet, in welcher die Kernteilung erfolgt. Zellen in der G_0-Phase befinden sich in Ruhe; sie haben den Zellzyklus vorübergehend verlassen, können aber nach entsprechender Stimulation jederzeit wieder eingeschleust werden. Schließlich gibt es noch Endzellen ohne Proliferationspotenz, welche sozusagen in eine Einbahnstraße gelangen, in der sie nach abschließender Differenzierung sterben. Ein alternativer Weg zu dieser terminalen Differenzierungsphase ist die ***Apoptose***. Hierunter wird der programmierte Zelltod überflüssiger Zellen verstanden. Eine fehlgesteuerte Apoptose scheint bei verschiedenen Erkrankungen, so bei der Entstehung neoplastischer Prozesse und der Ausbildung von Autoimmunerkrankungen, von Bedeutung zu sein [6].

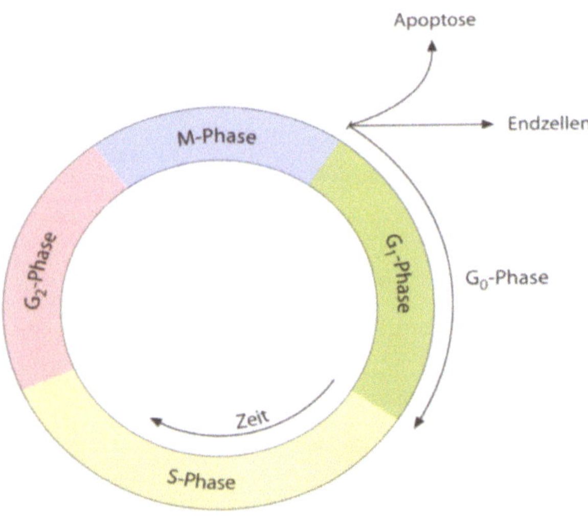

Abb. 2.4. Der Zellzyklus. Die G_1- oder postmitotische Ruhephase geht der Chromosomenverdopplungs- (S-) Phase voraus; die G_2-Phase dient als prämitotische Ruhephase, bevor in der M-Phase während Pro-, Meta-, Ana- und Telophase die Kernteilung erfolgt. Zellen in der G_0-Phase sind vorübergehend aus dem Zyklus ausgeschieden, können aber jederzeit wieder eintreten. Endzellen sind differenzierte Zellen ohne Proliferationspotenz. Unter Apoptose wird der programmierte Zelltod verstanden

Wichtig für die Tumorkinetik sind im Zusammenhang mit dem Zellzyklus die Begriffe ***Wachstumsfraktion*** und ***Differenzierungsfraktion***. Unter Wachstumsfraktion wird das Verhältnis der Anzahl proliferierender Zellen zur Gesamtzellzahl verstanden, die Differenzierungsfraktion bestimmt die Relation der Anzahl der Endzellen zur Anzahl der Zellen, die in die G_0-Phase eintreten.

Unter physiologischen Bedingungen besteht ein Fließgleichgewicht zwischen Zellproduktion und Zellverlust. Hierdurch wird gewährleistet, daß dem Zellverlust eine adäquate Zellvermehrung gegenübersteht und umgekehrt. Diese Dynamik ist bei malignen Zellen gestört. Nach erfolgter Vaskularisierung des Tumors (s.unten) nimmt das Wachstum gemäß der ***Gompertz-Wachstumskinetik*** [9] zunächst exponentiell zu, verlangsamt sich bei zunehmender Größe, um schließlich in eine Plateauphase überzugehen (Abb. 2.5). Große Tumoren zeichnen sich durch eine prolongierte ***Tumorverdopplungszeit*** aus, also die Zeitspanne, in der ein Tumor sein Volumen verdoppelt (Tabelle 2.3). Die Ursache für diese Kinetik liegt in der reduzierten Wachstumsfraktion großer Tumoren: Je umfangreicher die Tumormasse, desto mehr Zellen befinden sich in der G_0-Phase, umso mehr Zelldetritus befindet sich aber auch im sauerstoffunterversorgten Tumorzentrum. Auch scheint die Zellzykluszeit, also die Zeit, in der der Zellzyklus durchlaufen wird, bei großen Tumoren verlängert zu sein. Schließlich verliert ein wachsender Tumor zunehmend Zellen durch Metastasierung (s.unten). Es ist also nicht zwangsläufig richtig, daß neoplastische Zellen rasch proliferieren. Die Volumenzunahme eines Tumors wird bei zunehmender Größe weniger durch eine beschleunigte Zellvermehrung als vielmehr durch eine Anhäufung ruhender und toter Zellen bestimmt.

Für den Kliniker ist die Kenntnis dieser Zusammenhänge aus therapeutischen Überlegungen wichtig: Die meisten Zytostatika sind DNS-wirksam, können also nur die Zellen zerstören, die sich in der Pro-

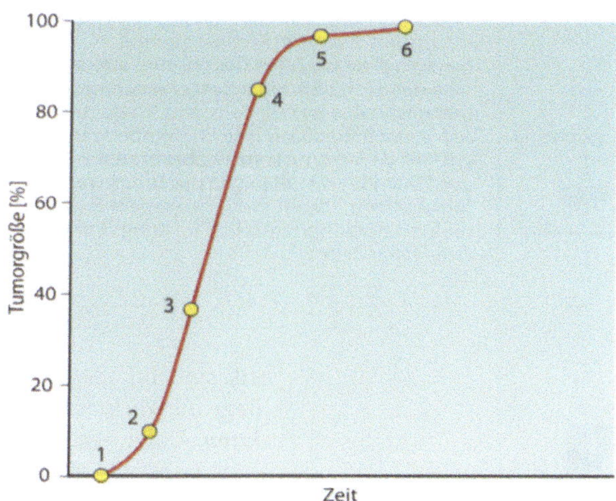

Punkt	Tumorgröße [%]	Wachstumsfraktion [%]	Wachstumsrate [%]
1	0,5	50	7
2	10	20	64
3	37	8	100
4	85	1	38
5	97	0,3	8
6	99	0,05	1

Abb. 2.5. Gompertz-Wachstum: Beziehung zwischen Tumorgröße, Wachstumsfraktion und Wachstumsrate. Die höchste Wachstumsfraktion findet sich zu Beginn des Tumorwachstums *(Punkt 1)*, der schnellste Anstieg der absoluten Tumorzellzahl ist im Wendepunkt der Kurve erreicht *(Punkt 3)*

liferationsphase befinden. Ruhende Zellen dagegen werden nicht erreicht. Diesem Sachverhalt trägt das ***Kompartment-Modell*** des Tumorwachstums Rechnung [5]: Im Kompartment A befinden sich die Zellen, die gerade den Zellzyklus durchlaufen, die also prinzipiell durch eine Chemotherapie vernichtet werden können. Das Kompartment B enthält die ruhenden Zellen der G_0-Phase, im Kompartment C befinden sich Endzellen und im Kompartment D tote Zellen (Abb. 2.6). Ziel jeder auf Zellvernichtung ausgerichteten Therapie muß es sein, möglichst viele Zellen in das Kompartment A zu bringen, beispielsweise durch Strahlentherapie oder wiederholte Chemotherapien. Hier wird auch der Stellenwert adjuvanter Therapiekonzepte, z. B. einer postoperativen Chemotherapie, unterstrichen, welche zum Ziel hat, unter der Nachweisgrenze liegende Metastasen (sogenannte Mikrometastasen) zu vernichten: Gemäß der Gompertz-Wachstumskurve (s. Abb. 2.5) sind gerade diese kleinen Tumoren durch eine hohe Proliferationsrate gekennzeichnet, befinden sich also vorzugsweise im Kompartment A.

Tabelle 2.3. Tumorverdopplungszeiten ausgewählter Neoplasien

Neoplasie	Volumenverdopplungszeit (Tage)
Burkitt-Lymphom	1
Akute lymphatische Leukämie	3–4
Morbus Hodgkin	3–4
Hodenkarzinom	5–21
Mammakarzinom	30–130
Bronchialkarzinom	39–134
Kolonkarzinom	80–96

Angiogenese. Nur ca. 150 μm vermag ein solider Tumor durch Diffusionsprozesse zu überleben, weiteres Wachstum setzt den Aufbau eines eigenen Kapillarnetzes voraus. Tumorzellen sind daher in der Lage, angiogene Substanzen, beispielsweise Fibrinogen oder Angiogenin, zu bilden und durch die Synthese von Proteasen den Gefäßen einen Weg zu bahnen. Auch der von den Endothelzellen selbst gebildete Fibroblastenwachstumsfaktor fördert die Vaskularisierung des Tumors [1].

Infiltration und Metastasierung sind die wesentlichen Charakteristika malignen Wachstums, die häufig zum Tod führen

Ausbreitungswege des Tumors. Entscheidend für die Prognose des Krebspatienten ist die Fähigkeit des Tumors zur ***Infiltration*** (Wachstum entlang natürlicher Gewebsspalten), ***Invasion*** (Fähigkeit zur Zerstörung der Basalmembran) und zur ***Metastasierung***, d. h. zur Ausstreuung von Tumorzellen und nachfolgender Bildung neuer maligner Zellpopulationen in fremden Geweben. Einige Tumortypen wachsen primär lokal destruierend, jedoch werden keine Metastasen gesetzt (z. B. Basaliome der Haut, Glioblastome), andere metastasieren bereits bei kleinem Primärtumor (z. B. Bronchialkarzinome). Die Invasivität eines Tumors hängt vorwiegend von seinem Gehalt an Kathepsin und Kollagenase ab, mit welcher die Basalmembran zerstört

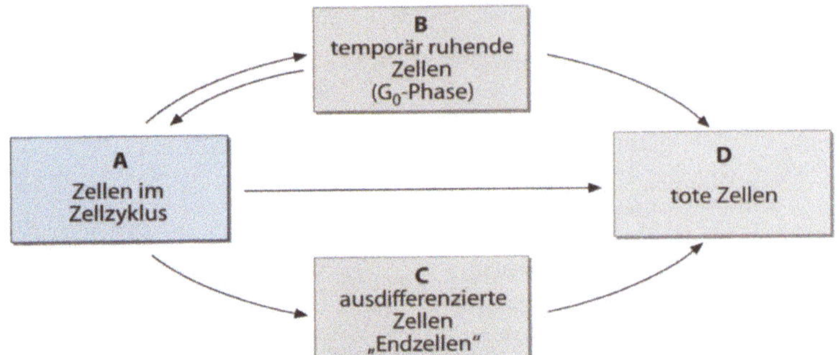

Abb. 2.6. Kompartment-Modell des Tumorwachstums. Zellen im Kompartment *A* nehmen aktiv am Zellzyklus teil, sind also entscheidend für die Wirksamkeit einer Chemotherapie. Zellen im Kompartment *B* befinden sich in der Ruhephase; eine Chemotherapie erreicht sie nicht, sie können aber erneut in den Zellzyklus eintreten und das Tumorwachstum wieder initiieren. Im Kompartment *C* sind die ausdifferenzierten Zellen, im Kompartment *D* die toten Zellen

werden kann. Die nachfolgende Metastasierung kann auf verschiedenen Wegen erfolgen:

- ***Lymphogen***: Die Tumorzellen gelangen entlang der Lymphabflußwege zu den regionalen Lymphknoten, von wo aus die Streuung über weitere Lymphbahnen oder auch über Blutgefäße in tumorferne Körperregionen ermöglicht wird. Dieser Metastasierungsweg ist sicherlich der häufigste; er begründet die Ausräumung regionaler Lymphknoten bei Operationen mit kurativer Zielsetzung. Jedoch muß beachtet werden, daß die lymphogene Metastasierung keinesfalls immer der hämatogenen Metastasierung vorgeschaltet ist (z.B. follikuläres Schilddrüsenkarzinom).
- ***Hämatogen***: Durch den Einbruch des Tumors in Blutgefäße kommt es zum Ausschwemmen der Zellen in entfernte Organsysteme mit nachfolgender Arretierung von Tumoremboli im Kapillarbett, Invasion ins Gewebe und Bildung neuer, maligner Zellpopulationen. Jedoch ist nur ein kleiner Teil der vom Blutstrom mitgerissenen Tumorzellen auch in der Lage, Metastasen zu bilden. Entscheidend hierfür ist eine Konstellation bestimmter Oberflächengene und Enzymmuster der malignen Zelle. Darüber hinaus scheinen organspezifische Abwehrvorgänge, Milieufaktoren sowie Gerinnungsvorgänge die Metastasierung zu beeinflussen. So ist es zu erklären, daß beispielsweise das Bronchialkarzinom vorzugsweise in Leber und Gehirn, das Prostatakarzinom hingegen meist ins Skelettsystem metastasiert. Auffallend selten ist die Milz von Metastasen betroffen.
- ***Kavitär***: Hierunter wird die Verschleppung von Tumorzellen innerhalb eines Hohlraums, insbesondere innerhalb seröser Höhlen, ferner im Liquorraum und entlang von Sehnenscheiden verstanden. Eine Absiedlung von Tumorzellen durch direkten Kontakt wird ***Abklatschmetastase*** genannt.

> **!** Das Wachstum eines Tumors folgt der Gompertz-Kinetik: Zu Beginn findet sich eine exponentielle Volumenvermehrung, bei wachsender Größe wird die Zunahme jedoch durch den hohen Anteil ruhender und toter Zellen bestimmt. Die Metastasierung der Tumoren kann lymphogen, hämatogen oder kavitär erfolgen.

2.4 Begleiterscheinungen malignen Wachstums

Tumorzellen können abnorme Stoffwechselwege aktivieren, wodurch sich ein Teil der Patientensymptomatik erklären läßt

Ein Arzt kann bei seinen Krebspatienten mit einer Vielzahl von Beschwerden konfrontiert werden. Hierzu zählen lokale Symptome, die durch das Tumorwachstum selbst entstehen. Beispiele sind durch den Verdrängungsprozeß hervorgerufene Schmerzen oder Stauungszeichen nach Gefäßkompressionen. Jedoch können auch unterschiedlichste Krankheitserscheinungen vom Tumor verusacht werden, obwohl ein ursächlicher Zusammenhang auf den ersten Blick nicht ersichtlich ist. Hier sind insbesondere die paraneoplastischen Syndrome (s. unten) zu nennen.

Zu den häufigsten Beschwerden der Tumorpatienten zählen Abgeschlagenheit, Krankheitsgefühl, Leistungsminderung, Gewichtsabnahme, Appetitlosigkeit, Fieber und depressive Verstimmung. Die Ursachen dieser Symptome sind weitgehend unklar. Eine häufig zu beobachtende Hypoglykämie der Patienten ist auf die „aerobe Glykolyse" der Tumorzellen zurückzuführen:

Auch bei ausreichendem Sauerstoffangebot bezieht die maligne Zelle ihre Energie aus dem Abbau von Glukose zu Laktat, welches dann in der Leber in energiereichen Prozessen wieder zu Glukose umgebaut wird (Glukoneogenese). Logische Folge dieses hohen Energieumsatzes ist die ***Tumorkachexie*** des Patienten, an deren Entstehung aber auch weitere Faktoren, sogenannte ***Toxohormone***, beteiligt sind, welche in den Stoffwechsel der Zelle eingreifen. Die in vielen Fällen vorhandene Appetitlosigkeit der Patienten wirkt sich ebenfalls fördernd auf die Kachexie aus. Häufig beobachtet man bei malignen Systemerkrankungen wie den Lymphomen Fieber nichtinfektiöser Genese, was vermutlich auf Tumorzerfallsprodukte oder auf bei immunologischen Abwehrmechanismen freiwerdende Substanzen zurückzuführen ist.

Auch die hämatologischen Begleiterscheinungen maligner Neoplasien sind mannigfaltig. Einige Tumoren aktivieren das Gerinnungssystem, andere wiederum die Fibrinolyse, wodurch Thrombophlebitiden oder eine erhöhte Blutungsneigung begünstigt werden. Bekannt ist ebenfalls die Tumoranämie, welche durch Tumorblutungen, Mangel an Vitamin B_{12} oder Folsäure, Verdrängung der normalen Erythropoese im Knochenmark oder durch Hämolyse der Erythrozyten hervorgerufen werden kann.

Paraneoplastische Syndrome. Rufen Produkte von Tumorzellen oder vom Tumor induzierte Autoimmunmechanismen eine ganz spezielle Konstellation von Symptomen hervor, spricht man von ***paraneoplastischen Syndromen***. Ihre Inzidenz ist selten (7–15 %), als Frühsymptome maligner Erkrankungen oder als Zeichen eines Rezidivs besitzen sie jedoch einen hohen klinischen Stellenwert. Am häufigsten wird eine neurologische Symptomatik (Psychosen, Enzephalopathien, Myelopathien, Neuropathien, Myopathien), eine endokrinologische Symptomatik oder eine dermatologische Symptomatik (z. B. Acanthosis nigrans, Dermatomyositis, Bazex-Syndrom) beschrieben. Letztere ist häufig vergesellschaftet mit einer ungünstigen Prognose [7]. Die endokrinologischen Symptome beruhen auf einer autonomen, unkontrollierten Hormonproduktion, häufig mit der Folge einer Stoffwechselentgleisung. Bekanntes Beispiel ist die Hyperkalzämiesymptomatik (Verwirrung, Schwäche, Obstipation) und das Cushing-Syndrom beim Bronchialkarzinom. Tabelle 2.4 zeigt eine Auswahl wichtiger Hormone und ihre Zuordnung zu bestimmten Neoplasien.

Tumormarker. Klinisch zunehmend an Bedeutung gewinnen Differenzierungsmarker, die von den neoplastischen Zellen sezerniert oder von ihrer Plasmamembran abgestoßen werden und die bei bestimmten Tumorleiden im Serum erhöht sind. Die Wertigkeit eines solchen ***Tumormarkers*** wird jedoch häufig falsch eingeschätzt. Kein Tumormarker ist 100 % sensitiv und 100 % spezifisch. Daher sind sie nicht zur Erstdiagnose einer Krebserkrankung geeignet. Ihre Bedeutung liegt vielmehr in der Verlaufskontrolle unter Therapie und im rechtzeitigen Erfassen eines Tumorrezidivs. Häufig sind Tumormarker Derivate von Blutgruppensubstanzen (z. B. CA 19–9) oder fetale Antigene. Hierbei handelt es sich um während der Entwicklung gebildete Glykoproteine, die normalerweise am Ende der Fetalperiode verschwinden, bei bestimmten Tumoren jedoch erneut ansteigen. Als wichtigste Beispiele sind zu nennen:

- ***α-Fetoprotein (AFP):*** Erhöhte Spiegel finden sich beim primären Leberzellkarzinom und dysontogenetischen Tumoren, aber auch bei Hepatitis und Leberzirrhose. Ein Anstieg im Verlauf einer Zirrhose kann Ausdruck einer beginnenden malignen Entartung sein.
- ***Carcinoembryonales Antigen (CEA)***: Eine vermehrte Expression dieses Antigens zeigt sich bei Adenokarzinomen, insbesondere des Kolons. Erhöhte Werte

Tabelle 2.4. Ausgewählte, „ektop" produzierte Hormone und ihre Bildungsstellen

Hormon	Neoplasie
ACTH	Bronchialkarzinom, Nierenkarzinom, Leberkarzinom
ADH	Bronchialkarzinom, Pankreaskarzinom, Prostatakarzinom
Erythropoietin	Hypernephrom, Hepatom, Bronchialkarzinom, Hämangioblastom
Gastrin	Pankreaskarzinom, Dünndarmkarzinom
Glukagon	Pankreaskarzinom, Dünndarmkarzinom, Nierenkarzinom
HCG	Bronchialkarzinom, Mammakarzinom, Hepatom, Hodenkarzinom, NNR-Karzinom
Kalzitonin	Bronchialkarzinom, Schilddrüsenkarzinom, Mammakarzinom
Parathormon	Bronchialkarzinom, Hypernephrom
Prolaktin	Hypernephrom, Mammakarzinom
Serotonin	Bronchialkarzinom, Karzinoid, Ovarialkarzinom

werden aber auch bei entzündlichen Veränderungen, z. B. der Bronchialschleimhaut, nachgewiesen.

- ***Prostata-spezifisches Antigen (PSA)***: Hierbei handelt es sich um einen hochspezifischen Tumormarker, dessen Bestimmung im Rahmen der Erstdiagnose, der Verlaufskontrolle und der Metastasendiagnostik beim Prostatakarzinom seinen Einsatz findet.

Tabelle 2.5 gibt einen Überblick über wichtige Tumormarker und die Organlokalisation des Primärtumors.

Tabelle 2.5. Wichtige Tumormarker und mögliche Organlokalisation des Primärtumors. Weniger häufige Tumorlokalisationen wurden in Klammern gesetzt

Tumormarker	Organ
AFP	Leber, Hoden, (Dottersack)
CA 19-9	Pankreas, Kolon, (Leber, Gallenwege, Ovar)
CA 15-3	Mamma, (Schilddrüse)
CA 125	Ovar, (Pankreas)
CEA	Kolon, Mamma, (Magen, Lunge, Schilddrüse, Leber)
HCG	Chorion, Hoden, (Mamma, Magen, Pankreas, Leber)
NSE	Lunge, Nervengewebe
PAP	Prostata
TPA	Lunge, Mamma, (Schilddrüse, Ovar)

AFP Fetoprotein; CA 19-9, 15-3, 125 durch monoklonale Antikörper charakterisierte Marker; *CEA* carcinoembryonales Antigen; *HCG* Humanes Choriongonadotropin; *NSE* Neuronspezifische Enolase; *PAP* Tartrathemmbare saure Prostataphosphatase; *TPA* Tissue Polypeptide Antigen

! Paraneoplastische Syndrome stellen eine heterogene Gruppe von Krankheitsbildern dar, die gehäuft mit bösartigen Erkrankungen assoziiert sind. Tumormarker sind von der neoplastischen Zelle gebildete Substanzen, die bei bestimmten Neoplasien im Serum ansteigen. Zur Erstdiagnose einer Krebserkrankung sind sie ungeeignet, liefern aber wichtige Hinweise in der Verlaufskontrolle.

2.5 Mechanismen der Tumorabwehr

Sowohl endogene, vom Wirtsorganismus gesteuerte Abwehrvorgänge, als auch exogene, also vom Arzt eingesetzte Therapiestrategien sind für die Bekämpfung maligner Zellen bedeutsam

Endogene Tumorabwehr. Die Expression tumorassoziierter Antigene bietet dem Immunsystem die Möglichkeit zur Einleitung einer gezielten Vernichtung der Tumorzelle. Nachweislich werden Antikörper gegen die embryonalen Antigene (s.oben) gebildet, da gegen sie keine Toleranz mehr besteht. Aber auch unspezifische Abwehrmechanismen sind bedeutsam: Durch ***γ-Interferon*** stimulierte Makrophagen produzieren Kachektin (Tumor-Nekrose-Faktor), welches einen nekrotischen Umbau zu fördern scheint [4]. Auch bestimmte Lymphozyten, sogenannte ***Natürliche Killer- (NK-) Zellen***, ***zytotoxische T-Zellen*** und das ***Komplementsystem*** spielen bei der Tumorbekämpfung eine zentrale Rolle. Dies spiegelt sich in der Beobachtung wider, daß Patienten mit immunologischen Defektzuständen ein erhöhtes Risiko besitzen, an neoplastischen Prozessen, insbesondere an Leukämien und Lymphomen, zu erkranken.

Jedoch kann sich die Tumorzelle durch eine Reihe von Mechanismen der körpereigenen Abwehr entziehen. Sind die tumorassoziierten Antigene durch neuraminsäurehaltige Glykoproteine maskiert, werden sie vom Immunsystem nicht erkannt. Beim sogenannten ***Shedding*** stößt die Tumorzelle den Antigen-Antikörper-Komplex vor erfolgter Lyse ab. Die mangelnde Haftung vieler Tumorantigene kann zu einer vorzeitigen Lösung führen mit der Folge, daß sich die Antigene an zirkulierende Antikörper von Lymphozyten binden und diese blockieren.

Der Stellenwert körpereigener Abwehrmechanismen ist also limitiert. Ihre Bedeutung liegt vor allem in der Vernichtung einzelner Tumorzellen oder sehr kleiner Tumorzellmassen. Hat sich einmal ein großer Tumor gebildet, können sie den Krankheitsprogreß kaum aufhalten.

Exogene Tumorabwehr. Therapeutisch steht heute eine Reihe von Möglichkeiten zur Verfügung, das Tumorwachstum zu bekämpfen. Primäres Ziel ist dabei die Entfernung und Zerstörung aller malignen Zellen. Größte Erfolgschancen bietet folglich das Stadium einer lokalen Tumorausdehnung. Zum Einsatz kommen hier die ***chirurgische Intervention*** und die ***Strahlentherapie***, welche zum Ziel hat, im Strahlenfeld liegende Tumorzellen direkt zu vernichten oder deren Erbgut zu schädigen. Ist der Tumor erst metastasiert oder handelt es sich um hämatopoetische oder lymphatische Neoplasien, helfen nur noch systemische Therapiekonzepte. Hier ist vor allem die ***Chemotherapie*** zu nennen.

Auch wenn eine zytostatische Therapie bei vielen Tumorleiden nur palliativen Wert hat, sind die Erfolge durch die Einführung neuer Substanzen und Therapiekombinationen unübersehbar. War die Diagnose „Hodentumor“ vor 20 Jahren ein sicheres Todesurteil, so werden heute Heilungsraten von über 80 % erzielt. Ähnliches gilt für das Chorionkarzinom der Frau oder die akuten lymphatischen Leukämien bei Kindern. Auch viele Lymphomtypen bei Erwachsenen sind durch eine Kombinationschemotherapie heilbar. Eine Reihe weiterer Tumoren spricht zumindest zeitweise auf Zytostatika an, woraus ein Überlebensgewinn und eine Linderung der Beschwerden resultieren. Hierzu zählen beispielsweise das Mammakarzinom, das Bronchialkarzinom oder die niedrigmalignen Non-Hodgkin-Lymphome.

Die meisten Chemotherapeutika entfalten ihre Wirkung über eine Hemmung von Synthese und Replikation der DNS oder RNS, wodurch die Zellteilung gestört wird. Nach Skipper wird dabei unabhängig von der Gesamtzellzahl des Tumors durch eine bestimmte Dosis immer ein fester Prozentsatz von Tumorzellen abgetötet [10]. Die im Vergleich zu vielen anderen Geweben hohe Mitoserate der neoplastischen Zellen bietet die Basis für eine effektive Therapie. So können hochmaligne Non-Hogkin-Lymphome mit rasch proliferierenden Tumorzellen kurativ behandelt werden, niedrigmaligne Non-Hodgkin-Lymphome hingegen nicht. Allerdings limitiert genau diese Tatsache – worauf auch schon hingewiesen wurde – den Erfolg vieler Chemotherapien: Ruhende Tumorzellen, die sich in der G_0-Phase befinden, werden durch die Therapie nicht erreicht, können aber bei Wiedereintritt in den Zellzyklus ein erneutes Tumorwachstum induzieren. In diesem Zusammenhang muß auch ein zweites Problem genannt werden, mit dem sich die Zytostatikatherapie konfrontiert sieht: Nicht nur Krebszellen, sondern auch gesunde Körperzellen mit hoher Mitoserate (vor allem Zellen den hämatopoetischen Systems, Zellen des Darmepithels, Keimzellen, Haarfollikelzellen) werden geschädigt. Dies erklärt häufige Nebenwirkungen einer Chemotherapie: Anämie, Blutungen, Infektionen, Erbrechen, Durchfall, Infertilität und Haarausfall.

Die Einteilung der Zytostatika erfolgt gemäß ihres Wirkungsmechanismus:

- ***Antimetabolite*** hemmen, beispielsweise als Folsäure, Pyrimidin- oder Purinantagonisten, wichtige Stoffwechselwege der Tumorzellen.
- ***Alkylierende Substanzen*** führen Alkylgruppen in die Nukleinsäure ein.
- ***Spindelgifte*** interagieren mit dem Mikrotubulusapparat und arretieren den Zellzyklus in der Mitosephase.

Tabelle 2.6. Zusammenstellung wichtiger Substanzen der einzelnen Zytostatikagruppen

Zytostatikagruppe	Substanzen
Antimetabolite	Cytarabin
	5-Fluorouracil
	6-Mercaptopurin
	Amethopterin
	6-Thioguanin
Alkylierende Substanzen	Melphalan
	Chlorambucil
	Cyclophosphamid
	Busulfan
	Carmustin
	Lomustin
	Nimustin
	Ifosfamid
	Stickstofflost
Spindelgifte	Vinblastin
	Vincristin
	Podophyllotoxin
Antibiotika	Actinomycin D
	Bleomycin
	Mitomycin
	Doxorubicin
	Daunorubicin
	Epirubicin
	Idarubicin
	Mitramycin
Enzyme	Asparaginase
Sonstige	Hydroxyharnstoff
	Carboplatin
	Cisplatin
	Etoposid
	Teniposid
	Procarbazin
	Dacarbazin
	Taxol
	Taxotere

- Zytostatische ***Antibiotika*** lagern sich reversibel an die DNS an und verhindern dadurch die Replikation.
- ***Enzyme*** greifen in bestimmte, von ihnen katalysierte Stoffwechselwege ein.

Jedoch muß festgestellt werden, daß die Wirkmechanismen vieler Zytostatika unklar sind bzw. ihre Kenntnis auf experimentellen Modellen beruht, die nicht ohne weiteres auf den Menschen übertragbar sind.

Tabelle 2.6 zeigt wichtige Substanzen der einzelnen Zytostatikagruppen.

Neben diesen „konventionellen“ Krebstherapien werden gegenwärtig auch andere interessante Therapieansätze verfolgt. Beispiele sind die ***Hormontherapie*** oder die ***Immuntherapie*** [8]. Ist das Muttergewebe der Tumorzellen sensibel für bestimmte Hormone, besitzt eventuell auch die Tumorzelle entsprechende Rezeptoren und kann durch konkurrierende Hormongaben geschädigt werden. Beispiele sind die Glukokortikoidtherapie bei akuten lymphatischen Leukämien und Lymphomen, die Östrogengabe beim Prostatakarzinom und die Behandlung einiger Mammakarzinome mit Androgenen.

Eine Immuntherapie kann ***spezifisch*** oder ***unspezifisch*** erfolgen. Die Stimulierung des Immunsystems, beispielsweise durch ***Interferon-α***, ***Interleukin-2*** oder ***Wachstumsfaktoren*** (***aktive*** Immuntherapie), hat bei einigen Erkrankungen zu günstigen Ergebnissen geführt (Haarzelleukämie, chronisch myeloische Leukämie). Die spezifische Immuntherapie, z. B. durch den Einsatz nativer oder an Toxine gekoppelter ***monoklonaler Antikörper*** (***passive*** Immunisierung), steht erst am Beginn der klinischen Prüfung [2].

! Dem körpereigenen Abwehrsystem stehen eine Reihe von Möglichkeiten zur Verfügung, Tumorzellen zu vernichten, beispielsweise durch die Erkennung tumorassoziierter Antigene. Die Tumorzelle wiederum kann sich durch verschiedene Mechanismen dieser Abwehr entziehen. Zytostatika greifen in den Prozeß der Zellteilung ein und können so Tumorzellen mit hoher Mitoserate, aber auch schnell proliferierende Körperzellen schädigen.

2.6 Literatur

1. Blood CH, Zetter BR (1990) Tumor interactions with the vasculature: angiogenesis and tumor metastasis. Biochim Biophys Acta 1032: 89–118
2. Bodey B, Siegel SE, Kaiser HE (1996) Human cancer detection and immunotherapy with conjugated and non-conjugated monoclonal antibodies. Anticancer Res 16 (2): 661–674
3. Curtis RE, Rowlings PA, Deeg HJ, et al. (1997) Solid cancers after bone marrow transplantation. N Engl J Med 336: 897–904
4. Fidler IJ (1985) Macrophages and metastasis: a biological approach to cancer therapy: Presidential Address. Cancer Res 45: 4714–4726
5. Gause A, Pfreundschuh M, Diehl V (1994) Allgemeine internistische Onkologie. In: Classen M, Diehl V, Kochsiek K (Hrsg) Innere Medizin, 3. Aufl., Urban & Schwarzenberg, München Wien Baltimore
6. Hale AJ, Smith CA, Sutherland LC, et al. (1996) Apoptosis: molecular regulation of cell death. Eur J Biochem 236 (1): 1–26
7. Kurzrock R, Cohen PR (1995) Cutaneous paraneoplastic syndroms in solid tumors. Am J Med 99 (6): 662–671
8. Lupulescu AP (1996) Hormones, vitamins, and growth factors in cancer treatment and prevention. A critical appraisal. Cancer 78 (11) 2264–2280
9. Norton L, Simon R, Brereton HD, Bogden AE (1976) Predicting the course of Gompertzian growth. Nature 264: 542–545
10. Skipper HE, Schnabel FM Jr, Wilcox WS (1964) Experimental evaluation of potential anticancer agents XII. On the criteria and the kinetics associated "with curability" of experimental leukemia. Cancer Chemother Rep 35: 1–111.
11. Sournia, Poulet, Martiny (1983) Illustrierte Geschichte der Medizin, Bd 8: 2849–2879, Andreas-Verlag, Salzburg
12. Uchida T, Takahashi K, Tatsuno K, Dhingra U, Eliason JF (1996) Inhibition of hepatitis-B-virus core promoter by p53: implications for carcinogenesis in hepatocytes. Int J Cancer 67 (6): 892–897

3 Immunsystem, Infektion und Abwehr

R. E. Schmidt

EINLEITUNG **Fall 1.** Ein 32jähriger Patient klagt seit einigen Tagen über Fieber und zunehmenden Husten. Bei der klinischen Untersuchung zeigt sich ein kachektischer Patient mit Mundsoor und auskultatorisch abgeschwächten Atemgeräuschen über der Lunge. Das Röntgenbild des Thorax ergibt lediglich eine geringgradig verstärkte retikuläre Zeichnung. Erst in der bronchoalveolären Lavage zeigt sich nach mikroskopischer Untersuchung der Nachweis von Pneumocystis-carinii-Erregern. Aufgrund der hier vorliegenden opportunistischen Krankheitserreger kann die Diagnose einer Immundefizienz vermutet werden. Die Zahl der $CD4^+$-Helferzellen liegt bei 150/μl, der HIV-Antikörpertest ist positiv, die Viruslast für HIV ergibt 1.650.000 Kopien/ml Plasma. Zusammenfassend liegt hier das Krankheitsbild einer im Stadium ***CDC III diagnostizierten HIV-Infektion*** vor, die durch Behandlung der opportunistischen Infektion sowie einer antiretroviralen Kombinationstherapie in die Remission gebracht werden kann.
Fall 2. Ein 28jähriger Mann klagt immer wieder über neu auftretende eitrige Bronchitiden. Solche Infektionen wurden bei ihm häufiger als bei anderen, bis zu 5mal im letzten Jahr, einhergehend mit Fieber, beobachtet. Ansonsten bestehen keinerlei weitere Beschwerden. Nur dauert es jedesmal recht lange, bis unter antibiotischer Therapie die Bronchitis abklingt. Diese Anamnese deutet auf das Vorliegen eines humoralen Immundefektes. Die Untersuchung der Immunglobulinkonzentrationen im Blut ergibt die Immunoglobuline G, A und M unterhalb der Nachweisgrenze. Der intrakutane Test auf Recall-Antigene ist positiv. Bei dem Patienten wird nach ausführlicher Diagnostik das ***Krankheitsbild eines variablen Immundefektsyndroms*** festgestellt. Durch regelmäßige intravenöse Substitution mit Immunglobulinen kann sein Antikörperspiegel > 6 g/l erhalten werden. Seitdem zeigt der Patient Wohlbefinden und ist wieder voll leistungsfähig.
Fall 3. Eine 40jährige Frau wird nach einem Bienenstich im Kreislaufschock in die Notfallaufnahme gebracht. Die Patientin erhält Noradrenalin und eine Schockbehandlung und kann wieder stabilisiert werden. Anamnestisch stellt sich heraus, daß sie Bienenzüchterin ist und offenbar einen anaphylaktischen Schock erlitten hat. Als Ursache stellt sich eine ***schwere Bienengiftallergie*** heraus, die mittels des Nachweises von spezifischem IgE und einer entsprechenden Prick- und Intrakutantestung diagnostiziert wird. Durch eine vorsichtige Desensibilisierungstherapie wird erreicht, daß die Patientin fortan vor solchen lebensgefährlichen anaphylaktischen Reaktionen geschützt ist und weiterhin ihrem Hobby als Imkerin nachgehen kann.

3.1 Allgemeine Pathophysiologie des Immunsystems

Das Abwehrsystem schützt den menschlichen Organismus vor körperfremden Stoffen durch angeborene unspezifische Abwehrmechanismen wie Phagozytose und Entzündung sowie durch spezifische Immunität.

Beim Immunsystem handelt es sich um eine biologische Funktionsheit, die auf exogene Reize (Antigene) mit spezifischen Antikörpern (humorale Immunität) oder spezifischen Lymphozyten (zelluläre Immunität) reagiert

Aufbau des Immunsystems. Das Immunsystem umfaßt primäre lymphatische Organe wie das Knochenmark und den Thymus als Orte der B- und T-Lymphozytendifferenzierung sowie sekundäre lymphatische Organe wie die Lymphknoten und die Milz. Daneben zählt man dazu das darmassoziierte lymphatische Gewebe mit den Rachen- und Gaumenmandeln und den Peyer-Plaques (GALT). Auch das bronchienassoziierte (BALT) und mukosaassoziierte (MALT) lymphatische Gewebe sind als Barriere gegenüber Infektionen von außen von großer Bedeutung [16]. Weiterhin zählen zum Immunsystem zahlreiche humorale und zelluläre Elemente des peripheren Blutes [5, 6].

Natürliche Immunität. Zum natürlichen oder angeborenen Immunsystem gehören im wesentlichen die ***phagozytischen Zellen*** wie Monozyten und Makrophagen, aber auch die Granulozyten mit ihren verschiedenen Formen. Von diesen Freßzellen können Mikroorganismen aufgenommen und vernichtet werden, ohne ihnen früher schon einmal begegnet zu sein. Als ***humorale Elemente*** der angeborenen Immunität sind noch das Komplementsystem, Zytokine und Chemokine sowie die für die Opsonisation vorhandenen Proteine wie C-reaktives Protein, Alpha-2-Makroglobulin etc. zu nennen [5].

Erworbene Immunität. Wie alle ***zellulären Elemente*** des Immunsystems stammen auch die T- und B-Lymphozyten aus hämatopoetischen $CD34^+$-Stammzellen des Knochenmarkes ab. Die $CD3^+$-T-Lymphozyten entwickeln sich im Thymus unter Einfluß von Zytokinen, HLA-Antigenen und Fremdantigenen zu spezifischen T-Lymphozyten. Sie bestehen aus zwei Gruppen, nämlich den ***zytotoxischen*** $CD8^+$**-T-Zellen** und den ***CD4*** $^+$ **-Helfer-T-Zellen,** die andere Zellen wie B-Zellen oder Makrophagen aktivieren (Abb. 3.1). Die ***B-Lymphozyten*** differenzieren nach ihrer Aktivierung in Plasmazellen, die Antikörper produzieren.

Sowohl B- als auch T-Lymphozyten tragen an ihrer Oberfläche vielgestaltige Rezeptoren. Dabei ist jeder Lymphozyt mit einem Rezeptor ausgestattet, der für ein bestimmtes Antigen spezifisch ist. Mit Hilfe dieser unterschiedlichen Rezeptoren können die Lymphozyten eine unendliche Zahl von Antigenen erkennen [11].

Beim Antigenrezeptor der B-Lymphozyten handelt es sich um die membrangebundene Form des Antikörpers, den die Zellen sezernieren [12].

Die Antikörper werden als ***Immunglobuline*** bezeichnet, von denen wir je nach verwendeter schweren Kette neben fünf Isotypen innerhalb des IgGs noch verschiedene Subklassen unterscheiden (Abb. 3.2). Für das Verständnis der humoralen Immunantwort und der Immundefekte ist der sogenannten Immunglobulinklassenwechsel z. B. von IgM nach IgG wichtig.

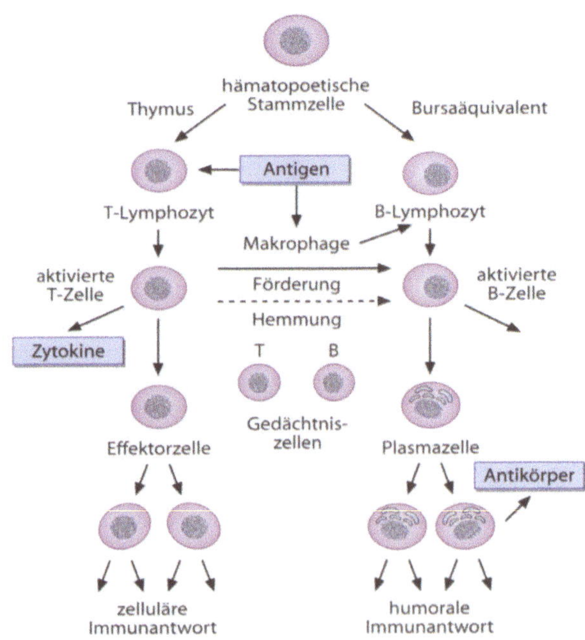

Abb. 3.1. Die Entwicklung von T- und B-Lymphozyten aus der hämatopoetischen Stammzelle. Antigene und Zytokine sowie T- und B-Zellkooperation spielen eine wichtige Rolle beim Aufbau der Immunantwort

Der Antigenrezeptor der T-Zelle dient der spezifischen Aktivierung dieser Lymphozyten nach Antigenerkennung. Die Rezeptoren bestehen aus einem T-Zellrezeptor (TCR) aus Alpha- und Betaketten, die dann noch mit dem die Aktivierung vermittelnden CD3-Komplex vergesellschaftet sind (Abb. 3.3).

Die natürlichen Killer (NK)-Zellen sind zwischen der natürlichen und spezifischen Immunität anzusiedeln. Sie spielen in der Virus- und Tumorabwehr eine wichtige Rolle und sind sowohl mit Fc-Rezeptoren für die Antikörper-abhängige zelluläre Zytotoxizität (ADCC) als auch ihre zytotoxische Aktivität regulierenden Rezeptoren (KIR) ausgestattet.

!

Das Immunsystem setzt sich aus Elementen der angeborenen oder natürlichen Immunität sowie der erworbenen Immunität zusammen. Phagozyten, natürliche Killer-Zellen, T- und B-Lymphozyten repräsentieren dabei die zellulären, Komplement, Zytokine und Antikörper die humoralen Bestandteile.

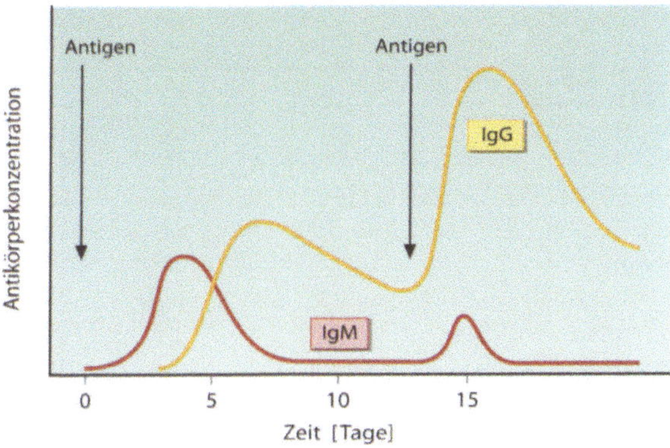

Abb. 3.2. Primäre und sekundäre Antwort der Antikörperproduktion. In der Primärantwort werden überwiegend IgM, in der Sekundärantwort überwiegend IgG, also hochaffine und ausgereifte Antikörper, produziert

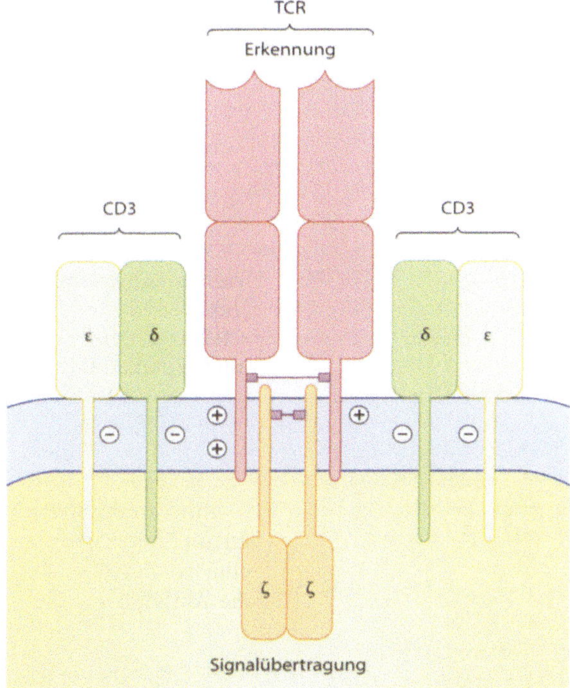

Abb. 3.3. CD3-T-Zellrezeptorkomplex. Der Rezeptor für Antigene auf der Oberfläche von T-Zellen besteht aus 8 Polypeptidketten. Davon sind die α- und β- bzw. γ- und δ-Kette über Di-Sulfidbrücken gebunden und bilden das T-Zellrezeptorheterodimer. Vier andere Ketten, die alle zusammen als CD3 bezeichnet werden, sind für den Transport an die Zelloberfläche und im Zusammenwirken mit dem Homodiner aus ζ-Ketten für die Signaltransduktion verantwortlich. Störungen dieser Expression und Interaktion werden bei Immundefekten beobachtet

Die Zusammenarbeit zwischen den verschiedenen Zellen des Immunsystems erfolgt über Zelloberflächenstrukturen und Zytokine

Zelloberflächenstrukturen und Zellkooperation. Neben den Antigenrezeptoren und damit verbundenen Strukturen (CD3, CD20) und T-Rezeptoren (CD16, CD32, CD64) tragen die Lymphozyten, aber auch Granulozyten oder Makrophagen, zahlreiche Zelloberflächenstrukturen, mit deren Hilfe eine Identifizierung von Zellsubpopulationen mittels monoklonaler Antikörper möglich ist. Nach internationaler Konvention werden die so erkannten Strukturen als CD-Antigene (Cluster of Differentiation) bezeichnet [7]. Primär spielen sie eine wichtige Rolle für die Funktion der Zelle als Rezeptoren für Antigene, Immunglobuline, Komplementkomponenten und Liganden wie Viren bzw. Zytokine. Sie haben aber ebenfalls eine große Bedeutung gewonnen für die Diagnostik im Hinblick auf die Zusammensetzung der Zellsubpopulationen und die Erkennung von Defektexpressionen für bestimmte Oberflächenstrukturen (Tabelle 3.1).

Entscheidend für die Funktion einzelner Zellen als auch für die Zellkooperation sind die Zelloberflächenmoleküle. So ermöglichen Adhäsionsmoleküle (Selektine, Integrine usw.) die Bindung der Zellen an Zellwände und Krankheitserreger. Andererseits können aber auch T- und B-Zellen eng miteinander kooperieren, um eine effektive Antikörperproduktion zu bewirken (s. Abb. 3.1). Auch antigenpräsentierende Zellen wie dendritische Zellen oder Makrophagen können nur bei Expression entsprechender Oberflächenstruk-

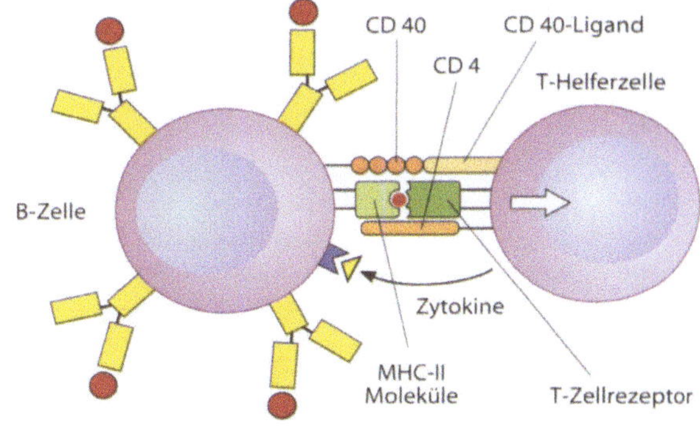

Abb. 3.4. T-B-Zellkooperation. Die Interaktion zwischen T- und B-Zellen setzt eine Bindung des T-Zellrezeptors an Antigen und MHC-Molekülen, von CD40-Ligand an CD40 sowie zusätzliche Einwirkung von Zytokinen voraus

Tabelle 3.1. Ausgewählte Zelloberflächenantigene (CD-Strukturen)

CD-Antigen	Zellen, die das Antigen exprimieren	Struktur und Funktion
CD2	T, NK, Thymozyten	Adhäsionsmolekül, das an CD58 (LAF-3) bindet; bindet an lck in der Zelle und aktiviert T- und NK-Zellen
CD3b	Thymozyten, T-Zellen	assoziiert mit T-Zellrezeptor, wichtig für TCR-Expression und Signalübertragung, enthält ITAM-Sequenzen und bindet an Tyrosinkinasen im Zytoplasma
CD4	CD4$^+$-Helferzellen, Monozyten, Makrophagen	Korezeptor für MHC-Klasse-II-Moleküle, bindet lck zytoplasmatisch, Rezeptor für gp120 von HIV-1 und -2
CD8	CD8$^+$ zytotoxische T-Zellen (etwa 1/3 der peripheren T-Zellen)	Korezeptor für MHC-Klasse-I-Moleküle, bindet lck zytoplasmatisch
CD10	B- und T-Vorläufer	Zinkmetalle, Proteinase, Marker für akute lymphatische Leukämie der Prä-B-Zellen
CD11a	Leukozyten, breit	α^L-Untereinheit des Integrins LFA-1 (assoziiert mit CD18); bindet an CD54 (ICAM-1, ICAM-2 und ICAM-3)
CD11b	M, G, NK	α^M-Untereinheit des Integrins CR3 (assoziiert mit CD18); bindet CD54-Rezeptor für C3bi und extrazelluläre Matrixmoleküle
CD11c	M, G, NK, B-Subpopulation	α^X-Untereinheit des Integrins CR4 (assoziiert mit CD18), bindet Fibrinogen
CD14	M, (G), LHC	Rezeptor für den Komplex des LPS und LPS-bindendem Protein (LBP)
CD16	NK, G, Makrophagen	α-Kette des niedrigaffinen Fc-Rezeptors FcγRIII; vermittelt Phagozytose und Antikörper-abhängige zellvermittelte Zytotoxizität (ADCC)
CD18	Leukozyten, breit	$\beta 2$-Untereinheit der Integrine, bindet an CD11 a, b, und c
CD19	B	bildet Komplex mit CD21 (CR2) und CD81 (Korezeptor für B-Zellen), zytoplasmatische Domäne bindet Tyrosinkinasen und IP3-Kinase
CD20	B-Zellen	möglicherweise Beteiligung an der Regulation der B-Zellaktivierung
CD21	reife B-Zellen, FDC	Rezeptor für C3bi, C3dg und Epstein-Barr-Virus, identisch mit CR2, bildet mit CD19 und CD81 Korezeptor für B -Zellen
CD23	reife B-Zellen, akt. Makrophagen, Eosinophile, FDC, ThR	niedrigaffiner Rezeptor für IgE, reguliert IgE-Synthese, Ligand für CD19
CD26	akt. T- und B-Zellen, M	Exopeptidase, Dipeptidylpeptidase IV
CD28	Subpopulationen von T-Zellen, akt. B-Zellen	Aktivierung naiver T-Zellen; Rezeptor für kostimulierendes Signal (Signal 2), bindet CD80 (B7.1) und B7.2
CD30	akt. T-, B- und NK-Zellen, M	bindet CD30L; verstärkt Proliferation von B- und T-Zellen
CD31	Thrombozyten, M, G, B, (T)	Adhäsionsmolekül; vermittelt Endothel-Leukozyten-Wechselwirkung
CD34	hämatopoetische Vorläuferzellen, Kapillarendothel	Ligand für CD62L (L-Selektin)
CD35	Erythrozyten, B, M, G, FDC	Komplementrezeptor 1 (CR1); bindet C3 b und CD, vermittelt Phagozytose
CD38	frühe B und T, akt. T, B-Zellen in Keimzentren, Plasmazellen	NAD-Glykohydrolase; verstärkt B-Zellproliferation
CD40b	Makrophagen, TC, Epithelbasalzellen	bindet CD40L, Korezeptor für stimulatorische Signale für B-Zellen; Amplifizierung und Isotypwechsel von B-Zellen sowie Zytokinproduktion bei Makrophagen und dendritischen Zellen
CD40L	akt. CD4 T	Ligand für CD40
CD44	Leukozyten, Erythrozyten	bindet Hyaluronsäure; vermittelt Adhäsion der Leukozyten
CD45	alle Leukozyten	Tyrosinphosphatase; erhöht Signalvermittlung über T- und B-Zellrezeptor

Tabelle 3.1. (Fortsetzung)

CD-Antigen	Zellen, die das Antigen exprimieren	Struktur und Funktion
CD45RO	Untergruppe von T und B, M, Makrophagen	Isoform von CD45
CD45RA	B-Zellen, Subpopulation von T, naive Zellen, M	Isoform von CD45 mit A-Exon
CD45RB	Subpopulation von T, B, M, Makrophagen, G	Isoform von CD45 B-Exon
CD48	Leukozyten	Blast-1
CD49d	B, Thymozyten, M, G, dendritische Zellen	α^4 Integrin, bindet mit CD29, bindet Fibronectin, MAD-CAM-1, VCAM-1
CD52	Leukozyten, breit	CAMPATH-1, Zielmolekül für therapeutische Antikörper
CD54	hämatopoetische und nicht hämatopoetische Zellen	interzelluläres Adhäsionsmolekül, ICAM-1, bindet das CD11 a/CD18 Integrin (LFA-1) und das CD11 b/CD18 Integrin (MAC-1), Rezeptor für Rhinoviren
CD55	hämatopoetische und nicht hämatopoetische Zellen	„decay-accelerating factor" (DAF), bindet CD3 b, spaltet C3/C5 Konvertase
CD56	NK, akt. T-Zellen	Isoform des neuralen Zelladhäsionsmoleküls N-CAM
CD57	NK, Subpopulationen von T, B und M	Oligosaccharid; auf vielen Zelloberflächenproteinen
CD58	hämatopoetische und nicht hämatopoetische Zellen	„leukocyte function associated antigen 3" (LAF-3), bindet CD2-Adhäsionsmolekül
CD59	hämatopoetische und nicht hämatopoetische Zellen	bindet Komplementkomponenten C8 und C9, verhindert Zusammensetzung des membranangreifenden Komplexes, GPI-gebunden
CD62e	Endothelien	„leukocyte adhesion molecule" (ELAM), vermittelt Rollen der neutrophilen Zellen am Endothel
CD62l	B, T, M, NK	Leukozytenadhäsionsmolekül (LAM), bindet CD34, vermittelt Rollen am Endothel
CD64	M, Makrophagen	hochaffiner Rezeptor für IgG; bindet IgG3 > IgG1 > IgG4 > > > IgG2; vermittelt Phagozyten auf Seiten von Antigenen, ADCC, identisch mit FcγRI
CD71	alle proliferierenden Zellen	Transferrinrezeptor
CD80		Costimulator, Ligand für CD28 und CTLA-4 (= B7)
CD95	aktivierte Zellen	bindet TNF-ähnliche Fas-Liganden, induziert Apoptose (= Apo 1, Fas)
CD102	Lymphozyten, M, Endothelzellen	bindet CD11 a/CD18 (LFA-1) (= ICAM-2)
CD106	Endothelzellen	Adhäsionsmolekül, Ligand für VLA-4 (CD49 d)
CD114	G, M	Rezeptor für Granulozytenkoloniestimulierenden Faktor (G-CSF)
CD115		Rezeptor für Makrophagenkoloniestimulierenden Faktor (M-CSF)
CD117	hämatopoetische Vorläuferzellen	Rezeptor für den Stammzellfaktor (SCF)
CD119	Makrophagen, M, B, Endothel	Rezeptor für Interferon-γ
CD120a	hämatopoetische und nicht hämatopoetische Zellen, Epithelzellen	TNF-Rezeptor, bindet sowohl TNFα als auch TNFβ
CD122	NK, Populationen von T, einige B-Zellinien	β-Kette des IL-2-Rezeptors
CD124	B und T, hämatopoetische Vorläuferzellen	IL-4-Rezeptor
CD128	G, Subpopulationen T	IL-8-Rezeptor

Abkürzungen: *T* – T-Zellen; *B* – B-Zellen; *M* – Monozyten; *G* – Granulozyten; *NK* – NK-Zellen; *LHC* – epidermale Langerhans-Zellen; *FDC* – follikuläre dendritische Zellen.

turen, z. B. CD40 und dem HLA-Molekül, die Antigene effektiv an die zu aktivierenden T-Zellen präsentieren (Abb. 3.4 und 3.5). Die T-Zellen können Antigene nur erkennen, wenn sie ihnen von antigenpräsentierenden Zellen in Assoziation mit den HLA-Antigenen der Zelle dargeboten werden. In der Zellkooperation werden außerdem Zytokine, z. B. Interleukin-2, u. a. für die ***Differenzierung und Proliferation von B-Zellen*** und für die ***Aktivierung anderer T-Zellen*** benötigt.

Zytokine. Nach Stimulation produzieren die Zellen des Immunsystems Substanzen, die wieder andere Zellen differenzieren und aktivieren können. Proteine mit Molekulargewichten zwischen 20.000 und 80.000 kD werden heute als Interleukine oder bei Chemoattraktion induzierender Aktivität auch als Chemokine bezeichnet (eine Auswahl ist in Tabelle 3.2 dargestellt). Sie werden hauptsächlich von Makrophagen, aber auch von $CD4^+$-T-Lymphozyten oder NK-Zellen produziert. Als ***interzelluläre Botenstoffe*** werden sie in geringen Mengen sezerniert und sind sowohl lokal als auch systemisch wirksam. Sie wirken über entsprechende Zytokinrezeptoren und verstärken so die Immunantwort.

!

Die Zellkooperation erfolgt über Zelloberflächenstrukturen wie Antigenrezeptoren und Adhäsionsmoleküle, aber auch über Zytokine und Chemokine. Die Zellkooperation zwischen Lymphozyten, Granulozyten und Makrophagen erfolgt über Zelloberflächenstrukturen wie Antigenrezeptoren und Adhäsionsmoleküle, aber auch Zytokine und Chemokine. Letztere wirken über entsprechende Zytokinrezeptoren.

Die beiden Eiweiße Antikörper und Komplement vermitteln als humorale Bestandteile wichtige Effektormechanismen des Immunsystems

Antikörper. Im Verlauf der Reifung der B-Zellen im Knochenmark wird festgelegt, welches Antigen spezifisch durch den von dieser B-Zelle produzierten Antikörper erkannt wird. Die Termination erfolgt durch ***somatische Rekombinationen der VDJ-Gene*** wie beim T-Zellrezeptor. Durch wenige Keimbahngene werden die Einzelteile des Immunglobulinmoleküls so zusammengeführt (rearrangiert), daß durch Milliarden von Antikörpern die unterschiedlichsten Antigene erkannt werden können.

Zunächst wird IgM, später IgG und dann andere Ig-Klassen wie IgA und IgE gebildet. Durch ***Umschalten*** oder ***Klassenwechsel*** wird die Spezifität für das Antigen erhalten, aber das Gen für die C-Region durch somatische Rekombination ausgetauscht. Die Zytokine wie Interleukin-4 und Interleukin-5 sind entscheidend am Klassenwechsel beteiligt. Hochaffine Antikörper gegen Toxine, Viren oder Bakterien können diese zwar neutralisieren, aber nicht den Wirt vor der Infektion schützen und das Pathogen eliminieren. Aus diesem Grunde bedient sich der Organismus sogenannter ***Fc-Rezeptoren*** auf einer Vielzahl von akzessorischen Effektorzellen, die jeweils spezifisch für das Fc-Fragment von Antikörpern eines bestimmten Isotyps sind. Solche akzessorischen Zellen sind entweder phagozytischer Natur wie Makrophagen und polymorphkernige neutrophile Granulozyten oder töten antikörperbeladene Bakterien ab wie natürliche Killerzellen. Eosinophile und Mastzellen setzen verschiedene Mediatoren, z. B. bei Infektionen und Allergien, frei, wenn ihre Fc-Rezeptoren besetzt werden. Die Fc-Rezeptoren auf die-

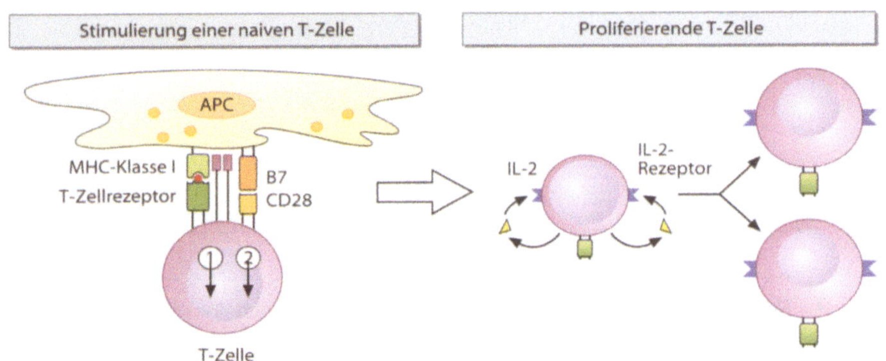

Abb. 3.5. Dendritische Zellen exprimieren B7 und aktivieren über das CD28-Molekül auf T-Zellen in Zusammenarbeit mit einem zweiten Signal, vermittelt über das Antigen auf dem MHC-Klasse-I-Molekül und den T-Zellrezeptor, naive T-Lymphozyten zur Vermehrung und Differenzierung. Die so stimulierten T-Zellen produzieren dann wiederum selbst das Wachstumshormon Interleukin-2. Durch gleichzeitig vermehrte Expression des IL-2-Rezeptors stimulieren sie so ihre eigene Proliferation

Tabelle 3.2. Zytokine und Rezeptoren

Zytokinfamilie	Zytokin	produzierende Zellen	Wirkungen
Hämatopoietine	Interleukin-2 (T-Zellwachstumsfaktor)	B-Zellen	Proliferation von T- und NK-Zellen; B-Zelldifferenzierung
	Interleukin-4	T-Zellen, Mastzellen	B-Zellaktivierung, IgE-Wechsel
	Interleukin-6	T-Zellen, Makrophagen	Wachstum und Differenzierung von T- und B-Zellen; Produktion von Akutphaseproteinen, wie z. B. CRP
	G-CSF (Granulozyten-Kolonie-stimulierender Faktor)	Fibroblasten	stimuliert Entwicklung und Aktivierung neutrophiler Zellen
	Interleukin-15 (T-Zellwachstumsfaktor)	T-Zellen	IL-2-ähnlich
	GM-CSF (Granulozyten-Makrophagen-Kolonie-stimulierender Faktor)	Makrophagen, T-Zellen	stimuliert Wachstum und Differenzierung von myelomonozytischen Zellen
Interferone	Interferon-γ	T-Zellen, NK-Zellen	Aktivierung von Makrophagen, erhöht MHC-Expression
	Interferon-α	Leukozyten	erhöht MHC-Klasse-I-Expression, antivirale Wirkung
	Interferon-β	Fibroblasten	erhöht MHC-Klasse-I-Expression, antivirale Wirkung
TNF-Familie	TNF-α (Kachektin)	Makrophagen, NK-Zellen	lokale Entzündungen, Endothelaktivierung
	TNF-β	T-Zellen, B-Zellen	Abtöten, Endothelaktivierung
	Ligand	T-Zellen	Apoptose, teils immunabhängige Zytotoxizität
Chemokine	Interleukin-8	Makrophagen, andere	Chemotaxis von Granulozyten und T-Zellen
	MCP-1	Makrophagen	Chemotaxis von Monozyten
	MIP-1α	Makrophagen	Chemotaxis von Monozyten, T-Zellen, Eosinophilen
	MIP-1β	T-Zellen, B-Zellen, Monozyten	Chemotaxis von Monozyten, T-Zellen
	RANTES	T-Zellen, Blutplättchen	Chemotaxis von Monozyten, T-Zellen, Eosinophilen
Andere	TGF-β	B-Zellen, Chondrozyten, Monozyten	Zellwachstum, entzündungshemmend
	IL-1α	Makrophagen, Epithelzellen	Fieber, T-Zellaktivierung, Makrophagenaktivierung
	IL-10 (Zytokinsyntheseinhibitor)	T-Zellen, Makrophagen	Inhibitor für Makrophagenfunktionen
	IL-12 (NK-Zellen-stimulierender Faktor)	B-Zellen, Makrophagen	aktivieren NK-Zellen

sen Zellen werden jeweils durch die Antikörper, die an der Oberfläche von Pathogenen gebunden sind, stimuliert [3]. Dann können die opsonisierten extrazellulären Pathogene aufgenommen und vernichtet werden.

Komplement. Beim Komplement handelt es sich um eine System von Plasmaproteinen, die durch Antikörper aktiviert werden können. Daraus erfolgt eine ***Kaskade von Reaktionen***, die auf der Oberfläche von

Krankheitserregern abläuft und zu neuen aktiven Komplementkomponenten mit verschiedenen Effektorfunktionen führt (Abb. 3.6). Wir unterscheiden drei Arten der Komplementaktivierung, nämlich den klassischen Weg durch Antigen-Antikörperkomplexe ausgelöst, den durch Lectin aktivierten Weg und den alternativen der Komplementaktivierung. Allen drei Arten der Komplementaktivierung ist gemeinsam, daß am Beginn eine Reihe von Reaktionen steht, die zur Bildung einer Enzymaktivität, nämlich der C3-Konvertase führt. Diese spaltet C3 und bildet die aktive Komplementkomponente C3b. Die Bindung von C3b-Molekülen an das Pathogen ist das zentrale Ereignis der ***Komplementaktivierung***. Ebenso wird C3b von spezifischen Komplementrezeptoren auf phagozytischen Zellen erkannt. Auch Leukozyten tragen einen C3b-spezifischen Komplementrezeptor [5, 6, 10]. Dadurch können Immunkomplexe transportiert bzw. phagozytiert werden. Über C3b, C3bi und C3d, an Antigene gebunden, werden B-Zellen aktiviert und Antigen-Antikörperkomplexe an dendritische Zellen in Keimzentren gebunden. Die kleinen Spaltprodukte C3a und C5a sind Anaphylatoxine, die auch Phagozyten zu Infektions- und Entzündungsherden anlocken (Chemoattraktion). Über das C3b-Fragment setzt die Bildung des membranangreifenden Komplexes ein, über den Pathogene aber auch körpereigene Zellen im Fall von Autoimmunprozessen lysiert werden können. Regulatorische Proteine auf Zelloberflächen kontrollieren in vivo die Komplementaktivierung und verhindern eine Gewebeschädigung bei unbeabsichtigter Bindung. Mit ebensolchen komplementregulatorischen Proteinen wie bei der paroxysmalen nächtlichen Hämoglobinurie (PNH; GPI-Anker-, PIG-A-Defekt) kommt es zur intravaskulären Lyse von Erythrozyten [15].

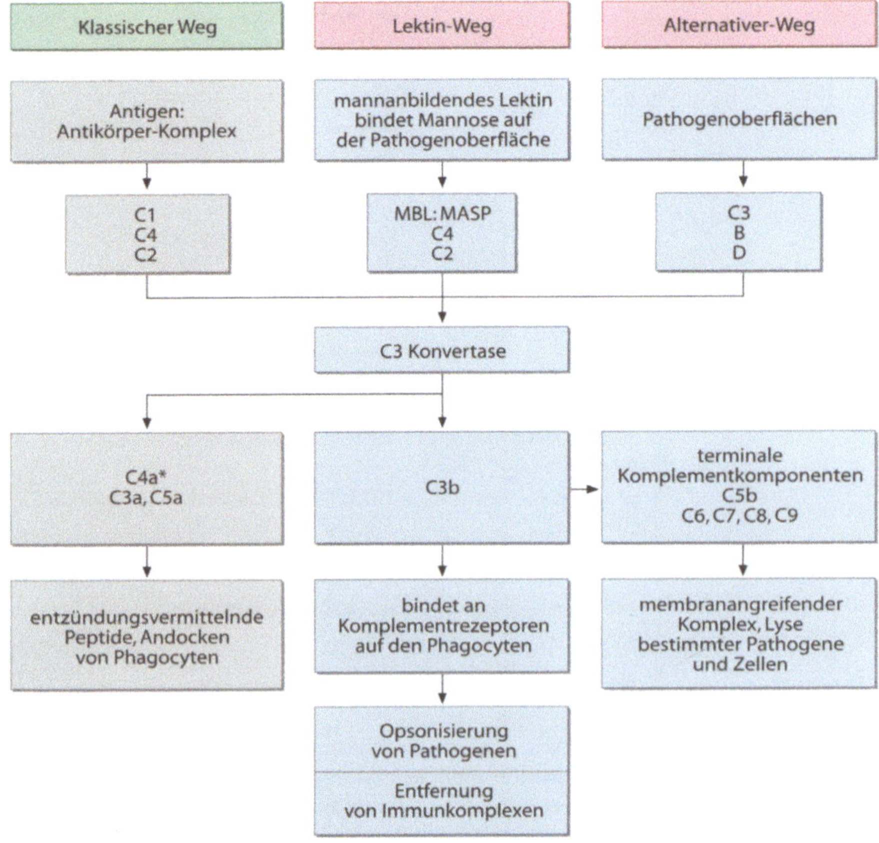

Abb. 3.6. Wege und Komponenten der Aktivierung des Komplementsystems. Das Komplementsystem kann über den klassischen Weg, Antigen-Antikörper-Komplex, den alternativen Weg, Pathogenoberflächen, oder den Lektin-Weg aktiviert werden. Dabei entsteht über verschiedene Spaltreaktionen auf allen drei Wegen eine Enzymaktivität, nämlich die C3-Konvertase. Diese spaltet die Komplementkomponente C3 in C3b und C3a. Durch Bindung an Bakterien und C3b-Rezeptoren auf Phagozyten werden Pathogene und Immunkomplexe entfernt. Andererseits können über terminale Komplementkomponenten die Membran angreifende Komplexe mit nachfolgender Lyse von Bakterien oder Zellen entstehen. Die sogenannten Anaphylatoxine C3a, C4a und C5a vermitteln Entzündungen

! Antikörper vermitteln die spezifische, Komplement die unspezifische humorale Immunantwort. Beide Systeme wirken jedoch eng zusammen in der Abwehr von Infektionen und der Pathogenese von Erkrankungen.

Die wichtigste Fähigkeit des Immunsystems ist die Ausbildung einer Toleranz gegenüber körpereigenem Gewebe im Normalzustand

Diese Toleranz entsteht im wesentlichen durch klonale Deletion differenzierender T- und B-Zellen und klonale Inaktivierung von reifen T- und B-Zellen in der Peripherie. Die Antigene können vom Immunsystem auch ignoriert werden, wenn sie sich in sogenannten immunologisch priviligierten Kompartimenten befinden. Wenn der Zustand der Toleranz, z. B. durch Auftreten von Infektionen gegenüber Selbst unterbrochen wird, so kann es zu ***Autoimmunreaktionen*** kommen. Autoreaktive Zytotoxizitätszellen und aktivierte Makrophagen führen dann zu Gewebsschäden wie beim systemischen Lupus erythematodes. Die gleichzeitige Unterstützung der T-Zellen in der Produktion von autoreaktiven Antikörpern durch die T-Zellen kann ebenfalls zu Krankheiten führen, wie z. B. in Form von Immunkomplexerkrankungen, Vaskulitiden, Immunthrombopenien oder autoimmunhämolytischen Anämien. In den Kapiteln „Rheuma“ und „Hämato-Onkologie“ wird darauf genauer eingegangen.

Selbstverständlich spielt das Fehlen einer Toleranz gegen fremdes Gewebe auch eine wichtige Rolle in der heutigen Transplantationsmedizin. Diese Reaktion führt entweder zur hyperakuten, akuten oder chronischen Abstoßung von fremden Organen. Auch die chronische Organdysfunktion hängt wahrscheinlich mit dem Fehlen der Toleranz zusammen.

Die Pathogenese des Immunsystems wird verständlich aus den verschiedenen Reaktionsformen, die sowohl bei der Abwehr von Krankheitserregern als auch in der Pathogenese entzündlicher Erkrankungen eine Rolle spielen

Die nachfolgend diskutierten Entzündungsmechanismen wurden ursprünglich als ***Überempfindlichkeits-*** oder ***Hypersensibilitätsreaktionen nach Gell und Coombs*** benannt (Abb. 3.7). Je nach beteiligten Elementen des Immunsystems wurden die Reaktionen in vier Typen eingeteilt, die jedoch selten isoliert, sondern in der Regel überlappend auftreten. Da diese pathogenetischen Reaktionen jedoch nicht nur bei Allergien, sondern auch im Rahmen der Autoimmunität als auch als normale Abwehrreaktionen auftreten, sollen sie hier vor Diskussion einzelner Krankheitsgruppen dargestellt werden.

Die Reaktionstypen I, II und III werden vorwiegend durch humorale Antikörper vermittelt und treten in der Regel sofort nach Applikation des Antigens auf (Reaktionen vom Sofort-Typ). Typ IV beruht auf der Wechselwirkung von Antigen und sensibilisierten Zellen und hat sein Reaktionsmaximum 1–2 Tage nach Antigenapplikation (Spät-Typ) (s. Abb. 3.7).

Die Reaktionsform Typ I, anaphylaktischer Typ, wird vor allem durch die Freisetzung von Mediatoren aus mit IgE-sensibilisierten Mastzellen vermittelt

Bestimmte immunogene Substanzen (Allergene) wie Hausstaub, Pollen oder Medikamente führen bei genetisch prädisponierten Personen zur Bildung von IgE-Antikörpern. IgE-Antikörper haben eine hohe Affinität zu den FcεRI-Rezeptoren auf Mastzellen und basophilen Leukozyten. Bei Bindung und nachfolgender Kreuzvernetzung der FcεRI-Rezeptoren kommt es zur Aktivierung dieser Zellen und zur Freisetzung von Histaminen und anderen vasoaktiven Aminen aus den Mastzellen, Vasodilatation und Permeabilitätssteigerung der Kapillaren sowie Kontraktion der glatten Muskulatur [5].

Aus den Wirkungen dieser gefäßaktiven Entzündungsmediatoren ergeben sich die klinischen Zeichen wie Urtikaria, Asthma, Diarrhoe bis hin zum anaphylaktischen Schock.

Beim Reaktionstyp II vom zytotoxischen Typ wird die Hypersensibilitätsreaktion durch Antikörper vom Typ des IgG und IgM ausgelöst

Die im Rahmen einer Immunisierung gebildeten spezifischen Antikörper können gegen Zelloberflächenantigene, z. B. gegen Blutzellen wie Erythrozyten oder Thrombozyten, aber auch gegen Schilddrüsenzellen

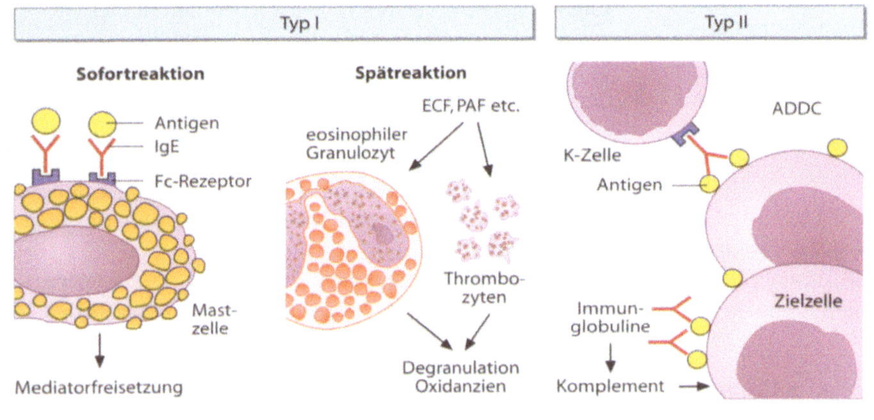

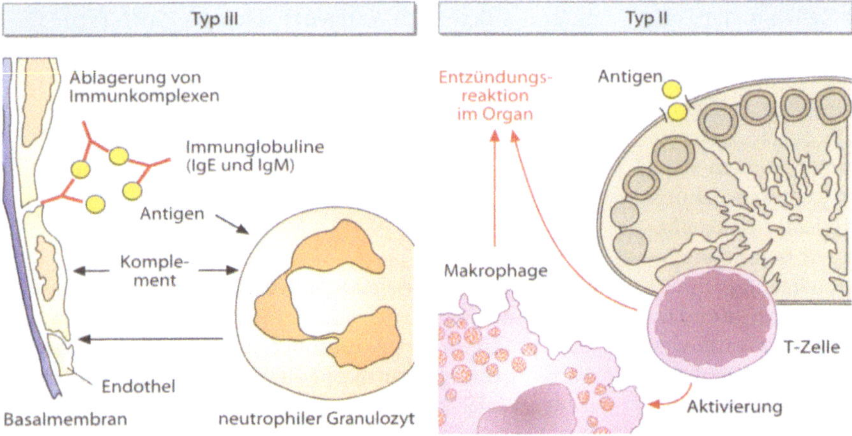

Abb. 3.7. Die vier Typen von Überempfindlichkeitsreaktionen nach der Klassifikation von Gell und Coombs. Der Typ I stellt die IgE-vermittelte Sofort- und Spätreaktion dar; Typ II ist die IgG-vermittelte Reaktion mit Komplement-vermittelten und phagozytischen Effektormechanismen. Typ III ist die IgG-Immunkomplex-mediierte Reaktion gegen lösliche und Matrix-assoziierte Antigene. Typ IV stellt die T-Zell-vermittelte Entzündungsreaktion durch T-Helfer-Zellen und Makrophagen oder direkte zytotoxische T-Zellen dar

wie bei der Thyreoditis oder die Basalmembran wie beim Goodpasture-Syndrom gerichtet sein.

Nach ausreichender Bindung von Antikörpern an die jeweilige Zelloberfläche kann es zu drei verschiedenen Effektormechanismen kommen. Zum einen kann eine Phagozytose mit Antikörpern oder Komplement beladenen Zellen über Fc- bzw. CD3-Rezeptoren verstärkt auftreten. IgG bzw. Komplementkomponenten bis zu C3 bewirken eine sogenannte Opsonisierung oder Immunadhärenz. Komplement-bindende Antikörper auf Zelloberflächen können aber auch zu einer ***Aktivierung des Komplementsystems*** bis zur Komponente C9 mit nachfolgender ***Zytolyse*** führen. Die Antikörperbeladung alleine kann bei Vorliegen von NK-Lymphozyten bzw. Makrophagen, die mit Rezeptoren für den Fc-Teil des IgG-Moleküls ausgestattet sind (FcγR), zu einer antikörperabhängigen zellulären Zytotoxizität (ADCC) führen [3, 5]. Dies geschieht ohne Beteiligung des Komplementsystems.

Beispiele für Typ-II-Überempfindlichkeitsreaktionen sind Transfusionsreaktionen, die durch Isoagglutinine der IgM-Klasse gegen Blutgruppenantigene A und B vermittelt werden. Eine andere beispielhafte Erkrankung ist der ***Morbus haemolyticus neonatorum***, der im Rahmen der Rhesusinkompatibilität bei Rhesus-negativen Müttern und der Geburt Rhesus-positiver Kinder nach Sensibilisierung auftreten kann. Im Rahmen von ***Autoimmunreaktionen*** beobachten wir diese Reaktionsform bei autoimmunhämolytischen Anämien und Immunthrombozytopenien. Beim Goodpasture-Syndrom führt diese Reaktion zur Gefäßschädigung an Nieren und Lunge [5, 6].

Der Reaktionstyp III vom Immunkomplextyp ist durch die Bildung und Ablagerung von Immunkomplexen charakterisiert

Antikörper können einen zusätzlichen antigenen Zweig der Komplexe bilden. Solche IgG-Komplexe können über Fcγ-Rezeptoren Makrophagen, Granulozyten, Thrombozyten und auch NK-Zellen oder Mastzellen stimulieren. Sie können aber auch den klassischen Komplementweg aktivieren. Dadurch werden akute Entzündungsreaktionen ausgelöst mit Freisetzung von Proteasen, reaktiven Sauerstoffmetaboliten und Entzündungsmediatoren aus den genannten aktivierten Zellen. Das ***Mengenverhältnis*** von Antigen und Antikörper bestimmt, ob Immunkomplexe ausfallen oder gelöst im Blut in der Interzellularflüssigkeit zirkulieren. Zirkulierende Immunkomplexe können an besonderen Prädilektionsstellen wie den Kapillaren der Nierenglomerula (granuläre Ablagerung) oder im Plexus chorioideus im ZNS- und dem Ziliar-Körper des Auges abgelagert werden. Im Antikörperüberschuß gebildete Immunkomplexe werden meist zügig über Fc- und C3bi-Rezeptoren der Phagozyten aus der Zirkulation entfernt [3,10].

Der Symptomkomplex der ***Serumkrankheit*** ist mit Fieber, Arthralgien, Myalgien, Vaskulitis, Nephritis und Lymphadenopathie charakteristisch für eine Typ-III-Reaktion, bei der ein Antigenüberschuß vorliegt. Der Ausdruck leitet sich von der sog. Serumtherapie ab, bei der Patienten mit Antiseren z. B. gegen Diphtherie oder Tetanus stark sensibilisiert wurden. Auch heute beobachten wir solche Reaktionsformen bei Behandlung mit Antilymphozytenglobulinen oder monoklonalen Mausantikörpern. Klinische Beispiele für solche Krankheitstypen sind die ***diffuse postinfektiöse Streptokokkenglomerulonephritis***, die ***Vaskulitis beim systemischen Lupus erythematodes***, die ***Purpura Schönlein-Henoch*** oder auch die ***rheumatoide Arthritis*** (s. Kapitel 27).

Ein Beispiel für eine lokale Typ-III-Reaktion ist die sog. ***Arthusreaktion***, die nach Antigeninjektion in die Haut durch Bildung präzipitierender Immunkomplexe (Antikörperüberschuß) auftritt. Hier kommt es in hyperimmunisierten Individuen lokal zu einem Erythem mit Ödem mit einem Maximum nach 3–8 Stunden [3]. Klinische Beispiele für die Arthusreaktion sind die Krankheitsbilder der exogenen allergischen Alveolitis, wie wir sie bei der Farmer- oder Taubenzüchterlunge beobachten. Immunkomplexe, die lokal in den betroffenen Individuen gegen Pilzsporen im Heu bzw. Proteinantigene im Taubenkot gebildet werden, spielen dabei die entscheidende Rolle.

Der Reaktionstyp IV beschreibt zellvermittelte Hypersensibilität und ist im wesentlichen durch T-Zellen und Makrophagen mediiert

Wegen der verzögerten Reaktion, die erst 24–48 Stunden nach Kontakt mit dem Antigen ihr Maximum erreicht, spricht man auch von einer verzögerten oder DTH (Delayed Type Hypersensitivity)-Reaktion. Als Antigene finden sich hier meist Infektionserreger oder kleinmolekulare Substanzen, wobei sich letztere als Haptene oft erst an körpereigene Proteine anlagern, um immunogen zu werden. Die vorsensibilisierten T-Zellen erkennen das Antigen und locken über Zytokine und Chemokine weitere Makrophagen an den Reaktionsort. Zytotoxische T-Zellen können dann spezifisch, Makrophagen unspezifisch Infektionserreger abtöten.

Beispiele für Typ-IV-Reaktionen sind Kontaktekzeme oder Infektionskrankheiten wie Tuberkulose, Lepra, Leishmaniose, Listeriose, Schistosomiasis und Pilzinfektionen. Auch die ***Tuberkulinreaktion*** gegen intradermal injiziertes Tuberkulin stellt eine typische DTH-Reaktion dar.

! Mit den Reaktionsformen nach Coombs und Gell des Typs I (anaphylaktischer Typ), Typ II (zytotoxischer Typ), Typ III (Immunkomplextyp) und Typ IV (zellvermittelte Hypersensibilität) werden gesunde Abwehrreaktionen wie auch pathologische Formen der Immunregulation beschrieben.

3.2 Angeborene Immundefekte

Immundefekte können angeboren (primär) oder erworben (sekundär) sein. Sie werden verursacht durch Störungen des T- und/oder B-Zellsystems, der Phagozytose oder des Komplementsystems [10]

Den angeborenen Immundefekten liegt eine Differenzierungsstörung während der Ausreifung der Stammzellen zu immunkompetenten Zellen oder ein Enzymdefekt zugrunde. Ein sekundärer Immundefekt tritt direkt oder indirekt im Laufe des Lebens durch eine andere Erkrankung auf. Ursächlich dafür können Viren, wie z. B. bei der bekanntesten Immunschwächekrankheit AIDS oder hämatologische Systemerkrankungen wie beim multiplen Myelom sein.

Das Leitsymptom von Patienten mit Abwehrschwächen ist die ***gesteigerte Infektanfälligkeit.*** Dabei können Infektionsart und Erreger oft bereits auf den bestehenden Immundefekt hinweisen. Es besteht auch eine Disposition zu Autoimmunkrankheiten, Allergien und retikulären Neoplasien. Immundefizienzen können sowohl das unspezifische als auch das spezifische Immunsystem betreffen. Humorale und zelluläre Abwehrmechanismen können isoliert oder kombiniert geschädigt sein.

Defekte des unspezifischen Immunsystems. Hierzu zählen vor allem Störungen des Komplementsystems sowie der Phagozytose. Beide Störungen prädisponieren vor allem zu rezidivierenden bakteriellen Infektionen [13, 14].

Komplementstörungen. Defekte und Dysfunktionen von Komplementkomponenten wie C2, C4 und C5 führen zu einer erhöhten Inzidenz von ***systemischem Lupus erythematodes (SLE)*** und anderen vaskulitischen Krankheitsbildern. Die Ursache liegt wahrscheinlich in einer verminderten Opsonierung entstehender Immunkomplexe. Die somit länger zirkulierenden Immunkomplexe aktivieren Effektorzellen mit der Folge einer entzündlichen vaskulitischen Läsion. So finden sich auch C4AQ0-Allele gehäuft bei SLE.

In ähnlicher Form wurden Patienten mit Defekten für den Fc-Rezeptor 3 (CD16) berichtet oder dem CR1-Rezeptor, mit dessen Assoziation dann ein SLE auftrat.

Der ***C1-Esteraseinhibitor*** ist für die Regulation der Komplementkaskade verantwortlich. Bei angeborenem oder funktionellem Defekt dieses Proteins werden anfallsweise angioneurotische Ödeme beobachtet.

Phagozytendefekte. Phagozytendefekte können durch eine verminderte Zahl bei einer angeborenen Neutropenie oder dem ***Kostman-Syndrom*** bedingt sein. Ursache können jedoch auch funktionelle Störungen bedingt durch fehlende Rezeptorexpression oder -funktion sein. Dazu gehören der Leukozytenadhäsionsdefekt (LAD) oder eine fehlende Expression des C3-bi-Rezeptors. Bei normaler Phagozytose kann jedoch auch die Motilität der Zellen bzw. die intrazelluläre Abtötung von Mikroorganismen behindert sein, wie wir es bei der ***septischen Granulomatose (CGD)*** oder dem ***Chediak-Higashi-Syndrom (CHS)*** beobachten. Wegen fehlender reaktiver Sauerstoffmetabolite beim CGD können phagozytierte Bakterien in den Lysomen der Granulozyten überleben und führen zu Lymphknotenvereiterungen und septischen Abszessen in Leber, Lunge, Knochen und Darm.

Defekte des spezifischen Systems, d. h. Immundefekte mit überwiegender Störung der Antikörperbildung, prädisponieren vor allem zu bakteriellen Infektionen

Solche humoralen Immundefekte sind durch erniedrigte Antikörperspiegel charakterisiert. Der Defekt kann alle Immunglobulinklassen oder auch nur eine Klasse bzw. Subklassen betreffen. Meist liegen Zelldifferenzierungsstörungen zugrunde. Als Krankheitserreger werden vor allem β-Hämolysin-Bildner wie Staphylokokken, Pneumokokken, Streptokokken und Hämophilus beobachtet. Diese führen bevorzugt zu chronischen Nasennebenhöhleninfektionen und Bronchitiden.

Das typische Beispiel für eine Reifungsstörung der B-Zelle ist die X-chromosomal gebundene ***Agammaglobulinämie vom Typ Bruton.*** Als Ursache konnte ein genetischer Defekt, nämlich eine Mutation der für die B-Zelldifferenzierung spezifischen ***Tyrosinkinase BTK*** identifiziert werden. Die Folge sind fehlende Immunglobuline aller Klassen – im Säuglingsalter noch niedrige Serum-IgG-Spiegel – mit gleichzeitig fehlenden B-Lymphozyten.

Ein Beispiel für einen Isotypenmangel ist der häufige ***selektive IgA-Mangel*** mit einer mittleren Inzidenz von 1:400. Er wird durch extrem niedriges (< 0,3 g/l) oder fehlendes Serum-IgA definiert. Er ist nicht familiär gehäuft, aber die Inzidenz erhöht bei Patienten mit Atopie und Autoimmunerkrankungen. Klinisch ist jedoch mehr als die Hälfte der Fälle mit selektiver IgA-Defizienz symptomfrei. Gehäufte Infektionen können im oberen Respirationstrakt auftreten.

Weitere Störungen der Antikörperbildung und ihre Ursachen sind in der Tabelle 3.3 dargestellt.

B-Zelldefekte sind vorwiegend durch fehlende Antikörper und das gehäufte Auftreten von bakteriellen Infektionen charakterisiert.

Tabelle 3.3. Immundefekte

Immundefekte mit vorwiegender Störung der Antikörperproduktion
• X-chromosomal gekoppelte Agammaglobulinämie (Morbus Bruton) • autosomal-rezessive Agammaglobulinämie • Antikörpermangel mit erhöhtem IgM (HIM) • variable Hypogammaglobulinämie (CVID) • selektiver IgA-Mangel • selektive Defekte für Immunglobulinsubklassen
Immundefekte mit vorwiegender zellulärer Störung
• primäre Immundefekte – schwere kombinierte Immundefekte (SCID) – X-chromosomal gekoppelter schwerer kombinierter Immundefekt – Adenosindesaminasedefekt (ADA-Defizienz) – retikuläre Dysgenesie • T-Zelldefekte mit Präsenz von T-Zellen • T-Zelldefekte mit assoziierten Defekten (Di-George-Syndrom, Ataxia teleangiectatica, Wiskott-Aldrich-Syndrom) • gemischte T-Zelldefekte • NK-Zelldefekte • Phagozytendefekte (Neutropenie, Kostman-Syndrom, Leukozytenadhäsionsdefekt, septische Granulomatose, Chediak-Higashi-Syndrom)

Defekte der vorwiegend zellvermittelten Immunität führen zu viralen und parasitären Infektionen

Defekte von T-Zellen prädisponieren zu Erkrankungen mit Mikroorganismen, die sich intrazellulär vermehren und vor zytotoxischen Mechanismen geschützt sind. Dazu gehören Mykobakterien, Salmonellen, Listerien, Toxoplasmen, Pilze und insbesondere Viren wie Herpes und Zytomegalie. Häufig sind ***zelluläre Immundefekte*** wegen der fehlenden Helferzellfunktion auch mit einem ***Antikörpermangel*** vergesellschaftet.

Typische Beispiele für primäre zelluläre Immundefekte sind das ***Di-George-Syndrom*** mit einer Thymusentwicklungsstörung oder auch Enzymdefekte wie der Purinnukleosidphosphorylase (PNP)-Mangel.

Oft treten T-Zelldefekte jedoch als ***schwere kombinierte Immundefekte (SCID)*** auf, die für die betroffenen Patienten lebensbedrohlich sind. Zugrunde liegt dieser Gruppe von Immundefekten eine genetische Störung, die sowohl die T-Zelldifferenzierung mit oder ohne B-Zelldifferenzierungsstörung betrifft. Dazu gehören der autosomal-rezessive schwere kombinierte Immundefekt mit Lymphopenie, der durch defekte V(D)J-Rekombination der T-Zellrezeptor- als auch der Immunglobulingene charakterisiert ist. Hier sind auch der ***Adenosindesaminasedefekt*** (ADA-Defizienz) und die ***retikuläre Dysgenesie*** zu nennen (Tabelle 3.3).

3.3 Erworbene Immundefekte

Unter den erworbenen immunologischen Defektzuständen ist die ***variable Hypogammaglobulinämie*** (common variable immunodeficency syndrom, CVID) ein Sammeltopf für eine heterogene Gruppe von Immundefekten, die alle durch einen Antikörpermangel bei normaler T-Zellfunktion charakterisiert sind. Man nimmt an, daß bei der Mehrzahl der Patienten eine gestörte B-Zellregulation infolge einer Defizienz im CD4-Helferzellkompartment vorliegt. Für die Diagnosestellung ist neben der Klinik häufig nur die Antikörperbestimmung informativ. Klinisch manifestiert sich diese Erkrankung auch durch das gehäufte Auftreten von Infektionen vorwiegend der oberen Atemwege.

Das erworbene Immundefektsyndrom (AIDS) ist eine Infektionskrankheit, die durch lymphotrope Viren HIV Typ I und II ausgelöst wird

Die HI-Viren gehören zur Gruppe der Retroviren, die ihre als RNS vorliegende Erbsubstanz über das reverse Transkriptase-Enzym in DNS umschreiben und in das Wirtsgenom einbauen. Die Erkrankung wird vor allem durch virushaltige Sekrete sowie durch Blut übertragen. So ergibt sich, daß Homosexuelle, Drogenabhängige und Hämophile besondere Risikogruppen darstellen. Weltweit ist aber sicher die heterosexuelle Übertragung beim Geschlechtsverkehr, die bei uns auch eine zunehmend wichtige Rolle spielt, neben der perinatalen Übertragung von allergrößter Bedeutung.

Die Aufnahme des HI-Virus erfolgt über die Hüllproteine gp120 und gp41, die an der Zelloberfläche an den ***CD4-Rezeptor*** und kürzlich erst definierte Korezeptoren binden. Auf Makrophagen ist der entscheidene ***Korezeptor CCR5***, auf T-Zellen der ***CxCR4***. Der Korezeptor CCR5 ist so wichtig, daß Menschen, die den CCR5-Makrophagenrezeptor nicht exprimieren, in aller Regel resistent gegen die HIV-Infektion sind. Heterozygote Träger haben ebenfalls einen sehr viel langsameren Verlauf einer HIV-Infektion [8].

> Wenn das HIV-Virus in die Zelle aufgenommen ist, hängt die Transkription des HIV-Provirus von Transkriptionsfaktoren der Wirtszelle ab, die bei der Aktivierung infizierter T-Zellen induziert werden

Nach der primären Infektion kommt es oft zu einer grippeartigen Erkrankung, in deren Rahmen sich die ***Virusmenge (Viruslast)*** stark vermehrt und die ***CD4*** $^{+}$ **-T-Zellen** vermindert werden. Danach kommt es zur Produktion von Antikörpern oder zur Serokonversion.

In der Phase der akuten Virämie werden sowohl spezifische CD4 $^{+}$ -Helferzellen als auch CD8 $^{+}$ zytotoxische T-Zellen gegen HIV gebildet. Die Viruslast hängt wahrscheinlich von der Kontrolle durch die T-Zellantwort ab [2, 4, 9]. In der nachfolgenden Phase der klinischen Latenz vermehrt sich das Virus jedoch permanent, die Funktion und Anzahl der CD4 $^{+}$ -T-Zellen nehmen ständig ab, bis die Patienten schließlich mit CD4 $^{+}$ -Helferzellen unter einer Zahl von 200 das CDC-Stadium III und damit das Vollbild AIDS erreichen [1, 2, 5]. Dies gilt zumindest für die große Vielzahl der Infizierten, sofern sie nicht therapiert werden (Abb. 3.8).

Im ***Stadium der Immundefizienz*** kommt es zu Infektionen mit einer Reihe ***opportunistischer Erreger***. Mit dem Verlust der T-Zellfunktionen und nachfolgend der Makrophagen- und NK-Zellfunktionen erlischt die Widerstandskraft gegen ***Mykobakterien***, so daß vermehrt ***orale Kandidose*** und ***Tuberkulose*** beobachtet werden. Die Patienten erkranken an Herpes zoster und an B-Zellymphomen, die durch EBV ausgelöst werden. Weitere wichtige opportunistische Infektionen sind die Lungenentzündung durch ***Pneumocystis carinii*** (s. Fall 1), ***Zytomegalievirusinfektionen*** der Retina oder der Lunge bzw. Infektionen mit dem Mykobacterium-avium-Komplex. Parasiten beobachten wir bei uns hauptsächlich in Form von zerebralem Befall mit Toxoplasma gondii sowie Mikrosporidien im Darm. An weiteren Tumoren treten vor allem das ***Kaposi-Sarkom, Non-Hodgkin-Lymphome*** und ***Papillomavirus-bedingte Genital- und Analkarzinome*** auf.

Dieses Spektrum opportunistischer Infektionen und von Tumoren im Immundefizienzstadium bei der HIV-Infektion macht besonders deutlich, von welch zentraler Bedeutung ein funktionierendes Immunsystem für die Kontrolle von Krankheitserregern und die Entwicklung von Tumoren ist.

Das HI-Virus hat nicht nur eine höchst elegante Strategie durch den zentralen Befall der CD4 $^{+}$ -Helferzellen des Immunsystems für sein Überleben gewählt, sondern bildet durch seine hohe Replikation und außerordentlich starke Mutationsrate ständig neue Virusvarianten, die sowohl der zytotoxischen Immunantwort entkommen als auch für die Resistenz der Viren gegenüber einer antiretroviralen Therapie verantwortlich sind.

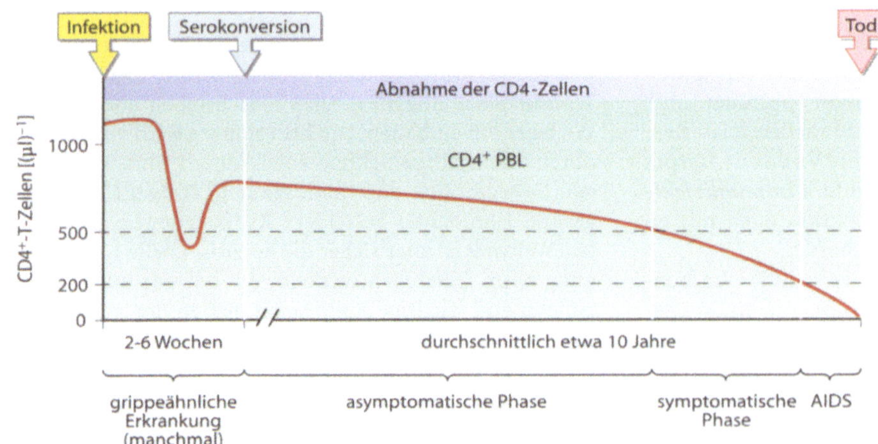

Abb. 3.8. Spontanverlauf einer HIV-Infektion. Unmittelbar nach der Infektion kommt es zu einem deutlichen Anstieg der Viruslast mit grippeähnlicher Erkrankung und einem Abfall der CD4^{+}-T-Zellen. Mit der Serokonversion wird zunächst ein sogenannter Setpoint erreicht, nachdem sich in einer asymptomatischen Phase ein sehr allmählicher Abfall der CD4^{+}-Zellen bei gleichzeitigem Anstieg der Virusmenge findet. Unbehandelt führt dieser Spontanverlauf schließlich zu Symptomen mit opportunistischen Infektionen und Tumoren und schließlich dem Vollbild AIDS

Selbst der Einsatz von mehreren antiretroviralen Substanzen in Kombinationen schützt langfristig nicht sicher vor der Entwicklung resistenter Viren, so daß der Kontrolle durch das Immunsystem eine wichtige Rolle zukommt.

> **!** Das erworbene Immundefektsyndrom AIDS wird durch das humane Immundefizienz-Virus (HIV) hervorgerufen, das spezifisch die Zellen des Immunsystems befällt, diese schließlich vermindert und zu opportunistischen Infektionen und Tumoren führt.

3.4 Literatur

1. Fearon DT, Locksley RM (1996) The instinctive role of innate immunity in the acquired immune response. Science 272: 50–53
2. Finzi D, Siliciano RF (1998) Viral dynamics in HIV-1 infection. Cell 93: 665–671
3. Gessner JE, Heiken H, Tamm A, Schmidt RE (1998) The IgG Fc receptor family. Ann Hematol 76: 231–248
4. Haynes BF, Pantaleo G, Fauci AS (1996) Toward and understanding of the correlates of protective immunity to HIV infection. Science 271: 324–328
5. Janeway CA, Travers P (1997) Immunologie. Spektrum Verlag, Heidelberg
6. Kalden JR, Gemsa D, Resch K (1997) Immunologie. Thieme Verlag, Stuttgart
7. Kishimoto P, Kikutani H et al. (1997) Leukocyte Typing VI, White Cell Differentiation Antigens. Garland Publishing Inc., New York London
8. Littman DR (1998) Chemokine receptors: Keys to AIDS pathogenesis. Cell 93: 677–680
9. McMichael A (1998) T cell responses and viral escape. Cell 93: 673–676
10. Peter HH, Pichler WJ (1997) Klinische Immunologie. Urban & Schwarzenberg, München
11. Rajewski K. (1996) Clonal selection and learning in the antibody system. Nature 381: 751–758
12. Reth M (1995) The B-cell antigen receptor complex and co-receptors. Immunol Today 16: 310–313
13. Schmidt RE (1998) Defekte des Immunsystems (I): Klinik, diagnostisches Vorgehen und Therapie. Allergologie 4: 166–173
14. Schmidt RE (1998) Defekte des Immunsystems (II): Klinik, diagnostisches Vorgehen und Therapie. Allergologie 6: 279–286
15. Schubert J, Ostendorf T, Nischan C, Schmidt RE (1995) Die paroxysmale nächstliche Hämoglobinurie – ein erworbener genetischer Defekt der hämatopoietischen Stammzelle. Dtsch Med Wschr 120: 31–34
16. Tschernig T, Böke K, Steinhoff G, Wonigeit K, Pabst R, Westermann J (1997) The lung resource and the target organ for T and B lymphocytes. Am J Resp Cell Mol Biol 17: 414

Rezeptor- und Postrezeptordefekte als Grundlage humaner Erkrankungen

4

U. Walter

EINLEITUNG Bei einer 45 jährigen Patientin kam es bei einer Extraktion eines entzündeten Zahnes zu einer ungewöhnlich starken Blutung. Bei der Abklärung dieser Blutung wurde zunächst eine Splenomegalie, eine ausgeprägte Leukozytose sowie eine mäßige Thrombozytose festgestellt. Eine weitergehende Untersuchung (Differentialblutbild, Knochenmarksbiopsie, Zytogenetik) ergab dann die eindeutige Diagnose der Philadelphia (Ph)-Chromosom-positiven chronisch-myeloischen Leukämie (CML). Der Erfolg der eingeleiteten Therapie wurde bei dieser Patientin u. a. mit dem Verschwinden des Ph-Chromosoms und des verantwortlichen Genproduktes, der BCR-Abl-Tyrosinproteinkinase, kontrolliert und nachgewiesen.

Die CML, ein klassisches Beispiel eines Defektes einer intrazellulären Signalkaskade, findet seit Jahren das besondere Interesse der Molekularbiologen, Zellbiologen und Hämatologen [1,2]. Grundlage der CML ist eine spontan auftretende chromosomale Translokation „t (9,22)", das Philadelphia-Chromosom. Diese Translokation führt bekanntlich zum Auftreten des Fusionsproduktes BCR-Abl mit einer aktivierten Form und veränderten zellulären Lokalisation der cAbl Tyrosinproteinkinase.

4.1 Rezeptoren und transmembranäre Signaltransduktion

Die Tyrosinproteinkinasen wie das eben beschriebene BCR-Abl bzw. das physiologisch vorkommende cAbl sind Teil von intrazellären Signalkaskaden, über die extrazelluläre Signale und Membranrezeptoren ihre physiologischen und auch pathophysiologischen Wirkungen erzielen. Eine koordinierte Regulation von Wachstum und spezifischen Funktionen aller Zellen ist die Grundlage eines gesunden Organismus. Diese koordinierte Regulation wird durch eine Vielzahl extra- und intrazellulärer Faktoren vermittelt. Solche intrazellulären Reaktionskaskaden werden sehr oft auch über die Rekrutierung von Adapter- und Signalproteinen in Proteinkomplexe sowie Proteinkinasen/Proteinphosphatasen vermittelt und bewirken letztendlich den Ligand (Hormon)- und Zell-spezifischen Effekt (Abb. 4.1).

Eine koordinierte Regulation von Membranrezeptoren und der intrazellulären Signalverarbeitung ist die Grundlage eines gesunden Organismus

Extrazelluläre Faktoren sind Hormone (z. B. Insulin, Steroide, Adrenalin, Thyroxin, Retinol etc.), Neurotransmitter (z. B. Azetylcholin, Amine, Aminosäuren), Wachstumsfaktoren (z. B. EGF, PDGF), lokal wirksame Substanzen (Zytokine, Prostaglandine und andere Arachidonsäuremetabolite, Phospholipide, Nukleotide, Matrix-gebundene Wachstumsfaktoren), Metabolite (Glukose, Fettsäuren, Aminosäuren), Gase und Radikale (O_2, CO, NO, O_2-, OH-), Umweltelemente (Licht, Geruchs- und Geschmackssubstanzen, Toxine, Drogen), Protein/Lipidpartikel (LDL, HDL) und Fremdproteine und Fremdzellen (Antigene, Bakterien, Viren). Diese extrazellulären Faktoren werden von den Zellen über spezifische Rezeptoren gebunden und erkannt, was in der Regel zu einer spezifischen intrazellulären Antwort führt. Ein Teil von extrazellulären Signalen, z. B. Steroidhormone, Schilddrüsenhormone, Retinol und andere, relativ hydrophobe Liganden, sind in der Lage, die Zellmembran zu passieren und intrazelluläre Rezeptoren (häufig Ligand-regulierte Transkriptionsfaktoren) zu aktivieren. Der größte Teil der extrazellulären Faktoren ist nicht in der Lage, die Zellmembran zu passieren und erzielt seine Wirkung über Zellmembran-ständige Rezeptoren (Abb. 4.1). Diese Rezeptoren sind Transmembranproteine, die extrazellulär einen Liganden (z. B. Hormone, Wachstumsfaktoren, Zytoki-

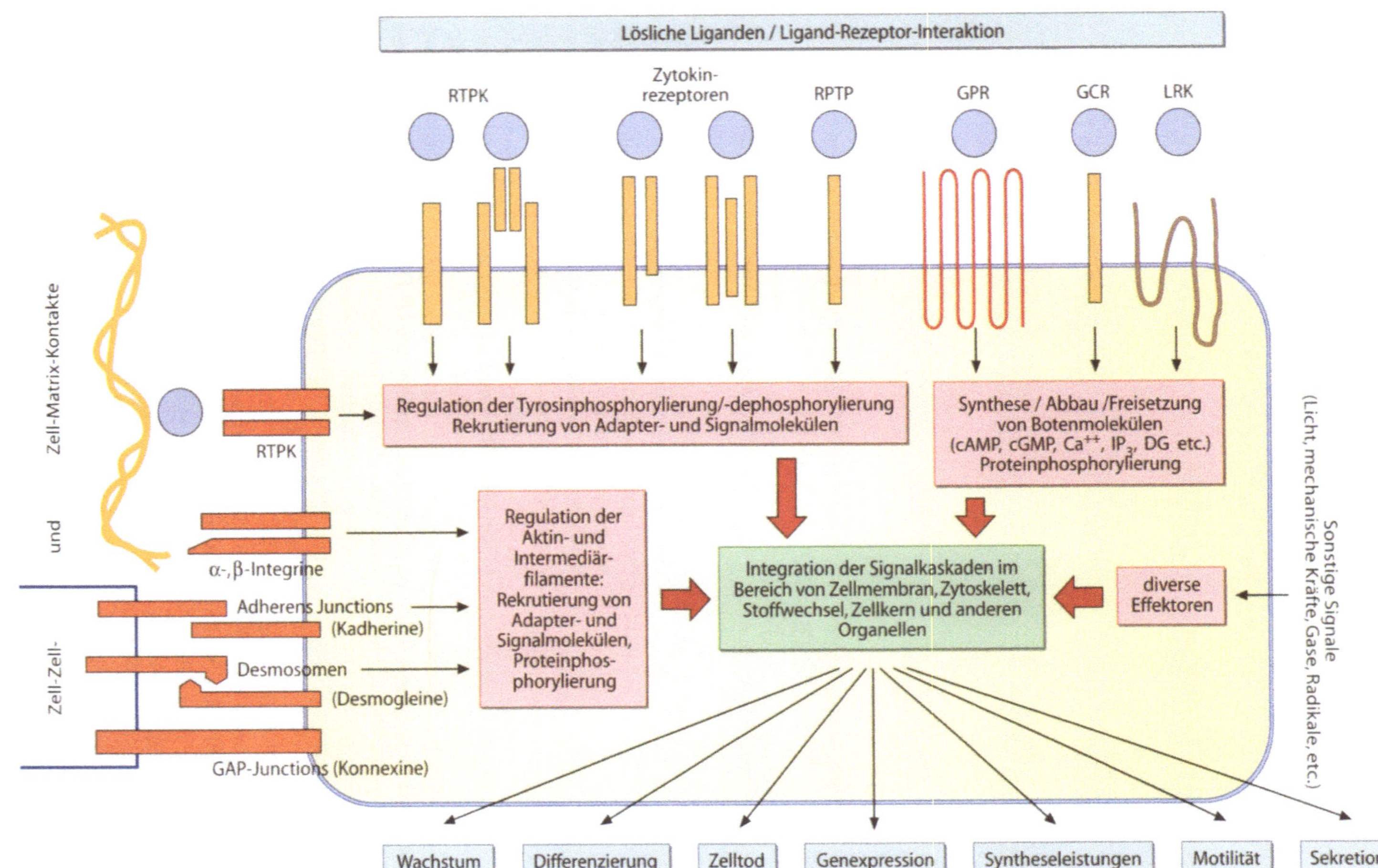

Abb. 4.1. Schematische Übersicht über Zellmembranrezeptoren und intrazelluläre Signaltransduktion. Diese Darstellung stellt insbesondere Membranrezeptoren dar, die intrazelluläre Signalkaskaden regulieren. *RTPK* Rezeptortyrosinproteinkinasen; *RPTP* Rezeptorphosphotyrosinphosphatasen; *GPR* G-Protein-gekoppelte Rezeptoren; *GCR* Guanylylcyclaserezeptoren; *LRK* Ligand-regulierte Kationenkanäle; *IP* Inositolphosphat; *DG* Diacylgycerol

ne, Matrixproteine, Membranproteine anderer Zellen etc.) binden. Intrazellulär wird dann z. B. eine Neusynthese/Abbau/Freisetzung eines Signalmoleküles oder die Aktivierung/Hemmung einer Reaktionskaskade bewirkt. Intrazelluläre Signalmoleküle sind z. B. cAMP, cGMP, Ca^{++}, Inositolphosphate (IP), Diacylglycerol (-DG), Arachidonsäure und Metabolite, NO, die alle ihrerseits dann weitere Reaktionskaskaden aktivieren oder hemmen.

4.2 Rezeptoren, Post-Rezeptor-Effekte (intrazelluläre Signaltransduktion) und Krankheiten

Mit dem zunehmenden Verständnis über die molekulare Struktur und Funktion von Zellmembranrezeptoren und ihrer intrazellulären Signaltransduktion ist klar geworden, daß Defekte in diesen Systemen zu einer Vielzahl von Krankheiten führen können [2–6]. Es gibt sogar theoretische Überlegungen, daß der größte Teil aller Erkrankungen durch genetisch bedingte oder erworbene Defekte im Bereich der transmembranären und intrazellulären Signaltransduktion zu finden ist.

Sind Störungen von Membranrezeptoren und der intrazellulären Signaltransduktion die Ursache fast aller Erkrankungen?

Prinzipiell gibt es verschiedene Möglichkeiten einer Rezeptor- und/oder Signaltransduktion-bedingten Erkrankung [2–8].

Verminderte Signaltransduktion. Relevante Beispiele für eine verminderte Expression eines Rezeptors, G-Proteins/Kopplungskomponente oder Effektorsystems (z. B. bedingt durch eine gestörte Synthese, Lokalisation und Abbau) sind Rhodopsinmutationen bei der Retinitis pigmentosa, Vasopressinrezeptormutationen beim renalen Diabetes insipidus. Beispiele für gestörte Aktivierung eines Rezeptors, G-Proteins/Kopplungskomponente oder Effektorsystems sind die Modifikation und Inaktivierung der G-Proteine Gi/Go durch das Bortella-Pertussis-Toxin bzw. diverse G-Protein-Mutationen in endokrinologischen Erkrankungen. Ein Beispiel für eine Verminderung der Aktivierung/Aktivierungszeit eines Rezeptors, G-Proteins/ Kopplungskomponente bzw. Effektorsystems ist die verminderte β-adrenerge Ansprechbarkeit im Rahmen der Herzinsuffizienz.

Vermehrte Signaltransduktion. Hier können eine Überexpression eines Rezeptors, G-Proteins/Kopplungskomponente oder Effektorsystems oder eine fehlerhafte Aktivierung eines Rezeptors, G-Proteins/ Kopplungskomponente oder Effektorsystems (z. B. bestimmte Rhodopsinmutationen bei Retinitis pigmentosa) vorliegen. Eine Steigerung der Aktivierung/Aktivierungszeit eines Rezeptors, G- Proteins/Kopplungskomponente oder Effektorsystems (aktivierende Modifikation des Gs-Proteins wird durch das Vibrio-Cholera-Toxin, Mutationen in Gsα- und Gi2α-Proteinen bei verschiedenen endokrinen Tumoren, Expression konstitutiv aktiver Proteinkinasen bei malignen Erkrankungen (z. B. bei der CML) hervorgerufen. Nachfolgend sollen drei Themengebiete (G-Protein-Rezeptor/-G-Protein-assoziierte Erkrankungen; Krankheiten assoziiert mit Adhäsionsrezeptoren und ihren extrazellulären und intrazellulären Liganden; Krankheiten bedingt durch (Proto)Onkogene, Antionkogene) schwerpunktmäßig kurz dargestellt werden

> **!** Eine Vielfalt von Rezeptoren, G-Proteinen/ Kopplungskomponenten und intrazellulären Effektorsystemen sind an Entstehung und Verlauf von humanen Erkrankungen beteiligt, wobei sich das Gebiet der Postrezeptorfunktionen (Signaltransduktion) noch immer in der Phase einer stürmischen wissenschaftlichen Entwicklung befindet.

4.3 Krankheiten mit Beteiligung von G-Protein-gekoppelten Rezeptoren und G-Proteinen

G-Protein-gekoppelte Rezeptoren (GPCR), die die Plasmamembran in sieben Segmenten durchspannen, die eigentlichen GTP-bindenden Kopplungskomponenten (heterotrimere G-Proteine) und deren ***Effektorsysteme*** (z. B. Adenylylcyclase, Phospholipase A und C, cGMP-Phosphodiesterasen, Ionenkanäle etc.) zählen zu den wichtigsten Komponenten der transmembranären Signalübertragung. Seit längerem ist bekannt, daß Cholera-Toxin und Pertussis-Toxin ihre Wirkungen über eine kovalente Modifikation und Aktivierung bzw. eine Hemmung eines heterotrimeren G-Proteins erzielen.

Der renale Diabetes insipidus und familiäre Schilddrüsenerkrankungen sind Beispiele von Störungen im Bereich G-Protein-gekoppelter Rezeptoren

Einige Krankheiten entstehen durch erblich bedingte Störungen im Bereich der GPCR und G-Proteine (Tabelle 4.1), wovon die überwiegende und noch wachsende Zahl durch Mutationen im Bereich der Rezeptoren selbst hervorgerufen wird [3–5]. Im Falle des Vasopressin Rezeptors (V2), des LH-Rezeptors und des TSH-Rezeptors sind inzwischen eine große Zahl von verschiedenen Mutationen aufgeklärt worden, die prinzipiell alle Rezeptorregionen (z. B. extra-, intrazelluläre Domänen bzw. Schleifen, Transmembranregionen) betreffen [3–5]. Bedingt durch diese Mutationen entstehen z. B. gar keine, falsche oder verkürzte Proteine oder auch Proteine mit spezifischem Funktionsverlust. Diese Untersuchungen haben nicht nur die Pathogenese einiger wichtiger Erkrankungen aufgeklärt, sondern auch sehr zum molekularen Verständnis der GPCR beigetragen. Neben den insgesamt recht seltenen genetisch bedingten Erkrankungen sind GPCR und ihre G-Proteine aber auch bei der Pathogenese von häufigen Erkrankungen (z. B. Herzinsuffizienz, Alzheimer, Asthma, Schizophrenie und Suchterkrankungen) beteiligt, aber ob es sich um eine der Ursachen bzw. eine Folge der Erkrankung handelt, ist hier noch kaum beantwortet. Insgesamt ist damit zu rechnen, daß den GPCR und

Tabelle 4.1. Einige Krankheiten bedingt durch Mutationen von G-Protein-gekoppelten Rezeptoren (GPCR) bzw. G-Proteinen selbst

Protein	Krankheit	Funktioneller Mutationstyp
Rezeptoren		
Zapfen-Opsin	Farbblindheit	V
Rhodopsin	Retinitis pigmensosa	V, A
Rhodopsin	Kongenitale Nachtblindheit	A
Vasopressin (V2)	Renaler Diabetes insipidus	V
ACTH	Familiäre ACTH-Resistenz	V
LH	Fam. Männliche Pubertas praecox	A
LH	Männl. Pseudohermaphroditismus	V
TSH	Autonome Schilddrüsenadenome	A
TSH	Familiäre Hypothyreodose	V
Ca $^{++}$-Rezeptor (CaR)	Neonataler Hypoparathyreoidismus	V
Ca $^{++}$-Rezeptor (CaR)	Familiärer Hypoparathyreoidismus	A
Thromboxane A2	Kongenitale Blutungen	V
Endothelin B	Hirschsprung-Krankheit	V
PTH	Methaphysäre Chondrodysplasie	A
MSH (Maus)	Hypo-/Hyperpigmentierung	V; A
GRF (Maus)	Zwergwuchs	V
G-Proteine		
Gsα	Pseudohypoparathyreoidismus (PHP) vom Typ Iα Akromegalie Sporadisch-hyperfunktionelles Schilddrüsenadenom McCune-Albright-Syndrom	Alle Fomen überwiegend sehr heterogen
Gi2	Tumoren des Ovar, der NNR	

V vermindert; A aktiviert

G-Proteinen eine bedeutende Rolle bei der Entstehung und Pathogenese vieler Krankheiten zukommt. So führte überraschenderweise die Ausschaltung des Gi2-α-Gens durch homologe Rekombination bei der Maus zu einem der humanen Colitis ulcerosa sehr ähnlichen Krankheitsbild. Ein aktuelles Forschungsgebiet ist auch die Bedeutung von Polymorphismen in GPCR- und G-Proteinen für die Pathogenese komplexer Erkrankungen (Diabetes, Hypertonie, Arteriosklerose etc.). Die Bedeutung von kleinen G-Proteinen (z. B. Ras, Rho und Rhac) bei der Tumorentstehung [2] wird im Abschnitt 4.5 kurz besprochen.

!

Genetisch bedingte Erkrankungen im Bereich von G-Protein-gekoppelten Rezeptoren und G-Proteinen sind selten, ihre molekulare Aufklärung hat aber eine große Bedeutung für das pathobiochemische Verständnis häufiger Erkrankungen. Beispiele für erworbene Störungen sind ein gestörtes β-adrenerges Rezeptorsystem bei Herzinsuffizienz und Asthma.

4.4 Krankheiten assoziiert mit Adhäsionsrezeptoren und ihren extrazellulären/intrazellulären Liganden

Zell-Zell- und Zell-Matrix-Wechselwirkungen sind von herausragender Bedeutung für die Entwicklung, strukturelle Organisation und Aufrechterhaltung von Zellen im Gewebsverband bzw. im Gesamtorganismus [7–11]. Zellkontakte können zellbiologisch und funktionell eingeteilt werden in

- verschließende Kontakte („tight junctions"; Permeabilitätsbarrieren von Epithelzellen),
- Adhäsionskontakte
  a) Anknüpfungsstellen für Aktinfilamente („adherens junctions")
    - Zell-Zell („adhesion belts")
    - Zell-Matrix (fokale Kontakte)
  b) Anknüpfungsstellen für Intermediärfilamente
    - Zell-Zell (Desmosomen)
    - Zell-Matrix (Hemidesmosomen)
- Kommunizierende Kontakte („gap junctions", chemische Synapsen)

Mutationen in extrazellulären Matrixproteinen und deren Adhäsionsrezeptoren und intrazellulär assoziierten Zytoskelettproteinen sind für genetisch bedingte Haut- und Muskelerkrankungen verantwortlich

Eine Reihe von Erkrankungen wird durch autoimmun- bzw. genetisch bedingte Störungen im Bereich der Intermediärfilamente (z. B. Keratine, Neurofilamente, Vimentin) und ihren Zellmembrananknüpfungsstellen (Desmosomen, Hemidesmosomen) hervorgerufen und ist besonders bei Hauterkrankungen bearbeitet und aufgeklärt worden: verschiedene Formen der Epidermolysis bullosa, Ichthyosis bullosa, Pachyonychia congenita, Pemphigus [10, 11]. Es gibt aber zunehmende Hinweise, daß Defekte im Bereich der Intermediärfilamente/(Hemi)Desmosomen zu degenerativen Erkrankungen des Nervensystems, der Leber und anderer Organe führen und diese Proteine und Komplexe auch an der intrazellulären Signalverarbeitung beteiligt sind [10].

Eine überragende Bedeutung von Adhäsionskomplexen des Adherens-Typs („adhesion belts", fokale Kontakte) nicht nur für die strukturelle Organisation der Zellen und Gewebe, sondern auch für die transmembranäre Signalweiterleitung, vergleichbar mit der von klassischen Hormonrezeptoren, ist in den letzten Jahren klar erkannt worden [2, 7–12]. Die Signalverarbeitung durch diese Zell-Zell- bzw. Zell-Matrix-Kontakte wird dabei vermittelt durch Membran-durchspannende, zelluläre Adhäsionsmoleküle, z. B. Cadherine, Selektine und Mitglieder der IgG-Großfamilie für Zell-Zell-Kontakte sowie Integrine für Zell-Matrix-Kontakte. Diese Adhäsionsmoleküle vermitteln einerseits Signale von außen in die Zelle („outside-in signaling"), andererseits regulieren intrazelluläre Signalkaskaden die Fähigkeit dieser Adhäsionsmoleküle, extrazelluläre Liganden (andere Zellen, Matrixproteine) zu binden („inside-out signaling") [7–9]. Entscheidend für die intrazelluläre Signalverarbeitung durch Adhäsionsmoleküle ist die Rekrutierung von Aktin- bzw. Intermediärfilamenten und regulatorischen Proteinen (Adapter- und Signalmoleküle), die dann weitere Signalkaskaden (Proteinkinasen, Proteinphosphatasen, Proteinphosphorylierung, Transkriptionsfaktoren etc.) modulieren.

Einige genetische Erkrankungen (Tabelle 4.2), bedingt durch Mutationen in Adhäsionsproteinen, haben sehr zum biochemischen und pathobiochemischen Verständnis dieser Systeme beigetragen. Aufgrund ihrer Bedeutung für die Zell-Zell-/Zell-Matrix-Wechselwirkungen spielen Adhäsionsproteine und Integrine bei physiologischen und pathophysiologischen Zellmotilitätsvorgängen eine entscheidende Rolle, z. B. bei den Erkrankungen des thromboembolischen Formenkreises, chronischen Entzündungsvorgängen, Angiogenese und der tumor-assoziierten Invasion und Metastasierung [9–14].

Tabelle 4.2. Einige Krankheiten bedingt durch Mutationen im Bereich der extrazellulären Matrix (EZM), Adhäsionsrezeptoren und intrazellulären Komponenten dieser Adhäsionskomplexe

Mutiertes Adhäsionsprotein	Krankheit
EZM	
Laminin-5	
COMP / Thrombospondin-5	(junktionale) Epidermolysis bullosa
Kollagen VII	Pseudoachondodysplasie
Fibrillin!	Dystrophische Epidermolysis bullosa Marfan-Syndrom
Adhäsionsrezeptoren	
Glykoprotein IIIa (Integrin β3)	Thrombasthenie Glanzmann
Integrin β2	Leukozytäre Adhäsionsdefizienz Typ I
Integrin α6 und β4	(junktionale) Epidermolysis bullosa
Intrazelluläre Adhäsionsproteine/Zytoskelettprotein	
Dystrophin	Muskeldystrophy
α-Spektrin	Hämolytische Anämie
WASP	Wiskott-Aldrich Syndrom
Myosin VII	Ushers-Syndrom
Keratine 5 und 14	(junktionale) Epidermolysis bullosa
APC-Protein („adenomatous polyposis coli")	Familiäres/sporadisches Kolonkarzinom

! Genetisch bedingte und erworbene Störungen im Bereich von Adhäsionsmolekülen (Matrixproteine, Adhäsionsrezeptoren wie Integrine, Cadherine und Desmosomen, intrazelluläre Zytoskelettproteine) verursachen thromboembolische, vaskuläre, muskuläre und kutane Erkrankungen. Die große pathophysiologische Bedeutung von Adhäsionsmolekülen wird auch dadurch unterstrichen, daß mit neuen Strategien, die sich besonders gegen Adhäsionsvorgänge richten, gerade in jüngster Zeit große therapeutische Erfolge erzielt wurden. Ein gutes Beispiel hierfür ist die Blockade des Thrombozytenintegrins GP IIb/IIIa im Rahmen der Prävention von kardiovaskulären Erkrankungen und Komplikationen [9, 14].

4.5 Krankheiten bedingt durch (Proto)Onkogene und Antionkogene

Das anfangs erwähnte Beispiel der chronisch myeloischen Leukämie (CML) bzw. des BCR-Abl illustriert, daß Störungen im Bereich der Rezeptoren und Rezeptor-aktivierten intrazellulären Signalkaskaden eine bedeutende Rolle in der Tumorentstehung haben [1, 2]. Ein großer Fortschritt in der Tumorforschung war die Erkenntnis, daß tumor-erzeugende Gene (Onkogene) von Viren (z. B. v-Src des Rous sarcoma virus) zelluläre Verwandte besitzen – die Protoonkogene (z. B. das zelluläre Src, c-Src). Inzwischen ist eine große Zahl solcher Onkogene und Protoonkogene und ihre ***Einordnung in Rezeptor-regulierte Signalkaskaden*** bekannt. Bei diesen (Proto)Onkogenen handelt es sich überwiegend um Proteine, die Wachstum, Zellteilung, Zelldifferenzierung und Zelltod steuern. So kommen diese (Proto)Onkogene aus der Familie der

- Wachstumsfaktoren [z. B. (sis-Onkogen)-PDGF, (int 2-Onkogen)-FGF],
- Wachstumsfaktorrezeptoren [z. B. (erbB-Onkogen)-EGF-Rezeptor, (fms-Onkogen)-M-CSF-Rezeptor],
- membranassoziierten Tyrosinproteinkinasen [z. B. (BCR-Abl)-cAbl, (vSrc)-cSrc],
- membranassoziierten kleinen G-Proteinen (Ras),
- zytosolischen Serin/Threonin-Proteinkinasen (Raf, Mil, Mos),
- zytosolischen Hormonrezeptoren (erbA-Onkogen/Schilddrüsenhormonrezeptor),
- Transkriptionsfaktoren (fos, jun, myc, myb, rel) und
- Zelltod-regulierenden Faktoren (Bcl2).

Tumore werden sehr oft durch eine Aktivierung von tumorerzeugenden Genen (Onkogene) oder Inaktivierung von tumorunterdrückenden Genen (Antionkogene bzw. Tumorsuppressorgene) hervorgerufen. Onkogene und Suppressorgene sind sehr oft wichtige Schaltstellen der intrazellulären Signaltransduktion

Abbildung 4.2 zeigt eine Liste von Proteinen und ihre Einordung in Wachstumsfaktor-regulierte Signalkaskaden. Protoonkogene werden in menschlichen Tumo-

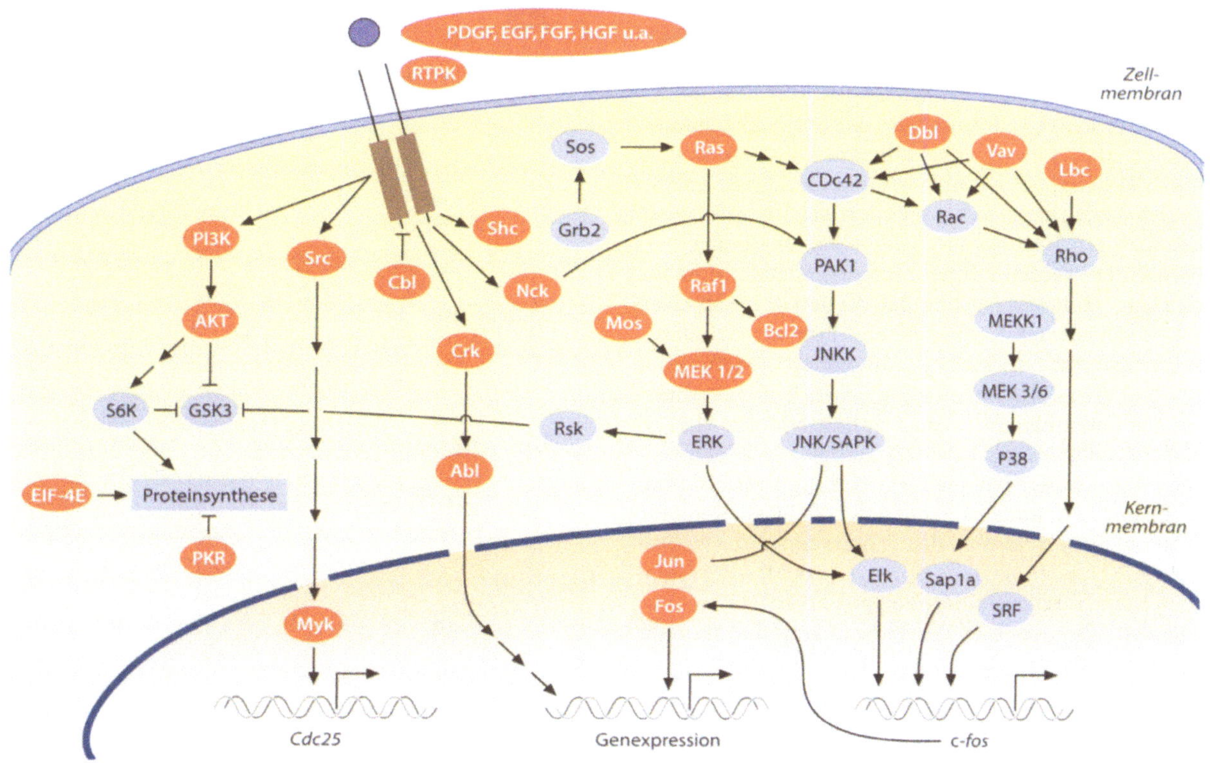

Abb. 4.2. Beteiligung von Komponenten der Membran-Zellkern-Signaltransduktion bei der Entstehung von Krebs. Proteine, die als Onkogene bzw. Tumorsuppressorgene charakterisiert worden sind, sind hier in weißer Schrift auf rotem Hintergrund angezeigt (nach T. Hunter [2]) Wachstumsfaktoren *(PDGF, EGF, FGF, HGF*, „platelet-derived", „epidermal", „fibroblast", „hepatocyte growth factor"); *RTPK* Rezeptor-Tyrosinproteinkinase; Adapterproteine *(Crk, Nck, Shc, Grb2)*; GDP/GTP-Austauschfaktoren *(Sos, Dbl, Vav, Lbc)*; kleine G-Proteine *(Ras, CDC42, Rac, Rho)*; Proteinkinasen/Onkoproteine *(Src, Akt, Abl, Raf, Mos)*. Weitere Proteinkinasen *(S6K, GSK3, MEK 1/2, ERK, PAK1, JNNK, JNK/SAPK, MEKK1, MEK 3/6, P38;* Transkriptionsfaktoren *(Myk, Jun/Fos, Elk, Sap1 a, SRF)*

ren durch Mutationen (z. B. Punktmutationen, Translokationen, Deletionen) zu den eigentlichen Onkogenen, wobei sehr häufig ein bisher sehr spezifisch reguliertes Protein konstitutiv aktiviert wird und entsprechende Signalkaskaden ständig aktiviert. Das Beispiel der CML hat auch bereits gezeigt, daß bei der Tumorentstehung und Progression oft mehrere Mutationsdefekte ablaufen, was auch im Rahmen der Entstehung des Dickdarmkrebses gut belegt ist [13, 15; . auch Kap. 21].

Bei der CML ist das Auftreten des Philadelphia-Chromosoms mit dem zellulären BCR-Abl-Genprodukt charakteristisch und ursächlich verantwortlich für die relativ benigne, chronische Phase der CML, die durch eine abnorme Proliferation und Akkumulation von CML-Zellen im Blut und hämatopoetischen Gewebe (z. B. Milz) gekennzeichnet ist. Die biphasische Natur der CML, der Übergang einer relativ benignen, chronischen Phase durch weitere genetisch und z. T. umweltbedingte Faktoren in eine letztendlich relativ rasch und letal verlaufende Phase ist nict nur charakteristisch für andere Krebsformen, sondern auch für andere chronische Erkrankungen wie Herzinsuffizienz und Arteriosklerose. Herausragende Fragen der aktuellen CML-Forschung betreffen deshalb auch die genaue zelluläre und molekulare Funktion der cAbl und BCR-Abl Tyrosinproteinkinase und ihre Bedeutung für die Wachstums- und Differenzierungsregulation hämatopoetischer Zellen. Therapeutisch geht es dabei auch um die Frage, ob Inhibitoren der Signalkaskaden, in denen cAbl beteiligt ist, zu einer effektiven CML-Therapie entwickelt werden können.

Neben den (Proto)Onkogenen sind in den letzten Jahren auch wichtige Gene und Proteine beschrieben worden, die in die Gruppe der ***Antionkogene bzw. Tumorsuppres-***

sorgene einzuorden sind [2, 8,13, 15]. Das gemeinsame Merkmal von Tumorsuppressorgenen ist, daß eine gewöhnlich genetisch bedingte Inaktivierung des Tumorsuppressorgenproduktes wesentlich zur Tumorentwicklung beiträgt. Damit wird auch ein allgemeines Prinzip klar, daß wichtige zelluläre Vorgänge sowohl durch aktivierende als auch hemmende Signale und Signalkaskaden engmaschig reguliert werden und Krankheiten durch Störungen in beiden Signalkaskaden hervorgerufen werden können. Interessanterweise haben sich klare Hinweise ergeben, daß die bereits im Abschnit 4.4 beschriebenen Cadherine und ihre intrazellulären Proteinpartner (Catenine) Tumorsuppressorfunktionen haben und die Translokation eines Proteinkomplexes aus Cateninen und Transkriptionsfaktoren (LEF-1) von der Zellmembran bzw. dem Zytoplasma in den Zellkern eine wichtige Rolle spielt [2,8,12,13]. Sowohl Catenin als auch ein anderes Protein der Zell-Zell-Kontakte (Plakoglobin) binden an das Tumorsuppressorgenprodukt APC („adenomatous polyposis coli“). APC-Mutationen sind für die familiäre Polyposis coli (FAP) verantwortlich, aber auch an der Entwicklung des sporadischen Dickdarmkrebses beteiligt [13]. Während die familiären Tumoren durch Keimbahnmutationen bedingt sind, entstehen die sporadischen Tumoren durch somatische Mutationen. Auch andere Adhäsionsproteine, insbesondere Integrine, scheinen eine besondere Bedeutung als Tumorsuppressorproteine zu haben: In vielen Tumoren ist die Expression von Integrinen herunterreguliert, andererseits hemmt eine Integrinüberexpression häufig das Wachstum und die Malignität (Invasionsfähigkeit, Metastasierung) von Tumoren [8]. Nach bisher vorliegenden Ergebnissen können Tumorsuppressorgene u. a. folgenden Vorgängen und Proteinfamilien zugeordnet werden:

- ***Zytoskelett/Adhäsionsmoleküle*** [APC (familiäre Polyposis coli, Kolonkarzinom), dcc (kolorektale Tumoren), nf2/Merlin (Akustikusneurinom)];
- ***Transkriptionsfaktoren*** [Rb (Retinoblastom/Osteosarkom), WT-1 (Wilms-Tumor), p53 (Osteosarkom, Mamma-/Gehirntumoren), BRCA1 (Mamma-/Ovarialtumoren)];
- ***DNA-Reparatur*** [MSH2, MLH1 (kolorektale Tumoren)];
- ***G-Protein-regulierende Faktoren*** [nf1, Neurofibramin (Neurofibromatose)].

! Die Erkenntnisse über Onkogene/Antionkogene zeigen, daß viele humane Tumorerkrankungen durch Störungen in der intrazellulären, Post-Rezeptor-regulierten Signaltransduktion hervorgerufen werden. Diese Mechanismen spielen sowohl bei seltenen als auch bei häufigen Tumoren eine große Rolle, wie die pathobiochemische Bedeutung des Tumorsuppressorgens APC („adenomatous polyposis coli“) belegt, das sowohl bei der seltenen familiären Polyposis coli als auch bei den häufigen sporadischen Dickdarmtumoren entscheidend beteiligt ist. Die Erkenntnis, daß Zytoskelettproteine und Zelladhäsionsmoleküle als Tumorsuppressorgene wirken können, belegt auch ihre große funktionelle und regulatorische Bedeutung für die intrazelluläre Signaltransduktion (s. auch Abschnitt 4.4). Es bleibt zu hoffen, daß diese Möglichkeiten auch letztendlich zu einer verbesserten Therapie vieler Erkrankungen führt, ein Gebiet, das im Bereich der klassischen Hormonrezeptoren seit langem etabliert ist, für die Adhäsionsrezeptoren sehr aktuell geworden ist [9, 14], aber im Bereich der Signaltransduktion noch in den Kinderschuhen steckt [16, 17].

4.6 Literatur

1. Senechal K, Sawyers CL (1996) Signal transduction-based strategies for the treatment of chronic myelogenous leukemia. Molecular Medicine Today 503–509
2. Hunter T (1997) Oncoprotein networks. Cell 88:333–346
3. Spiegel AM, Weinstein LS, Shenker A (1993) Abnormalities in G protein-coupled signal transduction pathways in human disease. J Clin Invest 92:1119–1125
4. Spiegel AM (1995) Defects in G protein coupled signal transduction in human disease. Annu Rev Physiol 58:143–170
5. Hack N, Schultz A, Clayman P, Goldberg H, Skorecki K L (1995) Transmembrane signaling in kidney health and disease. Pediatr Nephrol 9:514–525
6. Ackerman MJ, Clapham DE (1997) Ion channels – basic science and clinical disease. N Engl J Med 336:1575–1586
7. Adams J (1997) Cell adhesion – spreading frontiers, intricate insights. Trends in Cell Biology 7:107–110
8. Ben-Ze'ev A (1997) Cytoskeletal and adhesion proteins as tumor suppressors. Curr Op in Cell Biology 9:99–108
9. Mousa SA, Cheresh DA (1997) Recent advances in cell adhesion molecules and extracellular matrix proteins: potential clinical implications. Drug Discovery Today 2:187–199
10. Fuchs E (1997) Of mice and men: genetic disorders of the cytoskeleton. Mol Biology of the Cell 8:189–203

11. Borradori L, Sonnenberg A (1996) Hemidesmosomes: roles in adhesion, signaling and human diseases. Curr Op Cell Biol 8:647–656
12. Parsons JT, Parsons SJ (1997) Scr family protein tyrosine kinases: cooperating with growth factor and adhesion signaling pathways. Curr Op Cell Biology 9:187–192
13. Kinzler KW, Vogelstein B (1996) Lessons from hereditary colorectal cancer. Cell 87:159–170
14. Tcheng JE (1997) Platelet glycoprotein II b/IIIa integrin blockade: recent clinical trials in interventional cardiology. Thromb Haemost 78:205–209
15. Cavenee WK, White RL (1995) The genetic basis of cancer. Scient American 272:72–79
16. Levitzki A (1996) Targeting signal transduction for disease therapy. Curr Op Cell Biol 8:239–244
17. Patrick DR, Heimbrook DC (1996) Protein kinase inhibitors for the treatment of cancer. Drug Discovery Today 1:325–330

5 Pathophysiologie von Nozizeption und Schmerz

H.-G. Schaible und R. F. Schmidt

EINLEITUNG Ein Patient erlitt bei einem Arbeitsunfall eine Verletzung der linken Hand. Die medizinische Versorgung der Verletzung war erfolgreich, aber dennoch entwickelte der Patient im Verlauf von Wochen ein quälendes Schmerzsydnrom. Die Schmerzen begannen an den Fingern der verletzten Hand und wanderten wellenförmig den Arm entlang bis in die Schulter. Zwischen den Schmerzattacken blieb immer ein brennendes Gefühl in der Hand zurück. Selbst starke Schmerzmittel waren nicht in der Lage, die Schmerzen zu beseitigen. Schließlich suchte der Patient eine für ihre guten Erfolge bekannte Schmerzambulanz auf. Nach der Anamnese und gründlichen Untersuchung entschied sich der behandelnde Arzt, den Effekt einer Sympathikusblockade zu erproben. Er spritzte ihm links und rechts der oberen Brustwirbelsäule ein lokales Betäubungsmittel in die Umgebung der Grenzstränge, also der vegetativen Nervenbahnen und Schaltstellen, die beiderseits der Wirbelsäule verlaufen. In der Tat ließen die Schmerzen nach kurzer Zeit nach. Der Patient konnte jeden seiner Finger wieder einzeln bewegen. Die Schmerzfreiheit blieb auch in den nächsten Tagen bestehen. Nach mehrmaliger Wiederholung der Sympathikusblockaden trat eine dauerhafte Besserung ein.

5.1 Unterscheidung von drei Schmerztypen nach ätiologischen und pathogenetischen Gesichtspunkten

Schmerz ist eine Sinnesempfindung, die in der Regel bei Einwirkung potentiell oder aktuell gewebeschädigender (noxischer) Reize auf den Körper auftritt. Zusätzlich können Schmerzen bei zahlreichen Krankheiten entstehen. Schmerzen werden nach ihrer Ätiologie, Erscheinungsform und Bedeutung in Schmerztypen eingeteilt: Den ***physiologischen Nozizeptorschmerz*** bei noxischer Reizung gesunden Gewebes, den ***Nozizeptorschmerz im Rahmen pathophysiologischer Prozesse*** und den ***neuropathischen Schmerz*** (s. Abb. 5.1) [4, 6, 18, 20].

Der physiologische Nozizeptorschmerz entsteht als Warnsignal bei Einwirkung noxischer Reize auf gesundes Gewebe

Wirkt ein potentiell oder aktuell gewebeschädigender (noxischer) Reiz auf Gewebe ein, dann werden die sensorischen Endigungen von Nozizeptoren erregt und es entsteht eine Schmerzreaktion. Da es sich hierbei um eine Schmerzauslösung in einem ***gesunden Gewebe*** handelt, spricht man von einem ***physiologischen Nozizeptorschmerz***. Er ist ein Warnsignal, das dem Körper die Gefährdung eines Körperteils anzeigt (Abb. 5.1 a). Noxische Reize können mechanisch (Druck, Quetschung), thermisch (Hitze) und chemisch (schmerzauslösende Substanzen) sein. Die Einwirkung schmerzhafter Reize führt meist zu sofortigen Gegenmaßnahmen, z. B. zu motorischen Reflexen, die die Einwirkung des noxischen Reizes umgehend beseitigen sollen (z. B. ein Handwegziehreflex bei Berühren eines heißen Gegenstandes) [6, 12]. Die Schmerzantwort auf einen von außen kommenden gewebeschädigenden Reiz ist eine physiologische Reaktion, die für das Überleben des Organismus erforderlich ist.

Der Nozizeptorschmerz im Rahmen pathophysiologischer Prozesse entsteht bei Entzündungen oder Schädigungen von Geweben bzw. Organen

In der Regel werden die sensorischen Endigungen von Nozizeptoren bei Entzündungsprozessen erregt, die sich in Geweben und Organen als Folge eines schädigenden Einflusses ausbilden. Dies führt zu ***Ruheschmer-***

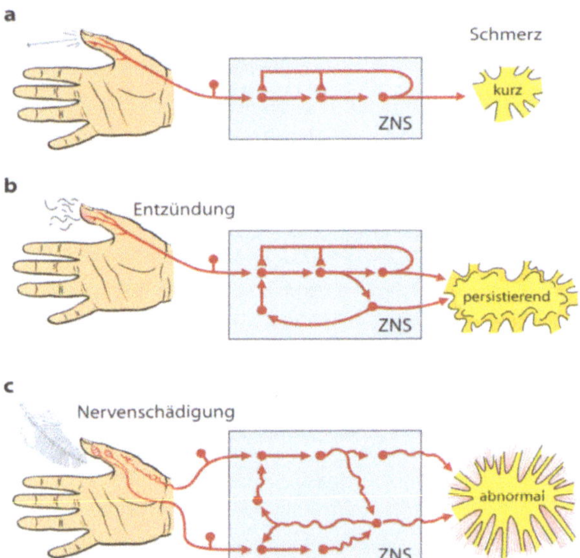

Abb. 5.1 a-c. Schmerztypen nach ihrer Ätiologie und Pathogenese. **a** Der akute Schmerz bei Einwirken eines noxischen Reizes ist ein physiologischer Nozizeptorschmerz mit Warncharakter. **b** Bei Entzündung oder nach Gewebeläsionen entsteht der Nozizeptorschmerz unter pathophysiologischen Bedingungen, auftretend in Form von Dauerschmerzen und/oder Hyperalgesie und Allodynie. Die Mechanismen der Verarbeitung afferenten Eingangs sind komplexer als beim akuten physiologischen Schmerz. **c** Nach Läsionen des peripheren oder zentralen nozizeptiven Systems entsteht der abnormale neuropathische Schmerz (aus [4])

zen und/oder einer ***Hyperalgesie*** und ***Allodynie*** (Abb. 5.1 b). Als Hyperalgesie bezeichnet man eine vermehrte Schmerzempfindung bei noxischen Reizen, als Allodynie das Auftreten von Schmerzen bei der Einwirkung nichtnoxischer Reize (Tabelle 5.1). Typische Beispiele dafür sind der Berührungsschmerz bei Sonnenbrand und die Schmerzhaftigkeit von Bewegungen eines entzündeten Gelenks im Arbeitsbereich [4, 6, 9, 11].

Hyperalgesie und/oder Allodynie können für mechanische Reize (erhöhte Empfindlichkeit für mechanische Reize) und/oder für thermische Reize bestehen. Die Hyperalgesie am Ort der Schädigung oder Entzündung wird ***primäre Hyperalgesie*** genannt. Häufig kommt es um den Ort der Läsion herum zum Auftreten einer ***sekundären Hyperalgesie***, also zum Auftreten von einer meist mechanischen Hyperalgesie im gesunden Gewebe. Die primäre und die sekundäre Hyperalgesie beruhen auf peripherer und zentraler Sensibilisierung im nozizeptiven System (s. 5.2) [6, 15].

Tabelle 5.1. Definition pathophysiologischer Schmerzempfindungen

Allodynie	Schmerzauslösung durch einen Reiz niederer Intensität, der normalerweise keinen Schmerz verursacht (z. B. eine Berührung)
Anästhesie	Ausfall aller Hautsinnesmodalitäten
Analgesie	Fehlen von Schmerzen bei noxischer Reizung
Dysästhesie	Unangenehme abnorme Empfindung, entweder spontan oder durch Reize ausgelöst
Hypästhesie	Eine im Bereich der Somatosensorik verringerte Empfindlichkeit auf Reize
Hypalgesie	Verringerte Empfindlichkeit auf noxische Reize. Die Hypalgesie ist meist Teil einer Hypästhesie (s. oben)
Hyperästhesie	Verstärkte Empfindung auf schmerzhafte und nicht schmerzhafte Reize
Hyperalgesie	Verstärkte Schmerzempfindung auf einen noxischen Reiz
Hyperpathie	Schmerzsyndrom, das durch eine verstärkte Antwort auf einen schmerzhaften oder nicht schmerzhaften Reiz gekennzeichnet ist. Er tritt besonders deutlich bei repetitiver Reizung auf. Eine Hyperpathie kann mit Hypo-, Hyper- oder Dysästhesie verbunden sein
Parästhesie	Abnorme, jedoch nicht unangenehme Empfindung, entweder spontan oder reizinduziert

Auch der Entzündungsschmerz stellt ein Warnsignal dar. In der Regel verschwindet er, wenn sich die Erkrankung zurückbildet. Besteht die Erkrankung eines Organs über lange Zeit (z. B. eine chronische Arthritis), dann wird auch der Schmerz häufig chronisch (s. unten).

Bei Schädigungen oder Erkrankungen von Neuronen des nozizeptiven Systems entstehen neuropathische und/oder zentrale Schmerzen

Neuropathische Schmerzen. ***Periphere Nerven*** können durch Kompression (z. B. durch einen verengten Karpaltunnel oder einen Bandscheibenvorfall), durch

Überdehnung (z.B. nach einer Fraktur), durch Quetschung (z.B. im Rahmen einer Verletzung), durch Durchtrennung (z.B. bei einer Amputation), durch Entzündungen (z.B. Herpes zoster), durch toxische Schädigung, durch Ischämien und andere Ursachen geschädigt werden. Wird die Kontinuität von Nervenfasern zerstört bzw. beeinträchtigt, bildet sich häufig ein ***Neurom***: die proximalen Enden der Nervenfasern sprossen aus, wobei sie „Nervenfaserknäuel" bilden, wenn sie ihr Zielorgan nicht finden [5, 13, 18].

Eine Schädigung oder Zerstörung von peripheren Nervenfasern ist in vielen Fällen mit dem Auftreten ***neuropathischer Schmerzen*** verbunden (Abb. 5.1c). Diese sind häufig quälend, können attackenweise auftreten und werden oft in der Zone gestörter Innervation empfunden. Bei mechanischer und thermischer Reizung des Gewebes ist häufig eine Allodynie und/oder eine Hyperalgesie festzustellen [4, 18, 20]. Bei Zerstörung oder Unterbrechung der Kontinuität von Nervenfasern können neuropathische Schmerzen mit motorischen und sensorischen Ausfällen im betroffenen Innervationsgebiet verbunden sein. Im Falle einer Neurombildung werden häufig bei leichtem Druck auf das Gewebe über dem Neurom Schmerzen ausgelöst.

Zentrale Schmerzen. Wenn Schmerzen durch eine Schädigung von ***Neuronen des Zentralnervensystems*** (Rückenmark, Hirnstamm, Thalamus) entstehen, spricht man von ***zentralen Schmerzen*** [7, 18, 20]. Schädigungen von Neuronen im Zentralnervensystem entstehen durch Traumen (z.B. eine Querschnittsläsion des Rückenmarks), durch entzündliche Erkrankungen (z.B. Multiple Sklerose), durch Ischämien (z.B. Infarkte im Thalamus) und andere Ursachen. Zentrale Schmerzen treten häufig als brennende Spontanschmerzen auf, aber sie können auch durch unspezifische Reize ausgelöst werden. Ort und Art des Schmerzes und andere neurologische Symptome (sensorische Ausfälle, Lähmungen etc.) sind vom Ort und Umfang der Läsion abhängig.

Zentrale Schmerzen können auch nach einer Läsion peripherer Nerven entstehen, wenn es sekundär zu Umbauvorgängen im Zentralnervensystem kommt. Ein typisches Beispiel hierfür ist der ***Phantomschmerz***. Dieser tritt nach Verlust einer Gliedmaße auf, wobei der Schmerz in die nicht mehr vorhandene Gliedmaße projiziert werden kann. Nach dem Ausriß von peripheren Nervenfasern oder Nervenplexus durch Überdehnung kann eine ***Anaesthesia dolorosa*** entstehen. Hierbei können wegen der Zerstörung der Nervenfasern im früheren Innervationsgebiet von dort aus keine Empfindungen mehr ausgelöst werden. Dennoch entstehen durch die Aktivität nozizeptiver Neurone des Zentralnervensystems Schmerzempfindungen, die in das ansonsten empfindungslose Gebiet projiziert werden. Da die Unterbrechung des normalen synaptischen Eingangs bei solchen Schmerzen eine maßgebliche Rolle spielt, spricht man auch von ***Deafferenzierungsschmerzen***.

Die Schmerzsymptomatik nach einer Läsion von Gewebe oder Nerven kann unverhältnismäßig stark und mit trophischen Störungen verbunden sein

Der Begriff ***„Complex regional pain syndrome" (CRPS)*** wurde für die Beschreibung von Schmerzen geprägt, die im Gefolge einer Läsion auftreten und einen Verlauf nehmen, der als abnormal bzw. unverhältnismäßig für die Schwere der Läsion anzusehen ist. Kennzeichnend für CRPS sind neben den Schmerzen (s. unten) trophische Störungen des Gewebes, bestehend aus Ödemen, Abnormalitäten des Blutflusses und der sudomotorischen Aktivität. Diese Störungen, die meistens auf die Extremität distal der Läsion beschränkt sind, deuten auf eine regional beschränkte Dysfunktion des vegetativen Nervensystems im Rahmen dieses Krankheitsbildes hin. Allerdings ist der Zusammenhang zwischen der Aktivität des sympathischen Nervensystems und dem Auftreten von Schmerzen bzw. von Allodynie und Hyperalgesie noch nicht vollständig geklärt [13, 15].

Das ***CRPS Typ I*** entwickelt sich nach einem initialen noxischen Ereignis verschiedenster Art. Die Spontanschmerzen, die Allodynie und Hyperalgesie in der Region der ursprünglichen Gewebeschädigung sind durch die Schwere des initialen Gewebeschadens nicht erklärbar. Das CRPS I wurde früher auch ***sympathische Reflexdystrophie*** genannt. Die Ausbreitung der Symptome ist nicht streng an das Innervationsterritorium eines Nerven gebunden.

Das ***CRPS Typ II*** entwickelt sich nach einer Nervenläsion. Auch das CRPS II ist durch Spontanschmerzen, Allodynie und Hyperalgesie gekennzeichnet, aber hierbei beschränken sich die Symptome auf das Innervationsterritorium des geschädigten Nerven. Dieses Krankheitsbild wird auch als ***Kausalgie*** bezeichnet.

CRPS kann von motorischen Störungen (z.B. Tremor, Dystonie) begleitet sein. Es ist unklar, weshalb nur manche Patienten nach der initialen noxischen Schädigung ein CRPS entwickeln. [8, 13, 15].

Das sympathische Nervensystem kann den Schweregrad von Schmerzen mitbestimmen

In manchen Fällen ist das sympathische Nervensystem bei der Aufrechterhaltung von Schmerzen maßgeblich beteiligt (Schmerzen bei CRPS, Zosterneuralgie, peripheren Neuropathien etc.). In diesen Fällen spricht man von ***„sympathetically maintained pain“ (SMP)***. Diese Schmerzen können durch die regionale Blockade des sympathischen Nervensystems gelindert werden, was als diagnostisches Kriterium für das Vorliegen von SMP dient. Allerdings findet man solche Einflüsse des sympathischen Nervensystems nur bei einem Teil der Patienten mit Schmerzen [6, 8, 13, 15, 20].

Neben ihrer Ätiologie und ihrem Charakter werden Schmerzen nach ihrer Dauer unterschieden

Der ***akute Schmerz*** ist in der Regel die unmittelbare Folge der Einwirkung eines noxischen Reizes. Er ist in seiner Signal- oder Warnfunktion für den Arzt eine wichtige Leitlinie in der Diagnosefindung [12].

Von ***chronischen Schmerzen*** spricht man, wenn die Schmerzen lang anhaltend sind (z. B. dauerhafte Tumorschmerzen) oder intermittierend über lange Zeit auftreten (z. B. immer wiederkehrende Schmerzen einer Angina pectoris, einer Migräne oder einer Trigeminusneuralgie). Bisherige Definitionen des chronischen Schmerzes betonen im wesentlichen den *zeitlichen* Faktor. Merskey [10] zieht z. B. den Trennungsstrich zwischen akutem und chronischem Schmerz bei eine Schmerzdauer von mehr als drei Monaten. Watson [16] definiert chronischen Schmerz als Schmerz, der länger als einen Monat über die übliche Zeit für einen Heilungsprozeß der zugrunde liegenden Krankheit weiterbesteht. Studien über „übliche“ Heilungszeiten liegen allerdings nicht vor.

Der chronische Schmerz kann Ausdruck einer chronischen Schädigung sein, und in diesem Fall ist er „erklärbar“. Häufig jedoch erscheint der Schmerz als sinnlos, und es entstehen zusätzlich Störungen wie Depression, Schlaflosigkeit u. a. [20]. Dies ist besonders dann der Fall, wenn der Schmerz nach Beseitigung der ihn verursachenden Noxe in derselben oder ähnlicher Form weiterbestehen bleibt oder nach einem schmerzfreien Intervall in dieser Form wieder auftritt, ohne daß eine erneute Noxe dafür nachweisbar ist. Im Schrifttum wird hier häufig von einer „Verselbständigung“ des Schmerzes gesprochen und eine „Schmerzkrankheit“ als eigenständiges Krankheitsbild beschrieben [6, 20].

> **!** Ihrer Ätiologie nach werden Schmerzen in den physiologischen Nozizeptorschmerz (ausgelöst durch schmerzhafte Reize), den Nozizeptorschmerz im Rahmen pathophysiologischer Vorgänge (ausgelöst durch Verletzung und Entzündung eines Organs) und den neuropathischen bzw. zentralen Schmerz (ausgelöst durch Schädigung von Nervengewebe) eingeteilt. Unterschieden werden Ruheschmerzen, Hyperalgesie und Allodynie. Nozizeptorschmerzen bei pathophysiologischen Vorgängen und neuropathische Schmerzen können chronisch werden. Das sympathische Nervensystem kann die Schmerzsymptomatik verstärken.

5.2 Neuronale Grundlagen klinisch wichtiger Schmerzzustände

Schmerzzustände beruhen auf sensorischen neuronalen Vorgängen im peripheren und zentralen Nervensystem. Von herausragender Bedeutung sind die Sensibilisierung von Nozizeptoren (periphere Sensibilisierung) und zentralen nozizeptiven Neuronen (zentrale Sensibilisierung) und die ektopische Erregungsbildung in nozizeptiven Neuronen. Im Zuge dieser Veränderungen kann das Nervensystem selbst über efferente Wirkungen Krankheitsprozesse in der Peripherie beeinflussen und damit zu ihrer Schmerzhaftigkeit beitragen. Die folgenden Abschnitte werden diese neuronalen Mechanismen beschreiben.

Die Sensibilisierung nozizeptiver Primärafferenzen (periphere Sensibilisierung) ist eine wichtige Grundlage der Schmerzentstehung bei Gewebeschädigung (Entzündungsschmerzen)

Die periphere Sensibilisierung umfaßt folgende Vorgänge:

- Absenkung der Erregungsschwelle von mechano-(thermo-) sensitiven Nozizeptoren,
- Verstärkung der Antworten der Nozizeptoren auf überschwellige Reize,
- Rekrutierung stummer Nozizeptoren,

- Entstehung von „Spontanaktivität“ (Bildung von Aktionspotentialen ohne willkürliche Reizung der sensorischen Endigung) in mechano-(thermo-) sensitiven und stummen Nozizeptoren [1, 6, 8, 9, 11, 12].

Die Senkung der Erregungsschwelle und Verstärkung der Antworten bei überschwelliger Reizung ist in Abb. 5.2 a dargestellt. Im normalen Gewebe wird der Nozizeptor nur durch Reize hoher Energie, z. B. durch sehr starken Druck auf das rezeptive Feld erregt; ein nichtnoxischer Reiz, z. B. leichter Druck auf das rezeptive Feld, erregt den Nozizeptor nicht (Abb. 5.2 a, oben). Ist das Gewebe entzündet, ist der Nozizeptor sensibilisiert. Im sensibilisierten Zustand wird der Nozizeptor auch durch leichten oder moderaten Druck erregt, und die Antwort auf noxische Reize ist verstärkt (Abb. 5.2 a, unten). Auch bei der Applikation von Hitzereizen läßt sich eine Sensibilisierung nachweisen. Nach Sensibilisierung werden Nozizeptoren nicht nur durch Hitzereize, sondern auch durch Wärmereize erregt [1, 6, 8, 9, 11]. Die Sensibilisierung hat zur Folge, daß der Schmerz als Ergebnis der Nozizeptoraktivierung schon bei normalerweise nicht schmerzhaften Reizen auftritt. Dies erklärt das Auftreten der Allodynie und Hyperalgesie im entzündeten Gewebe.

Zusätzlich zur Sensibilisierung mechano-(thermo-)sensitiver Nozizeptoren kommt es bei Entzündung zu einer Rekrutierung „stummer Nozizeptoren“. Vor ihrer Sensibilisierung sind „stumme Nozizeptoren“ durch mechanische und thermische Reize praktisch nicht erregbar, da sie eine extrem hohe Erregungsschwelle besitzen. Bei Entzündung werden diese Nozizeptoren sensibilisiert, so daß sie nun durch mechanische und thermische Reize erregt werden können [6, 11]. Durch die Rekrutierung stummer Nozizeptoren wird der nozizeptive afferente Zustrom in das Zentralnervensystem verstärkt.

a Sensibilisierung eines Nozizeptors

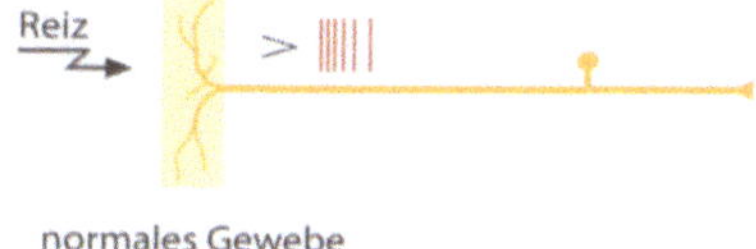

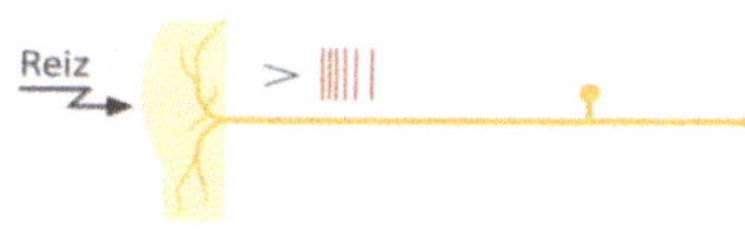

b Bildung ektoper Entladungen

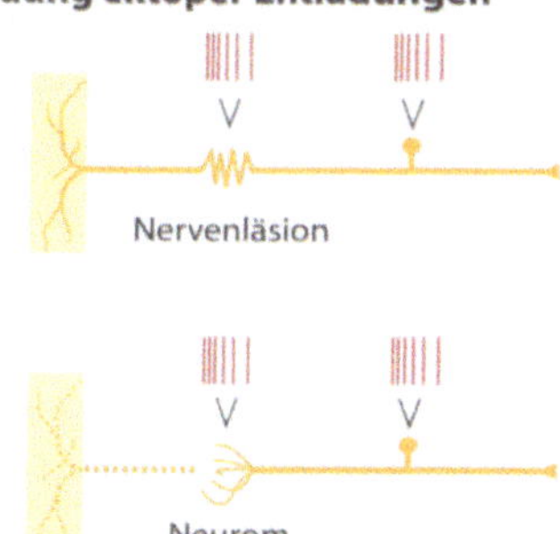

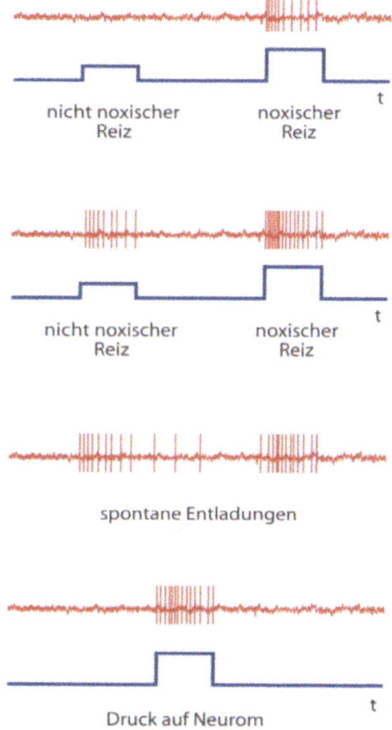

Abb. 5.2 a,b. Periphere Mechanismen der Schmerzentstehung. **a** Nozizeptorschmerz unter pathophysiologischen Bedingungen: Sensibilisierung eines Nozizeptors bei Entzündung (periphere Sensibilisierung). Bei intaktem Gewebe ist der Nozizeptor nur durch noxische Reize, nicht jedoch durch nichtnoxische Reize zu aktivieren. Im rechten Teil des Bildes sind Aktionspotentiale des Nozizeptors nur bei Reizung mit noxischer Intensität zu sehen. Die Aktionspotentiale entstehen in der Transduktionszone in der Nähe der sensorischen Endigung im Gewebe. Nach Entzündung des Gewebes werden Aktionspotentiale sowohl durch nichtnoxische als auch durch noxische Reize ausgelöst. **b** Neuropathischer Schmerz: Bildung ektoper Entladungen nach Nervenläsionen mit oder ohne Bildung eines Neuroms. Die Aktionspotentiale entstehen an der Stelle der Nervenläsion oder im Neurom und in den Hinterwurzelganglienzellen. Die Entladungen treten spontan oder nach Druck auf das Neurom auf

Primärafferenzen tragen durch efferente Wirkungen auf das Gewebe zum Entzündungsvorgang und damit zur Schmerzhaftigkeit bei

Werden dünn myelinisierte und unmyelinisierte Nervenfasern elektrisch, mechanisch oder chemisch erregt, kann eine Vasodilatation und/oder eine Erhöhung der Gefäßpermeabilität in dem von diesen Fasern innervierten Gebiet hervorgerufen werden. Man spricht wegen der neuronal bedingten Entstehung dieser Symptome von einer ***neurogenen Entzündung***. Diese efferente Funktion entsteht dadurch, daß viele Nervenfasern Neuropeptide synthetisieren, die bei Aktivierung der Nervenfasern aus den peripheren Endigungen in das Gewebe freigesetzt werden können und dann auf das Gewebe einwirken. Auch die Freisetzung anderer Mediatoren (z. B. Prostaglandine) wird diskutiert. Die verschiedenen Wirkungen der aus den Nervenendigungen freigesetzten Meditoren sind in Abb. 5.3 dargestellt. Die Mediatoren führen zur Vasodilatation und zur Permeabilitätserhöhung, zu einer Degranulation von Mastzellen und zur Anregung von Immunzellen. Die neurogen ausgelösten Vorgänge tragen vermutlich auch zur Sensibilisierung von Nozizeptoren und damit zur Schmerzentstehung bei [1, 8, 11]. Eine neurogene Entzündung der Hirnhäute wird als wichtiger Teilmechanismus bei der Entstehung eines ***Migräneanfalls*** diskutiert.

Die Entstehung ektopischer Entladungen in Primärafferenzen ist eine wichtige Grundlage neuropathischer Schmerzen (Schmerzen bei Schädigung eines Nerven)

Während physiologische und pathophysiologische Nozizeptorschmerzen durch eine Aktivierung und Sensibilisierung der sensorischen Endigungen ausgelöst werden (s. Abb. 5.2 a), können die Schmerzen nach Nervenschädigung häufig auf die ***Bildung ektopischer Entladungen*** zurückgeführt werden. Hierbei entstehen die Aktionspotentiale nicht als Folge eines normalen Rezeptorpotentials im Bereich der sensorischen Endigung. Sie werden entweder an der lädierten Stelle bzw. in einem Neurom oder aber in der Hinterwurzelganglienzelle selbst erzeugt (s. Abb. 5.2 b). Ektopische Aktivität kann episodenhaft ohne erkennbaren Anlaß entste-

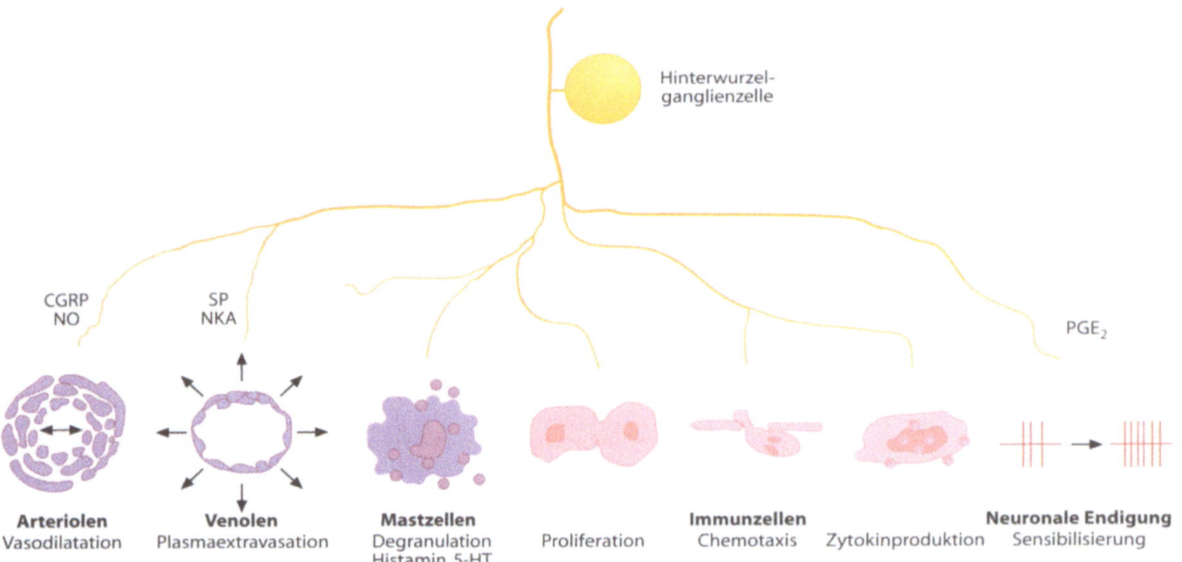

Abb. 5.3. Neurogene Entzündung. Die Abbildung zeigt das Schema eines primär afferenten Neurons mit seinem Zellkörper und verschiedenen peripheren Fortsätzen. Dargestellt ist, auf welche Gewebe bzw. Zellen die Mediatoren einwirken, die bei einer neurogenen Entzündung aus den Endigungen freigesetzt werden bzw. die einzelnen Effekte der freigesetzten Mediatoren. Es ist zu beachten, daß aus den einzelnen peripheren Fortsätzen jeweils dieselben Substanzen freigesetzt werden. *CGRP* „Calcitonin gene-related peptide", *NO* Stickoxid, *SP* Substanz P, *NKA* Neurokinin A, *5-HT* Serotonin, *PGE_2* Prostaglandin E_2

hen oder sie wird z. B. durch mechanische Reizung des lädierten Nerven ausgelöst (s. Abb. 5.2, rechts). Ektopische Entladungen entstehen allerdings nicht nur in den dünn myelinisierten und unmyelinisierten Nozizeptoren, sondern auch in nicht nozizeptiven Afferenzen mit dicker Myelinscheide. Die funktionelle Konsequenz der Aktivierung dick myelinisierter Afferenzen ist unklar [5, 8, 13].

Das sympathische Nervensystem kann nozizeptive Prozesse im Gewebe beeinflussen und lädierte Nervenfasern erregen

Über Neurone des sympathischen Nervensystems kommuniziert das Zentralnervensystem mit den Geweben und Organen des Körpers. Unter pathophysiologischen Bedingungen kann das sympathische Nervensystem über verschiedene Mechanismen zur Schmerzentstehung beitragen. Die Sympathikusaktivität kann entzündliche Vorgänge im Gewebe verstärken und damit indirekt zur entzündungsbedingten Sensibilisierung von Nozizeptoren beitragen [8, 11, 20]. Ferner kann das sympathische Nervensystem unter pathophysiologischen Umständen Primärafferenzen erregen. Während intakte Primärafferenzen durch die Aktivität des Sympathikus nicht beeinflußt werden, können lädierte Primärafferenzen durch sympathische Aktivität bzw. Adrenalin aktiviert werden. Dies kann als Grundlage für Schmerzen angesehen werden, die durch den Sympathikus verstärkt werden (s. oben). Es gibt Hinweise dafür, daß der Sympathikus auch durch Entzündung sensibilisierte Primärafferenzen erregen kann [8].

> **!** Neuronale Mechanismen der Schmerzentstehung im peripheren Nervensystem sind die periphere Sensibilisierung (eine Sensibilisierung der rezeptiven Endigungen nozizeptiver Primärafferenzen für mechanische und thermische Reize) im Gefolge einer Gewebeverletzung und -entzündung und die ektope Impulsbildung in Primärafferenzen als Folge einer Nervenverletzung und -schädigung.
> Durch die efferente Wirkung können Primärafferenzen zur Bildung einer Entzündung beitragen. Das sympathische Nervensystem kann Entzündungsvorgänge fördern und lädierte Nervenfasern erregen.

Bei Entzündungen in der Peripherie entsteht neben der peripheren Sensibilisierung eine Übererregbarkeit von Neuronen des Zentralnervensystems, eine zentrale Sensibilisierung

Eine ***zentrale Sensibilisierung*** wurde bisher vor allem an Nervenzellen des Rückenmarks beobachtet [4, 6, 11, 15, 17]. Es ist nicht bekannt, inwieweit Veränderungen des Antwortverhaltens nozizeptiver Neurone in supraspinalen Strukturen (Thalamus, Kortex etc.) eine „Abbildung" spinaler Sensibilisierungsprozesse sind oder inwieweit auch an diesen Neuronen eigenständige zentrale Sensibilisierungsprozesse ablaufen.

Kennzeichen der zentralen Sensibilisierung. Die Sensibilisierung von Rückenmarkzellen bei einer Entzündung umfaßt folgende Vorgänge:

a) Absenkung der Erregungsschwelle der Rückenmarkzelle bei Reizung des entzündeten Gewebes,
b) Verstärkung der Antworten des Neurons bei überschwelliger Reizung des entzündeten Gewebes,
c) Verstärkung der Antworten bei Reizung von gesundem Gewebe, das an das entzündete Gewebe angrenzt oder von diesem entfernt ist,
d) eine Expansion des rezeptiven Feldes,
e) Verstärkung oder Induktion von „Spontanaktivität".

Die in (c) und (d) bezeichneten Vorgänge treten in der Regel mit geringer Zeitverzögerung nach den in (a) und (b) genannten Veränderungen auf, d. h. eine zentrale Sensibilisierung ist je nach peripherem Reiz innerhalb von Minuten bis wenigen Stunden nach dem noxischen Ereignis zu beobachten.

Die Abb. 5.4 zeigt die zentrale Sensibilisierung einer Nervenzelle des Rückenmarks. Solange das Gewebe gesund ist (Abb. 5.4 a), wird das Rückenmarkneuron nur durch mechanische Reizung des kreisförmigen Areals (das rezeptive Feld des Neurons) erregt (s. Antworten auf Reizung an Stelle 2 und 3). Die mechanische Reizung der umgebenden Zone (s. Reizung an den Stellen 1 und 4) führt zwar zu einer leichten Depolarisation des Rückenmarkneurons, aber diese reicht nicht aus, um Aktionspotentiale auszulösen. Der afferente Eingang aus dieser Randzone bleibt „unterschwellig". Bei Entzündung des Gewebes (Abb. 5.4 b) nimmt die Reaktion auf mechanische Reizung des entzündeten Areals stark zu (Spur 2), was zumindest teilweise durch die periphere Sensibilisierung zu erklären ist (s. oben). Gleichzeitig antwortet die Nervenzelle verstärkt auf Reizung des be-

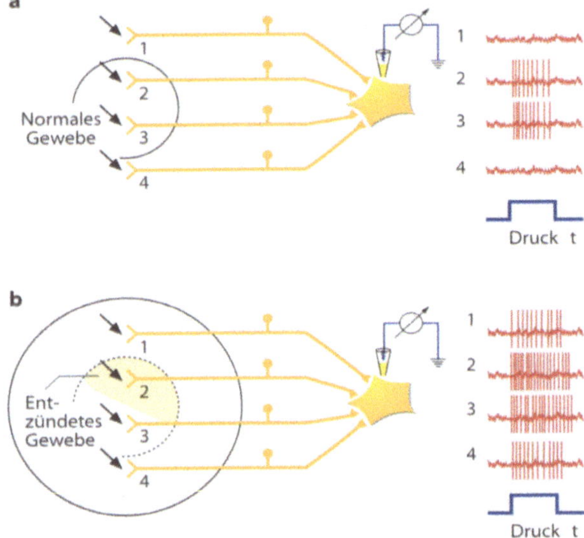

Abb. 5.4 a,b. Sensibilisierung eines nozizeptiven Neurons des Rückenmarks (zentrale Sensibilisierung). Bei normalem Gewebe (**a**) ist die dargestellte Nervenzelle des Rückenmarks nur von dem mit einem Kreis gekennzeichneten Areal (dem rezeptiven Feld des Neurons) zu erregen (bei Druck auf die Stellen 2 und 3 treten Aktionspotentiale auf). Die Aktivierung der umgebenden Zone (Stimulation der Stellen 1 und 4) führt nicht zu Aktionspotentialen. Nach Ausbildung einer Entzündung im rezeptiven Feld (s. *gepunktetes Areal*, **b**) nimmt die Antwort auf mechanische Reizung des entzündeten Areals zu (s. Antwort bei Reizung an Stelle 2). Darüber hinaus werden die Antworten auf angrenzendes Gewebe verstärkt (Reiz an Stelle 3), und auch bei Reizung des umgebenden Gewebes (Reizung an Stellen 1 und 4) werden Antworten ausgelöst: Das rezeptive Feld zeigt eine Expansion

nachbarten Gewebes (Reiz 3), und in diesem Zustand löst auch die Reizung der umgebenden Zone (Reiz 1 und 4) eine Reaktion aus (Spuren 1 und 4), obwohl die umgebende Zone überhaupt nicht pathologisch verändert ist. Letzteren Vorgang nennt man ***Expansion des rezeptiven Feldes.*** Die Empfindlichkeit das Neurons selbst hat sich so verändert, daß es für seine afferenten Eingänge aus diesen Gebieten empfindlicher geworden ist.

Im sensibilisierten Zustand kann die Rückenmarkzelle nicht nur vermehrt von dünn myelinisierten und unmyelinisierten Primärafferenzen aktiviert werden, sondern auch von dick myelinisierten Afferenzen. Dies ist wahrscheinlich eine weitere wichtige neuronale Grundlage dafür, daß unter pathophysiologischen Bedingungen bereits ein leichter Druckreiz, der nur dick myeliniserte Primärafferenzen erregt, Schmerzen auslösen kann.

Bedeutung der zentralen Sensibilisierung. Vorgänge der zentralen Sensibilisierung wurden bei entzündlichen Veränderungen der Haut, des Muskels, des Gelenks und der Viszera gefunden. Die biologische Bedeutung der zentralen Sensibilisierung liegt in einer Verstärkung der Aktivierung durch den nozizeptiven Einstrom. Sie wird neben der peripheren Sensibilisierung als eine wichtige neuronale Grundlage für klinisch bedeutsame Schmerzen angesehen [18]. Sie ist vermutlich auch der neuronale Mechanismus, der für das Zustandekommen der sekundären Hyperalgesiezone um eine primäre Hyperalgesiezone herum verantwortlich ist (s. 5.1). Eine zentrale Sensibilisierung entsteht wahrscheinlich auch bei verschiedenen Formen der Nervenschädigung. Sie spielt daher sowohl beim Nozizeptorschmerz als auch beim neuropathischen Schmerz eine wichtige Rolle [7, 15].

Persistenz zentraler Sensibilisierung. Noch ist es nicht eindeutig geklärt, ob eine zentrale Sensibilisierung aufrechterhalten bleibt, wenn der pathologische nozizeptive afferente Eingang aus der Peripherie nicht mehr weiterbesteht. Die Persistenz zentraler Sensibilisierung wird als ein Mechanismus für persistierende Schmerzen trotz Abklingens eines Krankheitsprozesses diskutiert. In experimentellen Studien wurden sowohl Fälle beschrieben, bei denen die zentrale Sensibilisierung nach Sistieren des nozizeptiven afferenten Eingangs nicht mehr nachweisbar war, als auch Fälle, bei denen die Merkmale der zentralen Sensibilisierung trotz Beseitigung des afferenten nozizeptiven Eingangs bestehen blieben [3].

Deafferentierte zentralnervöse Neurone können Spontanentladungen aufweisen. Neurone, die ihren synaptischen Eingang verloren haben, erscheinen in elektrophysiologischen Ableitungen häufig als „stumm", d. h. sie bilden bei Reizung im ursprünglichen rezeptiven Feld keine Aktionspotentiale mehr. Einige deafferentierte Neurone können spontane Entladungen aufweisen. Neurone, die ihren afferenten Eingang von der Übergangszone zwischen dem innervierten Areal und dem Areal mit gestörter Innervation erhalten, können eine pathologische Aktivität zeigen. Diese Phänomene wurden am Rückenmark von Versuchstieren und im Thalamus von Patienten nach zentralnervösen Läsionen gefunden [7].

Endogene hemmende Mechanismen können der peripheren und zentralen Sensibilisierung entgegenwirken

Im entzündeten Gewebe ist eine erhöhte Konzentration von endogenen Opioiden zu finden, die an Opioidrezeptoren auf afferenten Nervenfasern binden können. Vermutlich bildet dieses System eine endogene Kontrolle der peripheren nozizeptiven Vorgänge, die einer Aktivierung und Sensibilisierung von Nozizeptoren entgegenwirkt [14].

Die Aktivierung und Sensibilisierung nozizeptiver Neurone des Rückenmarks wird teilweise dadurch kompensiert, daß hemmende Mechanismen im Zentralnervensystem zunehmen. Während einer Entzündung kann die vom Hirnstamm absteigende deszendierende Hemmung von Rückenmarkzellen zunehmen. Auf der spinalen Ebene werden lokale Hemmsysteme aktiviert. Am besten bekannt ist die spinale Hochregulierung der Synthese von Dynorphin, eines endogenen Opioids mit vorwiegend analgetischer Wirkung. Die Stärke einer Schmerzempfindung hängt also vom relativen Gewicht erregender und hemmender Einflüsse ab [11,14].

! Als Antwort auf einen pathologischen nozizeptiven Eingang entsteht in den nozizeptiven Neuronen des Rückenmarks eine zentrale Sensibilisierung. Sie führt zu einer Verstärkung der Reaktion zentralnervöser nozizeptiver Neurone auf den nozizeptiven afferenten Einstrom, und sie trägt damit zum Schweregrad des Schmerzes bei. Der peripheren und zentralen Sensibilisierung wirken inhibitorische Mechanismen entgegen.

5.3 Zelluläre Mechanismen der peripheren und zentralen Sensibilisierung und der ektopischen Erregungsbildung in primär afferenten Fasern

Die Erregung und Sensibilisierung von Nozizeptoren, die ektopischen Entladungen, die synaptische Übertragung im Rückenmark und die zentrale Sensibilisierung werden von zahlreichen Botenstoffen bewirkt, die an spezifische Rezeptoren der Neurone binden. Die nächsten Abschnitte stellen zelluläre Mechanismen für die genannten neuronalen Vorgänge zusammen.

Nozizeptoren besitzen eine Vielzahl von Rezeptoren für Mediatoren und mehrere Typen von Ionenkanälen

Hinterwurzelganglienzellen synthetisieren Rezeptormoleküle, die in die zentralen und/oder peripheren Endigungen der Nervenfasern transportiert und dort eingebaut werden. Abb. 5.5 a zeigt das Modell einer sensorischen Endigung mit Rezeptoren, deren Funktionen für nozizeptive Prozesse bekannt sind bzw. diskutiert werden [6, 8]. Abb. 5.5 b zeigt das Modell einer sensorischen Endigung mit einer Übersicht der Ionenkanäle, die in den sensorischen Endigungen vermutet werden [1]. In diesem Modell führen mechanische Reize direkt zur Öffnung eines Kationenkanals. Chemische Reize wirken direkt auf die Ionenkanäle und/oder auf Rezeptoren, die sekundär Ionenkanäle beeinflussen. Entsprechendes gilt für Hitzereize. Daneben enthält die Endigung selektive Kalium-, Natrium- und Kalziumkanäle [1, 6, 8].

Bei Abb. 5.5 a ist zu beachten, daß nicht jede Hinterwurzelganglienzelle alle dargestellten Rezeptoren besitzt. Des weiteren lassen viele Studien zur Rezeptorexpression aus technischen Gründen unberücksichtigt, in welchem Typ von Primärafferenz (Nozizeptor, Thermorezeptor etc.) die entsprechende Rezeptorausstattung zu finden ist. Bei Abb. 5.5 b ist zu berücksichtigen, daß die vorhandenen Daten im wesentlichen an isolierten Zellkörpern und nicht an den sensorischen Endigungen von Hinterwurzelganglienzellen erhoben wurden. Letztere sind *in situ* für elektrophysiologische Ableitungen nicht zugänglich. Es besteht jedoch die Auffassung, daß die Kanäle an den Zellkörpern die Ausstattung der sensorischen Endigungen widerspiegeln.

Die Sensibilisierung nozizeptiver Primärafferenzen bei Gewebeschädigung wird durch Entzündungsmediatoren hervorgerufen

Bedeutung für die Aktivierung und Sensibilisierung von Nozizeptoren besitzen ***Entzündungsmediatoren***, nämlich Prostaglandine (insbesondere PGE_2 und PGI_2), Bradykinin, Serotonin und Histamin (Abb. 5.5 a). Diese werden bei Entzündung (vermehrt) synthetisiert und freigesetzt. Beispiele für die Herkunft dieser Moleküle zeigt Abb. 5.5 a [8]. Entzündungsmediatoren bewirken nicht nur die Entzündungsentwicklung mit Rötung, Ödembildung und Überwärmung, sondern sie können Schmerzen und/oder eine Hyperalgesie/Allodynie hervorrufen. Dieser Effekt beruht auf ihrer Wirkung auf dünn myelinisierte und unmyelinisierte Fasern, die Rezeptoren für diese Mediatoren besitzen (hierzu zählen jedoch nicht nur nozizeptive Primärafferenzen). Die genannten Mediatoren wirken entweder direkt, indem sie Aktionspotentiale erzeugen, oder sie sensibilisieren die Endigungen für andere Reize oder bewirken sowohl eine Aktivierung als auch eine Sensibilisierung. Dabei können Entzündungsmediatoren interagieren und sich gegenseitig in ihrer Wirkung verstärken [1, 6, 8, 9, 11].

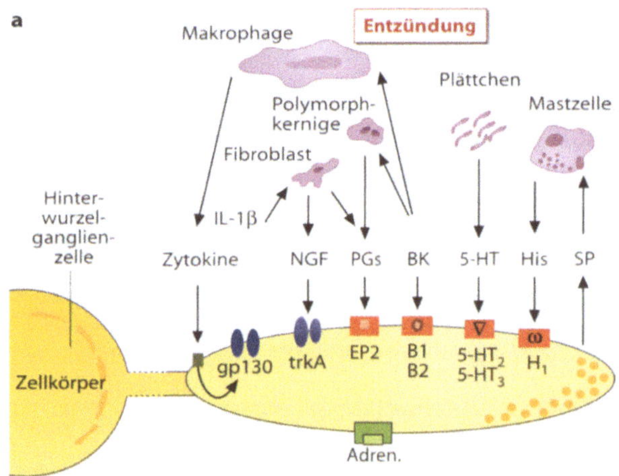

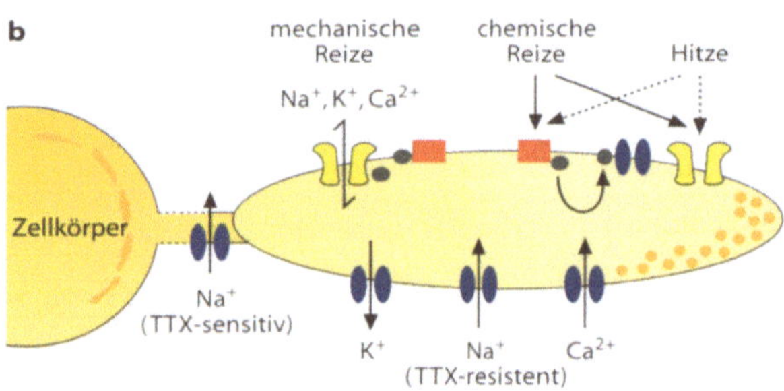

Abb. 5.5 a,b. Modell einer nozizeptiven Primärafferenz mit ihrem Zellkörper und einer sensorischen Endigung. **a** Darstellung der Rezeptoren für Mediatoren. Die *Kreise* in der Endigung stellen mit Botenstoffen gefüllte Vesikel dar. Auf die Rezeptoren in der Endigung wirken Mediatoren, die aus verschiedenen Zellen freigesetzt werden. *IL-1β* Interleukin-1*β*; *NGF* Nerve growth factor; *PGs* Prostaglandine; *BK* Bradykinin; *5-HT* Serotonin; *His* Histamin; *SP* Substanz P; *gp 130* Glykoprotein 130; *trkA* Tyrosinkinase A-Rezeptor; *EP* Rezeptor für Prostaglandin E_2, *B1* und *B2* Bradykinin 1 und 2-Rezeptoren; *5-HT$_2$* und *5-HT$_3$* Serotonin-2- und Serotonin-3-Rezeptoren; *H_1* Histamin-1-Rezeptor; *Adren.* adrenerger Rezeptor. **b** Darstellung der vermuteten Ausstattung an Ionenkanälen. *TTX* Tetrodotoxin

Entzündungsmediatoren wirken über G-Protein gekoppelte Rezeptoren auf Second-messenger-Systeme, und sie beeinflussen Ionenkanäle

Nach dem Modell von Abb. 5.5 a werden die Wirkungen der Entzündungsmediatoren durch die Rezeptoren auf der sensorischen Endigung vermittelt. Die Bindung der Mediatoren aktiviert direkt Kanäle oder löst eine Aktivierung von Second-messenger-Systemen aus (Abb. 5.5 b). Welche ***Subtypen der Rezeptoren für Entzündungsmediatoren*** in den sensorischen Endigungen exprimiert sind und welche Bedeutung die einzelnen Subtypen für das Entladungsverhalten der primär afferenten Fasern besitzen, wird noch untersucht. Derzeit wird folgenden Subtypen die größte Bedeutung zugemessen: für Histamin dem H_1-Rezeptor, für Serotonin dem 5-HT_3-Rezeptor, für Bradykinin dem B_2-Rezeptor, für Prostaglandine dem EP_2, EP_3- und IP-Rezeptor [1, 6, 8]. Zu beachten ist, daß die Rezeptorexpression einer funktionellen Regelung unterliegt. So kommt es z. B. während einer Entzündung zur Expression von B_1-Rezeptoren an Nozizeptoren, während unter normalen Bedingungen nur B_2-Rezeptoren exprimiert werden [1, 6, 8, 11].

Bradykinin und Histamin erhöhen die Aktivität der Phospholipase C und Proteinkinase C (PKC), Prostaglandine erhöhen (EP_2) oder senken (EP_3) die Bildung von cAMP. Die Applikation von Second-messenger-Molekülen bzw. deren stabiler Analoga kann einige sensibilisierende Effekte der Entzündungsmediatoren imitieren. Die Bedeutung der Aktivierung der einzelnen Second-messenger-Systeme für die entzündungsbedingte Sensibilisierung ist jedoch noch nicht vollständig geklärt [6, 8].

Als Beispiel für die Wirkung eines Entzündungsmediators an ***Ionenkanälen*** werden an dieser Stelle die Effekte von Prostaglandin E_2 genannt. In isolierten sensorischen Hinterwurzelganglienzellen können Prostaglandine Kalzium-aktivierte und spannungsgesteuerte Kaliumkanäle hemmen. Dadurch wird die Schwelle für die Erzeugung eines Aktionspotentials gesenkt und die Frequenz der Aktionspotentiale bei überschwelliger Reizung nimmt zu. Des weiteren beeinflußt PGE_2 einen TTX-insensitiven Natriumkanal. Nach Applikation von PGE_2 ist die Stromamplitude bei Aktivierung des Kanals größer, und die Schwelle kann in Richtung Hyperpolarisation verschoben werden. Auch dieser Effekt führt zu einer verstärkten Antwort auf einen exzitatorischen Reiz. Letzterer Effekt ist gebunden an die Wirkung von cAMP (s. oben) [1, 8].

Die Wirkung der Entzündungsmediatoren wird durch die ***Wirkung von Protonen*** unterstützt [1, 6]. Entzündungsherde weisen häufig saure pH-Werte auf. Protonen können zu einer tonischen Aktivierung von Nozizeptoren führen. Es wird diskutiert, ob der Protoneneffekt über den vor kurzem klonierten ***Capsaicinrezeptor*** vermittelt wird. Dieser Rezeptor wird durch die schmerzauslösende Substanz Capsaicin und durch Hitzereize aktiviert und ist praktisch nur in Nozizeptoren exprimiert. Ein endogener Ligand an diesem Rezeptor ist bisher unbekannt [2].

Nerve growth factor und trkA-Rezeptoren regulieren verschiedene Prozesse der peripheren Sensibilisierung

Neben den Rezeptoren für Entzündungsmediatoren zeigt Abb. 5.5 a den ***trkA-Rezeptor*** für ***nerve growth factor (NGF)***. Dieser reguliert unter anderem die Synthese der Neuropeptide Substanz P und Calcitonin gene-related peptide, die in Untergruppen von Hinterwurzelganglienzellen synthetisiert werden und bei Aktivierung des Neurons freigesetzt werden können [1, 8]. Diese Neuropeptide bewirken eine „neurogene Entzündung" (s. Abb. 5.3). Sie wirken entweder direkt an Gefäßrezeptoren oder aktivieren benachbarte Zellen, die gefäßwirksame Substanzen freisetzen. Über diese Interaktion können sie den Sensibilisierungsprozeß unterstützen. Hinweise gibt es auch für eine direkte Bindung von Substanz P an den sensorischen Endigungen, über entsprechende Neuropeptidrezeptoren (in Abb. 5.5 a nicht dargestellt). Eine Entzündungsreaktion entsteht somit in vielen Fällen sowohl durch die lokale Produktion und Freisetzung von Entzündungsmediatoren (z. B. Bradykinin, Prostaglandine) als auch durch den Mechanismus der neurogenen Entzündung. In entzündlichen Exsudaten, z. B. bei einer Gelenkentzündung, findet man häufig erhöhte Spiegel von Neuropeptiden. Bereits bei einer Entzündung von 1–2 Tagen Dauer kann die Synthese von Substanz P und CGRP in den Hinterwurzelganglienzellen erhöht sein [11].

NGF reguliert wahrscheinlich auch die Expression von Rezeptoren und von Ionenkanälen. NGF, der im entzündeten Gewebe selbst in erhöhter Konzentration vorliegt, kontrolliert nicht nur die Syntheseleistungen der Neurone: Wahrscheinlich wirkt er selbst als Entzündungsmediator, der in die Aktivierung und Sensibilisierung der Primärafferenzen eingreift. Diese Effekte werden wahrscheinlich über eine Degranulierung von Mastzellen bewirkt [1, 7, 8].

! Die Sensibilisierung von Primärafferenzen bei Entzündung wird durch Entzündungsmediatoren (Prostaglandine, Bradykinin, Serotonin, Histamin) ausgelöst, für die die sensorischen Endigungen Rezeptoren aufweisen. Bei Aktivierung der Rezeptoren für Entzündungsmediatoren werden Second-messenger-Systeme aktiviert. Entzündungsmediatoren wirken erregend und/oder sensibilisierend auf die Primärafferenzen. Die Wirkung der Entzündungsmediatoren wird durch Protonen verstärkt (Entzündungsherde weisen häufig saure pH-Werte auf). Nerve growth factor reguliert die Synthese der Neuropeptide Substanz P und Calcitonin gene-related peptide, die bei Reizung der Nervenfasern freigesetzt werden, mit Entzündungszellen interagieren und die neurogene Entzündung hervorrufen.

Ektopische Entladungen entstehen wahrscheinlich durch Umbauvorgänge in der Membran

Für die Entstehung ektopischer Entladungen in lädierten Primärafferenzen werden mehrere Mechanismen diskutiert. Vorgeschlagen wurde, daß es im Bereich der Nervenläsion zu einem vermehrten ***Einbau von Membranproteinen*** kommt, die eine rhythmische Impulsbildung begünstigen (z. B. Natriumkanäle, Kalziumkanäle, dehnungsaktivierte Membrankanäle) [5]. Diese Ionenkanäle führen dazu, daß die lädierte Stelle sehr leicht depolarisiert und damit zum Auslöser von Aktionspotentialen wird. Eine weitere Möglichkeit besteht darin, daß lädierte Nervenfasern im Gegensatz zu intakten Axonen durch Entzündungsmediatoren depolarisiert werden [8].

Als weiterer Mechanismus wurde die Aktivierung von afferenten Axonen durch sympathische Nervenfasern vorgeschlagen (s. 5.2). Es wird angenommen, daß die Effekte des Sympathikus über einen ***adrenergen Rezeptor*** vermittelt werden, der nach Läsion exprimiert wird (s. Abb. 5.5 a). Mögliche Orte der Rezeptorexpression und der Interaktion zwischen dem sympathischen Nervensystem und der primären Afferenz sind die sensorischen Endigungen der Primärafferenzen und die Hinterwurzelganglienzellen. Nach einer Nervenläsion sprossen sympathische Fasern vermehrt um die Zellkörper von Primärafferenzen aus [13, 15].

Nach einer Schädigung eines peripheren Axons ändern sich in den betroffenen Hinterwurzelganglienzellen die Synthese von Neuropeptiden. Es kommt zu einer Hochregulierung der Neuropeptide Galanin, „vasoactive intestinal polypeptide" und Neuropeptid Y. Ob diese Veränderungen für die ektopische Erregungsbildung von Bedeutung sind, ist unbekannt. Möglicherweise sind sie nur für die Modifizierung der synaptischen Aktivität im Rückenmark relevant [7].

!

Ektopische Entladungen entstehen vermutlich durch Umbauvorgänge in der Membran, z. B. durch vermehrten Einbau von Ionenkanälen und die Expression von adrenergen Rezeptoren. Auch Entzündungsmediatoren können eine Rolle spielen.

Die zentrale Sensibilisierung ist auf prä- und postsynaptische Veränderungen in der synaptischen Übertragung zurückzuführen

Im Rückenmark werden nozizeptive Neurone zweiter Ordnung durch primäre nozizeptive Afferenzen synaptisch erregt. Dies erfolgt durch die Freisetzung von Transmittern und Neuromodulatoren aus den präsynaptischen Endigungen der Primärafferenzen und die Bindung dieser Signalmoleküle an Rezeptoren in der Membran der postsynaptischen Neurone (Abb. 5.6). Durch die Öffnung ligandengesteuerter Ionenkanäle werden die postsynaptischen Neurone depolarisiert. Da Nozizeptoren mehrere Botenstoffe enthalten (Glutamat als Haupttransmitter und je nach Neuron verschiedene Neuropeptide), tragen verschiedene Transmitter/Rezeptor-Systeme zur synaptischen Übertragung bei [6, 11, 17]. Während die Aktivierung myelinisierter schnell-leitender Primärafferenzen (Mechanorezeptoren etc.) zur Auslösung von „schnellen“ exzitatorischen postsynaptischen Potentialen (EPSPs) im ms-Bereich führt, kann die Aktivierung von unmyelinisierten C-Fasern auch EPSPs langer Dauer auslösen (bis zu einigen Minuten) [8]. Den langanhaltenden Depolarisationen wird eine große Bedeutung bei der zentralen Sensibilisierung zugemessen (s. unten).

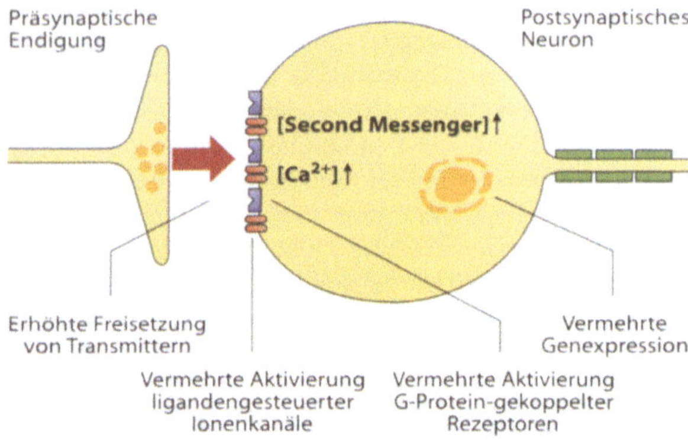

Abb. 5.6. Mechanismen der zentralen Sensibilisierung. Gezeigt ist die präsynaptische Endigung eines Nozizeptors und ein postsynaptisches Neuron, das dem Nozizeptor nachgeschaltet ist. Zur Vereinfachung wird nur der Zellkörper und das Axon des postsynaptischen Neurons dargestellt, jedoch nicht die Dendriten. Die *Kreise* in der präsynaptischen Endigung stellen mit Transmitter gefüllte Vesikel dar. Die Membran des postsynaptischen Neurons enthält ligandengesteuerte Ionenkanäle und G-Protein-gekoppelte Rezeptoren (z. B. Neuropeptidrezeptoren). *Sec. mess* Second messenger

Wie in 5.2 beschrieben, zeigt sich die erhöhte Erregbarkeit spinaler Neurone in einer Verstärkung der Antworten auf periphere Reize und in einer Absenkung der Erregungsschwelle (s. Abb. 5.4). Die Zunahme der Zahl der Aktionspotentiale beruht auf einer häufig langanhaltenden Depolarisation der spinalen Neurone. Sie wird durch die Aktivierung von NMDA- und Neuropeptidrezeptoren erzeugt, die EPSPs langer Dauer auslösen [8].

Abbildung 5.6 zeigt prinzipiell einige Vorgänge, die zu einer zentralen Sensibilisierung der synaptischen Übertragung im Rückenmark führen können. Wenn Nozizeptoren durch die periphere Sensibilisierung stärker erregt werden, kommt es zu einer erhöhten Freisetzung von Transmittern aus den synaptischen Endigungen. Vermehrt ausgeschüttet werden Glutamat und Neuropeptide wie Substanz P, CGRP und andere. Während diese Neuropeptide im Rückenmark normalerweise nur bei noxischen Reizen auf das Gewebe freigesetzt werden, setzen sensibilisierte Nozizeptoren diese Neuropeptide schon bei nichtnoxischen Reizen frei [8, 11]. Die Veränderung der Freisetzung von Transmittern und Modulatoren ist ein ***präsynaptischer Mechanismus*** der zentralen Sensibilisierung, der vor allem beim entzündungsbedingten Nozizeptorschmerz eine Rolle spielt. Für die Entstehung des neuropathischen Schmerzes ist die Bedeutung präsynaptischer Komponenten eher unklar, da in lädierten Primärafferenzen die Synthese von normalerweise exprimierten Botenstoffen eher vermindert ist. Möglicherweise werden aus lädierten Nervenfasern Neuropeptide freigesetzt, deren Synthese bei Nervenläsion aktiviert wird (s. oben).

Auf der ***postsynaptischen Seite***, in der Rückenmarkzelle, tragen verschiedene Mechanismen zur Sensibilisierung bei. Durch die vermehrte Ausschüttung von Transmittern wird eine große Zahl von ligandengesteuerten Ionenkanälen und von G-Protein-gekoppelten Rezeptoren aktiviert. Den ***N-Methyl-D-Aspartate- (NMDA-) Rezeptoren*** für Glutamat wird eine besonders wichtige Rolle zugeschrieben. Der NMDA-Kanal ist normalerweise durch ein Magnesiumion verschlossen. Wenn das Neuron stark depolarisiert wird, dann wird das kanalblockierende Magnesiumion entfernt und der Kationenkanal wird geöffnet. Da NMDA-Kanäle stark für Kalziumionen permeabel sind, führt die Öffnung der NMDA-Kanäle zur Erhöhung des intrazellulären Kalziumspiegels. Dies wiederum triggert neuronale Prozesse, die mit neuronaler Plastizität, z. B. Änderungen der Erregbarkeit in Verbindung gebracht werden [3, 17]. Sowohl in entzündlichen als auch bei neuropathischen Schmerzmodellen kann die zentrale Sensibilisierung durch Gabe von NMDA-Rezeptor-Antagonisten verhindert und wenigstens teilweise rückgängig gemacht werden [15]. Neben den NMDA-Rezeptoren spielen auch metabotrope Glutamatrezeptoren bei der zentralen Sensibilisierung eine Rolle. Sie lösen Second-messenger-vermittelte Prozesse aus, die zur Änderung der Erregbarkeit beitragen.

Durch die Freisetzung des exzitatorischen Neuropeptids Substanz P werden G-Protein-gekoppelte ***Neurokinin-1-Rezeptoren*** aktiviert. Dies führt zu einer Öffnung von Ionenkanälen und zu einer Depolarisation des Neurons. Substanz P kann auch über noch nicht eindeutig identifizierte Wege die Aktivierung der non-NMDA- und NMDA-Kanäle verstärken [8]. Die Gabe von Antagonisten am Neurokinin-1-Rezeptor führt zu einer Abschwächung der zentralen Sensibilisierung. Möglicherweise haben die Neuropeptide Neurokinin A mit dem von ihm aktivierten Neurokinin-2-Rezeptor und CGRP mit dem von ihm aktivierten CGRP-Rezeptor eine ähnliche Bedeutung wie Substanz P [8].

Vermutlich spielen ***Second messenger*** eine wesentliche Rolle bei der zentralen Sensibilisierung, die durch die genannten Mediatoren induziert wird. Diskutiert wird, daß die Aktivierung des nozizeptiven Systems im Rahmen pathophysiologischer Prozesse zu einer Aktivierung von Proteinkinase A und Proteinkinase C in den Rückenmarkzellen führt [7]. Des weiteren wird der Bildung von ***NO*** eine Rolle zugeschrieben, da die Hemmung der NO-Synthese in Verhaltensexperimenten die Entwicklung einer Hyperalgesie verhindern bzw. reduzieren kann [6]. Die noxische Reizung, besonders unter pathophysiologischen Bedingungen, kann ferner zur vermehrten ***Expression von Genen*** führen. Hierbei dienen sogenannte sogenannte ***„immediate early genes"*** (z. B. c-Fos) als Third messengers. Sie sind nach noxischer Reizung vermehrt im Rückenmark nachweisbar. Es wird angenommen, daß die vermehrte Genexpression zur Mehrproduktion von Molekülen führt, die im Mechanismus der zentralen Sensibilisierung eine Rolle spielen. Ein Beispiel ist die Hochregulation des Neurokinin-1-Rezeptors in spinalen Neuronen [17].

Neben funktionellen Veränderungen können vermutlich auch ***strukturelle Veränderungen*** des nozizeptiven Systems zur Schmerzentstehung beitragen. Nach der Schädigung eines peripheren Nerven zeigen nicht nur die peripheren Fortsätze eine Tendenz zur Aussprossung (Bildung eines Neuroms), sondern auch die zentralen Fortsätze. Es wurde beschrieben, daß Fortsätze myelinisierter Nervenfasern in die Substantia gelatinose des Rückenmarks einsprossen können, wo sie möglicherweise nozizeptive Traktzellen oder vorgeschaltete Interneurone aktivieren [19].

> **!** Die zentrale Sensibilisierung ist auf eine Verstärkung der synaptischen Übertragung zurückzuführen. Es kommt zu einer erhöhten Freisetzung von Transmittern auf der präsynaptischen Seite und zu einer vermehrten Aktivierung von ligandengesteuerten Ionenkanälen und G-Protein-gekoppelten Rezeptoren auf der postsynaptischen Seite. Die Zahl und Sensitivität der postsynaptischen Rezeptoren wird reguliert, wobei Second-messenger-Systeme beteiligt sind und bestimmte Gene vermehrt exprimiert werden. NMDA- und Neuropeptidrezeptoren wird die wichtigste Rolle zugeschrieben. Nach Nervenverletzungen können strukturelle Veränderungen zu Änderungen der synaptischen Verschaltung beitragen.

5.4 Literatur

1. Belmonte C, Cervero F (eds) (1996) Neurobiology of Nociceptors. Oxford University Press, Oxford New York Tokyo
2. Caterina MJ, Schumacher MA, Tominaga M, Rosen TA, Levine JD, Julius D (1997) The capsaicin receptor: a heat-activated ion channel in the pain pathway. Nature 389: 816–824
3. Carli G, Zimmermann M (1996) Towards the Neurobiology of Chronic Pain. Progress in Brain Research, vol 110. Elsevier, Amsterdam
4. Cervero F, Laird JMA (1991) One pain or many pains? A new look at pain mechanisms. News Physiol Sci 6: 268–273
5. Devor M (1989) The pathophysiology of damaged peripheral nerve. In: Wall PD, Melzack R (eds) (1989) Textbook of Pain, 2nd edn. Livingstone, Edinburgh
6. Handwerker HO (1999) Einführung in die Pathophysiologie des Schmerzes. Springer, Berlin Heidelberg
7. Jensen TS, Turner JA, Wiesenfeld-Hallin Z (eds) (1997) Progress in Pain Research and Management, vol 8: Proceedings of the 8th World Congress on Pain. IASP Press, Seattle
8. Kumuzawa T, Kruger L, Mizumura K (eds) (1996) The Polymodal Receptor: A Gateway to Pathological Pain. Progress in Brain Research, vol 113. Elsevier, Amsterdam
9. Mense S (1993) Nociception from skeletal muscle in relation to clinical muscle pain. Pain 54: 241–289
10. Merskey H (1983) Development of a universal language of pain syndromes. Adv Pain Res Ther 5: 37
11. Schaible H-G, Grubb BD (1993) Afferent and spinal mechanisms of joint pain. Pain 55: 5–54
12. Schaible H-G, Schmidt RF (1997) Nozizeption und Schmerz. In: Schmidt RF, Thews G (eds) Physiologie des Menschen, 27. Auflage. Springer, Heidelberg, pp 236–250
13. Stanton-Hicks M, Jänig W, Hassenbusch S, Haddox JD, Boas R, Wilson P (1995) Reflex sympathetic dystrophy: changing concepts and taxonomy. Pain 63: 127

14. Stein C (ed) (1999) Opioids in Pain Control. Basic and Clinical Aspects. Cambridge University Press
15. Treede R-D (1998) Pathophysiologie und Diagnostik von sensiblen Störungen bei sympathikusabhängigen Schmerzen. Schmerz 12: 250–260
16. Watson CPN (1983) Chronic pain. Mod Med Canada 38: 1365
17. Zieglgänsberger W, Tölle TR (1993) The pharmacology of pain signalling. Curr Opin Neurobiol 3: 611–618
18. Wall PD, Melzack R (eds) Textbook of pain, 3rd edn. Curchill Livingstone, Edinburgh
19. Woolf CJ, Shortland P, Coggeshall RE (1992) Peripheral nerve injury triggers central sprouting of myelinated afferents. Nature 355: 75–78
20. Zenz M, Jurna I (Hrsg) (1993) Lehrbuch der Schmerztherapie. Grundlagen, Theorie und Praxis für Aus- und Weiterbildung. Wissenschaftliche Verlagsgesellschaft, Stuttgart

Störungen der Erregungsbildung und Erregungsleitung des Herzens

P. Barthel und G. Schmidt

Einleitung

Fall 1. Eine 72jährige Patientin mit bekanntem Hypertonus gibt an, sich seit einigen Tagen nicht ganz wohl zu fühlen. Es falle ihr schwer, Treppen zu steigen, ab und zu verspüre sie plötzlich Schwindel. Dabei habe sie manchmal das Gefühl, gleich ohnmächtig zu werden. Im Ruhe-EKG fällt eine Sinusbradykardie von 42 Schlägen pro Minute auf. Die Langzeit-EKG-Aufzeichnung über 24 Stunden zeigt einen bradykarden Sinusrhythmus mit Herzfrequenzen zwischen 32 und 69 Schlägen pro Minute. Außerdem werden Sinusarreste von maximal 4,6 Sekunden Dauer dokumentiert. Der Patientin wird ein Zweikammerschrittmachersystem implantiert.

Fall 2. Ein 65jähriger Patient wird mit einem akuten Vorderwandinfarkt stationär aufgenommen. Eine Lyse-Therapie wird unverzüglich durchgeführt. Wegen fortbestehender Angina pectoris wird eine invasive Diagnostik angeschlossen. Dabei zeigt sich eine hochgradige Stenose des Ramus interventricularis anterior der linken Herzkranzarterie, die erfolgreich dilatiert wird. Die linksventrikuläre Funktion ist deutlich eingeschränkt, die Vorderwand akinetisch. In der dritten Woche nach dem Infarkt kollabierte der Patient ohne Prodromi und muß reanimiert werden. Nach erfolgreicher Reanimation wird eine invasive elektrophysiologische Untersuchung durchgeführt, bei der eine anhaltende monomorphe ventrikuläre Tachykardie mit einer Frequenz von 210/min auslösbar ist. Zum Schutz vor einem spontanen Ereignis wird dem Patienten ein Kardioverter/Defibrillator implantiert.

Die ***normale Erregungsbildung*** beruht auf der Eigenschaft spezifischer Herzmuskelzellen, den sogenannten Schrittmacherzellen, während der elektrischen Diastole spontan zu depolarisieren und bei Erreichen des Schwellenpotentials ein Aktionspotential auszulösen (intrinsische Automatie). Unter physiologischen Bedingungen besitzen nur Zellen des spezifischen Erregungsbildungs- und Erregungsleitungssystems diese Fähigkeit zur „Selbsterregung" (Abb. 6.1). Die Eigenschaft der Schrittmacherzellen zur spontanen diastolischen Depolarisation beruht auf einem, im Vergleich zum Arbeitsmyokard, unterschiedlichen Ionenkanalbesatz und damit unterschiedlichen ionalen Vorgängen, die das Aktionspotential auslösen (Abb. 6.2). Die verschiedenen Strukturen des spezifischen Erregungsbildungs- und Erregungsleitungssystems differieren in der Frequenz ihrer spontanen Depolarisation, und man unterscheidet aktuelle und latente Schrittmacher. Die intrinsische Impulsrate wird von drei Variablen bestimmt:

- dem maximalen diastolischen Potential,
- der Steigung der diastolischen Depolarisation,
- dem Schwellenpotential.

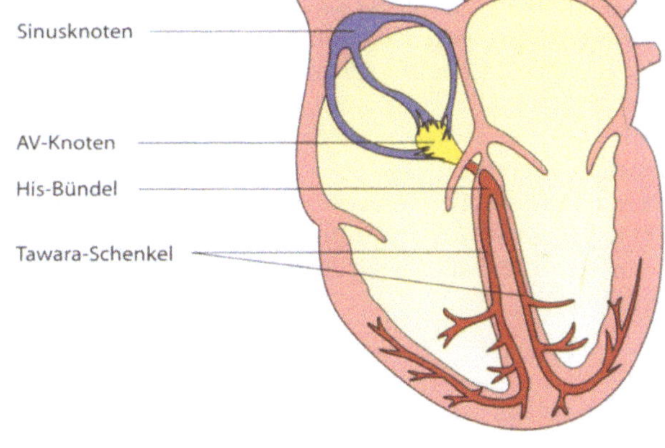

Abb. 6.1. Schematische Darstellung des Erregungsbildungs- und Erregungsleitungssystems des Herzens

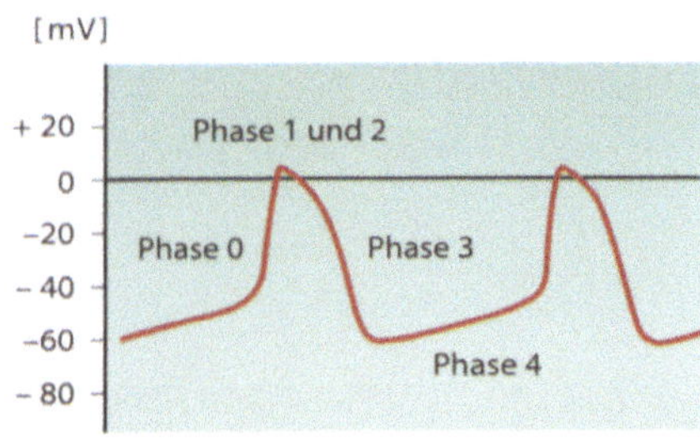

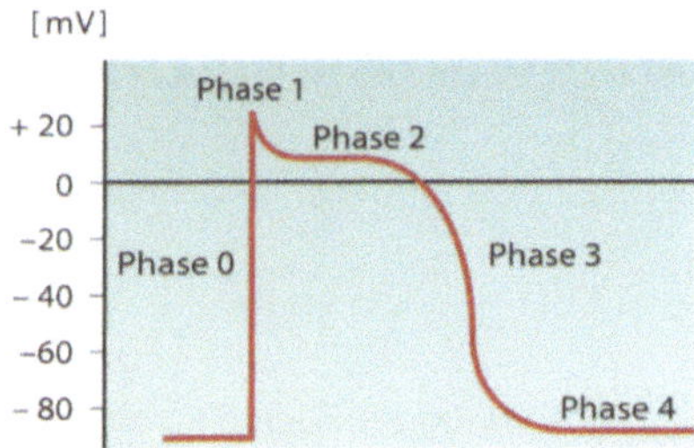

Abb. 6.2. Aktionspotentiale einer Schrittmacherzelle *(links)* und einer Arbeitsmyokardzelle *(rechts)*. Das Ruhemembranpotential (Phase 4) der Schrittmacherzelle liegt bei ca. –60 mV, im Gegensatz dazu beträgt das Ruhepotential der Arbeitsmyokardzelle ca. –90 mV. Während der Phase 4 kommt es bei der Schrittmacherzelle zu einer langsamen spontanen Depolarisation, die durch einen langsamen Na^+-Einstrom in die Zelle und einen abnehmenden K^+-Ausstrom vermittelt wird. Während bei der Arbeitsmyokardzelle der schnelle Aufstrich des Aktionspotentials (Phase 0) durch einen schnellen Na^+-Einstrom zustande kommt, wird die Phase 0 der Schrittmacherzelle vornehmlich durch einen Einstrom von Ca^{2+}-Ionen ausgelöst. Die Repolarisation (Phase 3) erfolgt durch einen K^+-Ionen-Ausstrom

Die ***normale Erregungsleitung*** erfolgt über *elektrische* Ströme. Zwischen einer bereits depolarisierten Zelle und der benachbarten, nicht erregten Zelle entsteht eine Spannungsdifferenz und damit ein lokaler elektrischer Stromkreis, der das Zelläußere und das Zellinnere umfaßt. Durch ihn wird die ruhende Zelle bis zum Schwellenpotential depolarisiert und damit ein Aktionspotential auslöst. Die Erregungsleitung erfolgt hauptsächlich in longitudinaler Richtung. Die Myokardzellen sind untereinander durch *gap junctions* verbunden, deren großlumige Kanalproteine (Konnexus) für Ionen frei passierbar sind. Die Geschwindigkeit, mit der sich die Erregung fortpflanzt, hängt ab

- von der Amplitude des Aktionspotentials (bzw. der Steilheit der Phase 0),
- von der Anzahl der Konnexus und
- vom intra- und extrazellulären Ionenmilieu, das den inneren und äußeren elektrischen Widerstand bestimmt.

6.1 Störungen der Erregungsbildung

Erregungsbildungsstörungen treten in Form von abnormer Automatie oder getriggerter Aktivität auf

Unter pathologischen Bedingungen können alle myokardialen Zellen intrinsische Automatie entwickeln.

Abnorm gesteigerte Automatie. Werden Zellmembranen der Arbeitsmyokardzellen durch Ischämie, Hypoxie, Veränderungen im Säure-Basen-Haushalt, Elektrolytverschiebung u. ä. „undicht", sind sie nicht mehr in der Lage, die Ionengradienten aufrecht zu erhalten. Außerdem nimmt die „Offen-Wahrscheinlichkeit" eines am normalen Repolarisationsprozeß beteiligten K^+-Kanals ab. Das Zusammenspiel beider Mechanismen läßt das maximale diastolische Potential auf weniger negative Werte ansteigen. Wenn es den Schwellenwert von etwa –60mV (Öffnung der schnellen Na^+-Kanäle) erreicht, kommt es zu einem vorzeitigen Aktionspotential.

Abnorm herabgesetzte Automatie. Ischämische oder degenerative Erkrankungen können die Automatie nicht nur steigern, sondern unter bestimmten Umständen auch herabsetzten. Jedoch muß die Störung den Sinusknoten mitbetreffen, denn erst, wenn seine Führungsrolle ausfällt, können die Störungen der untergeordneten Schrittmacherzellen demaskiert werden. Die elektrophysiologischen Ursachen konnten bisher nicht befriedigend geklärt werden. Denkbar sind Mechanismen, welche die Ca^{2+}-Einwärtsströme hemmen oder die K^+-Auswärtsströme verstärken.

Getriggerte Aktivität. Auslöser für eine getriggerte Aktivität sind spontane Oszillationen der transmembranären Spannung des Membranpotentials des vorausgehenden Aktionspotentials, die als Nachdepolarisationen oder Nachpotentiale bezeichnet werden. Man unterscheidet eine frühe Form („early afterdepolarization“) von einer späten Form („late afterdepolarization“) (Abb. 6.3).

Von einer ***frühen Nachdepolarisation*** spricht man, wenn die spontanen Oszillationen während der Phase 3 des vorangehenden Aktionspotentials auftreten und den normalen Repolarisationsvorgang unterbrechen. Sie werden vornehmlich bei langsamen Herzfrequenzen beobachtet. Als Ursache werden ein pathologischer depolarisierender Na^+- bzw. Ca^{2+}-Einwärtsstrom und/oder ein verminderter repolarisierender K^+-Auswärtsstrom diskutiert. Frühe Nachdepolarisationen können u. a. bei Hypoxie, Azidose, Hypokaliämie und Hypomagnesiämie auftreten (diesen Zuständen ist eine Verlängerung des Aktionspotentials gemeinsam). Iatrogen können frühe Nachdepolarisationen durch verschiedene Medikamente v. a. Antiarrhythmika der Klasse Ia oder Klasse III ausgelöst werden, da diese ebenfalls eine Verlängerung des Aktionspotentials hervorrufen. Eine Sequenz früher Nachdepolarisationen wird für die ***Torsade-de-pointes-Tachykardie*** verantwortlich gemacht.

Von einer ***späten Nachdepolarisation*** spricht man, wenn es zu Oszillationen in der Phase 4 kommt. Sie werden hauptsächlich bei schnellen Herzfrequenzen beobachtet. Ursache für diese Form der Nachdepolarisation ist eine Kalziumüberladung der Zelle. Unter physiologischen Bedingungen strömen während der Plateauphase Ca^{2+}-Ionen in die Zelle und verursachen die rasche Freisetzung weiterer Ca^{2+}-Ionen aus dem sarkoplasmatischen Retikulum (Ca^{2+}-getriggerte Ca^{2+}-Freisetzung), welche die Voraussetzung für die Kontraktion ist. Nach der Kontraktion werden die überschüssigen Ca^{2+}-Ionen durch die Ca^{2+}-ATPase und den Na^+/Ca^{2+}-Exchanger wieder in das sarkoplasmatischen Retikulum zurück- bzw. aus der Zelle herausgeschleust. Bei Hyperkalzämie, Hypokaliämie, Hyponatriämie, hohen Katecholaminkonzentrationen, hoher Herzfrequenz, aber auch nach Gabe von Phosphodiesterasehemmern oder Digitalis kann es zu einem Anstieg der intrazellulären Ca^{2+}-Konzentration während der Diastole kommen und dadurch die Ca^{2+}-getriggerte Ca^{2+}-Freisetzung erneut ansgetoßen werden. Unter Digitalis steigt als Folge der Hemmung der Na^+/K^+-ATPase die intrazelluläre Na^+-Konzentration an. Da das Verhältnis des Na^+-Gradienten zum Ca^{2+}-Gradienten durch den Na^+/Ca^{2+}-Exchanger weitgehend konstant gehalten wird, nimmt sekundär auch die intrazelluläre Ca^{2+}-Konzentration zu. Auch bei Arrhythmien, die im Rahmen einer Ischämie auftreten, spielen späte Nachdepolarisationen eine Rolle, da es in dieser Situation zu einer Ca^{2+}-Überladung der betroffenen Zelle kommt. Wenn die Nachdepolarisation das Schwellenpotential überschreitet, kommt es zu einem neuen Aktionspotential.

Die Ursachen beider Varianten sind verschieden, gemeinsam ist beiden Formen der Nachdepolarisation jedoch die Triggerung durch das vorangegangene Aktionspotential (Unterschied zur gesteigerten Automatie). Getriggerte Aktivität kann sich selbst perpetuieren.

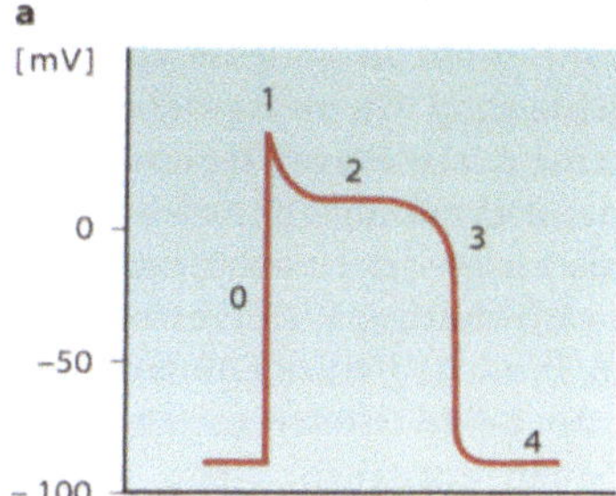

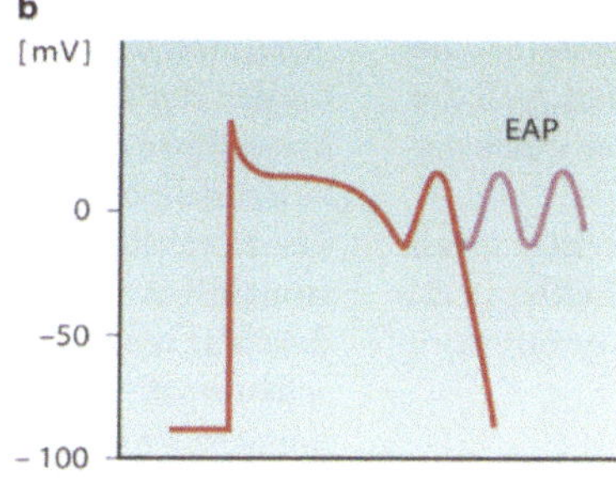

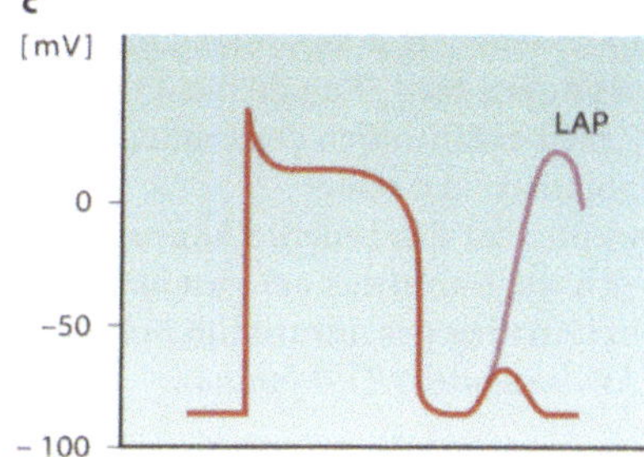

Abb. 6.3. **a** Normales Aktionspotential, bei dem die Repolarisation in der Phase 3 durch den zunehmenden K^+-Ionen-Ausstrom und den abnehmenden (bzw. aufgehobenen) Na^+- und Ca^{2+}-Einstrom getragen wird; **b** „early afterdepolarisations" (EAP). Kommt es während der Phase 3 zu einer Verminderung des K^+-Ausstroms oder zu einem anhaltenden Na^+- bzw. Ca^{2+}-Einstrom (s. Text), entstehen Oszillationen („early afterdepolarizations"), die ein neues Aktionspotential triggern können. **c** „late afterdepolarizations" (LAP). Kommt es während der Phase 4 zu einer intrazellulären Ca^{2+}-Überladung der Zelle (s. Text), wird ein ausgleichender Na^+-Einstrom aktiviert, der nach abgeschlossener Repolarisation ein neues Aktionspotential initiieren kann

> **!**
> Störungen der Erregungsbildung sind einzuteilen in
> • herabgesetzte (abnorme) Automatie,
> • gesteigerte (abnorme) Automatie,
> • getriggerte Aktivität.
> Die herabgesetzte Automatie führt zu bradykarden Herzrhythmusstörungen, die gesteigerte Automatie sowie die getriggerte Aktivität zu tachykarden Herzrhythmusstörungen.

6.2 Störungen der Erregungsleitung

Erregungsleitungsstörungen treten in Form von Blockierungen oder kreisenden Erregungen auf

Wenn die Ausbreitung der elektrischen Erregung des Herzens von der Norm abweicht, spricht man von einer Erregungsleitungsstörung. Dabei breitet sich die Front der Depolarisationswelle im betroffenen Abschnitt des Erregungsleitungssystems entweder langsamer als normal aus oder sie wird intermittierend oder permanent blockiert. Als Folge dieser Störungen können Blockierungen und kreisende Erregungen (Reentry-Tachykardien) entstehen. Eine Sonderform bilden die Präexzitationssyndrome, bei denen zusätzlich zum AV-Knoten bzw. His-Bündel akzessorische Leitungsbahnen zwischen Vorhöfen und Herzkammern vorhanden sind.

Überleitungsstörungen. Die Erregungsausbreitung wird verzögert oder blockiert, wenn sich

- in einem Areal des Erregungsleitungssystems die schnellen Na^+-Kanäle nicht öffnen können, weil die Zelle bei Eintreffen des Impulses bereits teilweise depolarisiert ist oder
- wenn sich der innere Längswiderstand erhöht, weil sich die Konnexus der ***gap junctions*** schließen (z. B. bei Anstieg der intrazellulären Ca^{2+}-Konzentration, Azidose oder ATP-Mangel).

Eine Sonderform der intermittierenden Überleitungsstörungen sind die ***frequenzabhängigen Schenkelblockierungen*** innerhalb des His-Purkinje-Systems. Sie treten in Abhängigkeit von der Herzfrequenz bzw. von der Länge des vorangehenden RR-Intervalls auf. Man unterscheidet zwei Formen:

- Der Phase-3-Block (***„acceleration-dependent block"***) tritt bei höheren Herzfrequenzen auf. Als Ursache wird eine pathologisch verlängerte Refraktärzeit des betroffenen Teils des Erregungsleitungssystems angenommen. Dabei hat das Gewebe seine Fähigkeit verloren, die Refraktärzeit den Änderungen der Herzfrequenz adäquat anzupassen. Das Auftreten und Verschwinden dieser Blockierung hängt oft nur von sehr geringen Schwankungen der RR-Intervalle ab.
- Der Phase-4-Block (***„deceleration-dependent block"***) tritt bei langsamen Herzfrequenzen auf. Als Ursache wird eine pathologische, langsame Depolarisation im betroffenen Faszikel während der Diastole angenommen. Steigt das Ruhemembranpotential über einen kritischen Wert (und werden dadurch genügend Na^+-Kanäle inaktiviert), ist eine Überleitung nicht mehr möglich. Die Wahrscheinlichkeit einer Blockierung nimmt daher bei langsamen Herzfrequenzen zu.

Klinisch von Bedeutung sind Störungen der Überleitung vom Sinusknoten zum Vorhofmyokard (SA-Block), von den Vorhöfen auf die Kammern (AV-Block) und innerhalb des His-Purkinje-Systems (Schenkelblock). Sie können funktionell oder organisch bedingt sein. Funktionelle Auslöser sind z. B. Störungen des autonomen Nervensystems (vagotone Dysregulation). Sie können auch iatrogen verursacht sein (Digitalis, Betablocker, Kalziumantagonisten vom Verapamiltyp, Antiarrhythmika). Unter den organischen Ursachen sind ischämische, degenerative und postentzündliche Veränderungen am häufigsten.

Kreisende Erregung (Reentry). Normalerweise findet die einmal gestartete Erregungswelle am Ende des Depolarisationsprozesses kein erregbares Gewebe mehr vor und erlischt. Dies wird durch zwei Eigenschaften des gesunden Myokards gewährleistet: die hohe Geschwindigkeit der Erregungsausbreitung von bis zu mehreren Metern pro Sekunde und die relativ lange Refraktärzeit von rund 0,2–0,4 Sekunden. Die räumliche Ausdehnung des refraktären Myokards hinter der Depolarisationsfront, die einen Schutz vor frühzeitiger Wiedererregung darstellt, entspricht dem Produkt beider Größen. Sie schrumpft, wenn eine oder beide Größen abnehmen. Reentry-Phänomene können entstehen, wenn Myokardareale mit unterschiedlichen elektrophysiologischen Eigenschaften in anatomischem Kontakt stehen, d. h. wenn die räumliche Ausdehnung des refraktären Myokards in einem Areal kürzer ist als im benachbarten Areal. Dies ist beispielsweise der Fall bei AV-Knoten-Reentry-Tachykardien mit einer sogenannten Längsdissoziation („*dual pathway*") (Abb. 6.4) oder bei ventrikulären Tachykardien im Randgebiet eines chronischen Infarktes.

Bei der „klassischen" Reentry-Erregung um ein ***anatomisches Hindernis*** muß die räumliche Ausdehnung des refraktären Myokards kürzer sein, als die anatomische Kreisbahn lang ist, nur dann kann die kreisende Depolarisationswelle erregbares Gewebe, die sogenannte „erregbare Lücke", vorfinden. Diese Eigenschaft wird bei der programmierten Stimulation zur Unterbrechung einer Reentry-Tachykardie ausgenutzt. Man depolarisiert vorzeitig die erregbare Lücke durch Abgabe eines Extrastimulus, so daß die kreisende Erregung auf refraktäres Gewebe trifft und die Tachykardie zum Erliegen kommt.

Dieser „klassischen" Form eines Reentry, zu der auch die Präexzitationssyndrome (s. S. 79) gezählt werden, stellt man eine zweite Form um ein ***funktionelles Hindernis („leading cycle")*** gegenüber. Dabei kreist die Erregung um ein permanent refraktäres Zentrum, wobei dessen Refraktärität wiederum Folge der kreisenden Erregung ist. Im Unterschied zu der klassischen Form ist bei funktionellen Reentry-Arrhythmien die Länge der Erregungswelle variabel, und sie haben praktisch keine „erregbare Lücke". Daher ist es schwierig bzw. unmöglich, diese Tachykardien durch programmierte Stimulation zu beenden. Wahrscheinlich liegt diese Art des Reentrys dem Vorhofflimmern zugrunde, wobei viele kleine kreisende Erregungen simultan ablaufen und ständig ihre Richtung ändern.

Weitere Reentry-Mechanismen sind „anisotrope Erregungsausbreitung" und „Reflektion". Dabei kann es zu einer kritischen Leitungsverzögerung kommen, wenn die Erregungswelle ein partiell depolarisiertes Areal durchquert oder wenn sie ein Areal quer zur Faserrichtung passiert (in longitudinaler Richtung ist die Ausbreitungsgeschwindigkeit dreimal schneller als in transversaler Richtung).

Kreisende Erregungen können in allen Herzstrukturen auftreten, z. B. in den Vorhöfen in Form von Vorhofflattern, im Bereich der AV-Überleitung in Form von AV-Knotentachykardien und Präexzitationstachykardien und im Ventrikelmyokard in Form von ventrikulären Tachykardien oder Kammerflattern.

> **!** Störungen der Erregungsleitung verursachen unterschiedliche Arrhythmien: Blockierungen führen zu bradykarden Herzrhythmusstörungen, kreisende Erregungen zu tachykarden Herzrhythmusstörungen.

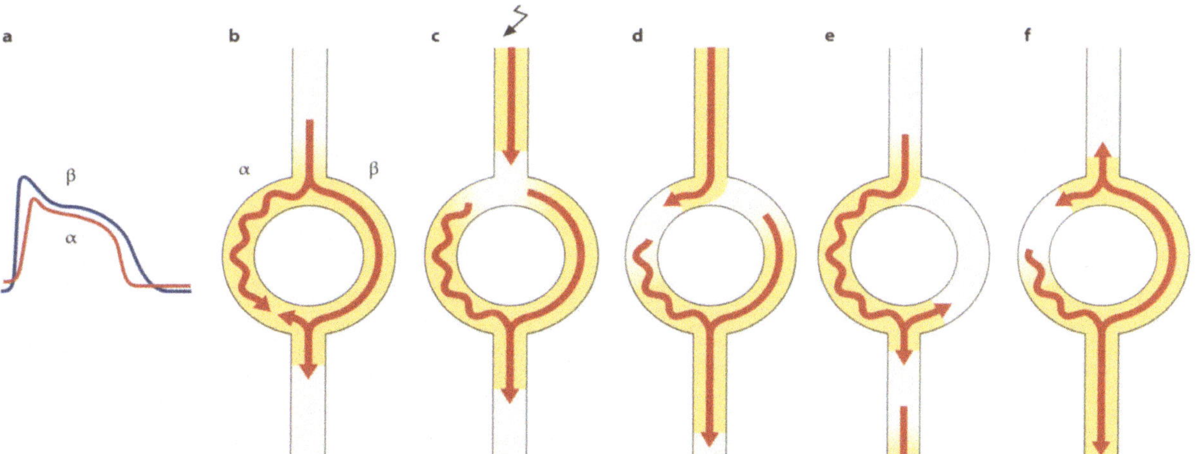

Abb. 6.4 a-f. Schematische Darstellung einer „klassischen" kreisenden Erregung (Reentry) aufgrund unterschiedlicher Leitungseigenschaften („dual pathway") zweier benachbarter Myokardabschnitte (α und β). α ist ein langsam leitender Abschnitt mit kurzer Refraktärzeit und β ein schnell leitender Abschnitt mit längerer Refraktärzeit **(a)**. Bei zeitlich normal eintreffenden Impulsen haben die Unterschiede keine Konsequenz **(b)**. Im Falle einer vorzeitigen Erregung (Extrasystole *Pfeil*) ist β noch refraktär, α jedoch bereits wieder erregbar **(c)**. Die Erregungswelle wird antegrad ausschließlich über α geleitet **(d)** und kann anschließend retrograd in β eintreten **(e)** und so den Erregungskreis schließen **(f)**. Dieser kann wiederholt durchlaufen werden, solange die Erregungsfront erregbares Gewebe, die „erregbare Lücke", findet. Da die Bahn β antegrad zunächst refraktär, retrograd aber wegen der zeitlichen Verzögerung wieder erregbar ist, spricht man von einem „unidirektionalen Block"

6.3 Spezielle Herzrhythmusstörungen

Klinisch werden Herzrhythmusstörungen in supraventrikuläre und ventrikuläre Arrhythmien eingeteilt. Dabei unterscheidet man bradykarde und tachykarde Formen

Herzrhythmusstörungen können bei Gesunden sowie bei Patienten mit angeborenen oder erworbenen Herzerkrankungen auftreten. Akzessorische Leitungsbahnen, wie beim Präexzitationssyndrom, zählen zu den häufigsten angeborenen Ursachen. Postentzündliche (selten), degenerative und ischämische Herzerkrankungen gehören zu den häufigsten Ursachen für erworbene Rhythmusstörungen. Das Myokard kann primär durch die Erkrankung geschädigt sein, z. B. bei einem Herzinfarkt, oder sekundär durch Herzerkrankungen, die zu einer Erhöhung des linksventrikulären enddiastolischen Druckes und damit zu einer mechanischen Überdehnung der Vorhöfe oder der Ventrikel führen. Das sind beispielsweise Klappenvitien, eine Störung der Compliance des nachgeschalteten Ventrikels (u.a. arterielle Hypertonie, hypertrophe Kardiomyopathie) oder eine Kontraktionsstörung des nachgeschalteten Ventrikels (u.a. dilatative oder ischämische Kardiomyopathie, Ventrikelaneurysma, akute Lungenembolie). Die resultierende Rhythmusstörung variiert je nach Ausmaß und Lokalisation der Schädigung.

Generell versteht man unter ***Extrasystolen*** vorzeitige Depolarisationen des Herzens („premature beats"). Dabei ist das Intervall zwischen dem letzten Normalschlag und dem ektopen Schlag kürzer als das Intervall zwischen zwei Normalschlägen. Je nach Anzahl vorzeitiger Schläge wird zwischen singulären Extrasystolen, Couplets, Salven und anhaltenden Tachykardien unterschieden. Im Gegensatz dazu terminieren ***Ersatzschläge*** abnorm lange Intervalle zwischen zwei Herzschlägen („escape beats"), wobei man je nach Dauer des Ausfalls der normalen Erregungsbildung und/oder der Erregungsleitung von ***singulären Ersatzschlägen*** oder von ***Ersatzrhythmen*** spricht.

Die Zuordnung von pathophysiologischem Mechanismus und klinischer Rhythmusstörung ist nicht immer eindeutig (Tabelle 6.1 und 6.2). Im folgenden Abschnitt werden die wichtigsten klinischen Arrhythmien abgehandelt.

Klinisches Bild	Pathophysiologischer Mechanismus
Bradykardien (Frequenz < 60/min)	
• Sinusbradykardie	• herabgesetzte Automatie
• Sinusarrest/SA-Block	• herabgesetzte Automatie/Überleitungsstörung
• Supraventrikuläre Ersatzschläge (proximaler AV-Knoten)	• herabgesetzte Automatie oder Überleitungstörung im übergeordneten Schrittmacher
• Proximale AV-Blockierungen	• Überleitungsstörung
Tachykardien (Frequenz > 100/min)	
• Sinustachykardie	• gesteigerte Automatie
• Supraventrikuläre Extrasystolen, Couplets und Salven	• gesteigerte/abnorme Automatie, getriggerte Aktivität, Reentry
• Atriale Tachykardie	• Reentry, gesteigerte/abnorme Automatie, getriggerte Aktivität
• Vorhofflattern	• Reentry, (gesteigerte/abnorme Automatie)
• Vorhofflimmern	• Reentry, (gesteigerte/abnorme Automatie, getriggerte Aktivität)
• Sinusknoten-Reentry-Tachykardie	• Reentry
• AV-junktionale Tachykardie	• Reentry
• Präexzitationssyndrome (z. B. WPW-Syndrom)	• Reentry

Tabelle 6.1. Supraventrikuläre Rhythmusstörungen

Tabelle 6.2. Ventrikuläre Rhythmusstörungen

Klinisches Bild	Mechanismus
Bradykardien (Frequenz < 60/min)	
• Ventrikulärer Ersatzrhythmus	• herabgesetzte Automatie oder Überleitungsstörungen des übergeordneten Schrittmachers
• Distale AV-Blockierungen	• Überleitungsstörungen
• Idioventrikulärer Rhythmus	• abnorme Automatie
Tachykardien (Frequenz > 100/min)	
• Ventrikuläre Extrasystolen, Couplets und Salven	• gesteigerte/abnorme Automatie, getriggerte Aktivität, Reentry
• Ventrikuläre Tachykardien (monomorph, polymorphe, Torsade de pointes)	• Reentry, gesteigerte/abnorme Automatie, getriggerte Aktivität
• Kammerflattern	• Reentry
• Kammerflimmern	• Reentry, (gesteigerte/abnorme Automatie, getriggerte Aktivität)

Bradykarde supraventrikuläre Rhythmusstörungen. Ein Sinusrhythmus unter 60 pro Minute wird formal als ***Sinusbradykardie*** bezeichnet. Der zugrunde liegende Mechanismus ist eine Abnahme der intrinsischen Automatie der Schrittmacherzellen im Sinusknoten. Eine Sinusbradykardie wird häufig bei erhöhtem Vagotonus (z. B. bei sportlich trainierten Menschen) beobachtet. Sie kann aber auch krankhaft sein, z. B. bei Sinusknotensysndrom, Hinterwandinfarkt, erhöhtem Hirndruck oder Hypothermie. Eine Sinusbradykardie kann auch iatrogen z. B. durch eine Behandlung mit Digitalispräparaten, β-Blockern, Kalziumantagonisten oder Antiarrhythmika verursacht sein.

Unter dem Begriff ***Sinusknotensyndrom*** werden unterschiedliche bradykarde und tachykarde Rhythmusstörungen zusammengefaßt, die isoliert oder in Kombination auftreten können. Häufig liegen postentzündliche oder degenerative Herzerkankungen zugrunde, seltener eine koronare Herzerkrankung. Die Störung der Sinusknotenfunktion kann sich in Form einer Sinusbradykardie und/oder eines Sinusarrests (Abnahme der intrinsischen Automatie) oder eines SA-Blocks (Störungen der sinoatrialen Überleitung) äußern. Sind gleichzeitig größere Areale der Vorhöfe mitgeschädigt, können darüber hinaus fokale atriale Tachykardien, Vorhofflattern oder Vorhofflimmern auftreten. Bestehen bei einem Patienten bradykarde und tachykarde Rhythmusstörungen im Wechsel, spricht man vom ***Bradykardie-Tachykardie-Syndrom.*** Beim Umsprung supraventrikulärer Tachykardien in Sinusrhythmus kann es als Folge der ***„overdrive suppression"*** zu einer längeren Asystolie kommen. Beträgt das Zeitintervall bis zum „Wiederanspringen" des Sinusknotens mehrere Sekunden, kommt es zu einer globalen zerebralen Minderperfusion mit plötzlichen Schwindelattacken oder kurzzeitigen Bewußtseinsverlusten (Synkopen) (Abb. 6.5). Gelegentlich bezieht die Schädigung der Vorhöfe auch den AV-Knoten ein, was zu AV-Blockierungen unterschiedlichen Ausmaßes führen kann (s. unten). In diesem Fall spricht man von einer „Zwei-Knoten-Erkrankung" ***(„binodal disease").*** Bestehen zusätzlich noch intraventrikuläre Leitungsstörungen, z. B. ein Schenkelblock, spricht man von einer ***„panconductional disease"***.

Bei Ausfall des Sinusknotens springt (wenn nicht eine binodal disease vorliegt) ein ***AV-junktionales Ersatzzentrum*** ein, im EKG sind schmale QRS-Komplexe mit einer Frequenz von etwa 35 bis 50 pro Minute erkennbar. Da die Aktivierung der Vorhöfe retrograd erfolgt, sind die P-Wellen in den inferioren Ableitungen negativ, sie können (mit verkürzter PQ-Zeit) vor dem QRS-Komplex liegen, in ihm verschwinden oder in der ST-Strecke sichtbar sein.

Ein Sonderfall einer abnorm herabgesetzten Automatie stellt das ***Karotissinussyndrom (kardioinhibitorische Form)*** dar. Dabei ist die Funktion des Sinusknotens und/oder des AV-Knotens infolge einer autonomen Dysregulation gestört.

Von den Barorezeptoren im Karotissinus und in der Aorta ziehen afferente Nervenfasern im N. glossopharyngeus (IX) und N. vagus (X) zum dorsalen Vaguskern und zum Herz-Kreislauf-Zentrum in der Medulla

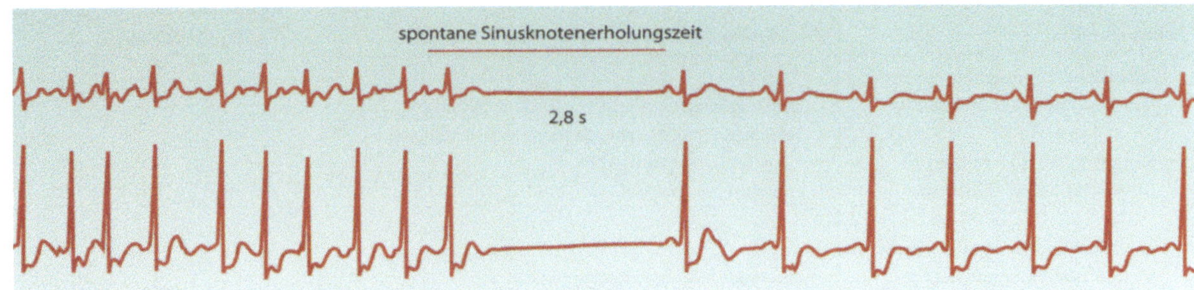

Abb. 6.5. Umsprung von Vorhofflimmern in Sinusrhythmus. Wegen der „overdrive suppression" verzögert sich das Wiedereinsetzen des Sinusrhythmus. Ist die Asystolie länger als 6–8 s kann es zu einer Synkope kommen

oblongata und von dort efferente parasympathische Nervenfasern zum Sinusknoten und AV-Knoten. Bei Reizung der Barorezeptoren wird an den efferenten Nervenendigungen Acetylcholin freigesetzt und damit die Sinusfrequenz und Erregungsausbreitung verlangsamt. Liegt eine Überempfindlichkeit der Barorezeptoren vor, resultiert eine überschießende vagale Reaktion mit passagerer Sinusbradykardie, Sinusarrest oder AV-Blockierung. Wenn bei einem Patienten gleichzeitig eine Störung der autonomen Regulation und eine Funktionsstörung des Sinusknotens vorliegt, kann es zu längeren Asystolien kommen. Da sich beide Störungen klinisch nur schwer voneinander unterscheiden lassen, wird das Karotissinussyndrom von einigen Autoren auch unter dem Oberbegriff des Sinusknotensyndroms abgehandelt.

Bei der ***vasodepressiven Form*** (10 %) des Karotissinussyndroms kommt es zu einem Blutdruckabfall ohne Bradykardie oder AV-Blockierungen, der v. a. durch Dilatation der peripheren Gefäße zustande kommt.

!

Bradykarden supraventrikulären Rhythmusstörungen liegt eine Erregungsbildungsstörung (abnorm herabgesetzte Automatie) im Sinusknoten oder eine Erregungsleitungsstörung (Blockierung) vom Sinusknoten auf das Vorhofgewebe zugrunde.

Tachykarde supraventrikuläre Rhythmusstörungen. Ein Sinusrhythmus mit einer Frequenz über 100 pro Minute wird formal als ***Sinustachykardie*** bezeichnet. Ursache ist eine gesteigerte Automatie des Sinusknotens aufgrund eines erhöhten Sympathikotonus, beispielsweise bei körperlicher Belastung oder bei mentalem Streß, Fieber, Hypovolämie, Hypoxie oder Hyperthyreose. Im EKG ist eine Sinustachykardie daran zu erkennen, daß normal konfigurierte P-Wellen den QRS-Komplexen vorausgehen.

Vorzeitige atriale Depolarisationen werden als ***supraventrikuläre Extrasystolen (SVES)*** bezeichnet. Sie entstehen in den Vorhöfen meist als Folge fokal gesteigerter Autonomie oder einer getriggerten Aktivität. Im EKG sieht man eine vorzeitige P-Welle, gefolgt von einem (in der Regel) normalen QRS-Komplex. Die P-Welle ist, je nach Lokalisation ihres Entstehungsortes, (mehr oder weniger) atypisch geformt, da es sich um eine ektope Erregung handelt und die Erregungssequenz der Vorhöfe entsprechend verändert ist. Gefolgt wird eine SVES von einer sogenannten nicht-kompensatorischen Pause (Abb. 6.6 a). Die nicht-kompensatorische Pause kommt dadurch zustande, daß der Sinusknoten vorzeitig retrograd depolarisiert wird und er somit in seinem Takt „zurückgesetzt" wird. Supraventrikuläre Extrasystolen können einzeln oder in Salven auftreten. Gehäufte SVES können Vorläufer von Vorhofflimmern sein.

Die Unterscheidung zwischen einer supraventrikulären und einer ventrikulären Extrasystole kann schwierig sein, wenn der QRS-Komplex durch einen intermittierenden Schenkelblock verformt ist (s. Seite 72). Klinisch wird dann von einer supraventrikulären Extrasystole mit aberranter intraventrikulärer Überleitung oder kurz ***Aberranz*** gesprochen (Abb. 6.7). Ursächlich für die Aberranz ist ein Phase-3-Block („acceleration dependent block") in einem der Tawara-Schenkel, wobei nicht immer eine pathologische Stö-

a

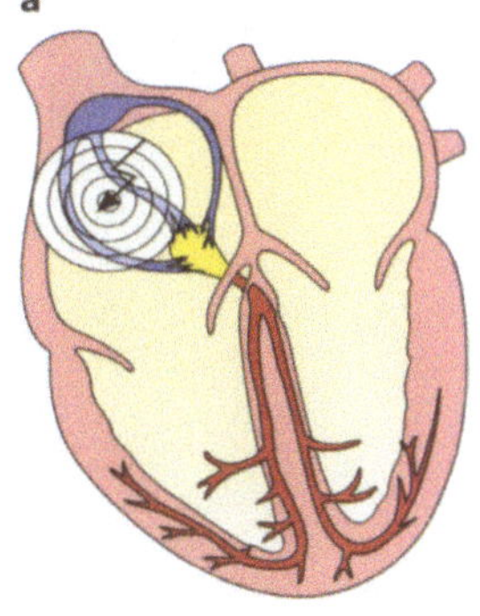

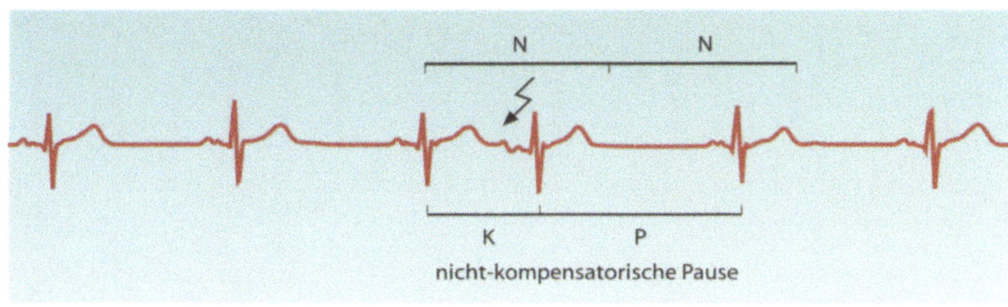

b

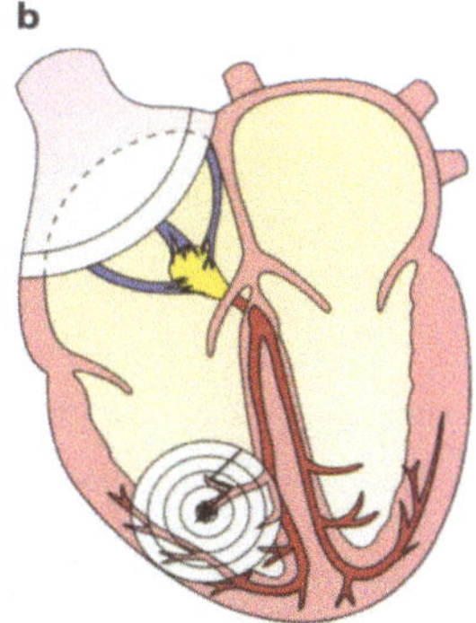

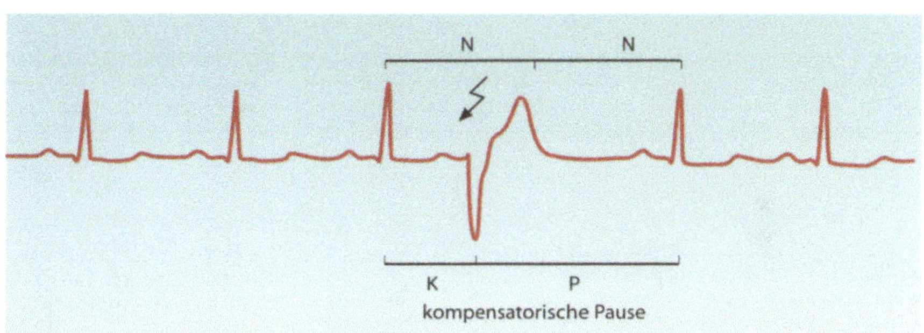

Abb. 6.6. a Nach einer supraventrikulären Extrasystole *(Pfeil)* beobachtet man in der Regel eine sogenannte „nicht-kompensatorische" Pause. Dabei ist die Summe von Kopplungsintervall *(K)* und postextrasystolischer Pause *(P)* kürzer als zwei normale Sinusintervalle *(2N)*. Eine nicht kompensatorische Pause entsteht immer dann, wenn der Sinusknoten durch die Extrasystole vorzeitig retrograd depolarisiert und dadurch in seinem Takt „zurückgesetzt" wird. (s. auch **b** „kompensatorische Pause", s. Text VES); **b** Nach einer ventrikulären Extrasystole *(Pfeil)* beobachtet man in der Regel eine sogenannte „kompensatorische" Pause. Dabei ist die Summe von Kopplungsintervall *(K)* und postextrasystolischer Pause *(P)* identisch der zweier normaler Sinusintervalle *(2N)*. Eine kompensatorische Pause entsteht immer dann, wenn der Sinusknoten seinen Takt beibehalten kann. (Bei ventrikulären Extrasystolen ist die Wahrscheinlichkeit gering, daß die retrograde Erregung via AV-Knoten und Vorhofmyokard den Sinusknoten vorzeitig depolarisiert)

rung vorliegen muß. Physiologischerweise ist die Refraktärzeit des His-Purkinje-Systems im Vergleich zu allen anderen Leitungstrukturen relativ lang, wobei der rechte Schenkel die längste Refraktärzeit aufweist. Tritt bei einem langsamen Grundrhythmus eine sehr frühzeitige supraventrikuläre Extrasystole auf, kann der rechte Schenkel auch ohne Vorliegen einer pathologischen Veränderung noch refraktär sein, und der Impuls wird ausschließlich über die linken Faszikel, also rechtsschenkelblockartig, übergeleitet. Bei unregelmäßigen RR-Abständen, wie sie typischerweise bei Vorhofflimmern beobachtet werden, können Aberranzen auftreten, wenn auf ein langes RR-Intervall ein kurzes folgt (Ashman-Phänomen). Es gibt eine Reihe von Kriterien für die Unterscheidung von Aberranz und ventrikulärer Extrasystolie (Tabelle 6.3).

Fokale atriale Tachykardien entstehen durch eine abnorm gesteigerte Automatie oder getriggerte Aktivität. Die abnorm geformte P-Welle geht in der Regel dem normal konfigurierten QRS-Komplex (wenn keine Aberranz vorliegt, s. S. 76) voraus. Häufige Ursache für eine fokale atriale Tachykardie ist eine Digitalisintoxikation.

Die ***multifokalen atrialen Tachykardien*** sind charakterisiert durch multiple atriale Foki mit erhöhter Automatie. Im EKG sieht man P-Wellen unterschiedlicher Morphologien. Multifokale atriale Tachykardien treten häufig bei Patienten mit pulmonalen Er-

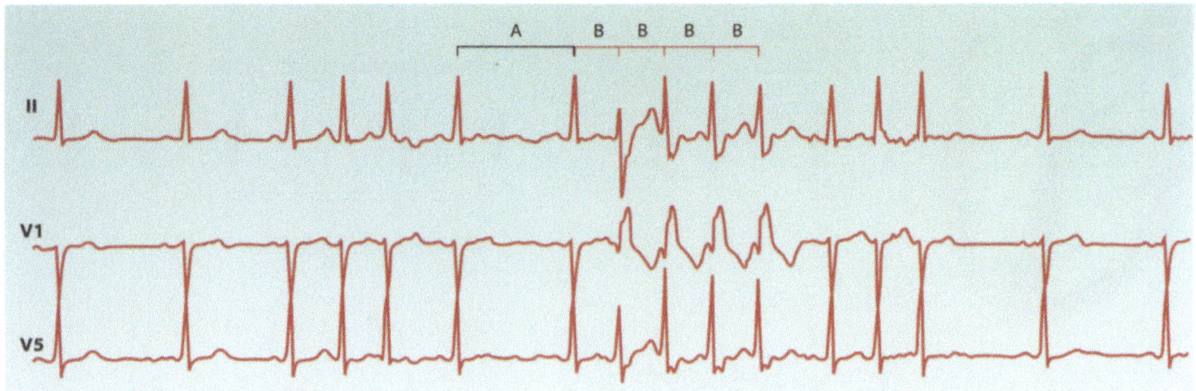

Abb. 6.7. Aberrante Überleitung vorzeitiger supraventrikulärer Erregungen (hier Ashman-Phänomen bei intermittierendem Vorhofflimmern). Deformierte und verbreiterte QRS-Komplexe treten auf, nachdem auf ein langes RR-Intervall *(A)* mehrere kurze RR-Intervalle *(B)* folgen. Nach dem langen Intervall ist der rechte Tawara-Schenkel noch refraktär, so daß die anschließend kurz gekoppelten Schläge rechtsschenkelblockartig übergeleitet werden (s. auch Tabelle 6.3).

Tabelle 6.3. Kriterien zur Unterscheidung von Aberranz und Ektopie

Aberranz	Ventrikuläre Ektopie
• QRS-Dauer < 0,14 ms	• QRS-Dauer ≥0,14 ms
• annähernd normale elektische Achse (Lagetyp)	• deutliche Verschiebung der elektrischen Achse
• Initialvektor dem Normalvektor ähnlich	
• ∅ kompensatorische Pause	• kompensatorische Pause
• Diskonkordanz in den Brustwandableitungen	• Konkordanz der QRS-Komplexe in den Brustwandableitungen
• ∅ AV-Dissoziation	• AV-Dissoziation

krankungen und sekundärer Belastung des rechten Herzens auf (Cor pulmonale).

Dem ***Vorhofflimmern*** liegen unterschiedliche pathophysiologische Mechanismen zugrunde. Meist handelt es sich um Mikro-Reentry-Erregungen. Im EKG sieht man sogenannte Flimmerwellen (f-Wellen), die in sich unregelmäßig sind und eine Frequenz von 300–600 pro Minute aufweisen. Die Vorhoferregungen werden unregelmäßig auf die Kammern übergeleitet, klinisch spricht man deshalb auch von „absoluter Arrhythmie“. Eine (langsame) regelmäßige Kammeraktivität bei Vorhofflimmern ist als Hinweis auf einen zusätzlich vorliegenden AV-Block dritten Grades zu werten.

Als ***Vorhofflattern*** bezeichnet man eine regelmäßige supraventrikuläre Tachysystolie, der als Mechanismus in den meisten Fällen eine atriale kreisende Erregung („Makro-Reentry“) zugrunde liegt. Die Vorhoffrequenz liegt gewöhnlich zwischen 250–350 pro Minute. Vorhofflattern läßt sich in 3 Typen einteilen:

- Typisches Vorhofflattern: Kennzeichnend hier ist ein anatomisch klar definierter Makro-Reentry im rechten Vorhof, welcher um den Trikuspidalklappenanulus kreist. Diese Reentry-Erregung kann sowohl im Uhrzeigersinn („clockwise“, selten) als auch im Gegenuhrzeigersinn („counterclockwise“, häufig) stattfinden. Im Falle von ***Vorhofflattern im Gegenuhrzeigersinn*** zeigt das Oberflächen-EKG in den inferioren Ableitungen II, III und aVF negative Ausschläge (Abb. 6.8), die Sägezähnen gleichen und üblicherweise als Flatterwellen (F-Wellen) bezeichnet werden. Gleichzeitig findet man in V1 positive und in V6 negative F-Wellen (umgekehrt bei Vorhofflattern im Uhrzeigersinn). Beide Formen müssen einen schmalen Myokardbereich (Isthmus) im posteroinferioren rechten Vorhof durchlaufen. Durch dauerhafte Unterbrechung der elektrischen Leitung in diesem Be-

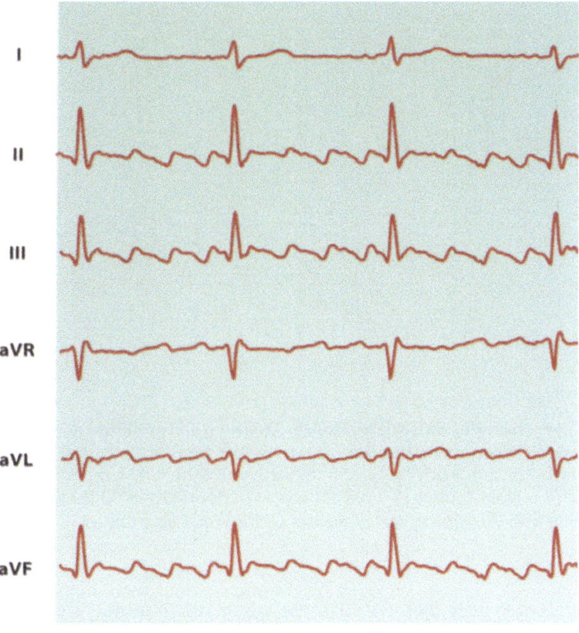

Abb. 6.8. Vorhofflattern mit Reentryerregung im Gegenuhrzeigersinn („counterclockwise"). Man sieht die typischen sägezahnförmigen Flatterwellen mit negativem Hauptausschlag in den inferioren Ableitungen II, III, aVF

reich (z. B. durch Hochfrequenzablation) kann diese Rhythmusstörung kurativ behandelt werden.

- ***Vorhofflattern um Narbenregionen*** („incisional flutter"): Hierbei handelt es sich um Makro-Reentry-Tachykardien, die um Narbenregionen (z. B. nach operativer Atriotomie) kreisen.
- ***Atypisches Vorhofflattern***: Diese Gruppe umfaßt alle Formen von atrialen Tachysystolien, die nicht unter den oben genannten eingeordnet werden können. Diese Form findet fließende Übergänge zu Vorhofflimmern und kann derzeit noch nicht kurativ angegangen werden.

In der Regel werden nicht alle F-Wellen auf die Kammern übergeleitet, meist erfolgt die Überleitung in einem geradzahligen Verhältnis, z. B. 2:1 oder 4:1. Unter bestimmten Bedingungen kann es jedoch zu einer (gefürchteten) 1:1-Überleitung auf die Kammern kommen, z. B. unter dem Einfluß vagolytischer Medikamente oder bei ausgeprägter Sympathikotonie.

Im Falle einer ***Sinusknoten-Reentry-Tachykardie*** (selten) befindet sich der Reentry-Kreis im Bereich des sinoatrialen Überganges. Die Sequenz der Vorhofaktivierung ist daher weitgehend normal, die P-Wellen-Konfiguration entspricht also der des Sinusrhythmus.

Die ***AV-junktionale Tachykardie*** ist die häufigste Form der paroxysmalen supraventrikulären Tachykardie. Die pathophysiologische Grundlage ist eine „Längsdissoziation" im AV-Knoten. Darunter versteht man das Vorhandensein mindestens zweier funktionell unterschiedlich schneller Leitungswege α und β (s. Abb. 6.4). Im Oberflächen-EKG sind meistens keine P-Wellen zu erkennen, da die (retrograde) Vorhoferregung zeitlich in den QRS-Komplex fällt. Von herzgesunden Patienten werden supraventrikuläre Tachykardien hämodynamisch gut toleriert. Valsalvamanöver oder andere den Vagotonus steigernde Praktiken (z. B. Trinken eiskalter Flüssigkeit) werden von den Patienten häufig intuitiv zur Unterbrechung der Tachykardie durchgeführt. Für die pharmakologische Akuttherapie stehen Adenosin i. v., Kalziumkanal-Blocker und β-Blocker zur Verfügung. Einen kurativen Ansatz bietet die AV-Knoten-Modulation mittels Radiofrequenzstrom, bei der die langsame Leitungsbahn verödet wird

Präexzitationssyndrome, z. B. das Wolff-Parkinson-White-Syndrom (WPW-Syndrom), sind Folge einer Makro-Reentry-Erregung, wobei die kreisende Erregung das (oder die) paraspezifische(n) Bypassbündel, den AV-Knoten sowie Teile der Vorhöfe und der Ventrikel durchläuft. Die zusätzlichen Leitungsbündel sind kongenital angelegt und können verschiedene Lokalisationen aufweisen (Abb. 6.9). Ein atrialer Impuls wird deshalb sowohl über den AV-Knoten als auch über das Bypassbündel auf die Ventrikel übergeleitet. Da der Impuls im Bypassbündel im Gegensatz zum AV-Knoten kaum verzögert wird, werden bündelnahe Ventrikelareale vorzeitig erregt. Im Oberflächen-EKG sieht man deshalb ein verkürztes PQ-Intervall und eine sogenannte Deltawelle als Ausdruck der frühen ventrikulären Erregung in der Nähe der Insertionsstelle des Bypassbündels. Eine Tachykardie bei Präexzitationssyndrom kann den AV-Knoten antegrad oder retrograd durchlaufen. Man unterscheidet entsprechend eine orthodrome von einer antidromen Form der Tachykardie. Diese Tachykardien werden in der Regel hämodynamisch gut toleriert. Durch Radiofrequenzablation kann das Bypassbündel kurativ beseitigt werden.

Eine Sonderform bildet das sogenannte ***WPW-Syndrom mit Vorhofflimmern***. Ist die funktionelle Refraktärzeit des akzessorischen Bündels kurz, werden die hochfrequenten atrialen Impulse unter Umgehung des Frequenzfilters des AV-Knotens auf die Ventrikel

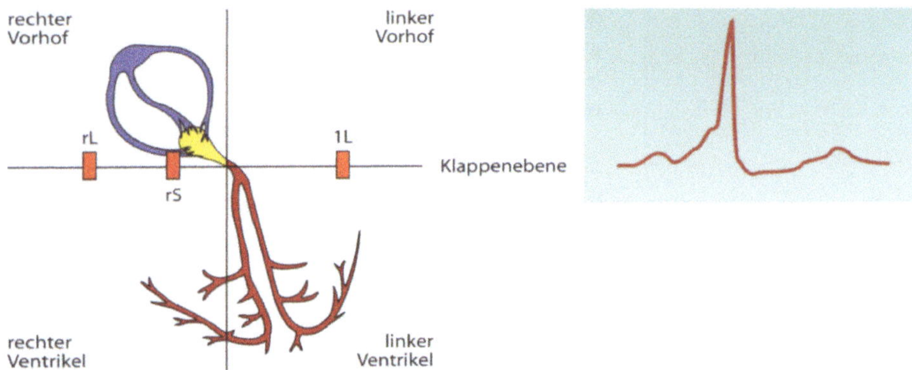

Abb. 6.9. Schematische Darstellung von akzessorischen Leitungsbahnen. Die Klappenebene stellt eine elektrische Isolation zwischen Vorhöfen und Ventrikeln dar. Wird diese Isolation durch angeborene Muskelbrücken durchbrochen, werden die ventrikulären Myokardabschnitte, die diesen Brücken benachbart sind, vorzeitig erregt. Diese sogenannten Bypassbündel können die Klappenebene an verschiedenen Stellen durchbrechen, je nach Lokalisation unterscheidet man in rechts oder links, lateral oder septal, anterior oder posterior gelegene Bahnen. *rL* = rechts lateral; *lL* = links lateral; *rS* = rechts septal. In der rechten Bildhälfte ist eine EKG-Ableitung mit typischer Delta-Welle abgebildet

übergeleitet. Bei Vorhofflimmern kann in einem solchen Falle die Kammerfrequenz bis über 300 pro Minute ansteigen, Synkopen oder plötzlicher Herztod – sonst bei Präexzitationssyndromen eine absolute Ausnahme – können die Folge sein. Bei der medikamentösen Therapie ist zu beachten, daß Digitalis und Kalziumantagonisten bei Patienten mit einem WPW-Syndrom, die an (intermittierendem) Vorhofflimmern oder Vorhofflattern leiden, proarrhythmisch wirken können. Digitalis verkürzt die Refraktärzeit des Bypassbündels durch eine Beschleunigung der Repolarisation des Aktionspotentials (bei gleichzeitiger Verlängerung der Refraktärzeit des AV-Knotens). Kalziumantagonisten, besonders bei i. v.-Gabe, senken den peripheren Widerstand und damit den arteriellen Blutdruck. Reflektorisch kommt es zu einer Steigerung des Sympathikotonus mit konsekutiver Verkürzung der Refraktärzeit des Bypass-Bündels. Beide Mechanismen können die Überleitung auf die Kammern weiter beschleunigen und damit das Auftreten von Kammerflimmern begünstigen.

> **!** Tachykarden supraventrikulären Rhythmusstörungen liegen Erregungsbildungsstörungen (abnorm gesteigerte Automatie) oder Erregungsleitungsstörungen (Reentry-Erregungen) des Sinusknotens, des Vorhofgewebes oder des AV-Knotens zugrunde.

Störungen der AV-Überleitung. Störungen der AV-Überleitung können sowohl proximal im eigentlichen AV-Knoten als auch distal im His-Bündel oder in den Tawara-Schenkeln auftreten. Die Differenzierung zwischen proximalen und distalen ***AV-Blockierungen*** ist wichtig, da sich beide in ihrer klinischen Relevanz unterscheiden. Proximale Blockierungen sind meist funktionell (Vagotonie, Medikamente: Digitalis, β-Blocker, Kalziumantagonisten), distale Blockierungen ganz überwiegend organisch (postentzündlich, ischämisch, degenerativ u. a.) bedingt. Im Falle eines proximalen AV-Blocks stehen Ersatzzentren mit ausreichender Entladungsfrequenz zur Verfügung, im Falle eines distalen AV-Blocks ist dies nicht gewährleistet. Deswegen ist bei distalen AV-Blockierungen praktisch immer eine Schrittmacherindikation gegeben.

Von besonderer Bedeutung ist diese Unterscheidung bei AV-Blockierungen im akuten Infarktstadium. Im Falle eines Hinterwandinfarktes kommt es häufig zu einer Reizung vagaler Afferenzen, da sich vagale Fasern im Bereich des linken Ventrikels überwiegend im Bereich der Hinter- und Seitenwand befinden. Sinusbradykardie und/oder proximale AV-Blockierungen sind die Folge. Diese reagieren gut auf eine i. v.-Gabe von Atropin. Im Falle eines Vorderwandinfarktes ist eine rein funktionelle Störung unwahrscheinlich. In der Regel handelt es sich um einen proximalen Verschluß des R. interventricularis anterior mit entsprechend großem Infarktareal, welches das tief septal gelegene Erregungsleitungssytem mit in das Infarktgebiet einbezieht. Die Gabe von Atropin ist in dieser Situation unwirksam oder, wegen der Zunahme der Sinusfrequenz, sogar unerwünscht. Bei Patienten mit akutem Vorderwandinfarkt sollte bei neu aufgetretenen AV-Überleitungsstörungen (also selbst bei AV-Block 1° und Schenkelblock, s. unten) unverzüglich eine externe Schrittmacherstimulation vorbereitet werden.

Die klinisch wichtige Differenzierung zwischen proximaler und distaler AV-Blockierung ist im Oberflächen-EKG nur dann mit ausreichender Sicherheit möglich, wenn es sich um einen AV-Block 2° handelt (Abb. 6.10). Beim Typ Wenckebach liegt die Überleitungsstörung in der Regel proximal, beim Typ Mobitz fast immer distal im His-Purkinje-System. Im Falle eines AV-Blocks 3° ist die EKG-Diagnose nicht eindeutig, eine Ventrikelfrequenz unter 40 pro Minute mit breiten QRS-Komplexen spricht allerdings für eine distale, eine Ventrikelfrequenz über 40 pro Minute mit schmalen QRS-Komplexen eher für proximale Lokalisation. Im Falle eines AV-Blocks 1° ist eine Zuordnung nicht möglich; die Verlängerung der PQ-Zeit kann Ausdruck einer gestörten intraatrialen Überleitung, einer verzögerten Leitung im AV-Knoten selbst, im His-Bündel oder den Tawara-Schenkeln sein, d. h. die Störung kann sowohl proximal als auch distal liegen. Klärung kann allenfalls ein His-Bündel-Elektrogramm bringen (Tabelle 6.4).

Blockierungen der Tawara-Schenkel. Bei Leitungsunterbrechung im Bereich der Tawara-Schenkel spricht man von einem Schenkelblock. Je nach Lokalisation der Leitungsstörung unterscheidet man zwischen einem Rechtsschenkelblock oder einem Linksschenkelblock. Liegt ein Schenkelblock vor, wird der betroffene Ventrikel nicht mehr auf normalem Weg über das His-Purkinje-System depolarisiert; die Erregung erfolgt vielmehr verzögert über das Arbeitsmyokard, ausgehend vom Ventrikel mit intaktem Leitungsweg. Im Oberflächen-EKG zeigt sich eine Verbreiterung und Verformung des QRS-Komplexes.

Beim ***Rechtsschenkelblock*** werden die proximalen Septumanteile noch ungestört erregt, da diese durch septale Äste des linken Tawara-Schenkels versorgt werden. Entsprechend findet man in den septalen EKG-Ableitungen (V1 und V2) wie üblich eine kleine R-Zacke (r). Das übrige Septum und die freie Wand des linken Ventrikels werden anschließend zeitgerecht über den intakten linken Schenkel erregt, entsprechend findet man in V1 und V2 eine tiefe S-Zacke (da die Erregungswelle von der Ableitung wegläuft) und in V5 und V6 eine hohe R-Zacke. Nachdem nun der linke Ventrikel fast vollständig depolarisiert ist, erreicht die Erregung über die Muskelmasse der Spitzenregion und des Septums verzögert den rechten Ventrikel. Im EKG äußert sich dies in einer Verbreiterung des QRS-Komplexes und einer zweiten R-Zacke (R') in V1/V2 bzw. einer S-Zacke in V5/6.

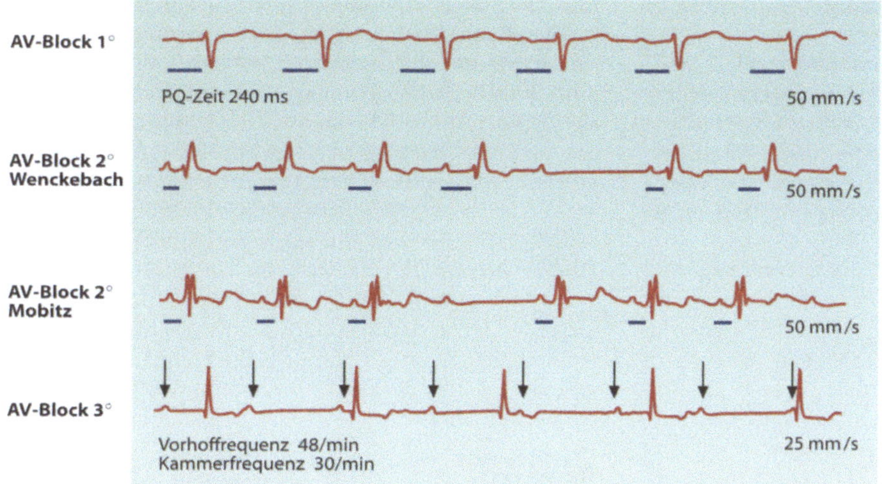

Abb. 6.10. Elektrokardiographische Einteilung der AV-Blockierungen. Beim AV-Block 1° ist das PQ-Intervall > 0,2 s verlängert. Beim proximalen AV-Block 2° (Typ Wenckebach) nimmt die PQ-Zeit von Schlag zu Schlag zu, bis ein QRS-Komplex ausfällt. Diese Zunahme fehlt beim distalen AV-Block 2° (Typ Mobitz). Beim AV-Block 3° schlagen Vorhöfe (↓) und Kammern unabhängig voneinander mit unterschiedlichen Frequenzen. Die geringen Abweichungen der Sinusintervalle sind Folge einer sogenannten ventrikulophasischen Sinusarrhythmie

Tabelle 6.4. AV-Blockierungen

Lokalisation	Ursache	Ersatzzentrum	EKG
proximal	meist funktionell	ausreichende Frequenz	AV-Block 1° AV-Block 2° (Wenckebach) AV-Block 3°
distal	organisch	∅ ausreichende Frequenz	AV-Block 1° AV-Block 2° (Mobitz) AV-Block 3°

Der ***linke Schenkel*** teilt sich in einen anterioren und einen posterioren Faszikel. Es kann zur Blockierung eines Faszikels oder beider Faszikel kommen. Bei Blockierung nur eines Faszikels wird die Kammererregung ohne wesentliche zeitliche Verzögerung erfolgen, der QRS-Komplex ist nicht über 0,12 s verbreitert. Es ändert sich jedoch die Erregungsfolge des linken Ventrikels und daher die elektrische Herzachse in den Extremitätenableitungen. Die Herzachse wird im wesentlichen durch die Erregung der freien Wand des linken Ventrikels bestimmt, da sie die Hauptmasse des Herzens darstellt. Bei intakten Faszikeln ist die elektrische Achse abwärts und nach links gerichtet (ca. + 60°). Beim linksanterioren Hemiblock wird der Ventrikel fast ausschließlich über den posterioren Faszikel erregt, das führt zu einer Verschiebung der Achse nach aufwärts und links (< –30°), so daß ein überdrehter Linkstyp entsteht. Im Falle eines linksposterioren Hemiblockes erfolgt die Depolarisation über den linksanterioren Faszikel, so daß es zu einer Verschiebung der Achse nach abwärts und rechts kommt (ca. + 110°) also ein Steil- bzw. Rechtstyp resultiert.

Ist der linke Schenkel komplett blockiert, wird zunächst der rechte Ventrikel auf normalem Weg erregt. Nach abgeschlossener Depolarisation des rechten Ventrikels erfolgt die Erregung des linken Ventrikels über die Muskelmasse der Spitzenregion und des Septums. Im EKG resultiert eine über 0,12 s verbreiterte R-Zacke in V5 und V6.

Die abnorme intraventrikuläre Erregungsausbreitung beim Schenkelblock führt sekundär zu einer Änderung der Repolarisationssequenz mit ST-Senkung (oder spiegelbildlicher ST-Hebung) und einer zum QRS-Ausschlag diskordanten T-Welle. Da beim Rechtsschenkelblock die Erregung des linken Ventrikels ungestört ist, ist die linksventrikuläre Repolarisation normal. Aus diesem Grund können ST-Veränderungen in den linkspräkordialen Ableitungen V5 und V6 zur Diagnostik linksventrikulärer Ischämien herangezogen werden, nicht jedoch beim Linksschenkelblock, da in diesem Fall die Repolarisation so stark verändert ist, daß ST-Veränderungen nicht beurteilt werden können.

Erregungsleitungsstörungen (Blockierungen) im AV-Knoten und des His-Bündels können bei proximaler Lokalisation zu AV-Knoten-Ersatzrhythmen, bei distaler Lokalisation zu ventrikulären Ersatzrhythmen führen.
Erregungsleitungsstörungen in den Tawara-Schenkel haben keine Auswirkung auf die Herzfrequenz, sondern führen zu einer Verformung des QRS-Komplexes.

Bradykarde ventrikuläre Rhythmusstörungen. Bei einem distalen totalen AV-Block springt nach einer Warming-up-Phase, die initial durch eine anhaltende Asystolie gekennzeichnet sein kann, ein ***ventrikulärer Ersatzrhythmus*** mit langsamer Depolarisationsfrequenz ein. Im EKG findet sich dann ein langsamer Kammerrhythmus mit verbreiterten QRS-Komplexen. Dauert die Asystolie länger als ca. 6–8 Sekunden, kommt es zu einem Bewußtseinsverlust (Adams-Stokes-Anfall).

Durch eine abnorm gesteigerte Automatie eines ventrikulären Fokus kann ein sogenannter ***idioventrikulärer Rhythmus*** entstehen. Im Unterschied zu salvenartigen ventrikulären Extrasystolen (s. unten) unterbricht der idioventrikuläre Rhythmus nicht abrupt vorzeitig den Grundrhythmus, seine Frequenz liegt nur geringfügig über der des Sinusrhythmus, d. h. zwischen 50–100 pro Minute.

Tachykarde ventrikuläre Arrhythmien. Unter einer ***ventrikulären Extrasystole*** (VES) versteht man eine vorzeitige, im Ventrikel generierte Depolarisation. Sie kann auf dem Boden einer fokal erhöhten Automatie, eines ventrikulären Reentry oder einer getriggerten Aktivität entstehen. Im EKG findet sich je nach ihrer Lokalisation ein mehr oder weniger verbreiterter, schenkelblockartig konfigurierter QRS-Komplex ohne vorausgehende P-Welle. Typischerweise folgt der VES eine kompensatorische Pause (s. Abb. 6.6 b), da die Entladungssequenz des Sinusknotens durch die VES in der Regel nicht beeinflußt wird. Bei zwei aufeinanderfolgenden ventrikulären Extrasystolen spricht man von einem ventrikulären Couplet. Es können auch drei oder mehr konsekutive, ventrikuläre Extrasystolen auftreten, die man als ventrikuläre Salven oder „nicht-anhaltende" ventrikuläre Tachykardien bezeichnet.

Einzelne ventrikuläre Extrasystolen kommen auch bei Herzgesunden vor und haben dann keine klinische Relevanz. Treten ventrikuläre Rhythmusstörungen im Gefolge einer organischen Herzerkrankung auf, verschlechtert sich die Prognose je nach Art und Schwere der zugrunde liegenden Erkrankung. Die koronare Herzerkrankung, insbesondere wenn bereits ein Infarkt aufgetreten ist, und die verschiedenen Formen der Kardiomyopathien gehören zu den häufigsten Krankheiten, die durch ventrikuläre Rhythmusstörungen kompliziert werden können. Bei Postinfarktpatienten ist der Nachweis von häufigen singulären VES (> 10/h), Paaren von VES (Couplets) oder salvenartigen VES (Synonym: nicht-anhaltende ventrikuläre Tachykardien) mit einer erhöhten Mortalität assoziiert.

Von einer ***anhaltenden ventrikulären Tachykardie*** spricht man, wenn die ventrikuläre Tachykardie länger als 30 Sekunden andauert. Der zugrunde liegende Mechanismus ist in der Mehrzahl eine kreisende Erregung (Reentry) in einem Areal mit unterschiedlichen Leitungseigenschaften, z. B. im Infarktrandgebiet. Ventrikuläre Tachykardien entstehen jedoch auch auf dem Boden einer erhöhten Automatie oder getriggerten Aktivität. Die Frequenz liegt in der Regel bei 150 bis 250 pro Minute, jedoch kommen, insbesondere unter dem Einfluß antiarrhythmischer Medikamente, auch langsamere ventrikuläre Tachykardien vor (100–140/min). Die QRS-Komplexe sind über 0,12 s verbreitert und oft bizarr konfiguriert. Die RR-Intervalle sind in der Mehrzahl der Fälle regelmäßig, können aber auch bis zu einem gewissen Grad variieren. Ist die Form der einzelnen QRS-Komplexe einer ventrikulären Tachykardie identisch, spricht man von einer ***monomorphen Tachykardie***. Monomorphen Tachykardien liegt häufig ein Reentry Mechanismus zugrunde. ***Polymorphe Tachykardien*** können auch fokalen Ursprungs sein. Eine besondere Art der polymorphen ventrikulären Tachykardie stellt die „Torsade-de-pointes"-Tachykardie dar, die aufgrund getriggerter Aktivität entsteht (s. unten).

Während einer ventrikulären Tachykardie schlagen Vorhöfe und Kammern in der Regel unabhängig voneinander (mit unterschiedlichen Frequenzen). Deshalb kann man u. U. im EKG die P-Wellen in regelmäßigen Abständen durch die Tachykardie „wandern" sehen; dies ist ein wichtiges Kriterium zur Differenzierung zwischen einer ventrikulären Tachykardie und einer supraventrikulären Tachykardie mit Schenkelblock oder Aberranz (s. S. 76). Gelegentlich kann bei laufender ventrikulärer Tachykardie ein supraventrikulärer Impuls in das His-Purkinje-System eindringen und einen kleineren oder größeren Teil der Ventrikel auf normalem Weg depolarisieren. Im EKG sind dann in die ventrikuläre Tachykardie normal konfigurierte QRS-Komplexe („capture beats") oder Fusionsschläge eingestreut (Abb. 6.11). Diese „Dressler-Schläge" gelten als beweisend für den ventrikulären Ursprung der Tachykardie. Nicht immer besteht eine AV-Dissoziation. Gelegentlich findet sich eine retrograde VA-Überleitung (VA-Assoziation). Im EKG erkennt man dann u. U. hinter dem QRS-Komplex in der ST-Strecke eine retrograde Vorhoferregung.

Bei anhaltenden ventrikulären Tachykardien droht die Gefahr, daß sie in Kammerflimmern degenerieren. Die Akuttherapie besteht in einer sofortigen elektrischen Kardioversion oder in einer i. v.-Gabe von antiarrhythmischen Substanzen. Zur Langzeittherapie stehen heute bei anhaltenden oder symptomatischen ventrikulären Tachykardien implantierbare Kardioverter/Defibrillatoren (ICD) zur Verfügung.

Die ***Torsade-de-pointes-Tachykardie*** ist eine Sonderform der ventrikulären Tachykardie, die durch eine undulierende Amplitudenhöhe der einzelnen Schläge gekennzeichnet ist. Als ursächlicher Mechanismus wird eine getriggerte Aktivität („early afterdepolarization") in einem erkrankten Areal des Ventrikels angenommen. Torsade-de-pointes-Tachykardien kommen häufig bei Patienten mit verlängerter QT-Zeit vor. Die Verlängerung der QT-Zeit kann angeboren (Long-QT-Syndrom) oder erworben (verschiedene Antiarrhythmika, Elektrolytstörungen) sein. Torsade-de-pointes Tachykardien sind oft symptomatisch, d. h. mit Synkopen einhergehend, aber häufig selbst terminierend. Die Hauptgefahr ist die Degeneration in Kammerflimmern. Ein Therapieansatz ist die Verkürzung des QT-Intervalls durch Überstimulation mittels Schrittmacher. Medikamentös stehen β-Blocker und Magnesium i. v. zur Verfügung.

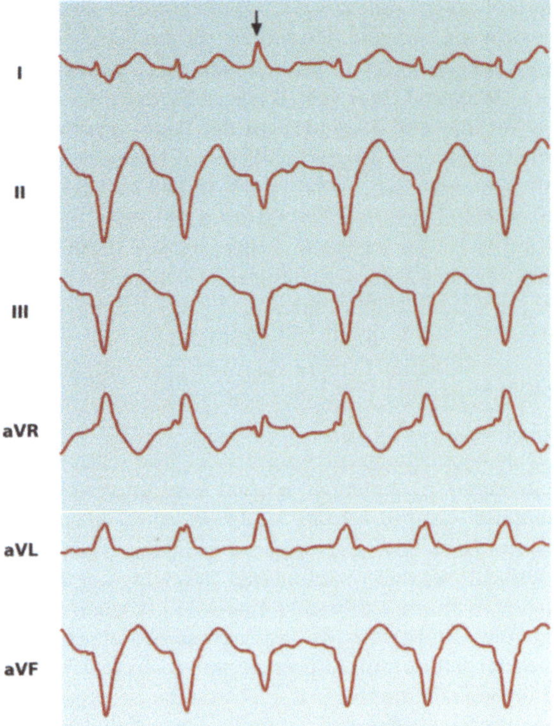

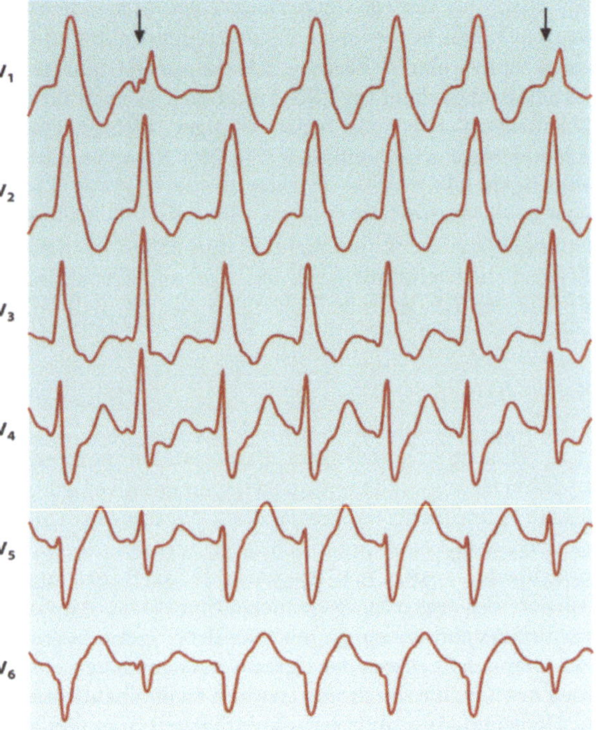

Abb. 6.11. Monomorphe anhaltende ventrikuläre Tachykardie mit einer Frequenz von 160/min. Es besteht ein überdrehter Rechtstyp, die Komplexe sind verbreitert und rechtsschenkelblockartig deformiert. Gelegentlich treten Fusionsschläge (Dressler-Schläge) auf (↓), die als pathognomonisch für eine Tachykardie ventrikulären Ursprungs gelten

Als ***Kammerflattern*** bezeichnet man eine schnelle (> 300 pro Minute) Tachykardie, die durch einen Makro-Reentry in den Ventrikeln entsteht. Im EKG sieht man regelmäßige, größeramplitudige „Wellen". QRS-Komplexe und T-Wellen sind nicht abzugrenzen. Kammerflattern degeneriert häufig in Kammerflimmern.

Kammerflimmern ist eine Rhythmusstörung, bei der die Ventrikel in schneller ungeordneter Impulsfolge (ventrikulären Ursprungs) erregt werden, so daß eine geordnete Kontraktion nicht mehr zustande kommt. Ursächlich nimmt man multiple kreisende Erregungen im Ventrikelmyokard an. Im EKG sind QRS-Komplexe und T-Wellen nicht mehr abzugrenzen, es zeigen sich vielmehr irreguläre Wellen unterschiedlicher Amplitude und Konfiguration. Unbehandelt führt Kammerflimmern nach 3–5 Minuten zum Hirntod.

Kammerflimmern ist in der Mehrzahl der Fälle die terminale Rhythmusstörung beim plötzlichen Herztod. Als Indikatoren für ein erhöhtes Risiko gelten:

- eine eingeschränkte Auswurffraktion des linken Ventrikels,
- häufige ventrikuläre Extrasystolen und nicht-anhaltende ventrikuläre Tachykardien im Langzeit-EKG,
- eine gestörte autonome Regulation des Herzrhythmus (verminderte Baroreflex-Sensitivität, verminderte Herzfrequenz-Variabilität, verminderte Heart Rate Turbulence),
- der Nachweis von Myokardarealen mit verzögerter Erregungsleitung (positives Spätpotential im Signalmittelungs-EKG) und
- die Auslösung von Reentrytachykardien bei der programmierten Ventrikelstimulation.

Die Therapie des Kammerflimmerns besteht in der (externen oder internen) elektrischen Defibrillation. Steht eine Defibrillation nicht sofort zur Verfügung, müssen überbrückend Wiederbelebungsmaßnahmen mittels Herzdruckmassage und Atemspende durchgeführt werden.

> **!** Tachykarden ventrikulären Rhythmusstörungen liegen Erregungsbildungsstörungen (abnorm gesteigerte Automatie, getriggerte Aktivität) oder Erregungsleitungsstörungen (Reentry-Erregungen) zugrunde.

6.4 Klinische Symptome

Die klinische Symptomatik bei Herzrhythmusstörungen wird bestimmt durch das Ausmaß der hämodynamischen Auswirkungen

Singuläre Extrasystolen haben in der Regel keine bzw. nur geringe hämodynamische Auswirkungen und sind häufig gar nicht oder nur als Palpitationen spürbar. Sobald das Herz-Zeit-Volumen (HZV) durch bradykarde oder tachykarde Herzrhythmusstörungen unter eine

a

EKG-Registrierung [mV]

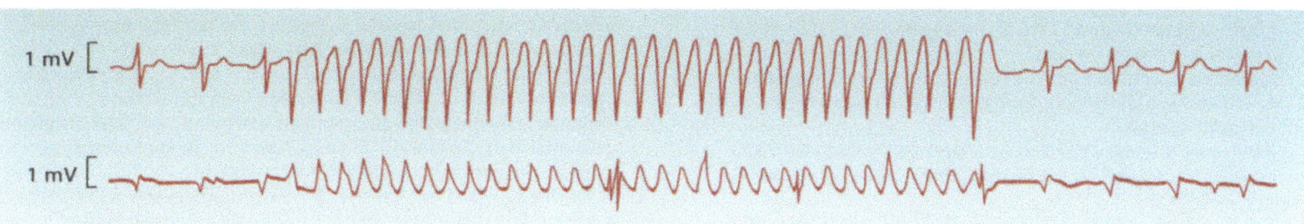

Arterieller Blutdruck [mmHg]

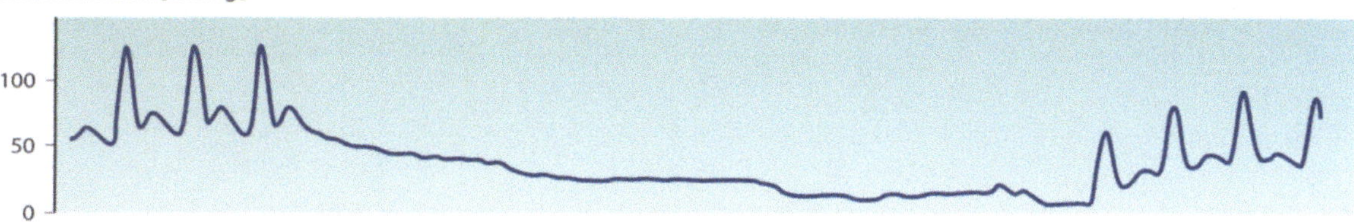

b

EKG-Registrierung [mV]

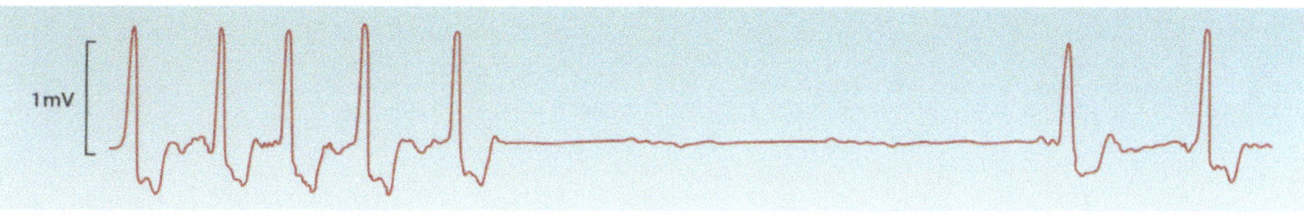

Arterieller Blutdruck [mmHg]

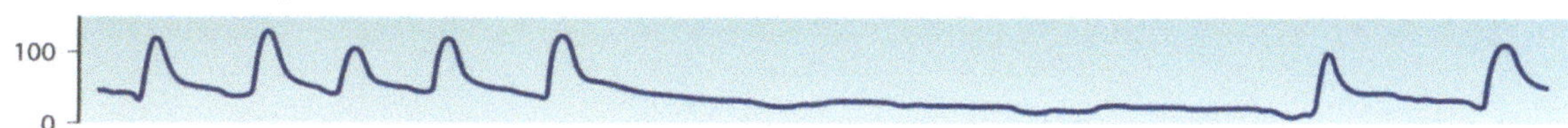

Abb. 6.12 a,b. Die Abbildung zeigt im Teil **a** die EKG- und Blutdruckaufzeichnung einer schnellen ventrikulären nicht anhaltenden Tachykardie. Mit Beginn der Tachykardie kommt es durch die verkürzte diastolische Füllungszeit zu einem Blutdruckabfall. Im Teil **b** sieht man einen Blutdruckabfall durch die extrem lange Diastole im Rahmen einer ventrikulären Asystolie. Man beachte die unterschiedliche Skalierung

kritische Schwelle fällt, können je nach Dauer und Frequenz der Störung Schwindelattacken, Synkopen und im Extremfall ein plötzlicher Herztod auftreten. Die Abb. 6.12 zeigt beispielhaft diesen Zusammenhang.

Die kritische Herzfrequenz, die im Einzelfall zur hämodynamischen Dekompensation führt, ist abhängig von Art und Ausmaß einer zugrundeliegenden Herzerkrankung. Ist die Kontraktilität des Ventrikels (z. B. durch Herzinfarkt) geschädigt und das Schlagvolumen herabgesetzt, werden bradykarde und tachykarde Herzrhythmusstörungen schlechter toleriert.

6.5 Literatur

1. Antoni H (1992) Pathophysiologie der Herzrhythmusstörungen. Z Kardiol 81: Suppl. 4: 111–117
2. Boulis N, Antman EM, Lilly LS (1993) Mechanisms of cardiac arrhythmias. In: Lilly LS (Hrsg) Pathophysiology of heart disease, Lea & Febiger, Boston
3. Braunwald E, Scheinman M (1996) Atlas of Heart Diseases. Arrhythmias: Electrophysiologic Principles. Mosby, St Louis Baltimore Boston
4. American College of Physicians (1997) Guidelines for risk stratification after myocardial infarction. Ann Intern Med 126:556–60
5. Fisch C, Knoebel SB (1992) Vagaries of acceleration dependent aberration. Br Heart J 67:16–24
6. Fisher JD, Aronson RS (1990) Rate-Dependent Bundle Branch Block: Occurrence, Causes and Clinical Correlations. JACC 16: 240–243
7. Josephson ME, Marchinski FE, Buxton AE (1991) The Bradyarrhythmias: Disorders of sinus node function and AV conduction disturbances, and the tachyarrhythmias. In: Wilson JD et al. (eds) Harrison's principles of interal Medicine, McGraw-Hill, Inc, New York St. Louis San Francisco
8. Katz AM (Hrsg) (1992) Physiology of the Heart, Raven Press, New York
9. Kleiger RE, Miller JP, Bigger JJ, Moss AJ (1987) Decreased heart rate variability and its association with increased mortality after acute myocardial infarction. Am J Cardiol 59:256–62.
10. La Rovere MT, Bigger JT Jr, Marcus FI, Mortara A, Schwarz PJ (1998) Baroreflex sensitivity and heart rate variability in prediction of total cardiac mortality after myocardial infarction. ATRAMI (Autonomic Tone and Reflexex After Myocardial Infarction). Lancet 14, 351: 478–484
11. Le Heuzey JY (1996) Electrophysiological Principles of arrhythmias. In: Wren C, Campell RWF (Hrsg) Paediatric Cardiac Arrhythmias. Oxford University Press, Oxford New York Tokyo
12. Olgin JE, Kalman JM, Fitzpatrick AP, Lesh MD (1995) Role of Right Atrial Endocardial Structures as Barriers to Conduction During Human Type I Atrial Flutter. Circulation 92: 1839–1848
13. Olgin JE, Kalman JM, Lesh MD (1996) Conduction Barriers in Human Atrial Flutter: Correlation of Electrophysiology and Anatomy. J Cardiovasc Electrophysiol. 7: 1112–1126
14. Prystowsky EN, Klein GJ (Hrsg) (1994) Cardiac Arrhythmias. McGraw-Hill, Inc., New York St. Louis San Francisco
15. Simson MB (1981) Use of signals in the terminal QRS complex to identify patients with ventricular tachycardia after myocardial infarction. Circulation 64: 235–242
16. Schmidt G, Malik M, Barthel P et al. (1999) Heart Rate Turbulence Following Ventricular Premature Beats Predicts Mortality After Acute Myocardial Infarction. Lancet 353: 1390–1396
17. Zipes DP, Jalife J (Hrsg) (1990) Cardiac Electrophysiology from cell to Bedside. WB Saunders, Philadelphia

Erkrankungen des Endo-, Myo- und Perikards

7

B. Maisch, M. Herzum, G. Hufnagel

EINLEITUNG

Fall 1. Der 27jährige, nicht seßhafte Patient wurde mit akuter Dyspnoe und Fieber unter dem Verdacht auf eine Pneumonie eingewiesen. Multiple Einstichstellen wiesen auf einen intravenösen Drogenabusus mit Heroin hin. Im Röntgen-Thorax-Bild zeigten sich multiple Abszesse in beiden Lungenhälften. Auskultatorisch fand sich bei abgeschwächtem 1. Herzton ein 3/6 Sofortsystolikum über dem 4. ICR rechts parasternal, das inspiratorisch zunahm. Das Echokardiogramm zeigte flottierende Vegetationen an der Trikuspidalklappe, von denen aus septische Embolien zur Abszeßbildung in beiden Lungen bei einer durch Staphylokokken induzierten Endokarditis geführt hatten.

Fall 2. Die 36jährige Frauenärztin klagte 2 Wochen nach der Entbindung ihres Sohnes über Luftnot und Leistungsschwäche. Das Echokardiogramm zeigte einen kleinen Perikarderguß und einen hypokontraktilen dilatierten linken Ventrikel (Ejektionsfraktion 28%). In der Endomyokardbiopsie fand sich eine floride lymphozytäre Myokarditis, in der Polymerasekettenreaktion (PCR) auf kardiotrope Viren replizierende enterovirale RNA mit Plus- und Minussträngen. Unter körperlicher Schonung, ACE-Hemmergabe und einer 6monatigen Interferon alpha Therapie normalisierte sich die Pumpfunktion weitgehend (EF 49%). Die Patientin war postpartal an einer enteroviruspositiven inflammatorischen Kardiomyopathie (= Myokarditis mit kardialer Dysfunktion) erkrankt.

Fall 3. Der 26jährige Fußballspieler war in der 70. Spielminute zusammengebrochen und verstarb auf dem Weg zum Krankenhaus infolge Kammerflimmerns. Die Sektion bestätigte eine hypertrophisch obstruktive Kardiomyopathie (HOCM), die nachträglich detailliert erhobene Familienanamnese ergab mehrere plötzliche Todesfälle in der Familie, nämlich beim Vater, einem Onkel und einem Bruder. Die genetische Analyse zeigte eine Mutation im Myosingen.

Fall 4. Der 43jährige Bauarbeiter hatte sich nach einer Erkältungserkrankung nicht mehr erholt, klagte zunächst über Herzdruck, später über eine permanente Leistungseinschränkung. Im Verlauf fiel dem Hausarzt eine Einflußstauung auf. Das Röntgenbild zeigte einen kleinen Pleuraerguß und eine bocksbeutelartig deformierte Herzsilhouette. Das Echokardiogramm ergab einen punktionswürdigen Perikarderguß mit beginnenden Tamponadezeichen. Der Erguß war lymphozytenreich, die PCR auf kardiotrope Erreger blieb negativ. Die Perikardpunktion und die über 3 Monate durchgeführte Therapie mit Antiphlogistika (Colchicum 0,5 mg 3x1 Tabl.) brachten Symptom- und Rezidivfreiheit.

7.1 Infektiöse Endokarditis

Die infektiöse Endokarditis ist zwar keine häufige (ca. 50–60 Episoden/1 000 000 Einwohner/Jahr), aber noch immer eine lebensbedrohliche Erkrankung (Mortalität ca. 20–35 %). Bevorzugt betroffen sind die Mitral- und die Aortenklappe

Durch intravenösen Drogenmißbrauch und i. v.-Dauerkatheterbehandlung hat die Häufigkeit der früher seltenen Trikuspidal- und Pulmonalklappenendokarditiden in den letzten 20 Jahren zugenommen (s. Fallbeispiel 1). Nach dem klinischen Verlauf unterscheidet man die *akute* von der *subakuten* infektiösen Endokarditis. Eine antibiotische Behandlung kann eine akute Endokarditis in eine subakute Form wandeln. Beim immundefizienten Patient kann dagegen die *subakute* infektiöse Endokarditis umschlagen und klinisch akut verlaufen.

Ätiologie der Endokarditis der natürlichen Herzklappen. Wichtigste Erreger der Nativklappenendokarditis vom Lentatyp sind vergrünende oder nichthämolysierende Streptokokken. Dazu gehören S. viridans, S. mutans, S. mitis, S. sanguis, S. milleri und weniger virulente Staphylococcus aureus-Stämme. Klinisch imponieren diese meist als ***subakute Endokarditis.*** Deshalb entwickelt sie sich bevorzugt auf vorveränderten Klappen, bei kongenitalen oder erworbenen Vitien.

Die ***akut verlaufende Endokarditis*** wird auch ohne prädisponierende Vorerkrankung von hochvirulenten Bakterien (besonders S. aureus, seltener Entero-, Pneumo-, Meningo- und Gonokokken) verursacht. Diese Keime besitzen auch an nicht vorgeschädigten Klappen eine hohe Adhäsionsfähigkeit [8].

Ätiologie der Prothesenendokarditis. Die koagulasenegativen Staphylokokken rangieren weit vor S. aureus oder den Streptokokken. Häufiger als bei der Nativklappenendokarditis werden hier auch Enterobacteriaceae, Pseudomonaden und Pilze gefunden. Die Endokarditis an Kunstklappen und Bioprothesen nahm mit der Häufigkeit klappenchirurgischer Eingriffe zu [10,16]. Dabei ist die bakterielle Infektion der Aortenklappenprothese, sei es eine Kunstklappe oder auch eine Bioprothese, relativ und absolut am häufigsten. 3–6 % aller Patienten erleiden nach Klappenersatzoperation im Verlauf ihres weiteren Lebens eine Endokarditis. Mechanische und bioprothetische Klappen sind mit ähnlicher Häufigkeit betroffen.

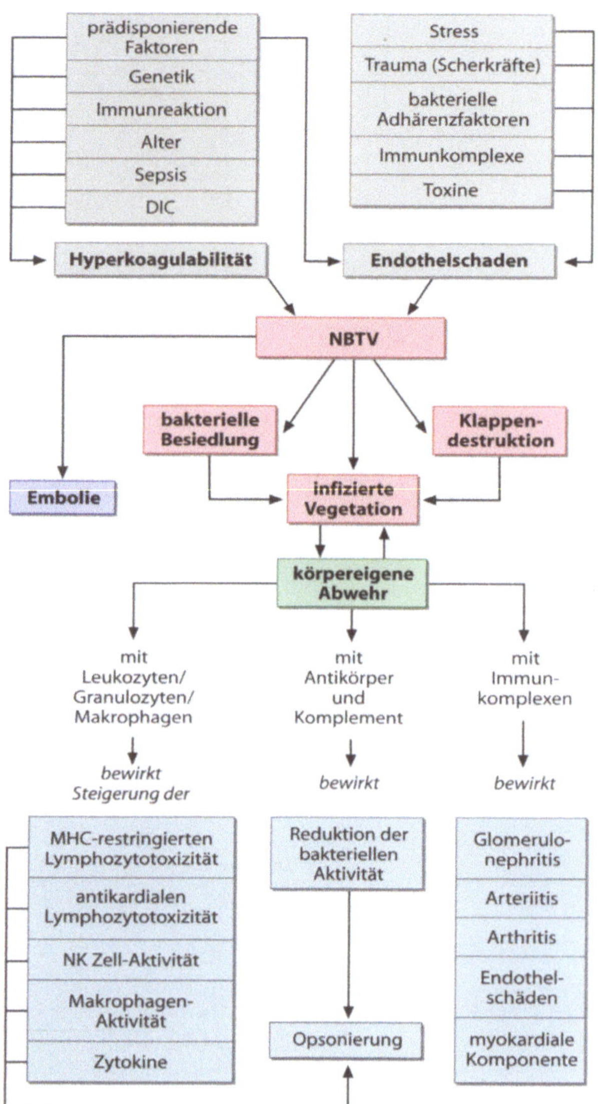

Abb. 7.1. Pathogenese der infektiösen Endokarditis eine zentrale Rolle kommt der nichtbakteriellen thrombotischen Vegetation (NBTV) zu, die eine entscheidenden Voraussetzung für die Infektion der Vegetation ist. Mit der Infektion wird die Endokarditis zu einem „systemischen" Krankheitsbild. Es können Embolien, Abszeßbildung und immunologische Folgereaktionen dominieren. Aus Classen M, Diehl V, Kochsiek K (Hrs) Innere Medizin, München: Urban & Schwarzenberg, 1995, mit freundlicher Genehmigung

Die endokarditische Vegetation und die pathogenetisch wirksamen Mechanismen sind zwar kein einfaches Spiegelbild der infektiösen Endokarditis, sie machen aber den Charakter und die Symptome dieses systemischen Krankheitsbildes verständlich

Von zentraler Bedeutung für Pathogenese und Verlauf ist die ***nichtbakterielle thrombotische Vegetation (NBTV)***, d.h. eine Veränderung des normalen Oberflächenendothels der Herzklappen mit seinen Sehnenfäden (Abb. 7.1).

Strukturelle Oberflächenveränderungen begünstigen die Adhäsion von Thrombozyten (NBTV). Durch die Adhäsionseigenschaften und Virulenz der Mikroorganismen entsteht so an einer NBTV eine infizierte Vegetation. Die infizierte Vegetation auf der Klappe besteht aus Thrombozyten, Bakterien und Granulozyten. Die Gewebsinvasivität der Bakterien führt zu Klappenperforationen, Papillarmuskel- und Sehnenfädenabrissen. Die resultierenden Aorten- und Mitralklappeninsuffizienzen tragen zur hämodynamischen Instabilität bei. Thrombembolien sind häufig, da die Klappenvegetation wegen der fehlenden reparativen Vorgänge weich ist. Die zerebralen Embolien (75% aller klinisch bedeutsamen Embolien) erhöhen die Mortalität beträchtlich [2].

Für die Infektion sind angeborene oder erworbene kardiale oder allgemeinmedizinische prädisponierende Faktoren, u. a. auch solche der körpereigenen Abwehr, von Bedeutung. Wichtigste prädisponierende Herzklappenerkrankung ist heute die arteriosklerotische bzw. degenerative Klappenveränderung bei einer immer älter werdenden Bevölkerung. Früher war dies das rheumatische Fieber [2]. Es folgen kongenitale Vitien (z. B. Fallot-Tetralogie, Aortenisthmusstenose, offener Ductus Botalli).

Prädisponierende konstitutionelle oder erworbene Krankheiten sind in Tabelle 7.1 dargestellt:

Eine Bakteriämie oder eine Fungämie ist die Voraussetzung für eine Infektion der NBTV (siehe Äitologie). Sowohl diagnostische als auch therapeutische ärztliche Eingriffe tragen zur Bakteriämie (Tabelle 7.2) bei.

Der klinische Verlauf reflektiert die pathophysiologische Interaktion zwischen Patient (Wirt) und Bakterium (pathologisches Agens). Durch die Therapie, die Komplikationen sowie die kardialen und extrakardialen Folgen der Endokarditis wird die Prognose mitbestimmt (s. Abb. 7.1).

Für die Lokalisation von endokarditischen Läsionen an Prädilektionsstellen des Klappenapparats sind hämodynamische und mechanische Bedingungen (höherer Druck) mitverantwortlich (Tabelle 7.3).

Tabelle 7.1. Prädisponierende konstitutionelle oder erworbene Krankheiten der infektiösen Endokarditis. Aus [16]

Krankheit	Risikofaktor (im Vergleich zu Gesunden)
Diabetes mellitus	2- bis 3-fach
Leberzirrhose	3- bis 4-fach
Virushepatitis	3- bis 4-fach
Alkoholabusus	nicht bekannt
Verbrennungen	2- bis 3-fach
Immunsupressiva und Kortikosteroidtherapie	erhöht, Faktor unbekannt
AIDS	erhöht, Faktor unbekannt
Dialysepatienten oder Niereninsuffizienz	erhöht, Faktor unbekannt
Bestrahlung	erhöht, Faktor unbekannt
Neoplasma	erhöht, Faktor unbekannt

Tabelle 7.2. Bakteriämierisiko ärztlicher Eingriffe. Aus [16]

Therapeutische Eingriffe	Risiko in %
Zahnärztliche Eingriffe	80–90
HNO-ärztliche Eingriffe (Tonsillektomie)	30–40
Gastrointestinale Eingriffe	2–10
Eingriffe im Urogenitaltrakt (z. B. Prostataresektion, Uteruskürettage)	10–50
Septischer Abort, Interruptio	85
Abszeßeröffnungen	Variabel
Intubation	16
Schrittmacherrevisionen	20
Herzoperationen	10
Hämodialyse	8
Diagnostische Eingriffe Risiko in %	
Bronchoskopie (starres Instrument)	15
Gastroskopie	8
Koloskopie	9
Leberbiopsie	10
Nasotracheales Absaugen	15–20
Herzkatheter	< 1

Vitium	Lage der Vegetation (wg. Venturieffekt)	Satelliten- und Jetläsionen an:
Aorteninsuffizienz	Ventrikuläre Aortenklappenseite	Mitralklappe, Sehnenfäden, Papillarmuskel
Mitralinsuffizienz	Atriale Mitralklappenseite	Posteriore Vorhofwand
Trikuspidalinsuffizienz	Atriale Trikuspidalklappenseite	Selten Vorhofwand
Pulmonalinsuffizienz	Ventrikuläre Pulmonalklappenseite	Selten Tricuspidalklappenapparat
Ventrikelseptumdefekt	Rechtsventrikuläre Septumwand um den Defekt	Selten
Aortenisthmusstenose	Innere Aortenbogenwand distal der Stenose	Selten
AV-Fisteln	Fistelgang und Venenwand	Selten
Ductus Botalli	Linke Pulmonalarterie	Pulmonalapertusklappe

Tabelle 7.3. Pathophysiologie der Vegetation und Jetläsion

Die Vegetation stellt eine lokalisierte Agranulozytose dar

Die infizierte Vegetation besteht aus Thromben und Bakterien, ist aber kein Abszeß, d.h. sie weist keine oder nur wenige Granulozyten auf. Sie ist Ausgangspunkt einer permanenten Bakteriämie, die ihrerseite eine humorale und zelluläre Immunantwort induziert. Diese wird nachweisbar durch antibakterielle Antikörper, antikardiale Antikörper und zirkulierende Immunkomplexe.

Der pathophysiologische Prozess wird damit von zahlreichen Faktoren geprägt [10,16]:

- dem entzündlichen Prozeß an der Herzklappe
- der Begleitkarditis oder -perikarditis
- den Satelliten- und Jetläsionen (d.h. bakterielle Absiedlungen (Satelliten) im Myokard und durch den Regurgitationsjet der betroffenen insuffizienten Klappe verursachte Absiedelungen am parietalen Endomyokard und an Sehnenfäden)
- den embolischen Komplikationen
- den infektiösen Absiedlungen oder den mykotischen Aneurysmen
- den immunologischen Folgereaktionen.

Diagnostik. Der Nachweis der Klappenvegetation ist die Domäne der transthorakalen und der transösophagealen ***Echokardiographie.*** Dabei sind mobile, „weiche" Vegetationen charakteristisch. Eine vegetationsähnliche Auflagerung beweist eine Endokarditis nur zusammen mit einer ***positiven Blutkultur.*** Eine negative Blutkultur bei verdächtigem Befund an der Klappe schließt aber eine infektöse Endokarditis nicht aus. Die Bewertung bei Verdacht auf native Klappenendokarditis in Tabelle 7.4 orientiert sich am klinischen Teil der Dukeskriterien.

Pathophysiologie der Komplikationen. Entzündliche Herzklappenprozesse ziehen häufig kardiale und extrakardiale Komplikationen nicht nur in Form von Embolien nach sich (Tabelle 7.5), die zur vermehrten Sterblichkeit beitragen oder einen vorzeitigen Klappenersatz erforderlich machen. Weitere Erkrankungen entstehen durch eine Infiltration des Erregungsleitungssystems (z.B. höhergradige AV-Blockierungen), immunologisch bedingten Vaskulitiden im Herzen, den Nieren und anderen Organen, z.B. Haut („Roth spots", Janeway Flecken), wobei Immunkomplexbildungen in der Gefäßwand mit Komplementaktivierung ursächlich bedeutsam sind.

Tabelle 7.4. Diagnostik der Klappendokarditis

TTE / TEE (Echo)	Blutkulturen	Bewertung: Endokarditis
Vegetation (weich, flottierend)	2× positiv	sicher
Vegetation (weich, flottierend)	1× positiv oder negativ	wahrscheinlich
Klappendegeneration	1 - 2× positiv	möglich
ohne Befund	≥ 4 Blutkulturen negativ	Ausgeschlossen

Tabelle 7.5. Häufige Komplikationen bei entzündlicher Endokarditis

Komplikation	Häufigkeit (%)
Herzinsuffizienz	50
Myokardabszesse	20
Klappenringabszesse	30
Eitrige Perikarditis	10
Zerebrale Embolisation	25
Periphere Embolisation	10
Nierenbeteiligung	20

Pathophysiologisch begründete Therapie. Art und Dauer der bakteriziden Antibiotikatherapie sind abhängig von Art und Verlauf der Endokarditis (Nativklappenendokarditis, akuter Verlauf, Lentatyp, Prothesenendokarditis), der Art der nachgewiesenen Erreger (mindesten 4–5 Blutkulturen sind vor der Antibiotikabehandlung abzunehmen). Sie sollte mindestens drei Wochen als gezielte intravenöse Kombinationstherapie erfolgen.

> **!** Die infektiöse Endokarditis ist selten aber noch immer lebensbedrohlich. Sie ist ein systemisches Krankheitsbild mit führender kardialer Symptomatik und Pathophysiologie. Für den Befall der Nativklappen sind bei subakuten Formen vorwiegend Streptokokken verantwortlich. Eine Vorschädigung des Endothels und eine NBTV gehen der Infektion voraus. Bei akuten Formen kann die Vorschädigung fehlen. Verantwortlich sind hierfür wie bei der Prothesenendokarditis meist Staphylokokken. Die infektiöse Endokarditis von Nativklappen führt immer zur Klappeninsuffizienz.

7.2 Vitien

Herzklappenfehler belasten einen oder beide Ventrikel sowie die Vorhöfe. Sie können, vor allem wenn sie nach und nach entstehen, zunächst durch verschiedene Anpassungsvorgänge im Herzmuskel, sichtbar in Hypertrophie und Dilatation der Kammern und Vorhöfe, kompensiert werden. Bei Überschreiten der Kompensationsmechanismen kommt es zur Links- oder Rechtsdekompensation oder zur biventrikulären Herzinsuffizienz. Sie macht sich in Leistungseinbuße, Müdigkeit, Luftnot und Ödembildung bemerkbar.

Ausflußbehinderung und konsekutive Hypertrophie sind Merkmale der Aortenklappenstenose

Eine Minderbeweglichkeit der Aortenklappentaschen führt zu einer Behinderung des Blutauswurfs aus dem linken Ventrikel, meßbar an einem systolischen Blutdruckgradienten zwischen linkem Ventrikel und den distal der Aortenklappen gelegenen Arterien (Abb. 7.2 a). Sie ist entweder angeboren oder wird durch eine rheumatische Endokarditis oder durch Atherosklerose meist langsam erworben. Durch Hypertrophie des linksventrikulären Kammermyokards versucht das Herz die Behinderung zu überwinden. Die (zu) hohe Wandspannung (Afterload) im linken Ventrikel, der relative Arteriolen- und Kapillarmangel bei ausgeprägter Hypertrophie und der abnehmende Gradient in der Koronarperfusion bei ansteigendem linksventrikulären Füllungsdruck verursachen pectangiöse Beschwerden, da das Angebot an Sauerstoff dem Bedarf des hypertrophierten Ventrikels nicht nachkommt [4,13].

Mit der Hypertrophie kommt es, sowohl direkt durch die erhöhte Wandspannung (stretch) also auch über neuroendokrine und parakrine Mechanismen (lokales Angiotensin, Endothelin etc.) zu einer vermehrten Ablagerung von kollagenem Bindegewebe im Herzmuskel, das die Compliance (Dehnbarkeit) der linken Kammer herabsetzt und zu einer diastolischen Füllungsbehinderung führt. Die diastolische Dysfunktion läßt den Druck in den vorgeschalteten Abschnitten (linker Vorhof und Pulmonalstrombahn) ansteigen. Der erhöhte Druck in den Lungengefäßen filtriert vermehrt Flüssigkeit in das Lungengewebe. Klinisch macht sich Luftnot (vor allem bei Belastung) bemerkbar. Eine stärkere körperliche Belastung senkt den peripheren Gefäßwiderstand. Da der Blutstrom durch die verengte Aortenklappe nicht gesteigert werden kann, kommt es zum Druckabfall in den peripheren Gefäßen, der sich klinisch häufig in einem zerebralen Durchblutungsmangel (Synkope) manifestiert. Durch die progressive Hypertrophie bei (zu) hoher systolischer und diastolischer Wandspannug des linken Ventrikels kommt es schließlich zur Mangelversorgung der Myozyten, zur Abnahme der Kontraktionskraft und zur Dilatation der Kammer. Dies hat eine weitere Zunahme der Wandspannung nach dem Laplace-Gesetz (Wandspannung = Druck × Radius /2× Wanddicke) zur Folge. Therapie der Wahl ist der prothetische Aortenklappenersatz, im Kindesalter die Valvuloplastie.

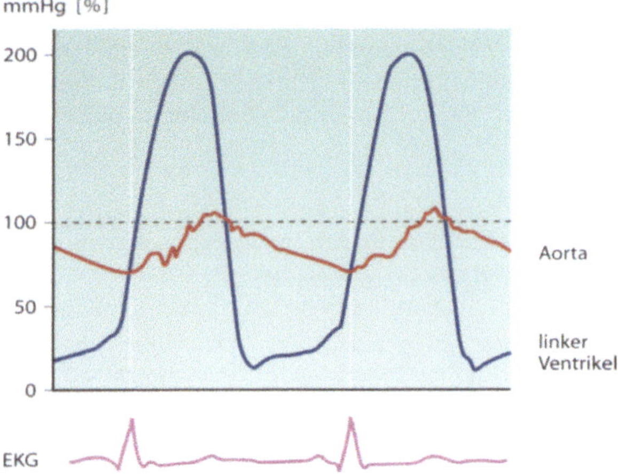

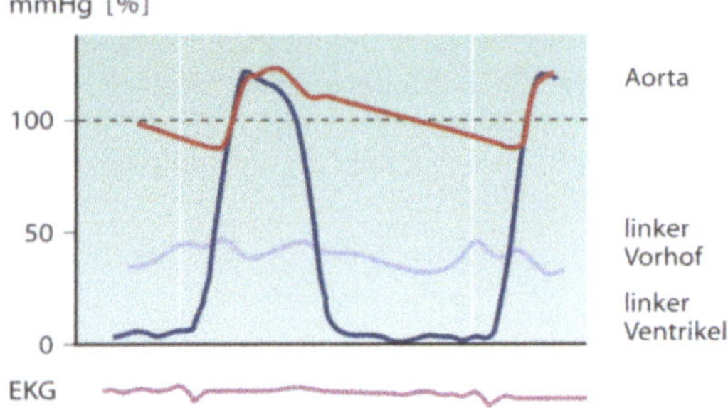

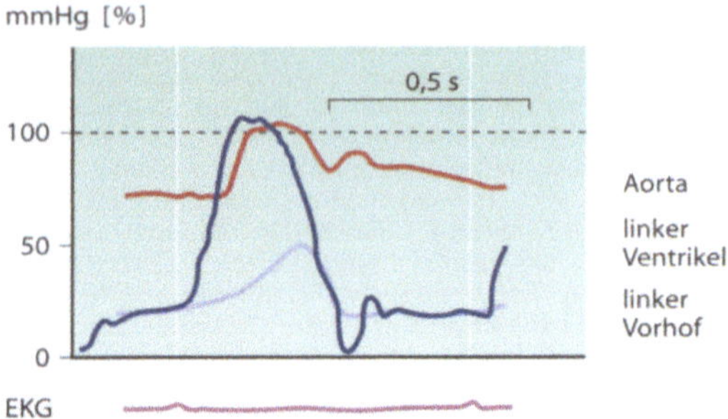

Abb. 7.2. Druckkurvenverlauf im linken Ventrikel und in der Aorta bei Aortenstenose (**a**). Beachte die systolische Druckdifferenz von 100 mm Hg und den trägen Anstieg des systolischen Aortendrucks. Druckkurvenverlauf im linken Ventrikel und im linken Vorhof bei Mitralstenose (**b**) und bei Mitralklappeninsuffizienz (**c**). Beachte in **b** die Druckdifferenz während der Diastole und in **c** den Druckanstieg im linken Vorhof während der Systole durch das Regurgitationsvolumen

Die Aortenklappeninsuffizienz verursacht ein Pendelvolumen zwischen Aorta und linker Kammer und führt zur exzentrischen Hypertrophie

Bakteriell und immunologisch bedingte Entzündungen der Aortenklappentaschen und/oder der Aortenwurzel sowie Traumata oder degenerative Veränderungen können zu einer Aortenklappeninsuffizienz führen.

Tritt akut eine schwere Aortenklappeninsuffizienz auf, führt die Regurgitation des Blutes bei nicht adaptiertem linken Ventrikel zu kardiogenem Schock und Lungenödem, da das „Netto-Vorwärtschlagvolumen" klein ist und der Füllungsdruck enorm ansteigt. Bei langsam zunehmender Aortenklappeninsuffizienz macht das linke Herz eine exzentrische Hypertrophie (Hypertrophie und Dilatation) durch, um das „Netto-Vorwärtschlagvolumen" zu erhalten, dabei kann das Gesamtschlagvolumen um mehr als das Doppelte ansteigen (> 150 ml). Die seriell angeordneten Sarkomeren in den Myozyten werden überwiegend longitudinal vermehrt, d. h. die Myozyten sind dadurch länger als normal.

Durch die Volumenbelastung der linken Kammer tritt eine linksventrikuläre Dilatation auf. Die bisweilen enorme Hypertrophie des linken Ventrikels (Cor bovinum) kompensiert die Zunahme der diastolischen und systolischen Wandspannung. Die Kontraktionskraft und die Auswurffraktion bleiben lange normal. Wird die Kompensationsfähigkeit überschritten, steigen, bei abnehmender Kontraktionskraft und Auswurffraktion, das enddiastolische und endsystolische Volumen sowie der enddiastolische Druck an. Jetzt wird die Herzinsuffizienz als Luftnot bei Belastung und als Leistungseinbuße klinisch manifest [4,13].

Medikamentöse Behandlung. Ziel ist es, das enddiastolische und endsystolische Volumen und den Druck niedrig zu halten, um eine progressive Dilatation des linken Ventrikels zu vermeiden. Hier eignen sich vor allem Angiotensin-Conversions-Enzym-Hemmer (ACE-Hemmer) und AT1-Antagonisten, die eine venöse und arterielle Vasodilatation bewirken. Alle bradykardisierenden Medikamente führen durch die Diastolenverlängerung zu einer Zunahme des Regurgitationsvolumens. β-Blocker oder Kalziumantagonisten vom Verapamil- oder Diltiazemtyp sind in der medikamentösen Therapie wegen ihrer negativen Inotropie und ihrer bradykardisierenden Wirkung ungeeignet. Der rechtzeitige Aortenklappenersatz bleibt schließlich als Therapie der Wahl [3].

Die Mitralklappeninsuffizienz führt zu einer Volumenbelastung des linken Vorhofs und des linken Ventrikels

Sie entwickelt sich akut durch die Klappenzerstörung bei florider Endokarditis oder durch eine Papillarmuskeldysfunktion bzw. -abriß infolge eines Myokardinfarktes oder eines

Traumas. Als chronische Ursache steht in den westlichen Ländern das Mitralklappenprolapssyndrom an erster Stelle, gefolgt vom rheumatischen Fieber. Eine Mitralklappeninsuffizienz tritt sekundär häufig bei Aortenklappenstenose oder einer linksventrikulären Dilatation (durch Dilatation des Klappenringes) auf. Bisweilen manifestiert sich die Mitralklappeninsuffizienz erst bei Belastung oder nimmt erheblich zu.

Diese Volumenbelastung führt zur Dilatation und Hypertrophie des linken Ventrikels (exzentrische Hypertrophie) und des linken Vorhofs infolge der erhöhten enddiastolischen Wandspannung. Nach dem Laplace-Gesetz nimmt durch den größeren Radius des Ventrikels auch die systolische Wandspannung zu, die somit zur Zunahme des endsystolischen Volumens führt. Das Vorwärtsschlagvolumen wird dadurch annähernd normal gehalten. Der niedrige Druck im linken Vorhof erleichert den Auswurf der linken Kammer, so daß die Ejektionsfraktion oft hochnormal ist. Nach Überschreiten dieser Kompensationsmechanismen nimmt die Kontraktionskraft ab und das endsystolische Volumen zu. Häufig bleibt die Ejektionsfraktion jetzt noch im niedrignormalen Bereich [5].

Die Mitralklappeninsuffizienz erleichert die Kontraktion des linken Ventrikels, da das Blut zum Teil in den Niedrigdruckbereich des linken Vorhofs ausgeworfen wird (Abb. 7.2 c). Nach einer Klappenersatzoperation oder operativen Klappenrekonstruktion nimmt die systolische Wandspannung (Afterload) für den linken Ventrikel unvermittel zu. Deshalb sollte die Indikation zu einer operativen Korrektur einer Mitralklappeninsuffizienz auch bei asymptomatischen Patienten schon bei leichter Einschränkung der linksventrikulären Funktion gestellt werden [22].

Medikamentöse Therapie. Ziel ist die Druck- und Volumenentlastung des linken Ventrikels. Damit läßt sich der Auswurf des Blutes in die Aorta erleichtern und die Regurgitation in den linken Vorhof durch die Verkleinerung des Mitralklappenringes bei Abnahme des Ventrikelvolumens vermindern. Bei der akuten Mitralklappeninsuffizienz kann durch die intravenöse Gabe von Natriumnitroprussid schnell eine Besserung des klinischen Zustandes erreicht werden. Auch bei Mitralklappeninsuffizienz führt die Gabe eines arteriellen Vasodilators, z. B. eines ACE-Hemmers oder von Hydralazin zu einer klinischen Besserung der Luftnot und Belastbarkeit. Der prothetische Klappenersatz ist immer noch mit einem relativ hohen Risiko verbunden. Häufig ist eine operative Mitralklappenrekonstruktion möglich [22].

Die Mitralklappenstenose als Öffnungsbehinderung der Mitralklappe belastet den linken Vorhof und die rechte Herzkammer

Ihre häufigste Ursache ist auch heute noch das rheumatische Fieber, seltener Erkrankungen des rheumatischen Formenkreis (systemischer Lupus erythematodes, chronische Polyarthritis) oder eine Karzinoid-Erkrankung. Die degenerative Kalzifikation des Mitralklappenringes führt nur gelegentlich zur Behinderung des Blutflusses vom linken Vorhof in den linken Ventrikel.

Die Mitralklappenstenose entsteht durch entzündliche Verwachsungen der Klappenkommissuren und/oder der Klappensegel. Nach einem rheumatischen Fieber vergehen mindestens zwei Jahre, meistens aber Jahrzehnte, bis durch die eintretende Stenose nachweisbare Symptome entstehen. Dabei ist unklar, ob eine schwelende Entzündung und/oder die Turbulenzen an der im Rahmen des akuten rheumatischen Fiebers geschädigten Klappe zu der zunehmenden Einengung der Klappenöffnung führen.

Die Mitralklappenstenose behindert den Einstrom des Blutes vom linken Vorhof in den linken Ventrikel (Abb. 7.2 b). Sie führt bei konstantem Herzzeitvolumen zu einem Anstieg des Drucks im linken Vorhof, in den Pulmonalvenen und der pulmonalkapillären Strombahn. Nach den Gesetzen der Hydraulik führt bei fixierter Klappenöffnungsfläche die Verdoppelung des Herzzeitvolumens (z. B. durch körperliche Anstrengung) zu einer Vervierfachung des Druckgradienten an der Klappe. Die Druckerhöhung wird an die pulmonalvenöse und -kapilläre Strombahn weitergegeben und löst durch die Abnahme der Flüssigkeitsrückresorption aus dem Interstitium das typische Symptom der Mitralklappenstenose, die Dyspnoe, aus, die Folge der Lungenstauung oder des Lungenödems ist [4].

Der Druck im linken Vorhof wird zudem durch die Diastolendauer bestimmt. Bei gleichbleibendem Herzzeitvolumen führt eine Tachykardie mit Abnahme der Diastolendauer zu einer erhöhten Flußrate durch die Mitralklappe, die nur durch eine (überproportionale) Druckerhöhung vor der Klappe aufrecht erhalten werden kann.

Eine suffiziente linksatriale Vorhofkontraktion trägt bei einer Mitralklappenstenose zur Überwindung des Hindernisses und Aufrechterhaltung des Herzzeitvolumens bei. Tritt durch die ständige Erhöhung des linksatrialen Drucks und die reaktive Hypertrophie und Dilatation des linken Vorhofes Vorhofflimmern ein, fällt der Beitrag der Vorhofsystole zur linksventrikulären Füllung (ca 30 % des HZV) weg. Die Belastbarkeit der Patienten nimmt abrupt ab.

Bei lange bestehender Druckerhöhung im pulmonalvenösen Bett wird der erhöhte Druck schließlich an die pulmonalarterielle Seite weitergegeben. Es entsteht eine pulmonalarterielle Hypertonie, die nach Eintritt einer Pulmonalarteriensklerose irreversibel (fixiert) ist. Die pulmonale Hypertonie führt zur Hypertrophie und zur Dilatation des rechten Ventrikels, zur Regurgitation über die Pulmonal- (selten) und Trikuspidalklappe. Dyspnoe durch Lungenstauung oder das Lungenödem werden durch die Sklerose oder Pulmonalgefäße seltener, dafür kommt es zum Auftreten peripherer Ödeme, zur Stauungsleber und Aszitesbildung. Das HZV ist dann deutlich vermindert.

Die therapeutischen Bemühungen zielen deshalb ab auf

1. eine Verminderung des Drucks im linken Vorhof
2. ein möglichst normales Herzzeitvolumen. Am ehesten ist dies durch die Erweiterung der Klappenöffnungsfläche (Kommissurotomie, perkutane Ballonvalvuloplastie, Klappenersatzoperation) erreichbar. Medikamentös sind eine vorsichtige Vorlastsenkung (Diuretika, Nitrate), eine Reduktion der Herzfrequenz durch β-Blocker, Verapamil, Digitalis) sowie Erhaltung des Sinusrhythmus (β-Blocker, Solatol, Amiodaron) nützlich.

Bei Vorhofflimmern muß wegen des mechanischen Stillstandes der Vorhöfe eine Antikoagulation mit einem Vitamin-K-Antagonisten zur Thromboembolieprophylaxe durchgeführt werden.

Für ***Pulmonal- und Trikuspidalklappenvitien*** gelten unter Berücksichtigung der anderen rechtsventrikulären Druckverhältnisse die bei den linksventrikulären Vitien gemachten Aussagen.

Angeborene Herzfehler (kongenitale Vitien) werden im allgemeinen schon im Säulings- und Kindesalter diagnostiziert und behandelt, so daß sie im Erwachsenenalter selten sind. Ausnahme ist der Vorhofseptumdefekt (ASD) wegen seiner geringen Beschwerdesymptomatik und seines wenig auffallenden klinischen Befundes.

Vitien ohne Shunt (z. B. Pulmonal- oder Aortenstenose) weisen ein lautes systolisches Geräusch auf, aber keine Zyanose. Es entwickelt sich eine konzentrische, später exzentrische Hypertrophie der vorgeschalteten Herzkammer. Operative Korrektur ist die Therapie der Wahl.

Bei ***unkomplizierten Shuntvitien*** (Vorhof- oder Ventrikelseptumdefekt oder offener Ductus Botalli) besteht neben dem typischen Geräuschbefund entsprechend den physiologischen Druckverhältnissen ein Links-Rechts-Shunt, dessen Volumen von der Größe des Defektes und den Strömungswiderständen im großen und kleinen Kreislauf abhängt. Das Kurzschlußvolumen kann um 15 l/min und mehr betragen. Es besteht keine Zyanose. Diese entwickelt sich erst, wenn die chronische Volumenüberladung der Lunge eine sekundäre Erhöhung des pulmonalen Strömungswiderstandes bewirkt, sogenannte Eisenmenger-Reaktion ***(spätzyanotisches Vitium)***.

Bei ***frühzyanotischen Vitien*** liegen Fehlbildungen vor, die mit Drucksteigerung im rechten Herzen einhergehen. In der Regel handelt es sich um Obstruktionen oder sogar um Atresien in der rechtsventrikulären Ausschlußbahn. Erst diese Drucksteigerung im rechten Herzen ermöglicht die Ausbildung eines Rechts-Links-Shunts auf Vorhof- oder Ventrikelebene. Eine weitere Form ist die ***Mischungszyanose***. Hier findet in gemeinsam angelegten Herzhöhlen (singulärer Vorhof oder singulärer Ventrikel) eine Durchmischung von sauerstoffarmen mit arterialisiertem Blut statt. Ein ähnlicher Mechanismus besteht bei einem gemeinsamen Trunkusgefäß (Truncus Communis), das sich erst jenseits des Herzens in ein Aorta- und Pulmonalgefäß fortsetzt. In seltenen Fällen kann bei Persistenz der fetalen Pulmonalgefäßstruktur eine angeborene pulmonale Hypertonie eine Frühzyanose bewirken. *Alle frühzyanotischen Vitien weisen eine ausgeprägte Rechtsherzhypertrophie auf*, die lediglich bei der Trikuspidalatresie und dem Ebsteinsyndrom mit Vorhofseptumdefekt fehlt.

!

Die hämodynamischen Auswirkungen von Herzklappenfehlern und damit die Prognose hängen vom Schweregrad der Klappenschädigung – Stenose oder Insuffizienz oder Kombination von beiden – sowie von der Begleitkarditis und den Komplikationen ab. Die Frühdiagnose (Echokardiographie) ist für die weitere Entwicklung entscheidend. Generell nehmen die degenerativen Klappenerkrankungen zu. Von den angeborenen Vitien wird im Erwachsenenalter fast nur noch der symptomarme Vorhofseptumdefekt beobachtet.

7.3 Rheumatisches Fieber mit Herzbeteiligung

Das rheumatische Fieber ist eine systemische entzündliche Bindegewebserkrankung, die nach einer Infektion mit β-hämolysierende Streptokokken der serologischen Gruppe A mit konsekutiver Immunpathogenese auftritt und z. T. dominierende kardiale Folgeerkrankungen nach sich zieht

Seit 1950 sind Inzidenz und Prävalenz des rheumatischen Fiebers in den westlichen Ländern deutlich gesunken. Verbesserte soziale und hygienische Verhältnisse und die Verbreitung der Antibiotikatherapie in der Behandlung und Prävention von Streptokokkeninfekten sind die wichtigsten Gründe für diesen Rückgang. In vielen Ländern der Dritten Welt ist die rheumatische Herzerkrankung noch immer die führende Todesursache bei Kindern und Heranwachsenden.

Von besonderer klinischer Bedeutung sind die Manifestationen am Herzen (Karditis in 20–70 %), den Gelenken (Polyarthritis in 50–80 %) und Fieber als obligatem Allgemeinsymptom. Andere typische Erscheinungsformen sind die seltene Chorea minor Sydenham, das Erythema marginatum und subkutane Knötchen. Die rheumatische Endokarditis ist die wichtigste kardiale Manifestation der rheumatischen Karditis, die durch eine chronische Erkrankung, durch Vernarbung, Fibrosierung und Deformierung der Herzklappen gekennzeichnet ist.

Im pathophysiologischen Verlauf folgt auf die Infektion eine sekundäre Immunpathogenese: Zellwandpolysaccharide (M-Protein) der Streptokokkenmembran und Glykoproteine in kardialen Strukturen dürften die Angriffspunkte kreuzreagierender Antikörper und zellulärer Effektormechanismen sein.

Ätiologie, Pathogenese und Pathophysiologie

Obwohl bisher in rheumatisch veränderten Geweben keine bakteriellen Organismen nachgewiesen werden konnten, ist ein Infekt des Nasen-Rachenraums mit Streptokokken der serologischen Gruppe A notwendig, um die rheumatische Erkrankung zu verursachen. Dem akuten Stadium des rheumatischen Fiebers geht fast immer ein Streptokokkeninfekt voraus, der immunologisch durch erhöhte Titer von Antikörpern gegen Streptokokkenantigene (AST, Antistreptodornase) nachgewiesen werden kann. Von diagnostischer Bedeutung sind Antikörper gegen Streptolysin O und DNAse-B.

Die individuelle Konstellation von Ernährungszustand, sozialen Verhältnissen, Antibiotikatherapie von Infekten, Virulenz des infektiösen Agens und der individuelle genetische Hintergrund (HLA-Muster) des Patienten entscheidet, ob sich ein rheumatisches Fieber mit oder ohne Herzbeteiligung ausbildet.

Die sekundäre Immunpathogenese des rheumatischen Fiebers wird durch Immunkomplexe mitverursacht, die zur Kapillarschädigung und darauf folgender Exsudation von Plasma führen. Allerdings können Autoantikörper, die normalerweise mit Immunkomplexerkrankungen assoziiert sind (Rheumafaktor, Anti-DNA Antikörper) bei Patienten mit rheumatischen Fieber nicht nachgewiesen werden.

Das Serum von Patienten mit rheumatischen Fieber enthält Autoantikörper, die gegen kardiale Strukturen gerichtet sind, hauptsächlich gegen sarkolemmale Membranproteine, sowie gegen Myosin. Diese Antikörperproduktion stützt die Hypothese der Autoimmunpathogenese. Kreatinkinase und Stressproteine konnten als weitere Autoantigene charakterisiert werden. Im Myokard der Patienten mit rheumatischen Fieber konnten Ablagerungen des Komplementfaktors C3 nachgewiesen werden. Hinweise für eine Autoimmunpathogenese ergeben sich auch aus dem Nachweis von kreuzreagierenden Antikörpern in Patientenseren. Antikörper gegen Polysaccharide der Gruppe A Streptokokkenzellwand können mit Glykoproteinen der Herzklappen oder mit Myosin kreuzreagieren. Die Rolle autoreaktiver T-Lymphozyten ist bislang hypothetisch.

Die Begleitperikarditis bei rheumatischem Fieber wird durch ein fibrinöses Exsudat hervorgerufen, das zu einem hämorrhagisch-serösen Perikarderguß führt

Die rheumatische Myokarditis ist durch Aschoff-Knötchen im myokardialen Bindegewebe charakterisiert. Zusätzlich kann eine diffuse interstitielle lymphozytäre Myokarditis auftreten, die zu klinischen Symptomen wie Herzinsuffizienz, Tachykardien, Arrhythmien und AV-Blockierungen führen kann.

Im Akutstadium der Erkrankung ist die rheumatische Endokarditis schwierig zu diagnostizieren. Pathophysiologisch sind die Herzklappenveränderungen durch überwiegend fibrinhaltige wärzchenartige Läsionen an den Klappenrändern charakterisiert (Echokardiographie). Mit Fortschreiten der Erkrankung entwickelt sich Granulationsgewebe, das zu einer zunehmenden Fibrose und Vaskularisierung der Klappenveränderungen führt.

Die Prognose der Patienten mit akutem rheumatischen Fieber hängt hauptsächlich von einer frühzeitigen Diagnose und Therapie ab

Verläuft das rheumatische Fieber initial ohne Herzbeteiligung ist die Langzeitprognose günstig. Wird die kardiale Manifestation medikamentös erfolgreich behandelt, ist der weitere Krankheitsverlauf ebenfalls günstig. Eine konstriktive Perikarditis entwickelt sich nicht. Jedoch kann auch ohne nachweisbare klinische oder serologische Aktivitätszeichen das rheumatische Fieber in einen chronisch entzündlichen Prozeß übergehen. Vernarbung, Verdickung und Verkürzung der Mitralklappe, seltener der Aortenklappe, kann bei der rheumatischen Endokarditis zu schweren Klappenveränderungen führen. Im Verlauf kann die rheumatische Myokarditis zur Herzinsuffizienz mit stark reduzierter linksventrikulärer Pumpfunktion führen. Die Herzinsuffizienz beeinflußt die Prognose des Patienten besonders ungünstig.

Therapie. Die Therapie des rheumatischen Fiebers besteht aus körperlicher Schonung, nichtsteroidalen Antiphlogistika (Salizylate), Immunsuppression mit Kortikosteroiden und Penicillin als antibiotischer Therapie. Die Sekundärprophylaxe zur Verhinderung des Wiederauftretens der rheumatischen Erkrankung sollte durch eine Penicillindauertherapie mindestens bis zum 21. Lebensjahr erfolgen.

Bei rheumatoider Arthritis wird eine kardiale Begleiterkrankung häufig übersehen, da sie nicht im Vordergrund der Erkrankung steht

Bei 10–50 % der Patienten mit rheumatoider Arthritis kann in der Autopsie eine Perikarditis nachgewiesen werden [11]. Klinisch weisen nur 2–24 % der Patienten Symptome einer Perikardbeteiligung auf. Die rheumatische Perikarditis dürfte durch einen immunologischen Prozeß bedingt sein, da in der Perikardflüssigkeit erniedrigte Komplementspiegel nachgewiesen wurden. Das Perikard ist durch Plasmazellen infiltriert, auch konnten Immunglobulinablagerungen gezeigt werden.

Juvenile rheumatoide Arthritis (Still Syndrom). Die Herzbeteiligung bei juveniler Arthritis oder Still Syndrom betrifft überwiegend das Perikard. Die Häufigkeit der Perikarditis liegt bei bis zu 25 % der Patienten. Eine Herzbeteiligung mit der Folge einer schweren Herzinsuffizienz ist selten.

Ankylosierende Spondylitis (M. Bechterew). In Frühstadien der Erkrankung findet sich eine kardiale Beteiligung in Form einer Perikarditis bei ca. 2 % der Patienten. Die myokardiale Beteiligung ist selten. Schreitet die Erkrankung fort, können Entzündungsreaktionen an der Aorta oder Aortenklappe zur Aortenklappeninsuffizienz führen. Abhängig von der Dauer der Spondylitis und der Gelenkbeteiligung wurden AV-Blockierungen beschrieben.

Reiter Syndrom. Die akute Form des Reiter Syndroms besteht aus Urethritis, Polyarthritis, Konjunktivitis und dem Keratoma blenorrhargica. Kardiale Erscheinungsformen sind Perikarditis, Erregungsleitungsstörungen und Herzgeräusche, die durch Mitralklappen- oder Aortenklappeninsuffizienz hervorgerufen werden.

Systemischer Lupus erythematodes. Der systemische Lupus erythematodes ist eine immunologisch bedingte Erkrankung, die zur Mikrovaskulitis und Polyserositis führt.

Bei Patienten mit SLE konnten verschiedenen Autoantikörper nachgewiesen werden. Von diagnostischer Bedeutung sind Antikörper, die gegen nukleäre Komponenten gerichtet sind, die antinukleären Antikörper (ANA). Bei Patienten mit SLE wurden antimyolemmale, antisarkolemmale und gegen Cardiolipin gerichtete Antikörper beschrieben, die an der Pathogenese der kardialen Beteiligung beteiligt sein könnten. Die häufigste kardiale Erscheinungsform bei SLE ist die Perikarditis, die in 40–70 % der Patienten nachgewiesen werden konnte. Perikardergüsse können zur Perikardtamponade führen, eine konstriktive Perikarditis ist selten. Eine Myokarditis bei SLE ist häufig und kann Erregungsleitungsstörungen und Arrhythmien auslösen. Eine Arthritis der Koronargefäße kann auch zu einem Myokardinfarkt führen. Charakteristisch für eine Herzbeteiligung bei SLE ist eine Endokardits mit wärzchenartigen Libman-Sacks Klappenveränderungen. Im Gegensatz zum rheumatischen Fieber führen diese Klappenveränderungen selten zu so schweren Klappeninsuffizienzen, daß sie einen Klappenersatz erfordern.

Progressive systemische Sklerose. Die progressive systemische Sklerose (PSS) ist eine chronische fibrosierende Erkrankung mit den klinischen Leitsymptomen Sklerodermie (90 %) und Raynaud Phänomen (78 %). Immunpathologisch ist die PSS eine langsam progrediente Vaskulitis mit Vernarbung und extensiver Fibrose der kleinen Gefäße.

Ein diagnostischer Marker ist der Nachweis von Antikörpern gegen extrahierbares nukleäres Antigen (ENA). Antinukleäre Antikörper (ANA) sind in 95 % der Fälle positiv. Antikörper gegen Zentromere sind der diagnostische Marker für das CREST-Syndrom (Kalzinose, Raynaud Phänomen, ösophageale Dyskinesien, Sklerodaktylie und Telangiektasien). Die häufigste kardiale Beteiligung bei der PSS ist eine akute oder chronische Perikarditis. Im Gegensatz zu anderen rheumatischen Erkrankungen ist die endokardiale Mitbeteiligung selten. Die Sklerosierung der kleinen myokardialen Gefäße ist der wichtigste pathogenetische Faktor, der zum Myokardschaden führt, welcher dann die Lebenserwartung des Patienten bestimmt [14]. Das „Sklerodermieherz" ist durch myokardiale Fibrosierung und linksventrikuläre Hypertrophie charakterisiert.

Polymyositis und Dermatomyositis. Die kardiale Beteiligung bei Polymyositis und Dermatomyositis ist überwiegend im Erregungsleitungsgewebe lokalisiert, was zu Erregungsleitungsstörungen führen kann [11]. Es wurden Perikarditis und Kardiomyopathien beschrieben, welche durch eine ausgeprägte Fibrose hervorgerufen wurden.

> **!** Das rheumatische Fieber ist eine systemische entzündliche Bindegewebserkrankung nach einer Infektion mit β-hämolysierende Streptokokken der serologischen Gruppe A mit konsekutiver Immunpathogenese und meist dominierender kardialer Folgeerkrankung. Bei den Kollagenkrankheiten finden sich meist regelhaft eine Perikard-, seltener eine Myokard- oder Endokardbeteiligung.

7.4 Kardiomyopathien

Unter Kardiomyopathie werden alle Erkrankungen des Herzmuskels zusammengefaßt, die mit einer Funktionsstörung einhergehen

Es werden heute 4 hämodynamisch klassifizierbare Kardiomyopathien (DCM, H(O)CM, RCM, ARVCM; siehe Abb. 7.3 und Tabelle 7.6) von den nicht klassifizierbaren und den spezifischen Kardiomyopathien (Tabelle 7.8) unterschieden.

Bei den ***spezifischen Kardiomyopathien*** sind Ätiologie und Pathogenese bekannt. Zu ihnen gehören die ischämische, die valvuläre, die hypertensive, die inflammatorische (akute oder chronische Myokarditis), die metabolische, die toxische, die Hypersensitivitäts- und peripartale Kardiomyopathie oder Kardiomyopathien im Rahmen von Systemerkrankungen überwiegend aus dem rheumatischen Formenkreis oder bei neuromuskulären oder muskeldystophischen Erkrankungen. Sind Ätiologie und Pathogenese unbekannt, handelt es sich um eine ***idiopathische Form.*** Idiopathische und spezifische Kardiomyopathien äußern sich klinisch überwiegend als dilatative, einige auch als hypertrophische oder restriktive Herzmuskelerkrankung. Für die inflammatorische Kardiomyopathie (Myokarditis mit kardialer Funktionsstörung), die Myokarditis (ohne globale Funktionsstörung), der entzündlichen Herzbeteiligung bei Kollagenose und den in Tabelle 7.8 aufgeführten ätiopathogenetisch klassifizierbaren Kardiomyopathien gibt es charakteristische und spezifische Befunde für die spezielle Kardiomyopathie.

Die bei weitem häufigste Form der Kardiomyopathie ist die dilatative (kongestive) Form; hämodynamisch handelt es sich um einen überwiegend systolischen Pumpfehler

Die Inzidenz in Europa und den USA liegt bei 6–30 pro 100.000 Einwohner pro Jahr, die Prävalenz bei 36,5–65 pro 100.000 Einwohnern. Es sind überwiegend Männer betroffen.

Zu dem oben erwähnten hämodynamischen Pumpfehler tritt eine begleitende Störung der Relaxati-

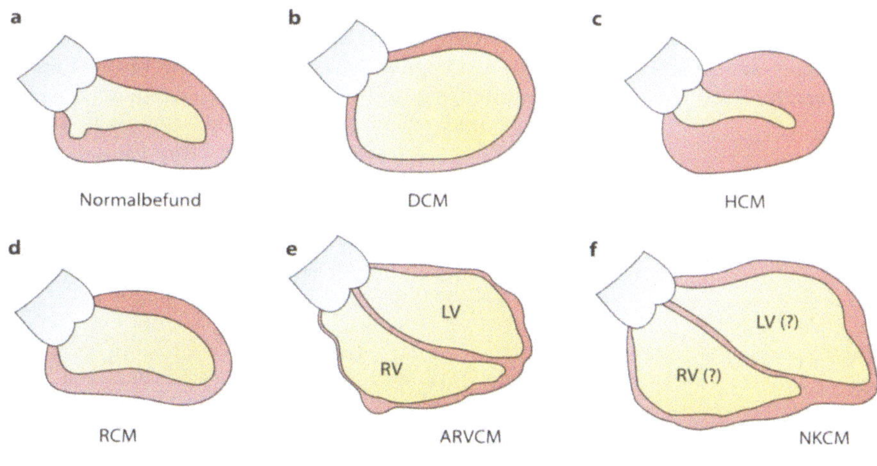

Abb. 7.3. Hämodynamische Klassifikation und Makroskopie der Kardiomyopathien. **a** Normalbefund, **b** dilative Kardiomyopathie *(DCM)*, **c** hypertrophische Kardiomyopathie *(HCM)*, **d** restriktive Kardiomyopathie *(RCM)*, **e** arrhythmogene rechtsventrikuläre Kardiomyopathie *(ARVCM)*, **f** die nicht klassifizierbaren Kardiomyopathien *(NKCM)*. Aus Classen M, Diehl V, Kochsiek K (Hrs) Innere Medizin, München: Urban & Schwarzenberg, 1995, mit freundlicher Genehmigung

Tabelle 7.6. Klassifizierung der Kardiomyopathien (WHO/ISFC 1995)

Kardiomyopathieform	Abkürzung	Hämodynamik: Störung der	Ätiologie
Dilatative KM	DCM	systolischen (und diastolischen) Funktion	Siehe Tab. 7.8
Hypertrophische KM mit	HOCM	diastolischen Compliance	Familiär ca. 50 %
und ohne Obstruktion	HCM		Sporadisch ca. 50 %
Restriktive KM (incl. Endomyokardfibrose mit und ohne Eosinophilie	RCM	diastolischen Funktion (Restriktion)	Meist erworben oder Systemerkrankung
Arrhythmogene rechtsventrikuläre KM	ARVCM	rechtsventrikulären Funktion mit Kammertachykardien	Ca. 30–50 % familiär, Rest sporadisch, postinfektiös ?
Nicht klassifizierbare KM	NKCM	Meist kombinierte Störung der systolischen und diastolischen Funktionen	z. B. Fibroelastose, minimal dilatierte KM, Karzinoidherz, compacted myocardium

on (Lusitropie) bzw. eine Störung der diastolischen Dehnbarkeit (Compliance) häufig hinzu.

Eine praktikable hämodynamische Stadieneinteilung der dilatativen Kardiomyopathie stellt in Tabelle 7.7 dargestellte Tokyo-Stadieneinteilung dar.

Die Klassifizierung der DCM nach pathophysiologischen (hämodynamischen) und ätiopathogenetischen Gesichtspunkten orientiert sich an Tabelle 7.8.

Ätiologie und Pathogenese. Eine genetische Disposition, auch familiäre, vererbbare Formen werden in 20–35 % der Fälle angenommen [7].

Idiopathische dilatative Kardiomyopathie. Bei der ätiologisch nicht klassifizierbaren idiopathischen, dilatativen Kardiomyopathie fällt der dilatierte linke (meist auch rechte) Ventrikel mit erhöhter Muskelmasse sowie die Dilatation der Vorhöfe in Lävokardiogramm, Röntgen-Thorax (Abb. 7.4 (a)) und Echokardiogramm (Abb. 7.4 (b)) auf. Verkürzungs- oder Ejektionsfraktion sind vermindert, die Kontraktion ist meist global, anfangs nur segmental gestört. In der Endomyokardbiopsie zeigen sich unspezifische Veränderungen mit Herzmuskelfaserhypertrophie und interstitielle und endokardiale Fibrose (s. Abb. 7.4 (c)), nukleären und mitochondrialen Abnormitäten. Die endokardiale und interstitielle Fibrose läßt sich mit Antikörpern gegen Kollagen Typ 1 besonders gut (Abb. 7.4 (d)) darstellen.

Tabelle 7.7. Tokyo-Stadieneinteilung der Kontraktionsstörung im Lävogramm mit Ejektionsfraktion (EF)

Stadium	EF%	Kontraktion
I	> 55	Normal oder nur segmental gestört
II	40–54	Leicht global oder segmental gestört
III	25–40	Mittelschwer global gestört
IV	< 25	Schwer gestört, (Prä)Transplantstadium

Spezifische Kardiomyopathien. Ätiologie, Pathophysiologie und Therapie der sonstigen spezifischen Kardiomyopathien sind Tabelle 7.8 zu entnehmen.

Die virale und die autoreaktive Myokarditis sind die bedeutsamsten Ursachen der inflammatorischen Kardiomyopathie

Oft sind beide Ventrikel sind betroffen (UKG s. Abb. 7.5 (a)). Die Diagnose Myokarditis ist ohne Endomyokardbiopsie mit histologischer, immunhistochemischer und molekularbiologisch-virologischer Befunderhebung, letztere zur Ätiologie und Pathogenese, nicht zu stellen (s. Fallbeispiel 2). Die histologischen Dallas-Kriterien wurden durch immunhistochemische quantitative Paramter erweitert.

Als Zeichen der Aktivierung des humoralen Immunsystems finden sich meist gebundene Antikörper gegen Sarkolemm, Gefäßendothel und extrazelluläre Matrix in der Myokardbiopsie (Abb. 7.5 (b)). Die mikrobielle Ätiologie läßt sich mittels PCR gegen kardiotrope Erreger (enterovirale RNA, Hepatitis C-, CMV-, Adenovirus-, HIV-, Borreliose-, Chlamydia

Tabelle 7.8. Klassifizierung der DCM nach pathophysiologischen und ätiopathogenetischen Gesichtspunkten

Bezeichnung	Ätiologie	Pathogenese	Hämodynamik/ Pathophysiologie	Diagnostik	Therapie
1. idiopathisch	Unklar	Spekulativ	Dil, SKS	Echo, HK, Biopsie	Wie Herzinsuffizienz
2. spezifisch	Bekannt	bekannt			
2.1 familiär	Genetisch	s.o.	Dil, SKS, RhyS	Stammbaum, Echo	Wie Herzinsuffizienz
2.2 ischämisch	Remodeling des nicht ischämischen Myokards	nach Infarkt	SKS, Dil, (Dia)	Echo, Szinti, HK	Wie Herzinsuffizienz
2.3 valvulär	Vitium (Stenose oder Insuffizienz) führt zu	Hypertrophie und Remodeling des Myokards durch Volumen- oder Druckbelastung	Sten⇒Hy/Dia ⇒Dil	Echo, HK	Klappenersatz oder wie Herzinsuffizienz
2.4 hypertensiv	Spez. Hochdruck-ursache	Hypertrophie und Fibrose	Dia⇒Hy⇒Dil	RR-Messung, Echo,	Hochdrucktherapie
2.5 inflammatorisch	**Viral:** Coxsackie A & B Echo,CMV, EBV, Influenza, Polio, Adeno, Mumps, HSV, HIV, Hepatitis C, A, B, Gelbfieber, Dengue, Reo, Masern	Direkte Viruszytotoxizität, Zytokine oder sekundäre Immunpathogenese durch Lymphozyten und Antikörper	SKS⇒Dil, (PE)	HK, Bio, PCR	Wie Herzinsuffizienz, in Studien: antiviral oder immunmodulatorisch
	Bakteriell: Streptokokken (Rheumatisches Fieber), Diphtherie, Borreliose, Chlamydia, Syphilis, Leptospirose, Sepsis mit grampositiven oder -negativen Erregern	Direkte bakterielle Zytotoxizität oder über Toxine, Zytokine oder sekundäre Immunpathogenese	Dil, (PE)	Echo, Bakteriologie, Serologie ev. Bio	Bakterizid, antiphlogistisch und wie Herzinsuffizienz
	Protozoen: Trypansoma cruzi (Chagas); Toxoplasmose, Amöbiasis Malaria, Leishmaniose	Direkt oder über Mediatoren/Zytokine oder sekundäre Immunpathogenese	SKS, Dil, (PE)	Echo, Mikrobiologie, Immunologie, ev. Bio,	spezifisch, wie Herzinsuffizienz
	Parasiten: Trichinen, Echinokokken Askaris	Direkt oder über Mediatoren/Zytokine oder sekundäre Immunpathogenese	SKS, Dil, (PE)	Echo, Mikrobiologie, Immunologie, ev. Bio	Antiparasitär und wie Herzinsuffizienz
2.6 bei Kollagenosen	Lupus erythem., Dermatomyositis, Sklerodermie, Spondyarthritis ankylopoetica, PCP	Autoreaktiv als Manifestation der Grundkrankheit, ev.j über antigenes Mimikri	SKS, PE, Dil	Echo, Immunologie, ev. Bio	Wie Grundkrankheit

Tabelle 7.8. (Fortsetzung)

Bezeichnung	Ätiologie	Pathogenese	Hämodynamik/ Pathophysiologie	Diagnostik	Therapie
2.7 toxische KM	- Alkohol (+ Azetaldehyd) - Medikamente (Zytostatika z. B. Adriamycin; trizyklische Antidepressiva - Urämie - CO-Vergiftung - Kobalt (Quebec's beerdrinker's disease)	Spekulativ: metabolisch und direkt toxisch über mitochondriale Enzymblockade „Urämietoxin" ? Enzymblockade und Ischämie	Dil	Echo, Bio	Vermeidung der Noxe
2.8 bei Stoff-wechsel und endokrine Erkrankungen	- Hyperthyreose - Hypothyreose - Akromegalie - Phäochromozytom - Diabetes mellitus Hämochromatose - Amyoloidose - infiltrative KH (M. Refsum, Fabry, Mukopolysacharidosen, Lipidose, Glykogen-speicherkh, Prophyrie, Gicht, Oxalose, Mukoviszidose	„High output" Myxödemherz STH bedingte Hy Katechol bed. Hy - Mikroangiopathie Fe-Einlagerung - primäre oder sek. Amyloidein-lagerung	Dil, Rhy Hy, Dia Hy, Dia Hy Dil Hy, Dia Hy, Dia	Echo, adäquate endokrine Diagnostik, Bio	Behandlung der Grundkrankheit
2.9 hyperer - gische KM	Auf Medikamente Nach Vakzination Serumkrankheit	Über Mediatoren, Zytokine und Effektorzellen			
3.0 auto-immune KM	- s. Myokarditis - Postkardiotomie-syndrom - Postinfarktsyndrom - Postaggressions-syndrom	Durch Autoimmun-reaktion (Antikörper gegen Sarkolemm, autoreaktive Lymphozyten)			
3.1 neuro-muskulär	s. x-chromosomale familiäre KM Friedreich Ataxie Myasthenie	Dystrophino-pathien, Unklar	Dil Dil	Echo, herz-spezifische Enzyme, Bio	Behandlung der Grundkrankheit
3.2 neo-plastische KM	Primäre Herztumore und Metastase Leukosen z. B. CML	Mechanisch und infiltrativ	Hy, Dil, Dia, PE	Echo, Computer-tomographie, Bio	Perikardpunktion, Behandlung i. R. der Grundkrankheit
3.3 granu-lomatös	- Sarkoidose - Riesenzellmyo-karditis	Inflammatorisch und infiltrativ	SKS, Dil, Dia, PE	Echo, Szinti-graphie, Bio	Prednison, Immunsuppression

Tabelle 7.8. (Fortsetzung)

Bezeichnung	Ätiologie	Pathogenese	Hämodynamik/ Pathophysiologie	Diagnostik	Therapie
3.4 physikalische Ursachen	Ionisierende Strahlen, Elektroschock, Hitzschlag Trauma	Direkte Schädigung, z. T. nur passager	Dil, SKS, PE	Echo, ev. Bio, HK	Symptomatisch
3.5 Peripartal	ev. Viral s. dort oder toxisch	s. Myokarditis	Dil, SKS, PE	Echo, ev. Bio, HK	Symptomatisch oder kausal
3.6 Ernährungsstörung	- Beriberi - Kwashiorkor - Pellagra - Skorbut - Keshan	Vit. B-Mangel Vit. -Mangel Vit. C-Mangel Selenmangel	Dil, SKS, PE	Echo, ev. Bio, HK	kausal

(Bio = Biopsie, Dil = globale Kontraktionsstörung bei Dilatation des Ventrikels, Dia = diastolische Funktionsstörung, Echo = Echokardiographie, Hy = Hypertrophie, HK = Herzkatheter, PE = Perikarderguß, PCR = Polymerasekettenreaktion, RhyS = Rhythmusstörung, SKS = segmentale Kontraktionsstörung)

pneumoniae-DNA) oder mittels in situ-Hybridisierung, in Abb. 7.5 (c) mit einer Peroxidasereaktion z. B. gegen enterovirale RNA spezifizieren (viruspositive Myokarditis). Fehlt der Erregernachweis ist von einer autoreaktiven Myokarditis/inflammatorischen Kardiomyopathie auszugehen. Falls dagegen entzündliche Zellelemente fehlen, aber eine Persistenz kardiotroper Erreger vorliegt, liegt eine ***virale Kardiomyopathie*** vor.

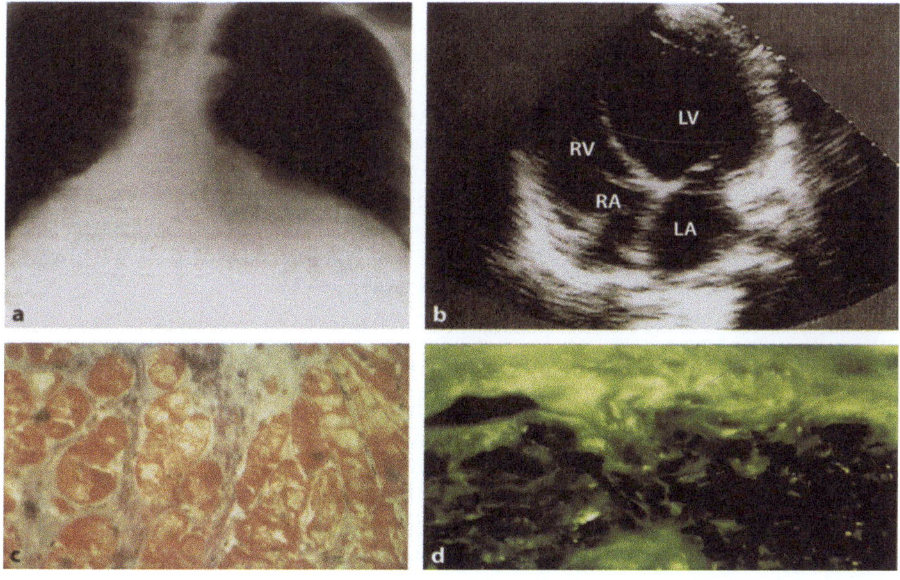

Abb. 7.4. Dilatative Kardiomyopathie mit exzessiver Dilatation im Röntgen-Thorax **(a)** und Echokardiogramm im Vierkammerblick **(b)**, Hypertrophie und fokale Fibrose in der Endomyokardbiopsie **(c)** in Trichrom-Goldner-Färbung, sowie endokardialer und interstitieller Fibrose mit einem spezifischen Anti-Kollagen I Antikörper **(d)**

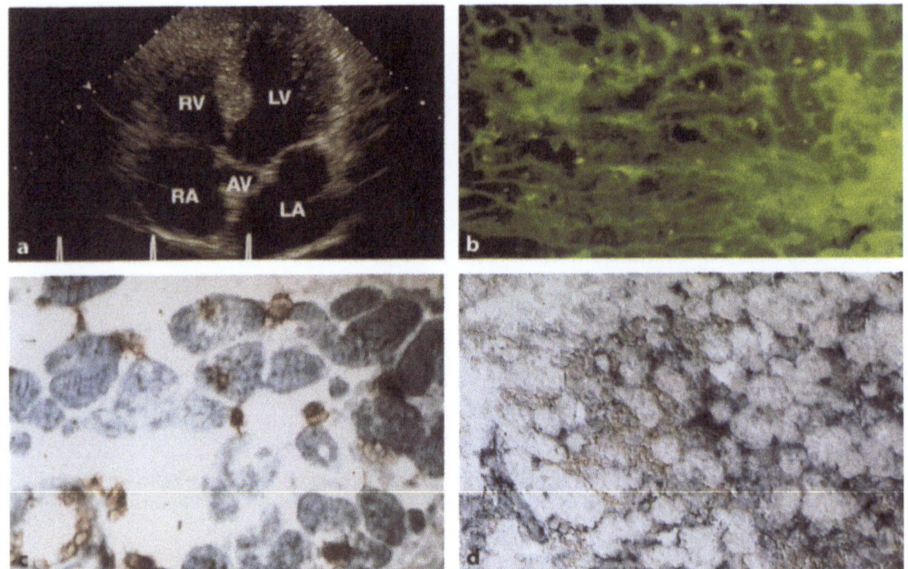

Abb 7.5 a–d. Hypertrophische Kardiomyopathie mit folgenden Charakteristika: **a** Apikale Kontraktionsstörung im Vierkammerblick des Echokardiograms, **b** Immunglobulin G, A und M-Fixation an Sarkolemm und Interstitium in der Myokardbiopsie, **c** positive in-situ Hybridisierung auf CMV-DNAs in den Kernen von Myozyten, Fibroblasten und Endoethelzellen, **d** bei fokalem CD4-positivem Infiltrat im Kryostatschnitt der Myokardbiopsie

Pathogenese und Immunpathogenese. Die mikrobielle Infektion ruft zunächst eine antimikrobielle Immunantwort hervor, die sich humoraler und zellulärer Effektor- und Regulatormechanismen bedient (Abb. 7.6).

Zytotoxische T-Lymphozyten, natürliche Killerzellen und Mediatoren können ebenso wie die gegen die sarkolemmalen Membran gerichtete Antikörper und andere Antikörper zu Entzündung und Myozytolyse führen. Ein weites Spektrum möglicher pathogenetisch relevanter antikardialer Antikörper wurde beschrieben. Von besonderem Interesse sind Antikörper gegen Epitope des Sarkolemms (ASAs), des Myolemms (AMLAs; Abb. 7.7 (c)), gegen den Kalziumkanal und Rezeptoren (z. B. den Betarezeptor oder Acetylcholinrezeptor) auf dem Sarkolemm, gegen kontraktile Proteine wie Myosin (Abb. 7.7 (b)), Aktin (Abb. 7.7 (a)) oder Tropomyosin, gegen die extrazelluläre Matrix (Desmin, Laminin), gegen mitochondriale Proteine (ANT; M7; mitochondriale Enzyme, z. B. Dihydrolipoamidehydrogenase), gegen sarkoplasmatische Antigene und Gefäßendothel (Abb. 7.7 (d)).

Ischämische Kardiomyopathie. Hierunter ist die kardiale Dysfunktion des nicht ischämischen oder des nicht direkt infarktgeschädigten Herzmuskelareals zu verstehen. Sie ist überwiegend Folge des „Remodeling"-Prozesses d. h. der Überlastung des nicht infarzierten Herzmuskels. Den Funktionsverlust des hibernierenden Myokards ordnen einige Autoren der ischämischen Kardiomyopathie zu (s. S. 119/120).

Valvuläre Kardiomyopathie. Hierunter wird die kardiale Dysfunktion verstanden, die die zu erwartende Pumpleistungsstörung überschreitet, die durch den reinen Klappenfehler zu erwarten wäre.

Hypertensive Kardiomyopathie. Sie entspricht dem dekompensierten Hypertonieherzen mit linksventrikulärer Hypertrophie. Sie zeigt eine diastolische, restriktive und im weitereren Verlauf auch eine systolische Funktionsstörung. Histologisch imponieren Fibrose und Myozytenhypertrophie mit Veränderungen der Media der kleinen Gefäße.

Alkoholschaden des Herzens. Die klinische Diagnose ist oft nur eine Verdachtsdiagnose. Es ist bisher unbekannt, bei welcher genauen täglichen Alkoholmenge und welcher Dauer des Alkoholabusus mit dem Auftreten einer alkoholischen Kardiomyopathie zu rechnen ist. Noxen sind der Alkohol selbst und sein erster Metabolit, das Azetaldehyd. Eine spezifische Disposition dürfte eine Voraussetzung für die Entwicklung der Erkrankung zu sein [18].

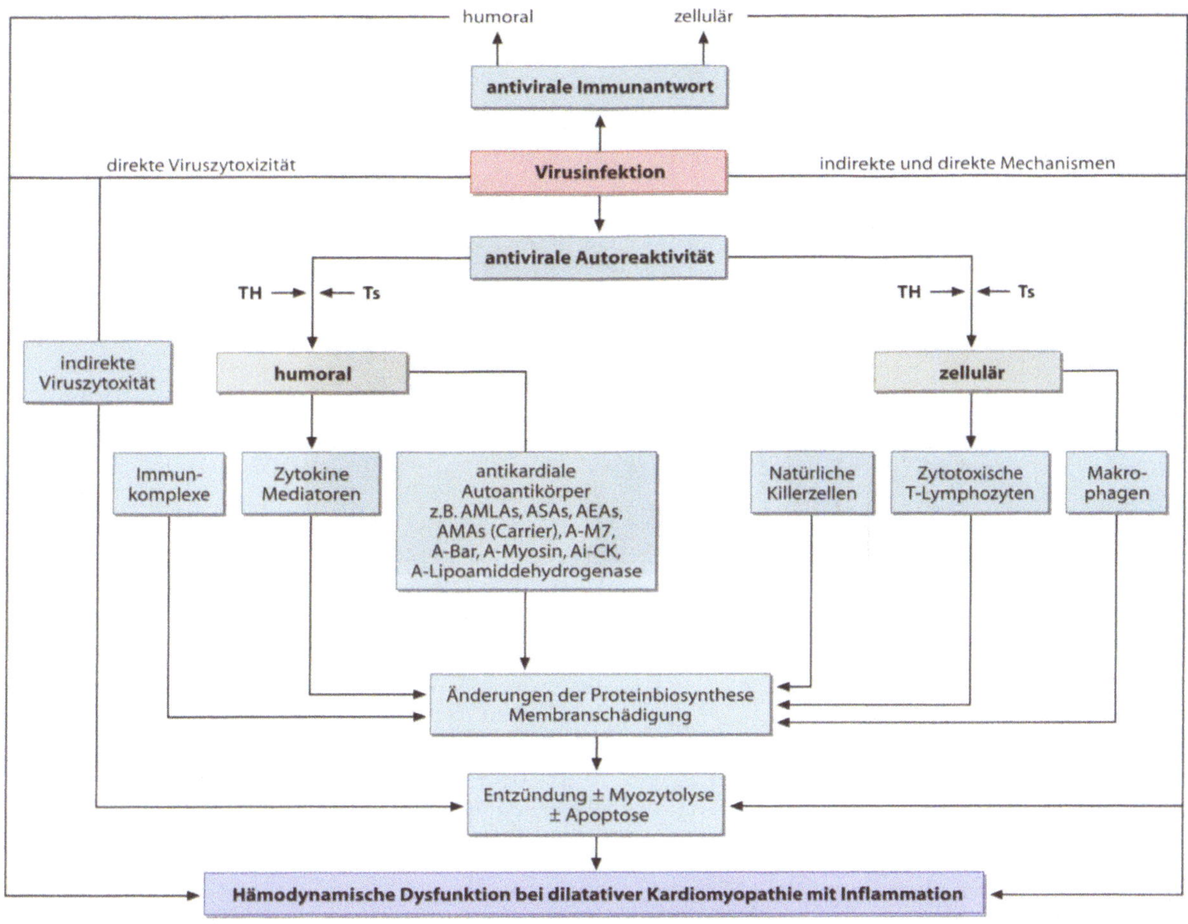

Abb. 7.6. Immunologische Antwort auf eine Virusinfektion kardiotroper Viren. Es kommt stets zur antiviralen Immunantwort, inkonstant zur antikardialen Autoreaktivität. Bei kardiotropen Viren können beide Mechanismen zum klinischen Bild der Myokarditis bzw. dilatativen Kardiomyopathie mit Inflammation beitragen. Aus [19] mit freundlicher Genehmigung

! Die dilatative Kardiomyopathie ist eine überwiegend systolische Funktionsstörung. Sie findet sich in ca. 20–30 % der Fälle familiär gehäuft. Bei einen großenTeil dürfte sie Folge einer entzündlichen viralen oder sekundären immunmediierten Pathogenese sein. Von den spezifischen dilatativen Kardiomyopathien sind außerdem die ischämische, die hypertensive und die toxische Kardiomyopathie wichtig.

Bei der hypertrophischen Kardiomyopathie (HCM) handelt es sich pathophysiologisch um eine überwiegend diastolische Funktionsstörung

Hämodynamisch handelt es sich bei der HCM um eine überwiegend diastolische Funktionsstörung mit erhöhten Füllungsdrücken des linken, manchmal auch rechten Ventrikels bei exzessiver konzentrischer Hypertrophie der Kammerwände unter Bevorzugung des Kammerseptums (Abb. 7.8).

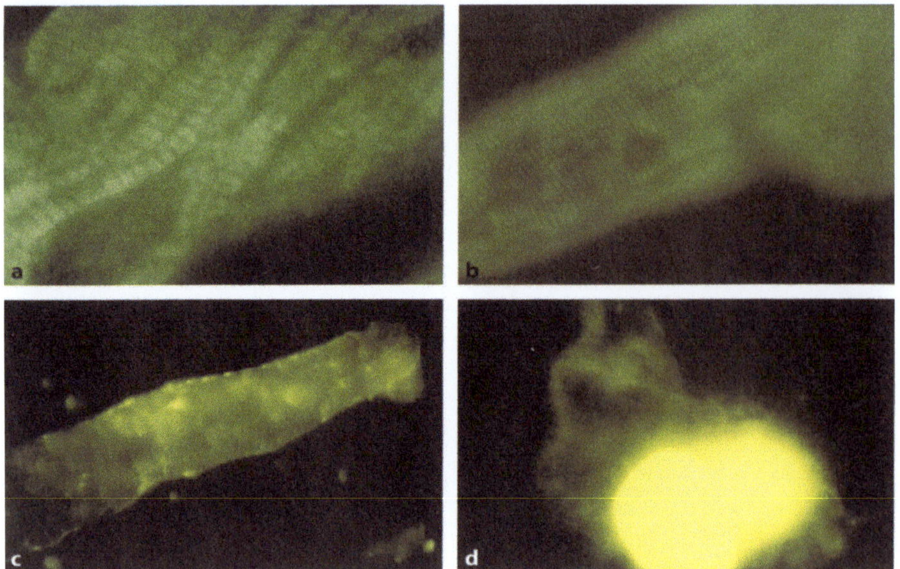

Abb. 7.7 a–d. Fluoreszenzserologisch nachweisbare Antikörper bei Kardiomyopathien gegen Aktin (**a**), Myosin (**b**), Sarkolemm und Myolemm (**c**) und Endothelzellen (**d**) im indirekten Immunfluoreszenztest

Insgesamt ist die hypertrophische Kardiomyopathie seltener als die DCM. Männer sind häufiger betroffen als Frauen. Die Inzidenz liegt bei 2,5 Patienten pro 100.000 Einwohner pro Jahr, die Prävalenz bei 19,7 pro 100.000. Einige neuere Untersuchungen gehen von einer höheren Inzidenz aus. Das Manifestationsalter reicht von der frühen Kindheit bis zum 5. bis 7. Lebensjahrzehnt. Die Krankheit kann gelegentlich lebenslang symptomlos bleiben.

In der Familienanamnese findet man häufig Hinweise auf ähnliche Herzerkrankungen oder Symptome bei nahen Verwandten, so daß es sich bei der Erkrankung wahrscheinlich überwiegend um ein erbliches Leiden handelt (s. Fallbeispiel 3). Ca. 50 % der Fälle zeigen eine solche familiäre Häufung und sind genetisch determiniert. Es wird ein autosomal-dominanter Erbgang mit unterschiedlicher Penetranz angenommen. Für ca. 35 % der bisher untersuchten Familien ist ein Defekt auf Chromosom 14 für das Gen bekannt, das die schweren Ketten des β-Myosins (14q1) kodiert. Hiervon sind bisher mehr als 50 Mutationen beschrieben. Andere Familien haben Gendefekte folgender Lokalisation: auf Chromosom 1 (1q3) für Tropinin T, auf Chromosom 11 (11q13) für das Myosin-bindende Protein und auf Chromosom 15 (15q2) für das alpha-Tropomyosin (siehe Tabelle 7.9). Damit gehört die HCM zu den molekulargenetisch am besten charakterisierten Erkrankungen.

Hämodynamisch lassen sich hypertrophische Kardiomyopathien mit und ohne Ausflußbahnobstruktion unterscheiden

Unter hämodynamischen Gesichtspunkten werden eine Form mit (HOCM = hypertrophische obstruktive Kardiomyopathie, IHSS; Abb. 7.8) und eine Form ohne

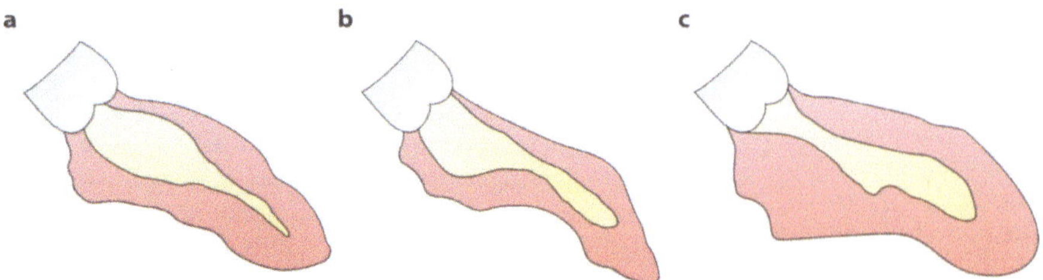

Abb. 7.8. Formen der hypertrophischen Kardiomyopathie. **a** apikale Form, **b** mittventrikuläre Form, **c** hypertrophische, meist obstruktive Form im linksventrikulären Ausflußtrakt (Subaortenstenose). Aus Classen M, Diehl V, Kochsiek K (Hrs) Innere Medizin, München: Urban & Schwarzenberg, 1995, mit freundlicher Genehmigung

Tabelle 7.9. Gendefekte bei der familiären hypertrophischen Kardiomyopathie

Bezeichnung	Vererbung	Locus	Gene für	Häufigkeit(%)	Phänotyp
MYH7	autos.dom.	14	ß-Myosin schwere Kette	35	HCM
TNNT2	autos. dom.	1	Cardiac Tropinin T	15	HCM
TPM1	autos. dom.	15	alpha-Tropomyosin	< 5	HCM
MYCBPC3	autos.dom.	11	Kardiales Myosin bindendes Protein-C	25	HCM
MYL3	autos.dom.	3	Myosin leichte Kette (e.v.*)	< 5	HCM
MYL 2	autos.dom.	12	Myosin leichte Kette (r.g.**)	< 5	HCM
TNNI3	autos.dom.	19	Kardiales Tropinin I	< 5	HCM
Nicht definiert	autos.dom.	15	Kardiales alpha-aktin	< 5	HCM
Nicht definiert	autos.dom.	7	Unbekannt	?	HCM

Ausflußbahnobstruktion (HCM) unterschieden. Pathologisch anatomisch werden subvalvuläre, mittventrikuläre und apikale Hypertrophieformen (Makroskopie Abb. 7.8) und eine globale, alle Abschnitte des linken Ventrikels gleichermaßen einbeziehende Hypertrophie unterschieden. Nur bei der subvalvularen und mittventrikulären Form liegt eine Ausflußbahnobstruktion vor. Infolge der durch die asymmetrische Hypertrophie veränderten Ventrikelgeometrie kommt es oft, insbesondere wenn eine Ausflußbahnobstruktion vorliegt, zu einer Regurgitation in den linken Vorhof bei strukturell intakter Mitralklappe. Ein begleitender apikaler Infarkt ist selten (Abb. 7.9 (b)).

Die Echokardiographie weist die Hypertrophie von Septum und Hinterwand, zweidimensional auch das kleine, endsystolische Ventrikelkavums nach. Bei Ausflußbahnobstruktion (HOCM) findet sich zusätzlich eine systolische anteriore Bewegung (SAM) des vorderen Mitralsegels, sowie eine mesosystolische Retraktion der Aortenklappenöffnung. Dopplerechokardiographisch kann der intrakavitäre Gradient gemessen und eine Mitralinsuffizienz nachgewiesen werden. Die diastolische Dehnbarkeitsstörung wird durch diastolische Zeitwerte und den E/A-Qoutienten abschätzbar.

Abb. 7.9 (a) zeigt die Makropathologie der HCM mit septumbetonter Hypertrophie, Abb. 7.9 (c) die histologischen Befunde einer exzessiven Myozytenhypertrophie mit atypischen Verzweigungen („Branching", ev. Substrat der Arrhythmien) und Kernanomalien, Abb. 7.9 (d) die myokardbioptisch nachweisbare Vermehrung der Kollagenanteile mit einem monoklonalen Antikörper gegen Kollagen 1.

Die Myokardbiospie kommt vorwiegend bei nichtobstruktiven Formen zum Ausschluß sekundärer Herzmuskelerkrankungen, die dasselbe angiographische Bild zeigen (Amyloidose; Speichererkrankungen, z. B. Glykogenosen, M. Fabry u. a.) in Betracht.

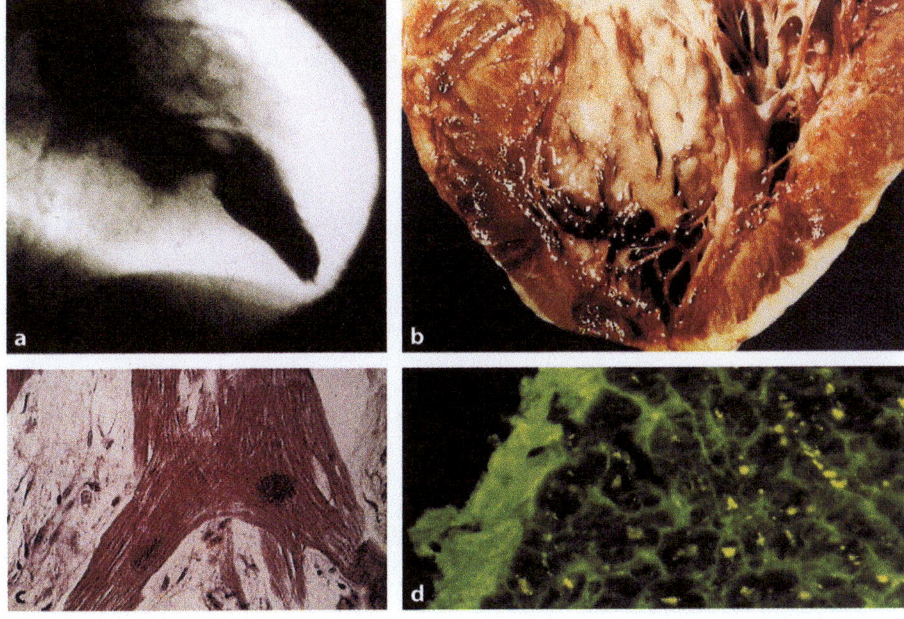

Abb. 7.9. Hypertrophische Kardiomyopathie **a** mit mittventrikulärer Obstruktion, im Angiogramm, **b** Makroskopische Pathologie mit Septumhypertrophie und seltenem apikalem Infarkt, **c** Hypertrophie und Verzweigung mit Polyploidie und Matrixvermehrung, **d** Kollagen 1-Vermehrung mit monoklonalem Antikörper bioptisch validiert

Pathophysiologische Therapieansätze bei HCM. Wichtig ist es, die obstruktionsprovozierenden Maßnahmen zu vermeiden (keine positiv inotrop wirkenden Pharmaka wie Digitalis, Strophanthin, Sympathomimetika oder Kalzium). Nitroglyzerin und stärkere körperliche Belastungen sind bei der obstruktiven Form zu vermeiden, da jede Verkleinerung des Ventrikelkavums die Ausflußbahnobstruktion verstärkt.

Restriktive oder obliterierende Kardiomyopathie. Die restriktive Kardiomyopathie (RCM) ist in Mitteleuropa extrem selten und zeigt sich dann in der Regel als Endocarditis fibroplastica Löffler. Sie findet sich häufiger in Afrika und kommt dort als Endomyokardfibrose vor (tropische Form). Man unterscheidet deshalb die Endomyokardfibrose mit und ohne Eosinophilie. Ätiologisch dürften von Eosinophilen freigesetzte Faktoren (z. B. kationisches Protein) bei der Genese der Endokardifibrose eine entscheidende Rolle spielen.

Bei der Endocarditis fibroplastica Löffler werden drei histologische Stadien unterschieden: Stadium I: eosinophile Endomyokarditis; Stadium II: parietale Thrombenbildung, Stadium III: Fibrose. Klinisch imponiert ein früh einfallender 3. Herzton.

Endokardfibroelastose. Die seltene Endokardfibroelastose entspricht einer ***restriktiven Kardiomyopathie*** mit gestörter diastolischer Füllung bei kleinem Ventrikel und diastolisch bedingter Herzinsuffizienz.

Arrhythmogene rechtsventrikuläre Kardiomyopathie (ARVC). Bei der ARVC handelt es sich um eine rechtsventrikuläre Kardiomyopathie, die als segmentale Verdünnung der rechtsventrikulären Muskulatur mit Einlagerung von Bindegewebe und Fett ihre pathologisch-anatomischen Charakteristika hat. Ein Übergreifen auf den linken Ventrikel ist möglich. Die histologische Diagnose der fibrös-fettigen degenerativen Veränderungen und der Frage einer Viruspersistenz ist nur durch die rechtsventrikuläre Endomyokardbiopsie oder post mortem zu erheben (Abb. 7.10).

Klinisch imponieren komplexe Rhythmusstörungen, die letal verlaufen können. Eine Epsilonwelle in den Ableitungen V1 und V2 ist charakteristisch. Die weitere klinische Diagnose stützt sich auf Echokardiographie, Magnetresonanztomographie (Erkennung von Fett) und charakteristische EKG-Veränderungen (negative T-Wellen in V2, V3, Epsilon-Welle und rechtsventrikuläre Ausflußbahntachykardie).

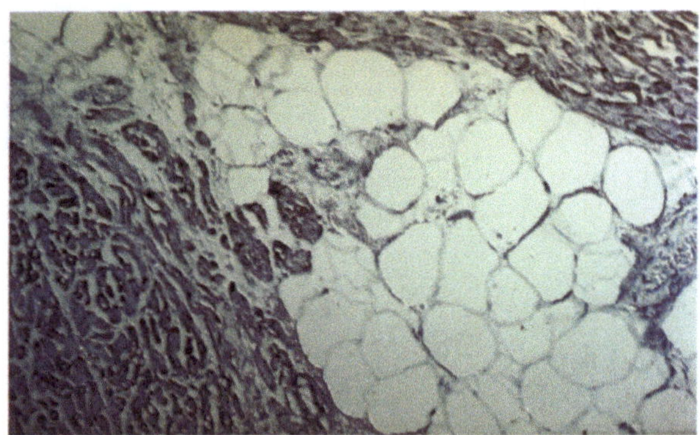

Abb. 7.10. Die Histologie der ARVCM zeigt eine fettig-fibröse Degeneration des rechtsventrikulären Myokards

Die hypertrophische Kardiomyopathie ist durch eine gestörte diastolische Funktion gekennzeichnet. Sie ist die am besten molekulargenetisch charakterisierte Kardiomyopathie. Bei den familiären Formen liegt überwiegend eine Mutation im Myosingen vor. Abhängig von der Lokalisation des hypertrophischen Myokards werden hämodynamisch Formen mit (HOCM) und ohne (HCM) Ausflußbahnobstruktion unterschieden. Patienten mit hypertrophischer Kardiomyopathie sind vom plötzlichen Herztod infolge Kammerflimmern bedroht. Restriktive Kardiomyopathien sind sehr selten. Die seltene arrhythmogene rechtsventrikuläre Kardiomyopathie ist häufig die Ursache des akuten Herztods.

7.5 Perikarderkrankungen

Perikarderkrankungen umfassen sterile und infektiöse Entzündungen des Epi- und Perikards mit und ohne Ergußbildung, den neoplastischen Perikarderguß sowie die ***chronischen und chronisch rezidivierenden Perikarditiden***, sowie die ***Pericarditis constrictiva*** als Folgezustände der akuten Perikarditis. Die pathologisch-anatomische Diagnose ***Concretio pericardii*** ist eine Verwachsung des viszeralen mit dem parietalen Perikardblatt, die ***Accretio pericardii*** stellt eine Verwachsungen des parietalen Perikardblatts mit der Umgebung dar [17].

Epidemiologie, Ätiologie und Pathogenese der Perikarderkrankungen

Bei 2–10 % aller Autopsien findet sich eine Perikarditis. Häufig sind epikardnahe Myokardschichten mitentzündet. Dann findet sich meist eine Außenschichtschädigung im EKG. Die Häufigkeit kleiner Perikardergüsse wird im klinischen Alltag unterschätzt bzw. wegen der fehlenden hämodynamischen Relevanz übersehen. Ca. 2–5 % des Patientengutes eines Echokardiographielabors zeigen eine vermehrte Perikardflüssigkeit (Typ B- , C, D, E oder F-Separation nach Horowitz [9]).

Hinsichtlich der Ätiologie muß zwischen einer infektiösen und sterilen Perikarditis, und bei letzterer zwischen einer autoimmunen und metabolischen Ursache der Perikarditis unterschieden werden.

Infektiöse Herzbeutelentzündungen können durch Infiltration der Erreger aus der Nachbarschaft, lymphogen und hämatogen hervorgerufen werden. Abhängig von der Ätiologie der Perikarditis zeigt sich pathologisch-anatomisch eine vorwiegend granulozytäre oder lymphozytär-mononukleäre Infiltration des Epi- und Perikards sowie häufig auch des epikardnahen Myokards. Der begleitende Erguß ist zellreich und purulent im Fall einer bakteriellen Infektion, häufig hämorrhagisch bei der Tuberkulose oder einer Neoplasie, oder serös und serofibrinös bei viraler, immunologisch reaktiver oder autoimmuner Genese.

Pathophysiologie. Fibrinöse Beläge am Perikard verursachen durch Reibung die meist heftigen präkordialen Schmerzen sowie ein charakteristisches präsystolisches, systolisches und früdiastolisches Reibegeräusch bei der Perikarditis. Wegen der Straffung des Perikards bei inspiratorischem Tiefertreten des Herzbeutels können bei der Einatmung sowohl die Schmerzen als auch der Geräuschbefund zunehmen.

In Tabelle 7.10 sind häufige Ursachen und die Pathogenese von Perikarderkrankungen aufgeführt.

Eine rasche Ergußentwicklung im Perikard führt durch Kompression des rechten Ventrikels und gegebenenfalls des rechten und/oder linken Vorhofes zur Füllungsbehinderung der Herzkammern und damit zum Abfall des Herzminutenvolumens und des Blutdrucks; 150 – 200 ml Erguß sind ausreichend. Die venöse Einflußstauung vor dem rechten Herz ist an der deutlichen Halsvenenstauung und dem hohen zentralen Venendruck zu erkennen.

Bei langsamer Ergußentwicklung kommt es zur Dehnung des Perikards. Dadurch kann es zu einem Erguß von bis zu 2 l und mehr ohne Herzbeuteltamponade kommen (s. Fallbeispiel 4).

Die ***Pericarditis constrictiva*** entsteht durch bindegewebig narbige und häufig auch kalkeinlagernde Organisation der Entzündung im Perikard. Auch hierbei kommt es zur Füllungsbehinderung insbesonders des rechten Ventrikels. Die chronische venöse Einflußstauung verursacht periphere Ödeme, Ascites sowie eine ‚Cirrhose cardiaque'. Klinisch imponiert ein 3. Herzton (Panzerherzton).

Der Verlauf einer Perikarditis wird in erster Linie von seiner Ätiopathogenese geprägt

Bei ***purulenter Perikarditis*** stehen ein septischer Zustand des Patienten mit hohem Fieber und Schüttelfrost im Vordergrund. Bei den übrigen Perikarditiden kann eine Temperaturerhöhung bis 39 °C aufteten. Zum Teil treten jedoch heftige präkardiale Schmerzen auf, die inspiratorisch verstärkt sind. Häufig steht die perikardiale Erkrankung im Hintergrund der Allgemeinerkrankung und wird zufällig bei echokardiographischen oder radiologischen Untersuchungen entdeckt.

Nach ihrem Verlauf lassen sich Perikarditiden einteilen in

- akute Perikarditis
- rezidivierend akute Perikarditis
- chronische Perikarditis
- Pericarditis constrictiva.

Jede akute Perikarditis kann in eine rezidivierend akute oder in eine chronische Verlaufsform übergehen, ohne daß dafür Risikofaktoren definiert sind. Während bei den akuten infektiösen Perikarditiden Erreger die Entzündung verursachen, sind ihre Rezidive meistens als sterile, postinfektiöse, autoimmune Erkrankung aufzufassen.

Diagnostik der Perikarderkrankungen

Im Vordergrund stehen bei ***Pericarditis sicca*** unklare Thoraxschmerzen. Mit zunehmender Ergußbildung dominieren Halsvenenstauung mit doppeltem Venenkollaps, Hepatomegalie, eventuell mit Aszitesbildung und laborchemischen Zeichen der Leberstauung. Bei Chronifizierung kann hieraus eine Stauungszirrhose der Leber entstehen *(„cirrhose cardiacque")*. Weiterhin können sich als Folge der Stauung periphere Ödeme, eine exsudative Enteropathie (Eiweißverlust in den Darm) und eine Stauungsalbuminurie entwickeln.

Im EKG kann eine ST-Streckenelevation aus dem deszendierenden „S", eine periphere und zentrale Niedervoltage, bei großem Erguß mit einem *„swinging heart"* auch ein elektrischer Alternans bestehen. Im Verlauf der Perikarditis können verschiedene Stadien der Endstreckenalteration durchlaufen werden, die von der sich rückbildenden Hebung bis zu ST-Streckensenkungen und T-Inversionen reichen.

Röntgen-Thorax und Computertomographie. Die „bocksbeutelartige" Verbreiterung der Herzsilhouette im *Röntgenbild der Thoraxorgane* legt den Verdacht auf einen großen Perikarderguß nahe. Kleine Perikardergüsse sind radiologisch meist stumm.

Mittels Computertomographie können die größeren Ergüsse ähnlich wie im Echokardiogramm dargestellt werden. Zusätzlich ist eine computertomographische Untersuchung der umgebenden Thoraxorgane gerade bei malignen Ergüssen zur Lokalisation des Primärtumors notwendig.

Bei der konstriktiven Perikarditis kann das CT Perikarddicke und Fibrose/Kalkanteil gut dokumentieren. Bei putriden Ergüssen oder Hämatomen im Perikard sind Sedimentations- und Schichtphänomene vorhanden.

Tabelle 7.10. Übersicht über Ätiologie, Häufigkeit und Pathogenese der Perikarditis

Ätiologie	Häufigkeit (%)	Pathogenese / Pathophysiologie / Kommentar
Idiopathisch	> 50 % aller Perikarditiden	sterile, seröse oder fibrinöse, manchmal hämorrhagische Entzündung mit fraglich viraler, meist autoimmuner und postinfektiöser sekundärer Immunpathogenese
Infektiöse Perikarditis		
– Durch **Viren** (Coxsackie A9, B1–4, Echo Typ 8, Mumps, EBV, CMV, Varicella, Rubela, HIV, Hepatitis C (?), Parvo B 19)	30–50 % 5–10 %	durch Vermehrung der Erreger und Bildung von Toxinen im Perikardgewebe verursachte seröse, fibrinöse, z. T. hämorrhagische Entzündung (Bakterien, Viren, Tuberkulose, Pilze) oder purulente Entzündung (Bakterien)
– Durch **Bakterien** (Lues, Pneumo-, Meningo-, Gonokokken, Hämophilus, Treponema pallidum, Borrelen und Chlamydien) und bei Tuberkulose und Lues	3–20 % selten selten selten	
– Durch **Pilze** (Candida, Histoplasma)		
– Durch **Parasiten** (Entamöba histolytica, Echinokokkus, Toxoplasma)		
Perikarditis bei Kollagenkrankheiten		Die kardiale Organmanifestation im Rahmen der Grundkrankheit wir häufig klinisch nicht genügend beachtet
– Lupus erythematodes disseminatus	30 %	
– rheumatische Arthritis (PCP)	30 %	
– Spondylitis ankylopoetica	1 %	
– Sklerodermie	> 50 %	
– Dermatomyositis	selten	
– Panarteriitis nodosa	selten	
– Morbus Reiter	ca. 2 %	
Perikarditis als Immunprozeß (Typ 2 oder autoreaktiv)		Pfropft sich als Zweiterkrankung auf einen viralen oder bakteriellen oder operativen Vorgang auf.
– rheumatisches Fieber	20–50 %	– Autoreaktive (chronische) Perikarditis
– Postkardiotomiesyndrom	ca. 20 %	– Meist auf die akute Phase beschränkt
– Postmyokardinfarktsyndrom	1–5 %	– beginnt ca. 10–14 Tage postoperativ – ist von der Perikarditis epistenocardica abzugrenzen – siehe oben, häufigste Perikarditisform, Diagose oft per exclusionem
Perikarditis und Perikarderguß bei Erkrankungen benachbarter Organe		Bei Pleuritis und Pneumonie als infektiöse (Viren, Bakterien) oder als para-und postinfektiös steril auftretende Entzündung;
– Myokardinfarkt (P. epistenocardica)		
– Myokarditis		
– Aortenaneurysma	30	
– Lungeninfarkt	30	– 1–5 Tage nach akutem transmuralem Infarkt
– Pneumonie	selten	– als Begleitmyoepikarditis: serös
– Ösophaguserkrankungen	selten	– bei Aortenaneurysma: blutiger Erguß
	selten	
	selten	

Tabelle 7.10. (Fortsetzung)

Ätiologie	Häufigkeit (%)	Pathogenese / Pathophysiologie / Kommentar
Perikarditis bei Traumen infolge		
– *direkter Einwirkung bei*		
penetrierender Thoraxverletzung	selten	durch Trauma mit sekundärer entzündlicher
Ösophagusperforation		Folgereaktion
Fremdkörpereinwirkung		
– *indirekte Einwirkung bei*		
nicht penetrierenden Thoraxtraumen	selten	vor Einführung der Pendelkonvergenzbestrahlung
Bestrahlung (mediastinales Stehfeld)		häufiger
Perikarderguß bei Tumoren	selten	seröse oder fibirinöse, häufig hämorrhagische
– primäre Herztumoren	häufig	Begleitperikarditis durch die Infiltration maligner
– sekundäre metastasierende Tumoren bei	40	Zellen; (nach Goodie RB: Secondary tumors of the
Bronchialkarzinom	22	heart and pericardium Br Heart J 17: 183, 1955; und
Brustkrebs	3	Scott RW, Garvin CF: Tumors of the heart and
Magen- & Colonkarzinom	6	pericardium.
Andere Karzinome	15	Am Heart J 17: 431, 1939, und Maisch B 1998:
Leukosen und Lymphome	3	Marburger Perikarditisregister aus Maisch B,
Melanome	4	Moosdorf R, Perikarderkrankungen, in Hombach
Sarkome	7	(Hrsg) Schattauer Verlag, Heidelberg 2000
Andere Tumore		

Magnetresonanztomographie. Sie dokumentiert Ergußmenge, Lokalisation und ermöglicht ggf. auch eine Differenzierung eines Hämatoms vom serösen Erguß durch den unterschiedlichen Eisengehalt. Wie im CT sind Perikarddickenmessung, Konstriktionsdiagnostik und Umgebungsdiagnostik zum Tumornachweis möglich.

Farbdopplerechokardiographie. Das ***Echokardiogramm*** stellt heute die sensitivste Methode zur Diagnose eines Perikardergusses dar. Selbst kleine Ergußmengen von 5–10 ml können sicher festgestellt werden. Man unterscheidet je nach Ausdehnung und Organisationsgrad des Ergusses 6 Typen im TM-Echokardiogramm, die in Abb. 7.11 schematisch aufgeführt sind [9].

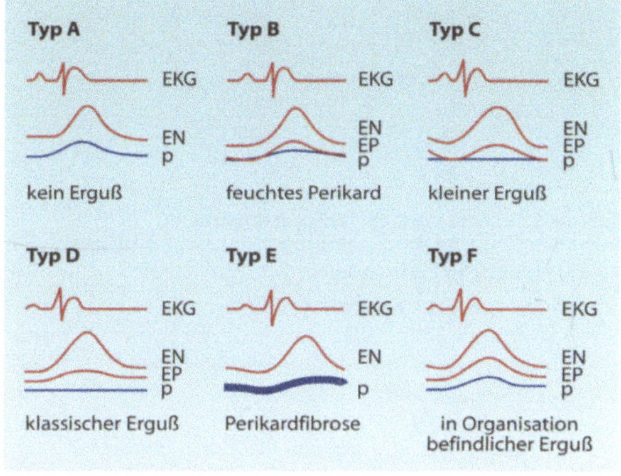

Abb. 7.11. Bewegungsformen von Perikard und Epikard im eindimensionalen Echokardiogramm. EKG, Elektrokardiogramm. EN, Endokard. P, Perikard. EP, Epikard. Aus Classen M, Diehl V, Kochsiek K (Hrs) Innere Medizin, München: Urban & Schwarzenberg, 1995, mit freundlicher Genehmigung

Die ***Therapie der Perikarditis und des Perikardergusses*** hängt stark von seiner Ätiologie und Genese ab. Deshalb sollte der Behandlung immer eine ausreichende Diagnostik möglichst mit Punktion oder gar Biopsie des Perikardergusses bzw. des Perikards vorausgehen [12].

Eine sofortige Intervention erfordert die ***Perikardtamponade***, da sie durch Kompression meist des rechten Ventrikels, aber auch des rechten und/oder linken Vorhofes zur Füllungsbehinderung der Kammern mit Halsvenestauung, Pulsus paradoxus, Abfall des arteriellen Blutdruckes und einem kardiogenen Schock einhergeht [23]. Die wichtigsten Ursachen für eine Perikardtamponade sind in Tabelle 7.11 aufgeführt.

Pericarditis constrictiva

Bei der Pericarditis constrictiva kommt es zur chronischen Füllungsbehinderung des Herzens durch eine Fibrosierung und/oder Verkalkung des Perikards und/oder des Epikards. Die häufigsten Ursachen der Pericarditis constrictiva sind in Tabelle 7.12 aufgeführt.

Klinisch imponieren meistens Zeichen der chronischen Rechtsherzinsuffizienz mit peripheren Ödemen, Aszites und auch Leberzirrhose. Eine Kalksichel um die Herzsilhouette kann im Röntgenbild der Thoraxorgane Hinweise auf die Diagnose geben (*Pericarditis calcarea*). Die sichere Diagnose erlaubt die Herzkatheteruntersuchung, bei der ein (enddiastolischer) Druckangleich in allen 4 Herzhöhlen auffällt und die Endomyokardbiopsie, die eine Abgrenzung zur restriktiven (infiltrativen) Kardiomyopathie ermöglicht. Die geeignete Therapie besteht in der operativen (Teil-) Resektion des Perikards.

Perikarderkrankungen sind häufig, bleiben aber meist klinisch unauffällig. Die hämodynamischen Auswirkungen eines Perikardergusses hängen von der Geschwindigkeit seiner Entwicklung ab: bei schneller Entstehung führen 150 – 200 ml bereits zur Perikardtamponade, bei langsamer Entwicklung können große Volumina (bis zu 2 000 ml und mehr) symptomlos bleiben. Viele Bindegewebserkrankungen gehen mit einer Perikardbeteiligung einher.

Tabelle 7.11. Ursachen der Perikardtamponade

- neoplastische Erkrankungen
- idiopathische (virale) Perikarditiden
- Urämie
- akuter Myokardinfarkt (v.a. bei Antikoagulation)
- bakteriell, tuberkulös
- nach Bestrahlung
- Postperikardiotomiesyndrom
- Vaskulitiden, Kollagenosen

Tabelle 7.12. Häufigste Ursachen der Pericarditis constrictiva

- idiopathisch
- tuberkulös
- urämisch
- rheumatoide Arthritis und Lupus erythematodes
- neoplastische Infiltration des Perikards
- nach mediastinaler Bestrahlung
- nach Hämoperikard
- nach bakterieller und mykotischer Perikarditis

7.6 Literatur

1. Aretz H, Billingham M, Edwards W, *et al.* Myocarditis: a histopathologic definition and classification. *Am J Cardiovascular Pathol* 1986; 1:3–14
2. Benn M, Hagelskjaer LH, Tvede M: Infective endocarditis, 1984 through 1993: a clinical and microbiological survey. *J Intern* Med 1997; 242:15–22
3. Bonow RO: Management of chronic aortic regurgitation [editorial]. *N Engl J Med* 1994; 331:736–737
4. Braunwald E: Valvular heart disease, in Braunwald E (ed): Heart disease: *a textbook of cardiovascular medicine*, Philadelphia, W. B. Saunders Company, 1997, pp 1007–1076
5. Carabello BA, Crawford FA: Valvular heart disease. *N Engl J Med* 1997; 337:32–41
6. Doherty NE, Siegel RJ: Cardiovascular manifestations of systemic lupus erythematosus. *Am Heart J* 1985; 110:1257–1265
7. Durand JB, Bachinski LL, Bieling LC et al: Localization of a gene responsible for familial dilated cardioymapthy to chromosome 1q32. *Circulation* 1995;92:387–9
8. Gould K, Ramirez-Ronda C, Holmes RK, Sanford JP: Adherence of bacteria to heart valves in vitro. *J Clin Invest* 1975; 56:1364
9. Horowitz MS, Schultz CS, Stinson EB, Harrison DC, Popp RL: Sensitivity and specificity of echocardiographic diagnosis of pericardial effusions. Circulation 1974; 50:239–246
10. Karchmer AW: Infective endocarditis, in Braunwald E (ed): *Heart disease: a textbook of cardiovascular medicine*, Philadelphia, W. B. Saunders Company, 1997, pp 1077–1104
11. Khan AH, Spodick DH: Rheumatoid heart disease. *Semin Arthritis Rheum* 1972; 1:327–336
12. Kralstein J, Frishman W: Malignant pericardial diseases: diagnosis and treatment. *Am Heart J* 1987; 113:785–790
13. Legget M, Otto CM: Aortic Valve disease. *Curr Opin Cardiol* 1996; 11:120–125
14. LeRoy EC: The heart in systemic sclerosis. N *Engl J Med* 1984; 310:188–190
15. Lorell BH, Braunwald E: Pericardial disease, in Braunwald E (ed): Heart disease. A textbook of cardiovascular medicine. Philadelphia London Toronto Montreal Sydney Tokyo, W. B. Saunders Company, 1988, pp 1484–1534
16. Maisch B (Hrsg) Infektiöse Endokarditis, Perimed Verlag, Erlangen, 1987
17. Maisch B: Pericardial diseases, with a focus on etiology, pathogenesis, pathophysiology, new diagnostic imaging methods, and treatment. Curr Opin Cardiol 1994; 9:379–388
18. Maisch B: Alcohol and the heart. *Herz* 1996; 21:207–212
19. Maisch B. Einteilung der Kardioymopathien nach der WHO/ISFC Task Forcee – Mehr Fragen als Antworten? Med. Klinik 1998, 93:199–209.

20. Richardson P, McKenna W, Bristow M, Mautner B, O'Connel J, Olsen E, Thiene G, Goodwin J, Martin I, Nordet P for the WHO/ISFC task force. Report of the 1995 World Health Organization/ International Society and Federation of Cardiology Task Force on the Definition and Classification of Cardiomyopathies. *Circulation* 1996; 93:841–842
21. Schwarz MI: Pulmonary and cardiac manifestations of polymyositis-dermatomyositis. *J Thorac Imaging* 1992;7(2): 46–54
22. Wisenbaugh T, Skudicky D, Sareli P: Prediction of outcome after valve replacement for rheumatic mitral regurgitation in the era of chordal preservation. *Circulation* 1994;89:191–197
23. Ziskind AA, Pearce AC, Lemmon CC, Burstein S, Gimple LW, Hermann HC, McKay R, Block PC, Waldman H, Palacios IF: Percutaneous balloon pericardiotomy for the treatment of cardiac tamponade and large pericardial effusions: description of technique and report of the first 50 cases. *Am J Cardiol* 1993; 23:1–5

8 Störungen der Koronardurchblutung

G. Ertl

EINLEITUNG Ein 56 jähriger Kraftfahrer, Raucher, berichtet dem Hausarzt von ziehenden Schmerzen hinter dem Brustbein, die unter Belastung auftreten, und, wenn die Belastung beibehalten wird, sich verstärken und in den linken Arm und Hals ausstrahlen. In Ruhe ebben diese Beschwerden nach 5–10 Minuten langsam ab. Die Familienanamnese ergibt einen Herzinfarkt des Vaters im Alter von 65 Jahren und einen Schlaganfall der Mutter im höheren Lebensalter. Der Hausarzt mißt einen Blutdruck von 160/100 mmHg, die Laboranalyse zeigt eine Hyperlipidämie und einen normalen Nüchternblutzucker. Das Ruhe-EKG ist unauffällig, im Belastungs-EKG finden sich horizontale ST-Streckensenkungen, in den Ableitungen V2-V4 um 0,3 mV. Die Koronarangiographie zeigt eine als 90 % eingeschätzte proximale Stenose des Ramus interventricularis anterior, die in gleicher Sitzung dilatiert und mit einem Stent versorgt wird. Nach drei Monaten zeigt sich bei wieder aufgetretenen pektanginösen Beschwerden eine Restenose im Stent, die nochmals dilatiert wird. Danach ist der Patient auch unter höhergradigen körperlichen Belastungen beschwerdefrei.
Zwei Jahre später wird der Patient akut in der Klinik aufgenommen, nachdem er unter stärksten Schmerzen im Oberbauch kollabiert und für mehrere Minuten bewußtlos vom Notarzt mit einer Herzfrequenz von 30 pro Minute aufgefunden war. Die Oberbauchschmerzen bestehen fort, im EKG findet sich ein totaler AV-Block mit einem bradykarden Ersatzrhythmus um 35 pro Minute und ST-Streckenhebungen in den Ableitungen 2, 3 und AVF und reziproke ST-Streckensenkungen in den Brustwandableitungen. Der Patient wird mit einem passageren Schrittmacher versorgt und akut koronarangiographiert. Es zeigt sich ein proximaler Verschluß der rechten Koronararterie, welche rekanalisiert und dilatiert wird. Bei gutem Kontrastmittelabstrom bilden sich die ST-Streckenhebungen unter Ausbildung kleiner Q-Zacken zurück, der AV-Block verschwindet. Die muskelspezifische Kreatinkinase (CK) ist im weiteren Verlauf bis max. 320 U/l, die herzmuskelspezifische CKMB bis 40 U/l erhöht. Retrospektiv berichtete der Patient, daß er vor dem Ereignis wiederholt und ohne äußeren Anlaß, insbesondere in körperlicher Ruhe, anhaltende Anfälle von dumpfen Schmerzen im Oberbauch erlitten hatte, die sich in letzter Zeit häuften. Fünf Jahre später erleidet der Patient einen ausgedehnten Hinterwandinfarkt, von dem er sich zunächst wieder gut erholt. Nach abermals 5 Jahren kommt es zur progredienten Dyspnoe unter Belastung. Die Echokardiographie zeigt eine deutliche Volumenzunahme des linken Ventrikels, das Langzeit-EKG selbst limitierte ventrikuläre Tachykardien.

Bei dem beschriebenen Fall war es somit zu drei typischen Manifestationen der koronaren Herzerkrankung gekommen:

- Stabile Angina pectoris bei stabiler atherosklerotischer Plaque mit hochgradiger Koronarstenose;
- instabile Angina pectoris auf der Basis einer instabilen atherosklerotischen Plaque mit schließlich Ausbildung eines akuten Myokardinfarktes;
- chronische Linksherzinsuffizienz.

Die koronare Herzerkrankung hatte sich auf der Basis der Risikofaktoren Hyperlipidämie, Hypertonie und Rauchen bei positiver Familienanamnese ausgebildet. Es traten typische Komplikationen, nämlich zunächst bradykarde Herzrhythmusstörungen im Rahmen des akuten Hinterwandinfarktes, später tachykarde Herzrhythmusstörungen im Rahmen einer sich progredient ausbildenden Herzinsuffizienz auf. Ursache des gesamten Symptomkomplexes sind Störungen der Koronardurchblutung, welche zu den häufigsten Herz-

Kreislauf-Erkrankungen und damit zu den häufigsten Erkrankungen der Industrienationen überhaupt zählen.

8.1 Regulation der Koronardurchblutung

Eine Besonderheit des Koronarkreislaufs ist die Abhängigkeit der Durchblutung von extravasalen Einflüssen

Eine Anpassung der Sauerstoffversorgung an einen vermehrten Bedarf des Herzmuskels findet unter Belastung ganz überwiegend durch eine Steigerung der Koronardurchblutung statt („Koronarreserve")

Die Koronardurchblutung kann normalerweise auf das 4–5fache gesteigert werden, eine Einschränkung der Koronarreserve kann entweder durch eine erhöhte Ruhedurchblutung oder durch eine Begrenzung der Maximaldurchblutung entstehen.

Aufgrund der Kontraktion des Herzmuskels mit maximaler intramyokardialer Drucksteigerung in der Systole findet im Gegensatz zu anderen Organdurchblutungen der Einstrom in das Koronargefäßsystem überwiegend in der Diastole statt und unterliegt ganz wesentlich extravasalen mechanischen Einflüssen. Eine ***Verkürzung der Diastolendaue***r oder ein ***Anstieg der diastolischen Wandspannung*** behindert die Koronardurchblutung. Die diastolische Wandspannung wird bestimmt durch die Fähigkeit des Herzmuskels zu erschlaffen (Relaxation), durch passive Eigenschaften des erschlafften Herzmuskels (Steifigkeit), durch den diastolischen Druck und das diastolische Volumen sowie durch die Wanddicke des Herzmuskels. Eine verminderte Relaxationsfähigkeit, eine erhöhte Steifigkeit, ein erhöhter enddiastolischer Druck, ein vergrößertes diastolisches Volumen führen zur Störung der Koronardurchblutung. Extravasale Einflüsse manifestieren sich an ***subendokardialen Gefäßgebieten*** stärker als an subepikardialen. Während unter physiologischen Bedingungen die subendokardiale Durchblutung höher ist als die subepikardiale, kehrt sich dieses Verhältnis unter Ischämie um. Da der Gefäßverlauf darüber hinaus von subepikardial über intramurale Arterien nach subendokardial gerichtet ist, stellen subendokardiale Gebiete eine „letzte Wiese" dar, die von Störungen der Koronardurchblutung zuerst betroffen sind.

Aufgrund des intramuralen Gefäßverlaufes und extravasaler Einflüsse manifestiert sich die Myokardischämie primär subendokardial.

Der Tonus großer Koronargefäße ist nur unter pathologischen Bedingungen für die Koronardurchblutung von Bedeutung

Der myokardiale Energiebedarf hängt entscheidend von der Herzarbeit ab, nur etwa 20 % werden für den Stoffwechsel zum Zellerhalt benötigt. Wesentliche Determinanten des myokardialen Energiebedarfes sind die Spannungsentwicklung des Herzens, die Kontraktilität und die Herzfrequenz. Da der Herzstoffwechsel ausschließlich ***aerob*** abläuft, ist eine exakte Anpassung des Sauerstoffangebotes an den Sauerstoffbedarf für die Herzarbeit essentiell. Die Leistungsanpassung der Koronardurchblutung findet wie in anderen Organen ganz überwiegend im Bereich der muskelstarken ***Arteriolen*** statt. Durch Tonussteigerung der arteriolären glatten Muskulatur wird die Koronardurchblutung gedrosselt, durch Relaxation wird sie gesteigert.

Der Mechanismus der physiologischen Koronarregulation ist im Detail noch nicht geklärt. Die Abhängigkeit der Koronardurchblutung von einer Reihe von Metaboliten (Adenosin, NO, Prostaglandin, CO_2, H^+) wurde gezeigt, und dies führte zu unterschiedlichen Hypothesen, von denen jedoch keine die Regulation der Koronardurchblutung umfassend erklären konnte. Vermutlich ist die Regulation der Koronardurchblutung ähnlich wie andere vitale Anpassungsvorgänge multifaktoriell abgesichert und bei Ausfall eines Regulationsweges treten andere in Kraft. Ein Sonderfall der metabolischen Regulation ist die „Autoregulation" der Koronardurchblutung. Hierunter versteht man die konstante Anpassung der Koronardurchblutung an den metabolischen Bedarf des Herzmuskels bei wechselndem koronaren Perfusionsdruck.

Der Tonus großer Koronargefäße ist nur unter pathologischen Bedingungen für die Koronardurchblutung von Bedeutung

Wenn ein Koronargefäß durch eine ***atherosklerotische Plaque*** stenosiert ist und/oder lokal ***Spasmen*** entstehen, kann der Tonus eines großen Koronargefäßes für die Koronardurchblutung eine entscheidende Rolle übernehmen. Der Tonus der großen Koronargefäße hängt einerseits von der Geschwindigkeit des sie durchströmenden Blutes ab, andererseits ist er Bestandteil der hämostatischen Prinzipien, zu denen darüber hinaus plasmatische und thrombozytäre Faktoren gehören.

Gefäßverletzungen im Bereich der Koronargefäße sind selten, häufig hingegen ist die ***Ruptur*** einer atherosklerotischen Plaque, die vom Gerinnungssystem als Gefäßverletzung fehlerkannt wird. Thrombozyten sezernieren dann vasokonstriktorische Eikosanoide (z. B. Thromboxan A_2). Das intakte Gefäß reagiert auf vielfältige Stimuli (Scherkräfte, Bradykinin, Azetylcholin) mit der Freisetzung von ***NO*** und ***Prostazyklin***, welche ***gefäßrelaxierend*** wirken. Pharmakologisch wird dieser Mechanismus durch Medikamente gesenkt, die NO freisetzen (z. B. Nitrate). Wird das Endothel zerstört, so fehlt dieser vasorelaxierende Stimulus und beispielsweise Azetylcholin wirkt sogar vasokonstriktorisch. Das Endothel kann darüber hinaus das stark vasokonstriktorisch wirkende Peptid ***Endothelin*** freisetzen. Schließlich können ***neurohumorale Mechanismen*** direkt an der Regulation des Tonus großer Koronargefäße beteiligt sein. Während am intakten Gefäß die vasorelaxierenden und vasokonstriktorischen Einflüsse im Gleichgewicht sind, überwiegen an einer Gefäßläsion vasokonstriktorische Einflüsse und führen zusammen mit thrombotischen Auflagerungen im Bereich der Läsion zu Störungen der Koronardurchblutung. Kommt es nicht zum akuten Koronarverschluß, so kann sich die Läsion wieder mit Endothel überziehen, also abheilen. Vasokonstriktorische Mediatoren wirken jedoch gleichzeitig ***wachstumsfördernd***, was im Zusammenhang mit der Gefäßwand insbesondere für die glatte Muskulatur von Bedeutung ist. Vasorelaxierende Mediatoren hingegen wirken im allgemeinen wachstumshemmend. Eine Verschiebung hin zu vasokonstriktorischen Einflüssen wird dementsprechend chronisch über einen lokalen Wachstumsreiz an der Entwicklung einer Koronarstenose beteiligt sein.

! Ein primär lebenswichtiges Prinzip, nämlich Vasokonstriktion und Thrombose zur Blutstillung, Wachstumsreiz zur Verstärkung eines gefährdeten Gefäßwandabschnittes, wird krankheitserzeugend und ist verantwortlich für die Entwicklung chronischer Koronarstenosen und akuter Koronarverschlüsse.

Neurohumorale Effekte auf die Koronardurchblutung. Koronargefäße sind einerseits autonom innerviert, andererseits besitzen sie Rezeptoren für die klassischen Neurotransmitter Adrenalin und Noradrenalin (α- und β-Rezeptoren) und vasoaktive Peptide wie Substanz P, Neurotensin, Neuropeptid Y, Vasopressin und Angiotensin II. Die pathophysiologische Bedeutung der koronaren Effekte dieser Mediatoren ist nicht klar. Koronare Effekte sowohl im arteriolären Bereich, als auch an den Leitungsgefäßen lassen sich zwar nachweisen, spezifische Inhibitoren haben jedoch bislang bei Krankheitsbildern, welche durch eine Störung der Koronardurchblutung hervorgerufen werden, diese nicht normalisieren können.

Neurohumorale Systeme können den myokardialen Sauerstoffverbrauch beeinflussen, Herzrhythmusstörungen begünstigen und zur Aktivierung des Gerinnungssystems beitragen.

8.2 Stabile koronare Herzkrankheit

Bei der stabilen koronaren Herzerkrankung wird die Symptomatik durch eine oder mehrere stenosierende atherosklerotische Plaques hervorgerufen. Die Koronarstenose stellt eine Manifestation der Atherosklerose dar. (Abb. 8.1)

Es ist eine ständig modifizierte Hypothese, daß die atherosklerotische Plaque sich aufgrund eines ***Endothelschadens*** entwickelt. Lipide werden in der Gefäßintima eingelagert. Unterschiedliche Zellen sind an der weiteren Entwicklung der atherosklerotischen Plaque beteiligt. Monozyten und T-Lymphozyten haften zunächst am Endothel und Monozyten wandeln sich in der Plaque zu Makrophagen um, die Lipide akkumulieren und sogenannte ***Schaumzellen*** bilden, welche zusammen mit den Lymphozyten zunächst als „fatty streaks" erscheinen. Diese treten schon in der Jugend auf, in der Hälfte der Autopsien von Kindern zwischen 10–14 Jahren wurden „fatty streaks" in den Koronararterien gefunden. Produzieren die glatten Muskelzellen Bindegewebe, so entsteht eine ***fibröse Plaque***, die jedoch keineswegs das Lumen einengen muß. Es kann zu hochgradigen atherosklerotischen Veränderungen im Bereich der Herzkranzgefäße kommen, ohne daß das Lumen eingeengt wird. Die Gefäßwand wird umstrukturiert und es werden sogar „dilatative" Formen der Koronarsklerose beobachtet, die mit einer Erweiterung des Koronargefä-

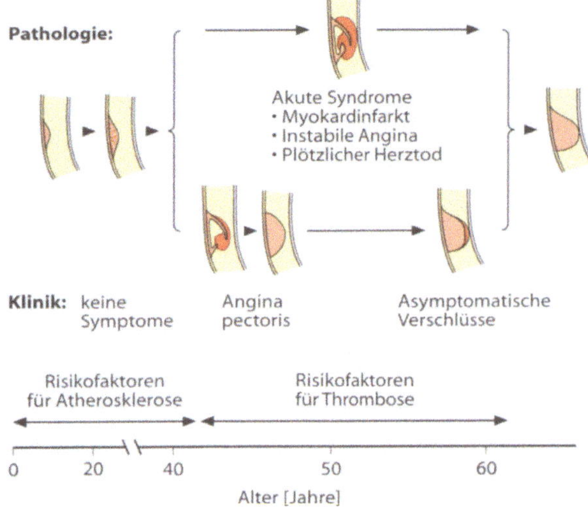

Abb. 8.1. Entwicklung einer Koronarstenose. Beginnend mit asymptomatischen atherosklerotischen Ablagerungen („fatty streaks",„plaques") kann es durch Plaqueruptur, -einblutung und Thrombose zu einer Progression der Stenose oder zum akuten Koronarverschluß und Myokardinfarkt kommen

ßes einhergehen. So kann trotz erheblicher atherosklerotischer Veränderungen die Koronardurchblutung normal sein. Eine Grenze scheint erreicht zu sein, wenn die atherosklerotische Intima mehr als 40 % der Fläche der Lamina elastica interna einnimmt. Diese Beobachtungen sind auch für die Diagnostik wichtig, insofern als der Ausschluß von Koronarkalk eine Koronarstenose unwahrscheinlich macht, der Nachweis jedoch höchst unspezifisch für das Vorliegen einer Koronarstenose ist.

Neben mechanischen Faktoren, die insbesondere an Gefäßbiegungen und -aufzweigungen wirksam werden, spielen ***Risikofaktoren*** für die Entwicklung der koronaren Herzkrankheit eine wesentliche Rolle. Die arterielle Hypertonie steigert vermutlich die lokalen Scherkräfte und damit das Risiko für Endothelschäden. Auch bei der Hyperlipidämie (s. S. XX), dem Diabetes mellitus (s. S. XX) und Tabakrauchern lassen sich Änderungen (Schädigungen?) der Endothelfunktion als mögliche Vorläufer der Atherosklerose nachweisen. Neuerdings wird eine infektiöse Genese (Chlamydia pneumoniae) der Atherosklerose geprüft.

Besonders diffuse Befallsmuster, die periphere Gefäßabschnitte und kleine Koronargefäße einbeziehen, finden sich bei Diabetikern, chronisch Niereninsuffizienten und, in einer aggressiv rasch verlaufenden Form, bei Patienten nach Herztransplantation („Transplantatvaskulopathie").

> **!** Die Risikofaktoren Bluthochdruck, Hyperlipidämie, Diabetes mellitus und Tabakrauchen sind pathophysiologisch, aber auch diagnostisch und für die Prävention der koronaren Herzkrankheit von großer Bedeutung.

Angina pectoris tritt erst bei höhergradigen Stenosen auf

Abbildung 8.2 zeigt, daß auch bei hochgradigen Koronarstenosen die ***myokardiale Durchblutung*** in Ruhe normal bleibt. Die maximal mögliche Koronardurchblutung nimmt jedoch proportional zum Grad der Koronarstenose ab, und bei höhergradigen Stenosen ist keine Steigerung der Koronardurchblutung mehr möglich. Entsprechend ist der Patient in Ruhe asymptomatisch, erleidet unter Belastung jedoch pektanginöse Beschwerden („Bedarfsischämie"). Die normalerweise enge Anpassung der Koronardurchblutung an den myokardialen Sauerstoffbedarf ist nicht mehr möglich. Die Zunahme der diastolischen Wandspannung und unter Streß freigesetzte vasokonstriktorische Mediatoren (Katecholamine, Endothelin) verschärfen diese Imbalance. Die unmittelbare Folge ist eine Abnahme bis zum Verlust der systolischen Kontraktionsfähigkeit und diastolischen Erschlaffungsfähigkeit des ischämischen Myokardes. Die subendokardiale „Innenschicht" ist primär betroffen, was sich im EKG als ST-Streckensenkung wieder spiegelt (Abb. 8.3). Der normalerweise Laktat-konsumierende Myokardstoffwechsel stellt unter Sauerstoffmangel auf Glykolyse und damit ***Laktatproduktion*** um, schließlich kommt es zur ***Angina pectoris***, wobei der exakte Mechanismus für die Entstehung des typischen pektanginösen Brustschmerzes unklar ist.

Es ist in diesem Zusammenhang interressant, daß Adenosin, das bei der Myokardischämie freigesetzt wird und auch als Mediator der ischämisch induzierten Koronardilatation diskutiert wird, einen pektanginösen Schmerz hervorruft. Es kommt daher als ein Mediator für die Angina pectoris unter anderem ebenso in Frage wie eine lokale Dehnung des Myokards. Ungeklärt ist, warum ischämische Episoden auch ohne Angina pectoris ablaufen („stumme Ischämie") und manche Patienten überhaupt keine pektanginösen Beschwerden verspüren. Ischämie kann nicht nur durch körperliche Belastung induziert werden, sondern auch durch seelischen Streß, vermutlich vermittelt durch das sympathoadrenerge System. Adrenerge Substanzen werden auch diagnostisch bei der sogenannten „Streßechokardiographie" genutzt, bei der Kontraktionsstörungen unter Katecholamingabe (Dobutamin) ischämisch induziert und echokardiographisch nachgewiesen werden. Auch spezifische „Koro-

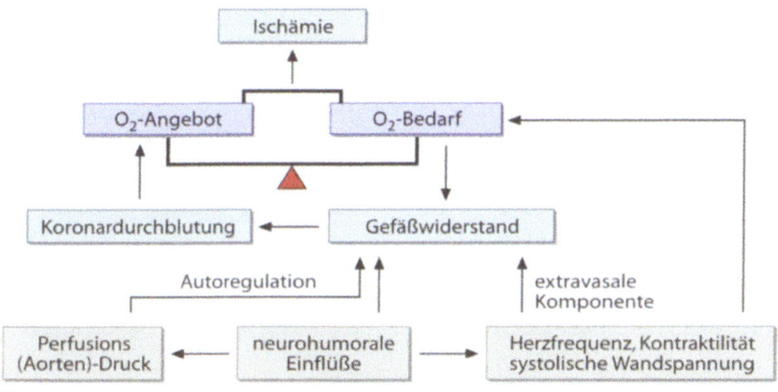

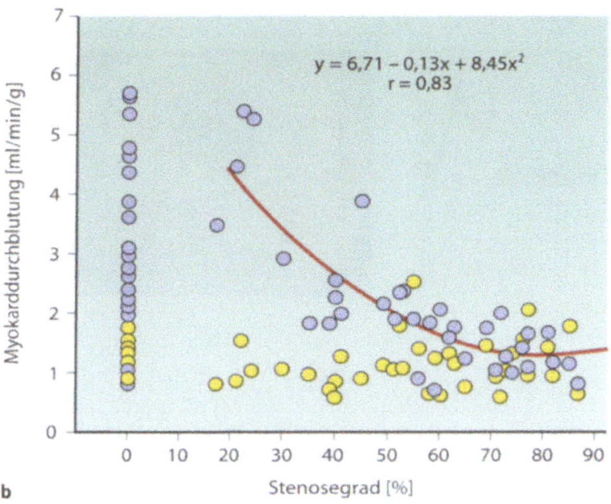

Abb. 8.2. **a** Die arteriellvenöse Sauerstoffausschöpfung des Herzens ist hoch, so daß für eine exakte Balance zwischen Sauerstoffbedarf und Sauerstoffangebot eine feine Anpassung der Koronardurchblutung durch die Regulation des Koronargefäßwiderstandes notwendig ist. Die wichtigste Determinante des Gefäßwiderstandes unter physiologischen Bedingungen ist daher der myokardiale Sauerstoffbedarf. Darüber hinaus wird der koronare Gefäßwiderstand durch extravasale Einflüsse (abhängig von Herzfrequenz, Kontraktilität und systolischer Wandspannung) und neurohumoraler Einflüsse sowie die Autoregulation bestimmt. Für die Koronardurchblutung wichtig ist schließlich noch der Aortendruck als koronarer Perfusionsdruck. **b** Die Regulationsfähigkeit des Koronarkreislaufs führt dazu, daß die Koronardurchblutung bei Koronarstenosen in Ruhe zunächst normal bleibt und nur unter Belastung nicht mehr ausreichend gesteigert werden. Es besteht eine sogenannte „Bedarfsischämie". Bei höhergradigen Stenosen ist die Koronarregulation komplett aufgehoben

nardilatatoren" (z. B. Dipyridamol), ursprünglich für die Therapie der Myokardischämie entwickelt, können paradoxerweise eine Myokardischämie induzieren. Global kommt es zur Durchblutungssteigerung, während das stenosierte Koronargefäß eine solche nicht zuläßt. Es kann sogar durch einen Blutdruckabfall (systemische Vasodilatation) oder einen Abstrom über Kollateralgefäße („Steal-Phänomen") zur Ischämie kommen, was ebenfalls diagnostisch genutzt werden kann.

> **!** Die chronisch stabile Angina pectoris entsteht somit durch einen myokardialen Sauerstoffmehrbedarf, typischerweise unter Belastung, der durch das stenosierte Koronargefäß nicht befriedigt werden kann.

Restenose. Die heute übliche Therapie symptomatischer hochgradiger Stenosen proximaler Koronargefäße ist die perkutane transluminale koronare Angioplastie (PTCA), ***Ballondilatation*** genannt. Diese kreiert ein neues Krankheitsbild, nämlich die Restenose nach mechanisch induzierter Verletzung durch die Ballondilatation. Eine Maßnahme, Akutkomplikationen zu kontrollieren und die Restenose zu vermeiden, ist die Implantation eines „intrakoronaren Stents", im Prinzip ein durch den Ballon in die Koronarstenose eingebrachtes Drahtgerüst, das den Gefäßkollaps verhindert. Aber auch nach Stentimplantation kann es zur Restenose kommen. Die Endothelverletzung durch den Ballon stört einerseits die Regulation der Gefäßtonus und eventuell auch die lokale Wachstumskontrolle an der Entwicklung der Restenose beteiligter Zellen. Andererseits gibt sie Anlaß zu thrombotischen Auflagerungen. Die Organisation thrombotischen Materials scheint ein Mechanismus zu sein, der zur Restenose beiträgt. Die Restenose im Stent stellt überwiegend eine Intimahyperplasie dar, welche durch die Maschen des Stents wuchert. Im Gegensatz dazu scheint die Restenose ohne Stent durch passive Rückstellkräfte im Gefäß („elastisches Recoil") und einen Schrumpfungsprozeß der heilenden und vernarbenden Läsion zu entstehen.

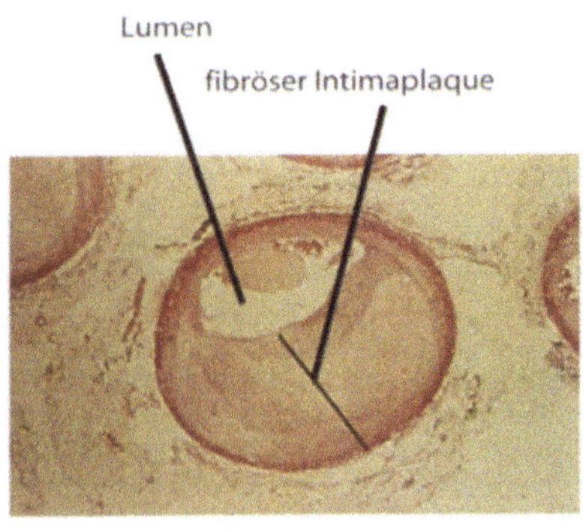

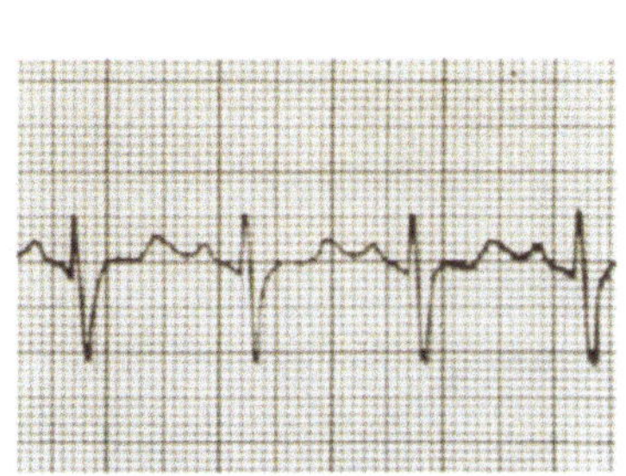

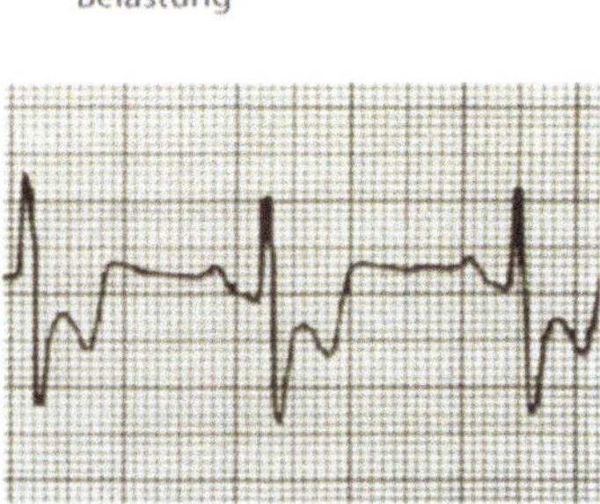

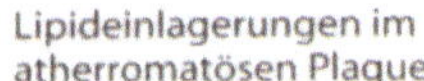

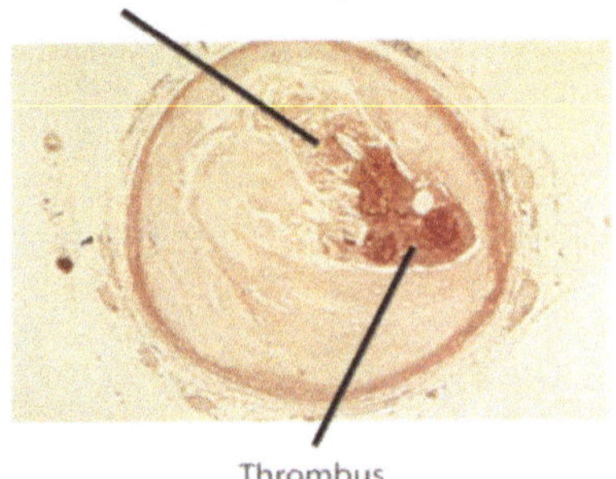

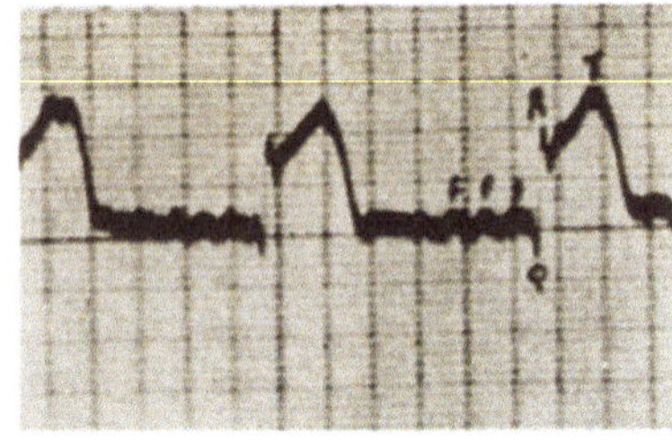

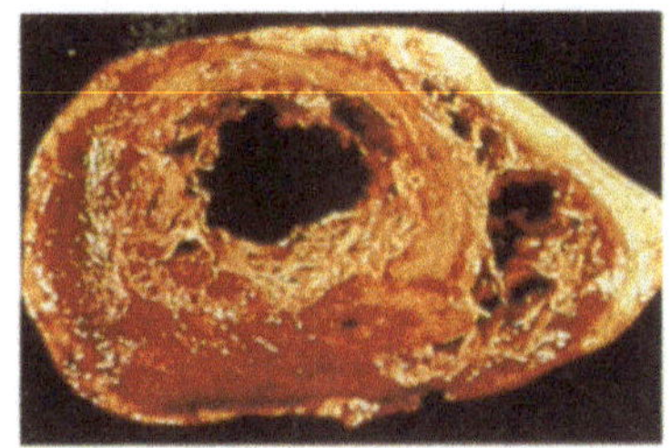

Abb. 8.3. Morphologische und EKG-Befunde bei stabiler koronarer Herzerkrankung *(oben)* und Myokardinfarkt *(unten)*. *Links oben* ist der histologische Befund bei stabilen koronaren Plaque, darunter der thrombotische Verschluß eines Koronargefäßes dargestellt. In der *Mitte* und *rechts oben* die EKG-Veränderungen bei „Bedarfsischämie" in Ruhe und unter Belastung. In der *Mitte unten* ST-Streckenhebungen bei akutem Myokardinfarkt (das Original-EKG von Pardee angefertigt), *rechts* daneben der morphologische Befund eines ausgedehnten Vorderwandinfarktes, der das interventrikuläre Septum miteinbezieht

8.3 Die instabile Koronarläsion

Die klinische Manifestation der instabilen Koronarläsion ist die instabile Angina pectoris und der Myokardinfarkt

Dem Myokardinfarkt liegt der komplette thrombotische Verschluß eines Koronargefäßes zugrunde (s. Abb. 8.3), während bei der instabilen Angina pectoris der Koronarverschluß nur kurzfristig (Minuten) anhält oder inkomplett ist. Instabile atherosklerotische Plaques mit Neigung zur Ruptur bestehen im allgemeinen aus einer zunehmenden Masse von Lipiden, die vom Gefäßlumen durch Bindegewebe getrennt sind (Abb. 8.4). Sie enthalten hohe Konzentrationen von ***Cholesterin*** und ***Cholesterin-Esthern*** und sind relativ weich. Aufgrund ihrer Verformbarkeit unterliegen sie hohen lokalen Scherkräften. Wird die Bindegewebsabdeckung dünner, so steigt das Risiko der Ruptur und Ausbildung einer Plaquefissur. Systemische Faktoren, welche die Mechanik der Koronardurchblutung verändern (Blutdruck, Herzfrequenz), können zur Plaqueruptur beitragen. So stellt die arterielle Hypertonie einen Risikofaktor für den Myokardinfarkt dar, Betarezeptorenblocker, die den Blutdruck und die Herzfrequenz senken, dienen der Prophylaxe. Für die Akkumulation von Lipiden wird eine kontinuierliche Aufnahme aus dem Plasma verantwortlich gemacht. Ein wesentlicher Effekt der medikamentösen Senkung der Plasmalipide auf die Prognose scheint die Stabilisierung solcher Plaques zu sein. Nach Plaqueruptur kommt es einerseits zur Einblutung in die Plaque, andererseits zur intraluminalen Thrombose. Die freie Kommunikation zwischen den Lipiden der Plaque und den Makrophagen, die reich sind an prokoagulatorischen Faktoren, rufen die Thrombose hervor.

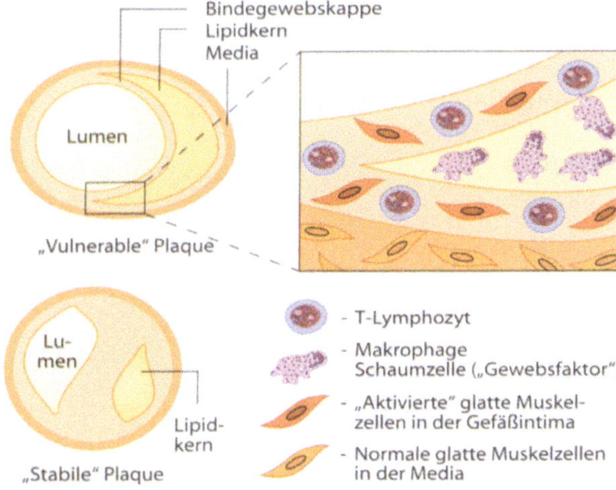

Abb. 8.4. Stabile versus instabile Plaque mit Prozessen, die zur Plaqueruptur führen und Zellen, die an der Destabilisierung der Plaque beteiligt sind

Die Thrombose kann sich wieder auflösen, die Fissur abheilen und die Plaqueeinblutung thrombosieren und sich organisieren, was zu einer höhergradigen Koronarstenose führt. Für die Plaqueruptur ist die Zusammensetzung der Plaque wichtiger als die Masse, also der Stenosegrad. Häufig sind infarktassoziierte Koronargefäße vor dem Myokardinfarkt nicht hochgradig stenosiert.

!

Lokale und systemische, humorale und mechanische Faktoren sind bei der Plaqueruptur und Thrombose beteiligt und müssen bei Prophylaxe und Therapie der akuten Koronarsyndrome (instabile Angina pectoris, Myokardinfarkt) Berücksichtigung finden.

8.4 Entwicklung des Myokardinfarktes

Der komplette Verschluß eines Koronargefäßes führt zunächst innerhalb von wenigen Herzaktionen zum ***Kontraktionsverlust***, danach zu einer ***ST-Streckenhebung im EKG*** und schließlich zum retrosternal lokalisierten ***Infarktschmerz*** (s. Abb. 8.3). Der Schmerz und kardiale Rezeptoren aktivieren das ***autonome Nervensystem*** mit vagalen Reaktionen bei Hinterwandinfarkt oder adrenerger Symptomatik bei Vorderwandinfarkt. Myokardischämie und Aktivierung des autonomen Nervensystems können bradykarde Herzrhythmusstörungen und AV-Blockierungen bis zum totalen AV-Block oder tachykarde Herzrhythmusstörungen bis zum Kammerflimmern induzieren. Vermutlich versterben etwa 40 % aller Patienten mit einem akuten Koronarverschluß an einer Herzrhythmusstörung vor Eintreffen ärztlicher Hilfe. Bleibt der Koronarverschluß bestehen, so entwickelt sich eine von ***subendokardial nach subepikardial fortschreitende Nekrose*** (Abb. 8.5). Das Ausmaß der Nekrose hängt vom Versorgungsgebiet des infarktassoziierten Gefäßes, der Dauer des Verschlusses und möglichen Umgehungskreisläufen ***(Kollateraldurchblutung)*** ab, die günstigstenfalls eine Nekrose komplett verhindern können („asymptomatischer Koronarverschluß"). Die menschlichen Koronargefäße sind zwar als „funktionelle Endarterien" angelegt. Eine langsam progrediente Koronarstenose kann jedoch die Entwicklung eines funktionsfähigen Kollateralkreislaufs erlauben. Auch eine spontane oder therapeutische Thrombolyse kann die Entwicklung der Nekrose stoppen und so vitales Myokard erhalten, also die Infarktgröße reduzieren.

Die Reperfusion bringt allerdings einige Probleme mit sich. So kann es zu schwerwiegenden ventrikulären Herzrhythmusstörungen („Reperfusionsarrhythmien") bei Wiedereinstrom des Blutes in das ischämische Myokard kommen. Diskutiert wird auch ein sogenannter „Reperfusionsschaden", für den toxische Substanzen, z. B. freie Sauerstoffradikale, die bei der Reperfusion freigesetzt werden, verantwortlich gemacht werden. Schließlich erlangt reperfundiertes Myokard nicht zwingend unmittelbar seine Kontraktionsfähigkeit wieder (Abb. 8.6). Es kann sich entweder verzögert erholen („Stunning") oder bei persistierend reduzierter Koronardurchblutung aufgrund einer sehr hochgradigen Stenose oder eines Koronarverschlusses mit Kollateralisierung kann der Verlust der Kontraktionsfähigkeit zunächst bestehen bleiben. Da letzteres als Selbstschutz gegen den Untergang von Herzmuskelzellen bei ungünstigen energetischen Bedingungen angesehen wird, wird es als „Hibernation" (Winterschlaf) bezeichnet.

Abb. 8.5. „Wellenfrontphänomen" der Infarktentwicklung. Die Nekrose breitet sich im Verlauf von Stunden von subendokardial nach subepikardial aus und erreicht nach vier bis sechs Stunden ihre endgültige Ausdehnung

Stunning und ***Hibernation*** haben praktisch große Bedeutung, da es schwierig ist, die Vitalität nicht kontrahierenden Myokards zu belegen, was jedoch Voraussetzung für chirurgische oder katheterinterventionelle Maßnahmen zur Wiederherstellung einer normalen Koronardurchblutung ist (Bypass-Chirurgie, PTCA).

Ein Beispiel für „stunned myocardium" stellt die Situation bei Herzinsuffizienz nach Bypass-Operation mit verlängerter Ischämiezeit dar. Ein Beispiel für „hibernating myocardium" wäre ein verschlossenes Herzkranzgefäß mit einer Kollateralversorgung, die zwar einen Infarkt verhindert, jedoch schon in Ruhe zur Minderperfusion und damit zum Kontraktionsverlust führt.

Prognostisch entscheidend ist die linksventrikuläre Funktion nach Myokardinfarkt, die von der Infarktgröße abhängt. Ziel der Therapie (Thrombolyse,„Akut-PTCA") ist es daher, die Infarktgröße zu begrenzen.

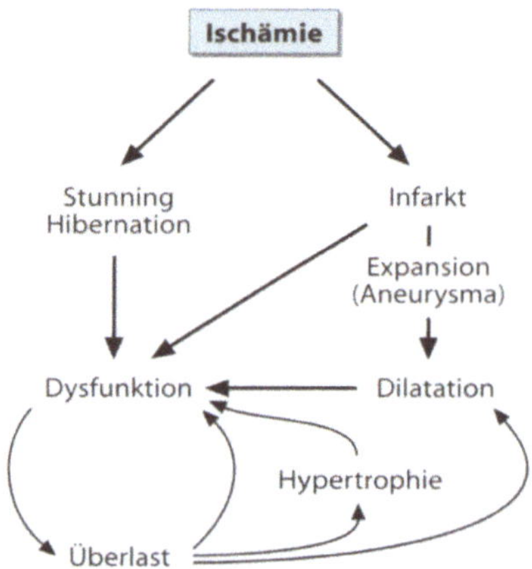

Abb. 8.6. Schematische Darstellung der möglichen Formen der ischämischen Schädigung, „Stunning", „Hibernation" und Myokardinfarkt

8.5 Ischämische Herzmuskelinsuffizienz

Die chronische Linksherzinsuffizienz nach Myokardinfarkt kann sich im Verlauf von Jahren entwickeln

Störungen der Koronardurchblutung sind heute die häufigste Ursache für die chronische Linksherzinsuffizienz. Die koronare Herzerkrankung kann direkt zum kontraktilen Versagen führen, wenn größere Anteile des linken Ventrikels ischämisch sind und ihre Kontraktionsfähigkeit verlieren. Das Schlagvolumen des linken Ventrikels und damit das Herzminutenvolumen nehmen ab, das Restvolumen und der Füllungsdruck steigen (Abb. 8.7). Der systemische Blutdruck fällt, was zur Aktivierung neurohumoraler Systeme (sympathiko-adrenerges System, Renin-Angiotension-System), zur systemischen Vasokonstriktion und Natrium- und Wasserretention führt. Dies kann sich als akutes „Rückwärts"- oder „Vorwärtsversagen" manifestieren. Unter ***Rückwärtsversagen*** versteht man einen Blutstau im Lungenkreislauf aufgrund eines erhöhten linksventrikulären Füllungsdrucks. Es kommt zum Austritt von Flüssigkeit ins Interstitium oder sogar in die Alveolen („Lungenödem"), was den Sauerstofftransport behindert und zusätzlich zur respiratorischen Insuffizienz führt. ***Vorwärtsversagen*** bedeutet eine Minderperfusion der Organe, als Maximalvariante der ***kardiogene Schock*** mit Nierenversagen und zentralnervöser Symptomatik. Andererseits kann sich durch den Verlust kontraktionsfähigen Myokards und chronische Umbauprozesse der vernarbten und überlebenden Anteile eine chronische Herzinsuffizienz entwickeln.

Gehen im Rahmen eines Myokardinfarktes größere Anteile des linken Ventrikels zugrunde, so muß dies *nicht* zwangsläufig zur akuten Linksherzinsuffizenz führen. Die Zunahme des linksventrikulären enddiastolischen Volumens und Druckes, also ***Wandstresses***, initiiert akut den Frank-Starling-Mechanismus (Steigerung der Kontraktionskraft durch Dehnung der Herzmuskelfaser) und auf diesem Wege eine kompensatorische Vergrößerung des Schlagvolumens. Chronisch führt eine Zunahme des diastolischen Wandstresses zu einer ***Hypertrophie*** mit Längen- und Dickenwachstum der Kardiomyozyten (Abb. 8.8). Darüber hinaus kann es zu einer „Gefügedilatation" sowohl im Bereich der entstehenden Infarktnarbe als auch im Bereich des überlebenden Myokards kommen, wo die Herzmuskelfasern auseinandergleiten („fiber slippage"). Eine mäßige Dilatation des linken Herzens kann wieder einen stabilen Zustand erreichen, wenn der diastolische Wandstreß durch konzentrische Hypertrophie herabgesetzt wird (s. Abb. 8.7).

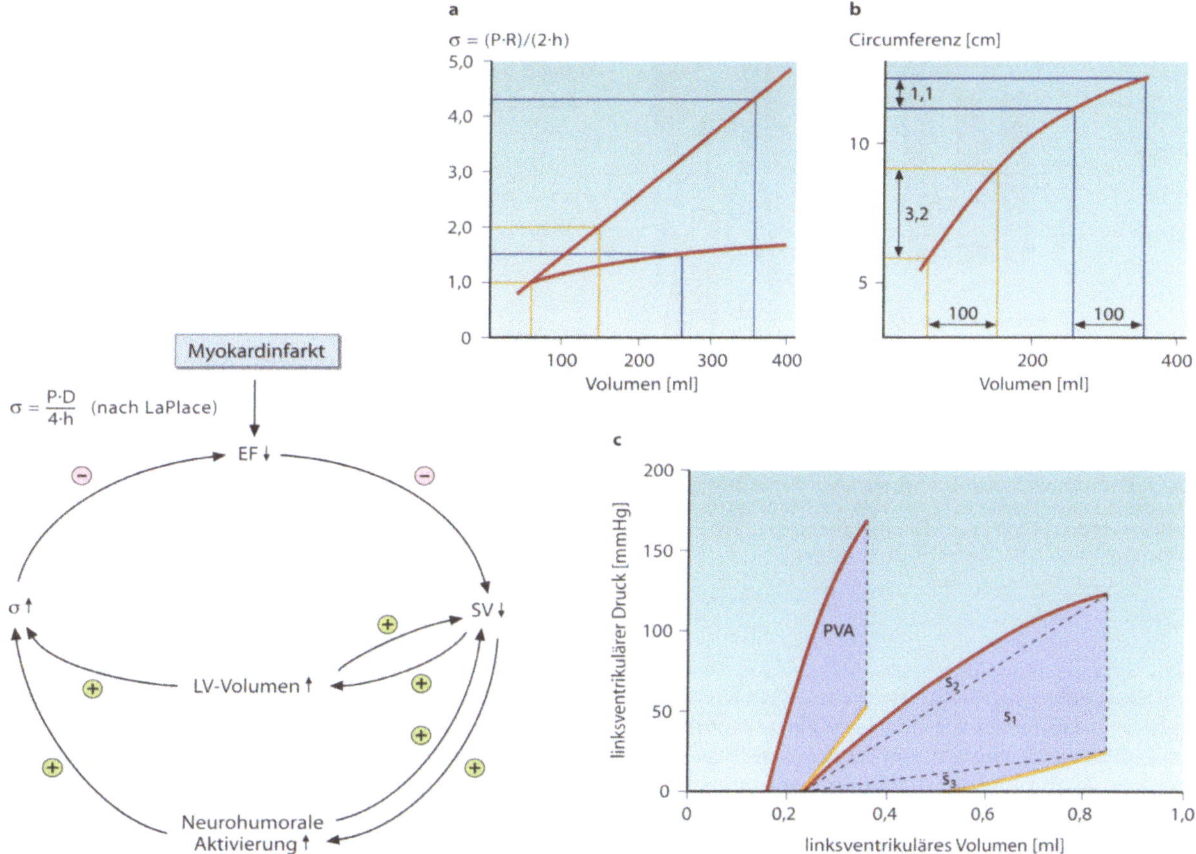

Abb. 8.7. Hämodynamische Zusammenhänge bei der ischämischen Linksherzinsuffizienz. Geht bei einem Myokardinfarkt eine große Menge von kontraktilem Myokard zugrunde, so kommt es zu einer Abnahme der linksventrikulären Auswurffraktion *(EF)* und damit des Schlagvolumens *(SV)*. Dieses führt zum Anstieg des enddiastolischen Volumens *(LV-Vol)* und Druckes und damit des linksventrikulären Wandstresses. Die Volumenzunahme kann das Schlagvolumen wieder normalisieren. Ist dies nicht der Fall und kommt es zu einer Abnahme des Herzminutenvolumens, so führt dies zur neurohumoralen Aktivierung, die über eine Natrium- und Wasserretention und systemische Vasokonstriktion die Vor- bzw. Nachlast steigert und damit zur Zunahme des Wandstresses beiträgt. Letztlich mündet die Zunahme des Wandstresses *(σ)* in einen Circulus viciosus, der wiederum zu einer Abnahme der Ejektionsfraktion beiträgt. Die Graphiken *oben rechts* zeigen die Beziehung zwischen Volumen und zirkumferentieller Faserverkürzung. Für ein größeres Volumen ist, um das gleiche Schlagvolumen (100 ml) zu fördern, eine deutlich geringere Faserverkürzung notwendig als bei kleinerem Volumen. Rechts daneben ist die Beziehung zwischen linksventrikulärem Volumen und Wandstreß *(σ)* dargestellt. Für die Volumenzunahme findet sich eine Verdoppelung des diastolischen Wandstresses und eine Steigerung des systolischen Wandstresses um etwa 50%. *Rechts unten* ist eine Beziehung zwischen linksventrikulärem Volumen und linksventrikulärem Druck für ein normales Herz *(linke Kurven)* und ein Herz nach einem großem Myokardinfarkt dargestellt. Die Fläche unter der Druckvolumenkurve *(PVA)* ist ein Maß für die totale mechanische Energie, die das Herz aufbringen muß. Es ist klar zu sehen, daß das Herz mit großem Myokardinfarkt erheblich mehr mechanische Energie aufbringen muß als das Normalherz

Eine progrediente linksventrikuläre Dilatation führt jedoch zu einem ***Circulus viciosus*** aus Zunahme des Wandstresses, Abnahme der Ejektionsfraktion, Abnahme des Schlagvolumens, Zunahme des enddiastolischen Volumens und damit weitere Zunahme des Wandstresses. Dazu kommt, daß die ***energetische Situation*** des dilatierenden Herzens zunehmend ungünstiger wird, da eine Zunahme des Sauerstoffverbrauchs aufgrund der größeren mechanischen Arbeit des dilatierten Herzens einer relativen ***Rarifizierung der Mikrozirkulation*** im hypertrophierenden Myokard mit ***perivaskulärer Fibrose*** und damit einer Einschränkung der Sauerstoffversorgung gegenübersteht.

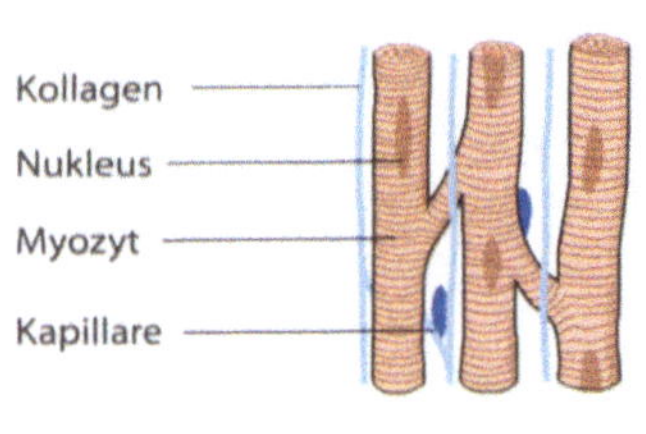
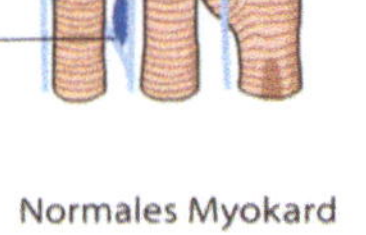
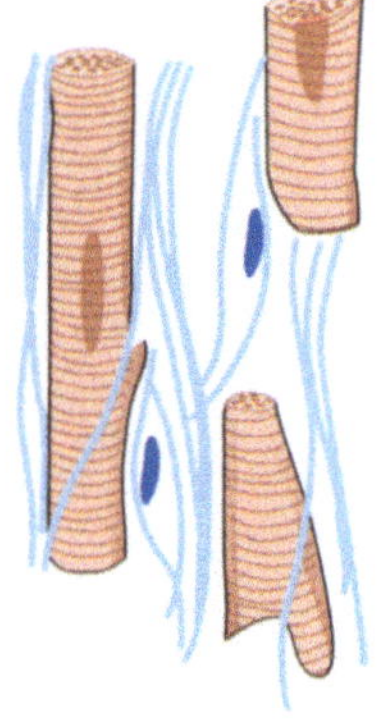

Abb. 8.8. Umbauprozesse im überlebenden Myokard nach Infarkt. Die Herzmuskelfasern hypertrophieren in der Länge und Dicke, gleiten auseinander, es kommt zur interstitiellen Bindegewebsvermehrung, jedoch nicht zur proportionalen Zunahme der Kapillaren, also zur relativen Gefäßrarefizierung

Besonders ungünstig ist die Situation, wenn neben dem Infarktgefäß die koronare Herzerkrankung auch Gefäße mit einbezieht, die überlebendes Myokard versorgen. Hier kann die Beseitigung von Störungen der Koronardurchblutung mittels Koronarchirurgie prognostische Bedeutung erlangen. Im Extremfall kann es zur sogenannten „ischämischen Kardiomyopathie" kommen.

> **!** Unter ischämischer Kardiomyopathie versteht man eine diffuse Kontraktionsstörung des Herzens bei diffuser ischämischer Schädigung mit größeren und kleineren Narben.

Ischämisch induzierte Mitralinsuffizienz. Ursachen für eine ischämisch induzierte Mitralinsuffizienz sind im wesentlichen 3 Faktoren:

- die Ruptur eines Papillarmuskels bei akutem Infarkt,
- die inhomogene Kontraktion oder Dyskinesie der den Klappenring und Papillarmuskel tragenden Anteile des linken Ventrikels und
- das atrophische Schrumpfen eines infarzierten Papillarmuskels.

Der akute Papillarmuskelabriß führt unmittelbar zur schweren Mitralinsuffizienz. Die chronische, ischämisch bedingte Linksherzinsuffizienz kann zu einer relativen Mitralinsuffizienz führen.

8.6 Störungen der koronaren Mikrozirkulation

Wesentliche Determinanten der Mikrozirkulation sind die anatomische und funktionelle Lumenweite der Gefäße, insbesondere der Arteriolen, die Anzahl der Arteriolen pro Einheit Myokardgewebe, die Herzfrequenz, die Kontraktions- und Relaxationsphase des Herzmuskels, die passiven Eigenschaften des Herzmuskels, der Blutdruck als treibende Kraft, der linksventrikuläre diastolische Druck und die Viskosität des Blutes. Störungen der Mikrozirkulation beruhen entsprechend auf einer Reduktion von Lumen und Anzahl der Gefäße, einer leistungsinadäquat hohen Herzfrequenz, einer gestörten Relaxation oder Zunahme der Steifigkeit des Herzmuskels, einem gesteigerten linksventrikulären diastolischen Druck, einem inadäquat niedrigen Blutdruck oder einer Steigerung der Viskosität des Blutes. Systemerkrankungen führen häufig nicht nur zur Veränderung eines, sondern mehrerer der genannten Parameter.

Die arterielle Hypertonie stellt einen wesentlichen Risikofaktor für Gefäßveränderungen dar

Bei der arteriellen Hypertonie können große und kleine Koronargefäße verändert, die Relaxation verzögert, die Steifigkeit des Herzmuskels und der linksventrikuläre diastolische Druck erhöht sein. Per definitionem ist andererseits der Blutdruck als treibende Kraft der Koronardurchblutung gesteigert. Normalerweise besteht eine sehr hochgradige Vaskularisation des Myokardes mit durchschnittlich 4 Kapillaren pro Herzmuskelzelle. Bei der pathologischen Hypertrophie, wie sie bei der arteriellen Hypertonie auftritt, nimmt die Vaskularisierung nicht proportional zu, darüber hinaus kommt es zur interstitiellen Ablagerung von Bindegewebe, die bevorzugt als perivaskuläre Fibrose auftritt. Die Fähigkeit, die Koronardurchblutung zu steigern („Koronarreserve") ist eingeschränkt. Die Einschränkung der Koronarreserve beruht einerseits auf einer gesteigerten Ruhedurchblutung, andererseits auf einer geringeren Maximaldurchblutung. Die arterielle Hypertonie und hypertensive Herzerkrankung und der Mechanismus für die Einschränkung der Koronarreserve sind heterogen und multifaktoriell.

Einerseits finden sich morphologische Veränderungen der Koronargefäße mit unter Umständen erheblicher Verdickung der Gefäßwand (Abb. 8.9). Die Endothelfunktion ist insofern gestört, als sich gesteigerte Plasmaendothelin-1-Spiegel bei Hypertonikern finden und eine reduzierte NO-vermittelte Gefäßdilatation. Eine erhöhte diastolische Ventrikelsteifigkeit und ein erhöhter enddiastolischer Druck können zu Störungen der Koronardurchblutung beitragen. Schließlich können bei speziellen Formen der Hypertonie (renovaskuläre Hypertonie mit hoher Reninausschüttung, Phäochromozytom mit Katecholaminausschüttung) Hormone direkt die Balance zwischen myokardialem Sauerstoffangebot und -verbrauch durch Koronarkonstriktion bzw. Steigerung der Last des Herzens stören.

> **!** Hypertoniker können auch ohne koronare Herzkrankheit unter Angina pectoris leiden, die häufig atypisch ist (s. oben), und EKG-Veränderungen haben, die unabhängig von der linksventrikulären Hypertrophie auftreten können.

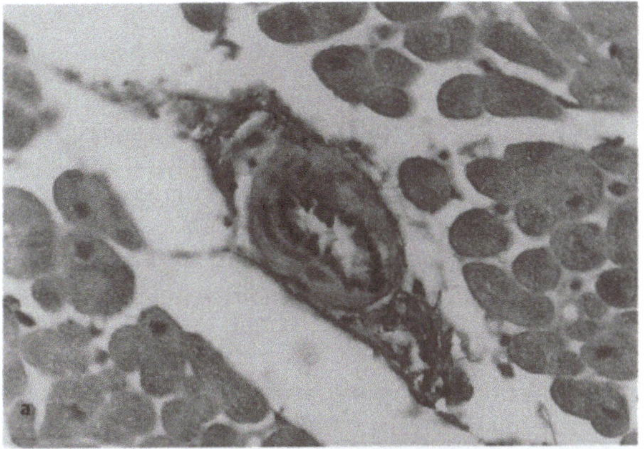

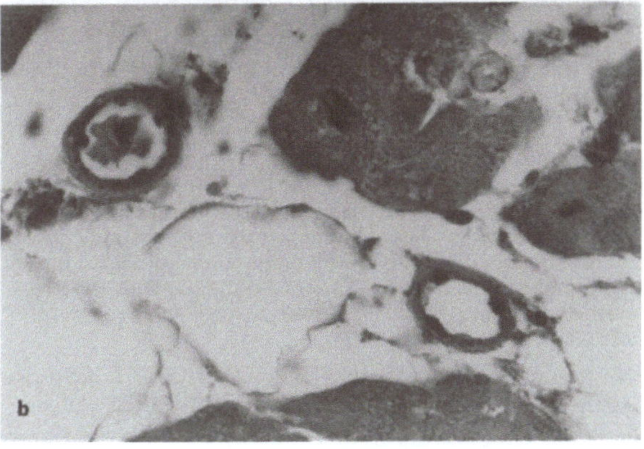

Abb. 8.9. a Herzmuskelprobe („verdicktes Herzkranzgefäß bei Hochdruck"); **b** Herzmuskelprobe („normale Herzkranzgefäße")

Herzklappenfehler. ***Herzklappeninsuffizienzen*** führen aufgrund chronischer Volumenüberlastung zu Veränderungen, wie sie bei der chronischen Linksherzinsuffizienz beschrieben sind (s. unten). Kommt es bei Mitralvitien zu Vorhofflimmern, so besteht eine hohe Inzidenz arterieller Embolien, gelegentlich auch als Koronarembolien, die dann zum Myokardinfarkt führen. ***Septische Koronarembolien*** können bei bakterieller Endokarditis von entzündlichen Herzklappenvegetationen ausgehen. Eine besondere Situation für die Koronarzirkulation stellt die Aortenklappenstenose dar. Sie zeichnet sich dadurch aus, daß der intrakavitäre Druck systolisch und diastolisch hoch ist, die Systole aufgrund der Auswurfbehinderung verlängert, der linke Ventrikel aufgrund chronischer Druckbelastung hypertrophiert und der koronare Perfusionsdruck entsprechend dem Aortendruck relativ niedrig ist. Somit besteht insbesondere subendokardial eine Einschränkung der Durchblutungsreserve, die auf eine gesteigerte Last trifft.

> **!** Angina pectoris gehört zu den Leitsymptomen der Aortenklappenstenose, ohne daß Stenosen an den großen Koronargefäßen vorliegen müssen. Eine Koinzidenz zwischen Aortenklappenstenose und koronarer Herzkrankheit ist allerdings übernormal häufig.

Die chronische Linksherzinsuffizienz gleich welcher Genese ist eine energetisch ungünstige Situation (s. oben). Der relativ gesteigerte Sauerstoffbedarf beruht auf einer Zunahme des linksventrikulären Volumens und Füllungsdruckes. Das reduzierte Angebot, auch in Abwesenheit relevanter Koronarstenosen, beruht letztlich auf ähnlichen Veränderungen wie sie bei der arteriellen Hypertonie besprochen wurden. Es liegen auch hier morphologische Veränderungen folgender Art vor:

- ein inadäquates Wachstum des Kapillarbettes bei zunehmender Ventrikelmasse,
- eine Reduktion des Lumens der Widerstandsgefäße,
- eine Zunahme der Media der Widerstandsgefäße,
- eine perivaskuläre Fibrose und
- eine unzureichende Anpassung der großen epikardialen Leitungsgefäße in Proportion zum Grad der Hypertrophie.

Es findet sich eine eingeschränkte Koronarreserve bei Patienten mit ***dilatativer Kardiomyopathie***. Funktionelle Störungen beziehen sich insbesondere auf das subendokardiale Myokard und stehen daher wahrscheinlich auch im Zusammenhang mit dem erhöhten Füllungsdruck.

Insbesondere die endothelialen Gefäßfunktionen sind jedoch ebenfalls betroffen mit einer reduzierten Koronardilatation auf NO-Freisetzung und erhöhten Endothelinspiegeln im Plasma. Inwieweit diese Veränderungen allerdings zum Krankheitsverlauf beitragen, ist unklar. Allerdings wird unter Belastung gerade bei diesen Patienten eine ungenügende Koronardurchblutung für die Kontraktionsreserven des Herzens limitierend sein.

Häufig ist eine Myokardischämie bei Patienten mit ***hypertrophischer Kardiomyopathie***. Etwa 1/3 aller Patienten mit hypertrophischer Kardiomyopathie leiden an Angina pectoris und es werden transmurale Infarkte ohne Nachweis von Stenosen oder Verschlüssen großer Koronargefäße gefunden.

> **!** Bei chronischer Linksherzinsuffizienz und Kardiomyopathien besteht ein Mißverhältnis zwischen Koronardurchblutung und Sauerstoffverbrauch.

Kollagenosen, rheumatische Erkrankungen und Koronarteriitis. Die Koronargefäße können bei nahezu allen Erkrankungen des rheumatischen Formenkreises betroffen sein. Diese Patienten stellen jedoch nur eine Minderheit der Patienten mit koronarer Herzerkrankung dar.

Eine Vaskulitis kann die Koronargefäße befallen. Es können entweder überwiegend größere Gefäße betroffen sein wie z.-B. bei der Riesen-Zell-Arteriitis oder bevorzugt kleine Gefäße wie bei der rheumatoiden Arthritis und beim Morbus Beçhet. Im allgemeinen liegen diffuse Störungen der Koronardurchblutung vor, die nicht zur spezifischen Symptomatik der koronaren Herzerkrankung mit Angina pectoris oder Myokardinfarkt führen. Spezifische Verlaufsformen gibt es beim systemischen Lupus erythematodes, der nicht nur zur Arteriitis führen kann, sondern auch bei Vorliegen eines Antiphospholipid-Syndroms und/oder Lupus anticoagulans zu thromboembolischen Komplikationen. Darüber hinaus kann eine chronische Kortikoid-Behandlung die Entwicklung der koronaren Herzerkrankung begünstigen, da sie zur Hypertonie, Hyperlipidämie und diabetischen Stoffwechsellage führt. Häufig (in mehr als 50 % der Fälle) führt das Churg-Strauss-Syndrom zur kardialen Beteiligung. An den Koronargefäßen kann sich bei letzterem neben der systemischen Vaskulitis eine isolierte eosinophile koronare Arteriitis manifestieren.

Erkrankungen der Aorta. Die Aortitis bei oben aufgeführten Erkrankungen kann die Ostien der Koronargefäße mit einbeziehen und zur Stenosierung oder zum Verschluß führen. Dies kann auch bei Aortenaneurysmen, insbesondere bei der ***Aortendissektion*** auftreten. Diese kann sich in die Koronargefäße fortsetzen oder das Koronarostium verlegen und so einen akuten Myokardinfarkt auslösen.

Angeborene Störungen der Koronardurchblutung. Thoraxdeformitäten können in seltenen Fällen zur Kompression der Koronargefäße führen. Ein anormaler Verlauf der Koronargefäße, wie z. B. der Abgang der Arteria circumflexa aus der rechten Koronararterie mit Verlauf zwischen Aorta und Arteria pulmonalis oder ein intramuraler Verlauf kann mit schwerwiegenden Störungen der Koronardurchblutung bis hin zum plötzlichen Herztod einhergehen. Koronarfisteln können zur symptomatischen Ableitung von Koronarblut führen. Schließlich werden bei der Koronarangiographie häufig sogenannte Muskelbrücken beobachtet, bestehend aus myokardialem Muskelgewebe, die große Koronargefäße systolisch komprimieren. Dies sind Prädilektionsstellen für die Entwicklung einer koronaren Herzerkrankung (s. oben), können jedoch auch funktionelle Bedeutung erlangen.

Störungen der Blutdruckregulation 9

T. Philipp

EINLEITUNG **Fall 1.** Bei einem 45 jährigen Bankkaufmann wird anläßlich einer Einstellungsuntersuchung eine Blutdruckerhöhung auf 158/106 mmHg festgestellt, die sich bei späterer Kontrolle bestätigt. Der Patient gibt an, daß auch sein Vater seit dem 50. Lebensjahr an Hypertonie leidet. Er selbst hatte keine Beschwerden. Als Risikofaktoren bestanden: Nikotinabusus, mäßiger Alkoholkonsum (3–5 Flaschen Bier pro Abend) und ein 20 %iges Übergewicht. Der übrige physikalische Befund ist unauffällig. Bei der Basisdiagnostik wird eine Lipidstoffwechselstörung (Cholesterin 260 mg%, Triglyzeride 380 mg%) und ein erhöhter Nüchtern-Blutzucker (135 mg%) gemessen. Diagnose: Arterielle Hypertonie vermutlich essentieller Genese, metabolisches Syndrom – die häufigste Form der Hypertonie, die zunächst durch Allgemeinmaßnahmen wie Gewichtsnormalisierung, Reduktion des Alkohols, körperliche Aktivität, salzarme und cholesterinarme Ernährung therapiert werden sollte.

Fall 2. Die 28 jährige Verkäuferin kommt zum Hausarzt wegen seit Monaten bestehender und zunehmender okzipitaler Kopfschmerzen und Abgeschlagenheit. Bei der orientierenden Untersuchung wird ein Blutdruck von 212/134 mmHg festgestellt. Familienanamnese und Eigenanamnese sind weitgehend leer. Die Patientin nimmt außer gelegentlichen Analgetika (Azetylsalizylsäure) wegen Cephalgien keine Medikamente, insbesondere keine Östrogene. Bei der körperlichen Untersuchung bestehen Zeichen der Linksherzhypertrophie und schwere hypertone Augenhintergrundsveränderungen mit Blutungen und beginnendem Netzhautödem, Papille frei. Bei der Basisdiagnostik fällt eine Hypokaliämie (3,3 mval/l) auf, im Urinstatus war Eiweiß einfach positiv. Bei der Nierensonographie wurde die linke Niere verkleinert (8 cm) gegenüber der rechten (11,5 cm) beschrieben. Nach weiteren Screening-Untersuchungen wurde eine Renovasographie durchgeführt, die links eine fibromuskuläre Nierenarterienstenose zeigte. Diagnose: Schwere (maligne) Hypertonie bei dringendem Verdacht auf renovaskuläre Genese. Durch eine Ballondilatation konnte anschließend die Stenose gesprengt und der Blutdruck wieder normalisiert werden. Die renovaskuläre Hypertonie ist die häufigste potentiell heilbare sekundäre Hypertonieform.

9.1. Physiologische Grundlagen der Blutdruckregulation

Der Blutdruck (BD) ist das Produkt von Herzzeitvolumen (HZV) und peripherem Widerstand (R). Er unterliegt akuten und chronischen Regulationsmechanismen, deren Kenntnis für die Pathophysiologie des erhöhten Blutdrucks Voraussetzung sind

Unterschieden werden der ***systolische*** (SBD) und der ***diastolische Blutdruck*** (DBD). Der SBD wird durch den vom linken Ventrikel geleisteten maximalen Auswurfdruck bestimmt. Der DBD ist die Resultante der Elastizität der Aorta und der großen Arterien. Diese dehnen sich in der Systole aus und geben den Druck in der Diastole wieder ab, so daß ein kontinuierlicher Blutfluß gewährleistet wird. Bei hoher Elastizität (in der Jugend) ist die Differenz zwischen SBD und DBD (Blutdruckamplitude) entsprechend gering. Mit zunehmendem Elastizitätsverlust der großen Arterien (im Alter, bei vorzeitiger Verkalkung der Media) nimmt die Blutdruckamplitude zu und zur Gewährleistung eines kontinuierlichen Blutflusses ist eine Zunahme des SBD notwendig.

BD (mmHg) = HZV (l/min) x R (dyn x cm^{-5}/sec)

Der arterielle Blutdruck herrscht nur in den großen Arterien und wird im Bereich der kleinen Arterien und besonders der Arteriolen auf den Perfusionsdruck der einzelnen Organe selektiv und nach Bedürfnissen getrennt herunterreguliert.

Der normale arterielle Druck. Er ist wesentlich vom Lebensalter abhängig. Im Säuglings- und Kindesalter gelten strenge altersabhängige Normbereiche [32]. Vom 14. bis zum 40. Lebensjahr liegt der Blutdruck weitgehend konstant um 120/70 mmHg ± 20 mmHg. Nach dem 40. Lebensjahr steigt der SBD infolge des Elastizitätsverlustes der großen Arterien an, sollte jedoch physiologischerweise 160 mmHg auch im fortgeschrittenen Lebensalter nicht wesentlich überschreiten. Der altersabhängige Blutdruckanstieg ist bei Frauen bis zum 40. Lebensjahr nur gering ausgeprägt. Der DBD steigt im Alter nicht an, im Gegenteil, bei starkem Elastizitätsverlust können sogar besonders niedrige diastolische Druckwerte imponieren (Abb. 9.1).

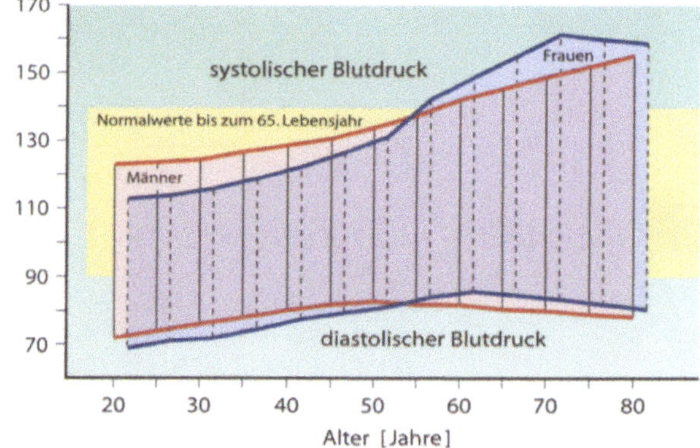

Abb. 9.1. Altersabhängige Blutdrucknormalwerte für Männer und Frauen

Akute und chronische Regulationsmechanismen: Verschiedene zeitlich versetzt einsetzende Regelkreise sorgen auf nervalem und hormonellem Gebiet für die Aufrechterhaltung des normalen Druckes

Am bedeutsamsten für ***akute Regelungen*** innerhalb von Sekunden ist der ***Barorezeptorenreflex***. Zwischen Blutdruckwerten von 80 und 180 mmHg feuern Dehnungsrezeptoren, die in den Wänden der A. carotis und des Aortenbogen gelegen sind, mit zunehmender Frequenz Signale in das Zentralnervensystem. Im Bereich der Medulla oblongata werden die Impulse in eine Inhibition der sympathischen Nervenaktivität und im medialen Teil der Medulla oblongata in eine Stimulation vagaler Efferenzen umgewandelt. Die Inhibition des Sympathikus führt zu Vasodilatation, zur Abnahme der Herzfrequenz und Kontraktilität, während die Stimulation des Vagus die Bradykardie verstärkt. Der Nettoeffekt ist ein sofortiger Abfall des initial erhöhten Blutdruckes. Dieser Effekt kann u. U. krankhaft gesteigert ablaufen, wenn der Barorezeptor beispielsweise durch verkalkte Plaques übermäßig stimuliert wird und inadaequate Blutdruckabfälle und Bradykardien (bis zu längeren Asystolien) induziert.

Die im Bereich des Vasomotorenzentrums liegenden ***Chemorezeptoren*** reagieren offensichtlich auf hohe CO_2-Spiegel und auf Laktat bei schwerer Hypotonie (zerebrale Ischämie im Schock). Dieses „letzte" Notfallsystem führt zur stärksten Sympathikusstimulation, die eine maximale Vasokonstriktion zur Folge hat (mit Sistieren der Urinproduktion und peripherer Minderdurchblutung), um alle Möglichkeiten der absolut vorrangigen Hirndurchblutung auszuschöpfen.

Langsamer als Barorezeptoren, aber noch innerhalb von Minuten und Stunden für die Kontrolle des Blutdruckes wirksam sind die drei wichtigsten hormonellen Regulationsmechanismen

Die drei wichtigsten hormonellen Regulationsmechanismen sind:

- das sympathisch vermittelte Katecholamin-System,
- das Renin-Angiotensin-System,
- das Vasopressin-System.

Die ***Katecholamine*** sind als Überträgersubstanzen der ***sympathischen Nerven*** für die Baro- und Chemorezeptoren vermittelten Effekte bereits erwähnt. Darüber hinaus stimuliert der Sympathikus die Freisetzung von Adrenalin und Noradrenalin aus dem Nebennierenmark, die dann systemisch ihre vasokonstriktorische, chrono- und inotrope Wirkung innerhalb von Minuten und Stunden entfalten können.

Wir unterscheiden ein renales von einem extrarenalen ***Renin-Angiotensin-System***, das auch im Gehirn, im Herzen und besonders in der glatten Gefäßmuskelzelle nachweisbar ist. An dieser Stelle wird jedoch nur auf das renale System eingegangen, das für verschiedene sekundäre Hypertonieformen entscheidende, für die Pathogenese der essentiellen Hypertonie vermutlich aber nur begrenzte Bedeutung hat (s. Genetik S. 130).

Das ***Enzym Renin*** wird überwiegend in den juxtaglomerulären Zellen der Niere gebildet und setzt aus einem aus der Leber stammenden ***Glykoprotein Angiotensinogen***, das Dekapeptid Angiotensin I frei (Abb. 9.2).

Angiotensin I wird durch das Konversions-Enzym (CE) in das Oktapeptid ***Angiotensin II***, dieses durch eine Aminopeptidase in das Heptapeptid ***Angiotensin III*** überführt. Die beiden letztgenannten Peptide sind die eigentlich wirksamen Substanzen des Systems. Sie werden durch verschiedene Peptidasen, (Angiotensinasen) zu inaktiven Bruchstücken abgebaut (s. Abb. 9.2). Seit wenigen Jahren ist bekannt, daß Angiotensin II auch unabhängig vom CE durch Chymasen gebildet werden kann, die in der Herzmuskulatur und auch in Arteriolen vorhanden sind. Dieser Syntheseweg erklärt, daß trotz CE-Hemmung durch spezifische CE-Hemmer (z. B. Captopril, Enalapril, Ramipril) der Angiotensin II Spiegel nicht vollständig reduziert wird.

Angiotensin II

- hat eine starke vasokonstriktorische Wirkung,
- verändert die renale Hämodynamik (Senkung der Nierendurchblutung und glomerulären Filtration bei Zunahme der Filtrationsfraktion),
- hat einen tubulären Effekt auf die Natriumreabsorption (antinatriuretische Wirkung),
- induziert eine verstärkte (präsynaptische) Freisetzung von Noradrenalin,
- besitzt stimulierende Wirkung auf die Sekretion des antidiuretischen Hormons (ADH).

Angiotensin III stimuliert vorwiegend die Aldosteronsekretion der Nebennierenrinde.

Alle genannten Effekte von Angiotensin II werden über die Angiotensin-Typ 1 ***(AT1)-Rezeptoren*** vermittelt, die auch spezifisch durch AT1-Rezeptor-Antagonisten blockiert werden (z. B. Losartan). Darüber hinaus existieren auch AT2-Rezeptoren, deren Funktion noch weitgehend unklar ist. Möglicherweise antagonisieren sie die Wirkung von AT1-Rezeptoren, vermitteln antiproliferative Effekte und haben auch eine Bedeutung für den regulierten Zelltod (Apoptose).

Die Reninsekretion wird durch den arteriellen Druck (Dehnungsrezeptoren im Vas afferens), durch das sympathische Nervensystem (β-Adrenorezeptoren) und durch einen natriumempfindlichen Mechanismus beeinflußt.

Der intrarenale natriumempfindliche Mechanismus, der bewirkt, daß eine negative Natriumbilanz die Reninsekretion steigert, ist nicht eindeutig geklärt. Eine verbreitete Auffassung besagt, daß die Macula densa die Natriumkonzentration oder das „Natrium-load" im Tubulusharn erfaßt und diese Information an die unmittelbar benachbarten juxtaglomerulären Zellen weitergibt, wo entsprechende Änderungen der Reninsekretion ausgelöst werden. Das freigesetzte Angiotensin

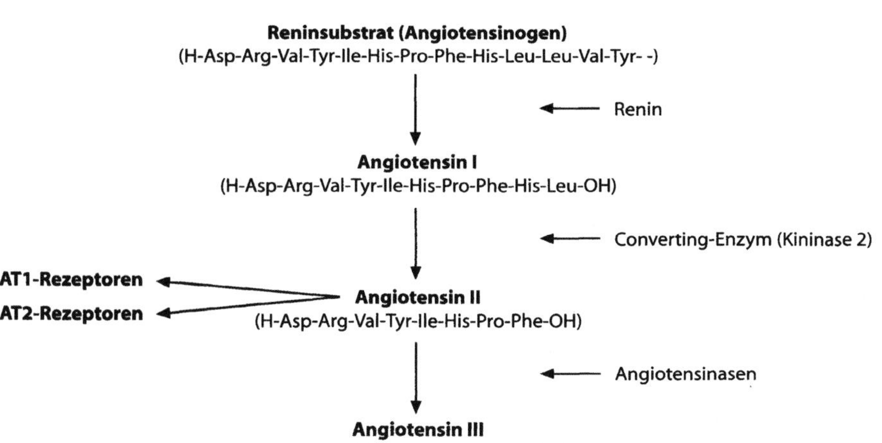

Abb. 9.2. Das Renin-Angiotensin-System

II soll dann über seine Wirkung auf das Glomerulusfiltrat Abweichungen der tubulären Natriumkonzentration (bzw. des „Loads“) korrigieren.

Vasopressin wird bei starkem Blutdruckabfall und Volumenverlusten aus dem Hypophysenhinterlappen freigesetzt und wirkt direkt vasokonstriktorisch. Neben der sofort einsetzenden Vasokonstriktion kann Vasopressin auch über seine am spätdistalen Tubulus und proximalen Sammelrohr angreifenden wasserretinierenden Mechanismus langfristig zur Blutdrucksteigerung beitragen.

Die Mechanismen der ***Langzeitregulation*** sind weit weniger bekannt als die genannten Kurzzeitregulatoren. Natürlich hat das Renin-Angiotensin-System über die Stimulation der Aldosteronsekretion auch Effekte über Tage und Wochen. Darüber hinaus besteht jedoch ein direkter Zusammenhang zwischen Blutdruckhöhe und Salz- bzw. Wasserbilanz.

Mit steigendem Blutdruck wird die Niere in die Lage versetzt, vermehrt Natrium- und Wasser auszuscheiden und vice versa. Dieser von Hormonen unabhängige Effekt der ***„Druckdiurese“*** trägt über Volumenregulation zur Blutdruckhomöostase bei. Offensichtlich ist die Beziehung zwischen Blutdruck und Volumenausscheidung bei Patienten mit essentieller Hypertonie nach links verschoben (Abb. 9.3).

!

Der Blutdruck ist das Produkt von Herzzeitvolumen und peripherem Widerstand. Er liegt bei Erwachsenen im Mittel um 120/70 mmHg. Nach dem 40. Lebensjahr steigt der systolische Wert leicht an, sollte aber 160 mmHg nicht überschreiten. Die Blutdruckregulation erfolgt durch zeitlich versetzte arbeitende nervale (Barorezeptoren, Chemorezeptoren) und hormonelle (Sympathikus, Renin-Angiotensin-System, Vasopressin-System) Regelkreise sowie über die Langzeitbeeinflussung des Salz-Wasserhaushaltes und der Druckdiurese.

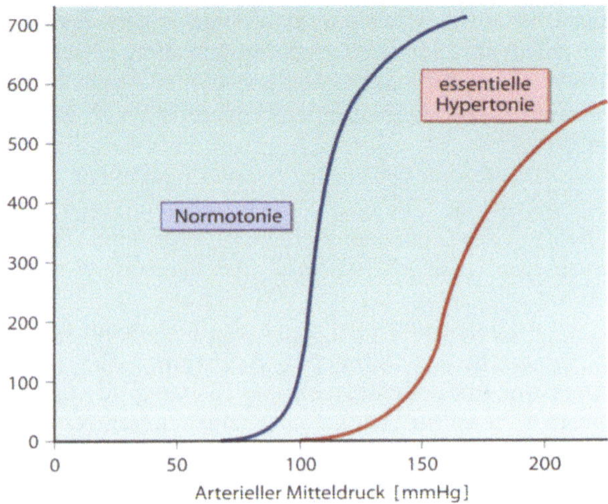

9.2 Arterielle Hypertonie

Als Hochdruckkrankheit wird unabhängig von der Ätiologie, jede chronische Erhöhung des diastolischen Blutdrucks verstanden, wobei in einer Mehrzahl der Fälle auch der systolische Blutdruck erhöht ist

Eine scharfe Grenze zwischen normalem und zu hohem Blutdruck gibt es nicht. Das Ausmaß des Exzeßrisikos von Hochdruckkranken gegenüber der normotensiven Bevölkerung wird eindrucksvoll durch Untersuchungen nordamerikanischer Lebensversicherungsgesellschaften dargestellt [37]. Demnach gibt es keinen Grenzwert des Blutdrucks, von dem an das Mortalitätsrisiko eindeutig zunimmt. Vielmehr steigt die Mortalität mit steigendem Blutdruck exponentiell an, während andererseits niedrige Blutdruckwerte ein unterdurchschnittliches Risiko darstellen und ein längeres Leben versprechen (Abb. 9.4).

Für verschiedene Altersgruppen hat diese blutdruckabhängige Steigerung der Mortalität unterschiedliche Konsequenzen. So nimmt mit zunehmendem Lebensalter trotz steigender allgemeiner Mortalität der Einfluß des Blutdruckes auf die Lebenserwartung ab (Abb. 9.5).

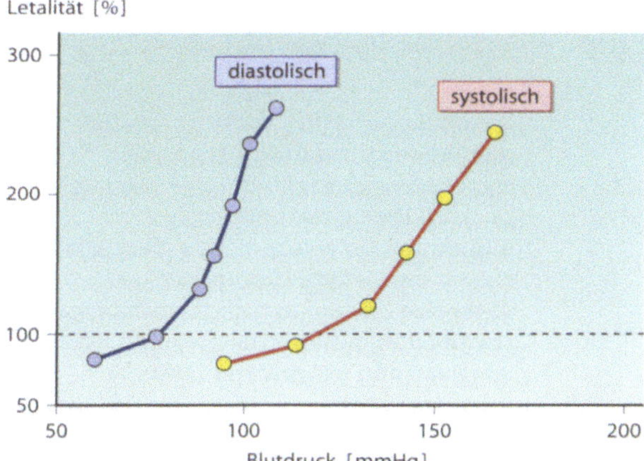

Abb. 9.4. Abhängigkeit der Letalität von der systolischen und diastolischen Blutdruckhöhe (nach [37])

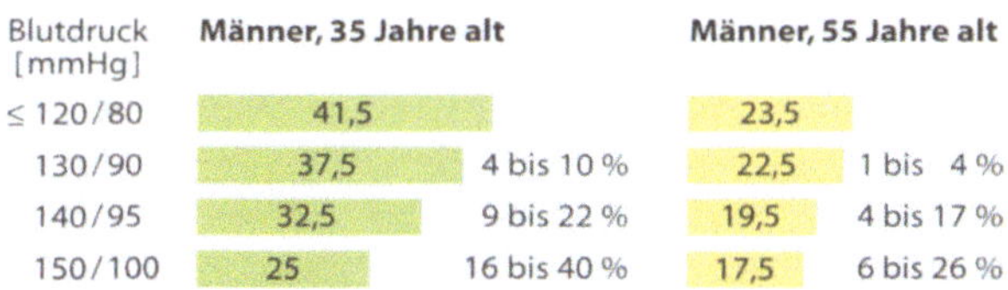

Abb. 9.5. Lebenserwartung 35- und 55jähriger Männer in Abhängigkeit von ihrem Blutdruck (nach [37])

Definition. Die Deutsche Liga zur Bekämpfung des hohen Blutdruckes gibt als ***obere Normgrenze*** des Blutdruckes bei Erwachsenen folgende Werte an:

- für den systolischen Blutdruck:
  - 140 mmHg bis zum 40. Lebensjahr,
  - 150 mmHg vom 40.- 60. Lebensjahr,
  - 160 mmHg ab dem 60. Lebensjahr,

- für den diastolischen Blutdruck:
  - 90 mmHg für alle Lebensalter.

Eine ***isolierte systolische Hypertonie*** mit normalen diastolischen Werten ist von der eigentlichen Hochdruckkrankheit abzugrenzen; ihr liegt ein deutlicher Elastizitätsverlust der großen Arterien zu Grunde.

Unter einer ***malignen Hypertonie*** werden schwere Blutdruckerhöhungen (in der Regel diastolische Werte über 120 mmHg) in Verbindung mit schweren Augenhintergrundsveränderungen und/oder fortschreitender Niereninsuffizienz verstanden.

Häufigkeit und Epidemiologie. Die ***arterielle Hypertonie*** ist ein zentraler Risikofaktor für Myokardinfarkt und zerebrale Ischämie. Die Bedeutung für die zerebrale Ischämie ist hierbei noch deutlich größer als für den Myokardinfarkt, wie aus Analysen der Framingham-Studie hervorgeht [25]. In den westlichen Industrieländern führen diese beiden Erkrankungen in der Mortalitätstatistik noch deutlich vor der Gesamtheit aller Krebserkrankungen.

Die ersten zuverlässigen epidemiologischen Daten in der Bundesrepublik (Tabelle 9.1) wurden im Rahmen des WHO-Monica Projekts [20] erhoben. Demnach leiden zwischen 21 % (ländliche Region) und 27 % (Stadt-Region) aller männlichen bzw. 19 % (ländliche Region) und 23 % aller weiblichen Einwohner an einer arteriellen Hypertonie. Auffallend ist, daß in dem Gebiet der ehemaligen DDR die Häufigkeit der Hypertonie deutlich höher ist: bei männlichen Personen 33 bis 39 % und bei weiblichen 32 bis 35 %, ohne daß Ursachen für diesen Unterschied bislang eindeutig identifiziert werden konnten.

Ätiologie und Einteilung des erhöhten Blutdruckes. In den meisten Fällen ist die Ursache des erhöhten Blutdruckes nicht bekannt. Genaue Daten über die Häufigkeit der sekundären Hypertonie in der gesamten Bevölkerung liegen nicht vor. Vermutlich sind jedoch rund 90–95 % aller chronischen Hypertonieformen der primären bzw. essentiellen Hypertonie zuzurechnen (Tabelle 9.2). Unter den sekundären Hypertonieformen sind die renalen die häufigsten, während sich nur bei ca. 0,5–1 % aller Hypertoniefälle endokrine Erkrankungen und sehr selten zentrale Ursachen nachweisen lassen. In Einzelfällen kann der Hochdruck durch Pharmaka, insbesondere Ovulationshemmer hervorgerufen werden.

Tabelle 9.1. Prävalenz der arteriellen Hypertonie in Ost- und Westdeutschland (nach [20])

Ort	männlich [%]	weiblich [%]
Augsburg – Land	21,6	19,4
Augsburg – Stadt	27,2	19,5
Bremen	26,0	23,3
Rhein-Neckar-Region	22,0	17,3
Berlin-Lichtenberg	37,2	32,3
Chemnitz	38,9	34,7
Halle	33,6	35,5

Tabelle 9.2. Klassifikation der arteriellen Hypertonie

Essentielle (primäre, idiopathische) Hypertonie
Sekundäre Hypertonien
- ❖ Renale Hypertonien
- • Renoparenchymatöse Hypertonie bei
- – akuter/chronischer Glomerulonephritis
- – chronischer Pyelonephritis
- – diabetischer Glomerulosklerose
- – chronischer interstitieller Nephritis
- – Nierenbetieligung bei Kollagenosen
- – Nierenzysten und Zystennieren
- – Nierentumoren
- – einseitig kleiner Niere
- – Zustand nach Nierentransplantation
- • Renovaskuläre Hypertonie bei
- – fibromuskulöser Dysplasie
- – arteriosklerotischen Veränderungen
- – Aneurysmata/arteriovenösen Fisteln
- – Zustand nach Nierentrauma
- ❖ Endokrine Hypertonien
- • Primärer Hyperaldosteronismus (Conn-Syndrom) bei
- – Nebennierenrindenadenom (75 %)
- – bilateraler Nebennierenrindenhyperplasie (25 %)
- – Nebennierenrindenkarzinom (< 1 %)
- • Cushing-Syndrom bei
- – hypophysärer-hypothalamischer Regulationsstörung
- – basophilem Adenom des Hypophysenvorderlappens
- – Nebennierenrindenadenom
- – Nebennierenrindenkarzinom
- – paraneoplastischem ACTH-produzierendem Syndrom
- • Phäochromozytom/Neuroblastom im Bereich
- – des Nebennierenmarks
- – der sympathischen Paraganglien
- • Primärer Hyperreninimus
- ❖ Aortenisthmusstenose
- ❖ zentrale Hypertonie
- ❖ Iatrogene (medikamentöse) Hypertonie

! Eine arterielle Hypertonie wird ab Werten von 140/90 mmHg definiert. Sie ist der häufigste kardiovaskuläre Risikofaktor und ist entscheidend für zerebrovaskuläre und nachgeordnet auch kardiovaskuläre Komplikationen verantwortlich. In über 90 % liegt keine organisch faßbare Ursache vor (essentielle Hypertonie). Selten sind Nierenerkrankungen, Nierenarterienstenosen und sehr selten endokrine Tumoren oder Medikamente die Ursache der Blutdruckerhöhung.

9.3 Essentielle Hypertonie

Das Vorliegen einer primär, essentiell oder auch idiopathisch genannten Hypertonie kann nur durch Ausschluß sekundärer Hypertonieformen angenommen werden. Die essentielle Hypertonie ist eine komplexe kardiovaskuläre Erkrankung, deren Ausprägung sowohl von genetischen, psychischen wie auch von Umweltsfaktoren bestimmt wird

Ätiologie und pathogenetische Faktoren. Sie sind bei der Entstehung der essentiellen Hypertonie vielfach nicht eindeutig voneinander abzutrennen; sie werden daher gemeinsam besprochen (Tabelle 9.3).

Familien- und Zwillingsuntersuchungen haben gezeigt, daß die Varianz des Blutdrucks Erwachsener zu 30–40 % von ***genetischen*** und mehrheitlich von Umweltsfaktoren beeinflußt wird [38]. Daß genetische Faktoren eine bedeutende Rolle spielen können, wird auch durch Bevölkerungsstudien unterstützt: So gibt es in bestimmten primitiven Bevölkerungen, wie Buschmännern in der Kalahari oder auch Indianerstämmen im Amazonasgebiet und unter Eskimos so gut wie keine Hypertonie, während bei Schwarzen in Westafrika und auch in der schwarzen Bevölkerung in den Vereinigten Staaten eine besonders hohe Hypertonieprävalenz vorliegt.

Auch wenn die essentielle Hypertonie ***polygenetisch*** vererbt wird, gibt es doch einige sehr seltene Hochdruckformen, die einem streng monogenetischen Erbgang folgen. Beispiele sind hierfür der durch glukokortikoide supprimierbare Aldosteronismus, das Liddle-Syndrom, multiple endokrine Neoplasien (MEN Typ II) und verschiedene Steroidsynthesedefekte (s. Übersicht 27).

In den letzten Jahren wurden durch genetische Kopplungs- und Assoziationsstudien einige Kandidatengene untersucht, die auf Grund ihrer Bedeutung für die Kreislaufregulation für die Hypertonieentwicklung eine Bedeutung haben könnten. Positive Assoziationen konnten bislang für das Angiotensinogen-Gen gefunden werden, das in bestimmten molekularen Varianten (Einbau von Threonin anstelle Methionin in Kodon 235 – M235T-Varinate) deutlich häufiger bei der essentiellen Hypertonie vorkommt [19]. Für andere Kandidatengene des Renin-Angiotensin-Systems (Renin-, ACE-

Tabelle 9.3. Potentielle ätiologische und pathogenetische Faktoren der essentiellen Hypertonie

- ❖ Genetische Prädisposition
- ❖ Psychische und soziale Faktoren, Streß
- ❖ Umweltfaktoren
  - • Klima
  - • Ernährung
    - – Salzkonsum
    - – Alkoholkonsum
    - – Kaffee
    - – Trinkwasser
  - • Spurenelemente
- ❖ Sympathiko-adrenerges System
  - • Störungen im Bereich der Kreislaufzentren
  - • Aktivitätssteigerung des Sympathikus
  - • Reaktivitätssteigerung der Gefäße
    - – durch strukturelle Veränderungen (Mediahypertrophie)
    - – durch funktionelle Veränderungen
- ❖ Renale Faktoren
  - • Störungen der Natrium- und Wasserhomöostase
  - • Aktivierung des Renin-Angiotensin-Systems
  - • Störungen des renalen Prostaglandin-Kinin-Systems
- ❖ Atrialer natriuretischer Faktor
- ❖ Natriumhaushalt
- ❖ Übergewicht

Gen) waren die Koppelungsergebnisse bislang nicht überzeugend [22]. Möglicherweise liegen die für die Hypertonie-Entwicklung verantwortlichen Störungen jedoch auf tieferen Ebenen, wie Untersuchungen am Gen des Gi-Proteins zeigten [36].

Psychische Belastungen verschiedener Art können den Blutdruck aktuell erhöhen, während weitgehend unklar ist, ob derartige Belastungen zu einer Dauerhypertonie führen. So konnte gezeigt werden, daß Nonnen niedrigere Blutdruckwerte haben als Frauen, die in „ungeschützter" Umgebung leben [23]. Menschen, die wiederholtem Streß durch Lärm ausgesetzt sind, zeigen höhere Blutdruckwerte als solche, die unter normalen Geräuschbedingungen leben. Personengruppen, die beruflich schwerem psychischen Streß ausgesetzt sind, wie exemplarisch Fluglotsen, entwickeln vielfach häufiger eine Hypertonie als Vergleichsgruppen [2].

Ohne daß es letztlich hinreichend bewiesen werden konnte, werden für die Entstehung einer essentiellen Hypertonie als bedeutsame psychosoziale Faktoren angesehen: Schwierigkeiten in der sozialen Anpassung, gesteigerter beruflicher Ehrgeiz, Nichterfüllung bestimmter Erwartungen und Auseinandersetzungen mit vermeintlichen und tatsächlichen Umweltbedrohungen. Alle die genannten Umstände führen zu einer Aktivierung des sympathikoadrenalen Systemes, das in der Pathogenese der Hypertonie (s. unten) einen besonderen Stellenwert hat.

Eine Anzahl von spezifischen ***Umweltfaktoren*** wird mit der Entwicklung der Hypertonie in Verbindung gebracht, so ernährungsbedingte Faktoren, wie Kochsalzzufuhr (s. unten); Übergewicht (s. unten), Konsum von Alkohol, Koffein, Nikotin sowie Besonderheiten des Trinkwassers.

- Alkoholiker weisen etwa doppelt so oft einen Hochdruck auf wie Nichtalkoholiker [31]. Unklar ist, ob der ***Alkohol*** einen direkten, möglicherweise sympathisch vermittelten, blutdrucksteigernden Effekt besitzt oder ob hoher Blutdruck und gesteigerter Alkoholkonsum über einen dritten gemeinsamen Faktor verknüpft sind, z. B. durch eine besondere persönliche Reaktion auf exogene Einwirkungen („Streß"). Zweifelsfrei ist Alkohol jedoch ein ausgeprägter Kalorienlieferant und fördert die Übergewichtigkeit. Es besteht heute die allgemein anerkannte Empfehlung, daß ein Hochdruck-Patient nicht mehr als 30 g Alkohol/Tag durchschnittlich zu sich nehmen sollte.
- Die Zufuhr von ***Koffein*** steigert zwar im akuten Versuch den Blutdruck, wobei die Plasma-Renin-Aktivität und die Plasma-Katecholamine deutlich ansteigen und es zu einer vermehrten Natriurese kommt [4]. Epidemiologische Untersuchungen haben jedoch gezeigt, daß erst bei ausgeprägtem Coffein-Exzeß (6 und mehr Tassen koffeinhaltigen Kaffees täglich) die Hypertoniehäufigkeit zunimmt.
- ***Rauchen*** ist zwar unbestreitbar ein Risikofaktor für verschiedene Gefäßerkrankungen, hat aber im akuten Versuch keinen nennenswerten Einfluß auf den Blutdruck. Aus epidemiologischen Untersuchungen geht hervor, daß Hypertoniker eher weniger Rauchen als die Durchschnittsbevölkerung. Es gibt jedoch Hinweise darauf, daß bei Patienten mit maligner Hypertonie ein überraschend hoher Prozentsatz von Rauchern vorliegt [18] und daß das Risiko einer malignen Entwicklung des Hochdrucks durch Rauchen begünstigt wird.
- In den letzten 25 Jahren ist eine große Anzahl von Studien über die Zusammenhänge zwischen der Härte des ***Trinkwassers*** und der Mortalität an Kreislaufkrankheiten erschienen. Es zeigte sich bald, daß mit der Härte des Wassers, d.h. mit dem Gehalt an

Kalziumkarbonat, auch zahlreiche andere chemische Bestandteile wechseln, häufig unabhängig voneinander. Untersucht wurden in diesem Zusammenhang Magnesium, Cadmium, Natrium, Kalium, Blei, Quecksilber, Zink, Kupfer, Chrom, Kobalt, Eisen, Vanadium und andere Substanzen sowie ihre Beziehungen untereinander [28]. All diese Beobachtungen sind aber dahingehend zusammenzufassen, daß die Situation noch weitgehend unklar ist und daß sich insbesondere Konsequenzen für eine Prävention noch nicht ableiten lassen.

Als führende Ursache der essentiellen Hypertonie wird seit langem eine gesteigerte Sympathikusaktivität angeschuldigt. Nicht zuletzt daher werden Medikamente, die mit der sympathischen Nervenaktivität interagieren, als Antihypertensiva mit Erfolg entwickelt und eingesetzt

Die Stimulation des Sympathikus führt über β-adrenerg vermittelte Steigerung des Herzzeitvolumens und über α-adrenerg vermittelte Vasokonstriktion zur Blutdruckerhöhung. Substanzen, die mit der Sympathikusaktivität interferieren wie α- oder β-Rezeptorenblocker, Methyldopa und auch Clonidin haben einen etablierten Platz in der Palette antihypertensiver Pharmaka. Entsprechend wurde lange Zeit vermutet, daß eine gesteigerte Aktivität des sympathischen Nervensystems für die Hypertonieentwicklung von pathogenetischer Bedeutung ist. Die Plasmanoradrenalinspiegel als Parameter der sympathischen Aktivität sind jedoch bei Patienten mit essentieller Hypertonie nicht einheitlich erhöht [12]. Aber auch die an Haut- und Muskelnerven direkt gemessene sympathische Nervenaktivität ist nur gering und uneinheitlich erhöht [29]. Auf der anderen Seite ist die blutdrucksteigernde Wirkung von Noradrenalin bei Patienten mit essentieller Hypertonie erhöht, so daß zur leicht erhöhten Aktivität noch eine gesteigerte Effektivität des Noradrenalins kommt. Beide Faktoren, Sympathikusaktivität und blutdrucksteigernde Wirkung von Noradrenalin, scheinen wesentliche Determinanten der Blutdruckhöhe bei Patienten mit essentieller Hypertonie zu sein [29].

Unklar ist, welche Faktoren für die ***gesteigerte Gefäßreaktivität*** des Hypertonikers verantwortlich sind. Folkow postuliert, daß der gesteigerten Reaktivität wesentlich strukturelle Veränderungen im Bereich der Widerstandsgefäße ***(Mediahypertrophie)*** zugrundeliegen, die zu einer Einengung des Lumens führen. Als Folge würde der Gefäßradius abnehmen, wobei der Widerstand eines Gefäßes sich umgekehrt proportional zur 4. Potenz des Gefäßradius (Hagen-Poiseuille-Gesetz) verhält und stark zunimmt [9].

Andererseits sind auch funktionelle Veränderungen auf der Ebene der ***Adrenorezeptoren*** und der nachgeschalteten Second-Messenger-Systeme möglich. So wurde gezeigt, daß bei Hypertonikern die Funktion und die Dichte der β-adrenergen Rezeptoren (gemessen an Blutzellen) gesteigert ist. Es gibt auch Hinweise darauf, daß die Dichte α-adrenerger Rezeptoren, die eine besondere Relevanz für die periphere Widerstandsregulation haben, bei genetisch belasteten Kindern hypertoner Eltern bereits in ihrer Funktion gesteigert und in ihrer Anzahl erhöht sind [26]. Nachgeschaltete Systeme, wie das zyklische AMP, das Calmodulin, die Myosin-Light-Change-Kinase und auch das freie interzelluläre Kalzium sind von verschiedenen Forschergruppen analysiert worden [14]. Die genetische Disposition zur Hypertonieentwicklung ist mit einer gesteigerten Aktivierbarkeit des Gi-Proteins verbunden, das für allgemeine Wachstums- und Hypertrophievorgänge verantwortlich ist und zur Mediahypertrophie beitragen kann [36].

Renale Faktoren spielen bei der Hochdruckentwicklung auf dem Boden von Nierenerkrankungen eine entscheidende Rolle. Es gibt jedoch auch Hinweise, daß bei der essentiellen Hypertonie renale Faktoren zur Hochdruckentwicklung beitragen, wenn auch die quantitative Bedeutung der einzelnen Faktoren noch nicht abzuschätzen ist

Nach unserer derzeitigen Kenntnis sind es hauptsächlich drei teilweise sich gegenseitig beeinflussende Mechanismen, durch die die Niere einen Hochdruck auslösen kann: durch

- die renale Natrium- und Wasserausscheidung,
- das Renin-Angiotensin-System
- renale Gewebshormone, wie das renale Prostaglandin-Kinin-System

Vor allem die von Guyton et al. [13] vorgenommene computerassistierte Systemanalyse des Kreislaufs hat gezeigt, daß der ***renalen Natrium-Wasser-Ausscheidung*** eine zentrale Stellung in der langfristigen Blutdruckregelung zukommt. Grundlegend ist dabei die Beobachtung, daß die Niere mit steigendem Perfusionsdruck vermehrt Natrium und Wasser ausscheidet und daß beim Hypertoniker die Schwelle für diese „Druck"-Diurese nach oben verschoben ist. Bei einer Volumenexpansion, z. B. durch Zufuhr von NaCl und Wasser, hat die durch das erhöhte Herzzeitvolumen ausgelöste geringe Blutdrucksteigerung den Effekt, daß bei normaler Nierenfunktion das zugeführte Volumen durch die sofort einsetzende ***Druckdiurese*** wieder ausgeschieden wird und Herzzeitvolumen und Blutdruck zur Norm zurückkehren. Ist die Nierenfunktion beeinträchtigt, verbleiben vermehrt zugeführtes Salz und Wasser im Organismus und erhöhen über einen gesteigerten zentralen Venendruck das Herzzeitvolumen und den arteriellen Blutdruck. Dieser steigt gerade so weit an, daß – entsprechend der jeweiligen Einschränkung der exkretorischen Nierenfunktion – das zugeführte Volumen wieder ausgeschieden wird und sich ein neues Gleichgewicht bei positiver Flüssigkeitsbilanz einstellt. In kurzer Zeit hat diese ***Autoregulation*** zur Folge, daß der periphere Gefäßwiderstand ansteigt, das Herzzeitvolumen zur Norm zurückkehrt, der arterielle Druck aber erhöht bleibt und bei verminderter Compliance der Kapazitätsgefäße und des Interstitiums die Natrium-Wasser-Retention wieder zurückgeht. Damit ist ein Zustand eingetreten, wie man ihn bei vielen voll entwickelten experimentellen und klinischen Hypertonieformen, einschließlich der essentiellen, findet: erhöhter Blutdruck, erhöhter peripherer Widerstand, Herzzeitvolumen normal, Flüssigkeitsräume normal. Die Sequenz dieses Ablaufs der Ereignisse wird modifiziert durch die Barorezeptoren, durch sympathiko-adrenerge Mechanismen, durch das Renin-Angiotensin-System und adrenokortikale und andere hormonale Einflüsse. Im Extremfall der Störung der renalen Exkretionsfunktion, beim nierenlosen Tier und Menschen, kann die Blutdruckhöhe überwiegend nur noch volumenabhängig sein.

In den letzten Jahren hat sich herausgestellt, daß zwischen dem ***Renin-Angiotensin-System*** (s. oben) und dem ***Kallikrein-Kinin-System*** biochemische Zusammenhänge bestehen. Die Kallikreine sind Serumproteinasen, die in der Niere und in verschiedenen Drüsen gebildet und mit dem Urin ausgeschieden werden. Sie setzen aus Kininogenen Kinine, z. B. Bradykinin und Kallidin, frei. Das Kallikrein-Kinin-System greift außerdem in das Blutgerinnungssystem ein und beeinflußt wahrscheinlich wesentlich (via Prostaglandin?) die renale Wasser- und Elektrolytausscheidung. Die bisherigen Befunde, u. a. über die Ausscheidung bzw. die Plasmakonzentrationen von Kallikrein und Kininen bei verschiedenen Formen des experimentellen und menschlichen Hochdrucks, ergeben noch kein klares Bild.

Die Vielzahl der ubiquitär im Organismus vorkommenden ***Prostaglandine*** wird nach ihrer chemischen Struktur mit Buchstaben (PG A, B etc.) und zusätzlichen Indexziffern gekennzeichnet. Sie wirken an der Entstehung von Schmerz, Entzündung und Fieber mit und haben u. a. vielfältige Effekte auf die glatte Muskulatur und die Nierenfunktion. Die Wirkung mancher Pharmaka (nichtsteroidale Antirheumatika) beruht auf einer Prostaglandin-Synthesehemmung; sie werden daher auch benutzt, um Aufschluß über die Bedeutung von Prostaglandinen in (patho-)physiologischen Prozessen zu gewinnen. Unter ihrem Einsatz kommt es zur Natrium- und Volumenretention mit Abnahme der glomerulären Filtration, der Blutdruck steigt an und die Wirkung einiger Antihypertensiva (insbesondere ACE-Hemmer und Diuretika) werden antagonisiert. Die Ursache ist eine Verschiebung der Synthese von vasodilatierenden zu vasokontrahierenden Prostaglandinen.

Die mögliche pathophysiologische Bedeutung dieser Zusammenhänge für die Hypertonie liegt auf der Hand; dennoch ist für die essentielle Hypertonie nie nachgewiesen worden, daß einer dieser Faktoren überwiegend verantwortlich für die Blutdruckerhöhung bei essentieller Hypertonie ist. Bei sekundären Hypertonien, insbesondere bei chronischen Nierenerkrankungen ist ihre primäre pathogenetische Bedeutung jedoch wahrscheinlich.

Viele dieser Erkenntnisse sind aus unterschiedlichen Tiermodellen gewonnen worden. Für sekundäre Hypertonieformen haben sie auch durchaus ihre Gültigkeit; ihre Übertragbarkeit auf die Verhältnisse bei der essentiellen (primären) Hypertonie ist jedoch nur sehr begrenzt zulässig, da sich für diese Krankheit kein vergleichbares Modell in der Tierwelt findet.

In direkter Beziehung mit der Bedeutung der renalen Faktoren müssen auch die Effekte des atrialen natriuretischen Faktors gesehen werden, der seine Wirkung an der Niere ausübt, sowie die Bedeutung des Kochsalzes, dessen Bilanz über viele Einflüsse durch die Niere mitbestimmt wird.

Der ***atriale natriuretische Faktor (ANF)*** wurde 1981 erstmals aus Vorhöfen als stark diuretisch wirkender Stoff isoliert [5]. Offensichtlich wird ANF bei Volumenexpansion (Rechtsherzbelastung) aus dem rechten Vorhof freigesetzt und bewirkt eine Vasodilatation und Natriurese. Über eine pathogenetische Rolle von ANF bei der essentieller Hypertonie kann zur Zeit noch keine Aussage gemacht werden. Vermutlich kommt ihm in der Pathophysiologie der Herzinsuffizienz eine weitaus größere Bedeutung zu [34].

Die Beziehungen zwischen ***Kochsalzkonsum*** und Hypertonie sind seit Jahrzehnten Gegenstand epidemiologischer Untersuchungen [3]. Der Kochsalzkonsum liegt in den westlichen Industriegesellschaften durchschnittlich bei etwa 12–15 g/Tag, in Nordjapan sogar fast doppelt so hoch, und damit weit über dem Minimalbedarf von 1–3 g/Tag. In primitiven, seit Jahrhunderten isoliert lebenden Populationen, deren Nahrung weniger als 2–5 g NaCl/Tag (dafür meist reichlich Kalium) enthält, ist die arterielle Hypertonie nahezu unbekannt. Daß es sich nicht um eine genetische Besonderheit handelt, geht daraus hervor, daß auch bei diesen Völkern Hypertonie häufiger beobachtet wird, sobald sie westlichen Zivilisationsbedingungen einschließlich der damit verbundenen Änderung der Ernährung unterworfen werden. Erst durch die 1989 veröffentlichte Intersalt-Studie [17], wurde die Frage, ob eine zentrale Hochdruckursache in unserem Natriumexzeß liegt, umfassend überprüft. Diese Untersuchung schloß 52 Zentren in verschiedenen Ländern und über 10.000 Personen ein. Insgesamt zeigte sich ein hoch signifikanter, wenn auch quantitativ nur geringer Zusammenhang zwischen individuellem Natriumkonsum und individueller Blutdruckhöhe: pro 100 mmol/Tag Natrium steigt demnach der systolische Blutdruck um etwa 3–4 mmHg.

Wie beim Tier scheint auch beim Menschen die hochdruckerzeugende Wirkung des Kochsalzes ***genetisch determiniert*** zu sein. Bei etwa 1/3 aller Hypertoniepatienten steigt der Blutdruck unter Salzexzeß an bzw. sinkt bei mildem Salzentzug deutlich ab. Diese Patienten können als salzempfindlich aufgefaßt werden. Somit ist Kochsalz nicht grundsätzlich für jeden Hochdruckpatienten ein ätiologisch bedeutsamer Faktor. Andererseits senkt streng salzarme Diät (unter 1 g Salz täglich) bei nahezu jedem Hochdruckpatienten den Blutdruck und salzreiche Diät kann die antihypertensive Wirkung der natrium-eliminierenden Saluretika neutralisieren. Im übrigen stellt Salzsensibilität nicht nur für Hypertoniepatienten eine genetische Belastung dar, sondern etwa 15 % unserer gesunden Bevölkerung weisen diese Erbanlage auf [35].

Die genetische Beziehung zwischen ***Salzsensibilität und Hypertonieentwicklung*** ist noch nicht völlig klar. Bei Patienten mit essentieller Hypertonie wurden Veränderungen der intrazellulären Natriumkonzentration nachgewiesen, die durch erhöhten Salzkonsum verstärkt werden können. In einer Metaanalyse von über 20 Literaturberichten konnte Hilton [16] feststellen, daß der Erythrozyten-Natriumgehalt von Patienten mit essentieller Hypertonie im Mittel um etwa 13 % erhöht ist. Die Ursache dieser Natriumerhöhung ist letztlich nicht eindeutig klar. Am besten läßt sie sich durch die unterschiedliche Aktivität eines Inhibitors der Natriumpumpe erklären, wie sie von DeWardener [6] postuliert wurde, jedoch noch nicht biochemisch charakterisiert werden konnte.

Seit langem ist bekannt, daß zwischem dem ***Übergewicht*** und ***Hypertonieprävalenz*** eine positive Beziehung besteht [15]. Aus Daten epidemiologischer Studien läßt sich ableiten, daß eine Reduktion eines Übergewichtes um 1 kg den diastolischen Blutdruck um 2 mmHg absinken läßt. Welche Faktoren zur Entstehung des Hochdrucks bei Übergewichtigen führen, ist letztlich unklar. Ein Faktor kann in der Hyperinsulinämie der übergewichtigen Personen liegen, die eine erhöhte Natriumretention induziert. Die Ursache der Hyperinsulinämie liegt vermutlich in der Insulinresistenz der Hypertoniker [8], deren Ausmaß mit der Blutdruckhöhe in direkter Beziehung steht.

Hämodynamik und Viskosität. Im Frühstadium einer essentiellen Hypertonie ist das Herzzeitvolumen wie auch die Herzfrequenz in der Regel leicht erhöht. Der periphere Widerstand ist noch normal, kann jedoch in Relation zum erhöhten Herzzeitvolumen bereits als relativ erhöht gelten, da bei Zuständen einer reinen Minutenvolumensteigerung (z. B. Hyperthyreose) der periphere Gesamtwiderstand adaptiv erniedrigt ist.

Bei länger bestehender arterieller Hypertonie steigt der periphere Widerstand an und das Herzzeitvolumen kehrt zur Norm zurück. Dieser Widerstandsanstieg ist in seinem Mechanismus noch nicht restlos geklärt. Möglicherweise trägt die Entwicklung einer Mediahypertrophie der peripheren Widerstandsgefäße [9] hierzu bei.

Die beiden Stadien der Hypertonie aus hämodynamischer Sicht nennt man ***Minutenvolumenhypertonie*** und ***Widerstandshypertonie.***

Hiervon ist der ***Elastizitätshochdruck*** zu unterscheiden, der nicht zur eigentlichen Hochdruckkrankheit gerechnet werden sollte. Beim Elastizitätshochdruck liegt eine verminderte Elastizität der Aorta und großen Gefäße vor, die physiologischerweise die Windkesselfunktion erfüllen und trotz der rhythmisch-phasischen Tätigkeit des Herzens einen kontinuierlichen

Blutfluß garantieren. Mit Abnahme der Elastizität steigt der systolische Blutdruck während der diastolische Blutdruck abfällt bzw. niedrig bleibt.

Die ***Viskosität*** des Blutes kann über endothelabhängige Mechanismen zur Hypertrophie der Widerstandsgefäße und somit zur Hypertoniepathogenese beitragen [24].

> **!** Die Pathogenese der essentiellen Hypertonie ist letztlich nicht geklärt, weshalb auch die Begriffe essentiell und idiopathisch weiter Bestand haben. Die Ursache der essentiellen Hypertonie ist multifaktoriell und die Gewichtung der denkbaren Mechanismen (Genetik, psychische und Umweltsfaktoren, Sympathikus, renale Faktoren mit dem Renin-Angiotensin-System, Kochsalzkonsum und Übergewicht) ist individuell unterschiedlich stark verteilt.

9.4 Sekundäre Hypertonien

Hypertonie als Folge einer erworbenen oder angeborenen klar zuzuordnenden Ursache (sekundäre Hypertonie) ist relativ selten (< 10 %). Im Kindesalter (> 30 %) und abnehmend bis zum 40. Lebensjahr sind sekundäre Ursachen jedoch häufiger, und nach ihnen muß entsprechend auch intensiver gefahndet werden

Renale Hypertonie. Hierunter werden die renoparenchymatösen Hypertonien und die Hypertonien infolge einer renovaskulären Minderdurchblutung verstanden.

Hochdruck ist eine häufige Komplikation bei ***renoparenchymatösen Erkrankungen***, tritt jedoch meist erst bei deutlicher renaler Funktionseinschränkung auf. Die meisten Patienten mit progredient verlaufenden Glomerulonephritiden, etwa 50 % der Patienten mit chronischer Pyelonephritis und viele Patienten mit Zystennieren entwickeln eine Hypertonie, die ihrerseits die Progredienz des Funktionsverlustes bestimmt. Ätiologisch sind 2 Faktoren für die Hypertonieentstehung verantwortlich:

- eine regionale Minderdurchblutung mit nachfolgender Aktivierung des ***Renin-Angiotensin-Systems*** analog der Entstehung des Hochdruckes bei renovaskulärer Hypertonie (s. unten);
- die verminderte Fähigkeit der Niere, Natrium und Volumen auszuscheiden. In diesem Falle kommt es zu einer ***Natrium- und Volumenretention***, die zu einer Blutdruckerhöhung führt. Durch den erhöhten Blutdruck wird die Niere wieder in die Lage zurückversetzt, ausreichend Volumen und Natrium auszuscheiden, so daß die Flüssigkeitsretention klinisch bei erhöhtem Blutdruckniveau nicht aufscheinen muß.

Die ***renovaskuläre Hypertonie*** stellt die häufigste sekundäre, potentiell heilbare Hypertonieform dar. Angaben über die Häufigkeit schwanken zwischen 2 und 15 %, im Mittel um etwa 3–5 % aller Hochdruckfälle [1]. Bei Patienten mit akzelerierter bzw. maligner Hypertonie und auch bei jugendlichen Patienten liegt der Anteil an renovaskulärer Hypertonie vermutlich deutlich höher.

Die Ursachen sind in erster Linie Einengungen oder Verlegungen des Nierenarterienhauptastes oder einer intrarenalen Segmentarterie durch angeborene oder erworbene Schädigungen.

Unter den angeborenen steht an erster Stelle die ***fibröse Dysplasie***, die in 3 Variationen auftritt: Als relativ seltene (2 %) Intimafibroplasie mit ringförmiger oder exzentrischer Verdichtung der Intima durch lockeres fibröses Gewebe, als häufigste (97 %) fibromuskuläre Dysplasie der Media und als sehr seltene (1 %) periarterielle Fibroplasie. Fibröse Dysplasien liegen etwa 1/4 aller Nierenarterienstenosen zugrunde, sind jedoch bei jüngeren Frauen (< 40. Lebensjahr) dominierend.

Arteriosklerotische Stenosen liegen in 75 % aller Fälle von renovaskulärer Hypertonie vor. Sie lassen sich häufiger bei Männern nachweisen und sind häufiger linksseitig lokalisiert. Da sie im Rahmen allgemeiner arteriosklerotischer Gefäßveränderungen auftreten, sind sie meist nicht nur Ursache, sondern auch Folge der arteriellen Hypertonie.

Auch Thrombosen und Embolien der Arteria renalis, eine renale Arteriitis, Traumen und Tumoren mit Einbeziehung der Arteria renalis können in seltenen Fällen zur erworbenen renovaskulären Hypertonie führen.

Die Hauptrolle in der ***Pathogenese der renovaskulären Hypertonie*** spielt das Renin-Angiotensin-Aldosteron-System. Als Folge der verminderten Durchblutung des Nierengewebes hinter der Nierenarterienstenose werden intrarenale vaskuläre Barorezeptoren aktiviert, die im Gebiet der juxtaglomerulären Zellen an der afferenten Arteriole lokalisiert sind. Ihre Stimulation führt zu einer Bildung und Freisetzung von Renin mit nachfolgender Bildung von Angiotensin I und II. Angiotensin II ist die neben Endothelin stärkste vasopressorische Substanz des Körpers und führt zu einer raschen Blutdruckerhöhung. Aber auch langfristig führt Angiotensin II über Stimulation der Aldosteronsekretion in der Nebennierenrinde und der nachfolgenden Volumen- und Natriumretention zu einer anhaltenden Blutdruckerhöhung. Die Natrium- und Volumenretention ist in Verbindung mit der Blutdruckerhöhung der Grund dafür, daß man in chronischen Phasen der renovaskulären Hypertonie meist keine stark erhöhten Plasmareninspiegel mehr feststellen kann.

Der Ablauf der Entwicklung einer renovaskulären Hypertonie ist durch die berühmten tierexperimentelle Modelle von Goldblatt [11] seit langem bekannt. Nach der heutigen Vorstellung [30] können 3 Phasen unterschieden werden (Abb. 9.6):

- In der 1. Phase entwickelt sich nach Konstriktion einer Nierenarterie innerhalb von Minuten ein Hochdruck, der auf die direkte pressorische Wirkung von Angiotensin II zurückzuführen ist.
- In der 2. Phase kommt es infolge der Stimulation der Aldosteronsekretion zur Natrium- und Volumenretention mit konsekutiver Suppression der Renin- und Angiotensinspiegel bis auf nahezu normale Werte. Der Blutdruck steigt in der 2. Phase noch weiter an.

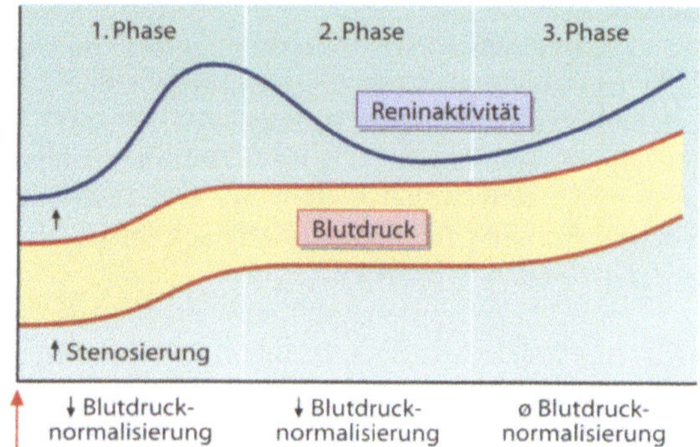

Abb. 9.6. 3 Phasen der renovaskulären Hypertonie

- In Phase 3 sind Folgeerscheinungen der Hypertonie an der kontralateralen Niere zu erkennen (beginnende Arteriolosklerose). In dieser Phase wird der Hochdruck nicht mehr durch Entfernung der stenosierten Niere geheilt und die kontralaterale Niere unterhält die Hypertonie, da die zunehmende Arteriolosklerose ihrerseits zur regionalen Minderdurchblutung mit konsekutiver Aktivierung des Renin-Angiotensin-Systemes geführt hat.

Endokrine Hypertonieformen. Hierunter werden die adrenalbedingten Hypertonieformen primärer Aldosteronismus (Conn-Syndrom) (s. Kap. 24) und das Cushing-Syndrom (s. Kap. 24), die Tumoren des Nebennierenmarkes und der sympathischen Ganglien sowie der primäre Hyperreninismus zusammengefaßt.

Phäochromozytome sind seltene (0,1%–0,25% aller Hochdruckpatienten) katecholaminproduzierende Tumoren, die vom chromaffinen Gewebe der Neuralleiste abstammen. Bei familiären Phäochromozytomen ist das gleichzeitige Vorkommen von Schilddrüsenkarzinomen (Sipple-Syndrom) und Nebenschilddrüsenadenomen beschrieben worden („multiple endocrinologic neoplasia" bzw. MEN-Typ II) [27]. Zusätzliche Schleimhautneurinome, Marfan-Veränderungen und Ganglioneuromatosen des Intestinaltraktes bezeichnet man als MEN-Typ III.

Die klinische Symptomatologie des Phäochromozytomkranken wird wesentlich dadurch geprägt, welche Katecholamine, Adrenalin oder Noradrenalin, bevorzugt sezerniert werden.

Als besonders charakteristisch gelten folgende Beschwerden: Kopfschmerzen, exzessive Schweißausbrüche, Tachykardien, Blässe, Angstgefühl, Zittern, Übelkeit, Erbrechen, abdominelle Koliken, Angina pectoris, Sehstörungen und Harnflut nach den Anfällen. 2/3 der Phäochromozytom-Patienten klagen über krisenhafte Anfälle, während bei den restlichen ein schwerer „therapieresistenter" Dauerhochdruck imponiert.

Der ***primäre Hyperreninismus*** stellt eine ausgesprochen seltene sekundäre Hypertonieform dar. Bei ihm liegt eine autonome exzessive Reninsekretion mit nachfolgendem schwerem sekundärem Aldosteronismus entweder bei Juxtaglomerulärzelltumoren oder bei Nephroblastomen vor. Das Erscheinungsbild ähnelt dem des primären Aldosteronismus mit Hypertonie, schwerer Hypokaliämie und Aldosteronexzess. Im Gegensatz zum primären Aldosteronismus ist jedoch bei primärem Reninismus die Plasma-Renin-Aktivität exzessiv erhöht.

Aortenisthmusstenose. Wegen der meist frühen Erkennung im Kindesalter ist die ***Aortenisthmusstenose*** bei Erwachsenen nur sehr selten als Ursache einer Hypertonie zu diagnostizieren (weniger als 0,1% aller Patienten mit Hypertonie); im Kindesalter werden etwa 1 bis 3% aller Blutdruckerhöhungen auf diese Ursache zurückgeführt.

Die Ursache ist nach heutiger Vorstellung eine fibröse Gewebewucherung im Bereich der ehemaligen Einmündung des Ductus arteriosus [33]. Pathologisch-anatomisch lassen sich 2 Formen der Isthmustenose unterscheiden:

- Eine meist langstreckige diffuse Einengung der Aorta vor der Duktuseinmündung bzw. der Insertion des Ligamentum arteriosum (präduktal, ist nur begrenzt lebensfähig).
- Eine kurze sanduhrförmige Stenose oder ein Verschluß in Höhe des Ductus arteriosus bzw. des Ligamentes (postduktal).

Die Entstehung der arteriellen Hypertonie bei Aortenisthmusstenose ist letztlich noch unklar. Zwei Faktoren scheinen von Bedeutung zu sein:

- Zum einen der weitgehende Verlust der Windkesselfunktion der Aorta durch die Stenosierung.
- Zum anderen eine Aktivierung des Renin-Angiotensin-Systems, obwohl in chronischen Phasen die Plasmareninaktivität durchweg im Normbereich liegt.

Zentrale Ursachen. Im Rahmen verschiedener zentralnervöser Erkrankungen können Blutdrucksteigerungen beobachtet werden, die meist nicht von bleibender Natur sind. Davon abzugrenzen ist eine zentrale Gefäßanamolie, die in den letzten Jahren wiederholt als Ursache einer therapieresistenten Hypertonie beobachtet und erfolgreich operativ beseitigt worden ist. Dieser als ***„pica-loop"-Syndrom*** bekannt gewordene Anomalie liegt eine ektatische Erweiterung eines Seitenastes der Arteria vertebralis oder ihrer selbst zu Grunde; dieses Gefäß irritiert pulsierend Kreislaufzentren in der ventrolateralen Medulla oblongata [10]. Diese Anomalie kann nicht invasiv durch NMR-Angiographie dargestellt und neurochirurgisch risikoarm durch Dekompressionstechniken beseitigt werden.

Medikamentöse Hypertonie. Bestimmte Pharmaka können eine Hypertonie auslösen, so daß die sorgfältige Erhebung der Medikamentenanamnese und die direkte Frage nach Einnahme von Ovulationshemmern, Carbenoxolon, Steroiden, Antirheumatika, Weckaminen und Sympathikomimetika erforderlich ist.

Unter der Einnahme von ***Ovulationshemmern*** tritt 2- bis 3fach häufiger ein Hochdruck bei jungen Frauen auf [7]. Im Durchschnitt steigt der Blutdruck unter Ovulationshemmern um 6/3 mmHg an. Im Einzelfall kann allein durch ihre Einnahme eine schwere und sogar maligne Hypertonieentwicklung induziert werden. Ursächlich liegt der Hypertonieentwicklung zum einen eine Mineralokortikoidwirkung der Östrogene und Gestagene zugrunde, zum anderen wird unter beiden Substanzen anscheinend die Synthese des Reninsubstrates Angiotensinogen stimuliert.

Carbenoxolol ***(Glyzyrrhetin-Säure)*** und auch Lakritze ***(Glyzyrrhizinsäure)*** weisen eine Aldosteronähnliche Wirkung auf und können bei längerdauernder und hochdosierter Einnahme bzw. bei Abusus zu dem Krankheitsbild eines Pseudoaldosteronismus mit typischer hypokaliämischer Hypertonie führen. Die richtungsweisende endokrinologische Konstellation bei dieser Form einer hypokaliämischen Hypertonie wären Suppression der Plasma-Renin-Aktivität bei niedrigen Aldosteronspiegeln [21].

Erythropoietin wird seit 1989 in größerem Umfang zur Behandlung der renalen Anämie eingesetzt. Bei vielen Patienten, besonders bei ohnehin schon hypertensiven, steigt der Blutdruck unter dieser Behandlung an. Unklar ist, ob diesem Blutdruckanstieg Veränderungen endokriner Systeme (z.B. Aktivierung des Sympathikotonus) zugrundeliegen, oder ob die Korrektur der Anämie bei zugrundeliegender Nierenerkrankung die pathophysiologisch bereits präformierte renale Hypertonie wieder ermöglicht.

Cyclosporin A ist eine selektiv immunsuppressiv wirkende Substanz, die in der Transplantationsmedizin und zunehmend auch bei der Behandlung von Autoimmunerkrankungen eingesetzt wird. Bei weit mehr als der Hälfte der mit Cyclosporin A behandelten Patienten tritt unter der Therapie ein medikamentös behandlungsbedürftiger Hochdruck auf. Dieser Hochdruckentwicklung liegen vermutlich nephrotoxische Eigenschaften des Cyclosporin A zugrunde, wobei eine gesteigerte Sensibilität gegenüber Angiotensin II beobachtet wurde, die zu einer intrarenalen Widerstandserhöhung und zur Hypertonie führt.

> **!** Zu den sekundäre Ursachen einer Hypertonie zählen Nierenerkrankungen, Einengungen der Nierenarterien, endokrin aktive Tumoren (Conn-Syndrum und Phaeochromozytom), die seltene Aortenisthmusstenose sowie sehr seltende zentrale Ursachen (pica loop-Syndrom). Nicht zu unterschätzen sind medikamentöse Ursachen, die durch sorgfältige Anamnese schnell zu erkennen sind. Nur sekundäre Hypertonieformen können unter Umständen kausal geheilt werden, sodaß ihre Erkennung für den Patienten eine besonders große Bedeutung hat.

9.5 Literatur

1. Berglund G, Anderson O, Wilhelmsen L (1976) Prevalence of primary and secondary hypertension: Studies in a random population sample. Brit Med J 12: 554–556
2. Cobb S, Rose RM (1973) Hypertension, peptic ulcer an diabetes in air traffic controllers. JAMA 244: 489–492
3. Dahl LK (1972) Salt and hypertension. Am J Clin Nutr 25:231–244
4. Dawber TR, Kannel WB, Gordon T (1974) Coffee and cardiovascular disease. N Engl J Med 291: 871–4
5. DeBold AJ, Borenstein HB, Veres AT et al. (1981) A rapid and potent natriuretic response to intravenous injection of atrial myocardial extracts of rats. Life Sci. 28: 89–96
6. DeWardener HE, MacGregor GA (1982) The natriuretic hormone and essential hypertension. Lancet I: 1450–1457
7. Dong W, Colhoun HM, Poulter NR (1996) Blood pressure in women using oral contraceptives: results from the Health Survey for England 1994. J Hypertens 15: 1063–1068
8. Ferrannini E, Buzzigoli G, Bonadonna R et al. (1987) Insulin resistance in essential hypertension. Lancet 2: 350–357
9. Folkow B, Hallbach M, Lundgren Y et al. (1973) Importance of adaptice changes in vascular design for the establishment of primary hypertension studied in man and in spontaneously hypertensive rats. Circ Res 32 & 33 (suppl I):I-2-I-16
10. Geiger H, Naraghi R, Schobel HP, Frank H, Sterzel RB, Fahlbusch R (1998) Decrease of blood pressure by ventrolateral medullary decompression in essential hypertension. Lancet 352: 446–9
11. Goldblatt H, Lynch J, Hanzal RF, Summerville WW (1934) Studies in experimental hypertension. The production of a persistent elevation of systolic blood pressure by means of renal ischemia. J Exp Med 59: 347–379
12. Goldstein DS (1981) Plasma norepinephrine in essential hypertension. A study of the studies. Hypertension 3:48–52
13. Guyton AC, Coleman TG (1969) Quantitative analysis of the pathophysiology of hypertension. Circ Res 24 (Suppl. 1): 1–19
14. Haller H, Philipp Th (1988) Intrazelluläres freies Kalzium und Plasmakalzium bei Patienten mit essentieller Hypertonie. Klin Wschr 66:455–461
15. Heyden S, Schneider KA (1990) Obesity and hypertension: epidemiological aspects of the relationship. J Hum Hypertens 4: 431–438
16. Hilton PJ (1988) Cellular sodium transport in essential hypertension. N Engl J Med 314: 222–229
17. INTERSALT Co-operative Research Group (1988) An international study of electrolyte excretion and blood pressure. Results for 24-hour urinary sodium and potassium. Br Med J 297: 319–328
18. Isles C, Brown JJ, Cumming AMM et al. (1979) Excess smoking in malignant-phase hypertension. Brit Med J 1: 579–581
19. Jeunemaitre X, Soubrier F, Kotelevtsec RP et al. (1992): Molecular basis of human hypertension: role of angiotensinogen. Cell 71: 169–80
20. Keil U, Kuulasmaa K (1989) WHO MONICA Project: Risk factors. Int J Epidemiology 18: S46-S55
21. Klerk de GJ, Nieuwenhuis MG, Beutler JJ (1997) Hypokalaemia and hypertension associated with use of liquorice flavoured chewing gum. Brit Med J 314: 731–2
22. Kreutz R, Sharma AM (1997) Genetik der Hypertonie. Nieren- und Hochdruckkrankheiten 27: 118–22
23. Kunin CM, Mc Cormack RC (1968) An epidemiologic study of bacteriurea and blood pressure among nuns and working women. N Engl J Med 278: 635–642
24. Lee AJ (1997) The role of rheological and hemostatic factors in hypertension. J Hum Hypertens 11(12): 767–76
25. MacMahon S, Peto R, Cutler J et al. (1990) Blood pressure, stroke, and coronary artery disease. Lancet 335: 765–77
26. Michel MC, Galal O, Stoermer J et al. (1988) Alpha and beta-adrenoceptors in hypertension. J Cardiovasc Pharmacol 13 : 432–439
27. Neumann HP, Berger DP, Sigmund G, et al. (1993) Pheochromocytomas, multiple endocrie neoplasia type 2, and Hippel-Lindau disease. N Engl J Med 329: 1531–38
28. Page LB (1983) Epidemiology of hypertension. In: Genest J, Kuchel O, Hamet P et al. (eds) Hypertension, Chapt 45. McGraw-Hill, New York, pp 692–693
29. Philipp T, Distler A, Cordes U (1978) Sympathetic nervous system and blood-pressure control in essential hypertension. Lancet 1:959–963
30. Philipp Th (1991) Arterielle Hypertonie. In: Peter HH, Pfreundschuh M, Philipp Th et al. (eds) Klinik der Gegenwart, VI. Urban & Schwarzenberg München Wien Baltimore, pp 1–64
31. Rakic V, Puddey IB, Burke V, Dimmit SB, Beilin LJ (1998) Influence of pattern of alcohol intake on blood pressure in regular drinkers: a controlled trial. J Hypertens 16: 165–74
32. Rascher W (1997) Blood pressure measurement and standards in children. Nephrol Dial Transplant 12: 868–70
33. Ribeiro AB, Krakoff LR (1976) Angiotensin blockade in coarctation of the aorta. N Engl J Med 295: 148–50
34. Sagnella GA, McGregor GA (1984) Cardiac peptides and the control of sodium excretion. Nature 309:666–667
35. Sharma AM (1996) Salt sensitivity as a phenotype for genetic studies of human hypertension. Nephrol Dial Transplant 11: 927–929
36. Siffert W, Rosskopf D, Moritz A et al. (1995) Enhanced G-protein activation in immortilazed lymphoblasts from patients with essential hypertension. J Clin Invest 96: 759–65
37. United States Department of Health, Education and Welfare, National Heart and Lung Institute Task Force on Arteriosclerosis (1971) Arteriosclerosis. NIH Publication 72:137

38. Ward R (1990) Familiar aggregation and genetic epidemiology of blood pressure. In: Laragh JH, Brenner BM (eds) Hypertension, Pathophysiology, Diagnosis, and Management. Raven Press, New York, pp 81–100

Schock und Mikrozirkulationsstörungen

10

K. WERDAN

EINLEITUNG **Fall 1.** Ein 40jähriger Patient erleidet 6 Monate nach einem Hinterwandinfarkt einen weiteren Infarkt im Vorderwandbereich. Nach intravenöser Thrombolysebehandlung wird er zunächst beschwerdefrei; 48 h später entwickelt sich jedoch ein Vorderwand-Reinfarkt mit kardiogenem Schock infolge eines Abfalls des Herzzeitvolumens (HZV) auf 3,5 l (etwa die Hälfte der Norm). Trotz Katecholamingabe und einer erfolgreichen Aufdehnung des Infarktgefäßes bleibt der Patient höchstgradig kreislaufinstabil, so daß perkutan ein Ballonkatheter zur intraaortalen Gegenpulsation eingeführt wird. Unter laufender Gegenpulsation bessert sich die Hämodynamik innerhalb der nächsten 24–48 Std.; nach 5 Behandlungstagen kann der Ballon-Katheter entfernt werden. 6 Monate später weist der Patient einen stabilen Herzinsuffizienzschweregrad NYHA II-III (New York Heart Association-Klassifizierung des Herzinsuffizienz-Schweregrades) auf.
Fall 2. Der 47jährige, alkoholkranke Patient erleidet einen Atemstillstand. Er wird erfolgreich reanimiert; allerdings entwickelt sich eine Aspirationspneumonie mit konsekutivem septischem Schock infolge Vasodilatation, letztere erkennbar an einem Abfall des systemischen Gefäßwiderstandes (SGW) auf ein Drittel der Norm (SGW berechnet aus dem mittels Pulmonalarterienkatheter gemessenen Herzzeitvolumen und dem Blutdruck). Kompensatorisch steigt das HZV auf das 2,5 fache; dennoch kann zunächst der Blutdruck nur mit hohen Katecholamingaben stabilisiert werden. Mit der erfolgreichen Therapie der Sepsis bessert sich schließlich die Gefäßschädigung, der SGW und damit der Blutdruck steigen an und das HZV normalisiert sich wieder.
Die beiden Kasuistiken verdeutlichen die beiden Pole des zum Schock führenden Herz-Kreislaufversagens: die primäre Herzschädigung mit Einschränkung der kardialen Pumpfunktion und kompensatorischer Vasokonstriktion – hypodynamer kardiogener Schock – und die primäre Kreislaufschädigung mit Vasodilatation und kompensatorischem Anstieg des Herzzeitvolumens – hyperdynamer septischer Schock.

10.1 Die einzelnen Schockformen – Gemeinsames und Unterschiedliches

Beim hypovolämischen Schock (Abb. 10.1, Tabelle 10.1) bestimmt das Ausmaß des Volumenverlustes das klinische Erscheinungsbild

Ein ***Verlust von 10 % des zirkulierenden Blutvolumens*** wird in der Regel gut toleriert, lediglich die konsekutive Tachykardie kann auffällig sein, verbunden mit einer kompensatorischen Steigerung der Myokardkontraktilität, einem geringen Abfall des Herzindex (HI) und einer leichten Zunahme des SGW. Bei einem ***Volumenverlust von 20–25 %*** beginnen die Kompensationsmechanismen zu versagen: eine milde bis mäßige Hypotonie, eine Abnahme des HI und eine Zunahme des SGW, das Auftreten einer Orthostase und eventuell ein Anstieg des Serumlaktats sind die Folge. Ein hypovolämischer Schock manifestiert sich bei einem ***Verlust von über 40 % des zirkulierenden Volumens***, es resultiert ein Abfall des HI und der Gewebeperfusion auf weniger als die Hälfte; bei Auftreten einer Laktatazidose muß mit einem ungünstigen klinischen Verlauf gerechnet werden.

Ätiologie. Blutverluste bei Verletzungen, Unfällen, Operationen und akuten Gastrointestinalblutungen; Plasmaverluste bei Verbrennungen, akuter exsudativer Pankreatitis und Peritonitis, Exsudation in große Wundhöhlen, Entleerung großer Höhlenergüsse (Pleura, Abdomen) und nach Unterbindung von Gliedmaßen (Tourniquet-Schock); Flüssigkeits- und Wasserverluste bei polyurischen Nierenerkrankungen, zentralem Diabetes insipidus und enteralen Wasserverlusten infolge Erbrechens oder Diarrhoe.

Durch neurohumorale, aber auch Entzündungsreaktionen versucht der Organismus, den Schock zu kompensieren. Je länger allerdings der Volumenmangel anhält, umso mehr eskalieren die primär sinnvollen Adaptationsmechanismen zu überschießenden und schädlichen Reaktionen. Dieses eskalierende „systemische Inflammations- (Entzündungs)-Reaktions-Syndrom" (SIRS) steht vor allem beim ***hypovolämisch-traumatischen Schock*** nach Unfällen mehr im Vordergrund als der Volumenmangel und ist auch viel schwieriger zu behandeln.

> **!** Der hypovolämische Schock ist nicht nur ein Volumenmangelschock, mit zunehmender Dauer prägen zunächst adaptative, später eskalierende sterile Entzündungsreaktionen das klinische Bild. Dies trifft vor allem für den hypovolämisch-traumatischen Schock zu.

> Der kardiogene Schock (s. Abb. 10.1, Tabelle 10.1) ist die häufigste Todesursache von Infarktpatienten in der Krankenhausphase

Klinisch findet sich ein zentralisierter Kreislaufschock mit Low-output-Syndrom.

Kriterien des kardiogenen Schocks sind ein systolischer Blutdruck < 90 mmHg und/oder ein mittlerer arterieller Blutdruck < 65 mmHg, ein HI < 2,2 $l \times min^{-1} \times m^{-2}$ (normal: 4,0 ± 0,2) und ein Pulmonalkapillardruck (PCD) ≥ 16–18 mmHg (normal: 10 ± 2).

Aufgrund der verminderten Organdurchblutung und O_2-Anlieferung ist die O_2-Ausschöpfung erhöht (gemischt-venöse O_2-Sättigung [MVO_2] ↓); arteriovenöse O_2-Extraktion ↑), und es kommt zum Laktatanstieg.

Ätiologie. Myokardfunktionsverlust von mindestens 40% nach Herzinfarkt (s. Fall 1); akute Mitralinsuffizienz infolge Sehnenfadenruptur oder Papillarmuskeldysfunktion/-ruptur, meist nach Herzinfarkt; akute Aorteninsuffizienz infolge florider Endokarditis, Aortendissektion oder Prothesendysfunktion nach Klappenersatz; Ventrikelruptur oder Ventrikelseptumruptur nach Herzinfarkt; Rechtsherzinfarkt (führt in

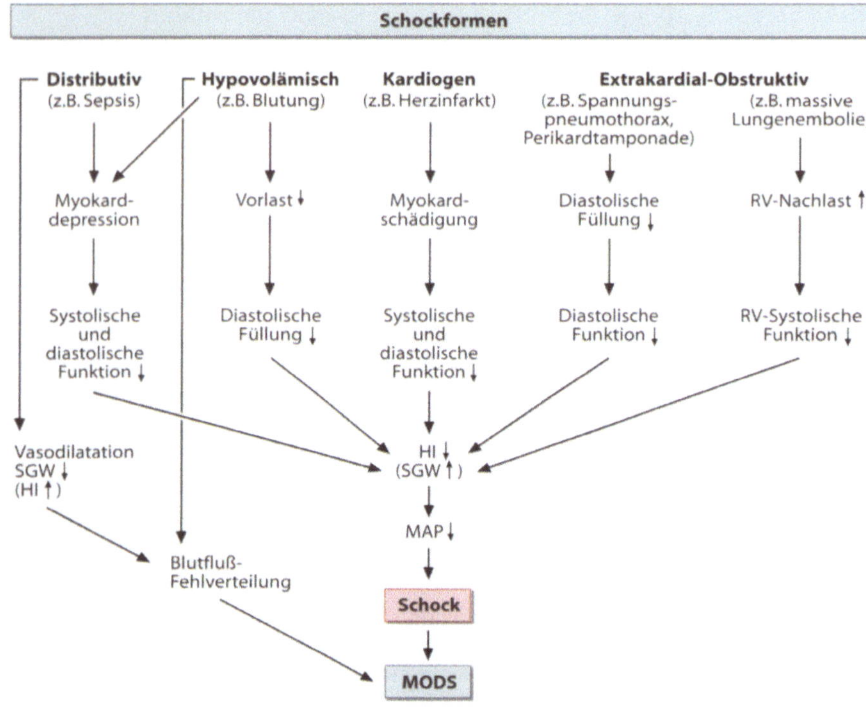

Abb. 10.1. Schockformen. Distributiver (Verteilungs-) Schock: Verlust der Vasomotorenkontrolle mit Vasodilatation; nach adäquater Volumensubstitution fällt der SGW und steigt der HI. Hypovolämischer Schock: im Verhältnis zur Gefäßkapazität vermindertes zirkulierendes Blutvolumen. Kardiogener Schock: Pumpversagen durch eingeschränkte Myokardkontraktilität, Verlust an funktionsfähiger Myokardmasse. Extrakardial-obstruktiver Schock: Flußobstruktion im Herz-Kreislauf-System, entweder durch eine Behinderung der diastolischen Füllung des Herzens oder eine Nachlasterhöhung. Mischformen sind häufig: z. B. septischer Schock mit Vasodilatation und Myokarddepression. Jeder Schock kann infolge der Reduktion des Koronarperfusionsdrucks auch zur ischämischen Pumpfunktionseinschränkung des Herzens führen. *MAP* = arterieller Mitteldruck

Tabelle 10.1. Hämodynamische Schockprofile. Die hämodynamischen Profile gelten für Patienten im Schock (mittlerer Blutdruck < 60–65 mmHg) mit den genannten Diagnosen („Ursache"). Für die effiziente Behandlung ist die weiterführende Differenzierung der Schockformen in die zugrundeliegenden Ursachen entscheidend. Diese Differenzierung ist klinisch und anhand hämodynamischer Parameter möglich. *ZVD* = zentralvenöser Druck; *RV* = rechter Ventrikel; *LV* = linker Ventrikel; *DE* = Doppler-Echokardiographie; *RA* = rechter Vorhof; *RVEDP* = rechtsventrikulär-enddiastolischer Druck; *PA* = Pulmonalarterie; *LVEDP* = linksventrikulär-enddiastolischer Druck; MVO_2 = gemischtvenöse Sauerstoff-Sättigung

Schockklassifikation	Ursache	HI	SGW	PCD	ZVD	MVO_2	Bemerkungen/Rechtsherzkatheter-/Dopplerechokardiographie (DE-) diagnostik
Hypovolämischer Schock	Blutung	↓↓	↑↑	↓↓	↓↓	↓↓	
	Plasmaflüssigkeitsverlust	↓↓	↑↑	↓↓	↓↓	↓	
Kardiogener Schock	Pumpversagen	↓↓	↑↑	↑↑	↑↑	↓	Funktionsverlust > 40 % des LV
	Mechanische Dysfunktion						
	akuter Ventrikelseptumdefekt	↓↓ RV-HI > LV-HI	↑	n/↑	↑↑	↑/↑↑ (PA)	O_2-Sättigungssprung auf RV-Ebene RV-HI > LV-HI bei Links-rechts-Shunt DE: Shuntnachweis
	akute Mitralinsuffizienz	↓↓	↑↑	↑↑	↑/↑↑	↓	Hohe v-Welle in PCD-Position DE: Mitralinsuffizienznachweis
	Rechtsherzinfarkt	↓↓	↑↑	↓/n/↑	↑↑	↓	Hohe RA- und RV-Drücke bei niedrigem oder normalem PCD PCD mäßig erhöht bei großem LV-Hinterwandinfarkt
Extrakardial-obstruktiver Schock	Perikardtamponade	↓/↓↓	↑	↑↑	↑↑	↓	Dip-plateau-Phänomen bei RV- und LV-Druckregistrierungen Druckangleich (< 5 mm) RA, RVEDP, PA diast., PCD, LVEDP DE: Perikarderguß
	Lungenembolie	↓↓	↑	n/↓	↑↑	↓	EKG und DE diagnostisch hilfreich Hohe Rechtsherz-/Pulmonalisdrücke bei normalem oder niedrigem PCD
	Aortendissektion	↓/↓↓				↓	DE: Diagnoseweisend
Distributiver (Verteilungs-) Schock	Sepsis	↑↑/↑/n selten ↓	↓/↓↓	↓/n	↓/n	↑/↑↑	„Hyperdynamer Schock" (HI ↑, SGW ↓) nur nach adäquater Flüssigkeitssubstitution, zuvor „hypodynamer Schock"
	Anaphylaxie	↑↑/n selten ↓	↓/↓↓	↓/n	↓/n	↑/↑↑	

10–20 % der Fälle zum kardiogenen Schock); weitere Ursachen sind akute Myokarditis, Terminalstadien von Kardiomyopathien, dekompensiertes Hochdruckherz und Vitien, maligne bradykarde und tachykarde Rhythmusstörungen, traumatisch bedingte Myokardkontusionen sowie Intoxikationen mit negativ-inotropen Pharmaka.

Ein Koronararterienverschluß im Rahmen eines akuten Myokardinfarktes, eine Herzklappendysfunktion und eine hochgradige Myokardinsuffizienz sind die häufigsten Ursachen des kardiogenen Schocks. Bei den ersten beiden kann bei rechtzeitiger Intervention (Wiedereröffnung des verschlossenen Koronargefäßes; Herzklappenersatz) der Schock kausal mit guten Erfolgsaussichten bekämpft werden.

Extrakardial-obstruktiver Schock. Die klinische Symptomatik und die hämodynamischen Befunde (s. Tabelle 10.1, Abb. 10.1) sind geprägt durch die Kombination krankheitsspezifischer Befunde einerseits mit einem Low-output-Syndrom andererseits.

Zeitverlauf. Der Zeitverlauf ist prognosebestimmend: Bei einer akuten Perikardtamponade infolge Ruptur der freien Ventrikelwand bei Herzinfarkt, einer Blutung in den Herzbeutel bei Thoraxtrauma oder nach Thrombolysetherapie reichen bereits 150 ml Blut im Perikardbeutel zur Perikardtamponade mit Schockentwicklung aus; bei einem chronischen malignen oder entzündlichen Perikarderguß können dagegen 1–2 l Ergußflüssigkeit ohne Schockentwicklung toleriert werden, da es zu einer langsamen Dehnung des straffen Herzbeutels kommt. Bei einer akuten Lungenembolie ohne vorbestehende kardiopulmonale Erkrankung führt der Verschluß von zwei oder mehr Lappenarterien und damit von 50–60 % des Lungengefäßbettes zum Schock; im Falle chronischer, rezidivierender Lungenembolien mit adaptativer Rechtsherzhypertrophie werden teilweise wesentlich höhere Anteile an Lungenstrombettverschlüssen ohne Schocksymptomatik toleriert.

!

Kardiogener und extrakardial-obstruktiver Schock können sehr unterschiedliche Ursachen haben. Diese gilt es rasch zu erkennen, um gezielt eine kausale und erfolgreiche Behandlung einleiten zu können.

Der gemeinsame Nenner aller Formen des distributiven bzw. Verteilungsschocks (s. Abb. 10.1, Tabelle 10.1) ist eine funktionelle oder strukturelle Gefäßschädigung mit Vasotonusverlust und konsekutivem Abfall des systemischen Gefäßwiderstandes

Neben den allgemeinen Schockzeichen wie Hypotonie, Tachykardie, Tachypnoe, Oligurie und Bewußtseinsstörung imponieren warme, relativ gut durchblutete Extremitäten und ein erniedrigter diastolischer Blutdruck. Anamnese und charakteristische Befunde ermöglichen häufig eine rasche ätiologische Einordnung: Zeichen der Infektion sprechen für einen septischen Schock, der weitaus häufigsten Form des Verteilungsschocks, eine Urtikaria für einen anaphylaktischen und eine Rückenmarksverletzung für einen neurogenen Schock.

Hämodynamisch imponiert bei Verteilungsschock eine ausgeprägte Erniedrigung des systemischen Gefäßwiderstandes, wobei jedoch in den einzelnen Organgefäßbetten der Widerstand erniedrigt, unverändert und auch erhöht sein kann. Initial (vor Volumentherapie) können Herzindex und ventrikuläre Füllungsdrucke erniedrigt sein ***(hypodyname Schockphase)***, nach Volumentherapie ist der HI in der Regel erhöht ***(hyperdynamer Schock)***, falls nicht zusätzlich eine Myokarddepression vorliegt

Der ***septische Schock***, die häufigste Todesursache auf der Intensivstation, ist zurückzuführen auf eine Toxin-/Mediatorkaskade (s. Abschnitt 10.4), die sowohl durch gramnegative (35 %) als auch durch grampositive Bakterien (40 %) ausgelöst werden kann, ebenso polymikrobiell (10 %) und in seltenen Fällen auch durch Anaerobier (2 %), Pilze (7 %) oder Viren [11]. Vor allem Endotoxin und Stickoxid (NO) werden für die Gefäßschädigung mit konsekutiver Erniedrigung des SGW und fehlendem Ansprechen auf Vasokonstriktoren sowie für die Myokarddepression verantwortlich gemacht, ebenso wie für die Ausbildung des Multiorgandysfunktionssyndroms (MODS).

Während die Gefäßschädigung mit Vasodilatation sehr rasch klinisch erfaßbar ist, wird die Herzschädigung – septische Kardiomyopathie – häufig in ihrem Schweregrad unterschätzt [7, 11].

Das Ausmaß der septischen Herz- und Kreislaufschädigung ist bei verschiedenen Formen der gramnegativen, grampositiven und bei der Pilzsepsis quantitativ vergleichbar [11].

SIRS-Schock. Auch nach nichtinfektiösen Noxen kann es als Ausdruck eines systemischen Inflammations-Reaktions-Syndroms (SIRS) zu einem Schockzustand kommen, der dem septischen sehr ähnlich ist [5]. Zu solchen SIRS-Auslösern zählen: Trauma, Pankreatitis, Hypoxie, Operationen, insbesondere herzchirurgische mit kardiopulmonalem Bypass sowie Reperfusion.

Die klinische Ähnlichkeit von septischem und SIRS-Schock spricht dafür, daß beiden gemeinsame Komponenten des Zytokin-/Mediatornetzwerks zugrunde liegen [3].

Anaphylaktischer Schock. Anaphylaktische und anaphylaktoide Reaktionen führen zur Freisetzung von primären Anaphylaxiemediatoren (Histamin, Serotonin, eosinophiler chemotaktischer Faktor, Proteasen; [8]). Diese triggern eine zweite „Mediatorkaskade", die schließlich das klinische Bild des anaphylaktischen Schocks hervorruft: Plättchenaktivierender Faktor, Bradykinin, Prostaglandine und Leukotriene gehören zu diesen terminalen Mediatoren.

Das hämodynamische Profil ähnelt sehr dem des septischen Schocks, mit den Teilkomponenten Hypovolämie (als Folge eines interstitiellen Ödems und einer Venodilatation) und Myokarddepression. Als spezifische klinische Symptome finden sich dazu Urtikaria, Angioödem, Larynxödem und Bronchospasmus.

Schwere anaphylaktische/anaphylaktoide Reaktionen werden am häufigsten durch Antibiotika (vorwiegend Penicilline) oder Röntgenkontrastmittel verursacht; man rechnet mit einer Reaktion pro 5.000 Expositionen; weniger als 10 % enden tödlich.

Neurogener Schock. Verlust der peripheren Vasomotorenkontrolle infolge einer Dysfunktion oder einer Verletzung des Nervensystems [2]. Das klassische Beispiel dafür ist der mit einer Rückenmarksverletzung assoziierte Schock.

Weitere Schockformen. Selten kommt es zum ***Schock infolge Intoxikationen*** mit kardio-vasodepressiven Substanzen (Kalziumantagonisten, Betablocker, trizyklische Antidepressiva u. a.), zentralnervöser Läsionen (Hirntraumata), endokriner Krisen (Nebennieren- und thyreotoxische Krise, Phäochromozytom, Coma diabeticum) und einer Fettembolie [2, 12].

Der ***Verbrennungsschock*** [10] wird in spezialisierten Zentren behandelt.

> **!** Allen Schockformen gemeinsam ist eine drastische Verminderung der effektiven Durchblutung und/oder eine schwere Beeinträchtigung essentieller Zellfunktionen lebenswichtiger Organe. Die Folge ist ein zunächst reversibles Multiorgandysfunktionssyndrom und schließlich – bei prolongiertem Schock – ein irreversibles Multiorganversagen.

10.2 Schockmechanismen – Störung der Zirkulation

Die Betrachtung der hämodynamischen Schockauswirkungen auf die Makrozirkulation muß neben dem arteriellen Schenkel und der Mikrozirkulation auch den venösen Schenkel des Kreislaufsystems miteinbeziehen [2] (Abb. 10.2)

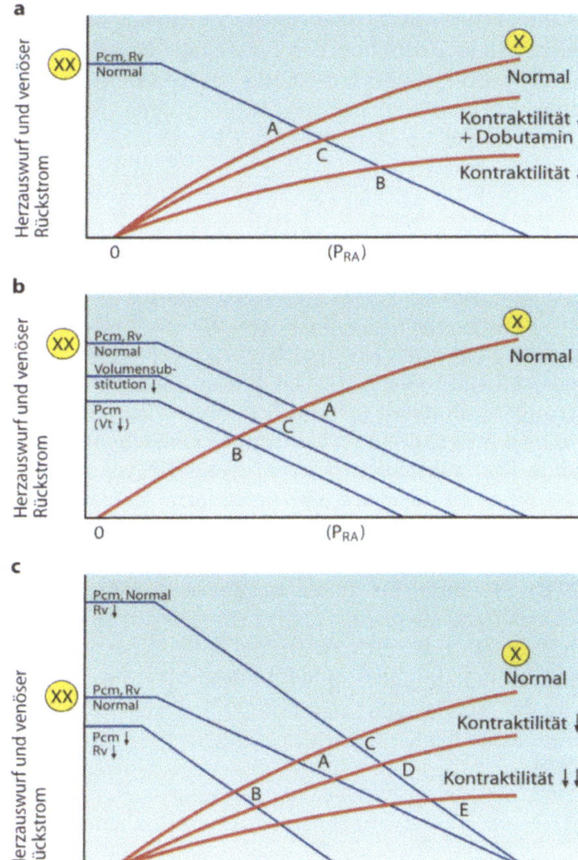

Abb. 10.2 a-c. Darstellung der Interaktion von venösem Rückstrom und rechtsventrikulärer Herzfunktion bei kardiogenem Schock (**a**), hypovolämischem Schock (**b**) und septischem Schock (**c**). *X* = rechtsvenöse Frank-Starling-Kurve; *XX* = venöse Rückstromkurve; *Pcm* = mittlerer venöser Zirkulationsdruck (intravasaler Venendruck bei ruhendem Herzen); *PRA* = Mitteldruck im rechten Vorhof; *Rv* = venöser Gefäßwiderstand; *Vt* = Gesamtblutvolumen. Weitere Erläuterungen s. Text

Kardiogener Schock. Der Verlust an Myokardmasse beim Herzinfarkt mit Minderung der Kontraktilität führt zur Abflachung der Frank-Starling-Kurve und zur Zunahme des Vorhofdrucks (Abb. 10.2 a, *A-B*). Durch das positiv inotrop wirkende Dobutamin (ohne wesentlichen Einfluß auf den venösen Rückstrom) kann die Kontraktionskraft des Herzens gesteigert und damit der Herzauswurf erhöht werden (Abb. 10.2 a, *B-C*). Im Gegensatz zum Dobutamin würden die Katecholamine Noradrenalin und Dopamin nicht nur positiv-inotrop wirken, sondern auch die venöse Kapazität reduzieren und damit den mittleren Zirkulationsdruck (Pcm) erhöhen.

Hypovolämischer Schock. Hypovolämie vermindert das zirkulierende Blutvolumen und damit auch den mittleren Zirkulationsdruck Pcm (Abb. 10.2 b, *A-B*). Die resultierende Abnahme des venösen Rückstroms und damit des Herzauswurfs kann durch Volumensubstitution ausgeglichen werden (Abb. 10.2 b, *B-C*).

Septischer Schock. Er beeinflußt das venöse System in zweierlei Hinsicht: Einerseits führt die aktive Dilatation kleiner Venen und Venolen sowie der Plasmaabfluß ins Interstitium zur Steigerung der Venenkapazität bei gleichzeitiger Reduktion des Blutvolumens; eine Abnahme des Pcm und konsekutiv des venösen Rückstroms und des Herzauswurfs ist die Folge. Andererseits findet sich im septischen Schock auch eine Dilatation der großen Venen und ein arteriovenöses Shunting, beides mit der Folge einer Verminderung des venösen Widerstandes (Rv) und damit eines verstärkten venösen Rückstroms zum Herzen.

Vor adäquater Volumensubstitution reicht die Rv-Abnahme allerdings nicht aus, um die Reduktion des Pcm auszugleichen: Der Herzauswurf bleibt vermindert (Abb. 10.2 c, *A-B*). Durch eine adäquate Volumensubstitution läßt sich der Pcm normalisieren; aufgrund des weiterhin erniedrigten venösen Widerstands (Rv) führt dies, bei Fehlen einer Myokarddepression, dann sogar zu einem supranormalen venösen Rückstrom und einem supranormalen Herzzeitvolumen (Abb. 10.2 c, *B-C*). Die Graphik verdeutlicht, daß die Rv-Abnahme bis zu einem gewissen Grad eine meist vorhandene mäßige Myokarddepression maskieren kann (Abb. 10.2 c, *C-D*). Erst bei einer ausgeprägten Kontraktilitätsminderung wird diese als Einschränkung der Herzleistung manifest (Abb. 10.2 c, *D-E*), was bei ca. 20 % aller Sepsispatienten zutrifft [7, 11, 12].

Die einzelnen Schockformen beeinflussen in ganz unterschiedlicher Weise die Makrozirkulation.

Schwerwiegender als die Störungen der Makrozirkulation wirken sich die schockbedingten Störungen der Mikrozirkulation aus

Die Mikrozirkulation wird im Schock auf sehr komplexe Weise beeinflußt (Tabelle 10.2) [1, 2, 4, 6, 9, 10, 12]: Der Verlust der Vasomotorenregulation mit Vasodilatation, aber auch Arteriolokonstriktion, eingeschränkter reaktiver Hyperämie und arteriovenösem Shunting führt zu einem Mismatch von Gewebedurchblutung und metabolischer Aktivität. Der Verlust der Endothelzellintegrität hat eine erhöhte Kapillarpermeabilität, eine Exsudation von Plasmaproteinen in das Gewebe, einen Abfall des plasmaonkotischen Drucks, die Entwicklung eines interstitiellen Ödems und die Abnahme des zirkulierenden Blutvolumens zur Folge. Das intravasale ***Clotting*** von Erythrozyten, Leukozyten und

Tabelle 10.2. Vasomotorenstörung und Mikrozirkulationsschädigung im Schock. Die Bedeutung der Einzelkomponenten dieses komplexen Schädigungsmusters ist abhängig von der jeweiligen Schockform

- Verlust der Vasomotorenregulation mit Mismatch von Gewebedurchblutung und metabolischer Aktivität durch
  - Gewebeazidose,
  - Gewebekatecholaminverarmung,
  - mediatorinduzierte Katecholaminresistenz der Gefäßmuskulatur,
  - Freisetzung von vasodilatierenden und vasokonstringierenden Prostaglandinmetaboliten,
  - verminderten Sympathikotonus infolge zerebraler Durchblutungsstörungen
  - mediatorinduzierte Bildung von Stickoxid in Gefäßmuskelzellen
- Verlust der Endothelintegrität durch
  - reaktive O_2-Verbindungen, gebildet von aktivierten neutrophilen Granulozyten und während der Reperfusion;
  - Freisetzung vasoaktiver Faktoren wie Histamin, Bradykinin, Plättchen- aktivierender Faktor, Leukotriene, Tumor-Nekrose-Faktor;
  - Leukozyten-Endothel-Interaktion via Adhäsionsmoleküle (Integrine, Selektine)
- Folgen des Verlusts der Endothelintegrität:
  - erhöhte Kapillarpermeabilität,
  - Exsudation von Plasmaproteinen ins Gewebe,
  - Abfall des plasmaonkotischen Drucks,
  - Entwicklung eines interstitiellen Ödems,
  - Abnahme des zirkulierenden Blutvolumens
- Intravasales „clotting" von Erythrozytren, Leukozyten und Thrombozyten mit Verstärkung der Endothelschädigung und Verschlimmerung des Mismatches durch
  - Mikrothromben,
  - primäre Endothelschädigung durch zirkulierende Zytokine,
  - reaktive O_2-Verbindungen, generiert durch neutrophile Granulozyten und währende der Reperfusion,
  - Komplementaktivierung
- Verminderte Erythrozytendeformierbarkeit infolge durch reaktive O_2-Verbindungen hervorgerufener Membranschäden

Thrombozyten und der Zelldetritus (Sludge) erhöhen die Blutviskosität und – bei gleichzeitigem Flüssigkeitsmangel – den Hämatokrit, sie reduzieren damit weiter den Blutfluß infolge des gesteigerten „yield shear pressure" und „yield shear stress". Wesentlichen Anteil am Blutzell-Clotting hat dabei die durch Toxine und Schockmediatoren induzierte, verstärkte Expression von Adhäsionsmolekülen auf Leukoyzten einerseits und auf Endothelzellen andererseits (Abb. 10.3) [9, 10]. Und schließlich wird die Stase durch die verminderte Erythrozytendeformierbarkeit weiter erhöht.

!

Der niedrige Perfusionsdruck infolge des Schocks in Verbindung mit den Störungen der Mikrozirkulation (Vasomotorendysregulation, Verlust der Endothelintegrität, intravasales Clotting) führt zur prolongierten Stase im Kapillarbett und damit zur Gewebeschädigung und zum Zelltod infolge Hypoxie, Azidose und Toxämie.

Die gestörte Makro- und Mikrozirkulation im Schock stellt hohe Anforderungen an die Autoregulation der Organperfusion. Es resultieren schockformspezifische Umverteilungsmuster (Tabelle 10.3) [10]

Bei ***Hypovolämie*** und anderen ***hypodynamen Schockformen*** wird der Blutfluß in Gehirn und Herz autoregulatorisch aufrechterhalten, in allen anderen Organgefäßbetten wird er jedoch teilweise erheblich eingeschränkt, um damit den Blutdruck möglichst stabil zu halten (s. Tabelle 10.3). Für diese Vasokonstriktion sind ein erhöhter Sympathikotonus und die Freisetzung von Katecholaminen aus den Nebennieren verantwortlich.

Diese adaptativen Mechanismen reichen aus, um bei gering bis mäßig eingeschränktem HZV lebenswichtige Organe adäquat zu perfundieren; bei ausgeprägter Hypotonie kommt es jedoch zur Organischämie und zum Organversagen. Selbst nach Wiederherstellung stabiler Herz-Kreislaufverhältnisse können die Störungen auf Mikrozirkulationsebene über Tage persistieren.

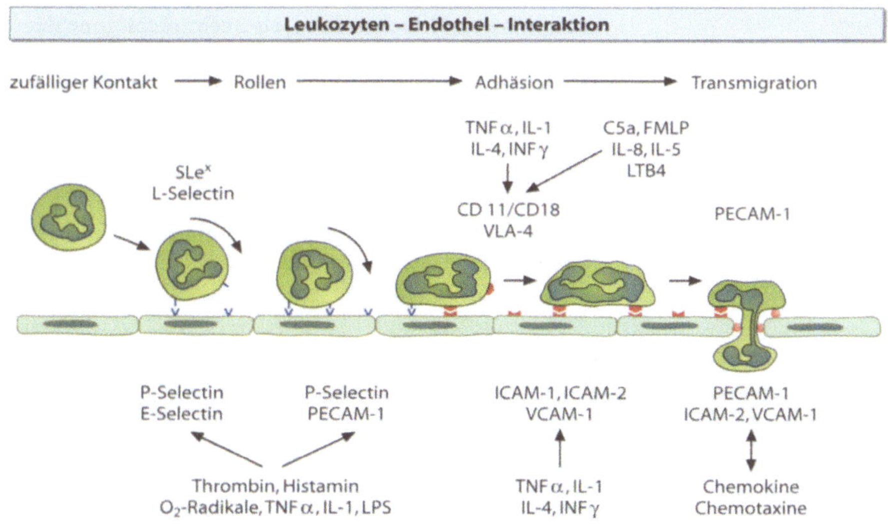

Abb. 10.3. Induktoren und Mechanismen der Leukozyten-Endothel-Interaktion. Eingeleitet wird die Zellinteraktion durch die Freisetzung von Mediatoren (Histamin, Thrombin, Sauerstoffradikale, aktivierte Komplementfaktoren, LPS, TNF-α, IL-1). Diese Mediatoren induzieren auf den Endothelzellen des geschädigten oder entzündeten Gewebes die Expression der Adhäsionsmoleküle P-Selektin und E-Selektin. P- und E-Selektin binden locker an den L-Selektin-Sialyl-Lewis[x]-Komplex auf der Oberfläche der Granulozyten und bewirken so deren Rollen entlang der Gefäßwand. In der zweiten Phase der Leukozytenrekrutierung kommt es dann – wiederum Mediator-vermittelt – zur De-novo-Expression weiterer Adhäsionsmoleküle auf der Endothelzelle und zur Aktivierung von Leukozyten-Integrinen als deren Bindungspartner. Weitere Mediatoren verstärken diese Integrin-vermittelte Leukozyten-Endothelzell-Interaktion. Schließlich erfolgt die Diapedese der Leukozyten zwischen den Endothelzellen hindurch in das geschädigte Gewebe. Adhäsionsmoleküle: L-, P-, E-Selektin, PECAM-1, ICAM-1, ICAM-2, VCAM-1, VLA-4, CD11/CD18 (Integrin); IFNγ = Interferon-γ; *LPS* = Lipopolysaccharid; *LTB4* = Leukotrien B4; *FMLP* = N-Formyl-Methionyl-Leucyl-Phenylalanin (ähnliche Wirkung wie LPS); *SLe[x]* = Sialyl Lewis[x] (Polylactosaminderivat). Aus [9]

Bei ***Sepsis und septischem Schock*** finden sich bereits bei noch relativ adäquaten Blutdruckwerten Störungen der Organdurchblutung. Mit Ausnahme der Hirnperfusion zeigen alle anderen Strombahngebiete eine starke Abnahme des Gefäßwiderstandes (s. Tabelle 10.3). Sie beruht auf einer sepsisinduzierten aktiven Vasodilatation und dem Verlust der extrinsischen Vasomotorenkontrolle, wodurch die Durchblutung ausschließlich vom Herzzeitvolumen abhängig wird. Lediglich die Hirndurchblutung behält in der Sepsis weiterhin ihre Fähigkeit zur Autoregulation bei.

> **!** Blutdruckabfall, Gefäßschädigung, aber auch Anpassungsreaktionen bestimmen die schockformspezifischen Durchblutungsmuster der Organe. Hirn- und Herzdurchblutung werden dabei möglichst durch Autoregulationsmechanismen aufrechterhalten. Die Perfusion der anderen Organe wird – soweit möglich – gedrosselt, um den systemischen Blutdruck aufrechtzuerhalten. Bei septischem Schock verhindert die Toxin- und Mediatorbedingte Vasodilatation diesen Kompensationsmechanismus.

10.3 Schockmechanismen – Störungen des Zellstoffwechsels

Schock ist nicht nur eine Störung des O_2-Angebotes, sondern auch eine Beeinträchtigung der zellulären O_2-Verwertung

Hypoxie und Ischämie. Die systemische und die regionale Minderperfusion spielen als Verursacher der ischämisch-bedingten Zellschädigung bei den meisten Schockformen eine prägende Rolle. Sind die neurohumoralen Adaptationsmechanismen (s. Abschnitt 10.5) nicht mehr in der Lage, die schockinduzierte Organischämie und Hypoxie zu kompensieren, so hat dies eine drastische Einschränkung des aeroben Zellstoffwechsels zur Folge. Die Energieproduktion der anaeroben Glykolyse reicht nicht aus, um den Energiebedarf zu decken: Es kommt zur zellulären Verarmung an energiereichen Phosphaten, zur vermehrten Laktatproduktion und zur Azidose [7, 11, 12].

Der so gestörte Substrat- und Energiestoffwechsel verursacht zahlreiche Zellschäden, die sich als Destruktion von Mitochondrien, als Beeinträchtigung der strukturellen und funktionellen Zellmembranintegrität, in Form zytotoxischer Effekte und schließlich als Zelltod (Nekrose und Apoptose) manifestieren [11, 12]. Leber und Nieren scheinen auf einen Abfall des Zell-ATP besonders empfindlich zu reagieren.

Sepsis und septischer Schock. Zumindest in der Initialphase der Sepsis steht eine ischämie- und hypoxiebedingte Zellschädigung nicht in allen Organen im

Tabelle 10.3. Organspezifische Gefäßleitfähigkeit bei Normotonie und bei lokalen, durch Exsanguination oder durch Endotoxininfusion ausgelöster Hypotonie in Hunden. Die Angaben zur Autoregulation beziehen sich auf Messungen mit lokaler Blutdrucksenkung im entsprechenden Organgefäßbett. N. a. nicht angegeben. Modifiziert nach [10]

Organperfusion	Herzzeitvolumen	Autoregulation [mmHg]	Gefäßleitfähigkeit [M_l/mmHg/min]			
			Kontrolle [100 mmHg]	Hypotension [60 mmHg]		
				Lokal	Hämorrhagie	Endotoxin
Gehirn	3,6 %	30–200	1,08 (100 %)	1,51 (140 %)	1,46 (135 %)	0,59 (55 %)
Herz	4,7 %	40–100	1,41 (100 %)	2,05 (145 %)	1,99 (141 %)	2,12 (150 %)
Mesenterialkreislauf	25,1 %	> 60	7,53 (100 %)	9,26 (123 %)	4,52 (60 %)	15,01 (199 %)
Nieren	25,4 %	> 60	7,62 (100 %)	7,62 (100 %)	3,05 (40 %)	14,48 (190 %)
Skelettmuskel	28,2 %	50–100	8,46 (100 %)	10,99 (130 %)	5,25 (62 %)	11,67 (138 %)
Haut	12,9 %	n.a.	3,87 (100 %)	3,10 (80 %)	1,43 (37 %)	4,64 (120 %)
Gesamt	99,9 %	n.a.	29,97 (100 %)	34,53 (115 %)	17,70 (59 %)	48,51 (162 %)

Vordergrund: Die O_2-Partialdrucke im Skelettmuskel der Patienten mit septischem Schock sind nicht erniedrigt, sondern sogar erhöht; es findet sich keine Gewebehypoxie, keine Abnahme der Adenosintriphosphat-(ATP)-Gehalte, und auch der Kreatinphosphatgehalt in Muskelbiopsien septischer Patienten ist nicht vermindert. Die komplexen Störungen des Zellstoffwechsels im septischen Schock sind demzufolge allenfalls partiell Hypoxie- und Ischämiefolge, wie vor allem in Magen-Darmtrakt; Toxine, Mediatoren und die neurohumoralen Adaptations- und Dysregulationsmechanismen sind daran ebenfalls entscheidend beteiligt [7]. Sie führen zu einem gesteigerten Proteinkatabolismus, zur vermehrten Synthese von Akutphaseproteinen, zur Stimulierung der Glukoneogenese und Lipolyse, zur Hemmung der Glukoseaufnahme und zur Hyperglykämie sowie zur Inhibierung der Pyruvatoxidation [7].

> **!** Die ausgeprägten Stoffwechselveränderungen im Schock lassen sich nicht allein durch O_2-Mangel, Ischämie und Energieverarmung erklären. Die spezifische Induktion bestimmter Isoformen des Glukosecarrier (GLUT 1) durch Tumornekrosefaktor-α (TNF-α) und Interleukin-1 (IL-1), die Hemmung mitochondrialer Atmungsenzyme durch NO und die Inhibition des PDH-Komplexes durch TNF-α sind einige Beispiele eines sich langsam mehrenden Verständnisses der Beeinflussung des Stoffwechsels durch Schock- und Sepsismediatoren [7].

10.4 Vermittler des Schockgeschehens

Die den Schock und speziell den septischen Schock verursachenden Toxine und Mediatoren sind bereits gut bekannt (Abb. 10.4) [7, 12]

TNF-α, IL-1 und IL-6 – freigesetzt vor allem aus aktivierten Monozyten, Makrophagen und neutrophilen Granulozyten – zählen zu den primären Mediatoren, die konsekutiv durch Aktivierung weiterer Zielzellen die Freisetzung finaler, äußerst aggressiver Mediatoren bewirken (s. Abb. 10.4).

Der initialen, proinflammatorischen Zytokinkaskade ***(„SIRS")*** mit Freisetzung von TNF-α, IL-1 und IL-6 folgt eine antiinflammatorische Zytokinliberation ***(„CARS"*** = „compensatory anti-inflammatory response syndrome") von IL-8, IL-10 und Interferon γ, die eine Begrenzung der Proinflammation zum Ziel hat. Bei balanciertem SIRS- und CARS-Verlauf ***(„MARS"*** = „mixed antagonistic response syndrome") sind die Überlebenschancen des Patienten am größten; dominiert das SIRS, so sind MODS und septischer Schock die Folge; überwiegt dagegen CARS, so resultiert daraus eine Immunparalyse [5, 11, 12].

> **!** Nicht nur Infektionen, sondern auch nichtinfektiöse Stimuli können ein SIRS induzieren und damit das beschriebene Mediatornetzwerk aktivieren (s. Abb. 10.4) [3]. Allerdings ist das Mediatornetzwerk des nichtinfektiösen SIRS-Schock noch weniger gut verstanden als das des septischen Schocks [1, 3, 5].

Toxine. Bei gramnegativen Infektionen kommt dem Endotoxin die entscheidende Schädigungswirkung zu: Es bindet an den Endotoxinrezeptor auf Monozyten/Makrophagen und auch an zahlreiche andere Zellen und induziert die Freisetzung von Zytokinen und NO [12]. Superantigene vorwiegend grampositiver Keime führen zu einer massiven Zytokinfreisetzung aus T-Lymphoyzten; das Toxic-Shock-Syndrom-Toxin 1 und das Streptococcus-pyogenes-Exotoxin gehören in diese Kategorie und können foudroyante septische Schockverläufe induzieren [7, 11, 12].

Zytokine, insbesondere TNF-α, IL-1 und IL-6 stehen am Anfang des Mediatornetzwerkes von Schock, Sepsis und SIRS (s. Abb. 10.4) [3, 7, 9–12]

An der Zielzelle binden drei TNF-α-Moleküle als Trimer an einen der beiden TNF-Rezeptoren und lösen damit unterschiedliche zelluläre Signale (Proinflammation, Zytotoxizität, Apoptose) aus. Verschiedene Stimuli (Fieber, Endotoxin, TNF-α selbst und andere Zytokine) können zur proteolytischen Spaltung der TNF-Rezeptoren und zu deren Freisetzung als lösliche TNF-Rezeptoren ins Plasma führen. Die Bedeutung der löslichen TNF-Rezeptoren ist bisher noch unklar: In niedrigen Konzentrationen scheinen sie ein Reservoir für das gebundene TNF-α darzustellen, in höheren Konzentrationen dagegen das TNF-α und damit seine zytotoxische Wirkung zu neutralisieren. Das Verstehen der Zytokinwirkmechanismen bietet die Möglichkeit einer

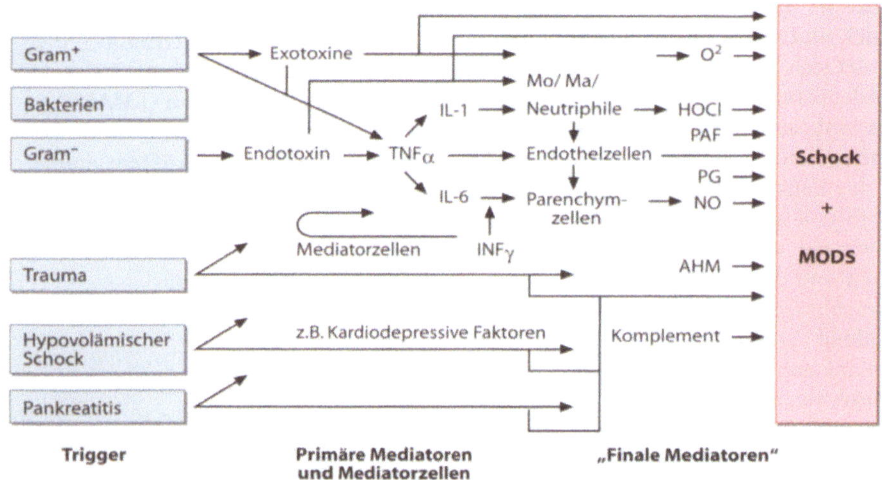

Abb. 10.4. Proinflammatorisches Toxin- und Mediatornetzwerk bei septischem, hypovolämischem und SIRS-Schock: primäre und finale Mediatoren. Sowohl infektiöse als auch nichtinfektiöse Stimuli wie Trauma, hypovolämischer Schock und Pankreatitis aktivieren zirkulierende und sessile Mediatorzellen wie Monozyten, Makrophagen und Lymphozyten. Die aktivierten Zellen setzen primäre Mediatoren in Form der Zytokine TNF-α, IL-1 und IL-6 frei. Die primären Mediatoren aktivieren weitere Zielzellen (neutrophile Granulozyten, Endothelzellen u.a.), die nun ihrerseits aggressive „finale" Mediatoren liberieren (Sauerstoffradikale, HOCl, PAF, PG, NO). Die Aktivierung des Komplement- und des Gerinnungssystems, die Proteasenfreisetzung aus Blutzellen und die Bildung von kardiodepressiven Faktoren [7, 11, 12] komplettieren das Mediatorspektrum, welches – gedacht zur körpereigenen Schockabwehr und Schockbbekämpfung – im Falle einer überschießenden Reaktion zum MODS führt und damit den Schock aggraviert. *AHM* = Adhäsionsmoleküle; *Mo* = Monozyt; *Ma* = Makrophage; *IFNγ* = Interferon *γ*; *HOCl* = hypochlorige Säure; O_2^- = Superoxidanion; *PAF* = Plättchen-aktivierender Faktor; *PG* = Prostaglandine; *NO* = Stickoxid

kausalen Therapie, z.B. mit Anti-TNF-α-Antikörpern oder löslichen TNF-Rezeptoren [11].

Als Folge der direkten und indirekten Zytokinwirkungen stehen beim septischen Schock klinisch die häufig irreversible Herz-Kreislauf-Schädigung und das MODS, auf zellulärer Ebene Funktionseinschränkung, Zytotoxizität und Apoptose [7, 11, 12].

Die Bedeutung der Zytokine beschränkt sich jedoch nicht nur auf den septischen Schock: Auch beim hämorrhagischen und traumatischen Schock finden sich erhöhte Zytokin-Serumspiegel [1–3, 5, 11, 12].

! Die Zytokinproduktion aktivierter Mediatorzellen ist eine körpereigene Abwehrreaktion zur Bekämpfung von Sepsis und Schock. Erst die unkontrollierte, übermäßig gesteigerte Produktion und damit die Dysbalance von pro-inflammatorischen (TNF-α, IL-1, IL-2) und anti-inflammatorischen Zytokinen (IL-8, IL-10, IL-1-Rezeptorantagonist, lösliche TNF-Rezeptoren) führen bei nicht rasch beherrschbarem Schock zum oft letalen Multiorganversagen.

Ursprungsort von reaktiven Sauerstoffverbindungen (ROS) sind zum einen aktivierte Mediatorzellen wie neutrophile Granuloyzten („oxidative burst"), Makrophagen, Endothelzellen sowie andererseits – in der Reperfusionsphase der Schockbehandlung – das Hypoxanthin als Abbauprodukt des ATP (Abb. 10.5) [10–12]

Treten ROS in Kontakt mit einer Zielzelle, so können sie auf verschiedene zelluläre Strukturen schädigend einwirken: auf die Zellmembran durch Lipidperoxidation, das Zytosol, den Zellkern und die Mitochondrien. Schließlich werden durch diesen oxidativen Streß eine Reihe von Genen aktiviert („stress response genes"), die zur Bildung von Antioxidantien, sauerstoffradikalabbauenden Enzymen (s. Abb. 10.5), Zytokinen und Transkriptionsfaktoren führen. Sie dienen einerseits der Reparatur von ROS-verursachten Zellschäden und führen andererseits, falls dies nicht möglich ist, zum gerichteten Zelltod, der Apoptose [11]. ROS rufen darüber hinaus eine verstärkte Akkumulation polymorphkerniger Leukozyten hervor, begünstigen das Leukozytensticking sowie über den „respiratory burst" die Bildung weiterer Sauerstoffradikale aus polymorphkernigen Leukozyten [4, 6, 9–12].

Peroxynitrit (ONOO-) (s. Abb. 10.5) ist ein hochreaktives Oxidans mit ausgeprägter zytotoxischer Wirkung, das besonders zur Endothelschädigung führt, die Thrombozytenaggregation steigert und die Ansprechbarkeit der Koronargefäße auf Vasodilatatoren vermindert [12].

Natürliche Schutzstoffe gegen die Effekte der Sauerstoffradikale (Scavengersubstanzen, Superoxiddismutase, Glutathion, Peroxidase, Katalase) liegen im Intrazellulärraum nur in geringer Konzentration vor (s. Abb. 10.5) [12].

> **!** Reaktive Sauerstoffverbindungen schädigen zahlreiche Zellstrukturen; die zellulären Abwehrmechanismen sind quantitativ unzureichend.

Die Gewebeschäden sind nicht allein durch den Mangel an Sauerstoff während der Ischämiephase, sondern auch durch die Reperfusion und Reoxygenation der ischämischen Organe bedingt [4, 10, 12]

Die in der Ischämiephase akkumulierten ATP-Abbauprodukte Hypoxanthin und Xanthin reagieren dabei mit dem einströmenden Sauerstoff zu reaktiven Sauerstoffverbindungen („Sauerstoffradikale", ROS; s. Abb. 10.5). Katalysiert wird diese Radikalproduktion durch die Xanthinoxidase. Diese enzymatische Reaktion läuft in den Geweben unterschiedlich schnell ab (Darm: 10 sec; Herz: 8 min; Leber, Milz, Nieren, Lunge: 40 min) und erklärt damit möglicherweise die variable Reperfusionsschaden-Empfindlichkeit der einzelnen Organe [12].

Für den Reperfusionsschaden scheint vor allem die Zerstörung der Endothelintegrität (s. Tabelle 10.2, Abb. 10.3) mit Flüssigkeitsexsudation in Endothelzellen und Interstitium von Relevanz. Von Bedeutung ist weiterhin das „No-reflow-Phänomenon" (Dilatation durchbluteter postischämischer Kapillaren, Lumeneinengung der nicht durchbluteten „No-reflow"-Kapillaren) [4].

> **!** Der Reperfusionsschaden wird als wichtiger pathogenetischer Faktor bei der Entwicklung des MODS im Schock angesehen. Der Nachweis der klinischen Wirksamkeit einer Antioxidantientherapie im Schock steht allerdings noch aus.

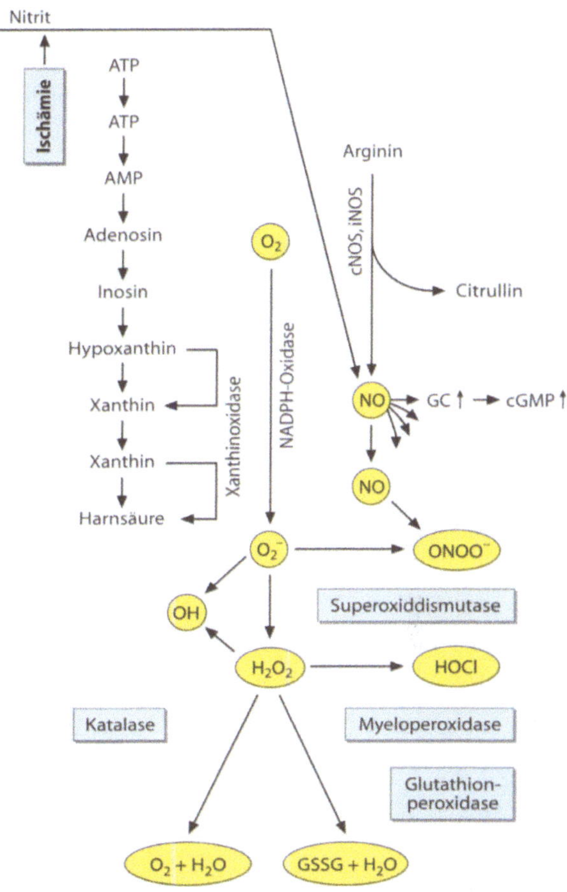

Abb. 10.5. Reaktive Sauerstoffverbindungen und Stickoxid-Radikale. Die Bildung von reaktiven Sauerstoffverbindungen (ROS) aus Sauerstoff erfolgt durch aktivierte neutrophile Granulozyten („oxidative burst") mittels des Enzyms NADPH-Oxidase und in ischämischem Gewebe – katalysiert durch die Xanthinoxidase – durch den Abbau von Hypoxanthin und Xanthin. Das Enzym Superoxiddismutase wandelt das Superoxidanion (O_2^-) in Wasserstoffperoxid (H_2O_2) um. Die Myeloperoxidase katalysiert in neutrophilen Granuloyzten die Umwandlung von Wasserstoffperoxid in die aggressive hypochlorige Säure (HOCl). Den Abbau der ROS katalysieren die Enzyme Katalase und Glutathionperoxidase (Oxidation des reduzierten Glutathion (GSH) zu GSSG). Stickoxid (NO) kann enzymatisch (cNOS, iNOS; s. Text) und nichtenzymatisch aus Nitrit bei Ischämie gebildet werden. NO aktiviert die Guanylatzyklase (GC) und steigert damit die Produktion von zyklischem Guanosinmonophosphat (cGMP). NO und ROS verbinden sich zu dem hochreaktiven Oxidans Peroxynitrit (ONOO-)

Stickoxid (NO) ist ein entscheidender Schock-Mediator (s. Abb. 10.4, 10.5) [1,9–12]. Seine Wirkungen sind sowohl protektiv als auch – bei überschießender Reaktion – deletär

Zu den protektiven Wirkungen gehören die Senkung des Lungenhochdrucks, die Hemmung der überschießenden Blutzell-Endothel-Interaktion und die Infektabwehr. Das bei prolongiertem Schock exzessiv gebildete NO ist andererseits verantwortlich für die Vasodilatation, das Nichtansprechen der Gefäße auf Vasokonstriktoren und damit für die Perpetuierung des Schocks. NO bewirkt weiterhin eine Myokarddepression, es hemmt die O_2-Extraktion sowie die zelluläre O_2-Verwertung, und es ist zytotoxisch [1, 11, 12]).

Drei Isoenzymformen der NO-Synthase (NOS) können NO aus Arginin bilden (s. Abb. 10.5): zwei konstitutive, Ca^{2+}-abhängige cNOS – die endotheliale eNOS und die neuronale nNOS – und eine induzierbare, Ca^{2+}-unabhängige iNOS. Im (septischen) Schock imponiert vor allem der Anstieg der iNOS in Makro-

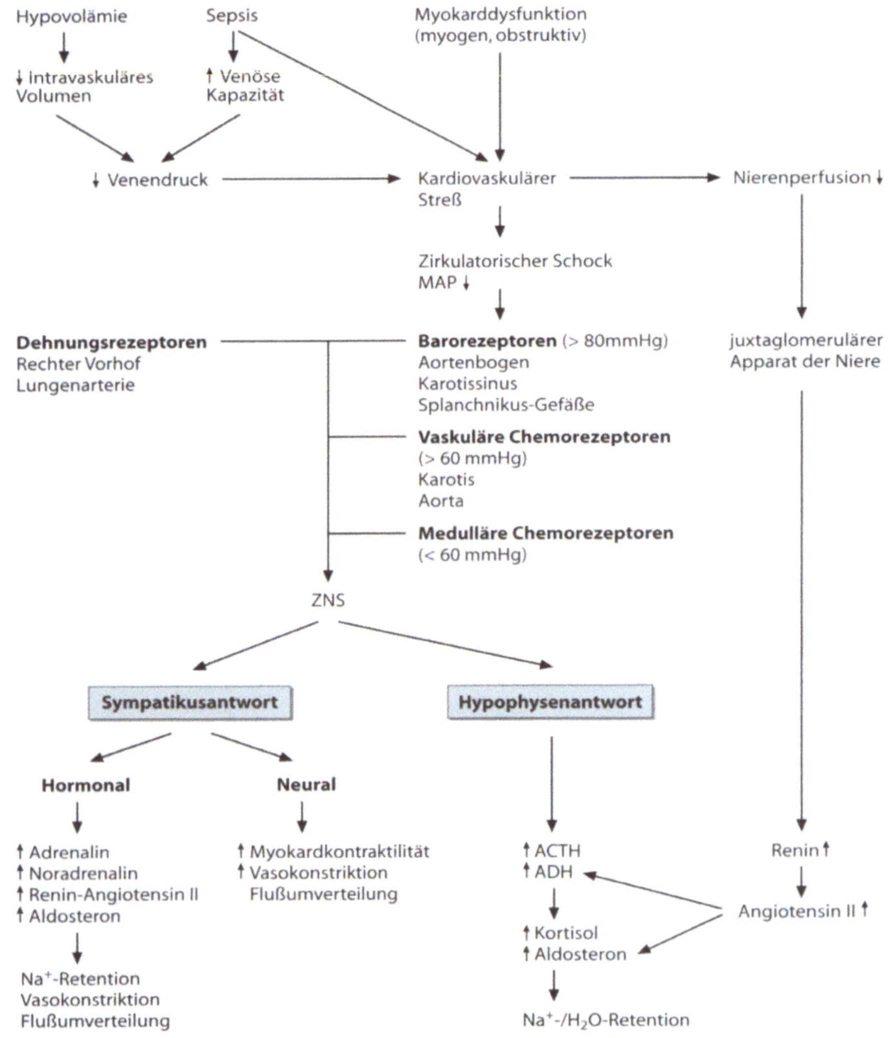

Abb. 10.6. Neurohumorale Schockadaptation. Der Schock führt stadienabhängig zur Aktivierung der kardiovaskulären Sensoren, welche – zentralnervös gesteuert – ihre Informationen an die Effektorsysteme Sympathikus und Endokrinium weiterleiten. Ziel ist die Wiederherstellung stabiler Herz-Kreislaufverhältnisse. Erläuterungen s. Text. *ZNS* = Zentralnervensystem; *ACTH* = adrenokortikotropes Hormon; *ADH* = antidiuretisches Hormon

phagen und zahlreichen weiteren Zellen. Die iNOS-Induktion erfolgt durch Triggersubstanzen wie Endotoxin, TNF-α, IL-1, Interferon-γ und Plättchen-aktivierenden Faktor (PAF) [1, 11]. Dadurch wird in kurzer Zeit lokal sehr viel NO gebildet. Nichtenzymatisch kann NO durch Reduktion von Nitrit in minderdurchblutetem Gewebe gebildet werden (s. Abb. 10.5): Im ischämischen, azidotischen Myokard findet sich Nitrit in mikromolaren Konzentrationen und wird in großen Mengen zu NO reduziert [12].

Das entstandene NO kann entweder am Ort der Bildung reagieren (autokrine Wirkung) oder in benachbarte Zellen diffundieren (parakrine Wirkung). Ein Großteil der NO-Wirkungen (Vasodilatation, Kardiodepression) beruht auf der Aktivierung der löslichen Guanylatzyklase durch NO (s. Abb. 10.5), mit Bildung des zyklischen Guanosinmonophosphats (cGMP), des Gegenspielers des zyklischen Adenosinmonophosphats (cAMP). Bildung und Wirkung des NO können auf verschiedenen Stufen blockiert werden: die Induktion der iNOS durch Glukokortikoide, die NOS-Enzymaktivität durch Argininanaloga (L-NMMA = N^G-Monomethyl-L-Arginin) und die Aktivität der Guanylatzyklase durch Methylenblau [7, 11, 12].

!

Überschießend produziertes NO ist für die Auslösung und Perpetuierung des septischen und des prolongierten hämorrhagischen Schocks [1, 3] wesentlich mitverantwortlich.

In der Schockpathogenese sind noch zahlreiche andere Zellprozesse alteriert. Aktuelle Aspekte betreffen das Spektrum der Hitzeschockproteine, die Adhäsionsmoleküle und die Apoptose [2, 7, 11, 12].

10.5 Neurohumorale und para/autokrine Adaptation im Schock: Selbsthilfe für die ersten Minuten bis Stunden, Eskalation bei Dysregulation

Zur Kompensation des Schocks stehen dem Organismus verschiedene Sensoren des kardiovaskulären Systems zur Verfügung, die ihre Information – zentralnervös gesteuert – an die Regelsysteme des Sympathikus und des Endokriniums weiterleiten (Abb. 10.6)

Die einzelnen Sensoren und Regelsysteme werden dabei in unterschiedlichen Schockphasen aktiv [2, 12]. In der ***frühen kardiovaskulären Streßphase*** kann die neurohumorale Adaptation limitiert sein auf die gesteigerte Aktivität des juxtaglomerulären Apparates und die Niederdruckmechanorezeptoren des rechten Vorhofs und der Lungenarterien. Im Falle der Schockprogression kommt es zu einer sequentiellen Stimulation der Hochdruck-Barorezeptoren, der vaskulären Chemorezeptoren (Stellglieder: pO_2 ↓, pCO_2 ↑, pH ↓) und der medullären Chemorezeptoren (Stellglied: pCO_2 ↑ + zerebrale Ischämie). Die Folge ist eine ***verstärkte neurohumorale Aktivität*** mit Steigerung der Hypophysensekretion von ACTH und ADH – unter physiologischen Bedingungen der Regulation hypothalamischer Kerne auf Änderungen der Serumosmolalität folgend – und einer intensiven Sympathikusstimulation durch das medulläre Kreislaufzentrum [2].

Ziel dieser Adaptationsmechanismen ist die Aufrechterhaltung des venösen Zirkulationsdrucks, die Optimierung der Herzfunktion durch Ausschüttung endogener Katecholamine, eine Blutumverteilung zur Aufrechterhaltung der adäquaten Perfusion der Vitalorgane und die Erleichterung der O_2-Abgabe im Gewebe.

Der Organismus beantwortet die Schocksituation mit einem fein abgestimmten System neurohumoraler und parakriner/autokriner Kompensationsmechanismen. Exzessive Produktion von Schockmediatoren – z. B. von NO – kann diese Adaptationsvorgänge blockieren, z. B. durch Auslösung einer Katecholaminresistenz der Gefäße, und damit den labilen Schockzustand zur Dekompensation bringen.

10.6 Literatur

1. Kelly E, Shah NS, Morgan NN, Watkins SC, Peitzman AB, Billiar TR (1997) Physiologic and molecular characterization of the role of nitric oxide in hemorrhagic shock: evidence that type II nitric oxide synthase does not regulate vascular decompensation. Shock 7:157–163
2. Kumar A, Parrillo JE (1995) Shock: Classification, Pathophysiology and Approach to Management. In: Parrillo JE, Bone RC (eds) Critical Care Medicine – Principles of Diagnosis and Management. Mosby, St. Louis MO, pp 291–339
3. Martin C, Boisson C, Haccoun M, Thomachot L, Mege J-L (1997) Patterns of cytokine evolution (tumor necrosis factor-α and interleukin-6) after septic shock, hemorrhagic shock, and severe trauma. Crit Care Med 25:1813–1819
4. Menger MD, Rücker M, Vollmar B (1996) Capillary dysfunction in striated muscle ischemia/reperfusion: on the mechanisms of capillary „no reflow". Shock 8:2–7
5. Muckart DJJ, Bhagwanjee S (1997) American College of Chest Physicians/Society of Critical Care Medicine Consensus Conference definitions of the systemic inflammatory response syndrome and allied disorders in relation to critically injured patients. Crit Care Med 25:1789–1795
6. Muller WA (1995) Migration of leukocytes across the vascular intima – molecules and mechanisms. Trends Cardiovasc Med 5:15–20
7. Müller-Werdan U, Reithmann C, Werdan K (1996) Cytokines and the heart: molecular mechanisms of septic cardiomyopathy. R. G. Landes Company, Georgetown, Chapman & Hall, New York, Springer-Verlag, Heidelberg
8. Müller-Werdan U, Werdan K (1997) Der anaphylaktische Schock. Anaesthesist 46:549–563
9. Neuhof H, Neuhof Ch, Seeger W (1997) Schock. In: Lasch HG, Lenz K, Seeger W (Hrsg) Lehrbuch der Internistischen Intensivtherapie, pp 281–334
10. Schlag G, Redl H (eds) Pathophysiology of shock, sepsis, and organ failure. Springer-Verlag, Berlin Heidelberg New York, 1993
11. Schuster H-P, Werdan K (Hrsg) Intensivtherapie bei Sepsis und Multiorganversagen. 3. Aufl. Springer-Verlag, Berlin Heidelberg, 2000
12. Werdan K, Müller-Werdan U (1996) Schock, Kollaps und akute Kreislaufinsuffizienz. In: Erdmann E, Riecker G (Hrsg) Klinische Kardiologie. Springer, Berlin Heidelberg New York, pp 647–736

11 Hirnkreislauf, Blut-Hirn-Schranke, Liquor cerebrospinalis

W. KUSCHINSKY

EINLEITUNG Bei einem 64jährigen Patienten ist seit 10 Jahren ein Bluthochdruck bekannt. Er raucht seit 40 Jahren eine Packung Zigaretten pro Tag. Schlagartig tritt bei ihm eines Tages gegen 16:00 Uhr eine komplette Hemiparese rechts und eine Aphasie auf. Er empfindet ein Taubheitsgefühl im rechten Arm und Bein, aber keine Schmerzen. In dieser für ihn völlig ungewohnten Situation empfindet er eine beängstigende Hilflosigkeit. Seine Frau ist durch Öffentlichkeitskampagnen über die möglichen Symptome eines Schlaganfalls informiert. Sie benachrichtigt sofort den Hausarzt, der innerhalb von 15 Minuten eine Einweisung in eine Schlaganfall-Spezialstation (Stroke Unit) veranlaßt. Dort wird sofort die Primärdiagnostik mit neurologisch-internistischer Untersuchung, Computertomogramm, Notfall-Labor und Ultraschall-Untersuchungen begonnen. Am nächsten Morgen werden ein Akut- und im Anschluß daran ein Langzeit-EKG aufgenommen, und es beginnt die Frührehabilitation mit Krankengymnastik, Mobilisierung und Sprachtherapie. Nach drei Tagen hat sich die Parese gebessert, und die Aphasie ist rückläufig. Es folgt eine dreiwöchige Frührehabilitation in einer entsprechenden Klinik, wo auch die Behandlung der Risikofaktoren optimiert wird. Die nächsten vier Wochen wird der Patient in einer ambulanten Rehabilitationseinrichtung krankengymnastisch und logopädisch weiter betreut. Sein Zustand hat sich so weit gebessert, daß er sich selbst versorgen und der Hausarzt die weitere Behandlung übernehmen kann. Trotz aller Besserung hat der Schlaganfall sein Leben vollständig verändert; nichts erscheint ihm wie vorher.

11.1 Hirnfunktion bei Ischämie

Bei einer globalen, also das gesamte Gehirn betreffenden Ischämie des Gehirns beträgt die Wiederbelebungszeit 7–10 Minuten

Zeitabhängigkeit der Funktionsschädigungen. Bei einer globalen Ischämie, die am häufigsten beim Herzstillstand zu finden ist, ist die Durchblutung des gesamten Gehirns unterbrochen. Mit zunehmender Dauer der globalen Ischämie nehmen die Funktionsstörungen zu, wie in Abb. 11.1 gezeigt ist. Der klinisch relevante Zeitraum ist die ***Wiederbelebungszeit.*** Sie spezifiziert die längste Zeitdauer, die nach Eintreten der Ischämie toleriert werden kann, ohne daß es zu irreversiblen Schäden kommt. Die angegebene Zeitdauer von 7–10 Minuten erscheint lang. Sie trifft bei experimenteller Ischämie allein des Gehirns zu. Ist allerdings die Herzfunktion eingeschränkt oder dies sogar Ursache der Durchblutungsstörung des Gehirns, so ist die Wiederbelebungszeit kürzer, da der postischämische Perfusionsdruck infolge einer eingeschränkten Herzleistung vermindert ist; hierdurch wird die Reperfusion des Gehirns beeinträchtigt. Die Erholungszeit kann Tage bis Wochen betragen, wobei Funktionsdefizite dauerhaft persistieren können.

Die in Abb. 11.1 gegebenen Überlebens- und Wiederbelebungszeiten dienen nur zur groben Orientierung. Sie variieren im Tierversuch mit den experimentellen Rahmenbedingungen und auch mit den jeweils gemessenen Funktionsparametern. Im Tierexperiment konnte vereinzelt eine vollständige Wiederherstellung der neurologischen Funktion nach globaler Ischämie von bis zu 60 Minuten Dauer gefunden werden.

Bei einer fokalen Ischämie (Verschluß einer Hirnarterie) hängt das Ausmaß der Funktionseinschränkung von der Höhe der verbliebenen Durchblutung ab

Pathophysiologie des Schlaganfalls. Die häufigste Erkrankung des Zentralnervensystems ist der Schlaganfall. Der Schlaganfall ist definiert als fokales neurologi-

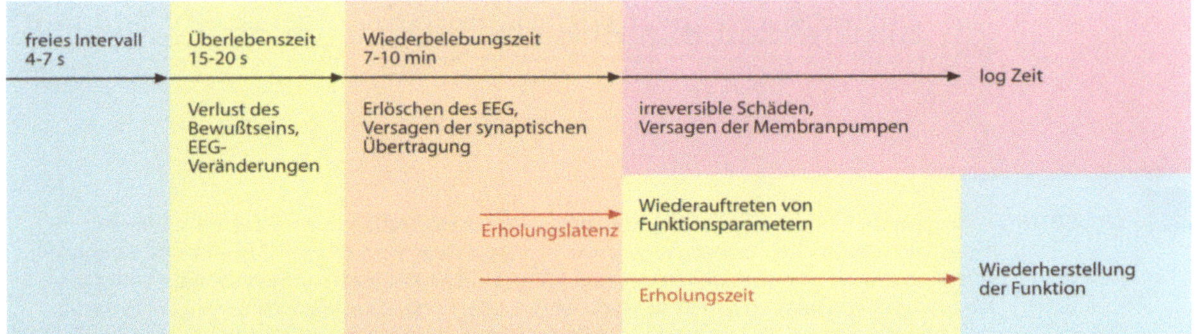

Abb. 11.1. Latenzzeiten bis zum Auftreten von Schädigungen bei globaler Hirnischämie. Es wurden Befunde vom Menschen und von Versuchstieren kombiniert. Die Abzisse als Zeitachse ist nicht-linear unterteilt

sches Defizit, das länger als 24 Stunden andauert. In der Bundesrepublik Deutschland ist der Schlaganfall die dritthäufigste Todesursache nach Herzinfarkt und Malignomen; über eine Million Patienten sind erkrankt (Prävalenz), bei einer Inzidenz von 100.000–150.000 Neuerkrankungen pro Jahr. Die Ursachen des Schlaganfalls sind:

- Ischämischer Insult: 70–80 %
- Zerebrale Blutung: 15–20 %
- Subarachnoidalblutung: 2–5 %

Fokale Ischämie. Die fokale Ischämie unterscheidet sich von der globalen Ischämie in zweierlei Hinsicht:

1. Es sind nur Teile des Gehirns mangeldurchblutet, während andere Teile adäquat perfundiert werden;
2. im ischämischen Areal bleibt eine Restperfusion erhalten.

Ursache einer fokalen Ischämie ist der Verschluß einer Hirnarterie. Dieser Verschluß führt zu unterschiedlichen Defiziten in der Durchblutung der nachgeschalteten Hirnareale. Die niedrigste Durchblutung wird im Infarktkern gemessen. In den Randzonen des infarzierten Hirnareals können alle Zwischenstufen von erhöhter Durchblutung bis zum schwersten Perfusionsdefizit auftreten. Die ***Überlebenschancen*** des Hirngewebes hängen hierbei im wesentlichen von 2 Faktoren ab: zum einen von der Höhe der Durchblutungsminderung und zweitens von der Dauer der fokalen Ischämie. Dies ist in Abb. 11.2 verdeutlicht. Je stärker die Durchblutungsminderung, desto kürzer ist die Überlebenszeit des Gewebes. Während bei der globalen Ischämie der Ischämiedauer die entscheidende Bedeutung für die Funktionsschädigung zukommt, ist bei der fokalen Ischämie die Höhe der Durchblutung zusätzlich von Wichtigkeit.

Schwellenkonzept. Der Zeitfaktor, der so große Bedeutung für das Überleben des Gewebes bei globaler Ischämie hat, spielt auch bei der fokalen Ischämie eine Rolle; die Dauer der Minderperfusion kann jedoch Stunden, Tage, Wochen und länger betragen. Es wurden Schwellenwerte der regionalen Hirndurchblutung definiert, welche zur Aufrechterhaltung bestimmter Funktionsparameter und zum Überleben des Gewebes nicht unterschritten werden dürfen [1].

Diese Schwellenwerte sind in Abb. 11.3 dargestellt. Sie beruhen hauptsächlich auf Tierexperimenten, aber auch auf Befunden beim Menschen, zum Beispiel bei Karotisabklemmung zur Endarteriektomie. Die Abbildung zeigt, welche Funktionsverschlechterungen bei abnehmender Hirndurchblutung auftreten.

Die klinisch relevante Frage, bei welchem dieser Schwellenwerte ein Absterben von Neuronen erfolgt, ist nicht einheitlich in Tierexperimenten beantwortet worden. Elektrophysiologische Ableitungen zeigen unterschiedliche Empfindlichkeiten für Durchblutungsdefizite: Während bei einer graduellen Drosselung der Durchblutung die ersten Neurone ihre spontanen Entladungen bei knapp der Hälfte der normalen Durchblutung einstellen, feuern andere noch bei Reduktion der Durchblutung auf 1/10. Morphologische Befunde sprechen für eine irreversible Schädigung, wenn die Durchblutungswerte auf etwa ein Viertel des Normalwerts reduziert wurden. Allerdings scheint auch bei einer Reduktion der Durchblutung auf ein Drittel ein irreversibler Defekt auftreten zu können. Auf jeden Fall liegen diese Werte mitten in dem in Abb. 11.3 aufgezeigten Bereich funktioneller Sympto-

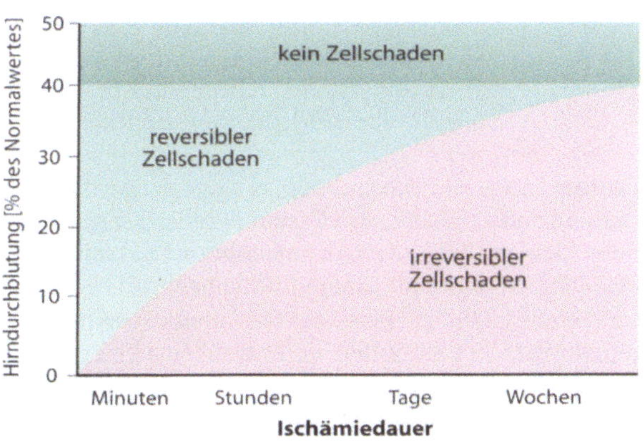

Abb. 11.2. Abhängigkeit der Gewebsschädigung von Dauer und Ausmaß der Ischämie. Je niedriger die Durchblutung im ischämischen Areal, desto schlechter die Überlebenschance des Gewebes. Je länger die Ischämie andauert, desto geringer muß die Durchblutungsabnahme sein, um einen irreversiblen Zellschaden hervorzurufen

me, so daß diese Symptome Ausdruck massiver Zellschädigung sein können.

Bei einer fokalen Ischämie ist der Randbezirk (sog. ischämische Penumbra) von Interesse, da dessen Funktion erhalten werden soll

Die ischämische Penumbra. Bei einem irreversibel geschädigten Hirngewebe, also im Infarktkern, besteht keine Aussicht auf Funktionserholung; das Gewebe wird in Bindegewebe (Narbengewebe) umgewandelt. Wenn der Gefäßverschluß zum Zelltod führt, liegt ein Hirninfarkt vor. Für den ischämischen Randbezirk sieht es unter Umständen günstiger aus. In diesem Randbezirk um den ischämischen Kern gibt es meist Areale, deren Durchblutung hoch genug ist, um das Überleben der Neurone zu gewährleisten, aber nicht hoch genug, um die normale Zellfunktion aufrechtzuerhalten. Dieses Areal wird ***Penumbra*** genannt (weil es sozusagen im Schatten liegt) [6]. Es besteht die Gefahr, daß sich einerseits die Penumbra in bis dahin gesunde Gewebsbezirke ausbreitet und andererseits aus der reversiblen Schädigung im Bereich der Penumbra eine irreversible Schädigung wird (Überschreiten der Grenzlinie in Abb. 11.2 nach unten). Jedes therapeutische Bemühen muß deshalb darauf ausgerichtet sein, diese Gefahr zu bannen; allerdings steht hierfür in vielen Fällen noch keine sichere therapeutische Methode zur Verfügung. Wie von der Thrombolyse als der einzigen, in speziellen Fällen wirksamen Therapie des ischämischen Schlaganfalls bekannt ist, muß jede denkbare Therapie wegen der Zeitabhängigkeit der neurologischen Schädigung in den ersten Stunden nach dem Infarkt angewendet werden, auf jeden Fall so früh wie möglich. Die Mehrzahl der ischämischen Schlaganfälle zeigt auch ohne Behandlung eine Besserung im Laufe von Minuten bis Wochen. Neben einer spontanen Rekanalisation verschlossener Gefäße ist hierfür wesentlich die Ausbildung von Kollateralen verantwortlich. Die Existenz der Penumbra beruht hauptsächlich auf Kollateralen, das heißt die Blutversorgung der Penumbra erfolgt zum Teil über andere Gefäße als vor der Ischämie.

! Für die Gewebsschädigung bei einer Ischämie des Gehirns sind maßgeblich: 1. die Dauer der Ischämie und 2. das Ausmaß der Durchblutungsverminderung. Bei einer fokalen Ischämie ist das Gewebe im Infarktkern irreversibel geschädigt, während um den Infarktkern herum, in der Penumbra, die Schädigung reversibel ist, so daß im Prinzip die Möglichkeit einer vollständigen Restitution des Gewebes besteht.

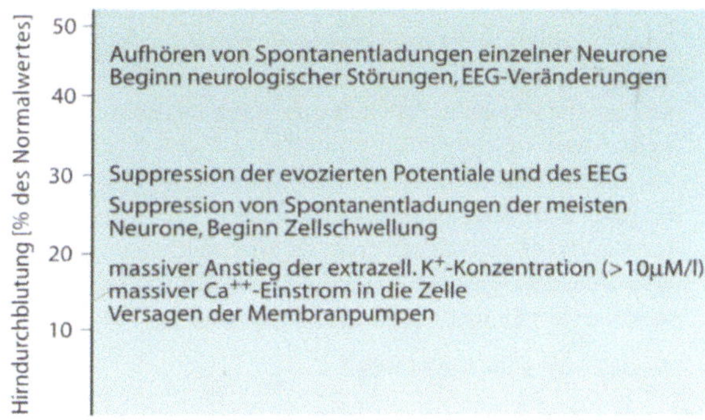

Abb. 11.3. Schwellenwerte der Hirndurchblutung bei Ischämie. Befunde von Patienten und Versuchstieren. Die Durchblutungswerte geben grobe Anhaltspunkte

11.2 Veränderte Parameter bei ischämischer Schädigung

Die Veränderungen im ischämischen Hirngewebe sind vielfältig; erste Pathomechanismen werden im Sekundenbereich wirksam, andere sind erst nach vielen Minuten nachweisbar

Zeitabhängigkeit der Veränderungen. Die zeitliche Abfolge der Ereignisse ist in Tabelle 11.1 dargestellt. Es wird von einer globalen oder einer massiven lokalen Ischämie ausgegangen. Die Veränderungen sind in den ersten Minuten reversibel. Der Übergang zu irreversiblen Schädigungen ist fließend und hängt nicht nur von der Restperfusion, sondern auch von verschiedenen, im Einzelfall schwer definierbaren Faktoren ab. Außerdem muß eine Wiederherstellung der Funktionsparameter im Rahmen einer Reperfusion nicht zwangsläufig zu einer Restitution der Funktion führen. So kann der Energiestoffwechsel im geschädigten Gewebe normalisiert sein, ohne daß die Funktion entsprechend verbessert wird.

Tabelle 11.1. Zeitabhängige Veränderungen bei Hirnischämie

Bereich von Sekunden
EEG-Veränderungen, EEG-Suppression
Moderater Ca^{++}-Einstrom in die Zellen
Moderater K^{+}-Ausstrom aus den Zellen
Beginnender Abfall energiereicher Phosphate
Bereich von wenigen Minuten
Lipolyse der Zell- und Mitochondrienmembran mit Freisetzung von Arachidonsäurederivaten (Prostaglandine, Leukotriene)
Anstieg von Glutamat und von weiteren exzitatorischen Aminosäuren
Anstieg von inhibitorischen Aminosäuren
Massiver Abfall energiereicher Phosphate
Massiver Abfall von Glukose und Glykogen im Gewebe, anaerobe Glykolyse, Anreicherung von Laktat und Adenosin
Massiver Ca^{++} und Na^{+}-Einstrom in die Zellen
Bereich von mehreren Minuten
Erhöhte Proteolyse
Verminderte Proteinsynthese
Aktivierung von immediate early genes

Im ischämischen Hirngewebe sind stoffwechselbedingte Anreicherungen von Laktat und Adenosin und erhöhte Serotoninkonzentrationen zu finden

Laktat. Unter normalen Bedingungen wird Glukose, das normale Substrat des Hirnstoffwechsels, nur zu einem kleinen Teil (8–10%) anaerob zu Laktat umgewandelt. Durch den Sauerstoffmangel bei Ischämie wird mehr Laktat gebildet, was die Energieausbeute bei ohnehin schon vermindertem Antransport von Glukose weiter verschlechtert. Folge ist ein rascher ***Abfall des ATP***. Die durch Laktat bedingte Ansäuerung des Gewebes (bis pH 6) hat eine schädliche Wirkung, wie weiter unten besprochen wird.

Adenosin und Serotonin. O_2-Mangel bei Ischämie führt über den Abfall des ATP zu einem Anstieg der Adenosinkonzentration im Hirngewebe. Ein solcher Anstieg des Adenosin hat zwei wesentliche Wirkungen: eine ***Hemmung neuronaler Aktivität*** und eine ***Dilatation der Hirngefäße***. Beide Wirkungen können dazu beitragen, den ischämischen Gewebsschaden über eine Verminderung energiefordernder elektrischer Entladungen und eine Zunahme der Gewebsperfusion klein zu halten. Adenosin trägt also zur ***Protektion*** des ischämischen Gewebes bei. Neben der Adenosinkonzentration steigt auch die Serotoninkonzentration im Hirngewebe bei Ischämie an, wobei das Serotonin aus serotoninergen Nervenfasern freigesetzt wird. Neuroprotektive Wirkungen scheinen über 5-HT_{1A}-Agonisten und 5-HT_2-Antagonisten vermittelt zu werden.

Die Schädigung des Hirngewebes bei Ischämie wird verursacht durch ein Zusammenwirken von Azidose, Ca^{++}-Überladung der Zellen, freien Radikalen, exzitatorischen Neurotransmittern und Eikosanoiden

Azidose. Wie schon besprochen, kann Laktat schon per se, ohne weitere schädigende Substanzen, Nekrosen im Hirngewebe durch Ansäuerung hervorrufen [10]. Der Mechanismus der Schädigung durch Azidose könnte in einer Hemmung der mitochondrialen Atmung und in der Veränderung H^{+}-gekoppelter Membrantransporte liegen, welche zur Volumenregulation der Zelle beitragen. Außerdem kann die Azidose freie Radikale und Lipidperoxidasen aktivieren.

Exzitatorische Neurotransmitter. Unter ischämischen Bedingungen kommt es durch starke neuronale Erregungen zu einer Freisetzung von exzitatorischen Neurotransmittern, wie den Aminosäuren ***Glutamat*** und ***Aspartat***. Diese Substanzen können ihrerseits über eine exzessive Stimulation von Neuronen Energiemangel, Zellschwellung, Ca^{++}-Einstrom und als Folge den Tod der Neurone hervorrufen [3] (Abb. 11.4). Allerdings werden auch inhibitorische Transmitter und Neuromodulatoren, wie γ-Amino-Buttersäure (GABA) und Adenosin, gleichzeitig mit den exzitatorischen Transmittern freigesetzt, was die exzitotoxische Hypothese relativiert [14]. Ein erhöhter Energiebedarf könnte nicht nur über exzitatorische Transmitter entstehen, sondern auch durch eine dauernde Depolarisation, welche sich über das Hirngewebe ausbreitet und die als ***„spreading depression“*** bekannt ist. Der massive Anstieg der extrazellulären K^+-Konzentration im Infarktkern und die Zelldepolarisation könnten Auslöser der „spreading depression“ sein, welche für den Bereich der Penumbra nachgewiesen werden konnte [2,13]. Durch die „spreading depression“ könnte das Mißverhältnis zwischen Energiebedarf und Energiebereitstellung, welches im ischämischen Bezirk zwangsläufig existiert, weiter ungünstig beeinflußt werden.

Ca^{++}-Überladung der Zellen. Bei einer ischämischen Schädigung des Hirngewebes wird ein Ausstrom von H^+ aus den Zellen und eine Erhöhung der zellulären Konzentration an freiem Ca^{++} gemessen [8]. Beide Effekte könnten durch die intrazelluläre Azidose ausgelöst werden. Die Azidose führt zur zellulären Freisetzung von Ca^{++} aus pH-abhängigen Bindungsstellen an Phospholipiden der Innenseite der Plasmamembran. Die hierdurch und durch einen Einstrom von extrazellulärem Ca^{++} zusätzlich erhöhte intrazelluläre Ca^{++}-Konzentration beeinträchtigt einerseits Ca^{++}-abhängige Funktionen der Zelle (z. B. gestörte Atmungsfunktion durch Überladung der Mitochondrien mit Ca^{++}), andererseits ruft sie einen K^+-Ausstrom aus der Zelle hervor, der durch die Hemmung der Na^+/K^+-ATPase noch verstärkt werden könnte. Hierdurch steigt die extrazelluläre K^+-Konzentration an; Folge ist eine Hyperpolarisation (erhöhte K^+-Leitfähigkeit) und, bei weiterer K^+-Erhöhung, eine Depolarisation der Zellen, welche dann einen weiteren Ca^{++}-Einstrom verursacht. Da durch die Depolarisation auch Na^+ vermehrt einströmt, steigt das ***zelluläre Volumen*** an (s. 11.3). Ein Ca^{++}-Einstrom in die Zellen kann auch durch Glutamat ausgelöst werden. Verschiedene Aspekte der ischämischen Veränderungen sind in Abb. 11.4 und 11.5 dargestellt. Abb. 11.4 zeigt das Konzept der ischämischen Kaskade und Abb. 11.5 die gegenwärtigen Vorstellungen über die zellulären Veränderungen bei zerebraler Ischämie.

Genexpression und Apoptose. Die Proteinsynthese wird durch Ischämie gehemmt. Grundlage dieser Störung scheint eine Desaggregation von Ribosomen zu sein. Gleichzeitig wird die Expression bestimmter Gene erhöht. Dies sind die ***„immediate early genes“***

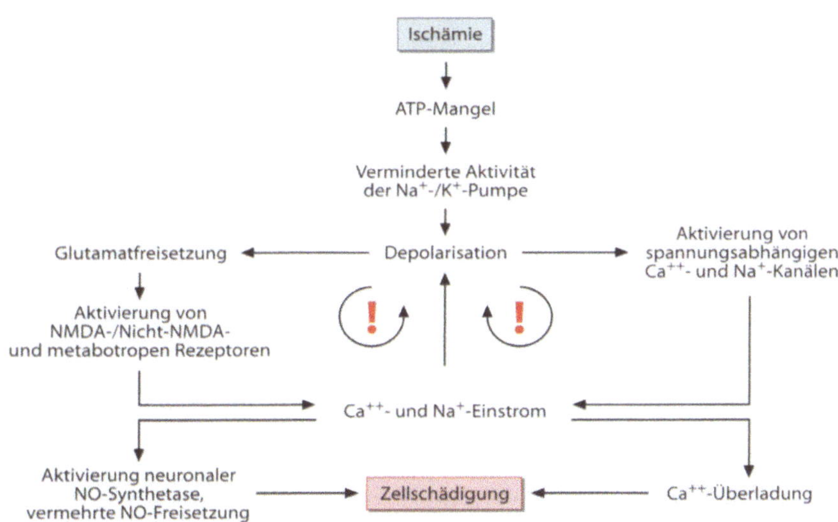

Abb. 11.4. Das Konzept der ischämischen Kaskade. Besonders pathogen sind die beiden mit (!) markierten positiven Rückkopplungskreise, welche die Tendenz zu wiederholten Depolarisationen verstärken und damit die Schädigung dramatisch beschleunigen können

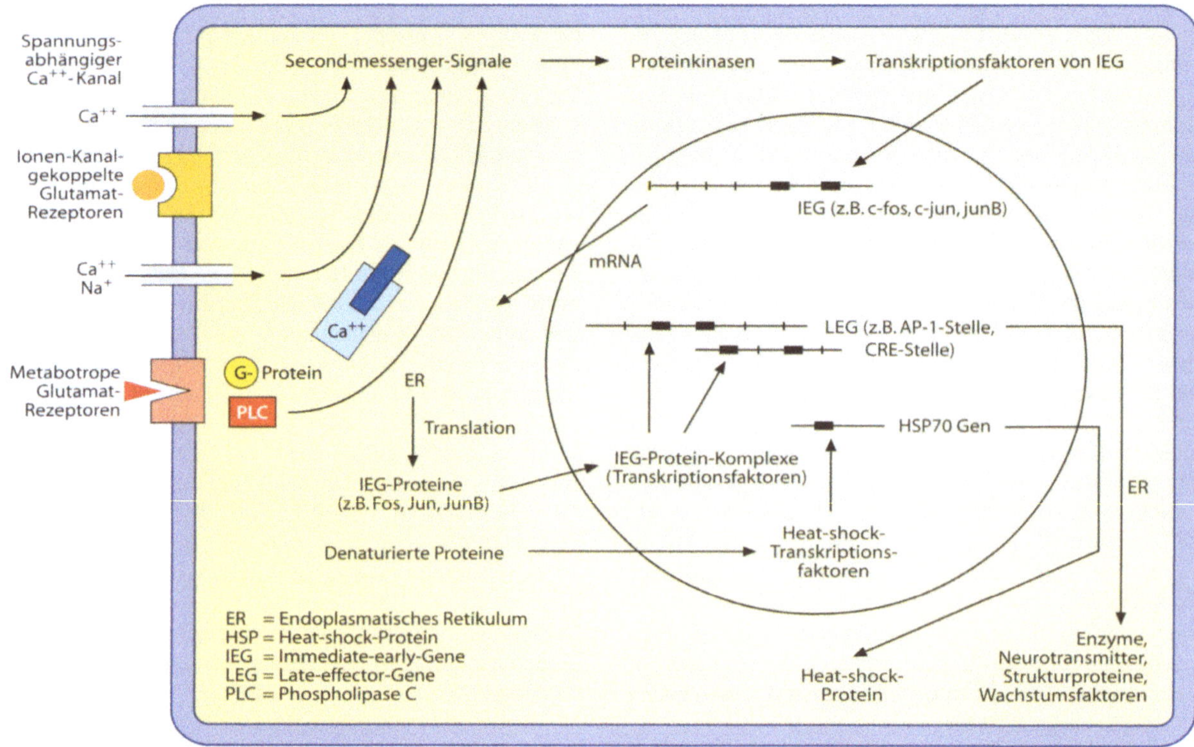

Abb. 11.5. Zelluläre Veränderungen bei zerebraler Ischämie. Verschiedene Signale an der Zellmembran *(links)* führen zur Aktivierung zytroplasmatischer Signale *(oben)*. Diese Signale rufen eine Aktivierung von „immediate early genes" im Zellkern hervor, wodurch die Synthese bestimmter Proteine induziert wird

(Abb. 11.5). Diese Gene, wie ***c-fos*** und ***c-jun***, werden nicht nur bei Ischämie, sondern auch bei verschiedenen noxischen Reizen des Gehirns wie Streß, Krampfaktivität und Hirntrauma vermehrt aktiviert. Die Proteinprodukte dieser Gene wirken als Transkriptionsfaktoren, die ihrerseits die Expression bestimmter Gene regulieren [12]. Eine Verbindung zwischen der Expression von „immediate early genes" und ***Apoptose*** wird vermutet, da auch Apoptose durch verschiedene noxische Reize einschließlich Ischämie induziert wird. Bei der Apoptose handelt es sich um einen programmierten Zelltod im Gegensatz zur ***Nekrose***, die durch Zusammenbruch der Energieversorgung ausgelöst wird. Apoptose ist gekennzeichnet durch die Fragmentierung von genomischer DNA und Chromatin-Kondensation. Die Zellen können ohne Entzündungserscheinungen aufgelöst werden. Am ischämischen Untergang von Neuronen scheinen Apoptose und Nekrose beteiligt zu sein.

Freie Radikale. Freie Radikale, wie das Hydroxylradikal, entstehen im normalen aeroben Stoffwechsel der Zellen. Die Bildungsrate von Sauerstoffradikalen ist normalerweise gering. Bei O_2-Mangel steigt sie an, weil mehr reduzierende Äquivalente zur Verfügung stehen. Die Sauerstoffradikale sind hoch reaktiv, wobei besonders die Hydroxylradikale pathogenetisch sind. Sie entstehen in einer metallkatalysierten Reaktion.

Die Metalle sind normalerweise an Proteine gebunden und damit unwirksam. Bei Ischämie kann die Proteinbindung aufgehoben werden, so daß die freien Metalle dann die Radikalbildung katalysieren. Diese hohe Bildungsrate freier Radikale überfordert die Radikal-Fänger („scavenger"), die normalerweise die entstehenden Radikale abfangen und zu H_2O umwandeln. Solche Radikalfänger sind die ***Superoxiddismutase***, ***Katalasen*** und ***Peroxidasen***. Pathophysiologische Bedingungen mit vermehrter Radikalbildung sind langdauernde Hyperoxie bei Exposition mit hohen O_2-Partialdrücken, Entzündungen, Intoxikationen, Azidose und Glutamatanreicherung bei Ischämie [4]. Die Gewebsschädigung durch freie Radikale beruht auf einer Stimulation der ***Lipidperoxidation*** und einer

Abspaltung von vorher gebundenen, in reduzierter Form vorliegenden ***Metallionen***. Die Lipidperoxidation läuft an den vielfach ungesättigten Fettsäuren der Membranlipide ab, die hierbei unter Entstehung neuer Radikale verändert werden, so daß die Membranen weiter geschädigt werden. Die Toxizität der Metallionen, welche im Prinzip die Radikalbildung katalysieren, hängt von ihrer Konzentration und Lokalisation ab. So kann bei Subarachnoidalblutung oder Blutung durch Trauma das aus dem Hämoglobin freigesetzte Eisen die Radikalbildung beschleunigen und damit die Gewebsschäden erhöhen.

Eikosanoide. Durch die Ca^{++} -Überladung der Zellen bei Ischämie werden Ca^{++} -abhängige Phospholipasen aktiviert. Der Abbau von Membran-Phospholipiden führt, neben der Bildung von Radikalen, zur Anreicherung von freien Fettsäuren, besonders Arachidonsäure. Arachidonsäure ist die Ausgangssubstanz für zahlreiche Eikosanoide. Das Spektrum der Arachidonsäureabkömmlinge, das postischämisch gebildet wird, unterscheidet sich beträchtlich von dem physiologischerweise vorhandenen. Besonders ***vasokonstriktorisches Thromboxan*** A_2 ***(TXA***$_2$***)*** aus Blutplättchen und Leukotriene aus Leukozyten fallen vermehrt an, während ***vasodilatierendes Prostazyklin (PGI***$_2$***)*** von Endothelzellen weniger gebildet wird [15]. Durch das Überwiegen von plättchenaggregierenden und vasokonstriktorischen Eikosanoiden wird die Durchblutung weiter vermindert (s. unten ***No-reflow-Phänomen***). Diese konstringierenden Substanzen dürften auch zur Ausbildung des ***Vasospasmus*** nach Subarachnoidalblutung beitragen.

No-reflow-Phänomen. Das Sistieren der Gewebsperfusion ist häufig irreversibel: Auch nach Wiederherstellen eines Perfusionsdrucks erfolgt keine Rezirkulation oder eine verzögerte Rezirkulation [9]. Dieses No-reflow-Phänomen wird umso wahrscheinlicher, je länger die Ischämiephase gedauert hat; es kann schon Minuten nach Ischämiebeginn auftreten. Seine Ursachen sind vielfältig: neben dem Überwiegen konstringierender Substanzen und dem Vorhandensein eines zellulären Ödems (s. 11.3) kann auch eine intravasale Thrombozytenaggregation durch den verlangsamten Blutstrom und Plättchenaktivierung (plättchenaktivierender Faktor, PAF) zustande kommen. Zusätzlich scheinen auch intravasale ***neutrophile Granulozyten*** für die Stase verantwortlich zu sein. Granulozyten passieren auf Grund ihrer geringen Verformbarkeit die Kapillaren schon unter physiologischen Bedingungen langsamer als Erythrozyten. Sie haften bei der Reperfusion oder bei einer vorhanden gebliebenen Restperfusion am geschädigten Endothel und können so leicht die Kapillaren ganz verschließen.

Das Haften der Granulozyten am Gefäßendothel wird durch Adhäsionsrezeptoren vermittelt, die an den Leukozyten und am Gefäßendothel unter normalen Bedingungen in geringer Anzahl vorhanden sind und die im Rahmen einer Ischämie innerhalb weniger Stunden hochreguliert werden, ähnlich wie dies auch bei einer Entzündungsreaktion der Fall ist. Es werden 3 große Gruppen von Adhäsionsrezeptoren und Adhäsionsmolekülen unterschieden: Selektine, Immunglobuline und Integrine. Liganden für die Adhäsionsmoleküle sind bei den Selektinen sialysierte Lektine, bei den Integrinen Immunglobuline und bei den Immunglobulinen Integrine [5].

Die entzündungsähnlichen Reaktionen des Hirngewebes werden durch die Freisetzung von ***Zytokinen*** ausgelöst. Zytokine, wie ***Interleukin 1 (IL-1)***, vermitteln nicht nur die Invasion von Leukozyten in der Akutphase der Ischämie (erste 12 Stunden), sondern auch die Aktivierung von Mikroglia in der subakuten und chronischen Phase. Der aktivierten Mikroglia wird eine wichtige Rolle bei der Wiederherstellung der Zellfunktion und der neuronalen Regeneration zugeschrieben [11].

Zur Gewebsschädigung trägt auch eine verschlechterte Vasomotorik der Hirngefäße bei

Die normale Reaktion auf Änderungen des arteriellen pCO_2 besteht in einer Erhöhung der Hirndurchblutung mit aufsteigendem pCO_2 und einer Verminderung der Hirndurchblutung mit abfallendem pCO_2. Diese Reaktivität ist im ischämisch geschädigten Gewebe aufgehoben, z.T. auch die Fähigkeit zur Autoregulation. Dies hat zur Folgerung geführt, daß im geschädigten Gewebe eine ***Vasoparalyse*** vorliegt [9]. Die Reaktivitäten der Hirngefäße sind nicht auf alle vasoaktiven Substanzen vollkommen aufgehoben; jedoch ist die normale Anpassung der Hirndurchblutung an den Bedarf, der durch Funktion und Stoffwechsel vorgegeben ist, eingeschränkt. Dies trägt auch zur Funktionsbeeinträchtigung bei. Eine Hyperämie im geschädigten Gewebe mit Durchblutungswerten, die höher als normal liegen ***(Luxusperfusion)***, ist keineswegs Zeichen einer Restitution des Gewebes; sie weist häufig auf die ***Rekanalisation eines Gefäßes*** im irreversibel geschädigten Infarktgebiet hin und zeigt nur eine für wenige Wochen anhaltende Bildung von Granulationsgewebe an. Wenn sich das ***Narbengewebe*** gebildet hat, sinkt die Durchblutung auf niedrigere Werte ab. Die Durchblutungswerte in der

Penumbra sind hingegen von Anfang an niedriger als normal, da es sich ja um mangelversorgtes, über Kollateralen erreichtes Gewebe handelt.

Bei Ischämie werden einzelne Hirnstrukturen in stärkerem Maße geschädigt als andere, trotz gleicher einwirkender Noxe (selektive Vulnerabilität)

Neuropathologische Befunde von Patienten und Versuchstieren haben gezeigt, daß bei gleicher einwirkender Noxe einzelne Hirnareale (z. B. Neurone im Hippokampus) mehr als andere geschädigt werden. Ursache der ***selektiven Vulnerabilität*** ist eine verschieden große Empfindlichkeit einzelner Neurone bestimmter Hirnareale für die gewebsschädigenden Noxen (s. schädigende Faktoren, 11.2), welche zu einem übermäßigen Ca^{++} -Einstrom führt. An der selektiven Vulnerabilität ist Apoptose beteiligt. Anlaß zur Hoffnung auf eine Therapie gibt die Tatsache, daß die selektiv vulnerablen Zellen erst einige Tage nach Einwirken der Noxe absterben. In diesem Zeitraum könnte eine Therapie wirksam werden.

Therapeutische Konzepte. Der Nachweis einer prinzipiellen Therapierbarkeit des ischämischen Schlaganfalls hat die Entwicklung von Therapiekonzepten beflügelt. In kleinen, selektierten Untergruppen von Schlaganfallpatienten konnte der Erfolg einer thrombolytischen Therapie nachgewiesen werden, wenn die Behandlung 6 Stunden [7] oder – noch besser – 3 Stunden [16] nach Beginn der klinischen Symptome begonnen wurde. Damit hat sich die frühe Auflösung der intravasalen Thromben als sinnvolles therapeutisches Konzept erwiesen. Im experimentellen Stadium befindet sich der Therapieversuch mit einer Senkung der Körpertemperatur und damit der Hirntemperatur. Ein weiteres, in Deutschland bisweilen angewendetes Konzept ist die Hämodilution. Grundlage der Therapie durch Hämodilution ist die Hoffnung, durch eine Verbesserung der Fließfähigkeit des Bluts die Gewebsperfusion zu verbessern. Die verbesserte Fließfähigkeit soll über eine Senkung der Blutviskosität erreicht werden. Diese Maßnahme kann nur dann hilfreich sein, wenn die Durchblutungszunahme im ischämischen Areal (Infarktkern und Penumbra) die hämodilutionsbedingte Senkung der O_2-Kapazität des Bluts mehr als kompensiert. Dies erscheint schon theoretisch unwahrscheinlich, da ein solcher Effekt eher dann zu erwarten ist, wenn die betroffenen Gefäße noch dilatieren können; dies ist im ischämischen Areal gerade nicht der Fall. Andererseits kann durch die Volumensubstitution im Rahmen einer Hämodilution die allgemeine Kreislaufsituation unter Umständen entscheidend stabilisiert werden, was die Prognose verbessern könnte.

! Es ist nicht erstaunlich, daß bei einer Ischämie des Gehirns Entgleisungen in metabolischen Abläufen, Neurotransmitter-Freisetzungen, Genexpression und Gefäßreaktionen auftreten. Es bleibt offen, welche Bedeutung den einzelnen Komponenten für die Gewebsschädigung zukommt. Therapeutische Ansätze, die auf sehr unterschiedlichen Ansatzpunkten basieren, haben im Experiment positive Ergebnisse erbracht; die Übertragung dieser Erkenntnisse auf die Klinik ist bisher weniger erfolgreich gewesen.

11.3 Das ischämische Hirnödem

Bei einer kritischen Durchblutungsabnahme kommt es zum Hirnödem, welches zytotoxischen und vasogenen Ursprung hat; beim zytotoxischen Hirnödem schwellen die Zellen infolge Versagens der Membranpumpen und erhöhter Na^+ - Permeabilität

Zytotoxisches Hirnödem. Grundlage des zytotoxischen Hirnödems ist eine Zellschwellung von Neuronen, Glia- und Endothelzellen, welche zu einer Verminderung des extrazellulären Volumens im Gehirn führt. Diese Zellschwellung hat als Ursache den Zusammenbruch des Energiestoffwechsels mit ungenügender Bildung energiereicher Phosphate. Diese Ursache zieht eine Anzahl von Veränderungen nach sich, die eine weitere Zellschwellung hervorrufen. Durch die ungenügende Energiebereitstellung wird die Na^+ /K^+ -ATPase gehemmt. Folge ist ein ***Einstrom von*** Na^+ in die Zelle und ein Ausstrom von K^+ aus der Zelle. Da der Na^+ -Einstrom etwa doppelt so groß ist wie der K^+ -Ausstrom, steigt durch die osmotische Wirkung des Na^+ das zelluläre Volumen auf Kosten des Extrazellulärraums an. Der erhöhte Na^+ -Einstrom hat mindestens zwei Ursachen:

1. Durch die erhöhte extrazelluläre K^+ -Konzentration kommt es zur ***lokalen Depolarisation von Nervenendigungen***, aus denen ***exzitatorische Transmitter***, wie Glutamat, freigesetzt werden. Extrazelluläres Glutamat erhöht seinerseits wieder die Na^+ - Permeabilität der Zellen, was den Na^+ -Einstrom begünstigt. Diese erhöhte

Na^+ - Permeabilität scheint eine wesentliche Rolle bei der Entstehung des Hirnödems zu spielen.

2. Da die anaerobe Glykolyse zur Azidose führt, müssen vermehrt H^+ -Ionen aus der Zelle herausgeschafft werden. Hierzu wird der schon normal aktive ***Na^+ /H^+ - Austauscher*** der Zellmembran vermehrt aktiviert. Um H^+ -Ionen aus der Zelle herauszubekommen, müssen vermehrt Na^+ -Ionen in die Zelle aufgenommen werden, was die Zellschwellung weiter verstärkt, wenn der aktive Na^+ -Transport gestört ist.

Neben dem vermehrten Einstrom von Na^+ sind weitere Faktoren für die Zellschwellung verantwortlich. Zum einen führt beim Versagen der Na^+ - Pumpaktivität die ***kolloidosmotische Wirkung*** der zellulären Proteine zu einem Einstrom von Wasser; zum anderen entstehen durch den Abbau von Zellbestandteilen und auf noch nicht bekanntem Wege ***osmotisch wirksame Teilchen*** in der Zelle, welche die Zellschwellung weiter verstärken.

Beim vasogenen Hirnödem ist die Durchlässigkeit der Blut-Hirn-Schranke für Plasma und Na^+ erhöht

Vasogenes Hirnödem. Grundlage des vasogenen Hirnödems ist eine ***massive Schädigung der Blut-Hirn-Schranke***, die zahlreiche Ursachen haben kann, wie Trauma, Tumoren oder Hirninfarkt. Es kommt zu einer vermehrten Durchlässigkeit der Endothelzellen der Hirnkapillaren, welche das morphologische Substrat der Blut-Hirn-Schranke darstellen; hauptsächlich wird die Passage zwischen den ***„tight junctions" (Zonulae occludentes)*** der Endothelzellen erhöht (interendothelial), weniger die Passage durch die Endothelzellen hindurch (erhöhte Pinozytose). Für die Pathogenese des Hirnödems scheint weniger der Austritt von Plasmabestandteilen, wie man früher glaubte, sondern eher der von Na^+ aus dem Blut in den Extrazellulärraum des Gehirns verantwortlich zu sein.

Vasogenes und zytotoxisches Hirnödem treten gemeinsam auf. Zu Beginn einer ischämischen Schädigung ist hauptsächlich ein zytotoxisches Ödem zu finden, während dann innerhalb weniger Tage sich zusätzlich ein vasogenes Ödem entwickelt. Ein vereinfachtes Schema der Entstehung beider Ödemformen aus denselben Vorstufen ist in Abb. 11.6 gezeigt. Es ist deutlich, daß die Pathomechanismen der Ödementstehung sich stark mit denen der Ischämie überschneiden.

Die Ödementstehung wird gefördert durch eine Aktivierung des Kallikrein-Kinin-Systems und eine extrazelluläre Glutamatanreicherung; Folge des Hirnödems ist eine Steigerung des intrakraniellen Drucks

Neben den unmittelbaren Auslösern der Hirnschädigung, wie Trauma oder O_2- und Substratmangel bei Ischämie, haben weitere Faktoren Bedeutung für die Entwicklung der Schädigung. Sie entstehen im geschädigten Gewebe und können ihrerseits die Gewebsschädigung verstärken ***(sekundäre Hirnschädigung).*** Solche Faktoren sind deshalb von besonderem Interesse, weil ihr schädigender Einfluß durch therapeutische Maßnahmen abgeschwächt werden könnte. Zwei solche Faktoren sind:

1. Das ***Kallikrein- Kinin-System*** wird bei Gewebsschädigung aktiviert, wobei die Peptide ***Bradykinin*** und ***Kallidin*** ihrerseits weiter schädigend zu sein scheinen. Sie rufen nämlich Zellschwellung und eine erhöhte Durchlässigkeit der Blut-Hirn-Schranke hervor.

2. ***Extrazelluläres Glutamat***: Glutamat ist im normalen Gehirn in hohen zellulären Konzentrationen zu finden. Extrazellulär wirkt es als wichtiger ***exzitatorischer Neurotransmitter***. Durch die Freisetzung von Glutamat aus geschädigten Zellen in die extrazelluläre Flüssigkeit könnte die physiologische Funktion des Transmitters, der zu einem Na^+ - und Ca^{++} -Einstrom führt, pathologisch verstärkt sein, so daß es zu ***ionalen Ungleichgewichten*** kommt. Diese könnten noch dadurch erhöht werden, daß der Eintritt von Glutamat in die Zelle durch einen Na^+ -Einstrom getrieben wird, so daß die Wiederaufnahme von Glutamat in die Zellen über die gleichzeitige Na^+ -Aufnahme bei geschädigter Pumpleistung zur weiteren Ödembildung beiträgt.

Die Volumenzunahme des Gehirns beim Hirnödem kann nur in geringem Maße über die Compliance des liquorenthaltenden Raums kompensiert werden. Es muß deshalb zur ***Drucksteigerung*** im Gehirn und im Liquor kommen: Der intrakranielle Druck steigt an. Die hieraus resultierende Einschränkung der Gewebsperfusion wird im folgenden beschrieben.

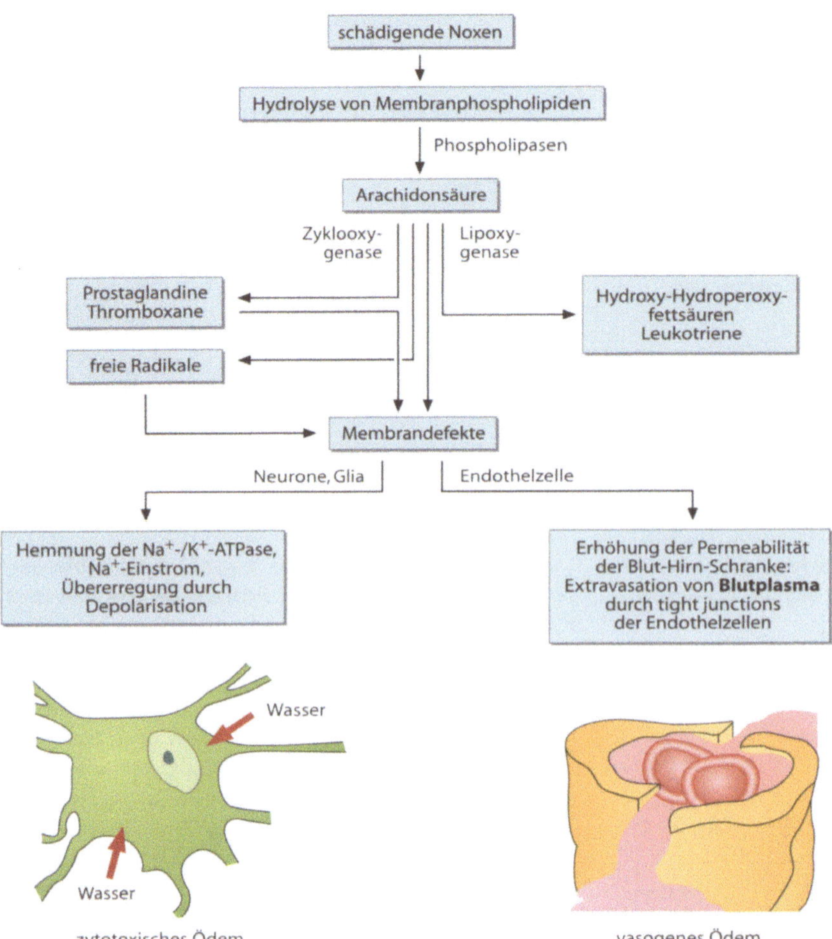

Abb. 11.6. Mechanismen der Entstehung des Hirnödems. Das Schema zeigt, daß möglicherweise sowohl das früh auftretende zytotoxische Ödem als auch das später auftretende vasogene Ödem auf die Einwirkung ähnlicher Noxen zurückgeführt werden können, welche einerseits an Neuronen und Glia (zytotoxisches Ödem) und andererseits an Endothelzellen (vasogenes Ödem) wirksam werden

11.4 Nichtischämische Änderungen der Blut-Hirn-Schranken-Funktion

Die Blut-Hirn-Schranke kann dauerhaft geschädigt sein oder reversibel geöffnet werden.

Dauerhafte Schädigungen der Blut-Hirn-Schranke treten bei Läsionen, Strahlenschäden, Tumoren und Schwermetallvergiftungen auf.

Eine ***reversible Öffung*** der Blut-Hirn-Schranke wird unter verschiedenen Bedingungen gefunden: Akute Blutdruckanstiege über den autoregulierten Bereich hinaus führen zu einer Dehnung der Gefäße. Bei ***chronischer Hypertonie*** wird dies durch strukturelle degenerative Veränderungen der Gefäße abgeschwächt. Beim ***epileptischen Krampfanfall*** und ***starker Hyperkapnie*** kann nicht nur an den Widerstandsgefäßen, sondern auch an den Kapillaren und Venolen infolge der Vasodilatation ein erhöhter transmuraler Druck wirksam sein. In allen diesen Fällen sind die „tight junctions" zwischen den Endothelzellen der Hirnkapillaren aufgedehnt; hierdurch kommt es zu einer ***erhöhten Flüssigkeitspermeation.*** Intravasale Injektion hypertoner Flüssigkeit in hirnnahe Arterien führt zu einer osmotischen Schrumpfung der Endothelzellen; hierdurch kommt es zu einer erhöhten interendothelialen Passage von Flüssigkeit durch eröffnete „tight junctions". Es wird versucht, bei Tumoren des ZNS durch einen solchen Mechanismus mehr tumorhemmende Medikamente an solche Tumoren heranzubekommen. Eine kurzdauernde Öffnung der Blut-Hirn-Schranke scheint tolerabel, ohne funktionelle Folgen zu hinterlassen.

Dem Kernikterus liegt wahrscheinlich keine Blut-Hirn-Schranken-Schädigung zugrunde

Als Ursache des Kernikterus wird heute eine hohe Konzentration an freiem ***Bilirubin*** im Blut angenommen. Eine hohe Konzentration an nichtkonjugiertem (freiem) Bilirubin tritt infolge massiver Hämolyse auf. Freies Bilirubin kann im Gegensatz zu konjugiertem (proteingebundenem) Bilirubin die Blut-Hirn-Schranke passieren und sich dann irreversibel im Hirngewebe, besonders in einzelnen Hirnkernen ablagern, die dadurch in ihrer Funktion geschädigt werden.

! Pathologische Flüssigkeitsverschiebungen treten im Gehirn zum einen an der Membran von Neuronen und Gliazellen auf; durch Einstrom von Flüssigkeit aus den Extrazellulärraum in die Zellen kommt es zur Zellschwellung. Zum anderen kann Flüssigkeit über die Blut-Hirn-Schranke aus dem Blutplasma in das Hirngewebe gelangen.

11.5 Liquor, intrakranieller Druck

Beim Anstieg des intrakraniellen Drucks (Liquordruck) durch ein Hirnödem kommt es zu Behinderungen der Blut- und Liquorzirkulation

Solange der intrakranielle Druck niedrig ist, wird der zerebrale Perfusionsdruck praktisch nur durch den arteriellen Blutdruck bestimmt. Anstiege des intrakraniellen Drucks haben eine Verminderung des zerebralen Perfusionsdrucks zur Folge, solange der arterielle Blutdruck konstant bleibt. (Zerebraler Perfusionsdruck = mittlerer arterieller Blutdruck – intrakranieller Druck.)

Der Anstieg des intrakraniellen Drucks beim Hirnödem beruht auf der Zellschwellung (zytotoxisches Hirnödem) und der Extravasation von Plasmabestandteilen in den Extrazellulärraum des Gehirns (vasogenes Hirnödem). Der erhöhte Gewebsdruck führt seinerseits zu einer ***Einschränkung der Durchblutung*** durch Kompression von Kapillaren und Venen. Dies fördert wiederum die Ödembildung, so daß sich ein ***circulus vitiosus*** aus Mangelversorgung, Ödem und Drucksteigerung aufbaut. Wenn es hierbei zur Kapillarstase kommt, kann sich ein No-reflow-Phänomen (s. 11.2) entwickeln. Die Kompression von Hirngewebe beim hohen intrakraniellen Druck verursacht klinische Hirndrucksymptome. Beim nicht-ischämisch bedingtem Anstieg des intrakraniellen Drucks (Liquordrucks) kommt es zur mechanischen Kompression der Hirnsubstanz. Ursachen sind raumfordernde Prozesse und/oder Störungen der Liquorproduktion und -resorption. Folge sind akut die klinischen Hirndrucksymptome und langfristig die verschiedenen Formen des Hydrozephalus, bei denen es zu mechanisch bedingter Atrophie von Hirngewebe kommt.

Die Liquorzusammensetzung ist bei verschiedenen Krankheiten im Bereich des Zentralnervensystems charakteristisch verändert. Bei Entzündungen wird eine Leukozytose und ein Gammaglobulinanstieg gefunden, bei Blutungen hingegen eine Erythrozytose und Xanthochromie (Beimengung von Blutfarbstoffen). Störungen in der Elektrolytzusammensetzung des Liquors können funktionelle Folgen haben; so wird bei einer Liquorazidose häufig eine Einschränkung des Bewußtseins gefunden.

11.6 Literatur

1. Astrup J (1982) Energy-requiring cell function in the ischemic brain. J Neurosurg 56: 482–487
2. Back T, Kohno K., Hossmann KA (1994) Cortical negative DC deflections following middle cerebral artery occlusion and KCl-induced spreading depression. Effect of blood flow, tissue oxygenation, and electroencephalogram. J Cereb Blood Flow Metab 14: 12–19
3. Benveniste H (1991) The excitotoxin hypothesis in relation to cerebral ischemia. Cerebrovasc Brain Metab Rev 3: 213–245
4. Coyle JT, Puttfarcken P (1993) Oxidative stress, glutamate and neurodegeneration disorders. Science 262: 689–695
5. Del Zoppo G (1994) Microvascular changes during cerebral ischemia and reperfusion. Cerebrovasc Brain Metab Rev 6: 47–96
6. Ginsberg M (1997) Injury mechanisms in the ischemic penumbra-approaches to neuroprotection in acute ischemic stroke. Cerebrovasc Dis 7 (Suppl 2):7–12

7. Hacke W, Kaste M, Fieschi C et al (1995) Intravenous thrombolysis with recombinant tissue plasminogen activator for acute hemispheric stroke. JAMA 274: 1017–1025
8. Hartmann A, Kuschinsky W (Hrsg) (1989) Cerebral ischemia and calcium. Springer, Berlin
9. Hossmann KA (1987) Experimentelle Grundlagen der Ischämietoleranz des Gehirns. Z Kardiol 76 (Suppl 4): 47–66
10. Kraig RP, Petito CK, Plum F, Pulsinelli WA (1987) Hydrogen ions kill brain at concentrations reached in ischemia. J Cereb Blood Flow Metab 7: 379–386
11. Kreutzberg GW (1996) Microglia: a sensor for pathological events in the CNS. TINS 19: 312–318
12. Matsushima K, Schmidt-Kastner R, Hakim, A (1996) Genes and cerebral ischemia: Therapeutic perspectives. Cerebrovasc Dis 6: 119–127
13. Mies G, Iijima T, Hossmann KA (1993) Correlation between peri-infarct DC shifts and ischemic neuronal damage in rat. Neuroreport 4: 709–711
14. Obrenovitch T.P, Richards DA (1995) Extracellular neurotransmitter changes in cerebral ischemia. Cerebrovasc Brain Metab Rev 7: 1–54
15. Schrör K (1986) Prostaglandins and other fatty acid peroxidation products in cerebral ischemia. In: Krieglstein J (Hrsg) Pharmacology of cerebral ischemia. Elsevier, Amsterdam, pp 199–209
16. The National Institute of Neurological Disorders and Stroke rt-PA Stroke Study Group (1995) Tissue plasminogen activator for acute ischemic stroke. N Engl J Med 333: 1581–7

Blut und blutbildende Organe

12

H. HEIMPEL UND A. RAGHAVACHAR

EINLEITUNG Eine 58jährige Patientin klagt über langsam zunehmende Kopfschmerzen, Sehstörungen und Schwindel. Die Beschwerden werden auf eine Blutdruckerhöhung von 170/95 zurückgeführt, durch antihypertensive Behandlung aber nicht gebessert. Gleichzeitig fällt eine zunehmende Rötung der Gesichtshaut auf. Das Blutbild zeigt einen stark erhöhten Hämatokrit von 69 % und grenzwertig erhöhte Leukozyten- und Thrombozytenzahlen. Die Diagnose einer Polycythaemia vera mit erhöhtem Erythrozyten- und Gesamtblutvolumen wird durch die Verminderung des Erythropoetins im Serum und das typische Bild einer Hyperplasie aller drei Zellreihen im Knochenmark bestätigt. Nach Absenkung des Hämatokrits auf Normalwerte durch 5 Aderlässe zu je 450 ml verschwinden alle Symptome, der Blutdruck bleibt auch nach Absetzen der antihypertensiven Medikation normal. Nach 5 jähriger intermittierender Aderlaßbehandlung wird die Korrektur einer weiter ansteigenden Thrombozytenzahl mit Hydroxyurea notwendig.

12.1 Allgemeine Pathophysiologie des Blutzellsystems

Das Blutzellsystem ist keine morphologische, sondern eine funktionelle Einheit

Blutzellen werden in verschiedenen Skelettabschnitten, Lymphozyten darüber hinaus in den Lymphknoten und in der Milz gebildet. Trotzdem reagiert das Blutzellsystem auf Umweltveränderungen – z. B. Änderungen des atmosphärischen O_2-Drucks – und auf Verletzungen der Körperintegrität – z. B. Blutverlust oder lokale Entzündung – wie ein Organ. Diese Tatsache läßt sich durch endokrine Regulationen und durch die Zirkulation ***proliferationsfähiger hämopoetischer Stammzellen*** (CD34) im peripheren Blut erklären, die ebenso wie die ausgereiften Funktionszellen vom extravasalen Markparenchym in die Marksinus übertreten, im Gegensatz zu den letzteren aber wieder in die Matrix des blutbildenden Knochenmarks zurückkehren können. Dadurch wird verständlich, daß die ***Transplantation*** hämopoetischer Stammzellen aus Knochenmark oder peripherem Blut bei intravenöser Übertragung zur Wiederbesiedelung des Empfängermarks führt.

Bei chronischen Leukämien und bei langzeitiger Stimulation, z. B. bei angeborenen Anämien, wird Fettmark durch hämopoetisches Mark ersetzt. Die ***extramedulläre Hämopoese*** bei myeloproliferativen Erkrankungen beruht auf der abnormalen Expression von ***Adhäsionsproteinen***, die normalerweise für die selektive Ansiedlung zirkulierender hämopoetischer Stammzellen im Knochenmark verantwortlich sind.

Grundlage der Interpretation von Blutbildveränderungen ist das Modell des Zellerneuerungssystems der Hämopoese

Die morphologische und funktionelle Vielfalt der Blutzellen ist das Resultat eines komplexen Differenzierungsprozesses der Abkömmlinge ***pluripotenter Stammzellen***, welche die Fähigkeit zur Selbstreproduktion und damit zur lebenslangen Aufrechterhaltung ihres Bestandes besitzen [22]. Die beiden Subsysteme, die ***Myelopoese*** und die ***Lymphopoese*** (Abb. 12.1) reagieren im postnatalen Lebensabschnitt weitgehend getrennt. Die meisten Funktionsausfälle betreffen das myeloische *oder* das lymphatische Subsystem; die meisten Neoplasien der Hämopoese zeigen myeloische *oder* lymphatische Differenzierungsmerkmale.

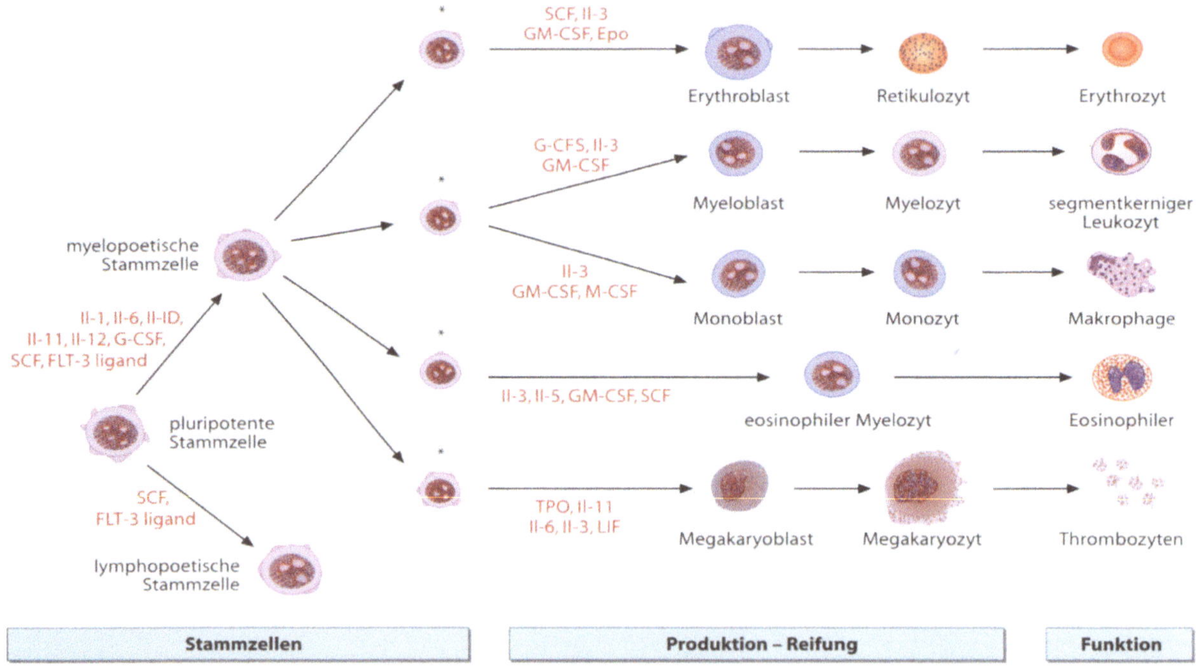

Abb. 12.1. Bildung der Blutzellen und Regulationsfaktoren. Die Pfeile bezeichnen die Differenzierungsrichtung. * determinierte Stammzellen, die in Kultur Kolonien von Zellen mit zellreihenspezifischen Merkmalen bilden; sie werden als *CFU* (*C*olony *F*orming *U*nits), z. B. *CFU-GM* (Granulozyten/Makrophagen) bezeichnet.

Stammzellen machen nur einen kleinen Teil der Zellen in den Blutbildungsstätten aus. Sie sind morphologisch nicht von anderen mononukleären Blutzellen, z. B. von Lymphozyten zu unterscheiden. Ihre Bezeichnung richtet sich nach ihren Differenzierungspotenzen. Wenig differenzierte ***pluripotente Stammzellen*** (CD34 + CD33-) sind langfristig für den Zellnachschub verantwortlich, nachgeschaltete ***determinierte Stammzellen*** mit limitierter Selbstreproduktionsfähigkeit (CD34 + CD33 +) für die innerhalb von Tagen oder Wochen wirksam werdende Regulation der einzelnen Zellreihen.

Klonale Veränderungen der Lymphohämopoese erscheinen als Systemkrankheiten

Hämopoetische Neoplasien entstehen durch Transformation einer hämopoetischen Stammzelle. Dies kann durch ***Klonalitätsmarker*** bewiesen werden, z. B. durch den einheitlichen Leichtkettentyp bei B-Zell-Neoplasien, idiotypische Konstellationen rearrangierter Immunglobulin- oder T-Zell-Rezeptorgene oder Aktivierungsnachweis x-chromosomaler Gene. Trotz der Entstehung aus einer transformierten Zelle präsentieren sich Leukämien und maligne Lymphome zum Diagnosezeitpunkt als Systemerkrankung mit gleichartigen Veränderungen in verschiedenen Knochenmarkabschnitten und Lymphknotenstationen. Dies zeigt, daß die physiologische Rezirkulationsfähigkeit der Stammzellen des neoplastischen Klons erhalten geblieben ist.

Das ***klinische Erscheinungsbild*** wird u. a. dadurch bestimmt, inwieweit die neoplastischen Zellen Funktionseigenschaften des Muttergewebes behalten haben. So sind von klonalen Vorstufen abstammende Thrombozyten und Granulozyten bei chronischen myeloproliferativen Erkrankungen in der Lage, die Funktion der Hämostase und der Infektabwehr zu erfüllen. Typisch für myelomonozytäre Leukämien ist die Infiltration der subkutanen und submukösen Gewebe, die aus der Restfunktion der neoplastischen Zellen zu verstehen ist.

Veränderungen der Zellzahlen sind als Veränderungen der Zellkinetik zu interpretieren

Die Umsatzzeiten der hämopoetischen Zellen sind kürzer als die der Zellen anderer Körpergewebe und können bei Stimulation oder Zellverlust weiter verkürzt werden. Blutbildwerte sind als „Momentaufnahme" eines dynamischen Geschehens zu betrachten und oft nur durch Beobachtung ihrer zeitlichen Veränderung korrekt zu interpretieren. Während die Kinetik der Bildung terminal differenzierter Funktionszellen aus den frühesten morphologisch identifizierbaren Vorläuferzellen mit 4–8 Tagen und 3–6 zwischengeschalteten Mitosen in allen Zellreihen des myeloischen Subsystems in der gleichen Größenordnung liegt, variiert die Verweildauer im peripheren Blut zwischen 10 h (neutrophile Leukozyten), 10 Tagen (Thrombozyten) und über 100 Tagen (Erythrozyten). Deswegen führt eine kurzzeitige ***Zellbildungsstörung*** zur Neutropenie, nicht aber zur Anämie; umgekehrt führt der ***Zellverlust*** durch Blutung zur Anämie, aber nicht zur Leukopenie oder Thrombozytopenie [22].

Die Produktionsleistung der hämopoetischen Stammzellen – z.B. der täglichen Bildung von etwa 3×10^{11} Funktionszellen des myelopoetischen Subsystems – kann bedarfsabhängig bis auf etwa das 10fache der Ruheproduktion gesteigert werden, ohne daß es selbst bei langzeitig erhöhtem Bedarf zu einer „Erschöpfung" des Knochenmarks kommt. Auch „normale", aber nicht bedarfsgerechte Produktionsraten können Zeichen einer Insuffizienz der Hämopoese sein.

! Verständnis und Interpretation von Blutbildveränderungen beruhen auf der Kenntnis der Rezirkulation hämopoetischer Stammzellen und der Kinetik der normalen und gestörten Hämatopoese.

12.2 Anämie

Quantitative Störungen können verschiedene Ebenen der Differenzierung betreffen

Parameter der Zellkinetik sind von Bedeutung für die Differentialdiagnostik, die Suche nach externen Störungsursachen und die Auswahl therapeutischer Interventionen.

Determinierte erythropoetische Stammzellen. Werden mononukleäre Knochenmarkzellen mit Erythropoetin (EPO) stimuliert so bilden sie in semisoliden Medien Kolonien hämoglobinhaltiger Zellen, als **Burst** oder **Colony Forming Units** (***CFU-E, BFU-E***, frühe oder späte determinierte Stammzelle) bezeichnet. Ihre Zahl ist bei hämopoetischen Aplasien, z.B. nach Zytostatika- oder Strahlenexposition, und bei den seltenen isolierten Bildungsstörungen vermindert, bei Anämien durch erhöhten Zellverlust in einem nachgeschalteten Zellkompartiment und bei Erythrozytosen erhöht.

Morphologisch identifizierbare erythropoetische Zellen. Erythroblasten können als Vorläuferzellen der Erythrozyten identifiziert, ihr Reifegrad kann auf Grund des Wechsels von der Basophilie (hohe RNS-Konzentration) zur Oxyphilie (hohe Hämoglobinkonzentration) beurteilt werden.

Retikulozyten. Nach dem Übertritt vom Knochenmark in das periphere Blut zeigen die Erythrozyten zunächst noch Reste von Organellen. Da deren Anfärbbarkeit 1–2 Tage erhalten bleibt und die Lebenszeit der Erythrozyten etwa 110 Tage beträgt, liegt der normale Retikulozytenanteil bei 1–2 %, entsprechend $25–75\times10^9/\mu l$. Eine Retikulozytenverminderung oder ein inadäquater Retikulozytenanstieg bei Anämie weist auf eine Insuffizienz der Erythropoese, eine längerbestehende Retikulozytenvermehrung auf eine Verkürzung der Erythrozytenlebensdauer durch chronische Blutung oder Hämolyse hin. Kurzzeitig findet sich eine Retikulozytose in der Regenerationsphase nach Blutverlust oder reversibler Produktionsstörung, die zu einer Anämie mit erhöhter Erythropoetinbildung geführt hatte.

Anämien durch Störung der Erythroblastenbildung können zellulär oder humoral bedingt sein

Verminderung oder fehlende Differenzierung pluripotenter hämopoetischer Stammzellen ist die Ursache der ***erythropoetischen Aplasie*** bei aplastischer Anämie (s. S. 185), ***akuter Leukämie*** und ***Myelodysplasie***. Anämien mit *isolierter* Verminderung der Erythroblasten kommen angeboren (sog. ***Blackfan-Diamond-Anämie***) oder erworben vor. Transiente Formen durch Parvovirusinfektion werden bei chronischen hämolytischen Erkrankungen beobachtet, bei denen sich auch eine nur wenige Tage andauernde Unterbrechung der Erythrozytenproduktion als ***aplastische Krise*** mit raschem Absinken der Hämoglobinkonzentration bemerkbar macht [4].

Für die ***chronische isolierte aplastische Anämie*** (***P***ure ***R***ed ***C***ell ***A***plasia = ***PRCA***) sind pathologische Immunreaktionen verantwortlich, wie die gehäufte Koinzidenz mit Thymomen, Myasthenia gravis und Kollagenosen, die Auslösung durch Medikamente mit immunmodulierender Wirkung und der Erfolg immunsuppressiver Therapien zeigt. Antikörper konnten gegen Membranantigene determinierter Stammzellen oder Erythroblasten, gegen membrangebundene Fremdantigene bei medikamentenassoziierten Fällen oder gegen Erythropoetin nachgewiesen werden.

Erythropoetinmangel. Während bei den vorgenannten Formen die Erythropoetinkonzentration im Plasma regulativ erhöht ist, ist sie bei der ***renalen Anämie*** bei schwerer Niereninsuffizienz und nach beidseitiger Nephrektomie vermindert. Die Anämie wird nicht durch die Entfernung der retinierten Stoffwechselprodukte durch Dialyse, wohl aber durch die Transplantantion einer gesunden Niere oder Behandlung mit rekombinantem Erythropoetin beseitigt [6]. ***Sekundäre Anämien*** bei chronisch-entzündlichen Erkrankungen zeigen oft einen inadäquaten Erythropoetinanstieg. Zusätzlich führt die Aktivierung der Interleukine (IL) 1 und 6 zur Hemmung der Proliferation erythropoetischer Stammzellen.

Störungen der Zellreifung führen zur Anämie durch ineffektive Erythropoese

Gehen hämoglobinhaltige Erythroblasten vor der Entkernung zugrunde, ensteht eine Anämie, die oft dadurch verstärkt wird, daß die das Knochenmark verlassenden Zellen Veränderungen zeigen, die zur Verkürzung ihrer Lebenszeit führen. Da die erythropoetinsensitiven Stammzellen proliferationsfähig bleiben, erhöht sich die Bildung früher Erythroblasten. Die Parameter der *totalen* Erythropoese sind wie bei hämolytischer Anämie erhöht, die Retikulozytenzahl als Parameter der *effektiven* Erythropoese dagegen nicht oder nur inadäquat vermehrt (Abb. 12.2). Dies gilt für hereditäre Formen wie die kongenitalen ***sideroblastischen*** und ***dyserythropoetischen*** Anämien, die ***Thalassämien*** und einige ***Hämoglobinopathien.***

Erworbene Formen sind die megaloblastären Anämien. Eine ungenügende Bereitstellung von Thymidilat (Abb. 12.3) führt zu einer Störung der DNS-Synthese, die sich vor allem in Zellsystemen mit raschem Umsatz bemerkbar macht. Erythroblasten (in geringerem Maße auch andere hämopoetische Vorläuferzellen) werden in der Synthesephase des Zellzyklus arretiert. Da bei Verlängerung der Zellzykluszeit die RNS- und Proteinsynthese weiterläuft, sind die Erythrozyten größer und hämoglobinreicher als normal. Der Verlust der Korrelation zwischen Kern- und Zytoplasmareifung führt zur erhöhten Variabilität von Zellgröße und Zellform, d.h. zur Aniso- und Poikilozytose. Im Knochenmark sind große atypische Erythroblasten, die ***Megaloblasten***, auf ein Vielfaches ihres Normanteils vermehrt, da der Stammzellspeicher funktionsfähig bleibt [23].

Folsäuremangel. Folsäure ist ein Koenzym der Thymidilatsynthese (Abb. 12.3). Wird der minimale Tagesbedarf von etwa 50 µg bei Mangelernährung – Folsäure findet sich vor allem in Blattpflanzen und in Fleisch und wird durch längeres Kochen zerstört – über mehrere Wochen unterschritten, so entwickelt sich eine megaloblastäre Anämie. Sie ist in den Industrieländern am häufigsten bei Alkoholikern, allerdings nicht bei Biertrinkern, da Bier Folsäure enthält. Zusätzlich zur verminderten Folsäureaufnahme ist eine intrazelluläre

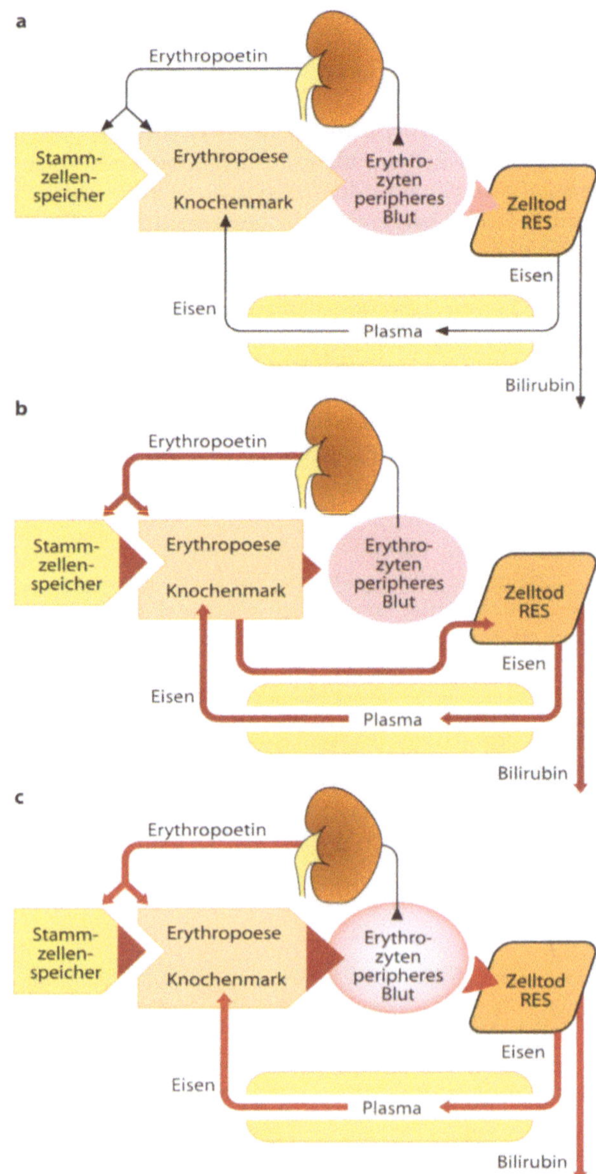

Abb. 12.2a–c. Bildung und Abbau der Erythrozyten und ihrer Stoffwechselprodukte bei normaler **(a)**, bei ineffektiver **(b)** Erythropoese und bei chronischer Hämolyse **(c)**.

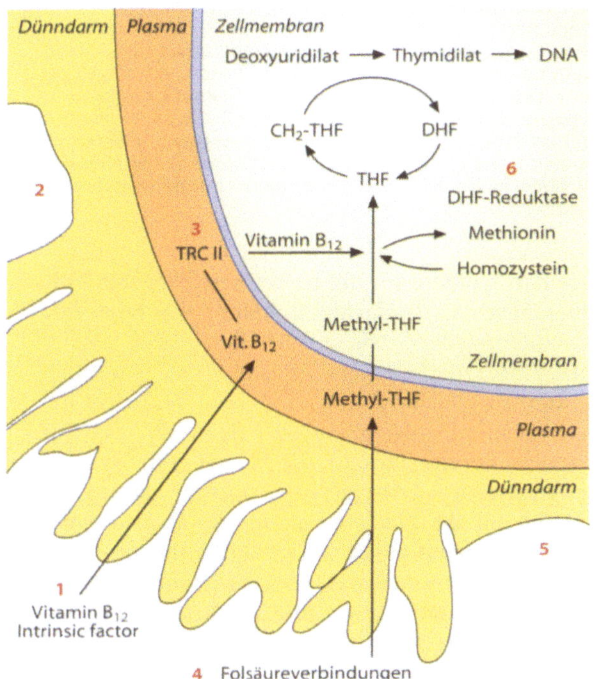

Abb. 12.3. Störungen des Vit.-B12- und Folsäurestoffwechsels bei megaloblastischen Anämien. *THF* Tetrahydrofolsäure; *DHF* Dihydrofolsäure; *TRC* Transkobalamin. *1* Fehlen des Intrinsic Faktors; *2* gestörte Resorption des Intrinsic-Faktor-Vit.-B12-Komplexes; *3* Defekt des Transportproteins; *4* Folsäuremangel der Nahrung; *5* Störung der Folsäureresorption; *6* Hemmung der DHF-Reduktase.

Antifolatwirkung des Alkohols von Bedeutung. Durch Folsäuremangel gefährdet sind Menschen mit erhöhtem Folsäureverbrauch (Schwangerschaft, Stillperiode, hoher Zellumsatz bei chronischer Hämolyse) und mit verminderter intestinaler Folsäureassimilation (Sprue, Einnahme von Antikonvulsiva). Ein dem Folsäuremangel gleiches Bild entsteht durch Medikamente, welche die Dihydrofolatreduktase hemmen, z. B. Methotrexat oder Trimethoprim/Pyrimethamin.

Vitamin-B12-Mangel. Im Gegensatz zur Folsäure sind Mangelzustände nicht dietätisch, sondern durch Störungen der *Resorption* im Ileum bedingt (s. Abb. 12.3). Ursachen sind Verlust der Intrinsic-Faktor-Produktion in den Belegzellen des Magens durch Autoimmunprozesse bei ***perniziöser Anämie*** oder nach Gastrektomie, entzündliche Schleimhautveränderungen im terminalen Ileum bei M. Crohn oder intestinaler Verbrauch durch Bakterien in blinden Darmschlingen oder durch Parasiten. Selten ist ein angeborenes Fehlen des Intrinsic Faktors oder des Transportproteins Transkobalamin II. Der tägliche Bedarf liegt bei etwa 1 µg. Da die Leber ein Depot von mehreren mg vorhält, führt die Resorptionsstörung, z. B. durch Gastrektomie, erst nach mehreren Jahren zu einem manifesten Mangelzustand.

Nach parenteraler Substitution bilden sich sämtliche Zellveränderungen in wenigen Tagen zurück. Nach etwa 4 Tagen hat die erste Kohorte normal gebildeter Erythroblasten das Entkernungsstadium erreicht; es kommt zur ***Retikulozytenkrise*** mit gleichzeitigem Anstieg der Granulozyten- und Thrombozytenzahl und Normalisierung der Erythrozytenzahl nach einigen Wochen.

Mikrozytäre Anämien sind Folge einer Synthesestörung des Hämoglobins; dafür kann eine vorgeordnete Störung jeder der drei Komponenten des Hämoglobinmoleküls verantwortlich sein (Abb. 12.4)

Eisenmangel und Eisenmangelanämie. Das Gesamtkörpereisen des Erwachsenen beträgt 4–5 g, der normale tägliche Eisenverlust (ohne Menstruation) nur 1 mg. Wird weniger Nah-

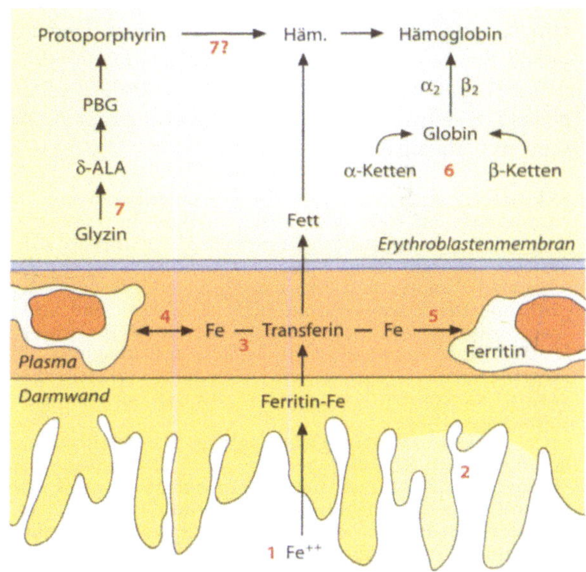

Abb. 12.4. Störungen der Hämoglobinsynthese bei mikrozytären Anämien. *ALA* Aminolaevulinsäure; *PBG* Porphobilinogen. *1* Eisenmangel der Nahrung; *2* Fe-Resorptionsstörung; *3* Transferrinmangel; *4* Verlust des Speichereisens; *5* Eisenverteilungsstörung; *6* Defekte der Globinsynthese; *7* Defekte der Hämsynthese.

rungseisen aufgenommen als durch Verlust nach außen oder Körperwachstum benötigt, so nehmen zunächst die als Ferritin oder Hämosiderin gespeicherten Eisenreserven ab: es kommt zum asymptomatischen latenten Eisenmangel. Die Konzentration des Plasmaferritins geht der Menge des Speichereisens parallel. Bleibt die Eisenbilanz nach dessen Aufbrauch negativ, so wird bei verminderter Plasmaeisenkonzentration die Hämoglobinbildung in den Erythroblasten vermindert. Die Bildungsrate der Erythrozyten bleibt zunächst normal. Es kann sogar, ähnlich wie bei heterozygoter β-Thalassämie, zur erythropoetinbedingten Mehrbildung mit grenzwertig erhöhter Erythrozytenzahl bei ausgeprägter Hypochromasie und Mikrozytose kommen. Nur bei schwerem Eisenmangel ist auch die Erythrozytenbildung eingeschränkt.

Die ***Eisenmangelanämie*** beruht fast immer auf einem erhöhten Eisenverlust durch Blutverlust. Mit 50 ml Blut – eine Menge, die der monatlichen Regelblutung entspricht – gehen 30 mg Eisen verloren. Mangelzustände durch erhöhten Bedarf kommen bei Schwangerschaft (zusätzlicher Bedarf etwa 1 g) und in Perioden raschen Wachstums vor. Wann der Eisenverlust zur negativen Eisenbilanz führt, ist vom Eisengehalt der Nahrung, von diätetischen Faktoren, welche die enterale Verfügbarkeit des in zweiwertiger Form resorbierten Eisens verändern, und von der individuell unterschiedlichen Fähigkeit zur regulativen Steigerung der Eisenresorption abhängig [12]. Bei mitteleuropäischen Ernährungsgewohnheiten werden etwa 10% des täglichen Nahrungseisengehalts von 10–20 mg resorbiert. Ungenügende Eisenaufnahme durch *Mangelernährung* allein ist im Gegensatz zu unterentwickelten Ländern selten, ebenso wie primäre Resorptionsstörungen, z. B. bei schweren Malabsorptionssyndromen.

Mikrozytäre Anämien durch Eisenverteilungsstörung. Bei chronischen Infekten oder rheumatischen Erkrankungen und bei Neoplasien, insbesondere bei M. Hodgkin, wird Eisen verstärkt in Makrophagen aufgenommen. Etwa 1/3 der Anämien bei Tumoren und Entzündungen sind mikrozytär-hypochrom. Die Plasmakonzentration des Eisens und seines Transportproteins Transferrin nimmt ab, die des Ferritins zu. Die ***Ferritinbestimmung*** ist für die Differentialdiagnose zwischen den beiden vorgenannten Anämieformen entscheidend und hat die früher diagnostisch verwendete Serumeisenbestimmung ersetzt.

Defekte der Hämoglobinsynthese. Die ***hereditären sideroblastischen Anämien*** beruhen auf Enzymdefekten der Hämsynthese (Abb. 12.4). Sie führen zur Vermehrung des nichtlöslichen Nichthämeisens der Erythroblasten, zur mikrozytären Anämie mit sekundärer Hyperplasie der Erythropoese und zur vermehrten Eisenresorption mit konsekutiver Hämochromatose.

Die ***Thalassämien*** entstehen durch hereditäre Störungen der Globinkettensynthese, im Gegensatz zu den Hämoglobinanomalien ohne Bildung strukturell abnormer Peptidketten. Die heterozygoten Formen haben keine klinische Bedeutung und sind teilweise nur durch direkte Untersuchung der kodierenden Genregion zu erkennen.

Das Hämoglobin des Erwachsenen besteht aus dem Globintetramer Hb-A1 ($a_2\beta_2$) neben einem kleinen Anteil von Hb-A2 (a_2d_2) und Spuren fötalen Hämoglobins ($a_2\gamma_2$). Man unterscheidet Störungen der auf dem Chromosom 16 gelegenen ***(z-Thalassämien)*** von denen der auf dem Chromosom 11 gelegenen Genfamilie ***(β-Thalassämien)***, die in vielfachen Kombinationen heterozygoter und homozygoter Defekte vorkommen [15]. Bei der hereditären Persistenz des fötalen Hämoglobins bleibt die Umschaltung der α- zur β-Genexpression aus.

Folge der Synthesestörung ist bei heterozygoten Formen, klinisch als ***Thalassämia minor*** bezeichnet, eine Verminderung der Größe und des Hämoglobingehaltes der Erythrozyten. Aus ihrer verminderten Flexibilität resultiert eine leichte chronische Hämolyse, die zur Arbeitshypertrophie der roten Milzpulpa und damit zur Milzvergrößerung führen kann. Bei den homozygoten oder mehrfach heterozygoten Genotypen, denen das klinische Bild der ***Thalassämia intermedia*** und ***major*** entspricht, kommt es zur Präzipitation der im Überschuß gebildeter Ketten des nicht betroffenen Gens mit ineffektiver Erythropoese und/oder Hämolyse, schwerer Anämie und sekundärer Hämochromatose.

Vitamin-B_{12}- oder Folsäuremangel führt zur makrozytären, Eisenmangel oder Eisenverwertungsstörung zur mikrozytären Anämie. In ersten Falle liegt eine Störung der DNS-Synthese, im zweiten Falle eine Störung der Hämoglobinsynthese zugrunde.

Hämolytische Anämien entstehen durch Defekte der Erythrozyten oder Veränderung ihrer Umgebung

Eine Vielzahl von Normabweichungen resultiert in einer Verkürzung der Erythrozytenlebenszeit, in Extremfällen bis auf wenige Tage. Zusammen mit der regulativ gesteigerten Erythrozytenbildung führt diese zu den Zeichen der ***hämolytischen Anämie*** (s. Abb. 12.2). Bei der normalen und bei vielen Formen der gesteigerten Erythrozytenelimination erfolgt die Hämolyse überwiegend *extravasal* nach Phagozytose von Erythrozyten oder Erythrozytenfragmenten in Makrophagen des Knochenmarks, der Milz und der Leber. Geringe Mengen freien Plasmahämoglobins werden äquimolar an ***Haptoglobin*** gebunden. Bei *intravasaler* Hämolyse, z. B. beim hämolytischen Transfusionszwischenfall mit hohem Anfall freien Hämoglobins, reicht die Bindungskapazität des Haptoglobins nicht aus; es kommt zur ***Hämoglobinämie*** und ***Hämoglobin- oder Methhämiglobinurie***, die bei ungünstigen Umständen zum akutem Nierenversagen führt.

Erkrankungen, die auf fast immer hereditären Defekten der beschriebenen Erythrozyteneigenschaften beruhen, werden als ***korpuskuläre***, solche, die auf meist erworbene Milieuveränderungen zurückgehen, als ***extrakorpuskuläre*** hämolytische Anämien bezeichnet (Tabelle 12.1).

Membranopathien. Die ***hereditäre Sphärozytose*** beruht auf Verminderung oder Funktionsdefekt des Spektrins, einem Membranprotein, das für die Stabilität des Zytoskeletts der Erythrozyten von Bedeutung ist. Der Verlust von Membrananteilen läßt einen Teil der Erythrozyten Kugelform annehmen. Sie ist für das diagnostisch wichtige Phänomen der verminderten ***osmotischen Resistenz*** *in vitro*, für die Verminderung der Deformabilität und konsekutive Sequestration in der Milz *in vivo* verantwortlich. Der ***hereditären Elliptozytose*** liegen ebenfalls funktionsdefiziente Skelettproteine der Erythrozytenmembran zugrunde [16].

Tabelle 12.1. Hämolytische Erkrankungen

Korpuskulär bedingt
- Hereditär
  - Membrandefekte
  - Enzymdefekte
  - Instabile Hämoglobine
  - Thallassämiesyndrome
- Erworben
  - Paroxysmale nächtliche Hämoglobinurie

Extrakorpuskulär bedingt
- Mechanisch
  - bei Mikroangiopathie
  - bei Herzklappenprothesen
  - bei „Marschhämoglobinurie“
- Immunhämolyse
  - Wärme/Kälteautoantikörper
  - Arzneimittelallergie
  - Diaplazentar übertragene Alloantikörper
  - Hämolytischer Transfusionszwischenfall
- Parasitenbefall der Erythrozyten (Malaria)
- Toxische Hämolyse (Vergiftungen, Bakterientoxine)
- Lipidstoffwechselstörungen bei Lebererkrankungen

Kugelzellen und Elliptozyten werden vorzugsweise in der Milz abgebaut. Nach Splenektomie wird die Lebenszeit der Erythrozyten normal, obwohl die Formveränderung unverändert bleibt.

Biochemische Untersuchungen definieren eine Gruppe hämolytischer Erkrankungen, bei denen die Hämolyse auf einer unzureichenden Enzymausstattung der Erythrozyten beruht

Defekte der Glykolyse und des Hexosemonophosphatshunts. Abbildung 12.5 zeigt die wichtigsten Enzymdefekte, die zu einer hereditären ***nichtsphärozytären*** hämolytischen Anämie führen. Unter den insgesamt seltenen Defekten der ***Glykolyse*** ist der ***Pyruvatkinasemangel*** am häufigsten. Die Verminderung der Enzymaktivität beruht auf einer großen Anzahl funktionsdefekter Enzymvarianten, die nach dem Herkunftsort des erstbeschriebenen Patienten benannt werden. *In vitro* ist der Glukoseverbrauch reduziert, die osmotische Resistenz jedoch nicht vermindert. Über welche pathogenetische Kette die Veränderungen des Energiestoffwechsels zur Hyperhämolyse *in vivo* führen, ist nicht vollständig bekannt. Ein wichtiger Faktor ist die verminderte Funktion der auf ATP als Energiequelle angewiesenen Membranpumpen, ähnlich wie bei anderen Enzymdefekten der Glykolyse. Die oft erstaunlich gute Leistungsfähigkeit von Patienten mit Pyruvatkinasedefekten auch bei niedrigen Hämoglobinwerten wird auf die Verschiebung der Sauerstoffbindungskurve durch Vermehrung des erythrozytären 2,3-Diphosphoglyzerats, ähnlich wie bei Höhenbewohnern oder bei metabolischer Azidose, zurückgeführt.

Hämolytische Erkrankungen durch ***Glukose-6-phosphatdehydrogenase-(G6PDH)-Mangel*** sind im „Malariagürtel“ der Erde weit verbreitet. Das auf dem X-Chromosom gelegene Gen ist hochpolymorph mit vielen funktionsdefekten Enzymvarianten. Die Verminderung der G6PDH-Aktivität bei den hemizygoten Männern führt zur Verminderung von NADPH und reduziertem Gluthation, das die Oxydation von Sulfhydrylgruppen verhindert. Ähnlich wie bei oxidationsempfindlichen instabilen Hämoglobinen kommt es zur Bildung von Hämoglobinpräzipitaten. Viele pathologische G6PDH-Varianten führen nicht konstant, sondern nur unter oxidativem Streß, z. B. bei Exposition zu oxidierenden Medikamenten wie Primaquin oder dem Verzehr bestimmter Nahrungsmittel wie von Saubohnen beim Favismus, zur intravasalen Hämolyse.

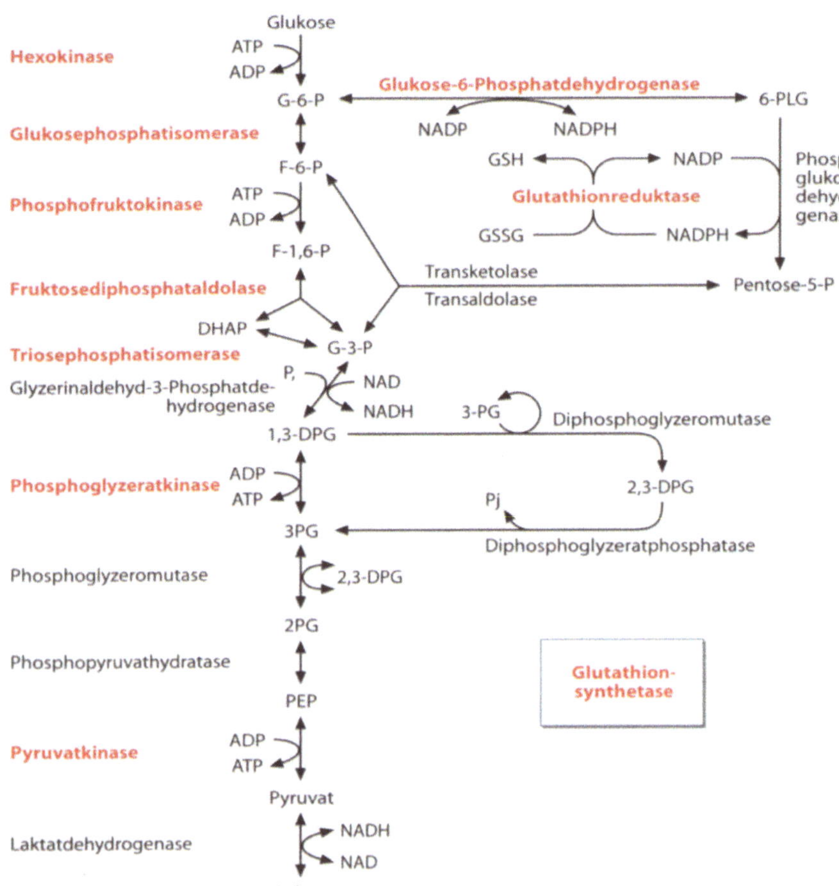

Abb. 12.5. Enzymdefekte als Ursache hämolytischer Anämien (rot). *G* Glukose, *P* Phosphat, *Gl* Glukonat, *F* Fruktose, *DPG* Diphosphoglyzerat, *2-,3-PG* 2-,3-Phosphoglyzerat, *DHAP* Dihydroxyazetonphosphat, *G-3-P* Glyzerinaldehyd-3-phosphat, *PEP* Phosphoenolpyruvat.

Die paroxysmale nächtliche Hämoglobinurie (PNH) ist die einzige erworbene korpuskuläre hämolytische Anämie

Der PNH liegt die somatische Mutation einer hämopoetischen Stammzelle zugrunde. Erythrozyten, die von der mutierten Stammzelle abstammen (wie auch Granulozyten, Monozyten und Thrombozyten), fehlen schützende Membranproteine, so daß sie durch Komplement intravasal lysiert werden können. Komplement wird dabei nicht über eine Antikörperbindung, sondern über den alternativen Weg aktiviert.

Der Membrandefekt beruht auf der verminderten Synthese von Glykosylphosphatidylinositol, welches zahlreiche Funktionsproteine in der Membran verankert („GPI-Anker"). Dazu gehört der Membran-Inhibitor der reaktiven Lyse MIRL (CD 59) und der „decay-accelerating factor" (DAF, CD 55), der die Komplementaktivierung hemmt.

Hämoglobinanomalien. Die autosomal-dominant vererbten ***Strukturanomalien*** des Hämoglobinmoleküls entstehen durch Austausch einer Aminosäure in einer Polypeptidkette. Verursacht ein anomales Hämoglobin klinisch relevante Störungen spricht man von einer ***Hämoglobinopathie***. Bei der ***Sichelzellenanomalie*** geht das Hämoglobin im desoxygenierten Zustand in einen Gelzustand mit gerichteten Strukturen über. Die rigiden Sichelzellen verstopfen Kapillaren, wodurch es in Haut, Leber, Milz, Knochen, Nieren, Retina, ZNS zu Infarkten mit Schmerzkrisen, Gewebsuntergang und trophischen Störungen kommen kann. ***Instabile Hämoglobine*** wie die Hb-Köln-Krankheit manifestieren sich als durch Medikamente verstärkte hämolytische Anämie mit ***Innenkörperbildung***. Andere Strukturanomalien führen zu einer erhöhten Sauerstoffaffinität mit Gewebshypoxie und kompensatorischer ***Erythrozytose***.

Mechanische Hämolyse. Erythrozyten können im Herzen und in der arteriellen Endstrombahn mechanisch zerstört werden. Durch die Einwirkung von Scherkräften entstehen Zellfragmente, die durch Membranverlust Kugelform annehmen oder als bizarre ***Schistozyten*** zirkulieren, bis sie extravasal abgebaut werden. Chronische mechanische Hämolysen beobachtet man bei kombinierten Herzfehlern, nach Teflonverschluß großer Septumdefekte und bei Herzklappenprothesen. Durch Hämoglobinurie kann ein Eisenmangel entstehen, der zu einem Circulus vitiosus mit weiterer Abnahme des Hämoglobins, Erhöhung des Herzzeitvolumens und Verstärkung der mechanischen Hämolyse führt. Als ***Marschhämoglobinurie*** wird die mechanische Hämolyse bei Langstreckenläufern und Karatekämpfern bezeichnet.

Lebensbedrohliche Krankheitsbilder mit ischämischer Schädigung von Herz, Nieren und ZNS entstehen, wenn die Erythrozytenfragmentation in der Endstrombahn Folge oder Auslöser einer akzelerierten intravasalen Gerinnung mit Verbrauchskoagulopathie und -thrombozytopenie ist (s.S. 178).

Immunhämolytische Erkrankungen. Allo- oder Autoantikörper gegen Membranantigene oder gegen membranassoziierte Arzneimittel wie Penizillin führen zur Hämolyse. IgM-Antikörper bewirken durch Aktivierung der Komplementkaskade eine intravasale Hämolyse mit Hämoglobinurie, so beim ***hämolytischen Transfusionszwischenfall*** durch Übertragung von Erythrozyten der Blutgruppe A, B oder AB auf Empfänger, die das entspechende Blutgruppenantigen nicht besitzen und bei denen in den ersten Lebensmonaten „natürliche“ Alloantikörper entstanden sind. Antikörper im Rhesussystem sind dagegen „erworbene“ („Immun“-) Antikörper, induziert durch fetomaternale Transfusion während der Schwangerschaft. Solche bei rhesusnegativen Frauen entstandene IgG-Antikörper passieren bei erneuter Schwangerschaft die Plazenta und führen beim zweiten rhesuspositiven Kind zur Hämolyse mit intrauterinem Fruchttod oder zum Morbus hämolyticus neonatorum.

Bei der ***chronischen autoimmunhämolytischen Anämie*** werden antikörperbesetzten Zellen extravasal abgebaut, bei niedriger Antikörperbeladung der Milz, bei hoher in Milz und Leber. Wird die Phagozytose durch hohe Prednisondosen blockiert oder die Milz entfernt, so wird die Lebenszeit der Erythrozyten normalisiert, obwohl erythrozytengebundene Autoantikörper unverändert im direkten ***Coombs-Test*** nachweisbar sind.

Bei der ***chronischen Kälteagglutininkrankheit*** liegt das Bindungsoptimum der Autoantikörper unter der Körperkerntemperatur. In kälteexponierten Gefäßgebieten gebildete Erythrozytenaggregate führen ähnlich wie ***Kryoglobuline*** zur Durchblutungstörung mit Akrozyanose. Antikörperbindung und Akrozyanose sind wärmereversibel, nicht jedoch die membranständige Aktivierung des Komplements, die zur schubweisen Hämolyse bei Kälteexposition führt.

Hämolytische Anämien entstehen durch Anomalien der Membran oder des Stoffwechsels der Erythrozyten oder ihrer Umgebung. Die Symptomatik resultiert vorwiegend aus der regulatorischen Erhöhung des Zell- und Hämoglobinumsatzes.

> Nicht alle Anämien sind durch eine Verminderung, nicht alle Erythrozytosen durch eine Erhöhung der zirkulierenden Eythrozytenmasse bedingt

Nicht immer kann man aus dem Hämatokrit oder der Hämoglobinkonzentration auf eine gleichsinnige Änderung der zirkulierenden Erythozytenmasse schließen (Abb. 12.6). Bei Patienten mit ausgeprägter ***Spleno-***

Tabelle 12.2. Pathogenetische Einteilung der Erythrozytosen

Neoplastisch: Erythropoetin vermindert
- Polyzythämia vera

Sekundär: Erythropoetin vermehrt
- • Arterielle Hypoxie
- – Chronische Lungenerkrankung
- – Zyanotische Herzfehler
- – Höhenatmung
- • Verminderte Sauerstofftransportkapazität
- – Mikrozytose
- – Carboxyhämoglobinämie
- – Methhämiglobinämie
- • Verminderte Sauerstoffabgabe im Gewebe
- – Pathologische Hämoglobine
- – Metabolische Alkalose
- • Paraneoplastische Erythropoetinbildung
- – Nierenkarzinom, andere Tumoren

Relativ: Erythropoetin normal
- Dehydratation
- Streßerythrozytose

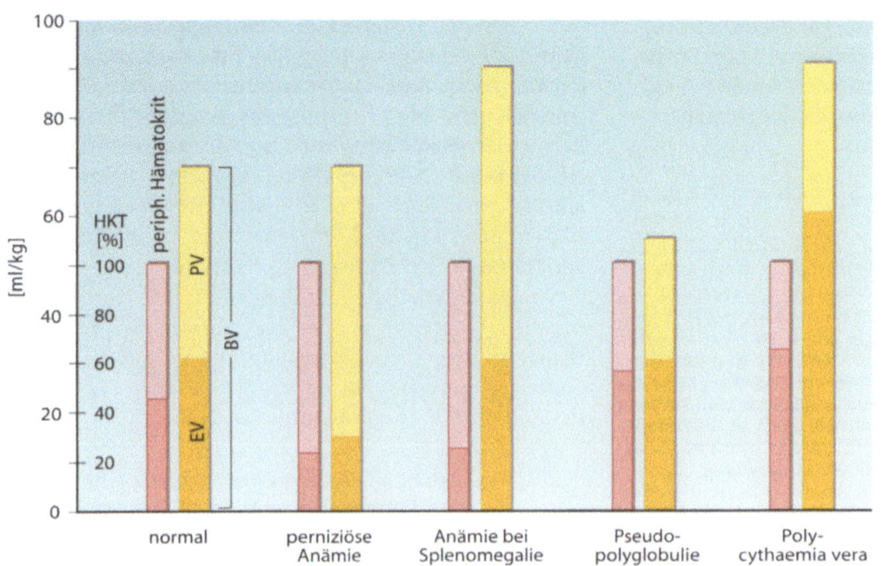

Abb. 12.6. Hämatokrit *(HKT)*, Erythrozyten- *(EV)*, Plasma- *(PV)* und Blutvolumen *(BV)* bei Anämie und bei Erythrozytose. Zellen dunkel, Plasma hell getönt.

megalie können in der Milz erhebliche Blutmengen mit hohem Erythrozytenanteil zirkulieren. Dadurch entsteht eine Anämie, obwohl die Gesamtmasse der Erythrozyten normal oder erhöht ist. Der physiologische Abfall des Hämoglobins in der zweiten Hälfte der ***Schwangerschaft*** ist Ausdruck einer überproportionalen Vermehrung des Plasmavolumens bei Vermehrung des Erythrozyten- und Gesamtblutvolumens. Dieser in Hinsicht auf den perinatalen Blutverlust sinnvolle Regulationseffekt bedarf keiner therapeutischen Korrektur.

Umgekehrt führt die Einschränkung des Plasmavolumens zur Erhöhung des Hämatokrits und und der Erythrozytenzahl (Tabelle 12.2). Eine solche Hämokonzentration kommt akut bei Dehydratation, chronisch bei der Streß- oder Pseudopolyglobulie vor.

Bei Hämatokritwerten von über 60 % nimmt auch das Gesamtblutvolumen zu, ein pathophysiologisch ungeklärter, aber sinnvoller Vorgang, der einem weiteren Anstieg des Hämatokrits und damit der Vollblutviskosität entegegenwirkt. Bei ausgeprägter Erythrozytose ergibt deswegen die Schätzung des zirkulierenden Erythrozytenvolumens aus dem Hämatokrit zu niedrige Werte. Die Erhöhung des Gesamtblutvolumens erklärt die Beobachtung, daß der Hämatokrit bei der initialen Aderlaßbehandlung der Polyzythämia vera erst abzunehmen beginnt, nachdem 1–2 Liter Blut entnommen wurden (s. Fallbericht).

! Allen hämolytischen Anämien gemeinsam ist eine Verkürzung der Erythrozytenlebenszeit. Die Erythrozyten werden dabei vorzeitig entweder extravasal in Makrophagen abgebaut oder intravasal zerstört. „Anämien" bei normaler Gesamtmasse der Erythrozyten können durch eine Verteilungsstörung erklärt sein.

12.3 Erythrozytosen

Eine Erythrozytose durch Steigerung der Erythrozytenproduktion kann regulativ bedingt oder autonom sein

Sekundäre Erythrozytosen sind Folge einer *regulativen* Erhöhung der Erythropoetinbildung bei Verminderung des Sauerstoffpartialdrucks im Gewebe der Nierenrinde [19] (Tabelle 12.3). Sie sind am häufigsten bei ***chronischen Lungenerkrankungen***. Bei leichter Hypoxie steigt der Hämatokrit, bei stärkerer auch Erythrozytenvolumen und Gesamtblutvolumen an. „Physiologische" Erythrozytosen finden sich bei ***Höhenbewoh-***

Tabelle 12.3. Pathogenetische Einteilung der Verbrauchsthrombozytopenien

Immunthrombozytopenien
• Autoimmunthrombozytopenie (ITP)
• Arzneimittelinduzierte Formen
• Posttransfusionspurpura
Isolierter nichtimmunologischer Verbrauch
• TTP
• Thrombozytenverbrauch bei DIC

nern, leichte Erythrozytosen vor allem bei starken Rauchern mit erhöhtem Anteil von CO-Hämoglobin, bei denen gleichzeitig das Plasmavolumen im Sinne einer relativen Polyglobulie (s. oben) vermindert sein kann. Selten sind Erythrozytosen aufgrund einer *autonomen*, nicht durch Hypoxie gesteuerten paraneoplastischen Erythropoetinbildung bei Nierenkarzinomen oder nach Nierentransplantation.

Die ***Polyzythämia vera*** beruht wie andere chronische myeloproliferative Erkrankungen (Osteomyelofibrose, essentielle Thrombozythämie, chronische myeloische Leukämie) auf der Transformation *einer* pluripotenten Stammzelle. Im Gegensatz zu erythropoetinabhängigen Erythrozytosen sind oft auch die Leukozyten- und Thrombozytenzahlen erhöht. Die neoplastische Natur der Erkrankung äußert sich in eigengesetzlicher, wenn auch geringer Progredienz, Metaplasie der Hämopoese mit extramedullärer Blutbildung und terminalem Auftreten akuter Leukämien, ähnlich wie bei der chronischen myeloischen Leukämie. Der Erythropoetinspiegel im Plasma ist vermindert. Die Erhöhung der Erythrozytenproduktion beruht auf einer autonomen Hyperplasie der Erythroblasten und ihrer Vorläuferzellen. Das Erythrozyten- und Gesamtblutvolumen kann in Extremfällen das Doppelte der Norm erreichen [11].

Rheologie und Sauerstofftransport bei Erythrozytosen. Bei Patienten mit Polyzythämia vera stehen vaskuläre Probleme im Vordergrund der Symptomatik. Die begleitende Thrombozytose ist für Veränderungen der Mikrozirkulation verantwortlich. Ihr Beitrag zu den für die Mortalität entscheidenden Thrombosen der großen Gefäße ist unklar; ihre Inzidenz ist der Erhöhung des Hämatokrits *und* des Erythrozytenvolumens korreliert.

Die Konsequenzen der Polyzythämie für Durchblutung und Sauerstoffversorgung der Gewebe entsprechen denen bei anderen *nichthypoxischen* Erythrozytosen. Mit Zunahme des Hämatokrits steigen Vollblutviskosität, Gesamtblutvolumen und Herzzeitvolumen an. Nach therapeutischer Normalisierung wird die Herzarbeit vermindert, der globale Sauerstofftransport und der zerebrale Blutfluß verbessert. Die Senkung des Hämatokrits verbessert das Befinden und kardiopulmonale Leistungsfähigkeit und vermindert das Risiko vaskulärer Komplikationen. Bei kontinuierlicher Aderlaßtherapie entwickelt sich ein Eisenmangel mit ausgeprägter Mikro- und Poikilozytose; die durch die Verminderung der Zellflexibilität bedingte Viskositätserhöhung ist jedoch gegenüber der durch die Hämatokritsenkung erreichten Vikositätsminderung unbedeutend.

Komplexer sind die Verhältnisse bei den verschiedenen Formen der ***hypoxischen Erythrozytosen.*** Ein wesentlicher Unterschied bildet der bei chronischer Hypoxie erhöhte Gefäßwiderstand im Pulmonalkreislauf. Er nimmt beim Cor pulmonale durch Senkung des Hämatokrits bis auf etwa 50% deutlich ab, die Belastungsfähigkeit steigt an. Diese Ergebnisse können allerdings nicht auf alle Situationen mit hypoxischer Erythrozytose übertragen werden; die Hämatokritsenkung durch Aderlässe muß deswegen vorsichtig und unter Beobachtung der individuellen Leistungsparameter erfolgen.

! Die sekundären Erythrozytosen sind Folge einer bedarfsadaptierten Erhöhung der Erythropoetinproduktion, die Polyzythämia vera ist dagegen Ausdruck einer autonomen Proliferation der Erythropoese im Sinne einer Neoplasie mit geringer Progredienz.

12.4 Thrombozytopenie und Thrombozytose

Thrombozytenproduktionsstörungen sind Folge einer Bildungs- oder Ploidisierungsstörung der Megakaryozyten

Isolierte ***Bildungsstörungen*** der Megakaryozyten sind selten. Die Pathogenese der vielfältigen Varianten *kongenitaler* Thrombozytopenien, die häufig mit Skelettmißbildungen verbunden sind, ist unklar. *Erworbene* Formen beruhen auf einer Differenzierungsstörung als Folge des Ersatzes normaler hämopoetischer Stammzellen durch einen transformierten Zellklon mit späterer Entwicklung einer myeloischen Leukämie oder auf einer T-Zell-vermittelten Hemmung der Proliferation von Vorläuferzellen, wie Kulturversuche und die Erfolge der immunsuppressiven Behandlung zeigen.

Weit häufiger sind hypo- oder megakaryozytäre Thrombozytopenien im Rahmen einer ***hämopoetischen Insuffizienz mit Panzytopenie*** (s. Tabelle 12.4). Störungen der Polyploidisierung im Sinne einer ineffektiven Thrombozytopoese kommen bei ***megaloblastärer Anämien*** vor. Die Megakaryozytenverminderung bei ***Neoplasien der Hämopoese*** ist nicht mechanistisch als „Verdrängung“ zu erklären, sondern als Folge der Interaktion zwischen dem malignen hämopoetischen Zellklon und den normalen hämopoetischen Stammzellen.

Die Regulation der Thrombopoese ist auf die Aufrechterhaltung der mit dem hämostatischen Potential korrelierten zirkulierenden Plättchenmasse ausgerichtet. Bei akut einsetzender Thrombozytopenie wird zunächst der ***Ploidiegrad*** der Megakaryozyten mit Bildung großer Thrombozyten erhöht, während ihre Vermehrung nach 3–6 Tagen beginnt [20]. Die Regulationsvorgänge werden durch ***Thrombopoetin (TPO)*** gesteuert, das eine 50 %ige Homologie zu Erythropoetin aufweist. Die TPO-Konzentration im Plasma wird durch Bindung an einen spezifischen Rezeptor auf Thrombozyten und Megakaryozyten geregelt. Sie ist bei Thrombozytopenien mit niedriger Megakaryozytenzahl, z. B. der aplastischen Anämie stark erhöht [21].

Tabelle 12.4. Pathogenetische Einteilung der Panzytopenien

Zellbildungsstörung
- ***Im Stammzellspeicher***
  - Aplastische Anämie
  - Hämopoetische Insuffizienz durch Strahlen oder Zytostatika
- ***Im Produktions- und Reifungspeicher***
  - Megaloblastische Anämie
  - Myelodysplasien
  - Aleukämische myeloische Leukämie
  - Infiltrative oder fibrotische Knochenmarkveränderungen

Beschleunigte Zelldestruktion
- Immunpanzytopenie

Mit zusätzlicher Verteilungstörung
- Hypersplenismus

Extrakorpuskuläre Faktoren führen zur beschleunigten Thrombozytendestruktion

Die verantwortlichen Pathomechanismen lassen sich in zwei Gruppen einordnen (Tabelle 12.4):

Immunthrombozytopenien (ITP) entstehen durch IgG-Auto-Antikörper, die sich an plättchenspezifische Glykoproteine binden [8]. Da sie die Plazenta passieren können, haben etwa die Hälfte der Neugeborenen von Müttern mit ITP eine angeborene Thrombozytopenie. Die Ursache der Autoantikörperbildung ist wie bei anderen Autoaggressionskrankheiten unbekannt. Das gehäufte Vorkommen bei systemischem Lupus erythematodes, bei malignen B-Zell-Lymphomen und nach Einnahme immunmodulierender Medikamente wie Procainamid weist auf eine Regulationsstörung des Immunsystems hin.

Antikörperbesetzte Thrombozyten werden in Makrophagen von Milz und Leber abgebaut. Die regulativ erhöhte Plättchenproduktion reicht nicht aus, die beschleunigte Destruktion voll zu kompensieren, so daß die Thrombozytenzahl bis auf unter 10.000/μl fallen kann. Nach Prednisonbehandlung steigen die Thrombozyten innerhalb weniger Tage an, zu erklären durch eine Hemmung der Makrophagenfunktion („chemische Splenektomie“).

Bei einigen akuten Formen ist die auslösende Ursache bekannt. Dazu gehört die ***virusinduzierte*** und die ***arzneimittelinduzierte Immunthrombozytopenie***. Bei der letzteren unterscheidet man den ***Haptentyp***, bei dem Antikörper gegen das an die Zelloberfläche gebundene Medikament, z. B. Sulfonamide oder seine Metabolite, gebildet werden, vom ***Immunkomplextyp***, bei der ein Medikament (z. B. Chinidin)-Protein-Antikörper-Komplex sich sekundär an die Oberfläche der Thrombozyten bindet. Die sogenannte ***Posttransfusionspurpura*** beruht auf der Bildung von Alloantikörpern gegen ein hochprävalentes (aber bei der betroffenen Person fehlendes) alleles Plättchenantigen (PL^{A1}); diese führen nach PL^{A1}-positiver Bluttransfusion zum Abbau auch der patienteneigenen Thrombozyten.

Unter den Thrombozytopenien durch nichtimmunologische Verbrauchsprozesse ist die thrombotische thrombozytopenische Purpura (TTP) mit sekundärer mechanisch-hämolytischer Anämie von Thrombozytopenien bei disseminierter intravaskulärer Gerinnung zu unterscheiden, die in Kap. 13 beschrieben werden. Die regulativ bedingten Veränderungen mit Makrothrombozyten und Hyperplasie der Megakaryozyten entsprechen denen bei ITP.

Veränderungen der Thrombozytenzahl können durch Verteilungsstörungen bedingt sein

Beim ***Hypersplenismus*** durch Milzvergrößerung, z. B. bei portaler Hypertension, steigt der Anteil der in der Milz zirkulierenden Thrombozyten weit über den normalen Wert von etwa 30 % an. Die Thrombozytenlebenszeit ist nicht oder nur wenig verkürzt. Die mäßige Thrombozytopenie von kaum unter 50.000/µl löst keine regulative Makrothrombozytose und Megakaryozytenhyperplasie aus. Nach ***Milzverlust*** entsteht umgekehrt eine meist wenige Monate, nur selten lebenslang anhaltende Thrombozytose.

Die Thrombozytenproduktion kann reaktiv oder autonom erhöht sein

Reaktive Thrombozytosen finden sich bei akuten, seltener bei chronischen Entzündungsreaktionen, bei Karzinomen, akut nach größeren Blutverlusten und bei Eisenmangel. Sie sind nicht durch Erhöhung von TPO, sondern durch synergistisch wirkende Zytokine wie IL-6 bedingt.

Prototyp der *autonomen* Thrombozytosen ist die ***essentielle Thrombozythämie*** (ET) Ihr neoplastischer Charakter zeigt sich in dem zunehmenden Thrombozytenanstieg bis auf Extremwerte von 5 Millionen/µl und dem erhöhten Leukämierisiko nach vieljährigem Verlauf. Ebenso wie bei anderen chronischen myeloproliferativen Erkrankungen kann sich eine ***Markfibrose*** bilden, die im Bereich von Megakaryozytenherden beginnt. Die Fibroblasten gehören *nicht* zum transformierten Klon. Ihre Proliferation wird durch von den pathologischen Megakaryozyten gebildete Zytokine, z. B. durch Plateled-derived growth factor (PDGF) stimuliert [2].

!

Eine Thrombozytopenie kann auf einer Bildungsstörung, einer Verteilungsstörung oder einer Verkürzung der Thrombozytenlebenszeit beruhen. Diese Einteilung nach pathogenetischen Gesichtspunkten ist im Hinblick auf die Indikation und Wirksamkeit von Thrombozytentransfusionen auch therapeutisch bedeutsam. Eine Thrombozytose beruht auf einer Bildungs- oder Verteilungsstörung. Ähnlich wie bei den Erythrozytosen sind dabei reaktive und neoplastische Formen zu unterscheiden.

12.5 Neutropenie

Das Granulozytensystem verfügt über mehrere nach Funktion und Lokalisation unterscheidbare Zellspeicher oder -kompartimente (Stammzell-, Produktions-, Reifungs-, Funktions- bzw. Reservespeicher) Das Granulozytensystem verfügt über mehrere nach Funktion und Lokalisation unterscheidbare Zellspeicher oder -kompartimente, die über Regelkreise verbunden sind. Das Granulozytensystem verfügt über mehrere nach Funktion und Lokalisation unterscheidbare Zellspeicher oder -kompartimente, die über Regelkreise verbunden sind.

Entscheidend für die Aufrechterhaltung des Gleichgewichtes von Granulozytenproduktion und -untergang ist der ***Stammzellspeicher*** (s. Abb. 12.1). Pluripotente Stammzellen müssen ständig verfügbar bleiben, während in differenzierten Zellen Apoptosevorgänge ablaufen müssen. Leukämien und aplastische Anämien resultieren aus einer gestörten Kopplung der beiden Regulationsmechanismen.

Determinierte Stammzellen der Granulopoese lassen sich in vitro dadurch nachweisen, daß sie unter dem Einfluß stimulierender Faktoren nach Durchlaufen von Reifungs- und Proliferationsschritten Kolonien reifer Granulozyten und/oder Monozyten-Makrophagen bilden. Am Stammzellspeicher setzen die ***Regulationsfaktoren*** an, die zu einer Steigerung oder Hemmung der Granulozytenproduktion führen

Die Gene für **G**ranulozyten-**M**onozyten-**C**olony-**S**timulating-**F**actor (GM-CSF) und Interleukin III kommen als einzelne Kopie im Genom vor, sie konnten auf den langen Arm des Chromosoms 5 lokalisiert werden. Gleiches gilt für den Rezeptor. Erkrankungen mit Verlust dieses Chromosomenanteils (5q-Syndrom) gehen mit einer hämopoetischen Insuffizienz mit Neutropenie einher.

Häufiger als eine Veränderung des Genoms führen „externe Signale“ (Zytokine und Tyrosinkinase-Wachstumsfaktoren), etwa bei Entzündungen oder bei Malignomen, oder erhöhte Aktivität von Inhibitoren zu einer Veränderung der peripheren Granulozytenzahl. Die Applikation von rekombinantem GM-CSF und G-CSF beim Menschen in vivo hat gezeigt, daß diese Faktoren, die ursprünglich in vitro charakterisiert worden waren, die Hämatopoese auch in vivo regulieren [1].

Der ***Produktionsspeicher*** (mitotischer Speicher) des Granulozytensystems wird durch die Myeloblasten, Promyelozyten und Myelozyten gebildet. Deren nicht mehr teilungsfähige Tochterzellen bilden den ***Reifungsspeicher***, der bei akut erhöhtem Bedarf rasch mobilisiert werden kann und deswegen als ***Reservespeicher*** für die zirkulierenden Granulozyten dient.

Entscheidend für Infektabwehr und Gewebsregeneration ist der ***Funktionsspeicher*** der Granulozyten im Blut *und* im Gewebe. Granulozyten verlassen mit einer Halbwertszeit von etwa 7 Stunden die Blutbahn. Sie verteilen sich in zwei gegenseitig offene Teilbereiche, den ***zirkulierenden*** und den ***marginalen Blutspeicher***, normalerweise etwa im Verhältnis 1:1. Veränderungen der Neutrophilenzahl können sowohl durch Veränderungen des gesamten Blutspeichers als auch durch Verschiebungen zwischen den beiden Teilspeichern entstehen.

Periphere Neutropenien können durch beschleunigten Zellabbau, Zellproduktionsstörung oder Verteilungsstörung bedingt sein

Laboratoriumsmethoden für eine pathophysiologisch orientierte Klassifizierung der Verbrauchsneutropenien stehen in der Klinik nicht zur Verfügung. Sie werden daher als klinische Entitäten beschrieben.

Die ***akute medikamenteninduzierte Agranulozytose*** beruht auf einer idiosynkratischen Reaktion, die zu einer zeitlich begrenzten Verminderung der neutrophilen Granulozyten des ***Funktionsspeichers*** und dadurch zu akuten bakteriellen Infektionen führt. Der Agranulozytose können zwei Mechanismen zugrundeliegen:

Beschleunigter Zellabbau durch immunpathologische Reaktionen. Nach Exposition werden Antikörper gebildet, die mit dem an Zellmembranproteine gebundenen Medikament reagieren (Haptentyp) oder Antigen-Antikörperkomplexe bilden, die sekundär an die Zellmembran gebunden werden (Immunkomplextyp). Die antikörperbesetzten Granulozyten werden in den Makrophagen in Milz und Knochenmark zerstört. Das klassische Beispiel für diesen Reaktionstyp ist die Agranulozytose nach Metamizol-Einnahme. Sie tritt akut auf, bei bereits sensibilisierten Patienten nach Einnahme einer einzigen Dosis, bei anderen Patienten nach mehreren Tagen. Die neutrophilen Granulozyten, in schwersten Fällen auch die übrigen Leukozyten, können im Blut völlig fehlen. Bedingt durch die reaktive Entleerung des ***Reservespeichers*** finden sich im Knochenmark nur noch unreife Zellen; diese Beobachtung wurde vor der Entdeckung der Speicherverschiebungen fälschlich als „Reifungsstop" der Granulopoese interpretiert.

Zellproduktionsstörung durch direkte Toxizität. Der Prototyp dieser Reaktion ist die phenothiazin-induzierte Agranulozytose. Bei der Untersuchung des Knochenmarks sieht man, daß die Zellen des ***Produktionsspeichers*** vermindert sind oder fehlen. Die Neutropenie ist dosisabhängig; bei Reexposition tritt sie nicht innerhalb weniger Stunden, sondern erst nach einigen Tagen erneut auf. Wahrscheinlich haben die überempfindlichen Patienten einen vorbestehenden Proliferationsdefekt, der bei der Agranulozyose nach Clozapin eine genetische Grundlage hat [24] und zytotoxische Effekte der entsprechenden Substanz nicht adäquat kompensieren kann. Weitere Beispiele für den metabolischen Typ sind Agranulozytosen nach Behandlung mit Thyreostatika oder hochdosierten Betalaktamantibiotika [10].

Auch bei den selteneren ***chronischen Neutropenien*** gibt es solche durch Produktionsstörung (z. B. das angeborene Kostmann-Syndrom oder die erworbene sog. „pure white cell aplasia") und beschleunigte Destruktion (z. B. chronische ***Autoimmungranulozytopenien*** bei Kollagenosen).

Neutropenien durch Zellbildungsstörung sind der wichtigste Indikator zur Beurteilung iatrogener und nichtiatrogener Schädigungen der Knochenmarksfunktion

Das hämopoetische Gewebe ist ein Wechselgewebe mit hoher Proliferations-Aktivität. Entsprechend empfindlich reagiert die Blutbildung auf die Einwirkung von ionisierenden Strahlen oder Zytostatika. Die Zellen des ***determinierten Stammzell-*** und des ***Produktionsspeichers*** gehören zu den radiosensitivsten Geweben. Aufgrund ihrer kurzen Lebensdauer ist die Zahl der neutrophilen Leukozyten als Indikator einer Knochenmarksschädigung besser geeignet als etwa die der Erythrozyten. Die Neutropenie tritt auf, wenn der Reifungs- und Reservespeicher entleert ist, d. h. etwa 5 Tage nach Beginn der Exposition. Frühe pluripotente Stammzellen befinden sich überwiegend in der G_0-Phase des Zellzyklus; sie überstehen deswegen die Bestrahlung unterhalb einer Dosis von 0,5 Gy oder eine äquivalente Dosis myelotoxischer Zytostatika. Die Regeneration geht von Zellen des pluripotenten Stammzellspeichers aus, die nach Beendigung der Exposition in den Zellzyklus eintreten. Entsprechend der Durchgangszeit durch die nachgeschalteten Kompartimente ist mit dem Beginn des Neutrophilenanstiegs einzeitiger, nicht letaler Schädigung daher innerhalb von etwa zwei Wochen nach dem Ereignis zu rechnen.

Neutropenien und Infektionen. Die Neutropenie bleibt bis zu Neutrophilenwerten von $1 \times 10^3/\mu l$ asymptomatisch. Darunter kommt es gelegentlich, unter 0,5 häufig, unter 0,2 immer, zu schweren bakteriellen Infekten, ausgehend von den Keimen der normalen Haut- und Schleimhautflora. Bei Neutropenie aufgrund einer Produktionsstörung kann das Myelogramm Anhaltspunkte für den voraussichtlichen Zeitpunkt der beginnenden Regeneration liefern. Patienten mit Neutropenie durch beschleunigten Zellabbau oder Verteilungsstörung ohne Verminderung der Zellen des Produktionsspeichers sind durch Infektionen nur wenig gefährdet, weil sich bei ausreichender Produktion immer noch Granulozyten im Gewebe finden.

> **!** Pathophysiologisch liegt der Neutropenie eine Produktionsstörung (Bildung oder Reifung), Verteilungsstörung oder eine rapide periphere Destruktion zugrunde. Das Fehlen der neutrophilen Granulozyten führt zu schweren bakteriellen Infekten. Bei jeder ungewöhnlich schwer verlaufenden akuten Infektion sollte ein Blutbild erstellt werden.

12.6 Neutrophile Leukozytosen

Reaktive neutrophile Leukozytosen können durch Mehrproduktion oder Speicherverschiebung bedingt sein

Neutrophile Leukozytosen durch vermehrte Zellproduktion sieht man vor allem bei ***bakteriellen Infekten.*** Hierbei kommt es zunächst zur vermehrten Ausschüttung aus dem Reservespeicher des Knochenmarks, erkennbar an einer Linksverschiebung mit Auftreten von Metamyelozyten und Stabkernigen im Blut. Die Durchgangszeit durch das Reifungskompartiment wird verkürzt, morphologisch erkennbar an der ***„toxischen" Granulation*** der reifen Neutrophilen. Die Zellen des Produktionsspeichers und des vorgeschalteten determinierten Stammzellspeichers werden zu vermehrten Zellteilungen angeregt. Die dafür verantwortliche *erhöhte* Aktivität linienspezifischer Stimulatoren [5] wird durch Tumornekrosefaktor (TNF), Interleukin 1 und 6 im Rahmen der akuten Phasenreaktion induziert.

Am Beispiel der eosinophilen Leukozytose konnte die zentrale Rolle von T-Lymphozyten als Produzent von Wachstumsfaktoren (EO-CSF oder Interleukin 5) experimentell belegt werden. Die Nettobilanz der komplexen Interaktion zwischen Zellen und Zytokinen bestimmt, ob eine Infektion oder Entzündung zur Leukozytose oder zur Leukopenie führt. Reaktionspartner sind hierbei Stimulatoren der Hämopoese (z. B. IL-1, IL-6, CSF), inhibitorische Zytokine (z. B. T-Zell Derived Growth Factor (TGF), TNF-), Chemokine (z. B. IL-8, Macrophageinflammatory protein (MIP) und lösliche Zytokinrezeptoren [17].

Ebenso wie Neutropenien können auch neutrophile Leukozytosen allein durch eine ***Verteilungsänderung*** innerhalb des Funktionsspeichers bedingt sein. Ein Beispiel ist die passagere Leukozytose nach vermehrter Adrenalinausschüttung, z. B. bei körperlicher Anstrengung oder nach kreislaufwirksamer Blutung durch Entleerung des marginalen Granulozytenspeichers. Die ***glukokortikoidinduzierte*** Granulozytose beruht auf einer Entleerung des Reservespeichers; zusätzlich wird die Granulozytenzahl durch einen (für die Infektionsabwehr ungünstigen) Emigrationsdefekt in die Gewebe erhöht.

Leukämoide Reaktionen werden bei Tumormetastasen und Granulomen im Knochenmark beobachtet. Im Bereich der Läsionen wird die ***Knochenmark-Blutschranke*** aufgehoben, so daß bei gleichzeitig erhöhter Stimulation unreife Zellen der Granulopoese und kernhaltige rote Vorstufen im peripheren Blut auftreten. Dasselbe gilt für die extramedulläre Blutbildung, z. B. bei der Osteomyelofibrose.

Die chronisch-myeloische Leukämie (CML) ist der Prototyp der klonal bedingten neutrophilen Leukozytose

Die CML ist ebenso wie die bereits erwähnten Formen der chronischen myeloproliferativen Syndrome und die akuten Leukämien Folge der neoplastischen Transformation *einer* pluripotenten hämopoetischen Stammzelle. Zu Beginn der Erkrankung existieren Tochterzellen der transformierten („klonalen") und der normalen („nicht klonalen") hämatopoetischen

Stammzellen nebeneinander. Die CML ist durch einen dreiphasigen Verlauf charakterisiert, der beispielhaft eine maligne Evolution darstellt, wie man sie bei vielen anderen Tumoren annimmt. Die initiale ***chronische Phase*** ist durch eine Vermehrung der „klonalen" determinierten Vorläuferzellen gekennzeichnet. Ihre Fähigkeit zur terminalen Differenzierung bleibt erhalten, so daß sich die Zahl der Granulozyten im Produktions-, Reifungs- und Funktionsspeicher stark erhöht. Nach einem Intervall von mehreren Jahren können die myeloischen Zellen ihre Fähigkeit zur terminalen Differenzierung verlieren. In dieser ***Transformationsphase*** kommt es zur Zytopenie mit verschiedenen weiteren Veränderungen, z. B. einer zunehmenden Basophilie. Die letzte Phase ist die ***Blastenkrise***, in der unreife Leukämiezellen rasch proliferieren und in Kürze zum Tode des Patienten führen.

Die CML ist durch einen konstant nachweisbaren Chromosomendefekt gekennzeichnet. Es handelt sich um das ***Philadelphia (Ph1)-Chromosom***, benannt nach dem Entdeckungsort. Das Ph1-Chromosom ist ein verkürztes Chromosom 22 (22 Q), das durch reziproke Translokation des distalen Endes von Chromosom 22 im Austausch gegen ein kurzes terminales Stück des langen Armes von Chromosom 9 entsteht. Dabei wird eine Genregion transloziert, die wegen ihrer Analogie zur onkogenen DNS des Hühnerleukämieretrovirus als c-abl (avian blastosis)-onkogen bezeichnet wird. Das von c-abl kodierte Protein (p145) gehört zu den Thyrosin-Proteinkinasen, ebenso wie Rezeptoren für Wachstumsfaktoren wie PDGF und CSF. Der zweite Bruchpunkt der Philadelphia-Translokation liegt in einem DNS-Segment des Chromosoms 22, welches als „breakpoint cluster region" (bcr) bezeichnet wird. Durch die Verlagerung des c-abl-Gens vom Chromosom 9 an das bcr-Gen von Chromosom 22 entsteht ein transkriptionsfähiges Fusions-Gen, das die Bildung eines neuen Proteins von 210 kd (P210 bcr-abl) kodiert Es bewirkt die klonale Expansion im wesentlichen durch Hemmung der Apoptose mit der Folge einer verlängerten Lebenszeit der granulopoetischen Zellen. Außerdem induziert p210 – ähnlich wie andere Apoptosesignale – zelluläre Resistenz gegenüber Zytostatika. Die molekularen Vorgänge, welche der Evolution der CML von einer chronischen Phase zum Blastenschub zugrunde liegen, sind bislang nicht aufgeklärt [13].

Veränderungen des Genoms charakterisieren die akuten myeloischen Leukämien (AML)

Zytogenetische Untersuchungen bei den meisten Patienten mit AML belegen erworbene chromosomale Aberrationen. Damit können Gene identifiziert werden, die in der Leukämogenese wichtig sind. Teilweise handelt es sich wie bei der CML um Genfusionen. Sie können als „Tumormarker" verwendet werden und gewinnen zunehmend Bedeutung für Prognose und Therapiewahl. Dies gilt z. B. für die akute Promyelozytenleukämie, bei der das molekulare Äquivalent der Translokation 15;17, die PML-RAR-Fusion, die Basis für die erfolgreiche Behandlung mit All-trans-Retinsäure darstellt

! Leukozytosen beruhen meistens auf einer Mehrproduktion. Alle kernhaltigen Zellen des Blutes werden bei den üblichen Zählverfahren gemeinsam als „Leukozyten" gezählt, unabhängig davon, ob es sich dabei um die normalerweise im peripheren Blut vorkommenden reifen Zellen oder unreife Zellen, z. B. bei hämatologischen Neoplasien handelt. Die weitere Bewertung richtet sich nach dem Befund im Differentialblutbild, also den absoluten Zahlen der einzelnen Zellklassen.

12.7 Störungen der Zellproduktion und des Zellumsatzes im lymphatischen Zellsystem

Die Hierarchie lymphatischer Zellen wird durch den immunologischen Phänotyp bestimmt

Das Antigenmuster der Oberfläche normaler und neoplastischer lymphatischer Zellen, das mit monoklonalen Antiseren erfaßt werden kann, charakterisiert den Grad der Zelldifferenzierung. Abbildung 12.7 verdeutlicht dieses am Beispiel der B-Zell-Differenzierung. Dieses Modell beruht beim Menschen wesentlich auf Studien an malignen B-Zellen. Es hat erhebliche praktische Bedeutung, da auf ihm die für Prognose und Therapie wichtige Subklassifizierung der lymphatischen Leukämien beruht.

Im Gegensatz zu der gestaltlichen Vielfalt der erythropoetischen und granulopoetischen Zellen verläuft die Differenzierung im lymphatischen System ohne Ausprägung leicht erkennbarer morphologischer Merkmale, abgesehen von den Plasmazellen als den reifsten Endzellen der B-Lymphozyten. Morphologisch einheitliche lymphatische Zellen können aus heterogenen Zellpopulationen zusammengesetzt sein. Während für diese Zellen ebenfalls ein Stammzell- und Proliferationskompartiment besteht, läßt sich ein Reifungs- oder Funktionskompartiment nicht eindeutig definieren. Proliferierende lymphatische Zellen können spezifische immunologische Funktionen ausüben; andererseits können „reife" kleine Lymphozyten bei spezifischer Antigenstimulation wieder zu proliferierenden Zellen werden.

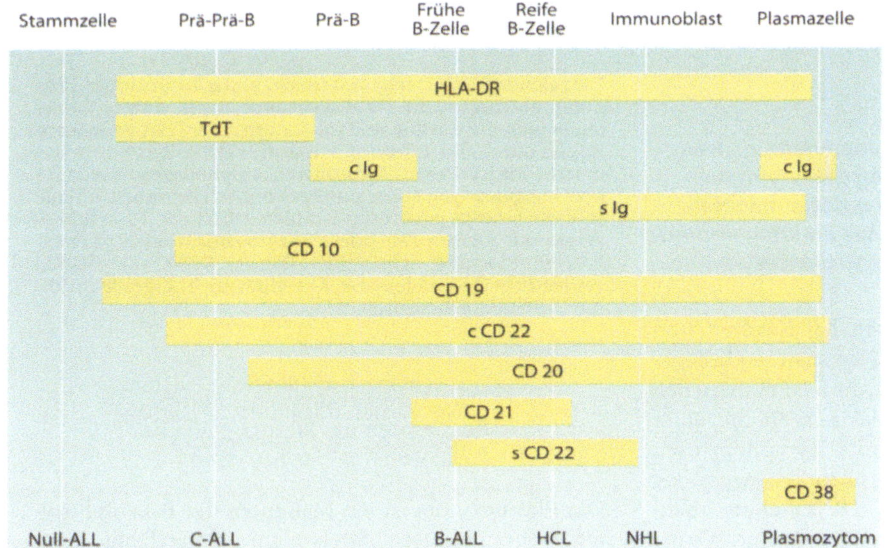

Abb. 12.7. Modell der B-Zell-Differenzierung. Zuordnung hämopoetischer Neoplasien aufgrund des Immunophänotyps. *TdT* terminale Deoxyadenylattransferase, *cIg* zelluläres Immunglobulin, *sIg* Oberflächen-Immunglobulin; *ALL* akute lymphatische Leukämie, *HCL* Haarzellenleukämie, *NHL* Non-Hodgkin Lymphom. Zur Nomenklatur der Differenzierungsantigene s. Kap. 3.

Die ***Lebenszeit*** der Lymphozyten ist nicht mit ihrer Verweildauer im peripheren Blut gleichzusetzen. Die Zeit zwischen zwei Teilungen und zwischen letzter Teilung und Zelltod kann viele Jahre betragen. Die Kinetik der Lymphopoese wird durch die räumliche Desintegration des lymphatischen Zellsystems zusätzlich kompliziert. Im Gegensatz zu den übrigen Blutzellen bestehen keine definierten Ausschwemmungsschranken, so daß unreife wie reife Zellen ausgeschwemmt werden können. Etwa 80 % der Lymphozyten im peripheren Blut sind bereits mehrmals in die Blutbahn ein- und ausgetreten (Rezirkulation).

Mit molekularbiologischen Techniken läßt sich Abkunft und Klonalität lymphatischer Zellen erkennen

Bei Vermehrung von Lymphozyten im peripheren Blut oder in einem lymphatischen Organ interessiert neben dem Grad der Zelldifferenzierung auch die eindeutige Zuordnung der Zellen zum T- oder B-Zell-System sowie die Frage, ob die pathologische Zellpopulation *polyklonal* ist. Mit wenigen Ausnahmen ist *Monoklonalität* gleichbedeutend mit maligner Zellproliferation.

Die Art, in der ein individuelles Immunglobulin-Gen rearrangiert wird, ist für einen B-Lymphozyten und seine Vorläufer spezifisch und bestimmt die Antigen-Spezifität des Moleküls. Etwa 18×10^9 verschiedene Rekombinationsmuster sind denkbar. Der Antigen-bindende Teil des T-Zell-Rezeptors wird ebenfalls durch variable DNS-Segmente kodiert, die früh in der T-Zell-Entwicklung rearrangiert werden, um Proteine mit zahlreichen Antigen-Spezifitäten zu produzieren. Rearrangements der Immunglobulin- und T-Zell-Rezeptorgene können mit radioaktiv markierten DNS-Sonden nachgewiesen werden [14]. Die Rearrangements der Immungene sind allerdings nicht immer ein Beweis für die Zugehörigkeit einer leukämischen Zellpopulation zur T- oder B-Zell-Reihe, da sie auch bei Leukämien vorkommen, deren Zellen für die Myelopoese spezifische Proteine, z. B. Myeloperoxydase enthalten [9].

Passagere Lymphopenien sind Folge einer Rezirkulationsstörung, chronische Lymphopenien zellulärer Ausdruck einer Immundefizienz

Da sich normalerweise nur etwa 5 % der rezirkulationsfähigen Lymphozyten im Blut befinden, können Verschiebungen zwischen den Organkompartimenten kurzfristig zur Verminderung der Lymphozytenzahl führen. So kommt es nach Gabe von Nebennierenrindensteroiden und bei akutem Streß mit Kortisolausschüttung zur reversiblen Konzentration der Lymphozyten im Knochenmark. Das Verhältnis von B- zu T-Lymphozyten wird dabei nicht verändert. Dagegen finden sich Veränderungen der Lymphozytensubpopulationen bei den chronischen Lymphopenien mit Immundefizienz (s. Kap. 3).

Eine Lymphozytose kann Ausdruck einer reversiblen Aktivierung des lymphatischen Systems oder das Resultat einer progredienten Mehrproduktion und/oder Akkumulation neoplastischer Zellen sein

Reaktive Lymphozytosen kommen bei Kindern und jungen Menschen häufiger vor als im späteren Lebensalter. Kinder reagieren auf Infekte, die bei Erwachsenen eine neutrophile Leukozytose auslösen, oft mit einer Lymphozytose. Ausgeprägte akute Lymphozytosen kennzeichnen vor allem in der frühen Lebensperiode vorkommende Virusinfektionen, z. B. die akute infektiöse Lymphozytose oder die Epstein-Barr-Virus-(EBV) Infektion (infektiöse Mononukleose). Dabei werden T-Zellen durch die Erkennung von Virusdeterminanten und Membranantigenen auf EBV-Genom enthaltenden B-Lymphozyten stimuliert. Sie können durch Immuntypisierung als zytotoxische (Suppressor-, CD8 +) T-Zellen identifiziert werden. Reaktive Lymphozytosen sind immer polyklonal.

Die ***chronische lymphatische Leukämie*** (CLL) ist eine klonale Erkrankung des Erwachsenen, die zur Vermehrung von morphologisch unauffälligen, immunologisch aber inkompetenten Lymphozyten in den lymphatischen Organen und im Blut führt. Sie gehören fast immer zu den B-Zellen. Im Gegensatz zu akuten lymphatischen Leukämien nimmt die Zahl der neoplastischen Lymphozyten nur langsam zu. Die Wachstumsfraktion ist vermindert, die DNS-Synthese-Zeit verlängert, der Anteil rezirkulierender Lymphozyten im Blut herabgesetzt. Ihre Lebensdauer ist jedoch erhöht, bedingt durch Resistenz gegenüber Apoptosevorgängen. Die Lymphozytenvermehrung ist also vorwiegend Ausdruck einer ***Akkumulation***. Die Immuntypisierung zeigt in 95% der Zellen Oberflächenimmunglobulin in geringer Dichte sowie zytoplasmatisches Immunglobulin; dies spricht dafür, daß die Zellen von einem frühen Zellklon der B-Zell-Differenzierung stammen. Ihre Monoklonalität zeigt sich im Vorhandensein nur *eines* Leichtkettentyps (kappa *oder* lambda). Im späteren Verlauf kommt es zu einer Regulationsstörung des T-Zellsystems mit immunpathologischen Sekundärphänomenen wie Hypogammaglobulinämie, Umkehr des Verhältnisses von polyklonalen T-Helfer- (CD4) zu Suppressorzellen (CD8), Autoimmunthrombozytopenie oder autoimmunhämolytischer Anämie [7].

Die seltenere T-CLL zeigt fast immer einen T4-positiven Phänotyp, ebenso wie die T-Zell-Leukämie, die in einigen Gebieten Japans, der Karibik und im Südosten der USA endemisch ist und durch eine Infektion mit dem HTLV-1-Retrovirus verursacht wird. Fälle von T8-positiven lymphoproliferativen Erkrankungen zeigen einen außergewöhnlich benignen Verlauf. In diese Gruppe gehört das Krankheitsbild der T8-Lymphozytose mit Neutropenie oder Panzytopenie. Hier liegt ebenfalls eine klonale T-Zell-Proliferation vor. Das Krankheitsbild verdeutlicht die Problematik, Klonalität mit Malignität im klinischen Sinne gleichzusetzen.

Sekretionsprodukte der Plasmazelle bestimmen das klinische Bild bei Patienten mit Plasmozytom

Das Plasmozytom ist ein Malignom der B-Lymphozyten, wobei Plasmazellen als nicht teilungsfähige Endzellen akkumulieren. Die dem transformierten Klon zugehörigen Zellen sezernieren monoklonale, unter der falschen Vorstellung einer abnormalen Struktur auch als ***Paraproteine*** bezeichnete Immunglobuline, die immer nur *einen* Leichtkettentyp (kappa *oder* lambda) besitzen.

Hohe Paraproteinkonzentrationen führen je nach den Eigenschaften des Proteins zu unterschiedlichen Veränderungen. Erythrozyten aggregieren zu „Geldrollen", ihre Sedimentationsrate (Blutsenkung) ist erheblich beschleunigt. Inaktivierung von Gerinnungsfaktoren, Fibrinpolymerisation und Störung der Thrombozytenfunktion kann zur erhöhten Blutungsneigung, die Erhöhung der Serumviskosität, insbesondere durch Paraproteine der Subklasse IgG-M oder ***Kryoglobuline***, zur Ausbildung eines Hyperviskositätssyndroms mit zerebralen oder akralen Durchblutungsstörungen führen. Die Ausscheidung von Leichtketten (Bence-Jones-Proteine) in den Primärharn ist der pathogenetisch wichtigste Faktor bei der Entstehung der Störung der Nierenfunktion. Sie schädigen direkt die Tubulusepithelien und werden teilweise in Form von ***Amyloid*** abgelagert. Hyperkalzämie, Hyperurikämie und häufige Harnwegsinfektionen als Ausdruck der Immuninsuffizienz sind weitere Komponenten der multifaktoriell bedingten Niereninsuffizienz, welche den Verlauf der Erkrankung bei der Mehrzahl der Patienten kompliziert.

Wachstum und Überleben von Myelomzellen wird im wesentlichen durch IL-6 reguliert, das von Zellen der Knochenmarkmatrix produziert wird. Für ihre Interaktion mit dem Knochengewebe sind zusätzlich TNF-β und Adhäsionsproteine von Bedeutung [3].

> **!** Lymphatische Zellen werden durch Antigenexpressionsmuster in ihrer Reife charakterisiert. Molekularbiologische Techniken dienen zum Nachweis klonaler Populationen. Bei Lymphozytosen ist neben Mehrproduktion auch an eine Akkumulation zu denken. Antikörpermangel und Paraproteine sind Ausdruck einer Störung der Immunglobulinsynthese.

12.8 Quantitative Störungen mehrerer Zellsysteme

Panzytopenien betreffen meist die Erythrozyten, Thrombozyten und Granulozyten/Monozyten, verständlich aus der Hierarchie der Hämopoese (s. Abb. 12.1). Sie sind fast immer Folge einer *Zellbildungsstörung*, wegen der unterschiedlichen Expression der Oberflächenantigene in den einzelnen Zellreihen dagegen nur selten Folge einer durch Antikörper bedingten *Zelldestruktion* in der Peripherie (Tabelle 12.6). Die zum Teil auch außerhalb des Knochenmarks in den sekundären lymphatischen Organen (Milz, Lymphknoten, Peyer-Plaques etc.) gebildeten Lymphozyten sind bei der sehr schweren angeborenen und erworbenen Zellbildungsstörung (sog. retikuläre Agenesie des Neugeborenen, schwere Panmyelopathie) und bei den Panzytopenien durch Hypersplenismus ebenfalls vermindert. ***Bizytopenien*** können entweder Ausdruck leichter unvollständiger Formen der genannten Störungen sein oder auf gemeinsame Funktions- oder Oberflächeneigenschaften der beiden beteiligten Zellreihen zurückgehen: Beispiele sind das Evans-Syndrom (autoantikörperbedingte hämolytische Anämie und Thrombopenie) und andere kombinierte Verbrauchsstörungen der Erythrozyten und Thrombozyten (s. Tabelle 12.4).

Die aplastische Anämie ist ein Krankheitsbild mit heterogener Pathogenese

Die aplastische Anämie (synonym: Panmyelopathie) ist durch eine Verminderung der hämatopoetischen Zellen im Knochenmark gekennzeichnet. Ursache dafür ist ein verminderter Zelleinstrom aus dem vorgeschalteten Stammzellkompartiment. Für die zugrundeliegenden Veränderungen in vivo sind verschiedene Pathomechanismen denkbar:

Einige Beobachtungen sprechen für einen ***Defekt der pluripotenten hämatopoetischen Stammzelle.*** Durch Transplantation allogener histokompatibler Stammzellen kann eine Regeneration der Hämatopoese mit Ausbildung eines ***Chimärismus*** erreicht werden [18]. Dies trifft auch für etwa 30 % der Patienten zu, die *ohne* immunsuppressive Konditionierung (die per se eine Behandlung der zugrundeliegenden pathogenetischen Störung sein könnte) Knochenmark eines eineiigen Zwillings erhielten. Als Ursache einer langdauernden Stammzellschädigung kommen Medikamente (z.B. nichtsteroidale Antirheumatika) und Virusinfekte in Frage. In der Mehrzahl der Fälle bleibt die Ursache ungeklärt.

Eine ***somatische Mutation*** innerhalb des pluripotenten Stammzellspeichers muß bei Patienten angenommen werden, die später eine klonale Erkrankung, z.B. eine PNH (s. Kap. 12.2) oder eine myeloische Leukämie entwickeln. Die ***Fanconi-Anämie***, eine autosomal-rezessiv vererbte Erkrankung, die gekennzeichnet ist durch eine chromosomale Instabilität und herabgesetzte DNS-Reparatur-Mechanismen, zeigt nach mehrjährigem Verlauf häufig das Bild der Panmyelopathie mit hoher Inzidenz des Übergangs in eine Leukämie.

Die ***Immunpathogenese der aplastischen Anämie*** spielt neben einer direkten Schädigung des Stammzellspeichers die wichtigste Rolle. Mediatoren sind Interferon gamma und Tumornekrosisfaktor, die möglicherweise Fas-Rezeptor- (CD95) vermittelte Apoptoseprozesse induzieren. Es wird angenommen, daß die pathologische Reaktion des T-Zell-Systems gegen hämopoetische Stammzellen ebenfalls durch Medikamente oder Viren ausgelöst werden kann.

Der Hypersplenismus ist der häufigste Pathomechanismus bei peripher bedingter Panzytopenie

Die Erhöhung des lienalen Venendrucks bei Leberzirrhose, Pfortader- oder Milzvenenthrombose führt zur Vergrößerung der Milz mit Hyperplasie und Fibrose der roten Pulpa. Normale Blutzellen werden auf ihrem Weg durch die rote Pulpa in die Venen zurückgehalten und teilweise vorzeitig abgebaut. Die daraus resultierende Panzytopenie wird durch die Milzentfernung beseitigt. Der Hypersplenismus ist *nicht* zu verwechseln mit der Sequestration abnormaler Erythrozyten in der primär normalen Milz bei hämolytischen Anämien (s. Kap. 12.2) oder antikörperbesetzter Thrombozyten bei der Autoimmunthrombozytopenie (s. Kap. 12.3).

> **!** Ausgeprägte Panzytopenien sind immer Folge einer Zellbildungsstörung. Die aplastische Anämie als Modellkrankheit veranschaulicht die heterogene Pathogenese. Neben einer direkten Schädigung des Stammzellspeichers spielen pathologische Reaktionen des T-Zell-Systems und daraus folgende Veränderungen der Regulation der Hämopoese durch Zytokine die wichtigsten Rolle.

12.9 Literatur

1. Aggarval BB, Puri RK (1995) Human cytokines: Their role in disease and therapy. Blackwell Science, London
2. Baglin TP, Price SM, Boughton BJ (1988) A reversible defect of platelet PDGF content in myeloproliferative disorders. Br J Haematol 69:483–486
3. Bataille R, Harousseau JL (1997) Multiple myeloma. N Engl J Med 336:1657–1664
4. Brown KE, Young NS (1996) Parvoviruses and bone marrow failure. Stem Cells 14:151–163
5. Cannistra SA, Griffin JD (1988) Regulation of the production and function of granulocytes and monocytes. Semin Hematol 25:173–188
6. Eschbach JW, Egrie JC, Downing MR, Browne JK, Adamson JW (1987) Correction of the anemia of end stage renal disease with recombinant human erythropoetin. Results of a combined phase 1 and phase 2 clinical trial. N Engl J Med 316:73–8
7. Gale RP, Foon KA (1987) Biology of chronic lymphocytic leukemia. Semin Hematol 24:209–29
8. George JN, El-Harake MA, Raskob GE (1994) Chronic idiopathic trombocytopenic purpura. N Engl J Med 331:1207–11
9. Greaves MF, Furley AJ, Chan Li C, Ford AM, Molgaard HV (1987) Inappropriate rearrangementes of immunoglobulin and T-cell receptor genes. Immunol Today 8:115–116
10. Heimpel H (1994) Arzneimittelinduzierte Agranulozytose. Arzneimitteltherapie 12:101–108
11. Heimpel H (1996) The present state of pathophysiology and therapeutic trials in polycythemia vera. Intern J Hematol 64:133–65
12. Herhhko C (1994) Clinical disorders of iron metabolism. Ballière Tindall, London
13. Jones RJ (1997) Biology and treatment of chronic myeloid leukemia. Curr Opin Oncol 9:3–7
14. Luzzatto L, Foroni L (1986) DNA rearrangementes of lineage specific genes in lymphoproliferative disorders. Prog Hematol 14:303
15. Orkin SH (1987) Disorders of hemoglobin synthesis: the thalassemias. In: Stamatoyannopoulos G, Nienhuis AW, Leder P et al. (eds) The molecular basis of blood diseases. W. B. Saunders, Philadelphia, pp 106–26
16. Palek JE (1992) Cellular and molecular biology of the RBC membrane and its disorders in health and disease: macromolecular assembly. Biogenesis and regulation. Semin Hematol 29/4:
17. Raghavachar A, Fleischer S, Frickhofen N, Heimpel H, Fleischer B (1987) T-lymphocyte control of human eosinophilic granulopoiesis – clonal analysis in an idiopathic hypereosinophilic Syndrome. J Immunol 139:3753–3758
18. Spitzer TR, Himoe E, Cottler-Fox M, Cahill R, Deeg HJ (1990) Long-term stable mixed chimaerism following allogeneic marrow transplantation for severe aplastic anaemia. Br J Haematol 76:146–147
19. Spivak JL (1994) Erythropoietin:Basic and Clinical Aspects. Saunders, Philadelphia
20. Thompson CB, Jakubowski A (1988) The pathophysiology and clinical relevance of platelet heterogeneity. Blood 72:1–8
21. Wendling F, Han ZC (1997) Positive and negative regulation of megakaryocytopoiesis. Baillieres Clin Haematol 10:29–45
22. Wickramasinghe SN (1986) Blood and bone marrow. Churchill Livingstone, Edinburgh
23. Wickramasinghe SN (1997) Megaloblastic anemia. Ballieres Clinical Haematology 8:441–703
24. Yunis JJ, Corzo D, Salazar M, Yunis EJ, Lieberman JA, Howard A (1995) HLA-associations in clozapine-induced agranulocytosis. Blood 86:1177–1183

Pathophysiologie des Hämostasesystems

H. D. Bruhn

EINLEITUNG

Fall 1. Eine 74jährige Rentnerin wurde nachmittags, nachdem sie vorangehend über Kopfschmerzen geklagt hatte, bewußtlos im Bett aufgefunden. Die auf einer neurochirurgischen Wachstation sofort eingeleitete Diagnostik ergab als Ursache des Bewußtseinsverlusts eine Hirnmassenblutung, an der die Patientin zwei Tage später verstarb. Nachträglich wurde die Vorgeschichte durch den Hausarzt ergänzt: Die Patientin wurde aufgrund peripherer chronischer arterieller Durchblutungsstörungen der unteren Extremitäten seit zwei Jahren mit Kumarin-Derivaten behandelt. Bei der Klinikaufnahme betrug der Quick-Wert 15 %. Weiterhin litt die Frau langjährig trotz entsprechender Behandlung durch den Hausarzt an therapeutisch schwer beeinflußbaren Blutdruckerhöhungen. Im vorliegenden Fall wurde die Hirnblutung durch die Kombination aus Bluthochdruck einerseits und Antikoagulation mit Kumarin-Derivaten andererseits ausgelöst. Ein schlecht einstellbarer Bluthochdruck gilt als Kontraindikation einer Behandlung mit Kumarin-Derivaten.

Fall 2. Eine 27jährige Frau wird eines Morgens tot in ihrem Bett aufgefunden. Die Frau hatte vorangehend zwei Wochen lang über „Wadenschmerzen„ geklagt, besonders im Bereich des rechten Beines. Die Sektion ergab beidseitige Lungenarterienembolien als Todesursache. Aus der Vorgeschichte ging hervor, daß sowohl die Mutter als auch die Schwester der Patientin im Sinne einer familiären Thromboseneigung wiederholt Thrombosen durchgemacht hatten. Dazu hatte die Patientin seit zwei Jahren die Antibabypille genommen.

Bei den Familienangehörigen wurde nachträglich eine Mutation des Gerinnungsfaktors V festgestellt, die zu einer Resistenz gegenüber dem Hemmkörper des Faktors V, nämlich gegenüber Protein C führt. Die dadurch ausgelöste Thromboseneigung wird weiter verstärkt durch die Einnahme der Antibabypille, die eine gesteigerte Synthese von Gerinnungsfaktoren in der Leber bewirkt.

13.1 Blutungs- und Thromboseneigung

Blutungs- und Thromboseneigung können Folge einer Störung der Gefäßwand, der Thrombozyten, des plasmatischen Gerinnungssystems und des Fibrinolysesystems sein

Primäre und sekundäre Hämostase. Beim Gesunden verhindert eine regelrechte Blutstillung das Auftreten von Blutungen und Blutverlusten. Hierbei ist zu unterscheiden zwischen einer primären und einer sekundären Hämostase:

Unter ***primärer Hämostase*** wird der Stillstand kleinerer Blutungen durch Vasokonstriktion und Abdichtung des Gefäßdefektes durch Thrombozyten verstanden (Abb. 13.1).

Die ***sekundäre Hämostase*** dagegen ist charakterisiert durch die Ausbildung eines Fibringerinnsels über das ***exogene*** und ***endogene Gerinnungssystem*** (Abb. 13.2).

Die an der Gerinnung beteiligten Plasmafaktoren können über den ***endogenen Weg*** an negativ geladenen Oberflächen (Thrombozyten-Phospholipide) oder über den ***exogenen Weg*** unter Beteiligung des Gewebethromboplastins aktiviert werden. Beide Wege führen zu einer Aktivierung des Gerinnungsfaktors X zu Faktor Xa. Das nachfolgend entstehende Thrombin wirkt auf Fibrinogen ein, welches zum Fibringerinnsel umgewandelt wird. Darüber hinaus aktiviert Thrombin den Faktor XIII, welcher das entstandene Fibringe-

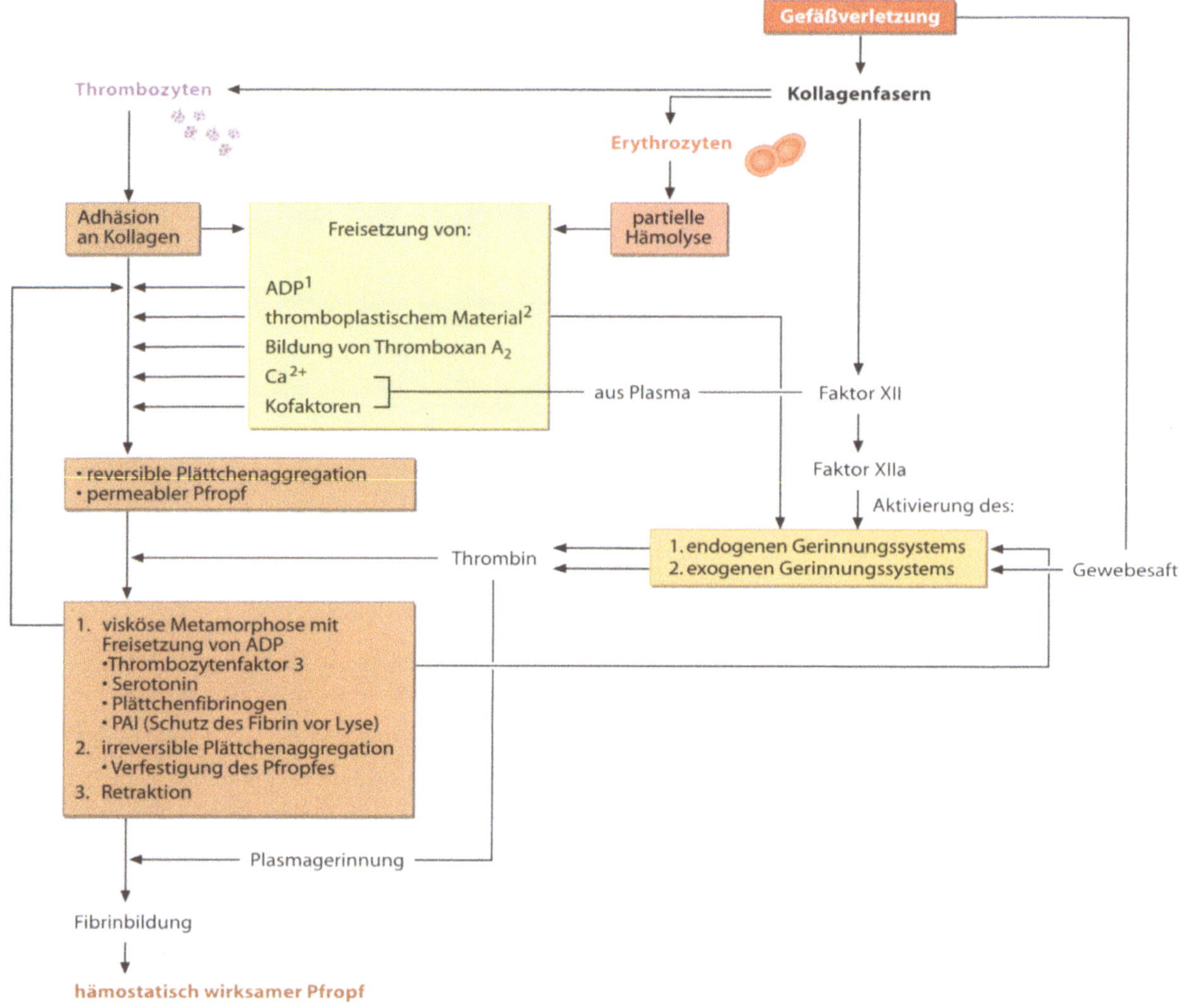

Abb. 13.1. Schema der Blutstillung. [1]*ADP* = Adenosindiphosphat; [2]Thrombozytenfaktor 3 aus Thrombozyten und Erythrozytin aus Erythrozyten; *PAI* = Plasminogen-Aktivator-Inhibitor

rinnsel durch Quervernetzung der Fibrinfasern stabilisiert. Durch die Aktivierung der Kofaktoren VIII und V wird die Aktivierung des Gerinnungsprozesses um mehr als das 10^5fache beschleunigt [10]. Durch Kontaktaktivierung an Fremdoberflächen, die als Auslöser für das endogene Gerinnungssystem wirken, kommt es zur intravasalen Gerinnungsaktivierung (z. B. Aktivierung der Blutgerinnung an arteriosklerotischen Veränderungen der Schlagadern). Das exogene System der Blutgerinnung wird dagegen durch die bei einer Verletzung (z. B. Schnittverletzung, Operation) freigesetzten Gewebsthromboplastine aktiviert (s. Abb. 13.2).

Gerinnselbildung am falschen Ort. Verschiebungen in den Konzentrationen der Aktivatoren und Inhibitoren des Hämostasesystems können im Sinne einer Dysregulation zu einer Blutungsneigung oder zu einer Thromboseneigung führen [1, 2, 3, 10]. Dabei stellt eine

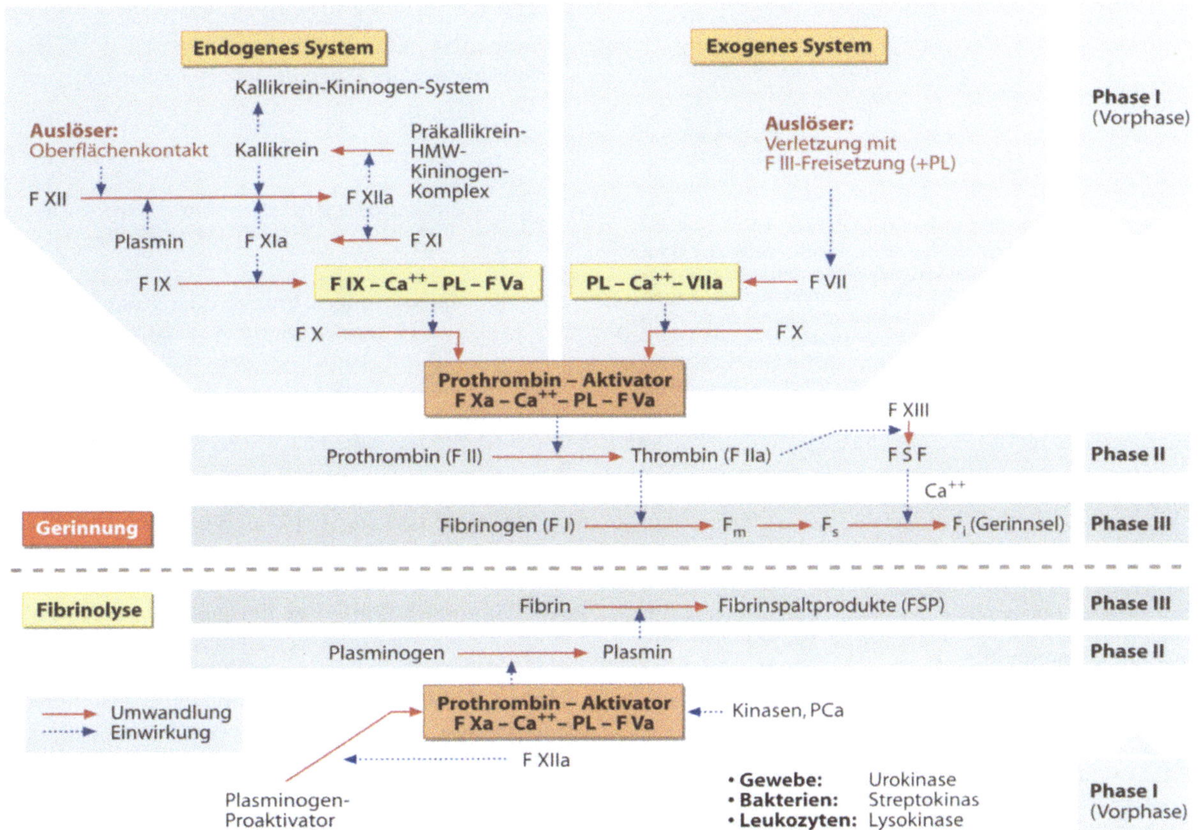

Abb. 13.2. Schema der Ausbildung eines Fibringerinnsels über das exogene und endogene Gerinnungssystem *(oberer Teil)*. Im *unteren Teil* kommt das Fibrinolysesystem zur Darstellung, welches das in einem Gefäß entstandene Fibringerinnsel fibrinolytisch (= proteolytisch) abzubauen in der Lage ist. *PL* = Phospholipid-Mizellen, *Fm* = Fibrinmonomere, *Fs* = lösliche Fibrin-Fibrillen, *Fi* = quervernetzte, unlösliche Fibrin-Fibrillen, *PCa* = aktiviertes Protein C, *F* = Gerinnungsfaktor mit der jeweiligen römischen Numerierung, *HMW-Kininogen* = hochmolekulares Kininogen, *FSF* = Fibrin-stabilisierender Faktor = Faktor XIII. Nach Meyer (1993)

Thrombose eine in einem Blutgefäß entstandene Gerinnselbildung dar, die nicht der Blutstillung nach einer Verletzung dient, sondern die Blutströmung in dem betroffenen Gefäß krankhaft behindert (Gerinnselbildung am falschen Ort) [1, 2, 3, 10].

Die am Ort einer Gefäßverletzung erwünschte Blutstillung kann unter den Bedingungen der Krankheit ohne Verletzung eines Gefäßes als Gerinnselbildung am falschen Ort eintreten und durch Verschluß einer Koronararterie zum Herzinfarkt oder durch Verschluß einer Zerebralarterie zum Schlaganfall führen. Im venösen Stromgebiet kann sich eine Gerinnselbildung beispielsweise als Becken-Beinvenenthrombose manifestieren mit der Gefahr einer von dort ausgehenden Lungenarterienembolie.

In Abb. 13.3 wird schematisch dargestellt, wie Störungen des Gleichgewichts zwischen Blutungsneigung einerseits und Thromboseneigung andererseits aufgrund der aufgeführten pathophysiologischen Mechanismen zu Blutungen einerseits und Thrombosen andererseits führen können.

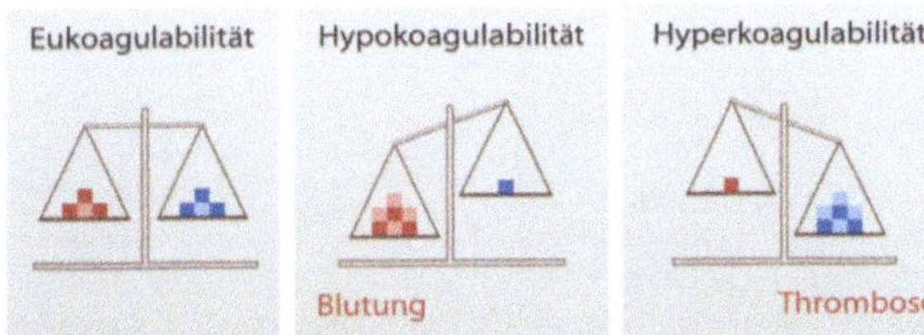

Abb. 13.3. ***Eukoagulabilität:*** Gerinnungsaktivatoren und -inhibitoren stehen im Gleichgewicht, d. h. es kommt weder zu einer Thromboseneigung noch zu einer Blutungsneigung. ***Hypokoagulabilität:*** Es blutet entweder aufgrund eines entsprechenden Gefäßwandschadens oder einer plasmatisch bedingten Störung der Blutstillung (Fehlen eines Gerinnungsfaktors, Funktionsstörung eines Gerinnungsfaktors), aber auch ein Gerinnungshemmkörper (z. B. Heparin) kann die plasmatische Blutstillung hemmen. Eine thrombozytär bedingte Blutungsneigung entsteht durch verminderte Plättchenzahl und/oder -funktion. Eine verstärkte fibrinolytische Aktivität des Blutes kann ebenfalls eine Blutungsneigung induzieren. ***Hyperkoagulabilität:*** Venöse und arterielle Thrombosen entstehen aus vaskulärer Ursache (Arteriosklerose, Endangiitis), aber auch plasmatischer Ursache (Erhöhung/Aktivierung von Gerinnungsfaktoren, Mangel an Gerinnungshemmkörpern). Weitere Thromboseursachen sind eine krankhafte Aktivierung des Plättchensystems sowie eine krankhaft gehemmte fibrinolytische Aktivität. Erhöhte Blutviskosität und verlangsamte Blutströmung können ebenfalls eine Thromboseneigung hervorrufen

! Störungen der primären und sekundären Hämostase führen zu einer unerwünschten Blutungsneigung, die sich bei Verletzungen und Operationen durch Entstehung von Blutungen und Blutergüssen (Hämatomen) unangenehm bemerkbar macht. Umgekehrt führt eine krankhafte Aktivierung des Gerinnungssystems ohne äußeren Anlaß, d. h. ohne Verletzung, zu einer Gerinnselbildung in einem Gefäß, die als Thrombose bezeichnet wird.

Blutungsneigung (hämorrhagische Diathese, Hypokoagulabilität). Eine Blutungsneigung kann entstehen durch:

- einen Gefäßwandschaden (vaskulär bedingte hämorrhagische Diathese, Vasopathie),
- eine thrombozytär bedingte Blutungsneigung (verminderte Plättchenzahl und/oder -funktion),
- eine plasmatisch bedingte Störung der Blutstillung (Fehlen eines Gerinnungsfaktors, Funktionsstörung eines Gerinnungsfaktors, Hemmung von Gerinnungsfaktoren, z. B. durch Antikoagulation),
- eine verstärkte fibrinolytische Aktivität des Blutes (vermehrte Bildung des proteolytischen Enzyms Plasmin, welches Fibringerinnsel auflöst – Hyperfibrinolyse).

13.2 Vaskuläre Blutungsneigung

Bei den angeborenen oder erworbenen Gefäßwandschäden (Vasopathien) führen Störungen von Endothel und Subendothel zu einer Blutungsneigung

Eine vaskulär bedingte hämorrhagische Diathese kann durch eine Synthesestörung oder eine Umsatzstörung von Proteinen bedingt sein, die von Endothelzellen und Bindegewebszellen der Gefäßwand synthetisiert werden.

Von Willebrand-Erkrankung. Beispiel einer angeborenen Vasopathie mit gestörter Syntheseleistung der Endothelzellen ist die von Willebrand-Erkrankung (Abb. 13.4). Durch die Verminderung des von Willebrand-Faktors (vWF) kommt es zu Störungen der Thrombozytenadhäsion mit resultierender Blutungsneigung.

Bei Patienten mit von Willebrand-Erkrankung wird eine verminderte Aktivität des von Willebrand-Faktors (vWF) gefunden, der in den Endothelzellen synthetisiert wird (s. Abb. 13.4). Es handelt sich also um eine endothelzellbedingte Störung der Hämostase. Der von Willebrand-Faktor vermittelt einmal die Adhäsion von Thrombozyten am subendothelialen Gewebe, zum anderen ist der von Willebrand-Faktor das Trägermolekül, das die Faktor-VIII-Aktivität transportiert. Bei Verminderungen des von Willebrand-Faktors, wie sie bei der von Willebrand-Krankheit auftreten, ist daher neben einer gestörten Thrombozytenfunktion auch die Faktor-VIII-Aktivität reduziert [10].

Hinweis auf eine Gefäßwandschädigung kann auch eine vermehrte Freisetzung von Fibrinolyse-Aktivatoren sein, die angeboren auftreten kann. Sie führt zu einer Hyperfibrinolyse mit Blutungsneigung. In gleicher Weise kann eine verminderte Synthese von Inhibitoren der Fibrinolyse eine hämorrhagische Diathese durch Hyperfibrinolyse bewirken.

Angeborene Kollagen-Synthesestörungen im Bereich des Subendothels. Es handelt sich um die Aus-

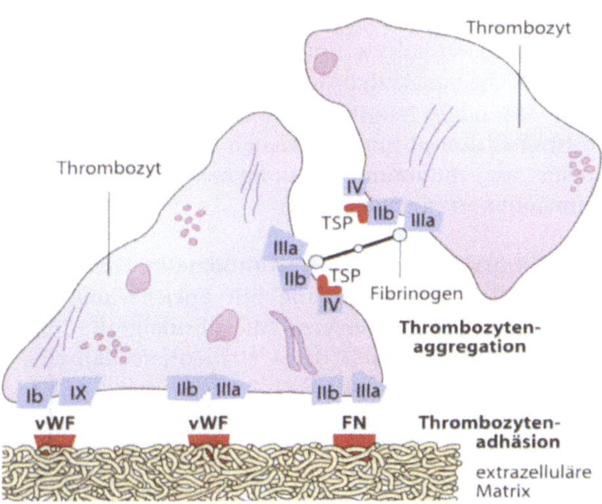

Abb. 13.4. Thrombozytenadhäsivität und Thrombozytenaggregation einer verletzten Gefäßwand unter Beteiligung der Glykoproteine Ib, IIb, IIIa, IV und IX der Thrombozyten, des von Willebrand-Faktors *(vWF)*, von Fibrinogen, Fibronectin *(FN)* und Thrombospondin *(TSP)* (nach Müller-Berghaus 1991) (10). Beim von Willebrand-Syndrom ist der von Willebrand-Faktor *(vWF)* vermindert, wodurch es zu einer gestörten Thrombozytenfunktion kommt. Bei der Thrombasthenie Glanzmann ist der Rezeptor für Fibrinogen in der Thrombozytenmembran, der Glykoproteinkomplex IIb/IIIa, reduziert. Auch das bewirkt eine Blutungsneigung. Im Gegensatz dazu kann andererseits ein Thrombus in einem arteriellen Gefäß dadurch induziert werden, daß durch eine Interaktion von Thrombozyten und Gefäßwand (Subendothel, Kollagen) die Thrombozyten aktiviert und vermehrt adhäsiv werden.

bildung abnormer Kollagene im Bereich des Subendothels, so daß dort die Plättchenadhäsion gestört ist und eine Blutungsneigung entsteht. In diese Gruppe gehören:

- das Ehlers-Danlos-Syndrom, Typ IV,
- das Pseudoxanthoma elasticum,
- die Osteogenesis imperfecta sowie
- das Marfan-Syndrom,
- die hämorrhagische Teleangiektasie Rendu-Osler: Diese Vasopathie ist durch dilatierte Arteriolen und Kapillaren mit Blutungsneigung charakterisiert;
- Purpura simplex: dominant vererbte Erkrankung, die mit petechialen Schleimhautblutungen einhergeht.

Erworbene Vasopathien. Zu den erworbenen Vasopathien gehört die einfache nicht-thrombozytopenische Purpura mit erworbener Störung der Gefäßwandfunktion.

Petechien können bei Stauung (z. B. bei Herzinsuffizienz) und anderen mechanischen Einwirkungen sowie auf metabolischer Basis auftreten.

- ***Purpura senilis***: intradermale Ekchymosen an der Haut des Unterarms und der Hände;
- ***paroxysmales Handhämatom (Fingerapoplexie)***: schmerzhafte Fingerschwellung mit Hämatombildung nach Tragen von Lasten;
- ***Skorbut und Möller-Barlow-Krankheit***: Gefäßwandstörung bei Vitamin C-Mangel;
- ***Blutungen bei infektiös-toxischen Vaskulitiden***: Charakteristisches Beispiel ist die Purpura Schoenlein-Henoch (verstärkte Exsudation und Blutung nach Streptokokkeninfektionen der oberen Luftwege);
- ***Blutungen bei Paraproteinämie***: Typisch ist beispielsweise die Blutungsneigung bei Morbus Waldenström (die Makroglobuline interferieren mit Interaktionen von Gerinnungsfaktoren und Blutplättchen);
- ***thrombotische Mikroangiopathie Typ Moschcowitz***: Endothelschädigung, wahrscheinlich auf autoimmunologischer Basis;
- ***hämolytisch-urämisches Syndrom***: Der thrombotischen Mikroangiopathie Typ Moschcowitz ist das hämolytisch-urämische Syndrom verwandt und kommt vorwiegend bei Kleinkindern vor: Im Vordergrund stehen eine Mikroangiopathie der Nieren mit Urämie nach febrilen gastrointestinalen Erkrankungen;
- ***medikamentös bedingte Gefäßwandstörungen***: Auch Medikamente können Permeabilitätsstörungen hervorrufen (z. B. Chlorothiazide, Penizilline, Kumarine, Chinidin). Es entstehen leicht erhabene Effloreszenzen mit Einblutungen bis hin zu Nekrosen, aber auch Purpura-ähnliche Bilder (z. B. Chinidin-Purpura).

Vasopathien stellen Gefäßwandstörungen dar, die angeboren oder erworben eine Blutungsneigung herbeiführen. Bei den erworbenen Vasopathien sind infektiös-toxische und medikamentöse Ursachen zu unterscheiden.

13.3 Thrombozytäre Blutungsneigung

Thrombozytär verursachte hämorrhagische Diathesen sind durch eine verminderte Bildung intakter Thrombozyten (Thrombozytopenie) oder durch eine Thrombozytenfunktionsstörung (Thrombozytopathie) charakterisiert

Die thrombozytär bedingten hämorrhagischen Diathesen weisen einen charakteristischen Blutungstyp auf (flohstichartige Blutpunkte, sog. Petechien) und betreffen vorwiegend die Schleimhäute und die Haut (Schleimhaut- und Hautblutungen).

Thrombozytopenien. Diese liegen definitionsgemäß bei einer Thrombozytenzahl von < 150.000 Thrombozyten/μl Blut vor. Eine Blutungsneigung wird allerdings erst bei Thrombozytopenien von < 40.000 Thrombozyten/μl Blut beobachtet, unter der Voraussetzung, daß eine normale Plättchenfunktion vorliegt.

Die Stellung der Thrombozyten im Hämostasegeschehen ist den Abbildungen 13.1 und 13.2 zu entnehmen: Sowohl bei der primären als auch bei der sekundären Hämostase stellen die Thrombozyten wichtige katalytische Oberflächen durch Freisetzung ihrer Phospholipide bereit.

Thrombozytopenien entstehen durch:

- Bildungsstörungen,
- Umsatzstörungen,
- Verteilungsstörungen und
- EDTA-Einfluß (Pseudothrombozytopenien).

Bei den ***Bildungsstörungen*** der Thrombozyten sind ursächlich am häufigsten Medikamente in Betracht zu ziehen.

Umsatzstörungen der Thrombozyten können durch Autoantikörper bedingt sein. Typisch hierfür ist das Krankheitsbild der ***idiopathischen thrombozytopenischen Purpura*** (ITP = Werlhof-Krankheit). Es handelt sich dabei um eine erworbene, durch Autoantikörper bedingte, chronisch-rezidivierende hämorrhagische Diathese mit petechialem Blutungstyp, verminderter Thrombozytenzahl, normaler oder erhöhter Megakariozytenzahl im Knochenmark und verkürzter Plättchenlebenszeit. Die Autoantikörper entstehen bei diesem Krankheitsbild wahrscheinlich auf der Basis einer virus- oder bakterieninduzierten Schädigung der Plättchenmembranen, so daß auf diesen Plättchenmembranen veränderte Antigenstrukturen entstehen, gegen welche nun Antikörper gebildet werden.

Sekundäre Autoimmunthrombozytopenien und Posttransfusionspurpura entstehen ebenfalls auf dem Boden von Autoimmunphänomenen, zum Beispiel beim Lupus erythematodes.

Verteilungsstörungen der Thrombozyten. Diese entstehen bei Milzvergrößerung mit Speicherung von 60–70 % aller Thrombozyten (die normalgroße Milz speichert etwa nur 30 % der Plättchen), so daß eine Thrombozytopenie resultiert.

Die sog. ***Pseudothrombozytopenie*** entsteht bei Verwendung des kalziumbindenden Komplexbildners EDTA, der in den Entnahmeröhrchen zur Antikoagulation des Blutes dient. Normalerweise kommt es durch die Kalziumbindung durch das EDTA zur Ungerinnbarkeit des Blutes. Bei 1–2 % der Patienten jedoch führt EDTA in den Entnahmeröhrchen zur Bildung von Plättchenaggregaten und dadurch zu einer Pseudothrombozytopenie. Wird im Vergleich dazu Zitratblut desselben Patienten untersucht, so findet sich ein normaler Thrombozytenwert.

Thrombozytopathien. Eine Thrombozytenfunktionsstörung kann bei normaler Thrombozytenzahl eine hämorrhagische Diathese hervorrufen [2]. Einzelne für die Funktion der Thrombozyten wichtige Komponenten können falsch synthetisiert oder in nicht ausreichender Konzentration vorhanden sein.

Bei der ***Thrombasthenie Glanzmann*** ist die primäre Plättchenaggregation gestört. Bei dieser Glanzmann-Thrombasthenie ist der Rezeptor für Fibrinogen in der Thrombozytenmembran, nämlich der Glykoproteinkomplex IIb/IIIa, reduziert, so daß eine gestörte Plättchenaggregation resultiert. Eine angeborene Thrombozytopathie ist das ***Bernard-Soulier-Syndrom***, bei dem in der Plättchenmembran die Glykoproteine Ib/IX und V fehlen. Diese Glykoproteine haben eine Rezeptorfunktion für den von Willebrand-Faktor, so daß beim Bernard-Soulier-Syndrom die regelrechte Interaktion des von Willebrand-Faktors mit der Thrombozytenmembran gestört ist und dadurch eine Thrombozytopathie resultiert.

„Storage-pool deficiency". Die „storage-pool deficiency„ wird auch als aspirinähnlicher Defekt beschrieben, da Aspirin die Zyklooxygenase hemmt. Patienten mit diesem Thrombozytendefekt weisen eine Freisetzungsstörung für ADP auf, wobei häufig als eigentliche Ursache ein Zyklooxygenasemangel besteht; aber auch ein Thromboxanmangel oder eine gestörte Kalziummobilisation können bestehen.

Erworbene Thrombozytopathien können bei einer Urämie auftreten, aber auch bei myeloproliferativen Erkrankungen (z. B. bei Thrombozytämien), bei Einnahme bestimmter Medikamente (Aspirin, Penizillin) sowie bei Antikörpern gegen Membranrezeptoren der Thrombozyten. Der pathophysiologische Mechanismus der Thrombozytenfunktionsstörung liegt bei diesen erworbenen Thrombozytopathien in einer gestörten Funktion der Plättchenmembran.

> **!** Eine thrombozytär verursachte Blutungsneigung tritt auf bei einer Verminderung der Thrombozytenzahl auf < 40.000/µl Blut. Andererseits kann aber auch bei normaler Thrombozytenzahl eine Blutungsneigung durch eine Thrombozytenfunktionsstörung (Thrombozytopathie) entstehen.

Tabelle 13.1. Die für die plasmatische Gerinnung relevanten Gerinnungsfaktoren

Gerinnungsfaktoren, enzymische Klassifizierung		
1. Enzyme		
a) Proteinasen		
F II	Prothrombin	Prothrombin Komplex
F VII	Prokonvertin	
F IX	Christmas Faktor	
F X	Stuart Faktor	
F XI	Plasma Thromboplastin Antecedend	Kontaktfaktoren
F XII	Hageman Faktor	
PREK	Präkallikrein	
b) Transglutaminase		
F XIII	Fibrin-stabilisierender Faktor	
2. Kofaktoren		
F V	Proacceleirin	
F VIII	Antihämophiles Globulin	
HMW-K	Hochmolekulares Kininogen	
3. Katalysatoren		
Co^{2+}	Calziumionen	
	Phospholipide	
	Gewebefaktor (TF)	
	Thrombozyten	
4. Substrate		
F I	Fibrinogen	

13.4 Blutungsneigung durch Verminderung oder Hemmung von Gerinnungsfaktoren

Verminderte Synthese von Gerinnungsfaktoren führt angeboren oder erworben zu einer plasmatisch bedingten Blutungsneigung

Auch eine verstärkte Aktivierung des Fibrinolysesystems bewirkt eine plasmatische Blutungsneigung.

Angeborene plasmatisch bedingte Blutungsneigung. Eine Aktivitätsminderung eines Gerinnungsfaktors (Plasmafaktors) kann bedingt sein durch

- verminderte Synthese des intakten Moleküls,
- Synthese eines funktionell abnormen Moleküls,
- einen Gerinnungshemmkörper (Inhibitor),
- verstärkten Umsatz von Gerinnungsfaktoren (Verbrauch).

Bei der Aktivitätsverminderung eines der in Tabelle 13.1 und Abb. 13.1 und 13.2 angeführten Gerinnungsfaktoren kann aufgrund einer unzureichenden Plasmakonzentration dieser Faktoren eine hämorrhagische Diathese entstehen [2, 10].

Die ***Hämophilie A*** und ***B*** gehören zu den angeborenen Defektkoagulopathien.

Die Hämophilien sind rezessiv geschlechtsgebunden vererbte, aber auch spontan auftretende, durch Fehlen oder durch Inaktivität von Faktor VIII (Hämophilie A) oder Faktor IX (Hämophilie B) bedingte hämorrhagische Diathesen mit hämophilem Blutungstyp (Muskel- und Gelenkblutungen, retroperitoneale Blutungen, intrakranielle Blutungen).

Der Faktor VIII besteht aus dem gerinnungsaktiven Faktor VIII:C und dem aus vielen Untereinheiten bestehenden großmolekularen von Willebrand-Faktor (F VIII R:Ag). Faktor IX ist ein Vitamin-K-abhängiger, in der Leber gebildeter Gerinnungsfaktor, der nach Aktivierung durch Faktor XIa oder kleiner Mengen von Thromboplastin als Faktor-X-aktivierendes Enzym wirkt. Bei den Hämophilien ist die Bildung des Faktor-X-aktivierenden Enzymkomplexes gestört. Die Folge ist eine verzögerte und verminderte Thrombinbildung als Ursache einer erheblichen Blutungsneigung, wobei der Schweregrad der Erkrankung vom Ausmaß der Verminderung von Faktor VIII:C bzw. IX abhängt.

Bei der ***von Willebrand-Krankheit*** ist die Thrombozytenfunktion gestört, aber auch die Faktor-VIII-Aktivität vermindert: Thrombozytäre und plasmatische Störungen sind hier also kombiniert.

Da der von Willebrand-Faktor in Endothelzellen synthetisiert wird, läßt sich eine von Willebrand-Erkrankung als eine endothelzellbedingte Störung der Hämostase charakterisieren, weshalb die von Willebrand-Erkrankung schon bei den angeborenen Vasopathien (s. S. XX) aufgeführt worden war. Der von Willebrand-Faktor vermittelt einmal die Adhäsion von Thrombozyten am subendothelialen Gewebe [10] (s. Abb. 13.4), zum anderen ist der von Willebrand-Faktor das Trägermolekül, das die Faktor-VIII-Aktivität transportiert [2]. Insofern sind gleichzeitig die Thrombozytenfunktion gestört und die Faktor-VIII-Aktivität vermindert. Daraus resultiert eine kombinierte thrombozytäre und plasmatische Gerinnungsstörung.

Die klinischen Erscheinungen bestehen in Ekchymosen, Petechien, Schleimhautblutungen, Blutungen im Magen-Darmtrakt sowie Hämaturie. Gelenkblutungen und intrakranielle Blutungen treten im Vergleich zur Hämophilie selten auf.

Defekte der übrigen Gerinnungsfaktoren sind in Tabelle 13.2 zusammengefaßt.

> **!** Angeborene Defektkoagulopathien bewirken eine hämorrhagische Diathese, so besonders der Faktor-VIII-Mangel und der Faktor-IX-Mangel (Hämophilie A und Hämophilie B). Das von Willebrand-Syndrom beruht auf einer verminderten Synthese des von Willebrand-Faktors, so daß ein kombinierter plasmatischer und thrombozytärer Blutungstyp (Hämatome und Petechien) resultiert.

Tabelle 13.2. Angeborene Faktorenmangelzustände des endogenen und des exogenen Gerinnungssystems

Im exogenen Gerinnungssystem:
Mangelzustände der Faktoren II, V, VII und X

Im endogenen Gerinnungssystem:
Mangelzustände der Faktoren X, XI und XII

Mängel an fibrinstabilisierendem Faktor XIII:
Quickwert und PTT sowie Thrombinzeit normal!
Trotzdem ausgeprägte Blutungsneigung!

Besonderheiten:
Faktor-XII-Mangel:
Thromboseneigung durch unzureichende Aktivierung des Fibrinolysesystems.
In gleicher Weise wie der Faktor-XII-Mangel wirkt sich ein Präkallikrein-Mangel und ein Mangel an hochmolekularen Kallikrein aus!

Angeborener Fibrinogen-Mangel:
Blutungsneigung!
Bei Dysfibrinogenämie Blutungs-/Thromboseneigung
Afibrinogenämie: signifikante Blutungsneigung!

Erworbene plasmatische Gerinnungsstörungen. Bei den erworbenen plasmatischen Gerinnungsstörungen müssen einerseits Bildungsstörungen (Synthesestörungen von Gerinnungsfaktoren) von Umsatzstörungen (Verbrauch von Gerinnungsfaktoren im Rahmen thrombotischer Prozesse) unterschieden werden, andererseits können Hemmkörper der Blutgerinnung Gerinnungsstörungen hervorrufen. Hier ist beispielsweise ein therapeutisch zugeführter Gerinnungshemmstoff (Heparin) anzuführen, der den plasmatischen Gerinnungsablauf hemmend beeinflußt im Rahmen einer Heparin-Therapie. Aber auch immunologisch induzierte Gerinnungshemmkörper (z. B. ein Lupus-Antikoagulanz) können den Gerinnungsablauf hemmen und dadurch eine erworbene plasmatische Gerinnungsstörung induzieren.

Die erworbenen Koagulopathien beruhen auf:

- ***Bildungsstörungen*** (Defektkoagulopathien),
- ***Gerinnungshemmstoffen*** (z. B. Heparin, aber auch immunologisch induzierte Hemmstoffe) und
- ***erhöhtem Umsatz*** (Verbrauch von Gerinnungsfaktoren im Rahmen thrombotischer Prozesse).

Störungen der Leberfunktion. Da fast alle Faktoren des Gerinnungs- und Fibrinolysesystems in der Leber gebildet werden, führen Leberfunktionsstörungen in Abhängigkeit ihres Schweregrades zu komplexen Gerinnungsstörungen. Eine Leberschädigung beeinträchtigt die Synthese der Vitamin-K-abhängigen Gerinnungsfaktoren II, VII, IX und X sowie Protein C und Protein S. Aus dem Abfall der Plasmaspiegel dieser Gerinnungsfaktoren können Rückschlüsse auf die Intensität der Leberschädigung und deren Verlauf gezogen werden (hierbei besitzen vor allem die Faktoren II und V eine besondere Indikatorfunktion für das Ausmaß der Leberzellschädigung, indem die Synthese dieser Faktoren II und V bei schwerwiegenden Leberschädigungen entscheidend beeinträchtigt wird). Bei schweren Leberparenchymschäden kommen Verminderungen der übrigen Gerinnungsfaktoren einschl. Antithrombin III hinzu.

Vitamin-K-Mangel. Bei einem Mangel an Vitamin K oder in Gegenwart von Vitamin-K-Antagonisten (orale Antikoagulantien vom Kumarin-Typ) erfolgt die Bildung der Faktoren II, VII, IX und X, aber auch von Protein C und von Protein S unvollständig ohne Einbau der Gamma-Carboxylgruppe in Glutaminsäuren am N-terminalen Ende der Peptidkette. Auch einzelne Antibiotika (Cephalosporine) können die Gamma-Carboxylierung stören. Bei der Applikation von Kumarinderivaten ist der therapeutische Bereich des Quick-Wertes von 20–30% zu beachten. Die Absenkung des Quick-Wertes auf < 15% führt zu einer medikamentös induzierten Blutungsneigung (vgl. Einleitung: Fall 1).

Koagulopathien können auch durch Inhibitoren des Gerinnungssystems verursacht werden

Hyperheparinämien. Eine symptomatische Heparinvermehrung findet man bei Urticaria pigmentosa (vermehrte Heparinproduktion durch Mastzellen). Therapeutisch beobachtet man während einer Thrombosebehandlung mit Heparin eine Heparinämie, wobei die Kontrolle der Heparinwirkung an Hand der Verlängerung der partiellen Thromboplastinzeit (PTT), aber auch an Hand der Hemmung des Faktors Xa erfolgen kann. Eine Blutungsneigung resultiert bei Heparinüberdosierung.

Während einer Heparintherapie können Heparin-induzierte Thrombozyten-Antikörper nachgewiesen werden. Diese führen weniger zu einer Blutungsneigung, sondern durch Thrombozytenzerfall zu einer gefürchteten Thromboseneigung. Becken-Beinvenenthrombosen und Lungenarterienembolien sowie Herzinfarkte und Schlaganfälle treten bei diesem Krankheitsbild der Heparin-induzierten Thrombozytopenie auf.

Immunkoagulopathien. Die Immunkoagulopathien werden durch Antikörper (IgG oder IgM) verursacht, die entweder einen Gerinnungsfaktor oder einen Rezeptor an der Thrombozytenmembran inaktivieren (neutralisierende Inhibitoren) oder mit dem Ablauf einer Phase der Gerinnung interferieren (interferierende Inhibitoren). Das Patientenplasma hemmt die Gerinnung von Normalplasma. Ein charakteristisches Beispiel für diese Gruppe der Immunkoagulopathien stellt die ***Hemmkörperhämophilie*** dar, wobei gegen Faktor VIII gerichtete Antikörper nachweisbar sind. In vergleichbarer Weise können gegen den von Willebrand-Faktor gerichtete Antikörper zu einem ***erworbenen von Willebrand-Syndrom*** führen.

Interferierende Inhibitoren (sog. Lupus-Antikoagulantien). Diese besonders beim Lupus erythematodes, aber auch bei anderen Autoimmunerkrankungen auftretenden Immunglobuline sind wahrscheinlich gegen verändert strukturierte Zellmembranphospholipide von Thrombozyten und von Endothelzellen gerichtet. Die veränderte Strukturierung der Zellmembranphospholipide wird induziert durch vorangegangene Schädigungen der Membranen durch Viren, Medikamente, Tumor-Nekrosefaktor usw. Diese Inhibitoren (Lupus-Antikoagulantien) interferieren in vitro mit den Gerinnungstests (es kommt zur Verlängerung der partiellen Thromboplastinzeit), verursachen aber nur selten Blutungen und häufiger arterielle oder venöse Thrombosen (durch antikörperinduzierte Endothelschädigungen) sowie Fehlgeburten.

Verbrauchskoagulopathien. Eine Verbrauchskoagulopathie ist durch das kombinierte Auftreten thrombotischer Prozesse und gleichzeitiger Blutungen charakterisiert.

Ausgedehnte thrombotische Prozesse, besonders auch ausgedehnte Mikrothrombosierungen im Bereich der Kapillarstrombahn, führen zu einem signifikanten Verbrauch von Gerinnungsfaktoren mit daraus resultierender Blutungsneigung. Die ursächlich vorhandene vermehrte Thrombinbildung im Blut kann bei diesem Krankheitsbild der Verbrauchskoagulopathie im Gerinnungslaboratorium durch den Nachweis der sog. Thrombin-Marker diagnostiziert werden [2,3].

Im Rahmen verschiedener auslösender Krankheitsprozesse (Tabelle 13.3) entsteht das Syndrom der Verbrauchskoagulopathie, das zu einer ***krankhaften Umsatzsteigerung von Gerinnungsfaktoren*** führt.

Durch eine disseminierte intravasale Aktivierung des Gerinnungssystems kann es zu einem throm-

Tabelle 13.3. Grunderkrankungen, die eine Verbrauchskoagulopathie auslösen können

- Sepsis, Bakteriämie, Virämie
- Verletzungen, Verbrennungen, Operationen
- Maligne Tumoren einschl. Leukämien
- Gynäkologische Komplikationen (Plazentastörungen, Fruchtwasserembolie)
- Fehltransfusionen
- Schlangenbisse
- Extrakorporale Zirkulation
- Biomaterialien

botischen Verschluß kleiner Gefäße in einzelnen oder mehreren Organen kommen, so daß Mikrozirkulationsstörungen, Organnekrosen, Schock und eine mikroangiopathische hämolytische Anämie induziert werden. Diese hämolytische Anämie entsteht im Bereich der Mikrothromben durch die dort vorhandenen Fibrinfäden, welche die Erythrozyten „zerschneiden oder zersägen„ können. Auf diese Weise resultiert eine mechanische Hämolyse. Akute Verlaufsformen der Verbrauchskoagulopathie gelangen zur Beobachtung bei Septikämie (s. Tabelle 13.3). Chronische Verlaufsformen finden sich bei metastasierenden Tumoren (durch Freisetzung von gerinnungsaktiven Substanzen aus Tumorzellen) [4].

! Erworbene plasmatische Gerinnungsstörungen beruhen auf Bildungsstörungen von Gerinnungsfaktoren, auf Hemmkörpern, die gegen Gerinnungsfaktoren gerichtet sind (z. B. Heparin oder immunologisch induzierte Gerinnungshemmkörper) sowie auf Umsatzsteigerungen von Gerinnungsfaktoren im Rahmen thrombotischer Prozesse (Verbrauchskoagulopathie).

13.5 Blutungsneigung durch Hyperfibrinolyse

Eine über die Norm verstärkte Aktivierung des Fibrinolysesystems führt zu einer Blutungsneigung: Ursächlich ist eine gesteigerte Freisetzung des Fibrinolyseaktivators, aber auch eine verminderte Aktivität von Fibrinolyse-Hemmkörpern in Betracht zu ziehen

Angeboren kommt eine gesteigerte Synthese des Fibrinolyseaktivators (Plasminogenaktivators) vor und kann lebenslang eine hämorrhagische Diathese der Betroffenen bewirken [10]. Erworbene Hyperfibrinolysen können bei chirurgischem Trauma, nach Hitzeschock oder Elektroschock auftreten. Die Hyperfibrinolyse beim metastasierenden Prostatakarzinom ist Folge der dabei auftretenden disseminierten intravaskulären Gerinnung (s. S. XX). Über die Aktivierung der Kontaktphase der Blutgerinnung wird auch das Fibrinolysesystem aktiviert, so daß eine Hyperfibrinolyse resultiert [2, 3, 4].

Die physiologische Bedeutung der Aktivierung der Fibrinolyse besteht in der Beseitigung von Fibrinablagerungen und von Thromben als sinnvolle Reaktion des Organismus, im Sinne eines Schutzmechanismus nach thrombotischen Ereignissen. Vor allem zur Beseitigung von Mikrothromben im Bereich der Mikrozirkulation, wie sie bei der disseminierten intravaskulären Gerinnung auftreten, ist diese reaktive Hyperfibrinolyse geeignet.

Eine verminderte Aktivität der Fibrinolyse-Inhibitoren kann ebenfalls zu einer Hyperfibrinolyse mit hämorrhagischer Diathese führen. So bewirkt beispielsweise ein angeborener Alpha$_2$-Plasmininhibitor-Mangel eine erhöhte Blutungsneigung.

Eine angeboren oder reaktiv bei thrombotischen Prozessen auftretende vermehrte Freisetzung von Fibrinolyseaktivator aus den Endothelzellen führt zur Hyperfibrinolyse. In gleicher Weise kann eine verminderte Aktivität der Fibrinolyse-Inhibitoren zu einer Hyperfibrinolyse mit Blutungsneigung führen.

13.6 Thromboseneigung

Bei der Thrombose handelt es sich um eine in einem Blutgefäß entstandene Gerinnselbildung, die nicht der Blutstillung nach einer Verletzung dient, sondern die Blutströmung in dem betroffenen Gefäß krankhaft behindert (Gerinnselbildung am falschen Ort)

Arterielle Thrombosen und Embolien sowie venöse Thrombosen und Embolien sind als Todesursachen von großer Bedeutung: 36 % der Todesfälle in der Bundesrepublik Deutschland werden durch einen Myokardinfarkt (Koronarthrombose) ausgelöst, 12 % der Todesfälle durch einen Schlaganfall (Thrombose einer Zerebralarterie), 1–2 % der Todesfälle durch eine Lungenarterienmbolie. Zirka 50 % der Todesfälle sind also auf Thromboembolien zurückzuführen!

Die ***Entstehung einer Thrombose*** ist von

- der Gefäßwand,
- den Komponenten des Blutes und
- der Blutströmung

abhängig ***(Virchow-Trias der Thromboseentstehung, 1856)*** (Abb. 13.5). Unter pathophysiologischen Gesichtspunkten sind folgende Entstehungsmechanismen venöser und arterieller Thrombosen von Bedeutung:

- vaskuläre,
- thrombozytäre,
- plasmatische (Hyperkoagulabilität),
- fibrinolytische (Hypofibrinolyse),
- rheologische (erhöhte Blutviskosität).

Vaskuläre Thromboseursachen. Vaskuläre und thrombozytäre Entstehungsfaktoren der Thrombosen treten häufig kombiniert auf. Der arteriosklerotische Gefäßwandprozeß beispielsweise mit seiner Schädigung des Endothels und Subendothels aktiviert die Blutplättchen, so daß sie vermehrt adhäsiv werden, ihre Inhaltsstoffe freisetzen und damit eine thrombotische Diathese induzieren können (s. Abb. 13.4). Ein im arteriellen Gefäßsystem entstandener Thrombus ist aus Thrombozyten und Fibrin aufgebaut und entsteht als Folge einer Interaktion von Thrombozyten und Gefäßwand (Subendothel, Kollagen) (s. Abb. 13.4). Ein im venösen Gefäßsystem entstandener Thrombus ist ein Fibrinthrombus (Vollblutgerinnsel, Erythrozyten enthaltend). Venenthrombosen entstehen im Bereich von Venenwandveränderungen (Beckenvenensporn, Varikosis), aber auch bedingt durch Hyperkoagulabilität und Hypofibrinolyse (s. unten).

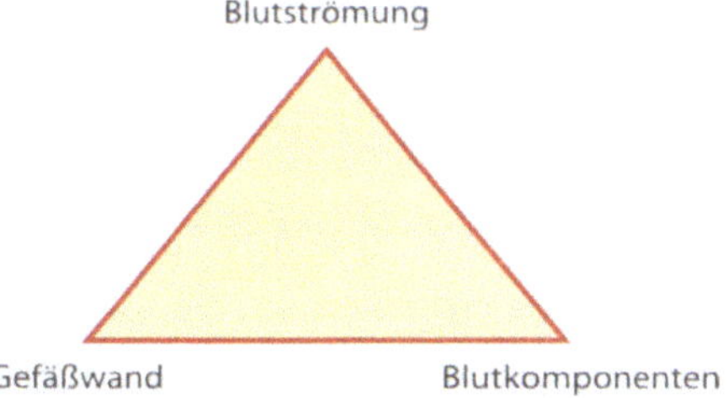

Abb. 13.5. Schematische Darstellung der Virchow-Trias der Thromboseentstehung

Entzündliche Gefäßwandveränderungen sind seltener als Ursache eines arteriellen Gefäßverschlusses zu finden, z. B. bei der Thrombendangiitis obliterans (Winiwarter-Bürger) und bei der Arteriitis temporalis, aber auch im venösen Bereich bei Entstehung einer Thrombophlebitis.

Thrombozytäre Thromboseursachen. Primäre Thrombozytosen bei myeloproliferativen Erkrankungen können eine Thromboseneigung induzieren. Aber auch Aktivierungen des Plättchensystems durch entzündliche (infektiöse, immunologische) Krankheitsbilder, welche das Gefäßendothel und -subendothel einbeziehen, können Thrombosen verursachen (s. Abb. 13.4).

Der ***Sonderfall*** einer Thrombozytenaktivierung bei der ***Heparin-assoziierten Thrombozytopenie***, bei der die dadurch induzierte Gerinnungsaktivierung zu venösen und arteriellen Thrombosen führt, wurde schon vorangehend beschrieben (s. S. XX) [7].

Über die durch Lupusantikoagulantien hervorgerufene Thromboseneigung wird auf S. XX berichtet (interferierende Inhibitoren bei Lupus erythematodes mit Gefäßwandaktivierung im Sinne einer Thromboseneigung).

Plasmatische Thromboseursachen. Erhöhte Plasmaspiegel des Fibrinogens und des von Willebrand-Faktors gelten als plasmatische Thromboseursache (Hyperkoagulabilität).

In gleicher Weise kann sich auch eine Hypofibrinolyse als Thromboseursache auswirken. Eine Hyperkoagulabilität (s. Abb. 13.3) im Sinne einer gesteigerten Thromboseneigung des arteriellen Gefäßsystems entsteht nach epidemiologischen Studien bei erhöhtem Fibrinogenspiegel im Plasma und bei erhöhtem Plasmaspiegel des von Willebrand-Faktors.

Im venösen System ist eine durch Kontrazeptiva hervorgerufene Erhöhung des Fibrinogenspiegels, der Faktor-VII-Aktivität und des Faktors XII im Sinne einer Hyperkoagulabilität und damit Thromboseneigung wirksam (Kontrazeptiva induzieren eine vermehrte hepatische Synthese der angeführten Gerinnungsfaktoren).

Thromboseneigung durch Hypofibrinolyse. Durch einen angeborenen Mangel an Gerinnungshemmkörpern kann eine familiäre Thromboseneigung entstehen. Normalerweise verhindern bestimmte Hemmkörper den Ablauf der plasmatischen Gerinnung, so daß eine erhöhte thrombotische Neigung (Hyperkoagulabilität) nicht eintritt. Bei einem Mangel an Gerinnungshemmkörpern, der angeboren oder erworben auftreten kann, entfällt diese pathophysiologisch wichtige Hemmung des Gerinnungssystems, so daß eine krankhafte Aktivierung der Gerinnung mit konsekutiver Thromboseneigung resultiert. Dabei handelt es sich um folgende Gerinnungshemmkörper [3]:

- Antithrombin III,
- Protein C,
- Protein S,
- Heparin-Kofaktor II.

Den Angriffspunkt der Hemmkörper im Gerinnungssystem zeigt die Abb. 13.6.

Eine Erhöhung der Plasmaspiegel von Fibrinolyse-Hemmkörpern bewirkt umgekehrt eine verstärkte Fibrinolysehemmung (Hypofibrinolyse) mit resultierender Thromboseneigung. Hierbei sind die aufgeführten Fibrinolyse-Hemmkörper zu beachten:

- Antithrombin III (hemmt Gerinnung und Fibrinolyse),
- Plasminogen-Aktivator-Inhibitor (PAI),
- α_2-Antiplasmin,
- α_2-Makroglobulin,
- α_1-Antitrypsin.

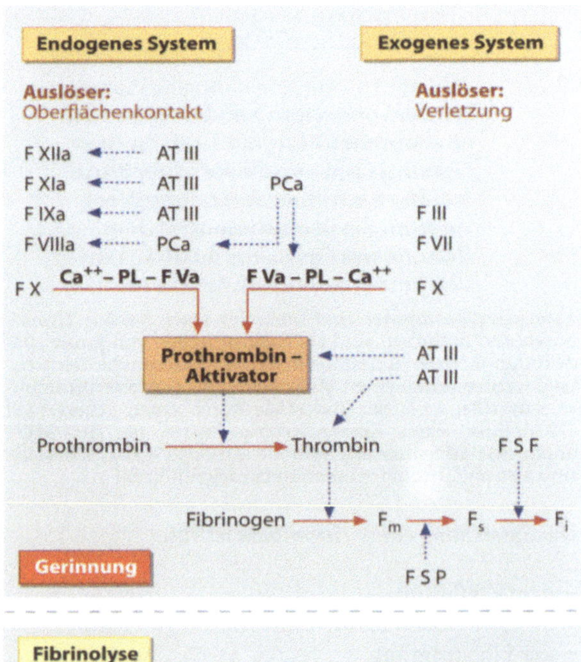

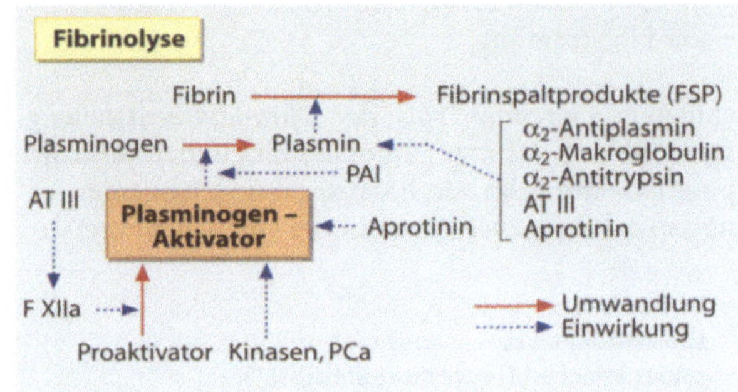

Abb. 13.6. Schema der Blutgerinnung und Fibrinolyse unter Berücksichtigung der Gerinnungs- und Fibrinolysehemmkörper. *AT III* = Antithrombin III, *FSP* = Fibrinspaltprodukte (Antithrombin VI), *PCa* = Aktiviertes Protein C. *PAI* = Plasminogen-Aktivator-Inhibitor (Nach Meyer 1993)

Ein Überschuß an Plasminogen-Aktivator-Inhibitor und an α_2-Plasmin-Inhibitor ist als Auslöser einer Hypofibrinolyse und damit als Thromboseursache besonders hervorzuheben.

Eine Mutation des Gerinnungsfaktors V hat als angeborene (familiäre) Thromboseursache zu gelten. Die Mutation des Faktors V wurde 1994 in Leiden (Holland) beschrieben und daher als Faktor-V-Leiden bezeichnet. Die durch Mutation hervorgerufene Strukturänderung des Faktors V führt zu einer Resistenz gegenüber seinem Hemmkörper, dem Protein C. Daher wird die Mutante Faktor-V-Leiden auch als Resistenz gegenüber aktiviertem Protein C charakterisiert (aktivierte Protein-C-Resistenz = APC-Resistenz).

Bei jüngeren Patienten im Alter unter 40 Jahren mit zunächst unerklärlichen und rezidivierenden venösen Thromboembolien wurde ein Faktor-V-Leiden bei 20–40 % der Fälle gefunden. Faktor-V-Leiden ist damit der am häufigsten mit einer venösen Thrombose assoziierte hereditäre Defekt und sollte bei ungeklärten Becken-Beinvenenthrombosen und Lungenarterienembolien immer analysiert werden.

Zu den plasmatisch bedingten Thromboseursachen zählt auch die Aktivierung des Gerinnungssystems durch vermehrte Freisetzung von Gewebsthromboplastin

Normalerweise reagiert bei Verletzungen aus dem Gewebe freigesetztes Gewebsthromboplastin mit dem Gerinnungsfaktor VII und setzt damit die Blutstillung über das exogene Gerinnungssystem in Gang. Dieser für die Blutstillung unverzichtbare physiologische Mechanismus kann bei verstärkter Gewebstraumatisierung, beispielsweise bei einem schweren Autounfall oder bei einer größeren Operation zu einer übermäßigen Gerinnungsaktivierung führen mit der Folge einer Thromboseneigung. Das Ausmaß der Gewebstraumatisierung bestimmt bei Operationen und bei Polytrauma die Freisetzung von Gewebsthromboplastin und die dadurch induzierte Gerinnungsaktivierung.

Malignome setzen ebenfalls gerinnungsaktives Material aus ihren Zellen frei, sog. Tumorzellen-Thromboplastine. Dadurch kommt eine erhöhte Thromboembolierate, besonders auch im venösen Bereich, zustande, wie sie bei Adenokarzinomen des Gastrointestinaltrakts und bei Bronchialkarzinomen beobachtet wird [4].

Angeborene Hypofibrinolyse kann eine Thromboseneigung auslösen. Familiäre Thrombosen durch Störungen im Fibrinolysesystem kommen vor bei:

- Plasminogenmangel,
- Plasminogen-Aktivator-Mangel,
- Plasminogen-Aktivator-Inhibitor-Überschuß,
- α_2-Plasmin-Inhibitor-Überschuß.

Die angeführten Fibrinolysedefekte können als angeborene Erkrankung auftreten. Erworbene Veränderungen der Plasmakonzentrationen der angeführten Fibrinolysefaktoren sind jedoch auch bei verschiedenen entzündlichen Erkrankungen möglich.

Bei manchen Formen der ***Dysfibrinogenämie*** kommt es zur Hypofibrinolyse, d.h. das gebildete Fibrin wird nicht ausreichend schnell lysiert, weil die Komponenten des Fibrinolysesystems wie Plasminogen und Plasminogen-Aktivator sich nicht normal an das Fibringerinnsel binden können.

Hämorheologische Ursachen der Thromboseentstehung. Erhöhte Plasma- und Vollblut-Viskosität sind Ursache sowohl arterieller als auch venöser Thrombosen. Die Viskosität des Blutes wird vor allem durch den Hämatokritwert (erhöht bei Polyglobulie, Polyzythämia vera), durch die Deformierbarkeit der Erythrozyten und durch die Fibrinogenkonzentration charakterisiert. Diuretikagabe, Durchfälle, verminderte Flüssigkeitszufuhr bewirken daher besonders bei älteren Menschen über die Erhöhung des Hämatokrits und die daraus resultierende erhöhte Viskosität des Blutes eine Thromboseneigung.

Weiterhin ist eine Verlangsamung der Blutströmung als Thromboseursache zu werten: Verlangsamungen der Blutströmung finden sich bei Herzinsuffizienz und bei bradykarden Herzrhythmusstörungen sowie bei längerer Bettlägerigkeit, bei längeren Autofahrten und Flugreisen (Reisethrombose).

! Bei der Entstehung von Thrombosen müssen vaskuläre, plasmatische und thrombozytäre Ursachen unterschieden werden. Durch Hypofibrinolyse ausgelöste Thrombosen finden sich vor allem im Venensystem. Eine erhöhte Blutviskosität kann arterielle und venöse Thrombosen begünstigen. Ein angeborener Mangel oder eine angeborene Fehlfunktion von Gerinnungshemmkörpern stellen den Spezialfall einer familiären Thromboseneigung dar.

13.7 Literatur

1. Begemann H, Rastetter J (1993) Klinische Hämatologie. Thieme, Stuttgart New York
2. Bruhn HD, Deutsch E (1996) Störungen der Hämostase und hämorrhagische Diathesen. In: Gross R, Schölmerich P, Gerok W (Hrsg) Die Innere Medizin, 9. Auflage. Schattauer, Stuttgart
3. Bruhn HD, Zurborn KH (1995) Thrombophilie und Thrombosen. In: Kuse R (Hrsg) Hämatologie für Praxis und Klinik. Fischer, Stuttgart New York
4. Bruhn HD, Zurborn KH (1996) Veränderungen des Hämostasesystems bei malignen Erkrankungen und deren klinische Bedeutung. In: Spanuth E (Hrsg) Malignome und Hämostase. Springer, Berlin Heidelberg New York
5. Bruhn HD (1996) Niedrig dosiertes Heparin, 8. Auflage. Schattauer, Stuttgart
6. Colman RW et al. (1987) Thrombosis and hemostasis, 2nd ed. Lippincott, Philadelphia
7. Greinacher A, Eichler P (1995) Die Heparin-assoziierte Thrombozytopenie: Immunologische Aspekte. Hämostaseologie 3/95, FK Schattauer, Stuttgart
8. Huhmann I, Lechner K (1996) Spontane Faktor-VIII-Inhibitoren. Hämostaseologie 3/96 FK, Schattauer, Stuttgart New York
9. Meyer JG (1993) Blutgerinnung und Fibrinolyse. Deutscher Ärzteverlag, Köln

10. Müller-Berghaus G (1991) Allgemeine Pathophysiologie des Hämostasesystems. In: Hierholzer K, Schmidt RF (Hrsg) Pathophysiologie des Menschen. VCH Verlagsgesellschaft, Weinheim
11. Virchow R (1856) Gesammelte Abhandlungen zur wissenschaftlichen Medicin. Meidinger Sohn, Frankfurt, pp. 219–220

Pathophysiologie der Lunge

C. Kroegel, M. Mohorn, P. R. Grahmann

EINLEITUNG

Fall 1. Eine 52jährige Patientin wurde in den vergangenen 12 Monaten wiederholt bewußtlos und zyanotisch aufgefunden. Sie wurde jeweils unter dem Verdacht auf eine Herz-Kreislauferkrankung intubiert und intensivmedizinisch versorgt. Bis auf eine ausgeprägte respiratorische Globalinsuffizienz und Kyphoskoliose fanden sich keine Hinweise für eine manifeste Erkrankung. Auch das Vorliegen eines Myokardinfarktes oder einer anderen Herz-Kreislauferkrankung konnte wiederholt ausgeschlossen werden. Unter kontrollierter maschineller Beatmung erholte sich die Patientin in 24 Stunden vollständig und konnte wieder entlassen werden. Die Patientin war während ihres ganzen Lebens gesund. Die Kyphoskoliose hatte sich als Folge einer Poliomyelitis in der Kindheit entwickelt.
Bei dieser Patientin handelt es sich um ein Post-Poliomyelitis-Syndrom (PPS). Die sich im Rahmen dieser Erkrankung ausbildende Kyphoskoliose führt zu einer Thoraxdeformation, die die physiologische Atemmechanik beeinträchtigt. Dabei ändert sich z. B. der Winkel der interkostalen und akzessorischen Atemmuskulatur, so daß es zunächst zu einer muskulären Mehrarbeit und als Folge dessen zu einer Erschöpfung der Atemmuskulatur mit Abnahme der alveolären Ventilation, einer respiratorischen Globalinsuffizienz und ggf. einem hypoxämischen Bewußseinsverlust kommt. Die Skoliose führt außerdem zu einem vikariierenden Emphysem, das die pulmonale Funktion zusätzlich beeinträchtigt. Schließlich dürfte auch eine Myelitis-assoziierte nervale Erregungsleitungsstörung an der Pathogenese beteiligt sein.
Fall 2. Eine 37 Jahre alte Frau wurde wegen der Expektoration einer kleineren Menge hellroten Blutes auf dem Weg von der Arbeitsstätte nach Hause stationär aufgenommen. Sie war niemals ernsthaft erkrankt und rauchte seit 15 Jahren etwa 20 Zigaretten pro Tag. Auf Befragen gab sie an, daß sie schneller atemlos werde als ihre gleichaltrigen Bekannten. Bei Aufnahme fanden sich Teleangiektasien auf der Ober- und Unterlippe sowie an den Fingerkuppen. Zudem bestanden klinisch Zeichen einer geringgradigen Zyanose. Die Untersuchungen von Herz und Lunge waren jedoch normal. Auch die Lungenfunktion war vollkommen unauffällig. Die Hämoglobin-Konzentration lag im oberen Normbereich, und der Hämatokrit-Wert war mit 52 % leicht erhöht. Alle übrigen Laborparameter waren normal. Die Blutgase zeigten eine respiratorische Partialinsuffizienz, die auch unter einer 10minütigen Inhalation von 100 %igem Sauerstoff sich nicht signifikant änderte. Die anschließend durchgeführte Pulmonalis-Angiographie ergab multiple Malformationen in allen Lungenabschnitten und bestätigte die Verdachtsdiagnose eines Morbus Osler-Weber-Rendu. Typisch für diese hereditäre Erkrankung sind arterio-venöse Shunts. Dabei mischt sich O_2-ungesättigtes mit O_2-gesättigtem Blut aus den übrigen Lungenbereichen, was zu einer reduzierten Sättigung des Mischblutes mit Sauerstoff führt. Entsprechend führt auch eine 10minütige Inhalation mit 100 %-igem Sauerstoff zu einem inadäquaten Anstieg des O_2-Partialdrucks.

Die Lunge ist ein Organ mit verschiedensten Funktionen. Sie ist in der Lage, bestimmte Verbindungen zu metabolisieren, kann toxische Substanzen aus der Zirkulation filtern und bildet ein Blutreservoir. Ihre wichtigste Funktion besteht jedoch im Austausch der Atemgase Sauerstoff und Kohlendioxid. Hierfür besteht eine optimale Abstimmung zwischen Ventilation, ventilatorischer Verteilung, Diffusion, Perfusion und der Atemregulation. Einzelne oder mehrere dieser Funktionen können gestört sein.

14.1 Zentrale Atemregulation

Die Atmung wird durch Impulse des zentralen Nervensystems gesteuert. Darüber hinaus sorgen zentrale und periphere Kontrollmechanismen für die Aufrechterhaltung der ventilatorischen Homöostase

Die Anpassung erfolgt durch eine Veränderung

- des Atemzugvolumens,
- der Atemfrequenz sowie
- der Koordination des peripheren Atemapparates *(thorakale und **abdominelle Atmung**)*.

Dabei werden diese Mechanismen in der Regel sequentiell eingesetzt. So wird beispielsweise die kompensatorische Steigerung der Ventilation bei erhöhtem $PaCO_2$ und erniedrigtem Blut-pH-Wert zunächst durch Vergrößerung des Atemzugvolumens und erst dann über eine Frequenzsteigerung korrigiert.

Zentralnervöse Zentren in der Medulla oblongata vermitteln die Atemimpulse

Das Atemzentrum liegt in der Medulla oblongata und verarbeitet Impulse, die von der Hirnrinde, den Mechanorezeptoren der Lunge, den Atemwegen und der Brustwand, den peripheren und zentralen Chemorezeptoren sowie den propriorezeptiven Rezeptoren der Atemmuskulatur stammen. Es besteht aus zwei Ansammlungen von Neuronen, der ***dorsalen respiratorischen Gruppe*** (DRG) und der ***ventralen respiratorischen Gruppe*** (VRG) [12]. Impulse aus diesen beiden zentralnervösen Gebieten vermitteln eine motorische Atemreaktion, wobei Ausläufer der DRG im Diaphragma und Ausläufer der VRG in den auxiliären Atemmuskeln (Atemhilfsmuskeln, wie z.B. Mm. trapezius, pectoralis oder sternocleidomastoideus) enden.

Darüber hinaus stehen DRG und VRG unter der Kontrolle höherer zentralnervöser Zentren. So sorgen Impulse aus der Pons für eine Harmonisierung der Atembewegung, während bewußtere oder willkürlichere Verhaltensmuster mittels Impulsen aus dem zerebralen Kortex die motorische Atembewegung überformen.

Zentrale und periphere Chemosensoren optimieren die Atemaktivität

Sowohl Chemo- als auch Mechanorezeptoren ermitteln Veränderungen, die eine Anpassung der Atemaktivität auslösen, um die ventilatorische Homöostase aufrechtzuerhalten. ***Zentrale Chemorezeptoren*** sind im ventrolateralen Abschnitt der Medulla lokalisiert. Sie reagieren auf Änderungen der PO_2- und Protonenkonzentration der extrazellulären Flüssigkeit des intrazerebralen Interstitiums [8]. Bei einer respiratorischen Azidose führt die erhöhte CO_2-Konzentration nach Diffusion durch die Blut-Hirnschranke zu einem Anstieg der CO_2- und Protonenkonzentration in der Umgebung der zentralen Chemorezeptoren und verursacht einen linearen Anstieg der Atemexkursionen und damit der Ventilation. Die Änderung der arteriellen PCO_2-Konzentration erzeugt, verglichen mit anderen Faktoren, den stärksten ventilatorischen Impuls des zentralen Atemzentrums.

Periphere Chemorezeptoren einschließlich der Karotidkörperchen im Bereich der Bifurkation der Arteria carotis bestehen aus einer Gruppe von Zellen, die Änderungen des PaO_2 erkennen. Zu diesen Zellen gehören ***Glomuszellen***, die Neurotransmittersubstanzen (Dopamin, Serotonin) freisetzen sowie ***sustentakuläre Stützzellen***, die Ähnlichkeiten mit den Gliazellen des ZNS aufweisen. Glomuszellen reagieren auf eine Hypoxämie und senden afferente Impulse über den Ramus sinus carotici des Nervus glossopharyngeus zur DRG. Eine Stimulierung der Atemmuskulatur erfolgt erst bei einer Hypoxämie von weniger als 60 mmHg, während Änderungen des $PaCO_2$ keinen größeren Einfluß auf das ***Glomus caroticum*** besitzen.

Afferente Impulse von Mechanorezeptoren der Lunge und der Thoraxwandmuskulatur versorgen respiratorische Motoneuronen mit Informationen sowohl über den mechanischen Status der ventilatorischen Pumpe als auch über den Kontraktionszustand der Atemmuskulatur

Neben den zentralen und peripheren Chemorezeptoren vermitteln auch im Lungenparenchym, den Atemmuskeln und oberen Atemwegen lokalisierte ***Mechanorezeptoren*** wichtige sensorische Informationen für die ventilatorische Homöostase [9]. Langsam-adaptierende Dehnungsrezeptoren befinden sich in den glatten Muskelzellen der Atemwege, und ihre Stimulation ist an der Terminierung der Inspiration beteiligt [7,21]. Raschadaptierende Dehnungsrezeptoren ***(Irritant-Rezeptoren)*** liegen zwischen den Atemwegsepithelzellen, reagieren auf die Inhalation von Umweltnoxen und vermitteln Husten, Tachypnoe und Bronchospasmus. C-Fasern sind sowohl in den Atemwegen, im Lungenparenchym und in den pulmonalen Blutgefäßen lokalisert. Sie exprimieren den J-Rezeptor, dessen Stimulation z. B. im Rahmen eines Lungenödems zu einer tachypnoeischen flachen Atmung mit Dyspnoe führt. Rezeptoren in den oberen Atemwegen verursachen nach Stimulation Niesen, Husten und aktivieren die Muskulatur der oberen sowie unteren Atemwege im Sinne einer Obstruktion.

Bevorzugt in der auxiliären und weniger in der diaphragmalen Atemmuskulatur lokalisierte Muskelspindeln sind ebenfalls an der Regulation der Atmung beteiligt. Schließlich können auch periphere afferente Impulse aus den Muskelspindeln der quergestreiften Muskulatur der Extremitäten und aus den Gelenken zu einer Steigerung der Ventilation, z. B. bei körperlicher Anstrengung, beitragen.

Die genannten verschiedenen Regelsyteme sorgen unter physiologischen Bedingungen für die Aufrechterhaltung der ventilatorischen Homöostase. Die Störung einer oder mehrerer der beteiligten Komponenten kann aber die Atemfunktion empfindlich beeinträchtigen und führt in den meisten Fällen zu einer respiratorischen Ateminsuffizienz.

Die Signale von peripheren Chemo- und Mechanorezeptoren erlauben dem zentralnervösen Atemzentrum, die Effektivität der an die respiratorische Muskulatur vermittelten Befehle zu prüfen. Eine Dissoziation zwischen den efferenten Signalen einerseits und den afferenten Impulsen andererseits führt zur Dyspnoe ***(neuro-mechanische Dissoziation)*** [16]. Unter ***Dyspnoe*** versteht man allgemein eine subjektive Empfindung von Atemunbehagen, das aus qualitativ und quantitativ unterschiedlichen Sensationen besteht [13].

Der über die zentralen Chemorezeptoren vermittelte Atemantrieb und seine Regulation können in vielfältiger Weise gestört werden. Bei chronischer Hypoxämie und Hyperkapnie, wie z. B. beim Lungenemphysem, ist die Reizschwelle des Atemzentrums für CO_2 erhöht. Der Grund hierfür ist die zur Pufferung der Azidose erhöhte Bikarbonatkonzentration, die den Protonenanstieg um die zentralen Chemorezeptoren vermindert [5].

Hierdurch gewinnen die von peripheren Chemorezeptoren vermittelten atemregulatorischen Signale an Bedeutung. Da diese in erster Linie auf einen erniedrigten O_2-Partialdruck im arteriellen Blut reagieren, kann die Gabe von Sauerstoff bei dieser Erkrankung das Ansprechen der Chemorezeptoren verzögern [7]. In einer solchen Situation verhindert der ausbleibende Atemanreiz die kompensatorische motorische Anpassung der Atemexkursionen, mit einem weiteren Anstieg des arteriellen PCO_2 evtl. bis zur Bewußtlosigkeit bei fehlender Zyanose.

Die Aktivität des zentralen Atemzentrums kann aber auch durch bestimmte Pharmaka und andere Faktoren verändert werden. So setzen beispielsweise Morphium und Barbiturate dessen Aktivität herab, während diese durch Salizylsäure, Theophyllin oder Almitrin gesteigert wird. Fieber erhöht die Ansprechbarkeit der Regulationszentren auf CO_2, wodurch sich u. a. die gesteigerte Ventilation bei fieberhaften Erkrankungen erklären läßt. Schließlich haben neurologische Erkrankungen des Groß- und Zwischenhirns (z. B. bei Enzephalitis und sonstigen zerebralen Prozessen) Einfluß auf die zentrale Atemregulation. Ein Beispiel dafür bilden bestimmte ***Hypoventilationssyndrome***, auf die noch genauer eingegangen wird (s. unten). Aber auch stimulierende Impulse kortikalen Ursprungs werden bei stärkeren emotionalen Reizen ausgelöst und führen typischerweise bis zur ***Hyperventilation*** (z. B. Hyperventilationstetanie).

Wie oben dargestellt wurde, spielt die blutchemische Regulation des Atemzentrums durch die CO_2-Konzentration mit Veränderungen der Protonenkonzentration im arteriellen Blut eine Rolle. Aus diesem Grund führt die metabolische Azidose mit einer erhöhten Protonenkonzentration, wie z. B. im Coma diabeticum, zu einem großen Atemminutenvolumen mit regelmäßigen, tiefen Atemzügen ***(Kussmaul-Atmung)***.

Zu den bekanntesten, auf einer zentralen Atemregulationsstörung beruhenden Erkrankungen gehören das zentrale Schlafapnoesyndrom, die zentrale alveoläre Hypoventilation, mit Obesitas assoziierte Erkrankungen einschließlich des Pickwick-Syndroms sowie verschiedene pathologische Atmungstypen

Die ***primäre alveoläre Hypoventilation*** (PAH) ist eine seltene Erkrankung, die vor allem männliche Kinder und Jugendliche betrifft [7]. Sie ist durch eine Hyperkapnie und Hypoxämie ohne erkennbare muskuläre, neuromuskuläre, thorakale oder parenchymatöse Grunderkrankung definiert. Klinisch stellt sich die PAH durch Tagesmüdigkeit, Schlafstörungen und morgendliche Kopfschmerzen dar. Ein sekundäres Cor pulmonale mit Rechtsherzhypertrophie und Rechtsherzinsuffizienz findet sich nach längerer Erkrankung. Die pathophysiologische Störung geht vermutlich auf eine gestörte Verarbeitung zentraler und peripherer Afferenzen zurück.

Die PAH wird von der ***zentralen alveolären Hypoventilation*** (CAH) abgegrenzt, bei der eine zentrale neurologische Erkrankung ursächlich verantwortlich gemacht werden kann. Hierzu gehören das Shy-Drager-Syndrom, die Meningitis oder Enzephalitis, die multiple Sklerose sowie primäre Hirnstammläsionen durch Infarkt oder Tumor.

Die ***Cheyne-Stokes-Atmung*** ist durch langsam an- und abschwellende Atemexkursionen mit Apnoe gekennzeichnet (Abb. 14.1). Dieser Atmungstyp wird häufig bei Patienten mit kortikalen Schädigungen angetroffen, so daß die Ursache der Erkrankung u. a. auf einen Verlust an willkürlichen Impulsen des kortikalen Kontrollsystems zurückgeht. Als weitere Ursache wird aber auch eine Zunahme der Sensitivität der zentralen Atemzentren gegenüber CO_2, z. B. bei Patienten mit chronischer Herzinsuffizienz, vermutet.

Etwa 40 % dieser Patienten mit einer kardialen Ejektionsfraktion < 40 % zeigen eine Cheyne-Stokes-Atmung. Klinisch imponiert die Erkrankung mit übermäßiger Tagesmüdigkeit, paradoxer nokturnaler Dyspnoe, Insomnie und Schnarchen. Ein letzter, derzeit diskutierter Pathomechanismus der Cheyne-Stokes-Atmung wird mit der verminderten CO_2 und O_2-Speicherung bei Patienten mit chronischer Herzinsuffizienz in Verbindung gebracht ***(„Underdampening")*** [7]. Dieser niedrige Gasgehalt verursacht aufgrund einer eingeschränkten Pufferkapazität unregelmäßige überschießende Veränderungen des PaO_2 und $PaCO_2$ bereits bei leichten vorübergehenden Änderungen der Ventilation. Unabhängig von dem zugrunde liegenden Mechanismus liegt die Letalität der chronisch herzinsuffizienten Patienten mit Cheyne-Stokes-Atmung deutlich über der von Patienten ohne Atemregulationsstörung.

Im Gegensatz zur Cheyne-Stokes-Atmung ist die ***Biot-Atmung*** (s. Abb. 14.1) durch tiefe, gleichgroße Atemzüge, die von Apnoeperioden unterbrochen werden, charakterisiert. Man nimmt an, daß dieser Atmungstyp auf einer Störung des Sauerstoff-gesteuerten Atemantriebs beruht.

Beim ***Obesity Hypoventilation Syndrome*** (OHS) liegt neben der atemmechanischen Störung durch die bestehende Adipositas (Verminderung der thorakalen und parenchymalen Compliance, Schwäche der Atemmuskulatur sowie gesteigerte Atemarbeit) auch eine zentrale atemregulatorische Störung vor. Diese Schlußfolgerung basiert auf Untersuchungen, die eine verminderte Reagibilität des zentralen Atemzentrums nachwiesen [7]. Das spontane Einschlafen in liegender oder sitzender Körperhaltung mit langen apnoeischen Pausen und alveolärer Hypoventilation läßt sich in einigen Fällen durch zentral wirkende Atemstimulantien oder leichte körperliche Arbeit beseitigen.

Patienten mit OHS besitzen eine Neigung zu obstruktiven Apnoen im Sinne eines ***obstruktiven Schlafapnoe-Syndroms*** (OSA), das die vorbestehende Hypoxämie und Hyperkapnie noch verstärkt [11]. Die Kombination beider Erkrankungen wird allgemein als ***Pickwick-Syndrom*** bezeichnet und erklärt die Tagesmüdigkeit der Patienten mit OHS und die morgendlichen Beschwerden der Patienten mit OSA.

Im Gegensatz zur obstruktiven Schlafapnoe versteht man unter dem ***zentralen Schlafapnoe-Syndrom*** eine Erkrankung zentralnervöser Bereiche, bei der der Einfluß des Großhirns auf das Atemzentrum abnimmt und es zu einer pathologischen Häufung von Hypo- oder Apnoephasen mit unterschiedlich ausgeprägter O_2-Entsättigung kommt. Der Atemantrieb erfolgt erst nach einem kritischen Anstieg des $PaCO_2$ über die Chemorezeptoren des Atemzentrums [1]. Häufiger tritt die Erkrankung nach apoplektischen Insulten oder im Rahmen einer Herzinsuffizienz auf [7]. Allerdings ist der zentrale Defekt der Atemregulation nicht immer erkennbar (idiopathische Formen).

Die Atmung wird in erster Linie vom Atemzentrum im zentralen Nervensystem gesteuert. Die Intensität der zentralnervösen Impulse wird jedoch von verschiedenen peripheren Kontrollzentren beeinflußt. Hierzu gehören die peripheren Chemosensoren und Mechanorezeptoren. Die Dissoziation zwischen efferenten Impulsen des Atemzentrums und afferenten Feedback-Informationen (neuro-muskuläre Dissoziation) liegt der subjektiven Empfindung einer Dyspnoe zugrunde. Darüber hinaus wird die Funktion des Atemzentrums durch genetische und neurologische Krankheiten sowie durch bestimmte Medikamente primär gestört. Die Kombination von Adipositas und zentraler Atemstörung führt zum Obesity Hypoventilation-Syndrome. Tritt zusätzlich eine obstruktive Schlafapnoe hinzu, spricht man vom Pickwick-Syndrom. Die Schlafapnoe kann seltener auch isoliert zentral bedingt sein.

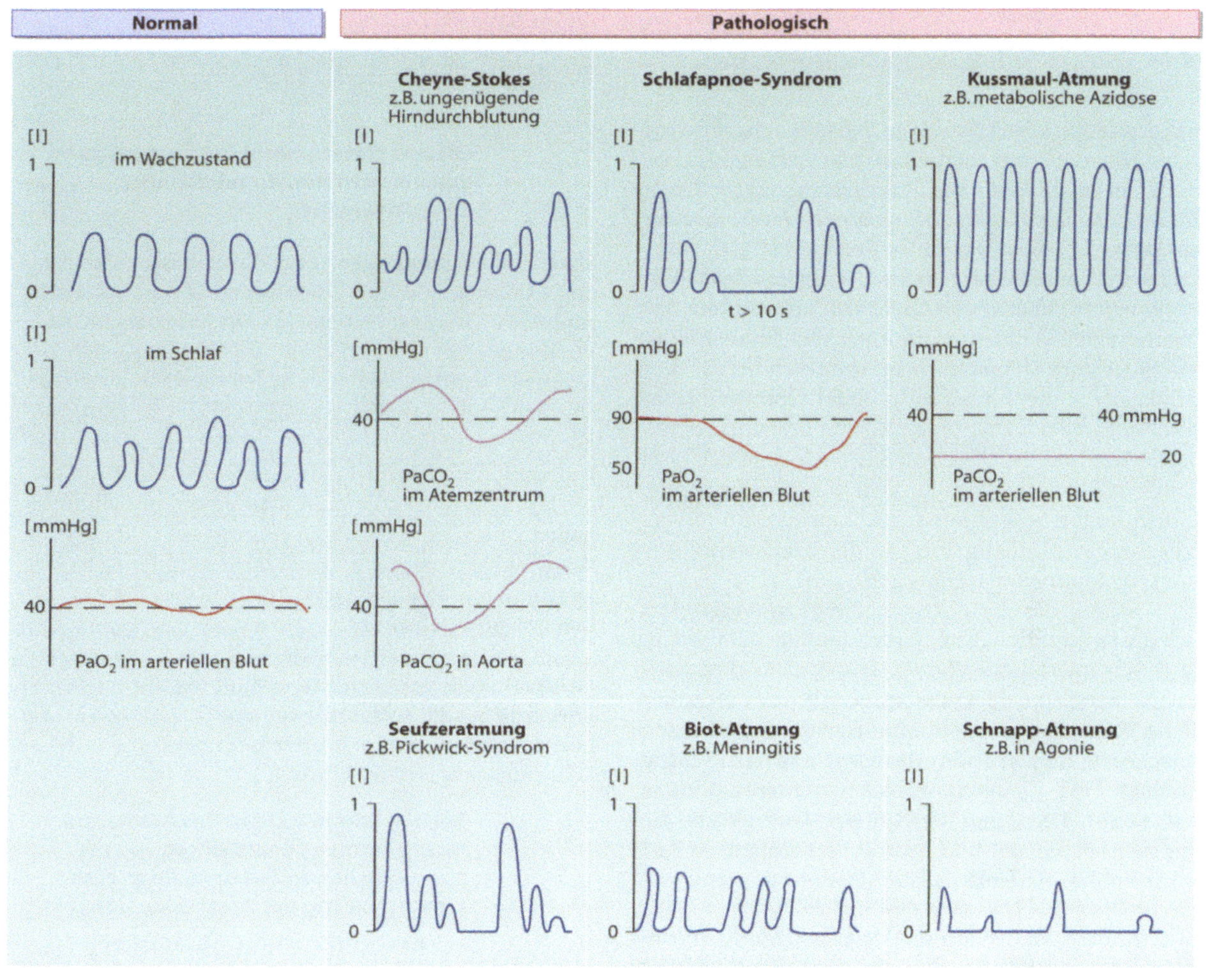

Abb. 14.1. Physiologischer Atemrhythmus und pathologische Atemtypen bei normaler bzw. gestörter Funktion des Atemzentrums. Die unterbrochene Linie gibt jeweils den Normwert des PaO_2 bzw. $PaCO_2$ an. t=Zeit

14.2 Mechanik des Atemapparates

Die Bewegung des Atemapparates zielt auf die optimale Ventilation durch Volumenänderung der Lunge infolge einer aktiven Ausdehnung des Thorax. Hieran beteiligt sind die muskulären und knöchernen Teile des Brust- und Bauchraumes [8,21]

Die Funktion des Atemapparates wird durch den Strömungs- und Trägheitswiderstand von Atemgasen und die Lungenelastizität ***(Compliance)*** beeinflußt. Hierzu ist eine definierte Menge an Atemarbeit erforderlich. Der Atemapparat paßt sich unter dem Einfluß zentraler und peripherer Atemregulationsmechanismen an die jeweils bestehenden pathophysiologischen Veränderungen an (s. 14.1).

Die Inspiration wird in erster Linie durch die Kontraktion des Diaphragmas und der Interkostalmuskulatur vermittelt

Die Inspiration wird sowohl durch das Diaphragma als auch durch die Interkostalmuskulatur ermöglicht. Dabei ist der effektivste, den Thoraxraum vergrößernde Muskel das Diaphragma, das von den Nervi phrenici aus dem 3., 4. und 5. zervikalen Segment (C3–C5) versorgt wird. Durch Kontraktion bewegt sich das Diaphragma nach kaudal und flacht sich ab, wodurch das intrathorakale Volumen zunimmt. Unter Ruheatmung bewegt sich das Diaphragma im Durchschnitt ca. 1 cm nach kaudal. Unter forcierter In- und Exspiration kann diese Senkung des Diaphragmas aber bis zu 10 cm betragen. Wird die Atmung von der Bewegung des Diaphragmas bestimmt, spricht man von ***Bauchatmung***, da die hierdurch resultierende Kompression und Verlagerung der Abdominalorgane die Bauchwand vorwölbt ***(abdomineller Atmungstyp)***.

Neben der Diaphragmabewegung vergrößert auch die Kontraktion der externen Interkostalmuskeln, die durch interkostale Nerven aus dem Rückenmark des gleichen Segmentes versorgt werden, das intrathorakale Volumen [11]. Diese Muskelgruppen verbinden benachbarte Rippen und verlaufen schräg nach ventral gerichtet zur jeweils nächsten unteren Rippe (Abb. 14.2 a). Hierdurch werden bei Kontraktion die Rippen nach kranial und ventral verschoben, so daß sich sowohl der laterale als auch der anterio-posteriore Durchmesser des Thorax vergrößert.

Andere, an der Atmung beteiligte Muskeln ***(auxiliäre Atemmuskulatur)*** sind der ***M. scalenus*** und der ***M. sternocleidomastoideus*** sowie kleinere Muskeln an Hals und Kopf. Auch diese Muskeln bewirken eine Anhebung der Rippen mit Vergrößerung des intrathorakalen Raumes. Diese gewinnen aber nur unter körperlicher Belastung oder bei respiratorischer Insuffizienz ***(Dyspnoe)*** atemmechanische Relevanz.

Die Exspiration beruht vorwiegend auf einer elastischen Retraktion des Lungengewebes

Unter Ruhebedingungen sorgt die elastische Retraktion der Lunge und der Thoraxwand für die Rückführung des Thoraxvolumens in die Ausgangsposition. Während einer körperlichen Anstrengung oder bewußten Hyperventilation werden hierbei zusätzlich aber auch abdominelle Muskelgruppen ***(M. rectus abdominis, M. obliquus internus*** *und* ***externus*** sowie ***M. transversus abdominis)*** aktiviert. Die Kontraktion dieser Muskeln führt zu einem Anstieg des intraabdominellen Drucks und damit zu einer passiven Bewegung des Diaphragmas nach kranial. Diese Muskelgruppen kontrahieren ebenfalls sehr kraftvoll bei Husten, Erbrechen und Defäkation.

Darüber hinaus assistieren die internen Interkostalmuskeln der aktiven Exspiration durch eine kaudal und einwärts gerichtete Bewegung (s. Abb. 14.2 a). Sie besitzen damit eine den externen interkostalen Muskeln entgegengesetzte Wirkung.

Bei den Erkrankungen des Atemapparates kommt es unabhängig von der zugrunde liegenden Ursache zu einer Einschränkung der Atemexkursion [11]

Die Ursachen hierfür gehen beispielsweise auf ***neuromuskuläre, diaphragmale*** oder ***knöcherne Krankheiten*** zurück (Abb. 14.2 b).

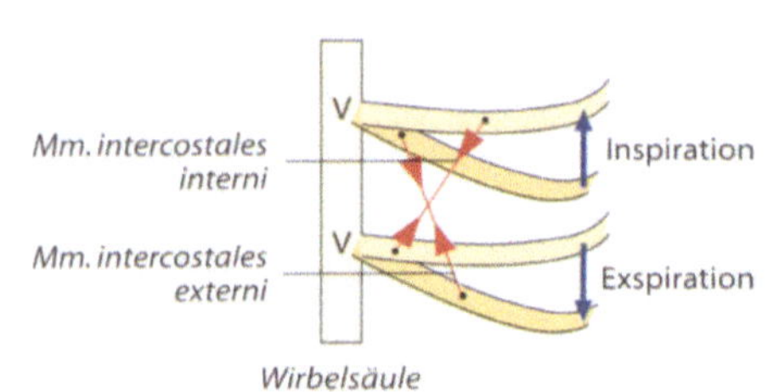

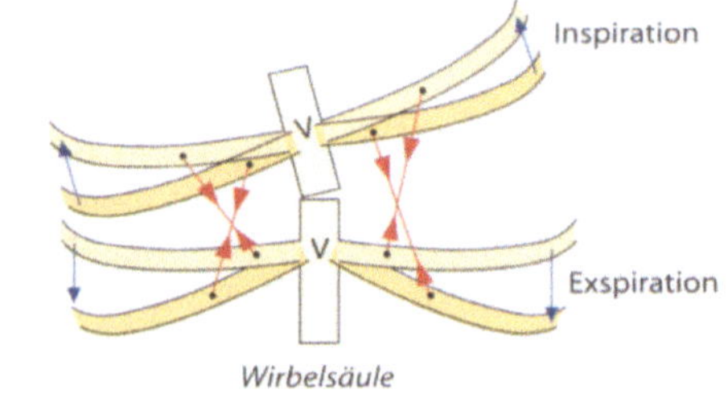

Abb. 14.2 a, b. Atemmechanik bei Gesunden **(a)** und Patienten mit Thoraxdeformation **(b)**. Durch die Fehlstellung der Rippen (z. B. bei Kyphoskoliose) kommt es sowohl zur räumlichen Beeinträchtigung der Thoraxexkursion *(blaue Pfeile)* als auch zum Effizienzverlust der Interkostalmuskulatur *(rote Pfeile)*. Letzterer beruht auf einer Atrophie und einer inoptimalen Kontraktionsrichtung der Interkostalmuskulatur

Zu den hieraus sich ergebenden pathophysiologischen Veränderungen der Erkrankungen des Atemapparates gehören

- eine restriktive Ventilationsstörung mit Abnahme der Vitalkapazität und
- ein Perfusions/Ventilations-Mißverhältnis.

Die Restriktion führt zu einer Verminderung des maximalen Atemminutenvolumens mit mehr oder weniger stark ausgeprägten Blutgasveränderungen im Sinne einer ***Hypoxämie.*** Zusätzlich verstärken die Bereiche mit gestörtem Ventilations/Perfusions-Verhältnis die Hypoxämie (Abb. 14.3).

Je nach Schweregrad der zugrunde liegenden Erkrankung des Atemapparates entwickelt sich zunächst eine Hypoxämie ***(respiratorische Partialinsuffizienz)*** und später zusätzlich eine Hyperkapnie ***(respiratorische Globalinsuffizienz).*** In beiden Fällen kann es zu einer Gewebehypoxämie mit lokaler Azidose kommen, die ihrerseits die Funktion der Atemmuskulatur schwächt. Hierdurch entwickelt sich ein Circulus vitiosus, der bis zur respiratorischen Insuffizienz mit Bewußtlosigkeit führen kann (siehe Kasuistik 1). Die pathophysiologischen Zusammenhänge bei Erkrankungen des Atemapparates sind in Abb. 14.3 zusammengefaßt.

Eine Paralyse der Interkostalmuskulatur beeinflußt aufgrund der mechanischen Dominanz des Diaphragmas die Atmung nur wenig ***(abdomineller Atmungstyp).*** Dominiert dagegen die Interkostalmuskulatur die Atmung (z. B. bei Phrenicus-Parese, Aszites, Adipositas, Gravidität), spricht man von Brustatmung ***(kostaler Atmungstyp).*** In der Regel sind jedoch beide Atmungsformen kombiniert [21]. Ist die nervale Versorgung des Diaphragmas gestört, wie z. B. bei einer ***Phrenikusparese*** infolge eines Traumas, einer Polio-

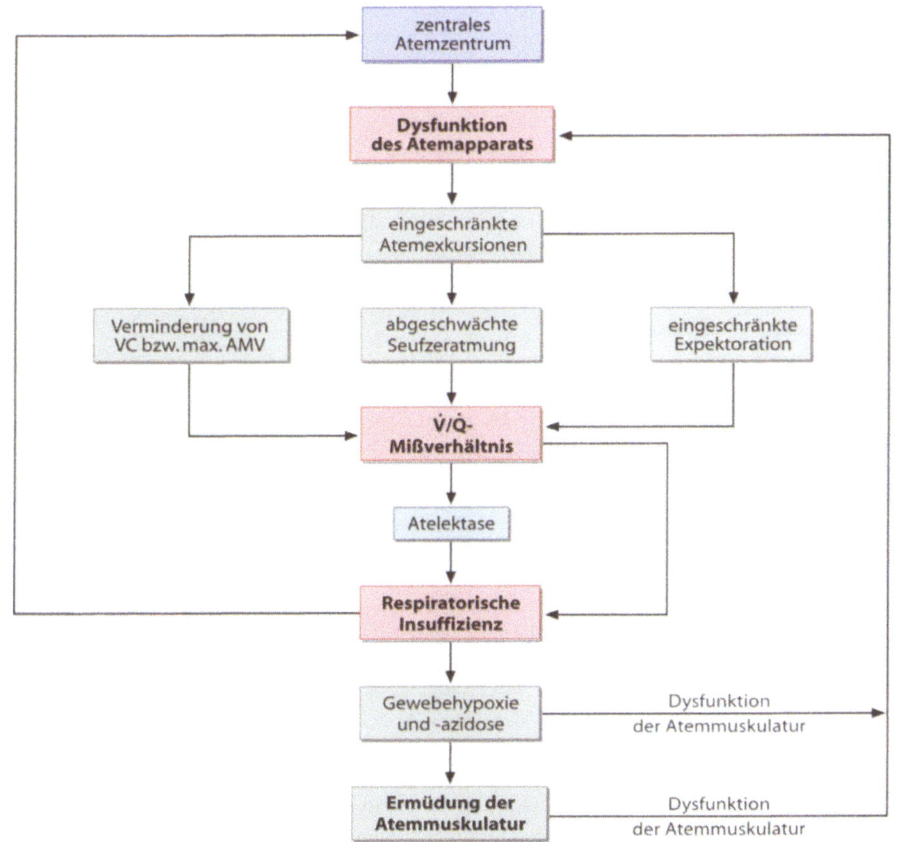

Abb. 14.3. Pathophysiologische Vorgänge bei Erkrankungen des Atemapparates. *max. AMV* maximales Atemminutenvolumen; *VC* Vitalkapazität; *V̇/Ṗ* Ventilation/Perfusion. Weitere Details s. Text

myelitis oder eines Tumors, bewegt es sich während der Inspiration eher nach kranial als nach kaudal, da der intrathorakale Druck abfällt ***(paradoxe Atmung)***. Durch die Abwärtsbewegung des Diaphragmas während der Inspiration erhöht sich der intraabdominelle Druck, als deren Folge es auch zu einer Erweiterung und Anhebung der unteren Thoraxapertur kommt.

Erkrankungen des Atemapparates können durch thorakale, diaphragmale, primäre muskuläre, neuromuskuläre und neurale Dysfunktion bedingt sein. Eine Übersicht über häufigere Erkrankungen des Atemapparates gibt Tabelle 14.1.

! Die Inspiration erfolgt aktiv durch Kontraktion des Diaphragmas und der externen Interkostalmuskulatur. Demgegenüber beruht die Exspiration in Ruhe auf einem passiven Vorgang infolge elastischer Retraktion der Lunge. Unter Belastung und bei respiratorischer Insuffizienz werden zusätzlich sowohl während der Inspiration als auch der Exspiration die auxiliären Atemmuskeln (Atemhilfsmuskulatur) eingesetzt. Die Atemmechanik kann neuromuskulär (z. B. Poliomyelitis, Muskeldystrophie Duchenne), passiv durch Veränderungen des knöchernen Thorax (z. B. Kyphose) oder intrapulmonal durch Verminderung des Lungenparenchyms (z. B. Emphysem oder Lungenfibrose) sowie der Atemwege (Asthma bronchiale) gestört sein. Sie führt zunächst zu einer Hypoxämie (respiratorische Partialinsuffizienz) und bei Progredienz zusätzlich zu einer Hyperkapnie (respiratorische Globalinsuffizienz). Die resultierende Azidose beeinträchtigt sekundär die Kontraktilität der Atemmuskulatur, die bis zur Erschöpfung der Atemapparates mit CO_2-Retention und CO_2-Narkose führen kann.

Tabelle 14.1. Die wichtigsten Erkrankungen des Atemapparates

I. Thoraxwanddeformationen
- Kyphoskoliose
- Pectus excavatum
- Spondylarthrosis ankylopoetica (M. Bechterew)
- Chondrodystrophie

II. Diaphragmastörungen
- Zwerchfellhernien
- Zwerchfellmißbildungen
- Zwerchfellhochstand

III. Pleuraerkrankungen
- Pleuritis sicca
- Pleuraerguß
- Pleuratumoren
- Pleuraschwarte
- Pneumothorax
- Thoraxoperationen

IV. Muskeldysfunktion
- Dermatomyositis/Polymyositis
- Medikamente (Kortikosteroide, Chloroquin etc.)
- Virusinfekte
- Metabolische Störungen (Hypothyreodismus, Thyreotoxikose, metabolische Azidose u. a.)
- Muskeldystrophie
- Rhabdomyolyse
- Status epilepticus
- Trichinose

V. Neuromuskuläre Störungen
- Botulismus
- Eaton-Lambert-Myastheniesyndrom
- Myasthenia gravis
- Intoxikationen (Cholinesterase-Inhibitoren)
- Tetanus
- Gifte durch Schlangenbiß etc.
- Medikamente: Anästhetika, Barbiturate etc.

VI. Neurale Störungen
- Apoplektischer Insult
- Zerebelläre Atrophie
- Multiple Sklerose
- Rückenmarkstrauma
- Poliomyelitis
- Postpoliomyelitis-Syndrom
- Amyotrophe Lateralsklerose
- Guillain-Barré-Syndrom
- Lyme Borelliose
- Tumoren
- Morbus Parkinson

14.3 Ventilation

Die aktive Volumenänderung des Thorax durch den Atemapparat ist Voraussetzung für die Ventilation der Lunge

Hierzu erzeugt der Atemapparat eine Druckdifferenz zwischen intrathorakalem und atmosphärischem Druck ***(transthorakaler Druckgradient)***, der folgende atemmechanische Komponenten überwindet:

- die ***Elastizität*** des Thorax und der Lunge (statische Größe),
- die ***Strömungswiderstände*** der Atemwege (dynamische Größe),
- ***Trägheitswiderstand*** von Atemgasen und Lungengewebe.

Unter Berücksichtigung dieser Faktoren bedingt der transthorakale Druckgradient die Ventilation der Lunge. Darüber hinaus wird die Ventilation der Lunge noch durch die erreichbaren Lungenvolumina modifiziert (Abb. 14.4). Mit jeder Inspiration gelangen in Ruhe etwa 500 ml in die Lunge. Bei einer durchschnittlichen Atemfrequenz von 15 Atemzügen pro Minute beträgt die ***Gesamtventilation der Lunge*** $500 \times 15 = 7500$ ml/min. Jedoch steht nicht das gesamte Volumen zum Gasaustausch zur Verfügung, da nur derjenige Teil der eingeatmeten Luft Sauerstoff abgeben und CO_2 aufnehmen kann, der die ***respiratorische Zone*** der peripheren Atemwege erreicht. Von den 500 ml eingeatmeter Luft verbleiben ca. 150 ml im Bereich des anatomischen Totraumes. Aus diesem Grunde gelangen von der Gesamtventilation pro Minute nur $(500-150) \times 15 = 5250$ ml in die respiratorische Zone der Lunge. Dieses Volumen wird als ***alveoläre Ventilation*** oder ***Belüftung*** bezeichnet.

Die ***alveoläre Ventilation*** entspricht der Menge an inhalierter Luft, die dem Gasaustausch zur Verfügung steht. Sie läßt sich aus der Gleichung

$$V_A = (V_T - V_D) \times f \qquad (1)$$

ableiten, wobei V_A der alveolären Ventilation, V_T dem Atemzugvolumen, V_D dem Totraumvolumen und f der Atemfrequenz entspricht. Diese Beziehung macht deutlich, daß mit zunehmender Atemfrequenz und gleichbleibender Ventilation, d.h. abnehmendem Atemzugvolumen und konstantem anatomischen Totraum, die alveoläre Belüftung abnimmt. Klinisch findet sich diese Konstellation häufig im Rahmen der Lungenfibrose mit flacher und frequenter Atmung. Einen vergleichbaren Effekt hat die Zunahme des Totraums, z.B. im Rahmen chronisch-obstruktiver Lungenkrankheiten mit Emphysem oder bei Bronchiektasen. Ein Rückgang der Atemfrequenz im Rahmen von Intoxikationen oder anderen Erkrankungen des Zentralnervensystems führt ebenfalls zur Abnahme der V_A. Schließlich haben die in Gleichung (1) definierten Zusammenhänge für die mechanische Ventilation intensivmedizinisch betreuter Patienten Bedeutung.

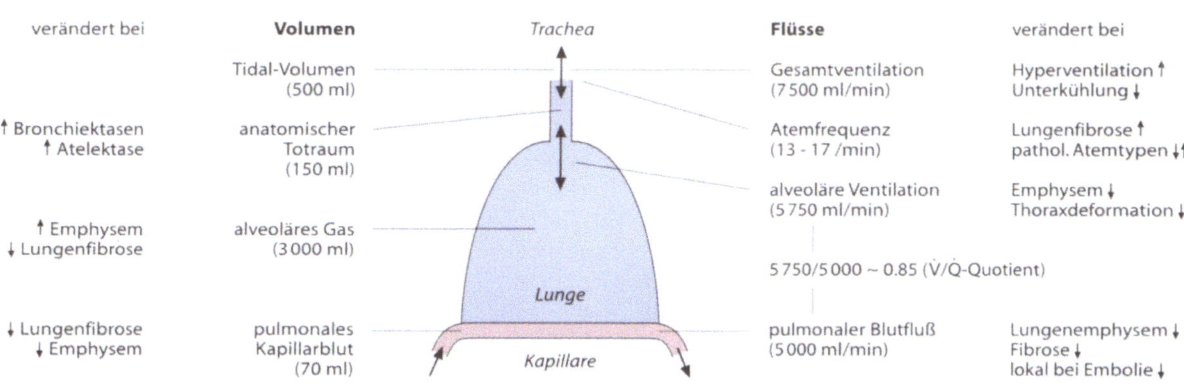

Abb. 14.4. Volumina und Flüsse der normalen Lunge mit Hinweisen auf pathophysiologische Verschiebung bei bestimmten Erkrankungen. ↑, Zunahme; ↓, Abnahme.

Unabhängig von der zugrunde liegenden pathophysiologischen Veränderung (V_T, V_D oder f) geht eine Abnahme der alveolären Ventilation V_A mit einer Änderung der Blutgaskonzentrationen einher, die sich durch eine Verminderung des PO_2 und eine Erhöhung des PCO_2 im arteriellen Blut äußert. Zwar wird in dieser Situation vom Körper versucht, über die atemregulatorischen Mechanismen die globale Lungenventilation mittels Erhöhung des Atemzugsvolumens (z.B. durch Aktivierung der auxiliären Atemmuskulatur) zu steigern (vergleiche auch 14.2), jedoch sind diesem Mechanismus durch die Erschöpfung der Atemmuskulatur physiologische Grenzen gesetzt. Die pathophysiologische Konsequenz ist letztlich eine chronische Hypoxämie ohne ***(respiratorische Partialinsuffizienz)*** oder mit Hyperkapnie ***(respiratorische Globalinsuffizienz)***.

Die pathophysiologisch bedeutende Beziehung zwischen alveolärer Ventilation (V_A), der CO_2-Konzentration der Exspirationsluft und dem arteriellen CO_2-Partialdruck ($PaCO_2$) ist durch die Gleichung

$$V_A = V_{CO2}/PaCO_2 \times k_1 \qquad (2)$$

definiert. Dabei entspricht k_1 einem Faktor für die Umrechnung von STPD (Standard Temperature and Pressure, Dry; 0 °C, 760 mmHg bzw. 325 kPa, trocken) in BTPS (Body Temperature and Pressure, Saturated; 37 °-C, aktueller Barometerdruck, Wasserdampf-gesättigt), während V_{CO2} für die CO_2-Abgabe unter STPD-Bedingungen in ml pro Minute steht.

Diese Gleichung nutzt den Umstand aus, daß der inspiratorische CO_2-Partialdruck vernachlässigbar klein ist und daher die alveoläre Konzentration dem arteriellen $PaCO_2$ gleichgesetzt werden kann. Hiernach ist $PaCO_2$ bei definierter CO_2-Produktion ausschließlich von der alveolären Ventilation abhängig. Eine Verdopplung der V_A reduziert daher den $PaCO_2$ um die Hälfte. Umgekehrt führt eine Halbierung der V_A zu einer Verdopplung des $PaCO_2$. Die Bestimmung des $PaCO_2$ ist somit auch ein Maß für die alveoläre Ventilation.

Durch Umformung der Gleichung (2) in

$$PaCO_2 = V_{CO2}/V_A \times k_1 \qquad (3)$$

wird ferner deutlich, daß $PaCO_2$ vom Verhältnis zwischen CO_2-Produktion und alveolärer Ventilation abhängt [21]. Sinkt die alveoläre Ventilation bei gleichbleibender CO_2-Produktion, kommt es zu einem Anstieg des $PaCO_2$. Man spricht dann von ***alveolärer Hypoventilation***, wie sie z. B. bei zentralen Atemregulationsstörungen (apoplektischer Insult, Intoxikationen), Störungen der Atemmechanik (muskuläre Erschöpfung bei Thoraxdeformation) oder obstruktiven Atemwegserkrankungen (z. B. Asthma bronchiale) auftritt. Die alveoläre Hypoventilation führt stets zur respiratorischen Globalinsuffizienz. Sie wird als ***respiratorisches Pumpversagen*** dem ***hypoxischen Lungenversagen*** gegenübergestellt, das sich als respiratorische Partialinsuffizienz äußert.

Eine Steigerung der alveolären Ventilation im Verhältnis zur CO_2-Produktion führt nach Gleichung (4) zu einer ***Hyperventilation*** mit Reduktion des $PaCO_2$ und konsekutivem Anstieg des Blut-pH-Wertes. Klinische Beispiele hierfür bilden ***psychische Erregung*** (Hyperventilationssyndrom) oder ***metabolische Azidosen*** (Urämie, Coma diabeticum) mit respiratorischer Kompensation (Abb. 14.1).

Die alveoläre Ventilation bestimmt neben dem $PaCO_2$ auch die kapilläre Sauerstoffkonzentration. Dabei ist die Beziehung zwischen PaO_2 und dem inspiratorischen O_2-Partialdruck durch die ***alveoläre Gasgleichung*** definiert,

$$PAO_2 = PIO_2 - PaCO_2/RQ + k_2 \qquad (4)$$

wobei PIO_2 der inspiratorischen Sauerstoffkonzentration, RQ dem respiratorischen Quotienten (V_{CO2}/V_{O2}) und k_2 einem in der Praxis vernachlässigbaren Korrekturfaktur entspricht. RQ basiert auf der CO_2-Produktion bzw. dem Sauerstoffverbrauch eines definierten metabolisierenden Gewebes und beträgt normalerweise 0,85. Diese Gleichung zeigt, daß der Abfall der alveolären PO_2-Konzentration etwas größer ist als der Anstieg des $PaCO_2$ während der Hypoventilation. Die Gleichung besagt ferner, daß die alveoläre PO_2-Konzentration bei gleichbleibendem $PaCO_2$ und RQ proportional zum inspiratorischen O_2-Druck ansteigt. Entsprechend kann bei einer Hypoventilation die Gabe von Sauerstoff den reduzierten inspiratorischen Gasfluß ausgleichen [8].

Ventilationsstörungen lassen sich nach lungenfunktionellen Kriterien in ***obstruktive*** und ***restriktive Formen*** unterteilen (Tabelle 14.2). Obstruktive Ventilationsstörungen werden durch eine reversible oder irreversible Verengung bzw. Verlegung der Atemwege verursacht. Demgegenüber gehen restriktive Störungen der Ventilation auf eine Reduktion des funktionsfähigen Lungenparenchyms zurück. Hierzu gehören entweder die Verdrängung (z. B. Pleuraerguß), die eingeschränkte (mangelnde) Mobilisierung (z. B. Zwerchfellparese oder Thoraxdeformitäten) oder der Verlust von Lungengewebe (z. B. Tumor oder fibrotischer Umbau).

Tabelle 14.2. Einteilung der Ventilationsstörungen nach dem zugrunde liegenden Pathomechanismus

Restriktive Lungenerkrankungen

I. Verdrängung von Lungengewebe
- Pleuraerguß
- Pneumothorax
- Pleuratumoren
- Lungentumoren

II. Verminderte Mobilisierung von Lungengewebe
- Kyphose der Wirbelsäule
- Morbus Bechterew
- Pectus excavatum
- Poliomyelitis
- Myasthenie
- Zwerchfellparese

III. Verlust von Lungengewebe
- Lungenfibrosen unterschiedlicher Ätiologie
- Malignome
- Atelektase
- Lungenresektion
- Pneumonie
- Pneumokoniosen
- Stauungslunge

Obstruktive Lungenerkrankungen

I. Verlegung der Atemwege
- Fremdkörperaspiration
- Bronchialkarzinom
- Obstruktives Schlafapnoe-Syndrom
- Rekurrensparese

II. Strukturelle Veränderungen
- Emphysem
- Mukoviszidose
- Bronchiektasen

III. Verengung der Atemwege
- Asthma bronchiale
- Inhalative Irritation
- Obstruktive Bronchitis
- Toxisches Ödem
- Quincke-Ödem
- Larynxödem
- Infektiöse Bronchitis

Unter alveolärer Ventilation versteht man den Anteil des Atemminutenvolumens, der am Gasaustausch teilnimmt. Eine Verminderung der alveolären Ventilation durch pulmonal bedingte Verminderung der Compliance (Fibrose), Erhöhung des Totraumvolumens (Bronchiektasen, Emphysem) und Erkrankungen des Zentralnervensystems (Intoxikationen, apoplektischer Insult) sowie eine Erschöpfung der Atemmuskulatur (Thoraxdeformität, obstruktive Lungenerkrankung) führt zunächst zu einer respiratorischen Partialinsuffizienz und schließlich zur respiratorischen Globalinsuffizienz. Eine Erhöhung der alveolären Ventilation findet sich beim Hyperventilationssyndrom und sekundär als Kompensationsmechanismus bei metabolischen Azidosen (Urämie, Coma diabeticum).

14.4 Ventilations/Perfusions-Beziehungen

Ein optimaler physiologischer Gasaustausch setzt eine aufeinander abgestimmte Ventilation und Perfusion voraus. Ein Ungleichgewicht zugunsten der Ventilation oder der Perfusion führt zu einer Einschränkung dieser pulmonalen Funktion

Aus diesem Grund ist eine aufeinander bezogene Regulation beider Größen für die Aufrechterhaltung des Gasaustauschs von außerordentlicher Bedeutung. Die Anpassung erfolgt unter physiologischen Bedingungen durch den ***alveolo-kapillären Reflex (Euler-Liljestrand-Reflex)***, bei dem eine Hypoventilation zu einer Vasokonstriktion der kleinen Lungenarterien in dem unterbelüfteten Lungenbereich führt [8,21]. Auf diese Weise wird

- eine Untersättung des Blutes durch den hypoventilierten Lungenabschnitt (PO_2 niedrig, PCO_2 hoch) vermieden und
- das Herzzeitvolumen auf die gut ventilierten Alveolargebiete mit ausreichender PO_2 umgeleitet.

Durch die Konzentrierung der Perfusion auf funktionell aktive Bereiche führt der Euler-Liljestrand-Reflex insgesamt zu einer ***Ökonomisierung*** und verhindert auf diese Weise bis zu einem gewissen Grad die Entwicklung einer Hypoxämie.

Bereits unter physiologischen Bedingungen bestehen leichte Differenzen zwischen Ventilation und Perfusion. So nehmen zwar die ***Ventilation*** und die ***Perfusion*** allmählich vom Lungenapex zur Lungenbasis zu [8], allerdings steigt hierbei der Blutfluß stärker an als die Belüftung. Daraus ergibt sich ein übernormal ***hohes Ventilations/Perfusions-Verhältnis an der Lungenspitze***, während es an der Lungenbasis vermindert ist (Abb. 14.5). Somit bestehen zwischen Lungenspitze und Lungenbasis Unterschiede sowohl hinsichtlich des Gasaustausches als auch der PaO_2- und $PaCO_2$-Partialdrücke. Dabei steigt die Sauerstoffaufnahme vom apikalen Bereich bis zur Basis ebenfalls an. Gleichzeitig nimmt das respiratorische Austauschverhältnis bzw. der ***respiratorische Quotient*** (CO_2-Abgabe/O_2-Aufnahme) ab [s. Gleichung (4)].

Die Ursachen für die ***regionalen Unterschiede der Ventilation*** hängen von der Körperhaltung ab. So gleichen sich die Unterschiede zwischen Apex und Basis der Lunge in Rückenlage aus, während gleichzeitig die posterioren Lungenanteile besser ventiliert werden als die anterioren. Unter ***körperlicher Belastung*** gleichen sich die regionalen Unterschiede an, da durch die verstärkten Atemexkursionen die Ventilation über allen Lungenabschnitten homogener wird.

Ähnlich der Ventilation nimmt die ***Perfusion*** der einzelnen Lungenabschnitte in aufrechter Position fast linear von der Lungenspitze zur Lungenbasis zu [21]. In Rückenlage gleicht sich dieser Unterschied fast vollständig aus, wobei jedoch ein kleiner Gradient zwischen den abhängigen dorsalen Abschnitten und den ventralen Bereichen entsteht. Diese ungleiche Verteilung des Blutflusses in der Lunge steht im Zusammenhang mit den ***hydrostatischen Druckunterschieden*** in den Blutgefäßen. Auch für die Perfusion gleichen sich unter körperlicher Belastung durch eine Zunahme des Blutflusses die regionalen Unterschiede unter körperlicher Belastung an.

Demgegenüber stehen die topographischen Unterschiede der Lungenventilation mit dem ***intra-pleuralen Druck*** in Verbindung. Der intrapleurale Druck ist aufgrund des Lungengewichts an der Lungenbasis geringer (weniger negativ) als in den apikalen Abschnitten. In den basalen, schwereren Partien wird ein größerer intrapleuraler Druck benötigt, um dem Gewicht entgegenzuwirken als in der Lungenspitze. Die ***intrapleurale Druckdifferenz*** reicht in aufrechter Körperhaltung von −10 cm H_2O in der Lungenspitze bis zu −2,5 cm H_2O an der Lungenbasis.

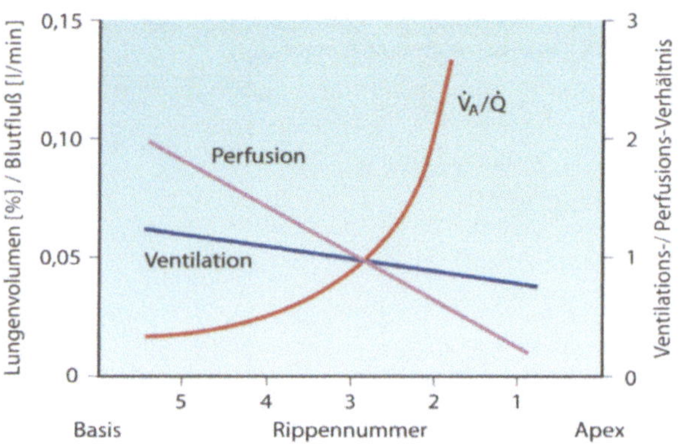

Abb. 14.5. Positionsabhängige Verteilung von Ventilation und Perfusion in aufrechter Körperhaltung. Das Verhältnis von alveolärer Ventilation *(V_A)* und Perfusion ändert sich zwischen Apex und Basis der Lunge. (Modifiziert nach [21])

Eine ausgeglichene Druckdifferenz zwischen Basis und Apex findet sich auch bei maximaler Exspiration auf der Ebene des Residualvolumens. In dieser Situation sind jedoch die intrapleuralen Drücke aufgrund der geringeren Retraktionskräfte des Lungengewebes weniger negativ. An der Lungenbasis kann bei forcierter Exspiration der intrapleurale sogar den atmosphärischen Druck übersteigen. Dabei findet sich ein ***Atemwegsverschluß*** in Höhe der respiratorischen Bronchiolen mit distal davon gefangener Luft ***(„airway closure")***. Dieser Atemwegsverschluß läßt sich bei jungen Gesunden während maximaler Exspiration erst in der Nähe des Residualvolumens feststellen. Dagegen finden sich bei Älteren vergleichbare Veränderungen schon bei geringerer Exspirationstiefe, die sich durch den altersbedingten ***Verlust an elastischer Retraktion*** der Lungen erklären lassen.

Eine ähnliche Situation mit vorzeitigem Verschluß der kleinen Atemwege besteht häufig im Rahmen obstruktiver Lungenerkrankungen (z. B. chronisch-obstruktive Emphysembronchitis) auf dem Boden des ***erhöhten intrapulmonalen Exspirationsdruckes*** in Verbindung mit den strukturellen pulmonalen Veränderungen.

Pathophysiologische Veränderungen der Ventilations/Perfusions-Beziehungen gehen primär entweder auf eine Störung der Ventilation oder auf eine Störung der Perfusion zurück (Ventilations/Perfusions-Imbalance). Eine extreme Variante einer gestörten Ventilations/Perfusionsbeziehung bildet die Totraumventilation und der Shunt

Als Verteilungsstörungen werden im allgemeinen alle Störungen der optimalen Anpassung von Ventilation und Perfusion mit Beeinträchtigung des Gasaustausches verstanden [21]. Prinzipiell lassen sich zwei Formen der Ventilations/Perfusions-Imbalance unterscheiden:

- normale Ventilation und fehlende bzw. reduzierte Perfusion,
- fehlende oder reduzierte Ventilation und normale Perfusion.

Unabhängig von der Ursache, führt das Vorliegen eines ***Ventilations/Perfusions-Ungleichgewichts*** zu einer Reduktion des Gasaustausches. In Abb. 14.6 sind 3 Gruppen von Alveolen mit dem dazugehörigen Ventilations/Perfusionsverhältnis dargestellt. Dabei steht $\dot{V}_A$ für die ***alveoläre Ventilation*** und $\dot{Q}$ für die ***pulmonale Perfusion***. Die in der Mitte gelegene Alveole ist normal perfundiert und ventiliert, mit einem $\dot{V}_A/\dot{Q}$-Verhältnis von 0,85. Bei der links davon dargestellten Alveole ist die Ventilation durch eine Atemwegsobstruktion behindert. Aufgrund der nicht beeinträchtigten Perfusion ergibt sich ein $\dot{V}/\dot{Q}$-Verhältnis < 0,85 mit einer reduzierten Sauerstoffkonzentration im Kapillarblut. Demgegenüber liegt bei der rechts dargestellten Alveole eine präalveoläre Perfusionsstörung vor, so daß sich ein V_A/Q-Verhältnis von > 0,85 ergibt.

Der funktionelle Shunt ist ein reversibler Kurzschluß, der sich durch Beseitigung der V_A/Q-Imbalance oder durch Erhöhung der inspiratorischen O_2-Konzentration aufheben läßt

Aufgrund des nichtlinearen Verlaufs der Sauerstoffdissoziationskurve kann das Blut mit hohem PaO_2 (Abb. 14.6 c) nicht den Einfluß des weniger Sauerstoff führende Blutes (Abb. 14.6 a) ausgleichen. Dadurch kommt es zur Reduktion des PaO_2 im Mischblut unter den alveolären PO_2 mit der daraus resultierenden Zunahme der sog. ***alveolo-arteriellen O_2-Differenz*** ($AaDO_2$). Die ***$AaDO_2$*** bildet somit ein Maß für das $\dot{V}_A/\dot{Q}$-Mißverhältnis bzw. für klinisch manifeste $\dot{V}_A/\dot{Q}$-Inhomogenitäten der Lungen. Unter physiologischen Bedingungen beträgt sie in Abhängigkeit vom Alter zwischen 5 und 15 mmHg. Über diesen Bereich hinausgehende Werte auf dem Boden einer $\dot{V}_A/\dot{Q}$-Verteilungsstörung bezeichnet man als ***funktionellen Shunt***.

Generell versteht man unter einem pulmonalen Shunt eine arterio-venöse Verbindung in der Lunge, in der kein Gasaustausch und deshalb keine Oxygenierung des Blutes stattfindet. Die Ausbildung von Shunts im pulmonalen Kreislauf bildet daher einen weiteren Grund für eine arterielle Hypoxämie. Der Schweregrad des Shunts entspricht dem Verhältnis von ***Shuntvolumen*** (s. unten) zur gesamten Perfusion (Herzzeitvolu-

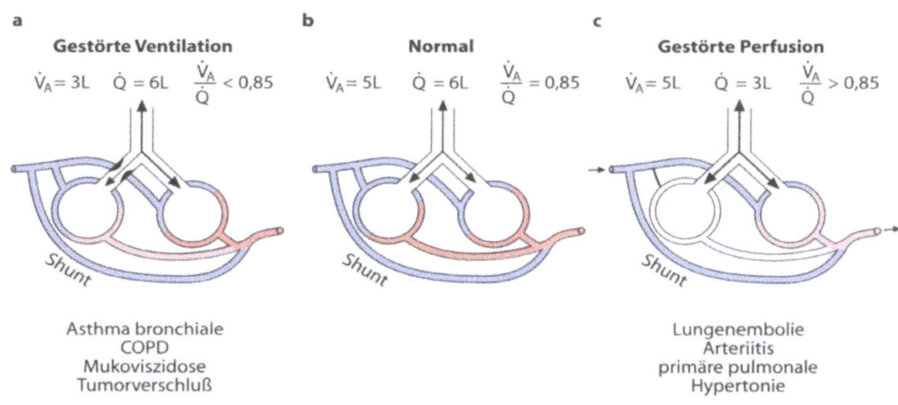

Abb. 14.6. Typen und charakteristische Veränderungen im Rahmen pulmonaler Verteilungsstörungen der Lunge

men). In der gesunden Lunge besteht ein extra-alveolärer ***physiologischer Shunt*** von etwa 2 % der perfundierten Blutmenge, der sich auf die Bronchialgefäße und/oder die Koronarvenen ***(Thebesianische Venen)*** verteilt. Er besitzt im Gegensatz zum pathologischen Shunt nur eine untergeordnete physiologische Bedeutung, erklärt aber, daß die arterielle Sauerstoffsättigung bei Luftatmung nicht 100 % erreicht.

Das pulmonale Shuntvolumen pathologischer Shunts beruht entweder auf einer alveolären Hypoventilation oder auf der Perfusion nicht am Gasaustausch beteiligter Lungenareale

Vom funktionellen, reversiblen Shunt läßt sich der irreversible pathologische Shunt abgrenzen. Man unterscheidet hierbei

- ***extra-alveoläre*** und
- ***alveoläre*** Formen.

Dabei kommt der ***extra-alveoläre Shunt*** vor allem bei hereditären Erkrankungen (arterio-venöse Malformation; M. Osler-Weber-Rendu) vor [5]. Klinisch bedeutsamer ist der ***alveoläre Shunt***, der in unterschiedlicher Ausprägung bei nahezu allen Lungenerkrankungen auftritt. Von besonderer klinischer Relevanz ist er bei Mukoviszidose, chronisch-obstruktiven Erkrankungen oder einem Tumor-bedingten Atemwegsverschluß. Der Nettoeffekt der Zumischung von wenig oxygeniertem Shunt-Blut zu dem normal oxygenierten Alveolarblut ist eine Verminderung des PaO_2 im Gesamtblut [5].

Alveoläre und ***extra-alveoläre Shunts*** unterscheiden sich auch funktionell. So ist ein Charakteristikum des extra-alveolären Shunts, daß die bestehende Hypoxämie nicht durch die Gabe von 100 %igem Sauerstoff vollständig ausgeglichen werden kann [21]. Die Ursache hierfür geht darauf zurück, daß bei diesem anatomisch fixierten ***Shunt*** das ***Shuntblut*** in keiner Phase dem höheren alveolären O_2 ausgesetzt ist. Hierdurch wird eine mehr oder weniger große Menge des untersättigten Shuntblutes dem vollständig oxygenierten Blut zugemischt (siehe Kasuistik 2). Wegen des asymptotischen Verlaufs der O_2-Dissoziationskurve tritt keine 100 %ige Sättigung ein. Dagegen besteht beim CO_2 ein weitgehender linearer Verlauf, so daß sich hyper- und hypoventilierte Gebiete ausgleichen (Abb. 14.7).

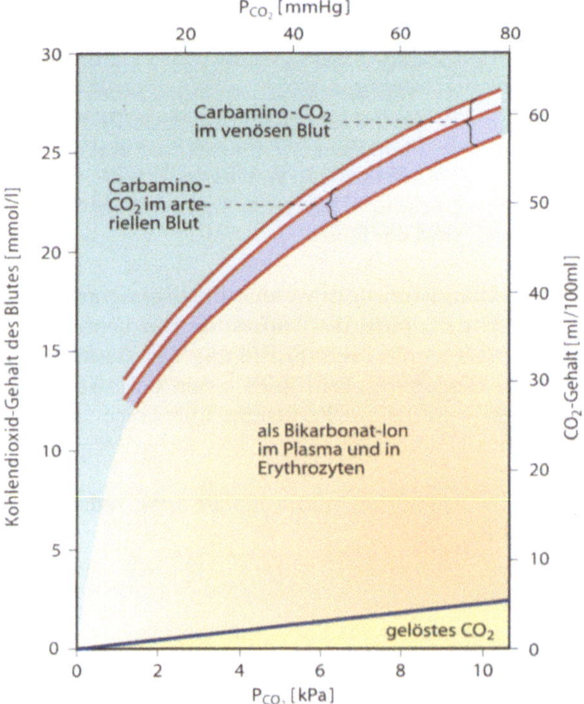

Abb. 14.7. Komponenten der CO_2-Dissoziationskurve im Blut. Das physikalisch gelöste CO_2 ist proportional dem alveolären $PaCO_2$. CO_2 wird vorwiegend chemisch gebunden und als Bikarbonat (HCO_3-) und Carbamino-CO_2. (Modifiziert nach [15])

Ein pulmonaler Shunt führt trotz der Beimischung des CO_2-reichen Shuntblutes nicht zu einer Erhöhung des $PaCO_2$. Der Grund hierfür ist eine Steigerung der Ventilation über die CO_2-sensitiven Chemorezeptoren im Atemzentrum.

Unter dem ***Shuntvolumen*** versteht man den Anteil des Herzzeitvolumens, der nicht belüftete Lungenbereiche durchströmt und deshalb nicht oxygeniert zum linken Herzen zurückkehrt. Für die ***Messung des Shuntvolumens*** ist neben dem aktuellen PaO_2 die Kenntnis der gemischt-venösen Sauerstoffkonzentration in der A. pulmonalis erforderlich (invasive Diagnostik). Ein größerer und damit klinisch relevanter Shunt kann jedoch durch die Bestimmung des PaO_2 bei 100 %iger Sauerstoffatmung abgeschätzt werden. Hierbei liegt der tatsächlich gemessene Wert unter dem theoretisch zu erwartenden. Als ***Faustregel*** gilt, daß bei ausbleibender vollständiger Sättigung unter Gabe von 100 %igem Sauerstoff mehr als 25 % des Blutes über arterio-venöse Shunts fließt. Im Gegensatz zum extra-alveolären Shunt läßt sich beim Vorliegen einer Ventilations/Perfusions-Imbalance im Rahmen eines alveolären Shunts die Hypoxämie durch Sauerstoffatmung wieder ausgleichen.

Ein Ungleichgewicht zwischen Ventilation und Perfusion findet sich bei nahezu allen Lungenerkrankungen. Diese lassen sich je nach Ursache in primär ventilations- und primär perfusionsbedingte Störungen unterteilen, wenngleich auch Mischformen vorkommen (Tabelle 14.3)

Als Beispiel für ein primär ventilationsbedingtes $\dot{V}/\dot{Q}$-Ungleichgewicht gilt die einseitige ***Parese des Diaphragmas***, die auf der betroffenen Seite eine ventilatorische Verteilungsstörung bei ansonsten normalem Lungengewebe und normalen Atemwegen verursacht. Andere häufige Ursachen ***pathologischer Ventilations/Perfusions-Störungen*** entstehen auf dem Boden struktureller Lungenveränderungen, z. B. beim ***Emphysem*** oder bei ***fibrosierenden Erkrankungen der Lunge.*** Je nach den lokalen Bedingungen bestehen hierbei gleichzeitig Bereiche mit unterschiedlichem Strömungswiderstand. Die hieraus resultierende inhomogene Ventilation führt zu Arealen mit erhöhtem, normalem und eingeschränktem Gasaustausch.

Tabelle 14.3. Störungen der Ventilations-/Perfusionsbeziehung ($\dot{V}/\dot{Q}$)

Primär ventilationsbedingte Störungen

- Atelektase
- Pneumonie
- Chronisch-obstruktive Lungenerkrankungen
- Bronchialkarzinom
- Erkrankungen des Diaphragma (Phrenikus-Parese)
- Lungenödem

Primär perfusionsbedingte Störungen

- Schocklunge (ARDS)
- Arteriovenöse pulmonale Gefäßfisteln
- Hereditäre arteriovenöse Malformation (M. Osler)
- Shunt zwischen Bronchial- und Pulmonalvenen
- Multiple oder rezidivierende Lungenembolien

Ein anschauliches Beispiel für eine primär perfusionsbedingte $\dot{V}/\dot{Q}$-Imbalance stellt die ***Lungenembolie*** dar, bei der in den frühen Stadien zwar die Ventilation fortbesteht, die Perfusion aber durch den embolischen Gefäßverschluß unterbrochen ist. Die $\dot{V}/\dot{Q}$-Verteilungsstörung ist mit einer Erhöhung des alveolären Totraums und einer Umverteilung der pulmonalen Perfusion assoziiert. Diese führen gemeinsam zu einer Störung des Gasaustauschs, die durch begleitende Atelektasen noch verstärkt wird. Die hieraus resultierende Hypoxämie verursacht über den Euler-Liljestrand-Mechanismus eine pulmonalarterielle Vasokonstriktion, die sowohl die Ausbildung von Atelektasen und die Umverteilung des Blutes weiter fördert sowie zu einer Rechtsherzbelastung beiträgt [4].

Die Ventilation und stärker noch die Perfusion nimmt von der Lungenspitze zur Basis kontinuierlich zu. Durch den Euler-Liljestrand-Reflex wird der Ventilations-/Perfusions- ($\dot{V}_A/\dot{Q}$)-Quotient trotzdem auf näherungsweise 0,85 konstant gehalten. Eine Imbalance des $\dot{V}_A/\dot{Q}$-Verhältnisses kann primär ventilatorisch (Bronchusverschluß, Zwerchfellparese) oder perfusorisch (Lungenembolie) bedingt sein. Das Extrem einer unzureichenden O_2-Aufnahme stellen Shunts dar. Sie lassen sich in extra-alveoläre (M. Osler) oder, klinisch wichtiger, alveoläre Shunts (Mukoviszidose, chronisch obstruktive Atemwegserkrankungen) unterteilen. Eine durch einen alveolären Shunt bedingte Hypoxämie ist durch Anheben des exspiratorischen O_2 zu mildern, während Sauerstoff beim extra-alveolären Shunt keinen wesentlichen Effekt auf die Blutgase zeigt.

14.5 Diffusion

Unter Diffusion im Rahmen der Atemphysiologie versteht man den passiven Austausch von Kohlendioxid und Sauerstoff zwischen Alveolen und Lungenkapillaren. Aus funktioneller Sicht verbindet sie somit Ventilation und Perfusion

Die ***Gesamtdiffusionskapazität*** der Lunge wird synonym entweder als D_L oder als ***Transferfaktor*** T_L bezeichnet. Sie setzt sich aus zwei Teilkomponenten,

- der Membrandiffusionskapazität, D_M, (alveoläre Membranoberfläche, alveolär-kapilläre Membrandicke und Membrandichte) und
- der Diffusionskapazität der Erythrozyten $\Theta \times V_c$,

zusammen. Dabei ist V_c das mittlere Blutvolumen im Lungenkapillarbett (ca. 70 ml), während Θ den Diffusionsweg in die Erythrozyten erfaßt. Die Beziehung der Teilkomponenten ist durch nachfolgende Gleichung definiert:

$$1/D_L = 1/D_M + 1/(\Theta \times V_c) \quad (5)$$

Die Gasdiffusion durch Gewebe läßt sich mit Hilfe des ***Fick-Gesetzes*** beschreiben [21]. Hiernach ist die Menge eines diffundierenden Gases proportional der Größe der alveolo-kapillären Gasaustauschfläche, dem Partialdruckgefälle für die Gase, einer Materialkonstanten der Membran und umgekehrt proportional der Diffusionsstrecke (Abb. 14.8). Die Diffusionskonstante ist dabei proportional zur Löslichkeit des Gases und umgekehrt proportional zur Quadratwurzel seines Molekulargewichtes. Trotz seines höheren Molekulargewichtes von 44 Dalton diffundiert CO_2 aufgrund seiner höheren Löslichkeit in Wasser etwa *20-mal* rascher als Sauerstoff (32 Dalton) zwischen Alveole und Blut.

Die Komponenten der alveolokapillären Diffusion lassen sich mit Hilfe der physikalisch unterschiedlichen Gase illustrieren und berechnen. Hierbei handelt es sich um CO, N_2O und O_2 [8,21].

CO folgt einer diffusionslimitierten Diffusion

Die Lunge verfügt aufgrund der enormen alveolären Oberfläche von 50–100 m² und der geringen alveolokapillären Membrandicke von 0,3 μm über ideale Diffusionsbedingungen. Tritt ein Erythrozyt in eine Kapillare ein, diffundiert Kohlenmonoxid sehr rasch aus der Alveole in die Zelle, so daß der zelluläre CO-Gehalt ansteigt. Aufgrund der hohen Affinität des Hämoglobins zum CO (das 200 fache des O_2) werden die CO-Moleküle sofort an das Hämoglobin gebunden, so daß es nicht zu einem merkbaren Anstieg des Partialdruckes kommt.

Der Transfer des Kohlenmonoxids wird nur von den Eigenschaften der Blutgasbarriere und nicht von der Menge des Blutes bestimmt ***(diffusionslimitierte Aufnahme)***. CO stellt daher ein ideales Gas zur Bestimmung der Diffusionskapazität der Lunge dar (s. unten).

Während bei Nichtrauchern das Partialdruckgefälle zwischen alveolärem Raum und Blut fast unverändert groß bleibt, nimmt die Partialdruckdifferenz für CO bei Rauchern in Abhängigkeit vom Umfang des Nikotinabusus ab. Beim Rauchen entsteht u. a. CO, das sich aufgrund seiner außerordentlichen Affinität vollständig zu Hb-CO verbindet und hierdurch die O_2-Bindungskapazität des Blutes vermindert. Erhöhte Hb-CO-Konzentrationen im Blut interferieren aber auch mit der Messung der Diffussionskapazität ***(„Single-Breath"-Methode)*** im Sinne falsch-zu- niedriger Werte (s. unten).

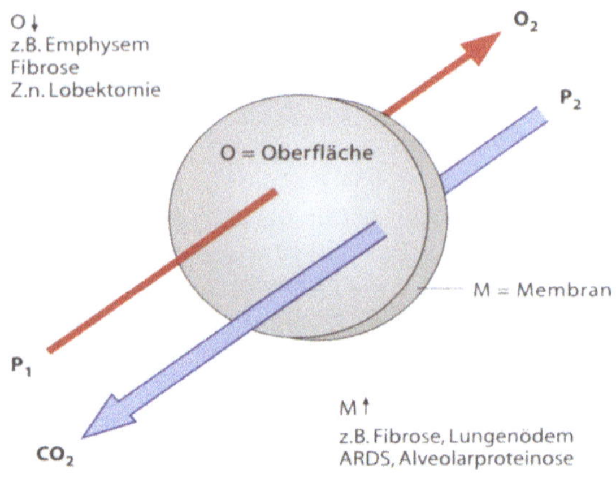

$$D = \frac{O \cdot K_D \cdot \Delta P}{M}$$

$$K_D = \frac{\alpha}{\sqrt{Mol}}$$

D = Diffusion [ml]
O = Oberfläche der alveolo-kapillären Membran
K_D = Diffusionskonstante
ΔP = Partialdruckdifferenz ($P_A - P_a$)
M = Alveolo-kapilläre Membran (Dicke und Dichte)
α = Löslichkeit der Gase
$\sqrt{Mol}$ = Wurzel des Molekulargewichts der Gase
P_1 = Partialdruckdifferenz für O_2
P_2 = Partialdruckdifferenz für CO_2

Abb. 14.8. Physikalische Grundlagen der Diffusion und Beispiele für Erkrankungen.

N_2O diffundiert ausschließlich perfusionsabhängig

Im Gegensatz zum CO wird N_2O nicht an Hämoglobin gebunden, sondern ist ausschließlich physikalisch im Blut gelöst. Aufgrund der guten Blutlöslichkeit (das 16fache des O_2) erreicht der N_2O-Partialdruck im Blut bereits nach 0,25 Sekunden, (etwa einem Drittel der kapillären Passagezeit) den Wert des alveolaren N_2O Gasdruckes. Der Partialdruckgradient zwischen alveolärem Raum und Blut als treibende Kraft der Diffusion wird hiernach so klein, daß eine Diffusion kaum noch erfolgen kann. Zu einer N_2O-Diffusion kommt es erst dann wieder, wenn neues Blut in die Kapillare eindringt [8]. Deshalb ist die Aufnahme von N_2O fast ausschließlich durch den Blutstrom (Volumen pro Zeiteinheit) bestimmt ***(perfusionslimitierte Aufnahme)***. Diese Zusammenhänge finden klinische Anwendung bei der nichtinvasiven Lungenperfusionsmessung mittels N_2O.

Die O_2-Diffusion ist sowohl von der Perfusion als auch von der Diffusion abhängig

Die Kinetik des Sauerstoffaustauschs liegt etwa zwischen der von Kohlenmonoxid und Lachgas. Sauerstoff bindet im Gegensatz zum N_2O an Hämoglobin, jedoch nicht mit der gleichen Avidität wie Kohlenmonoxid. Unter Luftatmung (normoxische Bedingungen) ist der O_2-Partialdruckgradient zwischen dem Alveolarraum (90–100 Torr; 12–13,3 kPa) und dem gemischt-venösen Blut (40 Torr; 5,3 kPa) groß, was eine rasche Passage des Gases zur Folge hat (Abb. 14.9 a). Aus diesem Grund kommt es bereits nach etwa einem Drittel des alveolären Kapillarweges zum Ausgleich des Diffusionsgradienten. Unter normoxischen Bedingungen besteht also eine ***perfusionslimitierte Aufnahme*** des Sauerstoffs, die der Situation beim N_2O vergleichbar ist.

Ist jedoch im Rahmen bestimmter parenchymatöser Lungenerkrankungen die ***alveolo-kapilläre Membran*** verdickt, kann sich die Partialdruckdifferenz des O_2 während der kapillären Passage des Erythrozyten nicht vollständig ausgleichen. Diese Situation ähnelt dann der ***diffusionslimitierten Aufnahme*** von CO.

Unter hypoxischen Bedingungen ($PaO_2 \leq$ 60 mmHg) ist der alveolokapilläre Partialdruckgradient gering ***(alveoläre Hypoventilation)***, so daß die Zahl der aufgenommenen O_2-Moleküle pro Zeiteinheit ebenfalls langsamer erfolgt (Abb. 14.9 b). Aufgrund der Steilheit der O_2-Bindungskurve im hypoxischen Teil führt selbst ein erhöhtes Angebot von Sauerstoff in der Inhalationsluft nur zu einer geringen Zunahme des Partialdruckes. Diese Situation ähnelt eher der Diffusion von CO, so daß unter hypoxischen Bedingungen die O_2-Aufnahme mehr von der Diffusion abhängt als bei Normoxie.

Ein weiteres Beispiel für die Bedeutung der Diffusion im Rahmen des Gasaustausches bilden die unter ***körperlicher Belastung*** sich entwickelnden Verände-

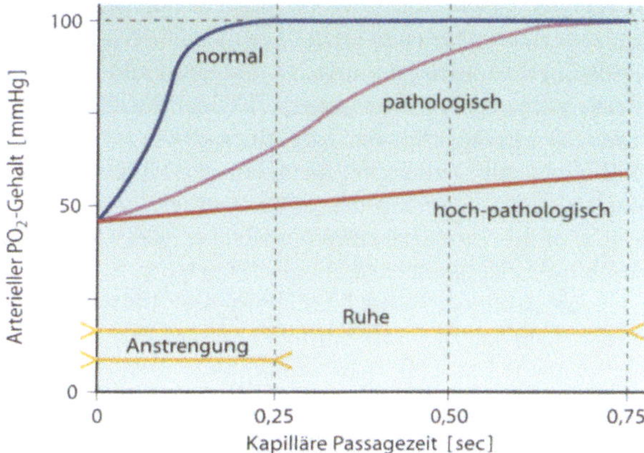

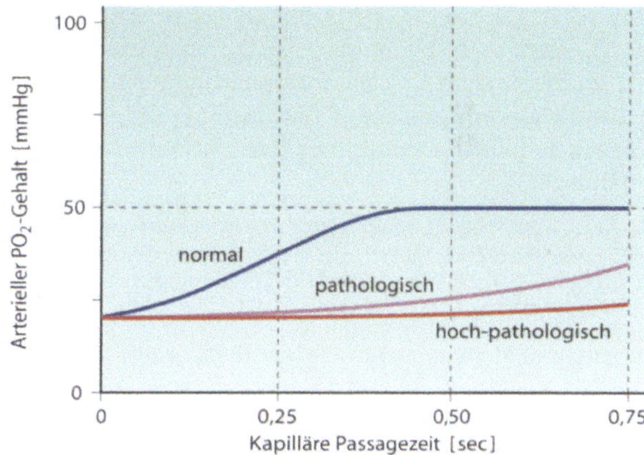

Abb. 14.9 a, b. Oxygenierungszeit in der pulmonalen Kapillare unter normalen und pathologischen Diffusionsbedingungen, wie z. B. bei einer Lungenfibrose mit verdickter alveolo-kapillärer Membran. **(a)** zeigt den zeitlichen Verlauf der Oxygenierung bei normaler alveolärer Sauerstoffkonzentration. **(b)** zeigt die verzögerte Oxygenierung bei niedriger alveolärer Konzentration des Sauerstoffs. In beiden Fällen reduziert körperliche Belastung die kapilläre Passagezeit des Erythrozyten und damit die zur Verfügung stehende Oxygenierungszeit

rungen. Wie oben dargestellt, erfolgt der Ausgleich des Sauerstoffgradienten bis auf einen vernachlässigbaren Rest innerhalb des ersten Drittels der alveolären Passage des Erythrozyten (etwa nach 0,25 Sekunden). Unter starker körperlicher Belastung wird der Blutfluß und damit die Passagezeit von normalerweise 0,75 Sekunden bis auf ein Drittel der normalen Verweildauer reduziert. Trotz der verminderten Passagezeit, kommt es bei Gesunden noch zu einem vollständigen Gasaustausch mit normalem endkapillären PaO_2.

Liegt dagegen eine Verdickung der Blutgasbarriere, z. B. im Rahmen ***interstitieller Lungenerkrankungen***, vor, wirkt sich die Anstrengungs-induzierte ***Verkürzung der Passagezeit*** aus. In dieser Situation wird eine Angleichung der Partialdrucke in Alveole und Blut nicht erreicht, und es kommt durch einen Abfall des PaO_2 zu einer ***respiratorischen Partialinsuffizienz*** (Abb. 14.9). Da die CO_2-Diffusion schneller erfolgt als der O_2-Austausch, bleibt der $PaCO_2$ zunächst annähernd unverändert. Erst bei fortgeschrittener Lungengerüsterkrankung kommt es auch zu einer CO_2-Retention mit Entwicklung einer ***respiratorischen Globalinsuffizienz***.

Messungen der Diffusionskapazität. Für die Bestimmung des Diffusionsvermögens hat sich aus methodischen Gründen die Messung der ***Diffusionskapazität*** für CO (***D_{LCO}***) durchgesetzt. Die D_{LCO} wird aus einer einfachen Formel berechnet [2], da der Partialdruck des Kohlenmonoxids im kapillären Blut vernachlässigbar klein ist (Ausnahme Raucher, s. oben):

$$D_{LCO} = M_{CO} / P_{ACO}, \quad (6)$$

wobei M_{CO} der aufgenommenen Menge des CO in ml_{STPD}/min und PA_{CO} dem alveolären CO-Partialdruck in Torr entspricht.

Die Bestimmung der D_{LCO} erfolgt mit Hilfe der ***Ein-Atemzug („single breath“)-Methode***. Hierbei wird nach tiefer Inhalation eines CO-/Helium-Gemisches (z. B. 0,1 % CO, 20 % He, 20 % O_2, 60 % N_2) der Atem für 10 Sekunden angehalten und die CO-Aufnahme während dieser Zeit aus der Änderung der Gaskonzentration in der In- und Exspirationsluft bestimmt. Helium, das als inertes Gas die alveolokapilläre Membran nicht durchdringt, dient hierbei als Berechnungsgrundlage für den aktuellen CO-Partialdruck in der Alveole.

Alternativ kann die D_{LCO} auch durch die ***„Steady-State“-Methode*** ermittelt werden. Hiernach wird ein konstantes Gasgemisch mit niedriger CO-Konzentration, aber ohne Helium über 2 bis 3 min eingeatmet. Aus der Differenz der CO-Konzentration in der In- und Exspirationsluft und dem Exspirationsvolumen läßt sich dann die CO-Aufnahme messen.

Der Vorteil der Steady-State-Methode ist, daß die Diffusion auch unter Belastung bestimmt werden kann. Aufgrund der schnellen und einfachen Durchführung sowie der guten Reproduzierbarkeit findet jedoch die Ein-Atemzug-Methode in der Klinik weitaus häufiger Anwendung [2].

Bei einem gesunden Probanden beträgt der ***Transferfaktor T_{LCO}*** etwa 30 ml/min/ Torr, der jedoch in Abhängigkeit von Alter und Geschlecht variiert. Darüber hinaus besteht eine direkte Beziehung zwischen Diffusionskapazität und alveolärem Volumen, die im Transferkoeffizient T_{LCO}/V_A (oder auch ***Krogh-Faktor***, K_{CO}) Berücksichtigung findet [2].

Der klinische Wert des T_{LCO} bzw. des T_{LCO}/V_A erstreckt sich vor allem auf

- die Identifikation und Bestimmung des ***Umfangs einer Diffusionsstörung*** bei interstitiellen Erkrankungen (pulmonale Fibrose),
- die ***Verlaufsbeobachtung*** im Rahmen interstitieller Lungenerkrankungen (Alveolitis bzw. Fibrose unterschiedlichster Ätiologie),
- die ***prognostische*** und ***therapeutische Aussage*** bei interstitiellen Erkrankungen sowie
- die ***differentialdiagnostische Abgrenzung*** von chronisch-obstruktiver Bronchitis mit Emphysem (D_{LCO} niedrig) einerseits und Asthma bronchiale (D_{LCO} normal bis leicht erhöht) andererseits.

Diffusionsstörungen im engeren Sinne gehen auf eine Vergrößerung der Diffusionsstrecke zurück

Neben der Verlängerung der alveolokapillären Diffusionsstrecke ***(alveolo-kapillärer Block)***, beispielsweise im Rahmen einer Lungenfibrose oder eines Lungenödems, führen im weiteren Sinne eine kleinere Austauschfläche (z. B. Pneumektomie, Emphysem), eine eingeschränkte Perfusion (z. B. Lungenembolie), eine $\dot{V}_A/\dot{Q}$-Verteilungsstörung (z. B. obstruktive Lungenerkrankung, Lungenfibrose) oder eine veränderte Zahl (z. B. hypochrome Anämie) bzw. Funktion von Erythrozyten (z. B. Methämoglobinämie) zu einer pathologischen Verminderung der D_{LCO} [8,19,21]. Die hierbei zugrunde liegenden Erkrankungen sind in Abb. 14.10 zusammengefaßt.

Die klinisch am häufigsten anzutreffenden Faktoren, die eine Messung der D_{LCO} beeinflussen, sind der Hämoglobin- und Hb-CO-Gehalt des Blutes (z. B. Nikotinabusus). Ebenso führt eine mangelnde Mitarbeit (Erreichen der Vitalkapazität und Atemanhaltzeit) zu falschen Messungen [2,18]. Zu anderen, weniger häufig auftretenden Störfaktoren gehören eine Vermehrung der Erythrozyten (z. B. bei einer ***Polyglobulie)*** oder eine gesteigerte Perfusion infolge bestimmter ***Herzvitien*** oder ***körperlicher Anstrengung***. Diese führen zu einem falsch-zu-hohen Transferfaktor. Die oben genannten Faktoren müssen bei der Beurteilung der Diffusionkapazität berücksichtigt werden.

Normal

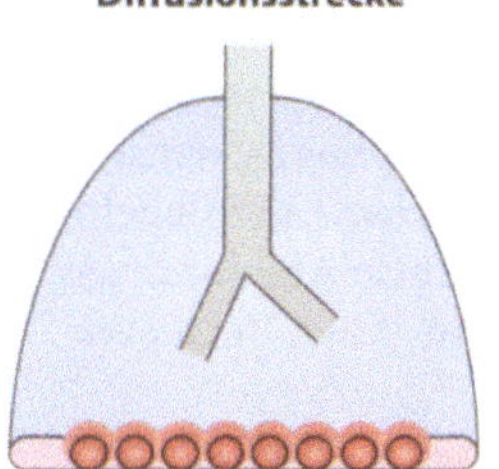

Perfussionsstörung

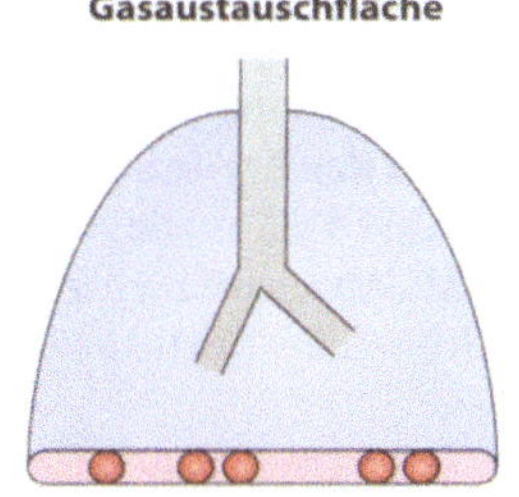

Verlängerte Diffusionsstrecke

Lungenfibrose
Ödem
Vaskulitis
Alveolarproteinose

Verkleinerte Gasaustauschfläche

Emphysem
Bronchiektasen
Bullae
Atelektase

Abb. 14.10. Die wichtigsten Störungen des alveolokapillären Gastransportes (Diffusionsstörungen). Die jeweils zugrunde liegenden Erkrankungen gehen mit einer Verminderung des Transferfaktors (D_{LCO}) bzw. Transferkoeffizienten (D_{LCO}/V_A) einher

> **!** Die Diffusion der Atemgase folgt ausschließlich den physikalischen Gesetzen. Bei einer Diffusionsstörung, z. B. infolge einer Verlängerung der Diffusionsstrecke (alveolo-kapillärer Block), fällt aufgrund der 20fach besseren Löslichkeit des CO_2 zunächst der PaO_2 ab, bevor es zu einem Anstieg des $PaCO_2$ kommt. Zur Bestimmung der Diffusionskapzität der Lunge hat sich in der Klinik die Single-Breath-Methode mittels Kohlenmonoxid durchgesetzt. Die Diffusionskapazität besitzt vor allem für die Verlaufbeobachtung von Lungenfibrosen unterschiedlichster Ätiologie und für die Differentialdiagnostik obstruktiver Erkrankungen (Asthma bronchiale versus chronisch-obstruktive Bronchitis) Bedeutung.

14.6 Gastransport des Blutes

Unter dem Begriff „Gastransport" wird die Fähigkeit des Blutes verstanden, unter bestimmten Bedingungen Gase (O_2 und CO_2) aufzunehmen und nach bidirektionalem Transport zwischen Lunge und extrapulmonalen Organen wieder abzugeben [5]. Diese Funktion schließt sich dem Vorgang der Diffusion durch die alveolokapilläre Membran an

Die Effektivität der ***Blutgastransportfunktion*** hängt von folgenden Komponenten ab (s. Tabelle 14.4):

Tabelle 14.4. Auf einer Störung des Sauerstofftransportes des Blutes beruhende Erkrankungen (Beispiele)

Erkrankungen	Zugrunde liegender Mechanismus
1. Hämoglobingehalt	
• verschiedene Anämien	zu geringe Zahl an Sauerstoffträgern
• Polyzythämie	erhöhte Zahl an Sauerstoffträgern
• CO-Intoxikation	Blockade von Sauerstoff-Bindungsstellen
• Methämoglobulinämie	Blockade der Sauerstoff-bindung
II. Sauerstoff-Bindungsaffinität des Hämoglobins	
• Hämoglobinopathien	
– Hb-Seattle	verminderte Sauerstoff-Bindungsaffinität
– Hb-Rainer	erhöhte Sauerstoff-Bindungsaffinität
– Hb-S (Sichelzellanämie)	verminderte Sauerstoff-Bindungsaffinität
• Metabolische Azidose	Linksverschiebung der O_2-Bindungskurve
III. Sauerstoffpartialdruckgradient	
• Aufenthalt in der Höhe	verminderter PO_2
• Tauchen mit Preßluft	erhöhter PO_2
IV. Gewebeperfusionsrate	
• Herzinsuffizienz	verlangsamter Erythrozytentransport
• Hyperthyreose	beschleunigter Erythrozytentransport
• körperliche Belastung (Sport)	beschleunigter Erythrozytentransport

- dem Gehalt an O_2-bindendem Hämoglobin des Blutes (1g Hämoglobin bindet 1,34 ml bzw. 0,06 mmol O_2),
- der Sauerstoffaffinität des Hämoglobins,
- dem Sauerstoffpartialdruckgradienten zwischen Kapillare und Mitochondrien sowie
- von der Perfusionsrate.

Innerhalb der genannten Komponenten besitzt der ***Hb-Gehalt des Blutes*** die größte Bedeutung [3]. In gewissen Grenzen kann jedoch die Abnahme des Hb-Gehaltes, z.B. im Rahmen von Anämien, durch die Steigerung der Durchblutungsrate kompensiert werden.

Die Menge an Sauerstoff, die aus arterialisiertem Blut abgegeben werden kann, wird durch die ***Lage*** und ***Form der O_2-Dissoziationskurve*** bestimmt. Diese Dissoziationskurve besitzt einen ***sigmoiden Verlauf*** (Abb. 14.11a), der für die Sauerstofftransportfunktion des Blutes von außerordentlicher Bedeutung ist. Im Rahmen der Sauerstoffaufnahme durch die Lunge gewährleistet dieser Sachverhalt zunächst eine schnelle Aufsättigung bei niedrigen O_2-Partialdruckdifferenzen. Andererseits erlaubt der flache Endteil der Sauerstoffbindungskurve ein gewisses Absinken des arteriellen O_2-Druckes (z.B. im Alter), ohne daß gleichzeitig ein stärkerer Abfall der Sauerstoffsättigung auftritt. Somit sichert der steile Anstieg der Kurve eine optimale Sauerstoffaufnahme, während der flache Endteil wirkungsvoll eine Untersättigung des arteriellen Blutes in bestimmten PaO_2-Bereichen verhindert.

Steilheit und Lage der S-förmigen O_2-Dissoziationskurve wird durch ***Temperatur, pH-Wert, $PaCO_2$*** und ***Gehalt der Erythrozyten an 2,3-Diphosphoglyzerinsäure*** (2,3-DPG) sowie ***Adenosintriphosphat*** (ATP) beeinflußt (Abb. 14.11b). ***Fieber, Azidose*** sowie ATP- und 2,3-DPG-reiche Erythrozyten führen zu einer Rechtsver-

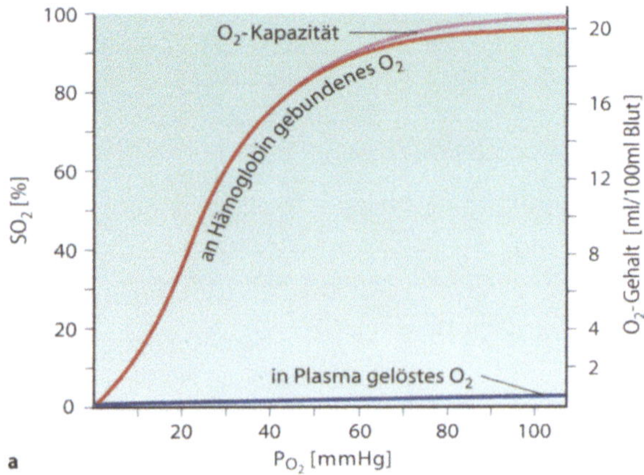

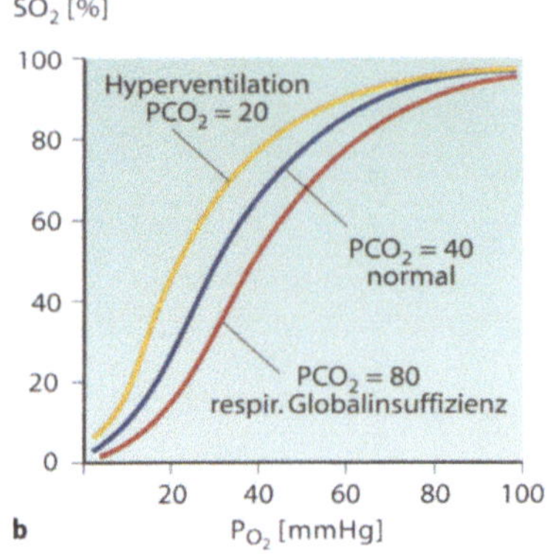

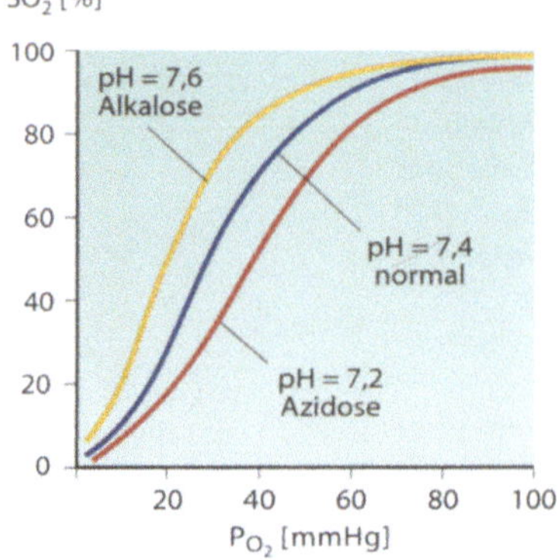

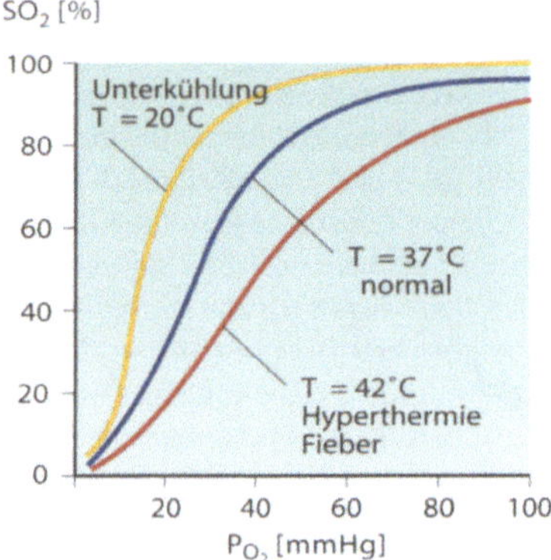

Abb. 14.11. **a** Sauerstoffdissoziationskurve von Hämoglobin, gelöstem O_2 und totalem O_2-Gehalt des Blutes unter physiologischen Bedingungen (pH = 7,4; PCO_2 40 mmHg; 37 °C). **b** Einfluß von PCO_2, pH und Temperatur auf die Sauerstoffdissoziationskurve anhand charakteristischer pathophysiologischer Störungen. SO_2, O_2-Sättigung

schiebung der Kurve. Die damit einhergehende verminderte Affinität des Sauerstoffs zum Hämoglobin führt in der Lunge zu einer leicht verminderten Aufsättigung des Hämoglobins. Eine ***lokale Azidose*** mit Temperaturerhöhung, z. B. infolge muskulärer Aktivität, fördert gleichzeitig aber auch eine gesteigerte Sauerstoffabgabe in die Muskulatur.

Bei einer ***Alkalose*** und ***Hypothermie*** nimmt die Kurve einen steileren, nach links verschobenen Verlauf und erschwert damit die Abgabe von Sauerstoff im Gewebe. Auch wenn diese Veränderung für den Warmblüter nur von geringer biologischer Bedeutung ist, trägt sie doch, z. B. bei Unterkühlung, zur Gewebehypoxie selbst bei hoher Sauerstoffsättigung des Hämoglobins im venösen Blut bei.

Auch im Rahmen einer Reihe von Erkrankungen beobachtet man eine Verschiebung der Sauerstoffdissoziationskurven. So ist die Sauerstoffdissoziationskurve bei fast allen ***Anämien*** nach rechts verlagert. Dadurch kann in vielen Fällen die Durchblutung gedrosselt und somit der hyperkinetischen Kreislaufsituation bei Anämie entgegengewirkt werden. Einen ähnlichen Effekt haben Veränderungen des pH-Wertes hin zur sauren Seite, wie beispielsweise bei ***metabolischen Azidosen***. Auch die Abgabe des O_2 im Gewebe geht auf eine Rechtsverschiebung der O_2-Dissoziationskurve infolge Anstiegs des lokalen O_2-Partialdruckes (***Bohr-Effekt***, s. unten) zurück.

Der ***pH-Wert*** steht in enger Beziehung zum jeweils vorliegenden CO_2-Partialdruck. Mit einer Zunahme des CO_2-Partialdruckes sinkt auch die Affinität des Sauerstoffes zum Hämoglobin, so daß die O_2-Bindungskurve einen flacheren Verlauf annimmt. Diese Abhängigkeit der O_2-Bindungskurve vom CO_2-Partialdruck wird ebenfalls als Bohr-Effekt bezeichnet. Die Verlagerung nach rechts bedingt eine ***zusätzliche Desoxygenierung*** des Hämoglobins und begrenzt auf diese Weise die weitere Abgabe des gebundenen O_2 ins Gewebe.

Im Rahmen einer ***CO-Vergiftung*** entwickelt sich eine Linksverschiebung der O_2-Dissoziationskurve. Die Gewebehypoxie ist in diesen Fällen einerseits Folge des Ausfalls an sauerstofftransportierendem Hämoglobin (s. oben) und andererseits Folge des absinkenden O_2-Gewebepartialdruckes als Resultat der erschwerten Reduktion des noch vorhandenen CO-freien Hämoglobins.

Kohlendioxid diffundiert aus dem Gewebe in das arterielle Blut. Bei physiologischen $PaCO_2$-Werten sind nur 5–6% des gesamten CO_2-Gehaltes des Blutes in den Erythrozyten an Hämoglobin gebunden und im Plasma physikalisch gelöst [5,18]. Darüber hinaus lagern sich zwischen 25 und 30% des CO_2 in Form von ***Karbamino-Verbindungen*** an das Hämoglobin. Der größte Anteil des CO_2 (65–70%) wird unter Mitwirkung der ***Karboanhydratase*** zu H_2CO_3 umgewandelt und im Plasma als Bikarbonat gespeichert. Dabei können die frei werdenden Protonen bei der O_2-Abgabe durch das Hämoglobin neutralisiert werden.

Im Gegensatz zur O_2-Bindungskurve ist die ***CO_2-Dissoziationskurve*** im Bereich der normalen PaO_2-Werte praktisch linear. Oxygeniertes Blut bindet bei einem gegebenen $PaCO_2$ weniger CO_2 als venöses Blut. Diese Zunahme der Pufferkapazität des Blutes infolge Reduktion des Hämoglobins bewirkt, daß auch bei körperlicher Arbeit die Erhöhung der H^+-Konzentration im venösen Blut trotz Anstieges des $PaCO_2$ relativ gering ausfällt. Das reduzierte Hämoglobin ist alkalischer und bindet deshalb mehr Protonen. Es wirkt auf diese Weise der Gewebeazidose entgegen ***(Haldane-Effekt)***.

Störungen des Gastransportes betreffen verschiedene Erkrankungen oder Umweltbedingungen, die mit einer Veränderung der Transporteigenschaften des Blutes für O_2 bzw. CO_2 einhergehen. Hierzu gehören vor allem die Erythrozytenzahl bzw. die Hämoglobinkonzentration ***(Anämie)*** als die wesentlichen Sauerstoffträger. Aber auch physikalische Veränderungen des Blut-pH-Wertes ***(Alkalose, Azidose)*** ebenso wie bestimmte ***Intoxikationen, Unterkühlung*** oder ***Fieber*** beeinflussen die Gastransportfunktion des Blutes. Schließlich haben die physikalischen Umgebungsbedingungen, wie z. B. ***Fliegen, Höhenluftaufenthalte*** oder ***Tauchen***, einen Einfluß auf diese Transportfunktion des Blutes.

Auf der Grundlage der weiter oben genannten vier Komponenten der Transportfunktion des Blutes lassen sich die verschiedenen Erkrankungen voneinander abgrenzen (Tabelle 14.4). Eine Reduktion der Sauerstofftransportkapazität wird hiernach sowohl durch eine Verminderung der O_2-Träger (z. B. Anämie), eine Besetzung der O_2-Bindungsstellen (z. B. ***CO-Intoxikation)***, durch eine Abnahme des O_2-Partialdruckes (z. B. ***Höhenaufenthalt)*** oder durch eine Herabsetzung der peripheren Gewebeperfusion (z. B. ***Herzinsuffizienz***) verursacht. Andererseits führen eine verbesserte Perfusion (z. B. durch ***körperliche Anstrengung***), ein erhöhter O_2-Partialdruck (z. B. bei ***Preßlufttauchen***) oder eine Vermehrung der Erythrozyten (z. B. ***Polyzythämie***) zu einer erhöhten Gastransportkapazität des Blutes.

!

Der Gastransport der Atemgase O_2 und CO_2 basiert in erster Linie auf einer chemischen Bindung an Hämoglobin. Nur ein vergleichsweise geringer Anteil ist physikalisch gelöst. Ein wesentlicher Unterschied zwischen den beiden Atemgasen besteht in dem Verhältnis der Partialdrücke von O_2 (sigmoid) und CO_2 (linear) zur Bindungskapazität. Erkrankungen des Gastransportes beruhen entweder auf einer numerischen oder funktionellen Störung der Erythrozyten, pathologischen Abweichungen des pH-Wertes bzw. metabolischen Störungen oder auf dem Einfluß äußerer physikalischer Bedingungen. Eine chronische Hypoxämie führt kompensatorisch zur Polyglobulie (chronisch-obstruktive Atemwegserkrankungen) und dadurch zur kompensatorischen Erhöhung der O_2-Transportkapazität, die allerdings gleichzeitig zu einer Erhöhung der Blutviskosität führt.

14.7 Literatur

1. Badr MS (1998) Pathophysiology of upper airway obstruction during sleep. Clin Chest Med 19:21–32
2. Cotes JE, Chinn DY, Quanjer PH et al. (1993) Standardization of the measurement of transfer factor. Eur Respir J 6:(Suppl 16): 41–52
3. Epstein FH (1998) Respiratory function of hemoglobin. N Engl J Med 338:239–247
4. Goldhaber SZ (1998) Pulmonary embolism. N Egl J Med 339:93–103
5. Gossage JR, Kanj G (1998) Pulmonary arteriovenous malformations. Am J Respir Crit Care Med 158: 643–661
6. Johnson DC, Kazemi HK (1994) Central control of ventilation in neuromuscular disease. Clin Chest Med 15:607–617
7. Krachman S, Criner GJ (1998) Hypoventilation syndromes. Clin Chest Med 19:139–155
8. Keldridge KL, Kiley JP, Millhorn DE (1985) Respiratory responses to medullary hydrogen ion changes in cat: different effects of respiratory and metabolic acidosis. J Physiol 358:286–291
9. Levitzky MG (1995) Pumonary physiology, 4th edn. McGraw-Hill, New York
10. Lindemann H, Leupold W, Niggemann B (1997) Lungenfunktionsdiagnostik bei Kindern. Kohlhammer, Stuttgart Berlin Köln
11. Lisboa C, Moreno R, Fava M, Feretti R, Cruz E (1985) Inspiratory muscle function in patients with severe kyphoscoliosis. Am Rev Respir Dis 132:675–677
12. Lopata M, Onal E (1982) Mass loading, sleep apnoe, and the pathogenesis of obesity hypoventilation. Am Rev Respir Dis 126:640–646
13. Meek PM, Schwartzstein RM, Adams L, Altose MD et al. (1999) Dyspnea. Mechanisms, assessment, and management: a consensus statement. Am J Respir Crit Care Med 159:321–340
14. Nolte D (1967) Mechanik der Trachea und Bronchien. Verh Ges Lungen- und Atmungs-Forsch 1:197–211
15. Nunn JF (1978) Applied Respiratory Physiology, 2nd edn. Butterworths, London Boston
16. Schwartzstein RM, Simon PM, Weiss JW, Fencl V, Weinberger SE (1989) Breathlessness induced by dissociation between ventilation and chemical drive. Am Rev Respir Dis 139:1231–1237
17. Tiedt N, Zwiener M (1988) Taschenbuch der Pathophysiologie. VEB Verlag Volk u. Gesundheit, Berlin, pp 302–390
18. Treacher DF, Leach RM (1998) Oxygen transport. I. Basic principles. Brit J Med 317:1302–1306
19. Ulmer W T (1998) Lungenfunktions-Manual. Nach den Richtlinien der Deutschen Gesellschaft für Pneumologie. Thieme, Stuttgart New York
20. Weibel ER (1993) Morphometry of the human lung. Springer, Berlin
21. West JB (1989) Respiratory Physiology, 4th edn. Williams & Wilkins, Baltimore
22. Widdicombe JG (1982) Pulmonary and respiratory tract receptors. J Exp Biol 100:41–57

Niere und ableitende Harnwege

15

W. H. Hörl

EINLEITUNG

Fall 1. Vorgestellt wurde eine 37jährige Patientin mit bioptisch gesicherter fokal-segmentaler Glomerulosklerose und Vorbehandlung des nephrotischen Syndroms, zunächst erfolgreich mit Steroiden, drei Jahre später mit Steroiden in Kombination mit Cyclophosphamid. Unter dieser Therapie und einer effektiven antihypertensiven Behandlung gelang zunächst eine erneute Remission des nephrotischen Syndroms und ein nur langsamer, aber kontinuierlicher Anstieg der Retentionswerte. Aktuell lag das Serum-Kreatinin bei 5,5 mg/dl, BUN 79 mg/dl, Plasma-Bikarbonat 16,8 mmol/l, Kalium 5,2 mmol/l, Kalzium 2,0 mmol/l, Phosphat 2,1 mmol/l, Hämatokrit 29 %, Proteinurie 6,5 g/24 Stunden.

Fall 2. Bei einer 1933 geborenen Patientin wurden zwischen 1977 und 1987 nach jahrelangem Analgetikaabusus (Phenacetin, Analgetika-Kombinationen) siebenmalig transurethrale Blasenpapillomresektionen und zweimalig Turmorresektionen durchgeführt. Schließlich wurde die Patientin wegen eines Urothelkarzinoms der Blase 1991 zystektomiert und ein Ileumconduit angelegt. Die Patientin entwickelte eine dialysepflichtige terminale Niereninsuffizienz auf dem Boden einer Analgetikanephropathie. Von seiten der Patientin wurde der Analgetikakonsum in reduzierter Dosierung weitergeführt. Schließlich erfolgte wegen eines Urothelkarzinoms des Nierenbeckens bds. die bilaterale Nephrektomie und Ureterektomie. Die zuvor begonnene Hämodialysebehandlung wurde weitergeführt. Ende 1992 erfolgte bei retropubisch gelegenem Tumorrezidiv die palliative Bestrahlung. Es kam jedoch zu einer Metastasierung, an der die Patientin verstarb.

Fall 3. Eingewiesen wurde ein 71 jähriger Patient mit absoluter Arrhythmie bei Vorhofflimmern und rasch progredienter Niereninsuffizienz. Nachdem sonographisch eine Harnabflußstörung ausgeschlossen wurde und ein Nierenperfusionsszintigramm eine erhebliche Funktionseinschränkung beider Nieren zeigte, wurde unter der Annahme, daß bei vorbestehender Renovasopathie ein thromboembolisches Geschehen vorliegen könnte, eine Nierenarteriographie veranlaßt. Die Übersichtsaortographie bestätigte die klinische Vermutung: thromboembolischer Verschluß der rechten A. renalis sowie Thromboembolus in der linken A. renalis mit inkompletter Ischämie bei vorbestehender Nierenarterienstenose. Da ein gefäßchirurgischer Eingriff wegen des erheblich reduzierten Allgemeinzustandes des Patienten abgelehnt wurde, wurde eine lokal fibrinolytische Therapie über den in der rechten A. renalis plazierten Angiographiekatheter begonnen. Unter dieser Therapie ergab sich am Gefäßsystem der rechten Niere keine nennenswerte Befundänderung. In der linken A. renalis ließ sich der Thrombus auflösen. Die linksseitige Nierenarterienstenose wurde mittels Katheterdilatation beseitigt. Nach intermittierender Hämodialysebehandlung kam es zur Polyurie und zu einer weitgehenden Erholung der Nierenfunktion.

15.1 Progression von Nierenerkrankungen – Entwicklung der chronischen Niereninsuffizienz

Primäre Nierenerkrankungen wie Glomerulonephritis oder interstitielle Nephritis zeichnen sich ebenso wie die Nierenbeteiligung im Rahmen von Systemerkrankungen (z. B. Lupus erythematodes, M. Wegener) oder Stoffwechselerkrankungen (z. B. Diabetes mellitus, sekundäre Nierenerkrankungen) in der überwiegenden Zahl der Fälle durch chronische Verlaufsformen aus, die in Abhängigkeit von der Grunderkrankung und deren Behandelbarkeit zur terminalen Niereninsuffizienz führen können. Die Progredienz chronischer Nierenerkrankungen wird von folgenden Faktoren bestimmt:

- Aktivität der Grunderkrankung: Infiltration inflammatorischer Zellen im Interstitium und Zellproliferation im Glomerulum, mesangiale, endokapilläre und extrakapilläre (Halbmondbildung) Proliferation, Schlingennekrosen, Immunkomplexablagerung.
- Sekundäre Veränderungen: Sekundäre glomeruläre, vaskuläre und tubulointerstitielle Veränderungen (interstitielle Fibrose) bestimmen mehr als die primären glomerulären Läsionen die Prognose von Patienten mit glomerulären Erkrankungen.
- Proteinurie: Das Ausmaß der Proteinurie gilt als unabhängiger Progressionsfaktor renaler Erkrankungen. Die Höhe der Eiweißausscheidung korreliert mit der Infiltration von inflammatorischen Zellen im Interstitium und der interstitiellen Fibrose (Ausnahme: Minimal-change-Glomerulopathie). Verschiedene Faktoren wie z. B. Rauchen oder Kochsalzkonsum beeinflussen Ausmaß der Proteinurie oder antiproteinurische Wirkung von ACE-Hemmern bzw. Angiotensin-II-Rezeptorantagonisten.
- Arterielle Hypertonie: Je höher der systemische Blutdruck, desto progredienter der Verlauf renaler Erkrankungen (Zielblutdruck: 120–130/70–80 mmHg).
- Intraglomeruläre Hypertonie: Die glomerulärkapilläre Druckerhöhung gilt als Risikofaktor der Glomerulosklerose. Eine intraglomeruläre Drucksenkung gelingt durch Therapie mit ACE-Hemmern oder Angiotensin-II-Rezeptorantagonisten durch Dilatation des Vas efferens.
- Eiweißreiche Ernährung: Eine eiweißreiche Ernährung bewirkt eine Zunahme der glomerulären Filtrationsrate (Hyperfiltration) und begünstigt durch intraglomeruläre Druckerhöhung die Entwicklung der Glomerulosklerose. Umgekehrt erlaubt die diätetische Proteinrestriktion eine Reduktion von Hyperfiltration und intraglomerulärem Druck.
- Hyperlipidämie: Die Hyperlipidämie gilt vor allem in Kombination mit Hypertonie als Progressionsfaktor renaler Erkrankungen. Die Ablagerung von (oxidiertem) LDL-Cholesterin im Mesangium ist mit einer Vermehrung inflammatorischer Zellen und fokaler Glomerulosklerose assoziiert. Eine Therapie mit HMG-CoA-Reduktase-Inhibitoren kann die Proteinurie reduzieren und die Progression verzögern (vor allem im Tierexperiment).

Typische glomeruläre, vaskuläre und tubulointerstitielle Veränderungen, wie sie im Rahmen der Progredienz renaler Erkrankungen auftreten, werden teilweise durch sekundäre, von der Grunderkrankung unabhängige funktionelle, strukturelle und metabolische Adaptationsmechanismen induziert. Nach tierexperimentellen Studien führen diese Adaptationsmechanismen zur progredienten Zerstörung von intaktem Nierengewebe: Die substantielle Reduktion der Zahl funktionierender Nephrone bewirkt durch die kompensatorische Hyperfusion und Hyperfiltration intakt gebliebener Nephrone sowie die Erhöhung des glomerulären Kapillardruckes eine Schädigung epithelialer Zellen, eine Akkumulation von hyalinem Material in der glomerulären Kapillarwand, eine mesangiale Expansion durch z. B. Wachstumsfaktoren (TGF-ß) oder proinflammatorische Stimuli (Zytokine, Chemokine) bzw. eine Schädigung der Endothelzellen (mit konsekutiver Thrombusbildung). Es resultieren eine progrediente Proteinurie und glomeruläre Sklerose. Das morphologische Bild dieser fokal-segmentalen Glomerulosklerose läßt sich nur schwer von einer primären fokal-segmentalen Glomerulosklerose im Rahmen des nephrotischen Syndroms differenzieren.

Die kompensatorische Hyperfiltration läßt sich eindrucksvoll nach unilateraler Nephrektomie z. B. wegen Malignom, Tuberkulose oder Hydronephrose demonstrieren: Trotz 50 %iger Entfernung der Nierenmasse fällt die glomeruläre Filtrationsrate nur um 20–30 %, da die verbliebene Niere ihre Funktion um etwa 50 % steigert. Da die systemische und glomeruläre Hypertonie ebenso wie eine vor allem an tierischem Eiweiß reiche Ernährung die Hyperfiltration induziert bzw. unterhält, kann durch entsprechende Behandlungsstrategien wie die systemische und glomeruläre Drucksenkung mit z. B. ACE-Inhibitoren bzw. Angiotensin-II-Rezeptorantagonisten und Einhaltung einer proteinarmen Diät die Progredienz glomerulärer Erkrankungen teilweise beträchtlich verzögert werden.

Die gegenwärtig unabhängig von der Grunderkrankung diskutierten Progressionsfaktoren und deren therapeutische Beeinflußbarkeit sind in Tabelle 15.1 zusammengefaßt.

Die renale Protektion einer effektiven antihypertensiven Therapie beruht zunächst einmal auf der Senkung des systemischen arteriellen Hochdrucks. Dies ist prinzipiell mit jeder antihypertensiv wirksamen Substanzklasse möglich, falls wirklich der Zielblutdruck erreicht wird. Wichtig ist auch die Senkung des glomerulären Kapillardrucks. Da Angiotensin II den Widerstand der efferenten glomerulären Arteriole erhöht, gelingt durch ACE-Hemmer-Therapie über eine verminderte Angiotensin-II-Bildung bzw. durch Behandlung mit Angiotensin-II-Rezeptorantagonisten (Blockade der Angiotensin-II-Wirkung) über eine Dilatation des Vas efferens eine glomeruläre Drucksenkung. Angiotensin II wirkt direkt oder indirekt als Wachstums- und Proliferationsfaktor. Daher läßt sich durch Therapie mit ACE-Hemmern bzw. Angiotensin-II-Rezeptorantagonisten eine Reduktion der glomerulären Hypertrophie durch wachstumshemmende bzw. antiproliferative Wirkung erzielen. Die intrarenale Drucksenkung ermöglicht auch eine Drosselung der renalen Proteinexkretion, die wiederum per se einen Progressionsfaktor renaler Erkrankungen darstellt. Da das Ausmaß der Proteinurie mit der Erhöhung des Serum-Cholesterins korreliert, gelingt durch die antiproteinurische Wirkung des ACE-Hemmers bzw. des Angiotensin-II-Rezeptor-Blockers sekundär auch eine Senkung erhöhter Lipide, die ebenfalls einen eigenständigen Progressionsfaktor glomerulärer Erkrankungen bilden. Erhöhte Lipide können analog zu den Mechanismen der Arteriosklerose zur glomerulären Schädigung beitragen. In tierexperimentellen und klinischen Studien bewirkt eine lipidsenkende Therapie (z. B. mit HMG-CoA-Reduktase-Inhibitoren) mit Rückgang erhöhter Plasmalipide eine Abnahme der Proteinurie und fokal-segmentalen Sklerosierung. Tabelle 15.2 gibt einen Überblick über die mögliche renoprotektive Wirkung einer Therapie mit ACE-Hemmern oder Angiotensin-II-Rezeptorantagonisten.

Die Rolle des Renin-Angiotensin-Systems im Hinblick auf intrarenale Hämodynamik und Proteinurie zeigt die Studie von Gansevoort et al. (Abb. 15.1). Eine Hemmung des Angiotensin-Converting-Enzyms (ACE) bzw. eine Blockade der Angiotensin-II-Wirkung verursacht über eine Senkung des arteriellen Blutdrucks hinaus spezifische renale Wirkungen wie eine

Tabelle 15.1. Progressionsfaktoren renaler Erkrankungen und deren therapeutische Beeinflußbarkeit

- Behandlung der renalen Grunderkrankung, falls möglich (z. B. Immunsuppression je nach histologisch gesicherter Form der Glomerulonephritis)
- Konsequente Therapie der Hypertonie (Zielblutdruck: 120–130/70–80 mmHg; wichtig: unbedingt auf die Blutdruckabsenkung [„dipping"] während der Nacht achten)
- Intraglomeruläre Drucksenkung durch ACE-Hemmer bzw. Angiotensin-II-Rezeptorantagonisten (Benefit mit diesen Substanzklassen um so größer, je schlechter der arterielle Blutdruck eingestellt ist)
- Reduktion der Proteinurie durch
  - systemische Blutdrucksenkung (unabhängig von den verwendeten Antihypertensiva)
  - ACE-Hemmer bzw. Angiotensin-II-Rezeptorantagonisten (besonders effektiv unter Kochsalzrestriktion), gelingt auch bei Normotensiven und bei Hypertensiven ohne Blutdrucksenkung
  - Proteinrestriktion mit der Nahrung
  - Aufhören des Rauchens
- Reduktion der Phosphatzufuhr mit der Nahrung
- Therapie der Hyperlipidämie (diätetisch, Lipidsenker, Antioxidantien)
- Korrektur der metabolischen Azidose
- Vermeidung potentiell nephrotoxischer Substanzen

Tabelle 15.2. Mögliche renoprotektive Wirkungen durch ACE-Hemmer bzw. Angiotensin-II-Rezeptorantagonisten

- Senkung des arteriellen Blutdrucks (Zielblutdruck meist nur in Kombination z. B. mit niedrigdosierten Thiaziden, Kalziumantagonisten oder Alpha-Blockern zu erreichen)
- Senkung des glomerulären Kapillardrucks („start low go slow", d. h. langsame Dosiserhöhung)
- Antiproteinurische Wirkung (dosisabhängig; durch kochsalzreiche Ernährung wird der Effekt antagonisiert)
- Cholesterinsenkung (sekundärer Effekt mit Rückgang der Proteinurie)
- Antiproliferative Wirkung/Wachstumshemmung

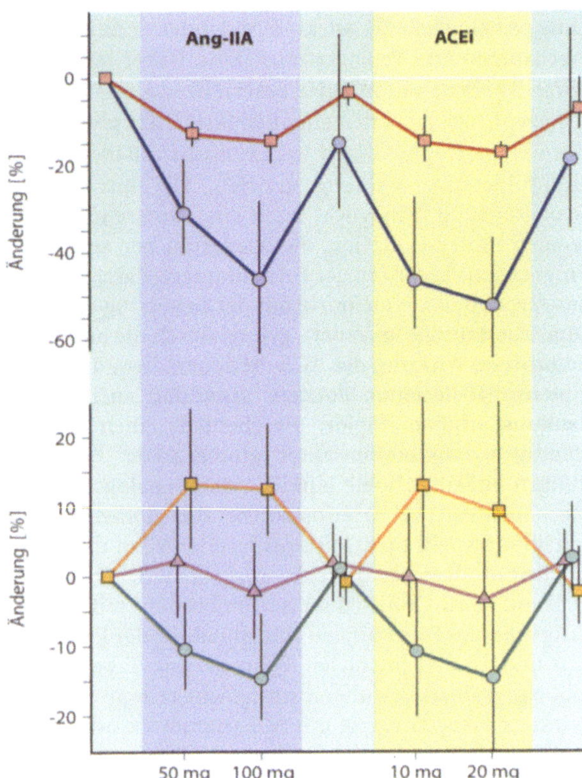

Abb. 15.1. Effekt von Losartan (50 und 100 mg; Ang-IIA) oder Enalapril (10 und 20 mg; ACEi) auf die Reduktion des Blutdrucks (—□—) und die Proteinexkretion (—○—) sowie auf die Änderungen von glomulärer Filtrationsrate (—△—), renalem Plasmafluß (—□—) und Filtrationsfraktion (—○—). Nach [4]

Zunahme des renalen Plasmaflusses, eine Abnahme der Filtrationsfraktion (indirekter Parameter für die Einschätzung des glomerulären Kapillardruckes) und einen Rückgang der renalen Proteinexkretion. Von Gansevoort et al. [4] wurden 11 Patienten mit nichtdiabetischer glomerulärer Erkrankung, Proteinurie und Hypertonie entweder mit 50 und 100 mg Losartan/Tag oder 10 und 20 mg Enalapril/Tag therapiert (Abb. 15.1). Der Rückgang der Proteinurie war dosisabhängig und vergleichbar bei beiden Substanzen, ebenso die Senkung des Blutdrucks, der Anstieg des renalen Blutflusses und die Abnahme der Filtrationsfraktion. Die Autoren schlossen aus ihrer Untersuchung, daß diese antiproteinurischen und hämodynamischen Effekte auf einer Interferenz mit dem Renin-Angiotensin-System beruhen.

Eine immunsuppressive Therapie (falls in Abhängigkeit der renalen Grunderkrankung möglich und indiziert) kann in Kombination mit einer konsequenten Senkung des arteriellen Blutdrucks (Zielblutdruck 120–130/70–80 mmHg, Nachtabsenkung durch 24-Std.-Blutdruckmessung überprüfen), des glomerulären Drucks, einer Protein- und Phosphatrestriktion mit der Nahrung (vor allem bei eingeschränkter Nierenfunktion), einer antiproteinurischen und lipidsenkenden Therapie die Progression renaler Erkrankungen teilweise erheblich retardieren. Eine metabolische Azidose sollte bei Bedarf ebenso korrigiert werden wie potentiell nephrotoxische Medikamente vermieden werden sollten.

15.2 Tubulointerstitielle Veränderungen

Primäre tubulointerstitielle Erkrankungen können sekundär zu glomerulären Läsionen führen, z. B.

- ein vesikoureteraler Reflux kann sekundär eine fokal-segmentale Glomerulosklerose mit Hyalinose induzieren;
- primär tubulointerstitielle Nephritiden (z. B. Analgetikanephropathie) können sekundär zu glomerulären Schäden führen, die klinisch durch Proteinurie und Hypertonie imponieren.

Daher lassen sich morphologisch bei fortgeschrittener Niereninsuffizienz (z. B. Schrumpfnieren) kaum Rückschlüsse ziehen, ob primär eine glomeruläre oder tubulointerstitielle Erkrankung vorlag.

Wir wissen heute, daß ***weniger die glomerulären Veränderungen*** als ***vielmehr die tubulointerstitiellen Schäden*** das Krankheitsgeschehen glomerulärer Erkrankungen bestimmen. International akzeptiert wurde dieses Konzept jedoch erst durch die ausgedehnten, systematischen morphometrischen Analysen des Tübinger Pathologen Adalbert Bohle und seiner Mitarbeiter in den 70 er Jahren. Nach primärer glomerulärer Läsion kommt es zur Infiltration von immunkompetenten Zellen in das Interstitium. Über eine Freisetzung proinflammatorischer Zytokine, Chemokine und Wachstumsfaktoren (TGF-β, PDGF, FGF, EGF, IGF-1) wird der Prozeß der Fibrogenese des Interstitiums induziert. Die extrazelluläre Matrixvermehrung geht mit einer Minderdurchblutung des tubulointerstitiellen Raumes einher. Die Obliteration postglomerulärer Kapillaren führt zur tubulären Atrophie, zu atubulären Glomeruli und schließlich zu einer Abnahme der glomerulären Filtrationsrate. Am Schweregrad der interstitiellen Fibrose läßt sich bei Patienten mit chronischer Niereninsuffizienz häufig nicht nur das Ausmaß der Nierenfunktionseinschränkung, sondern auch die weitere Prognose ableiten.

Glomeruläre Erkrankungen mit nephrotischem Syndrom sind deutlich mehr progredient als ohne ausgedehnte Proteinurie. Das Ausmaß der Proteinurie gilt einerseits als Indikator für die Schwere der glomerulären Läsion, andererseits wird vermutet, daß durch die Proteinurie sekundär tubulointerstitielle Läsionen induziert werden, die den Funktionsverlust der Nieren beschleunigen. Es besteht eine direkte Beziehung zwischen Ausmaß der Proteinurie und dem Rückgang der Nierenfunktion. Tierexperimentell korreliert die Schwere der Proteinurie mit der Infiltration mononukleärer Zellen im Interstitium. Ähnliche Daten existieren bei Patienten mit nephrotischem Syndrom unterschiedlicher Ätiologie, ausgenommen die glomeruläre Minimalläsion (Minimal-change-Glomerulopathie). Durch Degradation von glomerulär filtriertem Albumin sollen freigesetzte Fettsäuren lokal toxisch wirken. Die konsekutive Bildung von Lipidkomplexen soll als inflammatorisches Signal fungieren und die Infiltration von Leukozyten begünstigen. In Abhängigkeit vom Ausmaß der Proteinurie läßt sich die Induktion von mRNA für Typ-I- und Typ-III-Kollagen nachweisen.

!

Die primäre renale Erkrankung bedarf einer spezifischen Behandlung (falls dies überhaupt möglich ist). Darüber hinaus ist vor allem die Beeinflussung sekundärer Faktoren, die eine wichtige Rolle in der Verzögerung des renalen Funktionsverlustes einnehmen, von Bedeutung. Renale Erkrankungen sind häufig mit extrarenalen Komplikationen wie Hypertonie, renale Anämie, Störungen des Elektrolyt- und Säure-Basen-Haushaltes oder renale Osteopathie assoziiert. Vor allem der Hochdruck kann sekundär zu einer Schädigung der Nieren auch ohne präexistente Nierenerkrankung führen oder bei präexistenten renalen Erkrankungen vorbestehende renale Läsionen aggravieren. Deshalb ist das Verständnis der Pathophysiologie renaler Erkrankungen und deren extrarenaler Komplikationen eine wichtige Voraussetzung für die effektive therapeutische Intervention.

15.3 Klinische Zeichen und Symptome der chronischen Niereninsuffizienz

Ein ***überproportionaler Anstieg*** des Harnstoff-N („blood urea nitrogen“, BUN) in Höhe von 79 mg/dl im Vergleich zum Serum-Kreatinin von 5,5 mg/dl (Patient 1) ist Folge eines vermehrten Katabolismus.

Ein verstärkter Katabolismus kann ursächlich bedingt sein durch:

- ***Steroidtherapie***: induziert Proteinkatabolismus, stimuliert Glukoneogenese mit konsekutiver Akkumulation von Stoffwechselendprodukten wie Harnstoff;
- ***metabolische Azidose***: induziert Proteinkatabolismus durch Aktivierung lysosomaler Enzyme;
- ***überproportionale Eiweißzufuhr*** mit der Nahrung;
- ***Geringe Kalorienzufuhr*** mit der Nahrung (Anorexie bei Azotämie; Patienten verwechseln vielfach Proteinrestriktion mit Kalorienrestriktion).

Eine bei chronischer Niereninsuffizienz häufig vorliegende ***Hypokalzämie*** kann bedingt sein durch:

- ***Hypoalbuminämie*** durch renalen Albuminverlust (ca. 50 % des Plasma-Kalziums liegt an Albumin gebunden vor);
- ***Calcitriolmangel*** durch verminderte renale Calcitriolsynthese bereits im Initialstadium der Niereninsuffizienz, dadurch Hemmung der intestinalen Kalziumresorption.

Therapeutisch erfolgt die Korrektur der metabolischen Azidose und der häufig daraus resultierenden ***Hyperkaliämie*** zunächst mit Bikarbonat (oral oder im Einzelfall als Infusion), nach Rückgang der Hyperphosphatämie (diätetische Beschränkung der Phosphatzufuhr mit der Nahrung) wird mit Kalziumkarbonat (bewirkt Phosphatsenkung, Kalziumsubstitution und Azidoseausgleich) und Calcitriol (z. B. 0,5 μg/Tag oral) behandelt. Die renale Anämie wird mit Erythropoietin (z. B. 4.000–8.000 IE subkutan ein- bis dreimal pro Woche) therapiert (Dosiserhöhung oder -reduktion nach Hämoglobinwert, Zielhämoglobin: > 11 g/dl).

Die Nieren produzieren ***verschiedene Hormone*** wie ***Calcitriol*** und ***Erythropoietin.*** Die verminderte Synthese von Erythropoietin und Calcitriol im Rahmen der Niereninsuffizienz spielt eine zentrale Rolle in der Entwicklung der renalen Anämie und renalen Osteodystrophie.

Renale Anämie. Die überwiegende Mehrzahl der Patienten mit chronischer Niereninsuffizienz ist anämisch (Ausnahme: z. B. Patienten mit polyzystischer Nierendegeneration u. a. durch Erythropoietinbildung in den Zysten). Gewöhnlich beginnt der Hämoglobin/Hämatokritwert zu fallen, wenn die glomeruläre Filtrationsrate 40 ml/min unterschreitet (Serumkreatinin 2–4 mg/dl). Mit Progredienz der Niereninsuffizienz nimmt auch der Schweregrad der Anämie zu. Es handelt sich typischerweise um eine normochrome, normozytäre, hyporegenerative (zu niedrige Retikulozytenzahlen im Verhältnis zur Schwere der Blutarmut) Anämie.

Die Pathogenese der renalen Anämie ist multifaktoriell und in Tabelle 15.3 zusammengefaßt.

Bei intakter Nierenfunktion induziert eine Anämie die kompensatorische Steigerung der Erythropoietinfreisetzung. Mit Reduktion der effektiven Nierenmasse ist diese Erythropoietinantwort vermindert oder bei fortgeschrittener Niereninsuffizienz weitgehend aufgehoben. Erythropoietin wird in der Niere bei vermindertem Sauerstoffangebot freigesetzt, bindet Rezeptor-vermittelt an roten Vorstufen und bewirkt eine Differenzierung in Normoblasten und schließlich reife Erythrozyten.

Durch die Therapie mit rekombinantem humanen Erythropoietin (r-HuEPO) läßt sich die renale Anämie bei nahezu allen Patienten korrigieren, wobei gegenwärtig in Abwägung zwischen Nutzen, möglichen Nebenwirkungen (z. B. De-novo-Hypertonie bzw. Aggravation einer vorbestehenden Hypertonie u. a. durch Aufheben der Anämie-bedingten peripheren Vasodilatation bzw. Anstieg der Blutviskosität) und Kosten ein Hämoglobinwert zwischen > 11 g/dl (Hämatokritwert > 33 %) als Therapieziel gilt. Der Großteil der r-HuEPO behandelten Patienten mit renaler Anämie entwickelt einen funktionellen oder absoluten Eisenmangel und bedarf der oralen oder (weil effektiver) der intravenösen Eisensubstitution. Neue Eisenpräparate wie z. B. Eisensaccharose oder Eisenglukonat haben das Risiko der intravenösen Eisentherapie (z. B. Anaphylaxie bei Eisendextran) minimiert. Erythropoietin wird subkutan (vorzugsweise für Prädialyse- und Peritonealdialysepatienten) oder intravenös (vorzugsweise für Hämodialysepatienten) appliziert.

Tabelle 15.3. Pathogenese der renalen Anämie

- Mangel an Erythropoietin (wichtigster ätiopathogenetischer Faktor)
- Mangel an Eisen (bei chronisch niereninsuffizienten Patienten gelten Ferritinwerte < 100 µg/l als absoluter Eisenmangel; Ferritin > 100 µg/l in Kombination mit Transferrinsättigung < 20 % spricht für funktionellen Eisenmangel)
- Mangel an Vitamin B_{12}, Folsäure
- Verminderte Erythropoiese durch z. B.
  - sekundären/tertiären Hyperparathyreoidismus (Fibrosierung des Knochenmarkes, Parathormon als Urämietoxin)
  - Inhibitoren der Erythropoiese wie Spermin, Spermidin (Urämietoxine)
- Vermehrter Erythrozytenabbau/verkürzte Erythrozytenüberlebenszeit, z. B. durch Urämietoxine (toxische Hämolyse)
- Erythropoietinresistenz/vermindertes Ansprechen auf Erythropoietin durch z. B.
  - Infektion, Inflammation (Erhöhung von C-reaktivem Protein)
  - absoluten oder funktionellen Eisenmangel
  - Knochenmarksschädigung durch vorausgegangene Therapie mit Azathioprin oder Cyclophosphamid (Nierentransplantation oder Systemerkrankung)

Die Leukozyten- und Thrombozytenzahlen werden durch die chronische Niereninsuffizienz nicht beeinflußt, allerdings lassen sich eine Reihe von Funktionsstörungen z. B. der Granulozyten (zellulärer Immundefekt durch Störungen von Chemotaxis, Phagozytose, Degranulation, oxidativem Metabolismus oder intrazellulärer Keimabtötung) durch nieder- und hochmolekulare Urämietoxine mit konsekutivem Infektionsrisiko sowie Funktionsstörungen der Thrombozyten (urämische Thrombozytopathie) mit konsekutivem Blutungsrisiko nachweisen.

Hormonelle Regulation der Kalzium und Phosphathomöostase. In die Regulation der Kalzium- und Phosphathomöostase sind die Hormone

- Parathormon
- Calcitriol
- Calcitonin

und die Organe

- Haut
- Darm
- Leber
- Skelettsystem
- Nebenschilddrüsen
- Nieren

involviert.

Bereits mit Rückgang der glomerulären Filtrationsrate unter den Normbereich kommt es zur Retention von Phosphat (durch Abnahme der filtrierten Phosphatmenge) und zum Anstieg der Serum-Phosphatkonzentration, falls keine diätetische Phosphatrestriktion vorgenommen wird. Phosphatreiche Nahrungsmittel sind z. B. Milchprodukte aller Art, Eigelb, Wurst, Nüsse, Haferflocken. Verschiedene Mechanismen bewirken mit Anstieg des Serum-Phosphors eine Reduktion der Serum-Kalziumkonzentration:

$$Ca^{2+} + HPO_4^{2-} \rightarrow CaHPO_4$$

Mit Rückgang der glomerulären Filtrationsrate sinkt der Plasma-Calcitriolspiegel u. a. durch tubuläre Hemmung der 1α-Hydroxylierung von 25-(OH)-Vitamin D_3 in 1,25$(OH)_2$-Vitamin D_3 durch die Hyperphosphatämie. Da Calcitriol (1,25-Dihydroxycholecalciferol) die intestinale Resorption von Kalzium (und Phosphor) stimuliert, führt ein Mangel an Calcitriol auf diesem Weg zur Hypokalzämie. Calcitriol wird als aktiver Vitamin-D-Metabolit zunächst über die Haut durch UV-Licht als inaktive Vorstufe induziert bzw. mit der Nahrung aufgenommen (Cholecalciferol), um in der Leber in 25-Hydroxycholecalciferol und schließlich in der Niere in 1,25-Dihydroxycholecalciferol umgewandelt zu werden.

Die Hypokalzämie ist der Stimulus für die Parathormonsekretion in der Nebenschilddrüse. Parathormon hemmt die tubuläre Reabsorption von Phosphor (wirkt daher phosphaturisch), stimuliert die tubuläre Reabsorption von Kalzium und mobilisiert Kalzium aus dem Skelettsystem (99 % des Gesamtkörperkalziums befinden sich im Skelettsystem und in den Zähnen, ca. 1,3 kg beim 70 kg schweren Menschen). Umgekehrt erfolgt der Kalziumeinbau ins Skelettsystem Calcitonin-vermittelt. Die Stimulation der Parathormonsekretion bewirkt zunächst eine Normalisierung der Serum-Phosphat- und Serum-Kalziumkonzentration, allerdings um den Preis der Entwicklung des sekundären Hyperparathyreoidismus.

Bei Persistenz bzw. Aggravation des sekundären Hyperparathyreoidismus entwickelt sich zunehmend eine Hyperkalzämie. Mit weiterer Reduktion der glomerulären Filtrationsrate kommt es trotz phosphaturischer Wirkung von Parathormon zur Hyperphosphatämie und zum Überschreiten des kritischen Kalzium-Phosphat-Produktes (> 60 mg^2/dl^2) mit der Gefahr extraossärer Verkalkungen.

Eine Suppression erhöhter Parathormonwerte („medikamentöse Parathyreoidektomie") gelingt z. B. durch eine Therapie mit Calcitriol (vorwiegend 0,25–1 µg/Tag oral, bei schweren Verlaufsformen als hochdosierte orale oder intravenöse Bolustherapie 2–3mal wöchentlich). Deutlich erhöhte Serum-Phosphatwerte stellen eine Kontraindikation für eine Therapie mit z. B. Calcitriol dar, da nicht nur intestinal vermehrt Kalzium, sondern auch Phosphor resorbiert wird und damit ein Überschreiten des kritischen Kalzium-Phosphatproduktes droht. Auch eine sich unter Calcitrioltherapie entwickelnde isolierte Hyperkalzämie bedingt einen Abbruch dieser Behandlung bzw. eine Dosisreduktion und möglicherweise die Indikationsstellung zur chirurgischen subtotalen oder totalen Parathyreoidektomie mit Implantation eines Epithelkörperchens in den Unterarm.

Üblicherweise läßt sich die Hyperphosphatämie neben der Beschränkung der Phosphatzufuhr mit der Nahrung durch eine Therapie mit Phosphatbindern (bevorzugt auf Kalziumbasis, z. B. Kalziumkarbonat) beseitigen. Häufig limitieren jedoch die mangelnde Compliance der Patienten und die Entwicklung einer Hyperkalzämie durch Kalzium-haltige Phosphatbinder den Therapieerfolg, so daß auf Aluminium-haltige Phosphatbinder zurückgegriffen werden muß.

Nahezu alle Patienten mit chronischer Niereninsuffizienz entwickeln Knochenstoffwechselstörungen. Diese Veränderungen sind anfangs asymptomatisch, allerdings kann es mit Fortschreiten der Niereninsuffizienz zu Knochenschmerzen und pathologischen Frakturen kommen.

Ein prolongierter Hyperparathyreoidismus mit erhöhter Knochenresorption führt zu einer charakteristischen Knochenerkrankung, der sog. Osteitis fibrosa. Radiologisch finden sich eine Demineralisation des Skelettsystems, Resorption der lateralen Klavikulaenden, subperiostale Resorption der Phalangen, Knochenzysten oder Spontanfrakturen. Metastatische Verkalkungen lassen sich vor allem bei Überschreiten des kritischen Kalzium-Phosphat-Produktes in Weichteilen, Gefäßen und Organen nachweisen.

Mit Rückgang der Nierenfunktion kommt es frühzeitig zur Retention von Phosphat und konsekutiv zur Hypokalzämie durch Hemmung der Calcitriolsynthese. Die Hypokalzämie ist der Stimulus für die Parathormonsekretion. Eine frühzeitige diätetische Phosphatrestriktion und Calcitriolsubstitution verhindern die Entwicklung des sekundären Hyperparathyreoidismus.

15.4 Hypertonie

80–90 % der Patienten mit chronischer Niereninsuffizienz sind hypertensiv

Bei der überwiegenden Zahl der Patienten ist die Überwässerung (Volumenhochdruck) neben der renoparenchymatösen Genese ursächlich für die Erhöhung des Blutdruckes verantwortlich. Unter Flüssigkeitsentzug durch Diuretikatherapie oder Dialysebehandlung läßt sich der Bluthochdruck entweder bessern oder normalisieren. Die erhöhte Reninfreisetzung führt konsekutiv zu einer vermehrten Angiotensin-II-Bildung, so daß sich neben einer diuretischen Therapie auch eine Therapie mit ACE-Hemmern bzw. Angiotensin-II-Rezeptorantagonisten anbietet. In Abhängigkeit von Begleiterkrankungen erfolgt eine antihypertensive Therapie auch mit ß-Rezeptorenblockern, α-Blockern und/oder Kalziumantagonisten.

Die Hypertonie, gleichgültig, ob renoparenchymatöser, renovaskulärer oder essentieller Genese, ist ursächlicher Faktor für zerebrovaskuläre (z. B. apoplektischer Insult, zerebrale Blutung), kardiovaskuläre (Atherosklerose, koronare Herzerkankung, linksventrikuläre Hypertrophie, Herzinsuffizienz) und/oder renale (z. B. Nephrosklerose) Komplikationen.

Eine Hypertonie ist bei Patienten mit chronischer Niereninsuffizienz häufig und der wesentliche Faktor für renale und extrarenale Komplikationen. Deshalb bedürfen Patienten mit renalen Erkrankungen einer konsequenten antihypertensiven Therapie.

15.5 Terminalstadium der chronischen Niereninsuffizienz: Urämie

Unter Urämie versteht man ein klinisches Zustandsbild, hervorgerufen durch die Akkumulation von Stoffwechselendprodukten im Rahmen der terminalen Niereninsuffizienz

Die Symptomatologie beruht auf einer gestörten Balance zwischen aktuellem Stoffwechsel des Organismus und der entsprechenden Nierenfunktion. Das Ausmaß der klinischen Symptome ist abhängig von

- den biologischen Charakteristika der Patienten,
- der Ätiologie der zugrunde liegenden renalen Erkrankung,
- dem zeitlichen Verlauf der Entwicklung der Urämie,
- der Art und dem Erfolg der Behandlung.

Urämische Symptome lassen sich wie folgt definieren:

- ***Perikarditis*** und ***Perikarderguß***: bedingt durch die Akkumulation urämischer Toxine;
- ***Hypervolämie***: Überwässerung mit Lungenödem durch die verminderte renale Flüssigkeitsexkretion;
- ***Hypertonie***: Volumenhochdruck, renoparenchymatöse Hypertonie;
- ***Enzephalopathie/Neuropathie***: bedingt durch die Akkumulation urämischer Toxine; Nachlassen des zerebralen Leistungsvermögens (z. B. Merkfähigkeit, kognitive Funktionen); periphere Polyneuropathie, Restless-legs-Syndrom (Syndrom der „unruhigen Beine“);
- ***hämorrhagische Diathese***: u. a. durch urämiebedingte Thrombozytopathie;
- ***Anorexie***: bedingt durch die Akkumulation urämischer Toxine, Nebenwirkungen von Medikamenten; häufig assoziiert mit Übelkeit und Erbrechen;
- ***Müdigkeit/Schwäche***: z. B. durch renale Anämie, urämische Myopathie;
- ***Pruritus***: bedingt durch die Akkumulation urämischer Toxine, Hyperphosphatämie, ausgeprägten Hyperparathyreoidismus;
- ***Depression***: bedingt durch die chronische renale Erkrankung und deren assoziierte Komplikationen.

Teilweise ist die Pathogenese des urämischen Syndroms noch ungeklärt. Im wesentlichen beruht die urämische Symptomatologie auf

- der verminderten Ausscheidung von Wasser, Elektrolyten (mit konsekutiver Hyperkaliämie und Hyperphosphatämie) und Säureäquivalenten (mit konsekutiver Entwicklung der metabolischen Azidose);
- einer reduzierten renalen Exkretion organischer Stoffwechsel(end)produkte mit Anstieg von z.B. Harnstoff und Kreatinin;
- einer verminderten renalen Hormonproduktion (vor allem Erythropoietin und Calcitriol);
- einem verminderten renalen Hormonabbau (z.B. Insulin mit konsekutiver Hyperinsulinämie und Insulinresistenz: „Pseudodiabetes");
- negativen Effekten renaler Adaptationsmechanismen (z.B. erhöhte Sekretion von Parathormon bei Phosphatretention und Hypokalzämie, additiv bedingt durch Calcitriolmangel).

Die Konzentration verschiedener Urämietoxine, die beim Nierengesunden vorwiegend renal ausgeschieden werden, ist beim Patienten mit fortgeschrittener Niereninsuffizienz unterschiedlich stark erhöht. Allerdings akkumulieren bei Niereninsuffizienz auch eine Reihe von Substanzen, die keine eindeutige Beziehung zu urämischen Funktionsstörungen erkennen lassen. Wichtige klinische Symptome und Organmanifestationen bei Urämie sind in Tabelle 15.4 zusammengefaßt.

Wesentliche Urämie-assoziierte Symptome und Laborveränderungen lassen sich im Terminalstadium der Niereninsuffizienz durch Dialysebehandlung (Hämodialyse oder Peritonealdialyse) bessern oder weitgehend beseitigen.

! Die Akkumulation von Flüssigkeit und Stoffwechselendprodukten führt bei Patienten mit terminaler Niereninsuffizienz zu einer Reihe extrarenaler Komplikationen wie Perikarditis, Perikarderguß, Hypervolämie, Hypertonie, Enzephalopathie, Neuropathie, Anorexie und/oder Pruritus. In Abhängigkeit der klinischen Symptomatologie, der Elektrolytentgleisung und metabolischen Azidose erfolgt die Detoxifikation durch Einleitung der Dialysebehandlung.

Tabelle 15.4. Wichtige klinische Symptome und Organmanifestationen bei Urämie

Organsysteme	Laborveränderungen/ Symptome
Elektrolyte	Hyperkaliämie
	Hyponatriämie
	Hyperphosphatämie
	Hypokalzämie
	Hypermagnesiämie
Säure-Basen-Haushalt	Metabolische Azidose
Flüssigkeitshaushalt	Überwässerung (Lungenstauung, Pleuraerguß, Ödeme)
Endokrinologie/ Stoffwechsel	Kohlenhydratintoleranz (Insulinresistenz)
	Hyperlipidämie
	Proteinkatabolismus
	Hyperurikämie
	Störungen der Sexualfunktion und Fertilität
	Wachstumsretardierung bei Kindern
Hämatologie	Anämie
	Thrombozytopathie
	Leukozytenfunktionsstörung
Gastrointestinaltrakt	Anorexie
	Übelkeit
	Erbrechen
	Urämische Gastritis, Kolitis
Herz-Kreislauf-System	Perikarditis
	Kardiomyopathie
	Linksherzhypertrophie (Hypertonie)
	Atherosklerose
Neurologie	Enzephalopathie
	Polyneuropathie
Muskel/Skelettsystem	Myopathie
	Renale Osteodystrophie
	Amyloidarthropathie (β_2-Mikroglobulin assoziiert)

15.6 Glomeruläre Erkrankungen

Die glomeruläre Filtrationsrate (GFR) wird von mehreren Determinanten beeinflußt

Blutfluß und glomerulärer Kapillardruck (reguliert durch Dilatation oder Konstriktion des Vas afferens und/oder des Vas efferens). Eine Dilatation des Vas afferens bewirkt eine Erhöhung des Blutflusses zum Glomerulum und des intraglomerulären Druckes und somit eine Zunahme der GFR. Vasodilatatoren des Vas afferens sind z. B. Prostaglandine (PGE_2, PGI_2), atriales natriuretisches Peptid (ANP) oder Kalziumantagonisten. Eine Konstriktion des Vas afferens führt umgekehrt zu einer Abnahme des Blutflusses zum Glomerulum und des intraglomerulären Druckes und dadurch zu einer Reduktion der GFR. Vasokonstriktoren des Vas afferens sind z. B. Katecholamine, Thromboxan A_2, Leukotrien D_4, „Vasopressin" (ADH), Endothelin-1, Prostaglandinsynthesehemmer oder Cyclosporin A.

Durch Konstriktion des Vas efferens (z. B. durch Angiotensin II) steigen glomerulärer Kapillardruck und GFR, während durch die Dilatation des Vas efferens (z. B. durch ACE-Hemmer oder Angiotensin-II-Typ-1-Rezeptorantagonisten) glomerulärer Kapillardruck und GFR reduziert werden.

Größenselektivität der glomerulären Barriere. Moleküle können aufgrund ihres Molekulargewichtes entweder glomerulär filtriert werden oder sie werden zurückgehalten. Mit Progression glomerulärer Erkrankungen (z. B. Glomerulonephritis, diabetische Nephropathie) kommt es zu einem zunehmenden Verlust der glomerulären Größenselektivität und somit zur Proteinurie.

Permselektivität der glomerulären Barriere. Moleküle werden aufgrund ihrer negativen Ladung (z. B. Albumin) von der negativ geladenen glomerulären Basalmembran (Proteoglykane) abgestoßen. Mit Progression glomerulärer Erkrankungen kommt es durch Verlust dieser negativen Ladung zu einem zunehmenden Verlust der Ladungsselektivität und somit zur Proteinurie.

Glomeruläre Nierenerkrankungen lassen sich nach Lokalisation des initialen Insultes unterteilen. Je nach Fehlen oder Beteiligung inflammatorischer Zellen dominieren als Leitsymptome Proteinurie oder Proteinurie plus Hämaturie. Charakteristisch für die Herkunft der Blutung aus der Niere ist der Nachweis von dysmorphen Erythrozyten bzw. Erythrozytenzylindern.

Glomeruläre Erkrankungen mit ***primärer Schädigung der viszeralen Epithelzelle*** (Podozyt):

Minimal-change-Glomerulonephritis. Diese glomeruläre Erkrankung läßt sich wie folgt charakterisieren:

- ***Lichtmikroskopie***: unauffällige glomeruläre Struktur;
- ***Immunfluoreszenzmikroskopie***: keine Ablagerung von Immunglobulinen nachweisbar;
- ***Elektronenmikroskopie***: völliges Fehlen der podozytären Fußfortsätze (Fußfortsatzverschmelzung);
- ***Leitsymptom***: große Proteinurie (häufigste Ursache des nephrotischen Syndroms im Kindesalter).

Fokal-segmentale Glomerulosklerose. Sie zeigt folgende Morphologie:

- ***Elektronenmikroskopie***: diffuse Fußfortsatzverschmelzung mit konsekutiver (meist großer) Proteinurie (> 3,5 g/24 h);
- ***Lichtmikroskopie***: subendotheliale Ablagerung von Plasmaproteinen (zwischen Endothel und glomerulärer Basalmembran, „hyalines Material"), segmentaler Schlingenkollaps (funktionell: Reduktion der Filteroberfläche und GFR), fokale tubuläre Fibrose;
- ***Pathogenese***: initiale Schädigung durch zirkulierenden Faktor (T-Zell-Lymphokin)?

Glomeruläre Erkrankungen mit ***subendothelialer Immunkomplexbildung***:

Membranöse Glomerulonephritis. Sie weist folgende Morphologie auf:

- ***Lichtmikroskopie***: je nach Stadium von Minimalveränderungen (Stadium I) bis zu diffuser Verdickung der glomerulären Basalmembran (Stadium IV) reichend (Abb. 15.2);
- ***Immunfluoreszenzmikroskopie***: IgG-Ablagerungen im Bereich der Basalmembran;

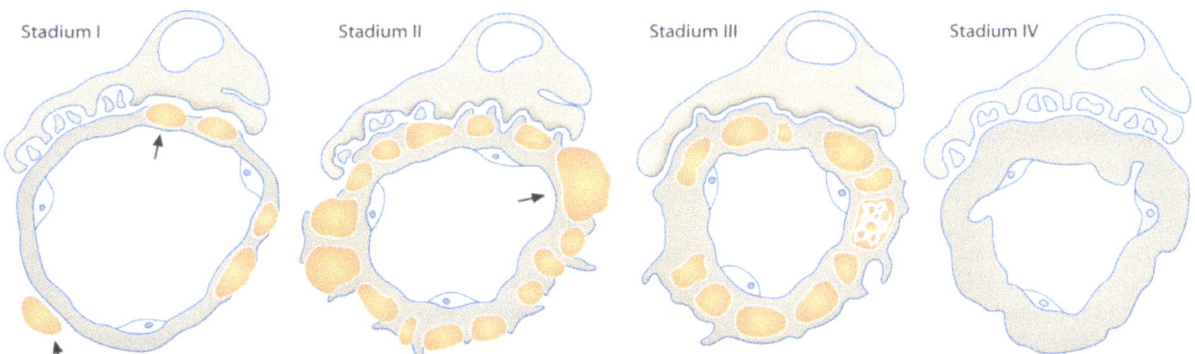

Abb. 15.2. Stadien der membranösen Glomerulonephritis. Die membranöse Glomerulonephritis läuft nach einem relativ starren morphologischen Schema ab. Es werden 4 Stadien beschrieben: *Stadium I*: Inzipiente Bildung subepithelialer Immundepots *(Pfeile)*. Dieses Stadium wird entweder durch Zufall in einer Biopsie entdeckt oder durch die Gaben verschiedener Medikamente (Therapie mit Gold, Penicillamin) ausgelöst. Nach Absetzen dieser Medikamente kommt es zu einer weitgehenden Rückbildung der pathologischen Veränderungen und der klinischen Symptome. *Stadium II*: Bildung von „Spikes". Dieses Stadium wird als nicht mehr reversibel erachtet und zeigt neben großen Immundepots bereits eine reaktive Neubildung von Basalmembranmaterial. *Stadium III*: Stadium der Inkorporation. In diesem Stadium werden Immundepots allseits von Basalmembranmaterial umwallt, zersetzt und abgebaut. An ihre Stelle treten von feingranulärem Material erfüllte Lückenbildungen in der Basalmembran, die nun stark verbreitert erscheint. *Stadium IV*: Reparationsphase. In diesem Stadium werden die Immundepots vollkommen ausgelaugt, eine massive Basalmembranproliferation folgt. Dieses Stadium kann entweder übergehen in eine progrediente glomeruläre Sklerosierung mit vollkommener Obliteration und Funktionsverlust, oder es entsteht ein akuter Rückfall einer epimembranösen Glomerulonephritis mit schnell aufschießenden, massiven Immundepots. Nach [5]

- ***Elektronenmikroskopie***: Ablagerung von Immunkomplexen („elektronendichtes Material") an der Außenseite der Basalmembran;
- ***Pathogenese***: Endothelschädigung durch Antigen-Antikörper-Komplexbildung im Rahmen von Autoimmunerkrankungen oder als Folge einer Komplementaktivierung mit konsekutiver Proteinurie (häufigste Ursache des nephrotischen Syndroms im Erwachsenenalter).

Antikörper gegen Strukturen der glomerulären Basalmembran (z. B. Goodpasture-Syndrom). Sie führen zu folgendem morphologischen und klinischen Befund:

- ***Pathogenese***: Antikörper gegen die nichtkollagene Domaine (NC1) des Typ-IV-Kollagens der glomerulären Basalmembran;
- ***Lichtmikroskopie***: fokal nekrotisierende zelluläre Entzündungsreaktion mit Ausbildung zellulärer bzw. fibröser Halbmonde;
- ***Immunfluoreszenzmikroskopie***: lineare Ablagerung von Immunglobulin G entlang der Basalmembran;
- ***Leitsymptome***: Proteinurie, Hämaturie, häufig Lungenbeteiligung mit Hämoptoe;
- ***Diagnostik***: im Plasma Nachweis von Antikörpern gegen die glomeruläre Basalmembran (Anti-GBM-Antikörper);
- ***Pathogenese***: Diskutiert werden verschiedene Toxine und infektiöse Erreger, ferner genetische Faktoren (HLA-Loci DRW2 und B7). Initial werden Anti-GBM-Antikörper linear abgelagert (DD: granuläre Immunkomplex-Ablagerung bei z. B. Lupus erythematodes, fehlende Immunkomplex-Ablagerungen z. B. bei M. Wegener).

Glomeruläre Erkrankungen mit ***subendothelialer Immunkomplexbildung***:

Membranoproliferative Glomerulonephritis. Sie zeigt folgende Charakteristika:

- ***Lichtmikroskopie***: typische Doppelkontur der glomerulären Basalmembran, Leukozytotaxis-vermittelte Zellvermehrung im Mesangium;
- ***Elektronenmikroskopie***: Ablagerung zirkulierender Immunkomplexe im subendothelialen Raum beim Typ I, „dense deposit disease" beim Typ II;
- ***Leitsymptom***: In etwa 50 % der Fälle nephrotisches Syndrom, in etwa 20 % akutes nephritisches Syndrom, die übrigen Fälle oligosymptomatisch;
- ***Pathogenese***: Unbekannt (Typ I und Typ II).

Glomeruläre Erkrankungen mit ***mesangialer Immunkomplexbildung***:

Mesangioproliferative Glomerulonephritis. Sie weist die folgenden strukturellen Merkmale und Symptome auf:

- ***Lichtmikroskopie***: Immunkomplexbildung im Mesangium, mesangiale Zell- und Matrixvermehrung;
- ***IgA-Nephritis*** als typischer Vertreter dieser Erkrankungsgruppe;
- ***Leitsymptom***: Glomeruläre Proteinurie (häufig < 0,5 g/24 h) und Hämaturie (schlechte Prognose bei großer Proteinurie und Hypertonie);
- ***Pathogenese***: IgA-Überproduktion und vermehrte IgA-Immunkomplexbildung durch die Hyperaktivität von T-Helfer-Zellen; gestörte IgA-Clearance.

> **!** Die Differenzierung glomerulärer Erkrankungen erfolgt nach Nierenbiopsie anhand von licht-, immunfluoreszenz- und elektronenmikroskopischen Kriterien. Eine exakte Diagnosestellung ist für eine bestmögliche Behandlung glomerulärer Erkrankungen und die prognostische Beurteilung unerläßlich.

Diabetische Nephropathie. Unspezifische diffuse oder spezifische noduläre Glomerulosklerose, gekennzeichnet durch Mikroalbuminurie (im fortgeschrittenen Stadium nichtselektive Proteinurie), Hochdruck und progrediente Niereninsuffizienz. Die diabetische Nephropathie stellt eine häufige (in manchen Zentren die häufigste) Ursache der terminalen Niereninsuffizienz dar. Therapeutische Interventionen (optimale Stoffwechsel- und Blutdruckkontrolle, diätetische Eiweißbeschränkung) reduzieren nicht nur Proteinurie und Progression der diabetischen Nephropathie, sondern auch extrarenale Komplikationen.

Der typische Verlauf in der Entwicklung der diabetischen Nephropathie bei insulinabhängigem Diabetes mellitus (Typ I-Diabetes) läßt sich wie folgt gliedern:

- initiale hämodynamische (Hyperfiltration, Hyperperfusion) und morphologische (extrazelluläre Matrixakkumulation) Veränderungen (Nephromegalie; offensichtlich bei Typ-II-Diabetes weniger ausgeprägt);
- Progression über die Mikroalbuminurie zur manifesten (nichtselektiven) Proteinurie;
- Entwicklung der diastolischen und dann systolischen Hypertonie;
- Rückgang der glomerulären Filtrationsrate (Erreichen des Terminalstadiums der chronischen Niereninsuffizienz abhängig von einer konsequenten Stoffwechsel- und Blutdruckkontrolle sowie der diätetischen Disziplin des Patienten).

Beim Typ-II-Diabetes besteht bereits vor Manifestation des Diabetes mellitus eine langjährige arterielle Hypertonie, assoziiert mit anderen Risikofaktoren wie Adipositas, Hyperlipidämie, Hyperurikämie und/oder Bewegungsmangel.

Auslösende Faktoren der diabetischen Nephropathie:

- genetische Disposition,
- schlechte metabolische Kontrolle,
- diätetische Faktoren:
  - eiweißreiche Ernährung,
  - fettreiche Ernährung,
  - kochsalzreiche Ernährung;
- arterielle Hypertonie,
- glomerulär-kapilläre Hypertonie,
- Zigarettenkonsum,
- gesteigerte vaskuläre Permeabilität,
- Ladungsdefekte und Ladungsverlust der glomerulären Basalmembran.

Die glomerulären Veränderungen im Verlauf einer diabetischen Nephropathie sind in Abb. 15.3 schematisch dargestellt.

Bei einem normalen glomerulären Kapillardruck von 35 mmHg und intakter Struktur der glomerulären Basalmembran (GBM) besteht allenfalls eine physiologische Albuminausscheidung. Die negative Ladung der glomerulären Basalmembran verhindert eine nennenswerte Filtration von ebenfalls negativ geladenem Albumin (Ladungsselektivität). Bei einer Porengröße von 55 Å kann IgG (Molekulargewicht 156.000) glomerulär nicht filtriert werden (Größenselektivität). Bei beginnender diabetischer Nephropathie kommt es zum Anstieg des glomerulären Kapillardrucks, zum Verlust der negativen Ladung der glomerulären Basalmembran und so zur Albuminurie (Verlust der Ladungsselektivität). Mit Fortschreiten dieses Prozesses nimmt zusätzlich die Porengröße im Glomerulum zu (Verlust der Größenselektivität) mit konsekutiver nichtselektiver Proteinurie. Durch Akkumulation von (glykosylierten) Matrixproteinen bzw. deren vermindertem Abbau kommt es zur Verdickung der glomerulären Basalmembran.

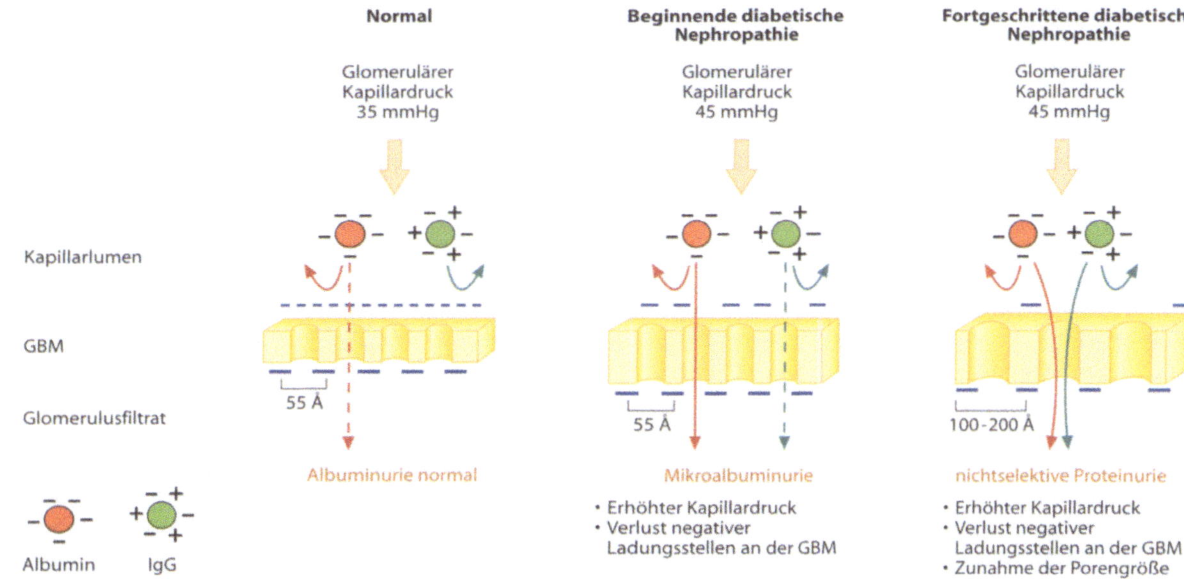

Abb. 15.3. Schematische Darstellung des Verlaufs der diabetischen Nephropathie

> **!** Die Inzidenz der terminalen Niereninsuffizienz ist vor allem bei Typ-II-Diabetikern (zahlenmäßig deutlich häufiger als Typ-I-Diabetiker) höher, auch wenn das Risiko der Progression bei Typ-I- und Typ-II-Diabetiker vergleichbar ist. Die arterielle Hypertonie und die fehlende Absenkung des Blutdrucks während der Nacht sind eng korreliert mit der Albuminurie (Mikroalbuminurie 30–300 mg/24 h bei zwei von drei Messungen ohne z. B. Infekt) und eindeutig Prädiktoren kardiovaskulärer und renaler Komplikationen. Die effektive antihypertensive Therapie (wichtiger als die Wahl der Antihypertensiva) reduziert Albuminurie sowie kardiovaskuläre und renale Komplikationen. Die Blutdrucksenkung ist effektiver als die Blutzuckerkontrolle (glykosyliertes Hämoglobin < 7,5 %) oder die diätetische Eiweißrestriktion im Hinblick auf die renale Progressionsverzögerung. Wichtig ist das Aufhören des Rauchens.

15.7 Tubulointerstitielle Erkrankungen

Verschiedene Mechanismen können zu einer tubulointerstitiellen Schädigung führen:

- bakterielle Infektionen („Pyelonephritis"),
- medikamentös-induzierte allergische (Hypersensitivitätsreaktion) und toxische Reaktionen,
- intratubuläre Obstruktion,
- Zystenbildung.

Harnwegsinfektionen einschließlich Pyelonephritis. Harnwegsinfektionen gehören zu den häufigsten Erkrankungen überhaupt. Betroffen ist jedes Lebensalter, wobei im Säuglingsalter das männliche Geschlecht (urogenitale Mißbildungen sind doppelt so häufig) und zwischen dem 3. und 60. Lebensjahr eindeutig das weibliche Geschlecht (> 10:1) dominiert. Eine besondere Infektionshäufigkeit besteht bei Frauen nach der Pubertät, in der Schwangerschaft (Prädisposition für aszendierende Infektionen durch tonogene Dilatation von Ureteren und Nierenbeckenkelchsystem) und in den Jahren sexueller Aktivität („Honeymoon-Zystitis"). Nach dem 60. Lebensjahr sind Harnwegsinfekte beim weiblichen und männlichen Geschlecht (Retention von Harn durch Prostatavergrößerung) etwa gleich häufig.

Uropathogene Mikroorganismen (z. B. E. coli) besiedeln bei Frauen Kolon, Perianalregion, Introitus vaginae (Reservoir für uropathogene Keime) und die Periurethralregion. Von hier aus kommt es zur Aszension der Keime in die Blase und ggf. in die Nieren. Üblicherweise ist die Periurethralregion bei Frauen nicht von uropathogenen Mikroorganismen besiedelt. Deshalb entwickeln viele Frauen auch unabhängig von den sexuellen Praktiken keinen Harnwegsinfekt.

Häufige gramnegative Erreger sind neben Escherichia coli (mit > 50 % häufigster Erreger von Harnwegsinfektionen), Klebsiella, Proteus, Pseudomonas und Serratia. Häufige grampositive Erreger sind Enterokokken (Streptococcus faecalis) und Staphylococcus saprophyticus. Als atypische Erreger kommen Chlamydien, Mykoplasmen, Pilze (vor allem Candida-Spezies), Viren (Zytomegalie-Virus bei Immunsupprimierten), Mycobacterium tuberculosis, bei Männern: Trichomonas vaginalis, Gardnerella vaginalis sowie Haemophilus influenzae in Frage.

Störungen lokaler Abwehrmechanismen der Blase sowie Pathogenitätseigenschaften und Virulenzmerkmale uropathogener Mikroorganismen bestimmen ebenfalls Häufigkeit und Schweregrad von Harnwegsinfektionen. Spezifische Virulenzfaktoren ermöglichen den Bakterien nicht nur ein Überleben, sondern auch die Vermehrung im Wirtsorganismus. Virulenzfaktoren (Fimbrien, Hämolysin, Aerobactin) von E. coli sind in Abb. 15.4 zusammengefaßt.

Virulente Erreger sind notwendig, um beim männlichen Geschlecht untere Harnwegsinfekte auszulösen (längere Harnröhre, bakterizid wirksames Prostatasekret). S. saprophyticus kann vor allem bei jungen Frauen eine akute Zystitis oder Pyelonephritis verursachen. Im Vergleich zu S. aureus oder S. epidermidis besitzt S. saprophyticus neben der stärksten Adhärenz auch invasive Eigenschaften (Eindringen in uroepitheliale Zellen). Die wirtsspezifische Abwehr schließt die lokale Immunresistenz der Mukosa, die Produktion von sekretorischem Immunglobulin A, die Präsenz von Tamm-Horsfall-Mukoprotein (Bindung von uropathogenen Mikroorganismen und Ausscheidung mit dem Urin) sowie urodynamische Faktoren oder das bakterizide Potential des Serums ein.

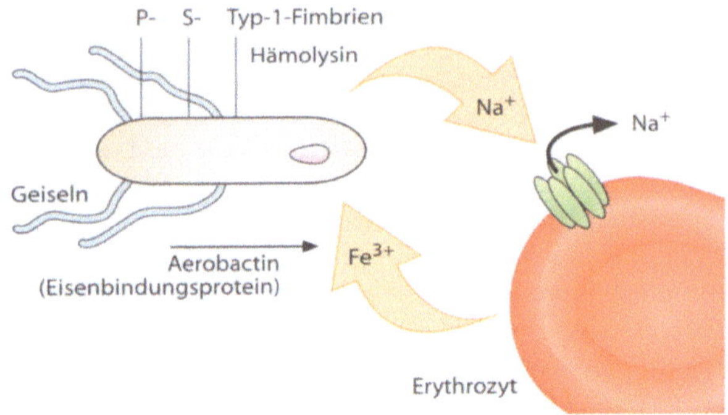

Abb. 15.4. Virulenzfaktoren von Escherichia coli. Nach [8]

Faktoren, die eine akute Pyelonephritis (akute bakterielle interstitielle Nephritis) begünstigen, sind Obstruktionen des Harntraktes, ein vesikoureteraler Reflux, neurogene Blasenentleerungsstörung, Steinerkrankung, Diabetes mellitus oder eine immunsuppressive Therapie. Die Mechanismen, die zu chronischen unteren und oberen Harnwegsinfektionen führen, sind nicht vollständig aufgeklärt. Diskutiert wird für die Narbenbildung des Nierengewebes eine Freisetzung von Superoxiden, Sauerstoffradikalen und destruierenden Enzymen (Proteinasen) aus Phagozyten bei der Inaktivierung uropathogener Mikroorganismen. Histologisch ist die chronische bakterielle interstitielle Nephritis (chronische Pyelonephritis) durch tubuläre Atrophie und interstitielle Fibrose mit Persistenz mononukleärer Zellen, aber intakten Glomeruli, charakterisiert.

Asymptomatische Harnwegsinfekte sind häufig Zufallsbefunde bei Routinekontrollen. Der Nachweis von $> 10^5$ Keimen/ml Urin (Mittelstrahlurin) erlaubt die Differenzierung von asymptomatischem Infekt und Kontamination ($< 10^5$ Keime/ml Urin), wobei einschränkend gesagt werden muß, daß bei uropathogenen Erregern mit niedriger Generationsrate (z. B. Staphylococcus saprophyticus) Harnwegsinfekte auch bei Keimzahlen $< 10^5$/ml Urin nicht ausgeschlossen sind. Ähnliches gilt auch bei niedrigen Keimzahlen durch Verdünnung (große Harnmengen durch reichliche Flüssigkeitszufuhr).

! Bakterielle Infektionen des Harntraktes gehören zu den häufigsten Erkrankungen überhaupt. Im Erwachsenenalter dominiert vor allem das weibliche Geschlecht. Uropathogene Erreger aszendieren aus der Perianalregion und dem Introitus vaginae in die Blase und ggf. in die Nieren. Störungen lokaler Abwehrmechanismen der Blase und Virulenzmerkmale uropathogener Mikroorganismen sind für Häufigkeit und Schweregrad von Harnwegsinfektionen entscheidende Determinanten.

15.8 Medikamentös-induzierte interstitielle Nephritis

Medikamentös-induzierte akute interstitielle Nephritis (allergische Hypersensitivitätsreaktion). Die Patienten entwickeln bei dieser Form der Nierenschädigung ein bis zwei Wochen nach Exposition mit einem entsprechenden Medikament meist ein akutes Nierenversagen. Zeichen der allergischen Reaktion (z.B. Fieber, Hautröte, Eosinophilie, Eosinophilurie) können nachweisbar sein, aber auch fehlen. Eine Beteiligung des Immunsystems wird vermutet, ist jedoch nicht bewiesen. Histologisch lassen sich herdförmig oder diffus interstitielle entzündliche Infiltrate bestehend aus Lymphozyten, Monozyten, Makrophagen, Eosinophilen oder Neutrophilen nachweisen. Durch tubuläre Infiltration der entzündlichen Zellen kann es zur tubulären Schädigung bzw. Nekrose tubulärer Segmente kommen. Die Glomeruli sind gewöhnlich von dem inflammatorischen Prozeß nicht betroffen. In der Regel gelingt eine Ausheilung des Prozesses durch Absetzen der zu diesem allergischen Prozeß führenden Medikation. Kortikosteroide können den Verlauf günstig beeinflussen.

Analgetikanephropathie (chronische abakterielle interstitielle Nephritis). Der exakte Mechanismus der Analgetikanephropathie ist ungeklärt. Die Erkrankung ist charakterisiert durch eine Sklerosierung der Kapillargefäße im Bereich des Nierenbeckens und der Uretermukosa, durch Papillennekrosen und Papillenverkalkungen, eine langsam progrediente interstitielle Fibrosierung, eine progrediente kortikale Atrophie mit Hypertrophie verbliebener Nephrone sowie unspezifische glomeruläre Veränderungen bei jahrelangem Analgetikaabusus. Prädilektionsstelle der möglichen Schädigung durch Analgetika sind distale Tubulusabschnitte. Im Rahmen des Gegenstromprinzips kommt es zur Akkumulation von Analgetika und nichtsteroidalen Antiphlogistika in der Medulla mit lokal-toxischer Wirkung bzw. medullärer Ischämie infolge Hemmung der Prostaglandinsynthese (Begünstigung durch Dehydratation). Reaktive Metabolite, ein lokaler Mangel an Glutathion und ein Verlust essentieller Matrixbestandteile (Proteo- und Glykosaminoglykane) begünstigen die Entwicklung der Papillennekrose, der renaltubulären Obstruktion in der nun nekrotischen Medulla und schließlich der kortikalen Atrophie mit histologischen Veränderungen im Sinne einer chronischen interstitiellen Nephritis. Die Analgetikanephropathie entwickelt sich nach langjährigem Analgetikaabusus ohne strenge Korrelation zur eingenommenen Dosis (z.B. 1–10 kg Phenacetin). Der Ersatz von Phenacetin durch andere Analgetika in Kombinationspräparaten hat beispielsweise in Australien und Belgien nicht zu einem Rückgang der Inzidenz der Analgetikanephropathie bei Abusus geführt. Umgekehrt hat in Ländern mit Analgetikamonotherapie (z.B. Paracetamol) die Inzidenz der Analgetikanephropathie deutlich abgenommen, ebenso durch die konsequente Aufklärung der Patienten, den Verzicht auf Phenacetin bzw. analgetische Kombinationspräparate. Wichtig wäre die kontrollierte Abgabe von Kleinpackungen.

Uroepitheliale Malignome (Patientin 2) sind unter Analgetikaabusus (vor allem Phenacetin) häufig. Das Risiko wird offensichtlich durch Nikotin- und Koffeinabusus potenziert.

> **!** Nichtbakterielle interstitielle Nephritiden betreffen die akute Nierenschädigung im Rahmen allergischer Reaktionen (Hypersensitivitätsreaktion) bzw. die chronische Nierenschädigung z.B. durch Analgetikaabusus.

15.9 Intratubuläre und postrenale Obstruktion, Zystenbildung

Eine intratubuläre oder postrenale (lokalisiert auf Nierenbecken, Ureteren, Blase) Obstruktion kann zu einer irreversiblen Nierenschädigung und tubulären Atrophie führen

Initial kommt es zum Druckanstieg proximal der Obstruktion durch die zunächst weiterbestehende glomeruläre Filtration. Dieser Druckanstieg ist vermutlich auch ursächlich verantwortlich für die sonographisch nachweisbare postrenale Dilatation bei postrenaler Obstruktion.

Mit Anstieg des Drucks im proximalen Tubulus resultiert ein Rückgang der glomerulären Filtration, da zunehmend ein Druckausgleich zwischen glomerulärem Kapillarbereich und Bowman-Kapsel erfolgt. Physiologischerweise ist der hohe intraglomeruläre Druck der Antrieb für die glomeruläre Filtration. Die intratubuläre Druckerhöhung induziert sekundär eine Reduktion des glomerulären Blutflusses, vermittelt durch eine Freisetzung von Angiotensin II und Thromboxan. Persistiert die Hypoperfusion, so führt die reduzierte Oxigenierung sowie die Infiltration mononukleärer Zellen mit Freisetzung von Proteinasen und Sauerstoffradikalen zur tubulären Schädigung.

Eine ***intratubuläre Obstruktion*** entsteht doppelseitig durch z. B.

- die massive glomeruläre Filtration monoklonaler Immunglobulin-Leichtketten (100 mg–20 g/Tag) bei Myelom (physiologischer Weise < 30 mg/Tag);
- massive Harnsäureproduktion, z. B. im Rahmen des Tumor-Lyse-Syndroms;
- durch intratubuläre Präzipitation von Pharmaka, z. B. Methotrexat.

Die ***postrenale Obstruktion*** kann einseitig oder doppelseitig verursacht sein durch

- Konkremente in Nierenbecken oder Ureteren;
- retroperitoneale Malignome mit Ummauerung der Ureteren;
- Malignome der Blase und Prostata, die die Einmündung der Ureteren in die Blase alterieren;
- urethrale Obstruktion durch Prostatahypertrophie.

Das Ausmaß der Nierenschädigung durch Obstruktion („obstruktive Nephropathie") ist abhängig von Grad und Dauer der Harnabflußstörung.

Zystenbildung. Nierenzysten lassen sich im Rahmen hereditärer Erkrankungen oder kongenitaler Mißbildungen nachweisen. Simple Nierenzysten finden sich jedoch auch bei mehr als 50 % der über Fünfzigjährigen. Sie nehmen im Alter zu. Verschiedene Hypothesen werden diskutiert:

- Die Obstruktion einzelner Nephrone führt über eine Steigerung des intratubulären Druckes zur Zystenbildung.
- Ein Gendefekt, Komponenten der Basalmembran betreffend, könnte einerseits die Zystenbildung, andererseits die Assoziation mit zerebralen Aneurysmata und subarachnoidalen Blutungen bei polyzystischer Nierendegeneration erklären.
- Die Hyperplasie des Zystenepithels wird als primäre Störung angesehen: Hypothetische Faktoren (Protoonkogene? Wachstumsfaktoren?) sollen für Zystenwachstum, Flüssigkeitssekretion und Progression der Erkrankung verantwortlich sein.

Bei der autosomal-dominanten polyzystischen Nierenerkrankung (ADPKD) lassen sich verschiedene Formen nachweisen:

- ***ADPKD-1***: Gen lokalisiert auf Chromosom 16,
- ***ADKPD-2***: Gen lokalisiert auf Chromosom 4,
- ***ADKPD-3***: weiterer Genlokus wahrscheinlich.

Polyzystin-1 (4304 Aminosäuren) und Polyzystin-2 (968 Aminosäuren) sind Proteine des ADPKD-1- bzw. ADPKD-2-Gens. In der Genese der Zystenformation spielen neben der gesteigerten zellulären Proliferation eine Mißlokation der Natrium-Kalium-ATPase von der basolateralen zur apikalen Seite der Zelle eine wichtige Rolle. Diskutiert wird eine Zystenvergrößerung durch vermehrten Natrium- und Flüssigkeitseinstrom durch die veränderte Richtung des Natriumtransports, ebenso trägt aber wohl auch eine cAMP-abhängige Chloridsekretion zum Zystenwachstum bei.

Eine intratubuläre (z. B. durch massive Leichtketten- oder Harnsäureproduktion) oder postrenale (z. B. durch Konkremente oder Malignome) Obstruktion führt in Abhängigkeit von Dauer und Ausmaß der Druckerhöhung zur (irreversiblen) Nierenschädigung. Die Obstruktion einzelner Nephrone führt zur Zystenbildung (alternativ durch Gendefekt).

15.10 Akutes Nierenversagen

Das akute Nierenversagen ist definiert als die abrupte und anhaltende, jedoch prinzipiell reversible Abnahme der glomerulären Filtrationsrate beider Nieren innerhalb von Stunden oder Tagen infolge einer akuten Harnabflußstörung (bilaterale Obstruktion) bzw. einer akuten ischämischen (zirkulatorischen), nephrotoxischen, immunologischen oder infektionsbedingten (z. B. Hanta-Virus) Schädigung der Nieren

Die Inzidenz des akuten Nierenversagens liegt bei etwa 50 Fällen pro 1 Mio. Einwohner pro Jahr, wobei 25 % im Rahmen eines multiplen Organdysfunktionssyndroms auftreten. Definiert man das akute Nierenversagen schon bei Anstieg des Serum-Kreatinins um 0,5–1 mg/dl oder als passageren Abfall der glomerulären Filtrationsrate um mehr als 25 %, so läßt sich herleiten, daß akute Nierenversagen weit häufiger auftreten.

Patienten mit akutem Nierenversagen bieten ein breites Spektrum auslösender Faktoren und Erkrankungen, ursächlich verantwortlich für den Ausfall der exkretorischen Nierenfunktion. Das klinische Bild wird entscheidend durch die Akkumulation von Stoffwechselendprodukten, Störungen des Wasser- und Elektrolythaushaltes sowie Entgleisungen der Säure-Basen-Homöostase beeinflußt.

Das akute Nierenversagen weist einen stadienhaften Verlauf auf. Nach der Induktionsphase mit Abnahme der Nierendurchblutung und der glomerulären Filtrationsrate sowie der tubulären Schädigung folgt die Erhaltungsphase, die oligurisch oder auch primär polyurisch (z. B. bei > 50 % der medikamentös induzierten akuten Nierenversagen) verlaufen kann. Unter Oligurie versteht man Urinmengen < 400 ml/Tag, unter Anurie Urinmengen < 50 ml/Tag und unter Polyurie Urinmengen > 4 l/Tag. Da die Urinausscheidung in der Erhaltungsphase meist zwischen 0 und 400 ml/Tag schwankt, wird dieses Stadium auch als ***Oligoanurie*** bezeichnet. Danach schließt sich bei den Patienten, die das akute Nierenversagen überleben, die Erholungsphase mit voller Restitution der Nierenfunktion in mehr als 90 % der Fälle an. Besteht zunächst noch eine Konstellation mit großen Urinmengen und niedriger Harnosmolarität, so bilden sich mit zunehmender Konzentrierungsfähigkeit der Nieren auch diese Störungen wieder zurück.

Ursächliche Faktoren des akuten Nierenversagens sind in Tabelle 15.5 zusammengefaßt.

> **!** Das akute Nierenversagen läßt sich unterteilen in ein funktionelles („prärenales") akutes Nierenversagen, beispielsweise bedingt durch Volumenmangel, in ein akutes Nierenversagen im engeren Sinne, zirkulatorisch („Schockniere") oder toxisch (z. B. durch Aminoglykoside in Überdosierung) bedingt, in ein renales akutes Nierenversagen (z. B. rasch progrediente Glomerulonephritis) und ein postrenales akutes Nierenversagen (z. B. durch bilaterales postrenales Hindernis).

Hepatorenales Syndrom. Unter einem hepatorenalen Syndrom versteht man die Entwicklung einer akuten Niereninsuffizienz bei Patienten mit fortgeschrittener Leberparenchymerkrankung ohne klinischen, laborchemischen oder anatomischen Hinweis für das Vorliegen einer renalen Erkrankung. Beim hepatorenalen Syndrom sind zunächst beide Nieren trotz Nierenversagen „intakt", der Übergang in eine akute Tubulusnekrose (akutes Nierenversagen im engeren Sinne) ist möglich.

Für die Entwicklung des Nierenversagens bei hepatorenalem Syndrom sind zwei zirkulatorische Phänomene von zentraler Bedeutung:

- die afferente Renovasokonstriktion mit konsekutiver relativer kortikaler Ischämie,
- die periphere Vasodilatation mit konsekutiver Hypotonie.

Argumente für eine zirkulatorische Pathogenese des Nierenversagens bei hepatorenalem Syndrom sind Beobachtungen, daß es unter Volumengabe und/oder Einsatz vasoaktiver Substanzen bei einem Teil der Patienten wenigstens zu einem passageren Anstieg der glomerulären Filtrationsrate und des renalen Plasmaflusses kommt. Ferner gibt es Publikationen über eine Normalisierung der Nierenfunktion nach erfolgreicher Lebertransplantation bzw. Publikationen über erfolgreiche Nierentransplantationen durch Nieren von Patienten, die mit hepatorenalem Syndrom verstorben waren.

In die afferente Renovasokonstriktion bei hepatorenalem Syndrom sind folgende Mechanismen involviert:

- Aktivierung des sympathischen Nervensystems,
- Aktivierung des Renin-Angiotensin-Systems,
- Endotoxinämie (induziert z. B. Endothelin als afferenten Vasokonstriktor),
- verminderte renale Kallikreinbildung (verminderte afferente Vasodilatation),
- Aktivierung von Endothelin-1,
- hypothetische Leberfaktoren wie „Liver-borne diuretic factor" (LBDF) oder „Hepatorenaler Reflex" (Serotonin-vermittelt).

Für eine Rolle von Endothelin-1 in der afferenten renalen Vasokonstriktion sprechen der Nachweis von Rezeptoren mit hoher Affinität für Endothelin-1 in Nierenarterien, Medulla und Mesangialzellen und der durch systemische Endothelin-1-Infusion induzierbare

Tabelle 15.5. Wesentliche Ursachen des akuten Nierenversagens

- Funktionelles („prärenales") akutes Nierenversagen
  - Hypovolämie durch gastrointestinalen oder renalen Flüssigkeitsverlust bzw. Flüssigkeitsverluste in den „dritten Raum" (Permeabilitätsstörung)
  - Linksherzversagen
  - Hepatorenales Syndrom bei fortgeschrittener Leberzirrhose
  - ACE-Hemmer-Therapie bei bilateraler Nierenarterienstenose
  - Therapie mit nichtsteroidalen Antiphlogistika (afferente Renovasokonstriktion)
  - Sepsis (häufig Übergang zu akuter Tubulusnekrose)
- Akute glomeruläre Erkrankungen
  - Postinfektiöse akute Glomerulonephritis
  - Rasch progrediente Glomerulonephritis (z. B. im Rahmen von Systemerkrankungen oder Goodpasture-Syndrom)
- Akute vaskuläre Komplikationen
  - Thromboembolischer Verschluß der Nierenarterie(n) bei Vorhofflimmern
  - Cholesterinembolie (z. B. im Rahmen radiologischer Intervention)
  - Akute Vaskulitis
- Tubulointerstitielle Erkrankungen
  - Akute Tubulusnekrose (postischämisch, toxisch)
  - Myoglobinurisches/hämoglobinurisches akutes Nierenversagen im Rahmen von Rhabdomyolyse oder Hämolyse)
  - Akute interstitielle Nephritis (Hypersensibilitätsreaktion)
  - Intratubuläre Obstruktion (z. B. bei Myelom durch monoklonale Immunglobulin-Leichtketten oder bei Tumorlysesyndrom durch Harnsäurekristalle)
- Postrenales akutes Nierenversagen (durch Obstruktion des Harntraktes)
  - Harnleiterkonkremente
  - Retroperitoneale Malignome, Nierenbeckenmalignome
  - Urethrale Obstruktion durch Prostatahyperplasie, Malignome der Blase und Prostata mit Alteration der Uretereinmündung in die Blase

Abfall von glomerulärer Filtration, renalem Blutfluß und fraktioneller renaler Natrium-Exkretion.

An der peripheren Vasodilatation bei hepatorenalem Syndrom ist die vermehrte Produktion von

- Prostazyklin,
- Bradykinin,
- Substanz P,
- Stickoxid (NO) durch Endotoxine und Zytokine,
- Endothelin-3 (ebenfalls Stimulus für NO-Freisetzung)

beteiligt.

Abgetrennt werden müssen vom hepatorenalen Syndrom „pseudohepatorenale Syndrome", die durch eine simultane Schädigung von Leber und Nieren aufgrund von

- Infektionen (z. B. Hepatitis B, C; Leptospirose),
- Autoimmunerkrankungen mit Leber- und Nierenbeteiligung (z. B. systemischer Lupus erythematodes),
- Leber- und Nierenbeteiligung bei Amyloidose oder Sarkoidose,
- Leber- und Nierenschädigung durch Toxine (Pharmaka, Amanita phalloides)

hervorgerufen werden.

ACE-Hemmer-Therapie bei Nierenarterienstenose(n) und Risiko für akutes Nierenversagen. Die Nierenarterienstenose bewirkt eine Reduktion des arteriellen Drucks distal der Obstruktion und damit eine Senkung des glomerulären Kapillardrucks. Die glomeruläre Filtration wird durch die Autoregulation aufrecht erhalten. Diesbezüglich spielt Angiotensin II durch Vasokonstriktion des Vas efferens mit nachfolgender Erhöhung des intraglomerulären Druckes eine bedeutende Rolle. Die Blockade von Angiotensin II durch ACE-Hemmer-Therapie führt unter diesen Umständen (die Vasokonstriktion des Vas efferens wird akut aufgehoben, es kommt zum Schlingenkollaps) über eine Beeinträchtigung der Autoregulation zum Abfall der glomerulären Filtrationsrate und bei beidseitiger Nierenarterienstenose zum akuten Nierenversagen. Diese funktionelle Form des akuten Nierenversagens ist bei rechtzeitiger Erkennung reversibel (durch Absetzen des ACE-Hemmers).

Therapie mit nichtsteroidalen Antiphlogistika und Risiko für akutes Nierenversagen. Hypovolämische Zustände (z. B. ausgedehnter Aszites oder exzessive Diuretikatherapie) führen zu einer gesteigerten Sekretion von Angiotensin II und Noradrenalin, zwei potenten Renovasokonstriktoren. Angiotensin II und Noradrenalin stimulieren auch die glomeruläre Produktion der vasodilatatorischen Prostaglandine Prostazyklin und PGE_2. Auf diese Weise wird eine exzessive Vasokonstriktion mit konsekutiver Reduktion von renalem Blutfluß und glomerulärer Filtrationsrate (wenigstens teilweise) antagonisiert. Eine Therapie mit einem Prostaglandinsyntheseinhibitor kann unter diesen Bedingungen ein akutes Nierenversagen auslösen, da diese Balance nachhaltig gestört wird. Auch diese Form des funktionellen Nierenversagens sollte sich nach Absetzen des entsprechenden Medikamentes zurückbilden. Nahezu regelhaft wird eine gewisse Volumenretention evtl. mit Ödembildung bewirkt.

Akute Tubulusnekrose (akutes Nierenversagen im engeren Sinne). Unter den akuten Nierenversagen, die sich als akute Tubulusnekrose manifestieren, sollen zwei Formen diskutiert werden:

- das postischämische akute Nierenversagen und
- das Aminoglykosid-induzierte (toxische) akute Nierenversagen.

Postischämische akute Tubulusnekrose („Schockniere“): Jede ausgeprägte renale Ischämie (z. B. septischer Schock, prolongierte intraoperative Hypotension) kann zur akuten Tubulusnekrose führen. Im Rahmen der Sepsis führt die Kombination von afferenter Renovasokonstriktion und systemischer Hypotension (ähnlich der Konstellation wie bei hepatorenalem Syndrom) zum akuten Nierenversagen mit Ischämie-bedingter tubulärer Schädigung. Folgende Faktoren sind von potentieller Bedeutung:

- verminderte zelluläre ATP-Speicher,
- Akkumulation von intrazellulärem Kalzium,
- Alteration der Membranphospholipide,
- Bildung freier Radikale,
- Desintegration von Zellen,
- Translokation der Na-K-ATPase von der basolateralen zur apikalen Membran,
- medulläre Ischämie (unter physiologischen Bedingungen erhält die Medulla nur < 10 % des renalen Blutflusses und gilt daher als besonders Hypoxieempfindlich).

Aminoglykosid-induzierte akute Tubulusnekrose: Bei 10–20 % der Patienten kommt es unter prolongierter Aminoglykosidtherapie (> 5 Tage) zu einem Anstieg des Serum-Kreatinins um mehr als 0,5–1,0 mg/dl, auch wenn die Tal- und Spitzenspiegel engmaschig monitorisiert werden.

Potentiell nephrotoxische Medikamente (z. B. Aminoglykoside) werden nach glomerulärer Filtration tubulär reabsorbiert und akkumulieren in Lysosomen proximaler Tubuluszellen. Neben der im Vergleich zu Plasma und Urin deutlich höheren Konzentrationen in der Nierenrinde können nephrotoxische Pharmaka hochreaktive Metabolite (z. B. Sauerstoffradikale) bilden und so lokal toxisch wirken.

Aminoglykoside werden glomerulär filtriert, aufgrund ihrer kationischen Aminogruppen können sie an Rezeptoren der apikale Membran proximaler Tubuluszellen binden und dann intrazellulär aufgenommen werden. Aminoglykoside akkumulieren in Lysosomen proximaler Tubuluszellen, beeinträchtigen deren Funktion und führen so zur tubulären Zellschädigung, zumal die Akkumulation 4–6 Wochen nach Absetzen der Therapie persistiert und Aminoglykoside noch mehrere Wochen im Harn nachweisbar sind. Die Entwicklung einer akuten Tubulusnekrose hängt neben verschiedenen Risikofaktoren wie Dehydratation, Grunderkrankung, Begleitmedikation und präexistenter Nierenfunktion vor allem von der Dosis und Dauer der Aminoglykosidtherapie sowie der Zahl der Aminogruppen der Substanz (z. B. Gentamicin 6, Netilmicin 3 Aminogruppen) ab.

Wichtige Pathomechanismen in der Ätiologie des akuten Nierenversagens sind die gestörte Nierenperfusion, die Abnahme der glomerulären Permeabilität, die tubuläre Rückdiffusion des Filtrates und die tubuläre Obstruktion. In Abhängigkeit von der Ätiologie des akuten Nierenversagens und dem Ausmaß der Organkomplikationen (z. B. Lungen-, Leberversagen, Sepsis) ist das akute Nierenversagen von einer hohen Mortalität begleitet.

15.11 Literatur

1. Border WA, Noble NA (1994) Transforming growth factor β in tissue fibrosis. N Engl J Med 331:1286–1292
2. Franz M, Hörl WH (1999) Common errors in diagnosis and management of urinary tract infection. I: Pathophysiology and diagnostic techniques. Nephrol Dial Transplant 14:2746–2753
3. Franz M, Hörl WH (1999) Common errors in diagnosis and management of urinary tract infection. II: Clinical management. Nephrol Dial Transplant 14:2754–2762
4. Gansevoort RT, de Zeeuw D, de Jong PE (1994) Is the antiproteinuric effect of ACE inhibition mediated by interference in the renin-angiotensin system? Kidney Int 45:861–867
5. Hörl WH (1999) Nephrologie. In: Duale Reihe, Innere Medizin, I. Auflage, Hippokrates Verlag, Stuttgart, S 592–745
6. Klahr S, Levey AS, Beck GJ et al. (1994) The effects of dietary protein restriction and blood-pressure control on the progression of chronic renal disease. N Engl J Med 330: 877–884
7. Lewis EJ, Hunsicker LG, Bain RP et al. (1993) The effect of angiotensin-converting-enzyme inhibition on diabetic nephropathy. N Engl J Med 329: 1456–1462
8. Mobley HL, Island MD, Massad G (1994) Virulence determinants of uropathogenic Escherichia coli and Proteus mirabilis. Kidney Int 46(Suppl 47):S–129–S–136
9. Nath KA (1992) Tubulointerstitial changes as a major determinant in the progression of renal demage. Am J Kidney Dis 20:1–17
10. Quarles LD, Yohay DA, Carroll BA et al. (1994) Prospective trial of pulse oral versus intravenous calcitriol treatment of hyperparathyroidism in ESRD. Kidney Int 45:1710–1721
11. Ritz E, Orth SR (1999) Nephropathy in patients with type 2 diabetes mellitus. N Engl J Med 341:1127–1133
12. Rose BD, Rennke HG (1994) Renal Pathophysiology–the essentials. Williams & Wilkins, Baltimore
13. Tolins JP, Stone BG, Raij L (1992) Interactions of hypercholesterolemia and hypertension in initiation of glomerular injury. Kidney Int 41:1254–1261
14. Wolf G (1993) Vasoactive substances as regulators of renal growth. Exp Nephrol 1:141–151

16 Salz-, Wasser- und Säure-Basenhaushalt

C. Grupp und G. A. Müller

EINLEITUNG Ein 52 jähriger Patient, bei dem schon länger eine fortgeschrittene Niereninsuffizienz auf dem Boden einer chronischen Glomerulonephritis bekannt war, wurde aufgrund akuter Verschlechterung seines Allgemeinzustandes mit ausgeprägter Dyspnoe in die Notaufnahme eines Krankenhauses eingewiesen. Bislang war sein Zustand unter hoch dosierter Gabe von Schleifendiuretika, sowie einer kalium- und phosphatarmen Ernährung kompensiert gewesen. Am Aufnahmetag hatte er jedoch eine größere Menge Kirschen gegessen. Im Aufnahmebefund fielen neben ausgeprägten Ödemen, eine pulmonale Stauung sowie eine Bradykardie auf. Im Elektrokardiogramm zeigten sich bei fehlenden P-Wellen breite, deformierte Kammerkomplexe. Laborchemisch bestand neben deutlich erhöhten Retentionsparametern (Kreatinin 9,9 mg%, Harnstoff-N 174 mg%) ein Serumkalium von 7,8 mmol/l sowie eine metabolische Azidose mit einem BE von −17,1 mmol/l. Unter einer umgehend eingeleiteten Notfalldialyse ließ sich das Serumkalium rasch normalisieren, im EKG zeigte sich wieder ein unauffälliges Bild. Nach Fortführung der Dialysebehandlung in den folgenden Tagen besserte sich der Allgemeinzustand des Patienten rasch.

16.1 Störungen des Flüssigkeitshaushalts

Störungen des Flüssigkeitshaushalts betreffen sowohl den Wasser- als auch Elektrolyt-Haushalt, da beide eng miteinander gekoppelt sind

Die aktive Steuerung erfolgt in erster Linie über die Natrium-Ionen, denen Anionen und Wasser passiv folgen. Störungen können auf einem Mißverhältnis zwischen Aufnahme und Abgabe ***(Bilanzstörung)*** oder unphysiologischer Verteilung ***(Verteilungsstörung)*** von Elektrolyten oder Wasser beruhen (Abb. 16.1). Die pathophysiologischen Auswirkungen einer Störung des Flüssigkeitshaushalts sind in erster Linie von den Veränderungen im extrazellulären Raum ***(EZR)***, bestehend aus Intravasalraum ***(IVR)*** und interstitiellem Raum ***(ISR)***, abhängig, der intrazelluläre Raum ***(IZR)*** wird sekundär beeinflußt [13]. Gegliedert nach den Veränderungen im EZR werden die Störungen des Flüssigkeitshaushalts im folgenden näher erörtert. Die für die jeweilige Störung charakteristische Befundkonstellation und potentiell zugrundeliegende Ursachen sind in Abb. 16.2 zusammengefaßt.

Isotonen Störungen des Flüssigkeitshaushalts liegt eine Bilanzstörung sowohl des Elektrolyt- und Wasserhaushalts ohne Änderung der Serum-Osmolalität (280–300 mosmol/kg) zugrunde

Da keine Osmolalitätsunterschiede zwischen EZR und IZR bestehen, kommt es zu keinen Flüssigkeitsverschiebungen zwischen diesen beiden Kompartimenten, das Volumen des IZR bleibt konstant. Die Volumenänderungen im EZR betreffen in erster Linie das Kreislaufsystem.

Isotone Dehydration. Der Volumenmangel im EZR aufgrund Verlust von isotonischer Flüssigkeit führt durch eine Hypovolämie im Intravasalraum, gekennzeichnet durch eine Abnahme des zentralvenösen Drucks, zu Blutdruckabfall mit reflektorischer Tachykardie. Aufgrund einer Hypoperfusion der Nieren, im Extremfall einhergehend mit einem akuten Nierenversagen, kommt es zu einer Verminderung der glomerulären Filtrationsrate und Aktivierung des ***Renin-Angiotensin-Aldosteron-(RAA)-Systems*** (s. Abschnitt 16.4) mit kompensatorischer Natrium- und Wasser-Retention. Des weiteren geht die Speichel- und Schweißsekretion zurück. Die Reduktion des Flüssigkeitsvolumens im interstitiellen Raum ist erkennbar an Exsikkose-Zeichen wie

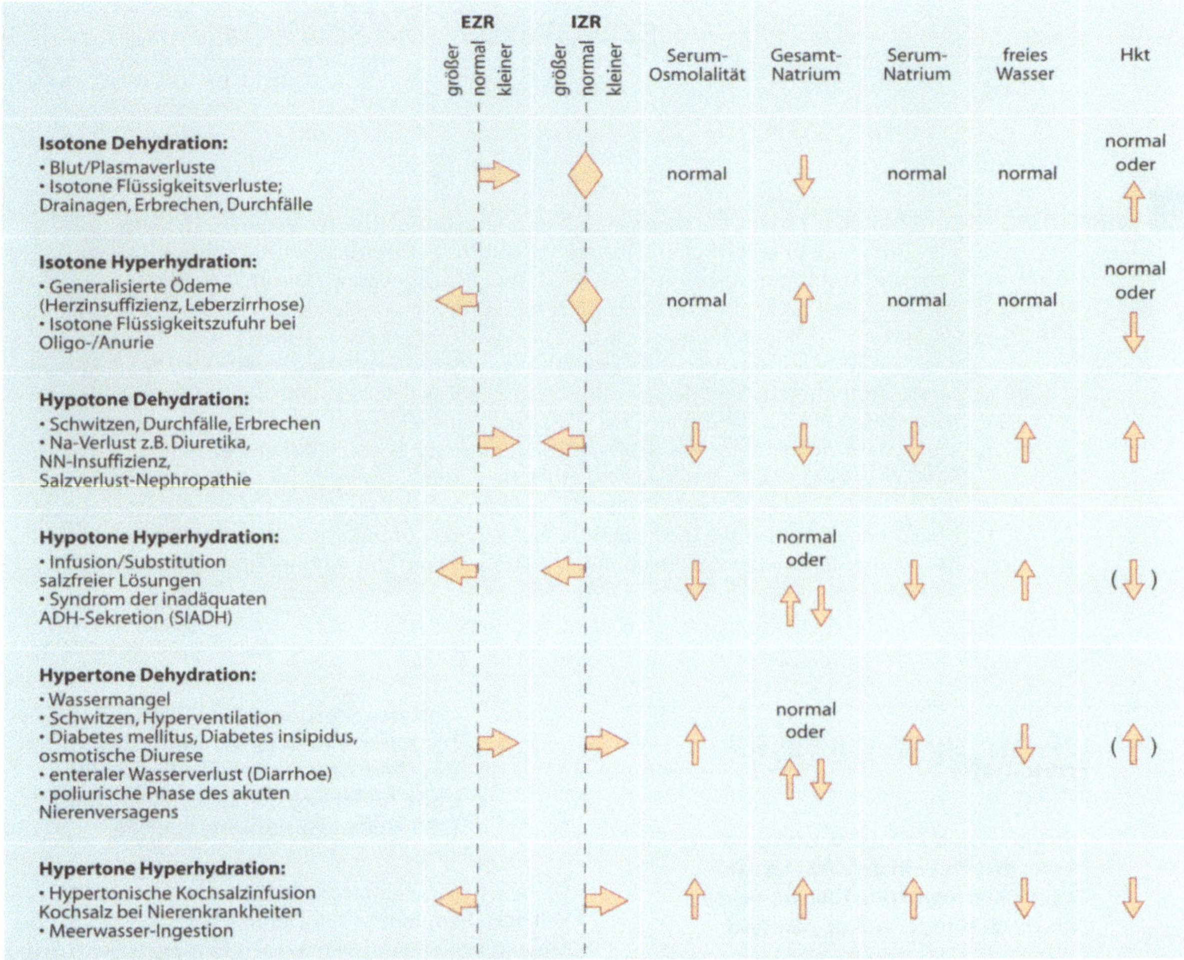

Abb. 16.1. Differenzierung von Störungen des Flüssigkeitshaushalts nach Tonizität und Volumenänderungen des Extra- *(EZR)* und Intrazellular-Raums *(IZR)*. Akute Änderungen des Hämatokrits *(Hkt)* stellen einen relativ guten Parameter für Änderungen des EZR dar (nach Ausschluß einer Blutung), wobei die Veränderungen zu diesem gegenläufig sind. Klinische Zeichen der Dehydration sind eine trockene Zunge und sogenannte „stehende Hautfalten", Zeichen der Hyperhydration Ödeme und pulmonale Stauung

trockener Haut (stehende Hautfalten) und trockenen Schleimhäuten (trockene Zunge).

Isotone Hyperhydration. Eine isotone Natrium- und Wasserretention führt aufgrund einer Hypervolämie im Intravasalraum zu einem Anstieg des Blutdrucks (in erster Linie der diastolischen RR-Werte) und aufgrund einer Expansion des interstitiellen Raums zu Ödemen (s. Abschnitt 16.3). Bei Wassereinlagerung in den interstitiellen Raum der Lunge kommt es zur klinischen Symptomatik der pulmonalen Stauung, im Extremfall zum Lungenödem. Kompensatorisch wird über die Aktivierung von Volumenrezeptoren in den zentralen Venen das ***atriale natriuretische Peptid (ANP)*** aus den Herzvorhöfen freigesetzt. ANP fördert die Natrium- und damit auch Wasserausscheidung durch Steigerung der glomerulären Filtrationsrate und Hemmung der Natrium-Rückresorption im Sammelrohr. Das RAA-System wird dagegen supprimiert (außer ein Hyperaldosteronismus ist die Ursache der Hyperhydratation).

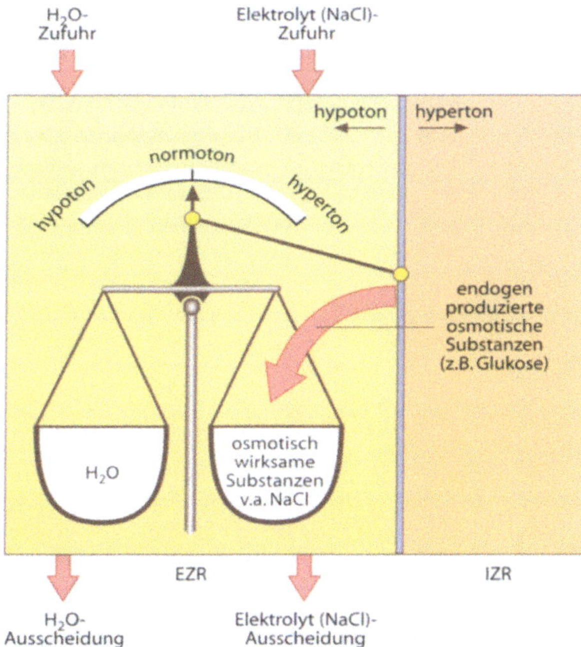

Abb. 16.2. Störungen des Flüssigkeitshaushalts: Diese können zum einen auf einem Mißverhältnis zwischen Aufnahme und Abgabe (Bilanzstörung) oder unphysiologischen Verteilung (Verteilungsstörung) von osmotisch wirksamen Substanzen oder Wasser beruhen. Als osmotisch wirksame Substanzen sind im Extrazellularraum *(EZR)* in erster Linie die Elektrolyte Natrium und Chlorid von Bedeutung. Das Gleichgewicht zwischen Wasser und Osmolyten kann allerdings auch durch die endogene Bildung osmotisch wirksamer Substanzen, z. B. Glukose, gestört werden. Osmolalitätsveränderungen im EZR beeinflussen das Volumen des Intrazellularraum *(IZR)*, da es kompensatorisch zu Flüssigkeitsverschiebungen zwischen diesen beiden Kompartimenten kommt, die die Angleichung der Osmolalitäten zwischen diesen zum Ziel haben

Hypotone Störungen sind gekennzeichnet durch eine erniedrigte Osmolalität im EZR

Da die Konzentration von Glukose und Harnstoff (ca. 15 mmol/l) im Vergleich zur Summe der Elektrolyte, in erster Linie Natrium und dem Anion Chlorid (ca. 300 mmol/l) gering ist, geht eine signifikante Abnahme der Serum-Osmolalität (die sich nach der Formel $[Osm]_P = 2 \cdot [Na]_P + [Glukose]_P + [Harnstoff]_P$ abschätzen läßt) immer mit einer Abnahme der Serum-Natrium-Konzentration (Hyponatriämie, s. Abschnitt 16.2) einher. Eine Hypoosmolalität im EZR führt aufgrund des Konzentrationsgradienten initial zu einem Flüssigkeitseinstrom in die Zelle (Zellschwellung) und damit verbunden zu einem Abfall der intrazellulären Osmolalität. Kompensatorisch werden von der Zelle Elektrolyte und auch organische Osmolyte in den EZR abgegeben, wobei die genauen Mechanismen derzeit noch unbekannt sind. Besonders empfindlich reagieren die Zellen des Zentralnervensystems auf hypoosmolare Bedingungen. Die klinische Symptomatik äußert sich in zunehmender Lethargie, Verwirrtheit, Koma und Krämpfen, wobei diese auch von der Geschwindigkeit des Einsetzens der Hypoosmolalität bestimmt wird. Bei einem langsamen Abfall der Osmolalität kann aufgrund der Kompensationsmechanismen die Symptomatik erst bei sehr niedrigen Osmolalitäten auftreten.

Umgekehrt kann es sehr gefährlich sein, eine chronische Hypoosmolalität zu schnell auszugleichen. Durch einen schnellen Anstieg der Tonizität im EZR kommt es zu einer akuten Schrumpfung des IZR, dessen Volumen sich aufgrund der vorbeschriebenen Adaptationsprozesse zwischenzeitlich normalisiert hatte. Besonders anfällig für diese akuten Tonizitätsschwankungen ist das Pons-Gebiet des ZNS, wo es zu irreversiblen Schädigungen kommen kann (sog. zentrale pontine Myelinolyse) [2].

Hypotone Dehydratation. Dieser liegt eine primäre Störung des Natriumhaushalts zugrunde, bei der die Natrium-Verluste größer als die Flüssigkeitsverluste sind. Aufgrund des Natriummangels schrumpft der EZR zum einen durch die extrakorporale Flüssigkeitsabgabe zum anderen durch die Flüssigkeitsverschiebung vom EZR in den IZR aufgrund des osmotischen Gradienten. Klinisch gekennzeichnet ist die hypotone Dehydratation durch die vorbeschriebenen Symptome des Volumen-Mangels im EZR und deren Auswirkungen auf das ZNS.

Hypotone Hyperhydratation. Dieser liegt eine primäre Störung des Wasserhaushalts mit Wasserüberschuß im EZR zugrunde, z. B. infolge vermehrter Rückresorption von H_2O aufgrund einer erhöhten Wasserpermeablität des Sammelrohrs beim SIADH (s. Kap. 26) oder Diuretika-Gabe bei Ödemen. Die hypotone Hyperhydration geht mit den vorbeschriebenen Symptomen der Volumen-Überladung und deren Auswirkungen auf das ZNS einher. Es können ein Anstieg des hydrostatischen Drucks im Schädelinnenraum, Stauungspapille und Zeichen der Hirnstammkompression auftreten.

Der Anstieg der Osmolalität im Rahmen hypertoner Störungen des Flüssigkeitshaushalts kann sowohl durch einen Anstieg der Natriumkonzentration aber auch anderer osmotisch wirksamer Bestandteile wie Glukose, Mannitol oder Harnstoff bedingt sein

Die Hyperosmolalität im EZR führt zu einem Flüssigkeitsausstrom vom IZR in den EZR. Die initiale Schrumpfung des IZR aktiviert gegenregulatorische Mechanismen, deren Verständnis gegenwärtig noch inkomplett ist.

Zum einen durch die Bildung organischer Osmolyte (z.B. Sorbitol, Cholin) zum anderen durch die Aufnahme von Elektrolyten, vermutlich über ein ubiquitär vorkommendes Na-K-Cl-Kotransportsystem, welches sich aufgrund seiner Transportkinetiken von dem Na-K-Cl-Kotransporter in der dicken aufsteigenden Henle-Schleife der Niere unterscheidet, steigt die intrazelluläre Osmolalität.

Entwickelt sich eine Hyperosmolarität langsam, kann es aufgrund dieser Adaptationsmechanismen eventuell erst bei sehr starker Ausprägung zum Auftreten einer klinischen Symptomatik kommen. Diese betrifft in erster Linie die für Tonizitätsschwankungen empfindlichen Zellen des ZNS und äußert sich in Fieber, Krämpfen, Verwirrtheit und Koma. Durch die Stimulation von Osmorezeptoren im anterolateralen Hypothalamus gehen hypertone Störungen des Flüssigkeitshaushalts mit einem starken Durstgefühl einher, es sei denn ein gestörter Durstmechanismus liegt ursächlich vor [1].

Hypertone Dehydratation. Dieser liegt ein Wassermangel zugrunde. Aufgrund einer Zunahme der Blutviskosität vermindert sich die Organdurchblutung. Eine dadurch reduzierte Wärmeabgabe verstärkt das Fieber, eine gestörte Mikrozirkulation führt zu Thrombosen. Zentral kann es zu einer Abnahme des intrakraniellen Drucks und Öffnung der Blut-Hirnschranke kommen.

Hypertone Dehydration im Rahmen eines hyperosmolaren Komas bei Diabetes mellitus. Bei ausgeprägter Hyperglykämie im Rahmen eines entgleisten Diabetes (Blutzuckerwerte im allgemeinen über 400 mg%) kommt es durch Überschreiten der renalen Rückresorptionskapazität für Glukose (Schwellenwert liegt bei einem Serum-BZ-Wert von ca. 180 mg%) zu einer Glukosurie. Die hierdurch verursachte osmotische Diurese führt zu einer Ausscheidung von freiem Wasser mit konsekutiver Hypernatriämie, die die hyperglykämisch bedingte Hypertonizität weiter verstärkt.

Erhöhung der Osmolalität durch Harnstoff (Urämie). Einen Sonderfall stellt die Zunahme der Osmolalität in Folge eines Harnstoff-Anstiegs im Rahmen einer Niereninsuffizienz dar. Harnstoff kann relativ leicht in den IZR penetrieren, so daß kein Konzentrationsgradient zwischen EZR und IZR und somit keine Flüssigkeitsverschiebungen zwischen diesen Räumen auftreten. Allerdings kann die schnelle Senkung sehr hoher Harnstoff-Werte innerhalb weniger Stunden mittels Dialyse aufgrund eines zeitlich verzögerten Abfalls des intrazellulären Harnstoff zu Zellschwellung mit neurologischer Symptomatik führen (sog. Dysäquilibriumsyndrom).

Hypertone Hyperhydration. Der hypertonen Hyperhydration liegt eine primäre Störung des Natrium-Haushalts zugrunde. Infolge hypertoner NaCl-Zufuhr, die von den Nieren nicht mehr kompensiert werden kann (z.B. Meerwasser-Ingestion), kommt es zu einem Natriumüberschuß im EZR mit Flüssigkeitsretention. Trotz Hypervolämie führt die Hyperosmolalität zu einer Stimulation der Osmorezeptoren und verstärktem Durstgefühl. Die dadurch gesteigerte ADH-Ausschüttung fördert die H_2O-Rückresorption im Sammelrohr. Dadurch wird die Hypervolämie verstärkt, die Osmolalität jedoch gesenkt.

! Störungen des Flüssigkeitshaushalts können auf einem Mißverhältnis zwischen Aufnahme und Abgabe (Bilanzstörung) oder unphysiologischer Verteilung (Verteilungsstörung) von Elektrolyten oder Wasser beruhen. Diese betreffen primär den EZR, der IZR wird sekundär beeinflußt. Wesentliche Kenngrößen von Störungen des Flüssigkeitshaushalts sind Volumenstatus und Osmolalität, sie bestimmen die Symptomatik.

16.2 Störungen des Natrium-Haushalts

Natrium ist das wichtigste Stellglied auf der efferenten Seite der Regulation des Flüssigkeitshaushalts

Im folgenden werden die pathophysiologischen Grundlagen von Störungen des Natrium-Haushalts dargestellt [16]. Wesentliche Ursachen sind in Tabelle 16.1 zusammengefaßt.

Tabelle 16.1. Ursachen von Störungen des Natrium-Haushalts

Hyponatriämie:	Hypernatriämie:
Verminderte Zufuhr: • alimentärer Kochsalzmangel (sehr selten, meist in Kombination mit Salzverlusten) *Verdünnungshyponatriämie* *(Wasseraufnahme übersteigt die Wasserausscheidung):* • assoziiert mit Natriumretention und Ödemen (Herzinsuffizienz, Leberzirrhose, nephrotisches Syndrom) inbesonders bei Gabe von natriuretisch wirkenden Diuretika • Syndrom der inadaequaten ADH-Sekretion *Natriumdepletion übersteigt die Wasserdepletion,* *bzw. die Auffüllung von Natriumverlusten wird nur mit* *Wasser vorgenommen:* **renal** (Urinnatrium > 20 mmol/l): aber ungenügender Wasserzufuhr: • salzverlierende Nephropathie • Mineralokortikoid-Mangel, Bartter-Syndrom • Pseudohypoaldosteronismus Typ 1 • renaler Kationenverlust (Natrium und Kalium gehen mit sogenannten nicht resorbierbaren Anionen wie Ketosäuren und Bikarbonat verloren) • Diuretika **extrarenal** (Urinnatrium < 10 mmol/l): • gastrointestinal: Erbrechen, Durchfall • Haut: Schwitzen • Verluste in den „Dritten Raum" (Pankreatitis, Verbrennungen, Peritonitis)	*Exzessive Natrium-Aufnahme oder verminderte Wasserzufuhr:* • Meerwasseringestion, hypertone NaCl-Infusion • Wassermangel, gestörtes Durstgefühl *Renale Natriumretention:* • überschießende Mineralokortikoide Wirkung • Nierenversagen *Harnkonzentrierungsstörungen ohne adaequate Wasserzufuhr:* • zentraler oder nephrogener Diabetes insipidus • Restitutionsphase nach akutem Nierenversagen • osmotische Diurese z. B. bei Glukosurie (Diabetes mellitus), Mannitol-Infusion *Extrarenaler Wasserverlust bei normaler Harnkonzentrierung:* • starkes Schwitzen oder großer Verlust via perspiratio insensibilis (Fieber) • ausgeprägte Diarrhöen

Hyponatriämie. (Klinisch signifikant ab Serumnatriumkonzentrationen unter 130 mmol/l) [19].

- ***Verminderte Zufuhr***: Obgleich beim Menschen der Salzhunger nur gering ausgeprägt ist, führt eine verminderte alimentäre Kochsalzzufuhr fast nie zu einer manifesten Hyponatriämie, da in der Nahrung im allgemeinen ausreichend Natrium enthalten ist (täglicher Mindestbedarf ca. 1,6 g) und die Niere bei verminderter Natrium-Zufuhr das glomerulär filtrierte Natrium weitestgehend tubulär rückresorbiert (u.a. durch die Stimulation des RAA-Systems). Nur in Kombination mit verstärktem Salzverlust (s. unten) kommt es zu einer Hyponatriämie.
- ***Verdünnungshyponatriämie***: Bei der Verdünnungshyponatriämie übersteigt initial die Wasseraufnahme die Wasserausscheidung, im Gleichgewichtszustand besteht eine positive Wasserbilanz (hypotone Hyperhydratation). Sie kann zum einen dadurch entstehen, daß bei Natrium- und Wasserretention (Ödeme) Natrium in Relation zu Wasser vermehrt ausgeschieden wird, inbesonders bei der Gabe natriuretisch wirkender Diuretika. Eine Verdünnungshyponatriämie bei Herzinsuffizienz hat eine besonders ungünstige Prognose. Des weiteren kann sie durch eine gesteigerte Wasserrückresorption im Sammelrohr im Rahmen eines SIADH bedingt sein.
- ***Natriumverlust***: Eine Hyponatriämie kann auch dadurch verursacht sein, daß die Natriumdepletion die Wasserdepletion übersteigt, bzw. eine Auffüllung von Natriumverlusten nur mit Wasser vorgenommen wird (hypotone Dehydratation). Bei ***renal*** bedingten Natriumverlusten ist die tubuläre Rückresorption des glomerulär filtrierten Natriums gestört (z. B. bei salz-

verlierender Nephropathie, Mineralokortikoidmangel, Bikarbonaturie). Die Auscheidung von Natrium im Urin liegt über 20 mmol/l. Bei ***extrarenal*** bedingten Natrium-Verlusten versucht die Niere durch maximale Steigerung der tubulären Rückresorption diese zu kompensieren. Die Natrium-Konzentration im Urin liegt hier unter 10 mmol/l. Diese extrarenalen Natrium-Verluste über ***Schweiß*** (Natrium-Konzentration ca. 20–90 mmol/l) oder ***Darm*** spielen unter physiologischen Bedingungen nur eine untergeordnete Rolle. Bei ausgeprägtem Schwitzen (Sport, Sauna) oder Diarrhoen kann es über diese Wege jedoch zu erheblichen Natrium-Verlusten kommen.

Hypernatriämie. Hypernatriämien (Serum-Natrium > 150 mmol/l) können folgende Störungen zugrunde liegen [16]:

- ***Exzessive Natrium-Aufnahme oder verminderte Wasserzufuhr***: Exzessive Natriumaufnahme, z. B. infolge Meerwasser-Ingestion, kann die renale Eliminationskapazität für Natrium überschreiten und so zur Hypernatriämie führen (hypertone Hyperhydration), eine verminderte Wasserzufuhr mit Überschreiten der maximalen Harnkonzentrierungsfähigkeit ebenfalls (hypertone Dehydratation).
- ***Renale Natrium-Retention***: Eine gesteigerte renale Rückresorption von Natrium im distalen Tubulus/Sammelrohr beispielsweise infolge einer Überproduktion von Mineralokortikoiden kann eine Hypernatriämie bewirken. Diese führt zu einer Wasserretention (hypertone Hyperhydration).
- ***Harnkonzentrierungsstörungen mit renalen Wasserverlusten***: Bei verminderter Wasserrückresorption im Sammelrohr (z. B. zentraler oder nephrogener Diabetes insipidus, osmotischer Diurese bei Glukosurie oder in der Restitutionsphase nach akutem Nierenversagen) übersteigt die Wasserausscheidung die Natriurese. Ein nicht adäquater Ersatz der Wasserverluste führt zur Hypernatriämie (hypertone Dehydration).
- ***Extrarenale Wasserverluste***: Exzessive Wasserverluste über Haut, Atemluft und Fäzes (jeweils ca. 10–15 % unter physiologioschen Bedingungen) infolge starken Schwitzens, via perspiratio insensibilis bei Fieber oder ausgeprägter Diarrhöen bei ungenügender Wasserzufuhr können zu einer Hypernatriämie führen (hypertone Dehdratation). Die Niere versucht, die extrarenalen Wasserverluste durch Ausscheidung eines maximal konzentrierten Urins zu kompensieren.

> **!** **Hyponatriämien** liegt meist eine Verdünnungshyponatriämie zugrunde, seltener renale oder extrarenale Natrium-Verluste, eine verminderte Natriumzufuhr stellt eine Rarität dar. Eine **Hypernatriämie** entsteht, wenn die Wasser- die Natriumverluste übersteigen und gleichzeitig ungenügend Wasser zugeführt wird, was in der Regel auf einen Wassermangel oder gestörten Durstmechanismus zurückzuführen ist.

16.3 Ödeme

Ödeme sind Ausdruck einer positiven Volumenbilanz und gehen mit einer Natriumretention einher, das Serumnatrium kann im Normbereich liegen oder erniedrigt sein

Bei der Ödementstehung ist das von Starling beschriebene Fließgleichgewicht zwischen Kapillarfiltration, Kapillarresorption und Lymphdrainage gestört [17]. Kapillarfiltration und -resorption ergeben sich als Druckdifferenz von auswärtsgerichtetem hydrostatischem Druck und ins Lumen gerichtetem effektivem onkotischem Druck, der wiederum die onkotische Druckdifferenz zwischen Intervasalraum und interstitiellem Raum darstellt. Der hydrostatische Druck fällt entlang der Kapillare kontinuierlich ab, der onkotische Druck bleibt relativ konstant. Bei erhöhtem intravasalem hydrostatischen Druck in Folge intravasaler Volumenexpansion oder erniedrigtem intravasalem onkotischen Druck verschiebt sich das Filtrations-/Resorptions-Verhältnis zur Filtration (Abb. 16.3). Überschreitet die vermehrt filtrierte Flüssigkeitsmenge die Transportkapazität des lymphatischen Systems, kommt es zur Volumenexpansion des interstitiellen Raums, die klinisch als Ödeme (manifest im allgemeinen ab einer zusätzlichen Flüssigkeitseinlagerung von 3 bis 5 Litern) imponieren (primär isotone Hyperhydratation).

Man unterscheidet primäre und sekundäre Ödeme [8]. ***Primäre Ödeme*** entstehen in Folge des Unvermögens der Nieren (z. B. bei akuter oder chronischer Niereninsuffizienz) Salz und damit Wasser adäquat auszuscheiden. Aufgrund dieser renal bedingten Retention von Salz und Wasser kommt es zu einer Hypervolämie des EZR. Die Expansion des interstitiellen

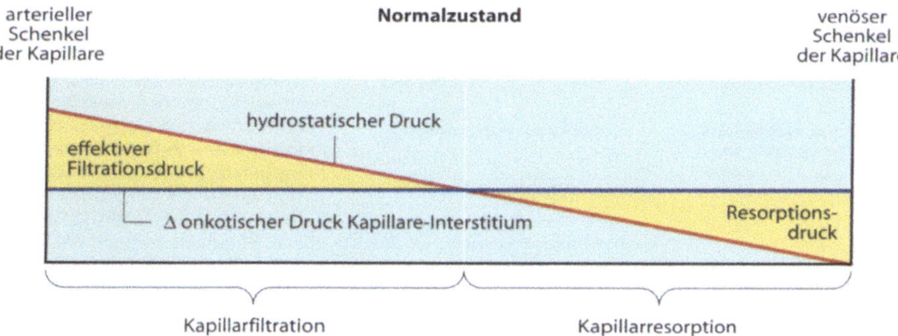

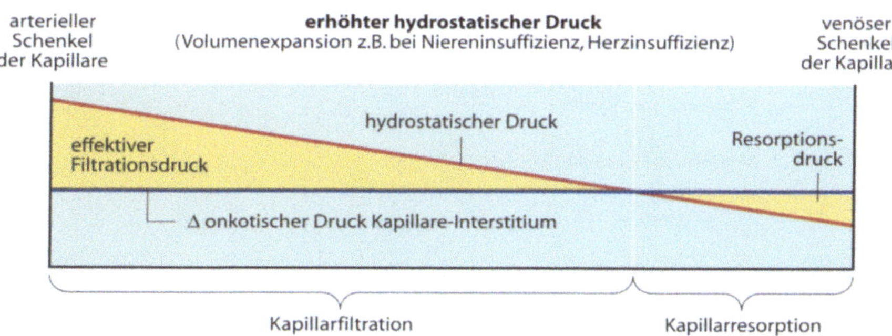

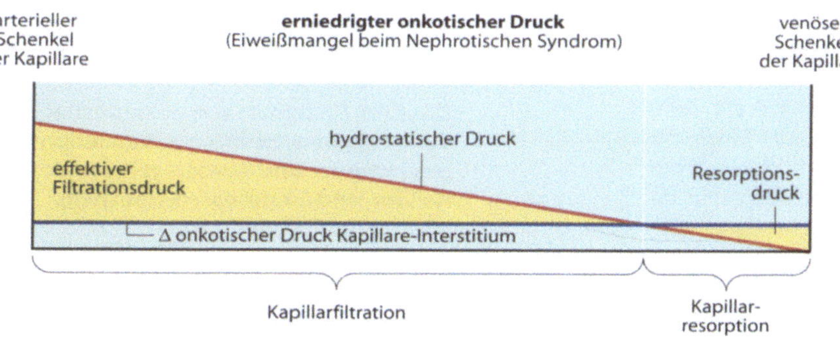

Abb. 16.3. Ödempathogenese. Sowohl ein erhöhter intravasaler hydrostatischer Druck als auch ein verminderter intravasaler onkotischer Druck verschieben das Filtrations/Resorptionsverhältnis in Richtung Filtration. Es resultiert ein verstärkter Netto-Flüssigkeitsübertritt in den interstitiellen Raum

Raums führt zu Ödemen, die des Intravasalraums zu einer Zunahme des Herzminutenvolumens und Blutdrucks. Bei diesen sogenannten Überlaufödemen (*„Überlauf-Theorie“*, Abb. 16.4) ist die Aktivität des Renin-Angiotensin-Aldosterons-Systems mit Plasmarenin und Aldosteron supprimiert.

Das ***sekundäre Ödem*** ist ebenfalls durch eine renale Retention von Salz und Wasser gekennzeichnet. Dabei wird jedoch das Verhalten der Niere als adaptativ angesehen. Bei diesem Konzept ***(„Mangelfüllung-Theorie“***, Abb. 16.4) wird davon ausgegangen, daß ein niedriges Plasmavolumen bzw. ein niedriges effektives Blutvolumen die renale Natriumretention auslöst. Dies scheint bei nephrotisch bedingten Ödemen durch einen Abfall des kolloidosmotischen Drucks in den Kapillaren, bei kardial bedingten Ödemen durch das infolge der eingeschränkten Pumpfunktion erniedrigte effektive Blutvolumen bedingt

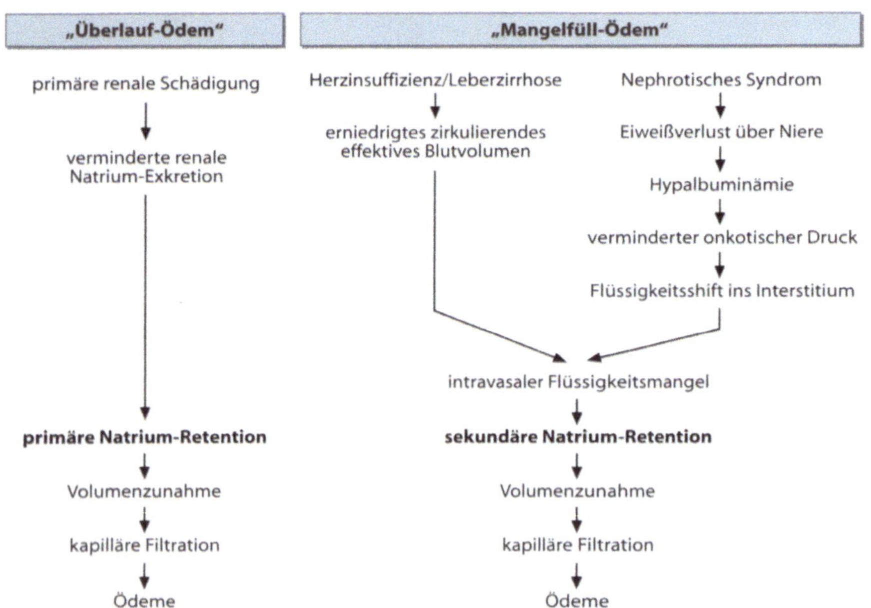

Abb. 16.4. Pathophysiologische Vorstellungen zur Ödementstehung. Die „Überfüllungs"-Theorie wird angenommen zur Erklärung von Ödemen, die aufgrund einer Nierenschädigung mit primärer Natrium-Retention einhergehen (primäre Ödeme). Dagegen wird die renale Natrium-Retention z. B. bei Herzinsuffizienz als adaptativ angesehen (sekundäre Ödeme bei funktioneller „Mangelfüllung" des Gefäßsystems)

zu sein. Ein erniedrigtes effektives Blutvolumen scheint auch bei Patienten mit Leberzirrhose den wichtigsten pathophysiologischen Faktor für die Ödementstehung darzustellen. Dieser relative intravasale Flüssigkeitsmangel führt über die Macula densa zur Stimulation des Renin-Angiotensin-Aldosteron-Systems (s. Abschnitt 16.4) und über Volumenrezeptoren zur Aktivierung der ADH-Ausschüttung und damit zu einer renalen Natrium- und Flüssigkeits-Retention mit konsekutiver Vermehrung des Blutvolumens. Charakteristika des sekundären Ödems sind daher klinische Zeichen eines niedrigen effektiven Blutvolumens unter Umständen mit Neigung zu orthostatischer Hypotonie.

! Ödeme sind gekennzeichnet durch eine Natrium- und Wasser-Retention mit Expansion des EZR. Primäre Ödeme beruhen auf einer renalen Ausscheidungsstörung („Überlauf-Ödem"), während bei sekundären Ödemen ein relativer intravasaler Flüssigkeitsmangel besteht und das Verhalten der Nieren als adaptativ angesehen werden muß („Mangelfüll-Ödem").

16.4 Auswirkungen von Störungen des Renin-Angiotensin-Aldosteron-(RAA) Systems

Das RAA-System ist von wesentlicher Bedeutung sowohl für die Regulation des Natrium- und Wasser- als auch des Kalium- und Säure-Basen-Haushalts

Die Reaktion dieses Systems bei unterschiedlichen Störungen des Wasser- und Elektrolyt-Haushalts wurde bereits in den vorhergehenden Abschnitten dargestellt. Im folgenden werden die primären Störungen abgehandelt (Abb. 16.5) [10].

Conn-Syndrom. Dem Syndrom liegt eine Überproduktion von Aldosteron aufgrund eines Nebennieren-Adenoms zugrunde. Dieses Mineralokortikoid fördert den Einbau von Amilorid-sensitiven Natrium-Kanälen in die luminale Membran des kortikalen Sammelrohrs, in dem es die Transkription der m-RNA für deren 3 Untereinheiten (α, β und γ) stimuliert [6]. Des weiteren erhöht es die „Öffnungswahrscheinlichkeit" dieses Kanals. Hierdurch steigt die Rate der Natrium- und damit verbunden der Wasser-Rückresorption, das effektive

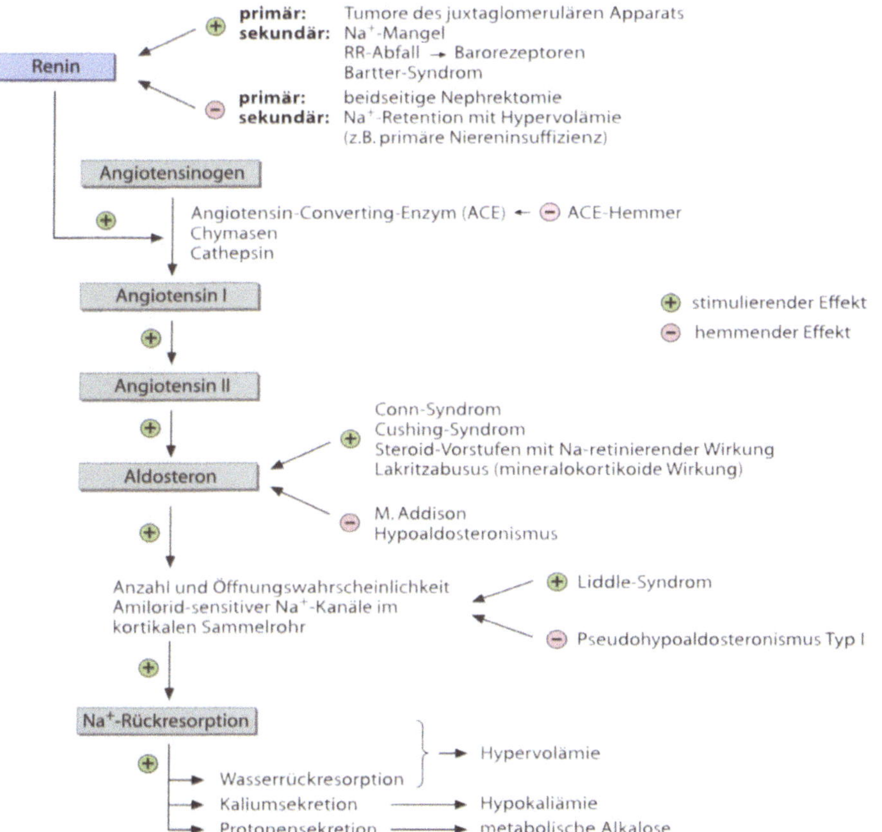

Abb. 16.5. Renin-Angiotensin-Aldosteron (RAA)-System und Elektrolyt-Haushalt. Dargestellt sind die verschiedenen Ebenen, auf denen dieses System beeinflußt werden kann und die letztendlich die Natrium-Rückresorption im kortikalen Sammelohr regulieren. Diese beeinflußt wiederum den Wasser-, Kalium- und Säure-Basenhaushalt. Nicht aufgeführt sind weitere Wirkungen von Angiotensin II beispielweise auf den Gefäßtonus

Blutvolumen wird erhöht. Da für jedes rückresorbierte Natriumion aus Gründen des Ladungsausgleichs ein Kaliumion oder Proton ins Tubuluslumen abgegeben wird, wirkt es kaliuretisch und fördert die Säureausscheidung. Die Folgen sind eine Natrium- und Volumen-Retention mit arterieller Hypertonie („Volumen-Hypertonus"), supprimierte Plasmarenin-Aktivität, niedrige Serum-Kalium-Spiegel sowie eine metabolische Alkalose.

Überschießende mineralokortikoide Wirkungen werden auch beispielsweise beim Cushing Syndrom, Enzymdefekten mit Bildung von Natrium-retinierenden Steroidvorstufen (11-β-Hydoxylase: Bongiovanni; 17α-Hydroxylase: Biglieri), Nebennieren-Karzinomen oder beidseitiger Nebennierenrindenhyperplasie und sekundär beim Bartter-Syndrom oder Tumoren des juxtaglomerulären Apparats beobachtet.

Morbus Addison. Dem M. Addison liegt eine Nebennierenrindeninsuffizienz (z. B. bei Autoimmunerkrankungen, Tbc) mit verminderter Produktion sowohl von Glukokortiko- als auch Mineralokortikoiden zugrunde. Bezüglich des Wasser- und Elektrolyt-Haushalts wird aufgrund der fehlenden mineralokortikoiden Wirkung weniger Natrium im kortikalen Sammelrohr rückresorbiert. Dies führt zu einer vermehrten Natriurese und Wasserausscheidung verbunden mit Dehydratation und aufgrund des intravasalen Flüssigkeitsmangels zur arteriellen Hypotonie. Da weniger Kalium-Ionen und Protonen gegen Natrium-Ionen ausgetauscht werden, kommt es zur Kalium-Retention mit Hyperkaliämie und metabolischen Azidose. Neben einer hormonellen Substitutionsbehandlung ist bei der Addison-Krise die Auffüllung des Natrium- und Flüssigkeitsdefizits vordringlich.

Liddle-Syndrom. Dieses sehr seltene Syndrom ist durch eine Mutation einer Untereinheit des Amilorid-sensitiven Natrium-Kanals im kortikalen Sammelrohr bedingt. Diese bewirkt eine erhöhte Öffnungswahrscheinlichkeit dieses Kanals unabhängig von Aldosteron und führt so zu einer verstärkten Natrium-Rückresorption mit entsprechender Wasserretention und schwerem arteriellen Hypertonus (Volumenhypertonus) [18]. Durch eine strikt salzarme Ernährung kann das Natrium-Angebot im kortikalen Sammelrohr so vermindert werden, daß sich die Natrium-Rückresorption in diesem Segment und dadurch die Blutdruckwerte normalisieren (salzsensitiver Hypertonus).

Pseudohypoaldosteronismus Typ 1. Auch diese autosomalrezessiv vererbte Krankheit ist durch eine Mutation der α- bzw. β-Untereinheit des Amilorid-sensitiven Natrium-Kanals bedingt [3]. Allerdings vermindert sich aufgrund dieser Mutation die Öffnungswahrscheinlichkeit dieses Kanals. Es kommt zu einem renalen Salzverlust, der nicht auf Mineralokortikoide anspricht und mit sekundärer Hyperkaliämie und metabolischer Azidose einhergeht.

> **!** Störungen des RAA-Systems beeinflussen die Natrium-Resorption im kortikalen Sammelohr. Eine gesteigerte mineralokortikoide Wirkung (z. B. beim Conn-Syndrom) führt zu Hypervolämie verbunden mit einem Blutdruckanstieg, Hypokaliämie und metabolischer Alkalose, deren Verminderung (z. B. beim M. Addison) zu den entgegengesetzten Veränderungen.

16.5 Störungen des Kalium-Haushalts

Eine Hypokaliämie (Serumkalium-Wert < 3,5 mmol/l) bewirkt eine Zunahme der Negativität des Membranpotentials und damit eine Steigerung des Aktionspotentials erregbarer Zellen [11]

Dies betrifft in erster Linie folgende Organsysteme: quergestreifte und glatte Muskulatur, Herz und Niere:

- Am ***Herzen*** führt die Hypokaliämie zu einer beschleunigten Repolarisation. Diese zeigt sich im EKG als eine Senkung der ST-Strecke, Abflachung der T-Welle und einem stärkerem Hervortreten der U-Welle (größer 1 mm), sowie ventrikulären und supraventrikulären Extrasystolen und evtl. Vorhofflimmern. Im Extremfall kann durch sie lebensbedrohliches Kammerflimmern ausgelöst werden.
- Am ***quergestreiften Muskel*** kommt es zu einer Schwäche oder Lähmung mit Betonung der proximalen Muskulatur. Auch die ***Atemmuskulatur*** und ***glatte Muskulatur*** können mit Folge einer respiratorischen Insuffizienz, einem paralytischen Ileus oder einer gestörten Harnblasenfunktion betroffen sein.
- An der ***Niere*** kann eine chronische Hypokaliämie zu Veränderungen im proximalen Tubulus führen. Möglicherweise als Folge einer erhöhten Ammoniumbildung wurden Nierenläsionen im Sinne einer interstitiellen Fibrose sowie renale Zystenbildung berichtet. Vermutlich über eine gesteigerte Prostaglandinsynthese kommt es zu einer Antagonisierung der ADH-Wirkung mit ADH-resistenter Polyurie.

In Tabelle 16.2 sind Ursachen einer Hypokaliämie aufgeführt. Die Grundlagen einzelner Störungen sollen im folgenden näher erörtert werden. Das Ruhepotential der Zellmembran beruht wesentlich auf der transmembranösen Kaliumverteilung zwischen IZR (150–160 mmol/l) und EZR (3,5–5,0 mmol/l). Zu Störungen des transmembranösen Kaliumgradienten im Rahmen einer Hypokaliämie kann es zum einen durch eine transmembranöse Kalium-Verschiebung vom Extra- in den Intrazellular-Raum bei konstantem Gesamtkörperkalium kommen ***(Verteilungsstörung)***, sie kann jedoch auch auf Nettokalium-Verlusten aufgrund mangelnder Zufuhr und/oder vermehrtem Kalium-Verlust ***(Bilanzstörung)*** beruhen. Die Auswirkungen einer Hypokaliämie sind unabhängig davon, ob ihr eine Verteilungs- oder Bilanzstörung zugrunde liegt.

Verteilungsstörungen. Diese können bedingt sein durch (s. Abb. 16.6):

- ***Alkalose***: Bei einer Alkalose werden Protonen von den Zellen in den Extrazellulärraum abgegeben. Zur Erhaltung des elektrochemischen Gleichgewichts wird Kalium sekundär aus dem EZR in den IZR aufgenommen.Des weiteren wird die Na-K-ATPase durch einen Abfall des intrazellulären pH zunehmend gehemmt und dadurch weniger Kalium in die Zellen aufgenommen.
- ***Insulingabe***: Dieses Hormon fördert den Transport von Kalium aus dem EZR in den IZR vermutlich durch direkte Stimulation eines Natrium-Protonen-Austauschers, der Natrium in die Zelle transportiert [14]. Natrium wird über die Natrium-Kalium-ATPase wieder ausgeschleust, im Gegenzug wird Kalium in die Zelle aufgenommen.
- ***Katecholamine***: β_2-Rezeptoren vermittelt stimulieren sie über einen cAMP-vermittelten Prozess die Aktivität der Natrium-Kalium-ATPase und bewirken ebenfalls eine vermehrte Aufnahme von Kalium aus dem EZR in den IZR.

Tabelle 16.2. Ursachen von Störungen des Kaliumhaushalts

Hypokaliämie:	Hyperkaliämie:
Verteilungsstörungen zwischen Intra- und Extrazellulärraum: • Alkalose • Insulingabe • Katecholamine • familiäre hypokaliämische periodische Lähmung	*Verteilungsstörungen zwischen Intra- und Extrazellulärraum:* • Azidose • Hyperosmolarität • Zelluntergang/Hämolyse • Medikamente: Digitalisüberdosierung, Succinylcholin • familiäre hyperkaliämische periodische Lähmung
Bilanzstörungen: *Verminderte Zufuhr:* Erbrechen, K^+-arme Nahrung, Hungern, Malabsorption	*Bilanzstörungen:* • vermehrte Zufuhr: parenteral (Infusion), enteral nur bei verminderter Ausscheidungsreservekapazität der Nieren
Vermehrte Ausscheidung: • Renal: Hyperaldosteronismus, M. Cushing, Kortisoltherapie, Bartter-Syndrom,Nicht-Kalium sparende Diuretika, tubuläre Erkrankungen • Enteral: Diarrhöen, Laxantienabusus,	• renal: verminderte Ausscheidung: Niereninsuffizienz, Hypoaldosteronismus, M. Addison • Medikamente, die die renale Ausscheidung beeinflussen: kaliumsparende Diuretika, ACE-Hemmer, Nicht-steroidale Antiphlogistika

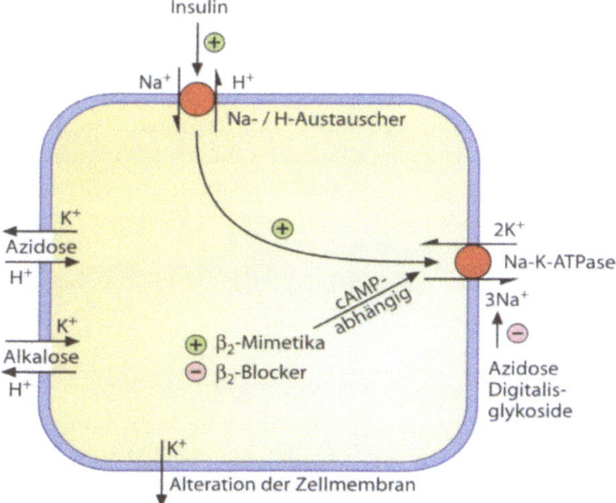

Abb. 16.6. Faktoren, die die Kalium-Verteilung zwischen Extrazellularraum und Intrazellularraum beeinflussen. Einige wesentliche Faktoren sind hier aufgeführt. Die zugrundeliegenden Mechanismen sind teilweise noch unvollständig aufgeklärt

- ***Familiäre hypokaliämische periodische Lähmung***: Bei dieser seltenen autosomal-dominant vererbten Erkrankung kommt es aufgrund passagerer Senkungen des Serumkaliumspiegels zu anfallsartig auftretenden Paresen. Die Pathogenese dieser Abfälle des Serum-Kalium-Spiegels ist unklar, teilweise können sie durch Streß (Anstieg der Katecholamine) und kohlenhydratreiche Mahlzeiten (Insulinanstieg) ausgelöst werden.

Bilanzstörungen. Im Falle ***renal bedingter Kaliumverluste*** ist das Urinkalium hoch (meist über 20 mmol/l). Diese können durch folgende Ursachen bedingt sein:

- ***Hyperaldosteronismus***: Eine verstärkte Mineralokortikoid-Wirkung steigert im kortikalen Sammelrohr (s. Abschnitt 16.4) die tubuläre Sekretion von Kalium im Austausch für die rückresorbierten Natrium-Ionen und fördert so die Kalium-Elimination.
- ***Nicht-Kalium sparende Diuretika***: Diese stellen eine häufige Ursache für eine Hypokaliämie dar. Dies ist zum einen darauf zurückführen, daß aufgrund der Hemmung der Natrium-Rückresorption (Schleifendiuretika: Na-K-Cl-Kotransporters der dicken aufsteigenden Henle-Schleife; Thiazide: Na-Cl-Kotransporter im distalen Tubulus) ein hohes Natriumangebot im kortikalen Sammelrohr zur Verfügung steht, wo dieses im Austausch gegen Kalium-Ionen rückresorbiert wird. Des weiteren kommt es aufgrund der mit der Diurese-Steigerung verbundenen Reduktion des EZR zur einer Stimulation des RAA-Systems, wodurch die Hypokaliämie weiter verstärkt wird.

- ***Bartter-und Gitelman-Syndrom***: Diese Syndrome sind gekennzeichnet durch eine vermehrte Ausscheidung von Chlorid, Kalium und Protonen im Urin. Der Pathomechanismus beider Syndrome konnte jetzt aufgeklärt werden [9]. Dem Bartter-Syndrom liegen Mutationen entweder des Na-K-Cl Kotransporters oder des apikalen Kalium-Kanals (ROMK), der für die Funktion des Na-K-Cl Kotransporters erforderlich ist, in den Zellen der dicken aufsteigenden Henle-Schleife zugrunde, so daß die Reabsorption von Natrium und Chlorid in diesem Tubulssegment gestört ist („Furosemid-Disease"). Beim Gitelman-Syndrom ist dagegen der Thiazid-sensitive Na-Cl-Kotransporter im distalen Tubulus mutiert, woraus eine Resorptionsstörung in diesem Segment resultiert. Die Schrumpfung des EZR aufgrund des Chlorid-Verlustes ist wahrscheinlich die Ursache für die Stimulation des RAA-Systems mit Hyperplasie des juxtaglomerulären Apparates. Aufgrund des Hyperaldosteronismus kommt es zur vermehrten Ausscheidung von Kalium und Protonen mit Hypokaliämie und metabolischer Azidose.

Extrarenale Kalium-Verluste können bedingt sein durch:

- ***Diarrhöen***: Die Konzentration von Kalium im Stuhlwasser beträgt 75 bis 100 mmol/l, die Sekretion von Kalium im Kolon kann durch Kaliumbelastung und Hyperaldosteronismus stimuliert werden. Aufgrund des geringen Wassergehalts des Stuhls werden jedoch täglich nur ca. 8 bis 15 mmol (ca. 10 %) über diesen Weg ausgeschieden. Bei Diarrhöen kann die fäkale Kaliumausscheidung aufgrund der erhöhten Stuhlwasserausscheidung deutlich ansteigen und so zu erheblichen Kaliumverlusten führen.
- ***Schweiß***: Die Kalium-Konzentration kann das 2 fache der des Plasmas betragen. Bei starkem Schwitzen erreicht die Kalium-Ausscheidung über die Haut unter Umständen eine signifikante Größenordnung.

Bei einer Hyperkaliämie (Serum-Kaliumwerte > 5,5 mmol/l) stehen ähnlich wie bei der Hypokaliämie aufgrund einer Veränderung des Kaliumgradienten zwischen EZR und IZR die Auswirkungen auf die neuromuskuläre Erregbarkeit im Vordergrund

Bei einem Anstieg der Kalium-Konzentration im EZR fällt die Negativität des Membranpotentials, das Aktionspotential erregbarer Zellen wird kleiner. Betroffen sind in erster Linie quergestreifte sowie glatte Muskulatur und das Herz [11].

Bei einer Hyperkaliämie zeigen sich am ***Herz*** Erregungsleitungsstörungen im EKG als hohe und spitze T-Welle, verminderte Amplitude von R, QRS-Verbreiterung, PQ-Zeitverlängerung sowie der Verschmelzung von QRS und T (Sinuswellenmuster) und schließlich einem Kammerersatzrhythmus (Abb. 16.7).

In Bezug auf die ***periphere Erregungsleitung*** können Parästhesien, Hypo- und Areflexie, Lähmungen und Obstipation auftreten.

Hyperkaliämien können auf den im folgenden aufgeführten Ursachen beruhen (Tabelle 16.2):

Verteilungsstörungen (s. Abb. 16.6). Diese haben unterschiedliche Ursachen:

- ***Azidose***: In Analogie zur Alkalose kommt es bei der Azidose als Folge der Protonenverschiebung sekundär ebenfalls zur Beeinflussung der Kaliumverteilung zwischen EZR und IZR. Ein Einstrom von Protonen in die Zelle bewirkt zur Erhaltung des elektrochemischen Gleichgewichts einen Kaliumausstrom mit Hyperkaliämie. Allerdings führen organische Säuren (Ketosäuren, Milchsäure) im Gegensatz zu mineralischen Säuren zu keiner Störung der internen Kaliumbilanz, da das begleitende Anion für die Zelle permeabel ist und somit keine Extrusion von Kaliumionen aus Ladungsgründen erfolgt.
- ***Hyperosmolarität***: Anstieg der Plasmaosmolarität im Rahmen einer Hyperglykämie oder Infusion hypertoner Lösungen (z. B. Mannitol) kann aufgrund des osmotischen Gefälles zu einem Wasseraustritt aus der Zelle mit sekundärem Anstieg des intrazellulären Kaliums führen. Konsekutiv kommt es zu einem Kaliumaustrom in den EZR.
- ***Kalium-Efflux aus Zellen infolge Zelluntergang***: Eine Schädigung der Zellmembran (z. B. bei Muskeltraumata) kann zu einem Kalium-Efflux führen, der nicht mehr durch die Na-K-ATPase kompensiert werden kann.
- ***Medikamente***: Eine Hyperkaliämie kann infolge einer Hemmung der Natrium-Kalium-ATPase bei ***Digitalis***-Überdosierung bzw. ***β2-Blockade*** oder Depolarisiung von Zellmembranen in Muskeln nach ***Succinylcholin***-Gabe auftreten.

- ***Familiäre hyperkaliämische periodische Lähmung***: Die Pathogenese dieser seltenen, autosomal-dominant vererbten Erkrankung, bei der anfallsweise Hyperkaliämien mit Muskelschwäche oder Paralysen einhergehen, ist bislang unklar. Auslöser sind körperliche Belastung, Alkoholaufnahme, Zufuhr von Kalium oder Glukokortikoiden.

Bilanzstörungen. Es handelt sich um Hyperkaliämien aufgrund gestörter renaler Exkretion.

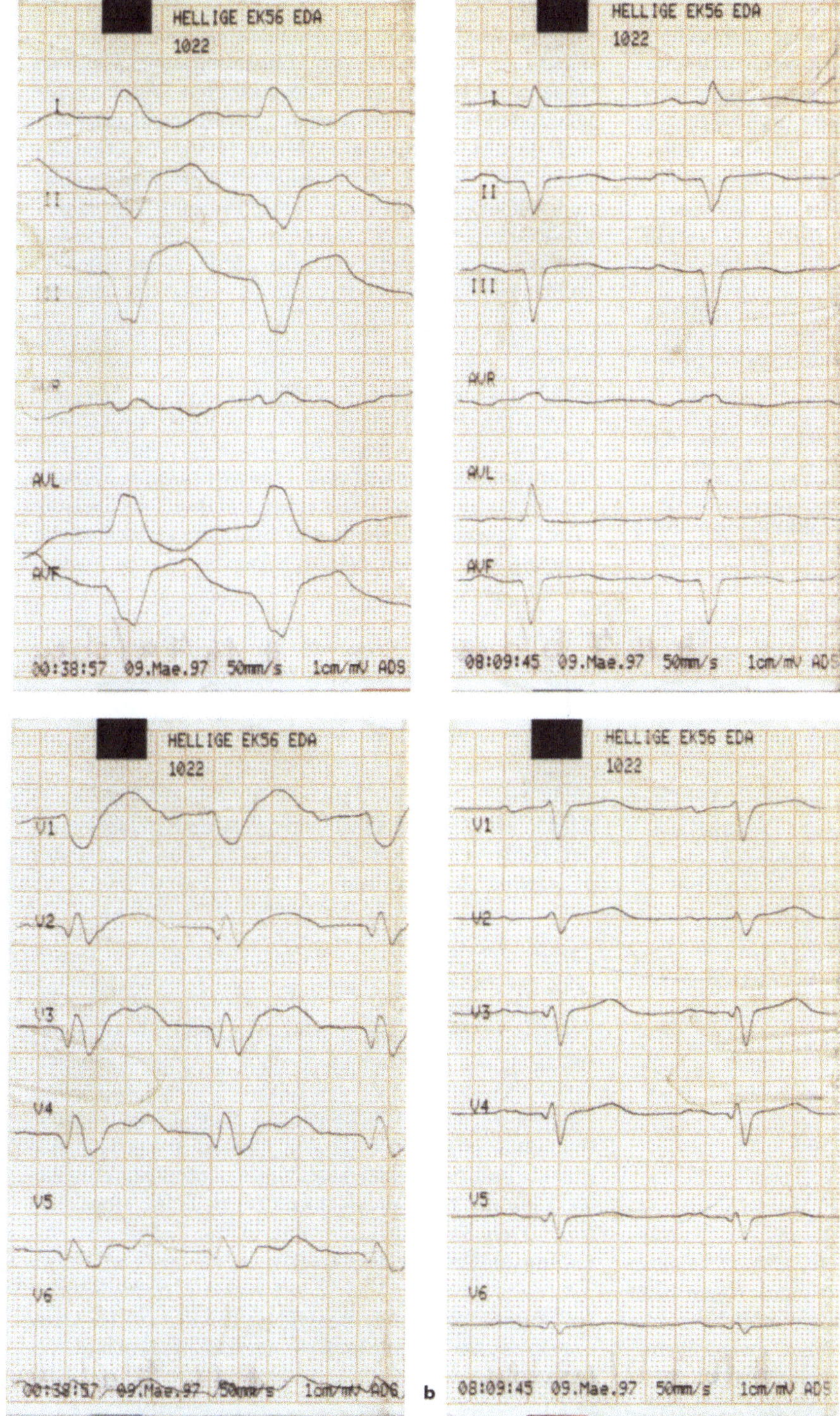

Abb. 16.7. Hyperkaliämie und Erregungsleitungsstörungen des Herzens: **(a)** EKG eines Dialyse-Patienten mit einem Serum-Kalium von 8,1 mmol/l. Es liegt eine Störung der intraventrikulären Erregungsausbreitung mit Verbreiterung des QRS-Komplexes vor, **(b)** nach Senkung des Serum-Kaliumwertes auf 4,5 mmol/l durch Dialyse wieder Normalisierung des EKG-Bilds mit schlanken QRS-Komplexen

- ***Niereninsuffizienz***: Da die Ausscheidung von Kalium weitgehend über die Nieren und unter physiologischen Umständen nur zu einem geringen Anteil über den Darm und die Haut erfolgt, gehen Hyperkaliämien aufgrund von Bilanzstörungen bis auf wenige Ausnahmen mit einer Niereninsuffizienz einher [20]. Eine dieser Ausnahmen stellt die rasche ***parenterale Gabe von Kalium*** dar. Da Kalium nur verzögert in die Zelle aufgenommen wird, kann es bei schneller Injektion auch nur von 10 mM Kalium zu einem akutem Anstieg des Serum-Kaliums um 1–2 - mmol/l mit unter Umständen lebensbedrohlichen Auswirkungen auf das Erregungsleitungssystem des Herzens kommen.

Insbesonders dialysepflichtige Patienten müssen sich an eine streng kaliumarme Ernährung (weniger als 40 mmol Kalium/die, normale Zufuhr 80–100 mmol/die) halten. Eine kaliumarme Ernährung bedeutet einen eingeschränkten Verzehr kaliumreicher Nahrungsmittel wie Obst (insbesonders Obstsäfte, Trockenfrüchte und Bananen), Gemüse, Kartoffeln (möglichst vorgewässert und Wasser verworfen), Kakaoprodukten und Nüssen.

- ***Hypoaldosteronismus***: Die pathophysiologischen Grundlagen einer Hyperkaliämie aufgrund einer verminderten Mineralokortikoid-Wirkung im Sammelrohr wurden bereits in Abschnitt 16.4 dargestellt.

> **!** Sowohl Bilanzstörungen als auch Verteilungsstörungen des Kaliumhaushalts beeinflussen das Membranpotential der Zellen. Auswirkungen zeigen sich in erster Linie auf die Erregungsleitung des Herzens, die glatte Muskulatur beispielsweise des Darm und das periphere Nervensystem (Parästhesien).

16.6 Säure-Basen-Haushalt

Bei einer ***metabolischen Störung*** des Säure-Basenhaushalts liegt ***primär*** eine Veränderung der Konzentration der Pufferbasen (Bikarbonat- und Nichtbikarbonat-Puffer: anorganische Phosphat, organische Phosphate in den Zellen sowie intrazelluläre (z. B. Hämoglobin) und extrazelluläre (z. B. Albumin) Proteine) im arteriellen Blut (Norm: etwa 48 mmol/l) vor. Deren Größe ist weitgehend unabhängig vom pCO_2, der über die Lunge reguliert wird (s. unten): ein Anstieg des pCO_2 führt über die Reaktion $CO_2 + H_2O$ - > H_2CO_3 - > $H^+ + HCO_3$- zur Entstehung eines Protons. Dieses wird durch den Nichtbikarbonat-Puffer aufgegefangen. Für die „verbrauchte" Nichtbikarbonat-Base entsteht eine äquimolare Menge HCO_3- (= Bikarbonatpuffer), so daß die Summe der Pufferbasen konstant bleibt. Das Maß für Veränderungen des Säure-Basen-Status bedingt durch die Zu- oder Abnahme nichtflüchtiger Säuren im Blut stellt der ***Basenüberschuß (BE)*** dar. Sein Normwert beträgt 0±2 mmol/l. Ein negativer Wert (Basendefizit) bedeutet eine metabolische Azidose, ein positiver Wert (Basenüberschuß) eine metabolische Alkalose.

Eine metabolische Azidose wird respiratorisch kompensiert und umgekehrt. Die volle metabolische Kompensation einer primär respiratorischen Störung benötigt mindestens 3 Tage, eine metabolische Störung kann dagegen innerhalb von Stunden respiratorisch ausgeglichen werden. Dadurch kommt es zum Auftreten von Mischformen [4].

> Kennzeichen der metabolischen Azidose ist eine Verminderung des Basenüberschusses (BE < –2 mmol/l) und Abfall des pH-Werts unter 7,37

Hierdurch wird das Atemzentrum stimuliert, aufgrund der Hyperventilation vermehrt CO_2 abgegeben, der pCO_2 sinkt. Die Reaktion

$$H^+ + HCO_3\text{-} > H_2CO_3\text{-} > CO_2 + H_2O$$

läuft nach links. Dabei werden Protonen verbraucht, der pH-Wert steigt (respiratorische Kompensation der metabolischen Azidose: Abb. 16.8). Ein Abfall des pH-Werts des Bluts von 7,4 auf 7,1 (Azidämie) führt durch Freisetzung von Katecholaminen zu einer zunehmenden Tachykardie. Bei pH-Werten < 7,1 kommt es aufgrund einer sinkenden Affinität der Rezeptoren für Katecholamine zur Bradykardie und in Folge eines verminderten Kalzium-Einstroms in die Zellen zur Abnahme der Kontraktionskraft.

Anionenlücke. Dieser Begriff ist für die Differentialdiagnose der metabolischen Azidose bedeutsam. Im EZR besteht generell Elektroneutralität, d. h. die Anzahl positiver und negativer Ladungen ist identisch:

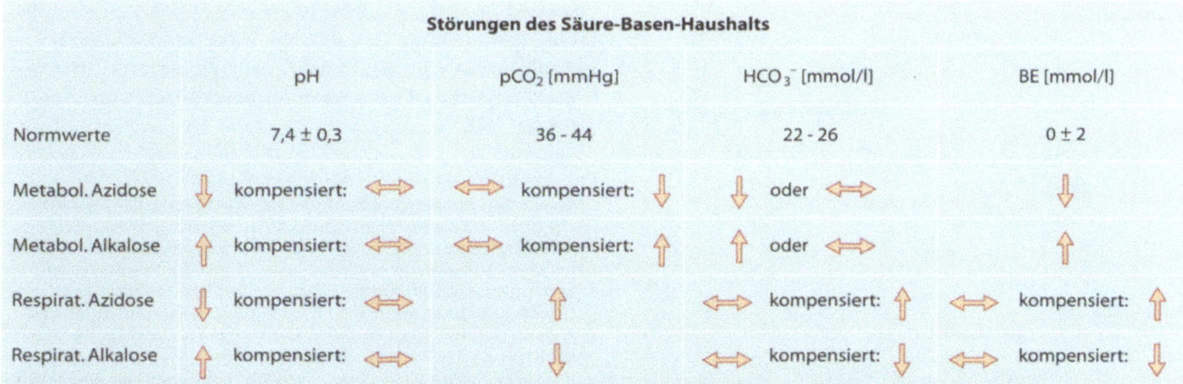

Störungen des Säure-Basen-Haushalts

	pH	pCO_2 [mmHg]	HCO_3^- [mmol/l]	BE [mmol/l]
Normwerte	7,4 ± 0,3	36 - 44	22 - 26	0 ± 2
Metabol. Azidose	↓ kompensiert: ⇔	⇔ kompensiert: ↓	↓ oder ⇔	↓
Metabol. Alkalose	↑ kompensiert: ⇔	⇔ kompensiert: ↑	↑ oder ⇔	↑
Respirat. Azidose	↓ kompensiert: ⇔	↑	⇔ kompensiert: ↑	⇔ kompensiert: ↑
Respirat. Alkalose	↑ kompensiert: ⇔	↓	⇔ kompensiert: ↓	⇔ kompensiert: ↓

Abb. 16.8. Parameter zur Differenzierung von Störungen des Säure-Basen-Haushalts. Da chronische metabolische Störungen respiratorisch und umgekehrt ausgeglichen werden, kommt es kompensatorisch zu entsprechend veränderten Parametern

$$Na^+ + K^+ + Ca^{2+} + Mg^{2+} =$$
$$Cl^- + HCO_3^- + PO_4^{2-} + SO_4^{2-} + OS^{-+}{}_{Protein^-}$$
(OS = organische Säuren)

Vereinfachend geht man davon aus, daß normalerweise die Summe von $Na^+ + K^+$ die Summe von Cl^- und HCO_3^- um 12 ± 4 mmol/l übersteigt. Diese Differenz wird als Anionenlücke bezeichnet

Die Anionenlücke steigt bei Azidosen an, die auf einem Anstieg der Konzentration von Säuren im Blut beruhen und durch die Titration von HCO_3^- die Bikarbonatkonzentration im Plasma vermindern. Umgekehrt kann eine normale Anionenlücke bei vermehrtem Bikarbonatverlust (parenteral oder renal), der mit einer Retention von Chloridionen aus Elektroneutralitätsgründen einhergeht, vorliegen.

Metabolische Azidosen mit hoher Anionenlücke. Unzureichende Ausscheidung endogen produzierter Säuren:

- ***Urämie***: Durch den Abbau von Proteinen entstehen saure Valenzen in der Größenordnung von 40 bis 100 mmol/die, die überwiegend renal elimiert werden. Dabei handelt es sich hauptsächlich um Schwefelsäure durch den Abbau von schwefelhaltigen Aminosäuren (Cystin, Cystein und Methionin), des weiteren Phosphorsäure beim Abbau von Phospholipiden. Die Niere kontrolliert den Säurebasenhaushalt über die Ausscheidung von Pufferbasen (HCO_3^-, Cl^-, PO_4^-, SO_4^-). HCO_3- stellt die wichtigste Pufferbase dar. Von dem glomerulär filtrierten HCO_3^- wird der größte Teil rückresorbiert. Dabei wird für jedes rückresorbierte HCO_3^--Molekül ein Proton sezerniert. Sezernierte Protonen, die im Lumen nicht mit HCO_3^- reagieren, verbinden sich mit NH_3 zu NH_4^+ (Ammonium) oder mit HPO_4^{2-} zu $H_2PO_4^-$ (titrierbare Azidität), nur ein geringer Teil der Protonen wird in freier Form über den Harn ausgeschieden. Mit zunehmender Nierenfunktionseinschränkung kommen diese Prozesse zum Erliegen und es erfolgt somit eine Retention saurer Valenzen [5].

Vermehrte endogene Produktion nichtflüchtiger Säuren. Man unterscheidet:

- ***Laktatazidose***: Aus dem Abbau von Glukose und Aminosäuren entstehen Pyruvat und Protonen, die im Zitratzyklus unter Sauerstoffverbrauch metabolisiert werden. Bei O_2-Mangel oder anderen Störungen der Pyruvatverwertung wird vermehrt Laktat gebildet, das zusammen mit Protonen die Zellen verläßt. Im EZR fällt der pH-Wert durch HCO_3^--Verbrauch ab, die Anionenlücke steigt an [15]. Laktatazidosen können entstehen durch Sauerstoffmangel im Gewebe (Hypoxie, Schock, schwere Anämie) oder bei unveränderter Sauerstoffversorgung im Gewebe als Folge eines gestörten Pyruvatmetabolismus. Die Einschleusung von Pyruvat in den Zitratzyklus kann zum Beispiel auch durch einen Insulinmangel bei Diabetes mellitus gestört sein oder als Therapiefolge z. B. nach Isoniazid-Gabe oder Biguaniden auftreten (Abb. 16.9).

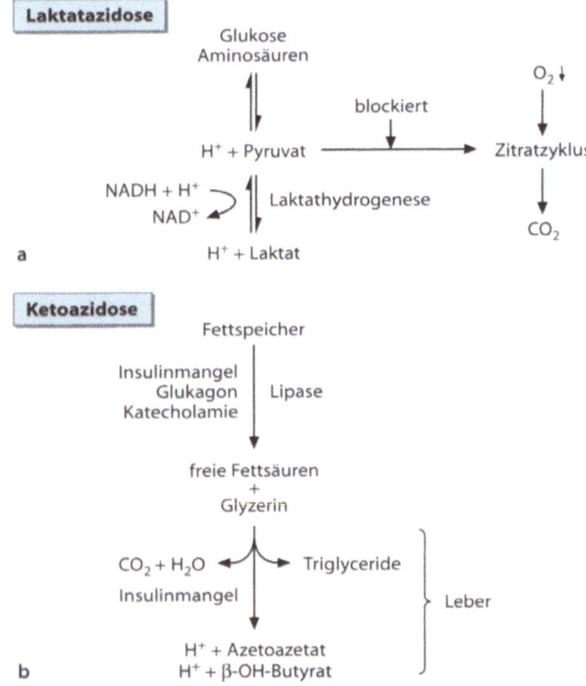

Abb. 16.9 a, b. Laktatazidose/Ketoazidose. Laktatazidosen (z. B. durch O_2-Mangel) **(a)** und Ketoazidosen (z. B. durch Insulinmangel, Hunger) **(b)** gehen beide mit einer vergrößerten Anionenlücke einher. Für Details siehe Text. (Modifiziert nach [15])

- ***Ketoazidose***: Aufgrund eines Insulinmangels werden freie Fettsäuren durch eine Stimulation der hormonabhängigen Lipase aus dem Fettgewebe mobilisiert. In der Leber werden diese Fettsäuren vermehrt in die Mitochondrien eingeschleußt und zu Azetessigsäure und β-Hydroxybuttersäure verstoffwechselt. Diese werden zusammen mit Protonen in den EZR abgegeben. Unter HCO_3^--Verbrauch kommt es zum Abfall des pH-Wertes mit Zunahme der Anionenlücke [15]. Der Auslöser für die Stimulation der Lipolyse im Rahmen einer Ketoazidose kann eine unzureichende Bereitstellung von Glukose in den Zellen, zum Beispiel infolge von Insulinmangel bei Diabetes mellitus (diabetische Ketoazidose) oder bei Hungerzuständen, sein (Abb. 16.9).
- ***Intoxikationen*** mit Säuren (Salizylsäure) oder Substanzen durch deren Metabolisierung Säuren entstehen (Methanol - > Ameisensäure oder das als Frostschutzmittel verwendete Äthylenglykol- > Glykolsäure) können zu einer metabolischen Azidose führen.

Metabolische Azidosen mit normaler Anionenlücke. Hier steht primär ein enteraler oder renaler Verlust von HCO_3^- im Vordergrund, der aus Gründen der Elektroneutralität zu einer Retention von Chloriden führt. Es findet sich im allgemeinen eine hyperchlorämische Azidose.

Proximale renal tubuläre Azidose vom Typ II. Dieser Störung liegt ein Rückresorptionsdefekt für Bikarbonat im proximalen Tubulus zugrunde. Es kommt zu einem Bikarbonatverlust, welcher solange anhält, bis das Blutbikarbonat auf einen niedrigen Schwellenwert abgesunken ist. Es resultiert eine Überlaufbikarbonaturie [7]. Der Verlust von HCO_3^- und begleitenden Kationen bedingt über eine Verminderung des effektiven Blutvolumens einen sekundären Hyperaldosteronismus. Hypokaliämie und Hyperchloridämie sind bei dieser Azidoseform charakteristisch. Ursächlich kommen eine primäre Form (sporadisch, familiär), ein komplettes oder inkomplettes Fanconi-Syndrom, interstitielle Nierenerkrankungen oder auch ein multiples Myelom in Betracht.

Distale renale tubuläre Azidose (Typ I). Pathophysiologisch liegt ihr vermutlich ein Defekt der Protonen-Sekretion im distalen Nephron oder eine Störung, die diese indirekt beeinflußt, zugrunde. Hier findet sich eine hyperchlorämische Azidose mit inadequat hohem Urin-pH (> 5,5). Diese Form kann hereditär, im Rahmen tubulointerstitieller Erkrankungen, bei Nephrokalzinosen oder medikamentös induziert (Lithium, Amphotericin B) auftreten.

Renale tubuläre Azidose Typ IV. Sie ist durch einen effektiven oder funktionellen Mangel an Mineralokortikoiden bedingt. Bei verminderter Natriumrückresorption liegt eine verminderte Ausscheidungsfähigkeit der Niere für Protonen und Kalium vor. Ursächlich kommen ein Diabetes mellitus mit entsprechenden Nierenveränderungen, interstitielle Nephropathien oder obstruktive Uropathien in Betracht.

Gastrointestinale Störungen als Ursache einer metabolischen Azidose. Verlust von Dünndarm, Gallen- und Pankreassekreten führt aufgrund des hohen HCO_3^--Gehalts dieser Sekrete zu einer metabolischen Azidose mit Hyperchlorämie.

Kennzeichen der metabolischen Alkalose ist ein Anstieg des Basenüberschusses (BE > 2 mmol/l) und des pH-Werts über 7,43

Kompensatorisch wird durch Hypoventilation CO_2 retiniert. Der pCO_2 steigt an und als Folge der H^+-Generation fällt der pH-Wert (respiratorische Kompensation der metabolischen Alkalose: Abb. 16.9).

Ein Anstieg des pH-Werts im Blut > 7,43 führt zur Abnahme des ionisierten Kalziums verbunden mit einer Zunahme des Muskeltonus, Tetanien und Parästhesien.

Renal bedingte Verluste saurer Valenzen. Eine verstärkte Rückresorption von Natrium im distalen Tubulus und Sammelrohr führt aus Elektroneutralitätsgründen zu einer vermehrten Sekretion von Kalium und Protonen. Aufgrund der vermehrten Ausscheidung saurer Valenzen kommt es zum Auftreten einer metabolischen Alkalose. Diese kann bedingt sein durch einen Hyperaldosteronismus, Nicht-Kalium sparende Diuretika, Liddle- oder Bartter-Syndrom (s. Abschnitt Hypokaliämie).

Enteral bedingte Verluste saurer Valenzen. Heftiges Erbrechen kann über den Verlust von Protonen und Chlorid zu einer HCO_3^--Retention führen, da das mit dem Pankreassekret ins Duodenum abgegebene Bikarbonat nicht zur Neutralisation des sauren Mageninhalts benötigt wird. Der mit dem Erbrechen verbundene Flüssigkeitsverlust im EZR führt zur Stimulation des RAA-Systems. Dadurch wird Natrium und ebenfalls HCO_3^- verstärkt rückresorbiert, die Bikarbonat-Konzentration im Blut steigt weiter an, die metabolische Alkalose damit durch die Niere verstärkt.

! Metabolische Azidosen können beruhen auf verminderter Elimination saurer Valenzen, vermehrter endogener Bildung oder exogener Zufuhr saurer Valenzen, Verlust von basischen Valenzen (Bikarbonat). Metabolische Alkalosen können auf renal bedingtem Verlust saurer Valenzen, enteral bedingtem Verlust saurer Valenzen beruhen.

Respiratorische Störungen des Säure-Basenhausenhalts beruhen auf pathologischen Veränderungen des pCO_2 [12]

Die Lunge beeinflußt über die Abatmung von CO_2 das Bikarbonatpuffersystem bestehend aus Kohlensäure (H_2CO_3) und einem Salz des Bikarbonats (HCO_3^-) und so den pH-Wert des Blutes. Nach der Henderson-Hasselbalch-Gleichung besteht folgende mathematische Beziehung zwischen pH-Wert und pCO_2:

$$pH = pK + \log (HCO_3^-)/(H_2CO_3)$$

(H_2CO_3) kann hierbei als pCO_2 x 0,03 eingesetzt werden; [pCO_2] in mm Hg, [HCO_3^-] in mmol/l. Der pK-Wert beträgt bezogen auf die Verhältnisse im Plasma 6,1.

Im folgenden werden die für die respiratorischen Störungen verantwortlichen Grundlagen näher erörtert.

Die respiratorische Azidose ist gekennzeichnet durch einen Anstieg des arteriellen pCO_2 auf über 45 mmHg (Hyperkapnie) und Abfall des pH-Werts unter 7,37

Bei chronischer respiratorischer Azidose kommt es kompensatorisch zu einem Anstieg der HCO_3^--Konzentration im Plasma und des Basenüberschusses BE (kompensierte respiratorische Azidose). Die volle metabolische Kompensation einer respiratorischen Störung erfordert mehrere Tage, im Gegensatz zur repiratorischen Kompensation metabolischer Störungen, die sofort erfolgen kann.

Akute Hyperkapnien führen zu einer Dilatation zerebraler Gefäße mit Steigerung der zerebralen Durchblutung und Kopfschmerzen. CO_2-Retention mit Anstieg des CO_2-Partialdrucks sind in erster Linie auf pulmonale Störungen zurückzuführen. Ursächlich kommen beispielsweise eine akute Obstruktion der Atemwege, eine Depression des Atemzentrums mit Hypoventilation oder am häufigsten eine chronisch obstruktive Lungenerkrankung in Betracht.

Kennzeichen einer respiratorischen Alkalose ist eine Verminderung des arteriellen pCO_2 unter 35 mmHg als Folge einer gesteigerten alveolären Ventilation und Anstieg des pH-Wertes über 7,43

Kompensierte respiratorische Alkalosen sind charakterisiert durch einen Abfall des Standardbikarbonats und Basenüberschusses (s. Abb. 16.8).

Eine Abnahme des pCO_2 kann durch einen Abfall des ionisierten Kalziums mit tetanischen Zuständen sowie perioralen und Akroparästhesien einhergehen. Über eine Zunahme des Gefäßwiderstands kommt es zu einer Verminderung der zerebralen und koronaren Durchblutung. Sowohl akute (z. B. psychogen oder maschinell bedingte Hyperventilation: therapeutisch eingesetzt zur Reduktion der zerebralen Durchblutung bei Hirndruckzeichen) als auch chronische (z. B. Hypoxämie bei Anämie) Störungen können zu dieser Verminderung des pCO_2 führen.

16.7 Literatur

1. Arieff AI, Guisado R, Lazarowitz VC (1977) Pathophysiology of hyperosmolar states. In: Andreoli TE, Grantham JJ, Rector FC (Hrsg) Disturbances in body fluid osmolality. Am Physiol Soc, Bethesda, pp 227–250
2. Berl T (1990) Treating hyponatremia: What is all the controversy about? Ann Intern Med 113: 417–419
3. Chang SS et al. (1996) Mutations in subunits of the epithelial sodium channel cause salt wasting with hyperkalaemic acidosis, pseudohypoaldosteronism type 1. Nat Genet 12: 248–253
4. DuBose TD et al. (1996) Acid-base disorders. In: Brenner BM (ed) The kidney, 5th ed. Saunders, Philadelphia, pp 929–998
5. Giovanetti S et al. (1992) The metabolic acidosis of chronic renal failure: pathophysiology and treatment. Contrib Nephrol 100: 48–57
6. Grunder S, Rossier BC (1997) A reappraisal of aldosterone effects on the kidney: new insights provided by epithelial sodium channel cloning. Curr Opin Nephrol Hypertens 6: 35–39
7. Halperin ML, Carlisle EJF, Donnelly S et al (1994) Renal tubular acidosis. In: Narins RG (Hrsg) Maxwell&Kleemans's clinical disorders of fluid and electrolyte metabolism, 5th ed. McGraw-Hill, New York, pp 875–910
8. Humphreys MH (1994) Mechanisms and management of nephrotic edema. Kidney International 45: 266–281
9. Karolyi L et al. (1998) The molecular genetic approach to „Bartter's syndrome". J Mol Med 76: 317–325
10. Johnston CI (1993) Intrarenal renin-angiotensin system in renal physiology and pathophysiology. Kidney Int Suppl 4: 59–63
11. Kamel KS et al. (1996) Disorders of potassium balance. In: Brenner BM (ed) The kidney, 5th ed. Saunders, Philadelphia, pp 999–1037
12. Madias NE, Cohen JJ (1992) Respiratory alkalosis and acidosis. In: Seldin DW, Giebisch G (eds) The Kidney: Physiology and Pathophysiology, 2nd ed. Raven Press, New York, p 2837
13. Miller JA et al. (1996) Control of extracellular fluid volume and the pathophysiology of edema formation. In: Brenner BM (ed) The kidney, 5th ed. Saunders, Philadelphia, pp 817–872
14. Moore RD (1981) Stimulation of Na:H exchange by insulin. Biophys J 33: 203–210
15. Narins RG, Krishna GG, Bressler L, Stom MC, Goddkin D, Townsend R, Shay R (1987) The metabolic acidosis. In: Maxwell MH, Kleeman CR, Narins RG (eds) Clinical disorders of fluid and electrolyte metabolism. Mc Graw-Hill, New York, pp 643–690
16. Schrier RW, Gabow P (1986) Hyponatremia and hypernatremia. In: Massry S (ed) Textbook of Nephrology . Willams and Wilkins, Baltimore, pp 3.21–3.30
17. Starling EH (1909) The fluids of the body. In: The Herter Lectures. W. T. Kerner& Co, Chicago
18. Tamura H, Schild L, Enomoto N, Matsui N, Marumo F, Rossier BC (1996) Liddle disease caused by a missence mutation of beta subunit of the epithelial sodium channel gene. J Clin Invest 97: 1780–1784
19. Verbalis JG (1993) Hyponatremia: epidemiology, pathophysiology, and therapy. Curr Opin Nephrol Hypertens 2: 636–652
20. Wang et al. (1992) Renal potassium channels and their regulation. Annu Rev Physiol 54: 81–96

17 Pathophysiologie des Ösophagus

S. Katsoulis

EINLEITUNG Ein 35jähriger Mann klagt seit 3 Jahren über anfallsartige retrosternale Schmerzen, die häufig postprandial beginnen. Wiederholte kardiologische Diagnostik, einschließlich der Koronarangiographie hatten keine Hinweise für das Vorliegen einer koronaren Herzkrankheit ergeben. Schließlich wurde der Patient, bei dem bereits eine Herzneurose vermutet wurde, einer gastroenterologischen Diagnostik zugeführt. Die Gastroskopie blieb unauffällig, bei der Manometrie jedoch fanden sich Motilitätsstörungen im Sinne von simultanen Kontraktionen in 50% der Naß- und Trockenschluckakte bei normalem UÖS. Im Ösophagusbreischluck zeigte sich das Bild eines Korkenzieherösophagus. Die Befunde sind typisch für die Diagnose eines diffusen Ösophagusspasmus.

17.1 Motilitätsstörungen des Ösophagus

Eine Beeinträchtigung der Ösophagusmotilität kann Folge einer Störung des oberen Ösophagussphinkters (OÖS), des unteren Ösophagussphinkters (UÖS) und des tubulären Ösophagus sein

Funktionsstörungen des OÖS. Sie können in Störungen des Ruhedruckes und Koordinationsstörungen der Sphinkterrelaxierung unterteilt werden.

Störungen des Ruhedruckes können sich als ***hypertoner OÖS*** oder ***hypotoner OÖS*** manifestieren. Ein gegenüber gesunden Kontrollen erhöhter Druck findet sich bei einigen dysphagischen Patienten mit Globusgefühl, gastroösophagealem Reflux, Plummer-Vinson-Syndrom und nach Laryngektomie, dessen Ätiologie aber letztlich unklar ist [8]. Abnorm niedrige Sphinkterdrücke kommen bei einer Reihe neurologischer Erkrankungen vor. Kausal liegt entweder ein Ausfall der Innervation oder eine Myopathie des Sphinkters vor. Selten ist der Sphinkter isoliert betroffen, in der Regel läßt sich auch eine Störung der Pharynxmuskulatur beobachten [8].

Koordinationsstörungen des OÖS können einen ***vorzeitigen Verschluß***, eine ***verspätet einsetzende Erschlaffung*** oder eine ***inkomplette Erschlaffung*** des OÖS zur Folge haben. Beim vorzeitigen Verschluß beginnt und endet die Sphinkerrelaxation vorzeitig, seltener setzt die Relaxation zeitgerecht ein, endet aber zu früh. Bei Verzögerung der Sphinkerrelaxation um mehr als 0,3 Sekunden besteht die Gefahr der Aspiration, denn der Bolus wird gegen den verschlossenen Sphinkter gepreßt. Diese Funktionsstörung ist ein charakteristischer Befund bei familiärer Dysautonomie oder Riley-Day-Syndrom [8]. Die inkomplette Erschlaffung des Sphinkters tritt primär bei neurologischen Erkrankungen auf, beispielsweise bei Bulbärparalyse oder hereditären Muskulopathien wie der okulopharyngealen muskulären Dystrophie, kann aber auch sekundär Folge von Operationen im Halsbereich nach Pharyngektomie, Laryngektomie oder Tracheotomie sein. Eine völlig fehlende Erschlaffung kann beim Zenker-Divertikel, bei Karzinomen des oberen Ösophagus und der Schilddrüse, nach Laryngektomie, Thyreoidektomie und nach Halstraumata auftreten [4].

Funktionsstörungen des OÖS können zu erheblichen Schluckstörungen führen und sind in der Regel Folge einer neuromuskulären oder neurologischen Grunderkrankung.

Zu den primären Motilitätsstörungen der Speiseröhre zählen die Achalasie und die spastischen Motilitätsstörungen, die ausschließlich den Ösophagus betreffen; Bei sekundären Motilitätsstörungen liegt eine ösophageale Beteiligung bei Systemerkrankung vor

Achalasie. Bei der Achalasie handelt es sich um eine seltene neuromuskuläre Erkrankung der glatten Ösophagusmuskulatur. Sie ist charakterisiert durch

- eine ***fehlende*** oder ***inkomplette Erschlaffung*** des hyper- oder normotonen UÖS und
- ***fehlende propulsive Peristaltik*** im tubulären Ösophagus.

Entscheidend für die Pathogenese der Achalasie ist die Degeneration von Ganglienzellen innerhalb des Plexus myentericus, sowohl im glattmuskulären Anteil des Ösophaguskörpers als auch im Bereich des UÖS. Betroffen sind insbesondere inhibitorische nonadrenerge-noncholinerge Neurone mit konsekutivem Mangel an den inhibitorischen Neurotransmittern Vasoaktives Intestinales Polypeptid [1] und Stickstoffmonoxid [9].

Neuroanatomisch ist auch bei einigen Patienten die Waller-Degeneration von Vagusfasern und eine Reduktion von Ganglienzellen im motorischen Nucleus dorsalis des Vagus im Bereich des Hirnstammes beobachtet worden. Ihre pathophysiologische Relevanz ist bislang unklar, zumal der peristaltische Reflex im glattmuskulären Ösophagus und die Sphinkterrelaxation auch ohne jegliche extrinsische Innervation möglich sind.

Bezüglich der Ätiologie wird die Achalasie in die ***primäre (idiopathische)*** und ***sekundäre (symptomatische)*** Achalasie differenziert. Die Ursache der idiopathischen Achalasie ist nicht bekannt [13]. Fehlende familiäre Häufung und das späte Manifestationsalter lassen eine hereditäre Genese unwahrscheinlich erscheinen. Neurotoxische Viren, unter anderen sind das Herpes-Zoster-Virus und das Masernvirus angeschuldigt worden, sowie andere infektiöse Ursachen und autoimmun-degenerative Prozesse werden vermutet, sind bisher aber nicht zweifelsfrei nachgewiesen worden [2,13].

Manometrisch lassen sich bei der primären Achalasie zwei Formen unterscheiden. Bei der ***hypomotilen Achalasie*** treten anstelle der primären Ösophagusperistaltik unkoordinierte Kontraktionen mit deutlich erniedrigter Amplitude auf. Die schluckreflektorische Erschlaffung des UÖS fehlt oder ist unvollständig (Abb. 17.1). Die ***hypermotile Achalasie*** (Synonym: ***„vigorous Achalasia"***) ist eine selten vorkommende Sonderform der Achalasie mit heftigen, aperistaltischen, repetitiven Kontraktionen (Amplituden von 200 mmHg oder mehr) im Ösophaguskörper, sowohl im Anschluß an den Schluckakt als auch spontan. Die schluckreflektorische Erschlaffung des UÖS ist, wie

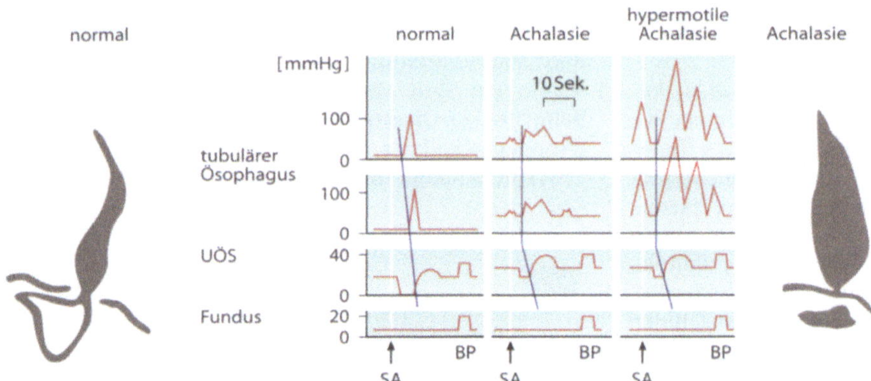

Abb. 17.1. Schematische Gegenüberstellung der typischen manometrischen Befunde der Achalasie und „vigorous Achalasia" (hypermotilen Achalasie) im Vergleich zu einem Normalbefund. *SA* Schluckakt; *BP* Bauchpresse. Der Schluckakt löst beim Gesunden eine peristaltische (propulsive) Welle und eine schluckreflektorische Erschlaffung des UÖS aus. Bei der Achalasie finden sich simultane Kontraktionen und inkomplette Erschlaffung des UÖS. Bei der „vigorous Achalasia" zeigen sich aperistaltische repetitive Kontraktionen mit hohen Amplituden und ebenfalls eine inkomplette Erschlaffung des UÖS. Links und rechts der manometrischen Befunde sind die entsprechenden Bilder des Ösophagusbreischlucks bei einem Normalbefund und bei Achalasie. Bei Achalasie erkennt man einen dilatierten Megaösophagus bei filiformer Stenose am gastroösophagealen Übergang und fehlender Luftblase im Magen

bei der hypomotilen Achalasie, fehlend oder unvollständig (s. Abb. 17.1).

Sekundäre (symptomatische) Achalasien können insbesondere durch das Cardia- oder distale Ösophaguskarzinom verursacht werden, durch Ummauerung und Obstruktion des distalen Ösophagus oder Infiltration des Plexus myentericus zu einer ***Pseudoachalasie*** führen. Auch eine Reihe von anderen Erkrankungen, beispielsweise Sarkoidose, Amyloidose, multiple endokrine Neoplasie Typ IIB, juveniles Sjögren-Syndrom, v. Recklinghausen-Syndrom, Pankreaspseudozysten und die Chagas-Krankheit können in seltenen Fällen achalasieartige Veränderungen hervorrufen [2].

Spastische Motilitätsstörungen sind benigne funktionelle Erkrankungen des Ösophagus, deren Ätiopathogenese unbekannt ist; eine neuronale Dysfunktion sowie eine Beteiligung des Zentralnervensystems werden diskutiert

Beim ***diffusen Ösophagusspasmus (DÖS)*** ist das Auftreten von simultanen Kontraktionen von mehr als 10 % der Naßschluckakte in der Manometrie charakteristisch (Abb. 17.2). Häufig lassen sich prolongierte, hochamplitudige Kontraktionen nachweisen, die aber nicht spezifisch für den DÖS sind.

Der ***Nußknacker-Ösophagus*** (Synonym: ***hypertensive Peristaltik***) stellt die häufigste funktionelle Motilitätsstörung des Ösophagus dar [2]. Typischerweise finden sich in der Manometrie peristaltische Kontraktionen mit extrem hoher Amplitude von > 180 mmHg im distalen Ösophagus (s. Abb. 17.2). Bei etwa einem Drittel der Patienten findet man simultan hierzu auch eine prolongierte Kontraktionsdauer (> 6 sek). Die peristaltische sequentielle Abfolge der Kontraktionen und somit der Transit sind nicht gestört.

Der ***hypertensive UÖS*** ist durch einen augmentierten Sphinkterruhedruck (> 45 mmHg) mit normaler Relaxation beim Schluckakt und erhaltener propulsiver Peristaltik im tubulären Ösophagus gekennzeichnet. In sehr seltenen Fällen kann der UÖS nicht nur hypertensiv, sondern parallel auch hyperkontraktil sein.

Sekundäre Motilitätsstörungen. Sie treten bei verschiedenen systemischen Bindegewebserkrankungen und Stoffwechselstörungen auf.

Bei der ***Sklerodermie*** findet sich eine Ösophagusbeteiligung in bis zu 85 % der Fälle. Betroffen ist ausschließlich der glattmuskuläre Anteil der Speiseröhre einschließlich des UÖS. Es kommt zu einer Atrophie der glatten Muskulatur, die durch Bindegewebe ersetzt wird, mit konsekutiver Fibrosierung der Submukosa und Tunica muscularis. Bei einigen Patienten geht eine neuronale Dysfunktion der Fibrosierung und Muskelatrophie voran. Im Frühstadium zeigt der Ösophagus schwächer ausgeprägte peristaltische Kontraktionen (< 30 mmHg) in den distalen zwei Dritteln, die auch nicht propulsiv sein können (Abb. 17.3). Im Laufe der Erkrankung kommt es in dem glattmuskulären Anteil des Ösophagus zur Hypo- bis Aperistaltik und Inkompetenz des UÖS. Dies begünstigt das Auftreten

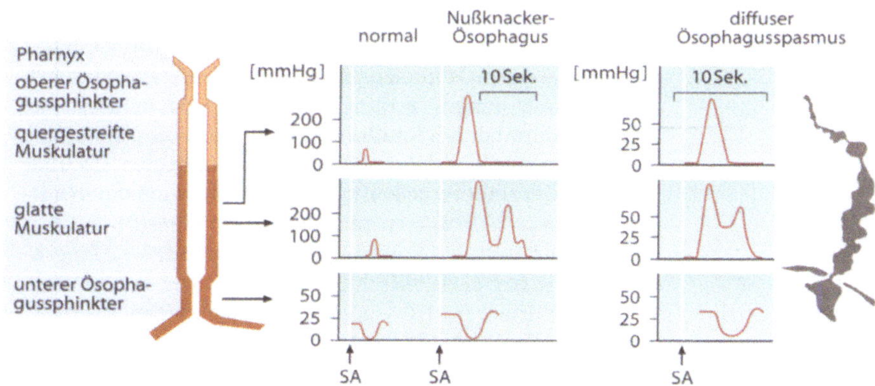

Abb. 17.2. Manometrische Veränderungen beim Nußknacker-Ösophagus und DÖS. Beim Nußknacker-Ösophagus finden sich im Vergleich zum Normalen im distalen Ösophagus peristaltische Kontraktionen mit extrem hoher Amplitude (> 180 mmHg) mit zum Teil prolongierter Kontraktionsdauer. Die schluckreflektorische Erschlaffung des UÖS ist erhalten. Beim DÖS zeigen sich simultane, teilweise repetitive, prolongierte Kontraktionen mit hoher Amplitude. Die schluckreflektorische Relaxation des UÖS ist erhalten. Typisch ist der Korkenzieher-Ösophagus mit Pseudodivertikelbildung und partieller Retention des Kontrastmittels in der Speiseröhre beim Ösophagusbreischluck (*rechter Teil* der Abbildung)

von gastroösophagealem Reflux und, bedingt durch die reduzierte Säure-Clearance, schweren Refluxerscheinungen.

Auch bei der ***Polymyositis und Dermatomyositis*** ist eine Mitbeteiligung der Speiseröhre möglich. Sie betrifft hauptsächlich den oberen quergestreiften Muskelanteil. Typisch sind bei bis zu 70 % der Patienten erniedrigte Kontraktionsamplituden im oberen Ösophagusdrittel und reduzierter Basaldruck im OÖS als Folge der Nekrosen und Degeneration der quergestreiften Ösophagusmuskulatur (Abb. 17.4).

Bei Patienten mit ***Diabetes mellitus*** liegt bei bis zu 60 % eine autonome periphere Neuropathie mit konsekutiv gestörter Ösophagusmotilität vor. Die Kombination von erniedrigter Kontraktionsamplitude, doppelgipfeligen Kontraktionen, unkoordinierten, nicht fortgeleiteten Kontraktionen und Verlangsamung der peristaltischen Wellen kann auftreten.

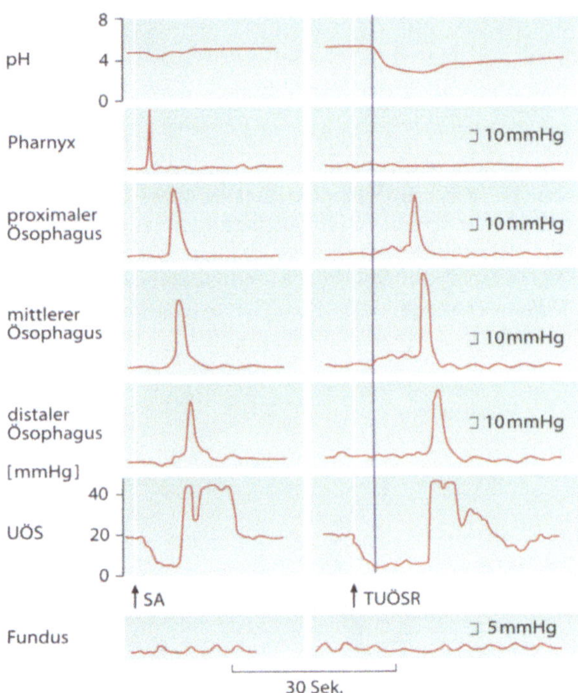

Abb. 17.3. Manometrische Darstellung eines normalen Schluckvorganges im *linken Teil* der Abbildung. Der *rechte Teil* stellt eine spontane TUÖSR dar, deren Beginn durch den *Pfeil* markiert wird. Die Relaxation des UÖS erfolgt bei der TUÖSR ohne Schluckakt, erkennbar an der fehlenden Pharynxkontraktion, und die Dauer der Relaxation des UÖS ist signifikant länger als beim normalen Schluckakt. Die TUÖSR generieren bei normalem basalem Druck im UÖS. Der gastroösophageale Reflux ist am prompten pH-Abfall des Ösophagus zu erkennen

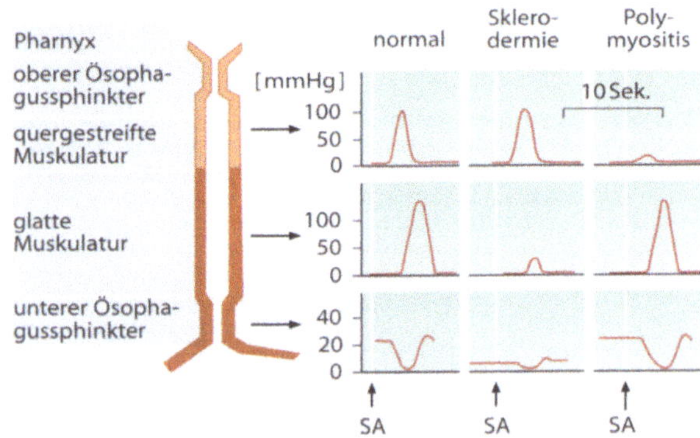

Abb. 17.4. Schematische Gegenüberstellung der typischen manometrischen Charakteristika der Sklerodermie und der Polymyositis. Die Sklerodermie befällt exklusiv die glatte Muskulatur des Ösophagus und führt zu verminderten Kontraktionsamplituden (< 30 mmHg) und Abnahme des Ruhetonus des UÖS. Im Gegensatz hierzu ist bei der Polymyositis und anderen Systemerkrankungen der quergestreiften Muskulatur ausschließlich die Kontraktionskraft im oberen Ösophagus und Pharynx geschwächt

Bei mehr als 60 % der Patienten mit ***Amyloidose*** kommt es zu einer Mitbeteiligung des Ösophagus. Die Deposition von Amyloid in die Ösophagusmuskulatur und ins enterische Nervensystem der Speiseröhre führt zu Beeinträchtigung der Funktion. Erniedrigte Kontraktionsamplituden, sowohl im proximalen als auch distalen Ösophagus, reduzierter Basaldruck des UÖS, simultane Kontraktionen und sogar achalasieartige Veränderungen treten auf.

Hyper- oder ***Hypothyreosen*** können zu Veränderungen der Ösophagusfunktion führen. Der exakte Zusammenhang ist bislang nicht bekannt, möglicherweise kommt den Schilddrüsenhormonen eine physiologische Rolle in der Regulation der ösophagealen Motilität zu. Hyperthyreose kann eine Akzeleration der peristaltischen Wellen verursachen. Hypothyreose kann mit verminderten Kontraktionsamplituden, Verlangsamung der peristaltischen Kontraktionen, reduziertem Basaldruck im UÖS und nicht vollständiger Erschlaffung des UÖS einhergehen.

Bei Motilitätsstörungen des Ösophagus müssen jeweils primäre und sekundäre Ursachen sorgfältig differenziert werden. Dysphagie und Thoraxschmerzen sind die klinischen Leitsymptome.

17.2 Refluxkrankheit

Die Refluxösophagitis entsteht auf dem Boden eines gastroösophagealen Refluxes, d. h. durch Rückfluß von Mageninhalt in den Ösophagus

Rolle des UÖS. Neuere Untersuchungen zeigen, daß eine beträchtliche Überlappung des Druckes des UÖS zwischen gesunden Kontollen und Refluxpatienten existiert. Bei schweren Ösophagitiden (Grad IV) findet sich in der Regel ein erniedrigter Basaldruck, bei den milderen Schweregraden hingegen ist meistens kein reduzierter Basaldruck nachweisbar, nicht selten sogar läßt sich ein erhöhter Druck dokumentieren [7]. Nicht eindeutig geklärt ist, ob ein erniedriger Basaldruck des UÖS Ursache oder Folge des gastroösophagealen Refluxes ist [6].

Spontane ***transiente Relaxationen des UÖS (TUÖSR)*** treten unabhängig vom Schluckakt auf und repräsentieren simultane Relaxationen des UÖS und der Zwerchfellzwinge, die 10 bis 60 s andauern (s. Abb. 17.3). TUÖSR kommen physiologischerweise auch beim gesunden Menschen vor, z. B. beim Aufstoßen. TUÖSR stellen die wesentliche Ursache für das Auftreten von gastoösophagealem Reflux und konsekutiver Refluxösophagitis dar [10]. Bei gesunden Menschen und Patienten ohne endoskopische Zeichen einer Ösophagitis treten alle Refluxepisoden während TUÖSR auf, bei Patienten mit erosiver Refluxösophagitis sind zwei Drittel der Refluxepisoden durch diesen Mechanismus verursacht. Während TUÖSR bei Gesunden und Refluxkranken gleich häufig vorkommen, ist die Inzidenz der Refluxereignisse während TUÖSR bei Refluxkranken höher. Beim Gesunden werden 40–50 % der transienten Relaxationen des UÖS von gastroösophagealem Reflux begleitet, bei Refluxkranken hingegen sind es 60–70 % [3]. Dehnung der Magenwand, z. B. durch verzögerte Magenentleerung, erhöht die Frequenz von TUÖSR.

Die Zwerchfellzwinge trägt entscheidend zur Aufrechterhaltung der Refluxbarriere bei

Zwerchfellkontraktionen führen zur Verengung der ***Zwerchfellzwinge*** und Kompression des UÖS, was einen Druckanstieg zur Folge hat. Die Zwerchfellzwinge wirkt somit wie ein extrinsischer Sphinktermechanismus. Bei jeder Inspiration kontrahiert sich die Zwerchfellzwinge und trägt damit zur Refluxbarriere des UÖS bei, denn inspiratorisch steigt der intragastrale Druck und sinkt der intraösophageale Druck, was einen Reflux zur Folge haben würde. Auch für das Auftreten von TUÖSR ist die Zwerchfellzwinge von großer Bedeutung. TUÖSR können nur bei simultaner Relaxation von UÖS und Zwerchfellzwinge generiert werden. Auch bei einem bis auf Null reduzierten Druck im UÖS treten Refluxepisoden nur während der Relaxationsphasen der Zwerchfellzwinge auf [11,12].

Das Vorliegen einer Hiatushernie kann einen gastroösophagealen Reflux fördern

Die ***Hiatushernie*** verschlechtert die ösophageale Clearance [11, 15]. Mit Beginn des Schluckaktes erschlafft der UÖS reflektorisch und bleibt für 6–8 s relaxiert, denn soviel benötigt die durch den Schluckakt ausgelöste peristaltische Welle, um vom proximalen Ende an das distale Ende des Ösophagus zu gelangen. In dieser Zeit wird der distale Ösophagus nicht durch die Refluxbarriere geschützt. Bei Vorliegen einer Hiatushernie kann der im Herniensack befindliche Mageninhalt retrograd in den distalen Ösophagus gelangen. Dieses Phänomen kann sich bei jedem Schluckakt wiederholen. Bei manifester Hiatushernie induziert die Kontraktion der Zwerchfellzwinge während der Inspiration oder anderer körperlicher Manöver eine Kompartmentierung des Magens zwischen dem UÖS und der Zwerchfellzwinge. Als Folge hiervon resultiert Reflux, denn durch den steigenden Druck im Herniensack wird der UÖS erzwungenermaßen geöffnet. Große Hernien verursachen eine Dilatation der Zwerchfellzwinge, so daß die Sphinkterfunktion der Zwerchfellzwinge außer Kraft gesetzt wird. Schließlich werden bei der Hiatushernie die auxiliaren Antirefluxmechanismen außer Funktion gesetzt, was wiederum einen Reflux begünstigt.

Unter normalen Umständen schützt der Selbstreinigungsmechanismus der Speiseröhre vor einer Schädigung des Ösophagusepithels

Gravitation, ***Peristaltik***, und ***Bikarbonatsekretion*** sind die Hauptfaktoren, die zur ***luminalen ösophagealen Clearance*** beitragen (Abb. 17.5). Einige Refluxpatienten weisen einen hohen Anteil von nicht peristaltischen Kontraktionen oder abnorm niedrigen Kontraktionsamplituden auf [5]. Es gelingt dem Ösophagus in diesen

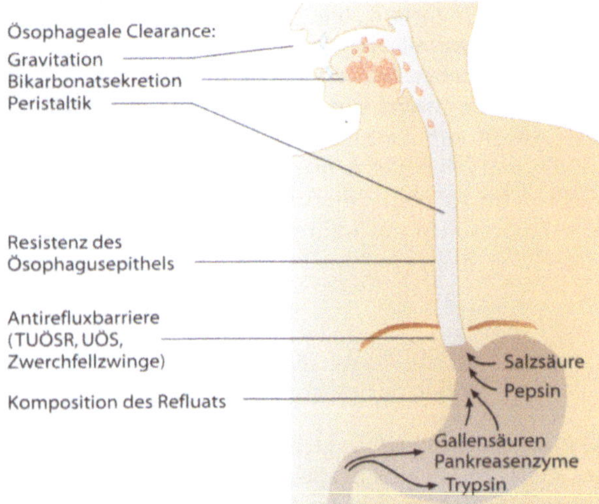

Abb. 17.5. Relevante Faktoren für das Auftreten eines gastroösophagealen Refluxes und Entstehung einer Refluxösophagitis. Ein alkalischer Reflux kann nur bei inkompetentem Pylorus möglich werden. Zum Schutz der Ösophagusschleimhaut vor gastroösophagealem Reflux werden verschiedene Defensivstrategien eingesetzt. Die Antirefluxbarriere minimiert das Volumen und die Frequenz des Refluats; Clearance-Mechanismen minimieren die Kontaktzeit des Refluats mit der Ösophagusschleimhaut; die vorhandene Geweberesistenz limitiert die durch den Kontakt mit dem aggressiven Refluat entstandene, epitheliale Schädigung auf ein Minimum

Fällen nicht, das Refluat rasch in den Magen zurückzubefördern. Die Folge ist eine verlängerte Kontaktzeit des aggressiven Magensaftes mit dem Epithel des Ösophagus. Die Prävalenz an peristaltischer Dysfunktion ist positiv korreliert mit dem Schweregrad der Ösophagitis. Die Speichelproduktion ist der wichtigste Prozeß für die Restaurierung des pH durch Neutralisation der Säure [14]. Der Speichel enthält aber neben dem Bikarbonat eine Fülle von organischen Komponenten mit protektiver Wirkung auf die Schleimhaut, die folglich zur Integrität der Schleimhautbarriere des Ösophagus beitragen. Eine reduzierte Salivation oder gestörte Komposition der Saliva kann das Auftreten einer Refluxösophagitis begünstigen. Umgekehrt kann durch Steigerung der Speichelproduktion die Ösophagusschleimhaut vor Refluxschäden geschützt werden.

Nächtlicher Reflux kann die Ösophagusschleimhaut schädigen, weil während des REM-Schlafes alle luminalen Clearance-Faktoren inaktiviert sind, so daß ein prolongierter Kontakt stattfinden kann. Während nächtlicher Wachphasen oder bei refluxbedingtem Erwachen wird durch vermehrte Schluckaktivität und Speichelproduktion die Kontaktzeit des Ösophagusepithels mit dem aggressiven Refluat minimiert.

Eine geminderte Resistenz der Ösophagusschleimhaut prädisponiert zum Auftreten von Refluxösophagitis

Die kumulative tägliche Kontaktzeit zwischen Refluat und Ösophagusschleimhaut beträgt beim Gesunden ein bis zwei Stunden. Trotzdem manifestieren sich, aufgrund der natürlichen ***Resistenz der Ösophagusschleimhaut***, weder Refluxbeschwerden noch Schädigungen des Ösophagusepithels.

Die ***präepitheliale Barriere*** besteht aus einem Komplex von ***Mukus, nicht-bewegter Wasserschicht („unstirred water layer")*** und ***Bikarbonat.*** Der Mukus verhindert, daß Pepsin die Epitheloberfläche erreichen und schädigen kann, und aus der Epitheloberfläche in die nicht-bewegte Wasserschicht sezerniertes Bikarbonat trägt durch Bildung eines alkalischen Mikroklimas unterhalb des Mukus erheblich dazu bei, daß der niedrige pH des freien Lumens kaum auf die Zellen einwirkt.

Die ***epitheliale Barriere*** enthält strukturelle und funktionelle Komponenten. Die strukturellen Bestandteile sind im wesentlichen die ***apikale Zellmembran*** und die die benachbarten Epithelzellen abdichtende ***Schlußleiste („tight junction").*** Funktionelle Elemente sind mindenstens drei ***Ionen-Austauschsysteme*** (Na^+/H^+, Na^+-abhängigen Cl-/HCO_3-, Cl-/HCO_3-) und ***integrale basische Proteine***, die den intrazellulären pH in Abhängigkeit von Azidität oder Alkalisierung regulieren, ferner ***epitheliale Regenerationsvorgänge.***

Die ***postepitheliale Barriere*** wird hauptsächlich von der ***Blutversorgung*** bestimmt. Azidität der Ösophagusschleimhaut bewirkt eine Steigerung ihrer Perfusion, dies schützt vor einer intrazellulären und interstitiellen Azidität und damit vor Gewebeschaden unter anderem durch Freisetzung von Bikarbonat in die Mukosa.

Die Komposition des Refluates ist neben der Kontaktzeit mit der Schleimhaut von essentieller Bedeutung für die Genese der Refluxösophagitis

Salzsäure, Pepsin, konjugierte und nicht konjugierte Gallensäuren, Pankreasenzyme und Trypsin können im Refluat enthalten sein. Patienten mit Refluxösophagitis weisen aber weder eine vermehrte Säuresekretion noch eine erhöhte ösophageale Gallensäurekonzentration auf, was impliziert, daß nicht die Quantität, sondern die Qualität des Refluates für die Pathogenese besonders relevant ist [16,17]. Nicht unter allen Umständen führen diese Substanzen zu einem Gewebeschaden, ihre Schädigungspotenz wird wesentlich vom gastralen pH determiniert. Beispielsweise fungieren dekonjugierte Gallensäuren und Pankreasenzyme als pathogene Noxen nur bei neutralem oder alkalischem pH des Refluates. Im sauren Milieu werden dekonjugierte Gallensäuren unlöslich und Pankreasenzyme inaktiviert.

Salzsäure und ***Pepsin*** sind die relevantesten Noxen bei Refluxösophagitis. Die Fähigkeit der Salzsäure, das Ösophagusepithel zu schädigen, ist konzentrations- und zeitabhängig. Das Ausmaß der Salzsäure-induzierten Gewebeschädigung ist besonders ausgeprägt bei luminalem pH-Wert von < 2 oder wenn Pepsin mit im Refluat enthalten ist. Die korrosive Wirkung von Salzsäure und Pepsin wird durch den Zusatz von konjugierten Gallensäuren verstärkt.

Alkalischer Reflux tritt selten auf und setzt bei normalen anatomischen Verhältnissen eine Dysfunktion des Pylorus voraus. Bei operativ veränderten anatomischen Verhältnissen mit fehlendem Pylorus, wie beispielsweise totale Gastrektomie mit Ösophagoenterostomie, Vagotomie mit Antrektomie oder Billroth-II-Operation, kommt er häufiger vor.

> **!** Entstehung und Ausmaß der Refluxösophagitis stellen ein multifaktorielles Geschehen dar. Eine Schädigung des normalen Ösophagusepithels tritt auf, wenn die Kontaktzeit mit dem aggressiven Refluat dermaßen prolongiert ist, daß die Geweberesistenz überwunden werden kann. Bei herabgesetzter Epithelresistenz kann bereits die physiologische Kontaktperiode zur Refluxösophagitis führen.

17.3 Ösophagusdivertikel

Divertikel sind umschriebene Ausstülpungen aller (echte Divertikel oder Traktionsdivertikel) oder nur einiger (in der Regel nur Mukosa) Wandschichten (Pseudodivertikel oder Pulsionsdivertikel) der Hohlorgane des Verdauungskanals

Anhand ihrer Lokalisation lassen sich im Ösophagus die sphinkternah gelegenen ***pharyngoösophagealen*** (70 % der Ösophagusdivertikel) und ***epiphrenischen Pulsionsdivertikel*** von den in Höhe der Trachealbifurkation gelegenen ***Traktionsdivertikel*** unterscheiden.

Die Entwicklung eines ***Pulsionsdivertikels*** setzt eine pathologische intraluminale Druckerhöhung und eine schwache Wandstelle voraus. Die pathologische Druckerhöhung ist meist durch Motilitätsstörungen des jeweiligen Sphinkters bedingt, deshalb entstehen die Pulsionsdivertikel im typischen Fall juxtasphinktär, d. h. in unmittelbarer Nachbarschaft zu den Ösophagussphinkteren. Beim Zenker- (pharyngoösophageales) Divertikel ist sowohl eine unvollständige als auch eine nicht mit dem Schluckakt koordinierte Sphinkterrelaxation beschrieben worden. Meistens beginnt und endet die Sphinkerrelaxation vorzeitig, seltener setzt die Relaxation zeitgerecht ein, endet aber zu früh. Durch den entstehenden Überdruck im Hypopharynx wird die Schleimhaut durch den anatomisch präformierten Locus minoris resistentiae im Bereich des Killian-Dreiecks hinausgedrückt. Für die Entstehung von epiphrenalen Divertikeln sind zusätzlich spastische Kontraktionen des Ösophagus bedeutsam, deshalb sind sie häufig Sekundärerscheinungen von peptischen Stenosen, Achalasie und spastischen Motilitätsstörungen.

Die Ausbuchtung der Ösophaguswand bei ***Traktionsdivertikeln*** in der mittleren Speiseröhre wird in der Regel durch Adhäsion und Retraktion im Rahmen entzündlicher Prozesse verursacht.

> **!** Symptomatische Divertikel führen zu Dysphagie und Odynophagie. Durch Retention von Nahrungsbestandteilen und Regurgitation können schwerwiegende, insbesondere pulmonale, Komplikationen auftreten.

17.4 Literatur

1. Aggestrup S et al. (1985) Lack of vasoactive intestinal polypeptide nerves in achalasia. Gastroenterology 84: 924–927
2. Clouse RE, Diamant NE (1998) Motor physiology and motor disorders of the esophagus. In: Sleisinger MH and Fordtran JS (eds) Gastrointestinal and Liver Disease (6th ed). WB Saunders, Philadelphia London Toronto Montreal Sydney Tokio, pp 467–497
3. Galmiche JP, Janssens J (1995) The pathophysiology of gastrooesophageal reflux disease: an overview. Scand J Gastroenterol 30 (Suppl211): 7–18
4. Kahrilas [P] (1996) Esophageal motility disorders: Pathogenesis, diagnosis, treatment. In: Champion MC, Orr WC (eds) Evolving concepts in gastrointestinal motility. Blackwell Science, Oxford, pp 15–45

5. Kahrilas PJ et al. (1988) The effect of peristaltic dysfunction on esophageal volume clearance. Gastroenterology 94: 73–80
6. Katz PO et al. (1986) Abnormal esophageal pressures in reflux esophagitis: cause or effect? Am J Gastroenterol 81: 744–746
7. Katzka DA et al. (1995) Hypertensive lower esophageal sphincter pressures and gastroesophageal reflux: an apparent paradox that is not unusual. Am J Gastroenterol 90: 280–284
8. Koelz HR (1990) Pathophysiologie des Oesophagus. In: Siewert JR, Harder F, Allgöwer M, Blum AL, Creutzfeldt W, Hollender LF, Peiper HJ (Hrsg) Chirurgische Gastroenterologie (2. Aufl). Springer, Berlin Heidelberg New York, pp 467–478
9. Mearin et al. (1993) Patients with achalasia lack nitric oxide synthase in the gastroesophageal junction. Eur J Clin Invest 23: 724–728
10. Mittal RK et al. (1995) Transient lower esophageal sphincter relaxation. Gastroenterology 109: 601–610
11. Mittal RK, Balaban DH (1997) The esophagogastric junction. N Engl J Med 336: 924–932
12. Mittal RK et al. (1996) Characteristics of lower esophageal sphincter relaxation induced by pharyngeal stimulation with minute amounts of water. Gastroenterology 111: 378–384
13. Richter JE (1995) Motility disorders of the esophagus. In: Yamada T, Alpers DH, Owyang C, Powell DW, Silverstein FE (eds) Textbook of Gastroenterology (2nd ed). JB Lippincott, Philadelphia, pp 1174–1213
14. Sarosiek J et al. (1996) Enhancement of salivary esophagoprotection: Rationale for a physiological approach to gastroesophageal reflux disease. Gastroenterology 110: 675–681
15. Sontag SJ et al. (1991) The importance of hiatal hernia in reflux esophagitis compared with lower esophageal sphincter pressure or smoking. J Clin Gastroenterol 13: 628–643
16. Vaezi MF, Richter JE (1996) Role of acid and duodenogastroesophageal reflux in gastroesophageal reflux disease. Gastroenterology 111: 1192–1199
17. Vaezi MF et al. (1995) Role of acid and duodenogastric reflux in esophageal injury: a review of animal and human studies. Gastroenterology 108: 1897–1907

18 Magen

W. E. Schmidt

EINLEITUNG

Fall 1. Ein 23jähriger Jurastudent wird wegen Bluterbrechen und Oberbauchschmerzen notfallmäßig in die Klinik eingeliefert. Seit etwa 1 Woche besteht Teerstuhl. Der jetzt akut aufgetretene Schmerz wird epigastrisch und an den rechten Rippenbogen lokalisiert. Der Patient sieht blaß aus, Blutdruck 90/60 mmHg, Puls bei 110/min. Der Hb-Wert beträgt bei Aufnahme 6,9 g/dl. Der Patient wird unter der Verdachtsdiagnose einer oberen gastrointestinalen Blutung umgehend einer Notfall-Ösophago-Gastro-Duodenoskopie zugeführt. Es findet sich ein tiefes 1 cm großes Ulcus duodeni an der Bulbushinterwand mit einem kleinen zentralen Gefäßstumpf, aus dem eine frische Sickerblutung erkennbar ist. Der Gefäßstumpf wird endoskopisch mit mehreren Metallclips versorgt, das Ulkus zusätzlich mit verdünnter Adrenalin-Lösung unterspritzt. Die Kontrollendoskopie am nächsten Tag ergibt keinen Anhalt für eine Rezidivblutung. Zusätzlich wird jetzt eine schwere Antrumgastritis diagnostiziert, die durch Helicobacter pylori verursacht wurde.

Fall 2. Ein 42jähriger Verwaltungsangestellter klagt seit Wochen über dumpfe Oberbauchschmerzen und Appetitlosigkeit, verbunden mit einem Gewichtsverlust von 3 kg. Bluterbrechen oder Teerstuhl waren nicht aufgetreten. Die Ösophago-Gastro-Duodenoskopie ergibt ein 2 cm großes grünlich belegtes Ulcus ventriculi an der kleinen Kurvatur, etwa 2 cm kranial der Angulusfalte. Es besteht außerdem eine ausgeprägte Pangastritis. Histologisch und enzymatisch wird Helicobacter pylori nachgewiesen. Die Ulkusbiopsien ergeben zunächst keinen Malignitätsbefund. Nach 8wöchiger säureblockierender Therapie wird eine Kontrollgastroskopie durchgeführt: Das Ulcus ventriculi ist jetzt etwa 0,8 cm groß, aber noch nicht vollständig abgeheilt. Die erneut zahlreich durchgeführten Biopsien ergeben den Nachweis eines mittelgradig differenzierten Magenkarzinoms vom intestinalen Typ (nach Lauren). Der Patient wird gastrektomiert, dabei werden 3 lokale tumorbefallene Lymphknoten gefunden. Der Patient erleidet 12 Monate später ein Lokalrezidiv und verstirbt knapp 2 Jahre nach Diagnosestellung.

Bei beiden Patienten war der uncharakteristische Oberbauchschmerz zunächst Leitsymptom. Bei beiden bestand eine Helicobacter-pylori-Gastritis, die für beide Erkrankungen als pathogenetisch wichtiger Faktor anzusehen ist.

18.1 Störungen der Magenmotilität und Magenentleerung

Der proximale Magen besitzt neben seinen Sekretionsaufgaben auch Reservoirfunktion

Der Tonus der zirkulären und longitudinalen Muskelbündel sowie die Schließmuskel der Kardia und des Pylorus werden dabei hormonell und vagal reguliert. Der distale Magen übernimmt durch peristaltische Kontraktionen die Zerkleinerung und Durchmischung des Speisebreis. Der Pylorus kontrolliert die Geschwindigkeit der Magenentleerung und hält unzureichend zerkleinerte Partikel (> 2 mm) zurück.

Eine ***verzögerte Magenentleerung*** ist am häufigsten ***neurogen*** bedingt und im Rahmen der ***autonomen diabetischen Neuropathie*** zu beobachten. Dabei findet sich sowohl eine Störung der Magenperistaltik wie auch der geordneten Erschlaffung des Pylorus. Ähnliche Störungen können auch durch Medikamente verursacht werden, etwa Anticholinergika vom Atropintyp, Katecholamine oder Opiatderivate. Eine primär ***muskulär*** bedingte Entleerungsverzögerung besteht bei der Viszeropathie der Sklerodermie, die sich besonders ausgeprägt auch im Ösophagus findet. Eine rein ***mechanische*** Ursache ist die organische Magenausgangsstenose. Sie führt zu einer Stase des Mageninhalts und zu Erbrechen aufgrund antiperistaltischer Kontraktionswellen. Ihr liegt meistens eine Tumorstenose im proximalen Duodenum (z. B. Pankreaskopfkarzinom) oder eine peptische Ulkuskrankheit im Bereich des Duodenums oder Pyloruskanals mit Narbenbildung zugrunde.

Eine ***beschleunigte Magenentleerung*** als eigenständiges Krankheitsbild ist selten. In der Regel wird sie als Folgeerkrankung nach resektiven und nicht-resektiven (z. B. Vagotomien) Magenoperationen beobachtet.

> **!** Klinisch relevant ist die verzögerte Magenentleerung, die am häufigsten auf einer autonomen Neuropathie (z. B. bei Diabetes mellitus) oder einer Behinderung (z. B. Magenausgangsstenose) beruht.

18.2 Störungen der Säuresekretion

Eine Vielzahl von Magenerkrankungen geht mit einer Steigerung oder Verminderung der Säuresekretion einher

Eine maximale Hypersekretion von Säure wird beim Vorliegen eines Gastrin-produzierenden Tumors (Gastrinom, Zollinger-Ellison-Syndrom) beobachtet (s. 18.5). Die besonders im Antrum ausgeprägte ***Helicobacter-pylori-Gastritis*** geht ebenfalls mit einer Hypergastrinämie und daher mit einer gesteigerten Säuresekretion einher, die eine wichtige pathogenetische Rolle für die Entstehung eines Ulcus duodeni darstellt (s. 18.4). Andererseits dehnt sich die zunächst auf das Antrum beschränkte Gastritis nach jahrelangem Verlauf häufig auf die Korpus-Fundusmukosa im Sinne einer ***Pangastritis*** aus. Diese führt schließlich zur Schleimhautatrophie und damit zur Hypo- oder Anazidität (Hypo- oder Achlorhydrie). In diesem Stadium besteht ein erhöhtes Risko für die Entstehung eines Ulcus ventriculi oder eines Adenokarzinoms des Magens. Die zugrundeliegenden pathophysiologischen Zusammenhänge sind über die Mechanismen der peripheren Kontrolle der Säuresekretion teilweise zu verstehen [1–3].

Die ***periphere Kontrolle*** der Säuresekretion ist ein komplexer Prozeß, der interne und externe Regulationsfaktoren umfaßt. Traditionell werden eine „kephal-vagale", eine „gastrale" und eine „intestinale" Phase unterschieden. Da diese Phasen jedoch nicht konsekutiv ablaufen, sondern zentrale und periphere Kontrollmechanismen auf allen Ebenen integriert werden, ist diese Einteilung wenig hilfreich. Zwei Zellen stehen im Zentrum aller Regulationsvorgänge: die ***antrale G-Zelle***, die mit Gastrin den wichtigsten Stimulator der Säuresekretion freisetzt, und die in der Korpus- und Fundusschleimhaut angesiedelte ***Parietalzelle*** als Ort der Säuresekretion.

Zielstruktur antrale G-Zelle: Regulation der Gastrinfreisetzung. Gastrin ist der Hauptmediator der nahrungsvermittelten Säuresekretion. Die Freisetzung von Gastrin erfolgt einerseits über zentrale Mechanismen, zum anderen über Dehnung des Antrums und über spezifische Nahrungsbestandtei-

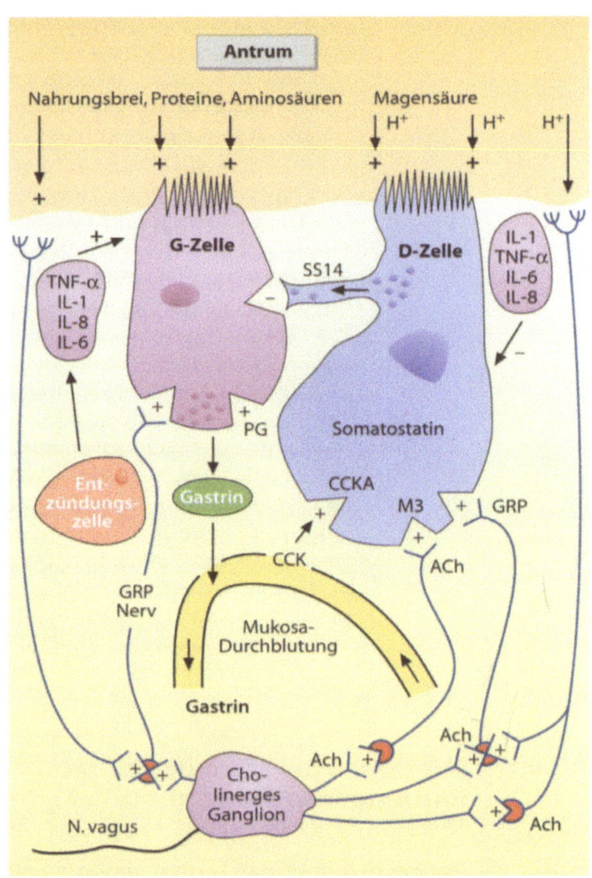

Abb. 18.1. Regulation der Gastrinsekretion: die D-G-Zell-Interaktion. Die Gastrin-produzierende *G-Zelle* steht unter tonischer Inhibition der Somatostatin-sezernierenden *D-Zelle*. Stimulation der Gastrinsekretion durch Azetylcholin *(ACh)*, „Gastrin-releasing peptide" *(GRP)* und Prostaglandine; Stimulation der Somatostatinsekretion durch Cholezystokinin *(CCK)*, Azetylcholin *(ACh)* und „Gastrin-releasing peptide" *(GRP)*. Pro-inflammatorische Zytokine (Interleukin-1, -6, -8, „tumor necrosis factor" α) tragen zur Hypergastrinämie bei (Inhibition der *D-Zelle*, Stimulation der *G-Zelle*)

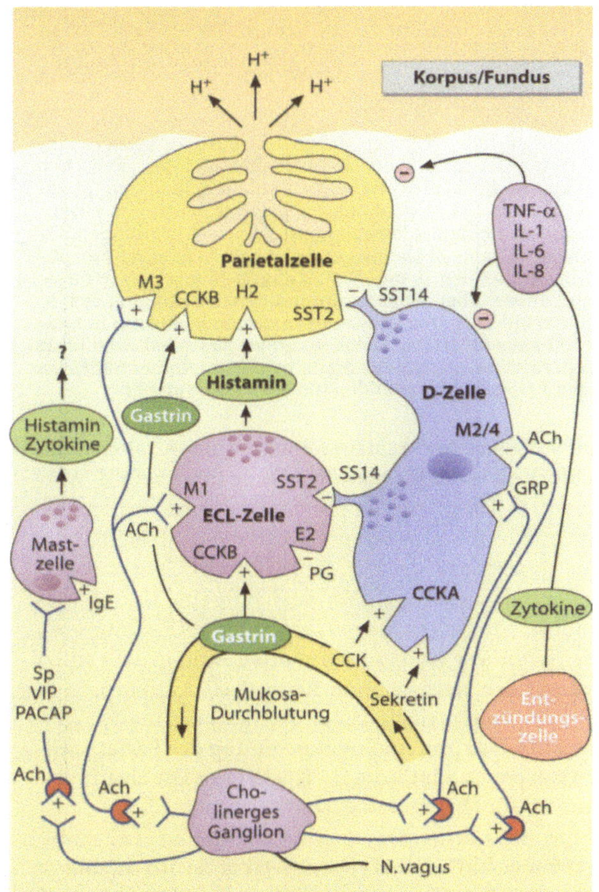

Abb. 18.2. Regulation der Säuresekretion: die D-ECL-Parietalzell-Interaktion. Gastrin stimuliert die *ECL*-(„enterochromaffin-like cell") -Zelle zur Ausschüttung von Histamin, welches die Säuresekretion der Parietalzelle stimuliert. *ECL*- und *Parietalzelle* stehen unter tonischer Inhibition der *D-Zelle*. Stimulation der Säuresekretion durch Azetylcholin *(ACh)*, Gastrin und Histamin; Inhibition der Säuresekretion durch Somatostatin; pro-inflammatorische Zytokine (Interleukin-1, -6, -8, „tumor necrosis factor" α) haben direkte inhibierende *(Parietalzelle)* und indirekt stimulierende Effekte (Inhibition der D-Zelle); Cholezystokinin *(CCK)*; Gastrin-releasing peptide *(GRP)*; *Dreiecke* symbolisieren Rezeptoren

le, mit denen die „offene" G-Zelle direkt in Kontakt kommt. Eine Reihe von Mediatoren stimulieren die Gastrinfreisetzung: ***„Gastrin-releasing peptide" (GRP)*** ist ein neurokrin freigesetzter direkter Stimulator der G-Zelle. Das wichtigste inhibitorische Prinzip ist das aus D-Zellen sezernierte ***Somatostatin***. Die „offenen" antralen D-Zellen haben Kontakt zum Speisebrei und können so die Azidität im Magenlumen detektieren. Ein Abfall des Magen-pH scheint einer der stärksten Stimuli der Somatostatinfreisetzung zu sein. Die wichtigste Zielzelle des Somatostatins ist die G-Zelle, die zum Teil direkte Zellausläufer der D-Zelle erhält. Die G-Zelle steht unter tonischer Inhibition durch Somatostatin. Der Ausfall dieses Defensivmechanismus führt zur Hypergastrinämie und ist ein wichtiger pathophysiologischer Faktor bei der Entstehung peptischer Läsionen (Abb. 18.1).

Zielstruktur Parietalzelle: Regulation der Säuresekretion. In der Korpusmukosa findet die Sekretion der Säure in das Magenlumen statt. Drei Zellen sind hierfür von entscheidender Bedeutung: die ***Parietalzelle***, die die aktive Sekretionsleistung vollbringt; die Histamin-freisetzende ***ECL-Zelle*** („enterochromaffin-like cell") als wichtigster ***Stimulator*** und die Somatostatin-synthetisierende ***Fundus-D-Zelle*** als potentestem ***Inhibitor*** der Säuresekretion. Die Parietalzelle wird im wesentlichen über den Histamin-2 (H2)-Rezeptor stimuliert, während der Gastrin-/CCK-B-Rezeptor nur eine untergeordnete Rolle spielt. Das für die Stimulation der Säuresekretion benötigte Histamin wird überwiegend von der ECL-Zelle sezerniert, wobei Gastrin der stärkste Reiz zur Freisetzung ist. Die „geschlossene" oxyntische D-Zelle (Fundus-D-Zelle) ist das wichtigste Defensivprinzip der säureproduzierenden Mukosa. Das von ihr über lange Zellausläufer parakrin freigesetzte Somatostatin aktiviert den inhibitorischen Somatostatinrezeptor (SST2-Subtyp) sowohl der ECL- als auch der Parietalzelle und begrenzt so das Ausmaß der Säuresekretion. Die Inhibition scheint tonisch zu sein, ein Ausfall führt zu gesteigerter Säuresekretion (Abb. 18.2).

Störungen der Säuresekretion werden am häufigsten durch eine Gastritis hervorgerufen. Je nach Lokalisation, Schweregrad und Ätiologie der mukosalen Entzündung wird eine Zunahme oder Abnahme der gastralen Azidität beobachtet. Paradebeispiel ist die H.-pylori-Antrumgastritis (Hyperchlorhydrie), die nach jahrelangem Verlauf als Pangastritis häufig zur Hypo- oder Achlorhydrie führt.

18.3 Gastritis

Akute und chronische Gastritis sind sehr häufige, aber pathophysiologisch vielschichtige Krankheitsbilder. Sie können völlig symptomlos verlaufen oder mit weitgehend uncharakteristischen Beschwerden des Patienten einhergehen.

Die akute Gastritis ist eine rasch auftretende und meist spontan wieder abheilende Schleimhautläsion

Als „akute Gastritis" werden akute Schädigungen der Magenschleimhaut bezeichnet, die sich entweder als ***hämorrhagisch-erosive Gastritis***, als ***akute Schleimhauterosionen*** oder als ***akutes Streßulkus*** darstellen. Allen gemeinsam ist, daß sie trotz unterschiedlicher

Ätiologie innerhalb von Stunden bis Tagen auftreten und in den meisten Fällen ebenso schnell wieder abheilen.

Hämorrhagisch-erosive Gastritis, akute Schleimhauterosion. Charakteristisch sind punktförmige oder kleinflächige Areale, aus denen es umschrieben oder flächenhaft blutet. Die Schleimhautdefekte sind am häufigsten nach Einnahme nicht-steroidaler Antirheumatika (NSAR) oder von Alkohol zu beobachten, kommen aber auch nach Schockzuständen, schweren Traumata oder Operationen vor.

Akutes Streßulkus. Das Streßulkus ist ein scharf begrenzter Defekt der Mukosa und Submukosa. Bei Arosion von Gefäßen können lebensbedrohliche Blutungen auftreten. Pathogenetisch wird eine akute umschriebene Schleimhautischämie, ausgelöst durch einen arteriellen Gefäßspasmus unter adrenerger Stimulation, als wesentliche Ursache angesehen. Die dadurch verursachte Zerstörung der Mukosabarriere ermöglicht unter Mitwirkung von Säure die peptische Selbstverdauung.

Die chronische Gastritis ist zunächst rein histologisch definiert und kann auf verschiedenen Ursachen beruhen. Charakteristisch sind in der Regel jahrelanger Verlauf und fehlende spontane Ausheilung. Die Entdeckung des „Magenkeims" Helicobacter pylori als Ursache einer Form der chronischen Gastritis führte zu einer Neubewertung der Pathophysiologie und Pathogenese vieler Magenerkrankungen

Die chronische Gastritis ist gekennzeichnet durch ein lympho-plasmazelluläres Infiltrat, das nach Schweregrad als minimal, geringgradig, mittelgradig oder hochgradig eingestuft wird. Zusätzlich wird die Dichte neutrophiler Infiltration als Aktivitätsgrad I–III bezeichnet. Weitere Kriterien sind die partielle oder komplette Atrophie des Drüsenkörpers, eine intestinale Metaplasie und die Kolonisierung mit Helicobacter pylori. Ätiopathogenetische Aspekte werden in der ABC-Klassifikation der chronischen Gastritiden berücksichtigt [4–5].

Typ-A-Gastritis. Die Typ-A-Gastritis bezeichnet eine am ehesten autoimmunologisch bedingte Fundus- und Korpusgastritis. Sie ist gekennzeichnet durch einen fortschreitenden Verlust der Parietalzellen, der schließlich in der Atrophie der oxyntischen Mukosa endet. Aufgrund des damit einhergehenden Mangels an Intrinsic factor kommt es zur verminderten Resorption von Vitamin B_{12} und damit zur perniziösen Anämie (Biermer-Erkrankung).

Die Parietalzelle sezerniert neben der Säure auch den Intrinsic factor, der nach Synthese im rauhen endoplasmatischen Retikulum über die verzweigten tubulovesikulären Membransysteme ins Magenlumen abgegeben wird. Das Glykoprotein mit einem Molekulargewicht von 5.300 bindet Vitamin B_{12} (Cyanocobalamin) und ermöglicht dessen Resorption im terminalen Ileum. Der häufigste Mangel an Intrinsic factor entsteht bei der autoimmunologisch bedingten Typ-A-Gastritis, die zur Atrophie der oxyntischen Mukosa in Fundus und Korpus führt. Das voll ausgeprägte Krankheitsbild führt zur perniziösen Anämie und geht häufig mit Autoantikörpern gegen Parietalzellen oder den Intrinsic factor einher.

Bei vollständiger Schleimhautatrophie resultiert die Achlorhydrie des Magensaftes. Diese führt bei pH-Werten von 6–8 über eine Suppression der antralen Somatostatinsekretion zur ausgeprägten Hypergastrinämie, die eine Hyperplasie der ECL-Zellen bewirkt. Hieraus entstehen bei langjährigem Verlauf häufig eine Mikrokarzinoidose oder selten Magenkarzinoide (ECL-Tumoren). Die Hypothese einer autoimmunen Pathogenese stützt sich auf den Nachweis von Parietalzell-Antikörpern in 80–90 % und Intrinsic-factor-Antikörpern in etwa 50 % der Fälle. Das immunologische Epitop der Parietalzell-Antikörper ist häufig die H^+-K^+-ATPase. Die eigentliche Ätiologie der Erkrankung ist unbekannt.

Typ-B-Gastritis. Die Typ-B-Gastritis ist die häufigste chronische Gastritis (über 80 %) und wird zu über 95 % durch ***Helicobacter pylori (H. pylori)*** hervorgerufen. Sie ist in der Regel am stärksten im Antrum ausgeprägt, betrifft aber fast immer auch Korpus und Fundus. Die Entzündung der Mukosa schädigt die parakrinen Defensivmechanismen, insbesondere die antrale und oxyntische D-Zelle. Die lokale Somatostatinsekretion ist dadurch in beiden Magenabschnitten vermindert, was zu einer gesteigerten Gastrinfreisetzung und Säuresekretion führt. In diesem Stadium besteht ein erhöhtes Risiko für die Entwicklung eines Ulcus duodeni.

Nach jahrelangem Verlauf kommt es zu einer antro-kardialen Ausbreitung der Gastritis mit zunehmender intestinaler Metaplasie, Atrophie des oxyntischen Drüsenkörpers, Schwund der Parietalzellen und daraus resultierender ***Hypoazidität des Magensaftes.*** In diesem Stadium besteht kein gesteigertes Risiko mehr zur Entwicklung eines säureabhängigen Ulcus duodeni, wohl aber eines Ulcus ventriculi. Auch stellt dieses Stadium der atrophischen H.-pylori-assoziierten Pangastritis mit intestinalen Metaplasien und Mukosadysplasien eine obligate Präkanzerose für die Entwicklung eines ***Adenokarzinoms des Magens*** dar. Histologisch finden sich überwiegend lympho-plasmazelluläre Infiltrate (Schweregrad), daneben aber auch neutrophile Granulozyten als Zeichen der Aktivität der Gastritis.

Der Beweis, daß das Bakterium H. pylori die Typ-B-Gastritis verursacht, wurde entsprechend den Koch-Postulaten geführt [6, 7]:

- In über 95% der Fälle wird der Keim histologisch nachgewiesen, er kann aus frischen Schleimhautbiopsien auf einem speziellen Blutagar angezüchtet werden.
- Das experimentelle Verschlucken einer H.-pylori-Kultur (durch den Mitentdecker B. Marshal) führt zu einer akuten Gastritis, die in die charakteristische Typ-B-Gastritis übergeht.
- Eine erfolgreiche antibakterielle Therapie, die sogenannte H.-pylori-Eradikationstherapie, bewirkt eine Ausheilung der Gastritis.

Die H.-pylori-bedingte Typ-B-Gastritis ist außerdem überdurchschnittlich häufig vergesellschaftet mit der Entwicklung eines B-Zell Lymphoms vom Mukosa-assoziierten Typ, einem MALT-Lyphom („mucosa-associated lymphoid tissue", Abb. 18.3).

Typ-C-Gastritis. Die Typ-C-Gastritis wird als chemisch (toxisch) induzierte Gastritis bezeichnet. Endoskopisch finden sich streifige zirkulär angeordnete Rötungen mit maximaler Ausprägung im Antrum und um den Pylorus, es kann jedoch auch der gesamte Magen betroffen sein. Histologisch bestehen ein Schleimhautödem, erweiterte Mukosagefäße sowie kleine Einblutungen in die Mukosa, typischerweise fehlen ausgeprägte Entzündungszellinfiltrate. Als Ursache kommen in erster Linie ein unphysiologischer Gallereflux aus dem Duodenum oder die Einnahme mukosaschädigender Medikamente (NSAR) in Betracht.

Die „Wieder"-Entdeckung des H. pylori 1983 [6] hat die Pathophysiologie des Magens revolutioniert. Stadienabhängig beeinflußt die H.-pylori-Gastritis die Säuresekretion positiv oder negativ und ist pathogenetisch verküpft mit der peptischen Ulkuskrankheit, dem MALT-Lymphom und dem Magenkarzinom.

18.4 Peptische Ulkuskrankheit: Ulcus duodeni, Ulcus ventriculi

Das peptische Geschwür ist eine chronisch-rezidivierende Erkrankung, man spricht deshalb von der peptischen Ulkuskrankheit. Dies trifft auf Ulcus duodeni und Ulcus ventriculi zu

Die ***Rezidivrate*** nach 2 Jahren liegt für das Ulcus duodeni bei 80–90%, für das Ulcus ventriculi bei 50–70%. Geschwüre sind Magenwanddefekte, die von der Mukosa ausgehen und immer die Submukosa mitbetreffen, im

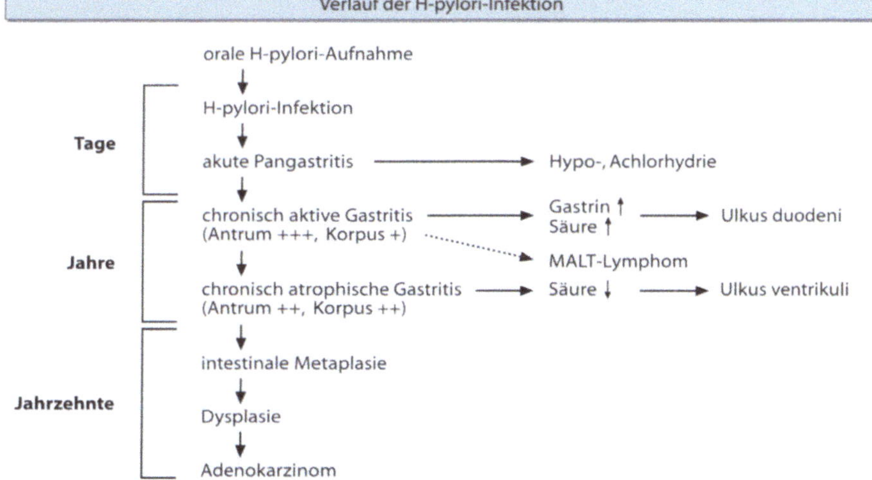

Abb. 18.3. Stadien und Verlauf der H.-pylori-Infektion. Dargestellt sind die verschiedenen Stadien der H.-pylori-Infektion im zeitlichen Verlauf sowie ihre Assoziation mit Erkrankungen im Magen und Duodenum

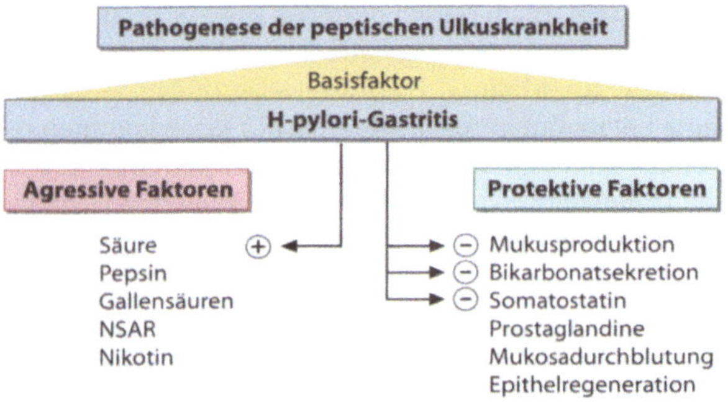

Abb. 18.4. Aggressive und protektive Faktoren in der Pathogenese der peptischen Ulkuskrankheit. H.-pylori ist als der entscheidende Basisrisikofaktor anzusehen. Seine Beseitigung reduziert die Wahrscheinlichkeit für das Auftreten einer Ulkuserkrankung

Gegensatz zu Erosionen, die auf die Mukosa beschränkt sind. Typischerweise sind sie in Regionen des oberen Gastrointestinaltraktes lokalisiert, die mit dem sauren Magensekret in Kontakt kommen. Es gilt in der Regel nach wie vor das Schwarz-Postulat: ***„Ohne Säure kein Ulkus!"*** Lediglich die langdauernde hochdosierte Einnahme nicht-steroidaler Antirheumatika führt auch säureunabhängig zur Entwicklung peptischer Läsionen.

Das Ulcus duodeni findet sich typischerweise im Bulbus duodeni, das Ulcus ventriculi sitzt am häufigsten an der kleinen Kurvatur im Bereich der Antrum-Korpus-Grenze.

Die Pathophysiologie der Ulkuskrankheit wurde jahrelang als ein Ungleichgewicht zwischen aggressiven und defensiven Faktoren beschrieben, das dann zur Geschwürsbildung führt, wenn eine Zunahme der aggressiven auf eine Schädigung der defensiven Mechanismen trifft. Dies gilt auch heute noch in den Grundzügen, aber der wichtigste aller Pathogenesefaktoren ist die ***H.-pylori-assoziierte Gastritis*** (Abb. 18.4). Sie wird in über 95 % der Fälle von Ulcus duodeni und bei 75–85 % der Patienten mit einem Ulcus ventriculi gefunden. Die kausale Bedeutung des Keimes beruht auf folgender Beobachtung: Nach erfolgreicher H.-pylori-Eradikation und Ausheilung der Gastritis sinkt die Rezidivquote der peptischen Ulkuskrankheit von 50–90% auf etwa 5–8 % in 2 Jahren, dies gilt für das Ulcus ventriculi und Ulcus duodeni [3, 8]. H. pylori ist der entscheidende Basis-Risikofaktor, ohne den die Wahrscheinlichkeit, ein peptisches Geschwür zu bekommen, deutlich abnimmt. Die H.-pylori-assoziierte Gastritis ist aber allein noch keine hinreichende Voraussetzung, da altersabhängig etwa 20–60 % der Bevölkerung mit dem Keim infiziert sind, aber wahrscheinlich nur etwa 30–40 % im Laufe ihres Lebens an einem peptischen Ulkus leiden werden. Folgende pathophysiologisch bedeutsame Pathogenesefaktoren spielen eine Rolle.

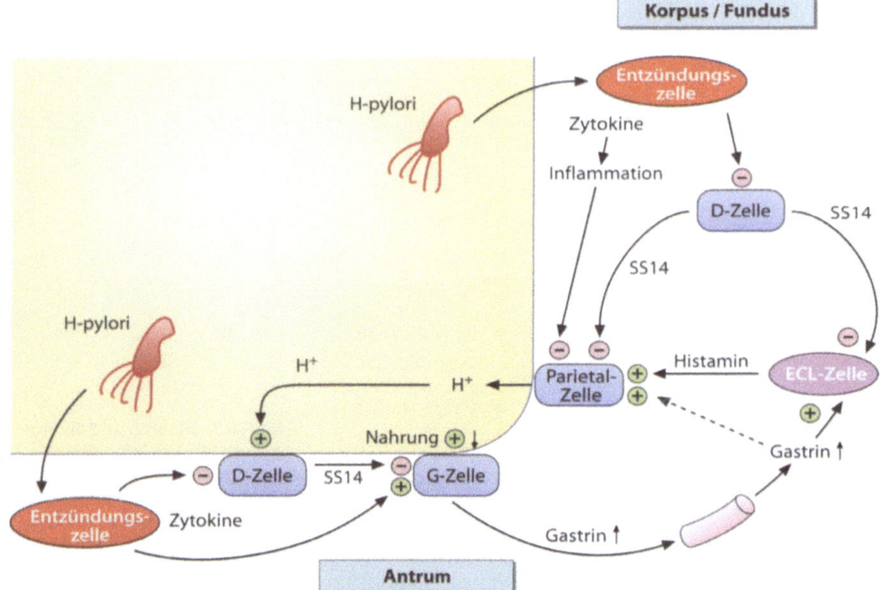

Abb. 18.5. Einfluß der H.-pylori-Gastritis in Korpus und Antrum auf die Regulation der Gastrin- und Säuresekretion. *SS-14* Somatostatin-14, wichtigste Molekularform des Somatostatins im Magen; + = stimuliert; – = inhibiert

Die H.-pylori-Gastritis im Antrum führt zu einer Störung der D-G-Zell-Interaktion. Es resultiert eine Desinhibition der Gastrin-produzierenden G-Zelle und somit eine besonders postprandial ausgeprägte Hypergastrinämie

Patienten mit einem H.-pylori-positiven Ulcus duodeni weisen ***erhöhte basale und postprandiale Plasmagastrinspiegel*** auf. Diese Hypergastrinämie ist allerdings auch bei H.-pylori-assoziierter Antrumgastritis ohne Ulkuskrankheit zu beobachten und somit allein nicht pathognomonisch für die Ulkusentwicklung. Ursache ist die zumeist ausgeprägte Antrumgastritis bei Ulcus-duodeni-Patienten, die zu einer ***verminderten Somatostatinexpression*** (mRNA- und Peptidgehalt) in der Antrumschleimhaut führt. Die Reduktion der Somatostatinexpression bewirkt eine Desinhibition der G-Zelle und damit eine Hypergastrinämie (Abb. 18.5). Ursächlich für die reduzierte Somatostatinsekretion sind im wesentlichen Entzündungsmediatoren (TNFalpha, IL-1, IL-8), die zum Teil auch direkt die Freisetzung von Gastrin bewirken können, während der Keim selbst oder seine Stoffwechselprodukte hierbei eine untergeordnete Rolle spielen.

Da Gastrin der Hauptstimulator der postprandialen Säuresekretion ist, resultiert eine ***Steigerung der nahrungs-stimulierten Säuresekretion***, wie sie in der Tat auch bei dieser Patientengruppe beobachtet wird. Die Hyperazidität des Magensekrets überfordert die mukosalen Schutzmechanismen (Schleim, lokale Bikarbonatproduktion, s. Abb. 18.4) im Bulbus duodeni und führt hier zur ***initialen Schleimhautläsion***. Diese induziert über weitgehend unverstandene Signale eine ***gastrale Metaplasie im Bulbus***, die wiederum direkt von H. pylori besiedelt werden kann. Unter fortbestehender Säureeinwirkung kommt es zur ***aktiven Bulbitis***, zu Schleimhauterosionen und schließlich zum manifesten ***Ulcus duodeni*** (Abb. 18.6). Nach H.-pylori-Eradikation und Ausheilung der Gastritis sind diese Phänomene reversibel: die Wiederherstellung der Somatostatinexpression in Antrum und Korpus führt zum Rückgang der Hypergastrinämie, zur Normalisierung der Säuresekretion und liefert damit eine plausible „molekulare" Erklärung für den deutlichen Rückgang der Ulkusrezidivquote.

Die H.-pylori-Gastritis im Korpus/Fundus führt zu einer Störung der D-ECL-Parietalzell-Interaktion. Bei leichter Ausprägung der Gastritis überwiegt eine Desinhibition der ECL-Zelle und somit eine gesteigerte Histaminfreisetzung, die zur erhöhten Säuresekretion (Hyperchlorhydrie) beiträgt. Eine langjährige schwere Korpus/Fundusgastritis schädigt die Parietalzellsekretion und bewirkt daher eine Hypo- oder Achlorhydrie

Das in den D-Zellen der Korpusmukosa synthetisierte Somatostatin wird parakrin sezerniert und inhibiert die Aktivität der Histamin-produzierenden ECL-Zelle

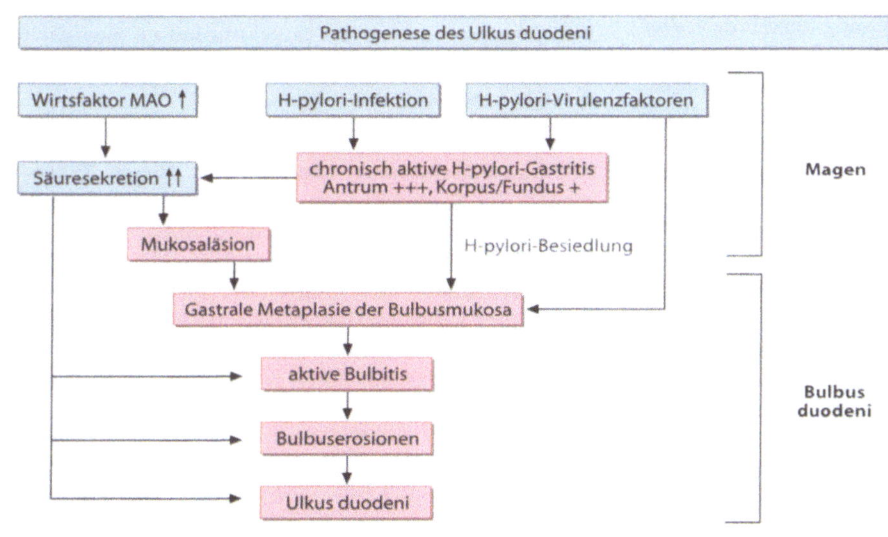

Abb. 18.6. Pathogenese der peptischen Ulkuskrankheit im Duodenum. Weitere wichtige Faktoren sind Virulenzeigenschaften des H. pylori und die maximale Sekretionskapazität *(MAO)* des Wirtes

sowie der Parietalzelle. Neben der verminderten Somatostatinsekretion im Antrum läßt sich auch im Korpus eine ***Abnahme der Somatostatinexpression*** nachweisen [1]. Die Folge ist eine ***Desinhibition der ECL-Zelle*** und damit eine ***gesteigerte Histaminsekretion***, die zur ***Hyperazidität*** beiträgt. Dies ist besonders ausgeprägt bei Patienten mit einem Duodenalulkus, die in der Regel nur eine leichte Korpusgastritis aufweisen, welche in erster Linie die Funktion der Fundus-D-Zellen beeinträchtigt. Dagegen führt eine langbestehende schwere Gastritis im Korpus-Fundusbereich zu atrophischen Schädigung der Parietalzellen und somit zur Hypochlorhydrie (Abb. 18.5).

Gesteigerte maximale Säuresekretion (MAO) bei Patienten mit Ulcus duodeni. Kontrovers diskutiert wird die Frage, ob sich „gesunde" H.-pylori-Infizierte und Patienten mit einem H.-pylori-assozierten Ulcus duodeni in der Regulation der Säuresekretion unterscheiden. Dies hat zum Teil methodische Gründe:

- „Gesunde" H.-pylori-Träger mit einer entsprechenden Gastritis ohne Ulkusanamnese können nicht sicher identifiziert werden.
- Die H.-pylori-Infektion des Magens repräsentiert keine uniforme statische Situation, sondern variiert stark in ihrer Ausprägung, dem Grad des Antrum- und Korpusbefalls und anderen Kofaktoren.

Im ***Frühstadium*** (ausgeprägte Antrumgastritis, geringe Korpusgastritis) überwiegt die vermehrte Stimulation der Säuresekretion. Im ***Spätstadium*** (chronisch atrophische Pangastritis mit ausgeprägter Korpusgastritis) ist die Säuresekretion häufig vermindert. Der wichtigste Unterschied zwischen beiden Gruppen besteht möglicherweise in einer gesteigerten Gastrin-stimulierten maximalen Säuresekretion („maximal acid output", MAO) bei Patienten mit einem Ulcus duodeni. Diese bleibt auch nach Eradikation und Heilung der Gastritis nachweisbar. Unklar ist, ob dies auf einer angeborenen erhöhten Parietalzellmasse beruht oder andere Ursachen hat, etwa eine konstitutionell verminderte Somatostatinexpression im Korpus-Fundus.

H. pylori, nicht-steroidale Antirheumatika (NSAR) und Ulkus ventrikuli. Über 90 % aller Magengeschwüre sind entweder mit einer H.-pylori-Gastritis oder der Einnahme nicht-steroidaler Antirheumatika (NSAR) oder beiden Phänomenen assoziiert. Die H.-pylori-Gastritis bei Ulcus ventriculi ist zumeist eine Pangastritis mit ausgeprägter Korpus-Fundusbeteiligung. Die maximale Säuresekretion (MAO) ist im Unterschied zum Ulcus duodeni nicht gesteigert, sondern normal oder vermindert, aber praktisch nie erloschen. Häufig besteht ein ***Reflux von Duodenalsaft***, der zytotoxische Substanzen (Gallensäuren, Lysolezithin) enthält. Diese können auch ohne H.-pylori-Infektion eine signifikante Gastritis (Typ C Gastritis) verursachen. Prädilektionsstelle für das Ulcus ventriculi ist die Angulusfalte der kleinen Kurvatur am Korpus-Antrum-Übergang (-Typ 1), während simultan auftretende Ulzera in Magen und Duodenum (Typ 2) oder prä-/intrapylorische Ulzera (Typ 3) sich funktionell wie Ulcera duodeni verhalten. An der Angulusfalte ist die Blutversorgung der Mukosa über den submukösen kapillären Plexus vermindert. NSAR vermindern den mukosalen Blutfluß zusätzlich, so daß diese Phänomene zur Pathogenese des Ulcus ventriculi beitragen können.

Typischerweise inhibieren NSAR die Cyclooxygenasen COX-1 und COX-2. Die herabgesetzte Synthese der zytoprotektiven Prostaglandine PGE2 und PGI2 schwächt das Defensivsystem der Mukosa, wobei Mukus- und Bikabonatproduktion abnehmen (Abb. 18.7).

Prostaglandine, Cyclooxygenase. Prostaglandin E2 und I2 (PGE2, PGI2) werden in der Magenmukosa von verschiedenen Zelltypen synthetisiert und sowohl parakrin wie luminal sezerniert. Sie inhibieren die Säuresekretion, am ehesten auf der Ebene der Parietalzelle, und stimulieren verschiedene zytoprotektive Funktionen wie Mukusbildung, Bikarbonatsekretion, und mukosalen Blutfluß. Die Cyclooxygenase existiert in 2 Isoformen, COX-1 und COX-2. COX-1 ist konstitutiv exprimiert in nahezu allen Geweben, während COX-2 vorwiegend in Entzündungsprozessen induziert wird. Es wird daher erwartet, daß selektive COX-2-Inhibitoren als Antiphlogistika weniger gastrointestinale Nebenwirkungen haben als unselektive Inhibitoren (wie Azetylsalizylsäure, Diclofenac), die beide COX-Isoformen blockieren. Da COX-2 jedoch auch bei Abheilungsprozessen in der Magenschleimhaut exprimiert wird und für die schnelle Mukosareparatur wichtig ist, könnte unter bestimmten Bedingungen die Inhibition dieses Enzyms ebenfalls zu Mukosaläsionen führen.

Pathogenitätsfaktoren von H. pylori. Neben Phänomenen der Säuresekretion sind wahrscheinlich auch Faktoren des H. pylori an der Ulkuspathogenese beteiligt. Die exorbitant ***hohe Urease-Aktivität***, die dieser Keim exprimiert, wird klinisch zur Identifikation des Bakteriums verwandt (Nachweis von Kohlendioxid aus dem Abbau von Harnstoff) und ist als essentieller Virulenzfaktor anzusehen. Einzelne Bakterienstämme unterscheiden sich in der Expression weiterer Pathogenitätsfaktoren wie dem Zytotoxin vacA oder anderer Gene der sogenannten ***„Pathogenitätsinsel"***. Eine umfassende Beschreibung „ulzerogener" und „nicht-ulzerogener" Stämme ist zur Zeit noch nicht möglich [3].

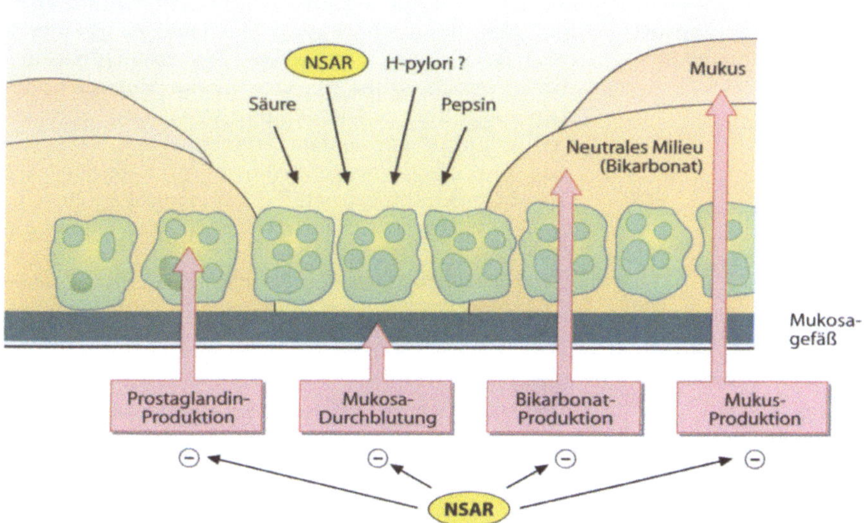

Abb. 18.7. Pathogenese der Ulkusentstehung durch nicht-steroidale Antirheumatika *(NSAR)*. Die Rolle einer H.-pylori-Gastritis (synergistische Schädigung, Indifferenz oder „Protektion" durch Inhibition der Säuresekretion?) ist umstritten

> **!** Die Aufklärung des Zusammenhangs von H.-pylori-induzierter Gastritis und peptischer Ulkuskrankheit ist einer der größten Fortschritte in der gastrointestinalen Pathophysiologie der letzten Jahrzehnte. Die H.-pylori-Gastritis wurde als *der* entscheidende Basis-Risikofaktor für die Entstehung und Unterhaltung des chronischen Ulkusleidens erkannt. Die erfolgreiche Therapie der H.-pylori-Infektion führt praktisch zur Heilung der Ulkuskrankheit.

18.5 Zollinger-Ellison-Syndrom, multiple endokrine Adenomatose (MEN I)

Das im Rahmen des Zollinger-Ellison-Syndroms oder der multiplen endokrinen Adenomatose Typ 1 vorkommene Gastrinom ist eine seltene Ursache für eine peptische Ulkuserkrankung mit zumeist atypisch lokalisierten Ulzera auf dem Boden einer massiven Erhöhung der Säuresekretion.

Zollinger und Ellison beschrieben 2 Patienten mit der klinischen Trias

- benignes Ulkus atypischer Lokalisation (Jejunum),
- hohe basale Säuresekretion („basal acid output", BAO) und
- Nachweis eines Pankreasadenoms.

Sie postulierten, daß der Tumor eine hormonartige Substanz sezerniert, die die Säureausschüttung stimuliert, und erfaßten damit die Pathophysiologie des Syndroms. Später wurde Gastrin in diesen Adenomen und im Plasma der Patienten nachgewiesen, daher die Bezeichnung ***„Gastrinom"***. 0,5–1 % der Patienten mit einem peptischen Ulkus haben ein ***Zollinger-Ellison-Syndrom*** (4, 5). Charakteristisch ist die ***Plasma-Hypergastrinämie*** verbunden mit einer deutlich erhöhten basalen Säuresekretion (BAO). Die ständige unkontrollierte Gastrinsekretion führt einerseits zu einer ständigen Stimulation der Parietalzelle über die ECL-Zelle, zum anderen zum Wachstum der oxyntischen Mukosa, insbesondere der ECL-Zellen. Damit können sich über eine ECL-Zell-Hyperplasie und Mikrokarzinoidose manifeste ***Magenkarzinoide (ECLome)*** entwickeln, die bei 13 % der Patienten gefunden werden. Gastrinome kommen am häufigsten sporadisch vor.

In 25–30 % der Fälle besteht eine ***multiple endokrine Adenomatose Typ I (MEN I)***. Bei diesem autosomal dominanten Tumorsyndrom finden sich neben Gastrinomen Adenome der Parathyreoidea (Hyperparathyreoidismus), der Hypophyse und des Pankreas.

Seltener sind auch die Nebennierenrinde und die Schilddrüse betroffen. Kürzlich wurde das verantwortliche Tumorsuppressorgen Menin auf Chromosom 11-q11–13 identifiziert und kloniert [4].

> **!** Die klinische Diagnose eines Gastrinoms muß immer Anlaß sein, nach dem Vorliegen weiterer endokriner Tumoren zu fahnden, um eine multiple endokrine Adenomatose (MEN I) auszuschließen.

18.6 Maligne Erkrankungen des Magens: MALT-Lymphom, Magenkarzinom

MALT-Lymphome sind primär auf die Schleimhaut des oberen Gastrointestinaltrakts beschränkt, können jedoch sekundär generalisieren. Adenokarzinome des Magens nehmen zur Zeit Platz 5 der durch bösartige Erkrankungen verursachten Todesfälle ein, mit eher sinkender Tendenz

MALT-Lymphome „(mucosa-associated lymphoid tissue"), in der Regel vom B-Zelltyp, machen weniger als 5% der Magentumoren aus. Sie sind ebenfalls zu 90% mit einer chronischen H. pylori-Gastritis assoziiert. Frühe Stadien sind auf den Magen beschränkt, Befall regionärer Lymphknoten und des übrigen Intestinaltrakts zeigen fortgeschrittene Stadien an. Aufsehen erregten Berichte, daß MALT-Lymphome nach Eradikationstherapie des H. pylori eine komplette Regression zeigten [9,10]. Hieraus könnte auf die unmittelbare pathophysiologische Bedeutung der chronischen H.-pylori-induzierten Inflammation für das Wachstum dieser Lymphome geschlossen werden [3].

Die Ätiopathogenese des Magenkarzinoms ist komplex, multifaktoriell und unvollständig verstanden. Neben diätetischen Faktoren (Aflatoxine, Nitrit, N-Nitroso-Verbindungen) wurde H. pylori von der WHO als potentiell ***karzinogener Organismus***, ähnlich wie das Hepatitis-B-Virus, eingestuft. Die chronische H.-pylori-assoziierte Pangastritis mit Atrophie der Korpus-/Fundusmukosa ist in nahezu 90% der Fälle eines Magenkarzinoms nachweisbar. Pathophysiologisch dürfte die Besiedelung mit H. pylori in frühester Kindheit der entscheidende Faktor sein, der zur Entwicklung der chronisch-atrophischen Gastritis prädisponiert. Nach Entwicklung einer Hypochlorhydrie können anaerobe Keime die atrophische Mukosa besiedeln, die Nitrate zu Nitriten und weiter zu N-Nitroso-Verbindungen umwandeln können. Diese Mutagene sind vermutlich entscheidend an der Karzinogenese des Magenkarzinoms beteiligt. Epidemiologisch wird in den westlichen Industrieländern seit Jahren ein Rückgang des Magenkarzinoms beobachtet, der auf verbesserte hygienische Verhältnisse zurückgehen dürfte (Einzelheiten s. Kap. 21).

> **!** Adenokarzinome und MALT-Lymphome des Magens sind positiv korreliert mit der Prävalenz der H.-pylori-Infektion. Die molekulare Pathogenese beider Erkrankungen ist bisher unzureichend verstanden.

18.7 Folgeerkrankungen nach Magenoperationen

Operationen am Magen oder oberen Dünndarm sind häufig mit einer partiellen oder vollständigen Denervierung verbunden. Zusätzlich wird häufig nach Resektion von Magen- oder Dünndarmanteilen eine Änderung der physiologischen Nahrungspassage vorgenommen. Beide Umstände können funktionelle Störungen der Verdauungsfunktionen nach sich ziehen

Postvagotomiesyndrom. Die in der Vor-H.-pylori-Ära zur Reduktion der Säuresekretion häufig durchgeführten Vagotomien in trunkulärer (gesamter N. vagus), selektiver (nur alle Magennerven) oder selektiv-proximaler (nur Korpus/Fundus-Nerven) Technik sind heute praktisch Geschichte. Trunkuläre oder selektive Vagotomie mußten mit Drainageoperationen (Gastroenterostomie, Pyloroplastik) verbunden werden, um Magenentleerungsstörungen zu vermeiden.

Postgastrektomie- und Postresektionssyndrome. Diese Syndrome beziehen sich auf Folgeerkrankungen nach resektiven operativen Eingriffen am Magen. Die meisten Symptome resultieren aus beseitigten Sphinkteren, Motilitätsstörungen oder Veränderungen der normalen gastro-duodenalen Passage.

Eine ***Refluxösophagitis*** wird durch Reflux alkalischen intestinalen Sekretes mit entsprechendem Gehalt an Gallensäuren und Pankreasenzymen verursacht.

Die ***Stumpfgastritis*** im Restmagen nach Billroth-II-(B-II)-Resektion ist ebenfalls refluxbedingt und als Präkanzerose für die Entwicklung eines Stumpfkarzinoms anzusehen.

Das ***Syndrom des kleines Restmagens*** äußert sich nach ausgedehnten Zweidrittelresektionen in Völlegefühl, Übelkeit und Druckgefühl postprandial und beruht auf Überdehnung.

Chronische Diarrhoen können nach Vagotomien und Resektionen auftreten. Die Pathophysiologie ist komplex und kann eine schnelle Magenentleerung, beschleunigten intestinalen Transit, bakterielle Fehlbesiedelung und Fistelbildungen umfassen.

Das ***Syndrom der zuführenden Schlinge*** bezeichnet eine Passagestörung nach B-II-Resektion, bei der die Nahrung zuerst in die zuführende Schlinge gelangt und diese überdehnt (Typ I). Alternativ behindert eine stumpfnahe Stenose den Abfluß des Galle-Pankreassekrets in die abführende Schlinge (Typ II).

Als ***Dumping-Syndrom*** wird die Sturzentleerung des Mageninhalts in die abführende Dünndarmschlinge nach B-II-Resektion oder Gastrektomie bezeichnet.

Beim ***Früh-Dumping*** kommt es 15–30 min nach Nahrungsaufnahme zu Blutdruckabfall, Schweißausbruch und Tachykardie als Ausdruck einer zirkulatorischen Hypovolämie und Hämokonzentration. Nahrung mit hohem osmotischen Druck bewirkt einen Flüssigkeitseinstrom in das Darmlumen sowie die Freisetzung vasodilatatorischer und motilitäts-stimulierender Mediatoren. Dadurch kommt es zur Abnahme des zirkulierenden Plasmavolumens, zum Blutdruckabfall und zu Übelkeit und krampfartigen Schmerzen.

Beim ***Spät-Dumping***, das 1–3 h postprandial beobachtet wird, überwiegen die Symptome einer reaktiven Hypoglykämie bei relativem Hyperinsulinismus, ausgelöst durch die überschießende Insulinfreisetzung nach Einnahme einer kohlenhydratreichen Mahlzeit.

Diätetisch bedingte Mangelerscheinungen gehen im wesentlichen auf Malabsorptionszustände zurück. Diese betreffen die Aufnahme von Eisen, Vitamin B_{12}, Folsäure, Kalzium und Vitamin D. Hier ist in der Regel eine Substitutionsversorgung angezeigt.

Die „funktionelle Magenchirurgie", also der Versuch, durch resezierende oder denervierende Operationen die Pathophysiologie des Magens zu beeinflussen, ist heute Geschichte. Dementsprechend hat die Häufigkeit von Folgeerkrankungen drastisch abgenommen.

18.8 Literatur

1. Schmidt WE, Bojko B (1998) Regulation of acid secretion. In: Greeley GH (ed) Gastrointestinal Endocrinology. Humana Press, Totowa
2. Johnson LR (ed) (1994) Physiology of the Gastrointestinal tract, 3rd edn. Raven Press, New York
3. Malfertheiner P (Hrsg) (1996) Helicobacter pylori – Von der Grundlage zur Therapie, 2. Aufl. Georg Thieme Verlag, Stuttgart
4. Sleisenger MH, Fordtran JS (eds) (1998) Gastrointestinal and Liver Disease, 6th edn. WB Saunders, Philadelphia
5. Yamada T (ed) (1995) Textbook of Gastroenterology, 2nd edn. Lippincott, Philadelphia
6. Warren JR, Marshall B (1983) Unidentified curved bacilli on gastric epithelium in actice chronic gastritis. Lancet 1: 1273–1275
7. Marshall B, Armstrong JA, McGechie D, Glancy R (1985) Attempt to fulfil Koch's postulate for pyloric campylobacter. Med J Aus 152: 436–439
8. Marshall BJ, Goodwin CS, Warren JR et al. (1988) Prospective double-blind trial of duodenal ulcer relapse after eradication of Campylacter pylori. Lancet 2: 1437–1442
9. Stolte M (1992) Helicobacter pylori and gastric MALT lymphoma. Lancet 339: 745–746
10. Bayerdörffer E, Neubauer A, Rudolph B, Thiede C, Lehn N, Eidt S, Stolte M (1995) MALT lymphoma study group: regression of primary gastric lymphoma of mucosa associated tissue type after cure of helicobacter pylori infection. Lancet 345:591–1594

19 Chronisch entzündliche Darmerkrankungen

S. Schreiber und A. Schottelius

EINLEITUNG Ein 26 jähriger Patient berichtet, seit dem 22. Lebensjahr an Diarrhoen zu leiden. Die Beschwerden seien initial jeweils nach wenigen Wochen selbstterminierend gewesen. Später seien mehrfach täglich blutige Stuhlgänge aufgetreten, die von Schmerzen im linken Unterbauch und von einseitigen Gelenkbeschwerden im Knie und Sprunggelenk begleitet gewesen seien. Ileokoloskopisch wurde initial eine linksseitige Colitis ulcerosa diagnostiziert. In den nächsten Jahren entwickelte der Patient 1–3 Schübe pro Jahr, die zunächst auf eine antientzündliche Therapie (Steroide) gut ansprachen.

Der Patient stellte sich jetzt erneut mit 15 blutigen Stühlen pro Tag, Beschwerden im linken Unterbauch sowie Schmerzen und Gelenkergüssen im rechten Knie und Sprunggelenk vor. Er klagte über eine generalisierte Schwäche, Müdigkeit und Luftnot bereits bei geringen Belastungen. Eine hochdosierte systemische Steroidtherapie sowie Medikation mit Eisenpräparaten erfolgte seit 4 Monaten. Die Ileokoloskopie zeigte eine Pankolitis mit kontinuierlichem Befall und schweren akut entzündlichen sowie chronischen Veränderungen. Histologisch fanden sich in einer der Kolonbiopsien dysplastische Epithelveränderungen. Das Labor zeigte ein Hämoglobin von 7,2 g/dl, eine Leukozytenzahl von $14{,}3 \times 10^9$/l, eine Thrombozytenzahl von 714 $\times 10^9$/l, ein C-reaktives Protein (CRP) von 54 mg/l sowie ein negatives karzinoembryonales Antigen (CEA). Eine Proktokolektomie wurde durchgeführt. Die histologische Aufarbeitung des Resektats ergab schwere dysplastische Veränderungen sowie zwei unterminierend wachsende Karzinome an der linken Flexur und im Colon ascendens ohne Lymphknotenbefall.

Der vorliegende Fall stellt einen typischen Krankheitsverlauf einer schweren Colitis ulcerosa dar. Die graduelle Verschlechterung des Ansprechens auf die zunächst erfolgreiche antientzündliche Therapie („Steroidrefraktärität") spiegelt die Problematik einer nichtkausalen Therapie bei chronischen Erkrankungen wieder. Gelenk-, Leber-, Augen- und Hautbeteiligungen sind typische extraintestinale Symptome der Grunderkrankung. Eine therapierefraktäre Anämie kann durch eine Eisenverwertungsstörung infolge der chronischen Entzündung zusätzlich zum blutungsbedingten Eisenmangel unterhalten werden. Leuko- und Thrombozytose sind Ausdruck der systemischen Immunaktivierung. Das gehäufte Entstehen von kolorektalen Karzinomen wird ab dem 10. Jahr der Erkrankung beobachtet. Typisch sind synchrone Karzinome und Dysplasien an verschiedenen Lokalisationen im Kolon.

19.1 Klinische Präsentation, Epidemiologie und Ätiologie

Chronisch entzündliche Darmerkrankungen (CED) werden in zwei Formen, die Colitis ulcerosa und den Morbus Crohn, unterteilt

Beide Erkrankungen, ***Morbus Crohn*** und ***Colitis ulcerosa***, sind durch einen chronisch entzündlichen Krankheitsprozeß gekennzeichnet. Obwohl dieser primär die Darmmukosa betrifft, sind systemische immunologische Komplikationen häufig. Eine Differenzierung zwischen M. Crohn und Colitis ulcerosa ist mittels der oft unterschiedlichen klinischen Symptomatik sowie endoskopischer, radiologischer und histopathologischer Veränderungen möglich (Tabelle 19.1). Selten finden sich pathognomonisch eindeutige Zeichen und häufig erfolgt die Einteilung durch Synopsis verschiedener klinischer Befunde.

Morbus Crohn und Colitis ulcerosa werden als chronisch entzündliche Darmerkrankungen (CED) zusammengefaßt, da bei beiden Erkrankungen das histo-

Tabelle 19.1. Wichtige klinische, endoskopische, histologische und radiologische Kriterien zur Unterscheidung von M. Crohn und Colitis ulcerosa

	Morbus Crohn	Colitis ulcerosa
Klinische Präsentation		
Schmerzen	oft rechter Unterbauch	oft linker Unterbauch
Durchfälle	oft	fast immer
Hematochezie	gelegentlich	fast immer
Gewichtsverlust	oft	selten
Fisteln/Stenosen	oft	nie
Endoskopie		
Befallsmuster	diskontinuierlich („skip lesions")	kontinuierlich, vom Rektum nach proximal
Läsionen	Aphthen, „snail track" Ulzera	retikuläre, erosiv/ulzeröse Veränderungen
Befall des terminalen Ileums	oft	als „back-wash ileitis"
Stenosen	oft	nie (bei Vorliegen: Vd. auf ein Karzinom!)
Befall des oberen GI Trakts	manchmal	nie
Histologie		
Granulome	oft	nie
Krytpenabzesse	manchmal	oft
Röntgen		
Verlust der Haustren	selten	oft
Pflastersteinrelief	terminales Ileum unterminierende Ulzerationen	nie

Auch die vollständige Exploration des Gastrointestinaltrakts läßt manchmal eine eindeutige Zuordnung nicht zu. In diesen Fällen wird von einer Colitis indeterminata gesprochen

logische Bild klassische Komponenten chronisch entzündlicher Infiltrate wie Plasmazellen, Makrophagen und Lymphozyten aufweist. Der lang anhaltende „chronische" Krankheitsverlauf ist durch den Wechsel von Ruhephasen ***(Remission)*** mit akuten und hyperakuten, mitunter lebensbedrohlichen Phasen gekennzeichnet. Während der schubweisen, aktiven Phasen kommt es histopathologisch zu einem massiven Einstrom neutrophiler Granulozyten und mononukleärer Phagozyten aus dem peripheren Blut in das entzündete Gewebe. Das intestinale Immunsystem steht im Mittelpunkt der Pathophysiologie der chronisch entzündlichen Darmerkrankungen.

Die ***Ätiologie*** der chronisch entzündlichen Darmerkrankungen ist unklar. Epidemiologische Studien liefern wichtige Hinweise für Ursachen der steigenden Inzidenz.

Die ***Inzidenz*** (Neuerkrankungsrate) beider Erkrankungen, M. Crohn und Colitis ulcerosa, ist in den letzten Jahrzehnten in den westlichen Industrienationen steil angestiegen, wobei allerdings jetzt eine Abflachung der Zunahmetendenz zu verzeichnen ist. Hierbei ist weltweit sowohl ein epidemiologisches Nord-Süd- als auch ein West-Ost-Gefälle zu beobachten. Die mittlere Inzidenzrate liegt beim Morbus Crohn bei 5 bis 7 Fällen pro 100.000 Einwohner pro Jahr (Europa/Nordamerika). Die Angaben zur Inzidenz der Colitis ulcerosa hängen maßgeblich davon ab, ob mildere Verläufe insbesondere der chronisch ulzerösen Proktitis in die Studien aufgenommen wurden und wird daher zwischen 5 und 40 pro 100.000 Einwohner pro Jahr geschätzt. Die ***Prävalenz*** (Gesamtzahl der Erkrankten) des Morbus Crohn wird zwischen 34 und 146 pro 100.000 Einwohner angegeben. Sie schwankt bei der Colitis ulcerosa zwischen 28 und 117 pro 100.000 Einwohner [28]. Verschiedene Umweltfaktoren, die eng mit dem Lebensstil westlicher Industriegesellschaften verbunden sind, wurden angeschuldigt, krankheitsauslösend zu sein (z. B. Hygiene in der Kindheit).

Hinweise auf die Existenz krankheitsauslösender Faktoren hat sowohl die epidemiologische Analyse als auch die Aufschlüsselung zugrundeliegender genetischer Ursachen erbracht. Tabelle 19.2 gibt eine Übersicht von möglichen ätiopathogenetischen Faktoren.

Tabelle 19.2. Ätiologisch wichtige Faktoren der chronisch entzündlichen Darmerkrankungen

Ätiologischer Faktor	Morbus Crohn	Colitis ulcerosa
Rauchen	+	-
Nichtrauchen	-	+
Kontrazeptiva	?	ø
Hoher Zuckerkonsum	ø	ø
Mykobakterien	ø ?	ø
Appendektomie	?	-
Hohe Hygienestandards in der Kindheit	+ +	+
Kleine Familien	+ +	+
Primäre (genetische?) Permeabilitätsstörung	?	?
Polygener Hintergrund	+ +	+ +

+ positive Assoziation („Risikofaktor"); – negative Assoziation („protektiver Faktor"); ø keine Assoziation; ?Assoziation möglich, aber nicht eindeutig gesichert

Genetischer Hintergrund. Die Analyse des Auftretens der CED hat in verschiedenen Populationen klare Hinweise ergeben, daß eine familiäre Häufung besteht. Die Konkordanz von monozygoten Zwilligen beträgt 58 % im Vergleich zu 4 % bei dizygoten Zwillingen. Für den Morbus Crohn ist das Erkrankungsrisiko von Verwandten ersten Grades um den Faktor 10 bis 30 höher als in der Normalbevölkerung. Zwischen 10 und 20 % der Erkrankungen sind familiär mit mindestens einem weiteren erkrankten, verwandten Familienmitglied. Sowohl die Erkrankungslokalisation als auch der Verlaufstyp der Krankheit sind oft über Generationen ähnlich, wobei sich jedoch bei den Nachkommen im Vergleich zu den Eltern eine Tendenz zu früher im Leben auftretender und schwerer verlaufender Erkrankung zeigt. Bestimmte HLA-Typen (DRB1*1502 in der japanischen und jüdischen Bevölkerung, DRB1*0103 in kaukasischen Erkrankten) sind mit einem schwereren Verlauf assoziiert. Eine Assoziation besteht zwischen M. Crohn und M. Bechterew sowie Psoriasis, Turner-Syndrom, zystischer Fibrose und Tyrosin-positivem Albinismus. Es scheint aus epidemiologischen Studien klar, daß die Manifestation der CED des Zusammenkommens multipler genetischer Vererbungsfaktoren ***(polygenes Vererbungsmodell)*** bedarf.

Bisher konnten noch keine spezifischen ***Krankheitsgene*** identifiziert werden. Durch Kopplungsstudien an erkrankten Geschwisterpaaren wurden jedoch Regionen auf mehreren Chromosomen („Suszeptibilitätsregionen") definiert [10,11,21], in denen Krankheitsgene vermutet werden (Abb. 19.1). Es ist anzunehmen, daß eine Vielzahl von genetischen Faktoren wahrscheinlich in Kombination mit epigenetischen Komponenten (Umwelt – Lebensstil) zusammenkommen muß, um die Manifestation chronisch entzündlicher Darmerkrankungen auszulösen. Umweltfaktoren, die im Lebensstil der Industriegesellschaft begründet zu sein scheinen, sind im heute akzeptierten Modell krankheitsauslösend, wohingegen der Krankheitstyp und -verlauf genetisch festgelegt ist. Ein einzelner, ver-

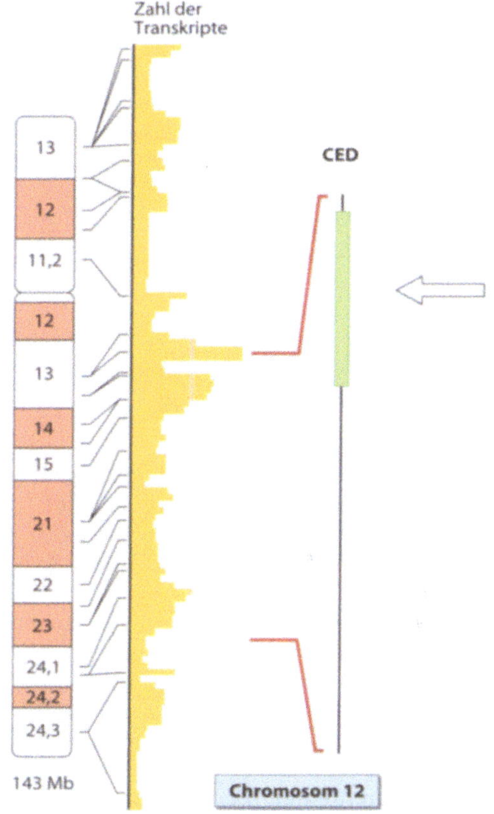

Abb. 19.1. Risikoregionen für chronisch entzündliche Darmerkrankungen, in denen jeweils ein oder mehrere Krankheitsgene vermutet werden, wurden durch Kopplungsstudien an erkrankten Geschwisterpaaren auf mehreren Chromosomen beschrieben. Die Abbildung zeigt einen Ausschnitt der genetischen Karte auf Chromosom 12. Eine noch recht große Risikoregion für chronisch entzündliche Darmerkrankungen ist in der Abbildung wiedergegeben. Die höchste Signifikanz wurde in dem durch den *Pfeil* markierten Bereich erzielt. In der Region sind zahlreiche Gene zu finden (entsprechend der Zuordnung zu Transkripten – „expressed sequence tags"), die als Kandidatengene überprüft werden müssen

antwortlicher Umweltfaktor (zum Beispiel eine Infektion) besteht jedoch nach den vorliegenden epidemiologischen Daten mit hoher Sicherheit nicht.

> **!** Die klinische Einteilung der chronisch entzündlichen Darmerkrankungen in M. Crohn und Colitis ulcerosa ist häufig aufgrund klinischer, endoskopischer, histologischer und radiologischer Charakteristika möglich. In 10–20 % ist der Phänotyp jedoch nicht eindeutig. Die Inzidenz der CED ist zwischen 1940 und 1970 in Europa und in Nordamerika steil angestiegen. Chronisch entzündliche Darmerkrankungen sind mit einer erwarteten Prävalenz von 0,3–0,5 % eine häufige Erkrankung. Die CED ist eine polygene Erkrankung. Einzelne Krankheitsgene konnten noch nicht identifiziert werden, Kopplungsstudien konnten jedoch Risikoregionen auf mehreren Chromosomen definieren.

19.2 Epithelzellen und Barrierefunktion der intestinalen Mukosa

Die Mukosa der Schleimhäute des Darmes und des Respirationstraktes sind die für die Integrität des Gesamtorganismus entscheidenden Grenzflächen zur Außenwelt

Die ***intestinale Barrierefunktion*** basiert auf einem komplexen Zusammenspiel zwischen mechanischer Barriere und Immunsystem des Darmes. Die ***mechanische Barriere*** wird durch die Schleimschicht und den Epithelzellverband geformt. Eine kontinuierliche, intakte Epithelzellschicht ist für die Integrität und die mechanische Barrierefunktion der Mukosa von entscheidender Bedeutung. Nur so kann die ungeregelte Invasion einer Vielzahl von bakteriellen, diätetischen oder anderen luminalen Antigenen verhindert werden.

Die mechanische Epithelbarriere ist bei CED unmittelbar vor und während eines aktiven Entzündungsschubes defekt. Die ***Permeabilität*** für inerte Makromoleküle (z. B. Dextrane, inerte Zucker) kann zur klinischen Abschätzung der epithelialen Barrierefunktion eingesetzt werden [3]. Bei chronisch entzündlichen Darmerkrankungen ist die Permeabilität während des akuten Schubes heraufgesetzt. Eine Permeabilitätssteigerung in Remission sagt das baldige Eintreten eines erneuten Schubes mit hoher Sicherheit voraus [32]. Interessanterweise findet sich eine Permeabilitätssteigerung auch bei einem Teil der (noch?) gesunden Verwandten ersten Grades von Patienten. Die Epithelzellschädigung wird vermutlich durch Entzündungsmediatoren wie Tumornekrose-Faktor (TNF), Sauerstoffradikale oder andere Effektormoleküle hervorgerufen. Eine primär vorliegende Permeabilitätssteigerung auf genetischer Basis ist, wenn auch unwahrscheinlich, nicht vollkommen ausgeschlossen.

Mukosa-assoziiertes Immunsystem. Die wichtigste Aufgabe des Mukosa-assoziierten Immunsystems des Darmes (***GALT*** von Gut Associated Lymphoid Tissue, Abb. 19.2) ist die vollständige Ausgrenzung von infek-

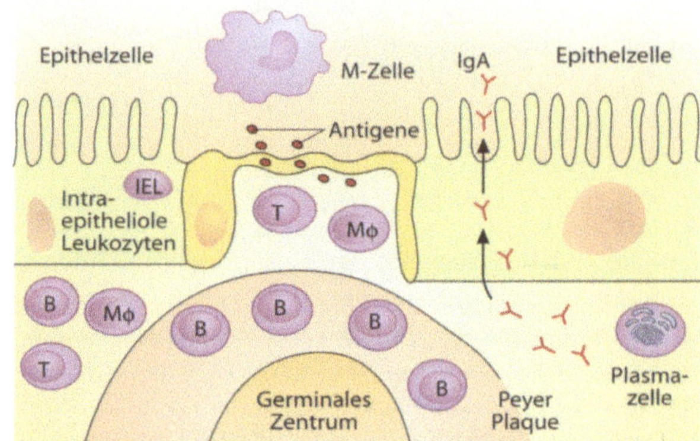

Abb. 19.2. Das Mukosa assoziierte Immunsystem des Darmes (auch Gut Associated Lymphoid Tissue – GALT) ist größtenteils in der intestinalen Lamina propria lokalisiert. Innerhalb der Epithelzellschicht befindet sich eine Population von intraepithelialen Lymphozyten *(IEL)*. Im Stroma der Lamina propria finden sich Mastzellen, Makrophagen, B- und T-Lymphozyten, die komplexe Verteidigunsaufgaben wahrnehmen. Vorwiegend Antikörper des Isotyps IgA werden kontinuierlich bereitgestellt. Peyer-Plaques sind lymphfollikelähnliche Strukturen, die sich an wenigen Stellen nachweisen lassen. Sie besitzen ein germinales Zentrum, um das B-Zellen angeordnet sind. Über den Peyer-Plaques finden sich typischerweise spezialisierte Epithelzellen mit einer flachen Zelloberfläche ohne Villi- und Mikrovillibesatz. Diese werden als M-(Microfold-) Zellen bezeichnet und selektieren durch Glykoproteinrezeptoren Antigene aus dem intestinalen Lumen, die sie durch Transzytose an die Lymphozyten der Peyer-Plaques weiterleiten. Das Zytoplasma der M-Zellen mißt im Gegensatz zu den Nachbarzellen nur wenige Nanometer, so daß die basale Zellmembran „unter der Zelle" einen kuppelförmigen Hohlraum bildet. Dadurch können oft mononukleäre Phagozyten und T-Lymphozyten in unmittelbaren Kontakt mit der Zellmembran der M-Zelle treten, indem sie sich an die basale Plasmamembran der M-Zellen anlagern

tiösen und toxischen Pathogenen des intestinalen Lumens. Um diese Funktion wahrzunehmen, weist das GALT eine Reihe von funktionellen und regulativen Besonderheiten auf, die es vom Immunsystem des peripheren Blutes unterscheiden. Entsprechend den Leistungen des Mukosa-assoziierten Immunsystems sind dort in einem gegen das systemische Immunsystem abgegrenzten Kompartment mehr Lymphozyten lokalisiert als im gesamten übrigen Körper. Im Darm findet mehr als 2/3 der gesamten Immunglobulinbildung des Körpers statt. Hinweise auf einen Verlust der Abwehrfunktionen des Mukosa-assoziierten Immunsystems bei chronisch entzündlichen Darmerkrankungen gibt es nicht.

Kolonepithel. Das Kolonepithel übernimmt nicht nur die Rolle einer mechanischen Barriere. Das intestinale Epithel scheint in der Lage, durch Präsentation von Antigenen in den Ablauf des intestinalen Entzündungsgeschehens entscheidend einzugreifen [17,18]. Normale Epithelzellen exprimieren vor allem Histokompatibilitätsantigene (HLA, MHC) der Klasse I und induzieren damit suppressiv wirkende zytotoxische (CD8-) T-Zellen. In der entzündeten Mukosa von CED Patienten sind jedoch auch MHC-Klasse-II-Moleküle auf Epithelzellen nachweisbar. Durch Verwendung dieser MHC-Moleküle zur Antigenpräsentation, können CD4-T-Helferzellen aktiviert werden. In vitro können Epithelzellen außerdem entzündungsfördernde und -regulierende Zytokine (IL-6, IL-8, TGF-β und andere) produzieren, obwohl dies in vivo bislang nicht nachgewiesen werden konnte. Epithelzellen sind damit an der intestinalen Immunregulation wesentlich beteiligt.

> ! Epithelzellen sind immunologisch aktiv und tragen durch Antigenpräsentation sowie die Bereitstellung von Zytokinen zur intestinalen Immunregulation bei.

Infektiöse Agentien. Als Kandidaten für eine bisher nicht bewiesene Infektion werden spezifische Erreger, beim M. Crohn derzeit insbesondere ***Mycobacterium paratuberculosis*** [28] oder auch eine persistierende ***Masernvirusinfektion*** des Gefäßendothels angeschuldigt [15]. Gestützt wird diese Hypothese, insbesondere bei M. Crohn, durch die Beschreibung einer Vaskulitis mit nachfolgender ischämischer Nekrose des Epithels. Tatsächlich fanden sich für den M. Crohn spezifische Granulome häufig innerhalb degenerierter Gefäßlumina. Die Hypothese einer primären Vaskulitis ist sehr umstritten. Eine Beteiligung des Endothels im pathophysiologischen Ablauf der Entzündung ist hingegen wahrscheinlich. Die gefundene Reexpression von Masern-Virusantigenen kann Ausdruck sekundärer Aktivierungsprozesse sein und andere Mechanismen wie zum Beispiel IgG vermittelte Komplementlyse könnten wesentlich zur Endothelschädigung beitragen. Epidemiologische Daten sprechen ebenfalls gegen *ein* spezifisches infektiöses Agens als Ursache der CED.

Toleranz gegen die eigene Stuhlflora. Im normalen Darm kann das intestinale, Mukosa-assoziierte Immunsystem durch die eigene Flora nur wenig stimuliert werden. Es gibt jedoch gute Hinweise, daß diese Toleranz gegen die eigene Flora bei CED gestört ist. Das Ergebnis wäre ein Verlust der normalen, entzündungsfreien Immunregulation in der intestinalen Lamina propria. Eine überschießende immunologische Reaktion gegen physiologische Bestandteile des Darminhaltes trägt dann zur Verstärkung der Entzündung bei. Bei M.-Crohn-Patienten konnte eine genetische Region auf Chromosom 16 beziehungsweise bei Colitis-ulcerosa-Patienten auf Chromosom 12 identifiziert werden, die zu Zytokinrezeptoren und anderen immunrelevanten Strukturen der Zelloberfläche eine enge Beziehung aufweisen [10,11,21]. Eine ***Störung der Immuntoleranz auf genetischer Basis*** stellt somit eine attraktive Hypothese zur Ätiopathogenese der CED dar. Vorstellbar wäre der Ablauf einer Antigen-unabhängigen, sich selbst unterhaltenden Entzündung, die nach initialer Auslösung vor allem durch eine genetisch festgelegte Störung der Toleranz gegen die eigene Darmflora charakterisiert ist.

> Die intestinale Barriere wird durch mechanische und immunologische Funktionen getragen. Bei CED finden sich Hinweise auf eine Störung der mechanischen Barrierefunktion. Eine wichtige Hypothese zur Ätiopathogenese der CED ist eine Störung der intestinalen Immuntoleranz gegen die eigene Stuhlflora auf genetischer Basis.

19.3 T- und B-Lymphozyten in der intestinalen Lamina propria

Der Krankheitsprozess in der intestinalen Mukosa führt zur immunologischen Aktivierung von T- und B-Lymphozyten

T- und B-Lymphozyten. Sie sind wichtige Elemente der spezifischen Immunantwort durch das intestinale Mukosa-assoziierte Immunsystem. Die Antigenspezifität wird durch den T-Zell-Antigenrezeptor bzw. die Spezifität der Immunglobulinmoleküle vorgegeben.

Immunzellen finden sich hauptsächlich in drei anatomischen Bereichen der Darmwand: Innerhalb des ***Epithels***, in der ***Lamina propria*** und submukös in Lymphfollikel-ähnlichen Strukturen, den ***Peyer-Plaques*** (s. Abb. 19.2).

Während im Epithel T-Zellen den Großteil von immunkompetenten Zellen ausmachen, bestehen die Immunozyten der Lamina propria zu etwa 10–15 % aus Makrophagen/Monozyten, zu 20–30 % aus B-Zellen und zu 30–50 % aus T-Zellen. Im Vergleich zum peripheren Blut findet sich damit ein erheblich höherer Anteil von B-Lymphozyten. Die Peyer Plaques sind ähnlich den Lymphfollikeln aufgebaut: ein germinales Zentrum, das vorwiegend aus aktivierten T-Zellen besteht, ist von einem dichten Saum aus B-Zellen umgeben. Diese anatomische Struktur und die Zusammensetzung der Immunzellpopulationen ändern sich auch im akuten Entzündungsgeschehen nicht. In der Nähe der Peyer-Plaques finden sich oft ***M-Zellen*** [30,31], die die Funktion einer kontrollierten Zuleitung von Antigenen des Darmlumens haben (s. Abb. 19.2).

Antigene werden durch Phagozyten auf MHC-Molekülen der Klassen II oder I unter Beteiligung weiterer akzessorischer Moleküle den $CD4^+$- („Helfer"-) oder $CD8^+$- („zytotoxischen") T-Zellen „präsentiert". Dabei werden nur die für das präsentierte Antigen spezifischen T-Zellen stimuliert. Diese Spezifität der T-Zellen wird durch den ***T-Zell-Antigenrezeptor*** determiniert; nur im Falle eines Kontaktes mit dem „richtigen" Antigen resultiert eine ***immunologische Aktivierung*** und ***klonale Expansion*** des stimulierten T-Lymphozyten durch Zellteilung. Dazu bedarf es – außer dem Kontakt zwischen MHC- gebundenem Antigen und Antigenrezeptor – noch einer Reihe akzessorischer Moleküle sowie weiterer löslicher Mediatoren, wie z. B. Interleukin 1-β (IL-1β) oder Tumor-Nekrose-Faktor alpha (TNF-α). Die Analyse der klonalen Verteilung von T-Zell-Antigenrezeptoren („Repertoirestudien", [4]) in der expandierten T-Zellpopulation läßt oft Rückschlüsse auf die stimulierenden Antigene z. B. in Autoimmunerkrankungen zu.

Intestinale T-Lymphozyten weisen auch in der nichtentzündeten Schleimhaut ein begrenztes ***Repertoire von Antigenrezeptoren*** auf, das heißt, die Zahl der Antigene, die als immunologische Stimulantien in Frage kommen, ist deutlich eingeschränkt. Repertoirestudien des T-Zell-Antigenrezeptors bei CED haben allerdings keine Hinweise zur Identifikation eines auslösenden Antigens erbracht [4].

Die ablaufende Kaskade von T-Zell-gebundenen Aktivierungsprozessen bezieht in einem weiteren Schritt B-Lymphozyten ein. Auch hier führt Aktivierung zur klonalen Expansion und zur Expression von Zelloberflächenmolekülen wie MHC-II, CD 23 (dem Fc-Rezeptor für IgE) oder dem Interleukin-2-Rezeptor. Unter dem Einfluß von T-Zell-Zytokinen, wie Transforming-Growth-Faktor-β (TGF-β) und den Interleukinen 4 und 5 setzen B-Zell-Reifungsprozesse in Immunglobulin produzierende Plasmazellen ein.

Zahlreiche Untersuchungen weisen auf einen ***erhöhten Aktivierungszustand bereits des normalen intestinalen Immunsystems*** im Vergleich zum peripheren Blut hin. Zur Aktivierung von Lymphozyten der normalen intestinalen Lamina propria vermag neben den biologischen Eigenschaften dieser Zellpopulation auch eine kontinuierliche Stimulation durch Antigene des intestinalen Lumens beitragen. Diese führt jedoch nicht zu einer entzündlichen Reaktion, die die Integrität und Funktion der Darmschleimhaut beeinträchtigen würde, sondern trägt zur vermehrten Bereitstellung von Immun-globulinen durch intestinale B-Lymphozyten bzw. Plasmazellen bei.

Bei CED-Patienten ist eine ***vermehrte immunologische Aktivierung*** von bis zu 60 % sämtlicher Immunzellpopulationen der intestinalen Lamina propria zu beobachten [27]. Die vermehrte Aktivierung der T- und B-Lymphozyten der intestinalen Lamina propria bei CED spiegelt sich auch im peripheren Blut wider [28]. Die Aktivierung von T-Zellen führt zu einer starken Proliferation und vermehrten Oberflächenexpression von Aktivierungsantigenen, die letztendlich auch zu einer Freisetzung von Aktivierungsmarkern durch enzymatische Abspaltung führt. Der ***lösliche Interleukin-2-Rezeptor (sIL-2R)*** ist hierfür ein Beispiel. Abhängig vom Schweregrad der akuten Entzündung finden sich daher im Serum von CED-Patienten deutlich erhöhte Spiegel an sIL-2R. Der sIL-2R wird größtenteils durch mononukleäre Zellen der intestinalen Lamina propria in der entzündeten Schleimhaut von CED-Patienten mit hoher Krankheitsaktivität gebildet. Da bei Patienten mit akuter Divertikulitis eine erhöhte In-vitro-Sekretion von sIL-2R nachgewiesen werden konnte, dürfte die Aktivierung von T-Zellen nur eine gemeinsame Endstrecke intestinaler Entzündungsreaktionen unterschiedlicher Ätiologie darstellen.

Die CD4-positiven T-Zellen nehmen möglicherweise in der Induktion der Lymphozytenaktivierung eine besondere Rolle ein: Während Epithelzellen in vitro normalerweise hauptsächlich $CD8^+$-T-Zellen aktivieren, findet bei CED eine erhebliche Aktivierung von $CD4^+$-T-Zellen statt, die die Immunaktivierung von B-Zellen und T-Zellen der Lamina propria erheblich fördern können. Eine Schlüsselrolle scheinen dabei sowohl die auf Epithelzellen exprimierten MHC-Klasse-II-Moleküle als auch weite MHC-ähnliche Moleküle (CD1, [18]) einzunehmen.

Immunglobuline. Bereits in der normalen Lamina propria findet sich im Vergleich zu peripheren Blutzellen eine spontane Produktion von Immunglobulinen als Zeichen einer immunologischen Aktivierung. Die spontane Immunglobulin- (Antikörper)-Produktion von intestinalen B-Zellen ist als Teil der weit gesteigerten immunologischen Aktivierung bei CED nochmals deutlich vermehrt.

Immunglobulin des Isotyps A (IgA) repräsentiert zu 90 % die in der intestinalen Lamina propria gebildeten Immunglobuline (Abb. 19.3 und 19.4). 61 % des IgA werden in der Dickdarmschleimhaut als IgA2 gebildet. IgA2 ist gegen die bakteriellen Enzyme des intestinalen Lumens besonders widerstandsfähig.

IgA verfügt über besondere Eigenschaften: Im Gegensatz zum IgG vermag IgA kaum Komplement zu aktivieren und ist nicht in der Lage, andere Immunzellen zu aktivieren oder (via Fc-Rezeptor-vermittelter Bindung) andere Zellen zu armieren. Von diesen Eigenschaften des IgA leitet sich ein wichtiger Unterschied zwischen Immunregulation im intestinalen Mukosa-assoziierten Immunsystem und dem peripheren Blut ab: Ein Antigenkontakt des im Darm gebildeten IgA führt nicht zu einer entzündlichen Reaktion, während das durch B-Zellen des peripheren Blutes gebildete IgG eine gewebszerstörende Entzündung induzieren würde. IgA erreicht seine protektive Funktion also nicht über die Vernichtung von Antigenen durch Entzündung, sondern durch Antigen-Elimination infolge von Komplexierung und Inaktivierung.

Auf der luminalen Oberfläche des Darmepithels wird IgA teilweise in die Mukusmatrix integriert (Abb. 19.5). Damit verfügt das intestinale Immunsystem über eine effektive immunologische Barrierefunktion, die Pathogene ausschließt, ohne durch eine lokal zerstörende entzündliche Reaktion eine kontinuierliche Behinderung von resorptiven Funktionen zu verursachen.

Immunglobulin G ist bei CED-Patienten anstelle von IgA der vorherrschende Isotyp. Bei Patienten mit Colitis ulcerosa findet sich vorwiegend eine Produktion von IgG1, während bei M. Crohn IgG2 vorherrscht. Da die Isotyp-Präferenz vorwiegend durch die stimulierenden Antigene verursacht wird, könnte dieser Un-

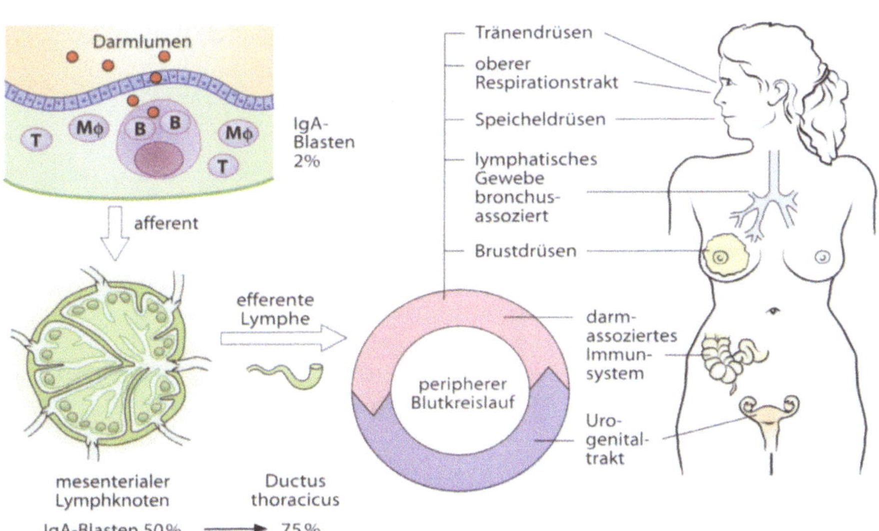

Abb. 19.3. Homing von IgA-B-Lymphozyten in sekretorische Schleimhäute. Nach einem initialen Antigenkontakt verlassen IgD/IgM-positive B-Zellen die Peyer-Plaques, um in der Peripherie zu IgA-produzierenden B-Lymphozyten zu reifen. Dieser als „maturational journey" bezeichnete Vorgang wird für den größten Teil der B-Zellen nach Erreichen des IgA-Isotyps durch erneuten Eintritt in sekretorische Schleimhäute beendet. Eine wichtige Rolle kommt dabei Homing-Rezeptoren zu, die auf den Endothelien von weitlumigen Venolen („high endothelial venules"), die in enger anatomischer Beziehung mit der Lamina propria der Schleimhäute stehen, exprimiert werden. Die Akkumulation von IgA-B-Zellen findet sich in den Schleimhäuten des Darmes, im Bronchialapparat, aber auch im Urogenitaltrakt, den Brustdrüsen, den Tränen- und Speicheldrüsen wie auch den oralen Schleimhäuten. Das in der Mukosa produzierte IgA ist für den Erhalt der Integrität der Mukosaoberfläche von großer Bedeutung

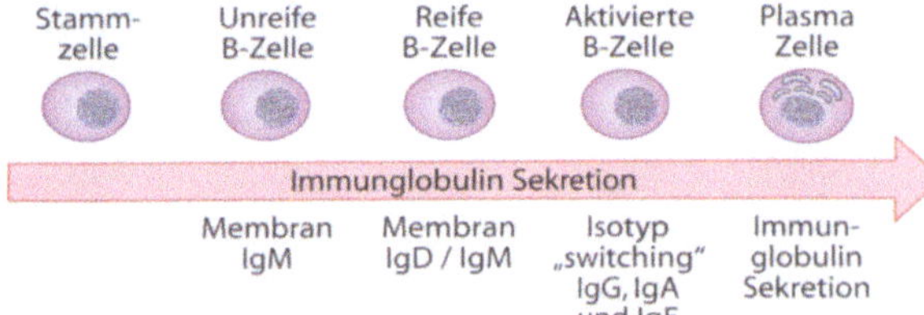

Abb. 19.4. B-Zelldifferenzierung und Immunglobulinsekretion. Während der Reifungsschritte von der Stammzelle zur reifen B-Zelle kommt es zur Membranexpression von IgM und IgD. Die B-Lymphozyten verlassen zu diesem Zeitpunkt das Knochenmark. B-Lymphozyten weisen in diesem Stadium bereits ihre volle Antigenspezifität auf, die durch die leichten Ketten festgelegt ist, während die schweren Ketten bestimmend für den Immunglobulinisotyp sind. Ein kompliziertes genetisches Rearrangement führt zu einer Veränderung des Isotyps von D/M über verschiedene G-Subklassen zu IgA und schließlich IgE. Dieser als „Isotype switching" bezeichnete Prozeß ist nicht umkehrbar („downstream switching"). B-Lymphozyten sezernieren während dieses Differenzierungsprozesses nur wenig Immunglobulin. Als Endstadium differenzieren sich B-Zellen in Immunglobulin sezernierende Plasmazellen. Sie verlieren dabei die Membranexpression von Immunglobulinen zugunsten von hohen Sekretionsraten

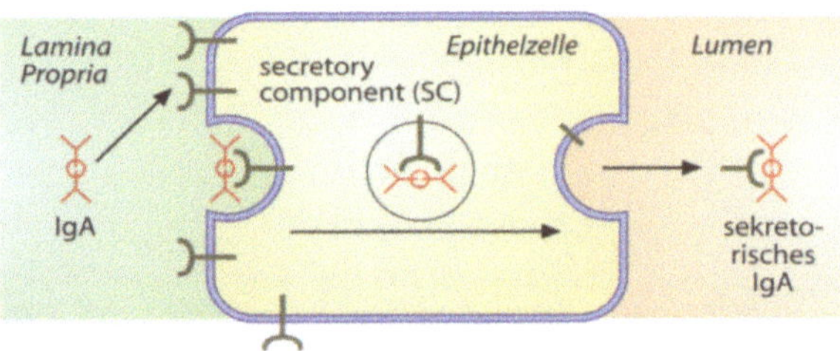

Abb. 19.5. IgA Sekretion im Gastrointestinaltrakt. B-Lymphozyten in der Lamina propria setzen IgA frei. IgA wird in der Lamina propria unter Vermittlung einer „joining"- (J)- Kette zu Komplexen von zwei und mehr Molekülen verbunden. Ein weiteres wichtiges Molekül ist ein auf der Oberfläche von Epithelzellen exprimiertes Glykoprotein („secretory component", SC). An die SC gebundenes IgA-Dimer wird durch Transzytose zur luminalen Seite der Epithelzelle verlagert. Dort kommt es zur Abspaltung der Membranankerdomäne der SC, und das IgA-Dimer wird, kovalent an den Rest der SC gebunden, als sekretorisches IgA in das intestinale Lumen freigesetzt

terschied ein Hinweis auf unterschiedliche Antigene in den beiden Formen der chronisch entzündlichen Darmerkrankungen sein.

Bei CED-Patienten wird die Immunoglobulinproduktion von mukosaprotektivem IgA auf potentiell komplementaktivierendes IgG umgestellt [28]. Das gebildete IgG trägt möglicherweise erheblich zu unspezifischen entzündlichen Immunreaktionen bei. Bei Colitis ulcerosa Patienten konnte vor kurzem eine Bindung von IgG1 an Epithelzellen des Kolons sowie damit verbunden eine lokale Komplementaktivierung nachgewiesen werden. Als Zielantigen wird ein 40 kDa großes Autoantigen an der epithelialen Basalmembran vermutet, das möglicherweise mit Tropomyosin identisch ist [9]. Damit könnten IgG1-Moleküle bei Colitis ulcerosa eine Komplementlyse von Epithelzellen verursachen.

Eine lokale Komplementaktivierung in Verbindung mit einer Ablagerung von IgG wurde bei Crohn-Patienten auch an Endothelzellen der kleinen Gefäße in der Muscularis mucosae und Submukosa beobachtet. Diese Beobachtungen könnten weitere pathogenetische Mechanismen für einen Epithel- bzw. Endothelschaden und die damit persistierende intestinale Entzündung darstellen. Insbesondere könnte ein Verschluß kleinster Kapillaren die bei M. Crohn beobachtete transmurale Entzündung und das Entstehen der tiefen aphthösen und fissurierenden Läsionen erklären.

! Sämtliche Immunzellpopulationen der intestinalen Lamina propria sind in der intestinalen Entzündung aktiviert. CD4-positive T-Zellen nehmen in der Immunaktivierung von B- und T-Zellen der Lamina propria eine besondere Rolle ein. Die B-Lymphozyten des peripheren Blutes sezernieren Immunglobuline in vitro erst nach Stimulation. Aus der Lamina propria des Darmes isolierte Lymphozyten hingegen setzen Immunglobuline spontan, d. h. ohne weitere Stimulation in vitro frei. Bei Patienten mit chronisch entzündlichen Darmerkrankungen ist eine Verschiebung des Schleimhaut-typischen Immunglobulinisotyps A gegen den Isotyp G zu beobachten.

19.4 Endothelzellen

Das Endothel der Blutgefäße exprimiert Adhäsionsmoleküle, die den Einstrom von Leukozyten in das intestinale Entzündungsgebiet steuern

Histopathologisch zeigt sich der Einstrom neutrophiler Granulozyten und Makrophagen als ***akutes Infiltrat.*** Die eingewanderten Zellen sind wichtig in der initialen Abwehrphase bei Infekten und in der Initiierung einer Entzündungsreaktion. Voraussetzung für den ***Einstrom*** *von Phagozyten* ist die Bindung an Adhäsionsfaktoren auf endothelialen Zellen der Blutgefäße [1]. Der Eintritt von Immunzellen in die intestinale Lamina propria, wird durch ***Adhäsionsmoleküle*** vermittelt, die sowohl auf Leukozyten als auch auf Endothelzellen zu finden sind (Abb. 19.6). Adhäsionsmoleküle werden in drei Gruppen unterteilt:

- die ***Immunglobulin-Superfamilie*** (zum Beispiel das „intercellular adhesion molecule" ICAM-1 auf Monozyten und Endothelzellen oder das „vascular cell adhesion molecule" VCAM auf Endothelzellen kleiner Gefäße),
- die ***Integrine*** (zum Beispiel das „very late antigen" VLA auf Lymphozyten oder das „lymphocyte function-associated antigen" LFA-1 auf Leukozyten) und
- die ***Selektine*** (zum Beispiel das „endothelial leukocyte adhesion molecule" ELAM-1 auf Endothelzellen).

Die Selektine bestimmen den primären Kontakt zwischen Leukozyten und Endothelzelloberfläche. Die Gruppe der E- und P-Selektine werden auf zytokinaktivierten Endothelzellen exprimiert. Dagegen wird L-Selektin dauerhaft auf Leukozyten in der Zirkulation ausgebildet.

Adhäsionsmoleküle steuern die Auswahl von Entzündungszellen, die in entzündete Gewebskompartimente aus den Blugefäßen migrieren. Der Ablauf dieses Vorgangs ist gut charakterisiert (Abb. 19.7): Die Adhäsionskräfte, durch die nicht kovalente Bindung zwischen Selektinen und ihren Liganden einerseits und Scherkräften durch den Blutstrom andererseits, stehen in einem Gleichgewicht, das in Rollbewegungen von Leukozyten entlang der Gefäßwand resultiert („rolling"). Die Selektin-vermittelte Bindung induziert eine gesteigerte Expression von Integrinen auf Leukozyten, und in der Folge kommt es zu einer Interaktion mit Molekülen der Immunglobulin-Superfamilie. So bindet beispielsweise ICAM-1 das Integrin LFA-1 beziehungsweise VCAM-1 das Integrin VLA-4, das sich insbesondere auf intraepithelialen Lymphozyten der Mukosa findet. Die Bindung, die auch als sekundäre Adhäsion bezeichnet wird („sticking"), ist wesentlich stärker als die Bindung von Selektinen und leitet die Transmigration des adhärierenden Leukozyten durch die endotheliale Zellschicht in die darunterliegende extrazelluläre Matrix ein.

Bei CED-Patienten findet sich eine deutliche Vermehrung der Expression fast aller bisher untersuchten Adhäsionsmoleküle [29]. Diese vermehrte Expression ist vermutlich nicht als primäres Geschehen, sondern eher als Folge der lokalen und systemischen Freisetzung von Zytokinen aufzufassen. Kortikosteroide unterdrücken die Expression von Selektinen auf zirkulierenden Leukozyten bei CED-Patienten. Adhäsionsmoleküle stehen im Mittelpunkt einer Reihe experimenteller Therapieansätze.

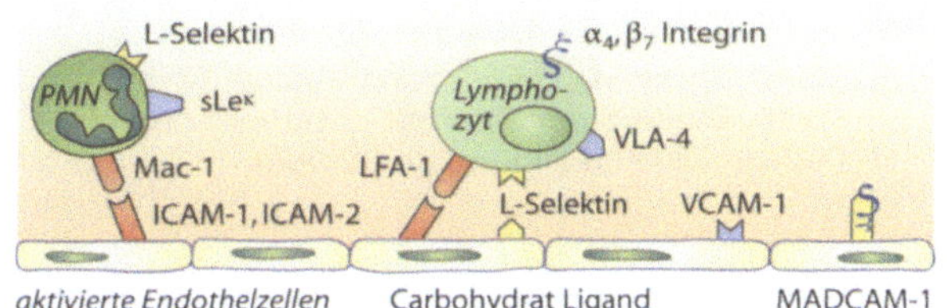

Abb. 19.6. Adhäsionsmoleküle. Der Prozeß der Adhäsion wird durch die potentielle Interaktion einer Vielzahl von Carbohydrat-Liganden vermittelt. Die Selektin-vermittelte Bindung induziert eine gesteigerte Expression von Integrinen (z. B. VLA-1 oder –4) auf Leukozyten. In der Folge kommt es zu einer Interaktion mit Molekülen der Immunglobulin-Superfamilie. Von besonderer Bedeutung scheinen dabei die Intercellular Adhesion Molecules (ICAM) 1 und 2 zu sein, die auf aktivierten Endothelzellen exprimiert werden. Ihre Liganden auf Granulozyten bzw. Lymphozyten sind beispielsweise die Moleküle MAC-1 bzw das Lymphocyte Function Associated Antigen-1 (LFA-1). Eine Reihe von ICAM-1 ähnlichen Molekülen, wie das Mucosal Addressed Cell Adhesion Molecule-1 (MADCAM-1) sind ebenfalls immunologisch und damit auch als therapeutisches Ziel interessant. An MADCAM-1 bindet das $\alpha 4$, $\beta 7$-Integrin, das insbesondere auf aktivierten Lymphozyten exprimiert wird und den entscheidenden Impuls für die Migration dieser Zellen in das entzündete Gewebe vermitteln soll. *sLe^x* Sialyl Lewis x antigen

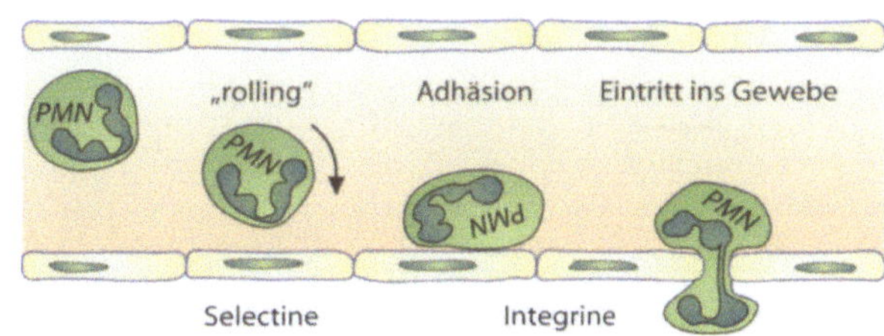

Abb. 19.7. Die Migration von Leukozyten in entzündetes Gewebe wird durch Adhäsionsmoleküle in mehreren Schritten vermittelt. Die Rollbewegung der Zellen entlang der Gefäßwand („rolling") basiert auf einem Gleichgewicht zwischen den Adhäsionskräften durch die nichtkovalente Bindung zwischen Selektinen und ihren Liganden einerseits und den Scherkräften durch den Blutstrom andererseits. Die wesentlich stärkere Bindung von Integrinen an Moleküle der Immunglobulin-Superfamilie wird als sekundäre Adhäsion („sticking") bezeichnet und leitet die Transmigration des adhärierenden Leukozyten durch die endotheliale Zellschicht in das darunterliegende Gewebe ein

> **!** Der durch Adhäsionsmoleküle vermittelte Einstrom von Leukozyten in entzündete Gewebe initiiert und unterhält die chronischen intestinalen Entzündungsreaktionen.

19.5 Monozyten, Makrophagen und Granulozyten

Makrophagen, Monozyten und Granulozyten sind die wesentlichen Produzenten proentzündlicher Zytokine

Makrophagen und Monozyten können anhand spezifischer ultrastruktureller Charakteristika und anhand von Oberflächenmarkern in der intestinalen Lamina propria identifiziert werden. Diese, auch als mononukleäre Phagozyten bezeichneten Zellen, spielen eine wesentliche Rolle bei der Phagozytose von potentiellen Pathogenen, der Antigenpräsentation sowie der lokalen Synthese von Proteasen, Sauerstoffradikalen, Stickoxiden (NO_x), Leukotrienen und Zytokinen (Abb. 19.8). Diese Effektorfunktionen der Monozyten/Makrophagen sind bei CED-Patienten gesteigert. Sie tragen damit zum Erhalt der Entzündungsreaktion bei [28].

Im akuten Schub finden sich in der Lamina propria zahlreiche Granulozyten, die das Gewebe durch Freisetzung von Sauerstoffradikalen und Proteasen sowie anderen Mediatoren schädigen können (Abb. 19.8) [16]. Gemeinsam mit neutrophilen Granulozyten [16] sind Monozyten/Makrophagen [20,25] die wesentlichen Produzenten ***pro-inflammatorischer Zytokine*** in der entzündeten Lamina propria des Darmes (s. Abb. 19.8).

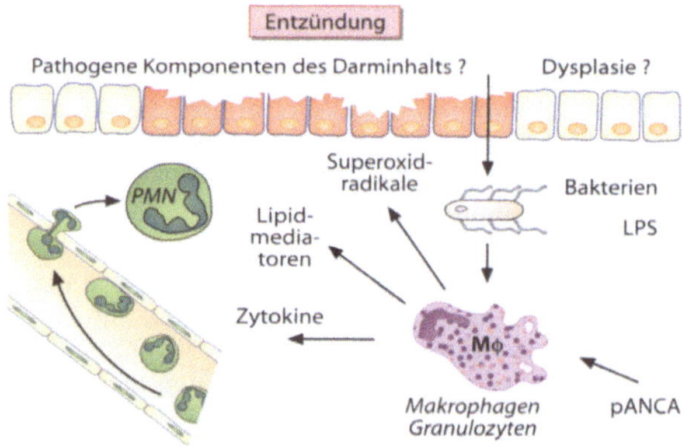

Abb. 19.8. Phagozyten und die von ihnen gebildeten Entzündungsmediatoren sind zentrale Elemente der Pathophysiologie der chronischen intestinalen Entzündung. Es ist zu vemuten, daß pathogene Komponenten des Stuhles (und damit bakterielle Lipopolysaccharide (LPS)) zumindest zu einer Amplifizierung der intestinalen Entzündung beitragen. Makrophagen wie auch Granulozyten sind dann in der Lage, eine Vielzahl von Mediatoren freizusetzen. Superoxid-Radikale führen zu einer toxischen Zerstörung von Gewebsstrukturen und potentiellen Pathogenen in der unmittelbaren Umgebung von Phagozyten. Gleichzeitig kommt es bei chronisch entzündlichen Darmerkrankungen zu einer vermehrten Freisetzung von entzündungsverstärkenden Lipidmediatoren (Prostaglandine, Leukotriene, Thromboxan, Platelet Activating Factor). Die durch Granulozyten und Makrophagen freigesetzten Zytokine vermögen neben direkten toxischen Wirkungen durch pro-entzündliche Zytokine in das komplexe Netzwerk immunologischer Vorgänge der Mukosa einzugreifen. Das Ergebnis ist auch eine Aktivierung des vaskulären Endothels, so daß ein weiterer Einstrom von Entzündungszellen erfolgen kann. Die bei CED gefundenen antinukleären zytoplasmatischen Antikörper („pANCA") haben möglicherweise ebenfalls immunregulierende Eigenschaften und vermögen die Zytokinausschüttung durch Granulozyten zu verstärken.
Mϕ Makrophage

Proinflammatorische Zytokine. Zu dieser Gruppe von entzündungsfördernden Mediatoren gehören Tumornekrose-faktor α (TNF-α), Interleukin 1β (IL-1β), Interleukin 8 (IL-8) sowie in Teilaspekten Interleukin 6 (IL-6).

Tumornekrosefaktor α (***TNF***-α) wird überwiegend in Monozyten/Makrophagen und aktivierten T-Zellen produziert (Abb. 19.9), löst Fieber aus und kann mit Hilfe von IL-6 als sekundärem Mediator die Synthese von Akutphase-Proteinen (zum Beispiel C-reaktives Protein) induzieren. Darüber hinaus aktiviert TNF-α Endothelzellen sowie T- und B-Lymphozyten. In den akuten Phasen chronisch entzündlicher Darmerkrankungen werden in der intestinalen Mukosa große Mengen von TNF vor allem durch Monozyten, Makrophagen und Granulozyten produziert [12,16,20,25] (s. Abb. 19.9). Eine erhöhte Bereitstellung von TNF-α in der klinischen Remission ist zur Vorhersage baldiger erneuter Schübe beim M. Crohn geeignet [23], und der klinische Einsatz von humanisierten Maus-Antikörpern gegen TNF-α führt zu einem eindrucksvollen Rückgang der Krankheitsaktivität.

Interleukin 1β (IL-1β) zeigt zum TNF-α synergistische oder identische Wirkungen. Die Sekretion sowohl von IL-1β wie auch von TNF-α ist in entzündeter wie auch nicht befallener Schleimhaut von CED-Patienten gegenüber Gesunden deutlich erhöht [12,20,25] (s. Abb. 19.9). IL-1β wird ebenso wie TNF-α von intestinalen Makrophagen und Granulozyten produziert [16,20,25].

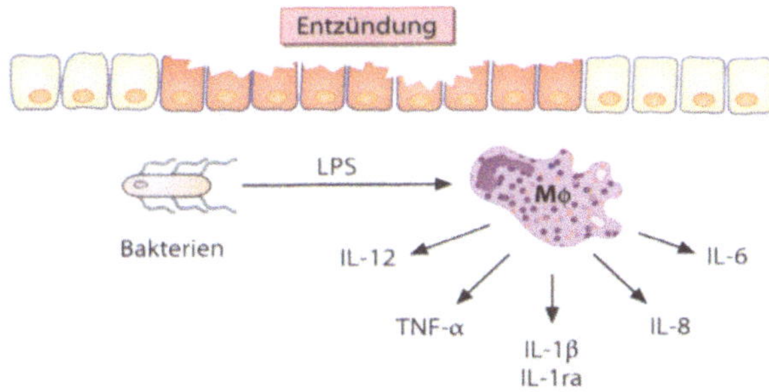

Abb. 19.9. Die immunologische Aktivierung von Lymphozyten durch Monozyten und Makrophagen bedarf sowohl der Quervernetzung des T-Zell-Antigenrezeptors durch Zell-Zell-Kontakt als auch akzessorischer, proentzündlicher Zytokine wie IL-1β und TNF-α. Makrophagen und Granulozyten sezernieren jedoch nicht nur IL-1β und TNF-α, sondern auch IL-8 und IL-6 als weitere pro-entzündliche Zytokine. Obwohl im Humansystem noch nicht ausreichend belegt, kommt wahrscheinlich dem IL-12 eine besondere Rolle in der Initiierung des Entzündungsgeschehens zu. Interleukin-1-Rezeptorantagonist (IL-1ra) ist ein endogener Gegenspieler des IL-1β, der es durch kompetitive Bindung vom Rezeptor verdrängen kann, ohne diesen jedoch zu stimulieren. Bakteriellen Produkten wie Lipopolysaccharid (LPS) oder Peptidoglykanen kommt im Darm eine zumindest unspezifisch stimulierende Rolle zu

Interleukin 2 (IL-2) wird ausschließlich von T-Zellen gebildet und ist ein potenter Wachstumsfaktor für T- und B-Zellen sowie natürliche Killerzellen. Erhöhte Spiegel von IL-2 und seinem löslichen Rezeptor (sIL-2R) finden sich in Abhängigkeit von der Krankheitsaktivität in der intestinalen Mukosa wie auch in der Zirkulation der Patienten [28].

Interleukin 6 (IL-6) wird ebenfalls zu der Gruppe der proinflammatorischen Zytokine gerechnet, obwohl seine biologischen Wirkungen sich in einigen Punkten von denen des TNF-α und IL-1β unterscheiden und in Teilaspekten eher kontra-inflammatorisch sind. Wie beim IL-1β findet man beim IL-6 eine Bereitstellung durch mononukleären Zellen der Lamina propria, wobei die IL-6-Sekretion bei CED-Patienten gegenüber Normalpersonen deutlich erhöht ist [20,25].

Die Rolle von ***Interleukin-8***, einem wichtigen Faktor bei der Chemotaxis von Neutrophilen, Lympho- und Monozyten, ist im Rahmen der chronisch entzündlichen Darmerkrankungen noch ungeklärt. Seine Konzentration ist vor allem bei Colitis ulcerosa erhöht, die Funktion des Epithels bei der IL-8 Synthese ist derzeit umstritten. IL-8 ist ein potentes Chemoattraktans für die Migration von neutrophilen Granulozyten in Entzündungsgewebe.

Interferon γ (IFN-γ) ist ein wichtiges, vor allem Makrophagen aktivierendes Zytokin. Eine zentrale Bedeutung von IFN-γ im Ablauf der intestinalen Entzündungsreaktion wird vermutet, konnte jedoch bislang nur in Tiermodellen eindeutig nachgewiesen werden [7,8].

Interleukin-12 (IL-12) ist ein vorwiegend durch T-Helfer-Lymphozyten des Typs 1 gebildeter Botenstoff. Neben einer zentralen Rolle in der Initiierung von Entzündunsgreaktionen induziert IL-12 vor allem die Bildung von IFN-γ. Eine vermehrte Produktion und eine zentrale Stellung in der Regulation der intestinalen Entzündung konnte für IL-12 sowohl bei M. Crohn als auch bei Colitis ulcerosa nachgewiesen werden.

> **!** Das intestinale Entzündungsgeschehen wird durch die vermehrte Bereitstellung pro-entzündlicher Zytokine unterhalten

Kontra-entzündliche Zytokine und Rezeptor-Antagonisten. Diese Mediatoren stehen im gesunden intestinalen Immunsystem in einem Gleichgewicht zu proentzündlichen Zytokinen, indem sie als ihre Gegenspieler die immunologische Aktivierung herabregulieren (Abb. 19.10). Mononukleäre Phagozyten, Epithelzellen, Endothelzellen und Fibroblasten produzieren neben den obengenannten pro-entzündlichen Mediatoren auch anti-entzündliche Faktoren wie ***Interleukin-1-Rezeptorantagonist (IL-1ra)*** und lösliche Interleukin-Rezeptoren [6]. Diese sind in der Lage, mit pro-entzündlichen Entzündungsmediatoren zu interagieren und diese entweder in Lösung zu halten oder während der Bindung an den zugehörigen Rezeptor zu inhibieren. Bei CED-Patienten wurde ein verringertes molares Verhältnis von IL-1ra/IL-1ß als entzündungsförderndes Phänomen beschrieben.

Interleukin 4 (IL-4), Interleukin-13 (Il-13) und ***Interleukin-10 (IL-10)*** sind wichtige kontra-entzündliche Zytokine. Neben spezifischen Einflüssen auf die B-Zell-Differenzierung und -Reifung besitzen sie deutlich anti-entzündliche Eigenschaften. Sie werden vorwiegend von T-Helferzellen des Typs 2 sowie von Monozyten/Makrophagen (IL-10) gebildet [5]. IL-4/IL-13 und IL-10 haben ein großes entzündungshemmendes Potential, das sich in der Fähigkeit, die Sekretion proentzündlicher Moleküle durch T-Zellen, Monozyten, Makrophagen, neutrophile Granulozyten und andere Zellen zu inhibieren, äußert [5,25,26].

Im Maussystem lassen sich T-Helferzellen anhand ihres Zytokinmusters sowie charakteristischer Oberflächenmarker in Typ 1 (TH1) und Typ 2 (TH2) Zellen unterscheiden. ***TH2-Zellen*** bilden IL-4, IL-5, IL-10 und IL-13. Sie stehen den ***TH1-Zellen*** gegenüber, die die entzündungsfördernden Zytokine IL-2, IL-12 und IFNγ bilden [5]. Beim Menschen lassen sich die T-Helferzellen nicht so klar in Subpopulationen von TH1- und TH2-Zellen aufteilen. Es fehlen charakteristische Oberflächenmarker und die funktionelle Aufteilung anhand der Zytokinmuster ist weniger klar. Die Bildung von Interleukin 4 läßt sich zwar auf bestimmte T-Zell-Subpopulationen zurückverfolgen, Interleukin 10 wird jedoch hauptsächlich durch aktivierte Monozyten und Makrophagen gebildet. Der aus Tiermodellen abgeleitete Analogieschluß, daß der M. Crohn eine vorwiegend TH1-verursachte Erkrankung sei, die Colitis ulcerosa jedoch eine typische durch TH2-Zytokine verursachte Krankheit, hat sich als nicht haltbar erwiesen. Vielmehr sind TH1-Zytokine (insbesondere IL-12) bei beiden Erkrankungen als wesentliche Mediatoren beteiligt.

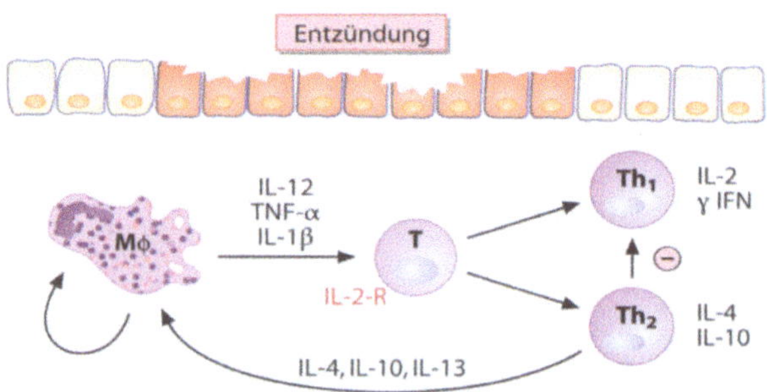

Abb. 19.10. Pro-entzündliche Zytokine und ihre Gegenspieler. Pro-entzündliche Zytokine (IL-1β, TNF-α, IL-8) und entzündungsfördernde T-Zell-Zytokine (Interleukin 2 – IL-2, Interferon-gamma – IFNγ) stehen in einem Gleichgewicht zu kontra-entzündlichen Zytokinen (zum Beispiel Interleukine 4, 10 und 13), die als ihre Gegenspieler die immunologische Aktivierung herabregulieren. Diese Gleichgewichte, die auf der Ebene der Monozyten/Makrophagen wie auch auf der Ebene der T-Zellen (THelfer-1 [TH1] versus THelfer-2 [TH2]-Zellen zu finden sind, sind für den Erhalt eines normalen, nicht entzündlichen Funktionszustandes der Schleimhäute von entscheidender Bedeutung

Periphere Monozyten von Patienten mit akuten CED zeigen ebenso wie die Immunzellen der intestinalen Lamina propria eine in bezug auf immunregulatorische Effekte deutlich verminderte Wirkung von IL-4. Anscheinend korreliert diese „IL-4 Resistenz" mit der Krankheitsaktivität und ist ein gemeinsames Kennzeichen aktiver chronisch entzündlicher Reaktionen [25].

> **!** Kontra-entzündliche Zytokine sind die natürlichen Gegenspieler der pro-entzündlichen Mediatoren. In der intestinalen Lamina propria von CED-Patienten ist das physiologische Gleichgewicht zwischen pro-entzündlichen (IL-1β, TNF-α, IL-2, IFN-γ) und kontra-entzündlichen Zytokinen (IL-4, IL-10, IL-13) zugunsten der proinflammatorischen Zytokine verschoben.

Die ***Chronifizierung der Entzündung*** könnte durch eine ungenügende Gegenregulation durch kontra-inflammatorische Zytokine mitverursacht sein. Eine Resistenz gegen die Herabregulierung der Entzündung durch Interleukin 4 (und möglicherweise auch Interleukin 13, das ebenfalls an den IL-4-Rezeptor bindet) wäre ein möglicher Faktor.

Ein weiterer Kandidat für eine fehlerhafte Immunregulation ist Interleukin 10: Die anti-entzündliche Wirkung von IL-10 wurde zuerst in verschiedenen Tiermodellen untersucht. So entwickeln Mäuse, in denen das IL-10-Gen funktionell durch Mutation ausgeschaltet wurde („IL-10-knock-out"-Mäuse") eine Kolitis, die in verschiedenen morphologischen Aspekten eine Ähnlichkeit mit chronisch entzündlichen Erkrankungen des Menschen aufweist [14]. In IL-10-knock-out-Mäusen und in anderen tierexperimentellen Systemen (zum Beispiel in Mäusen mit schwerer kombinierter Immundefizienz („SCID-Mäuse"), in denen durch einen Transfer syngener T-Helfer-Zellpopulationen eine Kolitis erzeugt wurde) zeigt IL-10, nicht jedoch IL-4, eine ausgeprägte anti-entzündliche Wirkung [19]. Sowohl die In-vitro- als auch die In-vivo-Freisetzung von IL-1β und TNF-α durch Monozyten/Makrophagen konnte bei Patienten mit CED durch rekombinantes humanes IL-10 dosisabhängig reduziert werden [26].

Insgesamt weisen diese Befunde darauf hin, daß den fragilen Gleichgewichten zwischen pro- und kontra-entzündlichen Faktoren und ihrer wechselseitigen Beeinflussung eine entscheidende Rolle in der Pathogenese der chronischen intestinalen Entzündung zukommt.

Transkriptionsfaktoren. Die Gleichgewichte zwischen pro- und kontra-entzündlichen Faktoren laufen in den Immunzellen in der Regulation der Transkription von Immun- und Entzündungsgenen zusammen. Nukleäre Faktoren konnten identifiziert werden, die die Transkriptionsvorgänge durch Bindung an DNA-Elemente an- und abschalten. Insbesondere der ***nukleäre Faktor Kappa B*** (NFκB), der die Transkription nahezu sämtlicher pro-entzündlicher Zytokine reguliert, spielt in der Regulation des immunologischen Aktivierungszustandes der Granulozyten, aber auch der Monozyten/Makrophagen bei CED eine wesentliche Rolle (Abb. 19.11). Moleküle der NFκB-Familie befinden sich konstitutiv im Zytoplasma, wo sie an Inhibitoren wie I kappa B alpha (IκBα) oder große NFκB-Vorläufer-Moleküle wie etwa p105 gebunden sind [2]. Eine Reihe aktivierender Stimuli, wie zum Beispiel Lipopolysaccharide (LPS) als Bestandteile von Bakterienzellwänden oder TNF-α, führen zu einer Phosphorylierung von IκBα und zu einer darauffolgenden schnellen proteolytischen Dissoziation des NFκB-IκBα-Komplexes. Das aktivierte NFκB transmigriert dann vom Zytoplasma in den Zellkern, wo es im Synergismus mit anderen pro-inflammatorischen Transkriptionsfaktoren wie NF-IL6 die Transkription fast sämtlicher pro-entzündlicher Zytokingene verstärkt. NFκB bindet dazu an spezifische DNA-Sequenzen in der Promotor-Region der jeweiligen Gene, zu denen unter anderen die Interferone, IL-1-β, IL-8 und ICAM-1 zählen [2].

Einige der Immunphänomene bei CED könnten durch die Aktivierung von NFκB erklärt werden. Dieser Nachweis wurde an entzündetem Gewebe der intestinalen Lamina propria durch zellbiologische wie auch immunologische Methoden geführt [24]. Viele der empirisch bei chronisch entzündlichen Darmerkrankungen als anti-inflammatorisch charakterisierten ***Therapeutika*** scheinen über eine Reduktion der Aktivierung von nukleärem Faktor Kappa B zu wirken. So stabilisieren oder induzieren antientzündliche Faktoren wie Interleukin-10 oder Steroide [16, 22, 24], in schwächerem Ausmaß aber auch 5-Aminosalizylate [13], konstitutiv vorliegende Inhibitoren der NFκB-Aktivierung (Abb. 19.12). Neben NFκB sind noch eine Vielzahl weiterer Transkriptionsfaktoren an der intrazellulären Regulation der Transkription von Entzündungsgenen beteiligt. Darunter zählen auch die ***STAT-Proteine*** („signal transducers and activators of transcription"). Diese sind ruhende zytoplasmatische Faktoren, die als Antwort auf die Aktivierung von Zytokin- bzw. Wachstumsfaktor-Rezeptoren von Janus-Kinasen (JAK) phosphoryliert werden. Sie können dann die Transkription spezifischer Gruppen Zytokin-induzierbarer Gene initiieren.

> **!** In der entzündeten intestinalen Lamina propria ist bei CED-Patienten der Transkriptionsfaktor NFκB vermehrt aktiviert. Transkriptionsfaktoren wie NFκB steuern direkt die Expression entzündungsrelevanter Gene.

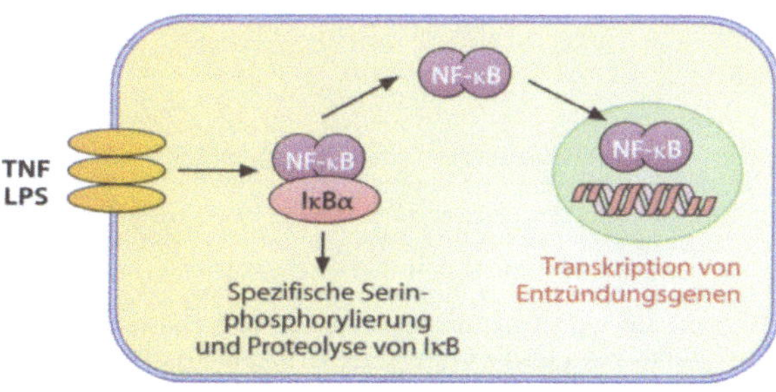

Abb. 19.11. Nukleärer Faktor Kappa B (NFκB) ist ein in fast allen Säugetierzellen im Zytoplasma befindliches Molekül, das in der Regel als Dimer vorliegt. Dieses ist entweder an einen spezifischen Inhibitor (IκB) oder an ein großes NFκB-Vorläufer-Molekül (zum Beispiel p105) gebunden. Nach Einwirkung einer Vielzahl von Stimulantien (wie beispielsweise TNF-α oder Lipopolysaccharid) kommt es über noch ungeklärte Zwischenschritte zu einer spezifischen Serinphosphorylierung von IκB. Dieses wird dann durch Anlagerung von Ubiquitin zum Abbau markiert und durch den Proteasom-Komplex innerhalb von Minuten degradiert. Das freigesetzte NFκB exponiert eine nukleäre Zielsequenz, die vorher vom IκB bedeckt worden ist. Diese ist verantwortlich für die schnelle Translokation des Moleküls in den Zellkern. Dort kann es an definierte DNA-Sequenzen in den Promotor-Regionen von Entzündungsgenen binden. Der transaktivierende Faktor NFκB ist dann in der Lage, Transkriptionsvorgänge zu initiieren bzw. zu verstärken.

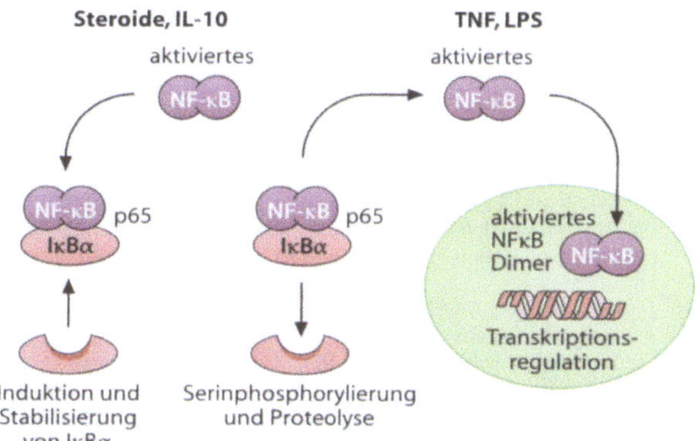

Abb. 19.12. Inhibition von NFκB. Die entscheidenden Stellwerke, die die Einflüsse pro- und kontra-entzündlicher Zytokine in der Zelle in eine Transkription entsprechender Entzündungsgene übersetzen, sind zytokinaktivierte Transkriptionsfaktoren. Der nukleäre Faktor kappa B (NFκB) wird durch Stimulantien wie TNF-α oder Lipopolysaccharide über eine Serinphosphorylierung und anschließende Proteolyse aktiviert. Das aktivierte NFκB transloziert in den Zellkern, wo es die Transkription nahezu sämtlicher pro-entzündlicher Zytokine reguliert. Viele empirisch als immunsuppressiv charakterisierte Substanzen wirken über eine Beeinflussung von Transkriptionsfaktoren. So wird beispielsweise NFκB in seiner Aktivierung durch Steroide, Interleukin-10 (IL-10) und in schwächerem Ausmaß auch durch 5-Aminosalizylsäure über eine Induktion und Stabilisierung des Inhibitors IκBα gehemmt

19.6 Literatur

1. Albelda SM, Smith CW, Ward PA (1994) Adhesion molecules and inflammatory injury. FASEB J 8: 504–512
2. Baldwin AS (1996) The NF-KB and I-KB proteins: New discoveries and insights. Annu Rev Immunol 14: 649–81
3. Bjarnason I, McPherson A, Hollander D (1995) Intestinal permeability: an overview. Gastroenterology 108:1566–81
4. Blumberg RS, Yockey CE, Gross GG, Ebert EC, Balk SP (1993) Human intestinal intraepithelial lymphocytes are derived from a limited number of T cells clones that utilize multiple V beta T cell receptor genes. J Immunol 1:5144–53
5. de Waal Malefyt R, Yssel H, Roncarolo M-G, Spits H, de Vries JE (1992) Interleukin 10. Curr Opin Immunol 4: 314–322
6. Dinarello CA, Wolff SM (1993) The role of interleukin 1 in disease. New Engl J Med 328: 106–113
7. Elson CO, Sartor RB, Tennyson GS, Riddell RH (1995) Experimental models of inflammatory bowel disease. Gastroenterology 109:1344–67
8. Fais S, Capobianchi MR, Silvestri M, Mercuri F, Pallone F, Dianzani F (1994) Interferon expression in Crohn's disease patients: increased interferon-gamma and alpha mRNA in the intestinal lamina propria mononuclear cells. J Interferon Res 14:235–8
9. Halstensen TS, Das KM, Brandtzaeg P (1993) Epithelial deposits of immunoglobulin G1 and activated complement co-localize with the Mr 40 kD putative autoantigen in ulcerative colitis. Gut 34: 650–657
10. Hampe J, Schreiber S, Shaw S et al. (1999) A genomewide analysis provides evidence for novel linkages in Inflammatory Bowel Disease in a large European cohort. Am J Hum Genetics 64: 808–816
11. Hugot JP, Laurent-Puig P, Gower-Rousseau C et al. (1996) Mapping of a susceptibility locus for Crohn's disease on Chromosom 16. Nature 379: 821–823
12. Isaacs KL, Sartor RB, Haskill S (1992) Cytokine messenger RNA profiles in inflammatory bowel disease mucosa detected by polymerase chain reaction amplification. Gastroenterology 103: 1587–1595
13. Kopp E, Ghosh S (1994) Inhibition of NF-kappa B by sodium salicylate and aspirin. Science 265: 956–959
14. Kühn R, Löhler J, Rennick D, Rajewsky K, Müller W (1993) Interleukin-10-deficient mice develop chronic enterocolitis. Cell 75: 263–274
15. Lewin J, Dhillon AP, Sim R, Mazure G, Ponder RE, Wakefield AJ (1995) Persistent measles virus infection of the intesine: confirmation by immunogold electron microscopy. Gut 36:564–569
16. Nikolaus S, Bauditz J, Gionchetti P, Witt C, Lochs H, Schreiber S (1998) Increased Secretion of Pro-Inflammatory Cytokines by Polymorphonuclear Neutrophils and Regulation by Interleukin 10 in Inflammatory Bowel Disease. Gut 42: 470–476
17. Panja A, Barone A, Mayer L (1994) Stimulation of lamina propria lymphocytes by intestinal epithelial cells: evidence for recognition of nonclassical restriction elements. J Exp Med 179:943–950
18. Panja A, Blumberg RS, Balk SP, Mayer L (1993) CD1 d is involved in T cell-intestinal epithelial cell interactions. J Exp Med 178:1115–1119
19. Powrie F, Leach MW, Mauze S, Menon S, Caddle LB, Coffmann RL (1994) Inhibition of TH1 responses prevents inflammatory bowel disease in SCID mice reconstituted with CD45RB(high) CD4 T cells. Immunity 1: 553–562
20. Reinecker H-C, Steffen M, Witthoeft T, Pflueger I, Schreiber S, MacDermott RP, Raedler A (1993) Enhanced Secretion of tumor necrosis factor-alpha, IL-6, and IL-1 beta by Isolated Lamina Propria Mononuclear Cells from Patients with Ulcerative Colitis and Crohn's Disease. Clin Exp Immunol 94: 174–181
21. Satsangi J, Welsh KI, Bunce M, Julier C, Farrant M, Bell JI, Jewell DP (1996) Contribution of genes of the major histocompatibility complex to susceptibility and disease phenotype in inflammatory bowel disease. Lancet 347: 1212–1217
22. Scheinman RI, Cogswell PC, Lofquist AK, Baldwin AS Jr (1995) Role of transcriptional activation by IκB in mediation of immunosuppression by glucocorticoids. Science 270: 283–286
23. Schreiber S, Nikolaus S, Hampe J, Hämling J, Koop I, Lochs H, Raedler A (1998) Tumor Necrosis Factor-alpha and Relapse in Crohn's Disease. Lancet (in press)
24. Schreiber S, Nikolaus S, Hampe J (1998) Activation of Nuclear Factor kappa B in Inflammatory Bowel Disease. Gut 42: 477–485
25. Schreiber S, Heinig T, Panzer U, Reinking R, Bouchard A, Stahl PD, Raedler A (1995) Impaired response of activated mononuclear phagocytes to interleukin 4 in inflammatory bowel disease. Gastroenterology 108: 21–33
26. Schreiber S, Heinig T, Thiele HG, Raedler A (1995) Immunoregulatory Role of Interleukin 10 in Patients with Inflammatory Bowel Disease. Gastroenterology 108: 1434–1444
27. Schreiber S, MacDermott RP, Raedler A, Pinnau R, Bertovich M, Nash GS (1991) Increased Activation of Isolated Intestinal Lamina Propria Mononuclear Cells in Inflammatory Bowel Disease. Gastroenterology 101: 1020–1030
28. Schreiber S, Raedler A, Stenson WF, MacDermott RP (1992) The Immunology of Inflammatory Bowel Disease. Gastroenterology Clinics North America 21: 451–502
29. Schuermann GM, Aber-Bishop AE, Facer P, Lee JC, Rampton DS Dore CJ, Polak JM (1993) Altered expression of cell adhesion molecules in uninvolved gut in inflammatory bowel disease. Clin Exp Immunol 1993; 94: 341–7
30. Trier JS (1991) Structure and function of intestinal M cells. Gastroenterol Clin North Am 20: 531–47
31. von Rosen L, Porjaski B, Bettmann I, Otto HF (1981) Observations on the ultrastructures and function of the so-calles „microfold“ or „membraneous“ cells (M cells) by means of peroxidase as a tracer. Virchows Arch Pathol Anat 390: 289–312
32. Wyatt J, Vogelsang H, Hubl W, Waldhoer T, Lochs H (1993) Intestinal permeability and the prediction of relapse in Crohn's disease. Lancet 341: 1437–1439

Störungen der Verdauung und Darmmotilität

W. F. Caspary und T. Wehrmann

EINLEITUNG Eine 49jährige Hausfrau klagt über Müdigkeit, Blässe und Abgeschlagenheit. Vom Hausarzt wird eine Eisenmangelanämie festgestellt. Das Hämoglobin (Hb) liegt bei 8,9 g/dl, die Erythrozytenzahl beträgt 4,5 Millionen/pl, Serumeisen 20 µg/dl, Serum-Ferritin 10 µg/l. Bereits vor 5 Jahren wurde ein unklarer Eisenmangel ohne Anämie festgestellt. Die Patientin gab an, nach Milchgenuß Blähungen zu bekommen. Es bestanden keine Menorrhagien, keine Hämaturie, kein Gewichtsverlust, keine Erhöhung der Blutsenkungsreaktion, der Test auf okkultes Blut im Stuhl war negativ, der Stuhl war von breiiger Konsistenz. Die Stuhlfettausscheidung betrug 12,5 g/Tag. Endomysium- und Gliadin-IgA-Antikörper waren positiv. Die Biopsie aus dem unteren Duodenum zeigte einen kompletten Zottenverlust und eine Kryptenelongation. Damit war die Diagnose einer oligosymptomatischen Sprue gesichert, die bei der Patientin sicher schon seit Jahren – einziges früheres Symptom Eisenmangel – bestand. Eine strikt glutenfreie Diät führte zur Normalisierung der Zottenarchitektur, der Anämie sowie zum Sistieren der leichten Steatorrhö.

20.1 Störungen der Digestion und Resorption – Malassimilation

Maldigestion und Malabsorption kommen bei Krankheiten des Pankreas, der Leber, der Galle, des Dünndarms und bei Motilitätsstörungen vor. Leitsymptome sind Gewichtsverlust und osmotische Durchfälle

Definitionen. ***Maldigestion*** ist eine Störung der Verdauungsfunktion und enzymatischen Spaltung der Nahrungsprodukte im Magen-Darm-Trakt.

Malabsorption ist eine Störung der Resorption digestiver Nahrungsendprodukte aus dem Dünndarm.

Beide Funktionsstörungen werden unter dem Oberbegriff ***Malassimilation*** zusammengefaßt (Abb. 20.1) [9,11].

- Die normale Digestion und Resorption erfolgt über folgende Schritte:
- mechanische Zerkleinerung der Nahrung (Kauen, antrale Magenmotorik),
- luminale Digestion (Magen-, Pankreas-, Gallen- und Darmsekret),
- mukosale Endverdauung an der Bürstensaummembran der Epithelzellen (z. B. Disaccharidasen, Peptidasen),
- Resorption durch die apikale Membran der Epithelzellen (erleichterte Diffusion, verschiedene Transporter),
- Metabolisierung und Verarbeitung in der Mukosazelle (z. B. Chylomikronenbildung),
- Abtransport über Blut- oder Lymphgefäße.

Die wichtigsten Fettresorptionsstörungen treten durch einen Mangel/Inaktivierung der pankreatischen Lipase, durch ein Unterschreiten der kritischen mizellaren Gallensäurenkonzentration im Duodenum oder durch eine Verminderung der Oberfläche des Resorptionsepithels im Dünndarm auf

Resorptionsstörungen von Nahrungsfetten. ***Triglyzeride***, die aus dem Dünndarm bei fehlender Resorbierbarkeit in den Dickdarm gelangen, können dort nicht mehr rückresorbiert werden, werden aber bakteriell zu ***freien Fettsäuren*** und ***Hydroxyfettsäuren*** abgebaut, wobei letztere insbesondere im Dickdarm laxativ wir-

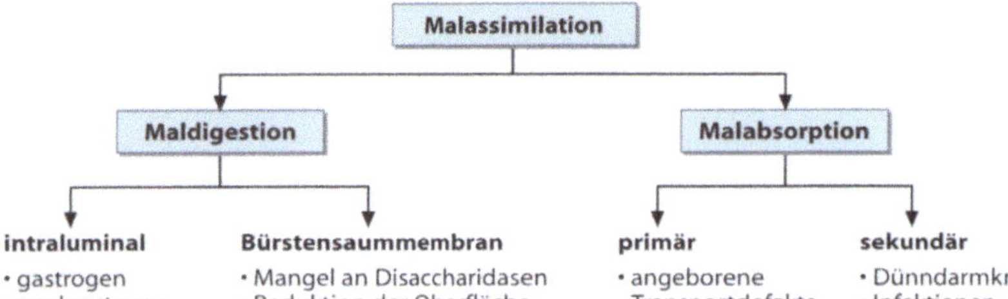

Abb. 20.1. Malassimilation ist der Oberbegriff für Störungen der Digestion (Maldigestion) und Resorption (Malabsorption)

ken. Es resultiert eine ***Steatorrhö*** (Stuhlfettausscheidung > 7 g/Tag).

Eine Malabsorption von Nahrungsfetten kann

- bei ***Mangel an pankreatischer Lipase*** (exokrine Pankreasinsuffizienz),
- bei ***Mangel an Gallensäuren*** (Verschlußikterus, Gallensäurenverlustsyndrom, bakterieller Überbesiedlung des Dünndarms),
- bei ***reduzierter Resorptionsfläche*** (Darmresektion oder Zottenschwund) oder auch
- bei ***Lymphabflußstörungen***

auftreten.

Eine ***Steatorrhö*** führt zu einem erhöhten Kalorienverlust, Durchfällen, enteralem Verlust von Kalzium und zu einer ***gesteigerten Oxalatresorption*** mit ***„enteraler" Hyperoxalurie***, da Oxalat durch intraluminalen Kalziummangel bei Steatorrhö „ungebremst" (keine Bindung an Kalzium zu unlöslichen Kalziumoxalat mehr) resorbiert wird [7,11].

Störungen des Gallensäurekreislaufs. Für die Resorption der Fettspaltprodukte ist die Mizellenbildungsfähigkeit der ***Gallensäuren*** essentiell. Ein erhöhter enteraler Gallensäurenverlust kann durch Synthesesteigerung der Leber ausgeglichen werden, so daß beim ***kompensierten Gallensäurenverlustsyndrom*** zwar wäßrige Durchfälle auftreten, die Fettresorption aber noch gewährleistet ist.

Übersteigt der enterale Gallensäurenverlust bei ausgedehnter Resektion (> 100 cm) des unteren Dünndarms (Ileum) oder Kurzdarmsyndrom die Synthesekapazität der Leber, dann reicht die Gallensäurenkonzentration im Duodenum nicht mehr zur Mizellenbildung aus; es kommt zum ***dekompensierten Gallensäurenverlustsyndrom*** mit Diarrhö und Steatorrhö (= ***Fettsäurediarrhö***) (Abb. 20.2) [9,11].

Eine ***bakterielle Überbesiedlung des Dünndarms*** kommt bei anatomischen Veränderungen des Dünndarms wie Divertikeln, Fisteln, Strikturen und Stenosen, aber auch bei Motilitätsstörungen wie diabetischer Neurogastroenteropathie und Sklerodermie vor und bewirkt eine vorzeitige ***Dekonjugation konjugierter Gallensäuren.*** Die dabei entstehenden dekonjugierten und sekundären Gallensäuren (z. B. Deoxycholsäure) wirken toxisch (Steigerung der Permeabilität) auf das Darmepithel und induzieren Durchfälle. Durch die bakterielle Aktivität wird im Darmlumen die Konzentration konjugierter Gallensäuren unterschritten, so daß eine ***Malabsorption*** von Fett und fettlöslichen Vitaminen (A, D, E, K) resultiert. Die bakterielle Überwucherung des Dünndarms führt auch zu vorzeitiger ***Fermentation*** von Kohlenhydraten im Dünndarm sowie zur Bindung und Metabolisierung von Vitamin B_{12} zu unwirksamen Cobamiden und damit zum ***Vitamin B_{12}-Mangel*** (Tabelle 20.1) [11, 20].

Die weltweit häufigste Malabsorption ist die Laktoseintoleranz; sie ist bedingt durch ein genetisch bedingtes Verschwinden der Disaccharidase-Laktase im Jugendalter. Kohlenhydrate werden im Dickdarm durch Bakterien fermentiert; dabei entstehen noch energetisch verwertbare kurzkettige Fettsäuren sowie Gase (H_2, CO_2, CH_4)

Malabsorption von Kohlenhydraten. Stärke, Saccharose und Laktose sind die wichtigsten verdaulichen Kohlenhydrate der Nahrung. Störungen der Resorption

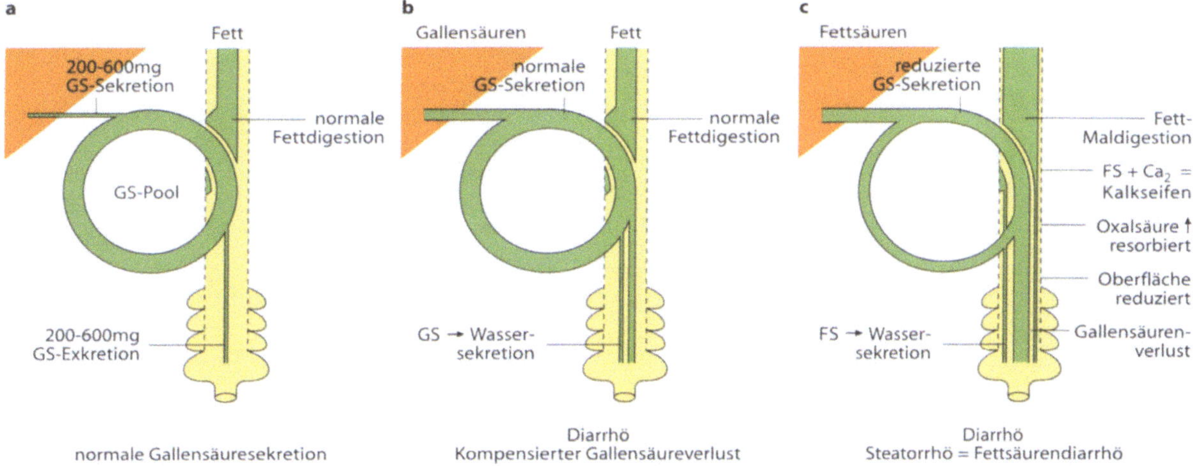

Abb. 20.2 a-c. Gesteigerter enteraler Gallensäurenverlust führt zur kompensierten chologenen Diarrhö, wenn die Leber den enteralen Gallensäurenverlust durch Synthesesteigerung auszugleichen vermag. Übersteigt der enterale Gallensäurenverlust die maximale Steigerung der Synthesekapazität der Leber, resultiert eine zusätzliche Störung der mizellaren Phase der Fettdigestion mit der klinischen Folge einer zusätzlichen Steatorrhö

von Kohlenhydraten können durch einen ***Mangel an pankreatischer Amylase,*** durch ***Mangel oder Fehlen von Disaccharidasen*** der Dünndarmmukosa oder eine ***Reduktion der Resorptionsfläche*** des Dünndarms entstehen.

Bei der ***primären Malabsorption*** von Kohlenhydraten fehlen einzelne funktionelle Elemente des Digestions- oder Resorptionsvorganges (Laktase, Saccharase, Glukose-Transporter) ohne morphologische Veränderungen der Dünndarmmukosa. Eine generelle

Tabelle 20.1. Folgen eines gesteigerten bakteriellen Metabolismus im Dünndarm

Substrat	Produkt	Bedeutung für den Patienten
Kohlenhydrate	Organische Säuren	Resorption im Kolon, energetische Verwertung
	- kurzkettige Fettsäuren	osmotische Diarrhö, saures Stuhl-pH
	Wasserstoff (H_2)	Meteorismus, Flatulenz
		H_2-Atemtest für Kohlenhydrat-Malabsorption
	Methan	Ursache der Implosion bei Koloskopie
	D-Laktat	Störung der zerebralen Funktion
Triglyzeride	Fettsäuren	Diarrhö
	Hydroxyfettsäuren	Diarrhö
Proteine	Ammoniak, Amine	Metabolische Enzephalopathie
	Indole, Skatole	fraglich
Vitamin B_{12}	Cobamide	Vitamin B_{12}-Mangel
Gallensäuren (GS)	Dekonjugierte GS	Durchfälle, gestörte Mizellenbildung
	Dehydroxylierte GS	Durchfälle, gestörte Mizellenbildung
	Steigerung der Mukosapermeabilität,	Hyperresorption von Oxalsäure, Hyperoxalurie, Nierensteine

Verminderung der Digestions- und Resorptionskapazität besteht bei morphologischen Schleimhautveränderungen (z. B. Zottenschwund bei Sprue) und bedingt eine ***sekundäre Malabsorption*** [8,11,18,19].

Fermentation von Kohlenhydraten. Im Dünndarm nicht resorbierte Kohlenhydrate werden im Dickdarm durch Bakterien weiter abgebaut. Terminaler Schritt des bakteriellen Abbaues von Kohlenhydraten ist die durch ***anaerobe Bakterien*** induzierte Fermentation. Dabei entstehen im Darmlumen ***kurzkettige Fettsäuren (Butyrat, Propionat, Azetat, Laktat)***, sowie die Gase ***CO_2, H_2, CH_4***. Butyrat ist ein wichtiges Substrat für die Epithelzellen des Dickdarms und scheint zudem antineoplastische Wirksamkeit zu besitzen.

Kurzkettige Fettsäuren können energetisch vom Körper durch effektive Rückresorption aus dem Kolon noch weiter genutzt werden (Energiesparmechanismus). Die bakterielle Fermentation ist die Ursache für die wäßrigen Stühle mit saurem pH bei Kohlenhydratmalabsorption sowie ***Meteorismus*** und ***Flatulenz*** [8,9,11,19]. Die fermentative H_2-Produktion ist in der Klinik diagnostisch nutzbar als ***H_2-Atemtest*** zur Erfassung einer Kohlenhydrat-Malabsorption (z. B. bei Laktose-Intoleranz).

Peptide und Aminosäuren aus Proteinen werden im oberen Dünndarm resorbiert. Ein Proteinmangel tritt eher durch einen gesteigerten enteralen Verlust als durch eine Resorptionsstörung auf. Vitamin B_{12} wird nach Bindung an Haptocorrin oder „intrinsic factor" im Magen nach Passage durch den Dünndarm im Ileum resorbiert. Wichtigste Ursachen für einen Vitamin-B_{12}-Mangel sind Fehlen der Bindungsproteine im Magen (Perniziosa) oder Fehlen/Funktionsuntüchtigkeit des terminalen Ileums

Malabsorption und enteraler Verlust von Proteinen. Störungen der Verdauung und Resorption von Proteinen treten bei einer Verminderung pankreatischer Proteasen (exokrine Pankreasinsuffizienz), bei seltenen isolierten Resorptionsstörungen (Hartnup-Krankheit) sowie bei einer morphologischen Veränderung mit Reduktion des Zottenepithels (Sprue) auf.

Klinisch von größerer Bedeutung ist ein gesteigerter enteraler ***Verlust von Protein*** aus dem Darm mit Entwicklung einer ***Hypoproteinämie/Hypalbuminämie*** und ***Ödemen*** (Tabelle 20.2) [9,11]. Beim enteralen Proteinverlust besteht immer eine Lymphopenie, da mit dem Eiweiß auch vermehrt Lymphozyten in den Darm gelangen.

Tabelle 20.2. Ursachen Vorkommen des intestinalen Proteinverlusts

Mukosaerkrankungen ohne Ulzerationen – *Mechanismus: Erhöhte Permeabilität mit Schädigung und Verlust der Zellen*
• M. Ménétrier
• Hypertrophische hypersekretorische Gastropathie
• Akute Virusinfektionen
• Parasitäre Infektionen
• M. Whipple
• Allergische Enteropathie
• Eosinophile Gastroenteritis
• Sprue/Zöliakie
• Tropische Sprue
• Lupus erythematodus
Mukosale Erosionen oder Ulzerationen – Mechanismus: Entzündliche Exsudation
• Erosive Gastritis oder multiple Ulzera
• Magenkarzinom oder Lymphom
• M. Crohn
• Idiopathische Jejunoileitis
• Colitis ulcerosa
• Pseudomembranöse Enterocolitis
Lymphatische Abflußstörung – *Mechanismus: Direkter intestinaler Verlust von Lymphe*
• Intestinale Lymphangiektasie
• Enterale Lymphfisteln
• Mesenteriale Tuberkulose/Sarkoidose
• Intestinale Lymphome
• Chronische Pankreatitis mit Pseudozyste
• Perikarditis constrictiva
• Herzinsuffizienz
• M. Whipple
• M. Crohn

Resorptionsstörungen von Vitamin B_{12}. Vitamin B_{12} kommt in der Nahrung nur in tierischen Produkten vor. Vegetarier haben deshalb das Risiko, einen Vitamin-B_{12}-Mangel zu entwickeln. Es besteht eine ***enterohepatische Zirkulation*** von Vitamin-B_{12}, was die klinische Beobachtung erklärt, daß zur Entwicklung eines Vitamin-B_{12}-Mangels durch mangelnde diätetische Zufuhr von Vitamin B_{12} 10–20 Jahre benötigt werden, während Patienten mit Vitamin-B_{12}-Malabsorption schon nach 2–3 Jahren einen Vitamin-B_{12}-Mangel entwickeln.

Der Magensaft enthält zwei wichtige Vitamin-B_{12}-Bindungsproteine: ***Haptocorrin*** und ***intrinsic factor*** (IF). Haptocorrin wie auch IF werden durch den Magensaft nicht beeinflußt, pankreatische Proteasen verändern Haptocorrin jedoch zu einem kleineren Molekül mit geringerer Bindungsaktivität für Vitamin B_{12}; IF wird durch pankreatische Proteasen nicht beeinflußt. Im Dünndarm wird Vitamin B_{12} rasch und vollständig von Haptocorrin an IF transferiert. Die Sekretion des IF durch die Parietalzellen des Magens wird in Gegenwart von Säureblockern (H_2-Rezeptorenblocker, Protonenpumpenhemmer) kaum beeinflußt.

Vitamin B_{12} wird nach Bindung an das im Magen gebildete Haptocorrin im Dünndarm an den IF transferiert und wird als Vitamin-B_{12}-IF-Komplex im terminalen Ileum über den IF-Vitamin-B_{12}-Rezeptor in Gegenwart von Kalzium resorbiert. In der Epithelzelle wird Vitamin B_{12} vom IF auf ein anderes Bindungsprotein (Transcobalamin II) transferiert und verläßt die Zelle durch die basolaterale Membran als TC-II-Vitamin- B_{12}-Komplex [11,12].

Störungen der Vitamin-B12-Resorption. Krankheiten oder Zustände, die zu einer Vitamin-B_{12}-Malabsorption führen, sind in Tabelle 20.3 aufgeführt.

Ein ***Vitamin-B_{12}***-Mangel führt zur megaloblastären (perniziösen) Anämie sowie zu neurologischen Veränderungen (funikuläre Myelose).

Resorptionsstörungen von Folsäure. Folsäure kommt in wenigen Nahrungsprodukten (Milch, Eigelb) in der ***Monoglutamat-Form*** vor, während Folsäure in den meisten Fleischprodukten in der ***Polyglutamat-Form*** (Penta- oder Heptaglutamate) vorliegt. Folsäure wird von Bakterien im Darm synthetisiert, ein Teil wird über die Galle in den Darm sezerniert und muß rückresorbiert werden, um nicht in einen Folsäuremangelzustand zu geraten. Die in der Nahrung als Polyglutamat vorkommende Folsäure wird an der Oberfläche des Enterozyten zur Monoglutamatform durch ***Folsäurekonjugase*** hydrolisiert und in die Zelle aufgenommen. Alkohol sowie Medikamente (Sulphasalazin) hemmen die Folsäuredekonjugase und können somit einen Folsäuremangel bewirken [11, 12].

Resorptionsstörungen fettlöslicher Vitamine. Die fettlöslichen Vitamine A, D, E und K werden wie Cholesterin nach Mizellenbildung mit Gallensäuren resorbiert. Eine Malabsorption dieser Vitamine ist somit bei einem luminalen Mangel an Gallensäuren zu erwarten wie auch bei Reduktion des Resorptionsepithels (z. B. Darmresektion, Sprue) [11, 12]. Ein ***Vitamin-K-Mangel*** führt zu Blutungen, da die Glutamylreste von Prothrombin und anderen Gerinnungsfaktoren in der Leber nicht γ-carboxyliert werden. ***Vitamin-D-Mangel*** führt beim Erwachsenen zur Osteomalazie, bei Kindern zur Rachitis. Ein ***Vitamin-A-Mangel*** bewirkt Nachtblindheit und Hyperkeratosen der Haut.

Resorptionsstörungen von Kalzium und Eisen. Kalzium wird überwiegend im Duodenum resorbiert. Verminderung dieser Resorptionsfläche (z. B. bei Billroth-II-Resektion), ein Vitamin-D-Mangel sowie intraluminale Bildung von Kalkseifen (Fettsäuren + Kalzium → Kalkseifen) reduzieren die Resorption von Kalzium aus dem Darmlumen [11, 12].

Eisen wird in zweiwertiger Form im Duodenum und oberen Dünndarm resorbiert. Im Magen wird das in der Nahrung vorkommende Fe^{3+} durch die Magensäure aus der Nahrung freigesetzt und zu Fe^{2+} redu-

Tabelle 20.3. Vitamin B_{12} Resorption (Schillingtest) bei verschiedenen Krankheiten

Test	Perniziosa/ Gastrektomie	Sprue/ Zöliakie	Bakterielle Überbesiedlung	Primäre Vitamin B_{12} Malabsorption oder Ileumresektion	Pankreasinsuffizienz
Vitamin B_{12}	niedrig	niedrig/ normal	niedrig	niedrig	niedrig
Vitamin B_{12} + intrinsic Faktor	normal	niedrig/ normal	niedrig	niedrig	niedrig
Vitamin B_{12} nach Antibiotika-Therapie	niedrig	niedrig/ normal	normal	niedrig	niedrig
Vitamin B_{12} nach glutenfreier Diät	niedrig	normal	niedrig	niedrig	niedrig
Vitamin B_{12} nach Pankreasenzym substitution	niedrig	niedrig/ normal	niedrig	niedrig	normal

ziert. Anazidität des Magens sowie morphologische Veränderungen der Dünndarmmukosa – Fehlen ausreichenden Transportproteins – bewirken eine Reduktion der Eisenresorption (s. Fall, S. 295) [12]. Malabsorption von Eisen führt zur hypochromen Anämie.

> **!** Krankheiten mit Maldigestion und/oder Malabsorption führen zu osmotischen Durchfällen und Gewichtsverlust (Kalorienverlust) sowie durch fehlerhafte Resorption von Mineralien und Vitaminen zu entsprechenden Mangelzuständen. Am anfälligsten ist die Verdauung und Resorption der Nahrungsfette, bei der mehrere sequentielle Phasen (Emulgierung, Lipolyse, Mizellenbildung, Resorption, Resynthese in der Epithelzelle, Abtransport über das Lymphsystem) gestört sein können.

20.2 Maldigestionssyndrome

Maldigestionssyndrome entstehen häufig durch einen Mangel an Enzymen des exokrinen Pankreas, einen Mangel an Gallensäuren oder Mangel an endverdauenden Enzymen der Dünndarmmukosa

Störungen der pankreatischen Verdauung. Bei einer Digestionsstörung ist in erster Linie an eine ***exokrine Pankreasinsuffizienz*** zu denken. Dabei kann sowohl die Sekretion von α-Amylase, Proteinasen und Lipasen wie auch die Bikarbonat-Sekretion reduziert sein. Eine reduzierte Bikarbonat-Sekretion bedingt eine reduzierе Neutralisationskapazität der aus dem Magen kommenden Säure und damit ein ***saures duodenales pH-Milieu.*** Bei einem pH von < 4 wird die ***Lipase*** inaktiviert. Am empfindlichsten wird bei der exokrinen Pankreasinsuffizienz die Resorption von Triglyzeriden gestört. Allerdings tritt erst bei einer Einschränkung der Lipase-Sekretion aus dem Pankreas um > 90 % eine meßbar erhöhte Stuhlfettausscheidung (Steatorrhö) auf.

Ursachen für eine Störung der ***lipolytischen Phase*** der Fettverdauung können sein: eine chronische Pankreatitis, Zustand nach Pankreasresektion, Mukoviszidose, Pankreaskarzinom, Zollinger-Ellison-Syndrom (Inaktivierung der Lipase durch hohe Säureproduktion), ***postoperative Zustände*** (Magenresektion nach Billroth II, Vagotomie, Whipple-Operation) [4, 9, 11].

Störungen der biliären Verdauungsphase. Ein Maldigestionssyndrom kann bei einem Unterschreiten der kritischen mizellaren Konzentration von Gallensäuren (intraluminaler Gallensäurenmangel) auftreten:

- ***zu wenig Gallensäuren*** werden in das Duodenum sezerniert: bei
  - Verschlußikterus,
  - intrahepatischer Cholestase oder primär biliärer Zirrhose,
  - primär sklerosierender Cholangitis, Mukoviszidose;
- ***reduzierter*** intraluminaler ***Konzentration*** von Gallensäuren durch ***hohe Sekretvolumina:***
  - Zollinger-Ellison-Syndrom;
- ***gesteigerter*** enteraler ***Verlust von Gallensäuren,*** der die Funktionsreserve der Leber übertrifft (dekompensierte chologene Diarrhö);
- ***vorzeitige*** intraluminale ***Metabolisierung konjugierter Gallensäuren*** bei bakterieller Überwucherung des Dünndarms.

Ein gesteigerter enteraler Verlust von Gallensäuren bewirkt durch die permeabilitätssteigernde Wirkung von Gallensäuren auf die Dickdarmmukosa eine Stimulation der Sekretion von Wasser und Elektrolyten in den Dickdarm und damit eine (chologene) Diarrhö.

Kompensierte chologene Diarrhö (s. Abb. 20.2 b). Nach ***Dünndarmresektionen*** hat der untere Dünndarm (Ileum) eine erheblich höhere Anpassungsfähigkeit und kann alle Funktionen des oberen Dünndarms bald adaptativ übernehmen. Der obere Dünndarm (Jejunum) vermag jedoch nicht die spezifischen Funktionen der ***Gallensäurenrückresorption*** und der ***Vitamin-B_{12}-Resorption*** des terminalen Ileums zu erwerben. Deshalb tritt nach Resektionen oder Erkrankung von > 30–50 cm terminalen Ileums ein ***enteraler Gallensäurenverlust*** auf, der im Kolon durch die membranschädigende Wirkung von Gallensäuren wäßrige Durchfälle bewirkt (chologene Diarrhö).

Die durch Gallensäuren bedingte Permeabilitätssteigerung im Kolon bewirkt eine ***Hyperresorption von Oxalsäure,*** die zur ***enteralen Hyperoxalurie*** (Hyperresorption von Oxalat) und Bildung von ***Nierensteinen*** (Oxalatsteinen) führen kann [7, 11].

Chologene Durchfälle sind meist wäßrig und werden durch die laxierende Wirkung der Gallensäuren im Dickdarm hervorgerufen. Der fäkale Verlust von Gallensäuren wird durch Steigerung der Gallensäuren-Synthese durch die Leber kompensiert, so daß die mizellare Phase der Fettverdauung nicht gestört ist.

Dekompensierte chologene Diarrhö. Übersteigt – meist bei Resektion von mehr als 1 m Länge des Ileums – der enterale Gallensäurenverlust die maximale Steigerung der Resynthesekapazität der Leber (Faktor 6–8), dann tritt zusätzlich durch Unterschreiten der kritischen mizellaren Konzentration von Gallensäuren im Duodenum eine Fettdigestionsstörung hinzu (Fettsäure-Diarrhö) (s. Abb. 20.2 c).

Bakterielle Überwucherung des Dünndarms führt durch vorzeitige Dekonjugation von Gallensäuren zu einem luminalen Mangel an Gallensäuren für die Mizellenbildung.

Eine bakterielle Überwucherung des Dünndarms kann bei strukturellen Veränderungen (Divertikeln, blinden Schlingen, Fisteln, Stenosen, Verlust der Ileozökalklappe), bei Störungen der Motilität (z. B. Diabetes mellitus, Sklerodermie, chronische intestinale Pseudoobstruktion), einer erhöhte Anzahl von Bakterien sowie einer defekten Abwehr entstehen (Abb. 20.3) [20].

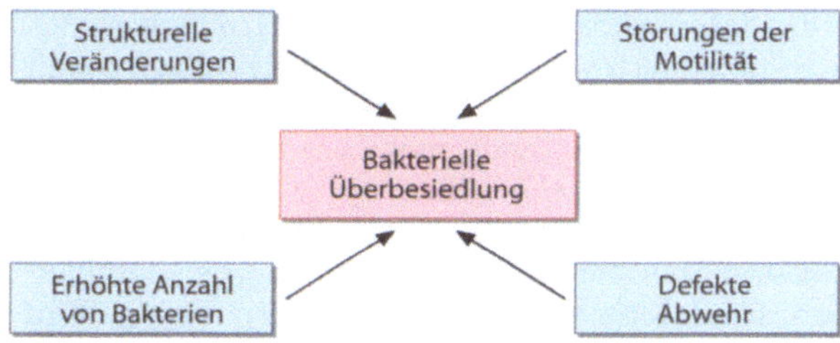

Abb. 20.3. Vier wichtige Mechanismen, die eine bakterielle Überbesiedlung des Dünndarms verursachen können

! Am empfindlichsten wirkt sich eine Störung der Digestion der Nahrung auf die Fettresorption aus. Ein Mangel an Lipase bei exokriner Pankreasinsuffizienz sowie ein intraluminaler Mangel an Gallensäuren sind die wichtigsten Ursachen für eine Fettverdauungsstörung. Ein erhöhter enteraler Verlust von Gallensäuren bewirkt im Kolon wäßrige (chologene) Durchfälle.

20.3 Primäre Malabsorptionssyndrome

Primäre Malabsorptionssyndrome sind in der Regel durch einen genetischen Defekt bedingt, der einzelne Enzyme der Digestion (z. B. Laktase) oder Transporter der Resorption betrifft. Die Morphologie der Dünndarmmukosa ist dabei nicht verändert

Disaccharidasenmangel – Laktoseintoleranz. Die weltweit häufigste Ursache einer Kohlenhydratmalabsorption ist die Laktoseintoleranz. Es gibt auf der Welt mehr Menschen mit Laktoseintoleranz als mit Laktosetoleranz. Die Prävalenz schwankt zwischen > 95 % in Südostasien und ca. 10 % in Mitteleuropa. Der Laktasemangel kann selten angeboren vorkommen. Die häufigste Ursache des ***primären Laktasemangels*** ist ein genetisch determiniertes isoliertes Verschwinden des Bürstensaumenzyms Laktase im Kindes- oder Adoleszentenalter [8, 11].

Ein ***sekundärer Laktasemangel*** kommt bei zahlreichen Dünndarmerkrankungen mit morphologischen Veränderungen der Mukosaarchitektur (z. B. Sprue, s. Fall, S. XX) und bei infektiösen Dünndarmerkrankungen vor. Laktase ist das vulnerabelste Enzym der Mukosa. Isoliert können auch genetisch die Enzyme ***Saccharase*** (Saccharose-Isomaltose-Intoleranz) und ***Trehalase*** vermindert sein oder fehlen oder der ***Glukose-Transporter*** genetisch nicht angelegt sein (Glukose-Galaktose-Malabsorption, was schon bald nach der Geburt zu osmotischen Durchfällen führt) [8, 11].

Im Dünndarm nicht hydrolisierte Laktose gelangt in den Dickdarm und entfaltet dort ihre osmotische Wirkung, was zum Einstrom von Wasser in den Dickdarm führt. Zudem wird die osmotische Wirksamkeit noch dadurch gesteigert, daß Bakterien des Dickdarms aus Laktose durch hydrolytische Spaltung und Fermentation kurzkettige Fettsäuren bilden, die auch für das ***saure Stuhl-pH*** verantwortlich sind (Abb. 20.4) [8, 9, 11, 21].

Wenn die bakterielle Produktion von kurzkettigen Fettsäuren die Rückresorptionskapazität aus dem Kolon übersteigt, resultiert eine ***osmotische Diarrhö*** sowie ***Meteorismus*** und ***Flatulenz*** bedingt durch die ***bakterielle Gasbildung*** (hauptsächlich H_2).

Abetalipoproteinämie. Die beiden ***Apo-B-Lipoproteine apo B-100*** (gebildet in der Leber) und ***apo B-48*** (ge-

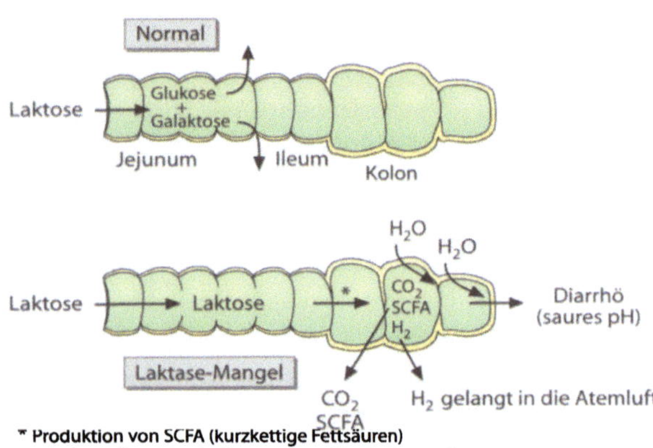

Abb. 20.4. Pathophysiologie des Laktasemangels

bildet im Dünndarm) sind wichtig für die Regulation der Synthese und Sekretion von triglyzeridhaltigen Lipoproteinen. Bei der sehr selten vorkommenden ***autosomal-rezessiv vererbten Abetalipoproteinämie*** (Bassen-Kornzweig-Syndrom) fehlt im Plasma apo B. Zusätzlich besteht eine Hypocholesterinämie sowie ein völliges Fehlen des low-density-Lipoprotein (LDL) sowie der Chylomikronen und des very-low-density-Lipoproteins. Dadurch können die aus Monoglyzeriden in der Epithelzelle des Dünndarms resynthetisierten Triglyzeride die Zelle nicht als Chylomikronen „verpackt" über den Lymphweg verlassen und akkumulieren in der Zelle. Daraus resultiert eine milde Steatorrhö (10–29 g/Tag), eine Anreicherungen von Triglyzeriden in Enterozyten (die Dünndarmbiopsie zeigt auch nach Fasten in den Epithelzellen massenhaft Fetttröpfchen) und Hepatozyten, neurologische und hämatologische (Akanthozytose der Erythrozyten) Störungen [9, 11, 21].

!

Die häufigste primäre Malabsorption ist die primäre Laktoseintoleranz, die in vielen Ländern der Welt allerdings als Normalzustand anzusehen ist. Im Jugendalter verschwindet das Enzym Laktase aus der Bürstensaummembran der Epithelzellen des Dünndarms, so daß Milchzucker nicht mehr in Glukose und Galaktose hydrolisiert werden kann. Nach Genuß von Milch und Milchprodukten treten durch den Fermentationsprozeß im Dickdarm Meteorismus, Flatulenz und Durchfälle auf.

20.4 Sekundäre Malabsorptionssyndrome

Sekundäre Malabsorptionssyndrome entstehen bei Krankheiten des Dünndarms und gehen mit morphologischen Veränderungen der Dünndarmmukosa einher, die durch Oberflächenverlust keine ausreichende Resorptionsfläche mehr bietet. Am deutlichsten ist dies bei der einheimischen Sprue erkennbar. Hierbei führt das Weizenkleberprotein Gluten zu einem Zottenschwund der Dünndarmmukosa

Erworbene Dünndarmerkrankungen. Von klinisch größerer Bedeutung als primäre Malabsorptionssyndrome sind ***sekundäre Malabsorptionssyndrome***, die auch häufig mit morphologisch erfaßbaren Veränderungen der Dünnadarmanatomie einhergehen [9, 11].

Einheimische Sprue. Bei der Sprue (Zöliakie bei Manifestation im Kindesalter) besteht eine hyperregeneratorische ***Schleimhautumformung*** des Dünndarms mit ***Zottenschwund*** und vermehrter ***Kryptentiefe***. Man spricht auch histologisch von einer ***Kolonisation*** der Dünndarmmukosa, d.h. die Dünndarmmukosa erscheint so flach wie die Dickdarmschleimhaut. Damit kommt es durch erhebliche Reduktion des Oberflächenepithels der Dünndarmmukosa zu einer Reduktion der endverdauenden Enzyme (z. B. Disaccharidasen) wie auch der spezifischen Transportsysteme (z. B. Glukose-Transporter). Für die Verdauungsendprodukte steht nach pankreatischer und biliärer Digestion zu wenig Resorptionsfläche zu Verfügung.

Als Ursache besteht eine ***Überempfindlichkeit*** gegenüber dem ***Weizenkleberprotein, Gluten***. Die Elimination von glutenhaltigen Mehlprodukten aus Weizen, Hafer und Gerste führt zur anatomischen Normalisierung der Dünndarmmukosa und Wiederherstellung der Resorptionsfunktion (s. Fall , S. 295).

Gluten als pathogenetischer Faktor. Bei der Sprue/Zöliakie ist eindeutig das Gluten als toxischer Faktor anzusehen, der einen ***Zottenschwund der Dünndarmmukosa*** mit hyperregeneratorischer Schleimhautumformung bewirkt. Wie der toxische Gluteneffekt zustande kommt, ist noch nicht sicher. Diskutiert wird, daß durch eine genetisch bedingte ***Permeabili-***

tätssteigerung der Dünndarmmukosa *zu viel* Gluten als Antigen in die Dünndarmschleimhaut gelangt und zu einer gesteigerten Immunantwort führt, oder – alternativ – daß nur kleine Mengen des Antigens in der Mukosa eine ***abnorme Immunreaktion*** bewirken. In der Tat scheint die Immunantwort auf Gliadin unter Kontrolle zweier Gene zu stehen [11]. Eine wichtige Rolle in der Pathogenese kommt möglicherweise der Gewebstransglutaminase zu, die erst kürzlich als Antigen der bei Spruepatienten diagnostisch wichtigen Endomysiumantikörper anzusehen ist

Gluten. Die ***Glutenfraktion*** des Weizenmehls ist ***wasserunlöslich*** und läßt sich in zwei Fraktionen trennen:

- das lösliche ***Gliadin*** und
- das unlösliche ***Glutenin.***

Bei der Auftrennung der Proteine lassen sich durch Elektrophorese 4 Gliadine unterscheiden. Das ***α-Gliadin*** ist ein glutamin- und prolinreiches Protein aus 266 Aminosäuren.

Gluten ist in Weizen, Roggen und Gerste enthalten, nicht jedoch in Mais, Reis und Hirse; Hafer enthält Avenine, die kaum toxisch wirken.

In seltenen Fällen sprechen Patienten nicht auf einen Glutenentzug an ***(therapierefraktäre Sprue)*** oder es bilden sich subepitheliale Kollageneinlagerungen ***(Kollagen-Sprue)*** [9, 11].

Tropische Sprue. Bei der tropischen Sprue handelt es sich um ein Malabsorptionssyndrom, das bei Bewohnern tropischer Regionen sowie bei Personen, die diese Gegenden besuchen oder besucht haben, klinisch manifest wird und in seinem klinischen Bild der Sprue ähnlich ist. Im Dünndarm findet man meist nur diskrete Veränderungen des Zottenreliefs mit Variationen zwischen total flacher Schleimhaut, verdickten und plumpen Zotten, breiten Blattformen mit gyriformem Relief.

Es wird angenommen, daß der Dünndarm dieser Patienten mit enteropathogenen Keimen chronisch kontaminiert ist. Der klinische Erfolg einer Antibiotikatherapie stützt diese pathogenetische Vorstellung [11].

Der M. Whipple ist eine Infektionskrankheit, die sich am häufigsten im Darm manifestiert, aber auch zahlreiche andere Organe befallen kann

Morbus Whipple. Der M. Whipple ist gekennzeichnet durch eine Gewebsinfiltration des Dünndarms oder anderer Organe mit großen polygonalen ***Makrophagen***, die körnige oder sichelförmige Plasmaeinschlüsse enthalten, die sog. ***SPC-Zellen*** (sickle particle containing cells). Sie sind pathognomonisch für den M. Whipple. Die Einschlüsse färben sich mit PAS leuchtend rot. Elektronenoptisch lassen sich stäbchenförmige Bakterien von 1,5–2,5 μm Länge und 0,2–0,3 μm Breite in den Makrophagen nachweisen. Die stäbchenförmigen Bakterien finden sich nicht nur in Makrophagen, sondern auch in einer Reihe anderer Zellen: Enterozyten, Plasmazellen, Leukozyten, Kupffer-Sternzellen, Glia-, Ependym- und Ganglienzellen sowie in glatter Muskulatur. Eine Vielzahl anderer Organe kann befallen sein.

In der Zwischenzeit konnte mittels PCR das Bakterium des M. Whipple als ***Tropheryma Whippelii*** identifiziert werden [23].

Chronische Durchfälle, meist mit Steatorrhö, werden bei 80 % der Patienten beobachtet und stellen meist ein Spätsymptom dar. Die Fettresorptionsstörung ist überwiegend durch eine ***Lymphabflußstörung*** zu erklären [9, 11].

Intestinale Lymphangiektasie – intestinaler Proteinverlust. Die intestinale Lymphangiektasie ist eine Störung des lymphatischen Systems mit abnormer Erweiterung der Lymphgefäße der Submukosa, der Serosa und des Mesenteriums des Dünndarms. Sie geht mit einem ***enteralen Eiweißverlust*** einher. Die Lymphabflußstörung bewirkt eine ***Störung des Fettabtransports*** über die Lymphe.

Zirka 10–20 % der normalem Albuminumsatzes erfolgt durch Verlust über den Darm. Bei verschiedenen gastrointestinalen Krankheiten kann es zu einem gesteigerten enteralen Verlust aller Serumproteine kommen (Tabelle 20.3). Normalerweise wird der Gesamtbestand der Serumproteine durch eine Steigerung der Synthese und eine Reduktion des endogenen Katabolismus kompensiert. Proteine mit langer Halbwertszeit (Albumine, γ-Globuline) sind meist stärker erniedrigt als Proteine mit kurzer Halbwertszeit (z. B. Fibrinogen).

Ein enteraler Eiweißverlust bewirkt Symptome einer ***Hypoproteinämie***: periphere Ödeme, chylösen Aszites, Pleuraerguß, bakterielle Infekte (Lymphödem), Wachstumsretardierung bei Kindern, Tetanie und Hypokalzämie durch Malabsorption von Vitamin D sowie eine Lymphozytopenie (Lymphozyten werden in den Darm ausgeschieden).

Ein enteraler Eiweißverlust kommt nicht nur bei der intestinalen Lymphangiektasie, sondern auch bei mehr als 40 verschiedenen Erkrankungen vor (s. Tabelle 20.3) [9, 11].

! Ein enteraler Proteinverlust ist immer dann anzunehmen, wenn Eiweißmangelödeme und Aszites bei fehlender Proteinurie und ohne Hinweis auf eine Leberkrankheit auftreten.

Störungen des humoralen Immunsystems begünstigen eine bakterielle Überwucherung des Dünndarms, die zu Malabsorption und Durchfällen führen kann

Immunmangelsyndrome, IgA-Mangel und Hypogammaglobulinämie. Die primären Immunmangelsyndrome umfassen eine Vielzahl von Erkrankungen, die auf Störungen des B- oder T-Zellsystems oder beider Systeme zurückzuführen sind.

Im Rahmen von primären oder sekundären Immunopathien kann es zu vielfältigen Störungen der Dünndarmfunktion kommen. Zu unterscheiden sind Immunopathien, die mit einem Antikörpermangel (B-Lymphozytendefekte) einhergehen, von solchen, die auf eine gestörte zelluläre Immunität zurückzuführen sind.

Etwa 15% der betroffenen Patienten leiden an rezidivierenden oder chronischen Durchfällen. Es findet sich eine gehäufte Assoziation zwischen ***IgA-Mangel*** und Zöliakie, der sog. nodulären lymphatischen Hyperplasie (NLH), chronisch entzündlichen Darmerkrankungen (Colitis ulcerosa, M. Crohn), sowie Disaccharidasendefekten.

Der IgA-Mangel prädisponiert zu einer bakteriellen Überbesiedlung des Dünndarms sowie zu einer Lambliasis, die wohl am ehesten für die bei IgA-Mangel beobachtete Steatorrhö verantwortlich ist.

Die X-chromosomal assoziierte ***Agammaglobulinämie***, die durch ein Fehlen von B-Lymphozyten und Plasmazellen im peripheren Blut und Knochenmark gekennzeichnet ist, tritt klinisch schon während des Säuglingsalters in Erscheinung.

Von der X-chromosomal assoziierten Agammaglobulinämie ist die ***erworbene*** („common variable late onset") ***Hypogammaglobulinämie*** zu unterscheiden, die in jedem Alter auftreten kann. Die Anzahl der B-Lymphozyten ist normal, sie sind jedoch nicht in der Lage, in vitro Antikörper zu produzieren. Dies führt zu einer Erniedrigung der Serum-IgG-Spiegel unter 0,5 g/l bei gleichzeitiger Reduktion der IgA-Spiegel. Klinisch finden sich – ausgeprägter als beim selektiven IgA-Mangel – Zeichen der Malassimilation mit Steatorrhö und Lamblieninfektionen [9].

! Immunmangelsyndrome prädisponieren durch defekte humorale Abwehr (z. B. IgA-Mangel) zu Infektionen des Dünndarms, die auch durch morphologische Schädigung der Dünndarmmukosa zu Malabsorption und Durchfällen führen können. Zudem besteht bei Immunmangelsyndromen nicht selten auch ein Defekt der zellulären Immunität.

Bei zahlreichen Systemkrankheiten kann der Dünn- und Dickdarm mit betroffen sein. Am häufigsten entstehen Motilitätsstörungen, die eine Dyskoordination der Digestion und Resorption bewirken oder eine für den Dünndarm unübliche bakterielle Keimbesiedlung zulassen

Dünndarmfunktionsstörungen bei Systemkrankheiten. Eine Vielzahl von Systemkrankheiten geht mit Durchfällen und/oder einer Malabsorption einher. Die pathogenetischen Mechanismen dafür sind unterschiedlich. In den meisten Fällen besteht eine ***intestinale Neuropathie***, die zu Störungen der Motilität, Sekretion und Resorption führt. Motilitätsstörungen können eine bakterielle Überwucherung bedingen.

Bei den endokrinen und metabolischen Erkrankungen steht der ***Diabetes mellitus*** im Vordergrund. Die ***diabetische Neurogastroenteropathie*** ist Ausdruck der Neuropathie des vegetativ-autonomen peripheren Systems, die unter dem Begriff der viszeralen Neuropathie von der diabetischen Neuropathie des motorischen und sensiblen Systems abgegrenzt wird. Im Vordergrund steht klinisch eine Entleerungsstörung des Magens (Gastroparesis diabeticorum) sowie eine Motilitätsstörung des Dünndarms, die zu Diarrhöen führt [16].

Das Fehlen einer geordneten Dünndarmmotilität auch in der Nüchternphase kann zur bakteriellen Aszension in den Dünndarm und damit zu einer bakteriellen Überbesiedlung führen. Andererseits spricht das gute therapeutische Ansprechen wäßriger Durchfälle auf den α_2-Agonisten Clonidin dafür, daß eine Verminderung alpha-adrenerger Innervation der Dünndarmmukosa besteht [17], die die Resorption von Wasser und Elektrolyten aus dem Darm fördert.

Bei der ***Hyperthyreose*** oft auftretende Durchfälle müssen als motilitätsbedingt angesehen werden.

Bei der ***Hypothyreose*** steht als Leitsymptom eine ebenfalls motilitätsbedingte Obstipation im Vordergrund.

Beim ***medullären Schilddrüsenkarzinom*** treten profuse wäßrige sekretorische Durchfälle auf (Prostaglandinbildung).

Beim ***Hyperparathyreoidismus*** besteht meist eine Obstipation.

Amyloidose, ***Sklerodermie*** und ***Dermatomyositis*** können ebenfalls mit einem Malabsorptionssyndrom einhergehen. Die Ursache ist zumindest teilweise in einer motilitätsbedingten bakteriellen Überbesiedlung des Dünndarms zu sehen.

Dünndarmfunktionsstörungen durch Pharmaka und Strahlentherapie. Eine Vielzahl von Pharmaka können Malassimilationssyndrome und Durchfälle induzieren. Dazu gehören so unterschiedliche Substanzen wie Colestyramin (bindet Gallensalze), Neomycin (präzipitiert Gallensalze, führt zu sekundärem Laktasemangel), Paramomycin, Kanamycin, Chlortetrazykline, Colchizin (hemmt Zellproliferation, sekundärer Laktasemangel), Zytostatika (Hemmung der Zellproliferation) Biguanide (Vitamin-B_{12}-Malabsorption), Paraaminosalicylsäure (PAS), sowie die α-Glukosidasenhemmer Acarbose und Miglitol.

Strahlenschäden betreffen den Dünndarm seltener als den Dickdarm. Adhäsionen im Ileozökalbereich können auch bei gynäkologischer Strahlentherapie zu einer Funktionseinschränkung des Ileums mit wäßrigen Durchfällen (chologene Diarrhö) führen [9, 11].

Kurzdarmsyndrom. Unter einem Kurzdarmsyndrom verstehen wir die metabolischen und nutritiven Konsequenzen einer ausgedehnten Darmresektion.

Ohne schwere Folgen können aus dem mittleren Dünndarm bis etwa 50% der Länge entfernt werden. Ein ***intaktes Duodenum*** mit mindestens 20 bis 30 cm Jejunum ist unabdingbar für ein Überleben ohne langfristige parenterale Ernährung.

Bei ausgedehnten Resektionen tritt eine globale Malabsorption mit starken osmotischen Durchfällen auf.

Die durch reduzierten Gastrinabbau im fehlenden Dünndarm bedingte ***Hyperchlorhydrie*** kann zur Inaktivierung der Lipase mit zusätzlicher Steatorrhö führen [11].

Dünndarmfunktionsstörungen mit Durchfällen oder Malabsorption treten bei zahlreichen Systemkrankheiten auf. Ursache dafür ist häufig eine Störung des enteralen Nervensystems, die Motilitätsstörungen, Steigerungen der Sekretion sowie Hemmung der Resorption bewirken. Bei Resektionen des Dünndarms sind die Nebenwirkungen von der Länge der Resektion und der Lokalisation abhängig.

20.5 Osmotische und sekretorische Diarrhö

Diarrhö ist keine Diagnose, sondern ein Symptom, das Haupt- oder Begleitsymptom zahlreicher Krankheiten des Gastrointestinaltrakts, aber auch extraintestinaler Krankheiten sein kann

Definition. Am gebräuchlichsten ist die Definition: mehr als 3 dünnflüssige Stühle/Tag, mit einem Gewicht von mehr als 200 g/Tag.

Eine andere ebenfalls gebräuchliche Definition bezeichnet als ***Diarrhö*** eine zu schnelle und häufige Entleerung eines zu flüssigen Stuhls.

Pathogenese. Fast alle Diarrhöen lassen sich auf vier unterschiedliche Mechanismen zurückführen (Abb. 20.5) [10, 18]:

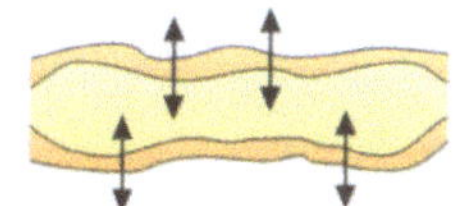

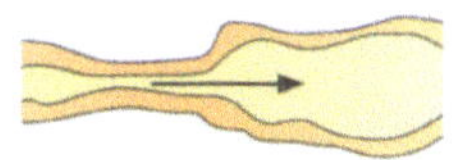

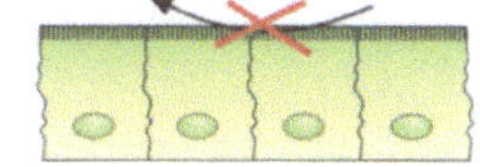

Abb. 20.5. Pathophysiologische Mechanismen als Ursache einer Diarrhö

- gesteigerte intestinale Flüssigkeits- und Elektrolyt-Sekretion oder Hemmung normaler aktiver Ionenresorption *(sekretorische Diarrhö)*;
- ***gestörte*** intestinale ***Motilität*** (gesteigerte propulsive Muskelkontraktionen);
- Exsudation von Schleim, Blut und Protein aus ***entzündetem Gewebe*** durch Alteration der Mukosa und erhöhte Permeabilität;
- Vorhandensein ungewöhnlicher Mengen schlecht oder überhaupt nicht resorbierbarer, osmotisch wirksamer Substanzen bei Malabsorption *(osmotische Diarrhö)*.

Dabei können sich bei dem gleichen Krankheitsbild sehr häufig die o. g. pathogenetischen Mechanismen gegenseitig beeinflussen: Bei einer ***Entzündung*** kommt es nicht nur zum Verlust von Schleim, Blut und Protein, sondern auch über die Freisetzung von Entzündungsmediatoren des Immunsystems zu einer wechselseitigen Beeinflussung der Motilität, Sekretion wie auch der Resorption (Abb. 20.6).

Die pathophysiologische Konsequenz einer gesteigerten Sekretion ist eine ***verstärkte Propulsion***, die durch *schnellere Passage* zu einer ***verminderten Resorption*** führt. Dadurch gelangt noch mehr Flüssigkeit in das Darmlumen, was die Propulsion wiederum verstärkt, so daß eine Diarrhö resultiert (Abb. 20.7).

> **!** Durchfälle können durch im Dünndarm osmotisch wirksame Substanzen, durch eine gesteigerte Sekretion von Wasser und Elektrolyten – meist bei bakteriellen oder viralen Infektionen, durch direkte Entzündungsprozesse oder durch Motilitätsstörungen entstehen.

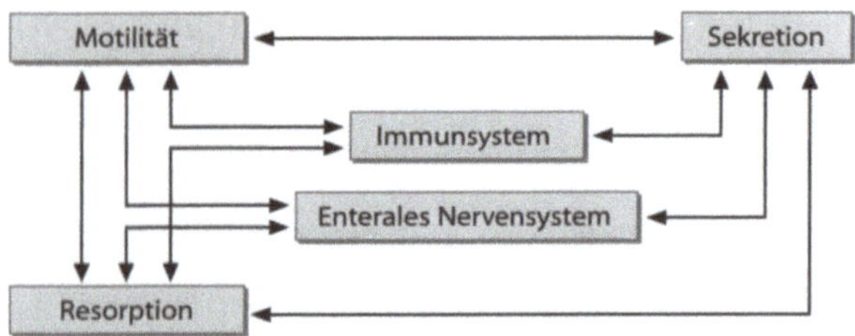

Abb. 20.6. Wechselwirkungen zwischen Sekretion, Resorption, Motilität, enteralem Nervensystem und Immunsystem

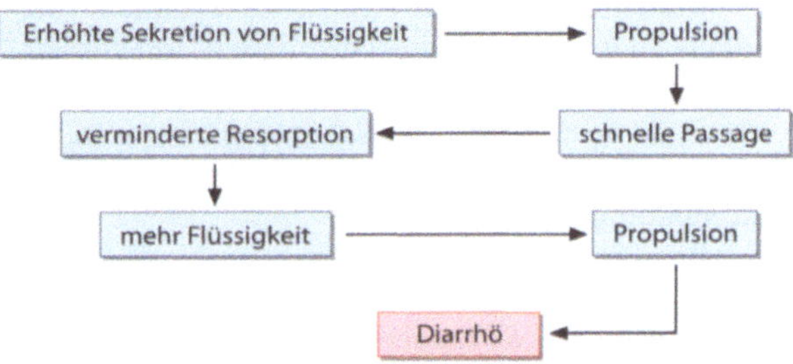

Abb. 20.7. Pathophysiologie der Diarrhö: Erhöhte Sekretion, beschleunigte Passage und verminderte Resorption führen zur erhöhten Ausscheidung von Wasser und Elektrolyten im Stuhl

> Eine osmotische Diarrhö wird durch die Aufnahme schlecht resorbierbarer Substanzen, meist Kohlenhydrate oder divalente Kationen verursacht (Tabelle 20.4). Die osmotisch aktiv wirksamen Substanzen führen zu einem Flüssigkeitseinstrom in das Darmlumen

Eine ***osmotische Diarrhö*** entsteht bei Aufnahme großer Mengen schlecht resorbierbarer Substanzen oder bei Malabsorption. Dazu gehören sog. zuckerfreie Produkte in Süßigkeiten wie Sorbit und Fruktose, Magnesiumsalze (in Antazida und Laxantien) sowie schlecht resorbierbare Anionen (z. B. Natriumsulfat).

Durch die fehlende Resorbierbarkeit ist die Flüssigkeit im Jejunum zunächst ***hyperton.*** Bedingt durch die hohe Permeabilität des Dünndarms wird durch Einstrom von Wasser und Elektrolyten sehr bald ***Isotonie*** (290 mosmol/L) hergestellt. Im Ileum und Kolon wird ein großer Teil der Flüssigkeit und des Natriums rückresorbiert. Der bei der osmotischen Diarrhö entleerte Stuhl ist immer ***isoton***, enthält aber zur Aufrechterhalung der Isotonie deutlich weniger Natrium (Na) und Kalium (K) als im Normalfall. Diese ***„osmotische Lücke"*** wird durch nicht resorbierte Substanzen determiniert (Kohlenhydrate, kurzkettige Fettsäuren, Magnesiumsulfat, Polyäthylenglykol (PEG) [5, 8, 10, 18, 19].

Typisch für eine osmotische Diarrhö ist, daß sie aufhört, wenn der Patient nicht mehr ißt oder parenteral ernährt wird.

Tabelle 20.4. Vorkommen einer osmotischen Diarrhö

I. Exogen	
• ***Laxantien:***	PEG (Golytely), $Mg(OH)_2$, $MgSO_4$, Na_2S, Na_2PO_4 (Glaubersalz)
• ***Antazida:***	mit MgO oder $Mg(OH)_2$
• ***Diätetisch:***	Sorbit, Mannit, Xylit, Fruktose (meist in kalorienverminderten Lebensmittel, Diabetikerdiät),
• ***Medikamente:***	Colchizin, Colestyramin, PAS, Laktulose, Lactitol, Acarbose, Neomycin
II. Endogen	
• ***Angeboren:***	Disaccharidasenmangel (Laktase, Saccharase, Trehalase), Glukose-Galaktose- oder Fruktose-Malabsorption, Abeta- und Hypolipoproteinämie, angeborene Lymphangiektasie, ‚Microvillus inclusion disease', Enterokinasemangel, Pankreasinsuffizienz (Mukoviszidose)
• ***Erworben:***	Postenteritischer Disaccharidasenmangel, Pankreasinsuffizienz, bakterielle Überbesiedlung, Sprue/Zöliakie, Lambliasis, metabolische Krankheiten (Hyperthyreose, Nebennierenrindeninsuffizienz), entzündliche Krankheiten (eosinophile Enteritis, Mastozytose), Proteinmangel, Kurzdarm-Syndrom, Jejunum-Ileum-Bypass

! Die osmotische Diarrhö tritt bei Malabsorption auf sowie nach Ingestion von schlecht resorbierbaren Substanzen. Die Konzentration von Natrium und Kalium im Stuhl ist dabei erniedrigt bei erhaltener Blut-Isotonie des Stuhls. Die osmotische Lücke wird von schlecht resorbierbaren Substanzen oder deren bakteriellen Stoffwechselprodukten ausgefüllt.

Bei akuten sekretorischen Diarrhöen besteht eine abnorm gesteigerte Sekretion von Wasser und Elektrolyten in das Darmlumen, die Resorption ist nicht eingeschränkt

Die wichtigsten Bestandteile bei der ***sekretorischen Diarrhö*** im Darmlumen sind Na, K, Cl, und HCO_3. Die Unfähigkeit, diese Elektrolyte zu resorbieren und/oder aktive Sekretion (Cl-) determinieren die Menge der Flüssigkeit, die in das Kolon gelangen bzw. es verlassen. Die Stuhlosmolalität (290 mosmol/l) ist bei der sekretorischen Diarrhö durch das Produkt aus [Na + K] x 2 bestimmt, d. h. es besteht ***keine osmotische Lücke*** [4,5,10,18].

Typische Stuhlbefunde bei sekretorischer und osmotischer Diarrhö sind in Tabelle 20.5 dargestellt [10].

Eine sekretorische Diarrhö kann

- ***exogen*** (Laxantien, Medikamente, Toxine, bakterielle Toxine sowie Darmallergie) oder
- ***endogen*** (angeboren, bakterielle Endotoxine, endogene Laxativa, hormonproduzierende Tumoren) bedingt sein (Tabelle 20.6).

Bei zahlreichen ***bakteriellen*** oder ***viralen Infektionen*** wie auch bei Vorliegen von ***hormonproduzierenden Tumoren*** (Karzinoid, VIPom) treten sekretorische Durchfälle auf. Während die Sekretionsmechanismen im Dünndarm in der Kryptenregion lokalisiert sind, findet die Resorption an der Oberfläche der Zotten statt. Sekretorische Diarrhöen werden durch spezifische Veränderungen der Mechanismen des Wasser- und Elektrolyt-Transports, meist durch Stimulation der Chlorid- und Bikarbonat-Sekretion und der Hemmung der Natrium- und Chloridresorption, induziert. In den

Tabelle 20.5. Typische Befunde bei osmotischer und sekretorischer Diarrhö

	osmotisch	sekretorisch
48 Stunden Fastenperiode	Durchfall sistiert	Durchfall persistiert
Analyse der Stuhlflüssigkeit		
– Osmolalität (mOsmol/kg)	290	290
– Na^+ (mÄq/Liter)	30	100
– K^+ (mÄq/Liter)	30	40
– $[Na^+ + K^+] \times 2$	120	280
– Osmotische Lücke	170 (> 60)	10 (< 60)

Tabelle 20.6. Vorkommen und Ursachen sekretorischer Diarrhöen

I. Exogen	
• ***Laxantien***:	Phenolphthalein, Anthrachinone, Bisacodyl, Oxyphenisatin, Senna, Aloe, Rizinolsäure, Dioctyl Natrium Sulfosuccinat
• ***Medikamente***:	Diuretika (Furosemid, Thiazide), Theophyllin, Cholinergica, Chinidin, Colchizin, Prostanoide (Misoprostol), Di-5-Aminosalicylsäure, Gold
• ***Toxine***:	Metalle (Arsen), Pilze (Amanita phalloides), organische Phosphate, Tee, Kaffee, Cola (Coffein, andere Methylxanthine)
• ***Bakterielle Toxine***:	St. aureus, Cl. perfringens und botulinum
• ***Darmallergie*** ohne histologische Veränderungen	
II. Endogen	
• ***Angeboren***:	‚Microvillus inclusion disease', Kongenitale Chloridorrhö (Fehlen des Cl:HCO_3-Austauscher, Kongenitale Natrium-Diarrhö (Fehlen des Na:H-Austauschers)
• ***Bakterielle Enterotoxine***:	V. cholerae, Toxigene E. coli (LT, ST), Campylobacter jejuni, Yersinia enterocolitica, Cl. difficile, St. aureus (toxisches Schock-Syndrom)
• ***Endogene Laxativa***:	Dihydroxygallensäuren, langkettige (hydroxylierte) Fettsäuren
• ***Hormonproduzierende Tumore***:	Vipom, medulläres Schilddrüsenkarzinom (Calcitonin, Prostaglandine), Karzinoid (Serotonin), Mastozytose (Histamin), villöses Adenom

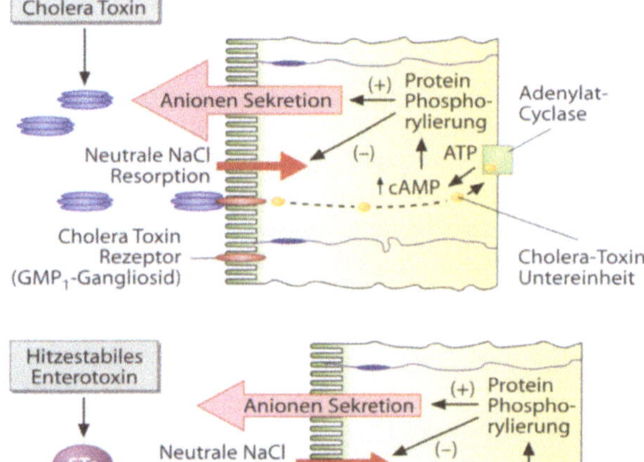

Abb. 20.8. Mechanismen bakterieller Enterotoxine. *Oben*: Cholera-Toxin bindet an einen spezifischen Membranrezeptor, tritt in die Zelle ein und bewirkt durch Aktivierung der Adenylatcyclase eine Sekretion. *Unten*: Das hitzestabile Enterotoxin von E. coli induziert eine Diarrhö durch Stimulation der Guanylatzyklase. Zyklisches GMP stimuliert eine Chloridsekretion

Mukosazellen wird Cl- durch einen basolateralen Na^+,-K^+-$2Cl^-$-Symporter sekundär aktiv angereichert und über luminale Cl- Kanäle sezerniert.

Die Sekretion wird am häufigsten durch intrazelluläre messenger (cAMP, intrazelluläre Ca^{++}) vermittelt (Tabelle 20.7). Cholera-Toxin bindet an einen Membranrezeptor, tritt in die Zelle ein und aktiviert die Adenylatcyclase. Das hitzestabile Enterotoxin von E. coli verursacht eine Diarrhö durch Stimulation der Guanylat-Zyklase und führt somit zu einer Erhöhung von zyklischem GMP (Abb. 20.8) [3, 10, 12].

Die Tatsache der unterschiedlichen Lokalisation von Resorptions- und Sekretionsmechanismen im Dünndarm läßt es auch zu, den bei sekretorischen Durchfällen übermäßigen ***Flüssigkeitsverlust*** durch optimale Resorption wieder auszugleichen. Bei sekretorischen Durchfällen ist die Resorption z. B. für Kohlenhydrate, Wasser und Elektrolyte nicht gestört, es besteht lediglich eine ***massiv gesteigerte Sekretion*** [3, 5, 12, 22].

! Eine sekretorische Diarrhö zeichnet sich klinisch in Gegensatz zur osmotischen Diarrhö dadurch aus, daß die Durchfälle auch unter Nahrungskarenz anhalten

Tabelle 20.7. Sekretorische Durchfälle bedingt durch endogene oder exogene Stimulation der Sekretion

Substanz	Mediator
• *Endogen (Peptide, Neurotransmitter, Entzündungsprodukte)*	
– Histamin	Ca^{++}
– Serotonin	Ca^{++}
– Calcitonin	Ca^{++}
– Prostaglandine	cAMP
– VIP	cAMP
• *Exogen (Mikrobielle Enterotoxine)*	
– Vibrio cholerae	cAMP
– E. coli (hitzelabil)	cAMP
– E. coli (hitzestabil	cGMP
– Salmonella	cAMP
– Yersinia enterocolitica	cAMP
– Clostridium difficile	Ca^{++}
• *Gallensäuren und Fettsäuren*	Ca^{++} und ? cAMP

cAMP = cyclisches Adenosinmonophosphat; cGMP = cyclisches Guanosinmonophosphat.

20.6 Dünn- und Dickdarmmotilität

Die motorische Funktion des Dünndarms bewirkt: 1. eine koordinierte Durchmischung des Chymus mit den Pankreasenzymen und der Galle, 2. zeitgerechte Exposition des Darminhalts gegenüber der intestinalen Resorptionsfläche sowie 3. den aboralen Transport des Chymus und unverdaulicher Nahrungsbestandteile (z. B. „Ballaststoffe", Zell- und Bakteriendetritus in das Zökum [1]

Physiologie. Die glatten Muskelzellen der Längsmuskelschicht des Gastrointestinaltrakts weisen ein instabiles Ruhemembranpotential auf, das rhythmischen Schwankungen von 0,5–1,0 s Dauer unterliegt (sog. ***„Slow-wave"-Aktivität***). Diese Membranpotentialschwankungen führen jedoch nicht zu mechanischen Kontraktionen des Darms. Ihre Frequenz beträgt beim Menschen im oberen Duodenum (Schrittmacherregion) um 12/min und nimmt nach aboral hin ab (terminales Ileum 7/min). Die „Slow-wave"-Aktivität determiniert die maximal mögliche Kontraktionsfrequenz des Darms.

Bei der manometrischen Untersuchung der Dünndarmmotorik – sie registriert kontinuierlich die lumenokkludierenden Kontraktionen mit Druckaufnehmern – findet sich im ***Nüchternzustand*** (interdigestive Phase) eine ***zyklisch ablaufende Motilität***, wobei drei Phasen voneinander differenziert werden können:

- ***Phase I***: völlige motorische Ruhe; ca. 45 % des Gesamt-Zyklus;
- ***Phase II***: irreguläre, nicht klassifizierbare Motilität; ca. 50 % des Gesamt-Zyklus;
- ***Phase III***: nach aboral, peristaltisch-gerichtete Aktivitätsfront (zumeist schon im Magenantrum beginnend), ca. 5 % des Gesamt-Zyklus;

Die ***Phase-III-Motilität*** wird auch als ***„Motor-Migrating-Complex"*** (MMC) bezeichnet. Die Gesamtdauer eines Zyklus (Phase I-III) beträgt beim Menschen etwa 90 ± 20 Minuten.

Die interdigestive Motilität wird nach der Nahrungsaufnahme abrupt unterbrochen. Es stellt sich dann ein irreguläres Motilitätsmuster (ähnlich der Phase II) ein (postprandiale Motilität, sog. „fed pattern"), das je nach Volumen, Konsistenz und kalorischem Gehalt der Nahrung unterschiedlich lange anhält, bis die zyklische interdigestive Motorik wieder zurückkehrt. So dauert die postprandiale Motorik nach Ingestion einer 500-kcal-Testmahlzeit („Astronautenkost") ca. 3 Stunden an.

Die Steuerung und Koordination der Dünndarmmotilität erfolgt hauptsächlich durch das enterale Nervensystem (ENS), das im Plexus myentericus (vorwiegend) und submucosus lokalisiert ist.

Prototyp der Darmmotilitätsstörung ist die intestinale Pseudoobstruktion, bei der die Rhythmik der intestinalen Motilität oder die Kontraktionskraft im Darm gestört ist

Störungen der Dünndarmmotilität. Die Effektivität der Darmmotilität wird im wesentlichen durch den Rhythmus, die Koordination und die Kontraktionskraft bestimmt. Die Unfähigkeit der intestinalen Motilität, den Inhalt des Darms weiterzutransportieren, führt zu einem Zustand wie bei einer mechanischen Obstruktion, den man als ***intestinale Pseudoobstruktion*** bezeichnet. Die intestinale Pseudoobstruktion beschreibt einen klinischen Zustand, der durch verschiedene Krankheiten, bei denen die Rhythmik der Motilität oder die Kontraktionskraft im Darm gestört ist, ausgelöst werden kann [1, 13].

Beim völligen Fehlen intestinaler Kontraktionen entsteht ein ***paralytischer Ileus***, der neurogen bedingt ist. Er stellt eine reflektorische Lähmung der gastrointestinalen Motilität dar, ausgelöst durch Stimulation abdomineller Schmerzrezeptoren (peritoneale Reizung z. B. durch Laparotomie oder bei schweren extraabdominellen Schmerzen).

Motilitätsstörungen lassen sich einteilen in:

- neuropathische Störung der Motilität und
- myopathische Störung der Motilität.

Neuropathie. Bei Patienten mit diabetischer Enteroneuropathie mit Durchfällen und/oder bakterieller Überbesiedlung fehlt die Phase-III-Motilität („MMC“) oder tritt nur unvollständig auf.

Solche Veränderungen der interdigestiven und/oder postprandialen Dünndarmmotilität führen zu einer ***ineffektiven Propulsion*** des Dünndarminhalts. Klinisch imponiert Völlegefühl, Blähungen, Inappetenz und Übelkeit bis hin zum Erbrechen.

Ob neuropathische Schädigungen auch für das irritable Darmsyndrom verantwortlich sind, ist noch unklar [1, 11, 13].

Myopathie. Bei intestinalen Myopathien ist die manometrisch bestimmte Kontraktionsamplitude erniedrigt. Bei der Sklerodermie und anderen Kollagenosen ist die glatte Muskulatur des Darms häufig durch Kollagen ersetzt. Auch bei den seltenen familiären primären viszeralen Myopathien sowie verschiedenen Typen der Muskeldystrophie besteht eine Verminderung der Kontraktionskraft. Jedoch kann auch im Rahmen einer intestinalen Neuropathie die Kontraktionskraft des Darms reduziert sein: z. B. bei diabetischer Enteroneuropathie oder M. Parkinson.

Schwächere Kontraktionen bewirken eine schlechtere Durchmischung des Darminhalts, eine langsamere antegrade Propulsion. Eine reduzierte Vermischung des Darminhalts und bakterielle Überbesiedlung führen zu Durchfällen [1, 11, 13].

Bei der chronischen intestinalen Pseudoobstruktion (CIPO) besteht eine Störung der Dünndarmmotorik, die entweder auf einer Schädigung der glatten Muskulatur des Darms oder des enteralen Nervensystems beruht. Die Dünndarmmanometrie erlaubt Rückschlüsse auf die Genese der CIPO

Spezielle Ursachen von Dünndarmmotilitätsstörungen. Eine ***chronisch intestinale Pseudoobstruktion (CIPO)*** kann durch eine Störung der Dünndarmmotorik entweder auf Grund einer Schädigung der glatten Muskulatur (Myopathie) oder des enteralen Nervensystems (Neuropathie) resultieren. Eindeutig kann dies nur aus der histologischen Untersuchung eines betroffenen Dünndarmabschnitts (Atrophie der Längs- und Ringmuskelschicht in der Hämatoxylin-Eosin-Färbung bei Myopathie bzw. Zerstörung des Plexus myentericus in der Silberfärbung bei Neuropathie des Dünndarmresektats) differenziert werden. Jedoch lassen auch die bei der Dünndarmmanometrie registrierten Motilitätsveränderungen gewisse Rückschlüsse auf die Genese einer CIPO zu (Abb. 20.9) [1, 11, 13]:

- ***Myopathie-Typ***: niedrig-amplitudige oder aufgehobene Nüchtern- und postprandiale Motilität („Null-Linie“);

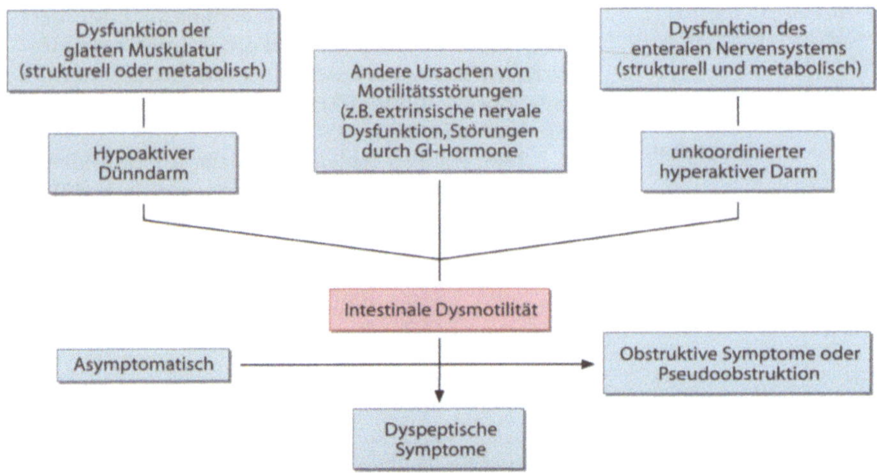

Abb. 20.9. Mechanismen und Manifestationen von Motilitätsstörungen des Dünndarm

- ***Neuropathie-Typ***: pathologische Konfiguration insbesondere der Phase III der Nüchternmotilität, fehlende Induktion eines postprandialen Motilitätsmusters.

Bei etwa 60 % der Fälle von CIPO läßt sich keine spezifische Ursache der Schädigung der glatten Muskulatur bzw. des enteralen Nervensystems nachweisen (sog. chronisch-„idiopathische" intestinale Pseudoobstruktion).

Mögliche sekundäre Ursachen einer CIPO sind in Tabelle 20.8 aufgeführt.

Prognostisch ist der Neuropathie-Typ einer CIPO günstiger zu werten als der Myopathie-Typ, da beim Neuropathie-Typ eine medikamentöse (Tabelle 20.9) oder elektrische („pacing" mittels implantiertem Schrittmacher) Stimulation der Dünndarmmotilität häufig möglich ist. Bei Patienten mit Myopathie bleibt zumeist nur die lebenslange, total-parenterale Ernährung als Therapieoption übrig [1, 11, 13].

Störungen der Dickdarmmotilität. Da eine detaillierte Untersuchung der Dickdarmmotilität erst in den letzten Jahren technisch möglich wurde, ist bisher nur sehr wenig über spezifische Veränderungen bei Erkrankungen bekannt.

Tabelle 20.8. Sekundäre Ursachen einer chronisch – intestinalen Pseudoobstruktion vom Neuropathie- bzw. Myopathie – Typ

Myopathie-Typ	Neuropathie-Typ
Sklerodermie	Diabetes mellitus
Dermatomyositis	Hypo-/Hyperthyreose
Lupus erythematodes	Hypoparathyreoidismus
„Mixed connective tissue disease"	M. Parkinson
Myotone Dystrophie	Rückenmarksverletzung
Muskuläre Dystrophie	
„Duchenne" Amyloidose	Chagas Krankheit
Radiogene Enteritis	Anorexie
Familiäre viszerale Myopathie	Neurofibromatose
	Zöliakie/Sprue
	Familiäre viszerale Neuropathie
	Medikamente (z. B. Phenothiazine, trizyklische Antidepressiva, L-Dopa, Clonidin, Opiate, Vincristin)

Tabelle 20.9. Medikamente zur Stimulation der Dünndarmmotilität (sog. „Prokinetika")

Wirkprinzip	Medikamente
Cholinergika	Betanechol, Carbachol
Dopamin-Antagonisten	Metoclopramid, Domperidon, Cisaprid
Motilide	Erythromycin und Derivate

Hingegen kann eine ***chronische Obstipation*** auch durch eine funktionelle ***Auslaßobstruktion*** des Anorektums bedingt sein, die zuverlässig mittels ***anorektaler Manometrie*** identifiziert werden kann. So läßt sich bei Kindern mit ***Morbus Hirschsprung*** (angeborene Aganglionose des Rektums) regelhaft ein Fehlen der Internusrelaxation nachweisen. Selten führt eine erworbene Verhaltensstörung, der sog. ***„Anismus"*** im Erwachsenenalter zur Obstipation. Hierbei wird während der Defäkation paradoxerweise die Puborektalismuskulatur kontrahiert (statt relaxiert) wodurch eine Behinderung der rektalen Entleerung verursacht wird [14].

! Myopathische Störungen der Darmmuskulatur und neuropathische Veränderungen des enteralen Nervensystems bewirken Motilitätsstörungen des Dünndarms, die zu Passagestörungen des Nahrungsbreis, Durchfällen und bakterieller Überwucherung des Dünndarms führen können. Motilitätsstörungen treten oft als Komplikationen von Systemerkrankungen auf.

20.7 Literatur

1. Anuras S, Hodges D (1995) Dysmotility of the small intestine. In: Yamada T (Hrsg) Textbook of Gastroenterology. JB Lippincott Company, Philadelphia, pp 1577–1605
2. Avery ME, Snyder JD (1990) Oral therapy for acute diarrhea. The underused simple solution. New Engl J Med 323: 891–894
3. Barrett KE, Dharmsathaphorn K (1991) Secretion and absorption: small intestine and colon. In: Yamada T (Hrsg) Textbook of Gastroenterology. JB Lippincott Company, Philadelphia, pp 265–294
4. Becker HD, Caspary WF (1980) Postvagotomy and Postgastrectomy Syndromes. Springer, Berlin

5. Binder HJ (1992) The gastroenterologist's osmotic gap: fact or fiction? Gastroenterology 103: 702-704
6. Bjarnason I, Hayllar J, Macpherson AJ, Russell AS (1993) Side effects of nonsteroidal antiinflammatory drugs on the small and large intestine in humans. Gastroenterology 104: 1832–1847
7. Caspary WF (1983) Resorption von Oxalsäure und intestinale Hyperoxalurie. In: Caspary WF (Hrsg) Handbuch der Inneren Medizin, Band 3/3A. Springer, Berlin, pp 298–308
8. Caspary WF (1986) Diarrhoea associated with carbohydrate malabsorption. Clin Gastroenterol 15: 631–655
9. Caspary WF (1996) Malassimilationssyndrome. In: Hahn, EG, Riemann JF (Hrsg) Klinische Gastroenterologie. Thieme-Verlag, Stuttgart, pp 1889–1910
10. Caspary WF (1996): Diarrhö. In: Hahn EG, Riemann JF (Hrsg) Klinische Gastroenterologie. Thieme, Stuttgart, pp 352–363
11. Caspary WF, Stein J (Hrsg) (1999) Krankheiten des Dünn- und Dickdarms. Springer, Berlin
12. Chang EB, Sitrin MD, Black DD (Hrsg) (1996) Gastrointestinal, Hepatobiliary, and Nutritional Physiology. Lippincott-Raven, Philadelphia New York
13. Christensen J (1993) Motility of the intestine. In: Sleisenger MV, Fordtran JS (Hrsg) Gastrointestinal Diseases. WB Saunders, Philadelphia, pp 822–837
14. Devroede G (1993) Constipation. In: Sleisenger MV, Fordtran JS (Hrsg) Gastrointestinal Diseases. WB Saunders, Philadelphia, pp 837–887
15. Eherer AJ, Fordtran JS (1992) Fecal osmotic gap and pH in experimental diarrhea of various causes.Gastroenterology 103: 545–551
16. Erckenbrecht JF, Flesch S, Frieling T, Ziegler D, Wienbeck M, Caspary WF (1996) Die autonome diabetische Neuropathie des Gastrointestinaltraktes. Dt Ärztebl 93: A1831–1835
17. Fedorak RN, Field M, Chang EB (1985) Treatment of diabetic diarrhea with clonidine. Ann Intern Med 102: 197–199
18. Fine KD, Krejs GJ, Fordtran JS (1994) Diarrhea. In: Sleisenger MV, Fordtran JS (Hrsg) Gastrointestinal Disease. WB Saunders, Philadelphia, pp 1043–1072
19. Hammer HF, Fine KD, Santa Ana CA, Porter JL, Schiller LR, Fordtran JS (1990) Carbohydrate malabsorption. Its measurement and ist contribution to diarrhea. J Clin Invest 86: 1936–1944
20. King CE, Toskes PP (1979) Small intestine bacterial overgrowth. Gastroenterology 76: 1035–1055
21. Lloyd ML, Olsen WA (1995) Disorders of epithelial transport in the small intestine. In: Yamada T (Hrsg) Textbook of Gastroenterology. JB Lippincott, Philadelphia, pp 1661–1672
22. Rask-Madsen J, Bukhave K, Beubler E (1990) Influence on intestinal secretion of eicosanoids. J Intern Med 228 (suppl 1): 137–144
23. Relman DA, Schmidt TM, MacDermott RP, Falkow S (1992) Identification of the uncultered bacillus of Whipple's disease. New Engl J Med 327: 293–301
24. Trier JS (1998) Diagnosis of celiac disease. Gastroenterology 115: 211–216

21 Tumoren des Gastrointestinaltrakts

S. A. Hahn und W. Schmiegel

EINLEITUNG Ein 64 jähriger Patient sucht seinen Hausarzt auf und berichtet ihm, daß er durch einen Beitrag einer Wochenzeitschrift über erbliche Krebserkrankungen sehr beunruhigt sei. In seiner Familie sei es häufiger zu Krebstodesfällen gekommen und er frage sich nun, inwieweit für ihn eine erhöhte Gefahr besteht, ebenfalls an Krebs zu erkranken. Eine vom Hausarzt sorgfältig durchgeführte Familienanamnese ergibt, daß der Bruder des Patienten mit 49 Jahren an einem Kolonkarzinom erkrankte, seine Schwester mit 58 ein Endometriumskarzinom hatte, sein Vater mit 75 Jahren an einem Kolonkarzinom verstarb und wahrscheinlich einer der drei Brüder väterlicherseits auch an einen Darmkrebs litt.
Der Hausarzt kommt zu dem Schluß, daß es sich bei dem Patienten bzw. seiner Familie um ein hereditäres nicht-polypöses Kolonkarzinom-Syndrom (HNPCC) handeln könnte und rät dem Patienten und seiner Familie dringend zu einer genetischen Beratung sowie zu einem Krebsvorsorgeprogramm für HNPCC-Patienten. Im Rahmen dieses Vorsorgeprogramms wurde beim hier vorgestellten Patienten eine hohe Kolonoskopie durchgeführt Es fand sich ein flach wachsendes Karzinom im Colon ascendens, Hinweise auf Metastasen bzw. synchrone Karzinome insbesondere im oberen Gastrointestinaltrakt konnten nicht gefunden werden. Histologisch ergab sich nach chirurgischer Resektion des Tumors ein auf die Submukosa begrenztes Adenokarzinom, ein Befund der für den Patienten als prognostisch günstig eingestuft werden kann.

21.1 Allgemeine Betrachtungen

Gastrointestinale Tumoren gehören zu den häufigsten Neoplasien des Menschen; sie sind in der Regel epithelialen Ursprungs

Als Ursache für die Tumorentstehung werden heute exogene wie auch endogene Faktoren angesehen, die in der betroffenen Zelle u. a. zu genetischen Veränderungen in Wachstums- und Differenzierungsgenen führen. Wir kennen heute eine Vielzahl unterschiedlicher „Krebsgene", die in der Regel entweder der Familie der Onkogene, der Familie der Tumorsuppressorgene oder auch der Familie der Reparaturgene angehören [1, 2] (s. auch Kap. 2). Die Beteiligung unterschiedlicher Mitglieder der genannten Krebsgenfamilien an der Entwicklung gastrointestinaler Tumoren ist in der Zwischenzeit vielfältig belegt worden und hat zu Verbesserungen der Diagnostik und Therapie einzelner gastrointestinaler Tumorarten geführt.

Klonales Tumorwachstum. Die tumorbiologische Konsequenz der oben angeführten Genveränderungen/Mutationen, die in der Regel Wachstumskontrollgene betreffen, ist ein selektiver Wachstumsvorteil der jeweils mutierten Zelle und ihrer Nachkommen, ein ***Klon aus Zellen***, gegenüber den umliegenden „Normalzellen" (Abb. 21.1). Genauer betrachtet existieren im Verlaufe der Tumorentstehung Klone mit unterschiedlichen Mutationsspektren nebeneinander, und der bestehende Selektionsdruck führt dazu, daß derjenige Klon den Haupttumoranteil stellen wird, dessen Mutationen ihn in die Lage versetzten, z. B. am besten mit der schlechten Nährstoffversorgung in Tumoren auszukommen, am effektivsten Nachkommen hervorzubringen oder Metastasen zu bilden. Dies führt dazu, daß zu jedem Tumorentwicklungsstadium ein bestimmter vorherrschender Klon selektioniert wird. Die Existenz eines solchen vorherrschenden Klons ermöglicht es uns erst, die für ein bestimmtes Tumorentwicklungsstadium relevanten genetischen Veränderungen zu detektieren.

Auf der anderen Seite wird auch deutlich, daß der klonale Selektionsvorgang kein statischer Prozeß ist und daß sehr wohl unterschiedlich große klonale Subpopulationen mit differierenden Mutationsspektren nebeneinander in einem Tumor vorkommen. Diese sehr schwer identifizierbaren klonalen Untergruppen stellen eine der größten Herausforderungen in der klinischen Onkologie dar, da sie ein Reservoir an genetisch heterogenen Zellen bilden, die unterschiedliche Wachstums-, Differenzierungs- und Metastasierungseigenschaften aufweisen und natürlich auch unterschiedlich sensitiv für Chemo- oder Strahlentherapie wie auch immunologische Abwehrprozesse sein können.

Abb. 21.1. Klonales Selektionsmodell. Die sequentiellen Schritte der klonalen Entwicklung einer Neoplasie sind schematisch dargestellt. Jede klonale Entwicklungsstufe ist die Folge einer erworbenen (somatischen) Mutation, die der individuellen Zelle und ihren Nachkommen einen Selektionsvorteil verschafft. Dadurch kommt es während eines jeden klonalen Entwicklungsstadiums zur Ausbildung eines dominierenden Klons. Die unterschiedlichen Klone und Subklone sind durch entsprechend *farblich Kreise* dargestellt (s. auch Text)

Eine entsprechende klonale Tumorprogression wird heute für die meisten epithelialen Tumore postuliert, und damit auch für die Mehrheit der gastrointestinalen Tumoren.

Polypen. Polypen sind die häufigste Tumorart des Gastrointestinaltrakts. Sie wachsen exophytisch ins Lumen hinein. Unterschieden werden

- ***nicht-neoplastische Polypen***: Hyperplasien, Hamartome, juvenile, lymphoide und entzündliche Polypen sowie
- ***neoplastische Polypen***: Adenome und exophytisch wachsende Karzinome.

Von besonderem klinischen Interesse sind die kolorektalen Adenome, da sich ungefähr aus 5 % der kolorektalen Adenome im Verlaufe des Lebens ein Karzinom entwickeln wird.

Die genetische Analyse der makroskopisch und mikroskopisch unterscheidbaren kolorektalen Adenomstadien im Vergleich zu den genetischen Veränderungen in Karzinomen ermöglichte Vogelstein und seinen Mitarbeitern das erste molekulare ***Tumorprogressions-Modell*** zu entwickeln [3] (s. auch Abschnitt 21.5).

Das Modell besagt, daß die Entstehung des kolorektalen Karzinoms nicht durch Veränderung eines Gens, sondern durch mehrere Veränderungen in unterschiedlichen Genen bedingt ist. Diese Veränderungen treten häufig in einer bestimmten Abfolge auf und definieren so molekulagenetisch unterschiedliche Progressionsstadien (Tumorinitiation → unterschiedliche Adenomstadien → metastasierendes Karzinom) [3].

!

Gastrointestinale Tumoren sind in der Regel exophytisch ins Lumen hineinwachsende Polypen epithelialen Ursprungs. Die genetische Untersuchung der verschieden Progressionsstadien von Dickdarmpolypen bzw. kolorektalen Adenomen und Karzinomen führte zur Entwicklung des ersten molekularen Tumorprogressionsmodells. Dieses Modell erklärt die Entstehung eines kolorektalen Karzinoms durch eine Ansammlung genetischer Veränderungen in der Tumorzelle. Diese Veränderungen treten häufig in einer bestimmten Abfolge auf und definieren molekulargenetisch unterschiedliche Stadien innerhalb der Tumorprogression vom Adenom zum metastasierenden Karzinom.

21.2 Tumoren des Ösophagus

Tumoren mit epithelialem Ursprung überwiegen beim Ösophagus-Karzinom

Als epitheliale Tumoren kommen sowohl Plattenepithel- wie auch Adenokarzinome vor; Lymphome und Sarkome sowie benigne Tumoren sind in dieser Lokalisation sehr selten.

Plattenepithelkarzinome. Sie treten überwiegend im mittleren Drittel des Ösophagus auf. Ihre Ätiologie ist ungeklärt. ***Tabakrauch*** und ***Alkoholkonsum*** wurden als Risikofaktoren in verschiedenen Studien identifiziert. Insbesondere scheint der Alkoholkonsum die kanzerogene Wirkung des Rauchens zu potenzieren. Weitere Faktoren wie genetische Disposition, geographische oder auch diätetische Unterschiede wurden vielfach genannt, sind aber weniger gut belegt. ***Laugenverätzungen, Strahlentherapie, Plummer-Vinson-Syndrom*** oder ein vorhergehendes ***nasopharyngeales Karzinom*** sind ebenfalls mit einem erhöhten Risiko verknüpft, an einem Plattenepithelkarzinom zu erkranken. Inwieweit eine Verbindung zwischen der ***Achalasie*** und dem Auftreten eines Ösophaguskarzinoms besteht, ist nach wie vor Gegenstand intensiver Diskussion. Genetisch ist das Plattenepithelkarzinom des Ösophagus nur wenig untersucht. Bisher fanden sich Veränderungen in den Tumorsuppressorgenen ***p16*** und ***p53***.

Adenokarzinom des Ösophagus. Es tritt fast ausschließlich im distalen Drittel des Organs auf und korreliert sehr gut mit dem Vorliegen eines ***Barrett-Ösophagus***. Darunter versteht man einen metaplastischen Ersatz des Plattenepithels durch Zylinderepithel (Barrett-Epithel) als zelluläre Antwort auf eine Schleimhautverletzung, die unter kontinuierlichem gastroösophagealem Reflux heilt. Es wird heute davon ausgegangen, daß sich die Mehrzahl der Adenokarzinome des Ösophagus über verschiedene Vorstufen des dysplastischen Barrett-Epithels entwickeln. Sie werden daher auch als Barrett-Karzinome bezeichnet. Auch bei dieser Tumorart geht die histologische Progression mit erworbenen genetischen Veränderungen einher, die der jeweiligen metaplastischen/dysplastischen Zylinderepithelzelle einen Selektionsvorteil verschaffen. Zu den bisher identifizierten genetischen Veränderungen gehören die Aktivierung des ***Ki-ras***-Onkogens sowie die Inaktivierung des ***p53***-Tumorsuppressorgens. Auch wurde häufig ein Verlust der chromosomalen ***Adenomatosis-Polyposis-Coli***(APC)-Genregion (5 q) gefunden.

> **!** Der häufigste Ösophagustumor ist das Plattenepithelkarzinom, das überwiegend im mittleren Drittel des Ösophagus auftritt. Adenokarzinome finden sich praktisch ausschließlich im distalen Ösophagus, und die Mehrzahl der distalen Adenokarzinome scheint auf dem Boden einer Barrett-Metaplasie als Folge einer chronischen Refluxkrankheit zu entstehen.

21.3 Tumoren des Magens

Umweltfaktoren sind wesentlich an der Magenkarzinomentstehung beteiligt

90–95 % aller Malignome des Magens sind Adenokarzinome. Andere, seltene histologische Entitäten sind Lymphome (zumeist Non-Hodgkin-Lymphome), Leiomyosarkome, Karzinoide und Plattenepithelkarzinome.

Das Magenkarzinom ist der zweithäufigste GI-Tumor, dessen Inzidenz in den vergangenen 60 Jahren vor allem in westlichen Ländern deutlich abnahm (Ausnahme: z. B. Japan). Die Ursachen für die abfallenden Erkrankungszahlen sind nur unvollständig bekannt. Diskutiert werden in erster Linie veränderte Lebensgewohnheiten und verbesserter sozio-ökonomischer Status.

Exogene Noxen/Faktoren die mit einem ***erhöhten Magenkarzinomrisiko*** korrelieren können sein:

- Verzehr von geräucherter und gepökelter Nahrung,
- Kontaminierung der Nahrung mit Aflatoxin,
- niedriger Anteil an Früchten und Gemüse in der täglichen Nahrung sowie
- allgemein niedriger sozio-ökonomischer Status und
- verminderter Gebrauch moderner Kühltechniken.

Zu den Vorläuferläsionen/Präkanzerosen des Magens mit unterschiedlichem Karzinom-Risikopotential gehören:

- atrophische Gastritis auf dem Boden einer Helicobacter-pylori-Infektion oder einer perniziösen Anämie,
- Magenulkus und
- Magenadenome.

Einige Studien zeigen ein vier- bis sechsfach erhöhtes Magenkarzinomrisiko für Patienten, die eine chronisch atrophische Gastritis mit intestinaler Metaplasie sowie einen ***Helicobacter pylori***-Befall aufweisen [4, 5]. Ein kausaler Zusammenhang zwischen H. pylori-Infektion und Magenkarzinom konnte jedoch bisher nicht gezeigt werden.

Histologisch unterscheidet man zwei Subtypen des Adenokarzinoms, einmal den prognostisch ungünstigen niedrig differenzierten oder auch ***diffus infiltrativ wachsenden Typ*** und zum anderen den prognostisch günstigeren gut differenzierten oder ***intestinalen Typ***.

Genetische Veränderungen. In bis zu 50 % der Karzinome wurden Mutationen im Tumorsuppressorgen p53 nachgewiesen. Weiterhin sind häufig chromosomale Deletionen verschiedener Regionen (u. a. auch 18 q) sowie eine sog. Mikrosatelliteninstabilität und Mutationen im Gen des Transforming Growth Factor (TGF) Typ-II-Rezeptors gefunden worden (s. auch Abschnitt 21.7). Mutationen in den Genen APC und K-ras wurden berichtet, sind aber selten und in ihrer Bedeutung bisher unklar. Der diffuse Typ weist als auffälligsten Unterschied zum intestinalen Typ eine hohe Prävalenz an E-Cadherin Genmutationen auf. E-Cadherin ist ein Zelladhäsionsmolekül, dem eine wichtige Rolle im Aufbau und der Organisation vieler epithelialer Gewebe zukommt.

Ziel der aktuellen Forschung ist es, den histologisch unterscheidbaren Progressionsstadien (Oberflächengastritis → chronische atrophische Gastritis → intestinale Metaplasie → Dysplasie/Adenom → Karzinom), entsprechend dem kolorektalen Progressionsmodell, bestimmte Genveränderungen zuzuordnen.

!

Das Adenokarzinom nimmt die erste Stelle unter den Magentumoren ein. Seine Inzidenz ist in den westlichen Ländern rückläufig. Unterschieden werden der niedrig differenzierte (infiltrative) Typ mit schlechterer Prognose sowie der differenzierte, prognostisch günstigere (intestinale) Typ. Neben kulturellen Unterschieden in der Ernährung, Umweltfaktoren und sozio-ökonomischem Status gilt vor allem eine atrophische Gastritis als Risikofaktor für das Magenkarzinom.

21.4 Tumoren des Dünndarms

Der Dünndarm macht 90 % der intestinalen Mukosaoberfläche aus, dennoch treten Dünndarmtumoren fünfzigfach seltener auf als Kolonkarzinome

Die beiden häufigsten Dünndarm-Tumorarten sind das Adenokarzinom und das Karzinoid, gefolgt vom Lymphom und Sarkom.

Als Ursachen für das geringe Entartungsrisiko des Dünndarms wurden verschiedene Erklärungen angegeben:

- ***Geringe Transitzeit des Speisebreis,*** wodurch weniger Zeit verbleibt, in der Karzinogene aufgenommen werden können;
- ***niedrige bakterielle Besiedlung,*** dadurch keine Umwandlung von Galle oder anderen Stoffen in Karzinogene;
- ***hoher Anteil an lymphatischem Gewebe und sekretorischen IgA-Immunglobulinen,*** die z. B. Viren neutralisieren können;
- ***Benzopyren-Hydroxylase-Aktivität*** im Dünndarm, die das bekannte Karzinogen Benzopyren detoxifiziert;
- ***hohe Umsatzrate der normalen Dünndarmmukosa*** und dadurch kompetitive Inhibition maligner Zellen.

Hereditäre Erkrankungen, aber auch Erkrankungen, die zu einer Veränderung der Mukosabarriere oder zu einer Immunschwäche führen, oder Fälle, in denen die Zusammensetzung des Chymus verändert ist, zeigen ein deutlich erhöhtes Karzinomrisiko. Patienten mit ***familiärer Adenomatosis Coli (FAP)*** entwickeln in bis zu 40 % duodenale Adenome, vor allem in der Region der Papilla Vateri, aber auch in anderen Abschnitten des Dünndarms. 5 % der Adenome entwickeln sich weiter zu Karzinomen. Adenokarzinome des Dünndarms wurden auch gehäuft in ***HNPCC-Familien*** (s. Abschnitt 21.7) gefunden. Eine weitere seltene und dominant vererbte Erkrankung, die mit Dünndarmtumoren einhergeht, ist das ***Peutz-Jeghers-Syndrom*** (PJ-Syndrom). Typischerweise finden sich bei PJ-Patienten hamartomatöse Polypen im Gastrointestinal(GI-)-Trakt sowie eine Melaninpigmentation der Lippen und Mundschleimhaut. Die Hamartome treten insbesondere im Dünndarm auf und können eine beträchtliche Größe erreichen. Insgesamt ist das GI-Karzinomrisiko von PJ-Patienten gegenüber der Normalbevölkerung nicht deutlich erhöht, wenn jedoch Karzinome auftreten, treten sie vor allem im Dünndarm sowie in jungen Jahren (< 40. Lebensjahr) auf. Es ist bisher unklar, inwieweit Hamartome oder synchron entstehende Adenome Ausgang der Karzinome sind. PJ-Patienten haben ferner ein erhöhtes Risiko für verschiedene extraintestinale Karzinome (z. B. Pankreas, Ovar und Mamma). Kürzlich wurden in PJ-Patienten Keimbahnmutationen im Gen LKB1 (auch STK11 genannt) als Ursache für das PJ-Syndrom nachgewiesen.

Benigne Tumoren des Dünndarms sind meist asymptomatisch, und nur größere Tumoren führen mitunter zu einer Darmobstruktion, Invagination oder auch zu Blutungen. Die wesentlichen benigen Dünndarmtumoren sind Leiomyome, Lipome und Adenome.

Dünndarmtumoren sind sehr selten. Sie sind in der Regel Adenokarzinome oder Karzinoide. Hereditäre Erkrankungen wie das APC- und HNPCC-Syndrom führen vermehrt zu Dünndarmtumoren.

21.5 Tumoren des Kolons und Rektums

Die maligne Entartungswahrscheinlichkeit von Adenomen korreliert mit deren Größe sowie ihrem makroskopischen und mikroskopischen Aufbau

Adenokarzinome sind bei weitem die häufigste Tumorart des Kolorektums. Andere Tumorarten wie Sarkome, Lymphome, Karzinoide und Melanome machen weniger als 5 % aus. Ursache für die Adenom- bzw. Karzinomentwicklung sind endogene wie exogene Faktoren, die letztendlich zu genetischen Schäden führen, die das Tumorwachstum begünstigen.

Der ätiologische Zusammenhang zwischen Adenomen und Karzinomen wurde durch epidemiologische, klinische und pathologische Studien erkannt und ist heute unter dem Begriff ***Adenom-Karzinom-Sequenz*** in der Fachliteratur vertreten.

- ***Tubuläre Adenome*** sind am häufigsten (75 %); sie haben eine schmale Implantationsbasis, einen langen Stiel und eine kolbenartige Spitze (Abb. 21.2 a). Ihr Durchmesser ist selten größer als ein Zentimeter und ihr Entartungsrisiko wird mit weniger als 1 % eingeschätzt.
- ***Villöse Adenome*** zeigen einen breitbasigen papillären Aufbau, sie treten deutlich seltener auf (5 %), sind jedoch in der Regel größer als tubuläre Adenome (50–60 % > 2 cm; Abb. 21.2 b). Ihr Entartungsrisiko wird mit 40–60 % angenommen.
- ***Tubulovillöse Adenome*** bestehen aus tubulären und villösen Adenomanteilen. Sie nehmen sowohl in ihrer Häufigkeit (ca. 20 %) wie in ihrem Entartungsrisiko eine intermediäre Stellung ein.

Der ***Dysplasiegrad*** (Kernatypien, veränderte Differenzierung und Stromaarchitektur) eines Adenoms ist das histopathologische Kriterium mit der größten Aussagekraft über die Gefahr der malignen Entartung eines Adenoms, und er korreliert häufig sehr gut mit Größe und Aufbau eines Adenoms: tubuläre Adenome sind überwiegend niedriggradig dysplastisch und haben daher ein geringes Entartungsrisiko; tubulovillöse Adenome sind meist mittelgradig bis hochgradig dysplastisch mit intermediärem Risiko; villöse Adeno-

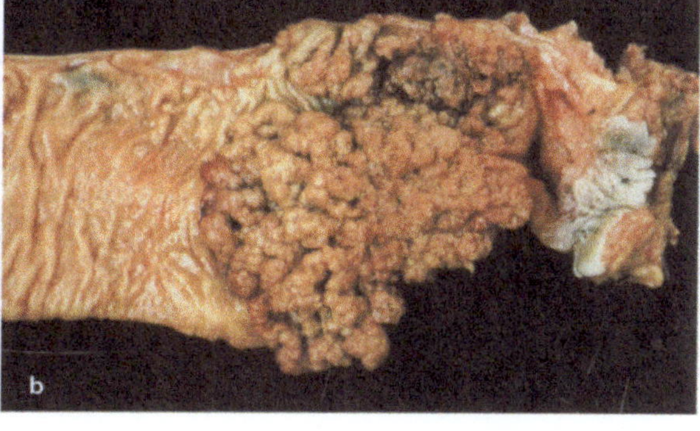

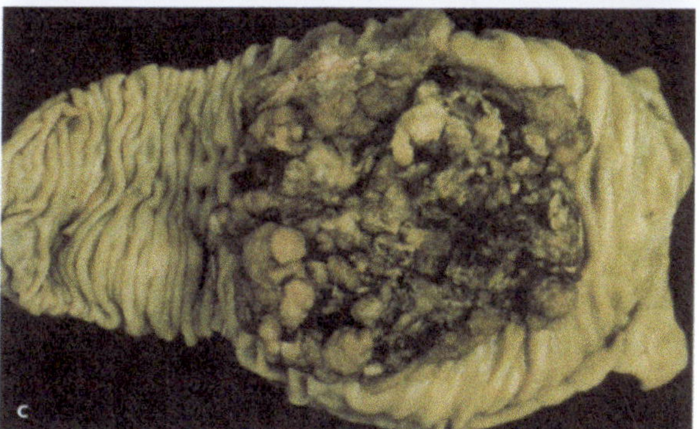

Abb. 21.2a-c. Kolon-Resektionspräparate mit den typischen neoplastischen Veränderungen. **a** Tubuläres Adenom in unmittelbarer Nachbarschaft zu einem Karzinom. **b** Ausgedehntes villöses Adenom ohne Karzinomnachweis. **c** „klassisches" exophytisch wachsendes Kolonkarzinom. (Abb. wurden freundlicherweise überlassen von Herrn Prof. Seifert, Institut f. Pathologie, UKE, Hamburg)

me sind häufig hochgradig dysplastisch mit hohem Risiko.

Zu Kolonkarzinomen prädisponierende Erkrankungen sind demnach vor allem Adenome. Ferner sind hochgradige Schleimhautdysplasien, wie man sie bei schweren Fällen der ***Colitis ulcerosa*** mit einer ausgedehnten chronisch entzündlichen Veränderung der Darmschleimhaut, aber auch bei einem ***Morbus Crohn*** des Kolons beobachtet, mit einem gesteigerten Karzinomrisiko verbunden.

Die molekularbiologischen Untersuchungen verschiedener Neoplasiestadien kolorektaler Tumore sowie die Analyse hereditärer Syndrome, die zu Kolonkarzinomen prädisponieren, identifizierten mehrere Gene, die häufig an der Entstehung kolorektaler Tumoren beteiligt sind

Tumorbiologie. Durch die genetischen Untersuchungen ist man den Ursachen der kolorektalen Tumorentstehung deutlich näher gekommen. Man ist heute in der Lage, der „klassischen" Adenom-Karzinom-Sequenz ein molekulargenetisch begründetes ***klonales Tumorprogressions-Modell*** gegenüber zu stellen [3, 6] (Abb. 21.3).

Aus diesem Modell läßt sich ableiten, daß die Tumorinitiation sowie die einzelnen Progressionsstufen/Adenomstadien häufig mit bestimmten Onkogen- und/oder Tumorsuppressorgen-Veränderungen einhergehen. Dieses Modell hat weitreichende Implikationen für die klinische Medizin. So wie der hereditäre Funktionsverlust eines Tumorsuppressorgen-Allels eine Prädisposition zur Entwicklung eines bestimmten Tumors markiert, kann der Nachweis eines bestimmten Gendefektmusters aus aktivierten Onkogenen und/oder funktionsdefekten Tumorsuppressorgenen den Entwicklungsstand einer „Vorläufer-Läsion" (z. B. Adenom) hin zum Karzinom charakterisieren. Aktuelle Forschungsanstrengungen konzentrieren sich derzeit u. a. darauf, ein Tumorprogressions-Modell für weitere Tumorarten zu etablieren. Fernziel ist es, Kenntnisse über die spezifischen Gendefektmuster einzelner Progressionsstadien zur Entwicklung von molekularbiologischen Frühdiagnoseverfahren oder auch neuartigen Therapiestrategien zu nutzen.

Frühe Adenomstadien. In den frühesten Adenomstadien, die auch als dysplastische Foki aberranter Krypten bezeichnet werden, findet sich eine hohe Inaktivierungsfrequenz des auf dem langen (q)-Arm des Chromosoms 5 lokalisierten Tumorsuppressorgens ***Adenomatosis Polyposis Coli, APC.*** Veränderungen in anderen bekannten Genen konnten hingegen in diesen frühen Stadien nur sehr selten identifiziert werden. Diese Ergebnisse, wie auch der Nachweis, daß Keimbahnmutationen im APC-Gen für die Entwicklung des familiären adenomatösen Polyposis (FAP)-Syndroms (s. Abschnitt 21.6) verantwortlich sind, werden als wesentliche Indizien dafür gewertet, daß der APC-Geninaktivierung eine Schlüsselstellung (engl. „gatekeeper") in der ***Kolontumorinitiation*** zukommt [7].

Funktionell scheint das APC-Genprodukt zusammen mit einem weiteren Protein (Serin-Threonin-Glykogen-Synthase-Kinase, GSK-3β) den Abbau eines Proteins (β-Catenin) zu steuern, das zur Aktivierung eines Transkriptionsfaktors (Tcf-4) notwendig ist. In seinem aktiven Zustand ist dieser vermutlich wiederum in der Lage, die zelluläre Proliferationsrate zu erhöhen bzw. die Apoptose zu blockieren.

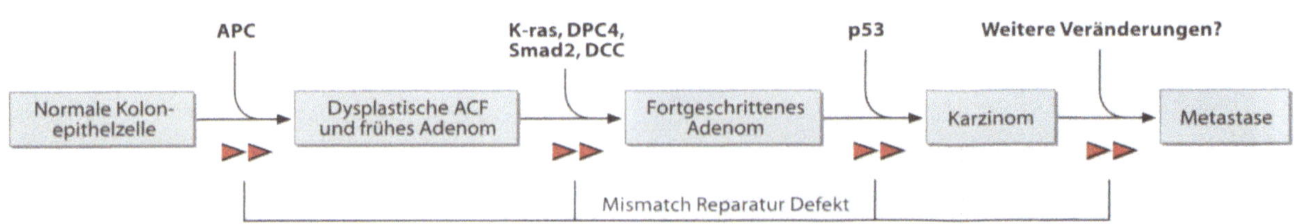

Abb. 21.3. Progressionsmodell der kolorektalen Tumorentstehung nach Vogelstein [7]. Die Tumorinitiation geschieht durch Inaktivierung des Tumorsuppressorgens APC. Daraus resultieren Foki dysplastischer aberranter Krypten (ACF), aus denen im Verlauf makroskopisch sichtbare Adenome hervorgehen können. Einige dieser frühen Adenome entwickeln sich durch sukzessive Akkumulation weiterer Genalterationen zu fortgeschrittenen Adenomen, was in der Regel mit einer Größenzunahme sowie Zunahme des Dysplasiegrades bzw. des villösen Anteils der Adenome einhergeht. Mit dem Auftreten von inaktivierenden Veränderungen im Tumorsuppressorgen p53 scheint eine weitere klonale Selektionswelle getriggert zu werden, die zur Ausbildung hochdysplastischer Adenome bzw. zu Karzinomen führt. Ein Defekt des Mismatch-Reparatur-Systems beschleunigt den Tumorprogressionsprozeß (schematisch durch die *Doppelpfeile* dargestellt)

Fortgeschrittene Adenomstadien. Ungefähr 50 % der kolorektalen Karzinome tragen ***K-ras-Onkogenmutationen***, eine ähnliche Mutationshäufigkeit findet sich bei fortgeschrittenen, niedrig bis mittelgradig dysplastischen Adenomen > 1 cm. Adenome < 1 cm weisen weniger als 10 % K-ras Mutationen auf. Das RAS-Protein ist funktionell ein intrazellulärer Signaltransmitter, der Signale von bestimmten Rezeptoren an den Zellkern weitergibt, die dort wiederum die Proliferationsrate bzw. Differenzierung der Zelle beeinflussen.

Mit der Zunahme des Dysplasiegrads bzw. mit der Entwicklung von tubulovillösen oder villösen Adenomanteilen treten weitere genetische Alterationen wie der Verlust eines Bereichs des langen (q)-Arms von ***Chromosom 18*** sowie ein Verlust des kurzen (p)-Arms von ***Chromosom 17*** auf [3]. Dabei läßt sich in mittel- und hochgradig dysplastischen Adenomen wie auch in Karzinomen eine 18q-Verlustrate von bis zu 70 % nachweisen, wohingegen die 18q-Verlustrate in niedriggradig dysplastischen Adenomen nur 25 % beträgt [8]. Inzwischen sind drei Tumorsuppressorgene bekannt, die innerhalb der deletierten 18q-Region liegen. In zwei dieser Gene (***„Deleted in Pancreatic Carcinoma"***, ***DPC4*** oder ***Smad4*** sowie ***Smad2*** oder ***JV18-1***) konnten in 10 %-20 % der untersuchten kolorektalen Tumoren inaktivierende Veränderungen gefunden werden [9, 10].

Smad2 und Smad4 gehören zu einer hoch konservierten Genfamilie (***„Mad"-Homologe***), die eine Rolle in der Post-Rezeptor-Signalvermittlung einer ebenfalls konservierten Familie von Wachstumsfaktoren (Transforming Growth Factor Beta, TGFβ) spielen und die dadurch vermutlich ebenfalls an der zellulären Wachstums-/Differenzierungskontrolle beteiligt sind. Weiterhin findet sich in vielen kolorektalen Tumoren ein Expressionsverlust eines dritten auf Chromosom 18 q bekannten Tumorsuppressorgens, das die Bezeichnung ***„Deleted in Colorectal Carcinoma"***; ***DCC*** trägt. DCC weist eine signifikante Homologie zur Familie der Zelladhäsionsmoleküle auf und mag daher durch Beeinflussung der Zell-Zell-Kontakte oder der Zell-Extrazellular-Matrix-Interaktion in die Wachstumskontrolle eingreifen.

Hochgradig dysplastische Adenome – Carcinoma in situ. Der Übergang von mittel- zu hochgradig dysplastischen Adenomen ist durch das Auftreten von Verlusten im Bereich des kurzen (p)-Arms des Chromosoms 17 gekennzeichnet [8]. Auf diesem Arm ist das ***Tumorsuppressorgen p53*** lokalisiert, und entsprechend häufig (60–70 %) werden in hochgradig dysplastischen Kolonadenomen und Karzinomen inaktivierende Punktmutationen im p53-Gen gefunden. In niedrig bis mittelgradig dysplastischen Adenomen finden sich dagegen praktisch keine 17 p/p53-Veränderungen [8].

> **!** Anhand molekularer Untersuchungsergebnisse können in der kolorektalen Tumorentwicklung drei Stadien unterschieden werden: Die erste Phase, oder Tumorinitiation, ist durch die Inaktivierung des APC-Gens gekennzeichnet und führt zur Entwicklung von Foki aberranter und dysplastischer Krypten bzw. zu kleinen niedriggradig dysplastischen Adenomen. Die zweite, intermediäre Phase geht mit einer Zunahme der Adenomgröße und dem Auftreten von K-ras-Mutationen und ersten Veränderungen auf Chromosom 18 q einher. Histomorphologisch korreliert diese Phase mit Adenomen niedriggradiger bis mittelgradiger Dysplasie. Die dritte Phase zeichnet sich durch Veränderungen auf Chromosom 17 p bzw. im p53-Gen aus und markiert dadurch auch den Übergang zum hochgradig dysplastischen Adenom bzw. zum Karzinom.

21.6 Familiäre adenomatöse Polyposis (FAP)

Die familiäre adenomatöse Polyposis (FAP) gehört zu den hereditären Polyposis-Syndromen und wird autosomal dominant vererbt

Die Prävalenz beträgt ca. 1 pro 10.000 Einwohner und FAP-Karzinome machen weniger als 1 % der Dickdarmkarzinome aus.

Klinisch sind sie durch das Auftreten von ***hunderten von Adenomen***, vor allem entlang des gesamten Dickdarms, aber auch im übrigen GI-Trakt charakterisiert (Abb. 21.4). Sie treten bereits in jungen Jahren auf; auch sind extraintestinale Tumoren unterschiedlicher Lokalisation nicht selten. Ohne prophylaktische Kolektomie entwickeln praktisch alle FAP-Patienten bis zu ihrem 50. Lebensjahr ein Dickdarmkarzinom.

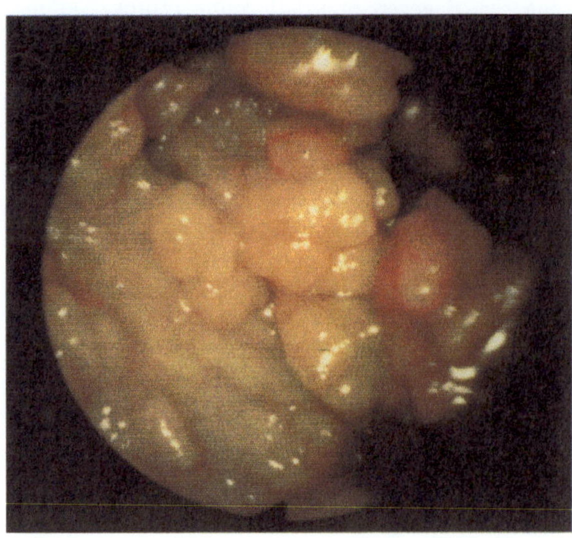

Abb. 21.4. Endoskopischer Nachweis multipler papillärer Adenome unterschiedlicher Größe im gesamten Kolon. Dieser Befund ist pathognomonisch für Patienten mit einer Familiären Polyposis Coli

Ursache und molekulares Charakteristikum des FAP-Syndroms ist eine Keimbahnmutation in einer Kopie des Tumorsuppressorgens APC

Das Vorliegen einer APC-Keimbahnmutation bedeutet für den betroffenen Patienten, daß er in jeder Körperzelle und daher auch in jeder Darmzelle bereits eine defekte APC-Genkopie trägt. Da zum vollständigen Funktionsverlust eines Tumorsuppressorgens beide Kopien des Gens inaktiviert sein müssen, bedarf es bei APC-Genträgern nur noch einer weiteren inaktivierenden Veränderung in der verbliebenen Wildtyp-Kopie. Die Wahrscheinlichkeit, daß in einer der vielen „vorgeschädigten" Zellen der erforderliche zweite „Hit" auftritt, ist deutlich höher als die Wahrscheinlichkeit, daß zwei unabhängige „Hits" im APC-Gen in derselben Darmzelle, wie es für das sporadische Karzinom typisch ist, auftreten (Abb. 21.5). Mit anderen Worten, durch eine Keimbahnmutation im APC-Gen, dessen Schlüsselstellung in der Kolontumorinitiierung anhand der Ergebnisse des molekularen Tumorprogressionsmodells belegt ist, tritt in FAP-Patienten die Tumorinitiation deutlich beschleunigt und daher auch häufiger auf [7].

Dies entspricht dem klinischen Bild der FAP-Patienten, die in der Regel schon sehr früh mehrere hundert bis tausend Adenome entwickeln. Berechnungen anhand der Adenominzidenz bei FAP-Patienten gehen davon aus, daß ungefähr eine aus 10^6 kolorektalen Epithelstammzellen Ausgangspunkt eines Adenoms ist. Die weitere molekulare Progression der FAP-assoziierten Adenome unterscheidet sich nicht wesentlich von derjenigen des sporadischen Karzinoms. Da sich jedoch in der Regel mehrere hundert Adenome im Kolorektum von FAP entwickeln, ist wiederum die Chance deutlich erhöht, daß ein Adenom die „kritische" Anzahl von genetischen Alterationen erreicht, die zur Ausbildung eines Karzinoms notwendig sind. Entsprechend beträgt das mediane Alter, in dem Karzinome bei FAP-Patienten auftreten, ungefähr 42 Jahre. Das individuelle Erkrankungsrisiko kann heute durch die Suche nach APC-Keimbahnmutationen bei Mitgliedern einer FAP-Familie in vielen Fällen bestimmt werden [11].

Genotyp-Phänotyp Korrelation. Der Vergleich der APC-Mutationsdaten mit den klinischen Krankheitsbildern unterschiedlicher FAP-Patienten konnte zeigen, daß bestimmte Mutationen häufig mit einem klinischen Phänotyp korrelieren, d. h. eine sogenannte ***Genotyp-Phänotyp-Korrelation*** besteht:

- Die Hypertrophie des Pigmentepithels der Retina (CHRPE), eine häufige Begleiterscheinung bei FAP-Patienten, ist mit Mutationen in den Kodons 463–1387 assoziiert.
- Mutationen in den Kodons 1403–1578 sind mit extrakolischen Manifestationen (z. B. Desmoidtumoren, mandibuläre Osteome) aber auch mit dem Fehlen der CHRPE verknüpft.
- Patienten mit Mutationen in den Kodons 1–157 weisen wiederum eine abgeschwächte (attenuierte) Form des FAP-Syndroms auf, wobei diese Patienten klinisch deutlich weniger Adenome entwickeln.

Andererseits gibt es aber auch Patienten, die trotz identischer Mutationen unterschiedliche Phänotypen ausbilden. Dies mag an Umweltfaktoren oder auch an sogenannten „modifizierenden Genen" liegen, die z. B. in der Lage sind, die endogene oder exogene Mutationsrate zu senken und damit das Risiko des zweiten „Hits" im APC-Gen zu reduzieren.

> **!** Die familiäre adenomatöse Polyposis (FAP) ist eine autosomal-dominant vererbte Tumorprädispositionserkrankung, die klinisch durch das Auftreten von hunderten von Dickdarmadenomen charakterisiert ist. Die Ursache des FAP-Syndroms ist eine Keimbahnmutation im Tumorsuppressorgen APC. Das APC-Genprodukt steuert vermutlich indirekt die zelluläre Proliferationsrate bzw. ist in der Lage die Apoptose zu blockieren. Patienten mit einer Keimbahnmutation im APC-Gen entwickeln im Laufe ihres Lebens obligat ein Kolonkarzinom.

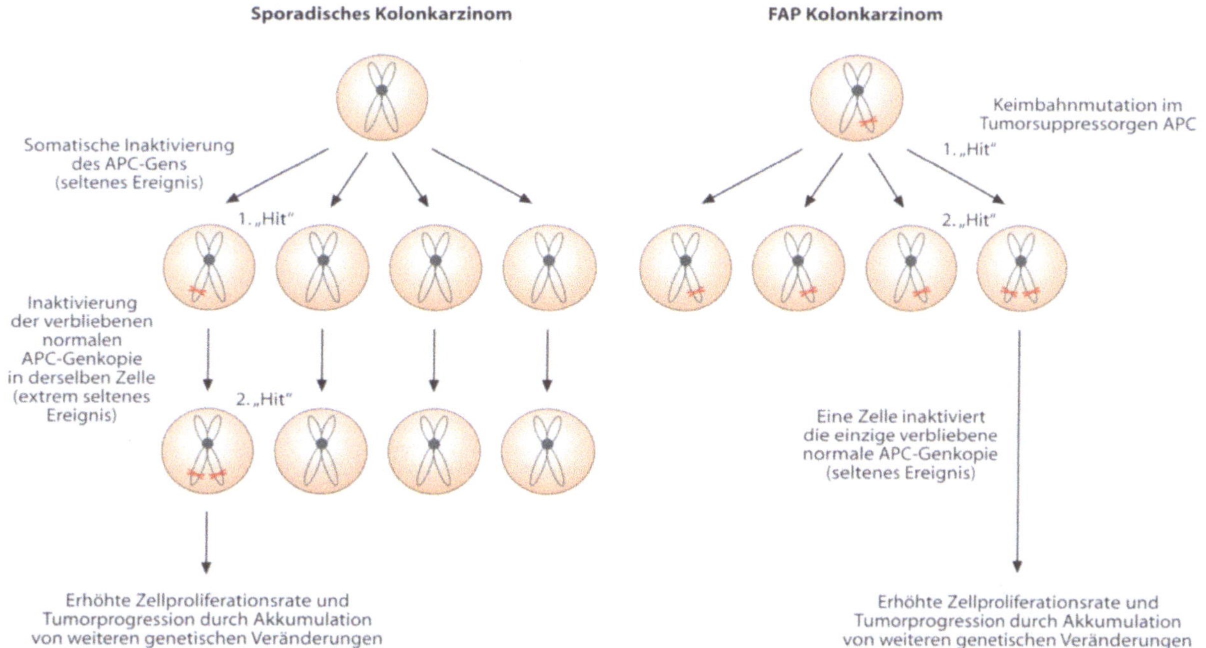

Abb. 21.5. Zeitlicher Verlauf der Tumorinitiation in sporadischen gegenüber hereditären Fällen. In sporadischen Kolonkarzinomen ist die Tumorinitiation Folge zweier konsekutiver Alterationen im APC-Gen in derselben Zelle. In Falle eines FAP-Patienten ist zur Tumorinitiation nur ein „zweiter Hit" in einer beliebigen Kolonepithelzelle notwendig, da bereits der „erste Hit" durch eine Keimbahnmutation in jeder Körperzelle vorhanden ist. Dies erklärt, warum in FAP-Patienten die Kolontumorinitiation deutlich beschleunigt abläuft bzw. viel wahrscheinlicher ist

21.7 Hereditäres nicht-polypöses kolorektales Karzinom (HNPCC)

Das HNPCC ist ein primär klinisch bzw. anamnestisch definiertes erbliches Tumorprädispositions-Syndrom

Die Diagnose eines HNPCCs wird als wahrscheinlich angenommen, wenn die Familienanamnese eines Patienten bestimmte Kriterien erfüllt (Tabelle 21.1). Klinische Merkmale der HNPCCs sind:

- die Tumore weisen häufig eine rechtskolische Lage auf,
- sie haben in der Regel eine deutlich besserer Prognose und
- es finden sich vermehrt synchrone und metachrone Kolonkarzinome.

Das „familiäre" Kolonkarzinom macht anteilig an der Gesamtzahl der kolorektalen Karzinome ca. 2–4 % aus.

Das HNPCC-Syndrom wird durch Keimbahnmutationen in bestimmten Genen hervorgerufen, deren Produkte für die Reparatur von DNA-Synthesefehlern zuständig sind

Kommt es in einer Zelle zu einer Inaktivierung beider Kopien eines Reparaturgens, so können in der betroffenen Zelle Fehler nicht mehr repariert werden, die aufgrund einer falschen Basenpaarung (engl. „mismatch") im Verlauf der DNA-Synthese (Replikation) entstanden sind (Abb. 21.6). Die Folge ist eine ***genetische Instabilität*** bzw. Hypermutabilität der Zelle. Einfache repetitive Sequenzen wie z. B. eine Serie gleicher Nukleotide ($AAAAAA_n$, auch Poly-A-Trakt genannt) oder einfache Wiederholungsmuster wie ($CACACA_n$), die auch ***Mikrosatelliten*** genannt werden, begünstigen Replikationsfehler, und sind daher besonders häufig in Mismatch-Reparatur defizienten Zellen betroffen. Die Untersuchung der Mikrosatelliten- bzw. der Poly-A-Trakt-Instabilität in Karzinomgewebe, die als Verlängerung oder Verkürzung des entsprechenden Sequenzmusters in einem einfachen Test nachgewiesen werden kann,

Tabelle 21.1. Diagnostische Kriterien für HNPCC

Amsterdam-Kriterien (International Collaborative Group, Amsterdam 1990)
1. Mindestens drei betroffene Verwandte, wobei einer der Kolonkarzinom-Patienten Verwandter ersten Grades der beiden anderen Patienten sein muß 2. Krankheitsmanifestation in mindestens zwei Generationen 3. Ein Karzinom muß vor dem fünfzigsten Lebensjahr diagnostiziert worden sein
Erweiterte Kriterien (EUROFAP-Meeting, Kopenhagen 1993)
Zusätzlich berücksichtigte Karzinomlokalisationen • Endometrium • Ovar • Magen • Dünndarm • hepatobiliäres System • Nierenbecken und Harnleiter

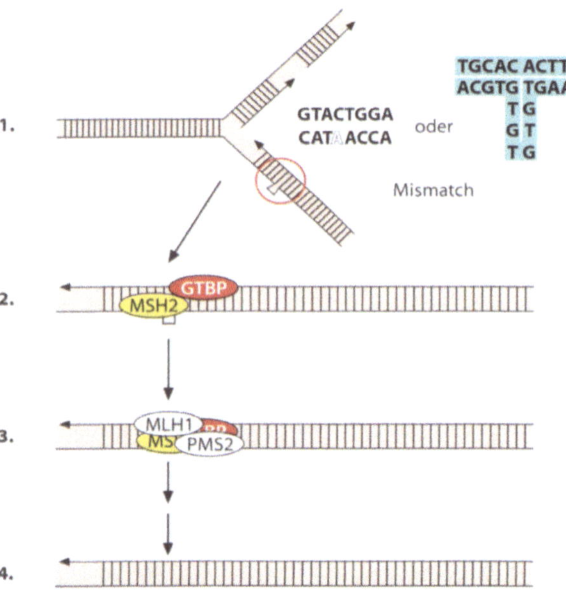

Abb. 21.6. Schematische Darstellung eines Mismatch Reparaturvorgangs. *1* Während der DNA-Replikation können mehr oder weniger große Basenfehlpaarungen auftreten. *2* Diese Fehlpaarungen werden von den Proteinen hMSH2 und GTBP erkannt, die wiederum weitere Proteine (hMLH1 und PMS2) in einen Komplex rekrutieren, der daraufhin durch Ausschneiden und Resynthetisierung des defekten Sequenzabschnitts die Reparatur durchführt

wird heute als erstes indirektes molekulares Diagnostikum bei Verdacht auf ein HNPCC eingesetzt.

Insgesamt kennen wir bisher sechs Gene, deren Produkte am Mismatch-Reparatursystem beteiligt sind. Veränderungen in drei dieser Gene ***(hMSH2, hMLH1*** und ***hPMS2)*** sind für die Mehrheit (> 70 %) der HNPCC-Erkrankungen verantwortlich [7]. HNPCC-Tumore treten (ähnlich wie bei FAP-Patienten) im Vergleich zu sporadischen kolorektalen Tumoren deutlich früher auf (medianes Erkrankungsalter vierzigstes Lebensjahr). Dies erscheint wenig erstaunlich angesichts der generellen Hypermutabilität, die in einer Zelle mit einem defekten Reparaturgen auftritt.

Im Vergleich zu FAP-Tumoren, die eine beschleunigte Tumorinitiation zeigen, weisen HNPCC-Tumoren aufgrund der Hypermutabilität eine beschleunigte Tumorprogression auf [7]. Die Hypermutabilität scheint jedoch auch dazu zu führen, daß andere Gene als diejenigen, die aus der Karzinogenese sporadischer Tumoren bekannt sind, in HNPCC Tumoren selektioniert werden. K-ras wie auch p53-Mutationen treten in HNPCC-Tumoren seltener auf. Die Mutationsfrequenz im ***„gatekeeper“*** APC scheint in HNPCC-Tumoren jedoch ähnlich hoch zu sein wie in sporadischen Karzinomen, allerdings existieren hier widersprüchliche Angaben. Ferner finden sich in diesen Tumoren in unterschiedlicher Häufigkeit Mutationen in den Genen TGF-β-Rezeptor-II, BAX, $3\beta_2$-Mikroglobulin, E2F und IGFII-Rezeptor. In der Regel werden diese Gene durch Mutationen in einfachen repetitiven Sequenzen inaktiviert.

Ein weiterer auffallender Unterschied zwischen sporadischen und HNPCC-Tumoren besteht in einer ausgeprägten ***„chromosomalen Instabilität“*** der sporadischen Tumoren, die in HNPCC-Tumoren praktisch nicht nachweisbar ist. Zytogenetisch ist die chromosomale Instabilität durch das Auftreten ***aneuploider Zellkerne*** (veränderte Anzahl der Chromosomensätze) nachweisbar. Molekulargenetisch entspricht dies einem Verlust oder Zugewinn genomischen Materials, wodurch es u. a. auch zur Inaktivierung bzw. Aktivierung von Tumorgenen kommen kann. Vereinigt man diese unterschiedlichen Befunde zu einem gemeinsamen Bild, so bietet sich folgende Hypothese an: Damit ein Tumor in einem endlichen Zeitrahmen entsteht, muß er eine Form der genetischen Instabilität entwickeln. Im Falle der HNPCC-Karzinome ist es das fehlerhafte „Mismatch-Reparatur“-System, das die Tumorprogression unterhält, im Falle der sporadischen Karzinome ein Defekt in einem bisher nicht molekular charakterisierten System, das eine chromosomale Instabilität begünstigt.

Weitere seltene hereditäre Tumor-Syndrome mit erhöhtem kolorektalen Karzinomrisiko. Das ***Turcot-Syndrom*** zeichnet sich durch das gemeinsame Auftreten von Hirntumoren sowie multiplen kolorektalen Adenomen aus. Genetische Analysen konnten zeigen, daß Keimbahnmutation sowohl im APC-Gen wie auch in den Reparaturgenen hMLH1 und hPMS2 für das Tumorsyndrom verantwortlich sein können.

Das ***Muir-Torre-Syndrom*** ist durch das Auftreten mindestens eines Talgdrüsen-Tumors sowie eines viszeralen Malignoms im selben Patienten charakterisiert. Ursächlich wurden bisher Keimbahnmutationen in den Reparaturgenen hMSH2 und hMLH1 nachgewiesen.

Das ***familiäre juvenile Polyposis-Syndrom*** ist eine autosomal-dominant vererbte Erkrankung, die Anlageträger zu hamartomatösen Polypen sowie zu Karzinomen des GI-Trakts prädisponieren. Bisher wurden Keimbahnmutationen im Tumorsuppressorgen PTEN und DPC4/Smad4 mit dieser Erkrankung in Zusammenhang gebracht

!

Das erbliche nicht-polypöse kolorektale Karzinom (HNPCC) zählt wie das FAP-Syndrom zu den autosomal-dominanten Tumorpädispositionserkrankungen. Eine charakteristische Familienanamnese (Amsterdam-Kriterien) ist wegweisend für die Diagnose. Dazu gehören die familiäre Häufung an Dickdarmkarzinomen. Die Karzinome treten oft schon im Alter von 40–50 Jahren auf. Ferner sind extrakolische Tumoren bestimmter Lokalisationen (vor allem Endometrium) typisch. Ursache des HNPCC-Syndroms sind in der Regel Keimbahnmutationen in bestimmten Reparaturgenen. Die Folge des zellulären Reparaturdefekts ist eine genetische Instabilität, die vor allem im Dickdarm, aber auch in anderen Organen zur Beschleunigung der Adenom-Karzinom-Sequenz führt.

21.8 Pankreaskarzinom

Das Adenokarzinom des Pankreas entsteht in 90–95 % der Fälle aus dem Epithel des Pankreasgangs und zeigt einen besonders aggressiven klinischen Verlauf

Dies ist überraschend, wenn man bedenkt, daß die duktalen Epithelzellen nur wenige Prozent am Gesamtorgan ausmachen, wohingegen die azinären Zellen den Hauptanteil des Pankreasorgans stellen, jedoch nur ca. 2 % der Pankraskarzinome histologisch dem azinären Typ zugeordnet werden können. Eine Erklärung für diese Diskrepanz gibt es bisher nicht, diskutiert werden jedoch ***Transdifferenzierungsvorgänge***, die z. B. durch veränderte Tumorsuppressorgen-Signalwege ausgelöst werden, wodurch sich azinäre Zellen zu „gangartigen“ Zellen umdifferenzieren. In 5 % der Fälle treten Inselzellkarzinome und als Ausnahme auch Lymphome und Sarkome auf.

Als einziger Faktor, der das Pankreaskarzinomrisiko um das 1,9- bis 5,5fache erhöht, konnte bisher das ***Zigarettenrauchen*** identifiziert werden. Auch scheint eine ***chronische Pankreatitis*** die Pankreaskarzinomentstehung zu begünstigen, jedoch existieren diesbezüglich widersprüchliche Studienergebnisse [12, 13].

Tumorbiologie. Analog zum kolorektalen Karzinom werden als Ursache der Pankreastumorentstehung und Progression eine Akkumulation genetischer Veränderungen angenommen. Wir kennen heute ein Onkogen (Ki-ras) und vier Tumorsuppressorgene (p53, p16, DPC4 und BRCA2), die mit unterschiedlicher Frequenz in Pankreaskarzinomen verändert sind [14]. Vergleicht man die Mutationshäufigkeit dieser Gene in Pankreaskarzinomen mit der anderer Tumorarten, so läßt sich ein Pankreaskarzinom-spezifisches Muster erkennen: Das Pankreaskarzinom unterscheidet sich von anderen epithelialen Tumorarten durch seine extrem hohe Prävalenz (nahezu 100 %) an ***aktivierenden K-ras-Onkogen-Mutationen*** und ***inaktivierenden Mutationen*** des p16/MTS1 Tumorsuppressorgens (> 90 %) [15]. Es finden sich aber auch Genveränderungen, wie wir sie aus vielen anderen Tumoren kennen. Dazu gehören Veränderungen im p53-Gen, die sich in 60–70 % der Pankreaskarzinome nachweisen lassen.

Durch die Inaktivierung der Tumorsuppressorgene p53 und p16, aber auch durch die Aktivierung des Onkogens K-ras kommt es in Pankreaskarzinomzellen zu einer ausgeprägten ***Störung der Zellzyklus-Regulation***, was u. a. für das aggressive Verhalten dieser Karzinomart verantwortlich sein mag. So wird z. B. eine Hauptfunktion von p53 darin gesehen, daß es nach verschiedenen Schädigungen der DNA einen Wachstums-Stop der Zellen oder den programmierten Zelltod induzieren kann, um die Ausbreitung von Mutationen zu verhindern (s. auch Kap. 2.3).

Auch konnte bisher eine hohe Inaktivierungsfrequenz eines weiteren Tumorsuppressorgens ***(„Deleted in Pancreatic Carcinoma“, DPC4)*** nur in Pankreaskarzinomen identifiziert werden [16]. Das DPC4-Gen scheint an der TGF-β-vermittelten Wachstumsinhibition beteiligt zu sein, womit der Pankreaskarzinomzelle eine weitere Möglichkeit zur Verfügung steht, der normalen Wachstumskontrolle zu entgehen.

Das duktale Adenokarzinom ist die häufigste (90–95 %) maligne Pankreasorgan-Erkrankung. Die Prognose ist überwiegend ungünstig und als wesentlicher Risikofaktor wurde das Rauchen identifiziert. Zu den typischen molekulargenetischen Veränderungen duktaler Pankreaskarzinome gehören Mutationen im Onkogen K-ras sowie in den Tumorsuppressorgenen p53, p16 und DPC4.

21.9 Karzinoid

Karzinoide sind epitheliale Tumoren, die von enterochromaffinen Zellen des APUD-Systems ausgehen und die humoral aktive Peptide wie Serotonin und Kallikrein produzieren

Der Terminus „Karzinoid" bedeutet soviel wie „Karzinom-ähnlich" und spiegelt die Beobachtung von Pathologen der Jahrhundertwende wider, denen diese Tumorart aufgrund ihres deutlich weniger aggressiven Verhaltens im Vergleich zu klassischen Karzinomen aufgefallen war. Karzinoide wachsen in der Regel langsam und metastasieren, wenn überhaupt, sehr spät. Sie entstehen aus den histochemisch abgrenzbaren ***enterochromaffinen Zellen*** (Zellen sind in der Lage Silber zu speichern = argyrophil), die wiederum dem diffusen endokrinen System bzw. dem ***APUD-Zellsystem*** zugeordnet werden.

Karzinoide können eine Vielzahl ***humoral aktiver Peptide*** sezernieren, die für gastrointestinale, kardiovaskuläre, pulmonale wie auch metabolische Komplikationen dieser Erkrankung verantwortlich sind. Dazu gehören u.a. das anfallsartige Auftreten einer thorakalen Hautrötung (Flush), Diarrhöen, Bronchospasmen und hypertone Krisen – klinische Symptome, die auch unter dem Begriff ***Karzinoid-Syndrom*** zusammengefaßt werden. Nicht alle Karzinoide produzieren eine signifikante Menge biologisch aktiver Peptide. Liegt das Karzinoid in Organen, die in das Pfortadersystem drainieren, so tritt das Karzinoid-Syndrom in der Regel erst nach erfolgter Lebermetastasierung auf, da vor einer hepatischen Filiarisierung die aktiven Peptide dort effektiv abgebaut werden können.

Diagnostisch wichtig ist das häufig von Karzinoiden aus Tryptophan synthetisierte Serotonin (5-Hydroxytryptamin, 5-HT). 5-HT wird zu 5-Hydroxyindolessigsäure (5-HIES) metabolisiert und anschließend renal eliminiert. Eine Erhöhung des Uringehalts an 5-HIES kann daher diagnostisch wegweisend für das Vorliegen eines Karzinoids sein. Ferner kann von Karzinoiden das Enzym Kallikrein synthetisiert werden, das Plasminogen zu Bradykinin umwandelt, was wiederum zum Flush-Syndrom führt.

! Karzinoide sind langsam wachsende, in der Regel spät metastasierende Tumoren, die sich aus den enterochromaffinen Zellen ableiten, die wiederum dem APUD-Zellsystem zugeordnet werden. Sie sezernieren humoral wirkende Peptide, deren wichtigsten Vertreter Serotonin, 5-Hydroxytryptohan und Kallikrein sind. Diese Substanzen sind u.a. für das Karzinoid-Syndrom (Flush, Diarrhöen, Bronchospasmen und hypertone Krisen) verantwortlich.

21.10 Literatur

1. Alberts B, Bray D, Lewis J et al. (1994) Cancer (Chapter 24). In: Alberts B, Bray D, Lewis J et al. (eds) Molecular Biology of the Cell, 3rd ed. Garland Publishing, New York London, pp 1255–1290
2. Weinberg RA (1989) Oncogenes, antioncogenes, and the molecular basis of multistep carcinogenesis. Cancer Res 49: 3713–3721
3. Vogelstein B, Fearon ER, Hamilton SR et al. (1988) Genetic alterations during colorectal-tumor development. N Engl J Med 319: 525–532
4. Parsonnet J, Friedmann GD, Vandersteen DP et al. (1991) Helicobacter pylori infektion and the risk of gastric carcinoma. N Engl J Med 325: 1127–1131
5. Blaser MJ, Chyou PH, Nomura A (1995) Age at establishment of helicobacter pylori infection and gastric carcinoma, gastric ulcer, and duodenal ulcer risk. Cancer Res 55: 562–565
6. Fearon ER, Vogelstein, B (1990) A genetic model for colorectal tumorigenesis. Cell 61: 759–767
7. Kinzler KW, Vogelstein B (1996) Lessons from hereditary colorectal cancer. Cell 87: 159–170
8. Boland CR, Sato J, Appelman HD et al. (1995) Microallelotyping defines the sequence and tempo of allelic losses at tumor suppressor gene loci during colorectal cancer progression. Nature Medicine 9: 902–909
9. Thiagalingam S, Lengauer C, Leach FS et al. (1996) Evaluation of candidate tumor suppressor genes on chromosome 18 in colorectal cancers. Nature Genetics 13: 342–346
10. Riggins GJ, Thiagalingam S, Rozenblum E et al. (1996) *Mad*-related genes in the human. Nature Genetics 13: 347–349
11. Powell MW, Petersen, GM, Krush AJ et al. (1993) Molecular diagnosis of familial adenomatous polyposis. N Engl J Med 329: 1982–1987
12. Lowenfels AB, Maisonneuve P, Cavallini G et al. (1993) Pancreatitis and the risk of pancreatic cancer. N Engl J Med 328: 1433–1437
13. Karlson BM, Ekbom A, Josefsson S et al. (1997) The risk of pancreatic cancer following pancreatitis: an association due to confounding? Gastroenterology 113: 587–592
14. Kern SE (1998) Advances from genetic clues in pancreatic cancer. Current Opinion in Oncology 10: 74–80
15. Schutte M, Hruban RH, Geradts J et al. (1997) Abrogation of the Rb/p16 tumor-suppressive pathway in virtually all pancreatic carcinomas. Cancer Res 57: 3126–3130
16. Hahn SA, Schutte M, Hoque ATM, et al. (1996) DPC4, a candidate tumor suppressor gene at human chromosome 18q21.1. Science 271: 350–353

22 Leber und Galle

P. R. Galle und M. Müller

EINLEITUNG

Fall 1. Bei einem 40 jähriger Mann bestehen seit einer Woche Übelkeit und Schwindel, seit 3 Tagen bemerkt er eine Dunkelfärbung des Stuhls. Die Krankenhauseinlieferung durch den Notarzt erfolgt wegen plötzlich aufgetretenem Bluterbrechen. Bei Aufnahme liegt der Blutdruck bei 90/60 mmHg, die Herzfrequenz bei 115/min. Labor: Hb 8,5 mg/dl, Quick 70 %. Weiterhin fällt eine Erhöhung des IgA im Serum auf sowie eine Erhöhung des MCV (mittleres korpuskuläres Volumen). Die Transaminasen GPT und GOT sind auf das Doppelte, die GGT auf das 10 fache erhöht. Anamnestisch läßt sich ein Alkoholabusus eruieren. Die klinische Untersuchung ergibt eine Hepatosplenomegalie. An der Haut fallen ein Palmarerythem sowie Gefäßspinnen auf. Der Patient wird auf die internistische Intensivstation aufgenommen. Eine Notfallendoskopie zeigt das Vorliegen von Ösophagusvarizen mit „red spots", die in derselben Sitzung durch Gummibandligaturen unterbunden werden. Der Patient ist im folgenden klinisch stabil. Zur Rezidivblutungsprophylaxe wird eine Therapie mit einem β-Blocker zur Senkung des portalen Hochdrucks eingeleitet. Die Ligaturbehandlung der Ösophagusvarizen wird zunächst stationär, dann ambulant fortgesetzt. Im vorliegenden Fall haben sich auf dem Boden einer alkoholischen Leberzirrhose Ösophagusvarizen als Umgehungskreisläufe gebildet.

Fall 2. Ein 22 jähriger Patient entwickelt nach einer zweiwöchigen Prodromalphase mit grippalen Beschwerden einen deutlichen Ikterus. Es erfolgt die stationäre Aufnahme. Es findet sich der serologische Befund einer akuten Hepatitis B (HBsAg positiv, anti-HBc IgM positiv). Aus der Vorgeschichte läßt sich ein i. v. Drogenabusus eruieren. In den folgenden zwei Wochen kommt es zu einer Verschlechterung der Leberleistung; zur Aufrechterhaltung eines Quick-Wertes von 20 % müssen 10 Frischplasmen pro die substituiert werden. Aufgrund zunehmender Schläfrigkeit erfolgt die Verlegung in ein Transplantationszentrum. Dort wird nach 48 h eine orthotope Lebertransplantation vorgenommen. Im vorliegenden Fall hat sich auf parenteralem Übertragungsweg eine akute Hepatitis B entwickelt, die zu einem fulminanten Leberversagen geführt hat. Aufgrund der schlechten Prognose wurde als ultima ratio die Lebertransplantation durchgeführt.

Als zentrales Stoffwechselorgan ist die Leber für die Energieversorgung des Organismus verantwortlich. Die Leber kann exogene Fremdstoffe und endogen gebildete, für den Organismus toxisch wirkende Substanzen entgiften.

Schließlich kommt der Leber mit der Bildung der Galle eine wichtige Exkretionsfunktion zu.

22.1 Stoffwechselstörungen bei Lebererkrankungen

Störungen der Leberfunktion beeinträchtigen sekundär den Kohlenhydratmetabolismus, und primäre Defekte des Kohlenhydratmetabolismus können zu Leberfunktionsstörungen führen

Da die Leber als Glukostat für die Glukosehomeostase verantwortlich ist, können Lebererkrankungen zur Hypoglykämie, häufiger jedoch zur Hyperglykämie (hepatogener Diabetes mellitus) führen. Nüchternhypoglykämie und hepatogener Diabetes werden auch als sekundäre Störungen des Kohlenhydratstoffwechsels bezeichnet, während kongenitale, genetisch bedingte Enzymdefekte zu den sog. primären Störungen des Kohlenhydratmetabolismus der Leber führen.

Primäre Störungen des Kohlenhydratmetabolismus der Leber. Hierzu zählen: Galaktosämie, in deren Folge ein intrahepatisch-cholestatischer Ikterus und Zirrhose auftreten, hereditäre Fruktoseintoleranz (Abb. 22.1) sowie Glykogenspeicherkrankheiten (Tabelle 22.1), die zur Hepatomegalie führen.

Bei der ***Galaktosämie*** besteht ein genetischer Mangel der Galaktose-1-Phosphat-Uridyltransferase, so daß es zu einer Anhäufung von Galaktose, Galaktiol und Galatose-1-Phosphat im Körper mit Beeinträchtigung der Leber-, Hirn- und Nierenfunktion und der Entwicklung eines Kataraktes kommen kann. Da Galaktose Bestandteil des Milchzuckers Laktose ist, setzt die klinische Symptomatik unmittelbar nach der Geburt ein und erfordert sofortige galaktosefreie Ernährung des Säuglings.

Die Leber ist das wichtigste Organ für den Fruktoseabbau

Bei der ***hereditären Fruktoseintoleranz***, die autosomal-rezessiv vererbt wird, besteht ein angeborener Defekt der Untereinheit B der Aldolase, der sich auf Leber und

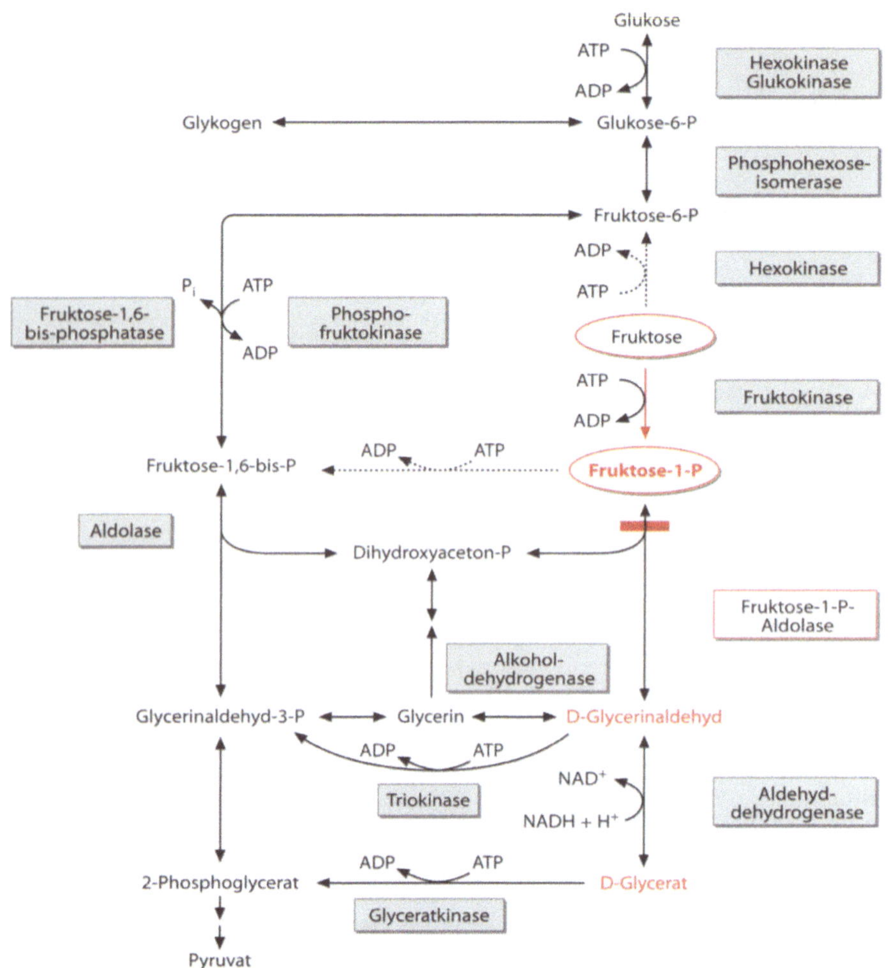

Abb. 22.1. Fruktosestoffwechsel der Leber. Der *rote Balken* gibt den bei hereditärer Fruktoseintoleranz vorliegenden Enzymdefekt wieder. Dessen Symptomatik erklärt sich durch eine Hpoglykämie, die durch den erfolgenden Anstau von Fruktose und Fruktose-1-Phosphat resultiert

Tabelle 22.1. Einteilung der Glykogenspeicherkrankheiten

Typ	Enzymdefekt	Organ der Glykogenspeicherung
I (van Crefeld, von Gierke)	Glukose-6-Phosphatase	Leber, Niere, Intestinum
II (Pompe)	Lysosomale (-1,4- und (-1,6-Glukosidase	generalisiert
III (Cori)	Amylo-1,6-Glukosidase	Leber, Muskel, Herz
IV (Andersen)	Amylo-1,4,1,6-Transglukosidase	generalisiert (abnormes Glykogen)
V (MacArdle)	Phosphorylase	nur Muskel
VI (Hers)	Leberphosphorylasemangel	Leber
VII	Phosphofruktokinase	Muskel und Erythrozyten
VIII	inaktive Leberphosphorylase	Leber, Gehirn
IX	Leberphosphorylase-Kinase	Leber
X	Cyclo-3',5'-AMP-abhängige Kinase	Leber, Muskel

Niere auswirkt. Da das sich nunmehr anhäufende Fruktose-1-Phosphat (Abb. 22.1) eine Hemmung der glykogenabbauenden Phosphorylase, der Fruktose-1,6-bisphosphat-Aldolase und der Fruktose-1,6-bisphosphatase bewirkt, resultiert hierbei nicht nur eine Störung des Glykogenabbaus, sondern auch eine Hemmung der Glukoneogenese. Die Fruktosezufuhr (z. B. in Infusionslösungen) bei Patienten mit hereditärer Fruktoseintoleranz führt daher zu einer drastischen Senkung des Blutzuckerspiegels, die bis zum hypoglykämischen Schock führen kann [7].

Verschiedene genetisch bedingte Enzymdefekte führen zu ***Glykogenspeicherkrankheiten***. Glykogenspeicherkrankheiten sind charakterisiert durch einen kongenitalen Enzymdefekt mit der Folge der Glykogenablagerung in verschiedenen Organen, meistens in der Leber, im Muskel und in der Niere. Vor allem bei den Typen I, III, VI und IX wird eine vorherrschende Lebermanifestation beobachtet (s. Tabelle 22.1). Klinisch bedeutsam ist die bei Glykogenspeicherkrankheiten auftretende Hypoglykämie bei mangelnder Nahrungsaufnahme, deren Ursache in der mangelnden Glukosefreisetzung aus Glykogen liegt.

Sekundäre Störungen des Kohlenhydratmetabolismus der Leber. Etwa die Hälfte aller Patienten mit einer Leberzirrhose weisen eine pathologische Glukosetoleranz und 10 % einen ***Diabetes mellitus*** auf [15]. Häufig liegt die Konstellation von pathologischem Glukosetoleranztest, Hyperinsulinämie und erhöhter Insulintoleranz vor. Für die Pathogenese des hepatogenen Diabetes mellitus ist ein Circulus vitiosus verantwortlich, in dem die Lebererkrankung eine verminderte Glukoseverwertung und damit eine Hyperglykämie bedingt. Die Hyperglykämie führt zur Hyperinsulinämie, insbesondere da der Insulinabbau in der Leber durch die Leberschädigung vermindert ist. Die Hyperinsulinämie hat eine „Down"-Regulation der Zahl der Insulinrezeptoren und damit eine Insulinresistenz zur Folge.

Eine ***Hypoglykämie*** wird bei Lebererkrankungen seltener beobachtet, da die Funktion von etwa 20 % des Leberparenchyms ausreicht, um ein Absinken des Blutzuckerspiegels in hypoglykämische Werte zu vermeiden. Daher treten Hypoglykämien besonders bei akuter fulminanter Hepatitis auf. Diese sind zurückzuführen auf erniedrigte Glykogenspeicher der Leber, auf Störungen der Glukoseabgabe und der Glukoneogenese sowie auf eine mangelnde Insulininaktivierung durch die Leber.

Weitaus häufiger sind alkoholinduzierte Hypoglykämien (siehe Kap. Biotransformation). Alkohol beeinträchtigt die Glukoneogenese aus Aminosäuren durch Hemmung des Zitratzyklus und Erniedrigung der Oxalazetatkonzentration, so daß es zur lebensbedrohlichen alkoholinduzierten Hypoglykämie nach Entleerung der Glykogenreserven kommen kann.

Störungen im Kohlenhydratmetabolismus treten bei Lebererkrankungen häufig auf. Klinisch wird die alkoholbedingte Hypoglykämie oft beobachtet. Bei rund der Hälfte der Leberkranken findet sich eine diabetische Stoffwechsellage mit Hyperinsulinismus und peripherer Insulinresistenz.

Die Leber utilisiert die ihr über das Pfortaderblut zugeführten Aminosäuren für die Proteinbiosynthese und die Glukosebildung, baut sie unter Harnstoffbildung ab oder läßt sie unverändert passieren

Aminosäuren- und Ammoniakmetabolismus. Die Leber gewährleistet Abbau und Synthese von ***Aminosäuren***. Akute Störungen der Leberfunktion resultieren in *erhöhten* Aminosäurenkonzentrationen im Plasma. Bei chronischen Störungen der Leberfunktion kann es durch einen verminderten hepatischen Abbau zu einem Anstieg aromatischer Aminosäuren wie des Tyrosins kommen, während die verzweigtkettigen Aminosäuren, wie Leuzin, durch vermehrte Utilisation in der Peripherie oft erniedrigt sind.

Die Leber ist das zentrale Organ zur ***Ammoniakentgiftung***. Ammoniak ensteht im Darm bei der bakteriellen Degradation stickstoffhaltiger Substanzen sowie beim Glutaminabbau in der Darmmukosa und wird der Leber portalvenös zugeführt. Daneben fällt Ammoniak beim Abbau von Aminosäuren in Niere und Muskel an. Die hepatische Entgiftung erfolgt durch die ***Harnstoffsynthese***. Störungen der Leberfunktion können zu erhöhten Ammoniakspiegeln (> 50 μmol/L) im Blut führen. Dies erklärt sich einerseits durch eine *reduzierte* Harnstoffsynthese, andererseits durch eine systemische Einschleusung des intestinalen Ammoniaks durch ***portosystemische Umgehungskreisläufe***. Diese ***Hyperammonämie*** führt in Verbindung mit erhöhten Spiegeln anderer neurotoxischer Substanzen wie Merkaptane und Phenole zum klinischen Bild der hepatischen Enzephalopathie (s. Kap. 22.5).

Synthese von Proteinen und Gerinnungsfaktoren. Da die Leber die meisten ***Plasmaproteine*** synthetisiert, hat eine Leberfunktionsstörung reduzierte Plasmaeiweißspiegel zur Folge. Bei akuten Störungen wird sich dies zunächst auf Proteine mit geringer Halbwertszeit wie die ***Gerinnungsfaktoren*** auswirken. Dies kann über den Quickwert erfaßt werden. Bei *chronischen* Störungen sind auch Proteine mit längerer Halbwertszeit wie Albumin (ca. 14 Tage) betroffen. Neben der hepatozellulären Insuffizienz kommt bei den Gerinnungsfaktoren regelmäßig ein ***Mangel an Vitamin K*** hinzu. Dieser ist auf eine reduzierte Fettresorption, vor allem bei Cholestase, zurückzuführen. Entsprechend sind die Vitamin-K-abhängigen Gerinnungsfaktoren II, VII, IX und X frühzeitig vermindert.

Als ein Parameter der Leberfunktion steht die hepatisch synthetisierte und in das Blut sezernierte ***Cholinesterase (CHE)*** zur Verfügung. Sie ist, mit Ausnahme der alkoholischen Fettleber, bei Leberschäden generell erniedrigt.

Lebererkrankungen gehen oft mit einer breitbasigen Vermehrung der Immunglobuline einher. Diese kommt in der Proteinelektrophorese durch die Hypalbuminämie verstärkt zur Geltung und resultiert in der charakteristischen breiten γ-Globulinfraktion ***(Dysproteinämie)*** (Abb. 22.2).

! Lebererkrankungen führen zu Proteinmangelzuständen, die durch den Quickwert erfaßt werden können. Eine reduzierte Harnstoffsynthese und portalvenöse Umgehungskreisläufe resultieren in einer Hyperammonämie, die eine Ursache der hepatischen Enzephalopathie darstellt.

Aus der zentralen Rolle der Leber im Lipid-, und Lipoproteinstoffwechsel ergeben sich bei Lebererkrankungen qualitative und quantitative Veränderungen der Plasmalipide

Lipid- und Lipoproteinstoffwechsel. Die Rolle der Leber im Lipid- und Lipoproteinstoffwechsel besteht in der Synthese von Lipiden (Triglyzeride, Cholesterin und Phospholipide) und von Lipoproteinen (VLDL und Nascent-HDL). Die Lipoproteine des Plasmas bestehen aus Lipiden und den sog. Apoproteinen, einem Proteinanteil aus mehreren voneinander abgrenzbaren Proteinen. Ferner synthetisiert die Leber Enzyme des Lipoprotein- und Fettstoffwechsels (Lecithin-Cholesterin-Azyltransferase [LCAT]). Der Katabolismus der Chylomikronen, der VLDL-Remnants, der LDL und HDL findet in der Leber statt.

Fettsäuren können in der Leber abgebaut, zu Ketonkörpern umgebaut oder zum Aufbau neuer Fettsäuren, Steroide oder Phospholipide verwendet werden. Die in der Leber gespeicherten Phospholipide dienen dem Abtransport der Lipide in die peripheren Fettdepots. Der größte Anteil (92%) der Cholesterinsynthese findet in der Leber und im Dünndarm statt. Das Cholesterin der Leber ist die Ausgangssubstanz für Gallensäuren.

Bei akuter und chronischer Hepatitis, aber auch bei Cholestase kann eine Hypertriglyzeridämie auftreten

Die LDL-Partikel sind hier stark mit Triglyzeriden angereichert. Diese Hypertriglyzeridämie wird zum einen mit der Erniedrigung der Aktivität der hepatischen Lipase erklärt, die normalerweise Triglyzeride

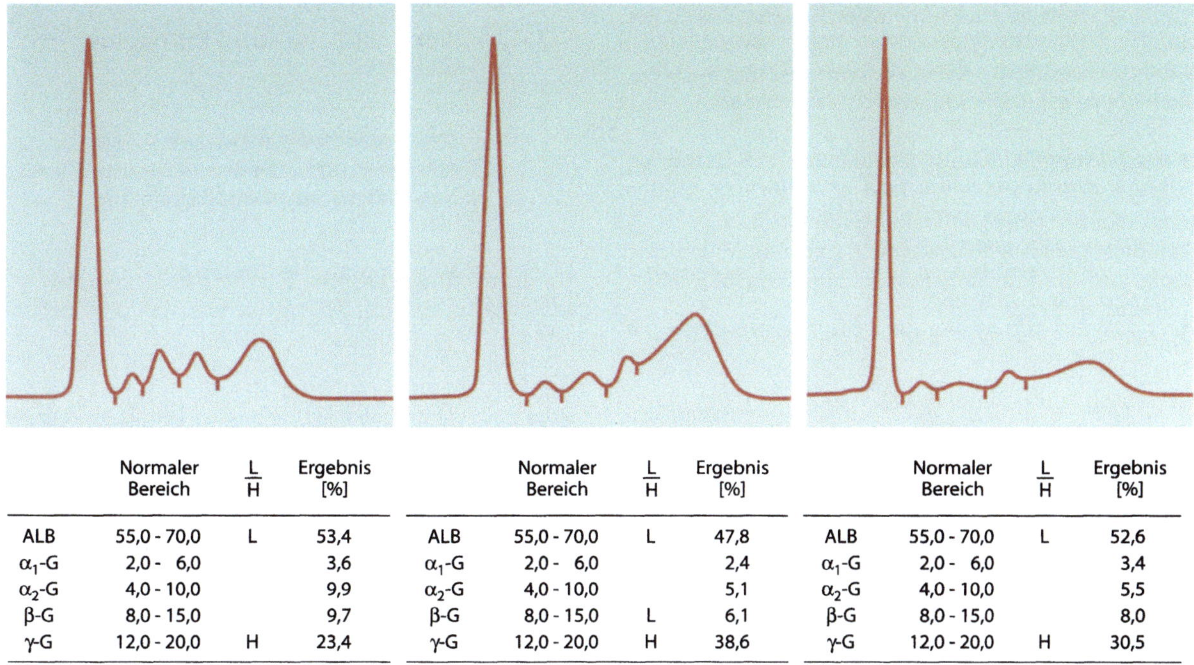

	Normaler Bereich	L/H	Ergebnis [%]
ALB	55,0 - 70,0	L	53,4
α_1-G	2,0 - 6,0		3,6
α_2-G	4,0 - 10,0		9,9
β-G	8,0 - 15,0		9,7
γ-G	12,0 - 20,0	H	23,4

	Normaler Bereich	L/H	Ergebnis [%]
ALB	55,0 - 70,0	L	47,8
α_1-G	2,0 - 6,0		2,4
α_2-G	4,0 - 10,0		5,1
β-G	8,0 - 15,0	L	6,1
γ-G	12,0 - 20,0	H	38,6

	Normaler Bereich	L/H	Ergebnis [%]
ALB	55,0 - 70,0	L	52,6
α_1-G	2,0 - 6,0		3,4
α_2-G	4,0 - 10,0		5,5
β-G	8,0 - 15,0		8,0
γ-G	12,0 - 20,0	H	30,5

Abb. 22.2. Dysproteinämie. Proteinelektrophorese bei Patienten mit Leberzirrhose mit breitbasiger Vermehrung der Immunglobuline und Verminderung der Albuminfraktion

spaltet. Zum anderen wird das Auftreten von triglyzeridreichen LDL bei Verschlußikterus aus der Abnahme der Cholesterinester in den LDL-Partikeln infolge einer reduzierten LCAT-Aktivität mit verminderter Cholesterinesterbildung erklärt.

Bei Lebererkrankungen mit Ikterus tritt häufig eine ***Erniedrigung der Cholesterinesterspiegel*** im Plasma auf.

Diese erklärt sich ebenfalls aus der erniedrigten Aktivität der LCAT in der geschädigten Leber und im peripheren Blut; hieraus resultiert eine verminderte Veresterung von Cholesterin mit Fettsäuren.

Die verminderte Bildung des Enzyms LCAT in der geschädigten Leber führt zu einer verminderten Umwandlung von VLDL in LDL, sowie zu einer verminderten Bildung von HDL-Lipoproteinen. Bei der Leberzirrhose findet man daher eine Dyslipoproteinämie mit Vermehrung der triglyzeridreichen IDL („intermediate-density"-Lipoproteine) bei gleichzeitiger Abnahme der HDL-Fraktion.

Fettstoffwechsel bei Cholestase. Die bei der Cholestase verminderte Ausscheidung von Cholesterin mit der Gallenflüssigkeit führt, ebenso wie die als Folge der verminderten intestinalen Lipidresorption gesteigerte Cholesterinsynthese, zur ***Hypercholesterinämie***, die die Ausbildung einer ***Fettleber*** initiieren kann. Durch die intrazelluläre Akkumulation von Gallensäuren wird gleichzeitig die 7-α-Hydroxylase gehemmt. Hierdurch wird weniger Cholesterin in Gallensäuren umgewandelt.

Von den ***primären Hyperlipoproteinämien*** sind besonders der Typ I und der Typ V mit einer Hepatosplenomegalie assoziiert.

Der Hyperlipoproteinämie vom Typ I liegt ein verzögerter Abbau von Chylomikronen zugrunde, während die familiäre Hyperlipidämie vom Typ V durch nutritive Induktion zu maximal erhöhten Triglyzeridspiegeln führt.

Klinisch kann die Hyperlipoproteinämie bei chronischem Verschlußikterus zu ***Xanthomen*** der Haut führen.

Fettleber. Als Fettleber bezeichnet man eine abnorme Anhäufung von Fetttropfen (Triglyzeriden) in mindestens der Hälfte aller Hepatozyten. Sind weniger Zellen betroffen, spricht man von Leberzellverfettung.

Die Fettleber ist keine eigenständige Krankheit, sondern tritt als (reversible) Folge verschiedener Grunderkrankungen oder nach Einwirkung verschiedener Noxen auf. Die wichtigsten Ursachen sind:

- ***toxische Stoffe***: Alkohol, Medikamente (z. B. Tetrazykline, Kortikosteroide u. a.), Gefahrstoffe (z. B. chlorierte Kohlenwasserstoffe, Phosphor u. a.);
- ***ernährungsbedingte Ursachen***: Adipositas, Malnutrition und Eiweißmangelernährung (Kwashiorkor), parenterale Ernährung;
- ***endokrine Ursachen und Stoffwechselstörungen***: Diabetes mellitus, Hyperlipoproteinämie, Schwangerschaft, Frühstadium des M. Wilson;
- ***andere Ursachen***: z. B. chronisch-entzündliche Darmerkrankungen.

Beim ***Diabetiker*** kommt es zur Ausbildung einer Fettleber, da die lipasehemmende Wirkung des Insulins wegfällt und somit eine verstärkte Lipolyse im Fettgewebe stattfindet. Hieraus resultiert ein Überangebot an Fettsäuren und Triglyzeriden, das zur Leberverfettung führt.

Adipositas führt über die Fettzufuhr aus der Nahrung und Lipogenese aus Kohlenhydraten und Aminosäuren zur Fettleber. Hierbei wird die prä-β-Lipoprotein-Fraktion, die dem Transport endogener Plasmatriglyzeride dient, überlastet, und es kommt zur Einlagerung von Triglyzeriden in die Hepatozyten.

Alkoholismus führt zu einem vermehrten Anfall von Azetyl-CoA und NADH. Über die Bildung von Glyzerin-3-Phosphat resultiert eine vermehrte Triglyzeridsynthese. Gleichzeitig sind die Fettsäureoxydation sowie die Lipoproteinlipase gehemmt. Daher gelangen die in der Leber synthetisierten Triglyzeride nicht als Lipoproteine in das Serum, sondern werden in den Leberzellen abgelagert.

Unterernährung bei eiweißarmer Kost kann zur degenerativen Verfettung der Leber führen. Aufgrund des reduzierten Proteinangebotes ist die Synthese der Apolipoproteine vermindert, die wiederum für den Fett-Transport fehlen. Hierdurch wird eine Einlagerung von Triglyzerin und Fettsäuren in die Leberzellen begünstigt.

> **!** Lebererkrankungen führen zu Störungen der Blutfette und des Cholesterins, wobei häufig eine Hypertriglyzeridämie und eine Verminderung der VLDL- und HDL-Konzentration nachweisbar sind. Verschiedene Toxine, Stoffwechselstörungen und Erkrankungen, darunter Alkoholismus, Diabetes mellitus und Adipositas können zur Ausbildung einer Fettleber beitragen.

22.2 Gallensäuren- und Bilirubinstoffwechsel

Störungen des Gallensäuren- und Bilirubinstoffwechsel sind bei Cholestase und Gallensteinbildung beteiligt

Intra- und extrahepatische Cholestase. Das Syndrom ***Cholestase*** ist dadurch gekennzeichnet, daß eine reduzierte Menge an Galle das Duodenum erreicht. Dies ist durch Störungen bedingt, die morphologisch zwischen der basolateralen Hepatozytenmembran und der Papilla Vateri angesiedelt sein können (Abb. 22.3). Hieraus resultieren *morphologisch* die hepatozytäre Akkumulation von Galle, *klinisch* die Retention gallepflichtiger Substanzen im Serum und *funktionell* ein reduzierter duktulärer Gallefluß.

Im Fall der ***intrahepatischen*** Cholestase befindet sich die zugrunde liegende Läsion in der Leberzelle oder in den intrahepatischen Gallengängen. Die Gallengänge sind nicht dilatiert. Im Fall der ***extrahepatischen*** Cholestase liegt eine mechanische Obstruktion der größeren Gallengänge vor, und häufig sind die Gallengänge dilatiert. Klinisch steht daher die Sonographie der Leber am Anfang der Diagnostik des ikterischen Patienten. Lassen sich dilatierte Gallengänge nachweisen, so schließt sich die Cholangiographie, vorzugsweise durch die ***endoskopisch retrograde Cholangiopankreatikographie*** (ERCP, Abb. 22.4) oder auch durch die ***perkutane transhepatische Cholangiographie*** (PTC) an. Eine nichtinvasive Methode zur Darstellung der Gallengänge ist die Magnet-Resonanz-Chol-

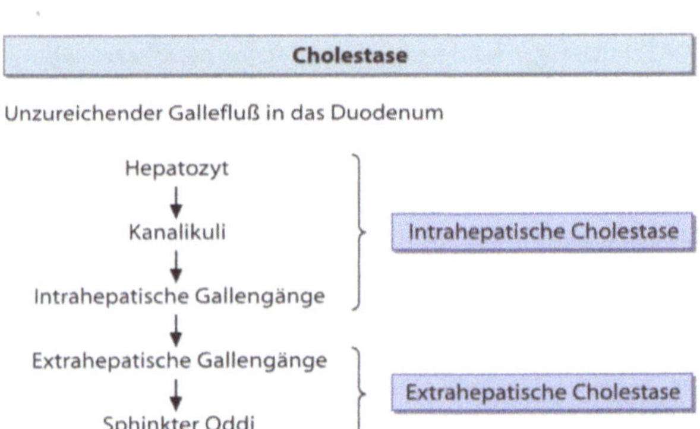

Abb. 22.3. Intra- und extrahepatische Lokalisation der Cholestase

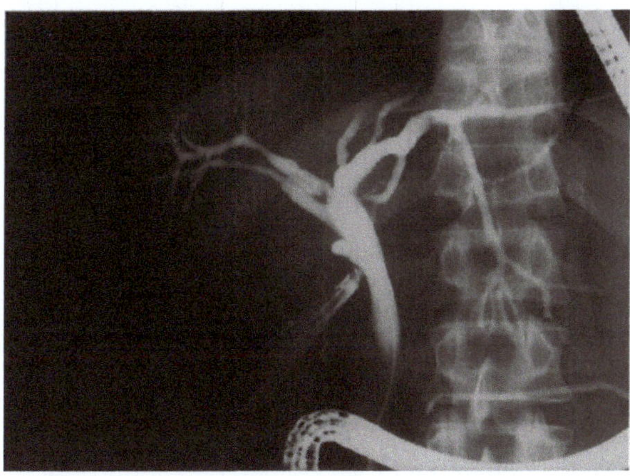

Abb. 22.4. Endoskopisch retrograde Darstellung der Gallengänge bei primär sklerosierender Cholangitis. Es finden sich multiple, teils perlschnurartige Strikturen der intrahepatischen Gallengänge

angiographie (MRC) [4]. Sind die Gallengänge nicht erweitert, so besteht der Verdacht auf eine intrahepatische Cholestase. Die intrahepatische Cholestase kann durch entzündliche, toxische, hormonelle, vasale u.a. Mechanismen verursacht werden (Tabelle 22.2).

> **!** Die Cholestase ist eine Störung des Galleflusses, die zwischen der sinusoidalen Hepatozytenmembran und der Papilla Vateri lokalisiert sein kann. Betroffen sind bei der intrahepatischen Cholestase die Leberzellen oder kleine intrahepatische Gallengänge, bei der extrahepatischen Cholestase die größeren Gallengänge, die dann dilatiert sind.

Tabelle 22.2. Intrahepatische Cholestase – Klinische Klassifikation

- Hepatitis (viral, autoimmun, ethylisch)
- Medikamentös/hormonell
- Gallenwegserkrankungen (PBC/PSC)
- Systemische Infektionen/Endotoxinämie
- Total Parenterale Nutrition (TPN)
- Postoperative Cholestase
- Schwangerschaftscholestase
- Infiltrierende/Systemerkrankungen

Erhöhte Bilirubinwerte führen zur Gelbsucht

Hyperbilirubinämie. Bilirubin entsteht zu etwa 80 % beim Abbau von Hämoglobin, aber auch von Myoglobin und Eisenporphyrinproteinen. Der Hämabbau findet vor allem in Zellen des retikuloendothelialen Systems, in Knochenmark, Milz und der Leber statt. Über Biliverdin als Zwischenprodukt entsteht das lipophile, freie, *unkonjugierte* Bilirubin. Bilirubin ist praktisch wasserunlöslich und wird im Plasma an Albumin gebunden und zur Leber transportiert. In den Leberzellen erfolgt die Konjugation mit Glukuronsäure, wodurch ***Bilirubindiglukuronid***, aber auch -monoglukuronid entsteht und mit der Galle ausgeschieden wird.

Störungen der Ausscheidung von Bilirubin führen zur Hyperbilirubinämie, die ab Serumkonzentrationen von > 2mg/dl zur Gelbsucht, dem ***Ikterus***, führen. Das lipophile, unkonjugierte Bilirubin ist neurotoxisch. Dies kann beim Neugeborenen mit unvollständiger Blut-Hirn-Schranke – im Gegensatz zum Erwachsenen – ab Bilirubinwerten von etwa 20 mg/dl zum ***Kernikterus*** mit Schädigung der Basalganglien führen. Die Ursachen eines Ikterus können in einem vermehrten Bilirubinanfall (***prähepatischer*** Ikterus), einem gestörten hepatischen Bilirubinmetabolismus (***intrahepatischer*** Ikterus) oder einem gestörten Abfluß in die ableitenden Gallenwege (***posthepatischer*** Ikterus) liegen.

Prähepatischer Ikterus. Zum vermehrten Anfall von freiem Bilirubin kommt es bei Hämolysen, bei der Resorption großer Hämatome oder bei Störungen der Blutbildung mit gesteigerter ineffektiver Erythropoese. Die gesteigerte ineffektive Erythropoese verursacht durch den vorzeitigen Abbau defekter Erythrozyten im Knochenmark eine sogenannte ***Shunt-Hyperbilirubinämie.***

Beim Überschreiten der Aufnahmekapazität der Leber wird Bilirubin retiniert und ist in der Regel an Albumin gebunden, weswegen es nicht im Urin erscheint.

Intrahepatischer Ikterus. Intrahepatische Störungen des Bilirubinmetabolismus beinhalten Alterationen der ***Bilirubinaufnahme*** in die Leberzelle, der intrahepatischen ***Speicherung***, der ***Konjugation*** durch Glukuronyltransferasen und der ***Ausscheidung*** in die Galle. Zum Teil liegen kombinierte Störungen vor.

- ***Aufnahme und Speicherung von Bilirubin***: Die Aufnahme freien Bilirubins erfolgt durch einen multispezifischen Transporter für organische Anionen

(*OATP* = Organische Anionen Transport Protein). Eine häufige, benigne Störung stellt der ***Icterus juvenilis intermittens*** (M. Meulengracht, Gilbert-Syndrom) dar. Hier liegt eine autosomal-rezessive Störung der Bilirubinaufnahme (und Konjugation) vor.

Intrahepatisch wird Bilirubin an zytosolische Proteine (y-Protein, z-Protein) gebunden. Wenn diese, wie in der Neugeborenenperiode, nicht ausreichend funktionell zur Verfügung stehen, kann dies zum Ikterus beitragen.

- *Konjugation von Bilirubin*: Aus einer unzureichenden Glukuronyltransferase-Aktivität resultiert ein Anstieg des indirekten, unkonjugierten Bilirubins. Dies kann genetisch determiniert sein und in unterschiedlicher Ausprägung vorliegen. Während das ***Crigler-Najjar-Syndrom*** mit vollständig fehlender Enzymaktivität schon im Neugeborenenalter zum Tod führt, ist die reduzierte Enzymaktivität beim Gilbert-Syndrom (M. Meulengracht) klinisch unbedeutend.

In der Neugeborenenperiode liegt ebenfalls eine verminderte Glukuronyltransferaseaktivität vor. Diese kann durch Pregnandiol aus der Muttermilch zusätzlich gehemmt werden.

- *Ausscheidung von Bilirubin*: Ein Beispiel für eine Exkretionsstörung von Bilirubin in die Galle stellt das ***Dubin-Johnson-Syndrom*** dar, bei dem selektiv die kanalikuläre Isoform eines ***Multi-Drug-Resistance-Proteins*** (MRP) fehlt [9]. Hieraus resultiert ein Anstieg des direkten, konjugierten Bilirubins. Dieses autosomal-rezessive Syndrom ist klinisch weitgehend asymptomatisch.

Posthepatischer Ikterus. Bei Vorliegen eines Abflußhindernisses im Bereich der abführenden Gallengänge tritt ein ***Verschluß- oder Obstruktionsikterus*** auf. Dieser kann durch eine Choledocholithiasis bedingt sein und ist dann typischerweise von Koliken begleitet oder durch einen Tumor (beispielsweise im Bereich des Pankreaskopfes) und ist dann in der Regel schmerzlos.

Bilirubin wird im Darm bakteriell zu ***Urobilinogen*** verstoffwechselt, im Dünndarm partiell rückresorbiert und renal eliminiert. Bei vollständigem Verschlußikterus wird daher kein Urobilinogen im Urin ausgeschieden.

> **!** Vermehrter Bilirubinanfall führt zum prähepatischen Ikterus, gestörter hepatischer Metabolismus zum intrahepatischen Ikterus und ein Verschluß der Gallengänge zum posthepatischen Ikterus. Auf die Lokalisation der Störung weist das Verhältnis von konjugiertem zu unkonjugiertem Bilirubin hin, wobei ein hoher unkonjugierter Anteil für einen prähepatischen, ein hoher konjugierter Anteil für einen posthepatischen Defekt spricht.

Störungen der Gallekomposition oder des Galleflusses können zur Bildung von Gallensteinen führen

Cholelithiasis. Die Entstehung von Gallensteinen, die sowohl in der Gallenblase ***(Cholezystolithiasis)*** als auch in den intra- und extrahepatischen Gallengängen (z. B. ***Choledocholithiasis***) stattfinden kann, hat die Produktion einer lithogenen Galle zur Voraussetzung. Die häufigste Form von Gallensteinen sind ***Cholesteringallensteine***, die aufgrund einer Übersättigung der Galle mit Cholesterin entstehen. ***Pigmentsteine*** bilden sich aufgrund einer Übersättigung mit Bilirubin und Kalziumsalzen.

Eine weitere Voraussetzung stellt die Anwesenheit von ***Nukleationsfaktoren*** wie Glykoproteinen vom Muzintyp und Kalziumsalzen dar, die die Keimzentren der Gallensteine bilden.

Begünstigend wirken ferner ***Motilitätsstörungen*** der Gallenblase, wie sie beispielsweise nach Entzündungen der Gallenblase oder unter parenteraler Ernährung auftreten können, sowie ein verzögerter Galleabfluß bei dilatierten intra- (z. B. Caroli-Syndrom) oder extrahepatischen (z. B. nach Cholezystektomie) Gallengängen.

Cholesteringallensteine: Die Ursache der Übersättigung der Galle mit Cholesterin ist/sind die gesteigerte biliäre Sekretion von Cholesterin und/oder die reduzierte Sekretion von Gallensalzen. Die vemehrte Sekretion von Cholesterin in die Galle kann durch eine gesteigerte Aktivität der HMG-CoA-Reduktase, eine vermehrte Plasmaelimination von Cholesterin durch die Leber und einen reduzierten Abbau zu Gallensäuren bedingt sein. Das schlecht wasserlösliche Cholesterin bildet im physiologischen Zustand mit Phospholipiden und Gallensalzen ***gemischte Mizellen***, die einen stabilen Lösungszustand darstellen. Nimmt der relative Cholesterinanteil zu, kann Cholesterin durch Phospholipide in ***einschichtigen Lipidvesikeln*** in Lösung gehalten werden. Ist die Galle mit Cholesterin übersättigt, bilden sich in Gegenwart von Nukleationsfaktoren ***Cholesterinmonohydratkristalle***, die zu Gallensteinen heranwachsen können.

Pigmentsteine: Sie bestehen aus mono- oder unkonjugiertem Bilirubin, das im Gegensatz zu dikonjugiertem Bilirubin schlecht wasserlöslich ist und durch Gallensäuren in Lösung gehalten werden muß. Pigmentsteine können bei ***vermehrtem Bilirubinanfall*** wie z. B. bei Hämolyse entstehen. Auch die verminderte Sekretion von Gallensäuren bei Malabsorption mit enteralem ***Gallensäurenverlust*** fördert die Steinbildung.

!

Cholesteringallensteine stellen die häufigste Form der Cholelithiasis dar. Voraussetzung ist ein relatives Überwiegen des Cholesterinanteils gegenüber Phospholipiden und Gallensalzen in der Galle; Entzündungsprozesse wirken begünstigend.

Im enterohepatischen Kreislauf können Gallensäuren und andere Substanzen, die in die Galle ausgeschieden werden, durch enterale Reabsorption dem Organismus erhalten bleiben

Gallensäureverlust-Syndrom. Der Bedarf an Gallensäuren wird einerseits durch Neusynthese und andererseits durch Reabsorption im terminalen Ileum über aktiven Transport im ***enterohepatischen Kreislauf*** gedeckt. Ein vermehrter enteraler Verlust an Gallensäuren, wie er bei Entzündungen oder nach Resektionen im Bereich des terminalen Ileum auftreten kann, führt zum Übertritt in das Kolon. Dieser Gallensäureverlust kann teilweise durch gesteigerte Neusynthese aufgefangen werden, so daß die Resorption von Fetten und den fettlöslichen Vitaminen A, D, E, und K zunächst erhalten bleibt. Fällt jedoch die Konzentration der Gallensäuren im Dünndarm ab, so tritt eine ***Fettmalabsorption*** auf, die zum Übertritt von Fettsäuren in das Kolon führt.

Gallensäuren im Kolon, vor allem Chenodesoxycholsäure und Desoxycholsäure stimulieren die Sekretion von Na^+ und Wasser und bewirken so die ***chologene Diarrhoe***. Im Falle des zusätzlichen Fettsäureverlusts ***(Steatorrhoe)*** wird dies durch die bakterielle Bildung von Hydroxyfettsäuren verstärkt, die ebenfalls die Sekretion von Na^+ und Wasser stimulieren. Durch die intestinale Bindung von Kalzium an Fettsäuren wird die Resorption von Oxalsäure gefördert: Hierdurch kann Gallensäureverlust indirekt zur Bildung von ***Oxalat-Nierensteinen*** führen. Auch ***Cholesteringallensteine*** treten häufiger auf, da die Komposition der Galle durch eine Erhöhung des relativen Cholesterinanteils verändert wird.

Gallensäurenverlust in das Kolon bewirkt durch vermehrte Na^+- und Wasser-Sekretion eine chologene Diarrhoe. Führt dies zu einem Mangel an Gallensäuren kann sich über die hieraus resultierende Fettmalabsorption eine Steatorrhoe entwickeln. Die betroffenen Patienten entwickeln gehäuft Nieren- und Gallensteine.

22.3 Entgiftung, Abbau und Ausscheidung körpereigener und körperfremder Stoffe

Die Leber gewährleistet im Prozeß der Biotransformation Entgiftung und Ausscheidung von körpereigenen und -fremden Stoffen

Die Biotransformation findet vorwiegend an Membranen des glatten endoplasmatischen Retikulums der Leberzelle statt. Das mikrosomale Fermentsystem bewirkt die Transformation in wasserlösliche Metabolite.

Die Biotransformation erfolgt in zwei Phasen. In der ***Phase I*** werden durch Oxidation, Reduktion oder Hydrolyse reaktive Gruppen z. B. Hydroxy-, Amino-, Sulfhydrylgruppen in das Molekül eingeführt. Diese werden in der ***Phase II*** mit körpereigenen polaren Metaboliten, wie Glukuronsäure, Sulfatgruppen, Essigsäure oder Aminosäuren konjugiert. Die wichtigsten Enzyme der Biotransformation sind die Monooxygenasen (Zytochrom P-450) und die Glukuronyltransferasen.

Störungen der Biotransformation können sich auf 3 Ebenen vollziehen:

- durch eine verminderte Aufnahme von Xenobiotika in die Leberzellen,
- durch eine verminderte oder gesteigerte Aktivität von mikrosomalen Enzymen vor allem der Phase I,
- durch Störungen der biliären Ausscheidung.

Diese drei Faktoren bestimmen die intrinsische hepatische Clearance. Diese ist unabhängig von der Leberdurchblutung und beschreibt die maximale Kapazität der hepatischen Elimination eines Fremdstoffes.

Störungen der Biotransformation bei Neu- und Frühgeborenen. Störungen der Biotransformation treten besonders bei Neu- und Frühgeborenen auf, bei denen vor allem die Glukuronidierungskapazität (Phase II) der Leber noch nicht ausreichend ausgebildet ist. Bilirubin (Hyperbilirubinämie des Neugeborenen) oder Arzneimittel werden nur unzureichend konjugiert und ausgeschieden.

Biotransformation bei Leberparenchymschäden. Bei Lebererkrankungen, wie fulminanter akuter oder schwerer chronischer Hepatitis oder Leberzirrhose, können die Aktivität der Biotransformationsenzyme und die biliäre Ausscheidung beeinträchtigt sein. Hier sind in der Regel die Reaktionen der Phase I stärker betroffen als die der Phase II, da Konjugationsreaktionen (Phase II) auch extrahepatisch erfolgen können. Aufgrund der Verminderung der intrinsischen hepatischen Clearance werden Pharmaka verlangsamt eliminiert. Die hieraus resultierende ***verlängerte Halbwertszeit von Pharmaka*** muß klinisch und therapeutisch berücksichtigt werden.

Enzymhemmung und Enzyminduktion. Zahlreiche Pharmaka induzieren die de-novo-Synthese von Enzymen der Biotransformation, vor allem von Zytochrom P-450 und Glukuronyltransferasen. Der bekannteste Enzyminduktor ist Phenobarbital. Neben den Barbituraten sind über 200 verschiedene Pharmaka bekannt, die die Synthese mikrosomaler Enzyme induzieren. Man unterscheidet 3 verschiedene Gruppen:

- Induktoren vom Phenobarbitaltyp,
- Induktoren vom Methylchloranthrentyp,
- Induktoren vom Typ der anabolen Steroide.

Giftung. Die Metabolisierung von Substanzen zu Abbauprodukten, deren Toxizität größer ist als die ihrer Ausgansprodukte, bezeichnet man als Giftung. Methanol wird z. B. erst durch die in der Leber stattfindende Oxydation zu Formaldehyd toxisch.

Arzneimittelinduzierte Leberschädigung. ***Obligate Hepatotoxine*** wie Tetrachlorkohlenstoff, Paracetamol oder die toxischen Peptide des Knollenblätterpilzes (α-Amanitin, Phalloidin) führen bei jeder Person innerhalb kurzer Frist zu dosisabhängigen Leberschäden. Bei der direkten obligaten Leberschädigung wird das Medikament durch Biotransformation in einen toxischen Metaboliten umgewandelt, der an Zellbestandteile gebunden wird und dadurch zur Leberschädigung, Verfettung, Apoptose und Nekrose führen kann. Die Zytochrom-P-450 abhängige Monooxygenase wandelt z. B. Tetrachlorkohlenstoff (CCl_4) in das hochtoxische CCl_3 Radikal um, das Leberzellmembranen schädigt.

Fakultative Hepatotoxine führen nach unterschiedlich langer Latenzzeit dosisunabhängig zur Leberschädigung. Hierbei kann das Zeitintervall zwischen Exposition und Manifestation oft mehr als 10 Tage betragen. Bei der indirekten, fakultativen Leberschädigung durch Arzneimittel kann nach Biotransformation der Metabolit als Hapten kovalent an ein Protein gebunden werden, wodurch dem Metaboliten antigene Eigenschaften verliehen werden. Dadurch kann die Bildung von Antikörpern induziert werden. Reexposition mit dem Medikament kann daher, nicht vorhersehbar, dosisunabhängig zu Leberzellapoptose/-nekrose führen. Ein Beispiel hierfür ist die wiederholte Narkose mit Halothan.

Hormone. Die Leber spielt eine Schlüsselrolle im Hormonmetabolismus, da sie Hormone durch spezifische Hormonrezeptoren aufnimmt, metabolisiert und inaktiviert. So werden Östrogene, Androgene und Kortikosteroide in der Leber an Glukuronsäure oder Sulfat gekoppelt und inaktiviert. Peptidhormone wie z. B. Parathormon werden in der Leber gespalten und inaktiviert.

Eine Ursache für die beim Zirrhotiker anzutreffende Gynäkomastie und Hodenatrophie ist zum einen die verminderte Synthese von Testosteron, zum anderen neigen Zirrhosepatienten oft zu erhöhten Östrogenspiegeln, die auf die Induktion von mischfunktionellen Oxidasen in der Peripherie (Leber, Muskel) zurückgeführt werden. Hierdurch werden Androgenpräkursoren vermehrt zu Östrogenen umgewandelt.

Die Plasmakonzentration von Insulin, Glukagon, Wachstumshormon, ADH, Renin, Angiotensin II und Aldosteron ist bei Patienten mit einer Leberzirrhose oft erhöht, die Konzentration von Somatomedinen und T3 dagegen erniedrigt.

> **!** Die chemische Modifikation körpereigener oder -fremder Substanzen im Rahmen der Biotransformation ist bei Lebererkrankungen gestört. In der Regel verlängert sich die biologische Halbwertszeit. Verschiedene Substanzen werden in der Leber gegiftet, wie beispielsweise Methanol zu Formaldehyd.

30–50 % aller Lebererkrankungen sind durch Alkohol bedingt. Das toxische Substrat ist dabei die durch den Alkoholabbau entstehende Essigsäure

Alkoholbedingte Lebererkrankungen. Der Abbau des Alkohols erfolgt ausschließlich in der Leber [12]. Nur etwa 2–10 % des aufgenommenen Äthylalkohols werden unverändert über die Nieren, die Lunge und die Haut ausgeschieden. Als Abbauwege stehen die ***Alkoholdehydrogenase***, das ***mikrosomale alkoholoxidierende System (MEOS)*** und die ***Katalase*** zur Verfügung. Das gemeinsame Produkt dieser Abbauwege ist der lebertoxische Azetaldehyd, der durch die ***Aldehyddehydrogenase*** zu Essigsäure weiteroxidiert wird. Bei beiden Reaktionen entsteht NADH, das zusammen mit Azetyl-CoA (aus dem Abbau von Azetat) die Fettsäuresynthese anregt. Weiterhin hemmt das vermehrt gebildete NADH die Fettsäureoxidation. Azetaldehyd schränkt darüber hinaus die Synthese von Apoproteinen und damit die Bildung von Lipoproteinen ein, so daß der Abtransport von Triglyzeriden aus der Leber blockiert wird.

Normalerweise erfolgt der Alkoholabbau fast ausschließlich über die Alkohodehydrogenase. Die Oxidation über das MEOS und die Katalase sind quantitativ unbedeutend. Bei chronischem Alkoholkonsum spielt dagegen der Abbau über das MEOS eine wesentliche Rolle, da das im endoplasmatischen Retikulum gelegene mischfunktionelle Oxidationssystem (MEOS) induziert wird. Der Alkoholabbau erfolgt dadurch nicht nur über die Alkoholdehydrogease, sondern zunehmend über MEOS. Der gesteigerte O_2-Verbrauch durch MEOS führt zu läppchenzentraler Hypoxie.

Aufgrund dieser Mechanismen führt Alkohlabusus, d. h. ein Überschreiten kritischer Grenzwerte des täglichen Alkoholkonsums über mehrere Jahre (bei Frauen > 20 g/Tag, bei Männern > 60 g/Tag; die Kapazität der Alkoholdehydrogenase ist bei Frauen wesentlich geringer als bei Männern) zu einer ***Alkoholfettleber***. Azetaldehyd führt durch Schädigung der Mitochondrien und des Zytoskeletts zu Zellnekrosen. Diese Nekrosen sowie Lymphozyten- und Fettanreicherungen in der Leber sind kennzeichnend für die ***Alkoholhepatitis***, die häufigste Ursache für die Leberzirrhose.

In Deutschland sind 30–50 % aller Lebererkrankungen durch Alkoholkonsum verursacht. Man unterscheidet drei Stadien der alkoholbedingten Leberkrankheit:

1. reine ***Fettleber*** (Steatosis hepatis) ohne entzündliche Reaktion;
2. ***Fettleberhepatitis*** (Fettleber mit entzündlicher Reaktion). Sie ist durch das Auftreten von Leberzellnekrosen, leukozytären Infiltraten im Bereich der Portalfelder und durch alkoholisches Hyalin (Mallory bodies) gekennzeichnet;
3. mikronoduläre ***Leberzirrhose*** („Fettzirrhose").

Im Stadium 1 und 2 sind alkoholtoxische Leberschäden reversibel, wenn eine absolute Alkoholkarenz eingehalten wird. Im Stadium 3 der mikronodulären Zirrhose drohen Komplikationen durch Leberinsuffizienz und Pfortaderhochdruck.

Äthanol wird hepatisch durch die Alkoholdehydrogenase (ADH), das mikrosomale alkoholoxidierende System (MEOS) und die Katalase zu hepatotoxischem Azetaldehyd abgebaut. Während normalerweise die ADH das führende alkoholabbauende Enzym ist, wird diese Rolle mit zunehmendem Alkoholkonsum vom MEOS übernommen. Über die reversiblen Stadien Fettleber und Fettleberhepatitis kann eine irreversible alkoholische Leberzirrhose entstehen.

22.4 Hämodynamik der Leberperfusion

Störungen der Leberhämodynamik im Bereich der Pfortader haben eine portale Hypertension zur Folge

Portale Hypertension. Erreicht der Druck in der Portalvene mehr als 10 mmHg, beginnt sich ein ***Kollateralkreislauf*** zwischen dem ***Portalvenensystem*** und dem benachbarten venösen ***Niederdrucksystem*** auszubilden durch Wiedereröffnung von Gefäßen, die eine Verbindung von der Pfortader zur V. cava superior oder V. cava inferior herstellen. Dadurch wird Portalblut ohne Kontakt zu Hepatozyten in die systemische Zirkulation umgeleitet. Während normalerweise 100 % des portalen Blutflusses über die Vv. hepaticae abgeleitet werden, kann dies bei der Leberzirrhose auf rund 10 % des portalen Blutflusses reduziert sein. Der übrige Teil des Pfortaderblutes fließt über kollaterale Gefäßverbindungen ab.

Die ***Einteilung*** der portalen Hypertension (Tabelle 22.3) nach der anatomischen Lokalisation des sie verursachenden Strömungshindernisses hat sich am

Tabelle 22.3. Klassifikation und Ursachen der portalen Hypertension

Lokalisation	Ätiologie	Klinik
Prähepatischer Block - peripherer Block = Thrombose der Milzvene - zentraler Block = Thrombose der Pfortader	Blande Thrombose bei Thromboseneigung, z. B. Polycythaemia vera, Einnahme östrogenhaltiger Kontrazeptiva, septische Thrombose durch Nabelschnurinfektion des Neugeborenen, Pfortaderkompression (Tumoren, Pankreaszysten, Lymphknoten) Verletzungen Peritonitis	Hyperspleniesyndrom bei normaler Leberfunktion
Intrahepatischer Block (> 75 % der Fälle)		
präsinusoidal (Lebervenenverschlußdruck meist normal)	Bilharziose (= Schistosomiasis -häufige Ursache in den Tropen), myeloproliferative Erkrankungen, Lebermetastasen u. a.	
sinusoidal	Leberzirrhose (75 % der Fälle mit portaler Hypertension) Bei der weit überwiegenden Zahl der Patienten in Deutschland wird der portale Hypertonus durch eine Leberzirrhose (60 % alkoholisch) hervorgerufen	
postsinusoidal: (Lebervenenverschlußdruck erhöht) = venookklusive Erkrankungen	z. B. Leberschäden durch Immunsuppressiva	
Posthepatischer Block	Budd-Chiari-Syndrom = Verschluß der Lebervenen durch Thrombosen, Tumorkompression oder angeborenen membranöse Verschlüsse (Asien) Konstriktive Perikarditis	

besten bewährt (Abb. 22.5 a). So unterscheidet man eine ***prähepatische Obstruktion*** von der ***intrahepatischen*** und der ***posthepatischen*** Obstruktion. Bei der intrahepatischen Obstruktion kann das Strömungshindernis vor ***(präsinusoidal)***, in den Lebersinusoiden selbst ***(intrasinusoidal)*** oder hinter den Sinusoiden ***(postsinusoidal)*** gelegen sein (Abb. 22.-5 b). Bei allen vor dem Sinusoid, d. h. den prähepatisch und intrahepatisch-präsinusoidal gelegenen Obstruktionen ist der Blutdruck innerhalb der Sinusoide normal und die Leberfunktion meist nicht beeinträchtigt, da eine ausreichende Leberdurchblutung durch den kompensatorisch gesteigerten Blutfluß über die A. hepatica aufrechterhalten wird. Dagegen ist der Druck in den Lebersinusoiden bei intrasinusoidalen, postsinusoidalen und posthepatischen Formen einer Obstruktion erhöht. Dieser Druckanstieg trägt wesentlich zur Aszitesentstehung bei [13,14] (s. unten).

Folgen der portalen Hypertension: Die bedeutendsten Komplikationen entstehen durch die Entwicklung von Kollateralkreisläufen, die Ausbildung eines Hypersplenismus, die Aszitesbildung und die Entwicklung einer hepatischen Enzephalopathie.

Kollateralkreisläufe: In Folge der portalen Hypertension entwickeln sich porto-kavale Umhehungskreisläufe:

- porto-gastro-ösophageale Kollateralen → ***Ösophagus/Fundusvarizen***,
- umbilikale Kollateralen: Venöse Verbindungen zwischen Umbilikalvenen mit epigastrischen Venen ***(Cruveilhier-von-Baumgarten-Syndrom)*** [1,5] → klinisch: ***„Caput medusae“***,
- mesenteriko-hämorrhoidale Kollateralen,
- gastro-phreno-(supra)renale Kollateralen.

Kongestive Splenomegalie: Die portale Hypertension führt obligat durch Blutstauung zur Milzvergrößerung (Splenomegalie), wobei die Milz um so größer ist, je näher die Obstruktion des portalen Systems zur Milz hin lokalisiert ist.

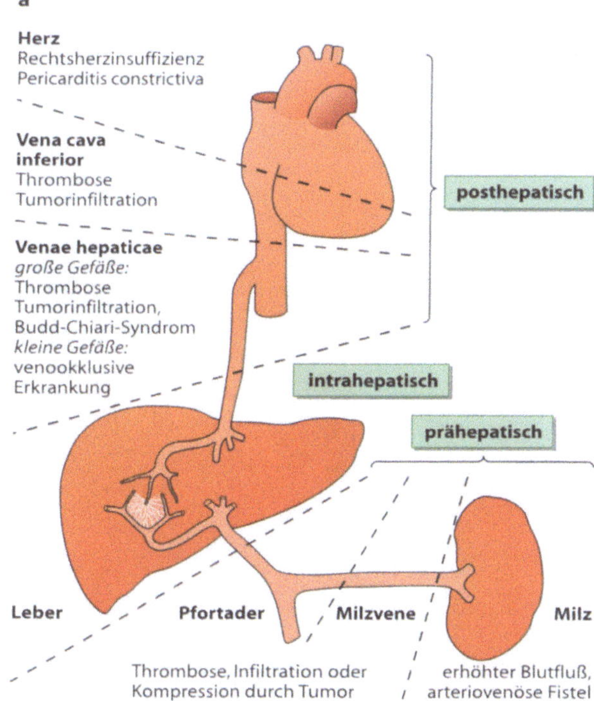

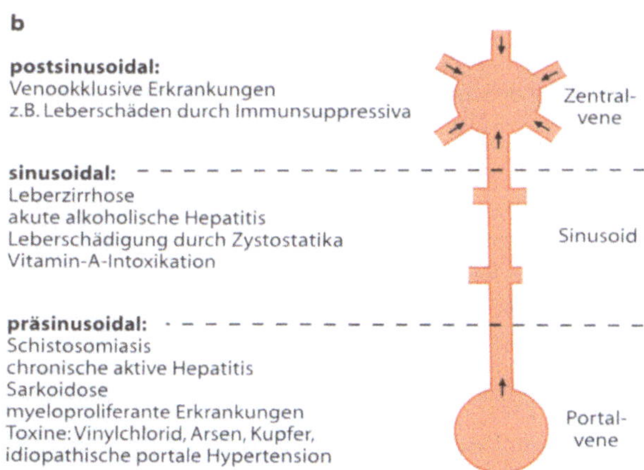

Abb. 22.5. a Lokalisation und Ursachen des Strömungshindernis bei portaler Hypertension. **b** Ursachen der intrahepatischen portalen Hypertension

Die Splenomegalie bei portaler Hypertension zeigt in 35 % Zeichen des ***Hypersplenismus*** (Thrombozyto-, Leukozytopenie, Anämie). Obwohl der exakte Mechanismus ungeklärt ist, spielt eine gesteigerte Sequestration der Zellen in der Milz eine Rolle.

Aszites: Grundsätzlich entsteht Aszites, wenn 1. der intravasale hydrostatische Druck ansteigt und 2. der intravasale kolloidosmotische Druck abfällt [13,14] (Abb. 22.6).

Die Pathogenese des Aszites ist komplex und noch nicht in allen Einzelheiten geklärt. Entscheidende pathogenetische Faktoren sind

- ***portale Hypertension*** mit Hypervolämie der Splanchnikusgefäße,
- vermehrte ***Lymphproduktion***,
- Hypalbuminämie mit ***Erniedrigung des kolloidosmotischen Druckes***,
- gesteigerte ***Natriumrückresorption*** im proximalen Tubulus → renale Natrium-und Wasserretention, verstärkt durch sekundären Hyperaldosteronismus (vermehrte Synthese von Aldosteron + verminderte hepatische Inaktivierung von Aldosteron).

Der gesteigerte hydrostatische Druck in den Kapillaren des Peritoneums (Folge des portalen Hypertonus) bei vermindertem onkotischen Druck (Folge der Hypalbuminämie) führt nach den Starling-Gesetzen zum Flüssigkeitsaustritt in den Extravasalraum, d. h. in die freie Bauchhöhle (Proteingehalt des Aszites < 2,5 g/dl). Bei einem Druckanstieg in den Sinusoiden wird vermehrt Lymphe über den Dissé-Raum abgepreßt und bei Überschreiten der Kapazität des Lymphabflusses in die Bauchhöhle sequestriert.

Neben den hepatischen Faktoren trägt eine renale Natrium-, und Wasserretention als sekundäre Folge des verminderten effektiven Plasmavolumens entscheidend zur Aszitesbildung bei. Die dadurch über das Renin-Angiotensin-System ausgelöste Aldosteronsekretion verstärkt die Natriumretention.

Hepatische Enzephalopathie: siehe 22.6.

Leberzirrhose und Leberfibrose sind die häufigsten Ursachen der portalen Hypertension in Europa

Leberzirrhose. Bei der Leberzirrhose handelt es sich um die Spätfolge von Lebererkrankung unterschiedlicher Ätiologie. Durch Parenchymnekrosen werden Narbenbildung, Umgestaltung des Gefäßapparates und regeneratorischer Parenchymumbau der Leber induziert. Durch die Bindegewebsvermehrung und teilweise Zerstörung des normalen Läppchenaufbaus sowie Abschnürung von Parenchyminseln ist eine Wiederherstellung der normalen Leberarchitektur nicht mehr

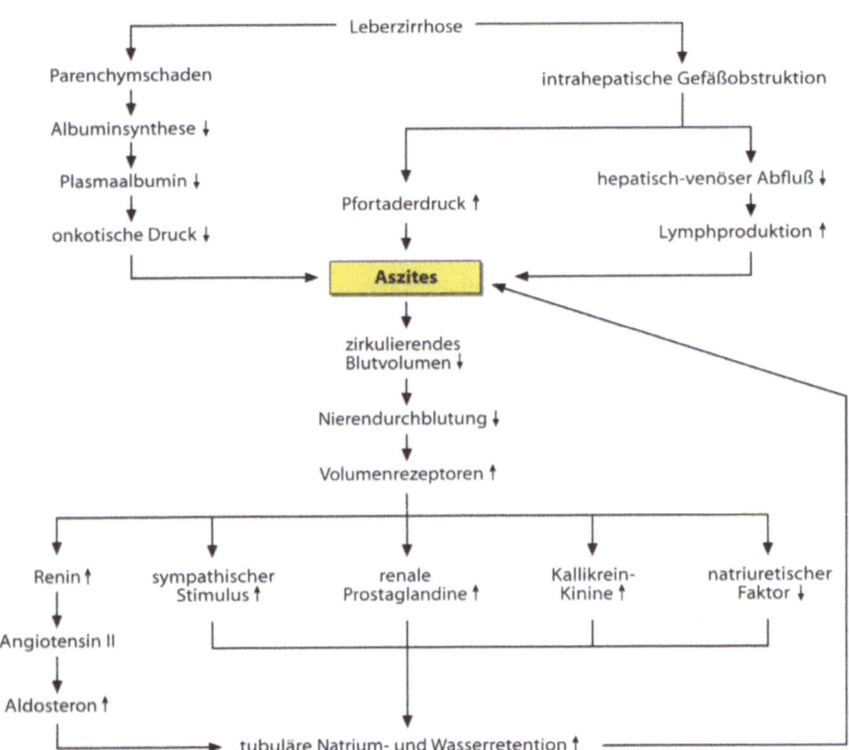

Abb. 22.6. Pathogenese des Aszites

möglich. Funktionelle Folgen sind Leberinsuffizienz und portale Hypertension.

Pathologisch-anatomisch werden drei Formen unterschieden:

1. die mikronoduläre Leberzirrhose mit Regeneratknötchen bis 3 mm,
2. die makronoduläre Leberzirrhose mit Regeneratknoten von 3 mm bis 3 cm,
3. die gemischtknotige Leberzirrhose, die ein Mischbild aus 1 und 2 darstellt.

Die wichtigsten Ursachen einer Leberzirrhose sind:

- ***Alkoholabusus***, ca. 50 % der Fälle in Deutschland,
- ***Virushepatitis*** (Hepatitis B, C, D), ca. 40 % der Fälle,
- ***autoimmune chronisch-aktive Hepatitis***,
- ***primär biliäre Zirrhose*** (PBC) und ***primär sklerosierende Cholangitis*** (PSC) (Abb. 22.4),
- ***medikamenteninduzierte und toxische Leberschäden***,
- ***Stoffwechselkrankheiten***: Hämochromatose, M. Wilson, α1-Antitrypsinmangel,
- ***kardiale Zirrhose***: chronische Stauungsleber bei „Panzerherz" oder chronische Rechtsherzinsuffizienz,
- ***Budd-Chiari-Syndrom*** (Verschluß der Lebervenen), ***Tropenerkrankungen*** (Bilharziose, Leberegel).

Die Leberzirrhose ist die uniforme morphologische Antwort auf verschiedene Lebererkrankungen. Die häufigsten Ursachen in Deutschland sind die Alkoholkrankheit und chronische virale Hepatitiden (B, C). Funktionelle Folgen sind eingeschränkte Synthese- und Metabolismuskapazität der Leber und portale Hypertension.

22.5 Metabolische Lebererkrankungen

Stoffwechselstörungen sind endogene Ursachen akuter und chronischer Lebererkrankungen

Wichtige Vertreter dieser Gruppe sind die Eisenstoffwechselstörung Hämochromatose, die Kupferstoffwechselstörung M. Wilson und ein Teil der unterschiedlichen Störungen der Hämbiosynthese, die zur Porphyrie führen.

Hämochromatose. Bei der *primären* Hämochromatose handelt es sich um eine autosomal-rezessiv vererbte ***Störung der endogenen Eisenaufnahme***, die zu einer progressiven Eisenüberladung des Organismus führt. Als Folge der pathologischen Speicherung treten Gewebsschäden auf, die vor allem Leber (Ausbildung einer Leberzirrhose), Pankreas (Diabetes mellitus), Herz (kongestives Herzversagen), Haut (Pigmentvermehrung), Gelenke (Arthropathie) und Gonaden (Hodenatrophie, Impotenz) betreffen.

Kürzlich konnte ein Kandidatengen für die hereditäre, primäre Hämochromatose identifiziert werden. Es handelt sich um ein neues MHC-Klasse-I-Gen, das bei Patienten mit Hämochromatose mutiert ist [8].

Die Diagnose wird in der Regel durch das histologische Bild der ***Eisenüberladung*** und den ***hepatischen Eisenindex*** (hepatische Eisenkonzentration/Alter > 1,9) gestellt, unterstützt durch eine hohe Transferrinsättigung (> 65 %) und hohe Ferritinwerte. Auch die molekulare Diagnostik des Hämochromatosegens ist verfügbar.

Eine *sekundäre* Hämochromatose kann als Folge von multiplen Transfusionen, chronischer Hämolyse, (z. B. Sichelzellanämie, Thalassämie) oder alkoholischer Leberzirrhose auftreten.

Morbus Wilson. Auch beim M. Wilson handelt es sich um eine autosomal-rezessive Erkrankung. Eine mangelnde biliäre Kupferausscheidung resultiert hier in einer toxischen Kupferüberladung der Hepatozyten und einer konsekutiven Kupferspeicherung in anderen Geweben, wie im Gehirn (neuropsychiatrische Symptome), in der Kornea (Kayser-Fleischer-Ring) und in Nierenepithelzellen. Der Morbus Wilson manifestiert sich bei einem Viertel der Patienten als akutes Leberversagen.

Diagnostik: Coeruloplasmin, das normalerweise 95 % des Serumkupfers bindet, ist stark vermindert. Die Serumkupferspiegel sind erniedrigt. Die Kupferausscheidung im Urin ist gesteigert. Wie bei der Hämochromatose ist auch beim M. Wilson die Histologie der Leberbiopsie mit dem Nachweis eines pathologisch erhöhten Leberkupfergehalts von Bedeutung.

Porphyrie (s. Kap. 12). Bei verschiedenen Porphyrien tritt eine Leberschädigung auf, die bis zur Leberzirrhose führen, aber auch ein akutes Leberversagen induzieren kann. Als ein Beispiel sei die häufigste Form der Porphyrie, die ***Porphyria cutanea tarda*** angeführt. Diese kann neben Hauterscheinungen auch mit Hepatitis, Leberzirrhose und hepatozellulärem Karzinom einhergehen.

> **!** Während die Hämochromatose nur chronisch verläuft und zu Leberzirrhose und hepatozellulärem Karzinom führt, kann v. a. der M. Wilson, selten auch die Porphyrie, ein akutes Leberversagen verursachen.

22.6 Akute und chronische Leberinsuffizienz und systemische Folgen

Akutes und chronisches Leberversagen wirken sich v. a. auf die Funktionen von Gehirn, Niere und Lunge aus

Gehirn. Unter einer hepatischen Enzephalopathie versteht man alle neurologischen und psychiatrischen Manifestationen einer gestörten Gehirnfunktion, die im Zusammenhang mit einer schweren akuten oder chronischen Lebererkrankung oder infolge einer Umgehung der Leber durch Ausbildung portosystemischer Anastomosen (portosystemische Enzephalopathie) auftreten können.

Die pathophysiologischen Mechanismen der hepatischen Enzephalopathie sind noch ungeklärt. Als Ursachen werden endogene Neurotoxine, die von der Leber ungenügend aus dem Pfortaderblut enfernt werden, sowie Veränderungen der intrazerebralen Neurotransmitter und ihrer Rezeptoren diskutiert. Basierend auf den unterschiedlichen Toxinen werden vier Hypothesen abgeleitet [10,11]:

1. die Ammoniumhypothese,
2. die synergistische Toxinhypothese,
3. die Hypothese der falschen Neurotransmitter,
4. die GABA- (γ-Aminobuttersäure-)Hypothese.

- Die toxische Wirkung von ***Ammoniak*** im Gehirn beruht auf Veränderungen des Amminosäurentransports über die Blut-Hirn-Schranke, der Beeinträchtigung energieliefernder intrazerebraler Stoffwechselwege und der Beeinflussung der Neurotransmission.
- Eine Vielzahl der Substanzen, die im Kolon durch bakteriellen Metabolismus entstehen, wie Mercaptane aus Methionin, Fettsäuren (besonders Octonsäure) oder Phenole gelangen infolge Leberinsuffizienz und/oder über portosyste-

mische Anastomosen in das zentrale Nervensystem. Hier wirken sie ***synergistisch*** zum Ammonium neurotoxisch.

- Die Amminosäurenimbalance ist ein weiterer Faktor in der Pathogenese der hepatischen Enzephalopathie. Die verzweigtkettigen und aromatischen Aminosäuren konkurrieren um ein gemeinsames Transportsystem der Blut-Liquorschranke. Daher werden die bei chronischen Lebererkrankungen vermehrten aromatischen Aminosäuren (Phenylalanin, Tyrosin und Tryptophan) im Austausch gegen Glutamin vermehrt in das Gehirn aufgenommen. Phenylalanin hemmt im ZNS die Tyrosin-3-Monooxygenase, so daß der Syntheseweg zu den Transmittern Dopamin und Noradrenalin blockiert ist. Phenylalanin und Tyrosin werden statt dessen zu den ***falschen Neurotransmittern*** Phenyläthanolamin und Octopamin umgewandelt. Octopamin verfügt nur über ein Fünfzigstel der Wirkintensität des Noradrenalins. Daher führen die falschen Neurotransmitter zu einer veränderten Neurotransmission und tragen so zur hepatischen Enzephalopathie bei.
- γ-Aminobuttersäure ist der bedeutendste inhibitorische Transmitter des menschlichen Gehirns. Die GABA-Hypothese der portalen Enzephalopathie besagt, daß GABA, die im Intestinum durch bakterielle Dekarboxylierung von Glutamat entsteht, bei Leberinsuffizienz infolge verminderter hepatischer Clearance über die Blut-Liquor-Schranke vermehrt in das ZNS eintritt. GABA bindet an den postsynaptischen GABA-Rezeptor, der mit zwei anderen Rezeptorproteinen in Wechselwirkung steht, die Benzodiazepine bzw. Barbiturate als Liganden binden (GABA-Benzodiazepin-Rezeptor-Komplex). Ein endogener Benzodiazepinligand, der an diesen Komplex bindet, soll eine Rolle bei der durch GABA induzierten Hemmung der Neurotransmission spielen.

Man unterscheidet die hepatische Enzephalopathie bei akutem Leberversagen von der hepatischen Enzephalopathie bei Leberzirrhose mit oder ohne chronisch portal-systemische Anastomosen.

Endogenes Leberkoma (Leberzerfallskoma). Virushepatitis, Vergiftungen mit Knollenblätterpilzen oder Tetrachlorkohlenstoff, sowie ein akuter Schub der Leberzirrhose können zum Leberzerfallskoma führen.

Exogenes Leberkoma (Leberausfallskoma). Das exogene Leberkoma tritt als Endzustand einer Zirrhose bei portaler Hypertension mit erhöhten Ammoniakspiegeln auf. Während das endogene Koma einen akuten Verlauf zeigt, treten beim exogenen Koma eher chronisch-protrahierte Verlaufsformen auf.

Niere. Das ***hepatorenale Syndrom*** ist definiert als eine Niereninsuffizienz, die bei Patienten mit Lebererkrankungen auftritt, ohne daß anderweitige Ursachen des Nierenversagens (im Sinne einer primären Nierenerkrankung) vorhanden sind [6].

Auslöser eines hepatorenalen Syndroms bei Patienten mit Leberzirrhose ist neben der Progredienz der Leberinsuffizienz häufig die Reduktion des effektiv zirkulierenden Blutvolumens im Zusammenhang mit Diuretikagabe, einer Parazentese oder einer gastrointestinalen Blutung.

Ziel der Diagnostik ist der Ausschluß einer vorbestehenden Nierenerkrankung. Typisch für das hepatorenale Syndrom sind ein normaler Harnstatus und eine verminderte Natriurese (< 10 mmol/24h) [3]. Mit Fortschreiten des hepatorenalen Syndroms steigen der Harnstoff und das Kreatinin im Blut stetig an, das Serumnatrium fällt unter 120 mval (= mmol/l) ab.

Bei Überwindung der primären Lebererkrankung ist die Nierenfunktionsstörung vollständig reversibel.

Pulmo. Das ***funktionelle hepatopulmonale Syndrom*** ist definiert als Hypoxämie ($PaO_2 < 70$ mmHg) mit intrapulmonaler Vasodilatation und Shuntbildung sowie Vorliegen einer Ventilations-/ Perfusionsstörung.

Es besteht eine Reduktion der Diffusionskapazität, ohne daß eine restriktive Ventilationsstörung vorliegt. Diese beruht wahrscheinlich auf einer Dilatation der kleinen pulmonalen Blutgefäße, die als Komplikation sowohl bei fortgeschrittener Zirrhose, als auch bei fulminantem Leberversagen [2] auftritt.

Die ***primäre pulmonale Hypertension*** ist eine Komplikation vor allem der Leberzirrhose mit bestehender portaler Hypertension.

> **!** Lebererkrankungen beeinträchtigen die Funktion anderer Organe. Klinisch führend sind die Dysfunktion von Gehirn (hepatische Enzephalopathie), Niere (hepatorenales Syndrom) und Lunge (hepatopulmonales und portopulmonales Syndrom).

22.7 Hepatozelluläres Karzinom

Das hepatozelluläre Karzinom entsteht in Europa vor allem auf dem Boden einer zur Leberzirrhose führenden Lebererkrankung

Verschiedene Lebererkrankungen und Hepatotoxine können zur Bildung eines hepatozellulären Karzinoms führen. Hierbei handelt es sich einerseits um *direkte* hepatokarzinogene Effekte und andererseits beinhaltet die Leberzirrhose als Endzustand unterschiedlicher Lebererkrankungen ein ***Karzinomrisiko sui generis***

(Abb. 22.7). So werden für das Hepatitis B Virus, welches in das Wirtsgenom integrieren kann, direkte onkogene Effekte diskutiert. Andererseits erhöht der chronisch, nekro-inflammatorische Reizzustand mit gesteigerter Proliferationssrate die Wahrscheinlichkeit, ein Karzinom zu entwickeln. Das Risiko ist erheblich und nimmt mit der Zeit zu. So hat ein in der Kindheit chronisch an Hepatitis B erkrankter Mann lebenslang ein fast 50 %iges Karzinomrisiko. Neben den Hepatitis-B-Virus-assoziierten Karzinomen haben in den letzten Jahren die ***Hepatitis-C-Virus-assoziierten Karzinome*** an Bedeutung gewonnen.

Als Beispiel eines direkten Karzinogens sei das Aflatoxin B1, das Gift des Pilzes Aspergillus flavus, erwähnt, der auf Getreide, Erdnüssen und anderen Nahrungsmitteln bei feuchtem Klima und inadäquater Lagerung wächst. Aflatoxine können an die zelluläre DNA binden und DNA-Addukte bilden. Hierdurch können Punktmutationen in wichtigen regulatorischen Genen, wie z. B. im p53-Tumorsuppressorgen entstehen [16]. Aflatoxin-induzierte hepatozelluläre Karzinome spielen vor allem in Südostasien und Afrika eine Rolle und tragen dazu bei, daß das hepatozelluläre Karzinom weltweit zu den häufigsten Tumoren zählt.

Als serologischer Marker des hepatozellulären Karzinoms dient das α-Fetoprotein. Im Rahmen der onkofetalen Entdifferenzierung der maligne entarteten Hepatozyten wird in 60–80 % der Fälle dieses fetale Albuminäquivalent vom Tumorgewebe produziert und kann im Serum nachgewiesen werden.

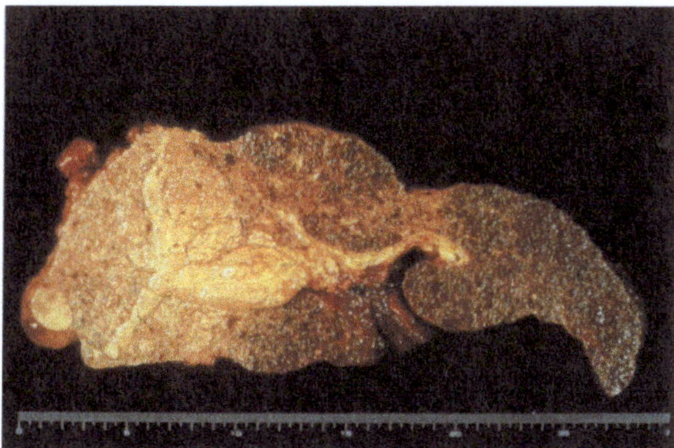

Abb. 22.7. Hepatozelluläres Karzinom. Man erkennt das knotige Bild einer Leberzirrhose und einen großen, hellen Tumor mit Tumorzapfen in der Pfortader

! In Europa entsteht das hepatozelluläre Karzinom v. a. auf dem Boden einer Leberzirrhose, die damit als Präkanzerose einzustufen ist. In Südostasien und Afrika besteht eine eindeutige Assoziation zwischen der Infektion mit Aspergillus fumigatus und dem Entstehen eines Leberzellkarzinoms.

22.8 Literatur

1. Baumgarten P von (1907) Über vollständiges Offenbleiben der Vena umbilicalis: zugleich ein Beitrag zur Frage des Morbus Bantii. Arb Path Anat. Inst, Tübingen 6: 93
2. Berthelot P, Walker JG, Sherlock S et al. (1966) Arterial changes in the lungs in cirrhosis of the liver–lung spider nevi. N Engl J Med 274: 291
3. Bichet DG, Van Putten VJ, Schrier RW (1982) Potential role of increased sympathetic activity in impaired sodium and water excretion in cirrhosis. N Engl J Med 307:1552
4. Chan Y, Angus CW, Lam WM, Lee D, Chung S, Sung J, Cheung H, Li A, Metreweli C (1996) Choledocholithiasis: comparison of MR cholangiography and endoscopic retrograde cholangiography. Radiology 200:85
5. Cruveilhier J (1829) Anatomie pathologique du corps humain. Vol. I. XVI livr. pl. vi-Maladies du veines. JB Ballière, Paris, p 35
6. Epstein M (1988). The Kidney in Liver Disease, 3rd ed. Williams and Wilkins, Baltimore, p 3
7. Fauth U, Halmágyi M (1991) Ätiologie, Pathophysiologie und klinische Bedeutung der hereditären Fruktoseintoleranz. Infusionstherapie 18:213
8. Feder JN, Gnirke A, Thomas W, Zuchihashi Z, et al. (1996) A novel class I MHC I-like gene is mutated in patients with hereditary hemochromatosis. Nature Genet 13:399–408
9. Kartenbeck J, Leuschner U, Mayer R, and Keppler D (1996) Absence of the canalicular isoform of the mrp gene-encoded conjugate export pump from the hepatocytes in Dubin-Johnson Syndrom. Hepatology 23:1061
10. Mullen KD, Kaminsky-Russ K (1996) Pathogenesis of hepatic encephalopathie: potential future approaches. Dig Dis 14 (suppl):20–29
11. Butterworth RF (1998) Alterations of neurotransmitter-related gene expression in human and experimental portal-systemic encephalopathy. Metabolic Brain Disease 4:337
12. Lieber CS (1988) Biochemical and molecular basis of alcohol-induced injury to liver and other tissues. N Engl J Med 319:1639
13. Schiff L, Schiff ER (1998) Diseases of the Liver, 8th edn. Lippincott, Philadelphia
14. Sherlock S, and Dooley J (1996) Diseases of the Liver and Biliary System, 10th edn. Blackwell Scientific Publications, Oxford
15. Siegel EG, Gallwitz B, Schmidt WE, Fölsch UR (1999) Der hepatogene Diabetes – Aktuelle Konzepte zu Pathophysiologie und Therapie. Dtsch. med. Wschr.50:1530
16. Volkmann M, Hofmann WJ, Müller M, Räth U, Otto G, Zentgraf H, Galle PR (1994) P53 overexpression is frequent in European hepatocellular carcinoma and largely independent of the codon 249 hot spot mutation. Oncogene 9:195

23 Exokrines Pankreas

T. Arendt, M. M. Lerch, U. R. Fölsch

EINLEITUNG Bei einem 37jährigen Patienten stellen sich nach exzessivem Alkoholkonsum plötzlich starke Schmerzen in der Mitte des Oberbauchs mit Ausstrahlung in beide Flanken ein. Der Bauch ist prallelastisch gespannt („Gummibauch"). Der Patient ist kreislaufinstabil (Puls: 110/min, RR: 100/60 mmHg). Labor: Leukozytose (17.000 /µl), Anstieg der Serumamylase auf das Fünffache der Norm. Im Ultraschall ist der Kopf der Bauchspeicheldrüse vergrößert. Eine akute Pankreatitis wird diagnostiziert. Unter Intensivüberwachung erfolgt die Therapie mit i. v. Volumenzufuhr (6 l/24 h) und Analgetika. Unter der Schocksituation entwickelt sich ein akutes Nierenversagen. 4 Wochen später haben sich alle Befunde normalisiert. Nach jahrelangem fortgesetztem Alkoholabusus stellt sich der Patient wegen chronischer Oberbauchschmerzen, Gewichtsabnahme und Diarrhoen erneut vor. Es finden sich eine Steatorrhoe und ein Diabetes mellitus. Sonographisch zeigen sich Verkalkungen in der Region des Pankreas. Diagnose: Chronische Pankreatitis mit endokriner und exokriner Insuffizienz. Die Diarrhoen gehen unter oraler Pankreasfermentsubstitution zurück. Der Diabetes mellitus wird mit Insulin behandelt.

23.1 Akute Pankreatitis

Definition. Die akute Pankreatitis verursacht Oberbauchschmerzen, die typischerweise gürtelförmig in den Rücken ausstrahlen. Diese Symptomatik wird begleitet von einer „Fermententgleisung", d. h. einem Anstieg der Pankreasenzyme (Amylase, Lipase) im Blut und/oder Urin.

Morphologisch werden zwei Verlaufsformen unterschieden: Bei der häufigeren interstitiell-ödematösen akuten Pankreatitis (75–85 %) finden sich ein Ödem sowie (feingeweblich) Granulozyteninfiltrate im Interstitium. Fakultativ können Fettgewebsnekrosen auftreten. Die seltenere hämorrhagisch-nekrotisierende Pankreatitis (15–25 %) zeigt zusätzlich Parenchymnekrosen und Einblutungen in das Gewebe. Während bei der interstitiell-ödematösen Pankreatitis die Krankheit in der Regel einen gutartigen Verlauf nimmt, ist die hämorrhagisch-nekrotisierende Pankreatitis mit zahlreichen Komplikationen assoziiert, die eine hohe Letalität (bis zu 15 %) bedingen.

Ätiologisch spielen die Cholelithiasis und der Alkoholabusus unter den Ursachen der akuten Pankreatitis eine dominierende Rolle

Gallensteine oder ***Alkoholabusus*** sind für 80 % der Erkrankung verantwortlich. Bei bis zu 20 % der Patienten wird keine Ursache gefunden (idiopathische Pankreatitis).

In Einzelfällen kann die akute Pankreatitis auch durch ätiologische Faktoren verursacht werden, bei denen der Pathomechanismus entweder in einer

- ***Störung der Blutversorgung*** (z. B. durch Arteriosklerose, Thrombose oder Embolie), einem
- ***Verschluß des Pankreasganges*** (z. B. durch Tumor, Narben oder intraduktale Verkalkungen) oder in einer
- ***direkten Schädigung der Azinuszellen*** (z. B. durch Viren)

besteht. Bei einer Anzahl seltener ätiologischer Faktoren (z. B. Hyperlipidämie oder Hyperparathyreoidismus) ist der Pathomechanismus unklar. Medikamente sind als Auslöser der akuten Pankreatitis meistens nur durch Einzelfallbeschreibungen belegt. Gesichert ist die pathogene Rolle lediglich bei dem in der Therapie von AIDS verwendeten Virostatikum ddI (Didanosine) und dem Immunsuppressivum Azathioprin.

Bei der akuten Pankreatitis kann es zur intrapankreatischen Aktivierung der Verdauungsenzyme mit nachfolgender Autodigestion der Drüse kommen

Die akute Pankreatitis ist eine Entzündung, deren spezifische Eigenart in der möglichen intrapankreatischen Aktivierung der Verdauungsenzyme der Drüse besteht. Die von der Bauchspeicheldrüse sezernierten Enzyme wie Trypsin, Chymotrypsin und Phospholipase A_2 sind in ihrer aktiven Form gewebetoxisch. Aktivierte Formen dieser Enzyme wurden bei einigen Patienten mit akuter Pankreatitis sowie bei tierexperimentellen Modellen der Erkrankung im Pankreasgewebe, Pankreassaft und Aszites gefunden [5]. Das Konzept der „*Autodigestion*" – erstmals vor über 100 Jahren von H. Chiari beschrieben [3] – steht im Zentrum pathophysiologischer Überlegungen: Aktivierte Pankreasenzyme gelten als Ursache der ausgedehnten Pankreaszerstörung und assoziierter systemischer Komplikationen (renales und pulmonales Versagen), die die Letalität der Erkrankung bedingen [13].

Schutzmechanismen gegen Autodigestion. Unter physiologischen Bedingungen werden die inaktiven Vorstufen der potentiell gewebetoxischen Verdauungsenzyme über den Ductus pankreaticus in das Duodenum sezerniert. Erst dort bewirkt normalerweise das Bürstensaumenzym Enterokinase eine Aktivierung des Trypsinogens zu Trypsin, das dann weitere Proenzyme aktiviert.

Vier verschiedene Mechanismen schützen die Bauchspeicheldrüse vor der Selbstverdauung [13]:

- Die digestiven Enzyme (mit Ausnahme der Lipase und der α-Amylase) werden als ***inaktive Zymogene*** synthetisiert.
- Die Azinuszellen enthalten und sezernieren zusammen mit den inaktiven Verdauungsenzymen große Mengen ***Protease-Inhibitoren***.
- Vorzeitig aktiviertes Trypsin kann durch die proteolytischen Enzyme Mesotrypsin und Enzym Y, aber auch durch Trypsin selbst gespalten und damit wieder ***inaktiviert*** werden.
- Der Transport der digestiven Enzyme im Pankreas erfolgt in von ihren potentiellen Substraten ***getrennten Kompartimenten***: In der Azinuszelle sind die Enzyme in den Zymogengranula verpackt (im Zytoplasma liegen keine Enzyme vor). Das Interstitium der Drüse wird durch die Schleimhautbarriere des Pankreasganges vor den sezernierten Enzymen im Ganglumen geschützt.

Voraussetzungen für eine Autodigestion. Die Auslösung einer Autodigestion der Bauchspeicheldrüse bei einer akuten Pankreatitis erfordert den Kontakt aktivierter Verdauungsenzyme mit ihren intrapankreatischen Substraten. Voraussetzungen dafür sind [6,13]:

- die ***intrapankreatische Aktivierung der Verdauungsenzyme***, sowie
- der ***Verlust des Kompartimentsystems*** der Bauchspeicheldrüse.

Tierexperimentelle Befunde und In-vitro-Studien zeigen, daß eine ***Autoktivierung der Verdauungsenzymkaskade*** unter besonderen Bedingungen vorkommen kann. Verschiedene Triggermechanismen werden diskutiert:

- Trypsinogen besitzt eine geringe proteolytische Aktivität. Diese kann eine ***Autoaktivierung*** zu Trypsin bewirken.
- ***Thrombin*** tritt möglicherweise aufgrund erhöhter entzündlich bedingter Gefäßpermeabilität aus dem Intravasalraum in das Pankreasparenchym aus. Thrombin vermag sowohl Trypsinogen als auch Phospholipasen zu aktivieren.
- Das Bürstensaum-Enzym ***Enterokinase*** könnte durch Reflux von Duodenalsaft in den Pankreasgang gelangen und dort, wie normalerweise im Duodenum, Trypsinogen aktivieren.
- ***Lysosomale Hydrolasen*** sind ebenfalls in der Lage, Trypsinogen zu aktivieren. Voraussetzung ist die Fusion von Zymogengranula mit Lysosomen in der Azinuszelle, die bei experimentellen Pankreatitiden beobachtet wurde.

Es ist nicht geklärt, warum die protektiven Mechanismen zur Verhinderung einer intrapankreatischen Enzymaktivierung bei einigen Patienten versagen und welche der genannten Triggermechanismen zur Aktivierung der Enzymkaskade bei der klinischen Erkrankung führen.

Die akute Pankreatitis wird vor allem durch Alkoholabusus oder Gallensteine verursacht. Dabei können die exokrinen Enzyme der Drüse bereits intrapankreatisch aktiviert werden. Wird zusätzlich das Kompartimentsystem der Drüse zerstört, das die pankreatischen Verdauungsenzyme von ihren potentiellen Substraten im Organ trennt, kommt es zur Autodigestion des Pankreas.

Die pathopysiologischen Mechanismen, über die Gallensteine oder Alkoholabusus eine akute Pankreatitis auslösen können, sind noch nicht bekannt

Gallensteine. Es gilt als sicher, daß die Passage von Gallensteinen über den Ductus choledochus durch die Papilla Vateri in das Duodenum eine akute Pankreatitis auslösen kann. Zur Erklärung des Pathomechanismus existieren drei Hypothesen:

- ***Gallereflux-Hypothese***: Diese Hypothese besagt, daß die Einklemmung eines Gallensteines in der Papilla Vateri einen Reflux von Galle in den Pankreasgang hervorrufen und somit eine Pankreatitis auslösen kann (Abb. 23.1 a).
- ***Duodenalreflux-Hypothese***: Dieser Hypothese zufolge kommt es mit dem Durchtritt des Gallensteines in das Duodenum zu einem passageren Klaffen der Papilla Vateri. Der Reflux von Duodenalinhalt mit aktivierten Verdauungsenzymen in den Pankreasgang (Abb. 23.1 b) soll die akute Pankreatitis auslösen.
- ***Pankreasobstruktions-Hypothese***: Der Gallenstein kann während der Passage in das Duodenum den Pankreasgang verlegen (Abb. 23.1 c). Der Sekretstau soll die Pankreatitis auslösen. Beim Opossum führt die Pankreasgangobstruktion tatsächlich zur hämorrhagisch-nekrotisierenden Pankreatitis [9]. Bei allen anderen Tiermodellen verursacht eine Gangobstruktion jedoch keine Entzündungsreaktion der Drüse.

Alkoholabusus. Folgende Mechanismen werden als Auslöser einer akuten Pankreatitis bei Alkoholabusus diskutiert [12]:

- ***Obstruktionshypothese***: Präzipitation von eingedicktem Pankreassekret im Gangsystem (Ursachen: s. dieses Kapitel, S. 349) und/oder alkoholbedingte Zunahme des Sphinkter-Oddi-Tonus können zur Drucksteigerung im Ganglumen führen. Im Tiermodell erhöht Alkohol außerdem die Permeabilität des Pankreasgangepithels. Damit könnten Enzyme aus dem Ganglumen in das Interstitium austreten (Kompartimentierungsverlust) und bei Aktivierung eine akute Pankreatitis verursachen.
- ***Toxische Schädigung der Azinuszelle***: Die toxisch-metabolische Hypothese umfaßt unterschiedliche Konzepte. Eine direkte Schädigung der Struktur (erhöhte Zellmembranpermeabilität, Desintegration von Mikrotubuli) oder Funktion der Azinuszelle (Hemmung der Sekretion von Proteaseninhibitoren, Steigerung der Enzymsekretion) werden ebenso angeschuldigt wie eine indirekte Schädigung durch systemische Effekte wie z. B. alkoholbedingte Zirkulationsstörungen.

Ob diesen Hypothesen tatsächlich eine Bedeutung bei der menschlichen Pankreatitis zukommt, ist nicht geklärt.

Komplikationen der akuten Pankreatitis treten fast ausnahmslos bei der nekrotisierenden Form der Entzündung auf; infektiöse Komplikationen sind die häufigste Todesursache

Sowohl bei der interstitiell-ödematösen als auch bei der hämorrhagisch-nekrotisierenden Pankreatitis können ***Fettgewebsnekrosen*** durch die Freisetzung von Lipase aus den Azinuszellen entstehen. Die Fettgewebsnekrosen können sich sowohl peripankreatisch als auch subkutan manifestieren. Die durch die Lipasewirkung abgespaltenen Fettsäuren präzipitieren mit Ca^{2+}-Ionen aus dem Plasma zu sog. Kalkseifen. Dies bedingt die bei dieser Erkrankung zu beobachtende ***Hypokalzämie***. Andererseits wird die Hypokalzämie zum Teil auch durch retroperitoneale Kalziumverluste verursacht, die bei der starken Eiweißbindung des Kalziums im Rahmen entzündlich bedingter Albuminexsudation in das Retroperitoneum entstehen. Während der aku-

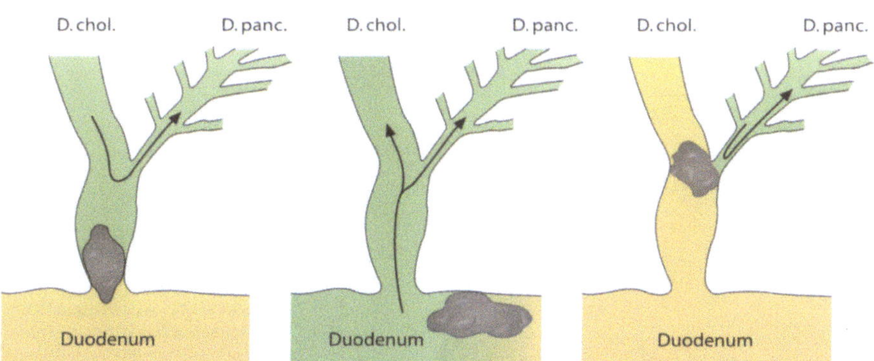

Abb. 23.1. Pathomechanismen der Auslösung einer akuten biliären Pankreatitis. Gallensteinpassage durch die biliopankreatische Gangmündung verursacht eine akute Pankreatitis entweder durch a) Gallereflux, b) Duodenalreflux, oder c) Pankreasgangobstruktion. *D. chol.*: Ductus choledochus; *D. panc.*: Ductus pancreaticus; *grau:* Gallenstein; *Pfeil:* Sekretflußrichtung

ten Pankreatitis kann es sowohl zur endokrinen als auch zur exokrinen ***Pankreasfunktionseinschränkung*** (functio laesa) kommen. Liegt jedoch keine ausgedehnte Nekrose des Parenchyms vor, normalisiert sich die Pankreasfunktion nach Abheilung der Erkrankung wieder vollständig.

Eine Reihe von Komplikationen ist Folge der Entwicklung von Parenchymnekrosen und wird deshalb fast ausschließlich bei der hämorrhagisch-nekrotisierenden Pankreatitis beobachtet (Abb. 23.2). Durch Einschmelzung (Kolliquation) der Parenchymnekrosen und/oder Fettgewebesnekrosen können ***Pankreaspseudozysten*** entstehen. Dieses sind intra- oder peripankreatisch gelegene Hohlräume ohne Epithelauskleidung, die mit Pankreassaft gefüllt sind. Sie werden als Folge lokaler autodigestiver Prozesse bei ungefähr 10 % der Patienten mit Pankreatitis beobachtet [12]. Pankreasnekrosen und Pseudozysten können ihrerseits die folgenden Komplikationen nach sich ziehen:

Infektionen. Die akute Pankreatitis erhöht die Permeabilität des Gastrointestinaltraktes, so daß Bakterien (überwiegend gramnegative Stäbchen und Enterokokken) aus dem Darmlumen austreten und auf hämatogenem oder lymphogenem Wege das Pankreas erreichen können. Vitales Pankreasgewebe wird von Bakterien nicht infiziert. Liegen jedoch Pankreasnekrosen oder Pseudozysten vor, können diese von den Mikroorganismen besiedelt werden. Es entstehen ***infizierte Nekrosen*** oder ***Pankreasabszesse*** [2]. Beide können ihrerseits Ausgangspunkt einer ***pankreatogenen Sepsis*** sein. Die infektiösen Komplikationen treten überwiegend erst ab der dritten Krankheitswoche auf. Sie sind für 80 % der Todesfälle bei akuter Pankreatitis verantwortlich und stellen damit die Haupttodesursache dieser Erkrankung dar.

Beeinträchtigung von Nachbarstrukturen. Eine ***Arrosion von Blutgefäßen*** durch die autodigestive Wirkung der Pankreasenzyme und/oder Übergreifen des Entzündungsprozesses auf benachbarte Gefäße kann lebensbedrohliche intraabdominale Blutungen verursachen. Die Arteria lienalis ist das am häufigsten betroffene Gefäß. Kommt es zur ***Thrombose*** der Vena lienalis oder der Pfortader, dann entwickelt sich eine portale Hypertension mit Splenomegalie.

Eine ***Obstruktion des Darmes*** durch Entwicklung eines Darmwandödems entsteht, wenn die peripankreatische Entzündung den Dünndarm oder das Querkolon erfaßt. Auch die Druckwirkung von Pseudozysten kann eine Obstruktion des Darmes (wie auch des Ductus choledochus) bewirken. Durch weiteres Fortschreiten der peripankreatischen Entzündung kann sich eine Nekrose der Darmwand ausbilden, so daß eine ***Darmperforation*** oder ***-fistel*** entsteht.

Zur Bildung von **Ergüssen in serösen Höhlen** kommt es, wenn das entzündliche Exsudat und/oder die aktivierten Pankreasenzyme das Peritoneum, die

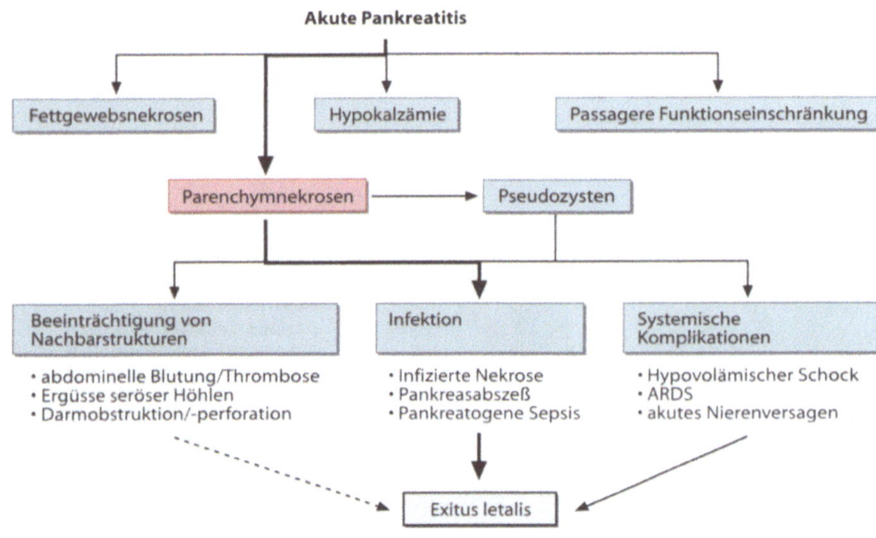

Abb. 23.2. Komplikationen bei akuter Pankreatitis. Parenchymnekrosen als Voraussetzung letaler Krankheitsverläufe. ARDS, „acute respiratory distress syndrome"

Pleura oder (seltener) das Perikard erreichen. Es finden sich ein ***pankreatogener Aszites, Pleura-*** oder ***Perikarderguß.*** Dabei handelt es sich um Exsudate mit einem häufig hohen, spezifischen Gehalt an Lipase oder Amylase. Die Perforation einer Pseudozyste führt ebenfalls zur Bildung eines pankreatogenen Aszites, wobei klinisch dann jedoch zusätzlich ein akutes Abdomen vorliegen kann.

Systemische Komplikationen. Die akute Pankreatitis wird, abhängig von ihrem Schweregrad, begleitet von einem ***Blutdruckabfall bis zum Schock.*** Teilweise lassen sich diese Phänomene über die durch die Parenchymentzündung und -nekrose bedingte, erhebliche Volumensequestration in das Retroperitoneum erklären. Zum anderen werden aber auch bei der Schädigung des Pankreasgewebes vasoaktive Substanzen (z.-B. Histamin) und aus Makrophagen in der entzündeten Drüse Zytokine (z.B. Interleukin 1 und 6, Tumornekrosefaktor α) freigesetzt, die über eine Vasodilatation und eine Zunahme des Kapillarlecks die intravasale Hypovolämie verschlimmern können. ***Lungen-*** und ***Nierenversagen*** sind gefürchtete Komplikationen bei akuter Pankreatitis [4]. Sie können, wie das ARDS („adult respiratory distress syndrome") und das prärenale Nierenversagen, durch den Schock bedingt sein oder aber auch durch die spezifisch bei akuter Pankreatitis freigesetzten Verdauungsenzyme verursacht werden. So sind wahrscheinlich Veränderungen des Surfactants durch freigesetzte pankreatische Phospholipasen bei der Lungenschädigung bedeutsam. Der Nierenschädigung liegt vermutlich eine Basalmembranschädigung durch freigesetzte proteolytische Enzyme oder andere Proteine, z.B. Enzym/Enzyminhibitor-Komplexe, zugrunde.

!

Bei der akuten Pankreatitis kann die Entwicklung von Nekrosen des Pankreasparenchyms infolge einer Autodigestion der Drüse verschiedene lokale und systemische Komplikationen zur Folge haben. Die bakterielle Infektion nekrotischen Pankreasgewebes mit konsekutiver Sepsis ist die hauptsächliche Todesursache.

23.2 Chronische Pankreatitis

Definition. Die chronische Pankreatitis ist ein chronischer Entzündungsprozeß, der mit einer Fibrosierung und Destruktion des exokrinen Pankreasgewebes einhergeht und damit zu einer permanenten Beeinträchtigung der exokrinen Funktion führt. Ein Verlust von endokrinem Pankreasgewebe kann fakultativ ebenfalls auftreten.

Zwei Formen der chronischen Pankreatitis werden unterschieden, die sich hinsichtlich ihrer Ätiologie und Pathogenese unterscheiden

Chronisch-obstruktive Pankreatitis. Diese Form der chronischen Pankreatitis wird durch einen Verschluß des Ductus pancreaticus verursacht. Ätiologisch können ein Tumor, eine Narbenstriktur oder eine andere Stenose der Erkrankung zugrunde liegen [14]. Auch beim Pankreas divisum, bei dem die Verschmelzung von dorsaler und ventraler Pankreasanlage während der Embryonalentwicklung ausgeblieben ist und deshalb der gesamte Hauptteil des Pankreas über das dorsale Gangsystem lediglich in die kleine akzessorische Papille drainiert, soll es aufgrund einer Behinderung des Sekretflusses in einigen Fällen zur chronischen Pankreatitis kommen. Für diese Form der chronischen Pankreatitis ist typisch, daß

- eine Dilatation des Gangsystems nur distal der Stenose vorliegt (Abb. 23.3),
- die Parenchymdestruktion diffus und uniform im obstruierten Bereich der Drüse auftritt und
- Verkalkungen des Pankreas nicht beobachtet werden.

Die histologischen Veränderungen können sich zurückbilden, sofern das Hindernis rechtzeitig beseitigt wird. Die chronisch-obstruktive Pankreatitis ist eine eher seltene Form der chronischen Pankreatitis, deren pathophysiologische Mechanismen nicht genau bekannt sind.

Chronisch-kalzifizierende Pankreatitis (CCP). Diese Form der chronischen Pankreatitis tritt wesentlich häufiger auf. Sie wird vermutlich durch Präzipitation von Kalzium und Proteinen des Pankreassaftes mit Bildung von Eiweißpfröpfen im gesamten Gangsystem der Drüse verursacht. Typisch ist deshalb, daß

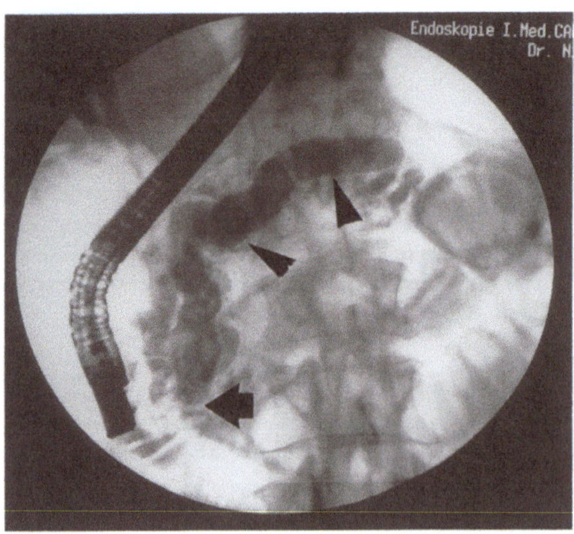

Abb. 23.3. Chronisch obstruktive Pankreatitis. Erweiterung des Ductus pankreaticus *(Pfeilköpfe)* distal einer Stenose *(Pfeil)* durch ein Pankreaskopfkarzinom (ERCP)

- eine Dilatation aller Abschnitte des Gangsystems vorliegt (Abb. 23.4),
- Fibrosierung und Parenchymdestruktion aufgrund unterschiedlicher Eiweißpräzipitation in verschiedenen Abschnitten des Gangsystems auftreten und diese nicht diffus, sondern eher fokal und segmental betont ablaufen,
- Verkalkungen im Pankreasgewebe oder im Ganglumen (Pankreasgangsteine) während des Krankheitsverlaufes auftreten können (Abb. 23.4).

Die histologischen Veränderungen sind irreversibel und häufig selbst dann chronisch progredient, wenn die ätiologische Noxe nicht mehr vorhanden ist.

Alkoholkonsum ist der dominierende ätiologische Faktor für die Entwicklung einer CCP

In den entwickelten Ländern tritt eine CCP fast ausschließlich bei chronischem Alkoholabusus auf. Zwischen der Menge täglich getrunkenen Alkohols und dem Risiko, eine CCP zu entwickeln besteht eine lineare Beziehung. Selbst geringer, regelmässiger Alkoholkonsum (z. B. 40 g/d = 2 Flaschen Bier) kann bei entsprechender Disposition zur CCP führen. Die Art des alkoholischen Getränkes ist dabei unwichtig. Eine untere toxische Schwellendosis des Alkohols läßt sich nicht bestimmen, da es offenbar große Unterschiede in der individuellen Empfindlichkeit des Pankreas gegenüber Alkohol gibt.

In tropischen Gebieten (z. B. Indien, Indonesien, Süd- und Zentralafrika) besteht eine hohe Inzidenz einer nichtalkoholisch bedingten CCP. Die Erkrankung beginnt bereits im jugendlichen Alter. Ihre Ätiologie ist nicht genau bekannt. Angeschuldigt werden eine Mangelernährung mit geringem Fett- und Eiweißanteil in der Nahrung, aber auch hypothetische Toxine verschiedener lokaler pflanzlicher Nahrungsmittel.

Neben diesen beiden Formen der CCP gibt es auch idiopathische Formen der CCP, solche, die sich über eine Hyperkalzämie auf dem Boden eines Hyperparathyreoidismus entwickeln sowie hereditäre Formen.

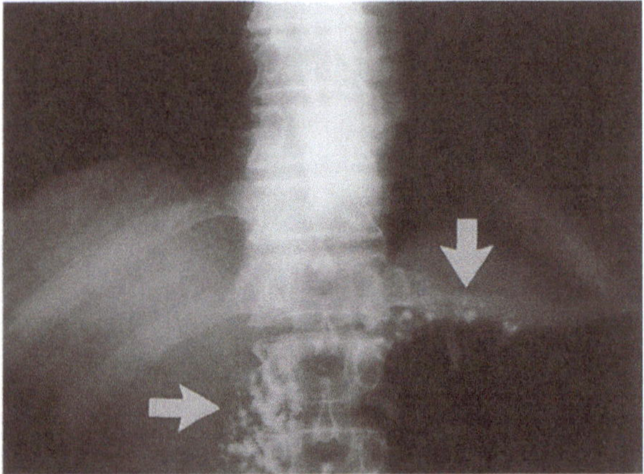

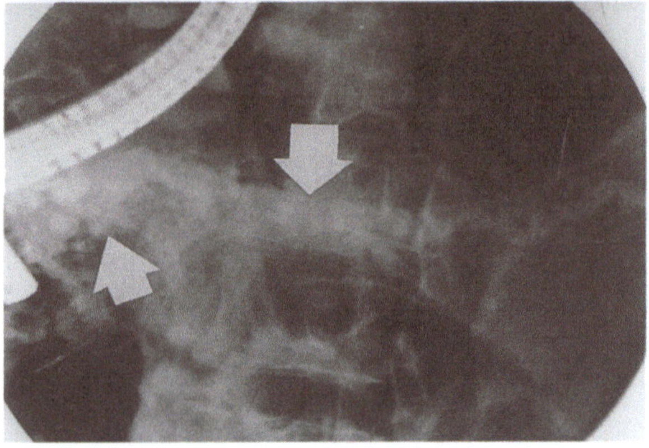

Abb. 23.4. Chronisch kalzifizierende Pankreatitis. Verkalkungen *(Pfeil)* in der Pankreasregion (Pankreaszielaufnahme ohne Kontrastmittel; *oben*). Erweiterung des gesamten Pankreasgangsystems *(Pfeil)* (ERCP; *unten*)

Der genetische Defekt der hereditären Pankreatitis wurde 1996 identifiziert. Dieser autosomal-dominant vererbten Erkrankung liegt eine Arginin-zu-Histidin-Missense-Mutation (Arg 117) im Trypsinogen-Gen auf dem langen Arm von Chromosom 7 (7q35) zugrunde [17]. Diese Punktmutation verändert die Spaltungsstelle, an der der Abbau des aktivierten Trypsins erfolgt. Die dadurch verminderte Degradation des Trypsins führt zur quantitativen Zunahme der aktivierten Protease. Übersteigt die Menge aktivierten Trypsins die verfügbare Menge der Trypsininhibitoren, kommt es – so die gegenwärtige Hypothese – zu den rezidivierenden Episoden pankreatischer Selbstverdauung. Etwa 100 verschiedene Familien mit dieser Erkrankung wurden bisher weltweit registriert.

Veränderungen der Zusammensetzung des Pankreassekretes führen vermutlich zur Entwicklung einer CCP

Die Pathogenese der CCP ist nicht bekannt. Folgende Hypothesen werden heute diskutiert [15]:

- Die ***Obstruktionshypothese*** besagt, daß chronischer Alkoholkonsum die Zusammensetzung des Pankreassekretes verändert und dadurch in den Azini und kleinen Gängen Proteinpfröpfe entstehen. Diese Proteinpräzipitate verkalken, verlegen den Abfluß des Sekretes und unterhalten eine chronische Entzündung. Eine besondere Bedeutung scheint dabei einer Gruppe von sekretorischen Proteinen, den sogenannten Lithostatinen zuzukommen, die das Löslichkeitsprodukt von Kalzium im Pankreassaft beeinflussen.
- Bei der ***Detoxifikationshypothese*** geht man davon aus, daß die alkoholgeschädigte Leber keine ausreichende Entgiftung mehr gewährleistet und deshalb nicht eliminierte freie Radikale die Azinuszellen schädigen. Die aus untergegangenen Azinuszellen in das Interstitium freigesetzten Verdauungsenzyme würden dann die chronische Entzündung unterhalten.
- Die ***toxisch-metabolische Hypothese*** besagt, daß die chronische Alkoholeinwirkung die Azinuszelle direkt schädigt und diese dann, ähnlich wie bei der alkoholischen Fettleber, unter Bildung von Fettvakuolen degenerieren. Bei dieser Hypothese steht somit der Funktionsverlust des exokrinen Parenchyms am Anfang und nicht am Ende der Kausalkette.

> **!** Die chronische Pankreatitis kann zum einen durch eine Verlegung des Pankreasganges verursacht werden. Es entwickelt sich die potentiell reversible chronisch-obstruktive Form der Entzündung. Viel häufiger wird die chronische Pankreatitis durch langjährigen Alkoholabusus hervorgerufen. Dieser führt zur chronisch-kalzifizierenden Form der Entzündung, die meist progredient und irreversibel verläuft. Neben direkten toxischen Effekten des Alkohols oder seiner Abbauprodukte auf die Azinuszellen wird vor allem einer Veränderung der Zusammensetzung des Pankreassekretes eine pathophysiologische Bedeutung bei der chronisch-kalzifizierenden Pankreatitis beigemessen.

Die CCP verläuft in drei Stadien

Langzeituntersuchungen des Verlaufes der CCP zeigen, daß die Erkrankung verschiedene Stadien durchläuft [1]. Im ***Frühstadium*** stehen rezidivierende Pankreatitisschübe mit Oberbauchschmerzen und Fermententgleisung im Vordergrund. Eine exokrine Pankreasinsuffizienz ist zu diesem Zeitpunkt noch nicht oder allenfalls passager nachweisbar. Eine sichere Unterscheidung von rezidivierenden Schüben einer akuten Pankreatitis ist häufig nur retrospektiv möglich. Im ***Zwischenstadium*** nimmt die Häufigkeit der Pankreatitisschübe ab. Die sekretorische Insuffizienz wird durch Funktionstests nachweisbar. Häufig liegen chronische Oberbauchschmerzen vor. Im ***Spätstadium*** sind eine schwere exokrine (Steatorrhoe) und fakultativ eine endokrine Insuffizienz (Diabetes mellitus) vorhanden. Morphologisch zeigen sich Pankreasverkalkungen. Der Patient ist jetzt meist wieder schmerzfrei, sofern keine lokalen Komplikationen vorliegen [1].

In seltenen Fällen (< 10 %) verläuft die chronische Pankreatitis völlig symptomfrei und manifestiert sich erst durch die Folgen der exokrinen Pankreasinsuffizienz

Die CCP kann mit der Entwicklung einer exokrinen und endokrinen Pankreasinsuffizienz einhergehen und durch die Obstruktion von Nachbarstrukturen sowie durch chronische Schmerzen kompliziert werden.

Exokrine und endokrine Insuffizienz. Die Bauchspeicheldrüse sezerniert Verdauungsenzyme in großer Menge (1,5 l/d). Eine Malabsorption tritt erst auf, wenn die Enzymsekretion auf weniger als 5–10 % der Norm absinkt. Die exokrine Pankreasinsuffizienz manifestiert sich in erster Linie als ***Maldigestion von Fett*** (Steatorrhoe: > 7 g Fett/Stuhl/24 h) ***und fettlöslichen Vitaminen*** (u.U. mit konsekutiver Gewichtsabnahme, Osteomalazie und Blutungsneigung). Für die Fettverdauung sind das fettspaltende Enzym ***Lipase*** und die Sekretion von ***Bikarbonat*** von entscheidender Bedeutung. Bei der chronischen Pankreatitis sind sowohl die intestinale Lipaseaktivität als auch die Alkalisierung des Dünndarms vermindert. Daraus resultieren komplexe Störungen sowohl der Fettdigestion als auch der Fettassimilation (Tabelle 23.1) [8].

Tabelle 23.1. Ursachen der gestörten Fettverdauung bei chronischer Pankreatitis und Mukoviszidose

Verminderung der Lipase im Dünndarm
Ursachen:

- Lipasesekretion ist frühzeitiger als die Sekretion anderer Enzyme reduziert
- Lipase ist gegenüber proteolytischer Spaltung instabiler als andere Pankreasenzyme

Verminderung der Bikarbonatsekretion mit konsekutivem Abfall des duodenalen pH-Wertes.

Niedriger pH im Dünndarm führt zu:
- Aktivitätsverlust von Lipase und Kolipase (pH-empfindliche Enzyme)
- Ausfällung langkettiger Fettsäuren
- Präzipitation glyzinkonjugierter Gallensäuren mit Störung der Mizellenbildung

Tabelle 23.2. Schmerzursachen bei chronischer Pankreatitis

INTRAPANKREATISCH

Erhöhter Gewebedruck
- Sekretstau in Pseudozysten
- Sekretstau im Pankreasgangsystem (durch Narbenstenosen oder intraduktale Verkalkungen)
- Hyperstimulation der Pankreassekretion (bei Störung des physiologischen negativen Feedbacks zwischen intraduodenalem Proteasengehalt und Pankreasenzymsekretion)

Entzündungsvorgänge
- im azinären Gewebe
- perifokal um Pseudozysten
- mit direkter Schädigung sensibler Nerven

EXTRAPANKREATISCH

- ausgeprägter Meteorismus bei Malabsorption

Eine Kohlenhydratmaldigestion ist bei chronischer Pankreatitis selten und klinisch nicht relevant; eine Eiweißmaldigestion tritt nicht auf. Im Gegensatz zur gestörten Fettverdauung kann ein Mangel der eiweißspaltenden pankreatischen Enzyme durch bukkale, gastrische oder intestinale Proteasen ausgeglichen werden [8].

Obstruktion von Nachbarstrukturen. Bei chronischer Pankreatitis kann die entzündliche Schwellung und/oder die Schrumpfung von fibrotischem Gewebe im Bereich des Pankreaskopfes zur ***Obstruktion des Ductus choledochus*** mit Entwicklung eines posthepatischen Ikterus führen. Ebenso kann sich eine ***Duodenalstenose*** entwickeln, die Übelkeit und Erbrechen nach sich zieht.

Chronische Schmerzen. Bis zu 50 % der Patienten mit chronisch-alkoholischer Pankreatitis haben persistierende Schmerzen. Die übrigen klagen über rezidivierende Beschwerden, sind bereits schmerzfrei oder haben eine schmerzlose chronische Pankreatitis. Die Schmerzen bei chronischer Pankreatitis können verschiedene Ursachen haben (Tabelle 23.2), ohne daß der Schmerzmechanismus im Einzelfall jeweils bekannt ist [7, 11].

! Die chronische Pankreatitis durchläuft drei Stadien. Anfangs stehen rezidivierende Entzündungsschübe im Vordergrund, dann chronische Oberbauchschmerzen und im Spätstadium eine Funktionseinschränkung der Drüse. Der Verlust des exokrinen Pankreasgewebes kann durch Beeinträchtigung der Fettdigestion eine Mangelernährung verursachen. Die Destruktion des endokrinen Pankreasgewebes kann einen pankreatopriven Diabetes mellitus nach sich ziehen.

23.3 Mukoviszidose

Die Mukoviszidose ist die häufigste, letal verlaufende, autosomal-rezessive Erbkrankheit der Bevölkerung Nordamerikas und Zentraleuropas. Sie tritt bei 1: 2000–3000 Geburten auf. 5 % der Bevölkerung sind heterozygote Träger des Mukoviszidosegens. Es handelt sich um eine Multiorganerkrankung, die sich vorwiegend manifestiert als

- eine pulmonale Erkankung,
- eine Darmerkrankung,
- eine erhöhte Elektrolytsekretion im Schweiß,
- eine progrediente Lebererkrankung und
- eine exokrine Pankreasinsuffizienz.

Ursache der Mukoviszidose ist eine Mutation im Gen des epithelialen Transportproteins für Chloridionen auf dem langen Arm von Chromosom 7

Der Mukoviszidose liegt eine Impermeabilität des Epithels verschiedener Organe für Chloridionen zugrunde. Der Chloridionentransport durch epitheliale Zellmembranen erfolgt normalerweise durch ein Transportprotein, das einen Chloridionenkanal darstellt. Dieses, als CFTR („Cystic Fibrosis Transmembrane Conductance Regulator") bezeichnete Protein ist bei Patienten mit Mukoviszidose aufgrund einer Mutation defekt. Eine Vielzahl von Mutationen (etwa 600 sind bekannt) ist beschrieben worden, die zu unterschiedlichen Störungen der Aminosäuresequenz in dem 1480 Aminosäuren großen Protein führen. Die unterschiedlichen Störungen der Aminosäuresequenz des CFTR erklären das variable klinische Bild mit individuell sehr verschiedenem Organbefall und unterschiedlichem Schweregrad der Erkrankung. Bei den meisten Patienten liegt ein Verlust eines Basentripletts CTT im Exon 10 des Mukoviszidose-Gens auf dem langen Arm des Chromosoms 7 vor. Dieser führt zu einem Verlust von Phenylalanin in Position 508 des CFTR (Δ F508). Δ F508 findet sich bei 70 % der Mukoviszidosepatienten [10].

Die Pankreaserkrankung bei der Mukoviszidose wird durch Ausfällung von eingedicktem Pankreassekret im Gangsystem verursacht

85 % der Mukoviszidose-Patienten entwickeln im Verlaufe der Erkrankung eine Steatorrhoe als Zeichen der exokrinen Pankreasinsuffizienz. Der Sekretionsdefekt des Pankreasgangepithels führt im Pankreassaft zu einem verminderten Chlorid- und Hydrogenkarbonat-Gehalt sowie zu einer verminderten Wassersekretion. Das Pankreassekret ist bei unverändertem Proteingehalt damit visköser als normal und präzipitiert in allen Abschnitten des Gangsystems. Es kommt zur Dilatation sekretorischer Azini und Gänge und zur sekundären Atrophie des exokrinen Parenchyms. Das Parenchym wird ohne wesentliche Entzündungsreaktion durch Bindegewebe ersetzt. Diese pathologisch-anatomischen Veränderungen des Pankreas sind der Grund für die im angloamerikanischen Sprachraum geläufige Bezeichnung „Zystische Fibrose". Es entwickelt sich eine exokrine Pankreasinsuffizienz aufgrund der gleichen Mechanismen wie bei der chronischen Pankreatitis (s. Tabelle 23.2).

! Ursache der Mukoviszidose ist eine genetisch bedingte Impermeabilität des Epithels verschiedener Organe für Chloridionen. Am Pankreasgangepithel führt der Sekretionsdefekt aufgrund einer verminderten Chlorid- und Wassersekretion zu einem vermehrt viskösen Pankreassekret, das im Gangsystem präzipitiert. Die Verlegung des Gangsystems hat eine Atrophie des exokrinen Parenchyms ohne wesentliche Entzündungsreaktion zur Folge. Es entwickelt sich eine exokrine Pankreasinsuffizienz.

23.4 Literatur

1. Ammann RW, Akovbiantz A, Largadier F, Schüler G (1984) Course and outcome of chronic pancreatitis. Longitudinal study of a mixed medical-surgical series of 245 patients. Gastroenterology 86:820–829
2. Bittner R, Block S, Büchler M, Beger HG (1984) Pancreatic abscess and infected pancreatic necrosis. Different local septic complications in acute pancreatitis. Dig Dis Sci 29:950
3. Chiari H (1896) Über die Selbstverdauung des menschlichen Pankreas. Z Heilk 17:69–96
4. Fölsch UR, Löser C (1992) Aktuelle Trends bei der Behandlung der akuten Pankreatitis. Dt Ärzteblatt 89:2459–2466
5. Geokas MC, Rinderknecht H (1974) Free proteolytic enzymes in pancreatic juice of patients with acute pancreatitis. Am J Dig Dis 19:591–597
6. Kern H, Adler G, Scheele GA (1984) The concept of flow and compartmentation in understanding the pathobiology of pancreatitis. In: Gyr K, Singer M, Sarles H. Pancreatitis: Concepts and Classification. Elsevier, Amsterdam, pp 3–9
7. Lankisch PG (1995) Klinik und Prognose der chronischen Pankreatitis. In: Mössner M, Adler G, Fölsch UR, Singer MV (Hrsg) Erkrankungen des exkretorischen Pankreas. G. Fischer Verlag, Jena Stuttgart, pp 334–339
8. Layer P, Holtmann G (1994) Pancreatic enzymes in chronic pancreatitis. Int J Pancreatol 15:1–11
9. Lerch MM, Saluja AK, Rünzi M, Dawra R, Saluja M, Steer ML (1993) Pancreatic duct obstruction triggers acute necrotizing pancreatitis in the opossum. Gastroenterology 104:853–861
10. Lopez MJ, Grand RJ (1993) Hereditary and childhood disorders of the pancreas. In: Sleisenger MH, Fordtran JS (Hrsg) Gastrointestinal disease: Pathophysiology, Diagnosis and Management. Saunders, Philadelphia, pp 1601–1627
11. Malfertheiner P, Dominguez-Munoz, Büchler MW (1994) Chronic pancreatitis: management of pain. Digestion 55 (öäSuppl 1):29–34
12. Mössner M (1995) Ätiologie und Pathogenese der akuten Pankreatitis. In: Mössner M, Adler G, Fölsch UR, Singer MV (Hrsg) Erkrankungen des exkretorischen Pankreas. G. Fischer Verlag, Jena Stuttgart, pp 232–245
13. Rinderknecht H (1986) Activation of pancreatic zymogens. Normal activation, premature intrapancreatic activation, protective mechanisms against inappropriate activation. Dig Dis Sci 31:314–321
14. Singer MV, Müller MK (1995) Epidemiologie, Ätiologie und Pathogenese der chronischen Pankreatitis. In: Mössner M, Adler G, Fölsch UR, Singer MV (Hrsg) Erkrankungen des exkretorischen Pankreas. G. Fischer Verlag, Jena Stuttgart, pp 313–324

15. Singh M (1996) Ethanol and the pancreas. Gastroenterology 98:1052–1062
16. Steer ML, Meldolesi J (1987) The cell biology of experimental pancreatitis. N Engl J Med 316:144–150
17. Whitcomb DC, Gorry MC, Preston RA et al (1996) Hereditary pancreatitis is caused by a mutation in the cationic trypsinogen gen. Nature Genetics 14:141–145

Diabetes mellitus und andere Störungen des Kohlenhydratstoffwechsels

24

M. A. Nauck

EINLEITUNG Ein 58 jähriger Transportarbeiter wird nach Beginn der Frühschicht um 6:20 Uhr mit heftigen links-thorakalen Schmerzen als Notfall eingeliefert. Im EKG werden ST-Strecken-Hebungen in den Abteilungen II, III, aVF festgestellt, und eineinhalb Stunden nach Schmerzbeginn wird eine thrombolytische Therapie durchgeführt. Der Patient hat nie geraucht, war übergewichtig (92 kg, 179 cm, Body-Mass-Index 28,7 kg/m^2), hatte erhöhte Triglyzeridwerte (270 mg/dl), ein geringfügig erhöhtes Cholesterin (245 mg/dl) und am Aufnahmetag eine Blutzuckerkonzentration von 260 mg/dl. Der Vater des Patienten litt an einem Typ-2-Diabetes und verstarb 72 jährig an einem Myokardinfarkt. Die Untersuchungen ergaben einen HbA_{1c}-Wert von 11,0 %, Urinuntersuchungen auf Ketonkörper ergaben negative Befunde oder allenfalls Spuren.

Das vorliegende Fallbeispiel zeigt, daß viele Patienten mit Typ-2-Diabetes lange Zeit nicht wissen, daß sie an dieser Stoffwechselstörung erkrankt sind und daß die Diagnose häufig sehr spät und erst im Zusammenhang mit Folgeschäden eines Diabetes (in diesem Fall einer koronaren Herzkrankheit mit akutem Hinterwand-Myokardinfarkt) gestellt wird.

24.1 Glukosehomöostase und Inselhormone

Bei stoffwechselgesunden Menschen wird die Plasmaglukosekonzentration innerhalb enger Grenzen konstant gehalten

Die Grenzen liegen zwischen 50–60 mg/dl (2,8–3,3mmol/l) und 140 bis 180 ml/dl (7,8–10 mmol/l). Auch unter der ruhigsten aller möglichen Bedingungen, dem ***Postabsorptionsstoffwechsel*** (länger anhaltender Nüchternzustand), kommt es zu einem regen Stoffwechselumsatz, d. h. Einstrom von Glukose aus der Leber in die Blutzirkulation und zu einer Aufnahme von Glukose in Gewebe. Blutzuckerwerte im genannten Bereich sind wichtig, weil Zentralnervensystem, Erythrozyten und Nierenmark auf die Zufuhr von Glukose als hauptsächlichem Energiesubstrat angewiesen sind [1,5]. Umgekehrt führen höhere Plasmaglukosekonzentrationen langfristig zur Beeinträchtigung („Glukose-Toxizität“ [29]) von Organfunktionen und zu Organschäden (s. Abschnitt 24.5).

Postabsorptionsstoffwechsel. Im Nüchternzustand produziert zum größeren Teil die Leber, zum kleineren Teil die Nierenrinde Glukose und gibt sie an die Blutzirkulation ab. Quantitativ entspricht dies 2 mg Glukose pro kg Körpergewicht pro min. Im „Steady-State“ wird genau die gleiche Menge Glukose in andere Zellsysteme bzw. Organe aufgenommen und verstoffwechselt [18]. Die Glukoseaufnahme in die quantitativ bedeutsamsten Organe, Muskulatur und Fettgewebe, kann durch Insulin gesteigert werden. Hohe Blutzuckerwerte steigern per se die Glukoseaufnahme in Gewebe und Zellen („Massenaktion“).

Resorptionsphase. Nach einer Mahlzeit strömt der Kohlenhydratanteil in Form von Monosachariden (Glukose, Fruktose, Galaktose usw.) in die Blutzirkulation ein. In dieser Phase entstammt die Glukose zum einen der Resorption von Nahrungsbestandteilen, zum anderen der hepatischen Glukoseproduktion. Letztere wird durch die mahlzeitstimulierte Insulinsekretion über mehrere Stunden unterdrückt [18,16]. Je nach Mahlzeitgröße dauert es ca. 4 bis 8 Stunden, bis erneut die Bedingungen des Postabsorptionsstoffwechsels erreicht werden.

Mahlzeiten stimulieren über Nahrungssubstrate und gastrointestinale Hormone die Insulinsekretion aus den Langerhans-Inseln des Pankreas

Insulin und Glukagon. Ein wichtige Rolle in der Regulation der geschilderten Vorgänge spielen die Hormone Insulin und Glukagon aus den B- bzw. A-Zellen der Langerhans-Inseln im Pankreas. Im Nüchternzustand sind Insulinkonzentrationen niedrig (ca. 2 bis 10 mU/l oder 12 bis 60 pmol/l) und Glukagon-Konzentrationen relativ hoch [18,16]. Glukagon stimuliert im Postabsorptionszustand die Glukoseproduktion der Leber, sowohl den Abbau von Leberglykogen ***(Glykogenolyse)*** und die Umwandlung von Aminosäuren, Laktat und Pyruvat in Glukose ***(Glukoneogenese)***. Nach einer Mahlzeit steigen die Insulinwerte deutlich an. Wichtige Aufgaben des Insulins in der postprandialen Situation sind die Suppression der hepatischen Glukoseproduktion, d. h. der Glykogenolyse und Glukoneogenese, und die Steigerung der Aufnahme von Glukose in die sogenannten „peripheren“ Gewebe wie Muskulatur und Fettzellen. Hier wird ein insulinabhängiger „Glukosetransporter“ (GLUT 4) vermehrt aus intrazellulären Vorratsvesikeln in die Zellmembran eingebaut und die Glykolyse und die Glykogensynthese aktiviert [1].

Das endokrine Pankreas. Der hormonproduzierende und -sezernierende Anteil der Bauchspeicheldrüse, die ***Langerhans-Inseln***, spielen eine wichtige Rolle in der Regulation des Kohlenhydratstoffwechsels. Die vier Hormone sind:

- Insulin (aus B-Zellen),
- Glukagon (aus A-Zellen),
- Somatostatin (aus D-Zellen) und
- das Pankreatische Polypeptid (aus PP-Zellen) [1].

Die zellulären Mechanismen der Insulinsekretion zeigt Abb. 24.1.

Eine gesunde Bauchspeicheldrüse enthält ca. 1 Million Langerhans-Inseln, die jeweils aus ca. 1000 endokrinen Zellen bestehen und einen Gesamtinsulingehalt von ca. 45 IU (Internationale Einheiten) besitzen. Im Rahmen der „Reifung“ der Sekretgranula wird Proinsulin durch spezielle Proteasen („Prohormonkonvertasen“) in Insulin und ein aus dem Zentrum des Proinsulinmoleküls herausgeschnittenes, verbindendes (engl. „connecting“) C-Peptid gespalten. Sezerniert werden

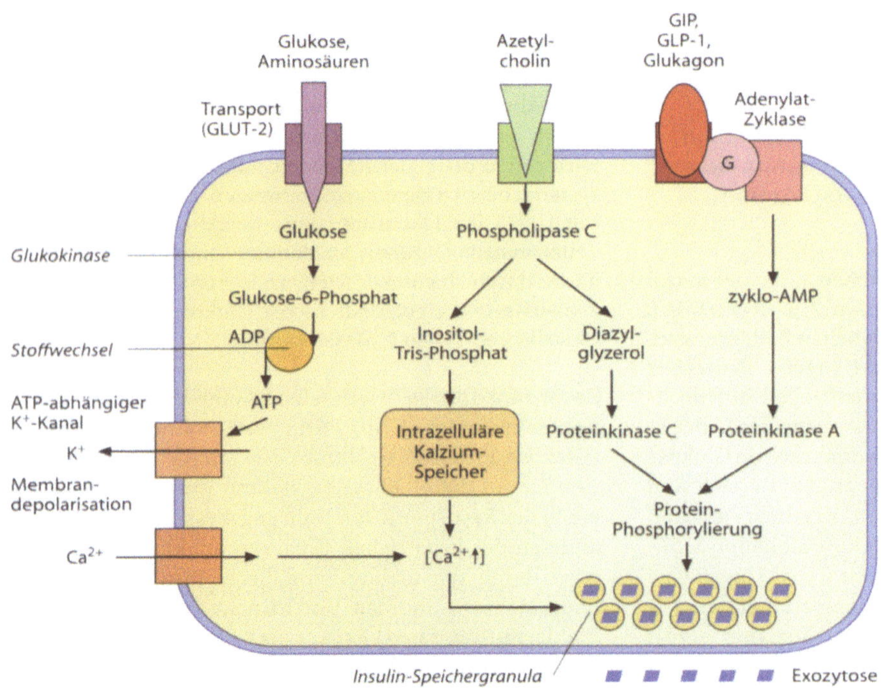

Abb. 24.1. Zelluläre Mechanismen der Insulinsekretion. Glukose (und andere primäre Stimulatoren, d. h. Initiatoren der Insulinsekretion) steigern über ihre Einschleusung in den Stoffwechsel das ATP/ADP-Verhältnis. Dies führt zum „Schließen" eines ATP-abhängigen Kalium-Kanals und in der Folge zur Depolarisation der B-Zelle. Hierüber wird ein spannungsabhängiger Kalzium-Kanal geöffnet, über den die intrazelluläre Ca^{2+}-Konzentration erhöht wird. Das ist das Signal für die Exozytose vorgefertigter Insulin-Speichergranula. Die geschilderten Prozesse werden Rezeptor-abhängig moduliert von Hormonen („Inkretine"; GIP und GLP-1), die die cAMP-Konzentration steigern und von Neurotransmittern (z. B. Azetylcholin), die die Proteinkinase C aktivieren

also Insulin (das wirksame Hormon) und, in äquimolaren Mengen, C-Peptid (ein relativ unwirksames Peptid) und, zu weniger als 5 Prozent, ungespaltenes Proinsulin [1].

Glukose und einige Aminosäuren (Leuzin, Arginin, Phenylalanin) sind für sich in der Lage, die Insulinsekretion zu steigern. Man nennt sie deshalb ***Initiatoren*** der Insulinsekretion. Zusätzlich gibt es physiologisch wichtige ***Modulatoren*** der Insulinsekretion [1,5]. Hierzu gehören Neurotransmitter wie Azetylcholin oder Darmhormone mit ***Inkretinwirkung*** wie ***Gastric Inhibitory Polypeptide (GIP)*** und ***Glukagon-like Peptide 1 (GLP-1)*** (Abb. 24.4). Diese Darmhormone spielen eine physiologische Rolle als Vermittler des sog. ***Inkretineffekts***, der die Tatsache beschreibt, daß über den Darm zugeführte Glukose zu einer größeren Stimulation der Insulinsekretion führt als intravenös infundierte Glukose. GIP und GLP-1 werden während der Mahlzeitabsorption endokrin sezerniert und stimulieren auf dem Blutweg das endokrine Pankreas. Quantitativ beträgt ihr Beitrag zur Insulinsekretion nach einer Mahlzeit ca. 50 % [10].

Glukagon und Somatostatin. Die Sekretion von Glukagon wird stimuliert durch Aminosäuren, niedrige Glukosekonzentrationen (Hypoglykämie) und einige Streßbedingungen wie z.B fieberhafte Erkrankungen. Supprimiert wird Glukagon durch eine Erhöhung der Plasma-Glukosekonzentration und durch Somatostatin. Somatostatin ist wahrscheinlich als lokaler Regulator der Sekretion von Insulin und Glukagon wichtig.

> **!** Im Postabsorptionsstoffwechsel produziert die Leber Glukose, die in andere Zellen und Gewebe aufgenommen wird. Nach Mahlzeiten stammt die Blutglukose aus dem Darm (Resorption) und aus der Leber, die allerdings ihre Glukoseproduktion dann reduziert. Voraussetzung für einen reibungslosen Umschaltprozeß ist eine intakte Insulin- und Glukagonsekretion und ein normales Ansprechen des Organismus auf diese Hormone. Die Langerhans-Inseln der Bauchspeicheldrüse produzieren Insulin und Glukagon, die wesentlichen Hormone in der Regulation des Kohlenhydratstoffwechsels. Insulin entsteht aus einem Vorläufermolekül, Proinsulin, und wird gemeinsam mit einem zweiten Fragment, C-Peptid, bei Bedarf (d.h. postprandial) sezerniert. Darmhormone mit Inkretineffekt beteiligen sich an der postprandialen Insulinmehrsekretion.

24.2 Insulinwirkung, Insulinsensitivität und Insulinresistenz

Insulin senkt nicht nur den Blutzucker, sondern hat auch Wirkungen auf Aminosäure- und Fettstoffwechsel

Insulinwirkungen. Die bekannteste Insulinwirkung ist die Blutzuckersenkung. Sie setzt sich zusammen aus der Hemmung der hepatischen Glukoseproduktion und der Steigerung der Aufnahme von Glukose aus der Blutbahn in periphere Gewebe (für weitere Details s. [1,5]).

Die Hälfte der maximal möglichen Insulinwirkung auf den Glukosemetabolismus der Leber erreicht man mit etwa 25 mU/l (150 pmol/l) Insulin, während der entsprechende Wert für die Steigerung der Glukoseaufnahme in periphere Gewebe bei ca. 50 mU/l (300 pmol/l) liegt. Diese Angaben gelten für einen stoffwechselgesunden Organismus mit einer normalen ***Insulinsensitivität*** [28].

Insulinrezeptor. Die Wirkungen des Insulins werden vermittelt durch Bindung an einen spezifischen ***Insulinrezeptor*** in der Plasmamembran der Insulinempfindlichen Zellen ([8]; Abb. 24.2).

Tab. 24.1. Vorkommen einer Insulinresistenz

- Übergewicht (insbesondere bei abdominell betontem Übergewicht: „androide" oder „Apfel-" Form)
- Eingeschränkte Glukosetoleranz, Typ-2-Diabetes (auch nahe Verwandte von Typ-2-Diabetikern)
- Glukokortikoid-Überschuß (Cushing-Syndrom, Therapie mit Glukokortikoiden)
- Wachstumshormon-Überschuß (Akromegalie)
- Akute und chronische Lebererkrankungen (Hepatitis, Zirrhose)
- Essentielle arterielle Hypertonie
- Akute Infektionserkrankungen
- Urämie
- Mutationen des Insulinrezeptors (oder anderer wichtiger Komponenten der intrazellulären Insulin-Signal-Kaskade)
- manche Stoffwechselgesunde Normalpersonen (genetisch determiniert, Ursache noch nicht bekannt)

Diese Liste ist unvollständig

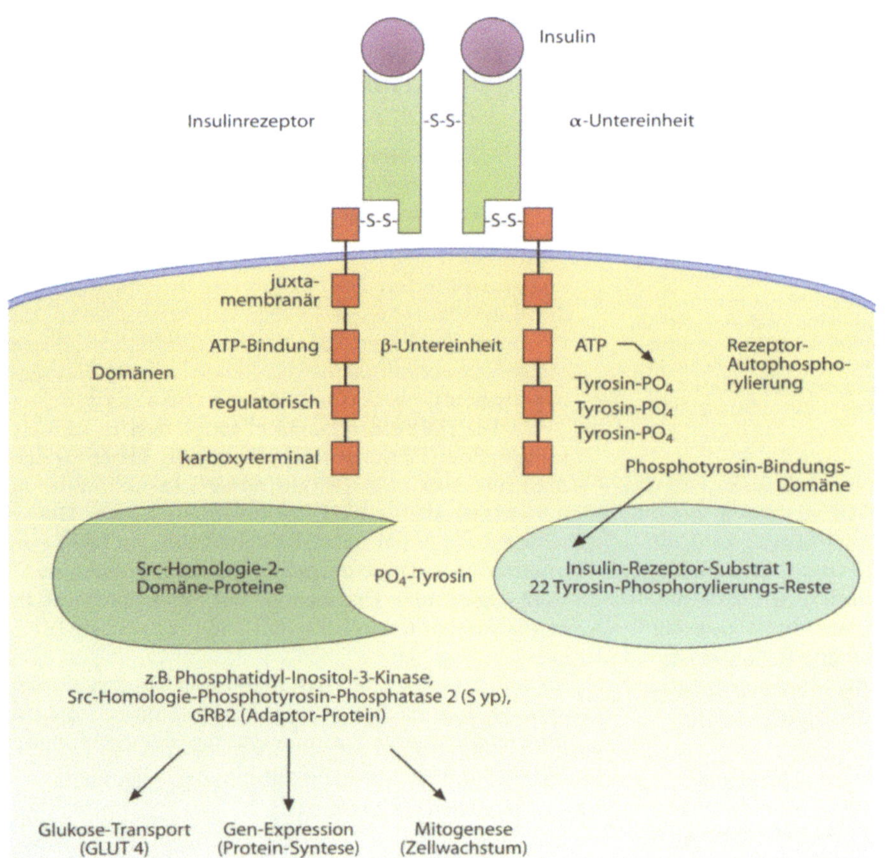

Abb. 24.2. Vermittlung der Insulinwirkung über Insulinrezeptor und gekoppelte Signaltransduktionsmechanismen in einer Muskelzelle. Der Insulinrezeptor hat einheitlich die Struktur eines heterotetramerischen Proteins mit zwei rein extrazellulär liegenden α-Untereinheiten mit Insulin-Bindungsstellen sowie zwei die Plasmamembran durchspannenden β-Einheiten. Im intrazellulären Anteil birgt der Insulinrezeptor eine Enzymaktivität als Tyrosinkinase. Ein wichtiger Schritt in der Weiterleitung des Insulinsignals in das Zellinnere ist die Phosphorylierung von Tyrosin-Hydroxylresten des Rezeptors selbst, die sog. Autophosphorylierung. In einem weiteren Schritt werden auch andere intrazelluläre Proteine, z. B. das Insulinrezeptorsubstrat 1 (IRS-1), von der Rezeptor-Tyrosinkinase phosphoryliert. Über eine komplexe Kaskade von weiteren Phosphorylierungen wird so die Insulinwirkung herbeigeführt, an deren Ende z. B. die verstärkte Bereitstellung von Glukosetransportermolekülen (GLUT-4) in der Zellmembran und eine Anregung der DNA-Synthese (vermehrtes Zellwachstum) stehen können

Ein vermindertes Ansprechen von Geweben oder Organismen auf Insulin nennt man Insulinresistenz; sie findet sich v. a. bei Patienten mit Übergewicht, Diabetes mellitus Typ 2, Lebererkrankungen sowie Wachstumshormon- bzw. Glukokortikoidüberschuß (Akromegalie und Cushing-Syndrom)

Insulinsensitivität und -resistenz. Die Insulinempfindlichkeit stoffwechselgesunder Menschen variiert stark. Eine ***herabgesetzte Insulinsensitivität*** (eine höhere Konzentration von Insulin ist nötig, die gleichen Wirkungen zu erzielen) oder eine ***Insulinresistenz*** (Insulin ist auch bei gesteigerten Konzentrationen nicht in der Lage, die üblichen Maximalwirkungen zu erzielen) gibt es aber besonders häufig in Assoziation mit einigen Krankheiten ([15, 27, 34]; Tabelle 24.1).

In einigen Fällen ist eine Insulininsensitivität verursacht durch eine herabgesetzte Anzahl von Insulinrezeptoren oder sie ist assoziiert mit einer herabgesetzten Insulin-Rezeptor-Tyrosinkinaseaktivät. Die entscheidenden molekularen Grundlagen der Insulinresistenz bei den häufigen Krankheiten Übergewicht und Typ-2-Diabetes werden aber bis heute nur unvollständig verstanden.

Syndrom X oder metabolisches Syndrom. Auffällig ist, daß das klinische Vorkommen einer Insulininsensitivität sehr häufig mit einem ganzen „Cluster" von kardiovaskulären Risikofaktoren vergesellschaftet ist: Übergewichtige Menschen (mit Insulinresistenz) haben deutlich häufiger als andere

- eine Störung der oralen Glukosetoleranz bis hin zum Diabetes mellitus,
- eine arterielle Hypertonie,
- eine Fettstoffwechselstörung mit erhöhten Triglyzeridwerten und verminderten HDL-Cholesterin-Konzentrationen, die sog. ***Dyslipidämie***,
- erhöhte Harnsäurekonzentrationen und
- erhöhte Konzentrationen des sogenannten Plasminogen-Aktivator-Inhibitors-1 (PAI-1).

Wegen des auffällig gehäuften Vorkommens mehrerer oder aller dieser Risikofaktoren (Abb. 24.3) wird diese Konstellation das ***Insulinresistenzsyndrom*** oder auch ***metabolisches Syndrom***, ***Reaven-Syndrom*** [27] oder ***Syndrom X*** genannt. Es kann erklären, warum bei sehr vielen Typ-2-Diabetikern bereits bei Diagnosestellung Zeichen von atherosklerotischen Gefäßschäden vorliegen (s. Fallbeispiel).

Ein Erklärungsmodell für den inneren Zusammenhalt der Komponenten des metabolischen Syndroms leitet sich aus der ***Insulinresistenz*** [34] ab. Sie führt zu einer kompensatorischen Insulinhypersekretion und damit zu erhöhten Plasmainsulinkonzentrationen. Diese erhöhten Insulinkonzentrationen, die zwar auf den Kohlenhydratstoffwechsel einen gerade eben normalen Effekt bewirken, können andere Insulinwirkungen in überschießendem Maß ausüben (Abb. 24.3) [27]. In dieses Konzept fügen sich Befunde ein, daß hohe Insulinkonzentrationen im Blut *per se* mit späteren kardiovaskulären Erkrankungen vergesellschaftet sein können.

Eine Insulinresistenz, z. B. bei übergewichtigen Menschen, führt zu einer deutlichen Erhöhung der Insulinkonzentrationen im Basalzustand wie auch nach Mahlzeiten, d. h. über den gesamten Tag [25]. Nur bei einem Teil der übergewichtigen Menschen findet sich gleichzeitig oder später eine Störung der oralen Glukosetoleranz. Sehr häufig kann eine Insulinresistenz durch eine Mehrsekretion von Insulin kompensiert werden [25]. Sollte dieser Kompensationsmechanismus aber versagen, kommt es zur Entwicklung eines Diabetes mellitus.

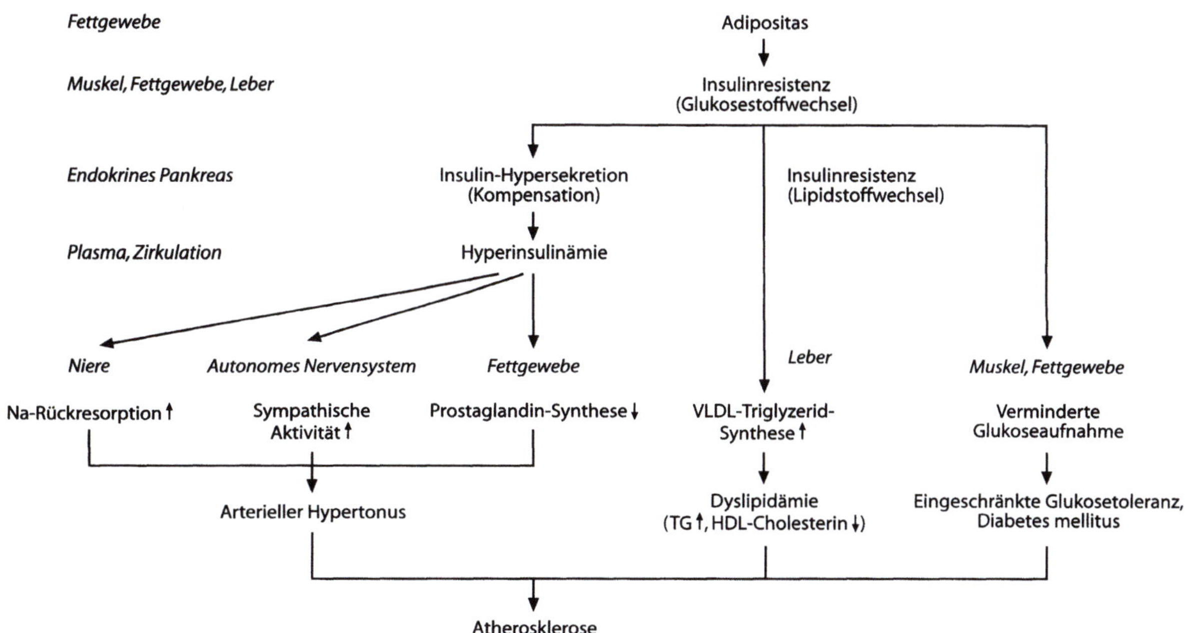

Abb. 24.3. Pathophysiologie des „metabolischen" oder „Insulinresistenz-Syndroms". Insulin übt nicht nur seine „klassischen" Wirkungen auf den Kohlenhydratstoffwechsel aus, sondern kann auch Niere, autonomes Nervensystem (Sympathikus) und den Fettstoffwechsel in Fettgewebe und Leber unmittelbar beeinflussen. So kann eine kompensatorisch erhöhte Insulinkonzentration (bei Vorliegen einer Insulinresistenz) zu einer verstärkten Rückresorption von Natrium-Ionen am distalen Tubulus zu einer verminderten Natriumausscheidung über den Urin, über einer Steigerung der Aktivität des sympathischen Nervensystems oder über einen Einfluß auf die Synthese vasodilatierender Prostaglandine im Fettgewebe den Blutdruck steigern oder eine hepatische Insulinresistenz zu einer Dyslipidämie beitragen

! Insulin hat zahlreiche Wirkungen. Insulinwirkungen auf den Kohlenhydratstoffwechsel können herabgesetzt sein (Insulinresistenz). Zahlreiche Krankheiten, darunter Übergewichtigkeit (Adipositas) und Typ-2-Diabetes, gehen mit einer Insulinresistenz einher. Häufig liegen gleichzeitig ein arterieller Hypertonus, eine Dyslipidämie (erhöhte Triglyzeride und niedrige HDL-Cholesterin-Werte) und eine Hyperurikämie vor. Diese Risikofaktoren, in der Gesamtheit als metabolisches Syndrom bezeichnet, begünstigen die Entstehung einer Atherosklerose

24.3 Definition eines Diabetes mellitus, Typ-1-Diabetes

Ein Diabetes mellitus ist durch eine dauerhafte Erhöhung der Plasmaglukose-Konzentrationen charakterisiert; bei vielen Patienten kann dies nur durch einen oralen Glukose-Toleranz-Test (oGTT) diagnostiziert werden

Definition einer Hyperglykämie. Von einer Hyperglykämie (Überzuckerung) spricht man, wenn die physiologischen Grenzwerte der Glukosekonzentrationen im Tagesrhythmus überschritten werden. Die Definition der Erkrankung ***Diabetes mellitus*** ist so gewählt, daß bei Überschreiten der Grenzwerte mit einer Beeinträchtigung des Befindens oder langfristig mit Organschäden zu rechnen ist [9].

Oraler Glukose-Toleranz-Test. Die Diagnosestellung eines Diabetes mellitus erfolgt mit einem oralen Glukose-Toleranz-Test oder anhand mehrfach erhöhter Nüchternblutzuckerkonzentrationen. Für die Interpretation gelten Richtlinien, die von der amerikanischen Diabetesgesellschaft (ADA) empfohlen worden sind (Tabelle 24.2). Verwendet werden soll die standardisierte Glukosemenge von 75 g (Ausnahmen gelten in der Diagnostik des Schwangerschafts-assoziierten ***Gestationsdiabetes***).

Ein Diabetes mellitus wird diagnostiziert, wenn Blutzuckerwerte mindestens zweimal im Nüchternzustand 126 mg/dl (7 mmol/l) oder bei Zufallsstichproben 200 mg/dl (11,1 mmol/l) erreichen oder überschreiten oder wenn 2 Stunden nach einer oralen Glukosebelastung ein Wert ≥200 mg/dl (11,1 mmol/l) gemessen wird. Ein vollständig normaler Glukosestoffwechsel ergibt sich aus Blutzuckerkonzentrationen < 110 mg/dl (6,1 mmol/l) im Nüchternzustand und < 140 mg/dl (7,8 mmol/l) 2 Stunden nach Glukosebelastung [9].

Ist die Glukosekonzentrationen zwar im Nüchternzustand < 126 mg/dl, bleibt aber 2 Stunden nach Glukosebelastung über dem normalen Maß (≥140 mg/dl), aber unterhalb des Wertes, der für die Diagnosestellung eines Diabetes mellitus notwendig ist (< 200 mg/dl), so spricht man von einer ***„eingeschränkten Glukosetoleranz"*** (engl. „impaired glucose tolerance" oder IGT). Die genannten Kriterien basieren auf Untersuchungen, die zeigen, daß nur bei erfüllten Diagnosekriterien mit den Diabetes-typischen Folgeschäden (Organschäden an Auge, Nieren, Nervensystem) zu rechnen ist. Menschen mit eingeschränkter Glukosetoleranz haben aber bereits ein deutlich erhöhtes kardiovaskuläres Risiko.

Epidemiologie des Diabetes mellitus. Etwa 4 % einer westlichen Kulturgesellschaft haben bekanntermaßen einen Diabetes mellitus. Bei breiter Anwendung des oralen Glukose-Toleranz-Tests als Screening-Verfahren würden aber etwa weitere 3–4 % der Bevölkerung entdeckt, die an einem Diabetes mellitus erkrankt sind. Die Mehrzahl der Diabetiker in Überflußgesellschaften entsprechen einem Typ-2-Diabetes (s. Abschnitt 24.4), der geringere Anteil (bis 5 %) entspricht einem Typ-1-Diabetes (Synonyma: jugendlicher Diabetes mellitus, insulinpflichtiger Diabetes mellitus). Während frühere Namen lediglich *ein* Kriterium zur Unterscheidung heranzogen (z. B. Alter der Erstmanifestation < bzw. > 40 Jahre oder die Notwendigkeit einer Insulintherapie), kennt man heute die pathophysiologischen Grundlagen der beiden wichtigsten Diabetesformen so gut, daß es besser ist, von Typ-1- bzw. Typ-2-Diabetes zu

Tabelle 24.2. Kriterien für die Bewertung eines oralen Glukosetoleranztestes (75 g Glukose in 300 ml Wasser verabreicht bei 0 min)

Diagnose	Zeitpunkt der Blutentnahme	Plasmaglukosekonzentration[1]
Normale Glukosetoleranz	nüchtern	< 110 mg/dl (6,1 mmol/l)
	120 min	< 140 mg/dl (7,8 mmol/l)
Eingeschränkte Glukosetoleranz	nüchtern[2]	≥110 < 126 mg/dl (≥6,1 < 7,0 mmol/l)
	120 min[3]	≥140 < 200 mg/dl (≥7,8 < 11,1 mmol/l)
Diabetes mellitus	nüchtern	≥126 mg/dl (7,0 mmol/l)
	120 min	≥200 mg/dl (11,1 mmol/l)

Neue Kriterien der Amerikanischen Diabetes-Gesellschaft (ADA 1997)
[1] Kriterien für venöses Plasma (etwas andere Kriterien gelten für kapillares bzw. venöses Vollblut)
[2] sogenannte „eingeschränkte Nüchternglukose" (engl. "impaired fasting glucose", *IFG*)
[3] sogenannte „eingeschränkte Glukose-Toleranz" (engl. "impaired glucose tolerance", *IGT*)

Tabelle 24.3. Klinische Charakteristika der häufigsten Diabetes-Typen

Kriterium	Typ-1-Diabetes (IDDM)[1]	Typ 2 Diabetes (NIDDM)[2]
Erkrankungsalter	< 40 J.	> 40 J.
Erblichkeit	eher gering	hoch
Körpergewicht	normal/reduziert	Übergewicht („android" = Apfelform)
Autoimmunmarker	Inselzell-Antikörper GAD[3]-Antikörper Insulin-Autoantikörper	keine
Insulin- bzw. C-Peptid-Konzentration	niedrig, nicht meßbar	normal/hoch
Insulintherapie	gute Wirkung	Wirkung evtl. nur bei höheren Dosen
Orale Antidiabetika, (Sulfonylharnstoffe, Metformin, Acarbose)	kein Effekt	oft wirksam
Synonyma	(a) jugendlicher (engl. „juvenile onset") Diabetes mellitus (b) Insulin-abhängiger Diabetes mellitus	(a) Erwachsenen- oder Alters-Diabetes (engl. „maturity onset") Diabetes mellitus (b) nicht-Insulin-abhängiger Diabetes mellitus

[1] Insulin-dependent Diabetes mellitus, [2] Non-insulin-dependent Diabetes mellitus, [3] Glutamat-Dekarboxylase (engl. „Glutamic Acid Decaboxylase"

sprechen. Die kennzeichnenden Charakteristika der beiden Diabetestypen sind in Tabelle 24.3 zusammengefaßt.

Ein Typ-1-Diabetes ist ein durch eine meist in jungen Jahren erworbene autoimmunologische Zerstörung der B-Zellen der Langerhans-Inseln hervorgerufener Insulin-Mangel-Diabetes

Pathogenese des B-Zell-Verlusts. Ein Typ-1-Diabetes ist zunächst ausschließlich eine Erkrankung der Langerhans-Inseln des endokrinen Pankreas. Patienten mit Typ-1-Diabetes haben einen Insulinmangel, da die Insulin-produzierenden B-Zellen der Langerhans-Insel zu > 90 % im Rahmen eines Autoimmunprozesses zerstört worden sind [14,2]. Dieser Prozeß beginnt lange vor klinischer Manifestation, häufig bereits in früherem Kindesalter. Zugrunde liegen häufig Erbanlagen, die eine Fehlregulation von Immunreaktionen begünstigen (bestimmte Allele des HLA-Systems werden häufig bei Patienten mit Typ-1-Diabetes angetroffen). Hinzu kommen muß wahrscheinlich ein Auslöser. Diskutiert werden Virusinfekte und eine frühzeitige Säuglingsernährung mit Kuhmilch-Produkten [2]. Hierauf basiert die Hypothese, daß gegen Fremdeiweiße aus Kuhmilch durch Ähnlichkeiten der Moleküle (molekulare „Mimikry") mit Bestandteilen von B-Zellen eine Immunantwort ausgelöst wird, die sich nicht nur gegen das Fremdeiweiß, sondern auch gegen B-Zellen der Langerhans-Inseln richtet. Dies ist ablesbar am Vorhandensein von ***Autoantikörpern*** gegen Inselzellen, z. B. gegen das „Autoantigen" Glutamat-Dekarboxylase (GAD) und gegen Insulin selbst (Insulin-Autoantikörper). In späteren Stadien kommt es zur Infiltration Langerhans-Inseln mit Ent-

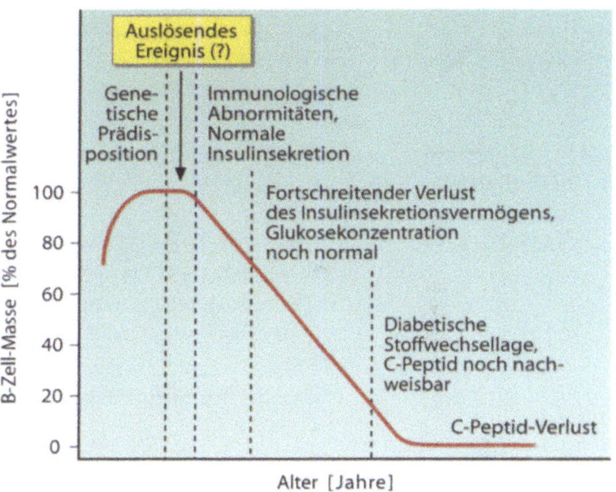

Abb. 24.4. Stadien der Entstehung eines Typ-1-Diabetes. Dargestellt ist die hypothetische Insel (genauer: B-Zell-) Masse, die im Rahmen eines Autoimmunmechanismus im Zeitverlauf abnimmt. Die pathophysiologischen bzw. klinischen Konsequenzen sind ebenfalls dargestellt. (Nach [14])

zündungszellen („Insulitis"), in deren Verlauf die Gesamtzahl Insulin-produzierender B-Zellen langsam abnimmt. In dieser prädiabetischen Phase beobachtet man zunächst eine Abschwächung der schnellen Insulinantwort nach intravenöser Glukose-Bolus-Injektion, später eine Verschlechterung der oralen Glukosetoleranz und dann die klinische Manifestation eines Diabetes, nicht selten in Form einer hyperglykämischen, ketoazidotischen Stoffwechselentgleisung (s. unten; Abb. 24.4).

Stoffwechsel bei Insulinmangel. Beim Typ-1-Diabetes ist der Stoffwechsel gekennzeichnet durch den nahezu vollständigen Insulinmangel, der sich folgendermaßen auswirkt: Das Fehlen der Suppression der hepatischen Glukoseproduktion und der Stimulation der Glukoseaufnahme in Muskel und Fettgewebe führt zur Hyperglykämie mit Blutzuckerkonzentrationen etwa zwischen 250 und 700 mg/dl. Gleichzeitig kommt es zu einer Steigerung der Triglyzeridlipolyse im Fettgewebe durch eine fehlende Insulinwirkung auf die hormonsensitive Lipase, damit zu einem Überfluten des Kreislaufs mit freien Fettsäuren. Das aus der β-Oxidation von Fettsäuren bereitstehende Azetyl-Koenzym A kann nicht quantitativ in den Krebszyklus eingeschleust und oxidiert werden, weil gleichzeitig Reduktionsäquivalente in Form von NADH bzw. NADPH angehäuft werden. Deshalb erfolgt eine Umwandlung von Azetyl-CoA in ***Azetoazetat***, ***β-Hydroxybutyrat*** und nichtenzymatisch in ***Azeton***. Die Konzentration dieser sogenannten ***Ketonkörper*** steigt dann an. Dies führt zu einer ***metabolischen Azidose*** (ein zunächst respiratorisch kompensierter Abfall der Bikarbonatkonzentrationen), später

Tabelle 24.4. Akute Stoffwechselentgleisungen bei Diabetes mellitus

	Ketoazidose	hyperosmolare Stoffwechselentgleisung	Bemerkungen
Vorkommen	Typ-1-Diabetes, Erstmanifestation, „absoluter" Insulinmangel	Typ-2-Diabetes, Nierenfunktionseinschränkung	
Auslösende Faktoren	Infektionen, ausgelassene Insulingaben Alkohol	Infektionen, Geringe Flüssigkeitszufuhr, Thiazid-Diuretika, Glukokortikoide	
Typisches Alter	10–35 Jahre	> 60 Jahre	
			Erklärung:
Symptome	Polyurie, Durst, Polydipsie, Exsikkose	dto.	Osmotische Diurese
	Müdigkeit, Krankheitsgefühl	dto.	Hyperglykämie
	Gewichtsverlust	dto.	Katabolie
	Krämpfe, kardiale Arrhythmien	dto.	Elektrolytverlust
	Müdigkeit	dto.	Hyperosmolarität
	Dyspnoe, Bauchschmerzen	fehlt	Ketoazidose
Letalität	ca. 5–10 %	bis 60 %	
Wasserdefizit	5–8 l	ca. 9 l	
Laborwerte			*Normalwerte*:
Glukose	350–750 mg/dl	Oft > 1000 mg/dl	60–140 mg/dl
Na^+	Oft niedrig (Na^+-Defizit 400–700 mmol)	Oft erhöht	130–145 mmol/l
K^+	Normal oder hoch (K^+-Defizit 300–1000 mmol/l)	niedrig oder normal	3,5–5,0 mmol/l
Kreatinin	etwas erhöht	deutlich erhöht	< 1,2 mg/dl
pH	niedrig	normal	7,35–7,45
Bikarbonat	niedrig	normal	
Ketonkörper	deutlich vermehrt[1]	allenfalls etwas erhöht[1]	
Osmolarität	310–330 mosm/l	375–385 mosm/l	280–310 mosm/l

[1] Teststreifenmethode im Urin

mit Reduktionen des Blut-pH-Wertes bis unter 7,0). Die respiratorische Kompensation ist die pathophysiologische Basis für das klinische Phänomen der sogenannten ***Kußmaul-Atmung*** (besonders tiefe und etwas schnellere Atemzüge in regelmäßiger Abfolge). Typische Laborwertkonstellationen bei hyperglykämischer ketoazidotischer Stoffwechselentgleisung sind in Tabelle 24.4 aufgelistet. Der Nachweis von Ketonkörpern erfolgt mit Teststreifen in Urin- bzw. Plasmaproben. Geringfügig erhöhte Ketonkörperkonzentrationen ohne Azidose finden sich auch nach längeren Hungerphasen [1,5].

> ! Der Nachweis erhöhter Blutzuckerkonzentrationen im Nüchternzustand (≥126 mg/dl), in Zufallsproben oder 2 Stunden nach oGTT (75 g) (≥200 mg/dl) erlaubt die Diagnose eines Diabetes mellitus. Neben einer diabetischen und einer normalen Glukosetoleranz (nüchtern < 110, 2 Stunden nach oGTT < 140 mg/dl) gibt es als „Grauwertbereich" noch die eingeschränkte Glukosetoleranz (nüchtern < 126, 2 Stunden nach oGTT 140–199 mg/dl). Bei einem Typ-1-Diabetes führt ein Autoimmunprozeß zur Zerstörung der B-Zellen, letztlich also zu einem „absoluten" Insulinmangel. Dies ist die Ursache für Hyperglykämie, osmotische Diurese, Exsikkose, aber auch für eine gesteigerte Lipolyse mit Anstieg der Ketonkörperkonzentrationen (Ketoazidose), im Extremfall für eine hyperglykämische, ketoazidotische Stoffwechselentgleisung bis hin zum Koma.

24.4 Typ-2-Diabetes und andere Diabetesformen

Ein Typ-2-Diabetes mellitus ist häufig, betrifft vor allem das höhere Lebensalter und beruht auf einer Insulinsekretionsschwäche, gepaart mit einer Insulinresistenz

Bei dieser häufigeren Form des Diabetes mellitus gelingt eine ähnlich griffige pathophysiologische Charakterisierung wie beim Typ-1-Diabetes nicht. Erbliche Einflüsse sind wichtig: Etwa die Hälfte der erstgradigen Verwandten von Patienten mit Typ-2-Diabetes müssen damit rechnen, selbst später diese Erkrankung zu entwickeln.

Das endokrine Pankreas bei Typ-2-Diabetes. Histopathologisches Kennzeichen der Langerhans-Inseln beim Typ-2-Diabetes ist nicht ihre völlige Zerstörung, sondern lediglich eine Verringerung der B-Zellmasse um ca. 10–50 % und eine Anlagerung von doppelbrechenden Amyloidfibrillen zwischen den B-Zellen [1,5,22].

Bestandteil dieser Amyloidfibrillen ist das Peptid ***Amylin***, das ebenfalls ein Sekretionsprodukt der B-Zelle ist. Interessanterweise ist bei all denen Tierspezies ein Typ-2-Diabetes bekannt, deren Amylin zur Fibrillenbildung neigt. Die Reduktion der B-Zellmasse erreicht aber nicht das ausgeprägte Maß, das allein die Entstehung eines Diabetes durch Insulinmangel erklären würde.

Tabelle 24.5. Insulinsekretion bei Typ-2-Diabetikern

Phänotyp	Bemerkung(en)
1. Geringes Ansprechen auf Glukose (Hyperglykämie)	Wirkt sich auch auf die „Potenzierung" der Wirkung anderer Stimuli aus
2. Fehlen einer schnellen ersten Sekretionsphase	Nur nach artefiziellen, sehr schnellen Blutzuckeranstiegen nachzuweisen
3. Fehlendes Ansprechen auf das Inkretinhormon ***Gastric Inhibitory Polypeptide*** (GIP)	Verminderte postprandiale Insulinanstiege
4. Vergleichsweise gut erhaltenes Ansprechen auf Arginin	Bedeutung unklar (unphysiologischer Sekretionsweg)
5. Fehlen einer regelmäßig pulsatilen Sekretion	Auch bei erblich belasteten „Prädiabetikern" (?) nachweisbar
6. Hoher Proinsulinanteil	Sekretion „unreifen", unvollständig gespaltenen (Pro-)Insulins durch dauernden Sekretionsreiz (Hyperglykämie)

In der Summe ergibt sich ein zögerlicher Anstieg der Insulinsekretionsrate nach Mahlzeiten („Sekretionsstarre")

Insulinsekretion. Es gibt typische Auffälligkeiten der Insulinsekretionsmuster bei Typ-2-Diabetikern (Tabelle 24.5; [26]). Hierzu gehört die Unfähigkeit zu raschen Änderungen der Insulinsekretionsraten *(Sekretionsstarre)*, das Fehlen einer frühen Phase der Insulinsekretionen in den ersten 3 bis 5 Minuten nach akuter Erhöhung der Plasmaglukosekonzentrationen, das Fehlen einer regelmäßigen *Pulsatilität*, die Reduktion der sogenannten „Glukosepotenzierung" der Insulinsekretionen durch andere Modulatoren der Insulinsekretion, das fehlende Ansprechen auf *Gastric Inhibitory Polypeptide* (dem beim Gesunden wahrscheinlich wichtigsten *Inkretinhormon*, s. auch S. 355) und die dabei relativ gut erhaltene Sekretion nach hohen Dosen von Arginin [22]. Im Insulintagesprofil ergibt sich aus alledem eine nahezu normale Insulinkonzentration im Nüchternzustand (die aber, gemessen an der gleichzeitigen Hyperglykämie, zu niedrig ausfällt) und ein schleppender, zögerlicher Anstieg der Insulinkonzentrationen nach Mahlzeiten (Abb. 24.5; [24]). Gleichzeitig besteht immer eine *Insulinresistenz*.

Metabolismus. Im Nüchternzustand produziert bei Typ-2-Diabetikern mit Hyperglykämie die Leber vermehrt Glukose (Abb. 24.6, [16]). Nach Mahlzeiten steigen die Insulinkonzentrationen zögerlicher und die Suppression der hepatischen Glukoseproduktion fällt geringer aus als bei Stoffwechselgesunden [16]. Diese Mechanismen verstärken postprandial die Hyperglykämie.

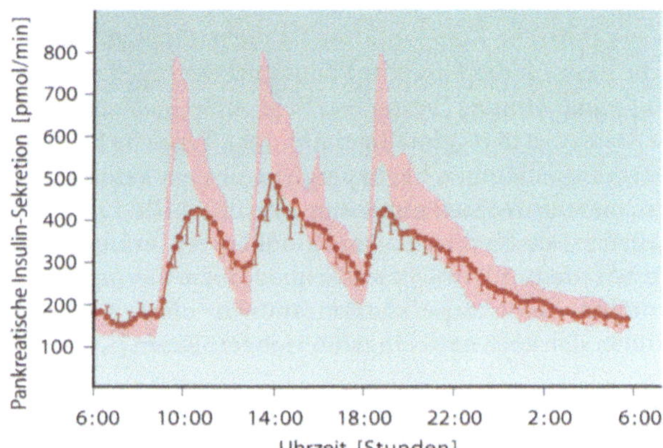

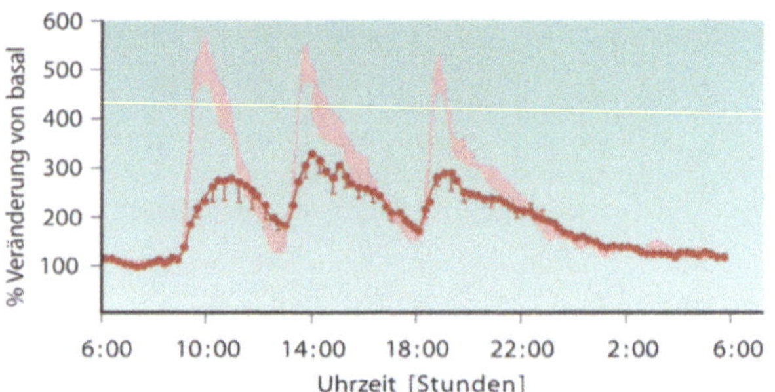

Abb. 24.5. Glukose- und Insulinkonzentrationen im 24-h-Tagesprofil bei Stoffwechselgesunden und Typ-2-Diabetikern. Die Glukosekonzentrationen zeigen bei Gesunden nur geringe und kurzfristige Anstiege nach größeren Mahlzeiten, während bei Typ-2-Diabetikern bereits im Nüchternzustand erhöhte Werte gemessen werden, die nach Mahlzeiten noch deutlich und über mehrere Stunden ansteigen. Basale Insulinkonzentrationen sind bei Typ-2-Diabetikern etwa gleich hoch (d.h. in Relation zu den erhöhten Plasmaglukosewerten zu niedrig) wie bei Gesunden, der Anstieg nach den Mahlzeiten ist jedoch typischerweise inadäquat langsam („Sekretionsstarre"), besonders in der Initialphase (ca. 30 min nach Beginn der Mahlzeit). Die Tages-Gesamtmenge Insulin, die bei Gesunden und Typ-2-Diabetikern sezerniert wird, ist nahezu gleich. (Nach [24])

Die ätiopathologische Klassifikation des Diabetes mellitus kennt neben Typ-1- und Typ-2-Diabetes eine Reihe weiterer Diabetesformen

Dazu zählen genetische Defekte der B-Zell-Funktion (Insulinsekretion), insbesondere beim sogenannten MODY-Diabetes und bei mütterlich vererbten Diabetesformen mit mitochondrialen Mutationen. Weiterhin gibt es genetische Defekte der Insulinwirkung, z. B. die sogenannte Typ-A-Insulinresistenz bei Insulinrezeptor-Mutationen. *Pankreaserkrankungen* wie die akute und chronische Pankreatitis, Pankreaskarzinome, aber auch die zystische Fibrose gehen mit einer Zerstörung von Langerhans-Inseln und damit einem Diabetes mellitus einher. Zu den Endokrinopathien mit Diabetes mellitus zählen die *Akromegalie* (Wachstumshormonüberschuß), das *Cushing-Syndrom* (Hypophysenadenom mit ACTH-Überschuß, Nebennierenrindenhyperplasie bzw. –adenom mit Kortisolüberproduktion oder Einnahmen von Glukokortikoiden), das *Glukagonom*, das *Phäochromozytom*, ein *Somatostinom* und eine *Hyperthyreose* (Schildrüsenüberfunktion).

Einige Medikamente (neben Glukokortikoiden und Schilddrüsenhormonen Betablocker, Thiazid-Diuretika, das Insulinsekretions-hemmende Thiazid-Analogon Diazoxid) können einen Diabetes begünstigen. Ferner gibt es seltene immunologisch bedingte Diabetesformen wie das *„Stiff-Man"-Syndrom* oder eine Insulinresistenz durch Antikörper gegen Insulinrezeptoren. Zahlreiche genetische Syndrome mit ausge-

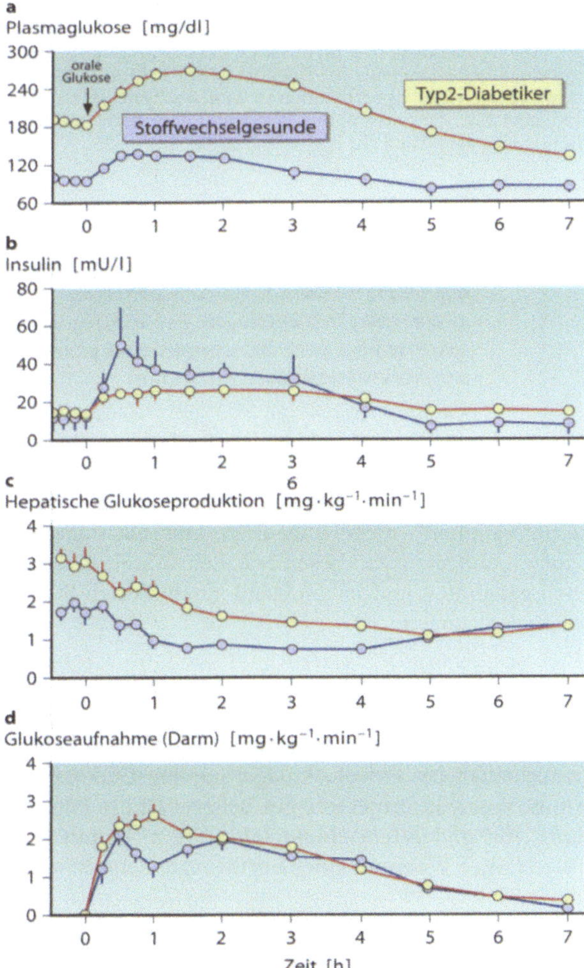

Abb. 24.6a-d. Basale und postprandiale Glukose- (a) und Insulinkonzentrationen (b) sowie hepatische Glukoseproduktion (Glykogenolyse und Glukoneogenese; (c) und Glukoseeinstrom aus der Resorption (d) vor und nach einer oralen Glukosebelastung. Bereits im Nüchternzustand produziert die Leber bei Typ-2-Diabetikern verstärkt Glukose, dies führt zur Nüchternhperglykämie. Nach oraler Glukose strömt bei Stoffwechselgesunden und Typ-2-Diabetikern gleichermaßen Glukose aus dem Resorptionsprozeß in die Zirkulation, bei Typ-2-Diabetiker wird aber der hepatische Glukoseausstoß nicht ausreichend gebremst. (Nach [16])

prägter Übergewichtigkeit (z.B. ***Prader-Willi-Syndrom, Lawrence-Moon-Biedl-Syndrome***) können auch mit einem Diabetes mellitus einhergehen.

Eine besondere Form ist der ***Gestations-Diabetes***, der innerhalb einer Schwangerschaft auftritt, und nach der Entbindung häufig nicht mehr nachweisbar ist. Gefährdet wird hierdurch das Kind. Die Mutter muß damit rechnen, im späteren Leben einen Typ-2-Diabetes zu entwickeln [1,5].

MODY-Diabetes. Besondere Aufmerksamkeit hat die Klärung der zugrundeliegenden Mutationen beim (engl.) sog. ***Maturity Onset Diabetes of the Young***, kurz MODY, in den letzten Jahren gefunden. Ganz generell versteht man hierunter Diabetesformen, die autosomal-dominant vererbt werden, phänotypisch Ähnlichkeiten mit dem Typ-2-Diabetes haben, aber in deutlich jüngerem Lebensalter zutagetreten. Zunächst aufgeklärt wurde die genetische Grundlage des MODY 2. Man findet Mutationen im Gukokinasegen auf Chromosom 7. Die Glukokinase hat eine wichtige Funktion als „Glukosesensor" in der B-Zelle der Langerhans-Insel (Abb. 24.1). Glukokinaseaktivität bestimmt die Aktivität des Glukosestoffwechsels der B-Zellen und damit auch die Geschwindigkeit, mit der Glukose zur Stimulation der Insulinsekretion führt. Dementsprechend sind bei Patienten mit MODY-2-Diabetes höhere Glukosekonzentrationen nötig, um die Insulinsekretion anzuregen. Die genetische Grundlage des MODY 1 liegt in einer Mutation des HNF-4α („hepatozyte nuclear factor") auf Chromsosom 20, die des MODY 3 in einer Mutation des HNF-1α auf Chromosom 12. Bei diesen HNFs handelt es sich um Transkriptionsfaktoren, die die Aktivität von Genen unter anderem mit Bedeutung im Kohlenhydratstoffwechsel regulieren. Die betroffenen Familienmitglieder können heutzutage aufgrund genetischer Analysen identifiziert werden [35].

> **!** Beim Typ 2-Diabetes ist die B-Zellmasse vermindert und es finden sich Sekretionsstarre, mangelnde Pulsatilität, Reduktion der Glukosepotenzierung, Insulinresistenz und ein verzögerter und mangelhafter Anstieg der Insulinkonzentration nach Mahlzeiten. Neben dem Typ-1- und dem Typ-2-Diabetes gibt es eine Reihe seltener Diabetesformen, die meist genetisch bedingt sind.

24.5 Akute diabetische Stoffwechselentgleisungen und diabetische Folgeschäden

Sowohl ein Typ-1- wie auch ein Typ-2-Diabetes neigen zu akuten hyperglykämischen Stoffwechselentgleisungen: einer Ketoazidose bei absolutem Insulinmangel oder einer hyperosmolaren Entgleisung bei erhaltener Insulin-Restsekretion

Während ein Typ-2-Diabetes oft sehr wenig Beschwerden verursacht, sind akute hyperglykämische Stoffwechselentgleisungen durch eine erhebliche Beeinträchtigung der Patienten charakterisiert und erfordern eine rasche Notfallbehandlung.

Hyperglykämie. Eine milde Hyperglykämie führt, sobald die Nierenschwelle überschritten ist (Plasmaglukose > 160–180 mg/dl [8,9–10,0 mmol/l]), zu einer ***Glukosurie***, die von einem erheblichen Wasser- und Elektrolytverlust begleitet ist (osmotische Diurese, Abb. 24.7). Typische Symptome sind ***Polyurie***, ***Durst*** und ***Polydipsie***. Tabelle 24.4 führt die beiden wesentlichen Formen der akuten hyperglykämischen Entgleisung auf [1,5].

Ketose. Bei Patienten mit Typ-1-Diabetes und absolutem Insulinmangel kommt es zusätzlich zum Flüssigkeitsverlust auch zur metabolischen Azidose (s. oben; Abb. 24.7). Bei Typ-2-Diabetikern mit erhaltener Insulin-Restsekretion kommt es dagegen nicht zur so dramatisch gesteigerten Lipolyse und Ketongenese. Ursache der metabolischen Azidose ist zum einen die chemische Reaktion der Ketonkörper, zum anderen aber im Rahmen der Dehydratation eine verminderte periphere Durchblutung mit Hypoxie und Laktatbildung. Im fortgeschrittenen Stadium drohen Koma und Tod. Der Begriff ***hyperglykämisches Koma*** sollte nur bei Vorliegen eines Bewußtseinsverlustes gebraucht werden.

Therapeutisch steht der rasche Ausgleich des Flüssigkeitsdefizits und die Gabe von Insulin im Vordergrund. Eine zu rasche Senkung der Plasmaglukosekonzentration ist zu vermeiden, da dies zu einer Umkehr des osmotischen Gradienten zwischen Extrazellulärraum und z. B. dem zentralen Nervensystem führen kann. Dies würde zu einem Flüssigkeitseinstrom in Nervenzellen und letzlich zu einem ***Hirnödem*** führen. Eine Ketoazidose tritt nicht selten bei der Erstmanifestation eines Typ-1-Diabetes auf. Begünstigende Faktoren für die Entwicklung einer hyperosmolaren Stoffwechselentgleisung sind eine Nierenfunktioneinschränkung, eine nicht ausreichende Flüssigkeitszufuhr sowie Diuretika.

Unter diabetischen Folgeschäden versteht man die Organkomplikationen, die durch nichtenzymatische Proteinglykierung, intrazelluläre Anhäufung von Sorbitol und das vermehrte Auftreten von freien Radikalen entstehen

Seinen wesentlichen Krankheitswert erhält ein Diabetes mellitus durch die diabetischen Folgeschäden, die entgegen der häufigen Benutzung des Begriffs „Spätkomplikationen" nicht unbedingt erst nach langer Laufzeit auftreten. Zu diesen Schäden führen u. a. die eben genannten und nachfolgend geschilderten Stoffwechselstörungen.

Proteinglykierung. Ein wichtiger Mechanismus ist die nichtenzymatische Proteinglykierung [6]. Hierbei handelt es sich um zunächst reversible, nach einigen Reaktionschritten irreversible Anlagerung von Glukose an Aminoreste von Proteinen. Ein Beispiel ist die Entstehung von ***glykiertem Hämoglobin*** (Hämoglobin A_{1C} oder ***HbA_{1C}***). Während einer Erythrozytenlebensdauer

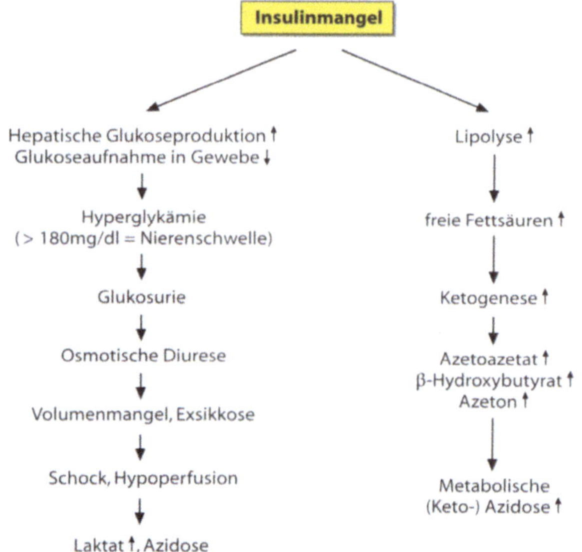

Abb. 24.7. Pathophysiologie des Insulinmangels. Ein Insulinmangel führt zur Hyperglykämie. Wird die sogenannte Nierenschwelle (ca. 160–180 mg/dl; 8,9–10,0 mmol/l) überschritten, kommt es zur Glukosurie mit osmotischer Diurese. Der Flüssigkeitsverlust führt zu Blutdruckabfall bis hin zum Schock. Bei absolutem Insulinmangel (z. B. Typ-1-Diabetes) fehlt auch die hemmende Wirkung des Insulins auf Lipolyse und Ketogenese (die niedrigere Insulinkonzentrationen benötigt als Wirkungen auf den Kohlenhydratstoffwechsel). Dies führt zur Ketonämie und zur metabolischen Azidose („Ketoazidose")

(ca. 120 Tage) hat die Plasmaglukose Gelegenheit, entsprechend ihrer Konzentration solche Glykierungsprodukte zu bilden. Daher kann der im Blut gemessene HbA_{1c}-Wert Auskunft über den Mittelwert der Plasmaglukosekonzentrationen über etwa diesen Zeitraum, d.h. 6–12 Wochen, geben. Eine Proteinglykierung findet ohne Unterstützung katalysierender Enzyme (nicht-enzymatisch) statt und betrifft eine Vielzahl von Proteinen. Lipoproteine und deren Rezeptoren können z.B. glykiert werden, was zu einer verlangsamten Elimination der Lipoproteinpartikel (und damit zur Entstehung von artherosklerotischen Gefäßschäden) beiträgt. Glykierte Proteine („Advanced Glycation Endproducts"; AGEs) verändern auch Basalmembraneigenschaften (Abb. 24.8).

Polyol-Stoffwechsel. Bei einer Hyperglykämie wird intrazellulär die aufgenommene Glukose unter anderem

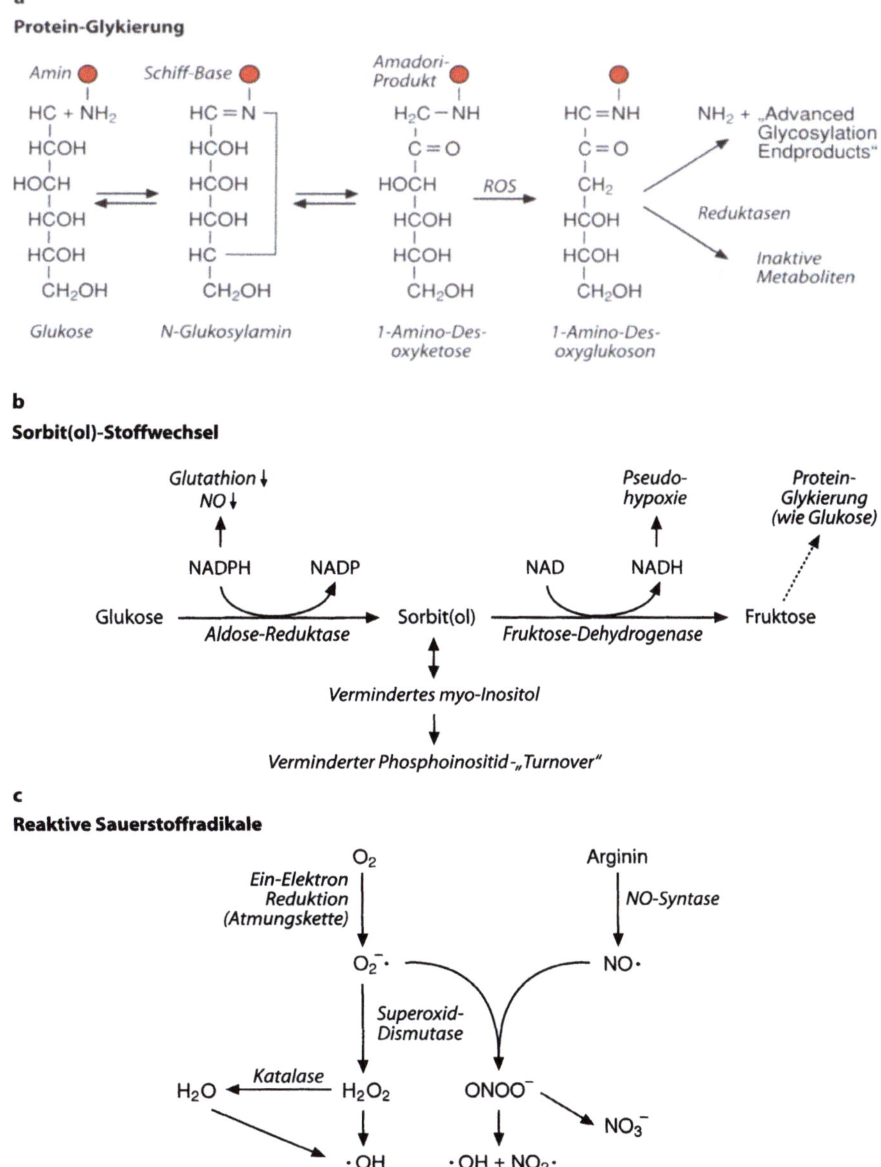

Abb. 24.8a-c. Molekulare Mechanismen, die Organschäden durch anhaltende Hyperglykämie erklären. **a** Die nichtenzymatische Glykierung von Proteinen, d.h. das Anlagern von Glukoseresten an Aminogruppen des Lysins (Beispiel: Hämoglobin A_{1c}, HbA_{1c}); ROS: reaktive Oxygen-Spezies siehe **c**; **b** die Aktivierung des Polyol-Stoffwechselweges, einem Mechanismus zum Ausgleich von Schwankungen der intrazellulären Osmolalität, mit der vermehrten Synthese von Sorbitol und Fruktose sowie der Depletion der myo-Inositol-Vorräte; **c** Änderungen des Redox-Gleichgewichtes (Verstärkte oxidative Prozesse, verminderte Schutzmechanismen gegenüber der Bildung freier Radikale und der Bildung von Peroxiden etc.)

durch das Enzym Aldose-Reduktase in ***Sorbitol*** und Fruktose umgesetzt. Sorbitol dient im Sinne eines Regulationsmechanismus als intrazellulärer Osmolyt, der die extrazellulär erhöhte Osmolarität bei Hyperglykämie ausgleichen soll [7]. Eine dauerhafte intrazelluläre Anhäufung von Sorbitol führt aber zu einem Verbrauch reduzierten NADPHs, zum Abfall von Myoinositol-Konzentrationen und zu einer verminderten Bereitstellung von reduziertem Glutathion, einem Stoffwechselzustand, der als ***Pseudohypoxie*** beschrieben wird.

Reaktive Sauerstoffspezies, freie Radikale. Während einer Hyperglykämie sind drittens die Bedingungen für die Entstehung reaktiver Sauerstoffspezies („freie Radikale") günstig („oxidativer Streß") [3].

Typische diabetische Folgeschäden entstehen am Auge (Retinopathie/Katarakt), an der Niere (Nephropathie), am Nervensystem (Neuropathie) und an den arteriellen Gefäßen (Makroangiopathie)

Retinopathie. Am Auge entstehen eine Retinopathie (die häufigste Ursache von Erblindungen in unserer Gesellschaft) sowie eine Linsentrübung (Katarakt).

Nephropathie. An der Niere bildet sich die diabetische Nephropathie, die in klar definierten Stadien verläuft und zunächst zur selektiven („Albuminurie"), dann zur unselektiven Proteinurie und erst nach Jahren zu einer Einschränkung der Nierenfunktion führt (Tabelle 24.6, [21]).

Tabelle 24.6. Diabetische Folgeerkrankungen

Betroffenes Organ(system)	Bezeichnung/Erläuterung	Risikofaktoren	Bemerkungen
Auge	Diabetische Retinopathie (nichtproliferativ, proliferativ)	Hyperglykämie, arterielle Hypertonie	Häufigste Ursache von Blindheit!
	Diabetische Katarakt	Hyperglykämie	
Niere	Diabetische Nephropathie	Hyperglykämie,	Erhebliche genetische Einflüsse (Suszeptibilitäts- und Schutzfaktoren)
	Stadium 1: Nierengröße ⇑, GFR ⇑	arterielle Hypertonie	
	Stadium 2: Mikroskopische Glomerulosklerose		
	Stadium 3: Mikroalbuminurie		
	Stadium 4: Proteinurie		
	Stadium 5: Progressive Einschränkung der Filtrationsleistung		
Nervensystem	Diabetische Neuropathie	Hyperglykämie,	
	a) symmetrische, distale, sensomotorische Neuropathie	Alkohol	„Diabetischer Fuß" (Ulzera, Amputationen)
	b) assymmetrische, proximale, motorische Neuropathie		
	c) Hirnnervenausfälle		
	d) autonome Neuroviszeropathie		Tachykardie (Parasympathicus betroffen) Orthostatischer Kollaps Magenentleerungsverzögerung Diarrhoe Blasen- und Mastdarmentleerungsstörungen
Arterien	Diabetische Makroangiopathie	Rauchen, Hypercholestolämie,	(= vorzeitige und ausgeprägtere Atherosklerose)
	Koronare Herzkrankheit (KHK)	Hypertriglyzeridämie,	
	Periphere arterielle Verschlußkrankheit (pAVK)	Hyperglykämie	
	Zerebrovaskuläre Insuffizienz (ZVI)		

Neuropathie. Am Nervensystem führt ein Diabetes zu verschiedenen klinischen Erscheinungsformen der diabetischen Neuropathie.

Makroangiopathie. Am Gefäßsystem entstehen artherosklerotische Veränderungen im Sinne einer koronaren Herzerkrankung, einer peripheren arteriellen Verschlußkrankheit und einer zerebrovaskulären Insuffizienz.

Eine dauerhafte Hyperglykämie ist nicht der einzige Faktor, der die Entstehung diabetischer Folgeschäden begünstigt. Für einzelne Organe gibt es zusätzliche Risikofakten, deren Kontrolle das beschleunigte Auftreten diabetischer Folgeschäden verlangsamt (Tabelle 24.6).

!

Die typische hyperglykämische Stoffwechselentgleisung bei Typ-1-Diabetikern ist die ketoazidotische Entgleisung mit Hyperglykämie, osmotischer Diurese, Exsikkose, gesteigerter Lipolyse, hohen freien Fettsäure- und Ketonkörper-Konzentrationen und metabolischer Azidose. Bei Typ-2-Diabetikern stehen sehr hohe Glukosekonzentrationen, Hyperosmolarität und ausgeprägte Exsikkose (Volumenmangel) ganz im Vordergrund, weil eine erhaltene Insulin-Restsekretion Lipolyse und Ketogenese unterdrückt. Diabetische Folgeschäden sind Retinopathie/Kararakt, Nephropathie, Neuropathie und Makroangiopathie. Eine Hyperglykämie verursacht bzw. begünstigt Folgeschäden durch nichtenzymatische Glykierung von Proteinen, durch einen erhöhten Stoffwechselfluß durch den Polyol-Weg und durch oxidativen Streß. Begleitende Risikofaktoren (arterielle Hypertonie, Rauchen, Hypercholesterolämie, Hypertriglizeridämie) beschleunigen insbesondere bei der Atherosklerose den Krankheitsverlauf.

24.6 Hypoglykämie

Als Hypoglykämie bezeichnet man eine gegenüber dem physiologischen Normbereich zu niedrige Plasmaglukosekonzentration („Unterzuckerung"). Als Hypoglykämie-Gegenregulation bezeichnet man Abwehrmechanismen gegen zu niedrige Plasmaglukosekonzentrationen

Bereits ein Absinken der Plasmaglukosekonzentrationen knapp unter 70 mg/dl (3,9 mmol/l) führt zu einer beginnenden Aktivierung von Gegenregulationsmechanismen, die das Ziel haben, eine ausreichende Versorgung der Glukose-abhängigen Organe (Nervensystem, Erythrozyten) sicherzustellen (Tabelle 24.7).

Diese Mechanismen haben eine wichtige endokrine Komponente: Vorrangig ist die regelrechte Sekretion von ***Glukagon*** aus den pankreatischen A-Zellen, für die schnelle Gegenregulation auch das ***Adrenalin*** aus dem Nebenierenmark. Beide führen zu einer raschen Bereitstellung von Glukose über eine Aktivierung der Glykogenolyse in der Leber (Tabelle 24.7). Ebenfalls ausgeschüttet werden das hypophysäre ***Wachstumshormon*** und das Nebennierenrindenhormon ***Kortisol*** [20]. Beide spielen aber nur bei langanhaltenden Hypoglykämien eine wesentliche Rolle in der Gegenregulation, indem sie Insulinwirkungen vermindern (Insulinresistenz). Bei extremen Hypoglykämien kommt es – unabhängig von endokrinen Faktoren – zu einer ***hepatischen Autoregulation***: Der hepatische Glukose-Output wird akut gesteigert.

Hypoglykämiesymptome [31]. Eine Verminderung der Plasmaglukosekonzentration führt zu charakteristischen, wenn auch unspezifischen Symptomen. Eine Gruppe von Symptomen ist auf die Aktivierung des sympathischen autonomen Nervensystems zurückzuführen (***adrenerge Symptome***; Tabelle 24.8). Dies kann bereits bei Plasmaglukosekonzentrationen um 50 bis 60 mg/dl der Fall sein. Schwerwiegender sind ***neuroglukopenische Symptome***, die Ausdruck einer Substratminderversorgung des Zentralnervensystems sind und in abgestufter Form bei 50 mg/dl Plasmaglukosekonzentration beginnen können. Mit einer deutlichen Bewußtseinsstörung oder einem Bewußtseinsverlust ist in der Regel unter 30 mg/dl zu rechnen. Eine langanhaltende, schwere Hypoglykämie kann bleibende neurologische Defizite nach sich ziehen oder zum Tode führen [12].

Ganz überwiegend treten Hypoglykämien bei Diabetikern auf, die mit Insulin- oder Sulfonylharnstoff-Präparaten (oralen Antidiabetika) behandelt werden

Andere in der Tablettentherapie gebrauchte Medikamente (Metformin = Biguanid, Acarbose und Miglitol = α-Glukosidase-Hemmer) kommen nicht als Ursache einer Hypoglykämie in Frage. Im Fall einer Insulintherapie ist die Häufigkeit von Hypoglykämien limitierend für die angestrebte Normalisierung der Plasmaglukosekonzentrationen, da jede weitere Verbesserung der Glukosekonzentrationen unweigerlich von häufigeren Hypoglykämie-Episoden gefolgt wird. Unter einer Therapie mit Sulfonylharnstoffen ist der auslösende Faktor die endogen stimulierte Insulinsekretion. Dies tritt häufig bei Patienten auf, die eigentlich mit Diät allein therapiert werden könnten, bei zu hoher Dosierung oder bei eingeschränkter Nierenfunktion (Kumulation des Wirkstoffes).

Unter klinischen Gesichtspunkten versteht man unter einer leichten Hypoglykämie eine Plasmaglukosekonzentration < 50 mg/dl (2,8 mmol/l) mit begleitenden typischen Hypoglykämiesymptomen (Tabelle 24.8) oder – für sich genommen – jede verläßlich gemessenen Glukosekonzentration < 40 mg/dl (2,2 mmol/l). Unter einer schweren Hypoglykämie

Tabelle 24.7. Mechanismen der Hypoglykämie-Gegenregulation und Schwellenwerte für die Aktivierung und den Beginn von Symptomen

Hormon/Mechanismus	Wirkung vermittelt über	Glukoseschwelle der Aktivierung	Bemerkung(en)
Glukagon	Glykogenolyse (Leber) ⇑	ca. 68 mg/dl (3,8 mmol/l)	Wichtigstes Hormon der Hypoglykämiegegenregulation
Adrenalin	Glykogenolyse (Leber) ⇑	ca. 68 mg/dl (3,8 mmol/l)	Kann Glukagon ersetzen
Wachstumshormon (GH)	Verminderte Insulinwirkung	ca. 67 mg/dl (3,7 mmol/l)	Wichtig nur bei anhaltenden Hypoglykämien
Kortisol	Verminderte Insulinwirkung	ca. 55 mg/dl (3,1 mmol/l)	Wichtig nur bei anhaltenden Hypoglykämien
Hemmung der Insulinsekretion	Glukoneogenese⇑ Weniger Insulinwirkung	*	Beseitigung der Hypoglykämieursache
Hepatische Autoregulation	Hepatische Glukoseproduktion⇑	ca. 30 mg/dl (1,7 mmol/l)	Notreaktion
Symptome			
Autonom	Adrenalin, Noradrenalin	ca. 58 mg/dl (3.2 mmol/l)	Kann bei Diabetikern abgeschwächt sein
Neuroglukopenisch	Substratmangel in ZNS	ca. 51 mg/dl (2.8 mmol/l)	Wahrnehmung kann bei Diabetikern vermindert sein

* Angabe eines Schwellenwertes nicht sinnvoll! U. a. nach [25]

versteht man eine Unterzuckerung mit einer so ausgeprägten Bewußtseinsstörung, daß die betroffene Person sich nicht mehr selbst in sinnvoller Weise helfen kann.

Hypoglykämie-Gegenregulation bei Diabetikern. Gerade bei Diabetikern, die am häufigsten von Hypoglykämien betroffen sind, gibt es Besonderheiten in der Hypoglykämiegegenregulation bzw. -wahrnehmung [12,11]: Bei Typ-1-Diabetikern kann nach längerem Krankheitsverlauf (> 5 Jahre) die Glukagonantwort auf eine Hypoglykämie abgeschwächt sein oder fehlen. Dies kann zu einer verzögerten Erholung von Hypoglykämien führen. Besonders im Rahmen der Entwicklung einer autonomen Neuropathie kann auch die Hypoglykämie-bedingte Ausschüttung von Adrenalin vermindert werden. Die Abschwächung beider Achsen zusammen (Glukagon und Adrenalin) ist auf jeden Fall mit einer deutlich verminderten Gegenregulationsfähigkeit verbunden. Eine zweite Besonderheit ist die abgeschwächte Gegenregulation bei wiederholter Hypoglykämieexposition. Nach einer schweren Hypoglykämie sind die meisten hormonellen Mechanismen für ca. 2 Tage unterdrückt. Das heißt u. a., daß die Hypoglykämie erst bei stärkerem Ausmaß, d. h. niedrigerer Plasmaglukosekonzentration, wahrgenommen werden kann, und daß neuroglukopenische Symptome gegenüber autonomen in den Vordergrund rücken (*„verminderte Hypoglykämiewahrnehmung"*). Beide Mechanismen zusammen können zum sogenannten „autonomen Versagen" führen, das konsekutiv das Risiko weiterer Hypoglykämieepisoden mit abgeschwächter Gegenregulation und dadurch verzögerter Erholung vorprogrammiert.

Hypoglykämien (Plasmaglukose < 50 mg/dl) kommen besonders bei Insulin- oder Sulfonylharnstoff-therapierten Diabetikern vor. Störungen der Hypoglykämie-Gegenregulation (verminderte Glukagon- und Adrenalinsekretion) gibt es bei langjährigen Typ-1-Diabetikern. Dies gilt besonders, wenn häufige Hypoglykämie-Episoden vorangegangen sind. Eine reduzierte adrenerge Aktivierung geht mit einer verminderten Hypoglykämiewahrnehmung einher.

Hypoglykämien treten nicht nur bei Diabetikern auf, sondern auch bei Patienten, bei denen nicht von vornherein damit zu rechnen ist (Spontanhypoglykämien)

Aufgrund der geringen Spezifität der Symptomatik von Hypoglykämien (Tabelle 24.8) werden diese oft lange Zeit verkannt [31].

Tabelle 24.8. Hypoglykämiesymptome

Autonome (adrenerge) Symptome	Neuroglukopenische Symptome
Zittern	Verlangsamung, Unkonzentriertheit
Schwitzen	Denkhemmung
Palpitationen („Herzklopfen")	Unfähigkeit zum „Kopfrechnen"
Herzrasen	Sehstörungen
Nervosität	Wärmegefühl
Hungergefühl	ggf. lokalisierte neurologische Ausfälle(z. B. Lähmungen) bei gleichzeitiger vaskulärer Perfusionsstörung
Unterzuckerungswahrnehmung	Bewußtseinsstörung/ -verlust/ Tod

Insulinome. Eine offensichtliche Ursache von Hypoglykämien sind Insulin-produzierende Tumore; es gibt aber eine Reihe anderer Ursachen, die ebenfalls in Frage kommen (Tabelle 24.9).

Nesidioblastose. Nur im Neugeborenenalter gibt es die sogenannte „Nesidioblastose". Im Gegensatz zu früheren Auffassungen ist hierbei nicht die Anzahl der Insulin-produzierenden B-Zellen insgesamt erhöht („B-Zell-Hyperplasie"), sondern es kommt zu einer Überaktivität mit fehlregulierter, überschießender Insulinsekretion. Zugrunde liegen z. B. Mutationen des Sulfonylharnstoff-Rezeptors, die auch in Abwesenheit eines entsprechenden Pharmakons zu einer Verstärkung der Glukose-abhängigen Insulinsekretion führen (vgl. Abb. 24.1, [4]).

Organinsuffizienzen. Selten können schwere Leber- und Nierenerkrankungen zu Hypoglykämien führen. Dies ist Folge der insgesamt verminderten Kapazität zur Glukoseproduktion durch Glykogenolyse und Glukoneogenese.

Endokrine Insuffizienzen. Im Rahmen einer Hypophysen- bzw. Nebenniereninsuffizienz wird nicht genug Kortisol produziert. Da Glukokortikoide für die Induktion von Schlüsselenzymen der Glukoneogenese wichtig sind, kommt es auch hier zu einer verminderten Glukoseproduktion der Leber.

Alkohol-Hypoglykämie. Alkohol kann unmittelbar die Glukoneogenese hemmen und zu Hypoglykämien führen.

Gelegentlich injizieren Patienten ohne medizinische Indikation im Rahmen eines psychosomatischen Krankheitsbildes Insulin oder verabreichen sich selbst Sulfonylharnstoff-Tabletten ***(Hypoglycaemia factitia)***. Eine Insulinselbstinjektion kann an den vorübergehend sehr hohen Insulinkonzentrationen im Plasma und dem gleichzeitig supprimierten C-Peptid-Wert erkannt werden.

Andere Hypoglykämieursachen sind in Tabelle 24.9 zusammengestellt und erläutert.

Insulinome sind meist (> 90 %) benigne Tumoren, die den B-Zellen der Langerhans-Inseln ähneln und autonom Insulin (und das Vorläufermolekül Proinsulin) produzieren und sezernieren können

Ihr Hauptsymptom sind wiederkehrende Hypoglykämien mit den in Tabelle 24.8 geschilderten Symptomen.

Insulingehalt, autonome Insulinsekretion. Insulinome enthalten geringere Insulinmengen pro Zelle als B-Zellen der Langerhans-Inseln des endokrinen Pankreas. Nur selten sind Insulinome in der Lage, Insulin in typischen Sekretionsgranula (s. Abb. 24.1) zu speichern. Deshalb ist die Fähigkeit von Insulinomen, Insulin zu speichern und erst bei Bedarf, d. h. auf physiologische Insulinsekretionsreize hin freizusetzen, vermindert. Hieraus ergibt sich die sogenannte ***„autonome Sekretion"*** der Insulinome: Es ist weder möglich, die Insulinsekretion aus Insulinomen durch Glukose oder andere Stimulatoren in vorhersagbarer Weise zu stimulieren noch unterbinden typische Inhibitoren (Hypoglykämie, Insulin selbst, Somatostatin) regelrecht die Insulinsekretion.

Die Unfähigkeit zur Bildung normaler Speichergranula ist verbunden mit einer unvollständigen Prozessierung des zunächst gebildeten Proinsulins, da die Proteasen, die hierfür benötigt werden, Bestandteil normaler Speichergranula sind und erst im Milieu des reifen Speichergranulums aktiv werden. Deswegen zeichnen sich Insulinome häufig, aber nicht immer, durch relativ hohe Proinsulinanteile an ihren Sekretionsprodukten aus. Proinsulin selbst hat aber nur etwa 5 % der Bioaktivität des Insulins, so daß die Hypoglykämien dennoch in erster Linie durch Insulin selbst erklärt werden.

Diagnostik. Früher wurden Insulinome durch ***Whipple's Triade*** diagnostiziert: Hypoglykämiesymptome (1) wurden mit einem niedrigen Blutzuckermeßwert (2) belegt, und es trat eine Besserung nach Glukosegabe (3) ein. Heute versucht man die autonome Insulinsekretion der Insulinome biochemisch zu beweisen. Beim ***Hungerversuch*** findet man beim Gesunden über 48 bis 72 Stunden relativ stabile Plasmaglukosekonzentrationen [19]. Bei Insulinom-Patienten führt die autonome Sekretion zum Abfall der Plasmaglukosekonzentration und, folglich, zu Hypoglykämiesymptomen. Bei klinisch erheblichen Hypoglykämiesymptomen und Nachweis einer

Tabelle 24.9. Hypoglykämieursachen

Ursache	Wegweisende Diagnostik	Bemerkung(en)
A. Hypoglykämien im Nüchternzustand		
Insulinproduzierende Tumoren (Insulinome)	Hungerversuch: inadäquat hohe (Pro-) Insulinwerte bei Hypoglykämie	Autonome (Pro-) Insulinsekretion
Nesidioblastose	Inadäquat hohe Insulinwerte bei Hypoglykämie	Nur im Neugeborenenalter, z. B. Mutationen des Sulfonylharnstoffrezeptors
Leber- und Nierenerkrankungen	Hypoglykämie mit niedrigen Insulinwerten, Hinweise für Organinsuffizienz möglich	Gestörte Glukoneogenese (nur in Leber bzw. Niere)
Hypophysen- bzw. Nebenniereninsuffizienz	Insuffizienz der kortikotropen Achse	Glukokortikoide für Glukoneogenense wichtig
Alkohol-Hypoglykämie	Anamnese, Foetor alcoholicus, Stigmata der Alkoholkrankheit	Hemmung der hepatischen Glukoneogenese durch Äthylalkohol
Hypoglycaemia factitia	Insulin-Selbstinjektion, Einnahme von Sulfonylharnstoffen (ohne medizinische Indikation)	Psychosomatisches Krankheitsbild, häufig bei Angehörigen von Diabetikern und medizinischen Assistenzberufen (Zugriff auf Medikamente)
Malaria	Fieber, Nachweis von Plasmodien	Besonders unter Chinin-Therapie
Medikamenten-induzierte Hypoglykämie	Anamnese	Häufige, u. U. schwerwiegende Nebenwirkung einer Diabetestherapie
• Insulin		
• Sulfonylharnstoffe		
• Pentamidin	Pneumocystis-carinii-Pneumonie (HIV)	
• Chinin	Malaria-Therapie	
Pseudohypoglykämie	Fehlen von Symptomen	Glukoseverbrauch in vitro durch Blutzellen (besonders bei Leukozytose/ Leukämie, Hypertriglyzeridämie
B. Postprandiale („reaktive") Hypoglykämien		
(1) Nach Magen(teil)resektionen	Auftreten 2–5 h nach Mahlzeiten (nach schnellem, hohem Plasmaglukoseanstieg)	Spät-„Dumping"-Syndrom, Magen-Sturzentleerung
(2) „idiopathisch"	Hypoglykämiesymptome nach Mahlzeiten, selten Nachweis niedriger Plasma-Glukosewerte	Beschleunigte Magenentleerung? Insulinhypersekretion ? Gesteigerte Insulinempfindlichkeit ? Klinische Bedeutung unklar

Hypoglykämie (Schnellmeßmethode am Krankenbett, Bestätigung durch eine exakte Labormethode) muß der Hungerversuch abgebrochen werden (Abb. 24.9), nachdem man eine letzte Plasma- oder Serumpobe zur Messung von Insulin gewonnen hat.

Ein Insulinom ist sicher, wenn trotz einer Hypoglykämie gleichzeitig ein inadäquat erhöhtes Insulin gemessen wird

Eine sehr verläßliche Methode zum Nachweis einer inadäquat erhöhten Insulinkonzentration ist das „amended" (engl. „verbesserte") Insulin/Glukose-Verhältnis nach Turner [33]. Es setzt die Insulinkonzentration (Einheit: mU/l) in Beziehung zur Glukosekonzentration (Einheit: mg/dl), wobei von der Glukosekonzentration 30 mg/dl (1,7 mmol/l) subtrahiert werden. Ein Wert > 0,5 [mU/l]/[mg/dl] bei Abbruch eines Hungerversuchs ist beweisend für das Vorliegen eines Insulinoms. Ein erhöhter Proinsulinwert kann ebenso zur Diagnostik mit herangezogen werden [31].

Sollte der Hungerversuch Ergebnisse im „Graubereich" ergeben, gibt es aufwendigere ***„Suppressionstests"***, mit denen normalerweise, nicht aber bei Insulinomen, die Insulinsekretion nahezu vollständig unterdrückt werden kann. Ein Beispiel ist ein hyperinsulinämischer, hypoglykämischer „Clamp-Test": Unter einer Insulininfusion (z. B. 1 mU/kg/min) wird genau soviel Glukose infundiert, daß zunächst ein normaler Nüchtern-Blutzuckerwert (80–90 mg/dl) aufrecht erhalten wird („euglykämischer Clamp"). In einer zweiten Versuchsphase erlaubt man das Absinken der Plasmaglukosekonzentration auf hypoglykämische Werte (40–45 mg/dl). Die Hypoglykämie sollte zu einer nahezu vollständigen Hemmung der Insulinsekretion führen. Als Meßwert dient das ***C-Peptid***, das zweite Bruchstück des Proinsulins, das in äquimolaren Mengen wie Insulin aus Insulin-produzierenden Zellen freigesetzt wird. Bleiben unter diesen Bedingungen C-Peptid-Konzentration über 0,10 nmol/l (0.3 ng/ml) meßbar, ist ein Insulinom gesichert [23].

Die genaue biochemische Charakterisierung von Insulinom-Patienten ist deshalb so wichtig, weil die Tumoren in der Regel sehr klein (oft < 1,5 cm) sind und damit häufig unterhalb der Nachweisgrenze bildgebender Untersuchungen liegen. Die Entscheidung zur chirurgischen Exploration und Entfernung des Insulinoms hängt deshalb nicht selten allein von der genauen pathophysiologischen Charakterisierung der autonomen Insulinsekretion ab [31,23].

Hypoglykämien kommen in erster Linie bei Diabetikern vor, die mit Insulin oder Sulfonylharnstoff-Präparaten behandelt werden. Andere Ursachen sind z. B. Insulin-produzierende Tumoren (Insulinome), die durch einen Hungerversuch biochemisch diagnostiziert werden können. Kennzeichnend ist eine Hypoglykämie bei gleichzeitig inadäquat erhöhtem Insulin (oder Proinsulin). Weitere Hypoglykämieursachen sind endokrine Erkrankungen (primäre und sekundäre Nebennierenrinden-Insuffizienz), schwerwiegende Leber- und Nierenerkrankungen (verminderte endogenen Glukoseproduktion) und Alkohol.

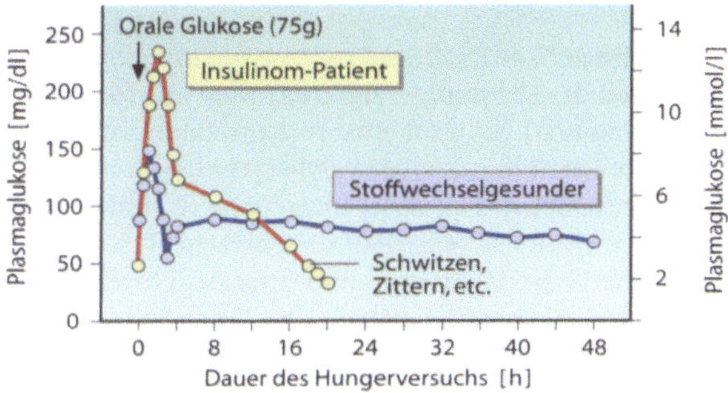

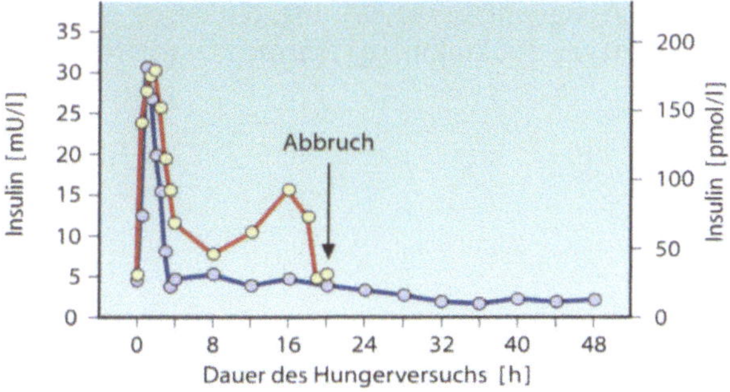

Abb. 24.9. Hungerversuch bei Verdacht auf Insulinom. Bei Patient 1 liegen die Plasmaglukosekonzentrationen über 48 h immer über 50 mg/dl (2,8 mmol/l), und seine Insulinwerte waren niedrig (am Ende des Versuchs bei einer Glukosekonzentration von 56 mg/dl entsprechend 3,1 mmol/l 2 mU/l Insulin entsprechend 12 pmol/l). Patient 1 hatte mit Sicherheit kein Insulinom. Sein „verbessertes" (engl.„amended") Insulin/Glukose-Verhältnis lag bei 2 [mU/l]/(56–30) [mg/dl] = 0,08 [mU/l]/[mg/dl]. Bei Patient 2 mußte der Hungerversuch nach 20 h wegen einer symptomatischen Hypoglykämie (33 mg/dl) abgebrochen werden. Zu dieser Zeit war das Insulin 5,3 mU/l. Sein „verbessertes" (engl. „amended") Insulin/Glukose-Verhältnis betrug 5,3 [mU/l]/(33–30) [mg/dl] = 1,77 [mU/l]/[mg/dl]. Die Normwertgrenze liegt bei 0,5 [mU/l]/[mg/dl]. Dieser Patient hatte eine Insulinom. Auswertung nach [33]

24.7 Angeborene Störungen des Kohlenhydratstoffwechsels

Angeborene Störungen des Kohlenhydratstoffwechsels resultieren in der Regel aus Mutationen von Enzymen, die deren Aktivität mindern sowie zu vollständig inaktiven Enzymproteinen führen

Da ein nichtmutiertes Allel häufig ausreicht, die Enzymaktivität zu gewährleisten, sind Symptome in der Regel bei homozygoten Mutationsträgern zu erwarten (autosomal-rezessiver Erbgang).

Galaktosestoffwechsel. Galaktose ist ein Nahrungskohlenhydrat, insbesondere als Bestandteil der Laktose. Galaktose wird entsprechend dem Stoffwechselschema in Abb. 24.10 in der Leber phosphoryliert und über einige enzymatische Schritte in den Glukosestoffwechsel eingeschleust [30].

Galaktosämie. Enzymdefekte der Galaktokinase, der Galaktose 1-Phosphat-Uridyltransferase und der Uridinphosphat-Galaktose-4-Epimerase führen zur ***Galaktosämie***, die autosomal-rezessiv vererbt wird. Bei den betroffenen Kinder gibt es bei Exposition gegenüber Galaktose typische Toxizitätssyndrome. Im Fall eines Galaktokinasemangels sind die Symptome mild und bestehen in erster Linie in der Entwicklung von Katarakten. Bei Transferase- und Epimerasedefekten führt Galaktose in der Ernährung zu Erbrechen, Katarakten und einer verzögerten neuropsychologischen Entwicklung. Auch bei konsequent galaktosefreier Ernährung treten bei Transferase-defizienten Patienten langfristige Kompli-

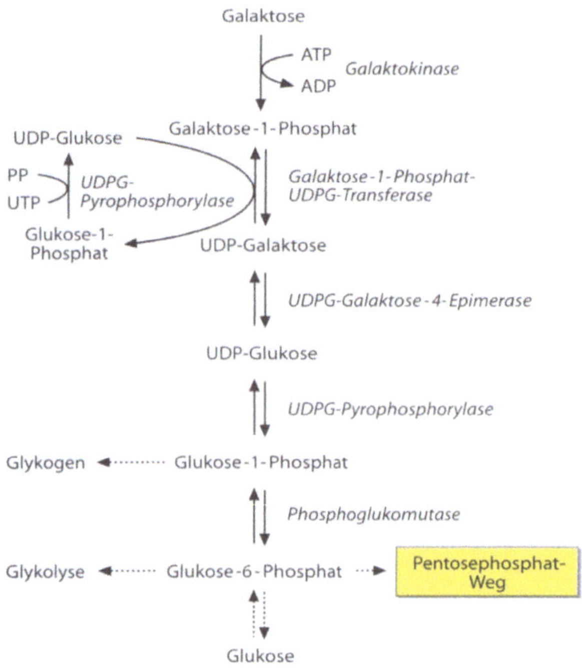

Abb. 24.10. Galaktose-Stoffwechsel der Leber (Nach [30]). ATP, VTP: Adenosin – bzw. Vridintriphosphat; ADP, VDP: Adenosin- bzw. Vridin-diphosphat; VDPG: VDP-Glukose; PP: Pyrophosphat

kationen wie Wachstumsverzögerungen, kognitive Störungen, insbesondere des Sprechvermögens, und neurologische Syndrome, bei weiblichen Patientinnen auch eine Ovarial-Insuffizienz auf. Die Diagnose wird gestellt durch den Nachweis von Galaktose bzw. Galaktose-1-Phosphat im Blut sowie von Galaktose im Urin und kann bestätigt werden durch den Nachweis eines Enzymmangels in Blutzellen oder Fibroblastenkulturen. In Abwesenheit der typischen Enzymaktivitäten folgt die Verstoffwechselung von Galaktose durch alternative Stoffwechselwege, die zur Bildung von Galaktitol und Galaktonat führen. Für die Bildung von Katarakten ist eine Akkumulation von Galaktitol in den Linsen verantwortlich. Der früher gebräuchliche Begriff Galaktose-Diabetes für die Galaktosämie ist nicht mehr zu empfehlen [30].

Fruktosestoffwechsel. Exogene Fruktose ist ein wichtiger Bestandteil der Kohlenhydrate in der Nahrung (ungefähr 100 g/täglich). Sie wird entsprechend dem Stoffwechselschema in Abb. 24.11 in den glykolytischen Stoffwechsel eingeschleust. Fruktose, intravenös in hohen Dosen verabreicht, wirkt toxisch und verursacht Hyperurikämie, eine Hyperlaktatämie und ultrastrukturelle Veränderungen in Leber und intestinalen Zellen [17].

Essentielle Fruktosurie. Hierbei handelt es sich um eine benigne, asymptomatische Störung, die durch das Fehlen des Enzyms Fruktokinase verursacht wird. Hin-

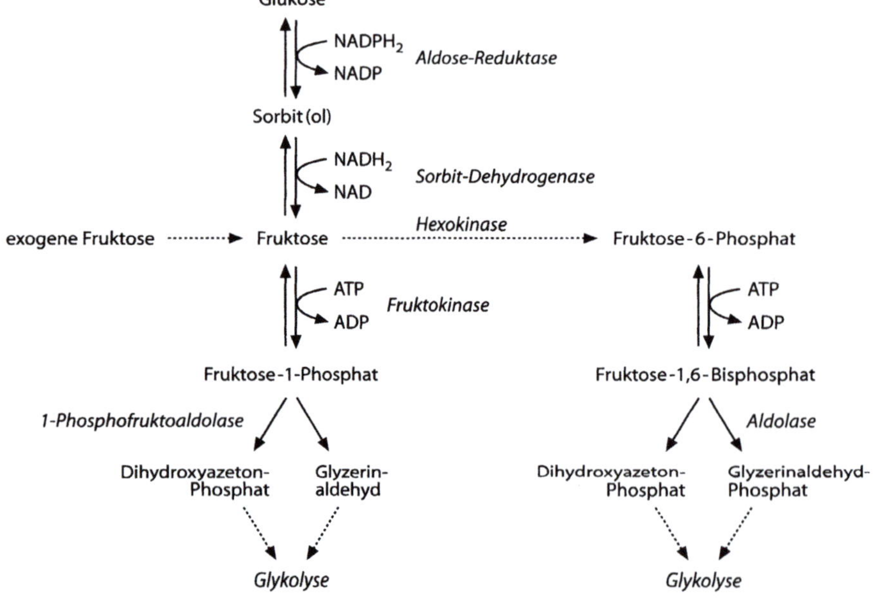

Abb. 24.11. Fruktose-Stoffwechsel der Leber (Nach [17]). ATP, ADP: siehe Abb. 24.10; NAD, NADP: Nikotinami-Adenin-Dimikleotid (-Phosphat)

weise sind eine Hyperfruktosämie und -fruktosurie nach alimentärer Zufuhr von Fruktose.

Heriditäre Fruktoseintoleranz. Sie ist durch schwere Hyperglykämien und Erbrechen kurz nach Nahrungszufuhr von Fruktose gekennzeichnet. Langfristig führt sie bei ununterbrochener Fruktosegabe zu Ernährungsstörungen, Hepatomegalie, Gelbsucht, einer hämorrhagischen Diathese und einem renalen proximalen Tubulusschaden, in letzter Konsequenz zu Leberversagen und Tod. Die betroffenen Patienten entwickeln eine starke Abneigung gegen Fruktose-haltige Nahrungsmittel. Ursächlich ist das Fehlen der Enzymaktivität der Fruktose-1-Phosphat-Aldolase in Leber, Nierenrinde und Dünndarm. Fruktose-1-Phosphat hemmt die Glykogenolyse, und die Glukoneogenese ist durch die mutierte Aldolase vermindert. Dies führt einer reduzierten hepatischen Glukoseproduktion und damit zu Hypoglykämien. Bei Fruktose- und Saccharose-freier Diät bleiben die Patienten völlig gesund [17].

Hereditärer Fruktose-1,6-Bisphosphatase-Mangel. Dieser Defekt tritt durch anfallsweise Hyperventilation, Apnoe, Hypoglykämie, Ketose und Laktatazidose in Erscheinung, bei Neugeborenen häufig mit lebensbedrohlichen Attacken. Im späteren Alter können längere Fastenperioden oder fieberhafte Infektionen Anfälle produzieren. Die Glukoneognese ist so stark reduziert, daß glukoneogene Substrate wie Aminosäuren, Laktat und Ketonkörper akkumulieren [17].

Glykogenspeicherkrankheiten sind angeborene Enzymdefekte, die zu einer abnormen Qualität oder Quantität gespeicherten Glykogens in Leber und/oder Muskel führen.

Je nach Enzymdefekt sind Leber, Muskel oder beide Organe besonders betroffen [8]. Das gespeicherte Glykogen führt zur Hepatomegalie, und die Unfähigkeit, bei Bedarf aus Glykogen durch Glykogenolyse Substrate für die hepatische Glukoseproduktion zur Verfügung zu stellen führt zur Hypoglykämie. Im Muskel fehlt ein wichtiges Energiesubstrat für die Muskelkontraktion. Assoziierte Symptome sind Muskelkrämpfe, die Unfähigkeit zur körperlicher Aktivität, Abgeschlagenheit und Schwächegefühl. Die verschiedenen Formen von Glykogenspeicherkrankheit sind in Tabelle 24.10 zusammengestellt [8].

Andere angeborene Störungen des Kohlenhydratstoffwechsels. Defekte des Na^+-D-Glukose-Kotransportsystems (Abb. 24.12) führen entweder zu einer ***selektiven kongenitalen Glukose- und Fruktose-Malabsorption*** im Dünndarm oder zur ***familiären renalen Glukosurie.*** Im letzteren Fall kommt es zur Unfähigkeit, Glukose aus dem Primärharn rückzuresorbieren und somit zur Glukosurie auch bei Blutzuckerwerten unterhalb der Nierenschwelle.

Eine ***essentielle Pentosurie*** ist das Ergebnis eines defekten Glukuronsäure-Oxydationsweges. Dieser Stoffwechselweg erfüllt beim Menschen keine essentiellen Funktionen. Ursächlich ist eine verminderte Aktivität der NADP-abhägigen Xylitol-Dehydrogenase. Die Folge ist die Ausscheidung von 1–4 g Xylose im Urin pro Tag. Eine klinische Bedeutung besteht nicht.

> **!** Angeborene Störungen des Kohlenhydratstoffwechsels werden in der Regel durch homozygote Mutationen entscheidender Enzyme des Galaktose-, Fruktose- und Glykogenstoffwechsels oder von Transportproteinen ausgelöst (rezessive Erblichkeit). Sie führen zur Anhäufung eventuell toxischer Metabolite. In einigen Fällen führt die Meidung der nicht verstoffwechselbaren Substrate in der Nahrung zu einer Besserung. Glykogenosen sind gekennzeichnet durch die Speicherung quantitativ (zu viel) bzw. qualitativ (z. B. abnormes Verzweigungsmuster) veränderten Glykogens, hauptsächlich in Leber und Muskulatur.

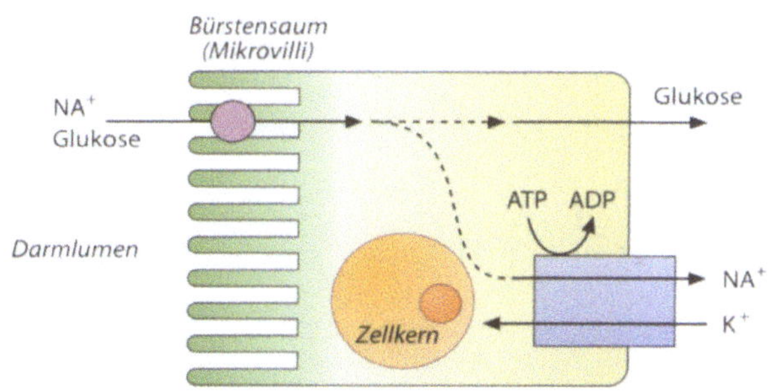

Abb. 24.12. Na^+-Glukose-Kotransporter im Enterozyten. Natrium und Glukose werden von der luminalen Seite des Enterozyten gemeinsam über ein Transportermolekül in das Zellinnere geschleust. Treibende Kraft ist die unter Energieverbrauch (ATP) angeregte Natrium-Pumpe, die über die basolaterale Membran (in Richtung Extrazellularraum und portalen Blutstrom) Na^+-Ionen aus der Zelle schleust und so zwischen Darmlumen (hohe Konzentration) und Zytoplasma (niedrige Konzentration) einen Na^+-Gradienten aufrechterhält. Dieser Gradient bildet die energetische Grundlage für einen Glukoseeinstrom auch dann, wenn die Konzentration im Darmlumen (z. B. nach oraler Glukosebelastung) sehr viel höher ist als im Extrazellularraum

Tabelle 24.10. Glykogen-Speicherkrankheiten

Typ	Benannt nach	Enzymdefekt	Betroffene(s) Organ(e)	Symptome	Behandlung
I a	von Gierke	Glukose-6-Phosphatase	Leber, Nieren, Darm	Wachstums-retardierung Hepatomegalie (Glykogen, Fett) Leberadenome Hypoglykämie Laktatämie Hyperurikämie Hyperlipidämie	Nächtliche Glukose über Magensonde oder Stärkegaben
I b		Glukose-6-Phosphat-Transportsystem	zus. Neutropenie verminderte Neutrophilen-Funktion	Bakterielle Infekte Orale/intestinale Ulzera	
I c		zus. mikrosomaler Phosphat-und Pyro-phosphat-Transport			
I d		zus. mikrosomaler Glukose-Transport			
II	Pompe	lysosomale α-Glukosidase	Muskel/Herzmuskel Makroglossie	Kardiomegalie Muskelschwäche Ateminsuffizienz Hypotonie	Supportiv (Beatmung)
III		Debranching-Enzym	III a: Leber, Muskel III b: nur Leber	Hepatomegalie Hypoglykämie Hyperlipidämie Wachstums-retardierung (Laktat, Harnsäure normal) Leberfunktionsstörung (Zirrhose) Muskelschwäche/ Kardiomyopathie (III a)	Nächtliche Glukose/Stärke
IV		Branching-Enzym	Leber	Hepatosplenomegalie (Zirrhose) Lebertransplantation Gedeihstörung	
V	McArdle	Muskel-Phosphorylase	Muskel	Muskelkrämpfe bei Belastung	Vermeiden von Muskelbelastungen

Tabelle 24.10. (Fortsetzung)

Typ	Benannt nach	Enzymdefekt	Betroffene(s) Organ(e)	Symptome	Behandlung
VI		Leber-Phosphorylase/Phosphorylase-Kinase	Leber	Hepatomegalie	
				Wachstumsretardierung (Hypoglykämie, Hyperlidiämie)	
VII		Muskel-Phosphofruktokinase	Muskel	wie Typ V	
				Hämolytische Anämie Myogene Hyperurikämie	
Seltene Formen		Glykogen-Synthase			
		renales Fanconi-Syndrom			
		Phosphoglukoisomerase	Muskel		
		Phosphoglyzerat-Kinase	Muskel		
		Laktat-Dehydrogenase	Muskel		

24.8 Literatur

1. Alberti KGMM, Zimmet P, DeFronzo RA (1997) International Textbook of Diabetes mellitus, vol 1 and 2. John Wiley & Sons Ltd., Chichester, UK
2. Atkinson MA, MacLaren NK The pathogenesis of insulin-dependent diabetes mellitus. N Engl J Med 331:1428–1432
3. Baynes JW, Thorpe SR (1996) The role of oxidative stress in diabetic complications. Curr Opinion Endocrinol 3:277–284
4. Bell DSH, Grizzle WE, Dunlap NE (1995) Nesidoblastosis causing reversal of insulin-dependent diabetes and development of hyperinsulinemic hypoglycemia. Diabetes Care 8:1379–1380
5. Berger M (1995) Diabetes mellitus. Urban & Schwarzenberg, München Wien Baltimore
6. Brownlee M (1996) Advanced glycation end products in diabetic complications. Curr Opinion Endocrinol 3:291–297
7. Burg MB, Kador PF (1988) Sorbitol, osmoregulation, and the complications of diabetes. J Clin Invest 81:635–640
8. Chen Y-T, Burchell A (1995) Glycogen Storage Diseases. In: Scriver CR, Beaudet AL, Sly WS et al. (eds) The Metabolic and Molecular Bases of Inherited Disease, vol I. McGraw-Hill, Inc., New York, pp 935–965
9. Committee Report (1997) Report of the expert committee on the diagnosis and classification of diabetes. Diabetes Care 21:S5-S22
10. Creutzfeldt W, Nauck M (1992) Gut hormones and diabetes mellitus. Diabetes/Metabolism Rev 8:149–177
11. Cryer PE (1992) Iatrogenic hypoglycemia as a cause of hypoglycemia-associated autonomic failure in IDDM. A vicious cycle (Perspectives in Diabetes). Diabetes 41:255–260
12. Cryer PE, Fisher JN, Shamoon H (1994) Hypoglycaemia. Diabetes Care 17:734–755
13. De Meyts P, Christoffersen CT, Tornquist H, Seedorf K (1996) Insulin receptors and insulin actions. Curr Opinion Endocrinol 3:369–377
14. Eisenbarth GS (1986) Type 1 diabetes mellitus. A chronic autoimmune disease (seminars in medicine). N Engl J Med 314:1360–1368
15. Ferrannini E, Natali A, Pell P, Cavallo-Perin P, Lalic N, Mingrone G (1997) Insulin resistance and hypersecretion in obesity. J Clin Invest 100:1166–1173
16. Firth RG, Bell PM, Marsh HM, Hansen I, Rizza RA (1986) Postprandial hyperglycemia in patients with noninsulin-dependent diabetes mellitus. Role of hepatic and extrahepatic tissues. J Clin Invest 77:1525–1532
17. Gitzelmann R, Steinmann B, Van den Berghe G (1995) Disorders of Fructose Metabolism. In: Scriver CR, Beaudet AL, Sly WS et al. (eds) The Metabolic and Molecular Bases of Inherited Disease, vol I. McGraw-Hill, Inc., New York, pp 905–934
18. Kelley D, Mitrakou A, Marsh H et al. (1988) Skeletal muscle glycolysis, oxidation, and storage of an oral glucose load. J Clin Invest 81: 1563–1571
19. Merimee TJ, Tyson JE (1977) Hypoglycemia in man. Pathologic and physiologic variants. Diabetes 26:161–165
20. Mitrakou A, Ryan C, Veneman T et al. (1991) Hierarchy of glycemic thresholds for counterregulatory hormone secretion, symptoms, and cerebral dysfunction. Am J Physiol 260 (Endocrinol Metab 23):E67-E 74
21. Mogensen CE, Christensen CK, Vittinghus E (1983) The stages in diabetic renal disease. With emphasis on the stage of incipient diabetic nephropathy. Diabetes 32 (Suppl 2):64–78
22. Nauck MA (1998) Physiology and pathophysiology of endocrine pancreatic secretion. In: Beger HG, Warshaw AL, Büchler MW et al. (eds) The pancreas, vol 1. Blackwell Science Ltd., Oxford London Edinburgh Malden Carlton Paris, pp 101–137
23. Nauck MA, Baum F, Seidensticker F, Røder M, Dinesen B, Creutzfeldt W (1997) A hyperinsulinaemic, sequentially eu- and hypoglycaemic clamp test to characterize autonomous insulin secretion in patients with insulinoma. Eur J Clin Invest 27:109–115
24. Polonsky KS, Given BD, Hirsch LJ et al. (1988) Abnormal patterns of insulin secretion in non-insulin-dependent diabetes mellitus. N Engl J Med 318: 1231–1239

25. Polonsky KS, Given BD, van Cauter E (1988) Twenty-four-hour profiles and pulsatile patterns of insulin secretion in normal and obese subjects. J Clin Invest 81: 442–448
26. Porte DJ (1991) ß-cells in Type II diabetes mellitus (Banting lecture 1990). Diabetes 40:166–180
27. Reaven GM (1988) Role of insulin resistance in human disease (Banting lecture 1990). Diabetes 37:1595–1607
28. Rizza RR, Mandarino LJ, Gerich JE (1981) Dose-response characteristics for effects of insulin on production and utilization of glucose in man. Am J Physiol 240:E 630-E639
29. Rossetti L, Giaccari A, DeFronzo RA (1990) Glucose toxicity. Diabetes Care 13: 610–630
30. Segal S, Berry G (1995) Disorders of Galactose Metabolism. In: Scriver CR, Beaudet AL, Sly WS et al. (eds) The Metabolic and Molecular Bases of Inherited Disease, vol I. McGraw-Hill, Inc., New York, pp 967–1000
31. Service FJ (1995) Hypoglycemic disorders. N Engl J Med 332:1144–1152
32. The Diabetes Control and Complication Trial Research group (1993) The effect of intensive treatment of diabetes on the development and progression of long-term complications in insulin-dependent diabetes mellitus. N Engl J Med 329: 977–968
33. Turner RC, Oakley NW, Nabarro JDN (1971) Control of basal insulin secretion, with special reference to the diagnosis of insulinomas. British Medical Journal 2:132–135
34. Yki-Järvinen (1995) Role of insulin resistance in the pathogenesis of NIDDM. Diabetologia 38:1378–1388
35. Yki-Järvinen H (1997) MODY genes and mutations in hepatocyte nuclear factors. The Lancet 349: 516–517

Fett- und Purinstoffwechselstörungen

25

E. Windler und B. S. Gathof

EINLEITUNG

Fall 1. Bei einem 8jährigen Jungen entwickeln sich seit dem 2. Lebensjahr plane Xanthome über den Knien und zwischen Daumen und Zeigefingern sowie tendinöse Xanthome der Achillessehnen. Seit 1 Monat klagt der Junge über Belastungsdyspnoe. Sein Großvater ist mit 55 Jahren verstorben. Sein Vater hat eine Hypercholesterinämie mit Werten um 350 mg/dl und bekam mit 37 Jahren einen aortokoronaren Bypass. Die Mutter hat ebenfalls erhöhte Cholesterinwerte um 330 mg/dl. Bei dem Sohn wird ein Cholesterinwert von 730 mg/dl mit einem LDL-Cholesterin von 670 mg/dl, Triglyzeriden von 75 mg/dl und einem HDL-Cholesterin von 45 mg/dl gemessen. Auskultatorisch und echokardiographisch wird eine Aortenstenose und eine Hypokinesie der Hinterwand nachgewiesen. Koronarangiographisch wird ein Verschluß der rechten Kranzarterie und eine hochgradige Aortenstenose gefunden. Es handelt sich also um eine homozygote familiäre Hypercholesterinämie. Beide Eltern sind obligat heterozygot. Der LDL-Rezeptor-Defekt wird genanalytisch mittels PCR in einer Blutprobe bestätigt.

Fall 2. Eine 65jährige mit 78 kg bei einer Körpergröße von 165 cm übergewichtige Frau wird wegen eines Diabetes mellitus Typ II mit Glibenclamid behandelt. Jetzt klagt sie über Angina pectoris. Der Blutdruck ist mit 160/95 mmHg erhöht. Die Laborwerte ergeben neben einem Blutzucker von 210 mg/dl ein Gesamtcholesterin von 240 mg/dl, ein LDL-Cholesterin von 160 mg/dl, ein HDL-Cholesterin von 26 mg/dl und Triglyzeride von 270 mg/dl. Unter strenger Diät normalisieren sich Körpergewicht und Blutzucker. Die Triglyzeride sind auf 130 mg/dl gesunken und das HDL-Cholesterin ist auf 44 mg/dl gestiegen. Das Gesamtcholesterin liegt bei 230 mg/dl und das LDL-Cholesterin bei 140 mg/dl. Die Patientin leidet also unter den Folgen des Hochdrucks und der typischen sekundären Fettstoffwechselstörung bei Diabetes mellitus.

Fall 3. Ein 43jähriger Mann wachte nachts durch starke Schmerzen im linken Vorfuß auf. Diese hatten plötzlich begonnen, der Vorfuß war geschwollen, gerötet und so druckschmerzhaft, daß der Patient weder das Gewicht der Bettdecke noch einen normalen Schuh für den Arztbesuch ertragen konnte. Am Vortag hatte er auf einem Volksfest eine Schlachtplatte, 3–4 Liter Bier und ein paar Schnäpse konsumiert. Er arbeitet in einer Zeitungsdruckerei und trinkt jeden Tag 1,5 bis 2 Liter Bier. In den vergangenen Jahren hatte der Patient mehrfach Monarthritiden (MTP I, Knie- und Sprunggelenke) sowie zweimal Nierenkoliken (einmal mit Nachweis eines Uratsteines). Eine seinerzeit begonnene Dauertherapie mit Allopurinol hatte er nach kurzer Zeit wieder abgebrochen. Der Patient stellte sich nun in der Notfallambulanz vor, um ein Schmerzmittel zu erhalten. Unter Colchizin waren die Schmerzen innerhalb weniger Stunden deutlich gebessert. Nach einer Diätberatung und vollständigem Abklingen der Arthritis des MCP I wurde eine Dauertherapie mit Allopurinol, für drei Monate überlappend mit niedrig dosiertem Colchizin, eingeleitet.

Chylomikronen transportieren Triglyzeride und Cholesterin vom Darm zur Leber (Abb. 25.1). Ein Teil der Triglyzeride wird im Plasma hydrolysiert. Die freigesetzten Fettsäuren versorgen Muskel und Fettgewebe. Die übrigen Triglyzeride werden zusammen mit den Cholesterinestern in den Restpartikeln, den Remnants, von der Leber aufgenommen.

Very-low-density-Lipoproteine (VLDL) enthalten Triglyzeride und Cholesterin der Leber (Abb. 25.1). Die freigesetzten Fettsäuren versorgen

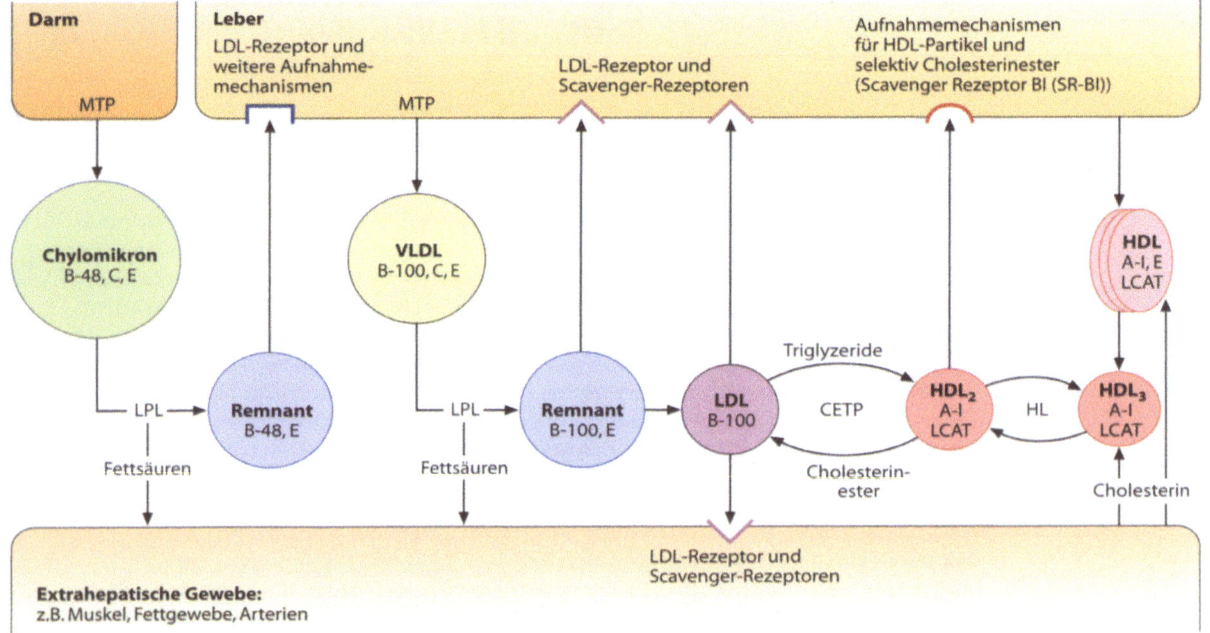

Abb. 25.1. Die wesentlichen Stoffwechselwege der Plasmalipoproteine. *A-I, B-48, B-100, C, E* Apolipoproteine A-I, B-48, B-100, C, E; *MTP* Mikrosomales Triglyzerid-Transport-Protein; *LPL* Lipoprotein-Lipase; *LCAT* Lezithin-Cholesterin-Acyltransferase; *HL* Hepatische Lipase; *CEPT* Cholesterinester-Transfer-Protein

ebenfalls periphere Gewebe wie Muskel und Fettgewebe. Die VLDL-Remnants werden zu etwa 60 % von der Leber aufgenommen oder konvertieren durch weitere Triglyzeridhydrolyse zu ***Low-density-Lipoproteinen (LDL)***. LDL versorgen periphere Gewebe mit Cholesterin, kehren aber zu etwa 70 % als Überschuß zur Leber zurück.

High density Lipoproteine (HDL) dienen dem Cholesterin-Rücktransport von überschüssigem Cholesterin aus peripheren Geweben und Arterienwänden zur Leber, die es zu Gallensäuren verstoffwechseln oder mit der Galle ausscheiden kann (Abb. 25.1). Das Cholesterin wird in HDL zunächst von der Lezithin- Cholesterin-Acyl-Transferase (LCAT) verestert. Die Cholesterinester können entweder mittels des Cholesterinester Transfer Proteins (CETP) auf VLDL und LDL übertragen werden und gelangen mit ihnen zur Leber oder sie werden zusammen mit den HDL-Partikeln und zum größeren Teil über den Scavenger-Rezeptor BI selektiv von den HDL durch die Leber aufgenommen.

25.1 Störungen der Bildung Triglyzerid-reicher Lipoproteine

„Chylomicron retention disease" beruht auf gestörter Sekretion von Chylomikronen im Dünndarm. Hypo- und Abetalipoproteinämie führen zu verminderter Formation von Chylomikronen, VLDL und LDL

Chylomicron retention disease. ***Störung der Sekretion von Chylomikronen*** durch die Enterozyten wird als „Chylomicron retention disease" oder Anderson-Krankheit bezeichnet (Abb. 25.2).

- Mäßige bis ausgeprägte ***Malabsorption*** mit Steatorrhoe macht sich bereits im Kleinkindesalter als Gedeihstörung und niedrigen Konzentrationen der fettlöslichen Vitamine insbesondere A und E bemerkbar.
- Der Defekt ist unklar und wahrscheinlich heterogen, da es schwere und leichte Verläufe gibt. Die Enterozyten des Dünndarms sind mit Fetttröpfchen gefüllt.

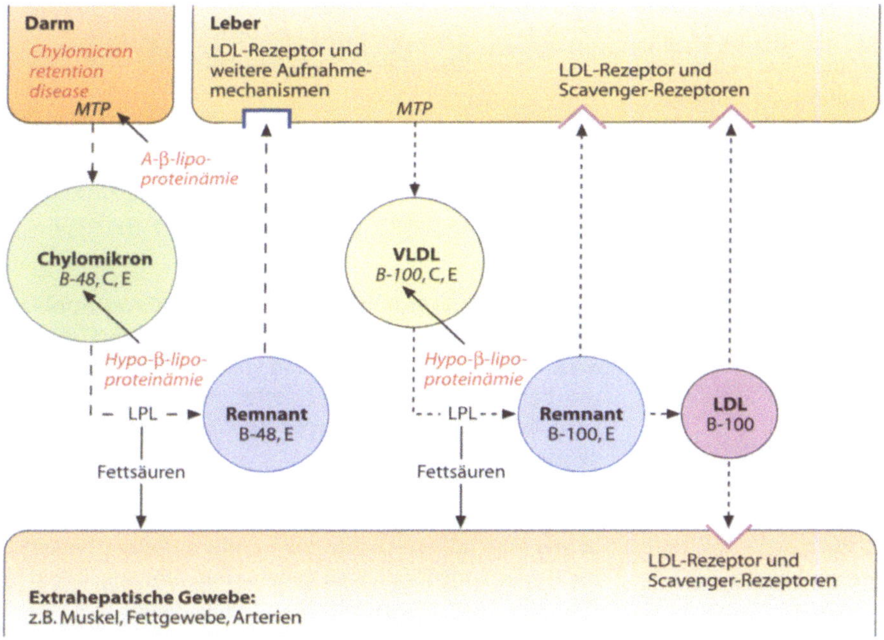

Abb. 25.2. Störungen der Bildung triglyzeridreicher Lipoproteine

- Postprandial fehlt der Anstieg von Triglyzeriden und Apolipoprotein B-48. Auch Leberverfettung ist beschrieben. VLDL und LDL sind aber nachweisbar. Die Triglyzeride sind daher im Nüchternzustand normal, während das Plasmacholesterin erniedrigt sein kann.

Störungen der Formation von Chylomikronen und VLDL. Triglyzeride und Cholesterinester werden wegen ihrer Hydrophobie als Lipide durch amphophile Phospholipide und unverestertes Cholesterin in die wasserlösliche Form der Lipoproteine gebracht. Mittels des ***„mikrosomalen Triglyzerid-Transport-Proteins"*** (MTP) verschmelzen präformierte ***Lipidtröpfchen*** mit je einem Molekül ***Apolipoprotein B*** in Enterozyten bzw. Hepatozyten zu Chylomikronen bzw. VLDL.

Homozygote Mutationen des mikrosomalen Triglyzerid-Transport-Proteins verhindern die Bildung von VLDL und Chylomikronen. Daraus resultiert die rezessiv vererbte ***Abetalipoproteinämie*** (Bassen-Kornzweig-Syndrom) (Abb. 25.2).

- ***Hepatozyten*** und ***Enterozyten*** sind mit Lipidtröpfchen beladen. Im Plasma fehlen alle Lipoproteine, die Apolipoprotein B enthalten, das heißt Chylomikronen und VLDL, aber auch die aus VLDL hervorgehenden LDL. Postprandial ist kein Anstieg der Triglyzeride zu verzeichnen. Das ***Plasmacholesterin*** liegt um 20–40 mg/dl und reflektiert HDL. Ihre Konzentration ist ebenfalls erniedrigt, da durch die fehlende Lipolyse von VLDL und Chylomikronen eine Quelle ihrer Bestandteile ausbleibt (s. 25.6).
- Aufgrund der Malabsorption fallen schon Kleinkinder durch ***Gedeihstörungen*** auf. Der Cholesterinmangel führt zu ***Akanthozytose*** und leichter hämolytischer Anämie. Auch der Transport der ***fettlöslichen Vitamine*** ist betroffen. Neurologische Störungen und Retinitis pigmentosa durch Vitamin-E-Mangel und Sehstörungen aufgrund eines Vitamin-A-Mangels stehen im Vordergrund. Gerinnungsstörungen durch Mangel an Vitamin K fallen weniger ins Gewicht und Vitamin D wird durch Eigensynthese kompensiert. Die Defizite können vollständig durch zusätzliche Gabe von Vitaminen und kurzkettigen Fettsäuren ausgeglichen werden.

Hypocholesterinämie durch Apolipoprotein-B-Mutanten. Null-Allele und Mutationen von Apolipoprotein B, die die Expression eines verkürzten Apolipoprotein B zur Folge haben, können zur ***familiären Hypobetalipoproteinämie*** führen (Abb. 25.2).

Die Leber synthetisiert ein Apolipoprotein B, das aus dem gesamten Protein besteht, während es im Darm zu einem Abbruch der Translation nach 48 % der Aminosäuren kommt. Daraus resultiert die Bezeichnung ***Apolipoprotein B-100*** für 100 % des Proteins wie es in VLDL und LDL zu finden ist und ***Apolipoprotein B-48*** für das Apolipoprotein B der Chylomikronen.

- Mutationen, die weniger als 48 % der Aminosäuren des Apolipoprotein B-100 zur Folge haben, beeinträchtigen die ***Synthese*** von VLDL, LDL und Chylomikronen. Solange 48 % oder mehr des Apolipoprotein-B-Gens erhalten sind, ist die Synthese von Chylomikronen und damit die postprandiale Lipidämie unbeeinflußt.
- Im ***homozygoten*** Fall sind die kompletten Formen der familiären Hypobetalipoproteinämie nicht von der Abetalipoproteinämie zu unterscheiden. Die LDL-Cholesterinwerte liegen zwischen 30 und 50 mg/dl und das ***Gesamtcholesterin*** bei etwa 90 bis 140 mg/dl. Die postprandiale Hyperlipidämie fällt geringer aus.
- Die familiäre Hypobetalipoproteinämie wird ***ko-dominant*** vererbt. Daher weisen ***Heterozygote*** bereits verminderte Konzentrationen von VLDL und LDL auf. Heterozygote sind in der Regel klinisch symptomlos. Die ***niedrigen Plasmacholesterinwerte*** scheinen aber vor koronarer Herzkrankheit zu schützen. Mit einer Frequenz von 1:500 bis 1:1.000 sind solche Mutanten relativ häufig.

! Mutationen des mikrosomalen Triglyzerid-Transport-Proteins oder im Apolipoprotein B können zu verminderter Sekretion von Chylomikronen, VLDL und LDL führen. Gedeihstörungen und Vitaminmangelzustände sind die Folge.

25.2 Überproduktion von Very-low-density-Lipoproteinen

Überproduktion von VLDL kann sich auf die Triglyzeride beziehen oder auf das Apolipoprotein B-100, was eine Erhöhung der VLDL und LDL zur Folge haben kann

Hyperlipidämie durch erhöhte Synthese von Apolipoprotein B. Der ***familiären kombinierten Hyperlipidämie*** liegt eine Überproduktion von Apolipoprotein B-100 bei normaler Triglyzeridsynthese zugrunde und wird deshalb auch als ***Hyper-Apolipoprotein-B-ämie*** bezeichnet (Abb. 25.3).

Daher ist die Plasmakonzentration von Apolipoprotein B-100 auf über 130 mg/dl erhöht und die LDL haben eine höhere Dichte. Sie beruht auf einer bisher nicht näher identifizierten genetischen Störung, deren Häufigkeit auf 3–5 pro 1.000 mit einer Penetranz von 10–20 % bei über 25 jährigen geschätzt wird.

Über die ***vermehrte Synthese*** der VLDL kommt es zu einer ***Erhöhung ihres Abbauproduktes***, der ***LDL***.

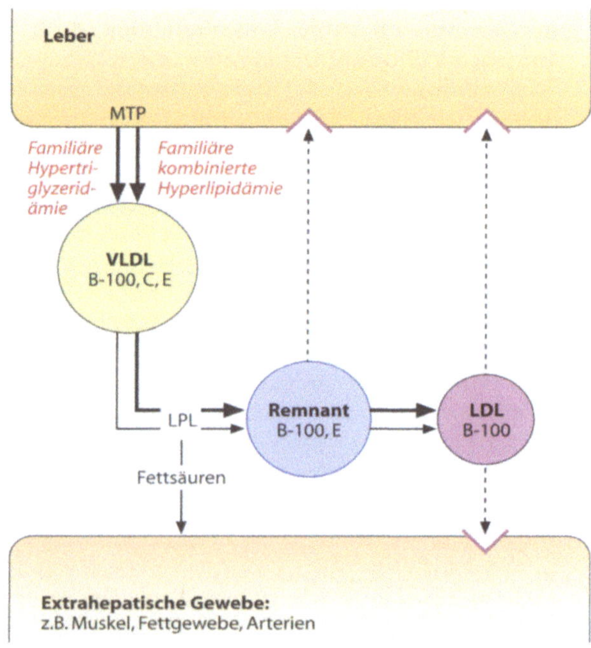

Abb. 25.3. Überproduktion von Very-low-density-Lipoprotein

Übersteigt die Überproduktion die Abbaukapazität der VLDL selbst, sind VLDL oder beide, VLDL und LDL, erhöht. Das Lipoproteinmuster kann daher in einer Familie unterschiedlich sein und sogar individuell unter exogenen Einflüssen zwischen erhöhten VLDL und LDL wechseln.

Die kombinierte Hyperlipidämie ist einer der häufigsten Gründe für ***Herzinfarkte*** im mittleren Alter, auch bei alleiniger ***Hypertriglyzeridämie***. Der erhöhte Cholesterintransport findet in Xanthelasmen und Arcus corneae, nicht aber in Sehnenxanthomen seinen Niederschlag.

Hypertriglyzeridämie durch erhöhte Synthese. Der ***sporadischen*** und ***familiären Hypertriglyzeridämie*** liegt eine ***Überproduktion der Triglyzeride*** in der Leber bei normaler Synthese von Apolipoprotein B-100 zugrunde (Abb. 25.3).

Die autosomal-dominante Form hat eine Häufigkeit eines bisher nicht näher definierten Gendefekts von etwa 1:500 mit einer Penetranz von 10–20 %. Ab dem 20. Lebensjahr kann eine normale Zahl, aber triglyzeridreicher großer VLDL die Plasma-Triglyzeride auf 200 bis 500 mg/dl erhöhen. Die HDL sind in der Regel erniedrigt (s. 25.6).

In manchen Familien liegt die Penetranz bei 50 %, wobei 25 % ohne weitere aggravierende Faktoren eine ***gemischte Hyperlipidämie*** ausbilden. Offenbar sind Überproduktion und Abbaustörung kombiniert, wodurch nicht nur VLDL, sondern auch Chylomikronen akkumulieren. Die familiäre Form manifestiert sich häufig bereits im jugendlichen Alter aufgrund von Triglyzeridwerten über 1.000 mg/dl mit ***Hepatosplenomegalie***, **eruptiven Xanthomen** und wiederkehrenden abdominellen Schmerzattacken, die oft Ausdruck einer ***Pankreatitis*** sind.

Auch unter ***exogenen Einflüssen*** wie vermehrter Kohlenhydratzufuhr mit Übergewicht, Alkohol, schlecht kontrolliertem Diabetes mellitus, Hypothyreose oder Autoimmunerkrankungen kann eine gemischte Hyperlipidämie mit Triglyzeridwerten von über 1.000 mg/dl manifest werden.

Sekundäre Hypertriglyzeridämien durch Überproduktion. Die Produktion von VLDL und ihren Triglyzeriden unterliegt ***diätetischen*** und ***hormonellen Einflüssen***. Die Synthese kann direkt oder indirekt durch vermehrtes Anfluten von Fettsäuren erhöht werden.

- ***Insulin*** hemmt bereits in niedrigen Konzentrationen die VLDL-Synthese und die Lipolyse im Fettgewebe. Deshalb ist Hypertriglyzeridämie ein sensitives Zeichen für Insulinmangel bzw. Insulinresistenz bei ungenügend eingestelltem Diabetes mellitus.
- Eine der häufigsten Ursachen der Hypertriglyzeridämie ist erhöhter ***Alkoholkonsum***. Individuell sehr unterschiedlich ausgeprägt ist eine Steigerung der VLDL-Synthese und eine Hemmung der intraplasmatischen Triglyzeridhydrolyse durch Alkohol.
- ***Östrogene*** als Antikonzeptivum oder Hormonsubstitution steigern die VLDL-Synthese.
- Die bekannte ***Kohlenhydrat-induzierte*** Hypertriglyzeridämie ist bei den meisten Menschen nur transient über einige Wochen nachweisbar, bleibt bei individueller Disposition allerdings dauerhaft bestehen.

Erhöhte Produktion von Triglyzeriden in der Leber führt zur sporadischen und familiären Hypertriglyzeridämie, gesteigerte Produktion von Apolipoprotein B-100 zur kombinierten Hyperlipidämie (Hyper-Apolipoprotein-B-ämie). Beide Formen der Hyperlipidämie können auch sekundär durch exogene Einflüsse manifest werden.

25.3 Störungen des intraplasmatischen Katabolismus triglyzeridreicher Lipoproteine

Defekte der Triglyzeridhydrolyse durch Lipoprotein Lipase führen zur Akkumulation von Chylomikronen und können schwere Pankreatitiden zur Folge haben

Chylomikronämie durch erniedrigte Lipoprotein-Lipase-Aktivität. Etwa drei Viertel der Triglyzeride von Chylomikronen und VLDL werden in den Kapillaren durch ***Lipoprotein-Lipase (LPL)*** hydrolysiert. Ihre Aktivität hängt von ***Apolipoprotein C-II*** als Aktivator ab.

Mutationen im Gen der Lipoprotein-Lipase sind mit einer Prävalenz von etwa 1:5.000 bis 1:10.000 nicht selten. ***Heterozygot*** beeinträchtigen sie die Lipolyse unterschiedlich stark.

Daher können das Lipoproteinprofil und die Triglyzeridkonzentration auch postprandial normal sein, aber im Zusammenhang mit Alkoholabusus, Schwangerschaft oder Diabetes kann es zu Hypertriglyzeridämie oder postprandialer Lipämie kommen.

Es können auch eine familiäre kombinierte Hyperlipidämie oder eine familiäre Hypertriglyzeridämie manifest werden.

Homozygotie für Mutationen der Lipoprotein Lipase oder ihres Aktivators, Apolipoprotein C-II, führt obligat zur autosomal-rezessiven ***familiären Chylomikronämie*** (familiärer Lipoproteinlipase-Mangel, familiärer Apolipoprotein-C-II-Defekt, Abb. 25.4). Punktmutation schränken entweder die Synthese des Proteins oder die Funktion als Lipase bzw. Aktivator ein.

Nach fettreicher Mahlzeit können Chylomikronen statt ca. 8 Stunden bis zu 2 Tage im Plasma nachweisbar bleiben. Die ***Hypertriglyzeridämie*** erreicht Werte von 1.000 bis 15.000 mg/dl mit Ausbildung von Lipaemia retinalis. Die Gesamtcholesterinwerte sind typischerweise normal und steigen erst bei Triglyzeridwerten über 2.000 mg/dl merklich mit an.

Aufgrund reduzierter Synthese tragen die VLDL nur selten zur Hypertriglyzeridämie bei. Als Abbauprodukt der VLDL sind die LDL in der Regel ebenfalls deutlich vermindert. Auch bei diesen Hypertriglyzeridämien ist die Konzentration der HDL sehr niedrig (s. 25.6).

Während der Schwangerschaft kann es trotz fettfreier Diät wahrscheinlich aufgrund einer erhöhten VLDL-Synthese durch Östrogene zu Anstiegen der Triglyzeride auf 2.000 bis 3.000 mg/dl kommen.

Bei Lipoproteinlipase-Mangel entstehen zuweilen an Extensoren und Hautfalten eruptive Xanthome.

Die Hypertriglyzeridämie führt zu rezidivierenden ***Pankreatitiden***. Die Pathogenese ist nicht bekannt, aber toxische Wirkung der durch die pankreatische Lipase lokal massiv freigesetzten Fettsäuren mag eine Erklärung sein.

Die häufig bestehende Hepatosplenomegalie und der seltenere Hypersplenismus mit Milzinfarkten können zu den abdominellen Beschwerden beitragen.

Oft klagen schon Kinder vor dem 4. Lebensjahr über ***Attacken von Bauchschmerzen***. Die Kinder sind normalgewichtig und entwickeln sich unbeeinträchtigt.

! Die familiäre Chylomikronämie beruht auf Mutationen im Gen der Lipoprotein-Lipase oder des Apolipoprotein-C-II als Aktivator. Massive Hypertriglyzeridämie führt häufig schon im Kindesalter zu abdominellen Schmerzattacken und Pankreatitiden.

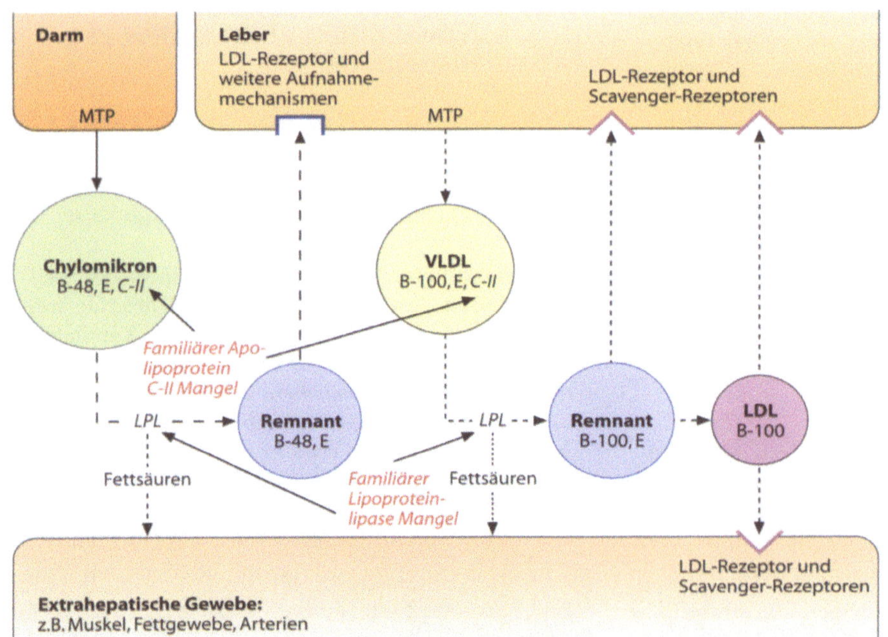

Abb. 25.4. Störungen des intraplasmatischen Katabolismus triglyzeridreicher Lipoproteine

25.4 Störungen der hepatischen Aufnahme triglyzeridreicher Lipoproteine

Allele Varianten des Apolipoprotein E beeinflussen die Aufnahme der postlipolytischen Restpartikel der VLDL und Chylomikronen, Remnants genannt, durch die Leber und führen zu erniedrigtem oder erhöhtem Plasmacholesterin und Arterioskleroserisiko

Apolipoprotein-E-Polymorphismen. Apolipoprotein-E-Polymorphismen beeinflussen das Plasmacholesterin (Abb. 25.5). Im Plasma bilden sich aus Chylomikronen und VLDL durch die Hydrolyse der Triglyzeride Restpartikel, die ***Chylomikronen-Remnants*** bzw. ***VLDL-Remnants.*** Chylomikronen-Remnants werden komplett von der Leber aufgenommen, VLDL-Remnants hingegen nur zu etwa 60%, während der Rest in LDL konvertiert. Entscheidend für die Aufnahme der Remnants durch die Leber ist das Apolipoprotein E.

Apolipoprotein E ist polymorph und existiert in 3 verbreiteten allelen Varianten:

- Die häufigste ***Variante E3*** wird als Normaltyp aufgefaßt.
- ***Apolipoprotein E4*** unterscheidet sich lediglich durch ein Zystein und führt zu beschleunigter Aufnahme der cholesterinreichen Remnants durch die Leber (Abb. 25.5 oben).
- Die Leber reagiert auf die Cholesterinbeladung mit Suppression des LDL-Rezeptors. Dadurch steigt das ***LDL-Cholesterin*** um 10–20 mg/dl und das ***Arterioskleroserisiko*** erhöht sich entsprechend.

Defekte Rezeptorbindung durch Apolipoprotein E2. Die ***familiäre Dysbetalipoproteinämie (Remnant-Dyslipidämie)*** ist ein Beispiel für einen Ligandendefekt analog zum familiären Apolipoprotein-B-Defekt (Abb. 25.5 unten).

Homozygotie für Apolipoprotein E2, das sich durch 2 Zystein-Reste auszeichnet, beeinträchtigt die Rezeptor-Interaktion von ***VLDL-* und Chylomikronen Remnants**, so daß sie im Plasma akkumulieren.

Gleichzeitig sind mehr Rezeptoren für LDL frei, so daß das LDL-Cholesterin und das ***Gesamtcholesterin*** deutlich erniedrigt bei etwa 130 mg/dl liegt.

Von einer breiten ß-Bande in der Lipidelektrophorese aufgrund der vermehrten Remnants leiten sich die Bezeichnungen „broad-beta disease" oder Dysbetalipoproteinämie her.

Hyperlipoproteinämie Typ III durch exogene Belastung. Homozygotie für Apolipoprotein E2 und ein ***weiteres Gen*** oder ein ***exogener Faktor*** wie Östrogenmangel in der Postmenopause oder diätetische Belastung lösen eine derartige Akkumulation von Remnants aus, daß sich aus einer Dysbetalipoproteinämie eine ***familiäre Hyperlipoproteinämie Typ III (Remnant-Hyperlipidämie)*** entwickelt (Abb. 25.5 unten). Die Bezeichnung bezieht sich auf die klassische Einteilung der Hyperlipidämien von Fredrickson.

Entsprechend der Lipidzusammensetzung von Chylomikronen und VLDL-Remnants sind Cholesterin und Triglyzeride im Plasma etwa im gleichen Maße erhöht. Das Manifestationsalter liegt bei Männern zwischen dem 20. und 60. Lebensjahr, bei Frauen gewöhnlich jenseits der Menopause.

Pathognomonisch sind tuberöse und tuberoeruptive Xanthome über Ellbogen und Knien und insbesondere gelbliche Lipideinlagerungen der Hand- und Fingerlinien. Das Risiko für Arteriosklerose ist hoch. Neben koronarer Herzkrankheit tritt charakteristischerweise auch häufig periphere arterielle Verschlußkrankheit auf.

Die Familienanamnese ist meist leer, da die ***heterozygote Form*** zwar in etwa der Hälfte der Fälle zur Dysbetalipoproteinämie, nie aber zur Hyperlipidämie führt.

! Apolipoprotein E4 führt zu erhöhter Aufnahme von Remnants durch die Leber und durch Suppression des LDL-Rezeptors zur Hypercholesterinämie. Apolipoprotein E2 läßt Chylomikronen und VLDL-Remnants aufgrund eines Ligandendefekts im Sinne einer familiären Dysbetalipoproteinämie oder sogar einer Hyperlipoproteinämie Typ III im Blut akkumulieren.

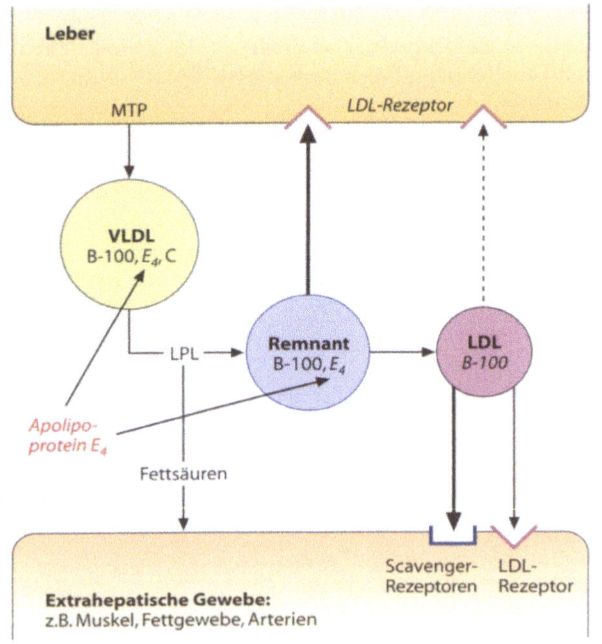

25.5 Gestörter Katabolismus der Low-density-Lipoproteine

Erhöhten Spiegeln des LDL-Cholesterins können eine vermehrte VLDL-Synthese oder eine verminderte zelluläre Aufnahme zugrunde liegen. Meist führen komplexe Störungen in Zusammenhang mit exogenen Einflüssen zu erhöhtem LDL, das atherogen wirkt

Hypercholesterinämie durch defekte LDL-Rezeptoren. Etwa 150 ***genetische Defekte des LDL-Rezeptors*** sind bekannt: Punktmutationen, Insertionen, Deletionen:

- Null-Allele vermitteln keine Synthese des LDL-Rezeptors;
- gestörter Transport des LDL-Rezeptorproteins aus dem endoplasmatischen Retikulum in den Golgiapparat zur Glykosilierung;
- verminderte Affinität für LDL;

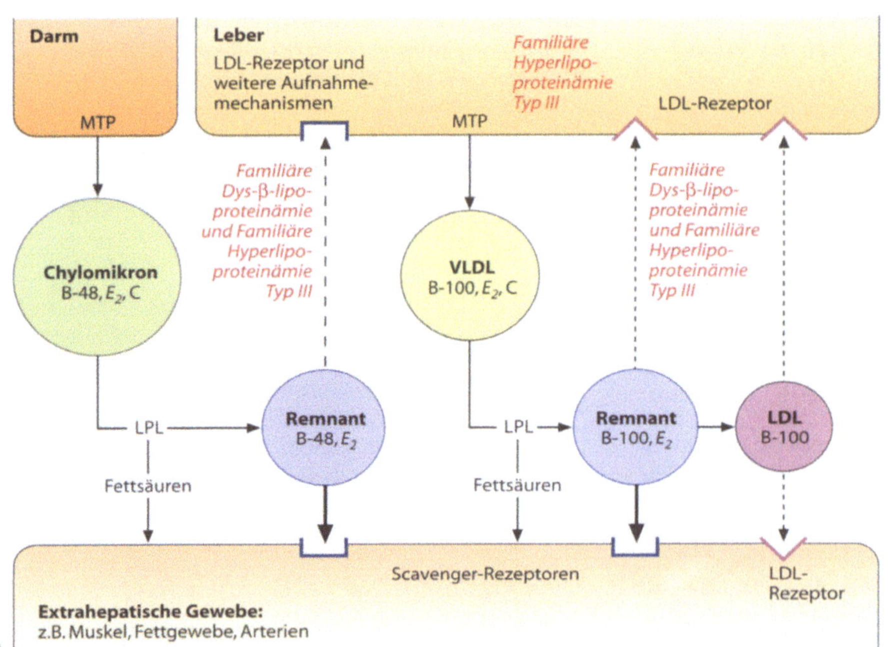

Abb. 25.5. Störungen der hepatischen Aufnahme triglyzeridreicher Lipoproteine

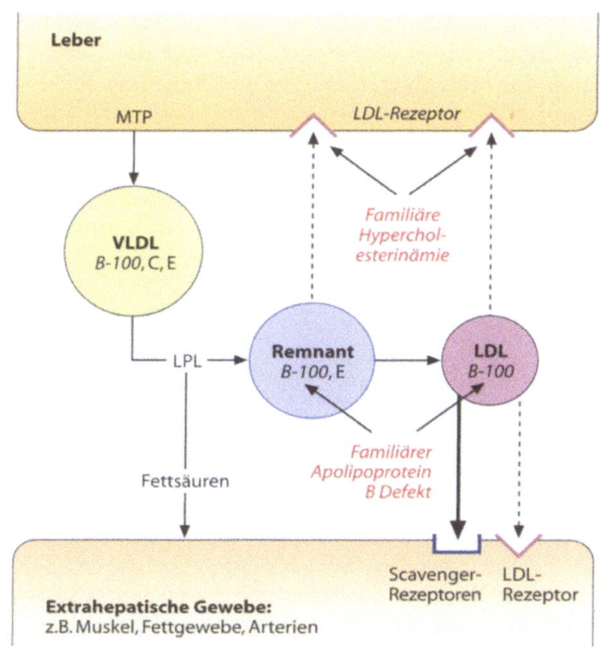

- defekte Lateralbewegung der LDL-Rezeptoren auf der Zelloberfläche in die „coated pits";
- defekte Internalisierung von Rezeptoren und LDL in die Zelle.

Bereits ***heterozygot*** führt ein LDL-Rezeptor-Defekt zur ***familiären Hypercholesterinämie*** (Abb. 25.6 oben). Sie tritt mit einer Häufigkeit von 1:500 auf. Die schwere ***homozygote*** Form ist mit einer Frequenz von 1:1.000.000 selten und beruht überwiegend auf einer Kombination zweier unterschiedlicher Defekte im Sinne eines ko-dominanten Erbgangs.

Die Hypercholesterinämie beruht auf ***verminderter Aufnahme*** von VLDL-Remnants durch die Leber aufgrund der defekten LDL-Rezeptoren.

Dadurch werden vermehrt VLDL-Remnants in LDL umgewandelt, die ihrerseits ebenfalls nur verzögert aufgenommen werden.

Bei Homozygoten haben beide Allele einen Defekt. Dann steht fast ausschließlich der unspezifische Weg, der sog. ***Scavenger-Pathway***, mit einer Clearance-Kapazität von nur 15 % der Plasma-LDL pro Tag zur

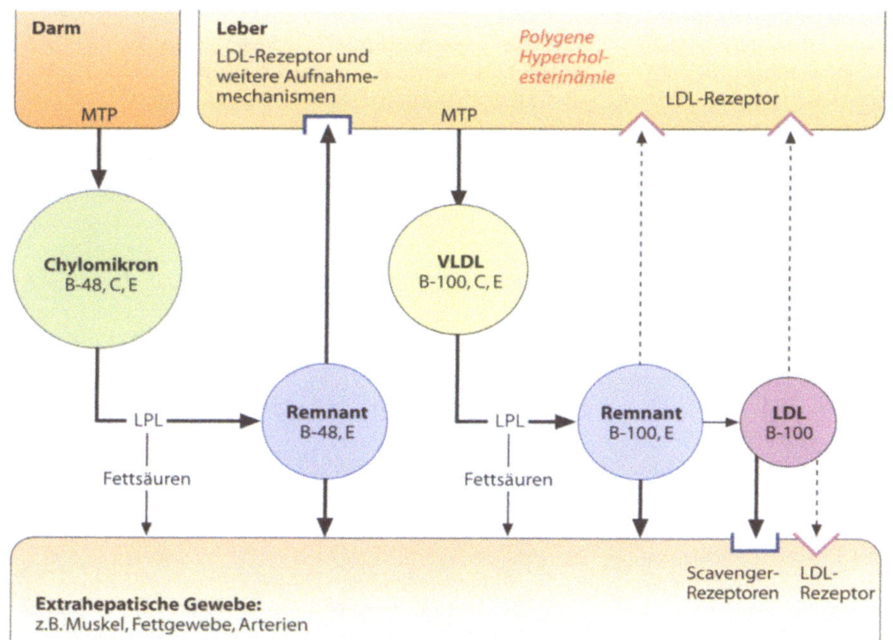

Abb. 25.6. Gestörter Katabolismus der Low-density-Lipoproteine

Verfügung. Das LDL-Cholesterin steigt auf etwa 600 mg/dl. Bei dieser Konzentration stellt sich ein neues Gleichgewicht ein, da dann 15% der Plasma-LDL der täglichen Neusynthese entsprechen.

Heterozygote Merkmalsträger besitzen etwa 50% der LDL-Rezeptoren. Bei einer LDL-Konzentration von etwa 300 mg/dl ist ein neues Gleichgewicht erreicht.

Die unspezifische Aufnahme von LDL führt zu ***Xanthelasmen***, **Arcus corneae** und die ***pathognomonischen tendinösen Xanthome*** der Strecksehnen der Hand und der Achillessehnen.

Homozygote Kinder fallen durch planare Xanthome an Extremitäten, Gesäß und Händen, insbesondere zwischen Daumen und Zeigefinger auf, die sich typischerweise in den ersten 4 Lebensjahren bilden. Homozygote entwickeln bereits im Säuglingsalter ***Arteriosklerose***, die oft bereits im Kindesalter zum Tode führt. Selbst an Aorta, Aortenklappe sowie Pulmonalarterien manifestiert sich ausgeprägte Sklerose.

Bis zum 60. Lebensjahr erleiden 85% der heterozygoten Männer und 50% der Frauen einen ***Herzinfarkt*** gegenüber 15% bzw. 10% bei durchschnittlichen Cholesterinwerten.

Hypercholesterinämie durch Apolipoprotein-B-Mutanten. Der ***familiäre Apolipoprotein-B-Defekt*** betrifft den Rezeptor-komplementären Liganden des LDL-Rezeptors im Gegensatz zum Rezeptordefekt der familiären Hypercholesterinämie (Abb. 25.6 oben). Beide Hypercholesterinämien ähneln sich in Klinik und Häufigkeit.

Zwei Punktmutationen des Apolipoprotein B-100 sind bekannt, die die Affinität zum LDL-Rezeptor um etwa 70% erniedrigen. Bei heterozygoten Merkmalsträgern finden sich im Plasma zu 1/3 LDL mit intaktem und zu 2/3 solche mit defektem Apolipoprotein B-100, da sie eine längere Halbwertszeit haben.

Der therapeutische Effekt eines HMG-CoA-Reduktase-Hemmers ist eingeschränkt, weil der Ligandendefekt nur unzureichend durch weitere Stimulation des ohnehin normalen LDL-Rezeptors ausgeglichen werden kann.

Hypercholesterinämie aufgrund Prädisposition und Ernährung. In unserer Bevölkerung ist die ***polygene Hypercholesterinämie*** für den größten Teil der Cholesterinerhöhungen und die hohe Rate arteriosklerotischer Herz-Kreislauf-Erkrankungen verantwortlich. Unter diesem Oberbegriff werden alle Hypercholesterinämien aus nicht näher bekannter Ursache zusammengefaßt.

Von den höchstens 5% der Cholesterinwerte in der Bevölkerung macht die familiäre Hypercholesterinämie 5%, die kombinierte Hyperlipidämie 15% und die restlichen 80% die polygene Hypercholesterinämie aus.

Grundlage sind vermutlich ***geringe Abweichungen*** mehrerer den Cholesterinstoffwechsel ***regulierender Enzyme, Transferfaktoren*** und ***Bindungsproteine*** aufgrund genetischer Varianten, die in ihrem Zusammenspiel zu einem erhöhten LDL-Spiegel prädisponieren (Abb. 25.6 unten).

In der Regel kommt es erst durch ***diätetische Belastung*** zur Entwicklung der Hypercholesterinämie. Vermehrte Aufnahme gesättigter Fettsäuren und Cholesterin auf Kosten einfach- und mehrfach ungesättigter Fettsäuren und Mangel an Ballaststoffen haben in den westlichen Industrienationen zu durchschnittlichen Cholesterinwerten um 220 mg/dl geführt im Vergleich zu 160 mg/dl oder weniger in vielen asiatischen und mediterranen Gegenden.

Den Krankheitswert der polygenen Hypercholesterinämie machen die ***kardiovaskulären Komplikationen der Arteriosklerose*** aus, in erster Linie koronare Herzkrankheit und in zweiter arterielle Verschlußkrankheit und zerebrale Durchblutungsstörungen.

Erhöhtes Lipoprotein(a). Lipoprotein(a) besteht aus einem ***LDL-Partikel***, an dessen Apolipoprotein B-100 ein ***Molekül Apolipoprotein(a)*** gebunden ist.

Apolipoprotein(a) ist hochgradig polymorph. Die ***Plasmakonzentration*** von Lipoprotein(a) variiert zwischen 0,1 und 200 mg/dl umgekehrt proportional zum genetisch determinierten Molekulargewicht von Apolipoprotein(a). Daher ist die individuelle Plasmakonzentration vergleichsweise konstant. In der Menopause steigen allerdings die Konzentrationen, während sie unter Östrogenen und Gestagenen bis zu 50% sinken.

Eine physiologische Funktion von Lipoprotein(a) ist nicht bekannt. Die Affinität zum LDL-Rezeptor ist reduziert. Dafür besteht eine Neigung zu ***unspezifischer*** Aggregation mit Zelloberflächenstrukturen und extrazellulärer Matrix. Außerdem kann Apolipoprotein(a) durch Ähnlichkeit mit Plasminogen um die Fibrinolyse kompetieren.

Beide diese Eigenschaften mögen zur Atherogenität von Lipoprotein(a) beitragen, so daß Konzentrationen ab 25 mg/dl ein erhebliches ***koronares Risiko*** darstellen.

Arteriosklerose durch pflanzliche Sterole. Während Triglyzeride fast vollständig vom Darm resorbiert werden, ist die Kapazität für Cholesterin auf etwa 30–40 % begrenzt und für Sterole anderer Herkunft sehr gering.

Bei der ***Sitosterolämie*** oder ***Phytosterolämie*** kommt es zu erhöhter Aufnahme von Cholesterin, aber auch zu einer außergewöhnlich hohen Absorption von Phytosterolen und Sterolen von Schalentieren.

Gleichzeitig ist die Ausscheidung dieser Sterole mit der Galle vermindert. Der molekulare Defekt dieser autosomal-rezessiven Krankheit ist nicht bekannt, möglicherweise liegt aber primär eine Störung in der Cholesterinsynthese vor.

Von Kindheit an ist das LDL-Cholesterin erhöht, aber typischerweise gerade auch von Phytosterolen wie Sitosterol und Campesterol im Unterschied zur familiären Hypercholesterinämie.

Charakteristisch sind tuberöse und tendinöse Xanthome, Xanthelasmen, Arcus corneae und frühzeitige Arteriosklerose. Die Läsionen sind wiederum ungewöhnlich reich an Phytosterolen.

Lipoproteine und Atherogenese. In der Atherogenese sind ***modifizierte LDL*** von vorrangiger Bedeutung. Das Risiko, Arteriosklerose und speziell koronare Herzkrankheit zu entwickeln, steigt exponentiell mit der Konzentration des LDL-Cholesterins. Die Vorgänge sind allerdings komplex, so daß die Rolle der Lipoproteine im folgenden vereinfacht und in vielem noch hypothetisch zusammengefaßt ist (s. auch Kap. Atherogenese ##).

Hohe LDL-Konzentrationen induzieren die ***Adhäsion*** von Monozyten an das Gefäßendothel und ihre ***Migration*** in die Intima, wo sie zu Makrophagen werden.

Subendothelial unterliegen LDL ***Oxidationsvorgängen***, die vom Endothel, der glatten Muskulatur und den Makrophagen ausgehen und sowohl den Protein- wie den Lipidanteil betreffen.

Kleine, dichte LDL vermögen vermehrt in die Intima einzuwandern und werden leichter oxidiert. Lipoprotein(a) hat eine höhere Aggregationsfähigkeit mit extrazellulärer Matrix, hat daher eine höhere Verweildauer und kann verstärkt Oxidationsvorgängen unterliegen. Auch Remnants der Chylomikronen und VLDL scheinen atherogen zu sein, was sich bei der Hyperlipoproteinämie Typ III zeigt.

Schaumzellbildung führt zu den frühen Läsionen der ***„fatty streaks"***. Sie wird durch eine Reihe von Aufnahmemechanismen der Makrophagen ermöglicht, die oxidierte LDL und Remnants erkennen: sogenannte „Scavenger-Rezeptoren", Fc-Rezeptoren für antikörperbesetzte oxidierte Lipoproteine oder Phagozytose der zur Aggregation neigenden oxidierten LDL.

Oxidierte LDL induzieren Zytokine und Wachstumsfaktoren, die Vorgänge in der Bildung arteriosklerotischer Läsionen steuern. ***Glatte Muskelzellen*** proliferieren und migrieren zur Plaqueoberfläche. Zusammen mit extrazellulärer Matrix bilden sie die fibröse Kappe über dem Lipidkern der ***„fibrösen Plaques"***.

> **!** Erhöhte LDL-Spiegel entstehen bei familiärer Hypercholesterinämie und familiärem Apolipoprotein-B-Defekt aufgrund definierter Mutationen im LDL-Rezeptor und im Apolipoprotein B-100 als Ligand. Am häufigsten sind allerdings Cholesterinerhöhungen polygener Ursache aufgrund biochemischer Prädisposition und exogener Einflüsse. Das atherogene Potential von LDL wird durch Degeneration wie Oxidation und durch Apolipoprotein(a) verstärkt.

25.6 HDL und der Cholesterin-Rücktransport

HDL vermitteln den Transport von Cholesterin aus extrahepatischen Geweben zur Leber, die Cholesterin zu Gallensäuren abbauen oder mit der Galle ausscheiden kann. HDL wirken daher der Arteriosklerose entgegen

HDL absorbieren ***überschüssiges Cholesterin*** und Phospholipide von Zellen, Arterienwänden und triglyzeridreichen Lipoproteinen.

Das Cholesterin wird durch die ***„Lezithin-Cholesterin-Acyl-Transferase" (LCAT)*** verestert. Die hydrophoben Cholesterinester wandern in den Kern der sphärischen HDL. Dadurch wird ein ***Gradient für unverestertes Cholesterin*** aufrechterhalten.

Der Rücktransport der Cholesterinester zur Leber wird entweder direkt durch HDL vermittelt oder indirekt, indem die Cholesterinester von HDL durch das ***„Cholesterinester-Transfer-Protein" (CETP)*** auf VLDL und LDL transferiert werden und mit diesen Lipoproteinen zur Leber gelangen (Abb. 25.7).

Die HDL nehmen im Austausch Triglyzeride und Phospholipide auf und konvertieren dadurch von den kleineren, dichteren ***HDL_3*** zu den größeren und leichteren ***HDL_2***. Triglyzeride und Phospholipide werden durch ***hepatische Lipase*** hydrolysiert, so daß sich

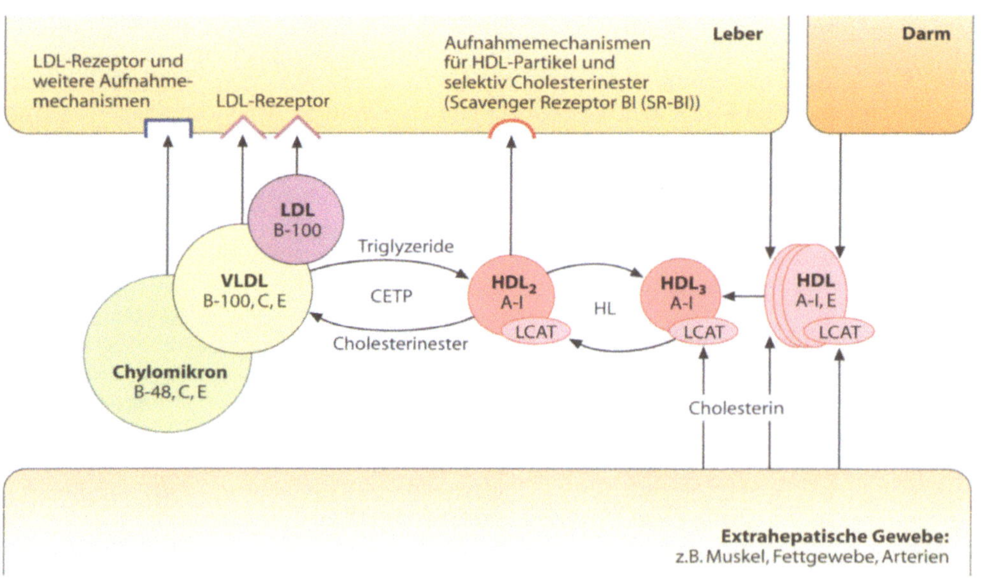

Abb. 25.7. HDL-mediierter Cholesterin-Rücktransport zur Leber

die HDL regenerieren und erneut Cholesterin für den Rücktransport zur Leber aufnehmen können.

Die Leber ist das einzige Organ, das Cholesterin als solches oder katabolisiert zu Gallensäuren mit der Galle ausscheiden kann.

Hypertriglyzeridämie. Hypertriglyzeridämie bedingt niedriges HDL-Cholesterin. Bei Hypertriglyzeridämie ist der ***CEPT-vermittelte Austausch von Cholesterinestern*** der HDL gegen Triglyzeride und Phospholipide der VLDL und Chylomikronen verstärkt (Abb. 25.7).

Die HDL verlieren Cholesterinester und nehmen vermehrt Triglyzeride auf. Diese HDL werden zudem schneller katabolisiert. Diese Mechanismen erklären den bekannten inversen Zusammenhang zwischen hohen Triglyzeriden und niedrigem HDL-Cholesterin.

Das erhöhte Arteriosklerose-Risiko dieser Konstellation kann sich durch Anreicherung der triglyzeridreichen Lipoproteine mit Cholesterin und insuffizientem Cholesterin-Rücktransport bei erniedrigtem HDL erklären.

Dies ist der häufigste Grund für niedriges HDL-Cholesterin in unserer Bevölkerung. Isolierte HDL-Erniedrigungen aufgrund monogenetischer Störungen sind bisher nur in wenigen Fällen beschriebenen. Überwiegend hat niedriges HDL eine polygene Ursache.

Komplexer Zusammenhang zwischen Arteriosklerose und HDL. Auch wenn in Populationen die Höhe des HDL-Cholesterins und das Arteriosklerose-Risiko invers korrelieren, zeigen bestimmte Defekte, daß die HDL-Konzentration allein nicht notwendigerweise das Risiko widerspiegelt. Neben weiteren ***Risikofaktoren*** wie erhöhtes LDL-Cholesterin, ist vermutlich der Grad der ***Funktionsstörung*** entscheidend.

Beispielsweise führt Lipoprotein-Lipase-Mangel zu niedrigen HDL-Konzentrationen, aber auch zu niedrigen LDL-Spiegeln und keinem wesentlichen Arteriosklerose-Risiko (s. 25.3). Die seltenen Fälle von Apolipoprotein-A-I-Mangel wie die Tangier-Krankheit gehen offenbar nicht mit erhöhtem Risiko für koronare Herzkrankheit einher, wenn gleichzeitig das LDL-Cholesterin erniedrigt ist.

Defekte von LCAT und CEPT können offenbar durch Unterbrechung des Cholesterin-Rücktransports zu Arteriosklerose führen. Bei komplettem LCAT-Mangel oder inkomplettem LCAT-Mangel (Fischaugenkrankheit) fehlt die Cholesterinveresterung in den HDL. Das führt zu Niereninsuffizienz durch Schaumzellen, charakteristischen Kornealablagerungen und zu frühzeitiger Arteriosklerose. Das HDL-Cholesterin ist aber sehr niedrig. Bei CETP-Mangel ist die Konzentration von HDL_2 erhöht, während VLDL, Remnants und LDL arm an Cholesterinestern sind. Dennoch sind die Betroffenen nicht vor Arteriosklerose geschützt, vermutlich aufgrund des unterbrochenen Cholesterin-Rücktransports.

> **!** In der Regel schützen hohe HDL-Spiegel vor Arteriosklerose, während niedrige HDL-Spiegel das atherogene Potential anderer Lipoproteine wie LDL erhöhen. Letztlich ist aber nicht die Konzentration, sondern die Funktion der HDL im Cholesterin-Rücktransport entscheidend. Der häufigste Grund für niedrige HDL-Spiegel ist die inverse Beziehung zur Hypertriglyzeridämie.

25.7 Hyperurikämie und Gicht

Purine sind gemeinsam mit den Pyrimidinen der wesentliche Bestandteil der genetischen Information in DNA und RNA. Sie haben eine bedeutende Rolle bei der Signaltransduktion und Translation (GTP, cAMP, cGMP), als Energiespeicher (ATP) sowie als Basis von Koenzymen (FAD, NAD, ADPH etc.). Purine können energetisch aufwendig de novo synthetisiert werden (Abb. 25.8) aus Ribose-5-Phosphat, den Aminosäuren Asparaginsäure, Glutamin und Glycin u. a. über Inosinmonophosphat (IMP). Ein Großteil wird jedoch durch einen ***„salvage pathway“*** (Recycling) mittels der Enzyme Adenin-Phosphoribosyltransferase (APRT) und Hypoxanthin-Guanin-Phosphoribosyltransferase (HPRT) zurückgewonnen. Zusätzlich wird Adenin, großenteils aus dem Polyaminweg und Adenosin aus dem S-Methylierungsweg der Leber metabolisiert. Beim Menschen ist die Harnsäure das normale Endprodukt des Purinstoffwechsels (s. Abb. 25.8). Bei der allgemein üblichen Ernährung überwiegt die Metabolisierung exogen zugeführter Nahrungspurine zu Harnsäure quantitativ die endogene Synthese. Die Gesamtmenge der Harnsäure im Körper, als ***Harnsäurepool*** bezeichnet, beträgt bei gesunden Männern 1.000 bis 1.400 mg. Die Harnsäure wird zu ca. 70 % über die Niere, zu ca. 30 % enteral ausgeschieden. Letztere wird von Darmbakterien mittels Urikase zu Allantoin umgesetzt. Unter purinarmer, isoenergetischer Diät beträgt die ***renale Harnsäureausscheidung*** pro Tag bei gesunden Frauen 250 mg, bei gesunden Männern 325 mg, unter Normalkost bis zu 700 mg/d und bei vermehrtem Purinanfall bis zu 2.000 mg. Die ***renale Harnsäureclearance*** beträgt 8,7±2,5 ml/min bei gesunden Männern, bei Gichtpatienten zwischen 5,1±1,3 und 7,5±2,4 mg/dl. Die Harnsäu-

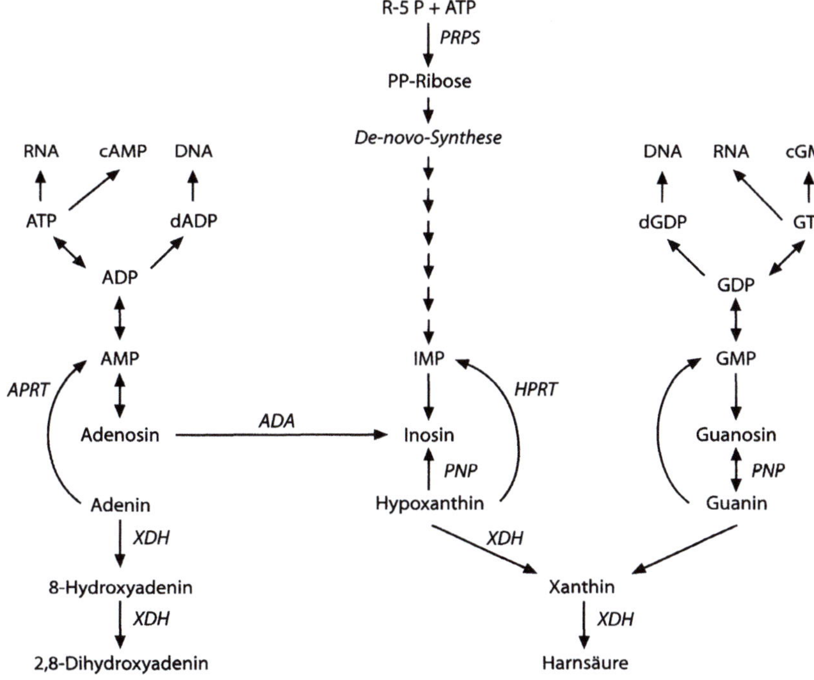

Abb. 25.8. Schematische Darstellung des Purinstoffwechsels beim Menschen. *ADA* Adenosindesaminase (EC 3.5.4.4); *APRT* Adeninphosphoribosyltransferase (EC 2.4.2.7); *HPRT* Hypoxanthin-Guanin-Phosphoribosyltransferase (EC 2.4.2.8); *PRPS* Phosphoribosylpyrophosphat-Synthetase (EC 2.7.6.1); *PNP* Purinnukleosid-Phosphorylase (EC 2.4.2.1); *XDH* Xanthindehydrogenase/oxidase (EC 1.2.3.2); *A* Adenin; *G* Guanin; *DP* Diphosphat; *MP* Monophosphat; *TP* Triphosphat; *P* Phosphat; *R* Ribose

re wird glomerulär filtriert, im proximalen Tubulus zum großen Teil rückresorbiert aber auch aktiv sezerniert, so daß etwa 10 % der glomerulär filtrierten Harnsäure ausgeschieden werden; die fraktionierte Harnsäureclearence, FEur, beträgt damit 10 %.

Hyperurikämie. Die Hyperurikämie ist ab einem Serumspiegel ≥ 6,5 bis 7 mg/dl definiert. Die physikalische Löslichkeit der Harnsäure im Plasma beträgt 6,4 mg/dl in vitro bei 37 °C, pH 7,4. In epidemiologischen Untersuchungen wurden bei Männern deutlich höhere Harnsäurespiegel (Mittelwert von 5,0 bis 6,3 mg/dl) als bei Frauen (4,1 bis 5,4 mg/dl) gemessen. Bis zu 28 % der Männer und 3 % der Frauen zeigten eine Hyperurikämie (Harnsäurewerte > 6,5 mg/dl).

95 bis 99 % der Gichtpatienten haben eine primäre, d. h. durch vermehrten Harnsäureanfall verursachte Hyperurikämie (Tabelle 25.1). Hiervon haben etwa 95 %

Tabelle 25.1. Ursachen der Hyperurikämie durch vermehrte Harnsäurebildung

Vermehrte exogene Zufuhr	
allgemeine Überernährung	häufig kombiniert als *metabolisches Syndrom* (Adipositas, Diabetes mellitus Hyperlipidämie, Hypertonie und Hyperurikämie)
purinreiche Kost	Innereien, Meeresfrüchte, Vollkornprodukte, Bier
Erhöhte endogene Synthese	
vermehrter Zellkernumsatz	Polyzythämie, Leukämie Osteomyelosklerose, Remission von Anämien (hämolytische oder perniziöse Anämie), zytostatische Therapie, Bestrahlungen
vermehrter Purinumsatz	Störungen des Purinstoffwechsels (HPRTase-Mangel, PRPP-Synthetase-Überaktivität), Zufuhr von Fruktose, Sorbit oder Xylit und bei Störungen des Kohlenhydratstoffwechsels (Glukose-6-Phosphatase-Mangel bei Glykogenose Typ 1).

Tabelle 25.2. Ursachen der Hyperurikämie bei verminderter Harnsäureausscheidung

Familiäre, erbliche Verminderung der Harnsäureausscheidung	Pathomechanismus ist noch nicht aufgeklärt
Nierenerkrankungen	meist erst bei fortgeschrittener Niereninsuffizienz
Arzneimittel	*Saluretika*, Cyclosporin, Etambutol, Nikotinsäure, L-Dopa, Pyrazinamid, in niedriger Dosierung bei Salicylsäure, Probenencid und Phenylbutazon
Bleiintoxikation	
Ketoazidose	bei Fasten oder entgleistem Diabetes mellitus
Hyperlaktazidämie	auch bei hohem Alkoholspiegel, Glukose-6-Phosphatasemangel
Psoriasis, Mongolismus, Hyperlipoproteinämie Typ IV	Pathomechanismus ungeklärt

eine vermehrte Purinzufuhr kombiniert mit einer, meist familiär bedingte Ausscheidungsstörung für Harnsäure (Tabelle 25.2). Allenfalls 5 % der primären Hyperurikämien sind auf angeborene Purinüberproduktion (HPRT-Mangel, PRPP-Synthetase-Überaktivität) zurückzuführen. Sekundäre Hyperurikämien (z. B. durch vermehrten Zellzerfall bei Neoplasien oder bei Saluretikatherapie) führen seltener zu Gichtanfällen.

Hyperurikämie entsteht durch vermehrte Purinsynthese, verminderte Purinausscheidung oder die Kombination beider Faktoren.

Abhängig vom Serumharnsäurespiegel besteht ein unterschiedlich hohes Risiko für eine Komplikation der Hyperurikämie (Tabelle 25.3)

Die Therapie der Hyperurikämie ist primär kausal, insbesondere bei der asymptomatischen Hyperurikämie zunächst diätetisch. Bei mangelndem Thera-

Tabelle 25.3. Häufigkeit von Gichtarthritis oder Uratnephrolithiasis in Abhängigkeit vom Serumharnsäurewert

Harnsäurewert (mg/dl)	Gicht (%)	Uratnephrolithiasis (%)
≥7	19	13
≥8	36	22
≥9	83	40

pieerfolg und klinischer Indikation (rezidivierende Gichtarthritis, Uratnephrolithiasis) ist eine medikamentöse Therapie erforderlich. Das Urikostatikum Allopurinol ist ein kompetitiver Hemmstoff der Xanthinoxidase. Urikosurika (Tabelle 25.4) erhöhen die Ausscheidung der Harnsäure im proximalen Tubulus. Therapeutisch wird insbesondere Benzbromaron eingesetzt.

Bei Uratnephrolithiasis ist eine harnsäuresenkende Therapie mit Urikosurika kontraindiziert; insbesondere zu Therapiebeginn werden vermehrt Konkremente gebildet. Bemerkenswert ist der lipid- und harnsäuresendkende Effekt von Fibraten.

Gicht. Hyperurikämie führt zur Ablagerung von Mononatriumurat als Kristall (im UV-Licht doppelbrechend) in den Geweben. Besonders betroffen sind Synovia, Knorpel, Knochen, Haut und die Markpyramiden der Nieren. Die bevorzugte Lokalisation in akralen Bereichen wie Ohrmuschel, Olekranon, DIP- und Zehengelenke wie Interphalangealgelenke, MTP besonders der großen Zehen wird durch eine geringere Löslichkeit der Harnsäure bei Kälte (4 mg/dl bei 30 °C) erklärt. Umschriebene Ansammlungen von Uratkristallen werden als ***Tophus***, größere Uratablagerung als ***Gichtknoten*** bezeichnet. Sie sind jeweils umgeben und teils durchsetzt von Entzündungszellen (Makrophagen, Epithelzellen), vergleichbar einem Fremdkörpergranulom. Begünstigende Faktoren für die Uratablagerung sind Temperatur, geringe Gefäßversorgung (z. B. im Knorpel), schwankende Uratspiegel, Trauma und lokales Ödem sowie Arthrosen. Diskutiert werden auch pH, Interaktionen mit Proteo- und Glykosaminoglykanen sowie Calziumphosphat.

Tabelle 25.4. Urikosurisch wirkende Substanzen

- Benzbromaron
- Azethylsalicylsäure (> 2 g/d)
- Ascorbinsäure (Vitamin C), Citrat
- Dicumarole
- Fibrate
- Glukose
- Östrogene
- Phenylindandione
- Pyrazolon

Gichtarthritis. Der ***akute Gichtanfall*** ist charakterisiert durch eine plötzlich auftretende, äußerst schmerzhafte Schwellung und Rötung eines Gelenkes. Auslösende Faktoren sind: exzessives Essen und/oder Trinken (20 %), schwere Krankheit (20 %), physisches oder psychisches Trauma (je 15 %), Operationen (10 %), Beginn einer harnsäuresenkenden Therapie, Fastenkuren. Uratkristalle aus synovialen Mikrotophi oder De-novo-Präzipitaten in Verbindung mit phagozytierenden polymorphkernigen Leukozyten gelten als Auslöser des akuten Gichtanfalls (Nachweis im Synovialpunktat: doppelbrechend!). Sie setzen eine Kaskade von Entzündungsmediatoren, IL-1, IL-6, IL-8, PAF, Histamine, Prostaglandine, TNF-alpha frei. Hinzu kommen humorale Faktoren wie Bradykinin, C3 a, C5 a, Kallikrein. Gichtanfälle können alle Gelenken betreffen, bevorzugt sind jedoch wenige Gelenke (Metatarsophalangeal-I > Knie- > Sprung- > Hand- > Ellbogengelenk).

Der Gichtanfall klingt auch nach mehreren Tagen bis ca. 2 Wochen ab. Mit Medikamenten entsprechend den postulierten Pathomechanismen, meist nicht-steroidale Antiphlogistika (z. B. hochdosiertes Indomethazin) und gelegentlich Steroide, ist eine deutliche Besserung in wenigen Stunden bis Tagen zu erzielen. Der Phagozytosehemmer Colchizin, der speziell bei Gicht (und anderen kristallinduzierten Arthritiden) wirkt, wird als differenzialdiagnostisches Therapeutikum verwendet.

Ohne harnsäuresenkende Dauertherapie kommt es bei vielen Patienten zur ***chronischen Gicht***, gekennzeichnet durch multiple Arthralgien und Arthritiden, oft ohne den Anfallscharakter der akuten Gicht. So können schwere Formen mit polytophösen Ablagerungen in den verschiedenen Gelenken (gelenknahe Knochentophi, Knochendestruktionen mit Sekundärarthrosen), Exulzeration und Superinfektion der oberflächennahen Tophi auftreten. Eine chirurgische Inzision oder Exzision der Tophi ist allgemein nicht indiziert. Auch sehr große Uratdepots und Knochentophi können durch konsequente harnsäuresenkende Behandlung aufgelöst werden.

Uratnephrolithiasis, akute Uratnephropathie, chronische Niereninsuffizienz bei Gicht. Bei Hyperurikämie insbesondere bei saurem Urin bilden sich Uratkristalle in den Nierentubuli. So entstehen Konkremente, ***Uratsteine***, die zu Harnstau und Nierenkoliken führen. Bei sehr großem Purinumsatz, z. B. bei Chemotherapien oder bei HPRT-Mangel (s. unten) fallen große Mengen an Harnsäure an, die zu einer akuten Obstruktion von Tubuli aber auch der ableitenden Harnwege einer ganzen Niere führen können. Diese ***akute Uratnephropathie*** kann durch präventive Therapie mit reichlicher Flüssigkeitszufuhr, Allopurinol und Neutralisierung bis Alkalisierung des Urins vermieden werden. Uratkristalle können im Interstitium der Nieren Tophi bilden und dort eine chronische, interstitielle Nephritis verursachen. Hierdurch kann eine chronische Niereninsuffizienz mit sekundärer Hypertonie, in schweren Fällen bis zur Dialysepflichtigkeit entstehen. Die ***familiäre juvenile hyperurikämische Nephropathie*** wurde bei einzelnen Familien als sich sehr früh manifestierende, autosomal-dominante Form der Nephropathie bei Hyperurikämie, meist verbunden mit Hypertonie, beschrieben. Eine im Mittel auf 4,7 % erniedrigte fraktionierte Harnsäureclearence führt frühzeitig zur chronischen Niereninsuffizienz, unbehandelt häufig zur Dialyse. Konsequente Blutdruckeinstellung und Allopurinoltherapie verhindert die Progrendienz der Niereninsuffizienz.

Tabelle 25.5. Enzymdefekte im Purinstoffwechsel

Enzymdefekt	Symptome, Häufigkeit, Erbgang
HPRT-Mangel	jugendliche Gicht und Uratnephrolithiasis, bei komplettem Defekt zusätzlich schwere neurologische Störungen (Selbstverstümmelung durch Beißen, Lesch-Nyhan-Syndrom), 1:100.000, x-chromosomal
PRPP-Synthetase *Überaktivität*	jugendliche Gicht und Nephrolithiasis, teils Taubheit x-chromosomal
APRT-Mangel	Nephrolithiasis aus 2,8-Dihydroxyadenin (bis zu akutem und chronischem Nierenversagen) 1:100.000, autosomal-rezessiv
ADA-Mangel (Adenosindeaminase)	Immunmangel in schwerer Form bei beiden Defekten, autosomal-rezessiv
PNP-Mangel (Purinnukleosidphosphorylase)	
XDH (Xanthinoxidase/Dehydrogenase)	Xanthinnephrolithiasis
AS-Mangel (Adenylosuccinatlyase)	schwere neurologische Störungen
MAD-Mangel (Myoadenylatdeaminase)	belastungsabhängige Muskelschmerzen
TPMT-Mangel (Thiopurinmethyltransferase)	Abbau von Chemotherapeutika (6-mercaptopurin u. a.)

Enzymdefekte im Purinstoffwechsel. Bei weniger als 5 % der Gichtpatienten liegen spezifische Enzymdefekte vor, die zu einer vermehrten Purinsynthese (s. Abb. 25.8, Tabelle 25.5) führen.

25.8 Literatur

1. Emmerson BT (1996) The management of gout. NEJM 334: 445–451
2. Fuster V, Ross R, Topol EJ (1996) Atheroscleroros is and Coronary Artery Disease. Lippincott-Raven, Philadelphia
3. Gresser U, Zöllner N (1991) Urate deposition in man and it's clinical consequences. Springer, Berlin Heidelberg New York
4. Schwandt P, Richter WO (1995) Handbuch der Fettstoffwechselstörungen. Schattauer, Stuttgart
5. Scriver CR, Beaudet AL, Sly WS et al. (1995) Lipoprotein and Lipid Metabolism Disorders. In: Scriver CR, Beaudet AL, Sly WS, Valle D (eds) The Metabolic Basis of Inherited Disease, 7th edition, vol II, pp 1841–2102
6. Thompson GR (1990) A Handbook of Hyperlipidaemia. Current Sciences Ltd., London
7. Windler E (1999) Lipidtherapie in der Prävention und Behandlung koronarer Herzkrankheit. 2. Aufl. Hamburg
8. Zöllner N (1990) Hyperurikämie, Gicht und andere Störungen des Purinstoffwechsels. Springer, Berlin Heidelberg New York

Endokrine Störungen

C. Dodt und H. L. Fehm

26

EINLEITUNG Eine 27jährige Frau wurde bewußtlos in die Klinik eingeliefert. Der Aufnahmearzt der Intensivstation stellte eine Körpertemperatur von 37,8 °C fest, der Blutdruck war mit 70/50 mmHg erniedrigt, die Herzfrequenz mit 120 Schlägen pro Minute beschleunigt. Die Anamnese des Ehemanns ergab, daß die Patientin vor 22 Wochen ein gesundes, erstgeborenes Kind zu Welt gebracht hat und bis dahin stets gesund war. Unter der Geburt hatte sie einen starken Blutverlust erlitten, der weitere Verlauf der Postpartalperiode war unkompliziert. Die Patientin stillte nicht, die Menstruation hatte noch nicht wieder eingesetzt. Insgesamt sei sie nach der Geburt sehr viel schwächer als vorher gewesen. Vier Tage vor der Aufnahme war sie an einem Infekt der oberen Luftwege erkrankt und seitdem zunehmend schwächer geworden. Sie habe schließlich auch erbrochen und über Bauchschmerzen geklagt, zusätzlich trübte am Tage der Aufnahme das Bewußtsein ein. Bei der körperlichen Untersuchung erschien die Patientin blaß und dehydriert, das Schamhaar war kurz. Die Laboruntersuchungen wiesen eine Anämie und Hyponatriämie nach, der Blutzucker lag bei 55 mg/dl. Aufgrund der klinischen Zeichen und der Laborkonstellation wurde eine postpartale Hypophysenvorderlappeninsuffizienz (Sheehan-Syndrom) als Ursache der Bewußtlosigkeit vermutet. Durch den Ausfall der Prolaktinsekretion konnte die Patientin nicht stillen, das fehlende Wachstum der Schamhaare und möglicherweise die Amenorrhoe wiesen auf einen Ausfall der Geschlechtshormonsekretion hin. Schließlich demaskierte der Streß einer leichten Infektion die defekte ACTH- und Kortisolsekretion, es entwickelte sich ein Schockzustand. Die intravenöse Gabe von Hydrokortison führte zum Aufklaren der Patientin und zur Stabilisierung der hämodynamischen Verhältnisse.

26.1 Grundlagen endokriner Störungen

Endokrine Störungen sind Kommunikationsstörungen des Organismus

Eine ungestörte Entwicklung des Organismus, die Erhaltung seines inneren Gleichgewichtes und die Fortpflanzung sind ohne ein intaktes Endokrinium nicht möglich. Ein wichtiges Merkmal regelrechter endokriner Funktion ist, daß viele verschiedene Zellverbände und Organe so koordiniert werden, daß sie für ein bestimmtes Ziel (z. B. eine regelrechte Streßantwort) optimal ausgestattet sind.

Das endokrine System reguliert die Funktion seiner Erfolgszellen mittels chemischer Botenstoffe, den Hormonen. Neben den klassischen endokrinen Drüsen, zu denen Hypothalamus, Hypophyse, Epiphyse, Schilddrüse, Epithelkörperchen, Pankreas, Nebennieren, Ovarien und Hoden zählen, sind auch Zellen zahlreicher anderer Organe wie z. B. der Nieren oder des Herzens in der Lage, Hormone auszuschütten.

Im endokrinen System können drei funktionelle Ebenen unterschieden werden. In einem ersten Schritt synthetisiert und sezerniert die endokrine Drüsenzelle das Hormon entsprechend dem Bedarf. Dann erfolgt der Transport zu der Zielzelle, teilweise über spezifische Transportproteine. Schließlich erreicht das Hormon die Effektorzelle, bindet an spezifische Rezeptoren und setzt intrazelluläre Prozesse in Gang. Durch periphere enzymatische Modifikation, die gewebespezifisch sein kann, können die Hormone aktiviert oder inaktiviert werden. Durch enzymatischen Abbau wird die Hormonwirkung endgültig beendet.

Alle Glieder dieser Funktionskette können Störungen aufweisen. Diese werden danach klassifiziert, ob im Verhältnis zum Bedarf eine zu starke oder zu schwache Hormonwirkung vorliegt. Man spricht dann je nach dem von einer ***Hyperfunktion*** oder ***Hypofunktion*** endokriner Systeme. Die möglichen Defekte endokriner Systeme sind in Abb. 26.1 schematisch zusammengefaßt. Sehr häufig ist eine ***Hypersekretion*** oder ***Hyposekretion*** der Hormone aus ihrer Ursprungszelle die Ursache endokriner Störungen [1,14].

Hormone sind meist an Transportproteine gebunden

Steroidhormone, mit Ausnahme des Aldosterons, Schilddrüsenhormone sowie einige Peptidhormone werden in der Blutbahn zu einem Teil an spezifische ***Transportproteine*** und auch unspezifisch an Albumin gebunden.

Dadurch werden die Substanzen vor einem raschen Metabolismus und einer renalen Ausscheidung geschützt und ihre Halbwertszeit verlängert. Gleichzeitig werden die Schwankungen der biologisch wirksamen, ungebundenen Hormonanteile gedämpft und eine gleichmäßige Hormonwirkung gewährleiset. Ein ähnlicher Puffer existiert nicht für die Katecholamine und viele Peptidhormone, entsprechend werden diese Substanzen meist rasch inaktiviert.

Der ungebundene, freie Hormonanteil vermittelt den Hormoneffekt

Eine Vermehrung der Transportproteine, wie sie durch Östrogene bei der Einnahme von Antikonzeptiva oder in der Schwangerschaft zu beobachten ist, führen zu einer deutlichen Erhöhung der Gesamthormonkonzentration, die freien Hormonspiegel liegen aber weiter im Normbereich. Auch eine Verminderung der Transportproteinsynthese durch Androgeneinflüsse, Lebererkrankungen oder genetische Defekte hat keine pathophysiologische Relevanz. Deswegen sollte bei der Beurteilung der gemessenen Hormonkonzentrationen bekannt sein, ob die Gesamthormonkonzentration oder der freie Hormonanteil bestimmt wurde.

Die Hormonwirkung an der Effektorzelle wird über Rezeptoren und teilweise über „second messenger"-Systeme vermittelt

Die Wirkung der Hormone an ihren Zielzellen wird über spezifische ***Rezeptoren*** vermittelt. Je nach Hormon erfolgt die Bindung an ***Membranrezeptoren*** (z. B. Peptidhormone, Katecholamine) oder ***intrazellulären***

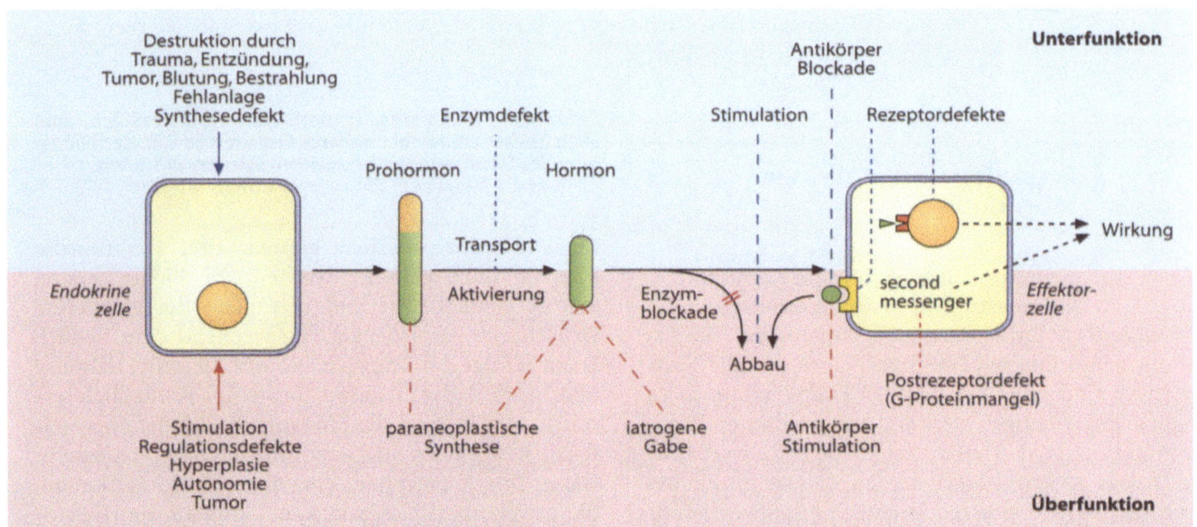

Abb. 26.1. Endokrine Störungen äußern sich durch eine verstärkte oder verminderte Hormonwirkung an der Effektorzelle. Ursachen können Defekte an der endokrin aktiven Zelle, Störungen des Hormontransports und/oder veränderte Hormonwirkungen an der Effektorzelle sein. Die Abbildung stellt den Weg des Hormons von der endokrinen Zelle bis zu seiner Effektorzelle schematisch dar. In der *oberen* Leiste sind Störungen aufgeführt, die eine Unterfunktion des endokrinen Systems verursachen. Die in der *unteren* Leiste angegebenen Veränderungen führen zu einer Überfunktion des Systems

Rezeptoren (Steroidhormone, Schilddrüsenhormone). Die Bindung an Membranrezeptoren aktiviert nachgeschaltete „second messenger"-Systeme, während die intrazellulären Rezeptoren durch Bindung an die DNA die Transkription verändern (Abb. 26.2, [3,20]).

Als Beispiel für eine Störung des Rezeptor-G-Protein-Komplexes kann der sehr seltene ***Pseudohypoparathyreodismus*** gelten. Die ***testikuläre Feminisierung*** ist eine Hormonresistenz, die durch einen Defekt des Androgenrezeptors bedingt ist. Bei dieser Störung bildet sich trotz eines XY-Genotyps ein weiblicher Habitus aus, weil das Testosteron durch den Defekt keine männliche Entwicklung induzieren kann.

Eine besondere Form der Funktionsstörung endokriner Systeme auf dem Rezeptorniveau wird durch die Bildung von ***Rezeptor-Antikörpern*** ausgelöst. ***Blockierende Antikörper*** behindern die Bindung des ursprünglichen Liganden und beeinträchtigen seine Wirkung

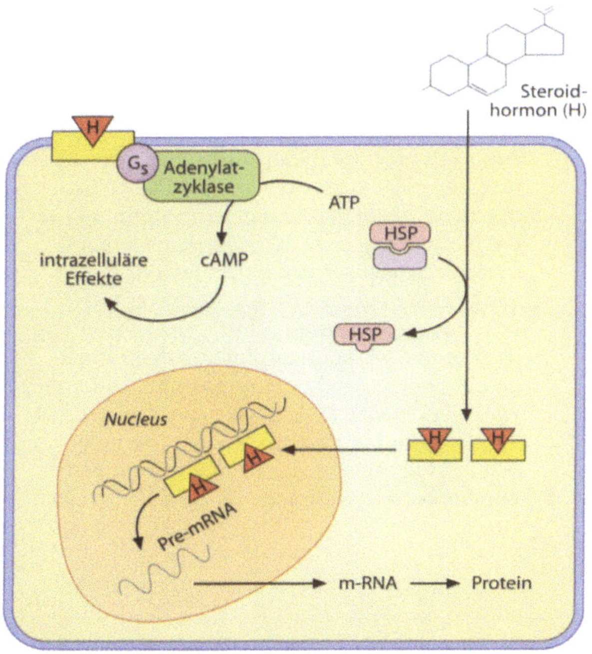

Abb. 26.2. Einige Peptidhormone und die Katecholamine binden an Membranrezeptoren, die über G-Proteine „second messenger"-Systeme (hier cAMP) aktivieren. Steroidhormone binden an intrazelluläre Rezeptoren, die im Falle der Kortikosteroide zytoplasmatisch lokalisiert sind. Nach Abspaltung eines sogenannten „heat shock proteins" (HSP) bildet sich ein Hormon-Rezeptor-Komplex, der in den Zellkern eintritt, um sich dann an sog. „response Elemente" der DNA anzulagern. Dadurch wird die Transkription von m-RNA initiiert, die letztendlich in die Synthese von Proteinen als Endprodukt der Hormonwirkung führt

(z. B. Insulinrezeptorantikörper). Recht häufig ist die Bildung ***stimulierender Antikörper***, z. B. bei der Autoimmunthyreoditis vom Typ M. Basedow, bei dem Antikörper gegen den TSH-Rezeptor eine ungebremste Stimulation der Schilddrüsenzelle hervorrufen.

Der Metabolismus kann der Aktivierung und Inaktivierung von Hormonen dienen

Aktivierung der Hormone. Einige Steroidhormone werden auf dem Weg zum Zielgewebe oder in der Effektorzelle selbst enzymatisch zu ihrer aktiven Form umgewandelt. Ein Beispiel dafür ist die Umwandlung des in den Gonaden synthetisierten Androgens Testosteron, das in einigen Zielgeweben durch die 5-α-**Reduktase** in das sehr viel stärker wirksame Dihydrotestosteron umgewandelt wird. Eine verstärkte Aktivität dieses Enzyms kann so eine Androgenisierung ohne vermehrte Hormonsekretion verursachen. So ist bei Frauen eine verstärkte 5-α-Reduktase Aktivität der Haarfollikel eine häufige Ursache des ***Hirsutismus*** (männlicher Behaarungstyp) [6].

Gewebespezifischer Hormonmetabolismus. Ein korrekter Metabolismus kann auch für die spezifische Wirkung von Hormonen an unterschiedlichen Geweben verantwortlich sein. Die ***11-β-Dehydrogenase*** ist spezifisch mit den Mineralokortikoidrezeptoren der Nierentubuli vergesellschaftet und bewirkt eine rasche Umwandlung des Kortisols in die inaktive Form Kortison. Der Mineralokortikoidrezeptor hat eine annähernd gleiche Affinität für das Glukokortikoid Kortisol und das Mineralokortikoid Aldosteron. Da die Glukokortikoidkonzentration aber sehr viel höher als das Aldosteron ist, würden sie ohne Aktivität der 11-β-Dehydrogenase kontinuierlich den Mineralokortikoidrezeptor aktivieren und damit die Symptome eines Mineralokortikoidexzesses hervorrufen. Dies ist die Pathophysiologie der Folgen des ***Lakritzabusus.*** Die in der Lakritze enthaltene Glyzyrrhizinsäure hemmt die 11-β-Dehydrogenase der Niere und verursacht so durch eine ungehemmte Kortisolwirkung die Symptome eines Hyperaldosteronismus, obwohl dieses Mineralokortikoid in seiner Konzentration supprimiert ist [9].

Hormonabbau. Die meisten ***Steroide*** werden in der Leber über ***Zytochrom-P450-Enzyme*** abgebaut. Dementsprechend kann eine eingeschränkte Leberfunktion erhöhte Hormonkonzentrationen bedingen. So führt eine Leberzirrhose zu erhöhten Östrogenkonzentrationen mit der Folge der Feminisierung (Hodenatrophie, Libidoverlust, weiblicher Behaarungstyp, Gynäkomastie) und auch zu einem Hyperaldosteronismus mit Wasserretention und Elektrolytverschiebungen. Umgekehrt kann eine Induktion der hepatischen Enzymsysteme einen beschleunigten Steroidabbau verursachen. Dies ist zum Beispiel bei der Einnahme des Tuberkulostatikums Rifampicin zu beachten. Durch einen erhöhten Abbau können gleichzeitig eingenommene hormonelle Antikonzeptiva unwirksam werden. ***Peptidhormone*** werden meist in ihrer aktiven Form sezerniert und im Blut durch unspezifische Peptidasen abgebaut. Dieses System ist robust und selten gestört.

> Endokrine Systeme werden meist durch das ZNS gesteuert und unterliegen afferenten Einflüssen sowie endogenen Rhythmen

Eine adäquate Hormonsekretion wird dadurch erreicht, daß das Hormon neben seiner Wirkung auf die verschiedenen Erfolgszellen ohne endokrine Aktivität auch auf endokrine Zellen, die seine eigene Ausschüttung steuern, zurückwirkt. So entstehen ***endokrine Regelkreise***, die

Endokrine Systeme werden meist
durch das ZNS gesteuert und unterliegen
afferenten Einflüssen sowie endogenen
Rhythmen

...***positive Feed-*** ...euern. Bei ei- ...gepaßten vermehrten Hormonsekretion spricht man von der ***Autonomie*** endokriner Zellen, die meist auf einem genetischen Defekt einzelner Zellen beruht. Eine Autonomie ist die häufigste Ursache einer endokrinen Überfunktion.

Primäre, sekundäre und tertiäre endokrine Störungen. Innerhalb der endokrinen Regelkreise können unterschiedliche Ebenen beschrieben werden. Zum Beispiel kann eine Unterfunktion der Nebennierenrinde durch eine Zerstörung der Nebennierenrindenzelle selbst (primäre Ebene), aber auch durch einen Defekt der hypophysären (sekundäre Ebene) oder hypothalamischen (tertiäre Ebene) Sekretion bedingt sein. Entsprechend spricht man von einer ***primären, sekundären*** oder ***tertiären*** Nebennierenrindeninsuffizienz, deren klinische Symptomatik sich nicht wesentlich unterscheidet, obwohl sie auf einem Defekt ganz unterschiedlicher endokriner Drüsen beruht (Abb. 26.3).

Endokrine Störungen sind stets von einer Störung des gesamten Regelkreises begleitet. Auf diesem Prinzip beruhen viele Tests zum Nachweis endokriner Störungen. So hat es sich in der Klinik bewährt, nach einer Über- oder Unterfunktion der Schilddrüse durch die Bestimmung des hypopysären TSH zu suchen. Dieser hochsensitive Test läßt bei einer Unterdrückung der TSH-Sekretion auf eine Überfunktion, bei einer TSH-Erhöhung auf eine Hypothyreose schließen, vorausgesetzt, es liegt keine der seltenen Störungen des hypothalamisch-hypopysären Systems vor.

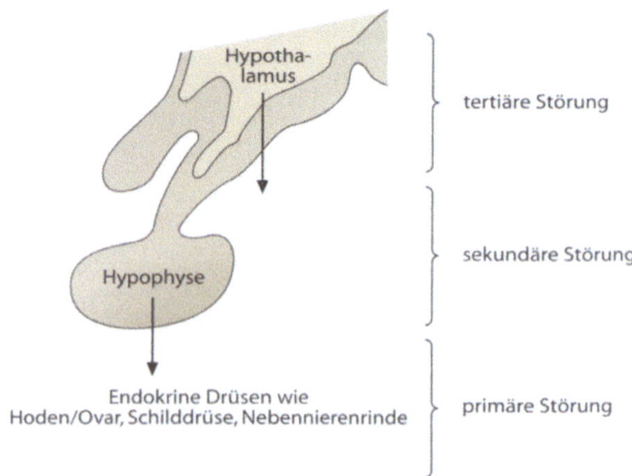

Abb. 26.3. Schematische Darstellung der Terminologie endokriner Störungen. Als primär wird eine Störung bezeichent, wenn sie das Erfolgsorgan des Regelkreises betrifft. Störungen zentraler im Regelkreis werden als sekundär oder tertiär bezeichnet

> **!** Endokrine Störungen sind meist durch eine unzureichende oder überschießende Hormonwirkung – Hypo- oder Hyperfunktion – an den Effektorzellen gekennzeichnet. Die möglichen Ursachen sind vielfältig und umfassen Störungen in der Biosynthese, der Sekretion, dem Metabolismus und schließlich der Hormonwirkung an der Effektorzelle auf dem Niveau der Rezeptoren oder nachgeschalteten Schritten. Die Steuerung der Hormonsekretion erfolgt innerhalb von Regelkreisen. Ein Defekt des endokrinen Endorgans wird als primäre Störung bezeichnet und von sekundären und tertiären Störungen, die einen Defekt übergeordneter, regulierender Zentren bedeuten, unterschieden.

26.2 Störung des Hypothalamus-Hypophysen-Systems

Hypothalamus und Hypophyse stellen eine funktionelle Einheit dar. Die Hormonsekretion aus dem Hypophysenvorderlappen – ***Adenohypophyse*** – wird durch hypophysiotrope Hormone des Hypothalamus reguliert. Diese Releasing- oder Inhibiting-Hormone werden in Höhe der Eminentia mediana in ein Portalgefäßsystem ausgeschüttet und erreichen über den Blutweg die Zellen des Hypophysenvorderlappens. Der Hypophysenhinterlappen – ***Neurohypophyse*** – besteht aus Axonen magnozellulärer Neurone der Nuclei supraoptici und Nuclei paraventriculares, die ihn über den Hypophysenstil erreichen und hier die hypothalamischen Peptide Vasopressin und Oxytocin speichern und bei Bedarf ausschütten (Abb. 26.4, [15]).

Hypothalamische Hormone werden auch über extrahypophysäre neuronale Bahnen zu anderen Gehirnarealen wie dem limbischen System, dem Hirnstamm und dem Rückenmark transportiert und dort als Neurotransmitter ausgeschüttet. Störungen dieser Projektionen könnten für die Entwicklung einiger psychischer Krankheiten (z. B. Depression), aber auch bei multifaktoriellen internistischen Störungen wie der Entwicklung eines Hypertonus und der Adipositas eine wichtige Rolle spielen (Tabelle 26.1).

Ursachen hypothalamischer Störungen. Die häufigste Ursache der insgesamt seltenen Erkrankungen des Hypothalamus sind ***tumoröse Neubildungen***, wobei es sich meist um große ***Adenome der Hypophyse*** handelt, die sich supraselIär in die hypothalamische Region ausbreiten. Besonders im Kindes- und Jugendalter ist gelegentlich ein ***Kraniopharyngeom*** Ursache einer hypothalamischen Störung. Es handelt sich dabei um einen zystischen und oft verkalkenden Tumor aus embryonalen Restgewebe der Rathke-Tasche. Bei Erwachsenen finden sich häufiger Tumoren anderer Histologie (z. B. Meningeom, Pinealom, Histiozytom X, Metastasen etc.). In allen Altersgruppen können ***Menigitiden*** und ***Enzephalitiden*** sowie ***granulomatöse Entzündungen*** (Tuberkulose, Sarkoidose) ebenfalls zu hypothalamischen Funktionsstörungen führen. ***Kongenitale Störungen*** des endokrinen Hypothalamus mit partiellen Ausfällen sind gelegentlich bei Mißbildungen des Mittelgesichts (Lippen-Gaumenspalte, Wolfsrachen etc.) zu beobachten. Das autosomal-dominant vererbte ***Kallmann-Syndrom*** beruht auf einer Störung der Migration von GnRH- und olfaktorischen Neuronen in der Embryogenese. Patienten mit dieser Krankheit leiden unter einem hypothalamischen Hypogonadismus und einer Anosmie, die auf einer Verkümmerung des Bulbus olfactorius beruht.

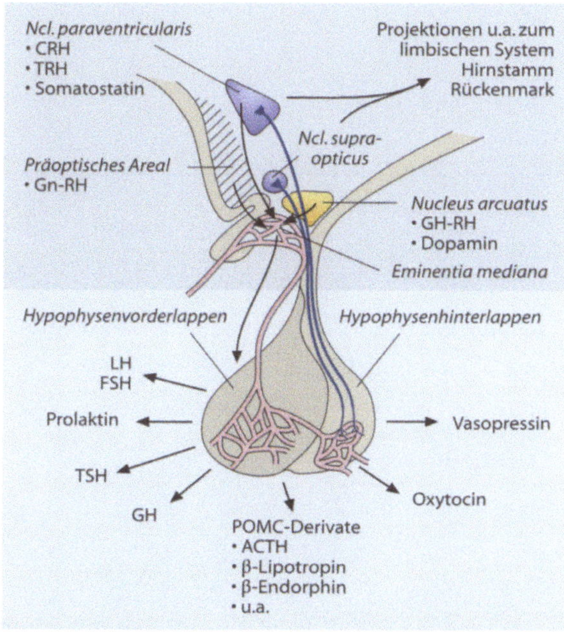

Abb. 26.4. Einige hypothalamische Hormone werden über ein portales Blutsystem zur Hypophyse transportiert und bewirken die Ausschüttung der Hormone des Hypophysenvorderlappens. Die Hormone des Hypophysenhinterlappens werden neuronal zu ihrem Sekretionsort transportiert. Die Abkürzungen und die Funktion der einzelnen Hormone sowie die Krankheiten, die bei einer Störung ihrer Sekretion entstehen, sind in Tabelle 26.1 erklärt

> Symptome hypothalamischer Störungen sind von der betroffenen Achse abhängig und entsprechen denen der hypophysären Störungen

Es ist allerdings zu beachten, daß ihre Symptomatik meist weniger eindrücklich ist. Oft ist zuerst die somatotrope Achse betroffen, etwa gleich häufig ist eine Störung der gonadotropen Achse. Ausfallserscheinungen anderer Hormonachsen sind seltener. Da eine Hyperprolaktinämie per se die GnRH-Sekretion unterdrückt, muß vor der Diagnose eines hypothalamischen Hypogonadismus stets der Prolaktinspiegel kontrolliert werden. Ein Diabetes insipidus durch eine gestörte Vasopressinsekretion weist bei Patienten, die nicht an der Hypophyse operiert wurden, häufig auf eine hypothalamische Störung hin.

Nicht-endokrine Begleitsymptome hypothalamischer Störungen. Neben seiner endokrinen Steuerungsfunktion beeinflußt der Hypothalamus auch das vegetative Nervensystem und andere Funktionen, die der Erhaltung der Homöostase dienen. So können neben endokrinen Störungen auch die Temperaturregulation, der Appetit, der Kohlenhydratmetabolismus, der Schlaf, das Gedächtnis und das Bewußtsein gestört sein.

Tabelle 26.1. Überblick über die Hormone des hypothalamisch-hypophysären Systems, ihrer Hauptfunktionen und die bei Störungen auftretenden Erkrankungen

Hypothalamisches Hormon	Funktion	Hypophysäres Hormon	Hauptfunktionen des Systems	Funktions-status	Krankheiten
Corticotropin-Releasing-Hormon (CRH)	stim.	Proopiomelanocortico-tropinderivate (POMC): ACTH, β-Lipotropin, β-Endorpin, u.a.	Stressbewältigung	hyper	Morbus Cushing
				hypo	sekundäre/tertiäre Nebennieren-insuffizienz
Growth-Hormone-Releasing Hormone (GHRH)	stim.	Growth-Hormone (GH)	Wachstum und Körperaufbau	hyper	Gigantismus, Akromegalie
Somatostatin, Dopamin	inhibit.			hypo	hypothalamischer/hypophysärer Minderwuchs; Störung der Körper-zusammensetzung
Gonadrotropin-Releasing-Hormone (GnRH)	stim.	Follikel-Stimulierendes Hormon (FSH) Luteotropes Hormon (LH)	Fortpflanzung	hyper	Pubertas praecox
				hypo	Pubertas tarda, Amenorrhoe, Infertilität
Prolactin Releasing Hormone, (TRH und Vasointestinales Peptid)	stim.	Prolactin	Laktation	hyper	Amenorrhoe, Galaktorrhoe, Infertilität, Libidoverlust
Prolactin Inhibiting Hormone (Dopamin)	inhibit.			hypo	Unfähigkeit zu stillen
Thyreotropin-Releasing-Hormone (TRH)	stim.	Thyreotropin (TSH)	Entwicklung und Energiehaushalt	hyper	sekundäre/tertiäre Hyperthyreose
				hypo	sekundäre/tertiäre Hypothyreose
Adiuretin	neuronaler Transport zum Hypophysen-hinterlappen		Wasserhaushalt	hyper	Syndrom der inappropriaten Adiuretin Sekretion (SIADH)
				hypo	Diabetes Insipidus
Oxytocin	neuronaler Transport zum Hypophysen-hinterlappen		Laktation		keine Störung bekannt

Der Hypothalamus spielt in der Regulation der Energiebilanz des Körpers eine Schlüsselrolle

Die Adipositas ist eine Volkskrankheit, die durch ihre Folgeerkrankungen wesentlich zur Gesamtmorbidität der industrialisierten Gesellschaft beiträgt. Fettleibigkeit ist die Konsequenz einer im Verhältnis zur Energieabgabe zu hohen Zufuhr von Kalorien. Unter normalen Verhältnissen sorgt das Zentralnervensystem für eine ausgeglichene Energiebilanz, es steuert sowohl die Kalorienaufnahme als auch die Energieabgabe. Für eine korrekte Regulation des Körpergewichts ist es deswegen erforderlich, daß der sogenannte „Adipostat" des Hypothalamus stets korrekt über die zugeführte Nahrungsmenge und die Fettdepots informiert wird.

Hierzu stehen dem Organismus verschiedene Botenstoffe wie das ***Cholezystokinin***, das ***Insulin*** und, erst seit kurzem bekannt, das ***Leptin***, das in den Fettzellen synthetisiert wird, und das ***Melanozyten-stimulierende Hormon*** (MSH) zur Verfügung (s. Abb. 26.5).

Bei Tieren führen hohe Leptinspiegel zu einer Reduktion der Nahrungszufuhr und zu einer Steigerung des Katabolismus. Ratten mit genetisch defekten Rezeptoren für Leptin sind stark übergewichtig. Eine Schlüsselstellung in der Vermittlung der Effekte des Leptins und auch des Insulins als weiterem wichtigen gewichtsregulierendem Hormon, spielt das hypothalamische ***Neuropetid Y*** (NPY). Leptin und Insulin führen in hohen Konzentrationen zu einer Unterdrückung der NPY-Sekretion. Dies senkt den Appetit und steigert die Aktivität des sympathischen Nervensystems und so den Energieverbrauch. Ein weiteres wichtiges Peptid, das in der Gewichtsregulation eine Rolle spielt, ist das Melanozyten-stimulierende Hormon. Ein Defekt des Rezeptors für dieses Proopiomelanokortikotropinderivat führt ebenfalls zu deutlichem Übergewicht bei Tieren. Auch das nach der Nahrungsaufnahme sezernierte Cholezystokinin hat hemmenden Einfluß auf den Appetit. Bisher ist noch ungeklärt, ob und wie die von Tieren bekannten Mechanismen der hormonell vermittelten Gewichtsregulation auch auf den Menschen übertragbar sind [24].

Erstsymptome hypothalamischer Störungen sind meist Ausfallserscheinungen der somatotropen Achse und/oder der gonadotropen Achse. Seltener sind andere endokrine und/oder vegetative Funktionen beeinträchtigt. Die häufigste Ursache sind tumoröse Neubildungen, seltener Mißbildungen oder Entzündungen.

26.3 Störungen des Hypophysenvorderlappens

Erkrankungen des Hypophysenvorderlappens beruhen meist auf hormonproduzierenden Adenomen

Die häufigste Ursache hypophysärer Störungen sind benigne Neoplasien der unterschiedlich endokrin aktiven Zellen, die meist monoklonalen Ursprungs sind. In 60 % der Fälle handelt es sich um ein Prolaktinom, 20 % bestehen aus GH-produzierenden und 10 % aus ACTH-produzierenden Zellen. Eine autonome Sekreti-

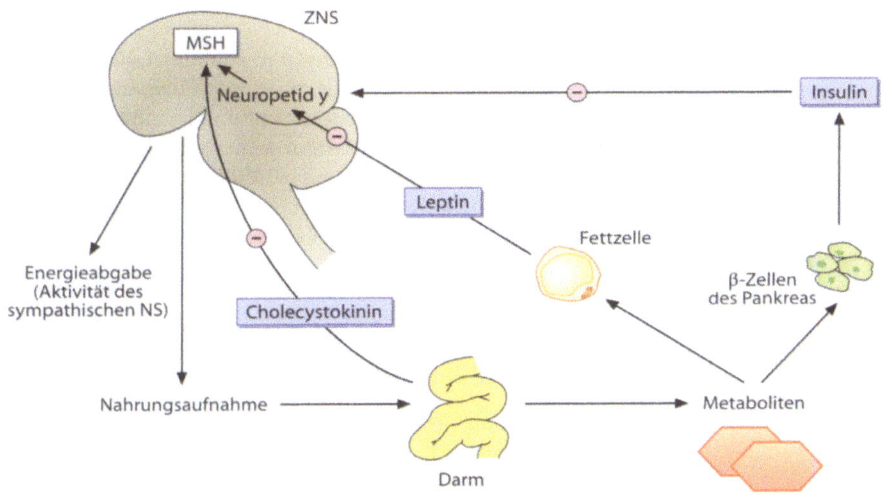

Abb. 26.5. Eine adäquate Nahrungszufuhr ist nur möglich, wenn das *ZNS* afferente humorale Signale erhält und erkennt. Die vier wichtigsten humoralen Signale für die Gewichtsregulation sind das Melanozyten-stimulierende Hormon *(MSH)*, das Cholezystokinin, das Leptin und das Insulin

on von TSH oder Gonadotropinen sind eine Rarität. Bei ca. 10 % der primären Hypophysenadenome sind Sekretionsprodukte nicht nachweisbar [8].

Klinische Symptome. Die klinische Symptomatik der Hypophysenadenome wird einerseits durch die lokale Verdrängung des angrenzenden Gewebes geprägt, andererseits durch den Hormonexzeß. Adenome mit einem Durchmesser < 1 cm, den sogenannten Mikroadenomen, werden durch die Folgen der Hypersekretion auffällig. Bei Makroadenomen (> 1 cm) kommen mit zunehmender Größe (meist > 2 cm) auch hormonelle Ausfallserscheinungen hinzu. Aufgrund der Nähe zum Chiasma opticum werden nicht selten Gesichtsfeldausfälle durch Kompression der Nervi optici beobachtet.

Eine Hyperprolaktinämie ist die häufigste Störung der hypophysären Funktion

Physiologie des Prolaktins. Der primäre Wirkort des Prolaktins ist das weibliche Brustgewebe, wo es in Zusammenwirken mit anderen Hormonen die Laktation vorbereitet. Während der Schwangerschaft steigen die Prolaktinspiegel stark an. Der abrupte Abfall von Östrogen und Progesteron plazentalen Ursprungs nach der Geburt bei weiterhin hohen Prolaktinwerten induziert die Laktation. Neben dieser Wirkung ist das Hormon offensichtlich wichtig für eine korrekte Funktion der gonadotropen Achse auch beim Mann und scheint immunologische Prozesse zu modulieren.

Prolaktin wird durch hypothalamisches ***Dopamin*** inbesondere inhibitorisch reguliert, stimulierend wirken TRH, das vasoaktive intestinale Peptid (VIP) und andere Faktoren.

Hyperprolaktinämien führen zu Amenorrhoe, Galaktorrhoe und Libidoverlust

Eine ganze Reihe von Medikamenten können über eine Störung der hypothalamischen Regulation der Prolaktinsekretion Hyperprolaktinämien verursachen (s. Tabelle 26.2). Auch Tumoren oder entzündliche Prozesse können zu einer Störung des inhibitorischen tuberoinfundibularen hypothalamischen Dopamintonus führen und so die Prolaktinsekretion entzügeln. Liegen die Prolaktinspiegel aber dauernd über 200 ng/ml, dann ist ein ***Prolaktinom*** als Ursache wahrscheinlich.

Die Hyperprolaktinämie führt bei Frauen zu ***Galaktorrhoe*** (Milchsekretion), ***Amenorrhoe*** (Ausbleiben der Regel) bzw. Zyklusunregelmäßigkeiten und einer ***Verminderung der Libido***. Parallel zu der bereits beschriebenen physiologischen Induktion der Laktation wird die Galaktorrhoe nicht selten nach Absetzen oraler Antikonzeptiva augenfällig. Die Symptomatik bei Männern beschränkt sich oft auf ***Libidoverlust*** und ***Impotenz***, eine Galaktorrhoe ist selten.

Diese Symptome erklären sich einerseits durch die direkte laktogene Wirkung des Hormons, andererseits durch eine Hemmung der gonadotropen Achse, die vor allen Dingen auf einer hypothalamischen Störung der GnRH-Sekretion beruht und zu einer Erniedrigung der Östrogene bzw. der Androgene führt. Möglicherweise ist der entstehende Östrogenmangel auch eine Ursache für die Entwicklung einer Osteoporose bei langbestehender Hyperprolaktinämie.

Tabelle 26.2. Ursachen der Hyperprolaktinämien

- Prolaktinom
- Medikamente:
  - Metoclopramid, Phenothiazine, Butyrophenone, Thioxanthene
  - Trizyklische Antidepressiva
  - Östrogene (Antikonzeptiva)
  - Drogen (Morphinderivate)
  - α-Methyldopa
  - Reserpin
  - H_2-Blocker
- ZNS-Erkrankungen:
  - Entzündlich/infiltrativ (Sarkoidose, Histiozytose)
  - Traumatisch
  - Neoplastisch (hypothalamische oder paraselläre Tumoren)
- andere:
  - Hypothyreose
  - Niereninsuffizienz
  - Leberzirrhose
  - Polyzystische Ovarien
- Läsionen der Thoraxwand (Verbrennungen, Herpes Zoster):
  - Läsionen des Rückenmarks
  - Empty sella
  - Krampfanfälle
  - Nebenniereninsuffizienz
- Physiologisch:
  - Schwangerschaft, Stillzeit, Irritation der Mamillen, Koitus, Schlaf, Streß, körperliche Belastung, Hypoglykämie, Dehydratation, Essen

Bei der Therapie symptomatischer Hyperprolaktinämien nutzt man die inhibitorische Kapazität von ***Dopaminagonisten***, die an den D_2-Dopaminrezeptor binden. Auch Prolaktinome sprechen meist gut auf die Behandlung an und schrumpfen, so daß auf eine Operation verzichtet werden kann.

Ein ***Ausfall der Prolaktinsekretion*** wird nur postpartal durch eine Unfähigkeit zu stillen symptomatisch.

> **!** Hypophysäre Störungen sind zum einen durch die Symptome einer gestörten Hormonsekretion gekennzeichnet, daneben prägen aber auch lokale Verdrängungserscheinungen mit Gesichtsfeldausfällen das klinische Bild. Meist sind gutartige Adenome die Ursache. Das häufigste Hypophysenadenom ist das Prolaktinom, das seinerseits die häufigste Ursache von Hyperprolaktinämien ist. Eine Hyperprolaktinämie führt zu einer Unterdrückung der gonadotropen Funktion und Stimulation der Laktation. Bei Frauen äußert sich dies in Amenorrhoe, Libidoverlust und Galaktorrhoe, bei Männern in Libidoverlust und Impotenz.

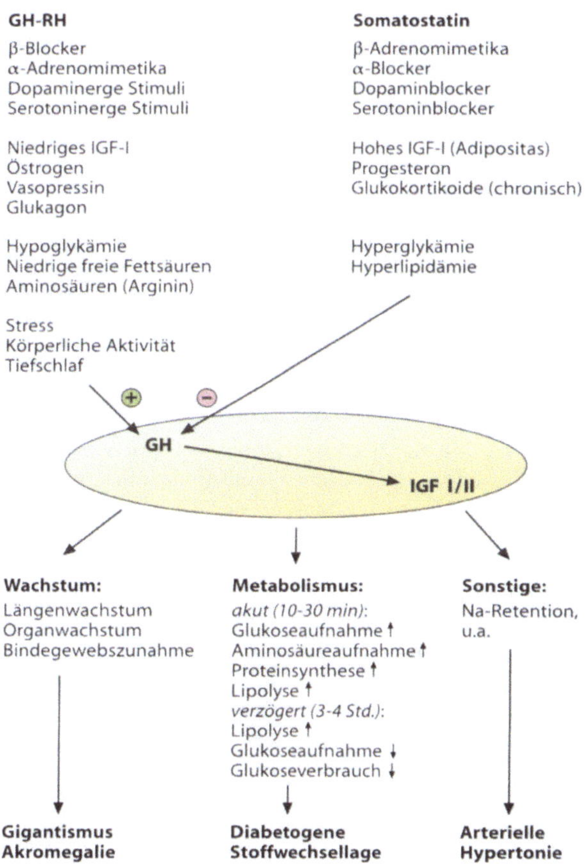

Abb. 26.6. Zusammenfassung der regulativen Einflüsse auf die GH-Sekretion, der physiologischen Wachstumshormoneffekte und deren pathophysiologischen Konsequenzen im Falle der Überproduktion. Neben den hypothalamischen inhibitorischen (Somatostatin) und stimulierenden Hormonen (GHRH) haben noch viele andere Faktoren einen regulativen Einfluß auf die GH-Sekretion. Die physiologische GH-Wirkung wird vor allem über das IGF mediiert. Die überschießende physiologische Wachstumshormonwirkung kann zu Gigantismus, Akromegalie, diabetischer Stoffwechsellage und arteriellem Hypertonus führen

Ein Wachstumshormonexzeß führt zu Gigantismus oder Akromegalie

Ein Wachstumshormonexzeß führt vor dem Schluß der Epiphysenfugen zu einem übermäßigen Längenwachstum, dem ***Gigantismus.*** Erwachsene entwickeln eine ***Akromegalie,*** die ihren Namen durch die beeindruckende Prominenz der Akren, die eine Blickdiagnose erlaubt, erhalten hat. Ursache ist in den allermeisten Fällen ein ***somatotrophes Hypophysenadenom.*** Eine extrahypophysäre oder paraneoplastische GH-Sekretion kann als extreme Rarität gelten [8].

Physiologie des Wachstumshormons (Abb. 26.6). Das Wachstumshormon vermittelt seine Wirkung direkt über spezifische Rezeptoren und indirekt über weitere Wachstumsfaktoren, deren Synthese es ebenfalls rezeptorabhängig fördert. Diese Proteine werden als ***Somatomedine*** oder, aufgrund ihrer strukturellen Ähnlichkeit zum Proinsulin und ihrer Fähigkeit, am Insulinrezeptor zu binden, ***insulin-like-growth-factors (IGF-I und -II)*** bezeichnet. Diese IGFs sind an spezifischen Transportproteinen gebunden und haben dadurch eine längere Halbwertszeit (3–18 h, GH: 20–30 min). IGF-I ist für viele der bekannten Wachstumshormoneffekte verantwortlich.

Pathophysiologie der Akromegalie-Symptome. Die ***wachstumsfördernde Wirkung*** des Hormons auf Knochen und Bindegewebe, die einerseits eine Anlagerung von Knochengewebe und andererseits eine Zunahme des Hyaluronat- und Chondroitinsulfatgehalt der extrazellulären Matrix bewirkt, erklärt die meisten sichtbaren Symptome der Akromegalie. Besonders eindrücklich sind die Vergröberung der Gesichtszüge, Vergrößerung der Nase, Prognathie, Auseinanderweichen der Zähne, Vergrößerung der Zunge, Organomegalie, Vergrößerung von Händen und Füßen sowie eine Struma. Auch das Karpaltunnelsyndrom und die Häufung des Schlaf-Apnoe-Syndroms sind durch die somatotrophe Hormonwirkung erklärt.

Die Konsequenz der ***metabolischen GH-Wirkungen*** ist eine gestörte Glukosetoleranz oder ein Diabetes mellitus. Besonders wichtig für die Prognose der Patienten sind die ***kardiovaskulären Effekte*** des GH, die über eine Na-Retention und andere Faktoren die Entwicklung einer arteriellen Hypertonie fördern. Außerdem kommt es nach langer Krankheitsdauer nicht selten zu einer Herzinsuffizienz. In der Genese ungeklärt, sind die oft ausgeprägte Hitzetoleranz, die Schweißneigung und psychische Veränderungen. Patienten mit einer unbehandelten Akromegalie haben eine erhöhte Mortalität, die im wesentlichen durch kardiovaskuläre Folgeerkrankungen bestimmt wird.

Diagnose der Akromegalie. Diese beruht auf dem Nachweis erhöhter GH- und IGF-I-Spiegel, die sich durch regulative Einflüsse, wie erhöhte Glukosespiegeln nicht unterdrücken lassen. Das letztgenannte Phänomen macht man sich zur Diagnosestellung der Erkrankung zunutze: In einem standardisierten Glukosesuppressionstest soll der GH-Spiegel unter 2 μg/l supprimierbar sein.

Der ***Ausfall der Wachstumshormonproduktion*** führt bei Erwachsenen zu einer Zunahme des Fett/Muskel-Verhältnisses, einer Abnahme der Kraft und der kardiovaskulären Leistungsfähigkeit.

> **!** Ein Wachstumshormonexzeß verursacht bei Heranwachsenden einen Gigantismus, bei Erwachsenen eine Akromegalie. Ursache sind meist somatotrophe Adenome. Die Prognose der Erkrankung wird insbesondere durch die diabetogenen und kardiovaskulären Effekte des GH bestimmt.

Wachstumsverzögerungen können endokrine Ursachen haben

Eine korrekte Hormonsekretion ist neben genetischen Faktoren und der Ernährung unabdingbare Voraussetzung für ungestörtes Wachstum. Kinder mit einem ***kongenitalen Wachstumshormonmangel*** kommen normal groß auf die Welt und fallen dann rasch hinter das Wachstum ihrer gesunden Altersgenossen zurück. Bei völligem Ausfall der GH-Sekretion werden sie ein Drittel bis zur Hälfte der normalen Körperlänge erreichen. Die meisten der Patienten mit einem kongenitalen GH-Defizit haben eine primäre hypothalamische Störung. Aufgrund des Ausfalls der metabolischen GH-Wirkungen können die GH-defizienten Kinder unter symptomatischen Hypoglykämien leiden.

Auch eine Schilddrüsenunterfunktion führt zu einer starken Wachstumsverzögerung. Androgene und Östrogene sind vor allem im Rahmen der Pubertät wichtig für das Wachstum, ein Überschuß der gonadalen Steroide bewirken, ebenso wie ein Glukokortikoidexzeß, eine Verzögerung des Wachstums.

Eine erhöhte hypophysäre ACTH-Sekretion führt zu einem Morbus Cushing

Eine vermehrte Sekretion von hypophysärem ACTH wird als ***Morbus Cushing*** bezeichnet. Die vermehrte ACTH-Sekretion führt zu einem Kortisolexzeß. Als ***Cushing-Syndrom*** wird der durch die inadäquate Kortisolsekretion ausgelöste Symptomenkomplex bezeichnet. Dieser ist häufig, aber nicht ausschließlich, durch eine vermehrte hypophysäre ACTH-Sekretion bedingt (s. Tabelle 26.3). Häufigste Ursache hierfür sind Adenome der Hypophyse. Von dieser Krankheitsentität muß das ***ektope ACTH-Syndrom*** unterschieden werden, bei dem das ACTH paraneoplastisch durch Tumorzellen neuroektodermalen Ursprungs (meist kleinzellige Bronchialkarzinome) ausgeschüttet wird. Im Gegensatz zum Morbus Cushing sind bei dieser Störung die ACTH- und Kortisolspiegel stärker erhöht und unterliegen kaum einer Regulation, d. h. Dexamethason führt zu keiner Suppression und CRH zu keiner wesentlichen zusätzlichen Ausschüttung der Hormone [17].

Tabelle 26.3. Ätiologie des Cushing Syndroms

• **ACTH abhängig**	
– Hypothalamo-hypophysär	72 %
– Ektope ACTH-Sekretion	11 %
– Ektope CRH-Sekretion	?
• **ACTH unabhängig**	
– Adenom der Nebennierenrinde	7 %
– Karzinom der Nebennierenrinde	6 %
– primäre mikronoduläre NNR-Dysplasie	4 %
– sonstige	?
• **Sonderformen**	
– Zyklisches Cushing Syndrom	?
– Cushing-Syndrom durch Hypersekretion	
– ACTH-ähnlicher Substanzen	?

26.4 Störungen des Hypophysenhinterlappens

Ein Ausfall der Adiuretinsekretion führt zur Exsikkose, weil der Harn nicht mehr ausreichend konzentriert werden kann

Besonders Erkrankungen des Hypothalamus, weniger der Hypophyse, können zu einer Störung der Adiuretin- und Oxytocinsekretion führen. Klinisch relevant ist die Störung der Adiuretinausschüttung. Ein Ausfall der Oxytocinsekretion führt zu keinen bekannten Krankheitserscheinungen.

Physiologie der Adiuretinsekretion. Durch einen Anstieg der Plasmaosmolalität und/oder einen Abfall des Blutdrucks wird die Ausschüttung des Adiuretins (ADH, Vasopressin) stimuliert. Seine Wirkung wird über zwei verschiedene Rezeptoren vermittelt, den V_1- und den V_2-Rezeptor. Der ***V_1-Rezeptor*** bewirkt über über eine Aktivierung des Phosphatidylinositolabbaus eine Kontraktion der glatten Gefäßmuskulatur, eine Stimulation der Prostaglandinsynthese und der hepatischen Glykogenolyse. Auch die hypophysäre ACTH-Sekretion wird über V_1-Rezeptoren angeregt. Der ***V_2-Rezeptor*** vermittelt über cAMP als „second messenger" die renalen, nichtvaskulären Effekte des Vasopressins. Das Peptid führt zu einer Erhöhung der Permeabilität des Sammelrohrepithels für Wassermoleküle. Ohne diese Wirkung ist die Wasserresorption im Sammelrohr stark herabgesetzt und die Fähigkeit zur Urinkonzentration gestört (Abb. 26.7).

Diabetes insipidus centralis. Ein hypothalamischer oder hypophysärer Vasopressinmangel wird als Diabetes insipidus centralis bezeichnet. Eine ***Polyurie***, die zu einer kompensatorischen ***Polydipsie*** führt, sind die klinischen Hauptsymptome des Diabetes insipidus. Trinkmengen bis 20 l pro Tag kommen vor. Die Störung kann durch einen Vergleich der Urin- und Plasmaosmolalität diagnostiziert werden. Bei einem Diabetes insipidus centralis ist trotz erhöhter Plasmaosmolalität keine Steigerung der Urinosmolalität (über ca. 200 mosm/kg) möglich. Dies wird besonders im ***Durstversuch*** deutlich, den man zur Differenzierung von der nicht seltenen psychogenen Polydipsie durchführt [18].

Bei dem Durstversuch darf der Patient unter klinischer Überwachung solange nichts trinken, bis er 5 % des anfänglichen Körpergewichts abgenommen hat oder einen erheblichen Blutdruckabfall oder unerträglichen Durst entwickelt hat. Bei einem kompletten Diabetes insipidus steigt die Harnosmolalität nicht über 300 mosm/kg. Eine Harnosmolalität von über 800 mosmol/kg schließt einen Diabetes insipidus aus.

Die Ursachen eines Diabetes insipidus centralis sind unter anderem Operationen der Hypophyse, Tumoren, der Hypophyse und des Hypothalamus, Traumen und Autoimmunentzündungen der Hypophyse.

Ein ***nephrogener Diabetes insipidus*** ist durch eine Unempfindlichkeit des Sammelrohrepithelzellen gegenüber Vasopressin gekennzeichnet. Die Gabe von Adiuretin kann deswegen die Störung nicht korrigieren.

Das Syndrom der inappropriaten Adiuretinsekretion (SIADH) induziert eine inadäquate Wasserretention

Eine Sekretion von Adiuretin, die im Verhältnis zur Plasmaosmolalität zu hoch ist, führt zu einer inadäquaten Hemmung der Diurese und einer ***Verdünnungshyponatriämie***, die sich auch in einer Abnahme der Serumosmolalität wiederspiegelt. Dabei liegt die Urinnatriumausscheidung über 20 mmol/l und die Urinosmolalität inadäquat über 300 mosm/kg. Zeichen eines Überschusses extrazellulärer Flüssigkeit wie Ödeme finden sich nicht.

Die Ursache ist eine Adiuretinsekretion trotz Abfalls der Serumosmolität unter die osmotische Schwelle, was physiologischerweise zu einem Sistieren der ADH-Sekretion führt. Der Grund dafür kann eine unregulierte Ausschüttung des ADH aus malignen oder entzündlich veränderten Zellen oder eine Störung der afferenten Kontrollneurone der hypothalamischen Kernregionen sein. Eine Verschiebung der osmotischen Schwelle ist ebenfalls bei einigen Patienten zu beobachten. Eine weitere Ursache ist die medikamentöse Stimulation der ADH-Freisetzung oder eine medikamentöse Erhöhung der peripheren ADH-Wirkung (z. B. durch nichtsteroidale Antiphlogistika).

Bei den Erkrankungen des Hypophysenhinterlappens haben nur Störungen der Vasopressinsekretion klinische Bedeutung. Ein Vasopressindefizit, der Diabetes insipidus centralis, führt zur Polyurie und Polydipsie. Das SIADH verursacht eine inadäquate Flüssigkeitsretention mit einer Hyponatriämie und Hypoosmolalität.

Ausfälle der Hypophyse können partiell oder komplett sein

Eine Unterfunktion der Hirnanhangsdrüse setzt eine Zerstörung von ca. 70–80 % des Gewebes voraus. Am häufigsten ist die Wachstumshormon- oder der Gonadotropinsekretion gestört, wenn man von der zeitweili-

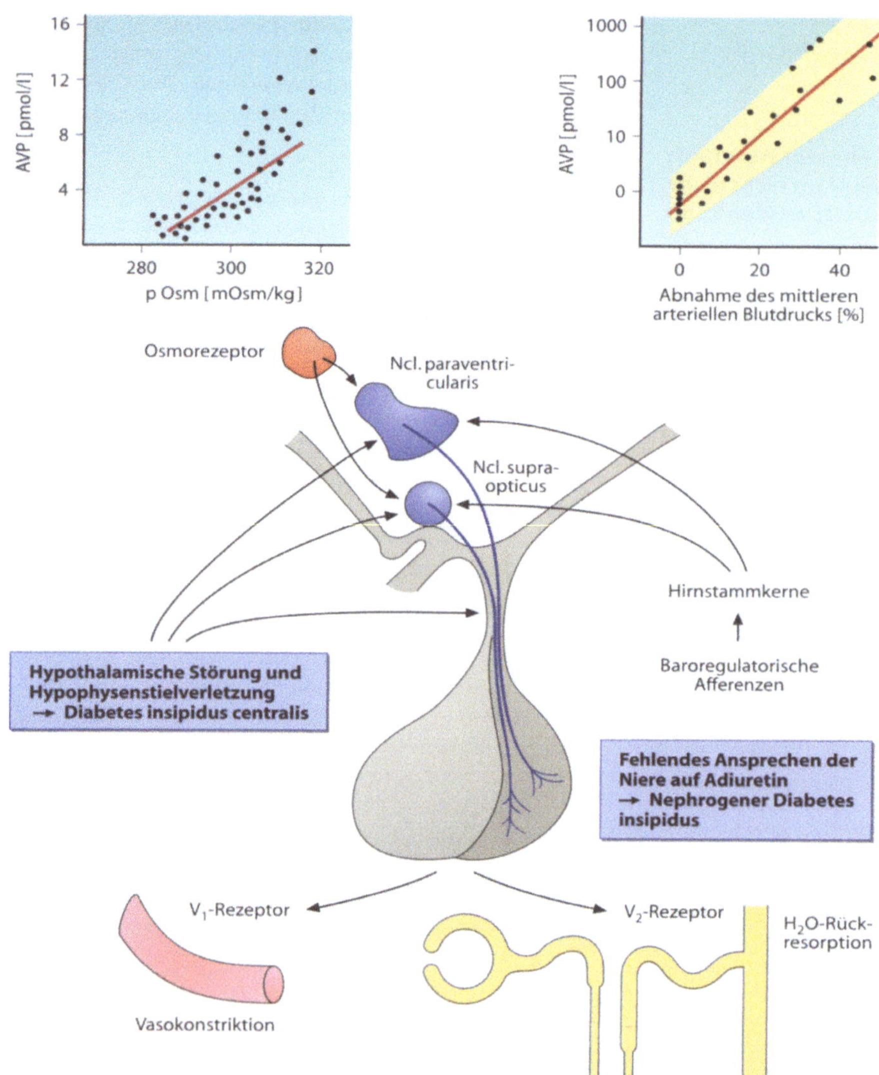

Abb. 26.7. Physiologie und Pathophysiologie der Vasopressinsekretion. Sowohl der Anstieg der Plasmaosmolalität als auch der Abfall des Blutdrucks (s. eingesetzte Diagramme) führen zu einer verstärkten Adiuretinausschüttung. Diese wirkt durch eine Verminderung der Epithelpermeabilität am Sammelrohr antidiuretisch und in hohen Konzentrationen vasokonstriktorisch. Ein Diabetes insipidus centralis ist meist durch hypothalamische Defekte oder Verletzungen des Hypophysenstiels verursacht. Die fehlende Ansprechbarkeit der Niere auf Adiuretin wird als nephrogener Diabetes insipidus bezeichnet

gen Unterdrückung der ACTH-Sekretion durch langdauernde Glukokortikoidgabe absieht. Ein permanenter Ausfall der ACTH- oder TSH-Sekretion ist sehr selten. Ein Diabetes insipidus ist meist weniger Zeichen einer hypophysären Störung, sondern weist auf eine hypothalamische Läsion oder eine Zerstörung des Hypophysenstiels hin.

Symptome des Hypopituitarismus. Die einzelnen Symptome des Hypopituitarismus sind bereits bei den einzelnen Hypophysenhormonen aufgeführt worden. Wichtig ist zu erwähnen, daß eine Mindersekretion von ACTH insbesondere unter Streßsituationen zu den gleichen lebensbedrohlichen Symptomen (Schwäche, Appetitlosigkeit, Hypotonie bis hin zum Schock, Hyponatriämie) wie die Nebenniereninsuffizienz führen kann. Im Unterschied zum Morbus Addison entwickelt sich aber keine Hyperpigmentation, sondern eher eine Blässe, da die Synthese der Melanozyten-stimulierenden Proopiomelanocorticotropin-Derivate ebenfalls unterdrückt ist. Aufgrund der Tatsache, daß die Mineralokortikoidsekretion der Nebennierenrinde im wesentlichen ACTH-unabhängig reguliert wird, tritt keine Hyperkaliämie auf (aus dem gleichen Grund ist bei der Therapie einer sekundären Nebenniereninsuffizienz im Gegensatz zu einer primären Nebenniereninsuffizienz eine Mineralokortikoidsubstitution nicht notwendig).

Ursachen eines Hypopituitarismus. Die möglichen Ursachen eines Hypopituitarismus sind in Tabelle 26.4 aufgeführt. Unter einem ***Empty-Sella-Syndrom*** versteht man das Vorliegen einer radiologisch leer erscheinenden Sella turcica, die gelegentlich vergrößert und balloniert erscheint. Ursache scheint eine Herniation des Subarachnoidalraums zu sein, wobei ein mit Liquor gefüllter, von Arachnoidea umgebener Raum entsteht. Die Hypophyse ist meist abgeflacht und zur Seite gedrängt, nur selten sind Funktionsausfälle zu beobachten.

> **!** Ausfälle hypophysärer Funktionen sind meist durch verdrängende Adenome oder operative Eingriffe bedingt. Die Symptome hängen von der jeweils betroffenen Hormonachse ab. Insbesondere eine unerkannte hypophysäre ACTH-Mindersekretion kann akut lebensgefährlich sein.

Tabelle 26.4. Ursachen des Hypopituitarismus

- Kongenitale Synthesedefekte
- Adenome, Tumoren, Metastasen
- Granulomatöse Erkrankungen (Sarkoidose, Tuberkulose, Syphilis)
- Eosinophiles Granulom
- Lymphozytäre Hypophysitis
- Durchblutungsstörungen (z. B. postpartale Nekrose)
- Trauma
- Operation
- Radiatio
- Hämochromatose, Amyloidose
- Empty-sella-Syndrom

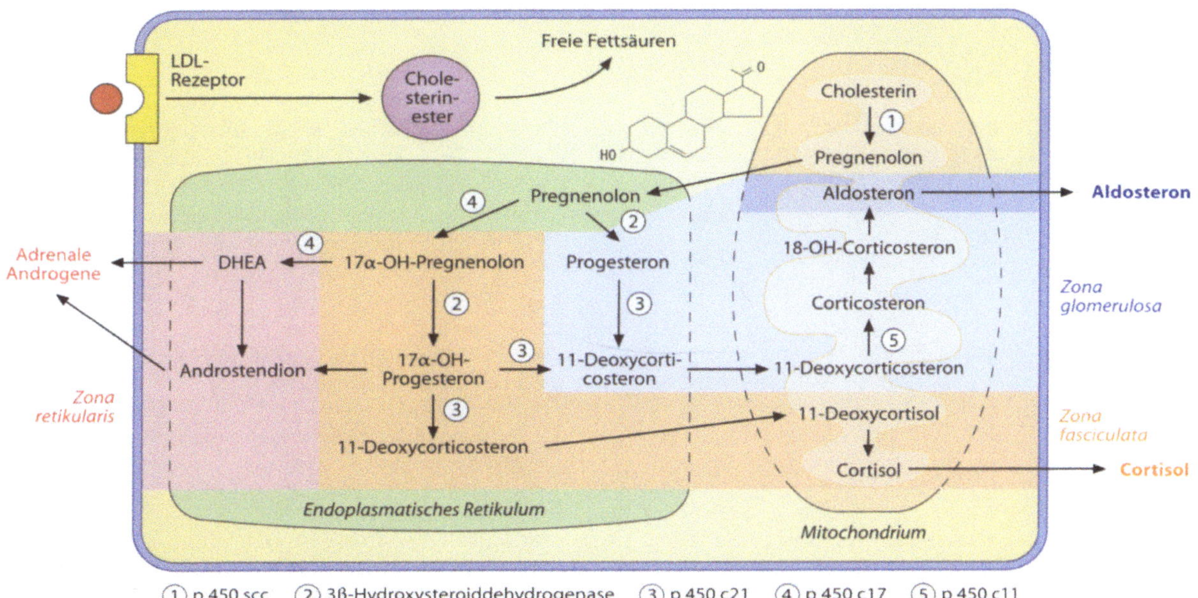

Abb. 26.8. Steroidhormonsynthese der Nebennierenrinde. Vorstufe aller Steroidhormone ist das Pregnenolon, die weiteren Syntheseschritte sind innerhalb der Nebennierenrinde und auch innerhalb der einzelnen Zelle kompartimentalisiert. Störungen innerhalb der Synthese führt einerseits zum Ausfall unterschiedlicher der nachgeschalteten Syntheseprodukte, andererseits durch eine vermehrte ACTH-Stimulation zu einem Überschuß der vorgeschalteten Syntheseprodukte. Die einzelnen Enzyme, die bei einem adrenogenitalen Syndrom von einem Defekt betroffen seien können, sind in der Abbildung mit Nummern bezeichnet. Der Ausfall eines jeden Enzyms führt zu charakteristischen Symptomen und Laborveränderungen, die in Tabelle 26.5 aufgeführt werden

26.5 Erkrankungen der Nebennierenrinde

Eine gestörte adrenale Steroidsynthese führt zum adrenogenitalen Syndrom

Physiologie der adrenalen Steroidsynthese. Die meisten Schritte der Steroidhormonsynthese werden durch ***Zytochrom-P-450-Enzyme*** katalysiert. Ein Teil diese Enzyme ist mitochondrial, andere zytoplasmatisch lokalisiert. Vorläufermolekül aller Steroidhormone ist das Pregnenolon, das seinerseits aus dem Cholesterin synthetisiert wird. Zum größten Teil stammt das Cholesterin aus den LDL-Partikeln des Blutes, prinzipiell ist auch die de-novo-Synthese aus Azetyl-CoA möglich. Abbildung 26.8 stellt die wichtigsten Syntheseschritte und Zwischenstufen der Steroidhormonsynthese, ihre Kompartimentalisierung in der Zelle und die jeweiligen Endprodukte schematisch dar.

Genetische Defekte können die adrenale Steroidsynthese beeinträchtigen, und so zu Störungen des Salz- und Glukokortikoidhaushaltes und der Geschlechtsentwicklung führen (Tabelle 26.5). Die Ausprägung der

Tabelle 26.5. Adrenale Enzymdefekte. Klinische und laborchemische Befunde.

Enzymdefekt	Klinik	Laborbefunde
p450scc	• Salzverlustsyndrom • Pseudohermaphroditismus masculinus	• Basale Konzentration aller Steroide erniedrigt • ACTH ↑ • Plasma Renin Aktivität (PRA) ↑
3β-HSD	*klassische Form:* • Salzverlustsyndrom • Pseudohermaphroditismus masculinus und femininus *nicht-klassische Form:* • Vorgezogene Adrenarche, gestörte Pubertät, Menstruationsstörungen, Hirsutismus, Akne, Infertilität	• Erhöhung von 17-OH-Progesteron, Pregnenolon, DHEA, basal und nach ACTH-Stimulation • Suppression der erhöhten Steroide durch Dexamethason • ACTH ↑ • PRA ↑
p450c21	*klassische Form:* • Salzverlustsyndrom • Pseudohermaphroditismus feminus • prä- und postnatale Virilisierung *nicht-klassische Form:* • Vorgezogene Adrenarche, gestörte Pubertät, Menstruationsstörungen, Hirsutismus, Akne, Infertilität	• 17-OH-Progesteron ↑, basal und nach ACTH • Androgen im Serum und 17-Ketosteroide im Urin ↑ • Suppression der erhöhten Steroide durch Dexamethason • ACTH ↑ • PRA ↑
p450c11	*klassische Form:* • Pseudohermaphroditismus femininus • postnatale Virilisierung • arterielle Hypertonie *nicht-klassische Form* • Vorgezogene Adrenarche, gestörte Pubertät, Menstruationsstörungen, Hirsutismus, Akne, Infertilität, Hypertonie	• 11-Desoxycortisol und Desoxycorticosteron ↑, basal und nach ACTH-Stimulation • Androgene im Serum und 17-Ketosteroide im Urin ↑ • Suppression der erhöhten Steroide durch Dexamethason • ACTH ↑ • PRA ↓ • Hypokaliämie
p450c17	• Pseudohermaphroditismus masculinus • arterielle Hypertonie	• Desoxycorticosteron, 18-OH-DOC, Corticosteron, 18-OH-Corticosteron ↑ • 17-OH-Steroide ↓ basal und nach ACTH • Verminderte HCG-Antwort bei männl. Pseudohermaphroditen • ACTH ↑ • PRA ↓ • Hypokaliämie

klinischen Symptomatik ist abhängig von der Penetranz des jeweiligen Defektes und von der Wirkung der Steroide, deren Synthese *nicht* beeinträchtigt ist. Diese Hormone (z. B. adrenale Androgene) werden im Überschuß produziert, wenn die Kortisolsynthese gestört ist, und so durch Ausfall der Feedbackhemmung eine ständig erhöhte adrenale ACTH-Stimulation besteht. Neben einer Aktivierung der unbeeinträchtigten Wege der Steroidhormonsynthese besteht schon bei Neugeborenen eine Nebennierenrindenhyperplasie. Deswegen werden Störungen der Kortisolsynthese im Englischen als ***„congenital adrenal hyperplasia“ (CAH)*** bezeichnet. Im deutschen Sprachraum spricht man vom ***adrenogenitalen Syndrom*** [2].

Durch die schon in der Fetalzeit bestehende verstärkte oder auch verminderte Synthese von Androgenen entwickelt sich ein ***pseudohermaphroditisches Genitale***, im weiteren Verlauf ist oft eine ***Virilisierung*** zu beobachten (s. auch Abschnitt sexuelle Differenzierung). Ist die Aldosteronsynthese betroffen, entwickelt sich schon bei den Neugeborenen ein ***Salzverlustsyndrom*** mit einer schweren Hyponatriämie und Hyperkaliämie. Bei nicht vollständig ausgeprägtem Enzymdefekt verlaufen die Erkrankungen blander und äußern sich erst im Erwachsenenalter in einem Hirsutismus oder anderen Zeichen der Virilisierung und eventuell Infertilität (nichtklassische oder ***Late-onset***-Formen).

> **!** Ein genetisch bedingter Enzymdefekt der adrenalen Steroidsynthese führt zum adrenogenitalen Syndrom. Eine kompensatorische ACTH-Mehrsekretion und der Überschuß von Steroiden, deren Synthese vom Defekt nicht betroffen sind, erklärt die klinische Symptomatik der Erkrankung.

Kortisol reguliert eine Vielzahl lebenswichtiger Körperfunktionen, ist aber für keine physiologische Meßgröße das prinzipiell steuernde Hormon

Fast alle Zellen des Körpers tragen zytosolische Glukokortikoid- und Mineralokortikoidrezeptoren. Über beide Rezeptoren können Glukokortikoidwirkungen vermittelt werden, wenn nicht, wie in der Niere, die Mineralokortikoidrezeptoren durch die 11-β-Hydroxysteroid-Dehydrogenase vor dem hochaffinen Kortisol geschützt werden.

Obwohl die Glukokortikoide insbesondere in Streßsituationen lebenswichtig sind, läßt sich keine einzelne Körperfunktion nennen, für die sie die prinzipielle Steuerung übernehmen. Zum Beispiel ist Kortisol für die Regulation des Blutzuckers wichtig, entscheidend aber sind Insulin und Glukagon. Diesem funktionellen Aspekt entspricht die Tatsache, daß die Sekretion durch ***Feedbackmechanismen*** reguliert wird und nicht durch physiologische Erfolgsparameter (wie z. B. der Blutzucker im Falle des Insulins).

Generell haben die Glukokortikoide eine inhibitorische Wirkung auf die DNA-Synthese, hemmen in den meisten Geweben auch die RNA- und Proteinsynthese und beschleunigen den Proteinkatabolismus. Eine Ausnahme ist die Leber, hier wird die RNA- und Proteinsynthese stimuliert.

Metabolische Effekte einer gestörten Kortisolsekretion. Eine wichtige Wirkung der Glukokortikoide, durch den sie ihren Namen erhalten haben, ist ihr Einfluß auf den Kohlenhydratstoffwechsel. In der Leber steigern sie die ***Glukoneogenese***. Durch ihre ***katabole Wirkung*** insbesondere im Muskel- und Fettgewebe erhöhen sie gleichzeitig den Substratfluß aus den peripheren Geweben zur Leber. Im Muskel werden die Glukoseaufnahme vermindert, die Proteinsynthese gehemmt und Aminosäuren freigesetzt. Im Fettgewebe wird die ***Lipolyse*** stimuliert. Diese Wirkungen sind unter normalen Ernährungsbedingungen physiologisch kaum relevant, dienen aber beim Fasten der Aufrechterhaltung des Blutzuckerspiegels. Entsprechend kann ein Hypokortisolismus unter diesen Bedingungen zu Hypoglykämien führen. Ein ***Hyperkortisolismus*** wirkt *diabetogen*. Es entwickelt sich oft ein metabolisches Syndrom mit Hyperglykämie, Insulinresistenz, sekundärer Hyperinsulinämie sowie Muskelatrophie und Gewichtszunahme mit abnormer Fettverteilung.

Effekte einer gestörten Kortisolsekretion auf den Stützapparat. Das Bindegewebe wird bei übermäßiger Kortisolsekretion durch eine Hemmung der Fibroblasten mit der Konsequenz der Abnahme des Kollagens geschwächt. Dies induziert eine Atrophie der Haut mit einer Neigung zu Hämatomen, Bildung von Striae in Arealen erhöhter Hautspannung und schlechter Wundheilung.

Am Knochen führen Glukokortikoide zu einer direkten Hemmung der Osteoblasten und einer Aktivierung der Osteoklasten. Hinzu kommt unabhängig davon, daß die Kalziumaufnahme im Darm gehemmt wird, andererseits die Kalziumausscheidung der Niere gesteigert ist. Sekundäre Folge ist eine vermehrte Parathormonsekretion, die zusätzlich aber auch noch direkt durch Kortikosteroide gesteigert werden kann. Der Vitamin-D-Stoffwechsel wird nicht negativ beeinflußt. Die Konsequenz eines langdauernden Überschusses an Glukokortikoiden ist eine ***negative Kalziumbilanz*** und eine ***Osteoporose***, die insbesondere bei langdauernder Steroidtherapie eine schwer zu beeinflussende Komplikation darstellt.

Glukokortikoide unterdrücken die Immunantwort

Das Immunsystem ist ein klinisch sehr wichtiger Angriffspunkt der Glukokortikoide. Ihre therapeutischer Anwendung dient meist der Unterdrückung einer fehlregulierten oder unerwünschten Immunantwort. Letztendlich wird jeder Schritt der Immunantwort und der Entzündungsreaktionen durch die Glukokortikoide beinflußt. Kurz zusammengefaßt hemmen sie

- die Produktion und Aktivität vasoaktiver inflammatorischer Substanzen wie die Prostaglandine, Kinine, Histamin etc.,
- die Migration von Leukozyten in das Entzündungsareal,
- die Funktion immunkompetenter Zellen.

Sowohl die Lymphokinproduktion als auch das Antigen-Processing und die Antikörperproduktion werden unterdrückt. Außerdem kommt es zu einer Umverteilung der Leukozyten. Durch eine erhöhte Freisetzung von Granulozyten aus dem Knochenmark und einer verminderten Clearance der Zellen aus dem Blut entwickelt sich eine ***Leukozytose.*** Gleichzeitig vermindert sich die Anzahl der Lymphozyten, Monozyten und Eosinophilen durch eine verstärkte Abwanderung aus der Zirkulation.

Kardiovaskuläre Konsequenzen einer gestörten Kortisolsekretion. Ein Ausfall der Glukokortikoidwirkung kann unter Streßsituationen zur ***Addisonkrise*** mit einer ausgeprägten ***Hypotension*** führen. Umgekehrt ist ein ***Hypertonus,*** insbesondere bei einer endogenen Kortisolüberproduktion, weniger bei der therapeutischen Gabe von Glukokortikoiden, ein häufiges Symptom.

Kortikosteroide induzieren eine vermehrte Vasokonstriktion der Gefäßwand durch eine gesteigerte Ansprechbarkeit auf vasokonstriktorisch wirkende Substanzen wie Katecholamine und Angiotensin II. Gleichzeitig wird die Synthese von Prostaglandin E_2, einem potenten Vasodilatator, vermindert. Zusätzlich erhöhen die Kortikosteroide die ***Reninsynthese,*** so daß die Reninspiegel im Verhältnis zum Blutdruck zu hoch liegen. Auch die Auswurfleistung des Herzens wird direkt gesteigert. An der Niere steigt die glomeruläre Filtrationsrate nach der Gabe von Glukokortikoiden und bei einem Kortisolüberschuß treten mineralokortikoiden aldosteronartigen Wirkungen des Steroids hinzu (s. unten).

Kortikoideffekte auf das ZNS. Kortisol überwindet ohne Schwierigkeiten die Blut-Hirn-Schranke. Im Gehirn finden sich zahlreiche Rezeptoren sowohl mit mineralokortikoider als auch glukokortikoider Spezifität. Dies erklärt, warum sowohl Kortisolexzeß als auch -mangel ***psychiatrische Symptome*** wie ***Depressionen*** und Schlafstörungen hervorrufen kann.

Zum Abschluß dieser nicht vollständigen Beschreibung sei noch erwähnt, daß auch das Wachstum und reproduktive Funktionen durch einen Glukokortikoidüberschuß gehemmt werden.

Eine inadäquat erhöhte Sekretion von Kortisol führt zum Cushing-Syndrom

Ein Cushing-Syndrom (Abb. 26.9) entwickelt sich bei einem Kortisolüberschuß jeglicher Ursache, die häufigste ist die längerdauernde Einnahme von Glukokorti-

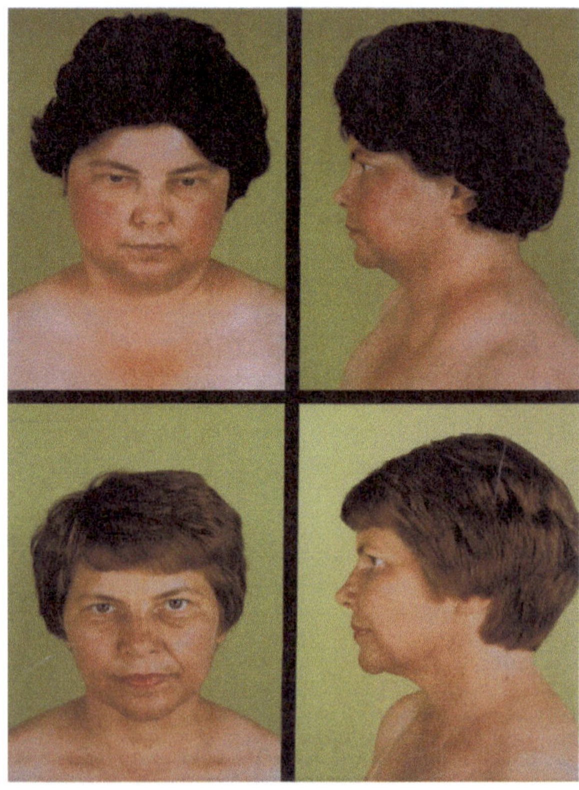

Abb. 26.9. Patientin mit einem Cushing-Syndrom vor und nach Therapie. Die Patientin trägt eine Perücke.

koiden in einer supraphysiologischen Dosis, das heißt oberhalb der sog. ***Cushingschwelle***, die für Kortisol bei 30 mg/Tag liegt. Von dieser exogen induzierten Störung unterscheidet man die endogenen Formen, die auf einer vermehrten Sekretion von ACTH beruhen (s. dort) oder ACTH-unabhängig übermäßig Kortisol sezernieren (s. Tabelle 26.3). Als Ursache kommen sowohl ***Nebennierenadenome*** als auch ***-karzinome*** in gleicher Häufigkeit (je 6–8% aller Cushing-Syndrome) in Betracht. Sehr viel seltener sind ACTH-unabhängige ***Hyperplasien*** der Nebennierenrinde, bei der man eine ***makronoduläre*** und eine ***mikronoduläre*** Form unterscheidet [17].

Die Symptome eines Cushing-Syndroms sind in Tabelle 26.6 zusammengefaßt.

Bei einem Morbus Cushing, das heißt bei einer ACTH-Hypersekretion, wird auch die Ausschüttung adrenaler Steroide erhöht, bei Frauen entwickelt sich ein Hirsutismus, Akne und Amenorrhoe. Kortisol unterdrückt die LH-Sekretion und bewirkt eine Libidoverminderung und Impotenz bei Männern.

> **!** Aufgrund seiner vielfältigen physiologischen Glukokortikoidwirkungen führt ein Kortisolüberschuß zu Diabetes mellitus, Veränderung der Fettverteilung, Muskel- und Hautatrophie, Osteoporose, Schwächung der Immunantwort, Hypertonie und Depression.

Tabelle 26.6. Symptome des Cushingsyndroms

Symptom	Häufigkeit
• Adipositas	88%
• Hochdruck	85%
• Psychische Störungen	80%
• Impotenz, Libidoverlust	80%
• Osteoporose	80%
• Hirsutismus	75%
• Glukoseintoleranz	75%
• Hyperlipidämie	70%
• Plethora	70%
• Menstruationsstörungen	70%
• Muskelschwäche	65%

Störungen der Mineralokortikoidsekretion verändern die K^+- und H^+-Homöostase sowie den Wasserhaushalt

Physiologie der Mineralokortikoidsekretion. Aldosteron ist das funktionell wichtigste Mineralokortikoid der Nebennierenrinde. Seine Synthese ist auf die Zona glomerulosa beschränkt. Auch die Zona fasciculata schüttet Mineralokortikoide aus, mengenmäßig am bedeutsamsten ist das ***Desoxykortikosteron***, das allerdings im Gegensatz zum Aldosteron ausgiebig an Transportproteine gebunden ist und so nur im Falle einer Überproduktion im Rahmen eines Enzymdefekts (17-α-Hydroxylase- und 11-β-Hydroxylase-Mangel) oder eines Tumorleidens nennenswerte mineralokortikoide Wirkungen entfaltet. Auch Kortisol hat eine hohe Affinität zum Mineralokortikoidrezeptor, wird am Tubulusepithel der Niere aber rasch enzymatisch inaktiviert.

Angiotensin II und ***Kalium*** regulieren die Aldosteronsekretion. Die Sekretion von Aldosteron wird durch das Renin-Angiotensin-System reguliert, Angiotensin II stimuliert innerhalb weniger Minuten nach seiner Freisetzung die Sekretion von Aldosteron. Ein zweiter ebenso wichtiger regulativer Faktor ist das Kalium-Ion: Eine Hyperkaliämie bewirkt eine Stimulation, eine Hypokaliämie eine Inhibition der Aldosteronsekretion.

Hauptfunktion des Aldosteron ist die ***Regulation des Wasserhaushalts*** und der ***K^+-Homöostase.*** Es bewirkt in den Zellen des Sammelrohrs und des distalen Tubulus eine Aktivierung der Na^+-K^+-ATPase, die passiv aus dem Harn in die Tubuluszelle diffundiertes Na^+ aktiv in den Extrazellulärraum pumpt. Dies erhöht das negative Potential im Tubuluslumen und bewirkt so eine Sekretion von K^+ und H^+.

Ein Hyperaldosteronismus induziert eine Hypertonie und eine Hypokaliämie

Die pathophysiologische Konsequenz der erhöhten Na^+-Rückresorption beim Hyperaldosteronismus ist eine ***Flüssigkeitsretention*** mit Erhöhung des Plasmavolumens. Dies führt zusammen mit einer ebenfalls Mineralokortikoid-vermittelten erhöhten Empfindlichkeit der Blutgefäße gegenüber Katecholaminen über eine Erhöhung des peripheren Widerstands zu einer ***Hypertonie*** (s. Abb. 26.10). Neben der Hypertonie entwickelt sich durch die erhöhte K^+- und H^+-Ausscheidung eine oft ausgeprägte ***Hypokaliämie*** und eine ***metabolische Alkalose.*** Durch die Hypokaliämie verändern sich die transmembranösen Potentiale der Zellen und ihre Erregbarkeit. Ausdruck dessen ist z. B. eine ***Muskelschwäche***, die bei einer schweren, lang bestehenden Hypokaliämie gelegentlich beobachtet werden kann. Wahrscheinlich ebenfalls aufgrund der langbestehenden Hypokaliämie verlieren die Nieren ihre volle Konzentrationsfähigkeit und es kann zu einer ***Polyurie*** kommen.

Das ***Renin*** ist bei einem ***primären Hyperaldosteronismus*** stets gegenregulatorisch supprimiert. Dies unterscheidet die Störung von dem ***sekundären Hyper-***

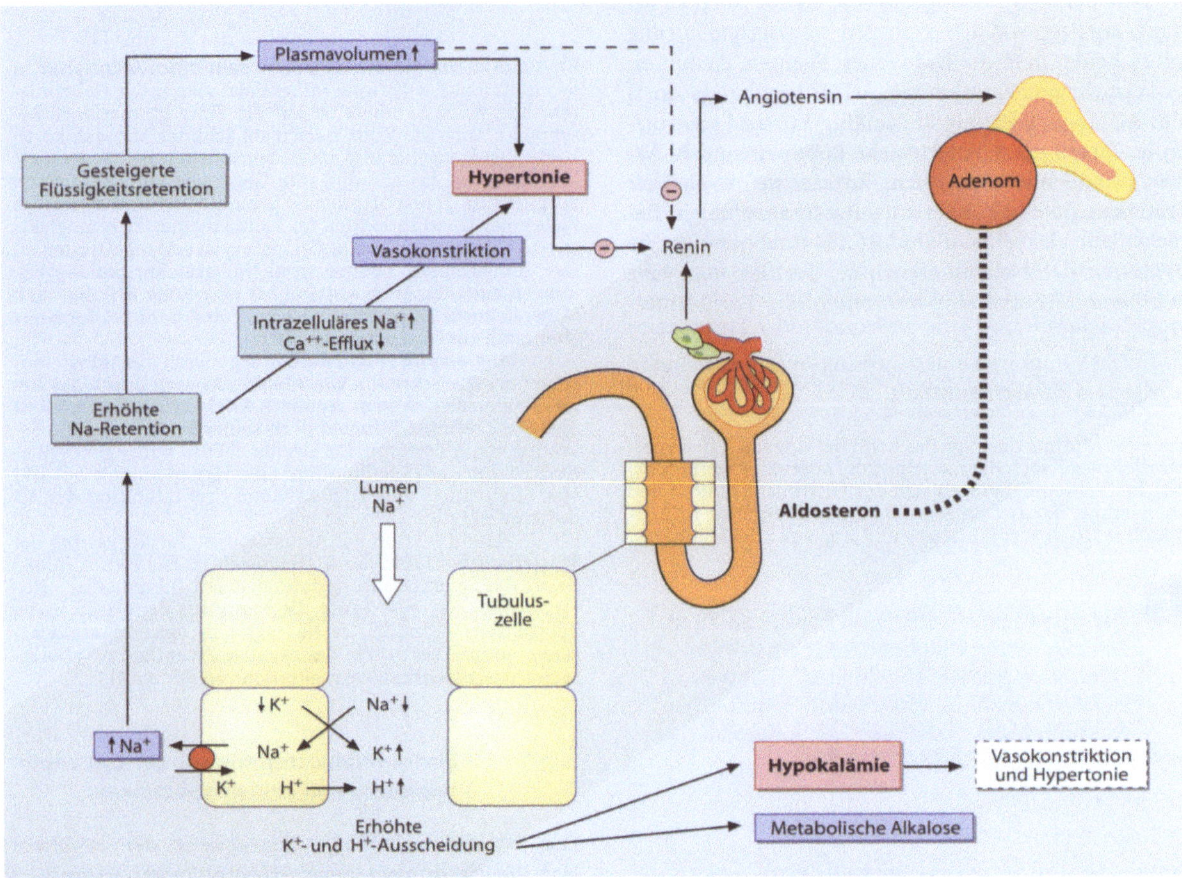

Abb. 26.10. Pathophysiologie des primären Hyperaldosteronismus. Die häufigste Ursache ist ein Adenom der Nebennierenrinde. Das vermehrt ausgeschüttete Aldosteron bewirkt am distalen Tubulus und dem Sammelrohr eine verstärkte K^+- und H^+-Ausscheidung, was die oft ausgeprägte Hypokaliämie und metabolische Alkalose erklärt. Die gleichzeitig bestehende verstärkte Na^+-Rückresorption ist ein wichtiger ursächlicher Faktor für die Entwicklung der arteriellen Hypertonie

aldosteronismus, wie er bei einer schweren Herzinsuffizienz oder Eiweißmangelzuständen auftritt. Hier ist das intravasale Flüssigkeitsvolumen vermindert und kompensatorisch das Renin-Angiotensin-System aktiviert.

Ursachen des primären Hyperaldosteronismus. Die häufigste Ursache (ca. 70 %) eines primären Hyperaldosteronismus ist ein Aldosteron autonom produzierendes ***Adenom*** der Nebennierenrinde. Davon unterschieden werden muß die ***idiopathische Hyperplasie*** der Nebennierenrinde (30 %), bei der zwar eine Überproduktion von Aldosteron mit allen pathophysiologischen Konsequenzen besteht, gleichzeitig aber im Gegensatz zum Adenom physiologische, durch Angiotensin II vermittelte, Regulationsmechanismen zumindest teilweise wirksam sind. Dies ist hilfreich bei der Differenzierung dieser beiden Krankheiten: Im ***Stehversuch*** steigt bei der Hyperplasie die Plasmaaldosteronkonzentration weiter an, was der physiologischen Regulation auf allerdings höherem Niveau entspricht. Demgegenüber persistieren oder sinken die Aldosteronspiegel bei einem Adenom.

Eine andere sehr seltene Ursache eines primären Hyperaldosteronismus ist der ***Dexamethason-supprimierbare Hyperaldosteronismus***, der darauf beruht, daß Aldosteron aufgrund eines Gendefekts auch in der stark ACTH-abhängigen Zona fasciculata produziert wird.

Die *Therapie* der Adenome besteht in der chirurgischen Entfernung, die idiopathische Hyperplasie wird mit Mineralokortikoidantagonisten (Canrenoat) behandelt. Dies normalisiert zwar meist die Elektrolytstörung, oft ist der Blutdruck aber noch weiter erhöht und bedarf zusätzlicher medikamentöser Therapie [11].

Ein Funktionsausfall der Nebennierenrinde führt zum Morbus Addison

Die Nebennierenrinden haben eine beträchtliche sekretorische Reserve, so daß eine Insuffizienz erst nach einer Zerstörung von mehr als 90 % des Gewebes symptomatisch wird. Eine langsame Destruktion des funktionsfähigen Gewebes erlaubt oft noch eine adäquate basale Sekretion, und erst ein zusätzlicher Streß (meist Infekte, Traumata oder Operationen) demaskiert die Insuffizienz. Mit Abnahme der Kortisolsekretion steigen Proopiomelanokortikotropinderivate wie ACTH, β-Lipoprotein und Melanozyten-stimulierende Peptide kompensatorisch an. Letztere rufen die typische ***Hyperpigmentation*** der Patienten mit einem M. Addison hervor [4].

Symptome des M. Addison. Klinisch wird die Nebenniereninsuffizienz durch Schwäche, Antriebslosigkeit, Appetitlosigkeit und Gewichtsverlust symptomatisch. Sehr häufig ist auch die bereits erwähnte Hyperpigmentation und ein niedriger Blutdruck. Steigern sich diese Symptome, kommt es zu einer sogenannten ***Addison-Krise***, die durch eine ausgeprägte Hypotension bis hin zu einem hämodynamischen Schock, Fieber, Dehydratation, Übelkeit und Erbrechen und Apathie gekennzeichnet ist. Der Mangel an Mineralokortikoiden äußert sich in einem niedrigen Blutdruck, einer Hyperkaliämie und Hyponatriämie, die auch zu einer Abnahme des Extrazellulärvolumens führt. Die fehlende Glukokortikoidwirkung äußert sich im Labor durch eine Hypoglykämie, Lymphozytose und Eosinophilie.

Ursachen des M. Addison. Meist (80 %) ist eine lymphozytäre Destruktion, die auf einen ***Autoimmunprozeß*** zurückzuführen ist, Ursache einer Nebenniereninsuffizienz. Gelegentlich betrifft dieser Prozeß auch andere endokrine Drüsen, es entwickeln sich sog. ***polyglanduläre Autoimmunsyndrome***. 20 % der Fälle sind auf eine ***Tuberkulose*** der Nebenierenrinden zurückzuführen. Seltenere Ursachen sind unter anderem bilaterale adrenale Einblutungen im Rahmen eine Meningokokken- oder Pseudomonassepsis oder eine Insuffizienz im Rahmen von AIDS.

Polyglanduläre Autoimmunsyndrome. Eine Nebenniereninsuffizienz autoimmuner Genese ist häufig mit einer lymphozytären Destruktion anderer endokriner Drüsen vergesellschaftet. Aufgrund des Befalls unterschiedlicher Drüsen, der Erblichkeit der Störungen und der Assoziation zu bestimmten Histokompatibilitätsantigenen werden zwei Formen der polyglandulären Insuffizienz unterschieden. Der Typ I ist meist autosomal-rezessiv vererbt und wird auch als ***Multiple Endocrine Deficiency Autoimmune Candidiasis*** (MEDAC) bezeichnet. Der Typ II oder ***Schmidt-Syndrom*** tritt ebenfalls familiär gehäuft auf und ist mit bestimmten HLA-Antigenen vergesellschaftet (s. Tabelle 26.7, [7,16]).

Hypokaliämie, Hypertonie und unterdrückte Reninsekretion sind die Leitsymptome eines primären Hyperaldosteronismus. Die häufigste Ursache ist ein Adenom der Nebennierenrinde; seltener ist die idiopathische beidseitige Nebennierenrindenhyperplasie. Eine Nebenniereninsuffizienz ist meist durch eine Autoimmunadrenalitis verursacht. Allgemeine körperliche Schwäche, Übelkeit, Erbrechen, Hyperkaliämie, Hyponaträmie und eine ausgeprägte Hypotonie sind die Kardinalsymptome, die nach Kortisonsubstitution rasch reversibel sind.

Tabelle 26.7. Polyglanduläre Autoimmunsyndrome

	MEDAC Prävalenz %	Schmidt-Syndrom Prävalenz %
Endokrine Störungen		
NNR-Insuffizienz	60	100
Hypoparathyreodismus	89	-
Soorbefall	75	-
Gonadendysfunktion	45	bis 50
Hashimoto-Thyreoditis	12	70
Diabetes mellitus	selten	50
Hypophyseninsuff.	selten	selten
Diabetes insipidus	selten	selten
Vergesellschaftete Erkrankungen		
Perniziöse Anämie	16	selten
Vitiligo	4	5
Alopezie	20	selten
Malabsorptionsyndrom	25	-
Chronisch aktive Hepatitis	9	-

26.6 Störungen der Schilddrüsenfunktion

Die Schilddrüse ist die größte endokrine Drüse des Körpers. Ihre Aufgabe ist die Sekretion von Tetraiodothyronin (T_4, Thyroxin) und Triiodothyronin (T_3). Weiterhin produzieren parafollikuläre C-Zellen der Schilddrüse das für die Kalziumhomöstase wichtige Kalzitonin (s. Kap. 28). Eine normale Entwicklung eines heranwachsendes Organismus ist ohne Schilddrüsenhormone nicht möglich. Auch im erwachsenen Organismus wird fast jedes Organsystem in seiner Funktion durch Schilddrüsenhormone beeinflußt, ihre Hauptaufgabe ist die Erhaltung metabolischer Stabilität. Erkrankungen der Schilddrüse sind häufig und betreffen Änderung der Größe und Form des Organs (Struma, Knoten, Neoplasien) und/oder eine Störung der Funktion (Über- oder Unterfunktion).

Eine ausreichende Jodversorgung ist für eine regelrechte Schilddrüsenhormonsynthese notwendig

Schilddrüsenhormone sind insofern einzigartige chemische Verbindungen, als daß in ihnen ca. 60 % des im Körper vorhandenen Jods enthalten sind. Eine adäquate Jodzufuhr ist eine unabdingbare Voraussetzung für eine ausreichende Hormonsynthese und Schilddrüsenfunktion. Die ***tägliche Zufuhr*** von 150 μg Jodid ist für eine normale Schilddrüsenfunktion nötig [21].

Landstriche, deren Jodgehalt des Erdbodens während der letzten Eiszeit ausgewaschen wurde, sind oft an dem Spurenelement verarmt, in Deutschland nimmt die Jodzufuhr von Norden nach Süden hin ab. Vor Einführung des jodierten Speisesalzes lag in vielen Gebieten des Landes ein Jodmangel vor. Liegt die Jodzufuhr unterhalb 50 μg, ist eine ausreichende Hormonproduktion nicht mehr möglich, es bildet sich eine Struma und eine Hypothyreose aus. Einen derartig schweren Jodmangel findet man bei uns nicht.

Das oral aufgenommene Jodid wird rasch im Gastrointestinaltrakt resorbiert und verteilt sich im Extrazellularraum. Aufgrund der Fähigkeit der Schilddrüse, Jod rasch aufzunehmen („Jodfalle"), findet sich der größte Teil des Jods in der Schilddrüse gespeichert, ein weiterer wesentlicher Teil ist peripher an den Schilddrüsenhormonen gebunden. Die Jodausscheidung erfolgt größtenteils über den Urin. Die Messung der ***Urinjod-ausscheidung*** ist ein gutes Maß für den Jodmetabolismus des Körpers.

Die Schilddrüse synthetisiert und sezerniert T_3 und T_4

Physiologie der Schilddrüsenhormonsynthese. Tetrajodothyronin (T_4) wird lediglich in der Schilddrüse synthetisiert, während Trijodothyronin (T_3) sowohl de novo thyreoidal entsteht als auch in der Peripherie durch Deiodination von T_4 (s. Abb. 26.11).

Jodaufnahme aus dem Blut. Der Jodtransport in die Follikelzelle ist ein energieverbrauchender Prozeß, der durch TSH stimuliert wird. Ein weiterer wichtiger Regulator ist das Jodid selbst, das in hohen Konzentrationen seine eigene Aufnahme hemmt (Prinzip der sogenannten ***Plummerung*** durch Kalium-Jodid-Lösung). Umgekehrt erhöht sich die ohnehin sehr effektive Jodaufnahme noch weiter im Falle des Jodmangels. Ionen ähnlicher Größe, Form und Ladung wie Jodid werden ebenfalls durch dieses Transportsystem transportiert. Hierauf beruht die kompetetive Hemmung der Jodaufnahme durch ***Perchlorat*** und ***Thiozyanat***. Wichtig für diagnostische Zwecke ist auch die Aufnahme des ***Pertechnats*** durch den Jodidtransporter, das, mit dem Gammastrahler ^{99m}Technetium verbunden, der nuklearmedizinischen Funktionsdiagnostik der Schilddrüse dient.

Jodination. In der Schilddrüse wird das Jodid rasch ***oxidiert*** und kovalent an Tyrosylreste des Thyreoglobulins gebunden. Letzteres wird als Jodination bezeichnet. Ebenfalls am Thyreoglobulin erfolgt die Koppelung der Monojodotyrosilreste und Dijodotyrosilresten zum T_3 und T_4. Sowohl die Jodination als auch die Koppelung der Tyrosilreste wird durch die in der Klinik häufig verwendeten Thyreostatika ***Propylthiouracil*** und ***Thiamazol*** gehemmt. Anschließend erfolgt die ***Speicherung*** der Schilddrüsenhormone zusammen mit dem Thyreoglobulin im Kolloid der Schildrüsenfollikel. Unter physiologischen Bedingungen reicht dieser Speicher im Falle eines völligen Stops der Jodzufuhr für annähernd 2 Monate.

Die ***Sekretion*** der Schilddrüsenhormone ist nur möglich, nachdem das Thyreoglobulin, an dem sie gebunden sind, in die Follikelzelle aufgenommen und proteolysiert wurde. Nur ein kleiner Teil des Thyreoglobulins erreicht intakt das Blut. TSH fördert sowohl die Aufnahme des Kolloids in die Follikelzelle als auch die Proteolyse. Die Kolloidresorption wird durch ***Lithium*** gehemmt, was bei schweren Hyperthyreosen therapeutisch genutzt werden kann. Schon in der Schilddrüse erfolgt zu einem geringen Teil die Dejodination von T_4 zu T_3, 80 % des T_3 entstehen aber erst in der Peripherie durch die 5'-Dejodinase-Aktivität. Diese periphere Konversion ist durch ***Propylthiouracil*** zu hemmen.

Der ***Transport der Schilddrüsenhormone*** im Blut erfolgt durch nichtkovalente Bindung an ***Transportproteine***, lediglich 0,05 % des T_4 und 0,5 % des T_3 liegen in freier Form vor. Transportproteine sind vor allem das in der Leber synthetisierte Thyroxin-bindende Globulin (TBG), das Transthyretrin (oder Thyroxin-bindende Präalbumin), das Albumin und Lipoproteine.

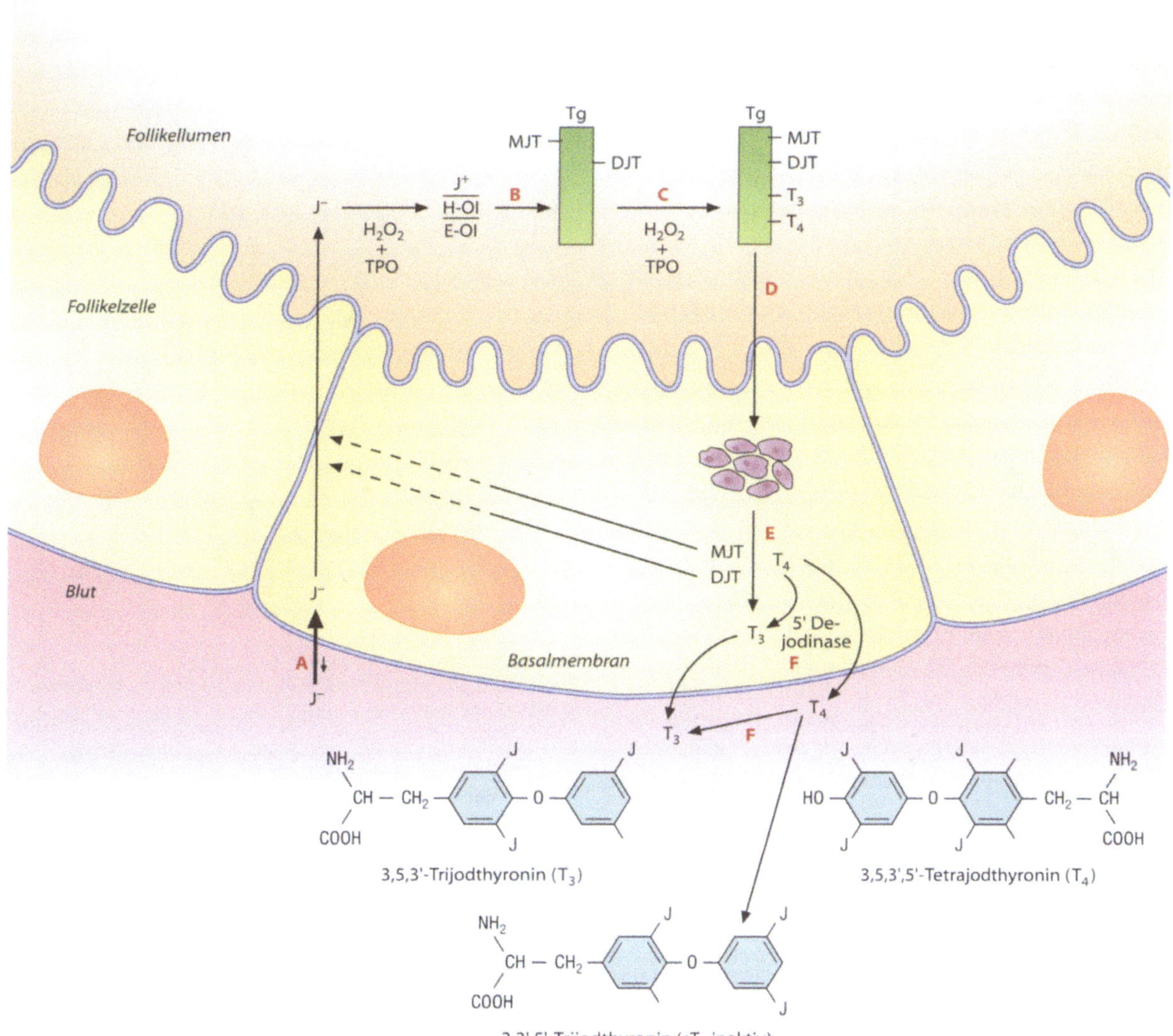

Abb. 26.11. Die Schildrüsenhormonsynthese beginnt mit dem aktiven Jodidtransport in die Zelle (*A*). Die weiteren Syntheseschritte finden im Follikellumen am Bürstensaum der Schilddrüsenzelle gekoppelt an das Thyreoglobulin statt. Zuerst erfolgt eine Oxidation des Jodids, dann die Bindung des Jodatoms an Tyrosilreste, die am Thyreoglobulin *(Tg)* gebunden vorliegen (Iodination, *B*). Es werden höchstens 2 Jodatome pro Tyrosilrest gebunden. Diese Monojodo- *(MJT)* oder Dijodotyrosilreste *(DJT)* werden gekoppelt, so daß die Hormone T_3 und T_4 entstehen (c). Zur Hormonfreisetzung wird das Thyreoglobulin in die Zelle aufgenommen (*D*) und die Schilddrüsenhormone proteolytisch abgespalten (*E*). Erst dann erfolgt die Hormonfreisetzung. In der Peripherie wird das T_4 durch Dejodination (*F*) in das T_3 umgewandelt. Ein Teil des entstehenden T_3 liegt als inaktives reverse (r)T_3 vor

> **!** Für die Schilddrüsenhormonsynthese ist eine ausreichende Jodzufuhr erforderlich. Jod wird rasch in die Schilddrüse aufgenommen und an Tyrosilreste des Thyreoglobulins gebunden. Aus Mono- und Dijodotyrosilresten entstehen schließlich das T_3 und T_4, das an Thyreoglobulin gekoppelt im Kolloid der Follikel gespeichert wird. Vor der Sekretion werden T_3 und T_4 proteolytisch vom Thyreoglobulin getrennt. Im Blut ist der größte Anteil der Schilddrüsenhormone an Transportproteine gebunden.

Die TSH-Bestimmung erfaßt die häufigsten Schilddrüsenstörungen zuverlässig

Eine Bestimmung des TSHs ist eine sehr verläßliche Methode, die Schilddrüsenfunktion orientierend zu testen, sofern keine der seltenen hypothalamischen oder hypophysären Störungen vorliegt. Die sekretorische Aktivität der Schilddrüse ist von einer intakten hypothalamisch-hypophysären Regelschleife abhängig (Abb. 26.12). Das hypothalamische TRH stimuliert die hypophysären thyreotropen Zellen, die über die Ausschüttung von TSH die T_3- und T_4-Sekretion bewirkt. Diese unterdrücken ihrerseits die Sekretion von TRH und TSH und schließen so die Feedbackschleife. Ein Ausfall dieser Feedbackhemmung im Falle der Unterfunktion der Schilddrüse führt zu einer erhöhten TSH-Sekretion. Eine überschießende Suppression mit Erniedrigung des TSHs besteht bei einer Hyperthyreose (Tabelle 26.8).

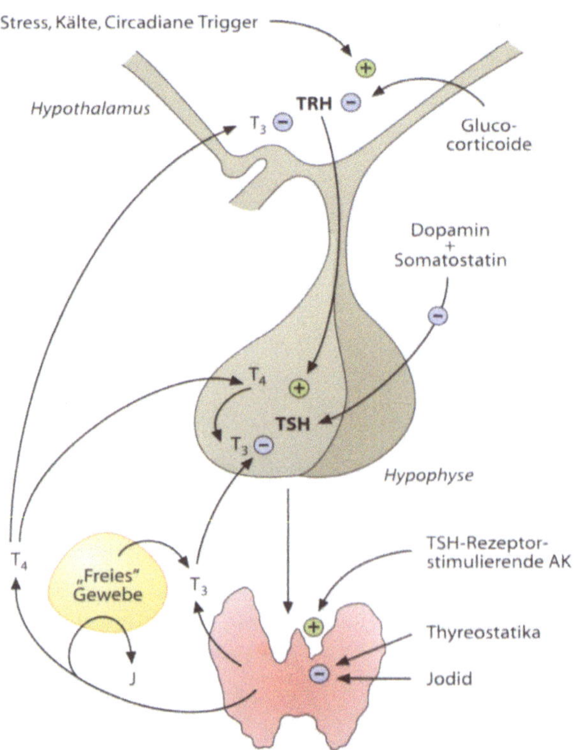

Abb. 26.12. Die Regulation der Schilddrüsenfunktion erfolgt über hypothalamische Kerne (*TRH*) und das durch sie freigesetzte hypophysäre *TSH*. Die Bestimmung der TSH-Konzentration im Blut erlaubt in den meisten Fällen eine zuverlässige Aussage über den Funktionsstatus des hypophysären Regelkreises. Die häufigsten Konstellationen des *TSH* und der freien Schilddrüsenhormonwerte sind in Tabelle 26.8 dargestellt

Störungen der Schilddrüsenhormonfunktion führen zu Veränderungen an fast jedem Organsystem

Hormonwirkung an der Effektorzelle. Die freien Schilddrüsenhormone werden entweder aktiv in die Zelle aufgenommen oder diffundieren passiv in sie hinein. Hier erfolgt die Deiodination von T_4, das somit ein Prohormon darstellt, in die aktive Form des Schilddrüsenhormons, dem T_3. Dieses bindet an einen ***intranukleären Rezeptor*** und bewirkt eine Änderung der Transkription verschiedener Syntheseprodukte der Zelle. Eine sehr seltene Störung ist das sogenannte ***Refetoff-Syndrom***, bei dem eine Punktmutation des T_3-Rezeptors und somit eine ***Schilddrüsenhormonresistenz*** vorliegt.

Tabelle 26.8. Laborkonstellationen bei Schilddrüsenfunktionsstörungen

	Hyperthyreose		Hypothyreose	
	TSH	$fT_3 + fT_4$	TSH	$fT_3 + fT_4$
primär	↓↓	↑	↑↑	↓
sekundär + tertiär	↑	↑	↓	↓

- ***Fetale Entwicklung***: Eine fetale Unterfunktion der Schilddrüse hat verheerende Folgen auf die Entwicklung des Kindes, insbesondere auf die Reifung des Gehirns und des Skeletts, und führt – nicht rechtzeitig entdeckt und behandelt – zum sogenannten ***Kretinismus***.
- ***Metabolische Effekte***: Hitze- und Kälteempfindlichkeit bei Hyper- bzw. Hypothyreodismus sind durch einen Hormoneffekt auf den Energiehaushalt zu er-

klären. T_3 erhöht durch eine Stimulation der Na^+-K^+-ATPase den Sauerstoffverbrauch und steigert die Hitzeproduktion des Organismus, was sich in einem erhöhten Grundumsatz widerspiegelt.

- ***Kardiovaskuläre Effekte***: T_3 induziert einen Anstieg der β-Adrenozeptoren im Myokard. Am Herzen wirken Schilddrüsenhormone positiv inotrop und chronotrop. Bei der Hyperthyreose ist die Herzauswurfleistung erhöht, auch ***Tachykardien*** und ***Rhythmusstörungen*** können beobachtet werden.
- ***Gastrointestinale Effekte***: Schilddrüsenhormone erhöhen die gastrointestinale Motilität, bei einer Hyperthyreose ist die ***Stuhlfrequenz*** gesteigert, bei der Hypothyreose findet sich oft eine ***Obstipation.***
- ***Effekte auf Bindegewebe und Knochen***: Die Hormone steigern den Knochenumsatz, wobei im Falle einer Hyperthyreose eine negative Bilanz entsteht, die in einer ***Osteoporose*** münden kann.

Eine korrekte Versorgung mit Schilddrüsenhormon sorgt für einen regelrechten Abbau von Glykosaminoglykanen im Interstitium. Bei einer Hypothyreose kumulieren diese hydrophilen Stoffe in der Haut, dem Myokard und der quergestreiften Muskulatur. Die erklärt das aufgedunsene Aussehen ebenso wie das gehäufte Auftreten eines Karpaltunnelsyndroms bei hypothyreoten Patienten.

- ***Neuromuskuläre und zentralnervöse Effekte***: Schilddrüsenhormone erhöhen den Proteinumsatz im Muskel, bei einer Hyperthyreose kann dieser Katabolismus zu einer ***Myopathie*** führen. Die Kontraktionsgeschwindigkeit des Muskels wird ebenfalls beeinflußt, bei einer Hyperthyreose wird die erhöhte Kontraktionsgeschwindigkeit oft als Hyperreflexie fehlgedeutet. Klinisch augenfällig ist weiterhin die zentralnervös vermittelte Wirkung der Schilddrüsenhormone auf den Antrieb. Auch psychische Störungen bis hin zu Psychosen kommen vor. Schilddrüsenhormone sind für den normalen Atemantrieb wichtig. Bei einer Hypothyreose kann es deswegen zu einer beatmungspflichtigen ***Hypoventilation*** kommen.
- ***Kohlenhydrat- und Fettstoffwechsel***: Schilddrüsenhormone steigern die hepatische Glukoneogenese und Glykogenolyse sowie die intestinale Glukoseabsorption. Bei einer Hyperthyreose kann dies einen bis dahin unbekannten ***Diabetes mellitus*** induzieren. Durch einen Anstieg der LDL-Rezeptoren fällt bei einer Hyperthyreose das Cholesterins ab. Umgekehrt ist bei einer Hypothyreose oft eine ***Hyperlipoproteinämie*** zu beobachten.

Nach Dejodination des T_4 zu T_3 als aktive Form des Schilddrüsenhormons erfolgt dessen Aufnahme in die Zelle und Bindung an intranukleäre Rezeptoren. Die vielfältigen Wirkungen umfassen Einflüsse auf die fetale und kindliche Entwicklung, den Energiestoffwechsel, das Kreislaufsystem, das ZNS, den Bindegewebs- und Knochenstoffwechsel sowie die gastrointestinale Motilität.

Die häufigste Ursache der Hypothyreose ist eine Autoimmunthyreoditis

Definitionen. Die Hypothyreose ist durch einen Mangel an Schilddrüsenhormon gekennzeichnet, bei einer primären Störung ist gleichzeitig das TSH erhöht. Ist nur das TSH leicht erhöht, die freien Schilddrüsenhormone aber normwertig, spricht man von einer sogenannten ***latenten Hypothreose.***

Ursache einer Hypothyreose ist in 95 % eine primäre Schilddrüsenfunktionsstörung; sekundäre und tertiäre Störungen und schließlich eine periphere Resistenz gegenüber Schilddrüsenhormon sind selten. Die Tabelle 26.9 faßt die Ursachen der Hypothyreosen zusammen.

Tabelle 26.9. Ursachen der Hypothyreose

Primäre Hypothyreose
• Reduktion funktionsfähigen Schilddrüsengewebes
– Chronische Autoimmunthyreoditis
– Radio-Jod-Therapie
– Schilddrüsenresektion
– Dysgenese
– Infiltration
• Gestörte Hormonsynthese
– Kongenitale Defekte
– Jodmangel
– Thyreostatika
– Jodexzeß
Sekundäre Hypothyreose
• Zerstörung/Verdrängung thyreotroper Zellen der Hypophyse
Tertiäre Hypothyreose
• Hypothalamische Erkrankungen
Periphere Schilddrüsenhormonresistenz

Die häufigste Ursache einer Hypothyreose in Deutschland ist die Zerstörung des Schilddrüsengewebes durch eine ***lymphozytäre Entzündung*** autoimmuner Genese, der ***Hashimoto-Thyreoditis.*** Diese ist nach ihrem Erstbeschreiber mit einer Struma vergesellschaftet, der gleiche Entzündungstyp ist aber auch mit einer atrophischen Schilddrüse zu beobachten ***(atrophische Thyreoditis).***

Pathogenese der Autoimmunthyreoditis ist eine Aktivierung von CD4-(Helfer-) T-Lymphozyten, deren Genese bisher nicht eindeutig geklärt ist. Die CD4-T-Zellen rekrutieren zytotoxische CD8-T-Lymphozyten als auch B-Lymphozyten. Die zytotoxische Zerstörung der Thyreozyten durch die CD8-Lymphozyten wird als Ursache der Hypothyreose angesehen. Gleichzeitig induzieren Zytokine die Expression von HLA-Klasse-II-Molekülen der Thyreozyten. Dies ist eine Voraussetzung für die häufig zu beobachtende Antikörperbildung gegen Bestandteile von Schilddrüsenzellen (Abb. 26.13). Die Rolle der Schilddrüsenautoantikörper in der Genese der Hypothyreose und der Zerstörung der Thyreozyten ist nicht geklärt. Im klinischen Alltag sind thyroidale Peroxidase-Antikörper- (TPO-AK-) Marker für das Vorliegen einer Autoimmunthyreoditis [21,22].

Die Autoimmunthyreoditis tritt gehäuft bei Frauen und Menschen mit bestimmten HLA-Typen auf. Gelegentlich treten auch andere Autoimmunerkrankungen zusammen mit einer Hashimoto-Thyreoditis auf (s. polyglanduläre Autoimmunsyndrome).

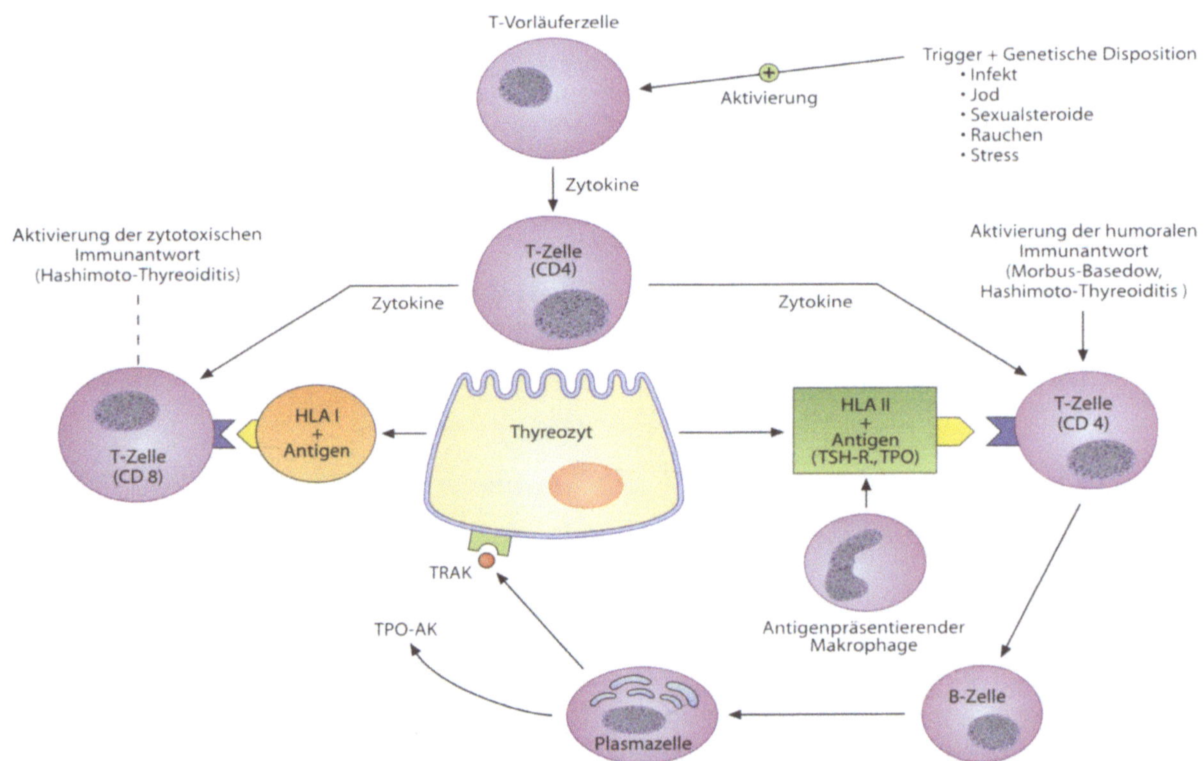

Abb. 26.13. Pathogenese der Autoimmunthyreopathien. Initial erfolgt durch unterschiedliche Trigger auf dem Boden einer genetisch determinierten Disposition eine Aktivierung von T-Vorläuferzellen, die dann über die Sekretion von Zytokinen eine zytotoxische (Hashimoto-Thyreoditis) oder humorale Immunantwort (M. Basedow) initiieren. Durch die Präsentation von thyreoidalen Antigenen wie der thyreoidalen Peroxidase (TPO) oder von TSH-Rezeptoren (TSH-R) werden entsprechende Antikörper gebildet (TPO-Antikörper und Threozyten-Rezeptor-Antikörper, TRAK)

Die klinische Symptomatik der Hypothyreose läßt sich aus den oben aufgeführten physiologischen Wirkungen des Hormons ableiten. Im Vordergrund steht die Ablagerung von Glykosaminoglykanen im Gewebe, die zusammen mit einer verstärkten Kapillarpermeabiltät zu einem interstitiellen Ödem führen. Der hypothyreote Patient erscheint aufgedunsen, deutliche verlangsamt, hat eine trockene, rauhe Haut und eine heisere Stimme. Das Myokard büßt einen Teil seiner Kontraktionsfähigkeit ein, zusammen mit der Bradykardie resultiert daraus eine verminderte Herzauswurfleistung. Nicht selten sind eine Ventrikeldilatation, ein Perikarderguß und Ödeme zu beobachten. Die Laborwerte weisen auf eine Schädigung der Muskelzelle hin (LDH- und GOT-Erhöhung). Oft sind auch die psychischen Veränderungen recht eindrücklich. Neben einer Antriebsschwäche und Konzentrationschwäche kommen auch agitierte Psychosen vor.

Das **Myxödemkoma** ist das Endstadium der unbehandelten Hypothyreose. Es ist durch zunehmende Schwäche, Bewußtseinstrübung, Hypothermie, Hypoventilation, Hypoglykämie, Hyponatriämie, Wasserintoxikation, schließlich Schock und Exitus letalis gekennzeichnet.

> **!** Eine primäre Hypothyreose ist durch erhöhte TSH-Spiegel und niedrige Schilddrüsenhormonwerte gekennzeichnet. Die häufigste Ursache ist eine lymphozytäre Thyreoditis, die eine zytotoxische Zerstörung der Thyreozyten hervorruft.

Die primäre Hyperthyreose ist durch eine TSH-Suppression und Erhöhung der peripheren Schilddrüsenwerte gekennzeichnet

Eine Hyperthyreose liegt vor, wenn die Effektorzellen einer zu großen Menge Schilddrüsenhormons ausgesetzt sind. Eine manifeste primäre Hyperthyreose ist durch Suppression des TSH und Erhöhung von T_3 und T_4, seltener nur des T_3 ***(T_3-Hyperthyreose)*** gekennzeichnet. Als ***latente Hyperthyreose*** wird eine TSH-Suppression ohne Erhöhung der Schilddrüsenhormonkonzentration bezeichnet. Diese Laborkonstellation ist auch nach einer thyreostatischen Therapie zu beobachten, hier geht die Normalisierung von fT_4 und fT_3 der des TSH oft Wochen voraus.

Ursache der Hyperthyreose ist meist eine Schilddrüsenüberfunktion bei inadäquater Stimulation (z. B. durch TSH-Rezeptorantikörper, Häufigkeit: 60–70 %) oder eine Autonomie (20–30 %). Seltener ist die Hormonfreisetzung durch eine Zerstörung der Schilddrüse bei einer Thyreoditis bedingt, eine extrathyreoidale Quelle des Hormons (z. B. durch Einnahme) kann als Rarität gelten (Tabelle 26.10).

Tabelle 26.10. Ursachen der Hyperthyreose

- TSH-Exzeß (selten)
- Abnormale TSH-Rezeptor Stimulation
  1. Morbus Basedow
  2. Blasenmole
- Autonomie (uni-/ multifokal)
- Thyreoditis (subakut, Hashimoto T.)
- Hyperthyreosis factitia
- Funktionell aktives follikuläres Karzinom
- Struma ovarii

Der Morbus Basedow ist die häufigste Ursache einer Hyperthyreose

Diese Erkrankung ist die häufigste Ursache einer Hyperthyreose und betrifft vor allem Frauen im Alter zwischen 30–60 Jahren. Es handelt sich um eine ***Autoimmunerkrankung*** mit Beteiligung verschiedener Organsysteme. Neben der Hyperthyreose, die meist mit einer ***Struma*** vergesellschaftet ist, besteht in über 50 % der Fälle eine ***endokrine Ophtalmopathie***, die durch Lidschwellung, Exophtalmus und evtl Augenmotilitätsstörungen gekennzeichnet ist. Seltener ist eine ***endokrine Dermatopathie*** zu beobachten.

Pathogenese. Ursache der hyperthyreoten Stoffwechsellage und der Strumabildung ist die Produktion von Autoantikörpern gegen TSH-Rezeptoren ***(Thyreotropin-Rezeptor-Antikörper, TRAK)***, die zu einer TSH-ähnlichen Stimulation der Thyreozyten über eine Aktivierung der Adenylatzyklase führt. Diese Antikörper lassen sich im Blut der Patienten nachweisen und sind ein wichtiger diagnostischer Baustein.

Welcher Trigger die fehlgeleitete Antikörperbildung initiiert, ist derzeit noch nicht vollständig geklärt. Neben einer genetischen Disposition spielen möglicherweise Infektionen oder eine anders geartete Schädigung der Schilddrüsenzelle, die dazu führt, daß an sich normale Rezeptoranteile eine antigene Potenz erwerben, eine Rolle. Letztendlich führt der Trigger zu einer Zytokinsekretion und einer Expression von HLA-Klasse-II-Molekülen auf der Zelloberfläche. Hierdurch wird die Präsentation des TSH-Rezeptors als Antigen für die CD4-(Helfer) -Lymphozyten ermöglicht. Diese Lymphozyten mediieren wiederum über Zytokine eine Produktion von TRAK durch B-Lymphozyten (Abb. 26.10).

Aus der obigen Schilderung wird klar, daß die Pathogenese des Morbus Basedow in ihren ersten Schritten Ähnlichkeiten mit der der Hashimoto-Thyreoditis hat. Tatsächlich gibt es Fälle, in denen die Erkrankungen schlecht unterschieden werden können oder sogar ineinander übergehen. Beiden Autoimmunthyreopathien ist die Koinzidenz mit anderen Autoimmunerkrankungen gemeinsam [22].

Auch die ***Genese der endokrinen Opthalmopathie*** ist bisher nur lückenhaft geklärt. Sie ist durch eine entzündliche Schwellung der Augenmuskulatur bedingt. Neben einer ödematösen Auftreibung der Muskulatur ist eine Infiltration der Muskeln durch Lymphozyten und eine Proliferation von Fibroblasten zu beobachten. Durch die retrobulbäre Schwellung entwickelt sich der Exophtalmus; schwere Fälle gehen mit einer venösen Abflußstörung und einer Kompression des Nervus opticus einher. Ursächlich für die Entzündung ist wahrscheinlich eine Antigengemeinschaft von Schilddrüsenzellen und retrookulärem Binde- und Muskelgewebe [12].

!

Eine primäre Hyperthyreose ist an einer TSH-Suppression bei gleichzeitiger Erhöhung der Schilddrüsenhormone zu erkennen. Die insgesamt häufigste Ursache ist der M. Basedow, der meist Frauen jüngeren Alters betrifft. Pathognomonisch für die Erkrankung ist die endokrine Opthalmopathie, die in etwa der Hälfte der Fälle zu beobachten ist, häufig findet sich auch eine Struma.

Autonome Schilddrüsenknoten sind benigne Neoplasien, deren Sekretion nicht der physiologischen Regulation unterliegt

Mit der Zunahme der Follikelepithelzellen wächst die Wahrscheinlichkeit der Ausbildung autonomer Bezirke Das heißt, die Autonomie ist besonders häufig in einer Struma anzutreffen; die initialen Pathomechanismen der Struma (s. unten) und der Autonomie sind verwandt. Erreichen die autonomen Bezirke eine bestimmte kritische Größe, bei der die Schilddrüsenhormonausschüttung die Selbstregulationsmechanismen der hypothalamisch-hypophysär-thyreoidalen Achse überspielt, spricht man von einer Autonomie. Szintigraphisch lassen sich die autonomen Areale, die durch eine starke Nuklidaufnahme gekennzeichnet sind, neben in der Aufnahme supprimiertem normalen Schilddrüsengewebe problemlos als Ursache der Hyperthyreose nachweisen (Abb. 26.14).

Bei der Selektion autonomer Areale spielen Onkogene und möglicherweise auch eine Mutation von G-Proteinen der Zellmembran, die zu einer erhöhten, autonomen Aktivierung der Adenylzyklase führen, eine bisher nicht exakt definierte Rolle.

Die meisten ***jodinduzierten Hyperthyreosen*** beruhen auf einer Autonomie, die durch die Jodzufuhr aktiviert und demaskiert wird. Es ist deswegen wichtig, vor einer Jodexposition z. B. im Rahmen einer Kontrastmitteluntersuchung, bei Patienten mit einer Struma, die Schilddrüsenfunktion abzuklären.

Schilddrüsenentzündungen können passagere Hyperthyreosen auslösen

Neben der Hashimoto-Thyreoditis können auch andere Thyreoditiden zu einer Freisetzung von Schilddrüsenhormonen und einer passageren Hyperthyreose führen; häufig ist die Funktion der Drüse ungestört. Die ***subakute Thyreoditis de Quervain*** hat wahrschein-

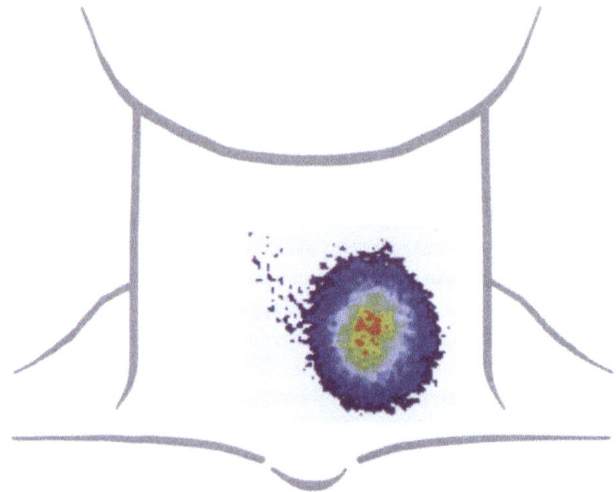

Abb. 26.14. Eine Autonomie stellt sich in der Technetium^{123}-Szintigraphie als fokale Anreicherung dar, während das normale Schilddrüsengewebe unterdrückt ist. Man kann uni- und multifokale Autonomien unterscheiden

lich eine infektiöse, virale Ursache und unterscheidet sich von der lymphozytären Thyreoditis durch lokale Schmerzen, systemische Entzündungszeichen und dem Auftreten von zytologisch nachweisbaren Riesenzellen. Der Verlauf ist selbstlimitiert und mündet zu etwa 10 % in eine Hypothyreose ein. Noch seltener sind ***bakterielle Thyreoditiden*** und die ***Riedel-Struma***, bei der neben der Entzündung eine starke Bindegewebsvermehrung besteht, so daß die Schildrüse bei der Palpation „eisenhart" erscheint.

> **!** Ursache einer Hyperthyreose bei älteren Menschen ist meist eine Autonomie, die sich in einer Knotenstruma entwickelt. Häufig wird diese Autonomie durch Jodkontamination demaskiert. Nur selten sind Schilddrüsenentzündungen Ursache von hyperthyreoten Stoffwechsellagen.

Die häufigste Ursache der Struma ist der Jodmangel

Das normale Volumen der Schilddrüse beträgt bis 18 ml bei der Frau und bis 25 ml beim Mann. Eine Vergrößerung der Schilddrüse wird als ***Struma*** bezeichnet. Eine nähere Charakterisierung kann auf der Basis ihrer Funktionlage (hypo-, eu-, hyperthyreot) und ihrer Morphologie (diffus, knotig, zystisch) erfolgen.

Dieser Abschnitt beschränkt sich auf die in Deutschland häufigste Form, die ***euthyreote Struma***, die teilweise eine Prävalenz bis zu 40 % aufweist, die anderen Formen sind unter der jeweiligen Funktionsstörung bereits besprochen worden. Aufgrund einer Prävalenz der Struma von über 10 % kann Deutschland als ein Endemiegebiet bezeichnet werden (Tabelle 26.11).

Tabelle 26.11. Ätiologie der euthyreoten Struma

- Jodmangel
- Strumigene Substanzen
- Hashimoto-Thyreoditis
- Subakute Thyreoditis
- Kongenitale Enzymdefekte der T_4- und T_3-Synthese
- T_4-Rezeptordefizienz der Zellmembran
- Neoplasmen

Pathogenese. Der initiale Schritt der Strumagenese ist eine inadäquate Schilddrüsenhormonsynthese, die meist durch einen Jodmangel bedingt ist. Kompensatorisch wird vermehrt TSH ausgeschüttet. Neben TSH spielen auch andere ***Wachstumsfaktoren***, die durch den thyreoidalen Jodgehalt beeinflußt werden, wie IGF und „epidermal growth factor", ebenso wie die Verminderung wachstums-inhibitorischer Faktoren (Zytokine) eine pathogenetische Rolle. Die Sensitivität der Thyreozyten gegenüber Wachstumsstimuli ist durch den intrazellulären Jodmangel gesteigert. Im Laufe der Zeit entwickelt sich neben einer ***Hypertrophie*** der Zellen eine ***Hyperplasie***, d.h. Follikelepithelzellen bilden sich neu und Schilddrüsenfollikel knospen aus. Durch diesen Prozeß werden besonders stoffwechselaktive Zellen selektiert, die eine relative Autonomie aufweisen und schon in einer normalen Schilddrüse vorliegen. Dies erklärt die Häufung von autonomen Arealen in einer Struma (s. oben).

Strumigene Substanzen sind eine seltene Ursache einer Schilddrüsenvergrößerung. Das bedeutsamste Strumigen ist ***Jod*** selbst (z.B. in Form des jodhaltigen Antiarrhythmikums Amiodaron zugeführt), auch die ***Thyreostatika*** führen zu einer Stimulation des Wachstums der Schilddrüse. In der Klinik ist auch der strumigene Effekt von Lithium, Phenylbutazon und Pyrazolonderivaten von Relevanz.

Konsequenzen der Strumaentwicklung: Ist eine Struma für ihre(n) Träger/in kein kosmetisches Problem, wird sie meist erst klinisch relevant, wenn ***autonome Areale*** zu einer ***Hyperthyreose*** führen oder ***lokale Verdrängungserscheinungen*** bestehen. Im Extremfall entwickelt sich eine ***Tracheomalazie*** (Arrosion der trachealen Knorpelspangen mit leichter Komprimierbarkeit) mit Behinderung der Atmung. Ein anderes Problem ist das Erkennen von ***malignen Knoten*** in einer Knotenstruma.

Schilddrüsenknoten können benigne oder maligne sein

Schilddrüsenkarzinome sind statistisch gesehen seltene Tumoren (1 % aller Krebserkrankungen). Die Inzidenz liegt bei ca. 3 pro 100.000. Demgegenüber sind Knoten in der Schilddrüse sehr häufig, in einer autoptischen Untersuchung fand sich in 38 % eine Knotenstruma und in 5 % ein Adenom. In 3 % der Fälle sind die Knoten auch klinisch zu erfassen. Besonders ein Solitärknoten ist in 29 % der Fälle maligne entartet und muß in seiner Dignität abgeklärt werden. Weniger häufig finden sich maligne Knoten in einer Struma. Oft sind diese Knoten stoffwechselinaktiv („kalt"), d.h. in der Szintigraphie speichern sie kein Nuklid. Die einzelnen histologischen Formen der Schilddrüsenkarzinome und ihre Häufigkeit sind in Tabelle 26.12 aufgeführt.

Tumormarker bei Schilddrüsenkarzinomen. Sowohl die Zellen des papillären als auch des follikulären Schilddrüsenkarzinoms haben meist die Fähigkeit behalten, ***Thyreoglobulin*** zu produzieren, In diesen Fällen kann das Glykoprotein als Tumormarker genutzt werden. Demgegenüber geht das medulläre Schilddrüsenkarzinom von den C-Zellen der Schilddrüse aus. Hier können erhöhte ***Kalzitoninspiegel*** in Ruhe oder nach Provokation mit Pentagastrin als Tumormarker angesehen werden.

Tabelle 26.12. Formen und Häufigkeit der Schilddrüsenkarzinome.

• Papilläres Karzinom	75%
• Follikuläres Karzinom	16%
• Medulläres Karzinom	5%
• Undifferenzierte Karzinome	1%
• Verschiedene (Lymphom, Sarkom, Teratom etc.)	1%

Multiple endokrine Neoplasien (MEN)

Neoplastische Syndrome, die durch gleichzeitiges Auftreten endokrin aktiver Tumoren in verschiedenen endokrinen Drüsen charakterisiert sind, sind seltene Erkrankungen. Gemeinsam ist ihnen ein genetischer Defekt, der die Tumorbildung auslöst (auf dem Chromosom 11 bei der MEN I und dem Chromosom 10 bei der MEN II a). Bei der ***MEN Typ I*** finden sich Tumoren des Pankreas (meist Gastrinome), der Hypophyse und der Nebenschilddrüsen. Die ***MEN Typ II a*** ist durch das gleichzeitige Auftreten eines medullären Schilddrüsenkarzinoms (Häufigkeit 97%) mit einem Hyperparathyreodismus (50%) und eines Phäochromozytoms (30%) gekennzeichnet. Neben einem medullären Schilddrüsenkarzinom (90%) ist das Auftreten von multiplen Schleimhautneurinomen (100%), ein marfanoider Habitus (65%) und Phäochromozytome (45%) bei der ***MEN Typ IIb*** typisch [13].

Die häufigste Ursache der euthyreoten Struma ist der Jodmangel. Die gestörte Hormonsynthese bedingt eine gesteigerte TSH-Stimulation mit der Folge der Hyperplasie und Hypertrophie der Follikelepithelzellen. Neben der kosmetischen Beeinträchtigung rufen große Strumen lokale Verdrängungserscheinungen bis hin zur Atemwegsverlegung hervor und prädisponieren zur Entwicklung autonomer Areale. Schilddrüsenkarzinome sind zwar seltene Tumoren. Insbesondere aber solitäre Knoten bei jungen Patienten sind nicht selten maligne und müssen konsequent abgeklärt werden.

26.7 Störungen der Funktion der Testes

Die Testes produzieren Spermien und Sexualhormone

Die Hoden enthalten zwei strukturell verschiedene Anteile, die auch funktionell unterschieden werden können, sich aber dennoch stark gegenseitig beeinflussen. Die ***Leydig-Zwischenzellen*** sezernieren die Sexualsteroide, in den ***Tubuli seminiferi*** reifen die Keimzellen heran. Neben den Keimzellen finden sich in den Samenkanälchen auch die ***Sertolizellen***.

Die wichtigsten Steroide für die geschlechtsspezifische Entwicklung des Mannes sind das ***Testosteron***, das ***Dihydrotestosteron*** und das ***Östradiol***. Über 95% des Testosterons wird von den Leydigzellen des Hodens sezerniert, der Rest entstammt der adrenale Steroidsynthese. Der Hoden sezerniert außerdem alle Vorstufen der Sexualsteroidsynthese (Pregnenolon, Progesteron, 17α-Hydroxypregnenolon, 17α-Hydroxyprogesteron, Dehydroepiandesteron, Androstendion, Estron) sowie Östradiol und Dihydrotestosteron. Nur drei Prozent des Testosterons liegen frei im Serum vor, der Rest ist an Proteine gebunden, ca. 60% an das spezifische ***Sexualhormon-bindende Globulin***. Dihydrotestosteron ist ein potenteres Androgen als das Testosteron, das als ein Prohormon gelten kann. Es entsteht im wesentlichen durch die Wirkung der ***5α-Reduktase*** in den Zielzellen. Sowohl das Testosteron als auch das Dihydrotestosteron bindet an zytoplasmatische Rezeptoren, die in den Zellkern eintreten und sich spezifisch an die DNA anlagern.

Die Testesfunktion wird hypophysär gesteuert

Das hypothalamische GnRH wird in Pulsen ca. alle 90–120 min in das hypothalamo-hypophysäre Portalblut sezerniert und bewirkt eine Ausschüttung von LH sowie, weniger ausgeprägt, von FSH.

LH bindet an Membranrezeptoren der Leydigzellen und stimuliert die Androgensekretion. Sowohl Testosteron als auch Östradiol bewirken auf hypophysärer und hypothalamischer Ebene einen negativen Feedback. Interessanterweise spielt das Östradiol bei der Hemmung der hypothalamischen GnRH-Freisetzung eine wichtigere Rolle als das Testosteron [23].

FSH bindet hauptsächlich an Sertolizellen, stimuliert die Produktion des Androgen-bindenden Proteins und ist für eine regelrechte Spermiogenese unerläßlich. Die Sertolizellen sezernieren noch weitere Hormone, u. a. das sogenannte „anti-Mülller-Hormon" (AMH), das die Weiterentwicklung der weiblichen inneren Geschlechtsorgane unterdrückt, und das Inhibin. Von letzterem existieren zwei Formen, Inhibin A und B, die beide die hypophysäre FSH-Sekretion unterdrücken.

Die Entwicklung primärer und sekundärer männlicher Geschlechtsmerkmale sind androgenabhängig

Androgene steuern die Geschlechtsentwicklung sowohl in der Fetalzeit als auch in der Pubertät. Weiterhin unterhalten sie die Spermatogenese und somit die Fertilität und sind für die Libido von entscheidender Bedeutung. Einen Überblick über die vielfältigen Androgenwirkungen zu unterschiedlichen Zeitpunkten der Entwicklung gibt Tabelle 26.13.

Tabelle 26.13. Physiologische Androgenwirkungen und Pathophysiologie

Physiologische Androgenwirkungen	Pathophysiologie des Hypogonadismus
• Fetalzeit	Fehlanlage der Genitalien bis hin zum Pseudohermaphroditismus
Differenzierung des Wolffschen Ganges	masculinus
Entwicklung der äußeren Genitalien	
• Präpubertal	
Induktion männlichen Verhaltens(?)	
• Pubertät	
Externe Genitalien	
Größenzunahme und Pigmention	Unterentwickelte Genitalien
von Testes und Hoden	Glatte Hoden
Rugae testis	
Größenzunahme und Sekretionsbeginn von	
Prostata und Samenblase	
Ausprägung eines männlichen Behaarungstyps	Spärliche Sekundärbehaarung
Stimmbruch durch Entwicklung von Larynx	
und Stimmbändern	Ausbleiben des Stimmbruchs
Entwicklung geschlechtsspezifischer	
Verhaltensmuster, Libido	Reduktion der Libido
Initierung des Pubertätswachstumsschub	
Zunahme der Muskelmasse und -kraft	Eunuchoider Hochwuchs
• Erwachsenenalter	
Männlicher Haarausfall	
Erhaltung männlicher Verhaltenmuster	
Erhaltung von Libido und Potenz	Reduktion der Libido, Potenz und Fertilität
Prävention einer Osteoporose	Osteoporose
Spermatogenese	Reduktion von Spermavolumen und Spermienzahl
Interaktion mit FSH zur Regulation	
der Sertolizellfunktion und Stimulation	
der Spermatogenese	
Stimulation der Erythropoese	Anämie

Fetale Störungen der Testesfunktion führen zu einer defekten Anlage der männlichen Geschlechtsorgane

Die Ausprägung eines männlichen Phänotyps wird durch ein Gen auf dem kurzen Anteil des Y-Chromosoms, der sog. „sex determining region Y" (SRY) bestimmt. Ab dem 42. Tag der Fetalperiode wird die primordiale Keimzelle angelegt, die sich, falls die SRY vorliegt, zu einem Testes weiterentwickelt. Ungefähr nach 60 Tagen sind die Leydigzellen entwickelt, ihre Funktion steht initial unter der Kontrolle von ß-HCG, erst später setzt die Wirkung des fetalen LH ein. Die männlichen inneren Genitalien (Epididymis, Vas deferens, Samenblase, Ductus ejaculatorius) entwickeln sich aus dem Wolff-Gang unter dem Einfluß von Testosteron. Der Müller-Gang, aus dem die weiblichen inneren Genitalien entstehen, involutiert unter dem Einfluß des AMH. Bis zur 8. Fetalwoche ist das äußere Genitale bei beiden Geschlechtern identisch. Dann bildet sich bis zum 77. Tag unter dem Einfluß von Testosteron, das über die 5α-Reduktase in seinen Zielzellen zu Dihydrotestosteron umgewandelt wird, das endgültige Genitale aus.

Pseudohermaphroditismus masculinus. Ist die Sekretion des Testosteron oder des AMH gestört, kann sich ein intersexuelles oder auch ein rein weibliches Genitale trotz eines männlichen Genotyps ausbilden. Man spricht in diesem Fall von einem Pseudohermaphroditismus masculinus. Mögliche Ursachen sind in Tabelle 26.14 aufgeführt.

Tabelle 26.14. Ursachen des Pseudohermaphroditismus masculinus

- Leydigzellagenesie/-hypoplasie (β-HCG und LH-Resistenz)
- Testosteronsynthesedefekte
  - z. B. Varianten des adrenogenitalen Syndroms
  - oder primär die testikuläre Androgensynthese betreffend
- Funktionsstörung der Zielgewebe
  - Androgenrezeptor-/Postrezeptordefekte
  - 5α-Reduktasemangel
- Gestörte Synthese oder Sekretion des AMH
- Genetische Defekte mit gonadaler Fehlfunktion

Symptome eines Hypogonadismus beim Mann können Infertilität, Störungen der sexuellen Entwicklung und Zeichen der Feminisierung sein

Symptome des Hypogonadismus. Aus den in Tabelle 26.13 aufgeführten physiologischen Wirkungen der Androgene lassen sich die Symptome eines Hypogonadismus ableiten. Auf die Folgen einer Störung der fetalen Androgensekretion wurde bereits eingegangen. Eine defizitäre präpubertale Androgensekretion hat eine gestörte Entwicklung der sekundären Geschlechtsmerkmale, Ausbleiben des Stimmbruchs und einen eunochoiden Hochwuchs zur Folge. Dieser zeichnet sich durch im Verhältnis zum Rumpf zu langen Extremitäten aus. Zwar bleibt der pubertäre Wachstumsschub aus, die Epiphysenfugen schließen sich aber nicht. Weiterhin ist die Achsel- und Pubesbehaarung spärlich ausgeprägt. Der Penis nimmt nicht an Länge zu, das Skrotum bleibt glatt.

Die Hoden sezernieren vor allem Testosteron, das in den Zielzellen zu dem wesentlich wirksameren Dihydrotestosteron umgewandelt wird. Androgene sind für die männliche Entwicklung unerläßlich. Ist ihre Sekretion in der Fetalzeit gestört, können sich trotz chromosomal männlichen Geschlechts weibliche Genitalien ausbilden. Ist die Sekretion präpubertal gestört, fehlt die Entwicklung der sekundären Geschlechtsmerkmale. Eine postpubertale Hypoandrogenämie bedingt u. a. Störungen der Fertilität und Libido.

Ursachen eines Hypogonadismus. Meist führen primäre, gonadale Störungen zu einem Hypogonadismus; hypothalamische oder hypophysäre Störungen oder Androgenresistenzen sind seltener. Eine Überblick über die möglichen Ursachen des Hypogonadismus gibt die Tabelle 26.15.

Klinefelter-Syndrom. Ein zusätzliches X-Chromosom (XXY), das Charakteristikum des Klinefelter-Syndroms, ist die häufigste Ursache des Hypogonadismus beim Mann. Es entsteht durch eine Non-Dysjunktion der X-Chromosomen während der mütterlichen Meiose und tritt häufiger bei Kindern alter Eltern auf. Der die Gonaden betreffende Defekt wird erst in der Pubertät symptomatisch, die zunehmende gonadotrope Stimulation führt nicht zur Proliferation der Samenkanälchen, sondern geht mit deren Fibrose und Hyalinisation einher. Deswegen fallen bei der klinischen Untersuchung kleine, sehr fest erscheinende Hoden auf. Eine Obliteration der Samenkanälchen bedingt eine Azoospermie und Infertilität. Auch die Leydigzellfunktion ist beeinträchtigt, die Testosteronsekretion vermindert. Im Verhältnis dazu sind durch die verstärkte

Tabelle 26.15. Ursachen des männlichen Hypogonadismus

- **Hypothalamisch-hypophysärer Ursachen**
  - Hypophysenvorderlappeninsuffizienz
  - Isolierter LH-Mangel (fertiler Eunuch)
  - Kombinierte LH- und FSH-Insuffizienz
    a. mit ungestörtem Geruchssinn
    b. mit Hyp-/Anosmie (Kallmann-Syndrom)
  - Prader-Willi Syndrom
  - Laurence-Moon-Biedl-Syndrom
  - Zerebelläre Ataxie
  - Biologisch inaktives LH
- **Gonadale Störungen**
  - Klinefelter Syndrom und andere chromosomale Defekte (XX-Mann, XY/XXY-Mosaik etc.)
  - Anorchie
  - Leydig-Zell-Aplasie
  - Kryptorchismus
  - Noonan-Syndrom
  - andere
- **Androgenresistenz**
  - Komplette Androgenresistenz – Testikuläre Feminisierung
  - Inkomplette Androgenresistenz
    a. Typ I (z. B. Reifenstein-Syndrom)
    b. Typ II (5α-Reduktase-Mangel)

LH-Sekretion die Östradiolspiegel erhöht. Dies bedingt eine Feminisierung (unterentwickelte männliche sekundäre Geschlechtsmerkmale) und Gynäkomastie der Patienten. Eine Osteoporose ist eine häufige Folge des langanhaltenden Androgenmangels [19].

Anorchie. Eine seltenere Ursache des primären Hypogonadismus sind fehlende Testes. Dies kann anlagebedingt sein und führt durch einen Ausfall der Testosteron- und AMH-Sekretion zu einem Pseudohermaphroditismus. Erleidet der Hoden erst nach der 16. Schwangerschaftswoche Schaden und involutiert, z. B. aufgrund einer Infektion, ist der männliche Phänotyp normal.

Kryptorchismus. Hierunter versteht man das Fehlen des Testes im Skrotum auf Grund eines gestörten Descensus testis. 5 % aller reifen männlichen Neugeborenen sind davon betroffen, die Inzidenz sinkt auf 0,2–0,8 % nach Abschluß des ersten Lebensjahres, weil ein guter Teil der Hoden noch spontan deszendiert. Normalerweise bestehen keine Zeichen eines Androgendefizits, die Spermatogenese kann aber bei persistierenden Kryptorchismus beeinträchtigt sein, weil die Hodentemperatur zu nah an der Körperkerntemperatur liegt.

Die häufigste Ursache eines primären Hypogonadismus beim Mann ist das Klinefelter-Syndrom, bei dem ein zusätzliches X-Chromosoms nachweisbar ist. Dadurch kommt es im Laufe der Pubertät zu eine Fibrose und Hyalinisation der Hoden. Neben einer verminderten Testosteronsekretion ist die Östrogenausschüttung relativ erhöht. Dies erklärt die Feminisierung der Patienten.

26.8 Störungen der ovariellen Funktion

Das Ovar ist Hauptsyntheseort der weiblichen Geschlechtshormone und Quelle der zu befruchtenden Eizelle. Prinzipiell kann eine Störung der hormonellen ovariellen Funktion folgende pathophysiologische Konsequenzen haben:

- eine übermäßige Östrogenproduktion, die z. B. zu einer Pubertas praecox führen kann,
- eine verminderte Östrogenproduktion, die umgekehrt eine verzögerte Pubertät bedingen kann,
- Störungen des normalen weiblichen Zyklus und
- eine übermäßige Androgensekretion.

Die funktionelle Einheit des Ovars ist der Follikel, der aus dem zentral gelegenen Ovum und zwei zu unterscheidenden Zellschichten besteht. Die weiter innen gelegenen Granulosa-Zellen werden außen von den Theca-Zellen umgeben.

Die Thecazellen synthetisieren Androgene wie das Androstendion oder das Testosteron, während in den Granulosa-Zellen insbesondere Östrogene durch die Aromatisierung von Androgenen entstehen. Progesteron wird vor allem vom Corpus luteum sezerniert.

Östradiol ist unter anderem für die Entwicklung der weiblichen sekundären Geschlechtsmerkmale erforderlich, unterstützt die Proliferation der vaginalen Schleimhaut, bewirkt eine Verflüssigung des Zervixschleims und fördert das Wachstum der Drüsengänge der Brust.

Progesteron wird als Gelbkörperhormon vor allem in der zweiten Hälfte des weiblichen Zyklus sezerniert. Es induziert die Sekretionsphase des Zyklus und bereitet so das Endometrium auf die Nidation der befruchteten Eizelle vor. Weiterhin hemmt es uterine Kontraktionen, erhöht die Viskosität des zervikalen Schleims, unterstützt die Entwicklung der Brust und steigert die Körpertemperatur.

Androstendion ist das mengenmäßig bedeutsamste Androgen des Ovars, das sowohl innerhalb des Ovars in der Schicht der Granulosazellen zu Östradiol aromatisiert als auch in das Plasma sezerniert wird.

Regulation der ovariellen Funktion. Die Synthese der ovariellen Steroide unterliegt der Steuerung durch gonadotrope hypophysäre Hormone. LH reguliert sowohl in der Theca- als auch Granulosazellschicht den ersten Schritt der Steroidhormonsynthese, insbesondere die Konversion von Cholesterin zu Pregnenolon. FSH entfaltet seine Wirkung nur in den Granulosa-Zellen und reguliert den letzten Schritt der Synthese, i.e. die Aromatisierung der Androgene zu Östrogenen. Das entstehende Östradiol seinerseits stimuliert das follikuläre Wachstum über lokale Wirkungen und regulative Effekte auf die Gonadotropinsekretion.

Das polyzystische Ovar-Syndrom ist durch ein Überwiegen der LH-Stimulation gekennzeichnet

Eine Imbalanz der gonadotropen Hormone hat pathophysiologische Konsequenzen: Ein Überwiegen der LH-Stimulation wie sie zum Beispiel beim ***polyzystischen Ovar-Syndrom*** vorkommt, führt zu einem Überschuß an Androgenen mit der Folge der Virilisierung. Umgekehrt ist die FSH-Wirkung bei LH-Mangel beeinträchtigt, da wenig Substrat für die Aromatisierung anfällt [10].

Die Sekretion von FSH und LH wird durch negativen Feedback der ovariellen Steroide und durch Inhibin reguliert. FSH wird durch Östradiol über einen typischen negativen Feedback in seiner Sekretion gehemmt. Dieser Effekt ist umso stärker, je höher die Östradiolkonzentrationen sind. Demgegenüber ist die LH-Sekretion durch sehr niedrige Östradiolspiegel bereits maximal supprimiert, wird aber durch einen Anstieg der Spiegel in seiner Sekretion stimuliert (sog. positiver Feedback). Dieser positive Feedback findet vor allem auf hypophysärer Ebene statt, der negative Feedback wird sowohl auf hypothalamischer als auch hypophysärer Ebene mediiert.

> **!** Besonders wichtige ovarielle Steroide für die Steuerung spezifisch weiblicher Funktionen sind das Östradiol und das Progesteron. Deren Sekretion wird durch die Gonadotropine reguliert. LH stimuliert insbesondere die Konversion von Cholesterin zu Pregnenolon. Die FSH-Wirkung ist auf die Granulosa-Zellen beschränkt und reguliert die Aromatisierung der Androgene zu Östradiol.

Eine ungestörte weibliche Entwicklung erfordert zwei intakte X-Chromosomen sowie eine normale gonadotrope und ovarielle Funktion

Für die normale Entwicklung des Ovars ist das Vorliegen zweier X-Chromosomen erforderlich. Bei einem ***Ullrich-Turner-Syndrom*** (Chromosomensatz: 45,XO) entwickeln sich die Keimzellen zwar normal, die Atresie der Ovarien ist aber stark beschleunigt, so daß zum Zeitpunkt der Geburt nur noch bindegewebige Stränge ohne hormonelle Funktion vorliegen. Zwar haben die Patientinnen neben Stigmata des Syndroms einen eindeutig weiblichen Habitus, der Mangel an weiblichen Geschlechtshormonen bedingt aber eine Unterentwicklung der inneren Genitalien und der sekundären Geschlechtsmerkmale.

Hormonelle Enflüsse auf die weibliche Pubertät. Mit dem Beginn der Pubertät nimmt die Sensitivität der hypothalamo-hypophysären Zentren gegenüber der Feedbackhemmung durch ovarielle Steroide ab. Die LHRH- und Gonadotropinsekretion und konsekutiv die Freisetzung der ovariellen Steroide wird gesteigert. Dadurch entwickeln sich zwischen dem 10. und 11. Lebensjahr die ersten sekundären Geschlechtsmerkmale. Meist ist zuerst der Beginn der Brustentwicklung sichtbar (Thelarche) gefolgt von dem Wachstum der Scham- (Pubarche) und Achselhaare. Schließlich kommt es zur ersten Monatsblutung (Menarche). Ungefähr 2 Jahre nach Beginn der Pubertät werden die Monatszyklen regelmäßig. Das Wachstum der Achsel- und Schamhaare wird wesentlich durch die Ausreifung der adrenalen Androgensynthese, der ***Adrenarche***, bedingt.

Die verzögerte und ausbleibende Pubertät. Eine verzögerte Pubertät hat meist konstitutionelle Ursachen, hormonelle Störungen können meist nicht nachgewiesen werden. Demgegenüber hat das Ausbleiben der Pubertät ***(Pubertas tarda)*** stets hormonelle Ursachen, die danach unterschieden werden, ob sie mit einer Unterfunktion der hypothalamisch-hypophysären Zentren oder deren Überfunktion einhergeht. Ein ***hypogonadotroper Hypogonadismus*** liegt zum Beispiel beim Kallmann-Syndrom (s. Abschnitt hypothalamische Störungen) vor, weitere Ursachen können Anlagedefekte der Hypophyse oder Tumoren sein. Ein ***hypergonadotroper Hypogonadismus*** entsteht bei einem Defekt der ovariellen Steroidsynthese und tritt z.B. bei dem oben erwähnten Turner-Syndrom auf.

Pubertas praecox. Auch eine vorzeitig auftretende Pubertät wird danach unterschieden, ob sie durch hypothalamo-hypophysäre Überaktivität oder durch eine davon unabhängige periphere Mehrsekretion von Sexualsteroiden (einer sogenannten ***Pseudopubertas präcox***) bedingt ist. Bei 80 % der Mädchen mit einer verfrühten Pubertät lassen sich keine Anomalien des ZNS nachweisen, so daß von einer konstitutionellen Beschleunigung der Entwicklung ausgegangen werden kann. Die übrigen Fälle gehen mit faßbaren Veränderungen des ZNS einher, insbesondere finden sich Tumoren im Hypothalamusbereich. Ursachen der Pseudopubertas praecox umfassen eine autonome Gonadenaktivität, Tumoren oder eine überschießende Androgenproduktion beim adrenogenitalen Syndrom.

Störungen des weiblichen Zyklus können hormonelle Ursachen haben

Der normale weibliche Zyklus läßt sich in 2 Phasen, die Follikelphase und die Lutealphase unterteilen, die durch die Ovulation getrennt sind. In der Follikelphase reift ein Tertiärfollikel heran, die Uterusschleimhaut proliferiert. Es wird vermehrt Östradiol ausgeschüttet, das schließlich durch positiven Feedback einen LH-Peak hervorruft, der die Ovulation induziert. Anschließend entsteht aus den Granulosazellen das Progesteron-produzierende Corpus luteum, das Endometrium ist nun optimal entwickelt und tritt in die Sekretionsphase über. Außerdem steigt die Körpertemperatur durch die thermogenen Effekte des Gelbkörperhormons. Wird das Ei nicht befruchtet bildet sich das Corpus luteum zurück, die Progesteronspiegel fallen ab und dies führt zu einer Abstoßung der endometrialen Schleimhaut, der Menstruationsblutung.

Störungen des weiblichen Zyklus können hormonelle Ursachen haben oder durch lokale Veränderungen der Geschlechtsorgane (z. B. Myome) bedingt sein. Generell läßt sich eine lokale Ursache oder auch eine Störung der Blutgerinnung dann vermuten, wenn die rhythmische Blutungsfolge durch Zwischenblutungen oder durch verlängerte bzw. verstärkte Monatsblutungen verändert ist. Hormonelle Störungen des Zyklus führen meist zu einer grundsätzlichen Änderung des rhythmischen Musters.

Das Fehlen der Menstruationsblutung wird als Amenorrhoe bezeichnet. Bleibt die Regel nach initial normalem Zyklus aus, wird dies als ***sekundäre Amenorrhoe*** bezeichnet. Das Spektrum der hormonellen Ursachen der ***primären Amenorrhoe***, das heißt das Ausbleiben der Menarche, deckt sich im wesentlichen mit den bereits besprochenen Ursachen des weiblichen Hypogonadismus, wenn dabei die Entwicklung der sekundären weiblichen Geschlechtsmerkmale verzögert ist. Verhindern anatomische Veränderungen der Geschlechtsorgane (z. B. Synechien des Uterus u. a. Anlagedefekte) das Auftreten einer Menstruationsblutung, sind die sekundären Geschlechtsmerkmale normal ausgeprägt.

Primär gonadale Störungen des Menstruationszyklus können ihre Ursachen in einer vorzeitigen ovariellen Insuffizienz, eine testikulären Feminisierung oder Resistenz der Ovarien gegenüber Gonadotropinen haben. Selten sind hormonell aktive Tumoren des Ovars die Ursache. ***Hypophysäre Störungen*** als Ursache einer verminderten Gonadotropinsekretion wurden bereits besprochen, es sei noch einmal daran erinnert, daß eine Amenorrhoe zusammen mit einer Galaktorrhoe stets an eine Hyperprolaktinämie denken lassen muß. ***Hypothalamische*** und ***zentralnervöse Einflüsse*** auf den weiblichen Zyklus sind häufige Ursachen von Störungen. Nicht selten gehen Phasen erhöhten Stresses (Examen, Änderung der Lebenssituation, Krankheit) mit unregelmäßigen Zyklen einher. Übermäßige körperliche Anstrengung und starke bzw. krankhafte Gewichtsabnahme werden in Zusammenhang mit der Amennorhoe bei Athletinnen und Anorektikerinnen gesehen. Das etwas gehäufte Auftreten von Amenorrhoen im Anschluß an die Einnahme hormoneller Antikonzeptiva wird ebenfalls auf zentral nervöse Effekte der Pille zurückgeführt.

Hirsutismus ist das Leitsymptom einer Hyperandrogenämie der Frau

Unter Hirsutismus versteht man eine Behaarung vom männlichen Verteilungsmuster bei Frauen. Beim Hinzutreten weiterer männlicher sekundärer Geschlechtsmerkmale (z. B. Haarausfall mit männlichen Verteilungsmuster, tiefere Stimmlage, Klitorishypertrophie und männlicher Körperbau) spricht man von einer ***Virilisierung***. Mit wenigen Ausnahmen ist die Ursache stets ein Überschuß an Androgenen, der ovariellen oder adrenalen Ursprungs sein kann. Eine weitere Möglichkeit ist die vermehrte Konversion von Testosteron zu Dihydrotestosteron durch die 5α-Reduktase der Haarfollikel, die möglicherweise eine häufige Ursache des sog. idiopathischen Hirsutismus darstellen könnte. Tabelle 26.16 gibt einen Überblick über die möglichen Ursachen einer verstärkten Androgenproduktion bei Frauen.

Tabelle 26.16. Ursachen einer verstärkten weiblichen Androgenproduktion

- **Ovarielle Ursachen**
  - Polyzystisches-Ovar-Syndrom (LH-abhängiger Androgenexzeß)
  - Hyperthecose (diffuse Luteinisierung des Ovars)
  - Tumor
  - Virilisierung während der Schwangerschaft
- **Adrenale Ursachen**
  - Adrenogenitales Syndrom
  - Tumor
  - Cushing-Syndrom
- **Andere Ursachen**
  - Idiopathischer oder familiärer Hirsutismus
  - Inkomplette testikuläre Feminisierung
  - Postmenopausaler Hirsutismus
  - Iatrogen (z. B. Androgene, Minoxidil, Phenytoin)

!

Eine Störung der weiblichen Entwicklung kann genetische oder hormonelle Ursachen haben. Liegt eine Verminderung der Sexualsteroidsynthese vor, muß unterschieden werden, ob diese primär ovarieller oder hypophysär hypothalamischer Ursache sind. Im ersten Fall ist die Gonadotropinsekretion vermehrt (hypergonadotrop), im zweiten vermindert (hypogonadotroper Hypogonadismus). Das Ausbleiben der Menarche (primäre Amenorrhoe) kann eine Zeichen eines Hypogonadismus sein, bei sonst normal ausgeprägten sekundären Geschlechtsmerkmalen müssen aber auch anatomische Ursachen wie Synechien ausgeschlossen werden.

26.9 Literatur

1. Alberts B et al. (1994) Molecular Biology of the Cell, 3. edn. Garland
2. Bose HS et al. (1996) The physiology and genetics of congenital lipoid adrenal hyperplasia. N Eng J Med 335:1870
3. Carson-Jurica MA, Schrader WT, O'Malley BW (1990) Steroid receptor family: Structure and functions. Endocr Rev 11:201
4. Chodosh LA, Daniels GH (1993) Addison's diesease. The Endocrinologist 3:166
5. Eckholm R (1990) Biosynthesis of thyroid hormones. Int Rev Cytol 120:243
6. Ehrman DA, Rosenfield RL (1990) Hirsutism: Beyond the steroidogenic block. N Engl J Med 323:909
7. Eisenbarth GS et al. (1997) The polyglandular failure syndrome: Disease inheritance, HLA type, and immune function. Ann Intern Med 91:528
8. Fagin JA (1995) Pituitary tumors. Baillieres Clin Endocrinol Metab 9:203
9. Farese RV Jr et al. (1991) Licorice-induced hypermineralocorticoidism. N Engl J Med 325:1223
10. Frank S (1995) Polycystic ovary syndrome. N Eng J Med 333:1995
11. Gordon RD (1994) Mineralocorticoid hypertension. Lancet 344:240
12. Heufelder AE (1995) Pathogenesis of Graves' ophtalmopathy: Recent controversies and progress. Eur J Endocrinol 132:532
13. Heyningen V (1994) One gene – four syndromes. Nature 367:319
14. Miller WL (1988) Molecular biology of steroid hormone synthesis. Endocr Rev 9: 295
15. Molitch ME (1995) Neuroendocrinology. In: Felig P, Baxter JD, Frohman LA (eds) Endocrinology and Metabolism, 3rd ed. McGraw Hill
16. Muir A, Maclaren NK (1991) Autoimmune diseases of the adrenal axis, parathyroid glands, gonads and hypothalamic-pituitary axis. Endocrinol Metab Clin North Am 20:619
17. Orth DN (1995) Cushing's syndrome. N Engl J Med 332:791
18. Robertson GL (1977) The regulation of vasopressin function in health and disease. Recent Prog Hormone Res 33:333
19. Schwartz ID, Root AW (1991) The Klinefelter syndrome of testicular dysgenesis. Endocrinol Metab Clin North Am 20:153
20. Tsai MJ et al (1994) Molecular mechanisms of action of steroid/thyroid receptor superfamily members. Annu Rev Biochem 63: 451
21. Utiger RD (1995) The thyroid: physiology, thyrotoxicosis hypothyroidism and the painful thyroid. In: Felig P, Baxter JD, Frohman LA (eds) Endocrinology and Metabolism, 3rd edn. Mc Graw Hill
22. Volpé R (19 919 Autoimmunity causing thyroid dysfunction. Endocrinol Metab Clin North Am 20:565
23. Whitcomb RW, Crowley WF Jr (1993) Male hypogonadotropic hypogonadism. Endocrinol Metab Clin North Am 22:125
24. Woods SC et al. (1998) Signals that regulate food intake and energy homeostasis. Science 280:1378

Rheumatische Erkrankungen

27

G.-R. Burmester, F. Buttgereit, T. Dörner

EINLEITUNG

Fall 1. Bei einer bis dahin gesunden 23jährigen Studentin treten plötzlich diffuse Gelenkschwellungen, eine schmetterlingsförmige Gesichtsrötung, Fieber und atemabhängige linksthorakale Schmerzen auf. Die klinische und apparative Untersuchung der Patientin ergibt Synovitiden in den betroffenen Gelenken, ohne daß röntgenmorphologische Auffälligkeiten bestehen. Als Ursache für die linksthorakalen Schmerzen stellt sich eine Pleuritis heraus. Laborchemisch fallen Panzytopenie, Proteinurie und der Nachweis von antinukleären und Anti-ds-DNA-Antikörpern auf. Die Komplementfaktoren im Serum sind erniedrigt. Bei der Patientin handelt es sich die Erstmanifestation eines systemischen Lupus erythematodes. Es besteht die Notwendigkeit zum Beginn einer Therapie mit initial hochdosierten Glukokortikoiden und mit einem Immunsuppressivum.

Fall 2. Eine 45 jährige bisher gesunde Patientin klagt seit einigen Wochen über allgemeines Krankheitsgefühl, gelegentliche subfebrile Temperaturen und morgendliche Schwellungen der Fingermittel- und Grundgelenke mit symmetrischer Ausprägung, so daß es ihr schwer fällt, morgens die Ringe aufzusetzen. Die Hände sind steif und erlangen ihre volle Beweglichkeit erst nach einer Stunde. Bei der klinischen Untersuchung fällt die spindelförmige Auftreibung der Fingermittelgelenke auf, zudem sind die Knöchel verstrichen. Ebenso ist eine Atrophie der Handmuskulatur erkennbar. Der Druck auf die Fingermittelgelenke und die Fingergrundgelenke insbesondere beim Händedruck schmerzt erheblich. Bei der Laboruntersuchung fällt eine deutlich beschleunigte Blutsenkung, ein erhöhtes C-reaktives Protein sowie der Nachweis des Rheumafaktors auf.
Bei der Erkrankung der Patientin handelt es sich um den typischen Beginn einer rheumatoiden Arthritis, der bereits jetzt auf Grund der ausgeprägten Entzündungssymptomatik die Einleitung einer „Basistherapie“ unter strenger Beachtung von Kontraindikationen und möglichen Nebenwirkungen erfordert.

27.1 Pathophysiologische Reaktionsmuster des Bindegewebes

Bindegewebe als Ort des Geschehens. Das Bindegewebe ist die Grundsubstanz des Stütz- und Bewegungsapparates und daher ubiquitär im Organismus verteilt. Es besteht aus Zellen (z. B. Fibroblasten, Chondrozyten) und Interzellularsubstanz. Bei der Interzellularsubstanz unterscheidet man Fasern (z. B. Kollagen, Elastin, Retikulin) und die aus Verbindungen von Proteoglykanen und Glykoproteinen bestehende Grundsubstanz. Das Bindegewebe entstammt dem mittleren Keimblatt. Aus dem Mesenchym der frühen Embryonalentwicklung gehen dann Knorpel, Knochen, Sehnen, das Parenchym der Organe und viele andere Strukturen (z. B. Basalmembranen, Sehnen, Bänder, Unterhautbindegewebe, Konjunktiven, Skleren, Herzklappen, Perikard, Pleura) hervor. Diese einzelnen Bestandteile sind Ort bzw. Gegenstand pathophysiologischer Reaktionsmuster bei entzündlich rheumatischen Erkrankungen. Dabei erklärt die ubiquitäre Verteilung des Bindegewebes das vielgestaltige klinische Bild dieser Krankheiten (Abb. 27.1).

Pathophysiologische Reaktionsmuster. Der klinischen Symptomatik von Erkrankungen des rheumatischen Formenkreises liegen pathophysiologische Reaktionsmuster von Bindewebe, Muskel- und Skelettsystem zugrunde. Dabei sind vor allem ***entzündliche Vorgänge*** als wesentliche Schädigungsmechanismen von

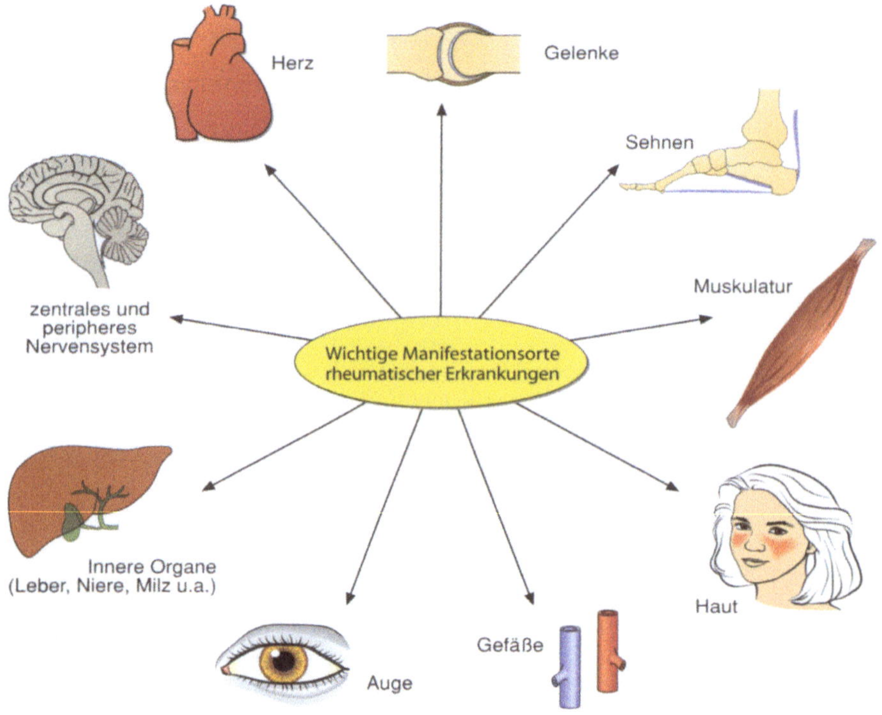

Abb. 27.1. Die ubiquitäre Verteilung des Bindegewebes ist Ursache für die Vielzahl der Manifestationsorte rheumatischer Erkrankungen

Bedeutung. Sie werden durch Infektionen oder Autoimmunprozesse in Gang gesetzt bzw. unterhalten. Klinisches Korrelat bilden die entzündlichen Gelenkerkrankungen und die Kollagenosen. Andere wichtige Ursachen für pathophysiologische Vorgänge bei rheumatischen Erkrankungen sind ***inadäquate mechanische Belastungen*** der Gewebsstrukturen des Halte- und Bewegungsapparates sowie ***toxische und metabolische Störungen***, die zu strukturellen und funktionellen Veränderungen der Bindegewebsbestandteile führen. Sie tragen zum Entstehen degenerativer Gelenkerkrankungen bei.

Entzündungsmediatoren verursachen durch ihre Wirkungen auf Gefäße, Bindegewebe und Zellen des Immunsystems die klinischen Zeichen der Entzündung

Entzündung. Der entzündliche Prozeß wird bei Erkrankungen des rheumatischen Formenkreises durch infektiöse, autoimmunologische, metabolische oder mechanische Ursachen in Gang gesetzt bzw. unterhalten (Tabelle 27.1).

Tabelle 27.1. Ursachen rheumatischer Erkrankungen

infektiös	autoimmunologisch	metabolisch	mechanisch
Septische Arthritis	Systemischer Lupus Erythematodes und andere Kollagenosen	Gicht Hämochromatose	Arthrose Spondylose
Reaktive Arthritis			
Lyme-Erkrankung			
erregerbedingte Myositis			

Dadurch kommt es zu Reaktionen auf humoraler, zellulärer und Gewebeebene [1, 2, 3]. Im Bindegewebe reagieren sowohl die Zellen als auch die Faserproteine und die Grundsubstanz auf den entzündlichen Reiz.

Der Entzündungsreiz wird durch Mediatoren wie Prostaglandine, Leukotriene und Thromboxane vermittelt. Diese Substanzen beeinflussen den Tonus (z. B. Prostaglandin (PG) E_2, PGD_2, PGI_2, Kinine) und die Permeabilität der Blutgefäße (Leukotrien (LT) C_4, LTD_4, Kinine) und sind chemotaktisch wirksam [1, 2]. Auch Komplementfaktoren, Fibrin- und Kollagenfragmente, Kallikrein und andere humorale Substanzen sind chemotaktisch wirksam, wodurch sich Granulozyten im Entzündungsgebiet ansammeln. Diese Zellen sind zur Phagozytose befähigt. Darüber hinaus produzieren sie freie Sauerstoffradikale, proinflammatorische Zytokine (IL-1, TNF-α, IFN usw.) und Entzündungsmediatoren [1, 3, 4]. Erst kürzlich wurden erhöhte Spiegel der proinflammatorischen Neurokinine Substanz P (SP) und „Calcitonin gene-related peptide" (CGRP) im entzündeten Gelenk festgestellt [5]. Diese sensorischen Neuropeptide sind in gelenkversorgenden Nerven nachweisbar, weswegen derzeit ihre mögliche Beteiligung im Sinne einer „neurogenen Entzündung" bei der Pathogenese entzündlicher Gelenkerkrankungen diskutiert wird [6].

Die skizzierten humoralen und zellulären Abläufe rufen auf Gewebsebene drei charakteristische ***Phasen der Entzündung*** hervor.

In der ***Exsudationsphase*** kommt es durch die Entzündungsmediatoren (Histamin, Bradykinin, Arachidonsäuremetabolite) zu einem erhöhten Blutfluß im Entzündungsbereich. Betroffen von der Vasodilatation sind das lokale Kapillarnetzwerk und die postkapillären Venolen. Klinisches Korrelat sind die Rötung und die Überwärmung. In der Folge führt vornehmlich die Kontraktion der Gefäßendothelzellen zur Vergrößerung der interzellulären Spalten und verursacht dadurch entsprechende Permeabilitätsstörungen [7, 8]. Somit entstehen nach der initialen Reaktion des Gefäßbindegewebes nun Entzündungsfolgen, die das gesamte Bindegewebe betreffen [2]. Durch die Wasserverschiebung infolge gesteigerter Gefäßpermeabilität kommt es zur mukoiden Quellung, was klinisch als Schwellung palpabel ist. Dabei bewirken in das Gewebe eingelagerte Serumglykoproteine und eine erhöhte Produktion von Glykosaminoglykanen (z. B. Hyaluronsäure) ein erhöhtes Wasserbindungsvermögen. Typischer klinischer Ausdruck für Entzündungsvorgänge bei entzündlich rheumatischen Erkrankungen ist die Arthritis mit dem schmerzhaft geröteten, geschwollenen und überwärmten Gelenk. Zur klinisch nachweisbaren Gelenkschwellung trägt neben den Quellungsvorgängen vor allem die entzündliche Exsudation (Gelenkerguß) bei (Abb. 27.2).

Meist sind gleichzeitig auch gelenkassoziierte Strukturen wie beispielsweise Sehnen von der Entzündung betroffen. Hier wird besonders deutlich, daß nicht nur die Grundsubstanz, sondern auch die Faserstrukturen des Bindegewebes beteiligt sind, die in Form von Quellung und Strukturveränderungen bis hin zur Fibrolyse reagieren.

In der ***Infiltrationsphase*** der Entzündung wandern Zellen des Immunsystems in das Entzündungsgebiet ein. Dabei handelt es sich zunächst um Granulozyten, später dann auch um mononukleäre Zellen (Monozyten, Makrophagen, Lymphozyten und Plasmazellen). Diese Zellen haften zunächst durch die Verlangsamung des Blutstromes und die Expression von Adhäsi-

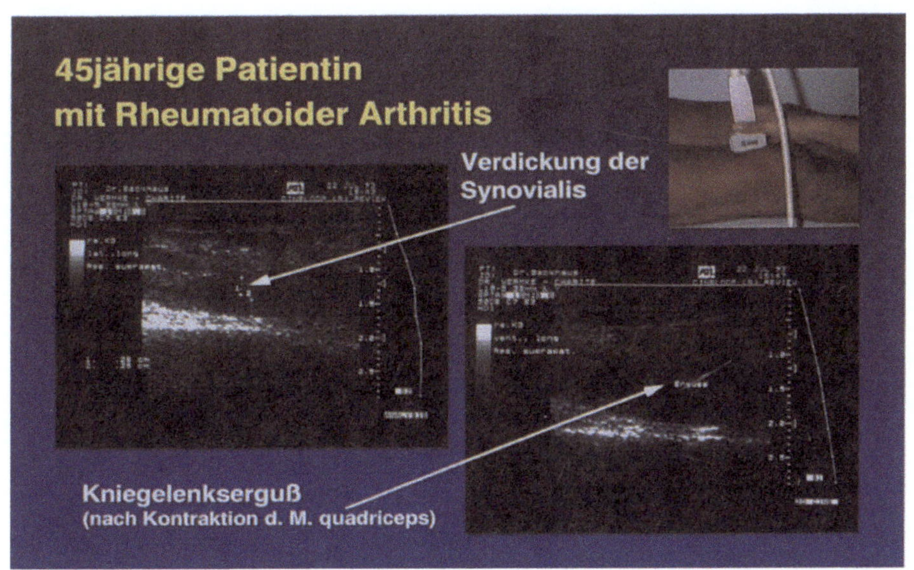

Abb. 27.2. Verdickung der Synovialis und Kniegelenkserguß als Zeichen der Arthritis. Die Abbildung zeigt den sonographischen Nachweis dieser Befunde bei einer Patientin mit Rheumatoider Arthritis

onsmolekülen (ICAM-1, ELAM-1) (über z. B. Integrine) an den Gefäßwänden im Entzündungsgebiet [9]. Angezogen durch chemotaktische Faktoren wandern sie dann durch die Lücken zwischen den Endothelzellen zum Ort des Geschehens, um dort spezifische Aufgaben (Phagozytose, Antigenpräsentation, lymphozytäre Effektorfunktionen) wahrzunehmen. (Abb. 27.3).

Als ***Proliferationsphase*** wird schließlich die Wucherung zellulärer Elemente des ortsständigen Bindegewebes mit Kapillaraussprossung bezeichnet, die als Reaktion auf diese Gewebsveränderungen und Einlagerungen auftritt.

Bei rheumatischen Erkrankungen handelt es sich häufig um chronische Entzündungsprozesse, die durch permanent auslösende Ursachen (Antigen, Autoantigene) und durch immunologische Circuli vitiosi unterhalten werden. Daraus resultiert ein gleichzeitiges Vorhandensein pathophysiologischer Charakteristika der einzelnen Phasen.

Adäquate mechanische Belastungen werden durch entsprechende strukturelle und funktionelle Eigenschaften von Faser- und Knorpelstrukturen kompensiert, inadäquate Beanspruchung rufen Schäden hervor

Adäquate und inadäquate mechanische Belastung. Normale und pathologische mechanische Belastungen des Körpers (Schwerkraft, Druck, Zug, Summationsvektoren bei Scherkräften) werden in erster Linie durch Knorpel- (Gelenkknorpel, Diski) und Faserstrukturen (Sehnen, Bänder, Faszien, Kapseln) gepuffert. Besondere Funktionalität und hohe Belastbarkeit werden dabei durch die ***spezielle Anordnung der Fasern*** erreicht. So findet man z. B. eine kompakte Parallelanordnung der Faserstrukturen in vor allem durch Zug beanspruchten Sehnen. Die Fasern sind dagegen schräg bzw. sich kreuzend gelegen, wenn der Kraftangriff wechselt. Im Falle der Wirbelsäule wird der lastende Druck durch die Bandscheiben abgefangen. Zu diesem Zweck ist die Faserarchitektur des Anulus fibrosus in typischer Weise zwiebelschalig (Abb. 27.4).

Einen besonders faszinierenden Mechanismus zur Aufnahme biomechanischer Belastungen findet man beim Knorpel. Dieses sehr zellarme Gewebe baut einen enormen ***hydroelastischen Druck*** auf, der die Form erhält und die einzigartige mechanische Widerstandskraft bewirkt. Ursache des Schwellungsdrucks ist die hohe Wasserbindungsfähigkeit der Proteoglykane. Sie liegen zumeist hypohydratisiert als große Ag-

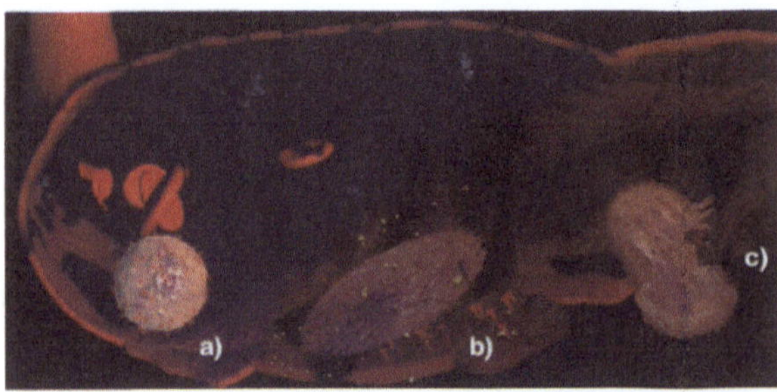

Abb. 27.3 a–c. Infiltrationsphase der Entzündung. Im Entzündungsgebiet kommt es zunächst zur Verlangsamung des Blutstromes **(a)** und zur Expression von Adhäsionsmolekülen **(b)**. Der dadurch am Endothel anhaftende Granulozyt **(b)** wandert dann durch die Endothellücken zum Ort des Entzündungsgeschehens **(c)**

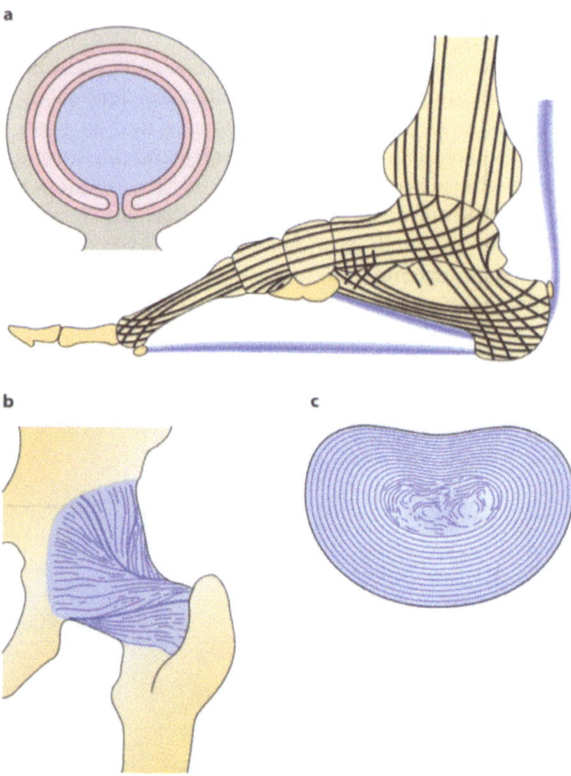

Abb. 27.4 a–c. Die Fasern von Sehnen, Bändern und anderen Strukturen erreichen hohe Funktionalität durch ihre spezielle Anordnung. Zug wird durch Parallelanordnung antagonisiert **(a)**. Schräg bzw. sich kreuzend **(b)** oder – wie bei der Bandscheibe – zwiebelschalig **(c)** angeordnete Faserstrukturen kompensieren wechselnden Kraftangriff **(b)** bzw. Druck **(c)**

gregate (Aggrecan) vor, die aus Proteoglykanmonomeren, Hyaluronat und Bindungsproteinen bestehen. Die Hypohydratation bewirkt die Anziehung von Wasser. Die Einbettung der Proteoglykane in das Kollagennetzwerk führt zum Aufbau des Schwellungsdruckes in der Knorpelmatrix. Von pathophysiologischer Bedeutung ist, daß der effektive Schwellungsdruck demnach nicht nur vom Wassergehalt abhängig ist, sondern auch nur bei einer unversehrten Faserarchitektur aufgebaut und aufrechterhalten werden kann. Er antagonisiert den jeweils auf dem Knorpel lastenden Druck. Dabei wird bei Druckbelastung Wasser abgepreßt, während Entlastung wieder zu einem erhöhten Wassergehalt führt. Dieser Pumpmechanismus macht nicht nur die Hydroelastizität des Knorpels aus, sondern er sichert auch dessen metabolische Ver- und Entsorgung. Diese Tatsache ist von besonderer Bedeutung, da die Zellen des Knorpels nur durch Diffusion versorgt werden.

Dieses dargestellte System fein aufeinander abgestimmter Mechanismen ist in der Lage, auf adäquate Belastungen kompensiert zu reagieren. Bei inadäquater Beanspruchung dekompensiert es jedoch, und die unter Abschnitt 27.4 (Degenerative Gelenkerkrankungen) im Detail beschriebenen pathophysiologischen Vorgängen laufen ab. So wird die Arthrosis deformans durch mechanische Überlastung im Zusammenspiel mit toxischen und metabolischen Störungen verursacht. Es kommt zu definierten strukturellen und funktionellen Veränderungen der Bindegewebsbestandteile, die sich dann klinisch relevant am Gelenk manifestieren.

! Entzündung, mechanische Überlastung sowie toxische und metabolische Störungen sind die wesentlichen Ursachen für die Entstehung rheumatischer Erkrankungen.

Tabelle 27.2. ACR- (American College of Rheumatology) – Kriterien für die Diagnose der rheumatoiden Arthritis (1987)

Kriterium	Kurzdefinition
1. Morgensteifigkeit	Morgensteifigkeit in oder um die Gelenke herum, die mindestens eine Stunde bis zur maximalen Verbesserung dauert.
2. Arthritis in drei oder mehr Gelenkbereichen	Wenigstens drei Gelenkbereiche gleichzeitig mit Weichteilschwellung oder Erguß
3. Arthritis der Gelenke der Hand: Handgelenke, MCPs oder PIPs	Weichteilschwellung oder Ergußbildung in wenigstens einem dieser Bereiche
4. symmetrische Schwellung (Arthritis)	Gleichzeitige Beteiligung derselben Gelenkbereiche auf beiden Seiten des Körpers
5. Rheumaknoten	Subkutane Knoten über Knochenvorsprüngen, Streckseiten oder in gelenknahen Bereichen
6. Rheumafaktor im Serum	Nachweis von abnormal hohen Mengen von Serum-Rheumafaktor
7. radiologische Veränderungen der rheumatoiden Arthritis	Nachweis typischer Veränderungen wie Usuren und gelenknaher Entkalkungen

27.2 Entzündliche Gelenkerkrankungen

Die rheumatoide Arthritis ist die häufigste entzündliche Gelenkerkrankung

Rheumatoide Arthritis (RA, syn. Chronische Polyarthritis). Bei der RA handelt es sich um die ***häufigste entzündliche Gelenkerkrankung*** mit einem Auftreten von ca. 1 % in der Bevölkerung. Da es keine spezifischen diagnostischen Kriterien zur Definition des Krankheitsbildes „rheumatoide Arthritis" gibt, wurde von dem American College of Rheumatology ein Katalog von Kriterien entwickelt, anhand derer die RA klassifiziert wird (Tabelle 27.2).

Die RA ist eine ***Systemerkrankung***, die auch viele extraartikuläre Manifestationen zeigen kann. Durch ein noch unbekanntes Antigen – als mögliche Kandidaten werden Viren, Bakterien, aber auch fälschlich als fremd erkannte Autoantigene diskutiert – kommt es zu einer Stimulation von T-Lymphozyten. Hier ist wesentlich eine Krankheitsempfänglichkeit, die im Bereich der HLA-Klasse-II-Antigene vererbt wird. So konnte eine besondere Häufung bei bestimmten HLA-Klasse-II-Antigenen gefunden werden, die als gemeinsame Epitope („shared epitopes") bezeichnet wurden. Charakteristisch hierfür ist das HLA-DR4-Antigen. Nach der T-Zell-Aktivierung kommt es zur Freisetzung von aktivierenden Zytokinen, bei denen vermutlich Zytokine der Th-1-Antwort der T-Lymphozyten im Vordergrund stehen. Bedeutsam sind vor allem Interleukin-2 und Interferon-γ. Gelenkständige Makrophagen werden aktiviert und senden ihrerseits über Interleukin-1 und TNF-α Signale an andere mesenchymale Zellen, wobei vor allem synoviale Fibroblasten, Chondrozyten und Osteoklasten im Vordergrund stehen. So kommt es zur Ausbildung eines invasiven Pannusgewebes (pannus = Tuch, Lappen), das schließlich in den Knorpel und Knochen eindringt und diesen zerstört. Hierbei spielen destruktive Enzyme, vor allem Metalloproteinasen (Kollagenasen) und Cathepsine die entscheidende Rolle. Als frustrane Reparaturvorgänge schließen sich dann knöcherne und bindegewebige Überbauungen in Form von Ankylosen an. Neben den gelenkbezogenen Vorgängen kommt es durch eine polyklonale B-Zell-Stimulation sowie durch die Bildung von Rheumafaktoren zu Immunkomplexen, die sich im Gewebe ablagern und zu den extraartikulären Manifestationen führen. Hier stehen immunkomplexvermittelte Vaskulitiden im Vordergrund, die sich als Hautläsionen, Rheumaknoten oder Beteiligung von Pleura und Perikard äußern (Abb. 27.5).

Charakteristischerweise beginnt die RA jenseits des 40. Lebensjahres und betrifft vermutlich aufgrund einer bestimmten hormonellen Konstitution überwiegend Frauen (m/w 1:3). Sie beginnt in der Regel langsam und schleichend, meist polyartikulär, bilateral und symmetrisch.

Im fortgeschrittenen Krankheitsstadium ergeben sich insbesondere an den kleinen Gelenken deformierende, irreversible Veränderungen mit entsprechenden schweren Funktionseinschränkungen der betroffenen Gelenke. So entstehen Deformitäten der Finger und Zehen (Knopfloch- und Schwanenhalsdeformität, Ulnardeviation), die durch Luxation der Streck- bzw. Beugesehnen aus dem entzündlich geschädigten Sehnengleitlager bedingt sind (Abb. 27.6).

Daneben kommt es zu destruktiven Knochenprozessen, die charakteristischerweise an den Ansatzstellen der Gelenkkapseln beginnen. Diese knöchernen Veränderungen können im Röntgenbild sichtbar gemacht werden und werden als ***Usuren*** bezeichnet. Neben diesen Knochenzerstörungen kommt es zur Destruktion der knorpeligen Anteile der Gelenke, die sich radiologisch durch eine Gelenkspaltverschmälerung erkennen lassen. Diese destruktiven Veränderungen an Knorpel und Knochen sind besonders charakteristisch für die RA, nur selten – vor allem bei der Psoriasisarthritis – werden ähnliche Veränderungen auch bei anderen entzündlichen Gelenkerkrankungen beobachtet. Im Endstadium der Erkrankung entstehen dann bindegewebige und knöcherne Überbrückungen der Gelenkkörper, die häufig eine Invalidität des Patienten verursachen.

Ein extraartikulärer Befall ist häufig, vor allem manifestiert er sich in der Ausprägung von derben bindegewebigen Knoten an den Streckseiten der Extremitäten, besonders an den Unterarmen. Diese „Rheumaknoten" genannten Veränderungen bestehen aus ne-

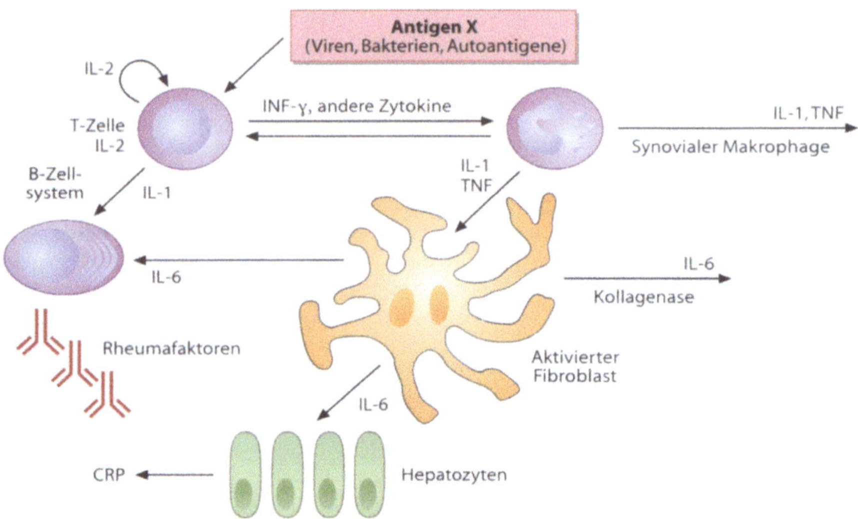

Abb. 27.5. Pathogenese der Rheumatoiden Arthritis

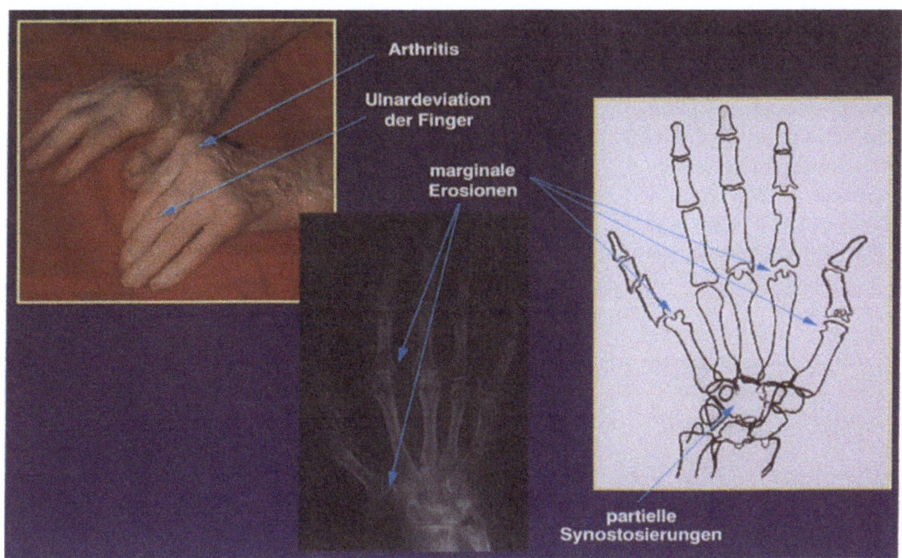

Abb. 27.6. Typische klinische Befunde an der Hand eines Patienten mit Rheumatoider Arthritis. Die Abbildung zeigt neben typischen Knochenveränderungen auch die ulnare Deviation der Finger, die durch Sehnenluxationen verursacht ist

krotischem Material, das palisadenartig von Makrophagen umgeben ist. Ursache ist eine immunkomplexbedingte Vaskulitis durch die Selbstaggregation von Rheumafaktoren (s. unten). Rheumaknoten werden daher ausschließlich bei der seropositiven RA gefunden. Seltener werden Serositiden, Lungenfibrosen, Mitralvitien oder eine Myokarditis beobachtet. Charakteristisch ist jedoch der Befall der Augen mit einer Skleritis bzw. Episkleritis.

Serologisch zeichnet sich die RA durch ausgeprägte Veränderungen der allgemeinen Entzündungsparameter (BSG, CRP, Parameter der Serumelektrophorese) aus. Bei 30 % der Patienten lassen sich antinukleäre Antikörper nachweisen, zirkulierende Immunkomplexe bestehen bei 50 % der Patienten. IgM-Rheumafaktoren (RF) finden sich bei ca. 70 % der Patienten und stellen demnach ein besonderes Charakteristikum der RA dar. Sie spielen physiologisch vermutlich eine verstärkende Rolle bei der initialen Immunantwort. Bei natürlichen Abwehrvorgängen handelt es sich hierbei um IgM-Antikörper, die sich gegen den Fc-Teil des Immunglobulins G richten. Bei der RA kommt es zu einer überschießenden Bildung der Rheumafaktoren mit zusätzlicher Reifung zu Antikörpern der IgG-Klasse. Anschließend kann es zur Selbstvernetzung von Rheumafaktoren kommen, so daß große Immunkomplexe entstehen, die für pathophysiologisch wichtige Vorgänge, insbesondere die Vaskulitis, verantwortlich sind.

Die Psoriasis-Arthritis ist gekennzeichnet durch ein Nebeneinander von schuppenden Hautveränderungen und einer häufig destruktiven Arthritis

Psoriasis-Arthritis. Die Psoriasis-Arthritis kann sowohl in Form der Mono-, Oligo- oder Polyarthritis beginnen, bei längerer Krankheitsdauer besteht häufig eine polyartikuläre Verlaufsform mit charakteristischer Beteiligung der Endgelenke von Fingern und Zehen, der Interphalangealgelenke der Daumen, aber auch der Sakroiliakal- und Wirbelgelenke. Beim peripheren Gelenkbefall ist vor allem die ***Daktylitis***, ein strahlartiger Befall sämtlicher Gelenke eines Fingers oder einer Zehe („Wurstfinger oder Wurstzehe") typisch. Diesem gegenübergestellt wird der ***Transversaltyp*** mit gleichzeitigem Befall z. B. sämtlicher Fingergrundgelenke oder PIPs. Große Gelenke können zusätzlich, aber auch ausschließlich betroffen sein.

Eine Gemeinsamkeit der Psoriasis-Arthritis mit der RA besteht in den häufigen Gelenkdestruktionen, die bei allen anderen Arthritiden nur sehr selten auftreten. So kommt es bei Röntgenbefunden zu Gelenkerosionen, wobei bei schweren Verläufen Zerstörungen der Phalangenenden, atypische Syndesmophyten, knöcherne Ankylose und Sakroiliitis eintreten können. Die Laborbefunde bestehen in uncharakteristischen Entzündungsparametern, RF sind nicht nachweisbar. Eine Assoziation mit dem

HLA-B27-Antigen besteht in ca. 15–25 % der Fälle, bei der spinalen Form in etwa 65 %. Auch die Synovialmembran bei der Psoriasis-Arthritis ist infiltriert durch aktivierte T-Lymphozyten, wobei vor allem CD8-positive T-Zellen gefunden werden. Unklar sind noch die parallelen Mechanismen, die einerseits bei der Hautmanifestation der Psoriasis zur Aktivierung der Keratinozyten führen und schließlich zu einer Arthritis. Diskutiert werden hier auch infektiöse Vorgänge, die durch die Psoriasis selbst getriggert werden.

Spondylarthropathien sind infektgetriggerte Arthritiden, die häufig mit dem HLA-B27-Antigen vergesellschaftet sind

HLA-B27-assoziierte Arthritiden. Diese Krankheitsgruppe wird heute unter dem Begriff ***„seronegative Spondylarthropathien"*** zusammengefaßt. Vor allem hinsichtlich der Assoziation mit dem HLA-B27-Antigen, der vermuteten Immunpathogenese mit der Kreuztoleranz gegenüber bakteriellen Antigenen und gemeinsamen typischen klinischen Manifestationen bestehen große Ähnlichkeiten unter diesen Erkrankungen. Dabei bedeutet das Wort „seronegativ", daß hier charakteristischerweise keine Rheumafaktoren auftreten. Der Name Spondyloarthropathien deutet an, daß vor allem die Gelenke des Achsenskeletts betroffen sind. Ein wichtiger Vertreter aus dieser Erkrankungsgruppe ist die ***ankylosierende Spondylitis (SpA; Morbus Bechterew).***

Die ankylosierende Spondylitis ist eine entzündliche Systemerkrankung des Achsenskeletts, der Gelenke und zuweilen innerer Organe

Die ankylosierende Spondylitis bevorzugt das männliche Geschlecht und tritt vor allem zwischen dem 15. und 30. Lebensjahr auf. Die Erkrankung betrifft neben den Gelenken vor allem die fibrokartilaginösen Strukturen wie Synchondrosen, Bandscheiben und vor allem Sehnen- und Ligamentansätze. Klinisch besteht ein chronisch-progredienter Verlauf am Achsenskelett unter obligatorischer Beteiligung der Sakroiliakalgelenke. Bei 25 % der Patienten besteht eine periphere Gelenkbeteiligung.

Die Iliosakralgelenke zeigen typischerweise das sog. ***„bunte Bild"***, d. h. ein Nebeneinander von entzündlichen Destruktionen (Usuren), gelenknaher Entkalkung, Pseudoerweiterungen des Gelenkspalts und mit zunehmender Krankheitsdauer von Ankylosierungsprozessen, die schließlich zur totalen Durchbauung der Iliosakralgelenke führen können (Abb. 27.7).

Weiterhin kommt es zur Ausbildung von „Syndesmophyten", im allgemeinen zuerst im Bereich des thorakolumbalen Übergangs, im weiteren Verlauf der Krankheit von hier aus aszendierend und deszendierend. Dabei handelt es sich um zumeist bilateral angeordnete Knochenspangen. Häufig tritt eine Versteifung in Kyphosestellung ein, so daß der charakteristische Rundrücken der ankylosierenden Spondylitis entsteht. Besonders betroffen sind in diesem Zusammenhang das Hüft- und das Kniegelenk, doch auch das Kiefergelenk kann beteiligt sein. Ein weiterer häufiger Manifestationspunkt sind die Übergänge von Bändern und Sehnen in den Knochen (Enthesen), wodurch der typische Fersenschmerz verursacht wird, der bei ca. 10 % aller Patienten auftritt.

Darüber hinaus kommt es bei der SpA zu ***extraartikulären Manifestationen***, unter denen die vordere ***Uveitis (Iritis)*** von besonderer Bedeutung ist. Diese ebenfalls stark mit dem HLA-B27-Antigen assoziierte Erkrankung findet sich – je nach Krankengut – zwischen 4 und 40 % der Fälle. Sie nimmt einen akuten Verlauf und hat eine ausgesprochene Tendenz zu Rezidiven. Am urogenitalen Trakt findet sich im Anfangsstadium häufiger eine ***Urethritis*** sowie bei Männern eine ***Prostatitis***, wobei hier differentialdiagnostisch an den später unten behandelten ***Morbus Reiter*** zu denken ist. Mit unterschiedlichen Häufigkeitsangaben (2–10 %) wird eine Beteiligung von Herz und Lunge an-

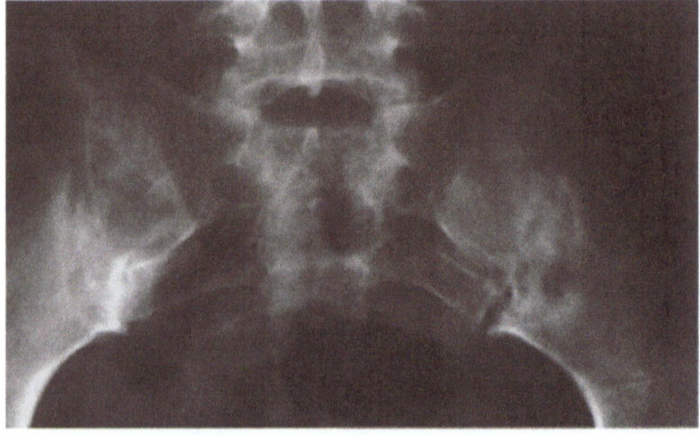

Abb. 27.7. Bei der ankylosierenden Spondylitis sind die Sakroiliakalgelenke obligat betroffen. Die Abbildung zeigt partielle Ankylosierung dieser Gelenke bei einem Patienten mit M. Bechterew

gegeben. Eine Aortitis kann zu einer Aorteninsuffizienz führen, gelegentlich treten auch Erregungsleitungsstörungen verschiedener Art auf. Die Versteifung der Brustwirbelsäule und die daraus resultierende Starrheit des Brustkorbes resultiert häufig in einer restriktiven Ventilationsstörung.

Die Häufigkeit des o.g. HLA-B27-Antigens beträgt ca. 90–95 % bei den betroffenen Patienten, im Gegensatz zu einer Frequenz von 5–10 % in der Bevölkerung je nach ethnischer Zusammensetzung. Einige Untersuchungen berichten, daß bis zu 20 % der HLA-B27-positiven Individuen in ihrem Leben eine ankylosierende Spondylitis entwickeln werden. Innerhalb einer Familie steigt das Risiko für die Kinder von erkrankten Patienten jedoch signifikant an, was sowohl für die HLA-B27-positiven als auch -negativen Kinder gilt.

Pathopysiologisch stehen verschiedene Konzepte bei den HLA-B27-assoziierten Arthritiden im Vordergrund. Zunächst konnte zweifelsfrei bewiesen werden, daß das HLA-B27-Antigen selbst und nicht etwa ein direkt benachbartes Gen für die Krankheitsempfänglichkeit die entscheidende Rolle spielt. Bei einem transgenen Rattenmodell wurde nämlich das humane HLA-B27-Antigen in die Tiere eingebracht, die daraufhin dem humanen Krankheitsbild ähnliche Manifestationen entwickelten, die sich in Ankylosen der Wirbelsäule, Nagelveränderungen wie bei der Psoriasis, Darmentzündungen und Arthritiden ausdrückte. Interessanterweise trat das Krankheitsbild nur dann auf, wenn die Tiere in einer keimhaltigen Umgebung aufwuchsen.

Wurden jedoch Tiere in einer keimfreien Umgebung aufgezogen, entwickelten sich keine Arthritiden. Dieses macht die Wechselwirkung zwischen bakteriellen Antigenen und dem HLA-B27 Molekül deutlich.

Ein Erkärungsmodell (molekulare Mimikry) geht von einer immunologischen Kreuzreaktion zwischen enteropathogenen Bakterien und dem HLA-B27 aus. Dabei konnten kreuzragierende Antikörper oder T-Lymphozyten zwischen Bakterienantigenen und den polymorphen Segmenten des HLA-B27-Moleküls entdeckt werden. Unter bestimmten Umständen könnte sich so eine Immunantwort, die ursprünglich gegen Bakterien gerichtet ist, gegen körpereigene Strukturen wenden. Das alternative Modell sieht jedoch eine Toleranz gegenüber diesen Bakterien vor, die sich zunächst ungehindert ausbreiten, dann persistieren und somit eine Gelenkentzündung unterhalten. Weiterhin gibt es Hinweise, daß das HLA-B27-Molekül fremde oder auch körpereigene Peptide an besondere – sogenannte arthritogene – zytotoxische (CD8 +) T-Lymphozyten präsentiert. So könnte eine Immunantwort in Gang gesetzt werden, die für die Gelenkerkrankung verantwortlich ist. Die dritte, ebenfalls aktuelle Theorie schlägt vor, daß nicht das HLA-B27-Antigen selbst bei der Antigenpräsentation beteiligt ist, sondern daß vielmehr Teile des HLA-B27 Moleküls intrazellulär prozessiert werden und dann selbst als antigenes Material eine Immunreaktion verursachen. Schließlich geht eine einfache Hypothese davon aus, daß durch das HLA-B27-Molekül eine gestörte Barriere in der Darmschleimhaut verursacht wird (Abb. 27.8).

Reaktive Arthritiden sind entzündliche Reaktionen der Synovialmembran auf extraartikuläre Infektionen

Bei den ***reaktiven Arthritiden*** handelt es sich ebenfalls um wichtige Vertreter der seronegativen Spondyloarthropathien.Es besteht eine auffallende Assoziation von Arthritiden mit entzündlichen Darmerkrankungen. Hierbei erscheint von besonderer Bedeutung, daß bei entzündlichen Darmerkrankungen die Integrität der Darmschleimhaut geschädigt ist, so daß eine große Menge antigenen Materials in die Zirkulation eindringt. Im Zusammenhang mit einem genetisch empfänglichen Organismus (s. unten) entstehen dann reaktive Arthritiden zu einem Zeitpunkt, an dem die klinischen Erscheinungen der auslösenden Erkrankung meist nicht mehr vorhanden sind. Als Erreger der enteropathischen Arthritiden kommen vor allem die ***Yersinien***, hier vor allem ***Yersinia entercolitica*** und ***Yersinia pseudotuberculosis***, ***Campylobacter*** sowie ***Salmonellen*** und ***Shigellen*** in Frage.

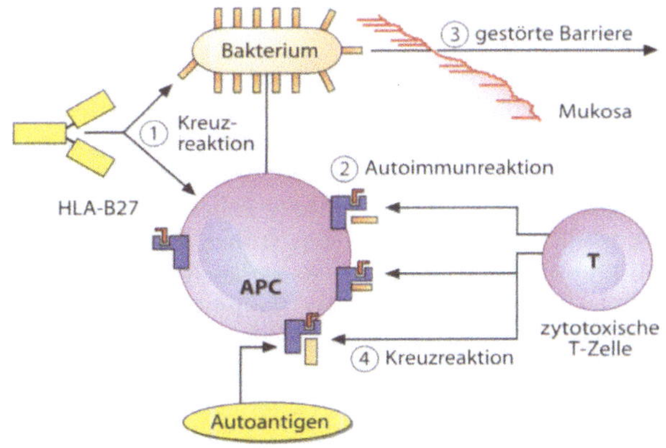

Abb. 27.8. Pathogenese der ankylosierenden Spondylitis

Ein wichtiger Baustein in der Pathogenese und Diagnostik stellt das ***HLA-B27-Antigen*** dar, das je nach Studie bei 20–70 % der Patienten aufzufinden ist. Wichtig ist außerdem die Synovialanalyse, vor allem zur Abgrenzung von septischen Arthritiden, da in seltenen Fällen Yersinien z. B. septisch ein Gelenk befallen können oder aber sich eine ***Gonokokkensepsis*** in einem Gelenk manifestiert. Besonders letztere bedarf einer intensiven antibiotischen Therapie, da es sonst zu irreparablen Gelenkveränderungen durch direkte eitrige Gelenkdestruktion kommen kann. Ebenfalls zu den enteropathischen Arthritiden gehören die Gelenkentzündungen, die als Begleiterkrankung beim ***Morbus Crohn*** und der ***Colitis ulcerosa*** auftreten können. Gleichermaßen auf dem Boden des HLA-B27-Antigens, das bei der Mehrzahl der betroffenen Patienten nachzuweisen ist, kommt es zu einer Sakroiliitis. Der Übergang in eine voll ausgeprägte ankylosierende Spondylitis ist jedoch selten.

Gewissermaßen eine Sonderform der reaktiven Arthritiden stellt der ***Morbus Reiter*** dar, der als die klassische Trias von Konjunktivitis, Arthritis und Urethritis definiert wurde. Auch beim Morbus Reiter besteht eine enge Assoziation zu dem HLA-B27-Antigen, das in einigen Studien in über 95 % der Fälle aufzufinden war. Wenngleich die Augenbeschwerden und Arthritiden über viele Monate hartnäckig rezidivieren können, ist die Gesamtprognose des Morbus Reiter jedoch günstig. Er heilt in aller Regel folgenlos aus, nur in seltenen Fällen entwickelt sich auf seinem Boden eine SpA.

Das Rheumatische Fieber ist ein akuter entzündlicher Prozeß unter Beteiligung von Herz, Gelenken, Haut und Zentralnervensystem

Es tritt ca. 1–3 Wochen, in der Regel nach einer Tonsillitis mit Streptokokken der Gruppe A, auf. Jedoch auch andere Infektionen mit der genannten Erregergruppe, etwa im Bereich der Nasennebenhöhlen oder bei Zahnvereiterungen, können in seltenen Fällen dieses Krankheitsbild auslösen. Durch den frühen Gebrauch von Antibiotika und möglicherweise auch durch einen Wechsel in der Virulenz der Streptokokken, ist das Rheumatische Fieber in Deutschland sehr selten geworden, allerdings ist es in Gebieten mit hohem türkischen oder griechischen Bevölkerungsanteil häufiger zu finden. Die akuten Beschwerden halten Wochen bis mehrere Monate an, wobei die Folgen teilweise irreversibel sind. Hervorzuheben ist insbesondere die Fibrosierung der Herzklappen, die als weltweit häufigste Ursache einer erworbenen Herzkrankheit bei Kindern und Jugendlichen gilt. Aus rheumatologischer Sicht sind neben der Karditis mit Beteiligung des Endokards, des Myokards und des Perikards die Polyarthritis charakteristisch, die in der Regel wandernd die großen Gelenke betrifft. Vergleichsweise selten sind Muskelkoordinationsstörungen und emotionale Labilität, die sogenannte Sydenham-Chorea. Typisch, wenngleich selten auftretend, sind nicht-juckende, fleckförmige Hautrötungen mit blassem Zentrum (Erythema marginatum) sowie subkutane Knötchen an den Streckseiten der Gelenke.

Diagnostiziert wird das Krankheitsbild durch die sogenannten Jones-Kriterien, wobei die Hauptkriterien Polyarthritis, Karditis, Chorea- und Erythema marginatum darstellen und als Nebenkriterien Fieber, erhöhte Akutphasenproteine sowie EKG-Veränderungen sind. Pathophysiologisch geht dem Rheumatischen Fieber eine Infektion durch Beta-hämolysierende Streptokokken der Gruppe A voraus, wobei jedoch nur 3 % der unbehandelten Pharyngitiden zum Rheumatischen Fieber führen. Hervorzuheben ist, daß nur virulente, verkapselte Stämme, die eine starke Immunantwort auslösen, das Rheumatische Fieber verursachen können, wobei es sich meistens um Stämme der M-Typen 1, 3, 5, 6 und 18 handelt. Hier kreuzreagieren Streptokokkenantigene mit humanem Herzgewebe, insbesondere Proteinen des Sarkolemm und kardialem Myosin, offenbar aber auch mit noch nicht definierten Strukturen der Gelenke oder des Gehirns. Es besteht eine HLA-Assoziation zu DR 1, 2, 3 und 4. Histologisch sind die sogenannten Aschoff-Knötchen typisch, die als Granulome typischerweise am Herzen und in der Nähe kleiner Gefäße auftreten. Hier ist eine fibrinoide zentrale Nekrose aus gebündelten Muskelfasern von mononukleären Zellen und Makrophagen (Aschoffzellen) umgeben. Diese Läsionen entstehen durch direkte Zellschädigung und Immunkomplexbildung.

Die Lyme-Arthritis wird durch Borrelia burgdorferi hervorgerufen

Eine wichtige Differentialdiagnose zu den reaktiven Arthritiden stellt die ***Lyme-Arthritis*** dar, die durch den Erreger Borrelia burgdorferi hervorgerufen wird. Diese Spirochäte wird in Deutschland überwiegend durch den Vektor ***Ixodes ricinus***, einer auf Waldtieren lebenden Zeckenart, übertragen. Die zugrunde liegende Lyme-Erkrankung – so genannt nach dem amerikanischen Ort Lyme, in dem zuerst eine Häufung von Arthritiden nach Zeckenstichen beobachtet wurde – verläuft in drei Stadien. Dabei tritt im ersten Stadium kurz nach der Infektion charakteristischerweise ein Erythema migrans (EM) auf, das durch eine zentrale Rötung (Stelle des Zeckenstiches), einen abblassenden Hof und einen roten Randbezirk gekennzeichnet ist. Ohne Therapie kann sich aus diesem Stadium in einem noch unbekanntem Prozentsatz ein Stadium II nach ca. 1–3 Monaten anschließen, das durch eine Meningopolyneuritis (M. Bannwarth) und/oder selten auch durch kardiale Probleme, meist durch Erregungsleitungsstörungen, charakterisiert ist. Im Stadium III, das Monate bis Jahre nach der Infektion auftreten kann und dem nur selten das typische neurologische Stadium vorangeht, treten dann die Arthritiden auf, die sich meist als Oligoarthritis unter Bevorzugung der Knie-, Sprung- und Ellenbogengelenke manifestiert. Selten kann es auch zu einer polyarthritischen Verlaufsform kommen, die die Abgrenzung zu einer RA erforderlich macht.

Die pathophysiologischen Vorgänge bei der Lyme-Arthritis sind im Gegensatz zu den vorgenannten Arthritiden am einfachsten zu erklären, wenngleich auch hier noch viele offene Fragen bestehen. Nach dem Zeckenstich kommt es zu einer Vermehrung der Erreger im Bereich der Einstichstelle, woraufhin der Erreger hämatogen in das zentrale Nervensystem, das Herz und vor allem die Gelenke gestreut wird. Durch noch unbekannte Mechanismen gelingt es den Borrelien, sich dem Angriff der Makrophagen zu entziehen und sich in Nischen der genannten Gewebe zurückzuziehen, was besonders in Gelenkbereichen gezeigt werden konnte, wo sich Borrelien an kollagene Fasern anschmiegen. Umstritten ist noch, ob auch eine intrazelluläre Persistenz des Erregers möglich ist. Durch ebenfalls unbekannte Mechanismen kommt es dann Monate oder auch Jahre nach der Erstinfektion zu einer erneuten Vermehrung der Erreger, die dann zu einer ausgeprägten Aktivierung des Immunsystems, insbesondere der Makrophagen, führen, was sich durch erhebliche lokale Entzündungsvorgänge manifestiert, im Fall der Arthritis durch zum Teil heftige Entzündungen peripherer Gelenke. Gelingt es durch adäquate Therapie, die Erreger zu beseitigen, verschwindet in aller Regel auch die Arthritis. Intensiv wird bei sogenannten therapierefraktären Patienten diskutiert, ob durch die Borreliose auch eine selbstperpetuierende autoaggressive Entzündung eingeleitet werden kann, obwohl der Erreger selbst beseitigt worden ist.

27.3 Systemische Autoimmunerkrankungen

Bei systemischen Autoimmunerkrankungen kommt es zur Reaktion des Immunsystems mit körpereigenen Antigenen (Bruch der Selbsttoleranz) und entzündlichen Organmanifestationen

In der Gruppe der systemischen Autoimmunerkrankungen (Synonym: Kollagenosen) werden der systemische Lupus erythematodes (SLE), das Sjögren-Syndrom, das Anti-Phospholipid-Antikörpersyndrom, die progressive systemische Sklerodermie, die Poly- und Dermatomyositis sowie die Mischkollagenose (Synonyma: Sharp-Syndrom; „mixed connective tissue disease“) zusammengefaßt. Da die Ätiologie der Entitäten unbekannt ist, dienen Klassifikationskriterien zu ihrer Abgrenzung. Die Pathophysiologie dieser Erkrankungen umfaßt die Induktion einer Immunreaktion gegen Selbst- (Toleranzbruch) und nachfolgend verschiedene entzündliche Organmanifestationen. Die pathogenetische Relevanz von T- bzw. B-Zell-bedingten Organmanifestationen ist bei einzelnen Kollagenosen unterschiedlich [17, 18]. So dominieren z. B. Infiltrate autoreaktiver T-Zellen bei Polymyositis und Sklerodermie, während beim SLE, der Dermatomyositis oder dem Anti-Phospholipid Antikörpersyndrom Autoantikörper als Produkt autoreaktiver B-Zellen pathogenetisch im Vordergrund stehen.

Nach unserem heutigen Verständnis sind alle systemischen Autoimmunerkrankungen multifaktoriell bedingt. Dies betrifft eine genetische Prädisposition (MHC-Klasse-II-, T-Zellrezeptormoleküle), geschlechtsgebundene Konstellationen mit deutlicher Präferenz des weiblichen Geschlechts sowie exogene Faktoren (insbesondere Viren/Retroviren) [17]. Neben bestimmten MHC-Klasse-II-Antigenen werden genetisch bedingte Komplementdefekte bei einigen SLE-Patienten gefunden. Im SLE-Mausmodell wurden weitere Genmutationen von pathogenetischer Signifikanz beschrieben, die das ***lpr***- (Lymphoproliferation), das ***gld***- (generalisiertes Lymphoproliferationssyndrom) bzw. das ***Yaa-Gen*** (Y-chromosomales Autoimmunakzelerationsgen) betreffen [18]. Das lpr-Gen geht mit einer Mutation des Fas-Antigens einher, während das gld-Gen eine Mutation des Fas-Liganden ist. Beide haben Apoptosedefekte mit vermutlichem Ausfall der Deletion von autoreaktiven Lymphozytenklonen zur Folge [18].

Autoantikörper richten sich bei systemischen Autoimmunerkrankungen zumeist gegen nukleäre bzw. intrazelluläre Proteine bzw. Nukleinsäuren

Ein herausragendes Charakteristikum der systemischen Autoimmunerkrankungen sind Autoantikörper, welche zumeist gegen nukleäre bzw. intrazelluläre Proteine und Nukleinsäuren gerichtet sind und die hohe Frequenz antinukleärer Antikörper (ANA, Abb. 27.9) bei fast allen Kollagenosen erklären [17–19]. Deren Routinenachweis erfolgt in der indirekten Immunfluoreszenz, vorrangig auf Hep-2-Zellen.

Bestimmte Antikörperspezifitäten innerhalb der ANA treten in enger Assoziation mit den jeweiligen Erkrankungen bzw. klinischen Manifestationen auf. Der alleinige Autoantikörpernachweis ist jedoch trotz signifikanter Symptom- oder Organkorrelationen nicht unbedingt mit deren pathogenetischer Relevanz, d. h. entzündlich-gewebezerstörender Wirkung, gleichzusetzen. In der Initialisierung und Perpetuierung der Autoimmunantwort kommt den CD4 + -T-Zellen (sog. T-Helferzellen) ein wichtiger Stellenwert zu. Diese Zellen können entsprechend ihrer Zytokinproduktion in Th1- (Produktion von IL-2, IFN-γ und TNF-β) und Th2-Zellen (Produktion von IL-4, IL-5 und IL-13) weiter differenziert werden [20]. Jeder Th-Subtyp vermag autokrin durch die Sekretion entsprechender Zytokine seine eigene Entwicklung als auch eine zusätzliche Rekrutierung naiver T-Zellen voranzutreiben und gleichzeitig die Expansion anderer Th-Zellen zu inhibieren. Diese Polarisation bzw. die Balance der Th-Zellpopulationen begründet Aspekte zu Selbsttoleranz, Autoimmunität sowie therapeutische Überlegungen. So erscheint Toleranz oft als eine Blockierung autoreaktiver Th1-Zellen. Andererseits sind proinflammatorische Th1-Zellen von Bedeutung in der Induktion der Autoimmunantwort und Produktion pathogenetisch relevanter IgG-Subklassen (z. B. IgG_3). Th2-Zellen hingegen wird zwar eine protektive Rolle, insbesondere wenn sie hohe Mengen an TGF-β produzieren, zugesprochen, jedoch stimulieren diese die humorale Immunantwort und Produktion von IgG_1 und IgG_2. Die Beeinflussung des Th1/Th2-Gleichgewichtes durch Zytokine stellt eine Möglichkeit dar, therapeutisch in die Immunregulation einzugreifen und evtl. den Erkrankungsverlauf zu beeinflussen [18, 20]. So kann IL-10 als antiinflammatorisches Zytokin die proinflammatorischen Effekte von IL-1, IL-12 und TNF-α antagonisieren. IL-4 ist ebenfalls in der Lage, im Mausmodell eine Th1-bedingte Immunreaktion zu supprimieren und führt gleichzeitig zu einer Verschiebung im IgG-Subklassenmuster. Immunmodulatorische Eingriffe durch Applikation von Zytokinen (IL-4, IL-10) als auch deren funktionelle Inhibition (z. B. Anti-TNFα-Therapie) werden derzeit auf ihre klinische Relevanz geprüft.

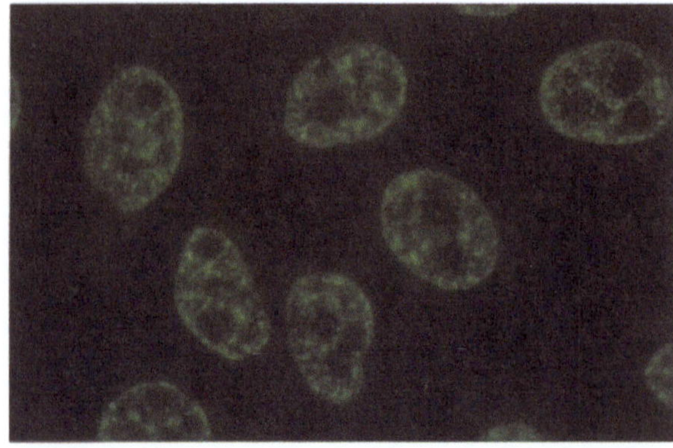

Abb. 27.9. Der Nachweis von antinukleären Faktoren (ANA) durch indirekte Immunfluoreszenz (hier grobgranuläre Kernfluoreszenz mit Aussparung der Nukleoli) gilt als typisch bei Patienten mit Kollagenosen. Ohne klinische Symptomatik und somit Relevanz können sie allerdings auch in bis zu 5 % der älteren Bevölkerung (> 60 Jahre) nachgewiesen werden

Initialisierung und Ausbreitung der Immunantwort bei systemischen Autoimmunerkrankungen. Verschiedene Theorien zur Generierung der Autoimmunreaktionen, wie die Präsentation von kryptischen Antigenen, kreuzreaktive Epitope von exo- und endogenen Antigenen, anti-idiotypische Antikörper etc., wurden postuliert. Das sog. „Molecular Mimicry"-Induktionsprinzip stellt dabei in diesem Zusammenhang ein umfassendes Modell dar für die Induktion der Antikörperproduktion und zytotoxischer T-Zellen [21]. Es beinhaltet die initiale Erkennung einer antigenen Determinante auf einem exogenen Protein (z. B. Virushüllprotein), welches mit einem körpereigenen (Auto)Antigen sequenz- oder strukturhomolog ist. Mit der Immunantwort gegen das exogene Agens erfolgt unter bestimmten Voraussetzungen eine Ausweitung der Immunreaktion über ein sog. immundominantes Epitop des Autoantigens und Einbeziehung weiterer Autoantigenbereiche (Epitopausbreitung, Abb. 27.10).

Antigenspezifische „Memory"-B-Zellen besitzen dabei eine ausgeprägte Kapazität zur Antigenpräsentation für T-Zellen. Diesen B-Zellen kommt eine Schlüsselstellung beim Toleranzbruch gegen das Autoantigen

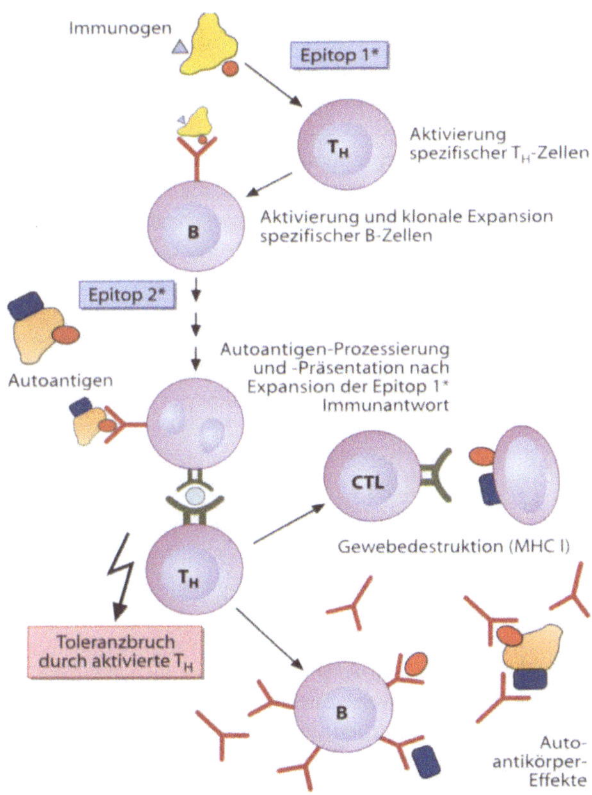

Abb. 27.10. Modell zur Induktion von Autoantikörpern und zytotoxischen T-Lymphozyten *(CTL)* durch exogene Antigene (*Epitop 1**, z. B. virale Antigene) über antigenpräsentierende B-Zellen. Dieser sog. „Molecular Mimikry"-Mechanismus kann durch Ausbreitung der Immunantwort („epitope spreading") gegen das gesamte Autoantigen die Autoantikörperbildung erklären

zu. Die Immunantwort erfolgt dabei zumeist gegen Antigenkomplexe (assoziierte RNA-Protein-Komplexe) und erklärt das Vorliegen von sog. Antikörpermustern in Patientenseren sowie einen antigengetriebenen Mechanismus der Autoantikörperproduktion. Autoantigenspezifische T-Zellen können ebenso wie selbst-antigenspezifische zytotoxische T-Zellen (CTL) durch diesen Mechanismus generiert werden. Diese CTL sind gegenüber bestimmten Klasse-I-Molekülen, die nur in einigen Geweben exprimiert werden, restringiert. Dadurch sind CTL-bedingte Gewebedestruktionen erklärbar. Eine langdauernde oder intermittierende Antigenpräsentation durch follikulär-dendritische Zellen wird zur Unterhaltung der Autoimmunantwort angenommen [21].

Kreuzreaktionen von Patientenseren mit viralen und retroviralen Proteinen begründen Vorstellungen zur viralen Mitbeteiligung bei Kollagenosen und somit in der Autoantikörperinduktion. So sind beispielsweise Bereiche der Ro(SS-A)-Antigene homolog zum sog. ***„ret finger protein"*** (***rfp***), welches in der Maus Lymphome induziert, bzw. Homologien zum Nukleokapsidprotein des ***Vesicular Stomatitis-Virus*** aufweist. Das immundominante Epitop des La(SS-B)-Proteins ist homolog zum gag-Polyprotein des Katzensarkom-Virus. Anti-Sm Antikörper reagieren ebenfalls mit dem p24-Antigen des HI-Virus. Weitere immunologische Kreuzreaktionen bestehen zwischen Autoantigenen und Determinanten der Influenza B-, Herpes simplex-, Cytomegalie-, Epstein-Barr- und HTLV-I Viren [17, 18, 21].

Antikörper gegen doppelsträngige DNA und deren Immunkomplexe haben pathogenetische Schrittmacherfunktion beim systemischen Lupus erythematodes (SLE)

Der ***SLE*** gilt als Prototyp einer systemischen Autoimmunerkrankung mit multiplen Organmanifestationen. Die Erkrankung betrifft vorrangig Frauen im gebärfähigen Alter mit einem Geschlechtsindex Frau:Mann von ca. 9:1. Immunpathologisch dominieren Gefäßveränderungen (Vaskulopathien und Vaskulitiden) sowie Immunkomplexablagerungen, die insbesondere zur Glomerulonephritis und ZNS-Manifestationen führen.

Beim SLE besteht in 75 % eine Diskordanz monozygoter Zwillinge für die Entwicklung der Krankheit, was die Rolle von exogenen Faktoren in der Pathogenese unterstreicht. So kann z. B. UV-Licht zur Zunahme von Hauterscheinungen bzw. zu systemischen Symptomen führen, die auch nach viralen oder bakteriellen Infektionen beobachtet werden können. Beim sog. medikamenteninduzierten LE führt die Einnahme bestimmter Medikamente (z. B. Procainamid, Hydralazin etc.) zur Produktion von ANA und reversiblen Entwicklung einer lupusähnlichen Erkrankung. Ein milder SLE tritt häufiger bei Bergarbeitern mit langdauernder Silikatexposition auf. Im Mausmodell kann durch eine intraperitoneale Applikation von Pristan (2-, 6-, 10-, 14-Tetramethylpentadekan) ein Lupus induziert werden. Trotz begründetem Verdacht ist allerdings bisher kein Umweltfaktor als Trigger des SLE beim Menschen identifiziert worden.

Autoantikörper und Gewebemanifestationen. Ein Charakteristikum des SLE ist eine überschießende Produktion von Autoantikörpern der IgG-Klasse. In 95% der Patienten werden ANA nachgewiesen, die entsprechend ihrer Spezifität weiter differenziert werden können (Tabelle 27.3) [19].

Enge Korrelationen der Autoantikörperproduktion und bestimmter MHC-Klasse II-Moleküle weisen auf genetisch determinierte Autoantigenpräsentationen hin. Welche Initialereignisse aber dazu führen, ist unklar. Das Vorliegen bestimmter Autoantikörper geht einher mit typischen Organmanifestationen.

Anti-DNA-Antikörper. Autoantikörper gegen native bzw. Doppelstrang-DNA haben eine hohe Spezifität für den SLE und korrelieren mit der Aktivität der Erkrankung. Daher sind sie zumeist nur bei erhöhter Krankheitsaktivität nachweisbar. Eine krankheits- und prognosebestimmende Organmanifestation stellt dabei die Lupusnephritis dar. Immunkomplexe aus dsDNA/Anti-dsDNA-Antikörpern spielen dabei eine wichtige Rolle, wobei sie vorrangig an den Glomerulia abgelagert werden [17–19]. Primär kann die dsDNA aber auch an die Glomerulummembran binden, an welche dann sekundär die Autoantikörper binden. Evtl. ist auch eine direkte Bindung von Anti-dsDNA Antikörpern an glomeruläre Membranantigene (z. B. Hyaluronsäure) von Bedeutung. Einige SLE-Patienten mit hohen Antikörpertitern gegen dsDNA (ca. 10–15%) entwickeln keine Nephritis. Es wird angenommen, daß diese Autoantikörper aufgrund eines unterschiedlichen IgG-Subklassenmusters eine unzureichende Fähigkeit besitzen, Komplement zu binden. Diese Eigenschaft der Antikörper ist essentiell für die Entwicklung einer Nephritis und wird evtl. genetisch bestimmt. Neben der Lupusnephritis treten ZNS-Vaskulitiden mit Anti-dsDNA Antikörpern auf.

Tabelle 27.3. Häufigkeit von Autoantikörpern bei Patienten mit SLE

Antigen	Frequenz von Autoantikörpern
DNA	
doppelsträngige/native	70–90%
DNA	
Einzelstrang-DNA	90–95%
Histon	70–90%
lösliche RNA-Proteinpartikel	
U1RNP	20–40%
Sm	25%
Ro/SS-A	40–50%
La/SS-B	15%
Proteasomen	50–60%
Ku-Antigen	20–40%
Cardiolipin	20–40%
ribosomale P-Proteine	5–15%
PCNA, tRNA, U1RNA	< 5%

Anti-Sm und -U1RNP-Antikörper. Diese Antikörperspezifitäten sind gegen verschiedene Ribonukleoproteinkomplexe gerichtet. Anti-Sm-Antikörper (abgeleitet von *Sm*ith-Antigen) haben eine sehr hohe Spezifität für den SLE. Sie treten bei SLE-Patienten mit ZNS-Befall auf und weisen zumeist auf einen milderen Verlauf der Nephritis hin. SLE-Patienten mit Antikörpern gegen die sog. U1RNP-Proteine entwickeln ebenfalls seltener eine Nephritis und finden sich oft bei SLE-Patienten mit einem Raynaud-Phänomen [17,19].

Anti-Ro(SS-A)/La(SS-B)-Antikörper. Eine Gruppe von SLE-Patienten exprimiert Autoantikörper gegen einen weiteren Ribonukleoproteinkomplex, Ro(SS-A)/La(SS-B). Diese Antikörper gehen mit Photosensivität, sekundärem Sjögren-Syndrom, interstitieller Lungenmanifestation und Vaskulitiden einher. Eine Defizienz der Komplementfaktoren C2 bzw. C4 bei Anti-Ro(SS-A)-positiven SLE-Patienten ist genetisch verursacht und bedarf der Berücksichtigung, da auch Aktivitätsschübe des SLE mit reduzierten Komplementspiegeln einhergehen.

Diaplazentare Übertragung von mütterlichen Anti-Ro(SS-A)/La(SS-B)-Antikörpern in der 16.–22. Schwangerschaftswoche kann zu einer intrauterinen entzündlichen Veränderung des kindlichen Atrioventrikularknotens und konsekutivem kongenitalen Herzblock führen

Zusätzlich haben die Antikörper eine Inhibition des langsamen Ca-Kanals mit arrhythmogener Wirkung zur Folge. Dieser Herzblock ist irreversibel und unerkannt lebensbedrohlich. Andererseits können bestimmte Subfraktionen dieser Autoantikörper das Syndrom des sog. neonatalen LE mit Dermatitis, Hepatitis und Zytopenien hervorrufen. Interessanterweise verschwinden diese klinischen Erscheinungen mit dem Abbau der mütterlichen IgG-Antikörper in der Neugeborenenzirkulation innerhalb der ersten 6 Lebensmonate. Für beide Syndrome sind noch nicht identifizierte, kindliche Prädispositionen erforderlich, da nicht jede Schwangere mit diesen Autoantikörpern ein krankes Kind gebärt.

Anti-Phospholipid-Antikörper interferieren mit plasmatischen, thrombozytären und endothelialen Bestandteilen des Gerinnungssystems und führen zu einer Hyperkoagulabilität

Das sog. Antiphospholipid- bzw. Anti-Cardiolipin-Antikörpersyndrom (APLA) imponiert durch arterielle bzw. venöse Durchblutungsstörungen, Livedo reticularis, Thrombozytopenien, hämolytische Anämien, transverse Myelitiden, eine pulmonale Hypertension, nichtinfektiöse Endokarditiden sowie durch eine habituelle Abortneigung und kann primär als auch als sekundär bei anderen Kollagenosen auftreten. Autoantikörper gegen sog. Kardiolipine bzw. Phospholipide spielen dabei eine immunpathogenetische Rolle, da sie blockierend in das Gerinnungssystems und dessen Inhibitoren eingreifen. Trotz verlängerter partieller Thromboplastinzeit und antikörperbedingter Thrombopenie besteht ein signifikantes Thrombose/Embolierisiko. Nachgewiesen werden diese Antikörper entweder funktionell in einem Gerinnungstestsystem als sog. Lupusantikoagulanz (LA) oder in einem ELISA als sog. Anti-Kardiolipin-Antikörper (IgM, IgG, IgA).

Pathogenetisch bestimmend sind beim APLA Störungen in den drei Säulen des Gerinnungssystems (plasmatische Gerinnung, Thrombozyten, Endothel). Anti-Phospholipidantikörper reagieren dabei mit verschiedenen Protein-Phospholipidkomplexen. Zu diesen Zielantigenen gehören u. a. Prothrombin, Annexin V, β2-Glykoprotein I, das plazentare Antikoagulationsprotein I (PAP I), Protein C und Protein S. Die habituelle Abortneigung ist auf plazentare Durchblutungsstörungen zurückzuführen. Passager und ohne pathogenetische Bedeutung können Anti-Cardiolipin Antikörper bei Infektionen oder unter Einnahme verschiedener Arzneimittel beobachtet werden. Immunisierungsversuche mit Bakterien bzw. Phospholipidbindungsproteinen führen zur Induktion dieser Antikörper und begründen den Verdacht, daß auch hier Infektionen bei Prädisponierten ätiologisch eine Rolle spielen können.

Die autoimmun bedingten Störungen bei APLA sind für die arterielle und venöse Thrombophilie unterschiedlich. Im allgemeinen folgen auf arterielle Thrombosen erneut arterielle, während venösen Verschlüssen ein erhöhtes Risiko für eine Thrombose im efferenten Schenkel des großen Kreislaufes zukommt. Auf der arteriellen Seite kommt es vor allem zur Inhibition der Interaktion von Endothel, Thrombozyten und der Inaktivierung durch Antithrombin III, während auf dem venösen Schenkel vorrangig eine antikörperbedingte Reduktion der Protein C-Aktivität resultiert. Für diese Unterschiede werden Differenzen der Antikörperspezifitäten verantwortlich gemacht.

Das Sjögren-Syndrom ist eine systemische Autoimmunerkrankung, die durch eine lymphozytäre Infiltration exokriner Drüsen und glanduläre Funktionseinschränkung charakterisiert ist

Gleichzeitige Infiltrationen extraglandulärer Organe können auftreten. Eine ausgeprägte B-Zellaktivierung durch hyperreaktive T-Zellen führen in 10–15 % der Patienten zu Non-Hodgkin Lymphomen [17].

Konstitutionelle und Umweltfaktoren scheinen die Entwicklung krankheitsbestimmender Autoimmunreaktionen zu verursachen (Abb. 27.11).

Sialotrophe und lymphotrophe Viren wie das ***Epstein-Barr-***, das ***Zytomegalie-***, das ***humane Herpesvirus 6*** sowie Retroviren sind mögliche Auslöser. Eine „Sicca-Symptomatik“ tritt ähnlich dem Sjögren-Syndrom auch bei ***HTLV-1***, ***HIV***- und ***HCV***-Infektionen auf, darf aber per definitionem nicht als sekundäres Sjögren-Syndrom bezeichnet werden.

Histopathologisch stellt sich die inflammatorische Kardinalläsion bei Sjögren-Syndrom als fokale Akkumulation mononukleärer Zellen um die Drüsengänge von Tränen- bzw. Speicheldrüsen dar. Fortgeschrittene Fälle weisen die klassischen sog. myoepithelialen Inseln auf. Die dominierende Zellpopulation der glandulären Infiltrate sind CD4 + -T-Zellen, die IFN-γ synthetisieren und zur MHC-Klasse-II-Expression sowie zu Antigenpräsentation durch Epithelzellen führen.

Neben dem Nachweis von Rheumafaktoren imponieren ANA mit positiven Anti-Ro(SS-A)/Anti-La(SS-B)-Antikörpern als typische serologische Befunde beim Sjögren-Syndrom, die hochkonzentriert in Speicheldrüsen von Sjögren-Patienten nachgewiesen wurden. IgG1 ist dabei die dominierende Fraktion der Anti-Ro(SS-A) IgG-Subklassen, welches effizient Komplement aktiviert und die antikörpervermittelte Zytotoxizität (ADCC) vermitteln kann.

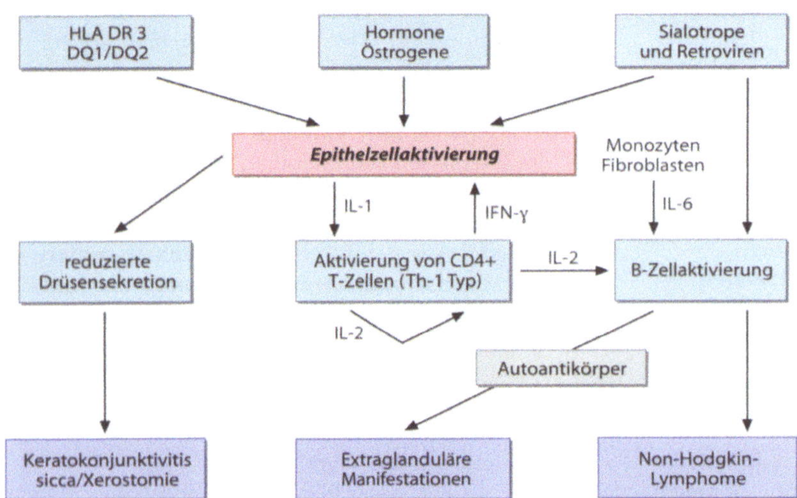

Abb. 27.11. Unter dem Einfluß von konstitutionellen und Umweltfaktoren kommt es zur Entwicklung krankheitsbestimmender Autoimmunreaktionen und Organmanifestationen beim Sjögren-Syndrom mit dem Komplikationsrisiko einer Non-Hodgkin-Lymphomentwicklung

Bei der progressiven systemischen Sklerodermie (PSS) kommt es zur exzessiven Kollagen- und Matrixablagerung in Haut und inneren Organen (Herz, Gastrointestinaltrakt, Lungen etc.), die zu erheblichen funktionellen Einschränkungen dieser Organe führen

Prognostisch signifikant ist die renale Manifestation, die durch schwere vaskuläre Veränderungen und maligne Hypertension charakterisiert ist. Immunpathogenetische Hauptmerkmale sind eine T-Zellaktivierung, Autoantikörperproduktion und überschießende Fibrogenese. Bei der frühen PSS finden sich erhöhte Spiegel an IL-2 und löslichem IL-2-Rezeptor, wobei später zytotoxische Zytokine (Lymphotoxin, TNF-α, IFN) dominieren.

Während bei der PSS die Autoimmunreaktion sowie das/die Autoantigen(e) im interstitiellen Gewebe zu suchen sind, sind die Ziele der Autoimmunreaktion bei der limitierten Form der Sklerodermie (sog. CREST-Syndrom) auf dem Endothel lokalisiert und imponieren daher vordergründig als Vaskulopathie.

Chronische Knochenmark-Transplantatabstoßung und chronische Silikatexposition können ebenfalls über eine T-Zellaktivierung eine Sklerodermieähnliche Erkrankung mit erhöhter Fibrogenese induzieren und unterstützen die zentrale Rolle aktivierter T-Zellen für diesen Prozeß. In frühen Hautläsionen finden sich vor allem lympho- und monozytäre Infiltrate, während später eine relative Zellarmut imponiert. Es wird angenommen, daß ein ätiologisches Agens (z. B. vaskulotrope Viren) primär das Endothel befällt und zur T-Zellaktivierung führt. Dies ist auch für toxische Stoffe (Rapssamenöl bzw. L-Tryptophan) bekannt, die sklerodermieähnliche Bilder verursachen können („toxic oil syndrome“ bzw. Eosinophilie-Myalgie-Syndrom). Warum sich zum einen der Immunprozeß vorrangig gegen das Endothel richtet und zum anderen eine deutliche Ausweitung der Erkrankung mit Fibroneogenese ausbildet, ist ungeklärt.

Autoantikörper haben zwar eine diagnostische Bedeutung bei der Sklerodermie (Tabelle 27.4), sind aber pathogenetisch von untergeordneter Bedeutung. Charakteristischerweise sind sie gegen Proteine des DNA-Replikationsprozesses (DNA-Topoisomerase I, Scl-70) bzw. gegen nukleoläre Strukturen gerichtet. Es wird vermutet, daß evtl. Viren in einem prädisponierten Wirt zur Induktion der Autoimmunantwort mit ausgeprägter T-Zellaktivierung führen, wobei es zu einer streng HLA-DR52 restringierten Antikörperproduktion kommt.

Die Polymyositis (PM) und Dermatomyositis (DM) umfassen gemeinsam mit der sog. Einschlußkörperchenmyositis die autoimmunen Myositiden, wobei die DM zusätzlich charakteristische Hauterscheinungen aufweist

Da Viren eine PM-ähnliche Erkrankung induzieren können, wurde eine Virusätiologie (Picorna-, Coxsackie-, Echo-Viren) vermutet. Interessanterweise spielen bei der sog. HIV-bedingten Myositis autoim-

Tabelle 27.4. Autoantigene bei progressiver systemischer Sklerodermie

Serologische Bezeichnung	Natur des Autoantigens
Nukleäre Antigene	
Scl-70	Abbauprodukt eines 100-kD-Proteins der DNA-Topoisomerase I
P-100	100-kD-Protein unklarer Funktion
Zentromer	17-, 80- und 140-kD-Proteine, die mit dem Kinetochor assoziieren
nukleolär lokalisierte Antigene	
RNA-Polymerase I	RNA-Polymerase-I-Komplex
Fibrillarin	34-kD-Protein der U3RNA-Partikel
PM-Scl	Komplex von 11 Proteinen von 20–110 kD
To	40-kD-Protein, das mit 7-2 bzw. 8-2 RNAs komplexiert
NOR90	90-kD-Protein der „nucleolus-organizer region"

mune Prozesse, wie die „Molecular Mimicry" bzw. Formation von Immunkomplexen eine pathogenetische Rolle [17].

Immunpathologische Befunde weisen auf wesentliche Unterschiede bei PM und DM hin. Zelluläre Infiltrationen, insbesondere zytotoxische T-Zellen, spielen eine Rolle bei der PM, wobei das nicht identifizierte Autoantigen an der Oberfläche der Muskelfasern vermutet wird. Aktivierte CD8 + -T-Zellen invadieren die Muskelfasern und führen zu Nekrosen. Bei der DM hingegen dominieren humorale Effektormechanismen, da perivaskulär ausgeprägte B-Zell- und CD4 + T-Zellinfiltrate bei nahezu fehlenden Muskelzellnekrosen nachgewiesen werden. Während bislang keine charakteristischen Antikörper bei Myositis etabliert sind, treten einige Spezifitäten in niedrigen Frequenzen ausschließlich bei bestimmten Patientengruppen auf. Dabei handelt es sich um antizytoplasmatische (Anti-Jo1 und andere Anti-Aminoacyl-tRNA Transferase-Antikörper) sowie antinukleäre bzw. antinukleoläre Antikörper (Anti-Mi2, Anti-PM-Scl, Anti-RNP, Anti-Ku). Der bedeutendste Autoantikörper dieser Gruppe ist gegen die Histidyl-tRNA-Synthetase gerichtet (Anti-Jo-1-Antikörper in ca. 15 %) und geht mit interstitiellen Lungenveränderungen, Arthritis und Raynaud-Phänomen einher (sog. Anti-Synthetase-Syndrom). In jüngster Zeit konnten bei der PM und DM Autoantikörper gegen Proteasomen bei über 50 % der Patienten nachgewiesen werden [22]. In Assoziation mit anderen Antikörpern treten diese allerdings auch bei SLE- und Sjögren-Patienten auf.

27.4 Degenerative Gelenkerkrankungen

Die Arthrose ist keine einfache Folge der Alterung, sondern wird durch eine Kombination verschiedener Faktoren ausgelöst

Die ***Arthrosis deformans*** (Arthrose, Osteoarthrose) ist die häufigste Gelenkerkrankung des Menschen. Im Alter von 70 Jahren ist nahezu jeder Mensch davon mehr oder weniger betroffen. Die Arthrose manifestiert sich sehr häufig an den großen Gelenken der unteren Extremität (vor allem Knie- und Hüftgelenke) und an den Fingergelenken (Daumensattel-, DIP- und PIP-Gelenke). Das Sprunggelenk und die Ellenbogengelenke sind auffällig seltener arthrotisch verändert. Im angloamerikanischen Sprachgebrauch wird die Erkankung zumeist als „Osteoarthritis" bezeichnet, weil häufig entzündliche Episoden im arthrotischen Gelenk auftreten können.

Ätiologie. Die Ätiologie der Arthrose ist nicht vollständig bekannt. Sicher ist jedoch, daß es sich nicht nur um eine einfache Abnutzung und/oder einen Altersverschleiß der Gelenke handelt. Wahrscheinlich wird die Erkrankung durch eine Kombination verschiedener Faktoren ausgelöst, wobei ***mechanische Faktoren*** eine besondere Rolle spielen. So sind für die Fingerpolyarthrose (z. B. Baumwollpflücker), die Gonarthrose (z. B. Fliesenleger) und die Coxarthrose (z. B. Landwirt) Korrelationen zur beruflichen Belastung statistisch gesichert. Diese Tatsache wurde als „Evolutionstheorie der Arthrose" diskutiert, nach der die Gelenke am häufigsten betroffen sind, die noch am wenigsten an die Bedürfnisse des Menschen (aufrechter Gang, Daumen-Finger-Arbeit) adaptiert sind.

Ganz sicher sind aber auch andere Faktoren ätiopathogenetisch beteiligt, da sich die Arthrose auch ohne offensichtliche mechanische Ursachen deutlich manifestieren kann. Zur Diskussion steht insbesondere eine ***genetische Prädisposition.*** So wurde an weiblichen Zwillingen ein deutlicher genetischer Einfluß (39–65 %) auf die Inzidenz der radiologisch erfaßbaren Hand- und Kniearthrose nachgewiesen [10]. Eine Vielzahl von experimentellen Untersuchungen macht ferner wahrscheinlich, daß auch ***andere physikalische, nutritive, enzymatische, toxische und metabolische Ursachen*** an der Ätiopathogenese der Arthrose beteiligt sind [11] (s. auch weiter unten). Erst kürzlich wurde der Nachweis für die gesteigerte Expression der NO-Synthase im arthrotischen Gelenk erbracht [12].

Dennoch wird für einen großen Teil der Arthrosen ein initiales Ungleichgewicht zwischen Belastung und Belastbarkeit des Knorpels als primär auslösend angesehen [2, 11]. Zu diesem Mißverhältnis können präarthrotische Deformitäten, Fehlhaltungen und außergewöhnliche Belastungen (Übergewicht, schwere körperliche Arbeit, Leistungssport) führen. Die präarthrotische Deformität ist als eine angeborene oder erworbene (z. B. nach Operationen, Entzündungen, Traumen) Aufbau- und Kongruenzstörungen des Gelenkes definiert, die durch Fehlbelastung zur Arthrose führt. Dazu werden im weiteren Sinn auch Gelenkaufbaustörungen gerechnet, wie man sie bei bestimmten Stoffwechselerkrankungen (z. B. Chondrokalzinose, Hämochromatose) findet.

Pathogenese. Arthrosen auf dem Boden einer präarthrotischen Deformität werden ***sekundäre Arthrosen*** genannt. Davon unterschieden werden ***primäre Arthrosen,*** bei denen kein ursächlicher Zusammenhang erkennbar ist. Für beide Formen wird jedoch vermutet, daß unphysiologische dynamische Belastungen initial zu Rupturen im kollagenen Netzwerk führen. Dadurch werden Proteoglykane frei, und die entstehende Störung im hydroelastischen System leistet dem systematischen Abbau von Matrixkomponenten des hyalinen Knorpels Vorschub. Das erste sichtbare morphologische Zeichen ist die oberflächliche Freilegung des Kollagennetzwerkes, was zu einer Knorpelrauhigkeit führt. Bald darauf entstehen Risse im Knorpel, die zunächst parallel zur Oberfläche verlaufen und später dann auch senkrecht dazu in die Tiefe gehen. Im fortgeschrittenen Stadium führen diese Veränderungen schließlich zur kompletten Abrasion des Knorpels, es entsteht die sogenannte „Knochenglatze". Der während dieser Vorgänge entstehende Detritus (Fragmente von Kollagenfasern, Proteoglykane, Kalziumhydroxyapatit-Kristalle) gelangt in die Synovialflüssigkeit, was eine Synovialitis auslösen und für eine gewisse Zeit auch unterhalten kann. Das dabei entstehende entzündliche klinische Bild wird über Entzündungsmediatoren, Zytokine (insbesondere IL-1), Phagozyten und degradative Enzyme vermittelt und als aktivierte Arthrose bezeichnet.

Morphologische Zeichen. Morphologische Zeichen der sekundären Synovialitis sind Synovialzotten, in deren Stroma manchmal sogar Lymphfollikel-ähnliche Strukturen nachweisbar sind. Bei weiterem Voranschreiten der Knorpelerosion kommt es schließlich zur Zerstörung der subchondralen Grenzlamelle. Dadurch wird der Knochenmarkraum eröffnet, und fibröses Knochenmark sprießt rasenartig ein. Die weiter bestehenden pathophysiologischen Faktoren zerstören auch dieses Gewebe, wodurch eine Eskalation der reaktiven Synovialitis einsetzen kann – klinisch wird ein erneuter entzündlicher Schub auffällig.

Mit diesen Veränderungen gehen typische ***röntgenologische Zeichen*** einher. Der initiale Knorpelabrieb manifestiert sich in der Verschmälerung des Gelenkspaltes. Subchondral gelegene Spongiosaverdichtungen und sogenannte Geröllzysten widerspiegeln die Reaktion des unmittelbar angrenzenden Knochens auf den Druck. Es kommt zunächst zur Verdickung und schließlich zum Zusammenbruch der Spongiosabälkchen. In der Druckentlastungszone, also jeweils marginal an den konvexen und konkaven Gelenkkörpern, bilden sich Osteophyten, die man in Form charakteristischer „Randwülste" frühzeitig im Röntgenbild erkennt (Abb. 27.12). Sie bewirken eine Druckreduktion,

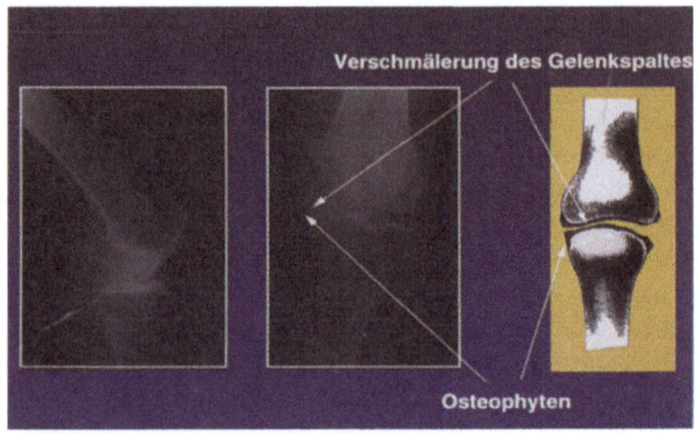

Abb. 27.12. Typische röntgenmorphologische Veränderungen bei Gonarthrose sind die Gelenkspaltverschmälerung und die charakteristischen Randwülste unterschiedlichen Ausmaßes

indem sie die tragende Gelenkfläche vergrößern. Die fortgeschrittene Arthrose zeigt dann deutliche Umbauvorgänge der artikulierenden Knochen mit z.B. Schliffflächen, Entrundungen oder Verplumpungen.

Klinische Symptomatik. Aus den pathophysiologischen Vorgängen läßt sich leicht die klinische Symptomatik der Arthrose ableiten. Die Patienten berichten über Spontan-, Druck- und Bewegungsschmerz des betroffenen Gelenks, was zur Einschränkung der Gelenkfunktion führt. Es treten Reibegeräusche auf. Äußerlich sichtbare Zeichen sind Umfangsvermehrung und Fehlstellung der Gelenke sowie periartikuläre Weichteilveränderungen. Bei der aktivierten Arthrose stehen die Entzündungszeichen im Vordergrund.

Die unterschiedlichen klinischen Manifestationsmuster kommen möglicherweise dadurch zustande, daß trotz des bestehenden Ursachenmosaiks individuell jeweils ein anderer der erwähnten Faktoren im Vordergrund steht.

> ! Degenerative Gelenkerkrankungen sind sehr häufig und können zur völligen Gelenkzerstörung führen. Das pathophysiologische Charakteristikum sind definierte Knorpel- und Knochendestruktionen, die von intermittierend auftretenden Synovialitiden begleitet sein können (aktivierte Arthrose).

27.5 Wichtige angeborene Bindegewebserkrankungen

Angeborene Bindegewebserkrankungen beruhen auf einem molekularen Defekt

Marfan-Syndrom. Das Marfan-Syndrom ist eine multisystemische, autosomal-dominant vererbte Bindegewebserkrankung, deren Grundlage die ***Mutation des Fibrillin-1-Gens auf Chromosom 15*** ist [23]. Als Folge dessen sind Synthese, Sekretion und die Ablagerung des Proteins in der Bindegewebsmatrix gestört. Fibrillin kommt in Organen vor, die elastisches Gewebe enthalten: Periost, Aorta, Linsenligament. Klinisch treten daher bei Patienten mit dieser Erkrankung Veränderungen des Habitus, des kardiovaskulären Systems und der Augen auf. Typisch sind skelettale Manifestationen wie Hochwuchs mit distal betonter Langgliedrigkeit, (Dolichostenomelie), Spinnenfingrigkeit (Arachnodaktylie), Thoraxdeformitäten (Pectus carinatum, Pectus excavatum) und überstreckbare Gelenke. Es kommt häufig zu Linsendislokationen und Aortenaneurysmen. Besonders gefürchtet ist die Ruptur eines Aortenaneurysmas, die tödlich verlaufen kann.

Ehlers-Danlos-Syndrom. Unter dieser Bezeichnung wird eine heterogene Gruppe erblicher Krankheitsbilder zusammengefaßt, die klinisch gekennzeichnet sind durch Überelastizität und Zerreißbarkeit von Haut und Gefäßen, Überstreckbarkeit der Gelenke sowie durch das Auftreten von Hernien, Divertikeln und Ektasien [24]. Darüberhinaus können Augenanomalien (Linsenektopie, Myopie, blaue Skleren) und erhöhte Frühgeborenenrate auftreten. Ursächlich besteht eine ***gestörte Kollagenbiosynthese***, wobei die molekularen Defekte teilweise aufgeklärt (z.B. Typ IV: Störung der Kollagen-Typ-III-Synthese; Typ VII: Prokollagenpeptidase-Defizienz) oder aber noch unbekannt (z.B. Typ I–III) sind.

Nach klinischen, biochemischen und genetischen Kriterien werden zur Zeit 10 verschiedene Typen der Erkrankung unterschieden. Der Erbmodus ist je nach Typ autosomal-dominant, autosomal-rezessiv, oder X-chromosomal. Die dominant vererbten Ehlers-Danlos-Typen I–III treten am häufigsten auf und werden nach klinischen Kriterien voneinander unterschieden. Demnach manifestiert sich beim Typ I das klinische Bild am deutlichsten, während beim Typ II die klinischen Zeichen weniger stark ausgeprägt ist. Für den Typ III ist die Überstreckbarkeit der Gelenke charakteristisch, während die anderen Symptome weitgehend fehlen. Derzeit ist keine spezifische Therapie bekannt.

Osteogenesis imperfecta. Die genetische Grundlage der sogenannten Glasknochenkrankheit oder Osteogenesis imperfecta sind ***verschiedene Mutationen im Kollagen-Typ-I-Gen*** [25]. Dieser Kollagentyp ist der Hauptbestandteil der organischen Matrix des Knochens, woraus sich der Name der Erkrankung und die klinische Symptomatik ableiten läßt. So kommt es bei leichteren Formen zu einer charakteristisch erhöhten Knochenfragilität, die mit einer erhöhten Frakturbereitschaft der Knochen bei schon geringen Traumen einhergeht. Die typischen Folgen sind Deformierungen und Wachstumsretardierung schon im Kindesalter. Ausgeprägte Krankheitsbilder enden bereits intrauterin oder aber perinatal (z.B. Geburtstrauma) letal. Neben dem Knochen sind wegen der Verteilung des betroffenen Strukturproteins im menschlichen Körper auch andere Gewebe betroffen. So enthalten z. B. auch die Haut, die Zähne, die Augen und die Skleren große Mengen an Kollagen I und sind daher mehr oder weniger relevanter Manifestationsort dieser Erkrankung. Klinisch können beispielsweise blaue Skleren, eine Dentinogenesis imperfecta oder Schwerhörigkeit auffallen. Je nach Erbgang und klinischen Manifestationen unterscheidet man derzeit 4 Verlaufsformen (Tabelle 27.5).

Marfan-Syndrom, Ehlers-Danlos-Syndrom und Osteogenesis imperfecta sind angeborene Defekte der Fibrillin- bzw. Kollagenbiosynthese. Charakteristische Symptome sind daher ligamentäre und skelettale Manifestationen.

Tabelle 27.5. Verlaufsformen der Osteogenesis imperfecta

I	**Osteogenesis imperfecta levis** (Hoeve-Syndrom; Lobstein-Krankheit) autosomal-dominant leichter Verlauf blaue Skleren, Dentinogenesis imperfecta, Schwerhörigkeit
II	**Osteogenesis imperfecta letalis** (Vrolik-Krankheit) häufig autosomal-rezessiv (Typen Ia–Ic) letal endender Verlauf, häufig intrauterin und perinatal Frakturen
III	**Osteogenesis imperfecta tarda gravis** überwiegend autosomal-rezessiv schwerer Verlauf mit frühkindlichen Frakturen und Deformierungen
IV	**Osteogenesis imperfecta Typ IV** autosomal-dominant variabler Verlauf mit/ohne Dentinogenesis imperfecta

27.6 Literatur

1. Whicher JT, Evans SW (eds) (1992) Biochemistry of Inflammation. Immunology and medicine, vol. 18. Kluwer Academic Publishers, Dordrecht Boston London
2. The handbook of immunopharmacology (Series Ed: C. Page) Immunopharmacology of joints and connective tissue. Eds. M. E. Davies, J. T. Dingle Academic Press, London San Diego New York. H.-G. Fassbender in : Inflammatory reactions in Arthritis
3. Davies ME, Dingle JT (eds) (1994) Immunopharmacology of joints and connective tissue. Academic Press, London San Diego New York
4. Panayi GS (ed) (1994) Immunology of the connective tissue diseases. Immunology and medicine, vol. 22. Kluwer Academic, Publishers Dordrecht Boston London
5. Ahmed M, Bjurholm A, Schultzberg M, Theodorsson E, Kreicbergs A (1995) Increased levels of substance P and calcitonin gene-related peptide in rat adjuvant arthritis. A combined immunohistochemical and radioimmunoassay analysis. Arthritis Rheum 38(5): 699–709
6. Scott DT, Lam FY, Ferrell WR (1994) Acute joint inflammation – mechanisms and mediators. Gen Pharmacol 25(7): 1285–96
7. Savage COS, Pearson JD (eds) (1995) Immunological aspects of the vascular endothelium. Cambridge University Press
8. Boswell CA, Majno G, Joris I, Ostrom KA (1992) Acute endothelial cell contraction in vitro: a comparison with vascular smooth muscle cells and fibroblasts. Microvasc Res 43(2): 178–91
9. Springer TA (1994) Traffic signals for lymphocyte recirculation and leukocyte emigration: the multistep paradigm. Cell 76: 301
10. Spector TD, Cicuttini F, Baker J, Loughlin J, Hart D (1996) Genetic influences on osteoarthritis in women: a twin study. BMJ 312(7036): 940–943
11. Fassbender HG, Zwick J (1995) Neue Forschungsergebnisse auf dem Gebiet der Osteoarthrose. Wien Med Wochenschr 145(5): 96–98
12. Amin AR, Di Cesare PE, Vyas P et al. (1995) The expression and regulation of nitric oxide synthase in human osteoarthritis-affected chondrocytes: evidence for up-regulated neuronal nitric oxide synthase. J Exp Med 182(6): 2097–2102
13. Gemsa D, Kalden JR, Resch K (1997) Immunologie. Georg Thieme Verlag, Stuttgart New York
14. Burmester GR, Daser A, Kamradt T, Krause A, Mitchison NA, Sieper J, Wolf N (1995) Immunology of reactive arthritides. Ann Rev Immunol 13: 229
15. Klippel JH, Dieppe PA (1994) Rheumatology. Mosby, St. Louis Baltimore Boston Chicago London Philadelphia Sydney Toronto
16. Schumacher HR Jr (1993) Primer on the rheumatic diseases, 10th edn. Arthritis Foundation
17. Bigazzi PE, Reichlin M (1991) Systemic Autoimmunity. Immunology Series, vol. 54. Marcel Dekker Inc, New York
18. Kotzin BL (1996) Systemic lupus erythematosus. Cell 85: 303–306
19. Hiepe F, Riemekasten G, Dörner T (1996) Autoantikörperdiagnostik bei systemischem Lupus erythematodes. Akt Rheumatol 21: 62–71
20. Abbas AK, Murphy KM, Sher A (1996) Functional diversity of helper T lymphocytes. Nature 383: 787–793
21. Dörner T, Hiepe F, Burmester GR (1996) Immundominante Autoepitope – Hinweise für Mechanismen der Autoantikörperinduktion bei systemisch-entzündlichen Autoimmunerkrankungen? Deutsche Medizinische Wochenschrift 121: 1267–1270

22. Feist E, Dörner T, Kuckelkorn U, Schmidtke G, Micheel B, Hiepe F, Burmester GR, Kloetzel PM (1996) The proteasome α-type subunit C9 is a primary target of autoantibodies in sera of patients with myositis and systemic lupus erythematosus. J Exp Med 184: 1313–1319
23. Aoyama T, Francke U, Gasner C, Furthmayr H (1995) Fibrillin abnormalities and prognosis in Marfan syndrome and related disorders. Am J Med Genet 58(2): 169–176
24. Byers PH (1994) Ehlers-Danlos syndrome: recent advances and current understanding of the clinical and genetic heterogeneity. J Invest Dermatol 103(Suppl 5): 47S–52S
25. Zhuang J, Tromp G, Kuivaniemi H, Castells S, Bugge M, Prockop DJ (1996) Direct sequencing of PCR products derived from cDNAs for the pro alpha 1 and pro alpha 2 chains of type I procollagen as a screening method to detect mutations in patients with osteogenesis imperfecta. Hum Mutat 7(2): 89–99

Knochen und Kalzium

R. Ziegler

EINLEITUNG **Fall 1.** Eine 65jährige Frau erlitt beim Anheben einer Einkaufstasche von ca. 5 kg Gewicht einen scharfen Schmerz etwa in der Mitte des Rückens. Nach leichtem Abklingen verschärfte sich der Schmerz am Folgetag, so daß sie einen Orthopäden aufsuchte. Er röntgte die Brustwirbelsäule, die einen keilförmigen Einbruch des 10. Brustwirbelkörpers erkennen ließ. Die Anamnese ergab, daß bereits die Mutter der Patientin an einer Osteoporose gelitten hatte. Gravierende Osteoporoserisiken wurden aufgrund der Anamnese und der Untersuchung bei der Patientin nicht ersichtlich – die Menopause war mit 48 Jahren etwas früher eingetreten, als es dem Durchschnitt entspricht; eine Östrogen-/Gestagen-Substitution war damals nicht erfolgt. Die Diagnose war somit die einer idiopathischen Osteoporose in der postmenopausalen Phase (Typ I) ohne Verdacht auf sekundäre Osteoporose.

Fall 2. Bei einem 55jährigen Mann war vom Hausarzt bei einer Durchuntersuchung die Erhöhung der alkalischen Serum-Phosphatase auf 430 U/l festgestellt worden – er vermutete eine Hepatopathie und verordnete sog. Leberschutzpräparate. Er veranlaßte auch eine Kur in einem Heilbad für Lebererkrankungen. Drei Jahre später führten leichte Gehbeschwerden im rechten Kniegelenk zu einer Röntgenaufnahme, die im oberen Tibiadrittel wolkig-strähnige Knochenveränderungen aufzeigte, wie sie für einen Morbus Paget typisch sind. Erst jetzt wurde registriert, daß der Unterschenkel in diesem Bereich leicht nach außen kurviert war. Die Haut über dem befallenen Knochenareal fühlte sich etwas wärmer an. Durch den Röntgenbefund wurde die Erhöhung der alkalischen Phosphatase als die der ossären Komponente dieses Enzyms demaskiert – eine Hepatopathie hatte also nicht vorgelegen. Der Patient wurde einer Therapie seines M. Paget des Skeletts mit einem Bisphosphonat zugeführt, die Progression der Erkrankung wurde dadurch aufgehalten.

28.1 Generalisierte Osteopathien

Generalisierte Knochenerkrankungen betreffen das gesamte Skelett von Kopf bis Fuß – die meisten Erkrankungen führen zum Verlust der Knochenmasse und Knochenstruktur, zum Teil verbunden mit Änderungen im Knochenaufbau. Seltener ist eine Vermehrung der Knochenmasse.

Osteoporose ist die Verminderung der Knochenmasse und Knochendichte mit Ausdünnung der Mikroarchitektur: Folgen sind eine vermehrte Frakturanfälligkeit und manifeste Frakturen

Primäre, idiopathische Osteoporose. Aufbau und Erhalt eines gesunden Knochens hängen davon ab, daß der Organismus ausreichend mit den Bausteinen des Knochens mit der Nahrung versorgt wird (Eiweiß, Kalzium, Phosphat, Vitamin D, Spurenelemente), daß das Skelett ausreichend belastet wird und daß während der Jahre der Fortpflanzung Sexualhormone zur Verfügung stehen; durch sie erfährt der Knochen einen Zuwachs, der beim weiblichen Geschlecht mit der Menopause wieder verloren geht, beim männlichen Geschlecht in der Regel lebenslang erhalten bleibt [6]. Abb. 28.1 stellt die Sexualhormonabhängigkeit des Skelettes dar. Wenn ein Kind nicht die normale Pubertät erfährt (z. B. Mädchen mit Ullrich-Turner-Syndrom oder Knaben mit Klinefelter-Syndrom), entwickelt es die maximal mögliche Spitzenknochenmasse („peak bone mass") nicht. Vermutlich ist auch der Zeitpunkt des Beginns der Pubertät wichtig: Zu spät mit Sexualhormonen substituierte hypogonadale Menschen erreichen wohl ihr theoretisch mögliches Maximum an Knochenmasse nicht. Man kann von einer primären Osteopenie sprechen [1].

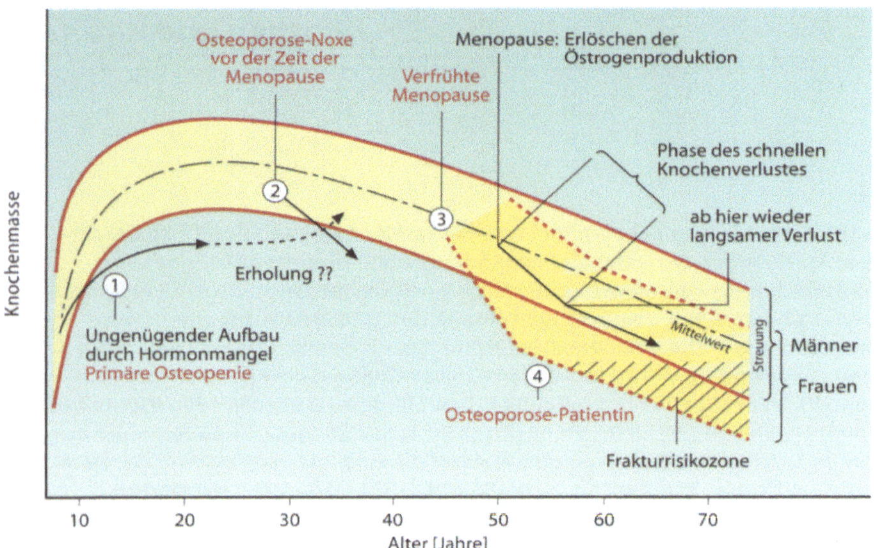

Abb. 28.1. Aufbau und Erhalt des Knochens in Abhängigkeit von den Sexualhormonen. Ein Nicht-Eintreten der Pubertät bzw. Kalziummangel und/oder Immobilität können zur primären Osteopenie führen *(1)*, Osteoporose-Noxen nach Erreichen der Spitzenknochenmasse können Osteopenien in mittleren Jahren verursachen *(2)*, bei Frauen führt der postmenopausale Knochenmasseverlust mit beschleunigtem Knochenumbau über 10 Jahre zur Typ-I-Osteoporose *(3)*, die manifeste Osteoporose mit Frakturen *(4)* ist häufig multifaktoriell verursacht. Besonders im Senium trägt ein latenter Kalzium- und Vitamin-D-Mangel zur Osteoporoseentstehung bei (Osteoporose Typ II)

Wenn die Spitzenknochenmasse zunächst erreicht wurde, können zur Osteoporose führende Noxen, die entweder die Versorgung mit den Bausteinen gefährden (Durchfallserkrankungen) oder die körperliche Aktivität vermindern (Gelenkrheumatismus) bzw. zum Ausfall der Sexualhormone führen (Anorexie bei der Frau, Mumps-Orchitis mit Hypogonadismus beim Manne), zum Knochenmassenverlust führen. Im Laufe der Zeit kann daraus eine Osteoporose entstehen.

Ab dem 40. Lebensjahr nimmt die Knochenmasse auch beim gesunden Menschen langsam ab – das Verlusttempo beträgt 1/4 bis 1/2 bis 1 % pro Jahr. Diese Entwicklung zeigen Männer ebenso wie Frauen – sie entspricht dem Alterungsprozeß, wie ihn auch andere Organe aufweisen.

Der postmenopausale Östrogenmangel beschleunigt den Knochenabbau bei der Frau

Bei Frauen bedeutet die Menopause den Ausfall der endogenen Östrogene – sie wird von einem beschleunigten Knochenmasseverlust über etwa 10 Jahre gefolgt. Anschließend pendelt sich der Verlust auf das langsamere Tempo ein, wie es auch Männer in diesem Alter zeigen. Der postmenopausale Knochenmasseverlust (zusätzlich zum Verlust durch das Altern) erklärt, warum Frauen häufiger eine Osteoporose erleiden als Männer. Abb. 28.1 zeigt auf, welche Indikatoren als erhöhte Osteoporosegefahr anzusehen sind: ein frühes oder vorzeitiges Einsetzen der Menopause, eine niedrig liegende Knochenmasse bzw. Knochendichte zur Zeit der Menopause, ein besonders steiler Verlust nach der Menopause [7].

Weitere bekannte Risiken sind: Zugehörigkeit zu den hellhäutigen und asiatischen Rassen (Farbige afrikanischer Abstammung entwickeln seltener eine Osteoporose), schlanker Körperbau, Untergewicht, geringe körperliche Aktivität, stärkeres Rauchen (bei Frauen).

Der Weg vom Östrogenausfall zum Knochenmasseverlust ist in Abb. 28.2 dargestellt. Mit dem Wegfall der Östrogene steigen lokal im Knochen Zytokine an, die osteolytisch wirken: Interleukin 1 und Interleukin 6 [2]. Sie bewirken eine verstärkte Aktivität der Osteoklasten – es wird vermehrt Knochen resorbiert. Durch die Kopplung von Knochenabbau und Knochenanbau [9] wird sekundär zwar auch der Knochenanbau stimuliert – in der Beschleunigung des Knochenumbaus halten jedoch die Osteoblasten in ihrer Produktionslei-

→

Abb. 28.2. Weg vom Östrogenmangel zum Knochenmasseverlust über eine Aktivierung der Resorption von Knochengewebe (via aktivierte Zytokine), den vermehrten Kalziumverlust über die Nieren und die verminderte Kalziumabsorption im Darm infolge eines latenten Parathormonmangels. Letzterer hat eine verminderte Calcitriol-Bildung zur Folge. Es ergibt sich eine Reduktion der Knochenmasse nach langjähriger negativer Kalziumbilanz und gesteigertem Abbau

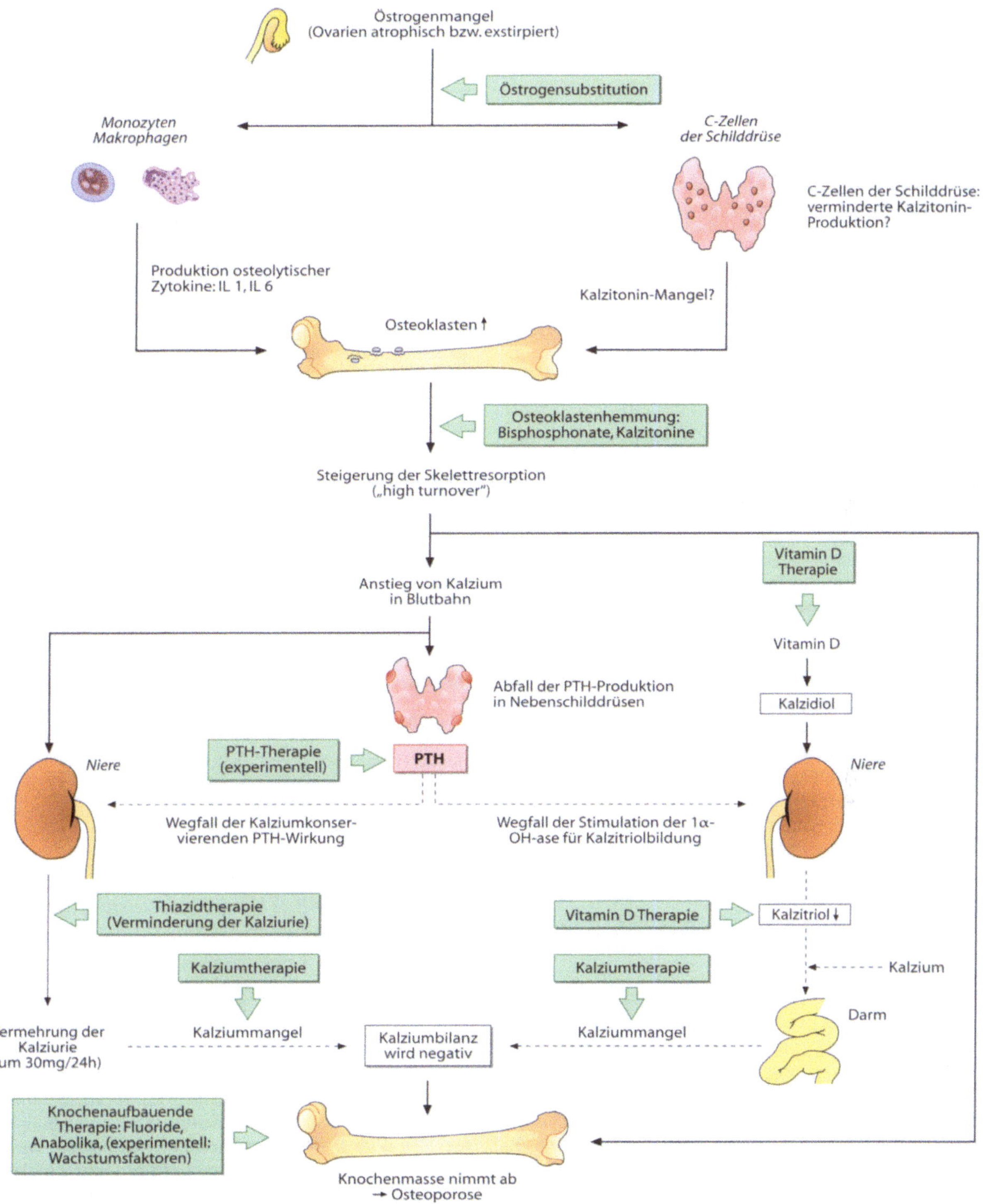

Östrogenmangel
(Ovarien atrophisch bzw. exstirpiert)
Östrogensubstitution
Monozyten
Makrophagen
C-Zellen
der Schilddrüse
C-Zellen der Schilddrüse: verminderte Kalzitonin-Produktion?
Produktion osteolytischer Zytokine: IL 1, IL 6
Kalzitonin-Mangel?
Osteoklasten ↑
Osteoklastenhemmung: Bisphosphonate, Kalzitonine
Steigerung der Skelettresorption („high turnover")
Anstieg von Kalzium in Blutbahn
Vitamin D Therapie
Vitamin D
Kalzidiol
Abfall der PTH-Produktion in Nebenschilddrüsen
PTH-Therapie (experimentell)
PTH
Niere
Niere
Wegfall der Kalziumkonser-vierenden PTH-Wirkung
Wegfall der Stimulation der 1α-OH-ase für Kalzitriolbildung
Thiazidtherapie (Verminderung der Kalziurie)
Vitamin D Therapie
Kalzitriol ↓
Kalziumtherapie
Kalziumtherapie
Kalzium
Darm
Vermehrung der Kalziurie (um 30mg/24h)
Kalziummangel
Kalziumbilanz wird negativ
Kalziummangel
Knochenaufbauende Therapie: Fluoride, Anabolika, (experimentell: Wachstumsfaktoren)
Knochenmasse nimmt ab → Osteoporose

stung nicht mit der Abbaurate der Osteoklasten mit, so daß eine negative Bilanz an Knochenmasse resultiert. Beschleunigter Knochenumbau in der zweiten Lebenshälfte bedeutet also Knochenmasseverlust. Da der spongiöse, trabekuläre Knochen einen etwa doppelt so schnellen Umsatz hat wie der kompakte Röhrenknochen, tritt der Verlust als erstes in spongiösen Arealen wie den Wirbelkörpern zutage: Typischerweise manifestiert sich die postmenopausale Osteoporose an der Wirbelsäule etwa 10 bis 15 Jahre nach der Menopause (sog. Osteoporose Typ I).

Der Östrogenmangel führt über eine verminderte Parathormonsekretion zu einer verminderten intestinalen Kalziumresorption

Die gesteigerte Resorption des Knochengewebes durch den Östrogenausfall führt zur Freisetzung von Kalzium in die Blutbahn, der Kalziumspiegel steigt dort leicht an (ohne eine Hyperkalziämie zu erzeugen). Dem Kalziumanstieg folgt zum einen eine vermehrte Kalziumausscheidung im Urin, zum anderen ein Rückgang der Sekretion des Parathormons. Parathormon fehlt einerseits bei der Rückresorption von Kalzium in der Niere, andererseits bei der Bildung von 1,25-dihydroxy-Cholecalciferol (dem Vitamin-D-Hormon = Calcitriol) in der Niere. Die Folge ist, daß die Frau ohne Östrogene bei gleichem Kalziumangebot im Darm weniger absorbiert als bei vorhandenen Östrogenen. Dies erklärt, daß die Kalziumhomöostase bei der postmenopausalen, östrogenlosen Frau erst mit einer täglichen Zufuhr von ***1500 mg Kalzium*** eine neutrale Bilanz aufweist, während prämenopausal 1000 mg ausreichten.

Vermehrte Kalziumausscheidung im Urin und verminderte Kalziumabsorption im Darm summieren sich zu einer negativen Kalziumbilanz, die in Verbindung mit dem oben dargestellten vermehrten Abbau von Knochengewebe in eine Osteoporose münden kann.

Die Pfeile der Therapieprinzipien in Abb. 28.2 begründen, warum eine Osteoporosetherapie in Abhängigkeit von der pathophysiologischen Phase der Osteoporoseentwicklung unterschiedlich sein muß. Steht beschleunigter Abbau im Vordergrund, sind ***abbauhemmende („antiresorptive") Medikamente*** indiziert. Ist der Abbau eher verlangsamt, muß der ***Anbau*** stimuliert werden.

Wie erwähnt, ist bei Frauen die Phase des beschleunigten Knochenumbaus („high turnover") etwa ein Jahrzehnt nach Beginn der Menopause abgeschlossen – das Tempo des Knochenstoffwechsels verlangsamt sich („low turnover"). Voraussetzung für diese Verlangsamung ist, daß die Versorgung mit Kalzium und Vitamin D ausreichend ist.

Gerade im Senium wird jedoch unter unseren Lebensbedingungen die Versorgung mit Kalzium und Vitamin D schlechter: Alte Menschen bewegen sich weniger an der frischen Luft, durch reduzierte Sonneneinwirkung entsteht weniger Vitamin D; die Eßmengen der alten Menschen sind reduziert, so daß die Kalziumbeimengungen oft unzureichend werden. Somit entwickelt sich ein schleichender sekundärer Hyperparathyreoidismus, der dann neuerlich einen beschleunigten Knochenstoffwechsel zur Folge hat: Im Gegensatz zur postmenopausalen Situation ist das Parathormon jetzt erhöht (bzw. innerhalb des Normbereichs angestiegen). Der leichte Hyperparathyreoidismus greift auch vermehrt den kortikalen Knochen an, so daß die typische osteoporotische Fraktur um das 80. Lebensjahr herum auftritt: die Schenkelhalsfraktur (bei nun so bezeichneter Osteoporose Typ II). Naturgemäß kann sich eine Osteoporose Typ II auch auf eine Osteoporose Typ I aufpfropfen.

Als Prophylaxe gegen eine ***Osteoporose Typ I*** spielt die Östrogen/Gestagen-Substitution nach der Menopause die wichtigste Rolle – zur Prophylaxe der ***Osteoporose Typ II*** empfiehlt sich die Optimierung der Zufuhr an Kalzium und Vitamin D vor allem bei Menschen jenseits des 70. Lebensjahres. Der Bedarf an Vitamin D dürfte hier etwas höher liegen als in jüngeren Jahren, da die Aktivität der 1-alpha-Hydroxylase in der Niere, die Calcidiol in Calcitriol umwandelt, abzunehmen scheint.

Neuere Befunde lassen in der Genese der Osteoporose Unterschiede in der Vererbung des Vitamin-D-Rezeptors erkennen. Möglicherweise gibt es eine ungünstige Konstellation der Allele des Vitamin-D-Rezeptors, die einen höheren Bedarf an Kalzium und/oder Vitamin D bei den entsprechenden Genträgern zur Folge hat.

Eine sekundäre Osteoporose kann als Folge einer anderen Erkrankung auftreten

Bei der Darstellung der für den Knochenaufbau und -erhalt nützlichen Faktoren wurden bereits Krankheitskomplexe erwähnt, die eine sekundäre Osteoporose induzieren können [7]. Es sind dies alle Störungen mit beschleunigtem Knochenstoffwechsel, sei es ein ***sekundärer Hyperparathyreoidismus*** infolge der Malabsorption oder Maldigestion von kalziumhaltigen Speisen, sei es eine Hyperthyreose oder ***paraneoplastische osteolytische Faktoren***. Leichte Formen derartiger Störungen münden in eine Osteopenie/Osteoporose –

schwere Störungen können dann definierte Krankheitsbilder hervorrufen, die nun von der Osteoporose abweichen und gesondert zu betrachten sind: extremer Kalzium- und Vitamin-D-Mangel führt zu ***Rachitis*** und ***Osteomalazie***, starke Tumor-Osteolyse zur ***Tumor-Osteopathie***.

Der erworbene ***Hypogonadismus*** des Mannes ruft die gleichen Folgen im Knochenstoffwechsel hervor wie der Östrogenmangel bei der Frau.

Gesonderte Betrachtung verdient die ***Glukokortikoid-induzierte*** Osteoporose, die sowohl endogen induziert beim Cushing-Syndrom auftreten kann als auch exogen-iatrogen als Folge einer Glukokortikoidtherapie.

Ein ***Hyperkortisolismus*** (Abb. 28.3) führt zum Negativwerden der Kalziumbilanz, indem die Kalziumabsorption im Darm vermindert wird. Gleichzeitig wird die Kalziumausscheidung im Urin vermehrt, so daß ein sekundärer Hyperparathyreoidismus induziert wird. Er verursacht eine Beschleunigung des Knochenstoffwechsels durch Hyperosteolyse. Direkt am Knochen hemmt ein Kortisolexzeß die Osteoblastentätig-

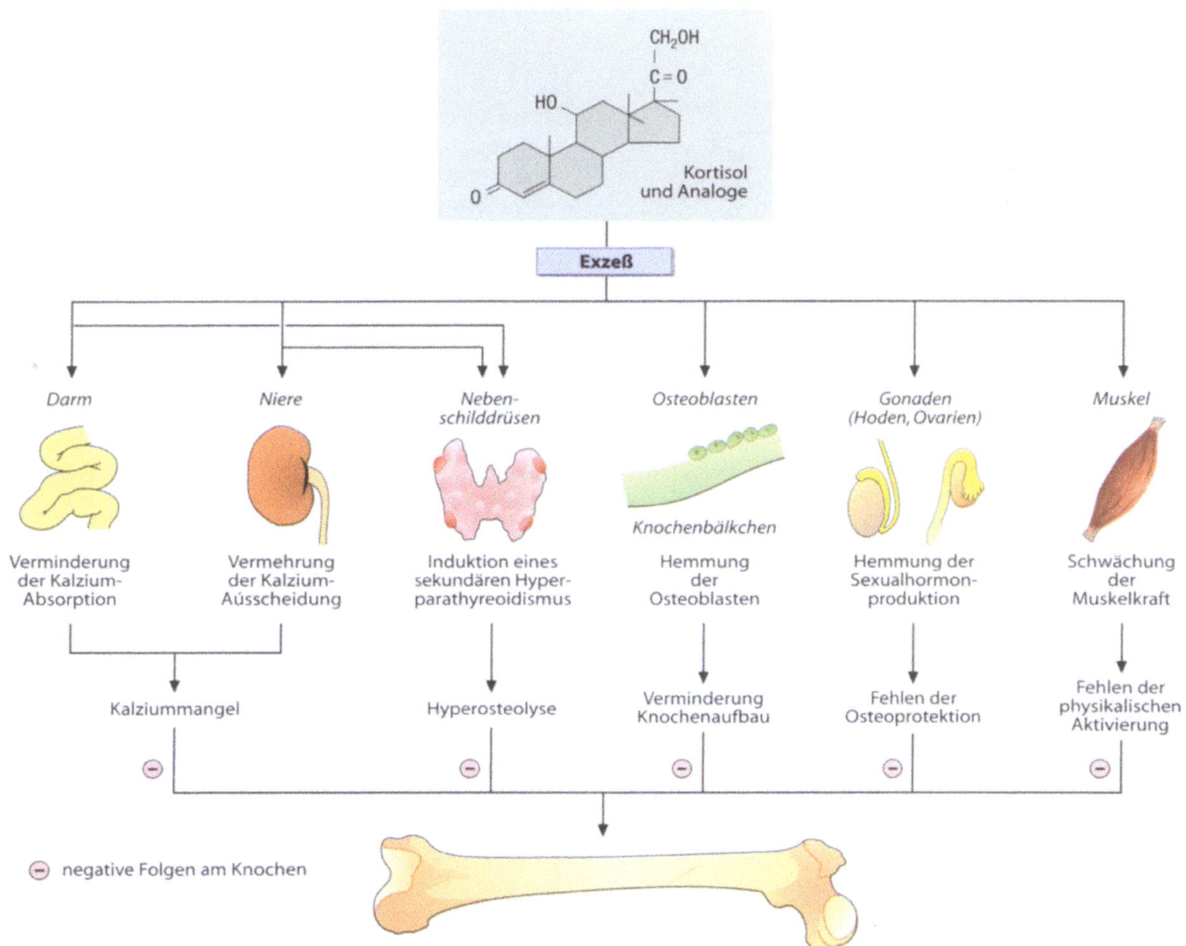

Abb. 28.3. Genese des Glukokortikoid-induzierten Knochenmasseverlustes. Komponenten des multifaktoriellen Geschehens sind eine Verminderung der Kalziumabsorption im Darm, eine Vermehrung der Kalziumausscheidung in den Nieren, die Induktion eines sekundären Hyperparathyreoidismus, eine Hemmung der Osteoblastentätigkeit, eine Verminderung der osteoanabolen Sexualhormonwirkung, eine Schwächung der Muskelkraft

keit, so daß der Knochenanbau vermindert wird. Zu dieser Verminderung trägt auch die Verminderung der Sexualhormone bei: Ein Hyperkortisolismus induziert eine Verminderung der Aktivität der Gonadenachse bei beiden Geschlechtern. Schließlich wirkt der katabole Effekt der Glukokortikoide negativ auf die Muskulatur, eine Muskelatrophie hat den Wegfall von Krafteinwirkungen auf den Knochen zur Folge.

Die sekundäre Osteoporose durch Hyperkortisolismus ist also ein multfaktorielles Geschehen mit den Komponenten des Kalziummangels, der Hyperosteolyse, des verminderten Knochenaufbaus infolge des Fehlens physikalischer Krafteinwirkungen und fehlender Effekte der Sexualhormone.

! Die Osteoporose entsteht auf der Basis einer verminderten oder sekundär beschleunigt verloren gegangenen Knochenmasse. Folgen sind die Frakturen mit Krankheitswert. Bei primärer Osteoporose ist eine Leitstörung nicht sicher zu eruieren – Risikofaktoren sind bekannt. Bei sekundären Osteoporosen liegt eine Grundkrankheit vor, die den beschleunigten Knochenmasseverlust induziert.

28.2 Hyperparathyreodismus

Eine Überfunktion der Nebenschilddrüsen (Hyperparathyreoidismus) kann primär, d. h. autonom erfolgen oder sekundär, reaktiv: Im letzten Falle aktiviert eine extraparathyreoidale Erkrankung die Nebenschilddrüsen

Primärer Hyperparathyreoidismus (pHPT). Ohne bekannte Ursache kann sich in einer Nebenschilddrüse ein autonomes Adenom entwickeln, das exzessiv Parathormon produziert. Auch Karzinome kommen vor (in etwa 1% der Fälle). Bei familiären Formen des pHPT werden zur Zeit ***genetische Defekte*** aufgespürt: Bei der homozygoten Form des Defekts des Kalzium-Sensors in den Nebenschilddrüsen, der in seiner heterozygoten Form zur familiären benignen hypokalziurischen Hyperkalziämie führt, entwickelt sich ein pHPT des Neugeborenen mit ***Vierdrüsenhyperplasie*** [4]. Ansonsten kommen fließende Übergänge zwischen mehreren Adenomen und der primären Hyperplasie vor. Bei der multiplen endokrinen Neoplasie (MEN) Typ I kommt aufgrund eines MENIN-Gendefektes bei 90% ein pHPT vor, bei der MEN II a in 20%. Als genetischer Defekt liegt hier eine Mutation im RET-Protoonkogen zugrunde.

Das im Exzeß sezernierte Parathormon hat Einflüsse auf Knochen, Nieren und Darm (Abb. 28.4). Am Knochen werden die Osteoklasten aktiviert (über eine vorausgehende Aktivierung der Osteoblasten, die ihrerseits über Kopplungssignale die Osteoklasten stimulieren) [10]. Hieraus resultiert ein beschleunigter Knochenumbau, der in jüngeren Lebensphasen und unter günstigen Bedingungen noch nicht unbedingt zum Knochenmasseverlust führen muß – in seltenen Fällen kann ein Hyperparathyreoidismus sogar mit einer Osteosklerose einhergehen (Therapieversuche der Osteoporose mit Parathormon werden zur Zeit unternommen). Ein länger dauernder Parathormonexzeß bewirkt jedoch einen Knochenmasseverlust durch verstärkte Resorption von Knochengewebe, ohne daß der reaktive Knochenneubau Schritt hält. An die Stelle resorbierter Knochenareale tritt fibröses Gewebe – eine sog. „Fibroosteoklasie". Durch die gesteigerte Knochenresorption werden Kalzium und Phosphat in die Blutbahn freigesetzt [11].

Einfluß der exzessiven Parathormonsekretion auf die Niere. In der Niere führt Parathormon zunächst zur verstärkten Rückresorption von Kalzium – dieser Prozeß trägt zur Entwicklung einer Hyperkalziämie bei. Im Stadium der Erhöhung des Kalziums über die obere Norm schlägt die zunächst reduzierte Kalziumausscheidung in die Hyperkalziurie um. Die phosphaturische Parathormonwirkung führt zur Hyperphosphaturie – die erhöhten Urinkonzentrationen an Kalzium und Phosphat haben eine Kalzifizierungstendenz zur Folge – sie kann sich als Nephrokalzinose (in 10% der Patienten) oder Nephrolithiasis (90% der Patienten mit renaler Manifestation) ausprägen. In der Niere stimuliert Parathormon auch die Bildung von Calcitriol aus Calcidiol – Calcitriol bewirkt im Darm eine verstärkte Absorption von Kalzium. Die Hyperkalziämie des Patienten mit pHPT ist also die Summe aus verstärkter renaler Reabsorption, verstärkter Absorption im Darm und gesteigerter Kalziumfreisetzung aus dem Knochen – fortgeschrittene Stadien bringen dann den Umschlag in die Hyperkalziurie bei Hyperphosphaturie. Nierensteine und Nephrokalzinose sind die ***renale Manifestation*** der Erkrankung bei etwa der Hälfte der Betroffenen; die ***ossäre Manifestation*** des Knochenmasseverlustes (Osteoporosebild) ist seltener, und nur noch als Rarität wird das Endstadium der Hyperosteo-

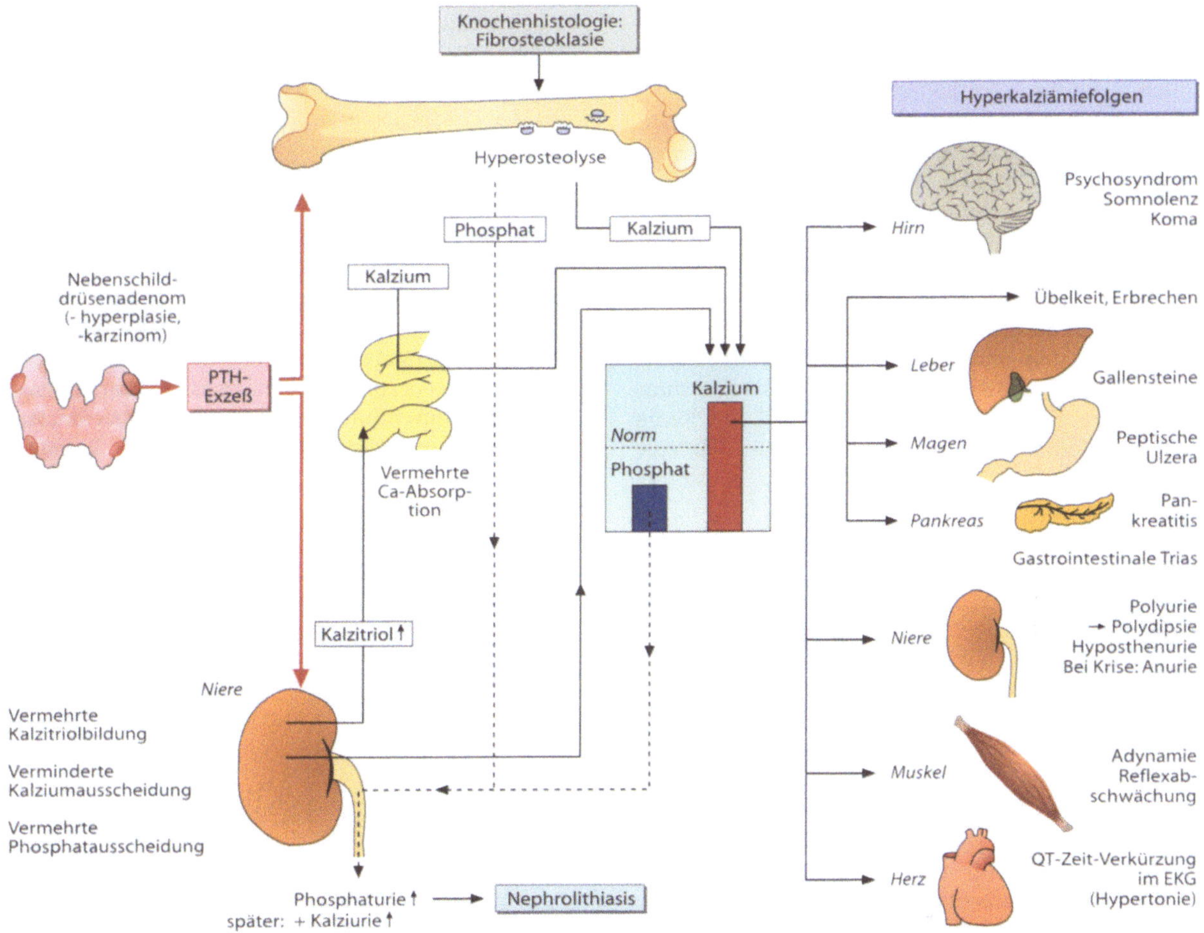

Abb. 28.4. Pathophysiologie des primären Hyperparathyreoidismus: Der PTH-Exzeß bewirkt eine Hyperabsorption von Kalzium im Darm (via Calcitriol), eine Hyperphosphaturie, eine Hypokalziurie, die später in Hyperkalziurie umschlägt, eine gesteigerte Skelettresorption. Die Effekte summieren sich zur Hyperkalziämie mit funktionellen Störungen in vielen Organsystemen

lyse gesehen, die Ostitis fibrosa cystica generalisata von Recklinghausen.

Weitere organmanifeste Krankheitserscheinungen sind Folge der Hyperkalziämie: Im Magen-Darm-Trakt führt eine verstärke Kalziumausscheidung im Pankreasgang gelegentlich zur verkalkenden Pankreatitis (Kalzium stimuliert auch die Enzymsekretion des Pankreas). Beim peptischen Ulkusleiden des Patienten mit pHPT ist umstritten, ob eine Hyperkalziämie-induzierte Mehrsekretion von Gastrin und Magensäure mitbeteiligt ist, oder ob Beziehungen zur multiplen endokrinen Neoplasie Typ I bestehen, bei der auch Gastrinome vorkommen.

Funktionelle Störungen der Hyperkalzämie. Eine Hyperkalzämie gleich welcher Genese kann an verschiedenen Organsystemen funktionelle Störungen hervorrufen. Die Niere reagiert mit Polyurie (osmotische Diurese, die Ausscheidung von Kalzium und Natrium ist gekoppelt), hiervon abhängig entwickelt sich eine Polydipsie. Die Funktion der Tubuluszellen ist gestört, es kommt zur Einschränkung der Konzentrationsfähigkeit (Hyposthenurie). Weiterhin klagen die Patienten häufig über Übelkeit und Erbrechen. Eine Gewichtsabnahme ist häufig. Das EKG weist in manchen Fällen eine QT-Zeit-Verkürzung auf – hohe Kalziumspiegel können Herzarrhythmien und Herzstillstand bewirken. Bedrohlich ist das Zusammentreffen einer Hyperkalzämie (mit häufiger Begleithypokaliämie) mit Digitalistherapie: Auf doppeltem Wege kommt es zur Erhöhung des zytoplasmatischen Kalziumpools, und es kann zum Herzstillstand kommen. Das Zentralnervensystem zeigt bei Hyperkalziämie Funktionsstörungen im psychischen Bereich (endokrines Psychosyndrom) mit Initiativlosigkeit, Verstimmung, Depressionsneigung. Unspezifische EEG-Veränderungen wurden beschrieben. Die Erhöhung der Schwelle der neuromuskulären Erregbarkeit durch die erhöhte Kalziumionenkonzentration bewirkt Reflexabschwächung und Adynamie.

Die parathyreotoxische Krise ist ein Zustand der Dekompensation einer schweren Hyperkalziämie, bei der die Polyurie der Nieren in Oligurie und Anurie umschlägt, die Hirnfunktion in Somnolenz und Koma (Kalzium-Koma). Ohne rasche wirksame Therapie führt die Krise zum Tode.

> **!** Der primäre Hyperparathyreoidismus führt zum autonomen Parathormonexzeß, der Organmanifestationen an der Niere, am Knochen und am Intestinum zur Folge hat; das Hyperkalziämie-Syndrom umfaßt reversible Funktionsstörungen verschiedener Organsysteme in Abhängigkeit vom Schweregrad der Kalziumerhöhung.

Chronische Hypokalziämien unterschiedlicher Ursache können einen sekundären Hyperparathyreoidismus (sHPT) bedingen

Chronische Hypokalziämien stimulieren dauernd die Nebenschilddrüsen zur Mehrsekretion von Parathormon – die Drüsen können sich dabei in ihrer Gewebsmasse von etwa 200 mg im gesunden Zustand auf mehrere Gramm vergrößern. Seltener sieht man die ***intestinale*** Form: Chronische Durchfälle bzw. Unterversorgung mit Kalzium führen zum intestinalen sHPT, der sich durch Knochenveränderungen manifestiert, wie sie beim pHPT beschrieben sind. Daneben weist der Knochen aber auch Zeichen der Untermineralisierung auf (s. Kap. Rachitis und Osteomalazie). Die Erniedrigung des Kalziumspiegels kann mit einer Steigerung der neuromuskulären Erregbarkeit, d.h. einer tetanischen Bereitschaft, einhergehen.

Die häufigste Ursache eines sHPT ist die ***terminale Niereninsuffizienz***: Hierbei vermag die insuffiziente Niere nicht mehr ausreichend Calcitriol zu bilden, das als rückkoppelnder Hemmfaktor auf die Parathormonsekretion fehlt. Infolge des Calcitriolmangels wird weniger Kalzium im Darm absorbiert. Daneben bewirkt der Phosphatstau im Blut vor den funktionsgestörten Nieren, die anorganisches Phosphat nicht mehr ausreichend ausscheiden können, über das Kalzium-Phosphat-Ionengleichgewicht eine Senkung des Kalziumspiegels. Der renale sHPT ist die Summe aus verminderter Kalziumabsorption (Calcitriolmangel), verminderter Parathormonsuppression (Calcitriolmangel) und Kalziumsenkung durch Hyperphosphatämie. Die Knochenveränderungen sind die Mischung aus Zeichen des Hyperparathyreoidismus (Fibroosteoklasie) und der Untermineralisation (Rachitis, Osteomalazie: s. unten) in wechselnden Anteilen dieser Komponenten [8].

> **!** Beim sekundären Hyperparathyreoidismus führt eine chronische Hypokalziämie interstinaler oder (häufiger) renaler Genese zum Parathormonexzeß. Die häufigste Ursache ist die terminale Niereninsuffizienz.

28.3 Rachitis und Osteomalazie

Das Krankheitsbild der Untermineralisierung des Knochens heißt im Kindesalter Rachitis, im Erwachsenenalter Osteomalazie; führend kann bei der Entstehung entweder ein Fehlen des Kalziums und Vitamin D sein oder ein Mangel an anorganischem Phosphat

Kalzipenische Rachitis/Osteomalazie. Kalzium wird mit Hilfe des Vitamin-D-Hormons im Darm absorbiert. Auf dem Wege der Versorgung des Organismus mit Vitamin D hin bis zu seiner Aktivierung sind unterschiedliche Defekte möglich (Abb. 28.5). Vitamin D_2 (pflanzlicher Herkunft) oder Vitamin D_3 (tierischer Herkunft) wird entweder mit der Nahrung in fertiger Form zugeführt oder es entsteht Vitamin D_3

Abb. 28.5. Metabolisierung des Vitamin D vom genuinen Vitamin zum Vitamin-D-Hormon, Calcitriol. Eine D-Hypovitaminose kann durch Defekte auf jeder Ebene hervorgerufen werden

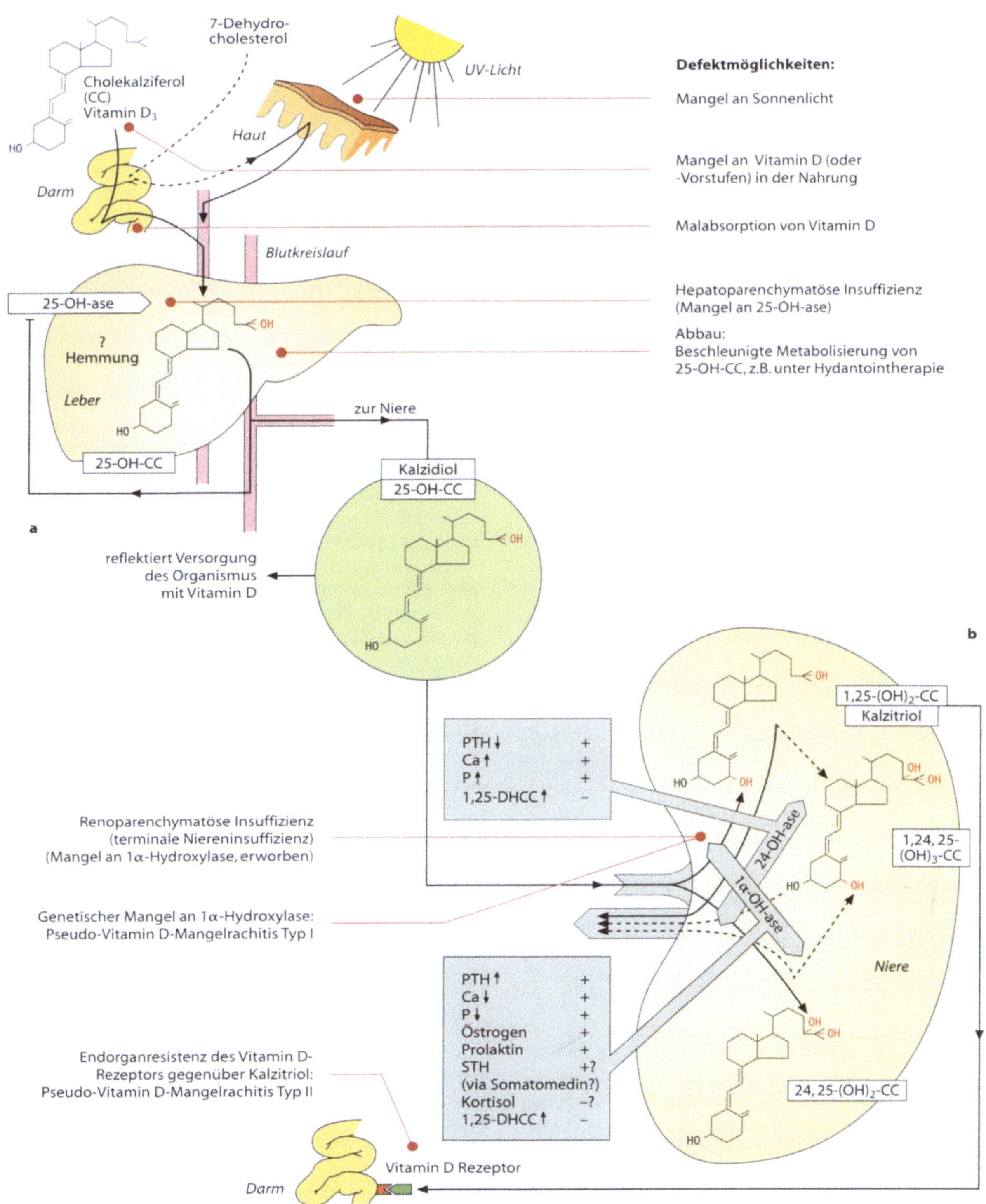
7-Dehydro-
cholesterol
Cholekalziferol
(CC)
Vitamin D_3
UV-Licht
Haut
Darm
Blutkreislauf
25-OH-ase
?
Hemmung
Leber
25-OH-CC
zur Niere
Kalzidiol
25-OH-CC
a
reflektiert Versorgung
des Organismus
mit Vitamin D
Defektmöglichkeiten:
Mangel an Sonnenlicht
Mangel an Vitamin D (oder
-Vorstufen) in der Nahrung
Malabsorption von Vitamin D
Hepatoparenchymatöse Insuffizienz
(Mangel an 25-OH-ase)
Abbau:
Beschleunigte Metabolisierung von
25-OH-CC, z.B. unter Hydantointherapie
b
$1,25-(OH)_2$-CC
Kalzitriol
PTH ↓ +
Ca ↑ +
P ↑ +
1,25-DHCC ↑ –
24-OH-ase
1α-OH-ase
1,24,25-
$(OH)_3$-CC
Renoparenchymatöse Insuffizienz
(terminale Niereninsuffizienz)
(Mangel an 1α-Hydroxylase, erworben)
Genetischer Mangel an 1α-Hydroxylase:
Pseudo-Vitamin D-Mangelrachitis Typ I
PTH ↑ +
Ca ↓ +
P ↓ +
Östrogen +
Prolaktin +
STH +?
(via Somatomedin?)
Kortisol –?
1,25-DHCC ↑ –
Niere
$24,25-(OH)_2$-CC
Endorganresistenz des Vitamin D-
Rezeptors gegenüber Kalzitriol:
Pseudo-Vitamin D-Mangelrachitis Typ II
Vitamin D Rezeptor
Darm

in der Haut unter dem Einfluß des UV-Lichtes der Sonne aus der Vorstufe 7-Dehydrocholesterol. Eine Vitamin-D-Hypovitaminose kann Folge einer unzureichenden Zufuhr mit der Nahrung sein, oder die Besonnung kann unzureichend sein. Die fehlende Besonnung wird vor allem dunkel pigmentierten Menschen nach Umzug in sonnenärmere Regionen gefährlich: Einwanderer-Osteomalazie bei Pakistani in England oder bei Türken mit verhüllender Kleidung in Deutschland.

Leber. Der Schritt der Metabolisierung des Vitamin D zum 25-OH-Vitamin D (Calcidiol) in der Leber ist nur verhältnismäßig selten gestört: Die 25-Hydroxylierung erfolgt in Abhängigkeit vom Substratangebot und bedarf keiner zusätzlicher Stimulatoren. Daher reflektiert der Spiegel des 25-OH-Vitamins D im Blut sehr zuverlässig die Versorgung mit Vitamin D beim Menschen. Nur bei weitgehendem Leberausfall (fortgeschrittene Leberzirrhose) ist die 25-Hydroxylierung gestört. Iatrogen-medikamentös bewirkt die chronische Gabe von Antiepileptika vom Hydantoin-Typ ein gewisses Osteomalazierisiko: Sie beschleunigen durch Aktivierung von Zytochrom P 450 in der Leber die Verstoffwechselung von Calcidiol, so daß es zum Mangel kommen kann – 5 bis 10 % der Epileptiker unter Hydantoinen sind von dieser Antiepileptika-Osteomalazie betroffen.

Niere. Die zweite Hydroxylierung des Vitamin D in der Niere (1α-Hydroxylierung) zu 1,25-Dihydroxycholecalciferol (Calcitriol) ist sehr fein gesteuert: Signale des Kalziummangels wie Hypokalzämie und erhöhtes Parathormon stimulieren die 1α-Hydroxylase, eine Hyperkalziämie wirkt dieser Aktivierung entgegen und verstärkt die Bildung von 24,25-Dihydroxycholecalciferol, dessen Aufgabe immer noch nicht völlig geklärt ist. Die häufigste Störung der 1α-Hydroxylase findet sich bei der Niereninsuffizienz: Bereits beginnende Grade des Ausfalls tubulären Gewebes reduzieren die Bildung von Calcitriol [4].

Eine seltene Ursache des Calcitriol-Mangels ist die ***Pseudo-Vitamin-D-Mangelrachitis Typ I***: Bei dieser Form der Rachitis/Osteomalazie fehlt die 1α-Hydroxylase. Nach Erkennung der Diagnose (erniedrigte Spiegel von Calcitriol bei normalen Spiegeln von Calcidiol) kann folgerichtig mit Calcitriol in normalen Dosen substituiert werden.

Rezeptoren. Bei der ***Pseudo-Vitamin-D-Mangelrachitis Typ II*** ist die 1α-Hydroxylase intakt, der Vitamin-D-Rezeptor ist jedoch gestört. Die betroffenen Menschen haben außer ihrer Rachitis (die Erkrankung manifestiert sich im Kindesalter) eine Alopezie. Therapeutische Dosen an Calcitriol sind völlig unwirksam – extreme Dosen in Verbindung mit Kalziumgaben erlauben eine nur partiell wirksame Behandlung.

Folgen der Untermineralisierung des Skelettes im ***Kindesalter*** sind Minderwuchs, Deformierungen, Verbreiterungen der Wachstumsfugen und der Übergänge zwischen Knochen und Knorpel (rachitischer Rosenkranz, aufgetriebene Knie- und Sprunggelenke). Bleibende Skelettdeformierungen können ein Glockenthorax, ein Kartenherzbecken und eine schwere Skoliose sein.

Manifestiert sich die Osteomalazie im ***Erwachsenenalter***, verändert sich ein zunächst normal entwickeltes Skelett sehr langsam im Tempo des Knochenumbaus. Unbehandelt kann hier im Laufe von Jahren ebenfalls eine Verkrümmung der Extremitätenknochen entstehen, auch Kartenherzbecken und Glockenthorax kommen vor. Der sekundäre Hyperparathyreoidismus, der die Osteomalazie häufig begleitet, führt zum Phosphatverlust – eine Hypophosphatämie-bedingte Myopathie kann die Beweglichkeit noch erschweren (Watschelgang der Osteomalazie-Patienten). Brüche sind seltener als die Entwicklung von Pseudofrakturen in Gestalt sog. Looser-Umbauzonen.

Phosphopenische Rachitis/Osteomalazie. Hier steht ein primärer Mangel an anorganischem Phosphat im Vordergrund – Kalzium und Parathormon können normal sein. Die Untermineralisierung ist Folge des für die Verkalkung des Osteoids nötigen Partner-Ions zum Kalzium. Diese Formen sind seltener als die kalzipenischen. Führend ist die X-Chromosom-gebundene hypophosphatämische Rachitis/Osteomalazie. In Folge eines Transportdefektes wird in der Niere vermehrt Phosphat ausgeschieden – möglicherweise ist auch die Absorption gestört. Involviert ist auch ein nicht exakt definierter Defekt im Vitamin-D-Stoffwechsel: Man substituiert die Erkrankung sowohl mit oralen Phosphatsalzen als auch mit Calcitriol.

Die Folgen des Phosphatmangels ähneln denen des Kalziumangels für die Mineralisierung: im Kindesalter Deformierungen und Kleinwuchs, im Erwachsenenalter die langsame Deformierung. Hier ist dann an eine erworbene, onkogene Rachitis zu denken: Mesenchymale Tumoren (zumeist gutartig) unterschiedlicher Gewebe können einen phosphaturischen Faktor sezernieren, der renal die Phosphaturie steigert. Die Erscheinungen am Knochen sind die der erworbenen Osteomalazie. Die erfolgreiche Tumorentfernung heilt das Geschehen.

Weitere seltene angeborene Formen der phosphopenischen Rachitis finden sich kombiniert mit Glukosurie und Aminoazidurie beim Fanconi-Syndrom und bei der renalen tubulären Azidose (distaler Typ). Seltene Situationen sind die phosphatarme Ernährung des Frühgeborenen mit der Folge einer phosphopenischen Rachitis oder die phosphatarme parenterale Hyperalimentation bei Bewußtlosen über längere Zeiträume.

> **!** Ein ungenügendes Angebot von Kalzium und/oder anorganischem Phosphat im Blut führt zur Untermineralisierung des Knochens. Im Kindesalter führt die Störung zum klinischen Bild der Rachitis, im Erwachsenenalter zu dem der Osteomalazie. Diagnostisch sind die kalzipenischen Formen von den selteneren phosphopenischen Formen zu unterscheiden, um eine sachgerechte Therapie zu ermöglichen.

28.4 Tumor-Osteopathie

Malignome können den Knochen über zwei Mechanismen in Mitleidenschaft ziehen: Zum einen ist eine lokalisierte oder auch diffuse Metastasierung in das Knochenmark und von dort aus in das Knochengewebe hinein möglich, zum anderen können Tumoren auch knochenfern osteolytisch wirksame Faktoren produzieren

Abbildung 28.6 skizziert die Komponenten der Tumor-Osteopathie. Als Fernwirkung können Tumoren über die Produktion osteolytisch wirksamer Substanzen einen Knochenabbau bewirken. Ihr „Prototyp" ist das parathormonähnliche Peptid, PTHrP. Als Schwesterhormon des Parathormons nach früher Gen-Reduplikation und nachfolgenden Abweichungen in der Aminosäurensequenz bindet PTHrP an den PTH-Rezeptor. Im Exzeß durch Malignome produziert, ruft es einen Pseudo-Hyperparathyreoidismus hervor. Die Signalkette am Knochen mit Aktivierung der Osteoklasten wird in Gang gesetzt – auch die renalen PTH-Wirkungen sind weitgehend erhalten [9]. PTHrP bewirkt also eine exzessive Osteolyse mit der Freisetzung von Kalzium und Phosphat in die Blutbahn. Daneben scheint dieses Tumorhormon die Angiogenese zu aktivieren – die Ausbildung neuer Gefäße könnte das Ansiedeln von Knochenmetastasen erleichtern.

Die Folgen des PTHrP-Exzesses sind insbesondere die Hyperkalziämie mit ihren beschriebenen Auswirkungen (vergl. Abschnitt 28.1), daneben wird auf Dauer das Knochengewebe vermindert, so daß osteoporoseartige Bilder entstehen können. PTHrP kann von zahlreichen epithelialen Tumorarten produziert werden – zu nennen sind das Mammakarzinom, das Bronchialkarzinom, kolorektale Karzinome, Nierenzellkarzinome, überraschenderweise auch hämatologische Neoplasien.

Hämatologische Neoplasien können über die Freisetzung von Zytokinen Osteolysen bedingen

Hämatologische Neoplasien werden in ca. 10 % von Hyperkalzämien begleitet. Als ursächliche osteolytische Faktoren finden sich vor allem Zytokine wie Interleukin 1, Interleukin 6 sowie Tumor-Nekrosefaktor. Bei Lymphomen wurde auch die Produktion von Calcitriol mit der Folge einer Hyperkalziämie beschrieben. Damit zeichnet sich eine Nachbarschaft zwischen diesen hyperkalziämischen Tumoren und den Granulomen einer Sarkoidose (Morbus Boeck) ab, die ebenfalls Calcitriol aus Calcidiol im Exzeß bilden können, so daß es zur Hyperkalzämie kommt.

Während die generalisierte Form der Tumor-Osteopathie zur mechanischen Instabilität über eine Schwächung des Knochengewebes führen kann, findet sich bei der lokalisierten Metastasierung ein Frakturrisiko am Ort der Absiedelung. Der häufigste Tumor mit entsprechender Gefährdung ist der Brustkrebs. Die Folgen sind Instabilität und Frakturen, bei Auftreibung der Herde auch frakturunabhängige Schmerzen.

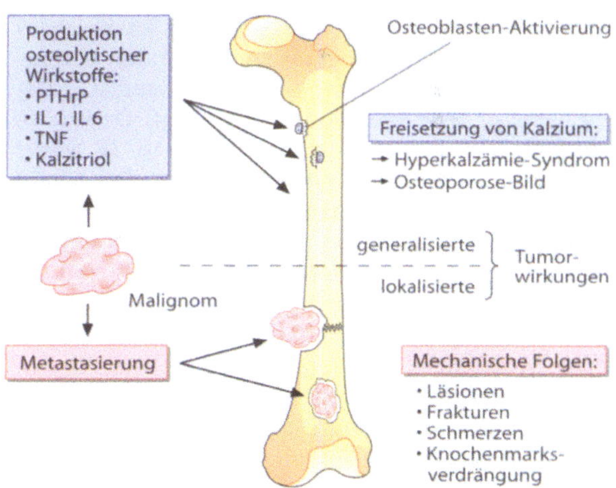

Abb. 28.6. Komponenten der Tumor-Osteopathie. Ein generalisierter Knochenmasseverlust wird durch die Produktion osteolytischer Substanzen wie PTHrP, IL-1, Calcitriol etc. hervorgerufen – die lokalisierte Absiedlung von Tumormetastasen führt zu Frakturen, Knochenschmerzen, Verdrängungen des Knochenmarkes

! Die Tumor-Osteopathie hat als Komponenten einerseits die paraneoplastische Produktion osteolytischer Faktoren wie PTHrP, Interleukine und Calcitriol – sie führen zu einer Reduktion des Knochengewebes im Sinne einer Osteoporose. Die andere Komponente ist die Tumorabsiedlung in das Knochengewebe selbst mit der Folge von Knochenschmerzen, Frakturen und Markverdrängung.

28.5 Verminderte und vermehrte Knochenbildung

Bei der Osteogenesis imperfecta (Glasknochenkrankheit) liegen unterschiedliche Defekte im Aufbau des Typ-I-Kollagens vor, das in der Hauptsache die Knochengrundsubstanz bestimmt

Folgende biochemische Defekte sind bei dem Krankheitsbild der Osteogenesis imperfecta beschrieben: Eine verminderte Produktion von Typ-I-Prokollagen mit defekter Bildung der Tripel-Helix der $\alpha 1$-Kette, Rearrangements in den COL1A1- und COL1A2-Genen, Mutationen mit der Folge der Verhinderung des Einbaus von Pro-$\alpha 2$ (I) in die Moleküle, Mutationen in der $\alpha 1$-(I)- oder $\alpha 2$-(I)-Kette, weiterhin kleine Deletionen in der $\alpha 2$-(I)-Kette. Die Defekte finden sich sowohl autosomal-dominant, seltener autosomal-rezessiv vererbt, neue Mutationen treten auf. Deskriptiv unterscheidet man klinisch die Typen I bis IV, wobei Typ I klinisch nicht besonders schwer ist, aber häufig blaue Skleren und Schwerhörigkeit in 50 % der Fälle zeigt. Typ II führt in der Regel als schwerste Form zum Tod in der Perinatalperiode. Bei Typ III sind die Knochendeformierungen fortschreitend, die Körpergröße ist im Gegensatz zu Typ I beträchtlich vermindert. Typ IV ähnelt Typ I, jedoch ohne blaue Skleren. Versuche der medikamentösen Therapie mit Bisphosphonaten haben begonnen, chirurgisch-orthopädische Maßnahmen werden bei Brüchen und Fehlstellungen erforderlich.

Bei der Osteopetrose (Marmorknochenkrankheit, Albers-Schönberg 1904) kommt es infolge einer ungenügenden Aktivität der Osteoklasten zu einer Osteosklerose

Der Befund von virusähnlichen Partikeln in einigen Osteoklasten von Patienten mit Osteopetrose kann nicht systematisiert werden, so daß eine Analogie zur Virus-induzierten Osteopetrose im Tierreich nicht möglich ist. Diskutiert werden auch Defekte in der Bildung des Parathormons (als eines Osteoklasten-Stimulators) oder die Produktion unwirksamer Zytokine, die für die Osteolyse erforderlich sind. Bekannte Erbgänge sind autosomal. Die Osteoklasten-Insuffizienz führt zu zwei unterschiedlichen klinischen Verläufen: Bei der kindlichen Form (autosomal-rezessiv vererbt) sind Schädelknochen abnorm entwickelt und verwachsen, so daß sich Nervenkanäle der Schädelbasis nicht ausreichend öffnen. Die Knochen sind sklerosiert, die Hämatopoese wird extraossär verdrängt mit der Folge eines Hypersplenismus. Die Betroffenen sterben im Kindesalter infolge Sepsis, Anämie oder Gerinnungsstörungen. Bei einer intermediären Osteopetrose-Form findet sich ein Kleinwuchs, zum Teil auch Hirnnervenausfälle, Anämie und Infektanfälligkeit. Die Erwachsenenform der Osteopetrose entwickelt sich langsamer, und häufig ist der Knochendefekt asymptomatisch. Im Spätstadium kann es auch hier zu Hirnnervenausfällen durch die Osteosklerose kommen.

Osteogenesis imperfecta beruht auf einer defekten Bildung von Kollagen Typ I, die minderwertige Knochengrundsubstanz führt zur erhöhten Frakturneigung, durchsichtigen (blauen) Skleren und Schwerhörigkeit. Osteopetrose stellt das Gegenteil dar: Eine Insuffizienz der Osteoklastentätigkeit bewirkt ein Mehr an Knochen hin bis zur Verdrängung des Markraums.

28.6 Lokalisierte Osteopathien

Beim Morbus Paget des Skeletts finden sich in einem ansonsten unauffälligen Restskelett Herde erhöhten Knochenumbaus; bei einem Drittel der Kranken ist nur ein Knochen befallen (monostotischer M. Paget). Vermutlich ist der M. Paget eine „langsame Virus-Erkrankung“ („slow virus“).

In den Kernen der Osteoklasten der Paget-Areale finden sich virusrasenartige Einschlüsse. Mit bekannten Viren identische Aminosäurensequenzen konnten bisher nicht nachgewiesen werden – partielle Sequenz-Homologien lassen an ein mutiertes Virus der Hundestaupe denken oder an Paramyxoviren, wie die der Masern.

Vermutlich befällt das mutierte (?) Virus in jüngeren Jahren die Osteoklasten bestimmter Areale des Knochens und setzt sich dort fest. Der Virusbefall macht die Osteoklasten deutlich größer, kernreicher (60–100 Kerne) und aktiver (Abb. 28.7). Sie entfalten eine ungebremste resorptive Aktivität – in den Knochen der Paget-Areale finden sich zahlreiche, tiefe Resorptionslakunen. Durch den Kopplungsprozeß werden kompensatorisch die Osteoblasten aktiviert – sie versuchen in einer Art Wettlauf, die Defekte zu reparieren [5]. Durch den schnellen Umbau geht die normale Stukturierung des Knochens verloren: Es entstehen wirre Strukturen, die zwar im Volumen aufgebläht, in ihrer mechanischen Belastbarkeit jedoch reduziert sind: Der in der Außenkontur verdickte Paget-Knochen ist frakturanfälliger.

Biochemische Folgen des überstürzten Knochenumbaus sind Zeichen der gesteigerten Osteoklastentätigkeit: Erhöhung der sauren Phosphatase als Osteoklastenprodukt, Erhöhung der Kollagen-Abbauprodukte wie Hydroxyprolin oder Pyridinium-Crosslinks. Für die praktische Diagnostik ist die Messung von Markern der gesteigerten Osteoblastentätigkeit nützlicher [3]: die alkalische Phosphatase und deren knochenspezifische Komponente oder das Osteocalcin.

Pathophysiologische Folgen sind je nach Sitz der Paget-Herde:

- Schmerzen und Ausfall von Nerven, wenn die verdickten Knochen auf Wurzeln oder Nervenstämme drücken (z. B. an der Wirbelsäule oder an der Schädelbasis),
- Schwerhörigkeit bei Befall des Felsenbeins,
- Verbiegungen und Frakturgefahr besonders tragender Extremitätenknochen.

Die verstärkte Vaskularisierung des Paget-Areals kann auch lokal lästige Wärmegefühle hervorrufen – bei Befall vieler Knochen bedeutet das vermehrte Blutvolumen in den Paget-Arealen eine Volumenbelastung für das Herz mit Entwicklung einer Herzinsuffizienz (bei vorbestehender Herzerkrankung).

Eine ***kausale Therapie*** des M. Paget ist nicht möglich – mit symptomatischen Inhibitoren der Osteoklasten (Bisphosphonate, Calcitonine) ist eine Hemmung der Krankheitsprogression möglich [5].

Bei der fibrösen Dysplasie (Jaffé-Lichtenstein) als einer lokalisierten Osteopathie liegen in einem monostotischen oder polyostotischen, häufig halbseitenbegrenzten Verteilungsmuster aktivierende Mutationen im Gsα-Protein vor

Dieses stimulierende G-Protein findet sich in der Signalkette rezeptorvermittelter Botschaften bei zahlrei-

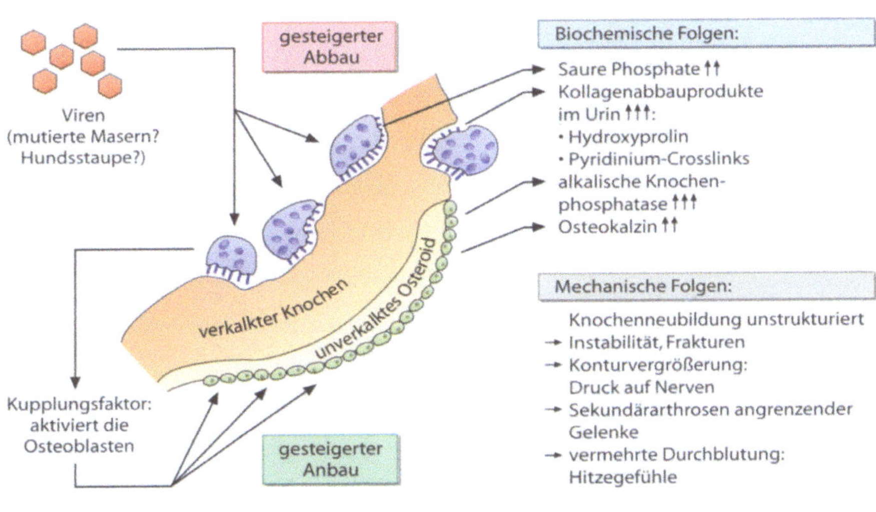

Abb. 28.7. Erhöhung des Knochenumbaus beim M. Paget: Vermutlich infolge eines Virusbefalls sind die Osteoklasten vergrößert, kernreicher und überaktiv. Die sekundär über den Kopplungsmechanismus aktivierten Osteoblasten können nur unstrukturiert reparieren. Es entsteht ein mechanisch minderwertiger Geflechtknochen (Mosaikstruktur)

chen Zellen. Bemerkenswert ist hier, daß gleichzeitig mesenchymale und epitheliale Zellen betroffen sein können. In den betroffenen Skelettarealen ist somit die Aktivierung der cAMP-Produktion anhaltend, wodurch sich ein minderwertiger Knochen herausbildet, da sich die mesenchymalen Vorläuferzellen nicht vollständig zu reifen Osteoblasten differenzieren. Die aktivierten Vorläuferzellen erzeugen einen fibrösen, aufgeblähten Knochen mit funktioneller Minderwertigkeit – in ihnen entwickeln sich zystische Läsionen. Der gleiche aktivierende Defekt des G-Proteins kann sich bei diesen Patienten in endokrinen Organen manifestieren: Zustände der Hormonüberproduktion sind dann mit der fibrösen Dysplasie verbunden [4]. Überaktivierung der Gonaden führt zur vorzeitigen Pubertät beim McCune-Albright-Syndrom. Neben der Aktivierung der Gonaden zeigen die Patienten gelegentlich auch einen Exzeß an Wachstumshormon, Prolaktin oder Schilddrüsenhormonen. Die Behandlung ist symptomatisch.

! Der Morbus Paget entwickelt sich vermutlich infolge eines lokalen Virusbefalls in Skelett-Arealen mit überstürztem Umbau. Folgen sind Konturverbreitung des betroffenen Areals sowie mechanische Minderwertigkeit, je nach Lokalisierung des Paget-Herde auch Nervenausfälle. Die fibröse Dysplasie ist Folge einer entkoppelten Tätigkeit nicht ausreifender Osteoblasten, wobei sich der betreffende G-Protein-Defekt auch in endokrinen Organen manifestieren kann.

28.7 Literatur

1. Andersen JJB, Garner SC (1996) Calcium and Phosphorus in Health and Disease. CRC Press, Boca-Raton New York London Tokyo
2. Bilezikian JP, Raisz LG, Rodan GA (1996) Principles of Bone Biology. Academic Press, London New York
3. Deutsche Gesellschaft für Endokrinologie (1993) Rationelle Diagnostik in der Endokrinologie. Thieme, Stuttgart New York
4. Favus MJ (1999) Primer on the Metabolic Bone Diseases and Disorders of Mineral Metabolism, 4th ed. Lippincott Williams & Wilkins, Philadelphia etc.
5. Kanis JA (1991) Pathophysiology and Treatment of Paget's Disease of Bone. Martin Dunitz, London.
6. Kanis JA (1994) Osteoporosis. Blackwell, Oxford
7. Marcus R, Feldman D, Kelsey J (1996) Osteoporosis. Academic Press, London New York
8. Meng W, Ziegler R (1997) Endokrinologie. Grundlagen, Klinik, Praxis. Gustav Fischer, Jena Stuttgart Lübeck Ulm
9. Mundy GR (1995) Bone Remodeling and its Disorders. Martin Dunitz, London
10. Rothmund M (1991) Hyperparathyreoidismus. Thieme, Stuttgart New York
11. Wilson J, Foster DW, Kronenberg H, Larsen PR (1998) William's Textbook of Endocrinology, 9th edn. WB Saunders, Philadelphia London Toronto Montreal Sidney Tokyo

Skelettmuskel

R. Rüdel

EINLEITUNG

Fall 1. Einer jungen Mutter fällt auf, daß ihr 3jähriger Sohn erheblich schlechter laufen kann, als sie das von ihrem 1 1/2 Jahre älteren Sohn her kennt. Der Hausarzt vertröstet sie mit der Vermutung, der Bub sei ein Spätentwickler. Als der Junge mit 4 Jahren Treppen nur unter Zuhilfenahme der Arme steigen kann, bringt sie ihn in eine Kinderklinik. Dort wird nach klinischer und elektromyographischer Untersuchung das Muskelenzym Kreatinkinase im Serum mit 2300 U/l bestimmt (normal < 80 U/l). Der Verdacht auf das Vorliegen einer Duchenne-Muskeldystrophie wird durch eine Muskelbiopsie bestätigt, in der die Anfärbung des membranständigen Muskeleiweißes Dystrophin negativ ausfällt. Da die X-chromosomal-rezessiv vererbte Krankheit in beiden Elternfamilien unbekannt ist, handelt es sich wahrscheinlich um eine Neumutation.

Fall 2. Eine 18jährige Frau wird mit dem Verdacht auf das Vorliegen einer myotonen Dystrophie an ein Muskelzentrum überwiesen, da sie über zunehmende Muskelsteifigkeit in den Beinen und auch vorübergehende Muskelschwäche in den Armen klagt. Das EMG zeigt deutliche „myotone Salven". Die Familienanamnese ist negativ. Die Augen zeigen kein Anzeichen einer Katarakt.

Die molekularbiologische Untersuchung des den muskulären Chloridkanal kodierenden Gens (auf chr 7q32) ergibt eine Punktmutation, die auf rezessive generalisierte Myotonie (Becker) schließen läßt. Eigentlich müßte man bei dieser autosomal rezessiv vererbten Krankheit (sofern nicht Blutsverwandtschaft bei den Eltern besteht) zwei verschiedene Mutationen finden, die eine vom Vater, die andere von der Mutter ererbt. Das üblicherweise verwendete Suchverfahren mit „Polymerase chain reaction" (PCR) ist jedoch nicht sehr genau.

29.1 Einteilung der Muskelkrankheiten

Die Skelettmuskulatur macht etwa 40 % des menschlichen Körpergewichts aus. Die Erkrankungen dieses „größten Organs" des Menschen nennt man Myopathien

Sie stellen pathophysiologisch eine interessante Mannigfaltigkeit dar und fallen in den Bereich einer ganzen Reihe von klinischen Disziplinen, u. a. Neurologie, Pädiatrie, Innere Medizin, Dermatologie, Genetik, Orthopädie und Anästhesiologie.

Bei der folgenden Aufzählung verweisen die beigefügten Zahlen auf die Orte möglicher Defekte in Abb. 29.1. Die ***idiopathischen***, d. h. ***myogenen Myopathien*** sind zu trennen von den Krankheiten, bei denen die Muskulatur als Folge von Schäden in den sie versorgenden motorischen Nervenzellen *(1)* beeinträchtigt wird. Diese sog. ***neurogenen*** Muskelkrankheiten werden zuweilen mit den myogenen Myopathien zum Begriff der ***neuromuskulären Krankheiten*** zusammengefaßt.

Bei den Myopathien kennt man Störungen

- der neuromuskulären Übertragung *(2)*,
- des Sarkolemms *(3–5)*,
- des transversalen tubulären Systems *(6)* und
- des sarkoplasmatischen Retikulums *(7)*.

Auch sind ***metabolische*** Störungen der Muskelfasern bekannt, sowohl solche des zytoplasmatischen als auch des mitochondrialen *(8)* Stoffwechsels. Die pathologischen Vorgänge können degenerativer, entzündlicher, metabolischer, toxischer *oder* endokriner Art sein.

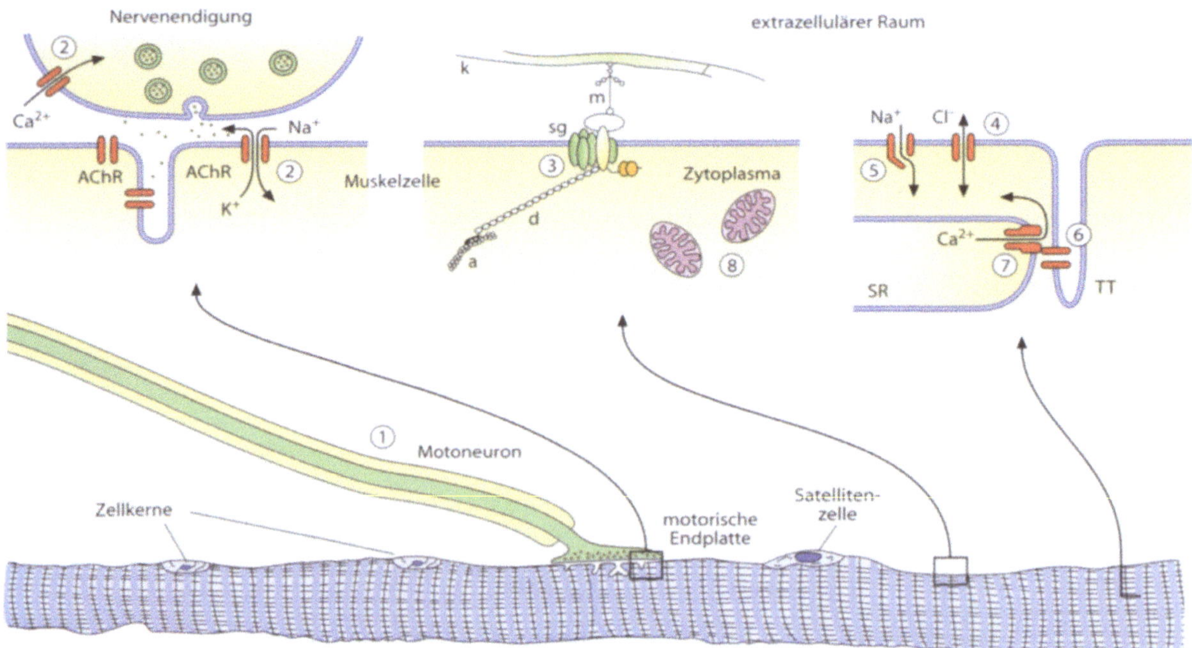

Abb. 29.1. Abschnitt einer Muskelzelle mit Motoneuron und motorischer Endplatte (unterer Bildteil) und schematische Ausschnitte daraus (oberer Bildteil). Angaben über Orte des pathologischen Geschehens bei verschiedenen neuromuskulären Krankheiten: *(1)* Motoneuron (Muskelatrophien), *(2)* motorische Endplatte mit Azetylcholinrezeptoren *(AChR)* in der postsynaptischen Membran und Kalziumkanälen in der Nervenendigung (Myasthenien), *(3)* Dystroglykankomplex (Muskeldystrophien; Defekte im Dystrophin *(d)* führen zu Duchenne- oder Becker-Dystrophie, Defekte in einem der 5 Sarkoglykane *(sg)* zu Gliedergürteldystrophie, Defekte im Merosin *(m)* zu kongenitaler Dystrophie). Dystrophin verbindet Aktin *(a)* im Zytoplasma der Muskelzelle indirekt mit Kollagen *(k)* im extrazellulären Raum. Defekte in den verschiedenen Ionenkanaltypen führen zu folgenden Krankheiten: *(4)* Chloridkanäle (Myotonie), *(5)* Natriumkanäle (Paramyotonie und hyperkaliämische periodische Paralyse), *(6)* Dihydropyridinrezeptor (L-Typ Kalziumkanal) in den T-Tubuli *(TT)* (hypokaliämische periodische Paralyse), *(7)* Ryanodinrezeptor-Kalziumkanal im sarkoplasmatischen Retikulum *(SR)* (maligne Hyperthermie). Viele metabolische Störungen sind durch Defekte in den Mitochondrien *(8)* bedingt. (Collage: H. Brinkmeier)

Zu unterscheiden sind erbliche von erworbenen Muskelkrankheiten. Wichtige erbliche Myopathien sind die ***Muskeldystrophien***, Krankheiten, bei denen die Muskelfasern degenerieren, und viele ***Stoffwechselmyopathien***. Diese Krankheiten sind degenerativ. Nichtdegenerativ sind die meisten erblichen Krankheiten mit Muskelerregungsstörungen, also die ***Myotonien*** und die ***periodischen Paralysen***. Wichtige erworbene Myopathien sind die ***Myositiden***, entzündliche Krankheiten der Muskulatur, und die ***endokrin bedingten Muskelkrankheiten***.

Zur vertiefenden Lektüre seien die großen Lehrbücher von Emery [5], Engel und Franzini-Armstrong [6], Lane [12] und Jerusalem und Zierz [8] empfohlen. Eine detaillierte Klassifikation der neuromuskulären Krankheiten wurde von einer internationalen Expertengruppe vorgenommen [17].

> **!** Die myogenen und die neurogenen Muskelkrankheiten werden als neuromuskuläre Krankheiten zusammengefaßt. Sie können degenerativer, entzündlicher und metabolischer Art sein. Viele von ihnen sind genetisch bedingt.

29.2 Klinische Untersuchungsmethoden

Es gibt sehr viele Muskelkrankheiten, viele von ihnen sind jedoch äußerst selten. Entsprechend schwierig ist die Diagnose

Die wichtigsten Symptome der Muskelkrankheiten sind

- Muskelschwäche (Paresen bis zur Plegie),
- Muskelschwund (Atrophie),
- Umbau des Muskelgewebes in Fett- und Bindegewebe (Dystrophie),
- Muskelhypertrophie (überproportionales Muskelwachstum),
- Muskelverspannung und -steifigkeit (Myotonie),
- Krämpfe (Crampi) und
- Muskelschmerzen (Myalgie).

Dementsprechend umfassen die klinischen Untersuchungen die Bestimmung von ***Muskelkraft, -volumen*** und ***-trophik*** sowie die Prüfung der ***Reflexe***. Aus unbekanntem Grund werden bei den Myopathien die einzelnen Muskeln nach einem typischen Muster nacheinander befallen. Dies ist differentialdiagnostisch wichtig.

Bei vielen Muskelerkrankungen treten aufgrund von Membrandefekten ***Muskelenzyme*** ins Serum aus. Beispielsweise deuten erhöhte Werte der ***Kreatinkinase*** (CK) auf einen pathologischen Vorgang hin, sind aber diagnostisch unspezifisch. Häufig sind bei Muskelkrankheiten auch die Transaminasen erhöht.

Genauere Aufschlüsse gibt das ***Elektromyogramm*** (EMG, Abb. 29.2), die extrazelluläre Ableitung der elektrischen ***Membranaktivität*** der Muskelfasern [11, 19]. Dafür werden mit einer konzentrischen Nadel-

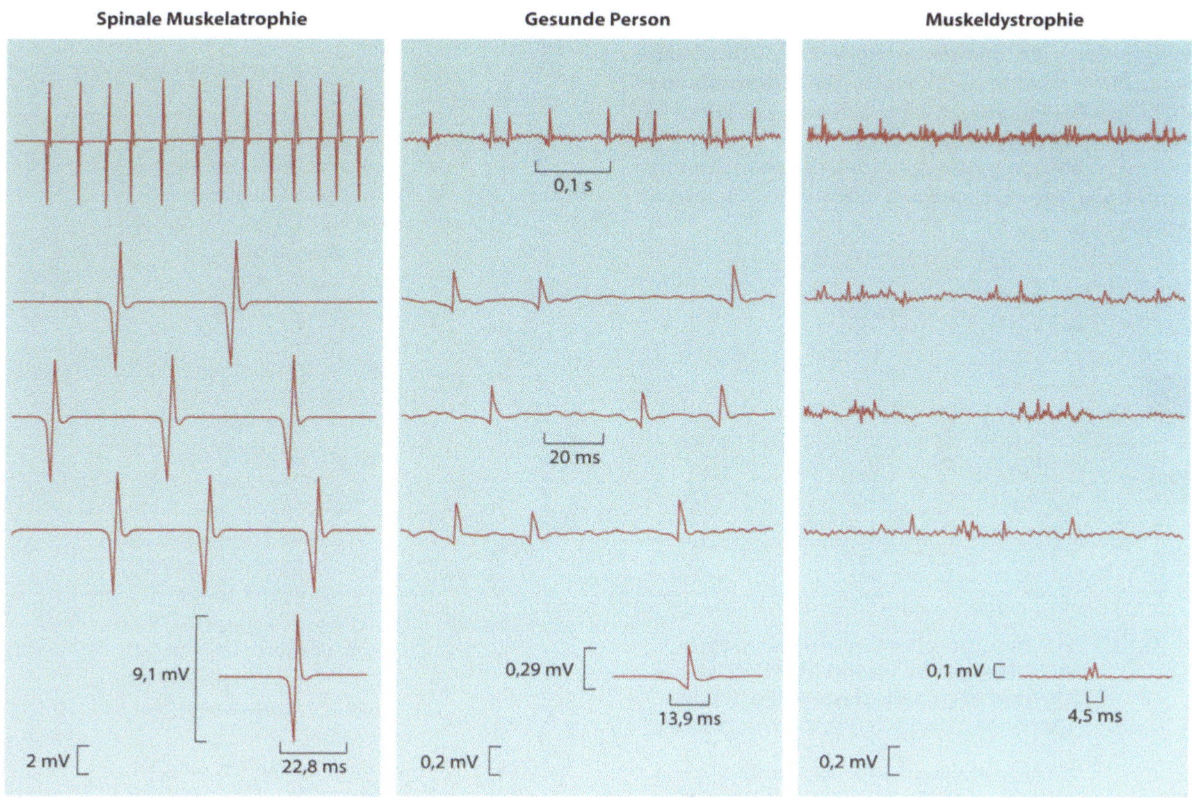

Abb. 29.2. Elektromyographische Registrierung mit konzentrischer Nadelelektrode im Bizeps bei 3 Personen, jeweils bei leichter willkürlicher Muskelanspannung. *Mitte*: gesunde Person. Es werden zwei normale motorische Einheiten in der Nähe der Elektrode rekrutiert. Diese sind erkenntlich an der unterschiedlichen Form ihrer Potentiale. Die Entladungsfrequenz ist mit 8 Impulsen/s normal. *Links*: Patient mit fortgeschrittener spinaler Muskelatropie und Ausfall motorischer Einheiten. Es wird nur eine motorische Einheit rekrutiert. Diese hat ein abnorm großes Potential. Die Einheit feuert mit maximal 21 Impulsen/s abnorm schnell. *Rechts*: Patient mit Muskeldystrophie. Es werden 4 motorische Einheiten mit normaler Frequenz rekrutiert. Die Potentiale dieser Einheiten sind abnorm niedrig und schmal. Die jeweils untersten Registrierungen geben typische Amplituden und Potentialdauern an. (Registrierung: K. Ricker)

elektrode mehrere Muskeln an verschiedenen Stellen untersucht. Aufgrund der Anzahl der ***Aktionspotentiale*** bei Willkürinnervation und deren Form, Amplitude, Dauer und Frequenz lassen sich neurogene von myogenen Krankheiten unterscheiden. Bestimmte Muster von spontaner Muskelaktivität erlauben die Diagnostik der Myotonien.

Eine wichtige diagnostische Maßnahme ist die ***Muskelbiopsie*** mit nachfolgender licht- und elektronenmikroskopischer Untersuchung unter Einbeziehung von Histochemie und Immunhistochemie [16]. Bei Stoffwechselerkrankungen werden die Muskelproben ***biochemisch***, bei Membranerkrankungen ***elektrophysiologisch*** untersucht.

Zunehmend werden nichtinvasive bildgebende Verfahren in die Beurteilung des morphologischen Zustandes ganzer Muskelgruppen einbezogen. ***Computertomographie, Kernspintomographie*** und ***Ultraschalldiagnostik*** ergänzen sich dabei. Die ***Kernresonanz-(MRI)-Spektrographie*** gewinnt Bedeutung bei der Untersuchung metabolischer Defekte.

Bei erblichen Muskelkrankheiten werden ***molekularbiologische Methoden*** zur Bestimmung des Gendefekts angewandt.

Für die meisten neuromuskulären Erkrankungen wurden von Expertenkommissionen verbindliche diagnostische Kriterien erstellt [4].

! Wegen der Seltenheit der Muskelkrankheiten ist die Diagnose meist schwierig. Ein Arsenal von Methoden steht zur Verfügung, von der einfachen Prüfung der Muskelkraft bis zu raffinierten molekularbiologischen Tests.

29.3 Pathologische Veränderungen des Skelettmuskels aufgrund gestörter Motoneuronenfunktion

Voraussetzung für die funktionelle und morphologische Integrität eines Skelettmuskels ist die intakte Innervierung seiner Fasern mit Motoneuronen

Fällt deren Funktion aus, sei es durch Verletzung oder Degeneration der motorischen Vorderhornzellen oder deren Axone, regredieren die betroffenen Muskelfasern in einen Zustand, der in vieler Hinsicht einem frühen („juvenilen") Entwicklungsstadium entspricht. Die erste ***Denervierungserscheinung*** ist eine vergrößerte Empfindlichkeit für Azetylcholin, die durch außerhalb der Endplatte in die Membran eingebaute Azetylcholinrezeptoren vermittelt wird. Es treten auch wieder juvenile Natriumkanäle auf, die Kalium- und die Chloridleitfähigkeit der Membran nimmt ab, und dies bewirkt eine Abnahme des Ruhemembranpotentials.

Die veränderten Ionenleitfähigkeiten führen insgesamt zu einer Instabilität des Membranpotentials, den Fibrillationspotentialen. Diese spontanen Entladungen werden mit regelmäßiger niedriger Frequenz an den Endplatten erzeugt. Sie werden von den Betrof-

Tabelle 29.1. Krankheiten des peripheren Motoneurons (Neurogene Muskelkrankheiten)

Schädigung	Krankheit
Degenerativ	Amyotrophe Lateralsklerose (ALS, nichterblich und erblich)
	Spinale Muskelatrophien (SMA, meist autosomal-rezessiv)
	Typ Werdnig-Hofmann
	Intermediärer Typ
	Typ Kugelberg-Welander
	Adulte Form
	Hexoseaminidasemangelbedingte Form
	Hereditäre motosensorische Neuropathien (HMSN)
	Hypertrophische Formen
	HMSN-Typ I (autosomal-dominant)
	HMSN-Typ III (autosomal-rezessiv)
	Neuronale Form (HMSN-Typ II, teils dominant, teils rezessiv)
	Morbus Refsum (HMSN-Typ IV)
Entzündlich	Poliomyelitis (Poliovirusinfektion)
	Borreliose (Borrelieninfektion)
	Akute Polyneuritis (Guillain-Barré-Syndrom, Ursache unbekannt)
	HIV-Infektion
Toxisch	Erkrankungen verursacht durch
	Tetanustoxin
	Botulinustoxin
	Diphterietoxin
	β-Methylaminoalanin (Gift in auf Guam beheimateten Pflanzen, bewirkt ALS-ähnliche Symptome)
	Metalle

fenen nicht bemerkt, sind aber zwei Wochen nach einer Nervenschädigung im EMG nachzuweisen.

Die wichtigste ***morphologische Veränderung*** der denervierten Muskelfasern ist eine Abnahme der kontraktilen Eiweiße, die zu einer Reduktion ihres Durchmessers führt ***(Denervationsatrophie)***[16].

Die Denervierungserscheinungen werden auf den Verlust des ***trophischen Einflusses*** des Motoneurons auf seine Muskelfasern zurückgeführt [15]. Ursachen für Muskeldenervierung sind Verletzungen, degenerative und *entzündliche* Prozesse, Röntgenbestrahlung und Intoxikationen sowie metabolische und endokrine Störungen (Tabelle 29.1).

Die wichtigsten genetisch bedingten neurogenen Muskelkrankheiten sind die ***spinalen*** (s. Abb. 29.2) und die ***neuralen Muskelatrophien*** [2].

!

Das Motoneuron hat auf die von ihm mit Information versorgten Muskelfasern auch einen trophischen Einfluß. Bei seiner Erkrankung kommt es zu sekundären Muskelerkrankungen.

29.4 Störungen der neuromuskulären Übertragung

Die Übertragung an der motorischen Endplatte kann durch eine Vielzahl von Giften und Pharmaka gestört werden. Auch Autoimmunprozesse führen zur Blockade

Patienten mit ***Myasthenia gravis*** leiden an einer Muskelschwäche, deren Ausprägung stark wechselt. Charakteristisch ist die starke Ermüdbarkeit der Muskeln. Bei mehr als der Hälfte der Patienten treten diese Symptome zuerst an den Augenmuskeln auf, bei anderen im Schlundbereich, am Hals und an den Extremitäten. Der Verlauf ist nicht einfach fortschreitend; besonders am Anfang werden häufig Remissionen beobachtet. Elektronenmikroskopisch zeigt sich im fortgeschrittenen Krankheitsstadium eine ***Degeneration der Endplattenregionen.***

Das EMG zeigt bei repetitiver Nervenreizung Amplitudenabnahme der Muskelaktionspotentiale ***(myasthene Reaktion).*** Darauf beruht ein diagnostischer Test: Bringt der rasch und kurzzeitig wirkende Cholinesterasehemmer Tensilon Besserung, liegt Myasthenie vor.

Die Myasthenie ist eine ***neuroimmunologische Erkrankung***, bei der das Immunsystem den Azetylcholinrezeptor der motorischen Endplatten als Autoantigen attackiert [20]. Dadurch kommt es zu einer Reduktion der für die Bildung eines normalen Endplattenpotentials zur Verfügung stehenden Azetylcholinrezeptoren und somit in kritischen Situationen – vor allem bei repetitiver Aktivierung – zu einer zunehmenden Verkleinerung des Endplattenpotentials bis hin zum Ausfall der neuromuskulären Überleitung.

Im Serum dieser Patienten zirkulieren ***IgG-Antikörper*** gegen den Azetylcholinrezeptor, deren Wirkung nicht in einer direkten Blockade der Bindungsstellen, sondern in einem beschleunigten Abbau der Azetylcholinrezeptoren liegt. Das ***Komplementsystem*** ist daran beteiligt.

Bei der Antikörperproduktion werden wahrscheinlich die azetylcholinspezifischen B-Zellen von Helfer-T-Zellen stimuliert, denn bei den meisten Patienten findet sich eine Vergrößerung des ***Thymus.*** Möglicherweise tritt die entscheidende Störung bereits im Stadium der ***immunologischen Erziehung*** der T-Zellen auf, führt aber erst später aufgrund bisher noch nicht bekannter Faktoren zur Auslösung der Myasthenie. Im hyperplastischen Thymus finden sich ***Myoidzellen***, die in Zellkultur zu Skelettmuskelzellen mit Azetylcholinrezeptoren differenzieren. Man glaubt, daß eine solche Differenzierung auch in vivo vorkommt und dabei die Azetylcholinrezeptoren in immunogener Form präsentiert werden.

Manche Kinder myasthenischer Mütter zeigen in den ersten Wochen nach der Geburt eine Schwäche ihrer Muskulatur. Nach spätestens 6 Wochen verschwindet diese ***Neugeborenenmyasthenie.*** Zugrunde liegt eine Übertragung der Antikörper der Mutter durch die Plazenta ins Blut des Kindes. Nach der Geburt verschwinden die Antikörper mit typischer Halbwertszeit und damit auch die Symptome.

Therapeutisch werden in leichten Fällen ***Cholinesterasehemmer*** gegeben, in schwereren Fällen ***Immunsuppressiva.*** Bei jüngeren Patienten wird der Thymus entfernt.

Myasthenische Syndrome. Darunter fallen Krankheiten, die die myasthene *Reaktion* zeigen, sich in ihrem Pathomechanismus jedoch von der Myasthenia gravis dadurch unterscheiden, daß eine ***präsynaptische Störung*** vorliegt.

Das seltene ***Lambert-Eaton myasthenische Syndrom (LEMS)*** ähnelt in seinen Symptomen der Myasthenia gravis. Die Autoimmunkrankheit ist häufig mit anderen Autoimmunkrankheiten verbunden. Oft tritt es beim kleinzelligen Bronchialkarzinom als paraneoplastisches Syndrom auf. Als Autoantigen wurde der spannungsabhängige Kalziumkanal identifiziert, ein membranintegriertes Glykoprotein auf den präsynaptischen Nervenendigungen nahe an der Freisetzungszone der Azetylcholinbläschen.

Kongenitale Myasthenien. Man kennt eine Reihe von Mutationen in den Genen, die für die verschiedenen Untereinheiten des Azetylcholinrezeptors kodieren. Acht verschiedene Mutanten der α-, β- und ε-Untereinheiten bewirken klinische Symptome, die denen der Myasthenia gravis ähneln.

! Bei der Myasthenia gravis werden durch einen Autoimmunprozeß Antikörper gegen die postsynaptischen Azetylcholinrezeptoren gebildet, welche diese zerstören. Klinisch ähnlich ist das Lambert-Eaton-Syndrom, bei dem Autoantikörper gegen den präsynaptischen Kalziumkanal gebildet werden. Den kongenitalen Myasthenien liegen meist Mutationen in den Azetylcholinrezeptor-Genen zugrunde.

Tabelle 29.2. Die wichtigsten progressiven Muskeldystrophien (Literaturangaben in [10])

Typ	Erbmodus	Genlokus	Bezeichnung *(Genprodukt)*	Lebensalter bei Beginn (in Jahren)	Vorwiegende Lokalisation der Muskelschwäche und andere Symptome
Duchenne / Becker	XR	Xp21.2	DMD *(Dystrophin)*	0–3 / 6–19	Beckengürtel aufsteigend zum Schultergürtel
Emery-Dreifuss	XR	Xq28	EMD *(Emerin)*	4–10	Biceps und Triceps brachii, Unterschenkel, Fußmuskeln, Kontrakturen, Herzbeteiligung
Fazioskapulohumeral	AD	4q35	FSHD	10–20	Schultergürtel, Gesicht, Oberarme
Gliedergürteltyp	AD	5q	LGMD1A	2–50	Beckengürtel / Schultergürtel
	AR	15q15.1–21.1	LGMD2A *(Calpain 3)*		
	AR	13q12	LGMD2C *(γ-Sarkoglykan)*		
	AR	17q12–21.33	LGMD2D *(α-Sarkoglykan)*		
	AR	4q12	LGDM2E *(β-Sarkoglykan)*		
	AR	5q33–34	LGDM2F *(δ-Sarkoglykan)*		
Distale Myopathien	AD	14	MPDIMD	5–15	Distale Extremitätenabschnitte
	AR	2p12–14	ARDMD		
Okulopharyngeale Form	AD	14q11.2–13	OPMD	40–60 (evtl. Kindheit)	Augen- und Pharynxmuskulatur
Fukuyama kongenitale Muskeldystrophie	AR	9q31-q33	FCMD	Kongenital	Generalisierte Hypotonie Gelenkskontrakturen IQ zwischen 30 und 50
Kongenitale Muskeldystrophie mit Merosinmangel	AR	6q2	LAMA2 *(merosin = laminin-α2-Kette)*	Kongenital	
Myotone Dystrophie	AD	19q13	DM *(Myotonin-Proteinkinase)*	Juvenil-adult (selten kongenital)	Fazial und oropharyngeal, distale Extremitätenabschnitte

29.5 Muskeldystrophien

Die Muskelschwäche, das Hauptsymptom dieser heterogenen Gruppe erblicher Krankheiten, ist auf eine chronische, fortschreitende Degeneration von Muskelfasern zurückzuführen

Die verschiedenen *progressiven Muskeldystrophien* unterscheiden sich durch Erbmodus, Manifestationsalter, Intensität des Krankheitsverlaufs, die Verteilung der Muskelschwäche am Körper und die Lebenserwartung. Für viele von ihnen sind Genlokus, Gendefekt und das betroffene Genprodukt identifiziert (Tabelle 29.2).

Das *EMG* (s. Abb. 29.2) zeigt die primäre Schädigung der Muskelzelle und erlaubt somit diagnostisch eine Abgrenzung von neurogenen Prozessen [11, 19]. *Licht-* und *elektronenmikroskopisch* lassen sich zahlreiche morphologische und immunpathologische Anomalien erkennen [16].

Das wesentliche Korrelat der Muskelschwäche ist die *Muskelfaserdegeneration* und *-nekrose*. Bei hochgradig gelähmten Muskeln ist das Parenchym fast vollständig durch Fett- und Bindegewebe ersetzt. Regelmäßig sind einzelne oder in kleinen Gruppen lagernde regenerierende Muskelfasern nachzuweisen. Die auch in späten Stadien immer noch vorhandene Regenerationsfähigkeit vermag nicht den degenerativnekrotischen Ausfall der Muskelfasern aufzuhalten.

Kalziumeinstrom in die geschädigten Muskelfasern ist die schwerwiegendste Folge des Membranschadens

Man nimmt an, daß durch die defekte Membran dauernd Extrazellulärflüssigkeit einströmt und deren hoher Kalziumgehalt durch eine Aktivierung der Proteolyse und Initiierung anderer metabolischer Störungen die Zerstörung der Muskelzelle durch folgende Prozesse verursachen könnte [3]:

- Aktivierung neutraler Proteasen und von Calpain II im Zytosol, die myofibrilläre Proteine und solche des Zytoskeletts sowie die sarkoplasmatische Kalzium-ATPase angreifen;
- Steigerung des lysosomalen Eiweißabbaus über Aktivierung der Phospholipase A2 und der Zyklooxygenase;
- Intensivierung der Degradation spezifischer Proteine durch Aktivierung von Hydroxylasen und Proteinkinasen;
- mitochondriale Kalziumüberladung mit Störung der Oxidationsprozesse und dadurch Mangel an ATP-Produktion;
- Auslösung der Zellnekrose durch Komplementbestandteile der Extrazellulärflüssigkeit über eine intrazelluläre Komplementaktivierung;
- anhaltende Bindung von Kalzium an Troponin C mit persistierender Kontraktur.

Mehrere Typen der Muskeldystrophie beruhen auf Mutationen in Genen, die für eines der Proteine des Dystroglykankomplexes kodieren

Bei dem häufigsten und sehr malignen, d.h. innerhalb von ca. 10 Jahren bis zur Geh- und Stehunfähigkeit fortschreitenden *Duchenne-Typ* sowie bei dem gutartigeren *Becker-Typ* liegen die Gendefekte auf Chromosom Xp21 [2]. Das *Duchenne-Gen*, das größte bisher entdeckte menschliche Gen mit > 2 Millionen Basenpaaren, kodiert das Protein *Dystrophin*, das an der Muskelfasermembran lokalisiert ist und dessen Fehlen bzw. Defekt die dystrophischen Veränderungen verursacht (s. Abb. 29.1,*(3)*).

Ein Drittel der Fälle sind *Neumutationen*. Punktmutationen und Deletionen kommen vor. Bei letzteren kommt es weniger auf die Größe an, als darauf, ob sie eine Verschiebung des Leserasters der DNA zur Folge haben. Beträgt die Deletion ein Vielfaches von drei, bleibt das Raster erhalten und es kann evtl. ein verkürztes Dystrophinmolekül gebildet werden. In diesem Fall kommt es zur gutartigeren *Becker-Muskeldystrophie*.

Mutationen in Genen, die für andere Bestandteile des Dystroglykankomplexes [1] kodieren, sind für vier autosomal-rezessiv vererbte *Gliedergürteldystrophien* und die *kongenitale Muskeldystrophie mit Merosinmangel* verantwortlich (s. Tabelle 29.2 und Abb. 29.1,*(3)*).

Therapieversuche an Duchenne-Patienten mit Ca-Kanalblockern blieben erfolglos, weil das extrazelluläre Kalzium über Membranläsionen in die Zelle einströmt. Von den vielen pharmakologischen Therapieansätzen bei der Duchenne-Muskeldystrophie zeigte nur der mit langzeitlicher *Steroidgabe* eine, wenn auch mit schwerwiegenden Nebenfolgen erkaufte, Verlangsamung des Muskelzerfalls. Die zu Beginn der 90er Jahre auf den Myoblastentransfer von gesunden Spendern gesetzten Erwartungen haben sich nicht erfüllt. Die Hoffnung ist jetzt auf eine an vielen Stellen bearbeitete *Gentherapie* gesetzt.

> **!** Bei den Muskeldystrophien steht fortschreitende Muskelschwäche als Folge von Muskelfaserdegeneration im Vordergrund. Bei der Duchenne-Muskeldystrophie fehlt aufgrund von Mutationen im X-Chromosom das Dystrophin, ein stabförmiges Eiweiß, welches das Zytoskelett über den Komplex der in der Zellmembran verankerten Dystrophin-assoziierten Glykoproteine mit der extrazellulären Matrix verbindet. Infolgedessen kann die Membran starkem Zug während der Muskelkontraktion nicht standhalten, es kommt zu erhöhtem Kalziumeinstrom. Das erhöhte intrazelluläre Kalzium löst den Nekroseprozeß aus.

Myotone Dystrophie. Etwa eine von 7500 Personen leidet an dieser häufigsten erblichen Muskelkrankheit des Erwachsenenalters, die dominant vererbt wird. Nicht nur die Skelettmuskulatur, sondern auch die glatte Muskulatur, Herz und Lunge, Auge, Ohr und das endokrine System zeigen Defekte. Das wichtigste Symptom ist die ***Muskeldystrophie*** [7].

Die Mutation liegt auf Chromosom 19q13.3. Sie besteht in der ***Expansion*** (Vervielfältigung) der Trinukleotidsequenz CTG in einem Gen, das für eine Kinase kodiert. Das Triplett, das auch bei Gesunden 5- bis 40mal wiederholt vorkommt, ist bei Patienten 50- bis vieltausendfach repetiert. Je größer die Zahl, desto schwerer die Symptome. Es handelt sich um eine ***dynamische Mutation***, d.h. die Zahl der „Repeats" ist nicht bei allen Betroffenen einer Familie gleich. Meist nimmt sie von Generation zu Generation zu, was die klinische Beobachtung der ***Antizipation*** erklärt, der Erfahrung, daß die Schwere der Symptome mit jeder Vererbung zunimmt. Die CTG-Expansion liegt im nicht-kodierenden Teil des Gens; wie sie die vielfachen Defekte bewirkt, ist nicht verstanden.

In schweren Fällen tritt Rollstuhlpflicht ein. Die Muskulatur zeigt unspezifische histologische Veränderungen: vermehrt zentral liegende Kerne, Atrophie der Typ-I-Fasern. Ruhemembranpotential und Chloridleitfähigkeit scheinen nicht verändert zu sein. Die Sensitivität der Muskeln für ***Insulin*** ist verringert, was zu verminderter Glukoseaufnahme bei Insulingabe führt.

Besonders schwer sind die Symptome bei der ***kongenitalen myotonen Dystrophie***, die merkwürdigerweise nur auftritt, wenn die Krankheit von der Mutter ererbt ist.

Eine wirksame Therapie der Grunderkrankung gibt es nicht. Die Myotonie läßt sich mit Diphenylhydantoin unterdrücken.

> **!** Die myotone Dystrophie ist eine Multisystemerkrankung, die hervorgerufen wird durch ungewöhnlich große Expansion der Nukleotidfolge CTG in einem Gen, das für eine Kinase kodiert.

29.6 Nicht-dystrophische Myotonien und periodische Paralysen: Erbliche Ionenkanalkrankheiten

Veränderte Eigenschaften der Ionenkanäle in den Muskelfasermembranen können Störungen der Stabilität des Membranpotentials bewirken

Sowohl Über- als auch Untererregbarkeit der Muskelzellen kommen vor, sie bewirken Muskelsteifigkeit ***(Myotonie)*** bzw. Muskelschwäche ***(Parese)*** [13].

Die ***Übererregbarkeit***, das Hauptsymptom der Myotonien, ist dabei nie so groß, daß es zu spontanen Aktionspotentialen kommt. Vielmehr bewirkt Willküraktivität nach Muskelruhe eine bis zu mehreren Sekunden andauernde ***Nachaktivität***. Dies führt dazu, daß sich die Muskeln nur langsam entspannen, ein Symptom, das die Patienten als Muskelsteifigkeit (Myotonie) empfinden. Die Nachaktivität läßt sich mit dem EMG als elektrische Myotonie, Aktionspotentialsalven mit typischem Frequenz- und Amplitudengang, feststellen. Bei wiederholter Muskelbetätigung nehmen normalerweise die myotonen Erscheinungen ab ***(warm-up)***, um nach Muskelruhe wieder zu erscheinen. Symptomatische Therapie erfolgt mit frequenzabhängig den Natriumkanal blockierenden ***Antiarrhythmika***, die durch Reduktion der Natriumleitfähigkeit die Membranerregbarkeit dämpfen.

Das Gegenteil, die ***Untererregbarkeit***, ist das Hauptsymptom der ***periodischen Paralysen***, die bei einer Anzahl von Krankheiten unterschiedlicher Ätiologie auftreten. Das Kennzeichen dieser Erkrankungen sind in unregelmäßigen Zeitabständen – also eher episodisch als periodisch – auftretende Attacken von ***Muskelschwäche***, die bis zur vollständigen Lähmung der Skelettmuskulatur gehen können. Das Bewußtsein und die Sensorik bleiben klar. Während der Lähmung läßt sich von den betroffenen Muskeln keine Aktivität im EMG ableiten. Muskelbetätigung kann eine Lähmungsattacke kupieren. Dies ist wohl der Grund dafür, daß auch bei schweren Attacken das Zwerchfell von der Lähmung ausgenommen ist.

Die Krankheitsgruppe wird in ***primäre***, d. h. familiäre, genetisch bedingte, und in ***sekundäre*** Krankheiten eingeteilt, die infolge internistischer Störungen auftreten. Die Symptome sind bei den sekundären Krankheiten die gleichen wie bei den primären. Sie verschwinden, sobald die Grundkrankheit erfolgreich behandelt wird.

Die klinischen Korrelate von Über- und Untererregbarkeit, Muskelsteifigkeit und -schwäche, werden durch denselben Prozeß verursacht, nämlich eine zeitweilige ***Depolarisation*** der Muskelfasermembranen. Geringe Depolarisation kann dabei zu Übererregbarkeit führen, stärkere Depolarisation zur ***Inaktivierung*** der Natriumkanäle und damit zur Untererregbarkeit. Elektrophysiologie und Molekularbiologie haben gezeigt, daß bei den erblichen Formen dieser Krankheiten der Defekt meist auf Mutationen von Genen beruht, die für Ionenkanäle kodieren, insbesondere für Natrium-, Chlorid- oder Kalziumkanäle. Muskuläre Kaliumkanalkrankheiten sind unbekannt.

Eine hohe Chloridleitfähigkeit ist für die elektrische Stabilität der Muskelfasermembran wichtig

Bei den ***Chloridkanalkrankheiten*** der Skelettmuskulatur ist aufgrund von Mutationen in dem Gen, das für die Chloridkanäle kodiert, die Chloridleitfähigkeit der Fasermembranen verringert. Die dadurch bewirkte elektrische Übererregbarkeit der Fasern führt bei der ***Myotonia congenita*** zum charakteristischen Symptom der Muskelsteifigkeit, die vor allem zu Beginn einer Bewegung nach Muskelruhe auftritt.

Die ***myotonen Symptome*** (Muskelsteifigkeit, myotone Salven im EMG) lassen sich im Tierversuch durch systemische Gabe von chloridkanalblockierenden Substanzen (9-Anthrazen-Karboxylsäure) erzeugen. Bei verringerter Chloridleitfähigkeit ändert sich nicht das Ruhepotential, wohl aber das ***Aktionspotential*** in Form einer vergrößerten Nachdepolarisation. Diese begünstigt die ***repetitive Antwort*** auf einen Einzelreiz. Der Beendigung einer myotonen Salve liegt wahrscheinlich die zunehmende ***Inaktivierung*** der Natriumkanäle während der zunehmenden Nachdepolarisation zugrunde. Diese Inaktivierung kann sogar zu einer ***transienten Muskelschwäche*** führen. Die Abnahme der Myotonie und der transienten Schwäche bei Muskelbetätigung wird darauf zurückgeführt, daß das während der myotonen Salve extrazellulär sich akkumulierende Kalium die repolarisierend wirkende Na/K-Pumpe stimuliert.

Die Myotonia congenita kann sowohl mit rezessivem als auch mit dominantem Erbgang auftreten

Der ***Chloridkanal*** des Muskels ist ein homomeres Dimer, d. h. er besteht aus zwei gleichen Proteinen, die vom selben Gen exprimiert werden. Verschiedene Mutationen in diesem Gen resultieren in einer von zwei unterschiedlichen Möglichkeiten. Eine Mutation kann dazu führen, daß von dem betroffenen Allel kein funktionelles Produkt erzeugt wird. In diesem Fall werden alle Chloridkanäle von den Produkten des intakten Allels gebildet und es kommt zur Myotonie nur dann, wenn beide Allele mutiert sind (rezessiver Erbgang). Oder sie führt zu einem defekten Genprodukt, das immer noch zur Bildung von Dimeren imstande ist. Dies kann die Kanalfunktion beeinträchtigen selbst dann, wenn ein mutiertes und ein normales Monomer sich verbinden. In diesem Fall kann Myotonie schon in einem Heterozygoten manifest werden (dominanter Erbgang).

Beide Fälle kommen bei der Myotonia congenita vor, und die beiden Formen werden häufig nach ihren Erstbeschreibern benannt. Die rezessiven ***Becker-Mutationen*** sind häufiger. Man kennt davon rund 15. Von den dominanten ***Thomsen-Mutationen*** kennt man 7, eine davon mit besonders leichten Symptomen ***(„Myotonia levior")***.

Myotonia congenita, die „klassische" Erbkrankheit mit dem Symptom der Muskelsteife nach Muskelruhe, wird durch Mutationen im Gen des muskulären Chloridkanals hervorgerufen, ist also eine Chloridkanalkrankheit.

Die Mutationen im Natriumkanal-Gen bewirken drei klinisch unterschiedliche Krankheiten. Bei allen dreien werden die Symptome durch veränderte Inaktivierung der Natriumkanäle hervorgerufen, alle drei haben dominanten Erbgang

Bei den drei ***Natriumkanalkrankheiten*** kann ebenfalls das Symptom der Myotonie auftreten. Häufig dominiert hier jedoch das Symptom der episodisch auftretenden Muskelschwäche.

Paramyotonia congenita. Bei der Paramyotonia congenita sind beide Symptome bekannt. Sie treten nur dann auf, wenn die Muskeln in Kälte arbeiten müssen. Während der Steife lassen sich im EMG niederfrequente, über viele Sekunden dauernde Salven ableiten. Zunächst wird bei andauernder Muskelbetätigung die Muskelrelaxation immer langsamer *(paradoxe Myotonie)*. Später tritt eine schlaffe Lähmung ein, die Muskeln sind dann elektromyographisch stumm. Wiedererwärmung bringt die Kraft nur sehr langsam zurück.

Kaliumsensitive Myotonie. Bei dieser zweiten Natriumkanalkrankheit ist die Muskelsteife nicht kälteabhängig, auch fehlt das Symptom der Muskelschwäche. Die Klinik ähnelt sehr der dominanten Form der Myotonia congenita (Thomsen). Differentialdiagnostisches Zeichen ist die Zunahme der Myotonie nach Einnahme kaliumreicher Nahrung.

Hyperkaliämische periodische Paralyse. Bei der dritten Natriumkanalkrankheit steht das Symptom ***generalisierter Lähmungsattacken*** im Vordergrund. Da diese meist mit einer Erhöhung des Serumkaliumspiegels über den Normbereich (auf über 4,5 mM, normal 3,8–4 mM) einhergehen, hat die Krankheit den Namen hyperkaliämische periodische Paralyse erhalten. Der Anstieg des Serumkaliumspiegels bewirkt die Depolarisation der Muskelfasern, die in Über- bzw. Untererregbarkeit resultiert. Die Attacken ereignen sich fast nur am Vormittag und dauern bis zu 3 h. Das typische auslösende Moment ist Ruhe nach körperlicher Anstrengung. Zusätzlich können Kälte, Hunger, Emotion, Einnahme von Kalium und Glukokortikoiden anfallsauslösend wirken.

Während der Arbeit steigt das Serumkalium wie bei Gesunden und fällt in der folgenden Ruhepause wieder ab. Nach 10–30 min steigt es spontan wieder. Bei 7 mM kommt es zur generalisierten Lähmung, während Gesunde ihre volle Kraft besitzen. Die Nieren scheiden dann vermehrt Kalium aus, womit das Ende der Attacke bewirkt wird.

Rund 20 Mutationen wurden bisher in dem Gen entdeckt, das für die α-Untereinheit des muskulären Natriumkanals kodiert. Jeweils ein Drittel von ihnen erzeugt eine der drei Krankheiten (Abb. 29.3).

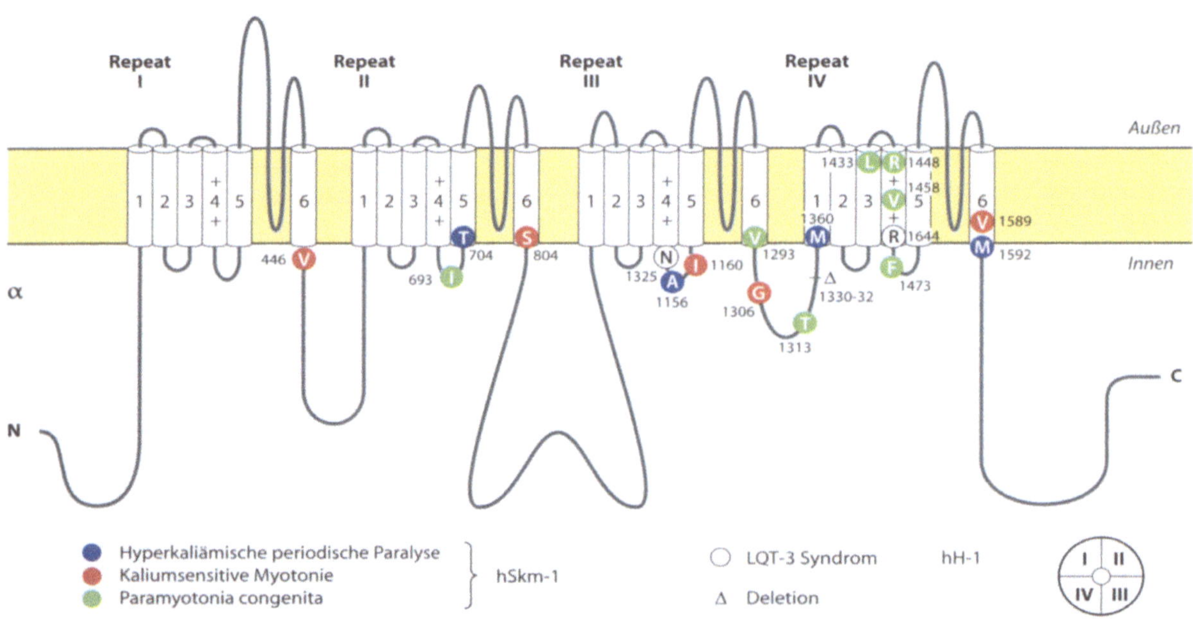

Abb. 29.3. Schematische Darstellung des muskulären Natriumkanals. Das Eiweiß ist aus 4 ähnlichen Domänen aufgebaut, den Repeats I-IV, die sich, wie *unten rechts* mit Blick von oben illustriert, so zusammenlegen, daß sie in der Mitte eine Pore bilden. Jede Domäne besteht aus 6 Segmenten, die durch extra- und intrazellulär gelegene Linker verbunden sind. Vor allem in den intrazellulären Linkern befinden sich die durch Mutationen zustandegekommenen Aminosäuresubstitutionen, die jeweils eine der drei *unten links* angegebenen Natriumkanalkrankheiten verursachen. Beim Long-QT-Syndrom handelt es sich um eine Krankheit des Herzmuskels, die durch Mutationen im homologen kardialen Natriumkanal-Gen verursacht wird. Die substituierten Aminosäuren sind mit der internationalen 1-Buchstabenabkürzung gekennzeichnet

!

Episodische Muskelsteifigkeit und/oder – schwäche können als Folge von schwacher bzw. starker Verminderung des Membranpotentials der Muskelzellen auftreten. Eine Vielzahl von Mutationen im Gen des muskulären Natriumkanals bewirkt die Symptome.

Mutationen im Gen für die α-Untereinheit eines Kalziumkanals verursachen hypokaliämische periodische Paralyse

Die wichtigste Kalziumkanalkrankheit des Skelettmuskels ist die ***familiäre hypokaliämische periodische Paralyse*** [9]. Die muskulären Symptome dieser dominant vererbten Krankheit sind ähnlich wie bei der hyperkaliämischen periodischen Paralyse, doch fällt hier das Serumkalium auf Werte unter 3,5 mM (normal 3,8–4 mM). Schwerere Lähmungsattacken können mehrere Tage dauern. Die Muskelkraft kommt auch ohne Behandlung langsam wieder, und das Serumkalium steigt auf normale Werte. Eine Attacke wird durch folgende Faktoren (oder ihre Kombination) ausgelöst:

- kohlenhydratreiche Mahlzeit,
- Ruhe nach Anstrengung,
- Kälte und
- emotionaler Streß.

Nach sehr vielen Attacken kann eine ***permanente Myopathie*** bestehen bleiben.

Dieser auch ***Dihydropyridinrezeptor*** genannte Kanal liegt in den Membranen des transversalen tubulären Systems. Er ist ein wichtiges Element der elektromechanischen Kopplung. Wie die bisher bekannten 3 Mutationen die Symptome bewirken, ist unbekannt.

Defekte im Gen für einen Kalziumkanal des sarkoplasmatischen Retikulums sind die Ursache für schwerwiegende Narkosezwischenfälle

Es gibt Menschen, bei denen der Sicherheitsfaktor für spontane ***Kalziumfreisetzung*** in den Muskelfasern vermindert ist. Bei Vollnarkose mit Inhalationsnarkotika (Halothan) und depolarisierenden Relaxantien (Sukzinylcholin) kann es zu einer alle Skelettmuskelfasern erfassenden langdauernden Muskelaktivierung kommen. Diese wirkt sich in Muskelverspannung und hohem Energieumsatz mit der dazu gehörenden Wärmeentwicklung aus. Bei dieser ***malignen Hyperthermie (MH)*** handelt es sich nicht wie beim Fieber um eine Sollwertverstellung im Hypothalamus, deshalb läßt sie sich nicht mit Antipyretika beeinflussen. Die andauernde Muskelanspannung bewirkt eine Kompression der Blutgefäße, die schnell zu Hypoxie der Muskulatur und metabolischer Azidose führt. Dabei werden die Muskelfasern geschädigt, es kommt zu Freisetzung von Kalium und Kreatinkinase ins Serum sowie zur Myoglobinurie mit gelegentlichem Nierenversagen.

Die Anlage zur MH wird autosomal-dominant vererbt. Betroffen ist das Gen des sog. ***Ryanodinrezeptors***, des Kalziumkanals in der Membran des sarkoplasmatischen Retikulums, der mit dem T-tubulären Dihydropyridinrezeptor eng koordiniert ist.

Die Anlage zur MH ist heterogen, denn nicht alle veranlagten Personen tragen eine Mutation im Ryanodinrezeptor-Gen. Eine seltene Mutation im Ryanodinrezeptor-Gen verursacht ***„central core disease“***. Patienten mit dieser Myopathie haben ein erhöhtes Inzidenzrisiko für MH.

Ohne Behandlung führt eine akute MH in 70 % der Fälle zum Tod. ***Dantrolen***, eine Hemmsubstanz der Kalziumfreisetzung, kann eine einsetzende MH kupieren, präventiv gegeben verhindert es sie.

Man kennt Mutationen in den Genen für zwei Typen von Kalziumkanälen des Muskels, die beide vor allem an der elektromechanischen Kopplung beteiligt sind. Defekte des „Dihydropyridinrezeptors“ können die Erregung so beeinträchtigen, daß schwere, langdauernde Muskellähmungen erfolgen, Defekte des „Ryanodinrezeptors“ bewirken die maligne Hyperthermie, eine schwere Narkosekomplikation.

29.7 Metabolische Muskelkrankheiten

Es gibt mehr als neun verschiedene Enzymdefekte im Sarkoplasma und in den Lysosomen, die zu Störungen des Glykogenstoffwechsels und der Glykolyse führen (Tabelle 29.3)

Störungen des ***muskulären Energieumsatzes*** resultieren in permanentem oder episodischem Leistungsabfall. Dem Muskel stehen verschiedene Stoffwechselwege für die Erzeugung des unmittelbaren ***Energieträgers***

Tabelle 29.3. Enzymdefekte des Glykogenstoffwechsels und der Glykolyse, die permanente oder episodische Muskelsymptome verursachen

Typ	Erbmodus	Enzym	Genlokus	Klinik (außer Muskelschwäche)
II (Pompe)	AR	Saure Maltase (GAA)	17q23	Floppy baby, Kardiomyopathie, respiratorische Insuffizienz
III (Forbes)	AR	1,6 Glukosidase („*debranching enzyme*")	1p21	Hepatosplenomegalie, distale Schwäche
IV	AR	α-Glukan-verzweigende Glykosyltransferase („*branching enzyme*")	3	Hepatosplenomegalie, Zirrhose
V (McArdle)	AR	Phosphorylase (PYG)	11q13	Myoglobinurie
VIa		Phosphorylase-B Kinase (PBK)		Hepatomegalie, Wachstumsverzögerung
	XR	PBK-α	Xq12–13	
	AR	PBK-β	16q12–13	
	AR	PBK-γ	7p12-q21	
VII (Tarui)	AR	Phosphofruktokinase (PFK)	1cenq32	Crampi, Myoglobinurie
IX	XR	Phosphoglyzerokinase (PGK)	Xq13	Hämolytische Anämie, Epilepsie, Myopathie
X	AR	Phosphoglyzeratmutase (PGAM)	7p12-p13	Crampi, Myoglobinurie
XI	AR	Laktatdehydrogenase (LDH)	11p15.4	Myoglobinurie

ATP zur Verfügung. In Ruhe und bei mehrstündiger Dauerbelastung ist ***β-Oxidation der Fettsäuren*** die wesentliche Energiequelle, dazu der aerobe Weg der Glykogenolyse und ***Glykolyse.*** Bei langdauernder Muskelarbeit werden zusätzlich verzweigtkettige Aminosäuren oxidiert. Bei kurzzeitigen großen Kraftleistungen wird ATP durch anaerobe Glykolyse erzeugt.

Phosphorylasemangel. Die erste exakt definierte metabolische Myopathie war das ***McArdle-Syndrom.*** Die Patienten entwickeln bei Belastung Schwäche, Schmerzen, Kontrakturen und Myoglobinurie. Im Zytosol fehlt die Phosphorylase.

Die metabolischen Veränderungen, die die Symptome verursachen, sind ungeklärt. ATP liegt in normaler Konzentration vor, doch scheint aufgrund der gestörten Glykolyse der ATP-Nachschub mangelhaft zu sein. Die Funktionsstörungen könnten auf Alterationen der sarkolemmalen Na/K-ATPase basieren. Die Kontrakturen beruhen möglicherweise auf einer vorübergehenden Beeinträchtigung der Kalzium-Aufnahme in das sarkoplasmatische Retikulum. Wenn die Patienten unter körperlicher Belastung das Auftreten der Muskelsymptome merken, können sie diese durch kurzzeitige Minderung der Belastung verhindern und anschließend Dauerbelastungen beschwerdefrei ertragen. Dieser ***„second wind"*** beruht auf Mobilisierung von Fettsäuren und Alanin als Energiequellen.

Phosphofruktokinasemangel. Bei der ***Taruischen Krankheit*** und weiteren Enzymmangelerkrankungen der Glykolyse (s. Tabelle 29.3) ist die Pathologie wahrscheinlich ähnlich wie beim Phosphorylasemangel.

Saure Maltasemangel. Die ***Pompesche Krankheit,*** eine autosomal-rezessiv erbliche Störung des Glykogenabbaus, wird aufgrund klinischer Kriterien in einen infantilen, kindlichen und adulten Typ gruppiert. Der großen Variabilität des Manifestationsalters und der Verlaufsintensitäten entspricht eine große Varianz der Defekte der Synthese, Phosphorylierung und Reifung der sauren Maltase. Die Patienten leiden unter progredienten Paresen, die durch die Glykogenspeicherung in den Muskelfasern, also durch eine Verdrängung und Druckläsion der Myofibrillen, verursacht sind. Zusätzlich wird die Muskelzelle durch eine pathologische Steigerung autophagischer Aktivität und lysosomaler Enzyme geschädigt. Deren Ursache ist unbekannt.

Stoffwechselstörungen sind häufig durch Enzymdefekte bedingt. Wegen ihres hohen Energiebedarfs wird die Muskulatur vor allem von Störungen des Energiestoffwechsels betroffen. Man kennt eine Vielzahl von Defekten des Glykogenstoffwechsels und der Glykolyse, die zumeist autosomal-rezessiv vererbt werden.

Fettstoffwechselstörungen können ebenfalls Myopathien bewirken

Um langkettige Fettsäuren für die β-Oxidation in die Mitochondrien transportieren zu können, benötigen die Zellen ***Karnitinpalmityltransferase*** (CPT-1 und CPT-2) und den Carrier ***Karnitin.*** Im Zytosol werden die langkettigen Fettsäuren zunächst durch die Palmityl-CoA-Synthetase zu Azyl-CoA aktiviert, für das die innere Mitochondrienmembran aber nicht durchgängig ist. Azyl-CoA muß für die Passage erst durch Vermittlung der an der Außenseite der inneren Mitochondrienmembran lokalisierten CPT-1 an Karnitin gekoppelt werden. Als Azylkarnitin können sie die Membran unter Einwirkung der Karnitinazylkarnitintranslokase passieren. Die CPT-2 an der Innenseite der inneren Mitochondrienmembran katalysiert die Abkopplung von Karnitin und die erneute Bildung von Azyl-CoA, das dann für die β-Oxidation bereitsteht.

Der in der Adoleszenz und im jungen Erwachsenenalter auftretende ***Karnitinpalmityltransferase-„Mangel“*** ist durch Muskelschwäche, Myalgie und Myoglobinurie bei Dauerbelastung gekennzeichnet. Die Krankheit beruht nicht auf einem Enzymmangel, sondern auf einer ***Enzymmutation.*** Die Enzymmutante wird unphysiologisch stark durch ihr Substrat (Azyl-CoA) und ihr Produkt (Azylkarnitin) gehemmt. Da Azyl-CoA und Azylkarnitin bei mehrstündigen körperlichen Belastungen in hoher Konzentration gebildet werden, ist verständlich, daß im Gegensatz zum Karnitinmangel (s.unten) der CPT-Mangel Muskelsymptome nur nach mehrstündigen Belastungen verursacht, wenn die Muskulatur zur Deckung des Energiebedarfs auf Fettsäuren angewiesen ist.

Nicht nur muskuläre Dauerbelastungen, sondern auch Fasten, Infektionskrankheiten, Schlafstörungen, Streß und Kälte können eine Krankheitsattacke auslösen. In der Regel bilden sich die Symptome in wenigen Tagen wieder voll zurück. Myoglobin kann bei einer ausgedehnten Muskelschädigung im Harn in so hoher Konzentration anfallen, daß Nierenversagen resultiert. Durch Einschalten von Ruhepausen und kohlenhydratreichen Zwischenmahlzeiten bei langdauernden körperlichen Belastungen läßt sich die Häufigkeit und Intensität der Lähmungsepisoden reduzieren.

Auch durch Karnitinmangel bedingte Störungen im Fettstoffwechsel führen zu anhaltenden Muskelschwächen

Bei ***Karnitinmangel*** fallen zwei für den Fettstoffwechsel wichtige Funktionen aus: 1. der Transport von langkettigen Fettsäuren in die Mitochondrien und 2. die Regulation des intramitochondrialen Verhältnisses von Coenzym A und Azyl-CoA. Daraus resultiert eine Speicherung der ***Triglyzeride*** in den Muskelfasern, die in den roten Typ-I-Fasern mit ihrer großen oxidativen Kapazität deutlich stärker ausgeprägt ist als in den weißen Typ-II-Fasern (Abb. 29.4 a). Funktion und Struktur der Muskulatur sind durch die zunehmende Akkumulation von Fett in den Muskelfasern gestört. Auch resultiert aus der Behinderung der mitochondrialen Oxidation von Fettsäuren, die wegen des Fehlens des Carriers Karnitin nicht in die Mitochondrien transportiert werden können, eine anhaltende und zunehmende Muskelschwäche.

Beim muskulären Typ sind die Symptome auf den Muskel beschränkt, beim systemischen Typ bestehen zusätzlich Symptome weiterer Organe, insbesondere eine Hepatopathie (Lebervergrößerung, Transaminasenerhöhung) sowie eine episodische Enzephalopathie (Bewußtseinsstörung bis Koma).

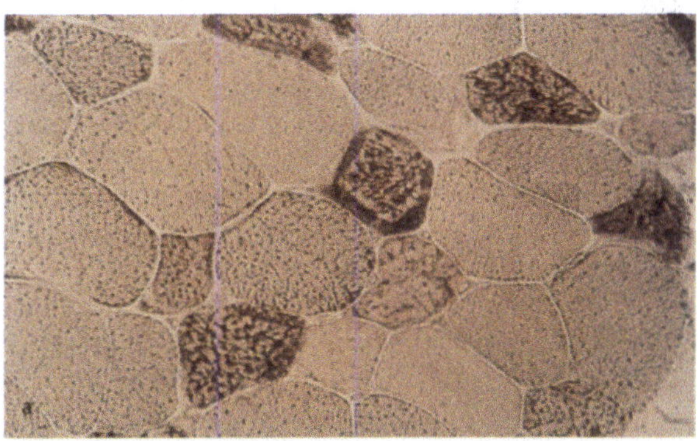

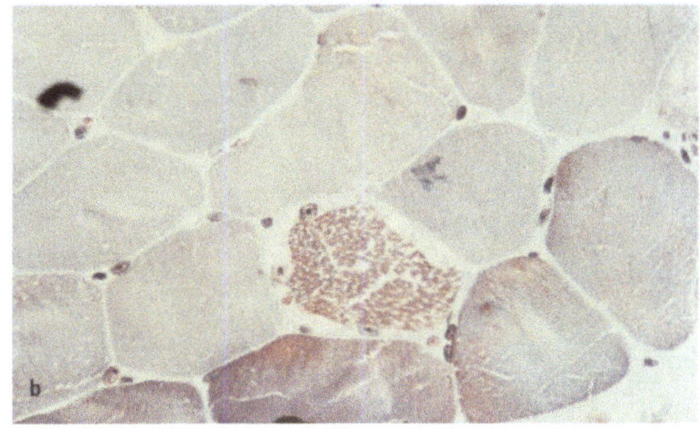

Abb. 29.4 a,b. Metabolische Myopathien, Muskelfaserquerschnitte. **a** Karnitinmangelmyopathie. Die Typ-I-Fasern zeigen eine erhebliche Schwarzfärbung als Ausdruck einer Fettspeicherung (Sudanschwarz-Färbung, Vergrößerung 100 x). **b** Mitochondriale Myopathie mit „ragged red fibers“ (roten zerlumpten Fasern) (Gomori-Trichrom-Färbung, Vergrößerung 400 x). (Aufnahme: D. Pongratz)

> **!** Störungen des Fettstoffwechsels führen zu schweren Krankheiten, bei denen wegen ihres hohen Energieumsatzes vor allem die Skelettmuskeln betroffen sind, aber auch andere Organe wie Leber und Gehirn beteiligt sein können.

Bei Störungen des Stoffwechsels der Mitochondrien sind neben den Muskeln gelegentlich das Gehirn und andere Organe mitbetroffen

Man spricht deshalb auch von ***mitochondrialen Enzephalomyopathien*** oder ***Zytopathien*** [14]. Hauptsymptome sind: progressive Lähmung der Augenmuskeln (externe Ophthalmoplegie), muskuläre Belastungsintoleranz, progressive Muskelschwäche, verzögerte motorische Entwicklung, Luftnot, Erbrechen, Diarrhö, Hepatomegalie, Kardiomyopathie, Enzephalopathie (Epilepsie, Schlaganfall, Störungen der Koordination, des Bewußtseins und der intellektuellen Entwicklung), Azidose, erhöhte Konzentration von Kreatinkinase, Laktat, Pyruvat und Alanin im Blut und Hypoglykämie. Ein Teil der Fälle ist nach den vorhandenen biochemischen Anomalien zu klassifizieren. Man unterscheidet vier Gruppen ([15], Tabelle 29.4).

Die mitochondrialen Zytopathien folgen nicht dem Mendelschen, sondern dem ***maternalen Erbgang.*** Sie manifestieren sich überwiegend im Säuglings- und Kindesalter. Die Fasern erscheinen ausgefranst (Abb. 29.4b), die Mitochondrien sind vermehrt, vergrößert und besitzen deutlich mehr Cristae (Abb. 29.5). Bei einzelnen Fällen kommt es zusätzlich zu einer Speicherung von Fett und Glykogen in den Muskelfasern. Bei anderen führt nur die molekularbiologische Untersuchung des mitochondrialen Genoms (Deletion, Punktmutation) zur Diagnosesicherung [18].

Tabelle 29.4. Biochemische Klassifikation der Myopathien bei hereditären Störungen des mitochondrialen Stoffwechsels. Nach [14]

Defekte des mitochondrialen Substrattransports
Karnitinmangelsyndrome
Karnitinpalmityltransferase-„Mangel"
Pyruvattranslokasemangel
Defekte der mitochondrialen Substratutilisation
Mangel an verschiedenen Azyl-CoA-Dehydrogenasen
Mangel des Pyruvatdehydrogenasekomplexes
Defekte der mitochondrialen Atmungskette
Mangel einzelner Enzymkomplexe (I, II, III, IV, V)
Koenzym-Q-Mangel
Defekte der Energietransduktion
ATPase-Mangel
Adeninnukleotidtranslokasemangel

Da die essentiellen Proteine der Atmungskette teilweise auf der mitochondrialen DNA kodiert sind, verursachen mitochondriale Funktionsstörungen viele Symptome. Organe mit hohem Energieverbrauch, wie Zentralnervensystem, Muskulatur, Retina, Leber, Nieren und Herz, sind deshalb bei den mitochondrialen Myopathien besonders betroffen. Es läge nahe, die Funktionsstörung auf ATP-Mangel zurückzuführen. Dies hat sich nicht bestätigen lassen, dagegen fällt ***Kreatinphosphat*** bei leichter Belastung abnorm schnell ab und steigt in Ruhe verlangsamt wieder an.

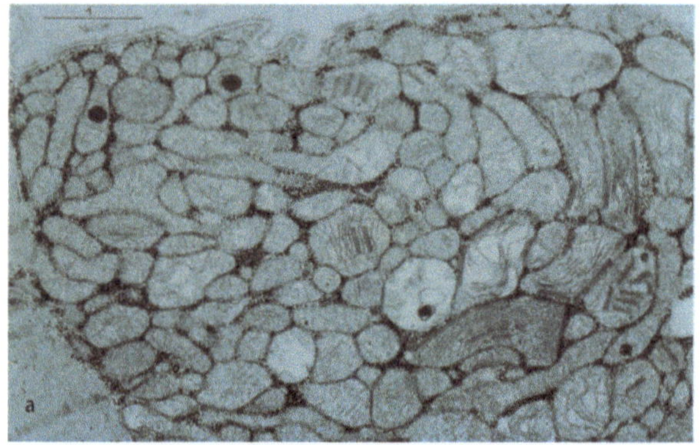

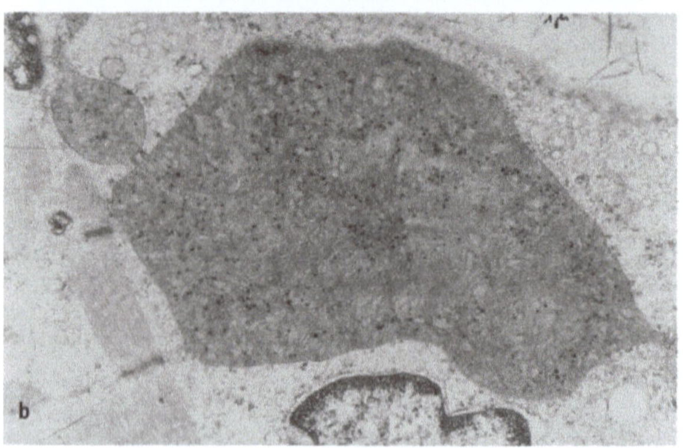

Abb. 29.5 a,b. Mitochondriale Myopathie, elektronenmikroskopische Ausschnitte. **a** Muskelfaser mit erheblicher, vorwiegend subsarkolemmaler Vermehrung und teilweise abnormer Strukturierung (Anomalien der Cristae, parakristalline Einschlüsse von Mitochondrien). **b** Muskelfaser mit teilweise auch abnormer Strukturierung von Mitochondrien, die hier über 30x größer sind als normal. (Aufnahme: D. Pongratz)

Beim Purinstoffwechsel gibt es zwei wesentliche Enzymmangeldefekte

Patienten mit ***Adenylatdeaminasemangel*** klagen über belastungsabhängige Muskelschmerzen, die in Ruhe reversibel sind. Die Zusammenhänge zwischen dem meist autosomal-rezessiv vererbten Enzymmangel und den Beschwerden sind noch ungeklärt.

Die Adenylatdeaminase wandelt das bei der Adenylatkinasereaktion gebildete Adenosinmonophosphat (AMP) zu Inosinmonophosphat (IMP) und Ammoniak um. Die Ammoniakproduktion ist die Grundlage für die klinische Beurteilung der Adenylatdeaminaseaktivität. Ein fehlender Ammoniakanstieg nach körperlicher Belastung (Ischämietest) deutet ein Fehlen des Enzyms an, was dann sowohl histochemisch wie biochemisch in der Muskelbiopsie objektiviert werden kann.

Der ***Xanthinoxidasemangel*** ist eine seltene hereditäre Erkrankung des Purinstoffwechsels, der auf eine noch nicht genau geklärte Weise eine leichte Muskelschwäche und krampfartige Myalgien bei körperlichen Belastungen verursacht. Der Harnsäurespiegel im Blut ist erniedrigt und die Konzentration von Xanthin und Hypoxanthin im Blut und Urin erhöht, weil der Mangel des Enzyms die Oxidation von Hypoxanthin zum Xanthin und von diesem zur Harnsäure blockiert. Xanthin- und Hypoxanthinkristalle sind im bioptisch entnommenen Muskelgewebe mit dem Polarisationsmikroskop nachweisbar.

Mutationen der mitochondrialen DNA erzeugen schwere Symptome an einer Vielzahl von Organen. Gehirn und Muskeln sind besonders stark betroffen. Die Enzephalomyopathien folgen dem maternalen Erbgang.

29.8 Die Myositiden

Polymyositis und Dermatomyositis sind sporadische, akute, chronisch progrediente oder chronisch-rezidivierende Krankheiten mit entzündlichen und degenerativen Muskelprozessen

Bei beiden Krankheiten wurden Autoimmunprozesse nachgewiesen, denen sicher große pathogenetische Bedeutung zukommt. Vollständig geklärt ist die Ätiologie der Myositiden nicht [20].

Polymyositis. Die entzündlichen Muskelprozesse sind oft mit anderen Erkrankungen aus dem Formenkreis der Kollagenosen („Mischkollagenosen", „Overlap-Syndrome") kombiniert. T-Zell-vermittelte Immunreaktionen sind gesichert.

Die Lymphozyten von Myositispatienten wurden in Muskelbiopsien mit monoklonalen Antikörpern typisiert. Dadurch konnten T-Zell-vermittelte antigenspezifische zytotoxische Effekte gegen Muskelfasern objektiviert werden (Abb. 29.6). Bei der Polymyositis und einer ***Einschlußkörperchenmyositis*** genannten Sonderform sind B-Zellen, T-Zellen und Makrophagen perivaskulär vor allem im Endomysium verteilt. In nekrotischen wie in nichtnekrotischen Muskelfasern finden sich fokal antigenspezifische T-Zellen und Makrophagen.

Die Mehrzahl der infiltrierenden Lymphozyten sind zytotoxische T-Zellen ($CD8^+$), seltener sind NK- und K-Zellen. Kontakte von Muskelzellen mit CD8-positiven Zellen können elektronenmikroskopisch bei intakter Fasermembran dargestellt werden, ein Befund, der der zytotoxischen Zytolyse von Tumorzellen weitgehend entspricht. Dies alles setzt eine vorausgegangene Sensibilisierung und klonale Vermehrung von T-Zellen gegen Oberflächenantigene der Muskelfasern voraus.

Eine Beteiligung humoraler Faktoren in der Pathogenese der Polymyositis ist jedoch nicht ausgeschlossen, da zusätzlich Fasernekrosen durch antikörperabhängige, komplementvermittelte Lyse von Muskelfasern mit nachfolgendem Einstrom der kalziumreichen Extrazellulärflüssigkeit eintreten könnten.

Dermatomyositis. Hier finden sich zusätzlich zu ***lymphozytären Infiltraten*** des Muskelgewebes an Muskel- und Hautgefäßen morphologische Veränderungen und ***Immunkomplexe*** sowie ***Komplementaktivierungskomplexe*** (MAC, „membrane attack complex"). In den Infiltraten in Muskelbiopsien fanden sich im Gegensatz zur Polymyositis überwiegend Helfer/Induktor-T-Zellen ($CD4^+$) und B-Zellen. Demnach scheint in der Pathogenese der Dermatomyositis eine humorale Reaktion gegen Gefäßbestandteile eine wesentliche Rolle zu spielen. Allerdings ist eine primäre T-Zell-vermittelte Reaktion gegen Gefäßelemente nicht ausgeschlossen.

Für die Dermatomyositiden ist eine lichtmikroskopisch darstellbare perifaszikuläre Atrophie pathognomonisch. Sie ist vermutlich Folge einer Ischämie oder eines gemeinsamen Antigens der Muskelfasern und der Gefäße (s. Abb. 29.6).

Die beiden Hauptvertreter der Gruppe der entzündlichen Muskelerkrankungen sind die Autoimmunkrankheiten Polymyositis und Dermatomyositis. Es gibt auch durch Virusinfektionen bedingte Myositiden.

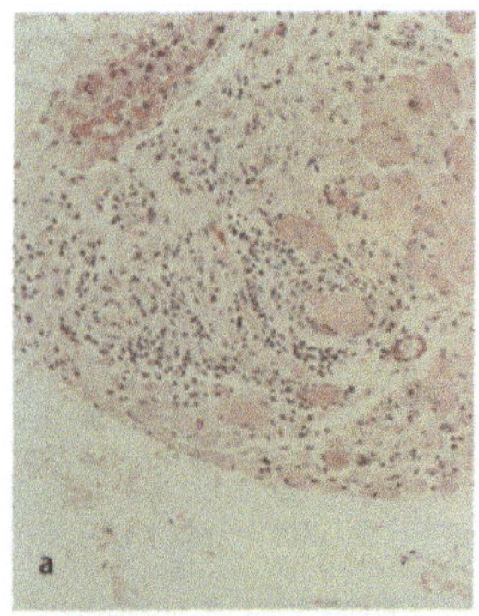
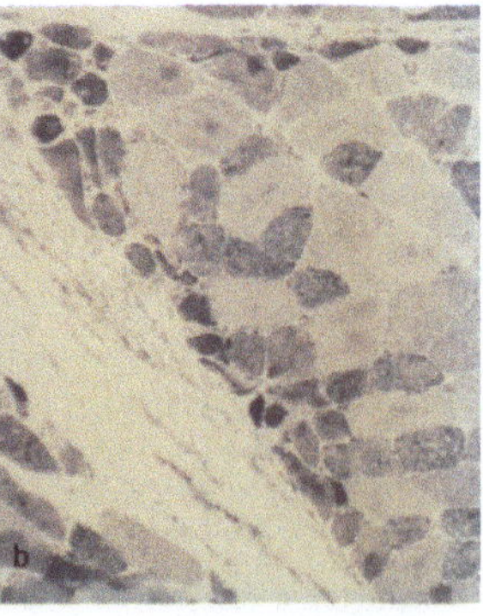
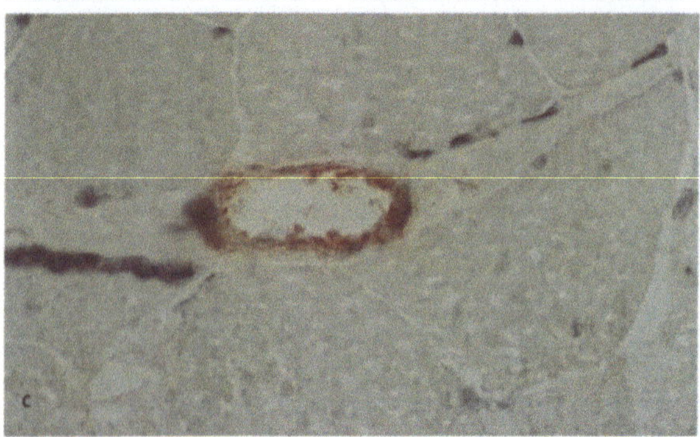

Abb. 29.6 a–c. Quergestreifte Muskelfasern bei Polymyositis vom perifaszikulären Typ im Rahmen einer Dermatomyositis. **a** HE-Färbung, perivaskulär und perimysial betonte Rundzellinfiltrate, welche, (mit histochemischen Techniken) in der Abbildung **b** besser zu sehen, zu einer perifaszikulären Schädigung und Atrophie des Muskelparenchyms führen. **c** Bei der Polymyositis vom perifaszikulären Typ zeigen die perimysial gelegenen Kapillaren C5b9-Komplementablagerungen (AP-AAP-Methoden) als Ausdruck einer Endothelzellschädigung mit Komplementverbrauch. (Aufnahme: D. Pongratz)

29.9 Muskelpathologie bei Endokrinopathien

Zahlreiche Hormone haben vielfältige Effekte auf die muskuläre Proteinsynthese und -degradation, den Kohlenhydratstoffwechsel, Kalium- und Kalziumtransport sowie die Enzymaktivitäten

Die Muskeltrophik wird besonders stark durch das Wachstumshormon (GH), Testosteron, die Schilddrüsenhormone (T_3, T_4) und durch Insulin und Somatomedin beeinflußt, während die Glukokortikoide katabole Effekte verursachen. Das Auftreten von ***endokrinen Myopathien*** bei Unter- und Überfunktionen endokriner Drüsen ist deshalb zu erwarten [8].

Thyreotoxikose. Zwei Drittel der Patienten mit Schilddrüsenüberfunktion leiden an einer Myopathie. Diese ist meist proximal betont, oft mit Myalgien kombiniert. Man unterscheidet chronische und akute Myopathie, letztere eventuell mit bulbärer Muskelschwäche. Besondere Formen sind die ***Opthalmomyopathie*** sowie die Kombinationen mit Myasthenie und mit periodischer Lähmung.

Myopathische Veränderungen im EMG finden sich häufiger in proximalen (45%) als in distalen (20%) Muskeln. Sie verschwinden bei erfolgreicher Therapie des Grundleidens. Die Nervenleitgeschwindigkeit ist normal. Auch ohne Hinweise auf eine myasthenische Komponente zeigt jeder sechste hyperthyreote Patient bei repetitiver Nervenreizung eine Abnahme des Muskelsummenaktionspotentials.

Die Wirkungen von ***Thyroxin*** (T_4) und ***Trijodthyronin*** (T_3) auf die Muskulatur sind vielfältig, entsprechend viele Störungen gibt es bei Hyperthyreose. T_3 und T_4 werden an zytoplasmatische Rezeptoren gebunden und beeinflussen die Genexpression. Bei Thyreotoxikose ist sowohl der Metabolismus der Kohlenhydrate als auch der der Lipide erhöht. Weiterhin bestehen eine gesteigerte Proteinsynthese und Enzymproduktion sowie eine vermehrte Empfindlichkeit des Muskels gegenüber zirkulierenden Katecholaminen.

Hypothyreose. Die dabei induzierte metabolische Veränderung der Muskulatur bewirkt proximal betonte Muskelschwäche, schnelle Ermüdung, Bewegungsverlangsamung, Muskelsteifigkeit, Myalgien, Myoödem und gegebenenfalls auch Crampi und Muskelhypertrophie. Häufig findet man zusätzlich leichte Mono- oder Polyneuropathien. Auch ohne deutliche Myopathie ist bei Hypothyreose praktisch immer die Kreatinkinase im Serum erhöht. Die mitochondrialen Oxidationsprozesse, die Glykogenolyse und der Glukoseumsatz sowie die Zahl der β-adrenergen Rezeptoren auf den Muskelzellen sind vermindert, daraus resultiert eine ***verringerte Milchsäureproduktion*** beim Ischämietest, sowie ***Schwäche*** und ***Myalgie***.

Licht- und elektronenmikroskopisch findet man im Muskel keine morphologischen Veränderungen, die die Muskelschwäche erklären würden. Das EMG zeigt manchmal myopathische Veränderungen. Das Muskelwachstum, die Synthese und Degradation von Proteinen, die Ausscheidung von Methylhistidin und die lysosomale Proteaseaktivität sind vermindert. In Haut und Muskel findet sich eine geminderte Hyaluronidaseaktivität, was als Ursache der Anreicherung von Mukopolysacchariden bei myxödematösen Patienten angesehen wird.

Überfunktion der Nebennierenrinde. Die meisten Patienten mit ***Morbus Cushing*** zeigen eine Muskelschwäche. Auch entwickeln sich bei chronischer Steroidmedikation, insbesondere beim Gebrauch von fluoridierten Glukokortikoiden, bei etwa einem Viertel der Behandelten Myopathien, oft mit Myalgien. Die muskulären Serumenzyme sind meist normal. Elektromyographisch werden myopathische Veränderungen registriert.

Die Pathogenese der ***Steroidmyopathie*** ist nicht detailliert geklärt. Gesichert ist, daß Glukokortikoide durch Minderung des RNA-Gehalts und Störung der Ribosomenfunktion die Proteinsynthese in allen Organen negativ beeinflussen, was sich auf den proteinreichen Muskel besonders negativ auswirkt. Wahrscheinlich ist auch der Abbau von myofibrillären und löslichen sarkoplasmatischen Proteinen gesteigert. Entsprechend ist die Methylhistidinausscheidung erhöht. Diese Veränderungen betreffen mehr die Typ-II-Fasern als die Typ-I-Fasern.

Bioptisch-histologisch finden sich eine Typ-II-Atrophie, Fetteinlagerung in die Typ-I-Fasern, eine Glykogenvermehrung in Typ-II-Fasern und mitochondriale Aggregate. Weitere Faktoren, die vermutlich pathophysiologisch weniger bedeutsam sind, basieren auf der Störung der Glykolyse und der mitochondrialen Oxidationsprozesse durch die Glukokortikoide. Allerdings resultiert daraus kein erniedrigter ATP-Gehalt der Muskelzelle.

Mangel an Gluko- und Mineralokortikoiden. Etwa die Hälfte der Patienten mit Insuffizienz der Nebennierenrinde ***(Morbus Addison)*** klagt über Muskelschwäche, schnelle Muskelermüdung und Krämpfe, gelegentlich sogar Kontrakturen oder Lähmungen. Weitere Symptome sind Fastenhypoglykämie bei gesteigerter Insulinempfindlichkeit der sarkolemmalen Rezeptoren und Anorexie.

Zusätzlich verändern Hyponatriämie, Hypovolämie und Hyperkaliämie sowie Kaliumverluste der Muskelzelle und arterielle Hypotonie die Muskelfunktion. Bei der Störung der adrenerg gesteuerten Vasokonstriktion ist die Empfindlichkeit auf lokale Vasodilatatoren erhalten; auf diese Weise erklärt sich die durch Muskelarbeit ausgelöste Hypotonie und Adynamie bei Addison-Patienten.

Hypophysär bedingte Akromegalie. Die Hälfte der Kranken leidet unter Muskelschwäche und Belastungsintoleranz, z. T. mit leichter Erhöhung der muskulären Serumenzyme. Es finden sich elektromyographische und morphologische Veränderungen, z. B. Hypertrophie der Muskelfasern; oft zusätzlich auch Neuropathien.

Die Diskrepanz der vom Aspekt her athletisch erscheinenden Muskulatur und der deutlich reduzierten Kraft ist auffällig. Dies wird auf die Wirkung des ***Wachstumshormons*** (GH) zurückgeführt, das die Aktivität der myofibrillären ATPase und zudem wahrscheinlich auch die Membranerregbarkeit mindert. Die ***Muskelhypertrophie*** basiert möglicherweise auf der durch GH gesteigerten Proteinsynthese und Verlangsamung des Proteinabbaus sowie auf einer Steigerung des muskulären Gehalts an RNA.

Hypopituitarismus. Hier finden sich Muskelschwäche und Belastungsintoleranz bei erhaltenem Muskelvolumen. Die muskulären Funktionsstörungen werden auf den Mangel der Schilddrüsen- und Nebennierenhormone sowie des Wachstumshormons zurückgeführt.

Hyperparathyreoidismus. Etwa ein Viertel der Patienten leidet unter Muskelschwäche, Atrophie, Myalgie und Belastungsintoleranz. Bei normalen Serumkreatinkinase- und -aldolasewerten sind die alkalische Phosphatase und Kalziumkonzentration im Serum und die Kreatinausscheidung im Urin erhöht, die Phosphatkonzentration im Serum erniedrigt. Diese Veränderungen finden sich auch beim sekundären Hyperparathyreoidismus. Mehr als die Hälfte der Patienten mit Osteoporose zeigt Hinweise auf eine Myopathie.

Auf welche Weise der Hyperparathyreoidismus dabei die Myopathie verursacht, ist nicht geklärt, jedoch ist bekannt, daß das Parathormon (PTH) die Adenylatzyklaseaktivität und damit die Produktion von cAMP und den Proteinabbau vermutlich über eine Zunahme des intrazellulären Kalziumgehaltes im Muskel erhöht.

Hypoparathyreoidismus. Aufgrund von niedrigen Kalzium- und Magnesiumwerten im Serum und Extrazellulärraum kommt es zur Schwellenerniedrigung für das Aktionspotential, damit zur Übererregbarkeit des peripheren Nervensystems mit dem klinischen Phänomen der Tetanie.

Bei praktisch allen endokrinen Störungen ist die Muskulatur mitbetroffen. Häufigste Symptome sind Muskelschwäche, Schmerzen und schnelle Muskelermüdung.

Danksagung. Dieses Kapitel beruht auf einer Vorlage, die ich zusammen mit Prof. Felix Jerusalem für ein früheres Pathophysiologiebuch geschrieben habe. Ich danke Herrn Prof. Dieter Pongratz für wichtige Ratschläge bei der Überarbeitung des Textes und für viele Bildvorlagen.

29.10 Literatur

1. Campbell KP (1995) Three muscular dystrophies: loss of cytoskeleton-extracellular matrix linkage. Cell 80:675–679
2. Dyck PJ (1994) Diseases of peripheral nerves. In: Engel AG, Franzini-Armstrong C (eds) Myology, 2nd ed. McGraw-Hill, New York, pp 1870–1904
3. Emery AEH (1993) Duchenne Muscular Dystrophy. Oxford Medical Publications, Oxford
4. Emery AEH (1997) Diagnostic Criteria for Neuromuscular Disorders, 2nd ed. Royal Society of Medicine Press, London
5. Emery AEH (1998) Neuromuscular Disorders: Clinical and Molecular Genetics. John Wiley & Sons, Chichester
6. Engel AG, Franzini-Armstrong C (1994) Myology, 2nd ed. McGraw-Hill, New York
7. Harper PS, Rüdel R (1994) Myotonic dystrophy. In: Engel AG, Franzini-Armstrong C (eds) Myology, 2nd ed. McGraw-Hill, New York, pp 1192–1219
8. Jerusalem F, Zierz S (1991) Muskelkrankheiten, 2. Aufl. Thieme, Stuttgart
9. Jurkat-Rott K et al. (1994) A calcium channel mutation causing hypokalemic periodic paralysis. Hum Mol Genet 3:1415–1419
10. Kaplan J-C, Fontaine B. Neuromuscular disorders: gene location. Aktualisierte Tabelle jeweils im neuesten Heft von Neuromuscular Disorders. Elsevier, Amsterdam
11. Kimura J (1989) Electrodiagnosis in Diseases of Nerve and Muscle: Principles and Practice, 2nd ed. FA Davis
12. Lane RJM (1996) Handbook of Muscle Disease. Marcel Dekker, New York
13. Lehmann-Horn F, Rüdel R (1996) Molecular pathophysiology of voltage-gated ion channels. Rev Physiol Biochem Pharmacol 128:195–268
14. Morgan-Hughes JA (1994) Mitochondrial diseases. In: Engel AG, Franzini-Armstrong C (eds) Myology, 2nd ed. McGraw-Hill, New York, pp 1610–1660
15. Munsat TM (1991) Post-Polio Syndrome. Butterworth-Heinemann, Boston
16. Pongratz DE (1990) Atlas der Muskelkrankheiten. Urban & Schwarzenberg, München
17. Research group on Neuromuscular Diseases of the World Federation of Neurology Research Committee (1988) Classification of neuromuscular diseases. J Neurol Sci 86:383
18. Servidei S. Mitochondrial encephalomyopathies: gene mutation. Aktualisierte Tabelle jeweils im neuesten Heft von Neuromuscular Disorders. Elsevier, Amsterdam
19. Stöhr M, Bluthardt M (1993) Atlas der klinischen Elektromyographie und Neurographie, 3. Aufl. Kohlhammer, Stuttgart
20. Toyka KV (1987) Klinische Neuroimmunologie. edition medizin, Weinheim

Pathophysiologie des vegetativen Nervensystems

W. Jänig

30

EINLEITUNG Alle motorischen Aktionen des Körpers werden von antizipatorischen Anpassungsreaktionen des vegetativen Nervensystems, die vom zentralen Nervensystem gesteuert werden, begleitet. Diese vegetativen Anpassungen sind unter krankhaften Bedingungen sekundär betroffen. Sie bekommen selbst Krankheitswert, wenn die Bereiche, in denen die vegetativen Systeme regeln können, überschritten werden, wenn die peripheren und zentralen neuronalen Strukturen der vegetativen Systeme geschädigt sind oder wenn es zu chronischen neurovegetativen Überanpassungen kommt. Aus diesen Gründen ist die Pathophysiologie des vegetativen Nervensystems sehr heterogen und wird weitgehend unter der Pathophysiologie der Regulation des kardiovaskulären Systems, der Körpertemperatur, des Gastrointestinaltraktes, der Beckenorgane usw. abgehandelt.
Ein Krankheitsbild, dessen klinische Merkmale repräsentativ sind für verschiedene Gruppen von Patienten mit vegetativen Ausfällen, ist „pure autonomic failure" (idiopathische orthostatische Hypotonie). Bei Patienten mit diesem Krankheitsbild sind die postganglionären noradrenergen Neurone komplett oder partiell untergegangen. Diesen Patienten fehlen die normalen zentral vermittelten homöostatischen Anpassungsreaktionen des kardiovaskulären Systems bei motorischen Aktionen und Änderungen der Lage des Körpers im Schwerefeld der Erde.

30.1 Störungen vegetativer Regulationen, neuronale Integrationsebenen und Funktionen vegetativer Systeme

Störungen neuronaler vegetativer Regulationen sind die Folge von Ausfällen, Abnahmen (z. B. bei Degeneration peripherer vegetativer Neurone) oder Zunahmen neuronaler Einflüsse auf vegetative Effektororgane (z. B. spinal vermittelte viszero-sympathische Reflexe zu Blutgefäßen bei Querschnittsgelähmten; s. Abschnitt 30.4) oder in den Effektororganen selbst zu suchen. Alle pathophysiologischen Veränderungen vegetativer Regulationen müssen von altersbedingten Veränderungen unterschieden werden.

Störungen vegetativer Regulationen durch Ausfälle auf den unteren Integrationsebenen sind bisher am besten bekannt; Störungen durch Ausfälle auf höheren Integrationsebenen sind bisher nur ungenügend quantitativ faßbar

Sympathische und parasympathische Nervensysteme sind ***hierarchisch organisiert.*** (Tabelle 30.1). An der Basis der hierarchischen Organisation befinden sich die ***vegetativen motorischen Endstrecken*** [6, 11, 13], die aus den postganglionären Neuronen und den präganglionären Neuronen bestehen. Unterbrechungen dieser Endstrecken (s. Tabelle 30.2) können zum kompletten oder partiellen Ausfall der neuronalen Regulationen vegetativer Effektororgane und damit zum Überwiegen extraneuronaler Einflüsse (z. B. zirkulierender Hormone, lokaler metabolischer Prozesse etc.) auf die Effektororgane führen (s. Abschnitt 30.3).

Unterbrechung des Rückenmarkes hat die Verselbständigung der vegetativen spinalen Reflexmotorik zur Folge (s. Abschnitt 30.4). ***Läsionen in Hirnstamm***

und Hypothalamus führen zu komplexen vegetativen Regulationsstörungen.

Im Hirnstamm befinden sich die neuronalen Korrelate der Regulationen des Kreislaufes, des Magen-Darm-Traktes, der Entleerungsfunktionen und im Hypothalamus die neuronalen Korrelate der homöostatischen Regulationen, die eng assoziiert mit neuroendokrinen Regulationen sind (wie z. B. die Regulation des Metabolismus, des extra- und intrazellulären Flüssigkeitsvolumens, des Mineralhaushaltes, der Körpertemperatur und der Fortpflanzung). Hypothalamische Störungen beinhalten immer auch Störungen von Verhaltensweisen, Empfindungen, Wahrnehmungen und Störungen des Bewußtseins.

Veränderungen des Gleichgewichtes neuronaler und nichtneuronaler Einflüsse auf vegetative Effektororgane erzeugen vegetative Regulationsstörungen (s. 3 in Tabelle 30.1)

Vegetative Effektororgane unterliegen ***neuronalen*** und ***nichtneuronalen Einflüssen***, die miteinander interagieren (zirkulierende Hormone, lokal freigesetzte Substanzen, lokale metabolische, thermische und mechanische Veränderungen). So werden z. B. die Arterien und Venen in der Haut nicht nur durch kutane Vasokonstriktorneurone, sondern auch durch nozizeptive Afferenzen, durch die Umwelttemperatur und durch Substanzen, die von nichtneuronalen Zellen (z. B. Mastzellen) freigesetzt werden, beeinflußt. Der Blutfluß durch die Arteriolen der Skelettmuskulatur hängt von der Aktivität in Muskelvasokonstriktorneuronen, von zirkulierenden Hormonen (z. B. Adiuretin), von der intrinsischen myogenen Aktivität der glatten Gefäßmuskulatur und von lokalen metabolischen Prozessen ab. Bei ***völligem*** oder ***partiellem Ausfall*** der neuronalen Einflüsse verstärken sich die extraneuronalen Einflüsse. Kompensatorisch erhöhen die Effektorzellen ihre Reaktionen auf die neuronal freigesetzten Transmitter und andere Substanzen (s. Abschnitt 30.3).

Postganglionäre Neurone lösen nicht nur schnelle Effektorantworten über Freisetzung von Überträgerstoffen aus, sondern es bestehen ***reziproke trophische Interaktionen*** zwischen den Effektororganen und ihrer vegetativen Innervation: Diese reziproke Beeinflussung ist wichtig für die Entwicklung, Aufrechterhaltung und Differenzierung von Struktur und Funktion der Effektororgane und der Neurone, die sie innervieren. So hängt z. B. die Geometrie der Dendri-

Tabelle 30.1. Allgemeine Möglichkeiten der Störungen vegetativer Regulationen

1. Neuronale Integrationsebenen vegetativer Regulationen:	
• *Telencephalon* (Kortex, limbisches System)	Anpassung von Verhalten, neuroendokrinen und vegetativen Regulationen- (Psychosomatik)
• *Hypothalamus*	Neuroendokrine Regulationen; Volumen-, Osmo-, Thermoregulation, Regulation des Metabolismus, der Fortpflanzung, der zirkadianen Rhythmik etc.
• *Hirnstamm*	Regulation des kardiovaskulären Systems, des Gastrointestinaltraktes, der Entleerungsfunktionen
• *Rückenmark*	Spinale vegetative Motorik (nach vollständiger Durchtrennung)
• *Präganglionäres Neuron*	Integration von supraspinalen Einflüssen, Aktivität in Interneuronen und spinaler afferenter Aktivitäten
• *Postganglionäres Neuron*	Integration in prävertebralen Ganglien
• *Effektororgane*	Integration neuronaler und extraneuronaler Einflüsse
2. Spezifität sympathischer und parasympathischer Systeme in vegetativen Regulationen:	
• Arterielle Blutdruckregulation (Widerstandsgefäße, Herz)	
• Thermoregulation (Hautgefäße, Schweißdrüsen)	
• Gastrointestinaltrakt (Motilität, Sekretion)	
• Entleerungsorgane (Kolon, Harnblase)	
• Sexualorgane	
• Andere Systeme: Pupille, Pinealis (zirkadiane Periodik)	
3. Anpassung vegetativer Effektororgane an neuronale und andere Einflüsse:	
• Neuroeffektorische Übertragung und ihre Modulation (prä-, postsynaptisch)	
• Überträgerstoffe und Neuropeptide; Kolokalisation von Überträgerstoffen und/oder Neuropeptiden	
• Adaptive Supersensibilität	
• Interaktion neuronaler und extra-neuronaler Einflüsse	
• Reziproke *trophische* Interaktion neuronaler und extraneuronaler Faktoren	
4. Sympathisches Nervensysten und Abwehr:	
• Sympathisches Nervensystem und Schmerz	
• Sympathisches Nervensystem, Entzündung und Immunabwehr	
5. Entwicklung und Altern vegetativer Regulationen	

Tabelle 30.2. Klassifikationen vegetativer Fehlregulationen (modifiziert nach [17])

(2) Ernährungsbedingte Neuropathien
  Alkohol (auch toxisch)
  Vitamin-B12-Defizit
  Vitamin-B1-Defizit
(3) Toxische Neuropathien
  Zytotoxische Pharmaka (z. B. Vinkristin)
  Schwermetalle (Arsen, Blei, Quecksilber, Thallium)
  Organische Industriegifte
(4) Neuropathien bei Autoimmunerkrankungen und Entzündungen
  Akute entzündliche Neuropathie (Guillain-Barré-Syndrom)
  Rheumatoide Arthritis
  Lupus erythematodes
  Chagas-Krankheit
  Lepra
(5) Paraneoplastische Neuropathien
(6) Hereditäre sensorische und autonome Neuropathien (HSAN Typ I-V)

III. Änderungen der Aktivität in vegetativen Neuronen durch Pharmaka

A. *Abnahme der (Wirkung der) Aktivität in sympathischen Neuronen*
(1) Zentrale Wirkungen
  Clonidin, Methyl-Dopa, Reserpin, Barbiturate, Anästhetica etc.
(2) Periphere Wirkungen
  α-, β-Adrenozeptor-Blocker

B. *Zunahme der (Wirkung der) Aktivität in sympathischen Neuronen*
  Amphetamine, Aufnahmeblocker für Noradrenalin (z. B. Imipramin), Monoaminoxidasehemmer

C. *Abnahme der (Wirkung der) Aktivität in parasympathischen Neuronen*
  Antidepressiva, Tranquillizer (Phenothiazine), Antiarrhythmica, Anticholinergica

D. *Zunahme der (Wirkung der) Aktivität in parasympathischen Neuronen*
  Cholinomimetica, Anticholinesterasen

IV. Altersabhängige Veränderungen vegetativer Regulationen

I. Krankheiten oder Läsionen des zentralen Nevensystems

A. *Primäres Versagen vegetativer Regulationen („autonomic failure", „idiopathische orthostatische Hypotonie")*
(1) Genuines Versagen vegetativer Regulationen („pure autonomic failure", PAF)
(2) Kombiniert mit Merkmalen der Parkinson-Erkrankung
(3) Kombiniert mit zerebellären und pyramidalen Ausfällen
(4) Kombiniert mit multipler Systematrophie [einschließlich Degeneration in Striatum und Substantia nigra (SND) und olivoponto-zerebellärer Atrophie (OPCA)]

B. *Sekundäres Versagen vegetativer Regulationen*
(1) Zentrale Hirnläsionen
  Zerebrovaskuläre Erkrankungen
  Tumoren in Hypothalamus und Mittelhirn
  Multiple Sklerose
  Syringobulbie
(2) Rückenmarkläsionen
  Komplette/nicht komplette Durchtrennung mit Para- und Tetraplegie, Syringomyelie
  Tumoren im Rückenmarkskanal
(3) Infektionen des zentralen Nervensystems
  „Human Immune Deficiency Virus" (HIV) Infektion
  Poliomyelitis
  Tetanus (Vergiftung durch das Toxin von Clostridium tetani)
  Syphilis

II. Erkrankungen des peripheren vegetativen Nervensystems

A. *Erkrankungen ohne sensorische Neuropathie*
(1) Akute und subakute autonome Neuropathie
  Pandysautonomie (distale autonome Neuropathie, sympathisch und parasympathisch)
  Cholinerge Dysautonomie (nur parasympathisch)
(2) Botulismus (Vergiftung durch das Toxin von Clostridium botulinum)

B. *Erkrankungen kombiniert mit sensorischen Neuropathien*
(1) Metabolische Neuropathien
  Diabetes mellitus
  Amyloidosis
  Akute intermittierende Porphyrie
  Chronisches Nierenversagen (urämisch)

ten postganglionärer Neurone und die Innervation der Dendriten durch präganglionäre Axone in den vegetativen Ganglien von den trophischen Einflüssen der Effektororgane auf die postganglionären Neurone ab. Die Substanzen, welche bei dieser langsamen (retro- und orthograden) Signalübertragung eine Rolle spielen, sind wenig bekannt. Eine Substanz ist sicherlich der ***Nervenwuchsfaktor***. Unterbrechung oder Veränderung der langsamen Signalübertragung (z. B. durch mechanische, metabolische, toxische Ereignisse) kann pathologische Veränderungen der vegetativen Effektororgane (z. B. der Blutgefäße, des subkutanen Gewebes) und Veränderungen der postganglionären Neurone zur Folge haben (s. Abschnitt 30.5). Die Mechanismen dieser Veränderungen sind unbekannt.

> **!** Die Vielfältigkeit der Phänomenologie vegetativer Regulationsstörungen hängt erstens von dem vegetativen System, welches betroffen ist, ab und zweitens von den peripheren und zentralen Integrationsebenen, auf denen die Störungen stattfinden.

30.2 Klassifikation vegetativer Fehlregulationen

Vegetative Fehlregulationen werden nach ihren Ursachen klassifiziert. Diese Ursachen bestehen im primären Untergang post- und/oder präganglionärer Neurone oder vorgeschalteter Neurone, in zentralen Läsionen, im Untergang peripherer Neurone als Folge von Neuropathien verschiedenster Art und in Änderungen der Aktivität autonomer Neurone durch Pharmaka

In Tabelle 30.2 ist die Klassifikation vegetativer Fehlregulationen nach ihren Ursachen und Auslösern aufgeführt (modifiziert nach Mathias und Bannister [1]). Das Wesentliche dieser Klassifikation ist, daß es bei den meisten der aufgeführten Erkrankungen zum ***Untergang*** oder zur permanenten oder temporären ***Einschränkung der Funktion prä- oder postganglionärer vegetativer Neurone*** (IA und II in Tabelle 30.2) oder vorgeschalteter Neurone kommt.

- Der Prototyp des Versagens vegetativer Regulationen, von dem alle vegetativ innervierten Organe betroffen sind, tritt beim primären Untergang post- und/oder präganglionärer vegetativer Neurone auf. Das resultierende Krankheitssyndrom wird in Großbritannien mit dem Begriff ***„pure autonomic failure“*** (PAF) [17] und in den USA und im deutschen Sprachraum mit dem Begriff ***„idiopathische orthostatische Hypotonie“*** beschrieben [1, 16](s. IA in Tabelle 30.2). Es ist *selten*, steht aber in seiner klinischen Phänomenologie *stellvertretend* für alle anderen Formen vegetativen Versagens. Die Ursache dieser Erkrankung ist unbekannt.
  Beim ***primären Versagen vegetativer Regulatio***nen (PAF) gehen vermehrt die postganglionären Neurone zugrunde; der Untergang der präganglionären Neurone ist vermutlich sekundär Folge des Untergangs postganglionärer Neurone. Wenn dieses klinische Krankheitsbild kombiniert ist mit Merkmalen des Parkinson-Syndroms, mit zerebellären und pyramidalen Ausfällen oder mit multipler Systematrophie, sind vor allem die präganglionären Neurone zugrunde gegangen. Das Letztere wird in der Literatur unter Shy-Drager-Syndrom beschrieben.
- Versagen vegetativer Regulationen als Folge von ***Hirnläsionen, Rückenmarkläsionen und Infektionen des ZNS*** (s. IB in Tabelle 30.2) sind erheblich häufiger als das „primäre Versagen vegetativer Regulationen“; beide haben im Prinzip die gleichen Ausfälle vegetativer Regulationen zur Folge. (s. Abschnitt 30.4).
- Eine große heterogene Gruppe von Erkrankungen kann zur Einschränkung der Funktionen und Zerstörungen peripherer afferenter, postganglionärer und vermutlich auch präganglionärer Neurone mit dünnen (besonders unmyelinisierten) Axonen führen. Afferente und vegetative Neurone sind meistens gleichermaßen befallen (***sensorische und vegetative Neuropathien)*** mit entsprechenden Ausfällen sensorischer und vegetativer Funktionen (s. IIB in Tabelle 30.2). Diese Funktionsausfälle sind heterogen und betreffen besonders (aber nicht aussschließlich!) die ***Neurone mit langen Axonen.*** Isolierte vegetative Neuropathien sind selten (s. IIA in Tabelle 30.2).
- ***Zentral und peripher wirkende Pharmaka,*** die prä- oder postsynaptisch an den peripheren und zentralen vegetativen Neuronen, an der neuroeffektorischen Übertragung oder an den vegetativen Effektororganen angreifen, erzeugen akute oder chronische ***Veränderungen der neuronalen vegetativen Regulationen.*** Dabei sind die Aktivitäten in den sympa-

Tabelle 30.3. Komponenten vegetativer Regulationsschwächen und ihre Testung (modifiziert nach [17])

System	Betroffene Neurone	Abnorme Reaktionen	Defekte Mechanismen
Kreislauf			
Herzfrequenz	parasympathisch efferent	• keine Sinusarrhythmie bei tiefer Atmung	zentrale Kopplung zwischen Regulation von Atmung und Herzfrequenz
		• keine Bradykardie bei Massage des Carotissinus	Reizung arterieller Barorezeptoren
		• keine Tachykardie nach Atropin	Blockade der cholinergen Übertragung auf Sinus venosus
		• keine Bradykardie nach Valsalvamanöver (Phase IV)	Reflexbradykardie infolge Blutdruckanstieg
		• keine schnelle Tachykardie bei Standtest (in 3–20 s)	Abnahme der Aktivität in Vagusneuronen zum Herzen, Reflex, zentral erzeugt
	sympathisch, efferent	• keine Tachykardie in Phase II des Valsalvamanövers und beim passivem Aufrichten	reflektorisch über die Barorezeptorschleife durch Blutdruckabfall
		• keine Tachykardie bei Streß, emotionalen Reizen, isometrischer Arbeit und „Cold-pressor"-Test	zentral erzeugt; reflektorisch durch Afferenzen von Skelettmuskel und „Kaltnozizeptoren"
Widerstands- und Kapazitätsgefäße	sympathisch, efferent	• Abfall des arteriellen BD (systolisch, diastolisch) bei Standtest und passivem Lagewechsel (nach 1–3min)	Reflektorisch über Barorezeptorschleife
		• kein BD-Anstieg nach Valsalvamanöver (Phase IV)	Vasokonstriktion in Peripherie
		• kein BD-Anstieg bei Streß, emotionalen Reizen, isometr. Arbeit und „Cold pressor-Test"	zentral erzeugt, reflektorisch
Hautgefäß	sympathisch, efferent	• keine Vasodilatation bei Hitzebelastung des Körpers (mit und ohne Anstieg der Kerntemperatur)	thermoregulatorisch durch Wärmung des Hypothalamus; reflektorisch durch Aktivierung kutaner Warmrezeptoren
Plasmanoradrenalinkonzentration	sympathisch, efferent	• kein Anstieg bei Standtest und passivem Lagewechsel (nach 5 min)	Freisetzung aus aktivierten Vasokonstriktorneuronen (bes. in Skelettmuskel)
Schweißdrüsen	sympathisch, efferent (chol.), zentrale Bahn vom Hypothal. zum Rückenmark	• keine/verminderte Schweißproduktion bei Hitzebelastung des Körpers (mit und ohne Anstieg der Kerntemperatur)	thermoregulatorisch, reflektorisch
Harnblase	Afferenzen und Efferenzen im N. splanchn. pelv.	• Störungen der Regulation von Miktion und Kontinenz, Restharn, Überflußinkontinenz	Reflex (spinal), Regulation (supraspinal)
	Afferenzen im N. splanchn. pelv.	• Empfindungen reduziert	
Enddarm	? sympathische Efferenzen	• Inkontinenz des Sphincter ani internus, Konstipation, Diarrhoe (sekundär)	Reflex (spinal), Regulation, Darmnervensystem
	Afferenzen im N. splanchn. pelv.	• Empfindungen reduziert	

Tabelle 30.3. (Fortsetzung)

System	Betroffene Neurone	Abnorme Reaktionen	Defekte Mechanismen
Sexualorgane	Efferenzen im N. splanchn. pelv.	• Verlust der Erektion	sakraler Reflex, zentral erzeugt (psychogen)
	sympathische Efferenzen (lumb.)	• Retrograde Ejakulation	sakro-lumbaler Reflex, zentral erzeugt
Pupille	efferent, parasympathisch	• weite Pupille mit schwacher Reaktion auf Licht und Nahakkomodation	Reflex
	efferent, sympathisch	• enge Pupillen mit geringer Erweiterung in Dunkelheit	Reflex

thischen und parasympathischen Neuronen erhöht oder erniedrigt oder die Wirkungen bestehender Aktivitäten auf die Effektororgane werden verhindert oder abgeschwächt (z. B. durch Blockade der synaptischen Übertragung) oder gefördert (s. III in Tabelle 30.2).

- Die Effizienz der neuronalen Regulation vegetativer Effektororgane nimmt im Alter zunehmend ab (z. B. Regulation des arteriellen Blutdruckes [15, 17, 21], der Kerntemperatur, der Entleerungsorgane). Die Gründe für diese Veränderungen liegen wahrscheinlich in Veränderungen der Effektororgane, der efferenten and afferenten Innervation und in zentralen Veränderungen. Die ***Einschränkungen vegetativer Funktionen*** verringert die Fähigkeit des Organismus, sich an wechselnde Bedingungen in der Umwelt anzupassen und kann häufig nicht mehr von den Einschränkungen und dem Versagen vegetativer Regulationen bei Erkrankungen peripherer und zentraler Strukturen des vegetativen Nervensystems (s. Tabelle 30.2) unterschieden werden. Deshalb müssen diese altersbedingten Veränderungen bei der Beurteilung pathophysiologischer Veränderungen vegetativer Regulationen immer berücksichtigt werden.

In Tabelle 30.3 sind die wesentlichen ***Folgen der Ausfälle und Schädigungen vegetativer prä- und postganglionärer Neurone***, die weitgehend mit nicht-invasiven klinischen Tests gemessen werden können, dargestellt. Alle Ausfälle sind im Grunde aus der Physiologie der Funktionen der jeweiligen sympathischen und parasympathischen Neurone ableitbar und zu verstehen [6, 9, 10, 13]. Entscheidend sind die verschiedenen Tests, die als Grundlage zur Beurteilung der pathophysiologischen Veränderungen vegetativer Regulationen herangezogen werden (s. die letzten beiden Kolumnen in Tabelle 30.3). Diese Tests, ihre Durchführung, ihre Bewertung und ihre klinische Brauchbarkeit sind in der Literatur [2, 16, 17 18, 19] ausführlich abgehandelt worden.

Vegetative Fehlregulationen werden nach ihren Ursachen eingeteilt. Diese Ursachen bestehen in Erkrankungen des peripheren vegetativen Nervensystems, Erkrankungen/Läsionen des zentralen Nervensystems, in Veränderungen der Wirkung vegetativer Neurone durch Pharmaka und in altersabhängigen Veränderungen vegetativer Regulationen.

Vegetative Organe, die unter vorwiegend neuronaler Kontrolle stehen, zeigen ***verstärkte Reaktionen auf Überträgerstoffe*** des vegetativen Nervensystems (Noradrenalin, Azetylcholin), aber auch auf andere Substanzen, wenn der neuronale Einfluß auf die Organe vermindert wird (durch Denervierung, Dezentralisation, pharmakologische Methoden, Tabelle 30.4). Diese Verstärkung der Reaktion wird „adaptive Supersensibilität" genannt [3]. In Abb. 30.1 sind die Reaktionen der Nickhaut der Katze (glatte Muskulatur) auf Noradrenalin nach Denervierung (links und rechts nach 28 Tagen) und Dezentralisation (rechts nach 14 Tagen) gezeigt. In den ersten 48 Stunden nach Denervierung nehmen die evo-

Tabelle 30.4. Ursachen adaptiver Supersensibilität autonomer Effektororgane (modifiziert nach [3])

1) Chirurgische Unterbrechung von Nerven und Neuronen
   A) Zerstörung postganglionärer Neurone (Denervierung)
   B) Zerstörung von vorgeschalteten Neuronen in Reflexwegen/Regulationssystemen
      α) präganglionäre Denervierung (Dezentralisierung)
      β) Zerstörung sensorischer Neurone, deren Aktivierung hauptsächlich die Effektorzellen reflektorisch aktiviert (z. B. Sphincter pupillae)
2) Chemische Denervierung (z. B. durch Immunosympathektomie)
3) Chronische pharmakologische Blockade der neuro-neuronalen Übertragung zentral der postganglionären Neurone (z. B. durch Ganglienblocker)
4) Chronische pharmakologische Blockade der Wirkung von Überträgerstoffen auf den Effektor (z. B. durch Adrenozeptorblocker)
5) Chronische pharmakologische Entleerung von Überträgerstoffen (z. B. adrenerge Neurone: Guanethidin; cholinerge Neurone: Botulinumtoxin)
6) Chronische pharmakologische Blockade der neuronalen Übertragung in Reflexwegen (z. B. Ganglienblockade)
7) Chronische sensorische Deprivation (z. B. Licht und Sphincter pupillae, Licht und Pinealis)

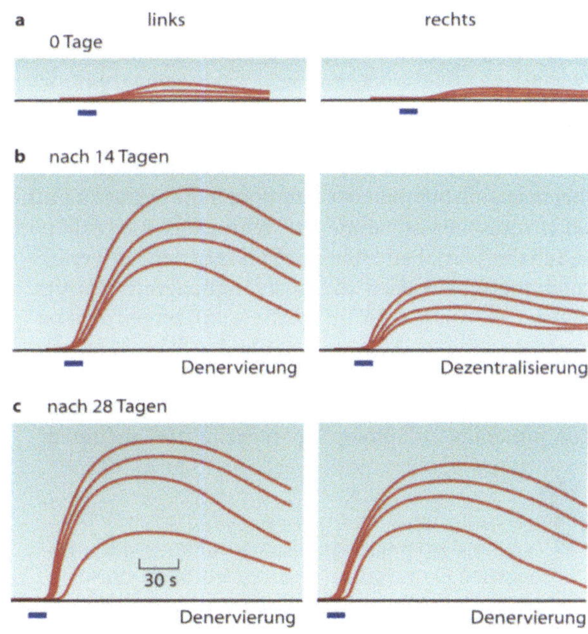

Abb. 30.1. Adaptive Supersensibilität der Nickhaut (glatter Muskel) der Katze nach Denervierung (Herausnahme des Ganglion cervicale superius) und nach Dezentralisation (Durchtrennung des Zervikalsympathikus, präganglionär). Isotonische Kontraktionen auf intravenöse Injektionen von 2.5, 5, 7.5 und 10 µg Adrenalin (Injektion über einen Zeitraum von 10 s, *Balken*). 14 Tage nach Dezentralisation auf der rechten Seite und Denervierung auf der linken Seite und 14 Tage nach zusätzlicher Denervierung auf der rechten Seite und 28 Tage nach Denervierung auf der linken Seite. (Modifiziert nach Hampel CW (1935) Am J Physiol 111: 611)

zierten Kontraktionen am stärksten zu, weil die noradrenergen Axonterminalen degenerieren und damit keine Wiederaufnahme von Noradrenalin in diese mehr stattfindet. Danach ist die Zunahme schwächer und vermutlich auf chronische Veränderungen an den Effektororganen zurückzuführen. So ist auch zu erklären, daß die Zunahme der Sensibilität nach Dezentralisation kleiner ist als nach Denervation (Abb. 30.1, 14 Tage).

Die Zunahme der Sensibilität scheint zwar für den Herzmuskel relativ spezifisch für Katecholamine zu sein, ist jedoch für andere vegetative Effektororgane (besonders glatte Muskulatur und exokrine Drüsen) weitgehend unspezifisch und erstreckt sich auch auf andere Substanzen (z. B. nicht-cholinomimetische und nicht-adrenerge Pharmaka). Bei Schweißdrüsen konnte keine Supersensibilität nachgewiesen werden; sie zeigen schwächere oder keine Antworten auf muskarinerge Pharmaka nach Denervierung.

Die ***Mechanismen der langanhaltenden Supersensibilität*** sind wenig erforscht und heterogen. Nach bisherigen Ergebnissen scheint es eher unwahrscheinlich, daß die Vermehrung von Anzahl und Affinität postsynaptischer adrenerger und cholinerger Rezeptoren in den Membranen der Effektororgane ***(„up regulation“)*** eine wesentliche Rolle spielt. Das Membranpotential der Zellen kann abnehmen und damit die Schwelle zur Auslösung von Effektorantworten. Diese Abnahme des Membranpotentials mag auf einen verminderten Na^+-K^+-Austausch und auf eine Abnahme des Beitrages elektrogener Membranpumpen zum Membranpotential zurückgeführt werden. Weiterhin wird diskutiert, daß intrazellulär mehr Ca^{++} zur Verfügung steht, daß die intrazellulären Signalsysteme (z. B. Ca^{++}, zyklisches AMP, Phosphoinositol) verändert sind und daß möglicherweise die elektrische Kopplung zwischen den Effektorzellen zunimmt. Diese Änderungen werden durch den Wegfall der Freisetzung von Transmittern und wahrscheinlich anderer kolokalisierter Substanzen erzeugt [3].

Die physiologische und pathophysiologische Bedeutung der ***Entwicklung adaptiver Supersensitivität*** vegetativer Effektororgane liegt in der Anpassung der Empfindlichkeit vegetativer Effektororgane an die Aktivität der sie innervierenden postganglionären Neurone. Die Empfindlichkeit der Effektorzellen nimmt bei chronischer Abnahme der neuronalen Aktivität zu und bei chronischer Zunahme der neuronalen Aktivität ab (s. Tabelle 30.4). Patienten mit Versagen vegetativer Regulationen, bei denen die postganglionären Neurone degeneriert sind (s. IA in Tabelle 30.2), zeigen z. B. besonders starke Reaktionen von Blutdruck und Herzfrequenz auf α-adrenerge Substanzen. In vielen der in Tabelle 30.2 aufgezählten Krankheitsbildern mögen Komponenten „adaptiver Supersensibilität" auftreten.

> **!** Vegetative Effektororgane stehen unter einer Vielzahl neuronaler und nichtneuronaler Einflüsse. Denervation und Dezentralisation können eine Hyperaktivität vegetativer Effektororgane auf zirkulierende und lokale nichtneuronale Faktoren erzeugen.

30.4 Pathophysiologie vegetativer Querschnittssyndrome

Akute Durchtrennung des Rückenmarks führt zum spinalen Schock spinaler vegetativer Systeme

Patienten mit kompletter Durchtrennung des Rückenmarks haben erhebliche Probleme mit der Regulation des kardiovaskulären Systems und der Beckenorgane, weil die sympathischen (thorako-lumbalen) und parasympathischen (sakralen) Systeme je nach der Höhe der Durchtrennung völlig oder partiell von ihren supraspinalen Kontrollzentren abgetrennt worden sind. Diese Organsysteme können nicht mehr dem Verhalten des Organismus (Lage des Körpers im Raum, Entleerung von Harnblase und Enddarm und Benutzung der Genitalorgane usw.) angepaßt werden. Die vegetativen Effektororgane in den somatischen Geweben und im Beckenraum sowie alle Blutgefäße stehen beim hoch Querschnittsgelähmten (als Folge einer Durchtrennung des unteren Zervikalmarkes) nur noch unter spinaler Kontrolle (Abb. 30.2). Das Herz, die Bronchialmuskulatur und der Magendarmtrakt stehen noch unter efferenter parasympathischer Kontrolle vom Hirnstamm, welcher die afferenten Rückmeldungen von kardiovaskulären Organen, Lunge und Magendarmtrakt erhält.

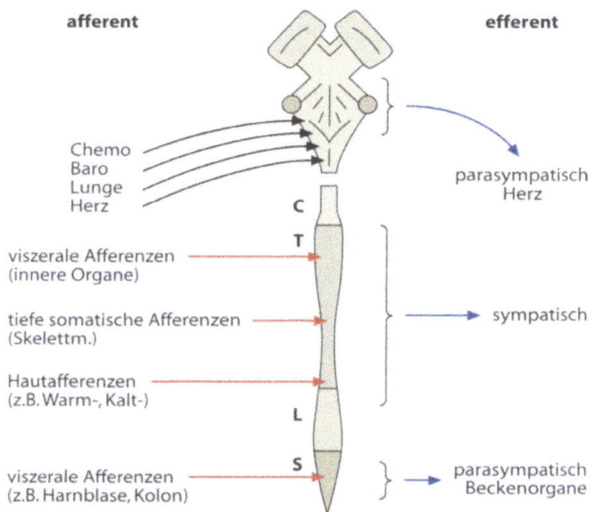

Abb. 30.2. Hohe Querschnittslähmung (zervikal, Tetraplegie). *Links*: Afferente Eingänge zum Rückenmark und Hirnstamm. *Rechts*: Efferente Ausgänge zu vegetativen Effektororganen von Rückenmark und Hirnstamm. Beachte, daß das Herz noch unter parasympathischer Kontrolle vom Hirnstamm steht
C, T, L, S: zervikal, thorakal, lumbal, sakral

Die spinalen Reflexe, die unterhalb der Unterbrechung organisiert sind, sind beim Menschen für 1–6 Monate erloschen. Während der ersten 1–2 Monate ist die Haut trocken und rosig, weil die Ruheaktivität in den sympathischen Neuronen zu den Schweißdrüsen und den kutanen Blutgefäßen sehr niedrig ist. Die Reflexe in den Vasokonstriktor-, Sudomotor- und anderen sympathischen Neuronen auf Reizung spinaler Afferenzen nehmen im Laufe von Monaten nach der Spinalisation langsam zu und können dann in ein Stadium der ***Hyperreflexie*** übergehen. Ähnlich lange Erholungszeiten nach Durchtrennung des Rückenmarkes haben Blasen- und Darmentleerungsreflexe und der Erektionsreflex.

Das Verschwinden der spinalen vegetativen Reflexe nach Spinalisation ist ein Teil des ***spinalen Schocks*** [4, 9, 17]. Es ist wahrscheinlich auf die ***Unterbrechung der deszendierenden Bahnen*** vom Hirnstamm, über die die vegetativ-spinale Reflexmotorik kontrolliert wird, zurückzuführen. Diese deszendierende Kontrolle ist besonders ausgeprägt bei Primaten im Vergleich zu niederen Vertebraten (z. B. beim Frosch). Faktoren, die zur Erholung vom spinalen Schock führen, sind möglicherweise die Verstärkung postsynaptischer Ereignisse an bestehenden Synapsen und die Neusprossung von Synapsen an Interneuronen, präganglionären Neuronen und Motoneuronen.

> Nach der Querschnittslähmung hängen die Reaktionen vieler vegetativer Effektororgane von der vegetativen spinalen Reflexmotorik ab

Abhängigkeit der Höhe des arteriellen Blutdruckes von der Lokalisation des Querschnittes. Mittlerer systolischer und diastolischer Blutdruck in Patienten mit unterbrochenem Rückenmark rostral vom Segment Th1 sind im Liegen etwa um 15 mmHg niedriger als bei gesunden Personen in altersentsprechenden Kontrollgruppen. Die Ruheaktivität in sympathischen Vasokonstriktorneuronen zu Widerstandsgefäßen und die Konzentrationen von Adrenalin und Noradrenalin im Plasma sind niedrig und das Herzzeitvolumen liegt eher im unteren Normbereich. Das Letztere ist vermutlich zum Teil zurückzuführen auf die niedrige Aktivität in postganglionären Vasokonstriktorneuronen zu Widerstandsgefäßen (etwa 90% des zirkulierenden Noradrenalins stammt aus den Varikositäten dieser Neurone!), in sympathischen Neuronen zum Herzen und in sympathischen Neuronen zum Nebennierenmark. Der Vergleich der systolischen und diastolischen Blutdrücke von Patienten im chronischen Zustand, deren Rückenmark auf verschiedenen segmentalen Ebenen durchtrennt ist, zeigt, daß die Höhe der Abnahme der mittleren Blutdrücke von der Höhe der Rückenmarksdurchtrennung abhängt (Abb. 30.3a). Besonders kritisch ist dabei die Durchtrennung in Bezug auf sympathische Innervation des viszeralen vaskulären Bettes (T4-T10): Wenn die neuronale Regulation dieser Blutgefäße an die Medulla oblongata angebunden ist (Durchtrennung des Rückenmarkes unterhalb der Segmente T7-T10), ist der arterielle Blutdruck nahezu normal.

Änderungen der Lage des Körpers im Schwerefeld führt beim Querschnittsgelähmten zu passiven Änderungen des arteriellen Blutdruckes. So kann beim Aufrichten des Körpers aus der Horizontalen der Blutdruck auf unter 50 mmHg abfallen und die Herzfrequenz reflektorisch auf weit über 100 Schläge pro Minute ansteigen. Abb. 30.4b zeigt eine typische Messung an einem chronischen tetraplegischen Patienten auf dem Kipptisch. Häufig werden die spinalreflektorischen kardiovaskulären Veränderungen von ***Muskelspasmen*** begleitet, die zur Erregung von Afferenzen

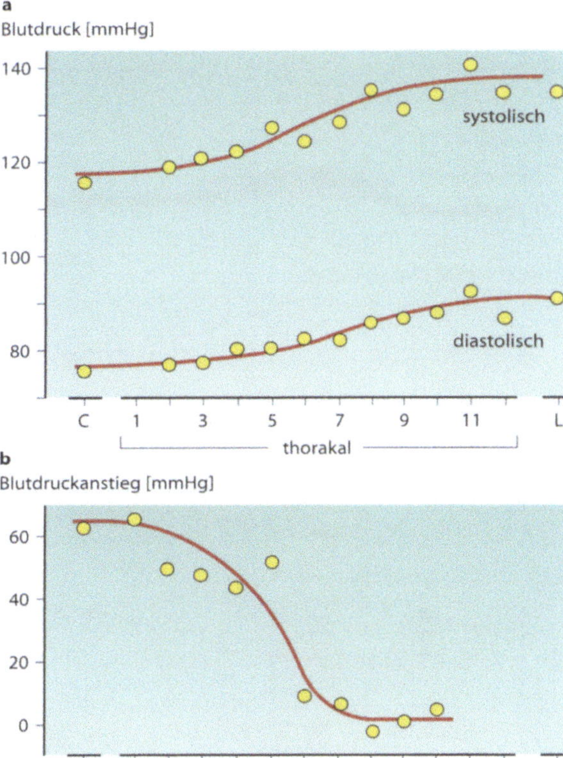

Abb. 30.3 a,b. Verhalten des arteriellen Blutdruckes bei Querschnittsgelähmten in Abhängigkeit von der Höhe der Durchtrennung des Rückenmarkes. **a** Mittlerer arterieller systolischer und diastolischer Blutdruck (Ordinatenskala) bei 461 männlichen para- und tetraplegischen Patienten im chronischen Zustand im Liegen. **b** Reaktion des mittleren arteriellen Blutdruckes auf Reizung der Afferenzen von der Harnblase durch transabdominales Beklopfen der vollen Harnblase. Dieser Reiz löst isovolumetrische Miktionskontraktionen der Harnblase aus, die häufig von einer Miktion gefolgt werden. Während der Miktionskontraktionen werden die viszeralen Afferenzen von der Harnblase erregt. Ordinatenskala, Anstieg des Blutdruckes. *C*, zervikal; *L*, lumbal (Modifiziert nach [17])

aus der Skelettmuskulatur führen und die spinalen kardiovaskulären Reflexe weiter verstärken.

Spinal vermittelte kardiovaskuläre Reaktionen auf physiologische Reize. Erregung spinaler dünner myelinisierter und unmyelinisierter Afferenzen von der Haut, von der Skelettmuskulatur und aus dem Viszeralbereich (s. Abb. 30.2, linke Seite) aktiviert reflektorisch die ***Vasokonstriktorneurone*** (zur Skelettmuskulatur,

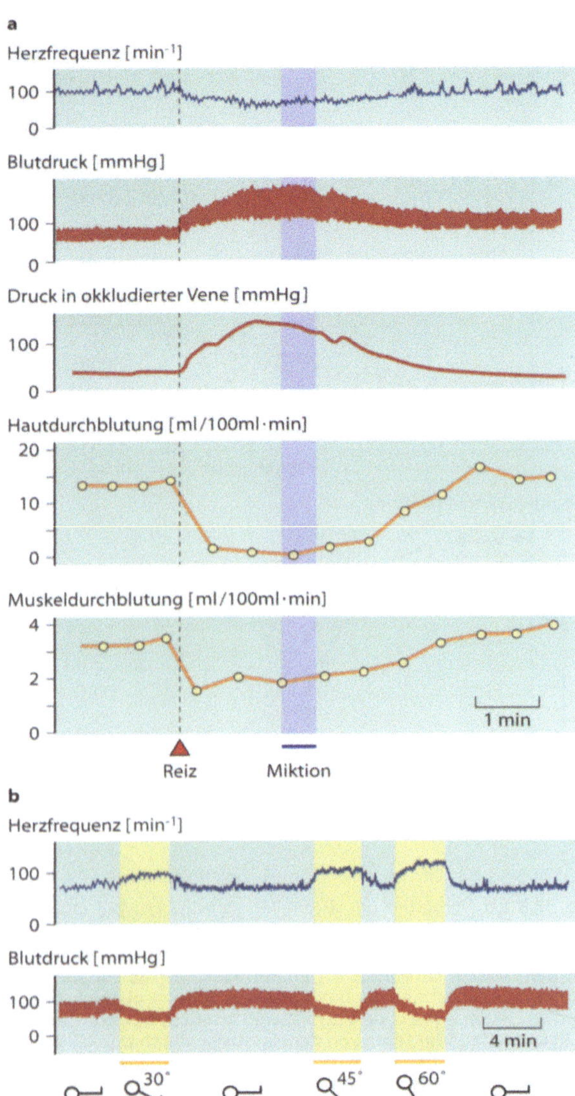

Abb. 30.4. **a** Reaktionen von Herzfrequenz, arteriellem Blutdruck, oberflächlicher Hautvene, Hautdurchblutung (Hand) und Muskeldurchblutung (Wade) auf Reizung der Afferenzen von der Harnblase bei einem hoch querschnittsgelähmten Menschen nach Durchtrennung des Zervikalmarkes im chronischen Zustand. Die volle Harnblase wurde durch transabdominales Beklopfen der Bauchwand gereizt. Dies führt zu isovolumetrischen Kontraktionen der Harnblase und zur Erregung der Afferenzen von der Harnblase. Alle Vasokonstriktorneurone wurden reflektorisch aktiviert und nach dem transabdominalen Beklopfen der Harnblase setzte eine Miktion ein. (Modifiziert nach Corbett JL et al (1971) J Physiol (Lond) 215:395). **b** Reaktion von Herzfrequenz und Blutdruck auf Kippung aus der Waagerechten um 30°, 45° und 60° bei einem querschnittsgelähmten Menschen nach Durchtrennung des zervikalen Rückenmarkes im chronischen Zustand. (Modifiziert nach Corbett JL et al (1971) J Physiol (Lond) 215:411)

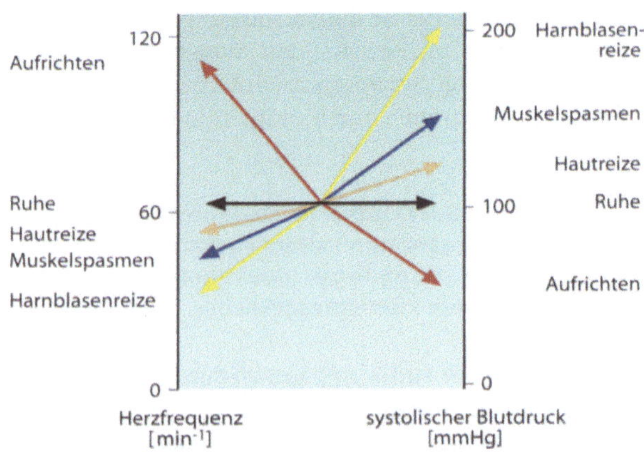

Abb. 30.5. Änderung von Herzfrequenz und systolischem Blutdruck auf verschiedene Manöver bei chronischen querschnittsgelähmten Menschen, deren Rückenmark oberhalb des thorakalen Segmentes Th5 vollständig durchtrennt ist. Die Veränderungen der Herzfrequenz werden reflektorisch über den Hirnstamm und die Barorezeptorreflexschleife und die Veränderungen des Blutdruckes über die spinale Reflexmotorik bestimmt. (Modifiziert nach Frankel HJ, Mathias CJ (1976) Handbook of Clinical Neurology, vol 26/2)

zur Haut und zum Viszeralbereich) und Sudomotorneurone. Das führt zu Vasokonstriktionen in der Skelettmuskulatur, in der Haut und im Viszeralbereich mit z.T. dramatischem ***Ansteigen des arteriellen Blutdruckes.*** Da das Herz unter efferenter parasympathischer Kontrolle vom Hirnstamm steht, erzeugt der Anstieg des arteriellen Blutdruckes über die Barorezeptorreflexschleife [6] regelmäßig eine ***Abnahme der Herzfrequenz*** (Abb. 30.4 a).

Wie wichtig das ***viszerale Blutgefäßbett*** für die homöostatische Regulation des arteriellen Blutdruckes (und damit der Widerstandsgefäße) ist, zeigt Abb. 30.3 b: Wenn die Durchtrennung des Rückenmarkes oberhalb des Segmentes T5 liegt, erzeugt die Reizung der viszeralen Afferenzen von der Harnblase erhebliche Erhöhungen des arteriellen Blutdruckes durch die spinal vermittelte reflektorische Erregung der Vasokonstriktorneurone. Wenn die Durchtrennung des Rückenmarkes unterhalb des Segmentes T7 liegt, sind die Erhöhungen des arteriellen Blutdruckes klein oder nicht mehr vorhanden, weil das „Kreislaufzentrum" in der Medulla oblongata über die viszeralen Vasokonstriktorneurone zum Splanchnikusgebiet gegenregeln kann [6,9]. Bei Patienten, deren Rückenmark rostral des thorakalen Segmentes Th5 durchtrennt ist, erzeugen Hautreize die kleinsten vegetativen spinalmotorischen Reflexe und die Reizung viszeraler Afferenzen (z. B. von der Harnblase) die stärksten. Die Effekte der Reizung von Afferenzen aus der Skelettmuskulatur durch Muskelspasmen liegen zwischen beiden (Abb. 30.5).

Thermoregulatorische Eigenschaften des Rückenmarks. Von Experimenten an Hunden und Katzen wissen wir, daß das isolierte Rückenmark thermosensible und thermoregulatorische Eigenschaften hat. Es ist wahrscheinlich, daß dies auch für den Menschen zutrifft. Erhöhung der Umgebungstemperatur bei querschnittsgelähmten Menschen erzeugt reflektorisch eine Erhöhung der Hautdurchblutung des Rumpfes und eine Aktivierung der Schweißdrüsen am Rumpf. Nach dem Abfall der Umgebungstemperatur nehmen Hauttemperatur und Schweißproduktion wieder ab. Diese spinal vermittelten thermoregulatorischen Reaktionen sind schwächer als beim Menschen mit intaktem Rückenmark; sie mögen jedoch bei Querschnittsgelähmten unterstützend wirken in der Regulation der Kerntemperatur (Abb. 30.6).

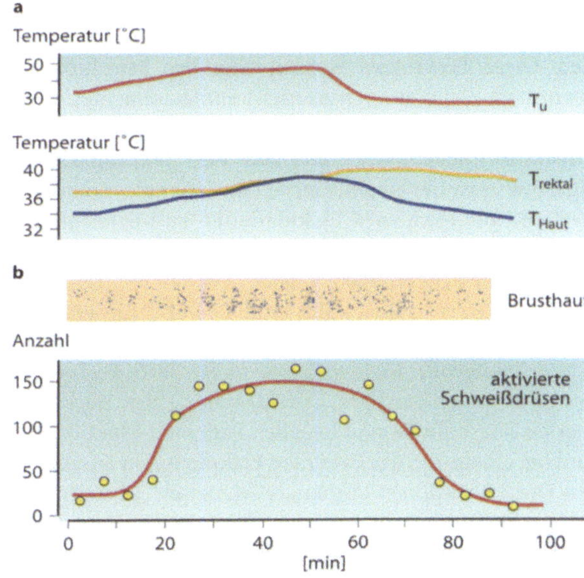

Abb. 30.6 a, b. Reaktion von Hautdurchblutung *(T_{Haut})* und Schweißdrüsen **(b)** auf Erhöhung der Umgebungstemperatur *(T_U)* bei einem Patienten mit einer chronischen Durchtrennung des Rückenmarkes in Höhe von thorakal T1. Der obere Teil in **b** zeigt die Aktivierung der Schweißdrüsen auf der Brusthaut. Jeder *Punkt* stellt eine aktivierte Schweißdrüse dar. Der Schweiß wurde mit der Jod-Stärke-Methode dargestellt. Alle 5 Minuten wurde das dunkle Reaktionsprodukt entfernt, um die Schweißproduktion neu darzustellen. Der *untere Teil in* **b** stellt die Gesamtheit der aktiven Schweißdrüsen im analysierten Hautareal am Rumpf dar. (Modifiziert nach Randall WC et al (1966) J appl Physiol 21:985)

Genitalreflexe des Mannes nach Rückenmarksläsionen. Tabelle 30.5 beschreibt die Genitalreflexe und ihre Merkmale beim Mann bei intaktem Rückenmark, nach vollständiger und unvollständiger Durchtrennung des unteren Thorakalmarkes oder weiter rostral und nach vollständiger und unvollständiger Zerstörung des Sakralmarkes. Nach vollständiger Durchtrennung des ***thorakalen*** oder ***zervikalen Rückenmarkes*** können bei

Tabelle 30.5. Genitalreflexe beim Mann und ihr Verhalten nach Rückenmarkläsion (nach [6, 8], Literatur s. dort)

Ereignis	Afferenzen	Efferenzen	zentraler Reflexweg	Effektororgan(-antwort)
Peniserektion				
reflexogen	N. pudendus	parasymp. sakral	Sakralmark	Dilatation von Arterien zu Corpus cavernosum und spongiosum
psychogen	andere Sinneskanäle (visuell, akustisch)	parasymp. sakral symp. thoraco-lumbal	supraspinaler Ursprung	
Ejakulation	N. pudendus	somat. Efferenzen im N. pudendus	Sakralmark	rhythmische Kontraktionen von M. bulbocavernosus und M. ischiocavernosus

Läsion des Rückenmarks	N	Erektion	Ejakulation	
vollständige Durchtrennung	167	93,4 %	8 %	reflexogen
oberhalb T8 (T12)	(25)	(100 %)	(8 %)	
vollständige Zerstörung des Sakralmarks	104	27 %	10 %	psychogen
unvollständige Durchtrennung oberhalb T8	106	100 %	28 %	83 % reflexogen 17 % psychogen
unvollständige Zerstörung des Sakralmarks	10	100 %	70 %	psychogen

nahezu allen Patienten durch ***Reizung von Mechanorezeptoren*** im Genitalbereich Erektionen ausgelöst werden. Diese ***Erektionen*** werden über das Sakralmark vermittelt. Ejakulationen werden kaum beobachtet.

Nach ***vollständig zerstörtem Sakralmark***, jedoch intaktem Rückenmark oberhalb des Sakralmarkes, sind nur etwa bei einem Viertel der Patienten Erektionen und bei etwa 10 % Ejakulationen zu beobachten. Diese Veränderungen der Genitalreflexe werden von supraspinal („psychogen“) über das obere Lumbalmark, die Nervi splanchnici lumbales und die Plexus hypogastrici ausgelöst.

Bei ***unvollständigen Zerstörungen des Sakralmarkes*** oder unvollständiger Durchtrennung des Rückenmarkes oberhalb T8 sind bei allen Patienten Erektionen und bei einem Teil der Patienten Ejakulationen auszulösen. Diese Reaktionen können „reflektorisch“ (durch mechanische Reizung von Sensoren der äußeren Genitalregion) und/oder „psychogen“ (durch Aktivierung vom Kortex) ausgelöst werden. Natürlich wirken unter physiologischen Bedingungen spinale und supraspinale Mechanismen immer zusammen und ihre Trennung ist im Grunde konzeptionell nicht vertretbar [6,9]).

> **!** Durchtrennung des Rückenmarks führt zur Areflexie (spinaler Schock) vegetativer Systeme, welcher nach Monaten in eine Hyperreflexie übergehen kann. Vegetative Effektororgane in somatischen und viszeralen Geweben hängen jetzt vollständig oder teilweise von der spinalen vegetativen Reflexmotorik ab. Die segmentale Höhe der Durchtrennung des Rückenmarkes bestimmt Art und Ausmaß der Ausfälle vegetativer Regulationen.

30.5 Sympathisches Nervensystem und Schmerz

Das Problem „sympathisches Nervensystem und Schmerz“ fokussiert auf die Rolle des efferenten sympathischen Nervensystems beim Schmerz. Zwei Aspekte müssen unterschieden werden:

1. Reaktionen des sympathischen Nervensystems beim Schmerz;
2. Rolle des sympathischen Nervensystems, welches zu somatischen Strukturen projiziert, in der Erzeugung und Aufrechterhaltung von Schmerzen.

Noxische Reize erzeugen koordinierte protektive Reaktionen des vegetativen Nervensystems

Noxische Reize an der Körperoberfläche, die aus der Umwelt kommen, führen zu ***konzertierten Reaktionen*** sympathischer Systeme, die Ähnlichkeit haben oder identisch sind mit den vegetativ vermittelten Reaktionen beim Abwehrverhalten:

- Erhöhung des Blutflußes durch die Skelettmuskulatur,
- Erhöhung des Herzzeitvolumens,
- Erniedrigung des Blutflusses durch die Haut und den Magen-Darm-Trakt,
- Aktivierung der Schweißdrüsen,
- Aktivierung des Nebennierenmarkes,
- Ruhigstellung des Gastrointestinaltraktes.

Dieses Muster ist nicht spezifisch für noxische, gewebeschädigende Reize, sondern kann auch durch andere Reize und Situationen, die für den Organismus gefährlich sind oder vom Gehirn in diesem Sinne interpretiert werden, ausgelöst werden. Gewebeschädigende Reize im Körperinneren (tiefer somatischer Bereich, Viszeralbereich) induzieren eher skeletomotorische, vegetative und neuroendokrine allgemeine Reaktionen, die charakteristisch für Immobilisation und Schonhaltungen sind [1, 9]. Die wesentlichen kardiovaskulären vegetativen Reaktionen bestehen aus ***Hypotonie*** (durch Abnahme der Aktivität in sympathischen Neuronen zu Widerstandsgefäßen und zum Herzen) und ***Bradykardie*** (durch Abnahme der Aktivität in parasympathischen Kardiomotoneuronen).

Diese elementaren, vegetativ vermittelten protektiven Reaktionen sind im Hypothalamus und im Mesenzephalon organisiert und stehen unter der Kontrolle des limbischen Systems. Chronische Fehlanpassungen dieser Reaktionen durch das Großhirn mag ein Hauptmerkmal einiger psychosomatischer Erkrankungen sein, die sich in Fehlregulationen des kardiovaskulären Systems, der Beckenorgane und des Gastrointestinaltraktes äußern.

Die klinische Phänomenologie deutet auf die pathogenetische Rolle des Sympathikus in der Schmerzentstehung hin

Traumen an Extremitäten mit und ohne offensichtliche Nervenläsionen, seltener viszerale Erkrankungen (z. B.

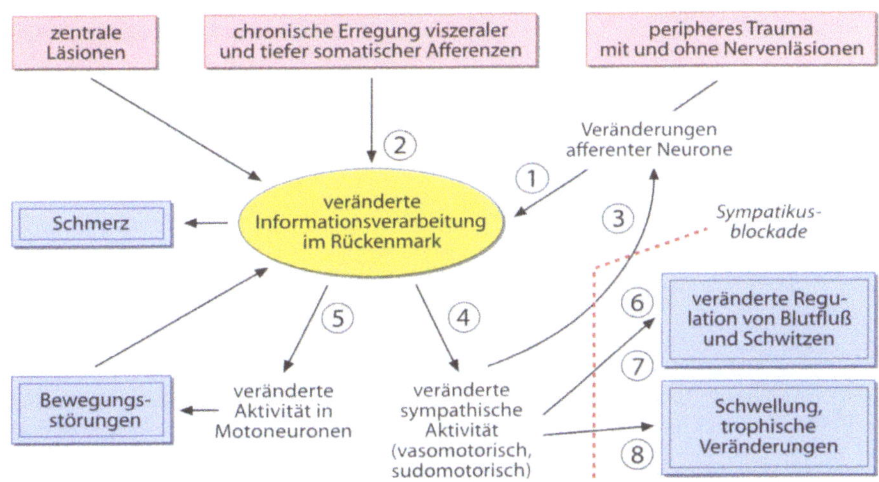

Abb. 30.7. Schematische Darstellung einer allgemeinen Hypothese zur Entstehung vom „Complex Regional Pain Syndrome" (CRPS). *Doppelt eingerahmt*: Klinische Phänomene. *Oben*: Auslöser. Peripheres Trauma mit und ohne offensichtliche Nervenläsionen ist der wichtigste Auslöser. Die wichtigsten Komponenten sind die Sensibilisierung und/oder ektope Impulsbildung in afferenten Neuronen *(1)*, die veränderte Informationsverarbeitung im Rückenmark *(2)* und der positive Rückkopplungskreis zwischen sympathischen postganglionären Neuronen und primär afferenten Neuronen (*3*; s. Abb. 30.8). Nach Unterbrechung dieses Rückkopplungskreises durch Blockade der sympathischen Aktivität *(gepunktete Linie)* können die klinischen Phänomene verschwinden. Veränderung der Aktivität in sympathischen Neuronen *(4)* und Motoneuronen *(5)* ist verantwortlich für die veränderte Regulation von Blutfluß und Schwitzen *(6)*, vermutlich für Schwellung und trophische Störungen *(7,8)* und für die motorischen Störungen. (Modifiziert nach [1, 10, 14])

Herzinfarkt) und noch seltener zentrale Läsionen (z. B. Apoplexien) können ein klinisches Syndrom zu Folge haben, welches vereinfachend folgende Merkmale hat (Abb. 30.7):

- Spontaner brennender Schmerz, Hyperalgesie, Allodynie (Schmerz bei mechanischer Reizung, die normalerweise nicht schmerzhaft ist);
- veränderte Regulation von Durchblutung und Schweißsekretion der betroffenen Extremität;
- Ödem und trophische Störungen von Haut, Unterhaut, Hautanhangsgebilden, Knochen (Demineralisation) und Gelenkkapseln;
- Störungen der Motorik: aktive und passive Bewegungseinschränkung; Tremor.

Dieses Syndrom wird neuerdings mit dem Begriff CRPS („complex regional pain syndrome") bezeichnet. Es werden CRPS Typ I (sympathische Reflexdystrophie) nach Traumen ohne größere Nervenläsionen und CRPS Typ II (Kausalgie) nach Traumen mit größeren Nervenläsionen unterschieden [1, 10, 14, 20]. Bei vielen Patienten mit CRPS ist gezeigt worden, daß sich nach ***Blockaden der sympathischen Aktivität*** zu der betroffenen Extremität mit verschiedensten Methoden die klinischen Veränderungen, vor allem der Schmerz, zurückbilden können [14]. Dieser therapeutische Effekt und die veränderten Regulationen von Hautdurchblutung und Schweißsekretion zeigen, daß das sympathische Nervensystem an der Erzeugung dieses Syndroms *kausal* beteiligt ist. In Abb. 30.7 werden die klinischen Daten schematisch zu einer übergreifenden Hypothese zusammengefaßt, um die Pathogenese von CRPS besser zu verstehen. Das Krankheitsbild wird durch eine ganze Reihe miteinander interagierender Prozesse bestimmt; deshalb ist eine monokausale Erklärung von CRPS nicht möglich. Das quantitative Überwiegen der einen oder anderen Komponente bestimmt die Klinik des CRPS in seiner schillernden Phänomenologie, im Zeitverlauf und im Ansprechen auf die empfohlenen Therapien. Die übergreifende Hypothese hat folgende Hauptmerkmale, die experimentell z. T. gut belegt sind [12, 14]:

- Primär afferente nozizeptive Neurone werden ***sensibilisiert*** und/oder entwickeln ***ektop*** Impulsaktivität.
- Die Verarbeitung afferenter Impulse im ***Hinterhorn*** und ***spinale Reflexkreise***, die sympathische und ske-

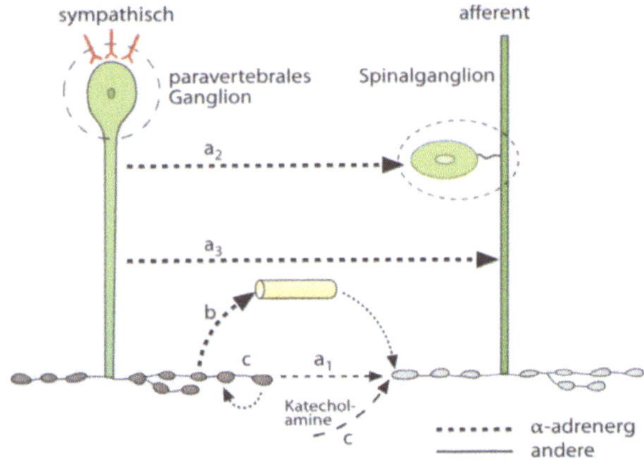

Abb. 30.8. Mögliche Kopplungen zwischen sympathischen postganglionären Axonen und Afferenzen im chronischen Zustand nach Trauma. Die primär afferenten Neurone können α-Adrenozeptoren exprimieren. Chemische Kopplung über freigesetztes Noradrenalin *(NA)* in der Peripherie *(a1)*, im Spinalganglion *(a2*; nach Sprossung von postganglionären Axonen) oder vermutlich im Verlauf von Nerven *(a3)*. Indirekte Kopplung über das vaskuläre Bett *(b)*. Wirkung von zirkulierenden Katecholaminen (Noradrenalin, Adrenalin) auf afferente Neurone *(C)*. (Nach [1,12])

letomotorische Reflexe vermitteln, verändern sich. Die Konsequenz dieser Veränderungen sind Schmerz und veränderte Aktivität in sympathischen Neuronen und Motoneuronen.

- Verschiedene Möglichkeiten der ***Kopplung zwischen sympathischen postganglionären Neuronen und primär afferenten Neuronen***, die normalerweise nicht stattfinden, sind unter pathophysiologischen Bedingungen denkbar. In Abb. 30.8 sind die Möglichkeiten dieser Kopplung schematisch dargestellt: (a_1-a_3) Kopplung in der Peripherie, vermutlich im Spinalganglion oder auch im Verlaufe des Nerven über freigesetztes Noradrenalin; hierzu müssen die afferenten Neurone α-Adrenozeptoren in ihren Membranen exprimieren. (b) Die peripheren Sensoren afferenter Neurone sind in ein komplexes Mikromilieu eingebettet. Störungen dieses Mikromilieus durch veränderte Aktivität in den sympathischen Neuronen oder durch Änderung der neuroeffektorischen Übertragung kann vermutlich ebenso Sensibilisierung oder Aktivierung von Nozizeptoren erzeugen. (c) Es ist denkbar, daß afferente Neurone auch durch zirkulierende Katecholamine für mechanische Reize sensibilisiert oder aktiviert werden.
- Die ***positive Rückkopplung*** zwischen sympathischen und afferenten Neuronen kann einen ***Circulus vitiosus*** etablieren (s. *dicke schwarze Pfeile* in Abb. 30.7), welcher das pathophysiologische Geschehen aufrecht erhält und durch die Blockade der sympathischen Aktivität unterbrochen wird (s. *gepunktete Linie* in Abb. 30.7).
- Ein Merkmal von CRPS I ist die veränderte neuronale Regulation von Hautdurchblutung und Schweißdrüsen. Die Thermoregulation der betroffenen Extremität ist sichtlich gestört. Diese klinischen Beobachtungen deuten darauf hin, daß sich die Reflexaktivitäten in Hautvasokonstriktor- und Sudomotorneuronen als Folge der Störung der zentralen Informationsverarbeitung geändert haben, obwohl die Höhe der Aktivität in diesen Neuronen nicht verändert ist.
- Die ***motorischen Störungen*** werden vermutlich reflektorisch als Konsequenz der veränderten Impulsentladung in den afferenten Neuronen und den Rückenmarksneuronen erzeugt und aufrecht erhalten.
- Haut, Unterhaut und Gelenkkapseln der betroffenen Extremität sind anfangs ödematös geschwollen. In späteren Stadien von CRPS sind alle Gewebe eher trophisch verändert: Haut und Unterhaut werden dünn, die Gelenke steif, die Hautanhangsgebilde (Nägel, Haare) grob und brüchig. Der Knochen zeigt Umbau, Dekalzifikation und Osteoporose. Es wird vermutet, daß diese Veränderungen durch das sympathische Nervensystem *aktiv* erzeugt werden. Für diese Beteiligung spricht ganz besonders, daß Blockaden der sympathischen Aktivität zur Rückbildung der trophischen Veränderungen führen können (sofern nicht ein irreversibles Stadium eingetreten ist!). Die Mechanismen zur Entstehung von Ödemen und trophischen Veränderungen sind unbekannt [5].

> **!** Nach Traumen mit und ohne Nervenläsionen kann das (efferente) sympathische Nervensystem kausal an der Erzeugung von Schmerzen beteiligt sein. Ein Kernstück des sympathisch unterhaltenen Schmerzes ist eine Kopplung sympathischer Neurone an primär afferente Neurone, welche zur Aktivierung und/oder Sensibilisierung der afferenten Neurone führt und sekundär eine Sensibilisierung zentraler nozizeptiver Neurone erzeugt.

30.6 Literatur

1. Baron R, Jänig W (1998) Schmerzsyndrome mit kausaler Beteiligung des Sympathikus. Anesthesist 47: 4–23
2. Dyck PJ, Thomas PK, Lambert EH, Bunge R (Hrsg) (1984) Peripheral neuropathy, Bd 1 u. 2, 2. Auflage. WB Sauders Company, Philadelphia London Toronto
3. Fleming WW, Westfall DP (1988) Adaptive supersensitivity. In: Trendelenburg U, Weiner N (Hrsg) Catecholamines I; Handbook of Experimental Pharmacology, Vol 90/I. Springer, Berlin Heidelberg New York, pp 509–559
4. Guttmann L (1976) Spinal cord injuries. Comprehensive management and research, 2nd ed. Blackwell Scientific Publications, Oxford London Edinburgh Melbourne
5. Jänig W (1995) Neurobiologische Grundlagen von reflexiv orientierten Therapien in der Naturheilkunde. Teil 1: Schmerz und Sympathisches Nervensystem. Teil 2: Neuronale Rückkopplungsmechanismen. In: Bühring M, Kremer FH (Hrsg) Naturheilverfahren, Springer, Berlin Heidelberg, 01.06, pp. 1–59 (1), pp 1–40 (2)
6. Jänig W (2000) Vegetatives Nervensystem. In: Schmidt RF, Thews G (Hrsg) Physiologie des Menschen, 28. Auflage Springer, Berlin Heidelberg, pp 340–369
7. Jänig W (1996) Regulation of the lower urinary tract. In: Greger R, Windhorst U (Hrsg) Comprehensive Human Physiology – From Cellular Mechanisms to Integration; Springer, Heidelberg New York, pp 1611–1624
8. Jänig W (1996) Behavioral and neurovegetative components of reproductive functions. In: Greger R, Windhorst U (Hrsg) Comprehensive Human Physiology – From Cellular Mechanisms to Integration; Springer, Heidelberg New York, pp 2253–2263
9. Jänig W (1996) Spinal cord reflex organization of sympathetic systems. In: Bandler R, Holstege G, Saper CB (Hrsg) The emotional motor system. Progress in Brain Res 107: 43–77
10. Jänig W (1999) Pain and the sympathetic nervous system: pathophysiological mechanisms. In: Mathias CJ, Bannister R (Hrsg) Autonomic Failure, 4th ed. Oxford University Press, Oxford, pp 99–108
11. Jänig W, Häbler H-J (1999) Organization of the autonomic nervous system: structure and function. In: Vinken PJ, Bruyn GW (Hrsg) Handbook of Clinical Neurology, Vol 74 (30): The Autonomic Nervous System. Part I: Normal Functions (Hrsg: Appenzeller O). Elsevier Science B. V., Amsterdam, pp 1–52
12. Jänig W, Levine JD, Michaelis M (1996) Interaction of sympathetic and primary afferent neurons following nerve injury and tissue trauma. Progress in Brain Res 112: 161–184
13. Jänig W, McLachlan EM (1999) Neurobiology of the autonomic nervous system. In: Mathias CJ, Bannister R (Hrsg) Autonomic Failure, 4th ed. Oxford University Press, Oxford, pp 3–15
14. Jänig W, Stanton-Hicks M (Hrsg) (1996) Reflex sympathetic dystrophy – a reappraisal, vol 6. IASP Press, Seattle
15. Karemaker JM, Wieling W, Dunning AJ (1989) Aging and the baroreflex. In: Amery A, Staessen J (Hrsg) Hypertension in the elderly. Handbook of Hypertension, vol 12. Elsevier Science Publishers E. V. (Biomedical Division), Amsterdam, p 24
16. Low PA (Hrsg) (1993) Clinical autonomic disorders. Little, Brown and Company, Boston Toronto London
17. Mathias CJ, Bannister R (Hrsg) (1999) Autonomic failure, 4th ed, Oxford University Press, Oxford New York Tokyo
18. Oribe E (1999) Testing autonomic function. In: Vinken PJ, Bruyn GW (Hrsg) Handbook of Clinical Neurology, Vol 74 (30): The Autonomic Nervous System. Part I: Normal Functions (Hrsg: Appenzeller O). Elsevier Science B. V., Amsterdam, pp 595–647
19. Robertson D, Biaggioni I (Hrsg) (1995) Disorders of the autonomic nervous system. vol 5: The Autonomic Nervous System (ed. by Burnstock G). Harwood Academic Publishers, Luxembourg
20. Stanton-Hicks M, Jänig W, Hassenbusch S, Haddox JD, Boas R, Wilson P (1995) Reflex sympathetic dystrophy: changing concepts and taxonomy. Pain 63: 127–133
21. Sundlöf G, Wallin BG (1978) Human muscle nerve sympathetic activity at rest. Relationship to blood pressure and age. J Physiol (Lond) 274: 621–637

Anfallserkrankungen

C. E. Elger und H. Beck

EINLEITUNG **Fall 1.** Der achtjährige Junge entwickelte plötzlich kurze, etwa 10 Sekunden dauernde Aussetzer, die mehrere hundert Male pro Tag auftraten. Sie fielen zunächst in der Schule auf, da die Aufmerksamkeitsstörungen dort besonders deutlich wurden. Abb. 31.1 zeigt eine typische Absence im Videodoppelbild mit EEG, das hochgespannte 3/s spike wave-Abläufe zeigt. Gleichzeitig fand sich beim Patienten eine Bulbusdeviation nach oben und eine Verharr-Reaktion. Der Patient wurde innerhalb weniger Tage völlig anfallsfrei, nachdem das Antikonvulsivum Valproinsäure eindosiert wurde. Einschränkungen der Intelligenz oder sonstige kognitive Einschränkungen lagen vor oder nach Therapiebeginn nicht vor. Mit Ende der Pubertät wurde die Medikation ausgeschlichen und der Patient blieb anfallsfrei. Es handelt sich um eine auf einen bestimmten Lebensabschnitt begrenzte, gut therapierbare, monosymptomatische Epilepsie, die als Absence-Epilepsie des Schulalters oder Pyknolepsie bezeichnet wird. Sie betrifft das ganze Gehirn (generalisierte Epilepsie) und wird zumindest teilweise durch genetische Faktoren verursacht.

Fall 2. Die 42 jährige Patientin hatte erstmalig im Alter von 9 Monaten bei plötzlichem Temperaturanstieg einen Fieberkrampf, der sich mit 1 1/2 Jahren, 2, 3 und 3 1/2 Jahren wiederholte. Im 8. Lebensjahr entwickelte sich eine Epilepsie, bei der zunächst etwa 6 Anfälle/Jahr auftraten. Trotz intensiver antiepileptischer medikamentöser Therapie traten im 42. Lebensjahr durchschnittlich 15 Anfälle pro Monat auf. Die Anfälle werden oft durch ein vom Magen aufsteigendes Vorgefühl (epigastrische Aura) eingeleitet und sind durch orale Automatismen im Sinne von Schmatzen und Lecken (Abb. 31.2), einen starren Blick und häufig eine Verharr-Reaktion gekennzeichnet. Die Anfallsereignisse dauern etwa 1 Minute, danach liegt für 15 Minuten eine Sprachverständnisstörung vor. Die EEG-Ableitung von intrazerebralen Elektroden zeigt in einem Kontakt im linken Hippokampus eine lokalisierte hochgespannte Aktivität, die Ausdruck der dort ablaufenden epileptiformen Aktivität ist. In diesem Gebiet sieht man in der kernspintomographischen Aufnahme eine Signalanhebung des linken Hippokampus, die auf eine sklerotische Veränderung hinweist. Tatsächlich tritt ein charakteristisches Schädigungsmuster im Hippokampus (Ammonshorn-sklerose) auf. Im linken Temporallappen führt diese Schädigung zu deutlichen kognitiven Einschränkungen im Bereich des Verbalgedächtnisses. Es handelt sich also um eine Epilepsie mit herdförmigem Beginn (fokale Epilepsie) in temporo-mesialen Strukturen, die in der Regel pharmakoresistent ist und dann nur operativ durch Entfernung der Amygdala und des Hippokampus zu therapieren ist.

31.1 Epileptische Anfälle, Epilepsien und epileptische Syndrome

Einzelne epileptische Anfälle sind von den Epilepsien und epileptischen Syndromen abzugrenzen (Tabelle 31.1). Die Differenzierung zwischen einem epileptischen Anfall, einer Epilepsie und einem epileptischen Syndrom ist wesentlich bei der Therapieentscheidung und ermöglicht die prognostische Einschätzung für den Patienten.

Epileptische Anfälle, Gelegenheitskrämpfe. Der epileptische Anfall stellt eine zunächst unspezifische Reaktion auf eine Reizung des zentralen Nervensystems dar. Diese kann so milde aussehen wie ein akkumulierter Schlafentzug oder eine Narkoseausleitung. Anfälle können aber auch zum Beispiel eine beginnende Hirn-

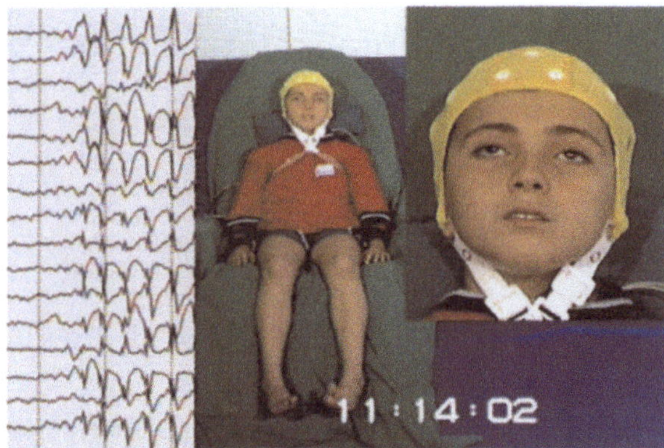

Abb. 31.1. Charakteristika einer Absence. *Links*: Elektroenzephalographische Ableitung von der Kopfhaut. Beachtenswert ist der klassische 3/s spike-wave Ablauf. *Rechts*: Semiologie während des Anfalls mit Verharr-Reaktion und Bulbusdeviation nach oben

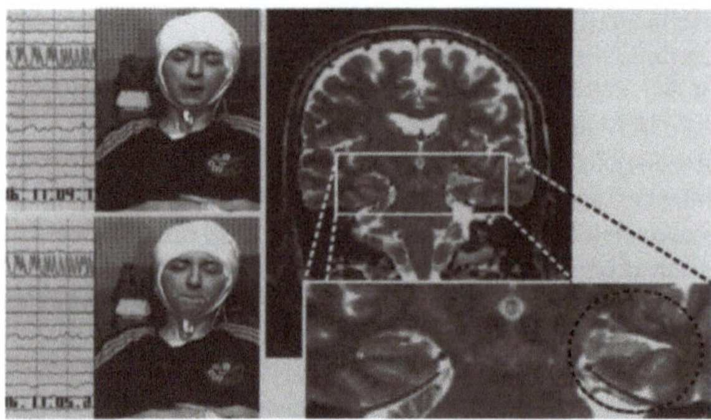

Abb. 31.2. Charakteristika eines komplex partiellen Anfalles. *Links*: EEG-Ableitung von u.a. intrazerebralen Elektroden. Im linken Hippokampus zeigt sich in einem Kontakt eine lokalisierte hochgespannte Aktivität. *Mitte*: Die Semiologie beinhaltet orale Automatismen mit Schmatzen und Lecken, einem starren Blick und häufig eine Verharr-Reaktion. *Rechts*: Kernspintomographische Aufnahme (T2-Sequenz) mit einer Signalanhebung des linken Hippokampus (s. Umrandung in dem vergrößerten Ausschnitt), die auf eine Ammonshornsklerose hinweist

entzündung (Enzephalitis) begleiten. Derartig provozierte Anfälle, die bei Verschwinden ihrer Ursache wieder sistieren, werden als ***Gelegenheitsanfälle*** bezeichnet. Die Wahrscheinlichkeit eines Menschen, der 80 Jahre alt wird, einmal im Leben einen epileptischen Anfall zu erleiden, liegt etwa bei 10%.

Epilepsien. Die Erkrankung Epilepsie ist im Gegensatz zum einzeln auftretenden Gelegenheitsanfall dadurch charakterisiert, daß wiederholt epileptische Anfälle

Tabelle 31.1. Klassifikation epileptischer Anfälle

1.	**Fokale Anfälle**
1.1.	Einfach-fokale Anfälle (ohne Bewußtseinsstörung)
1.2.	Komplex-fokale Anfälle (mit Bewußtseinsstörung)
1.3.	Fokale Anfälle mit Entwicklung zu generalisierten Anfällen
2.	**Generalisierte Anfälle**
2.1.	Absencen
2.2.	Myoklonische Anfälle
2.3.	Klonische Anfälle
2.4.	Tonische Anfälle
2.5.	Tonisch-klonische Anfälle
2.6.	Atonische (astatische Anfälle)
Klassifikation der Epilepsien und epileptischen Syndrome	
1.	**Lokalisationsbezogene (fokale oder partielle) Epilepsien und Syndrome**
1.1.	Idiopathische mit altersgebundenem Beginn
1.2.	Symptomatische
2.	**Generalisierte Epilepsien und Syndrome**
2.1.	Idiopathisch mit altersgebundenem Beginn
2.2.	Idiopathisch und/oder symptomatisch
2.3.	Symptomatisch
3.	**Epilepsie und Syndrome, die nicht als fokal oder generalisiert bestimmbar sind**
4.	**Spezielle Syndrome**

auftreten, ohne daß eine akute Ursache wie z.B. eine Gehirnentzündung (Enzephalitis) oder ein sonstiger akuter Reizzustand vorliegt. Epilepsie ist eine der häufigsten ***neurologischen Erkrankungen***. Man geht davon aus, daß etwa 0,6–0,8% der Bevölkerung unter einer Epilepsie leiden. In der Bundesrepublik Deutschland gibt es daher im Moment ca. 600.000 Menschen mit der Erkrankung Epilepsie. Im Verlauf des Lebens betrachtet, beträgt das Risiko bei jedem Menschen, an einer Epilepsie über mehrere Jahre (durchschnittlich 14) zu erkranken, etwa 3%, wenn er 80 Jahre alt wird [6].

Epilepsien können entsprechend der Einbeziehung und Ausdehnung verschiedender Areale in die Anfallsaktivität in zwei große Gruppen eingeteilt werden. Man unterscheidet Epilepsien mit Anfällen, die den größten Teil der Hirnrinde erfassen ***(generalisierte Anfälle)*** von solchen mit Anfällen begrenzter Ausdehnung ***(fokale oder partielle Anfälle)***. Durch die verschiedene Ausdehnung des beeinträchtigten Hirnrindenareals zeigen diese beiden Gruppen von Epilepsien einen sehr unterschiedlichen Anfallsablauf [11, 18].

Bei den ***fokalen Epilepsien*** hängen die Auffälligkeiten während der Anfälle entscheidend vom Entstehungsort der Anfälle ab. Liegt dieser zum Beispiel im Gyrus praecentralis, zeigen sich motorische Zuckungen als Anfallsäquivalent, liegt der Fokus weiter im frontalen Kortex, finden sich komplexe motorische Handlungen. Komplexe motorische Abläufe finden sich auch, wenn die Anfälle im Schläfenlappen ablaufen. Sensorische Hirnareale zeigen Störungen der Sinneswahrnehmung, wie visuelle, akustische oder sensible Phänomene.

Viele fokale Anfälle gehen mit Bewußtseinsstörungen einher. Diese Anfälle bezeichnet man deskriptiv als ***komplex partiell.*** Demgegenüber bezeichnet man fokale Anfälle ohne Bewußtseinsbeeinträchtigung als ***einfach partiell.***

Unter den generalisierten Epilepsien unterscheidet man ebenfalls verschiedene Typen. Absenceepilepsien, wie sie oben beschrieben wurden ***(Petit Mal),*** sind eine dieser Formen. Eine weitere große Klasse von Epilepsien zeigt tonisch-klonische Anfälle. Das bedeutet, daß sich eine tonische Muskelverkrampfung mit klonischen Zuckungen abwechselt ***(Grand Mal).***

Epileptische Syndrome. Epileptische Syndrome sind bestimmte Epilepsieformen, die entweder charakteristische elektroenzephalographische Befunde aufweisen und/oder eine bestimmte Altersabhängigkeit der Krankheitsmanifestation oder aber auch eine bestimmte Prognose zeigen. Die Zuordnung zu einem Syndrom aufgrund des Symptomenkomplexes ermöglicht oft eine Einschätzung der Prognose. Ein typisches Beispiel ist die oben erwähnte Absenceepilepsie des Schulalters [3].

Auf einer zellulären Ebene werden alle diese Formen epileptischer Anfälle durch das abnorm synchrone und hochfrequente Entladen von Nervenzellen in verschiedenen Strukturen des Zentralnervensystems (ZNS) charakterisiert. Diese synchrone Entladung verhindert eine normale Informationsverarbeitung und führt, abhängig von der Ausdehnung und Lokalisation des betroffenen Areals, zu den oben beschriebenen sehr verschiedenartigen Symptomenkomplexen. Welche zellulären und morphologischen Störungen Grundlage einer erhöhten Anfallsbereitschaft in den verschiedenen Strukturen des ZNS sein könnten, wird in den folgenden Kapiteln besprochen.

! Man grenzt Epilepsien von Gelegenheitsanfällen und epileptischen Syndromen ab. Epilepsie ist eine chronische Erkrankung mit wiederkehrenden Krampfanfällen. Die unterschiedliche Ausdehnung und Lage des in die Krampfaktivität einbezogenen Gehirn-areals führt zu unterschiedlichen Symptomen während des Anfallsgeschehens (Semiologie).

31.2 Morphologische Substrate von fokalen Epilepsien

Epilepsien mit neokortikalem Fokus haben häufig eine strukturelle Störung als Grundlage

Grundsätzlich kann jede Läsion oder Störung im kortikalen Aufbau die Ursache für chronische Krampfanfälle sein. Häufige Ursachen sind posttraumatische Narben, Differenzierungsstörungen des Kortex, Entwicklungsmißbildungen (Hamartome) oder Neoplasien.

Epilepsien mit temporo-mesialem Fokus zeigen häufig eine Ammonshornsklerose mit segmentalem Zellverlust, Gliose und axonaler Reorganisation

Bei der Mehrzahl der Patienten mit Temporallappenepilepsie ist der ***Hippokampus*** eine zentrale Struktur bei der Generierung von Krampfanfällen. Dies wird unter anderem dadurch belegt, daß die neurochirurgische Entfernung dieser Struktur bei den meisten Patienten, die sich einer solchen Operation unterziehen, zu einem vollständigen Verschwinden oder einer Verminderung der Krampfanfälle führt. Ein morphologisches Korrelat für die offensichtliche pathophysiologische Bedeutung ist bereits makroskopisch oder radiologisch zu erkennen. So wurde bereits früh eine Verschmälerung und Verhärtung dieser Struktur festgestellt (daher der Begriff ***Sklerose).***

Das feingewebliche Korrelat dieser Befunde ist der Verlust bestimmter Arten von Nervenzellen, während andere gegenüber epilepsiebedingter Schädigung resistent sind. Im Hippokampus handelt es sich hierbei um den ***Verlust von pyramidenförmigen Neuronen*** in bestimmten Subregionen des Hippokampus

(CA1, CA3 und CA4). Dieses Schädigungsmuster ist so charakteristisch, daß es von dem deutschen Pathologen Sommer [15] als eigene neuropathologische Entität beschrieben wurde ***(Ammonshornsklerose, AHS***, Abb. 31.3).

Im Unterschied zu Pyramidenzellen in den vulnerablen Regionen des Ammonshornes sind die wegen ihres runden oder ovalen Somas als Körnerzellen bezeichneten Neurone in der Area dentata oder die Pyramidenzellen in der CA2-Subregion des Ammonshornes relativ resistent gegen epilepsieassoziierten Zelluntergang. Auch hemmende lokale Interneurone, die den Neurotransmitter GABA benutzen, scheinen zum großen Teil bei Temporallappenepilepsie konserviert zu sein. Weitere wichtige Grundzüge dieses neuropathologischen Bildes sind die Bildung neuer, aberranter synaptischer Verbindungen durch Axone überlebender Nervenzellen und eine ausgeprägte Gliazellvermehrung [17].

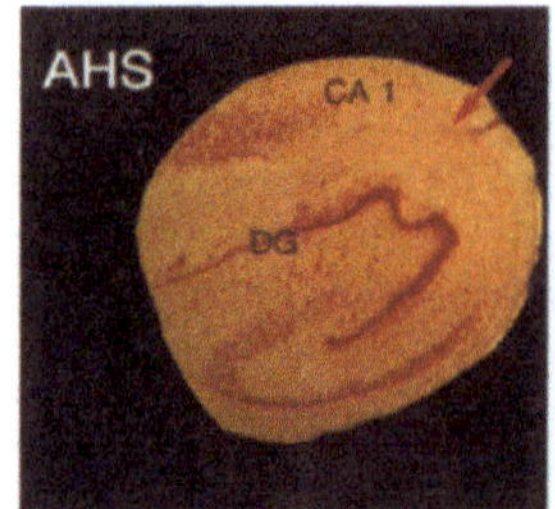

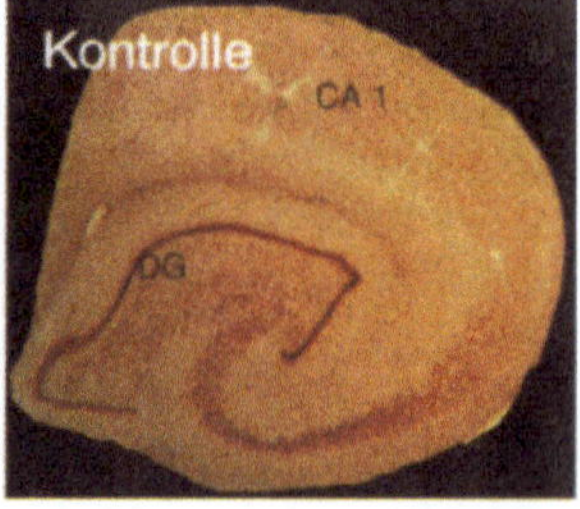

Abb. 31.3. Verschaltungsschema des Hippokampus *(oben)*. Die Histologie zeigt einen segmentalen Nervenzellverlust im CA1-Sektor *(Pfeil)* bei Ammonshornsklerose *(AHS)*. *SC* Schaffer-Kollateralen, *CA1* und *CA3* Felder des Ammonshornes, *Hi* Hilus der Area dentata, *DG* Gyrus Dentatus, *Sub* Subikulum, *mf* Moosfasern, *pp* Tractus perforans (perforant path). (Abb. zur Verfügung gestellt von Dr. I. Blümcke)

Patienten mit durch Tumoren oder Entwicklungsfehlbildungen verursachter temporo-mesialer Epilepsie zeigen weniger ausgeprägte neuropathologische Auffälligkeiten im Hippokampus

Eine zweite Gruppe von Patienten mit temporo-mesialer Epilepsie entwickelt nicht die oben angeführten schweren Veränderungen im Bereich des Hippokampus. Diese Patienten zeigen meist eine ***niedergradige Neoplasie*** (Gangliogliom, niedergradiges Astrozytom) oder eine ***Entwicklungsfehlbildung*** in temporo-mesialen Strukturen (glioneuronale Hamartie). Bei einer durch einen Tumor oder eine Entwicklungsstörung verursachten TLE sind neuronaler Zellverlust, axonale Reorganisation und Gliose im Hippokampus im Vergleich zur AHS nicht so schwer. Diese Prozesse verursachen in der genannten Lokalisation trotzdem überdurchschnittlich häufig eine chronische Epilepsie [17].

!

Epilepsien mit einem Fokus im Neokortex sind häufig durch einen Tumor, eine Entwicklungsschädigung oder ein Trauma verursacht. Epilepsien mit temporo-mesialem Fokus lassen sich in zwei große Gruppen unterteilen. Eine Gruppe zeigt eine typische Schädigung des Hippokampus mit segmentalem Zellverlust, axonaler Reorganisation und Gliose. Die zweite Gruppe hat wie die neokortikalen Epilepsien häufig Tumoren und Entwicklungsfehlbildungen als Grundlage und zeigt keine schwere hippokampale Pathologie.

31.3 Mechanismen von Übererregbarkeit und erhöhter Synchronisationsbereitschaft bei chronischer Epilepsie

Ein Ungleichgewicht zwischen Hemmung und Erregung auf zellulärer und synaptischer Ebene ist ein Erklärungsmodell für Übererregbarkeit

Eine Voraussetzung für die ungestörte Signalverarbeitung im Zentralnervensystem scheint die zeitliche wie auch anatomische Begrenzung von unkontrollierter Erregung von Neuronenverbänden durch verschiedene hemmende Mechanismen zu sein. Diese Hemmung ist sowohl auf einer synaptischen und Netzwerkebene als auch auf einer zellulären Ebene organisiert (Tabelle 31.2). In dem chronisch epileptogen veränderten Hirngewebe kommen auf mehreren Ebenen sowohl Veränderungen vor, die die Erregbarkeit steigern, als auch senken können [7, 16]. Letztendlich setzt sich die Vorstellung durch, daß es im epileptogen veränderten Gewebe ***chronisch-reaktive Veränderungen*** gibt, die sowohl einen krampfhemmenden, wie auch einen krampffördernden Effekt haben können. Vermutlich hängt die funktionelle Beeinträchtigung dann von dem relativen Ausmaß dieser Veränderungen ab. Diese reaktiven Veränderungen sind bei fokalen Epilepsieformen besonders ausgeprägt, dagegen nicht so sehr bei generalisierten Epilepsieformen. Als Modellerkrankung kann hier wiederum die ***Temporallappen-epilepsie*** herangezogen werden, bei der das ganze Spektrum der im folgenden aufgeführten Abnormitäten beobachtet werden kann. Es muß betont werden, daß es bei diesen Veränderungen vermutlich zum größten Teil um Folgeerscheinungen einer langandauernden chronischen Erkrankung handelt, deren Mitwirkung bei der Auslösung des Krankheitsbildes nicht sicher angenommen werden kann.

Tabelle 31.2. Ursachen für erhöhte Erregbarkeit im ZNS

- Intrinsische Membraneigenschaften von Neuronen
  - Veränderte Eigenschaften von spannungsaktivierten Ionenleitfähigkeiten
  - Veränderte elektrotonische Eigenschaften
- Veränderungen auf der synaptischen Ebene
  - Veränderte Expression von Neurotransmitterrezeptoruntereinheiten mit verschiedenen Eigenschaften
  - Modifikation von Neurotransmitterrezeptoren durch alternatives Splicing
  - Metabolische Regulation von Neurotransmitterrezeptoren z. B. durch Phosphorylierung
  - Veränderung des Neurotransmitteruptaktes aus dem synaptischen Spalt
  - Funktionelle Plastizität (Langzeitpotenzierung der synaptischen Effektivität) wird durch Krampfaktivität ausgelöst
  - Morphologische Veränderungen von Dendriten im Bereich der synaptischen Kontakte verändern die Effizienz der synaptischen Übertragung
- Veränderungen im neuronalen Netzwerk
  - Feed-forward und Feed-back-Erregung und -Inhibition durch axonales Sprouting exzitatorischer und inhibitorischer Systeme
  - Pathologische Synchronisation durch vermehrte Vernetzung im Bereich lokaler Interneurone
- Veränderungen der Regulation des extrazellulären Milieus
  - Veränderte Eigenschaften von Gliazellen (z. B. herabgesetzte Fähigkeit zur Regulation extrazellulärer Ionenspiegel, Veränderung des glialen Neurotransmitteruptakes)

Eine veränderte Expression von spannungsabhängigen Ionenkanälen beeinflußt die intrinsische Erregbarkeit von Nervenzellen

Das Entladungsverhalten von einzelnen Nervenzellen wird durch neurotransmitterrezeptorgesteuerte und spannungsgesteuerte Ionenleitfähigkeiten bestimmt. Generell wirkt ein Einwärtsstrom (Einstrom von positiv oder Ausstrom von negativ geladenen Ionen) depolarisierend, während ein Auswärtsstrom (Ausstrom von positiv oder Einstrom von negativ geladenen Ionen) das Membranpotential hyperpolarisiert. Die treibende Kraft für den transmembranären Fluß von Ionen ergibt sich aus dem ***elektrochemischen Gradienten***. Spannungsgesteuerte Kanäle sind Ionenkanäle, deren Öffnen und Schließen durch das Membranpotential reguliert wird. Die wichtigsten Klassen zellulärer spannungsabhängiger Kanäle sind Na^+-, Ca^{2+}-, und K^+-Kanäle, unter denen man eine Vielzahl von Subtypen unterscheidet. Öffnen Na^+- oder Ca^{2+} Kanäle, so fließen die entsprechenden Ionen entlang des elektrochemischen Gradienten in die Zelle und depolarisieren diese, während ein Ausstrom von K^+ die Zelle hyperpolarisiert. Die Zusammensetzung und die Eigenschaften dieser Leitfähigkeiten bestimmen, wie das Entladungsmuster einer Nervenzelle bei einer definierten synaptischen Erregung aussieht. Daher können ***spannungsabhängige Leitfähigkeiten*** eine große Rolle bei der Generierung und Erhaltung epileptiformer Aktivität spielen.

Daß solche Leitfähigkeiten eine Rolle bei der Auslösung und Erhaltung von Krampfaktivität spielen können, wurde zunächst in Experimenten gezeigt, in denen die Applikation von Kaliumkanalblockern in vivo und in vitro Krampfaktivität auslöste. Dies ist besonders interessant, weil bei Krampfaktivität eine Erhöhung der extrazellulären Kaliumkonzentration stattfindet (s.unten), die Ströme durch spannungsabhängige Kaliumströme reduzieren kann [7]. Umgekehrt blockiert die Applikation von Ca^{2+}-Kanalblockern Krampfaktivität in vitro. Daß eine isolierte, genetisch bedingte Veränderung von nur einem einzelnen Subtyp von Ionenkanälen bereits zu Krampfanfällen führen kann, wird eindrucksvoll durch epileptische Mausmutanten belegt, die isolierte Mutationen in Genen tragen, die für spannungsabhängige Kalziumkanaluntereinheiten kodieren. Neben diesen Modellen werden in verschiedenen Krampfmodellen und im menschlichen Hippokampus von Epilepsiepatienten ebenfalls Veränderungen der Expression von spannungsaktivierten Kaliumströmen vermutet. Außer K^+- sind auch spannungsabhängige Ca^{2+}-Leitfähigkeiten bei chronischer Epilepsie verändert [7].

Veränderte Eigenschaften von Neurotransmitterrezeptoren im chronisch epileptischen Gehirngewebe

Mit Hilfe moderner molekularbiologischer Untersuchungen sind eine Fülle von Varianten exzitatorischer und inhibitorischer zentralnervöser Neurotransmitterrezeptoren entdeckt worden. Das Interesse konzentrierte sich zunächst auf die ***exzitatorischen Glutamatrezeptoren*** des ***NMDA*** und ***AMPA*** sensitiven Subtyps und auf die ***inhibitorischen GABA-Rezeptoren*** (Tabelle 31.3).

NMDA-Rezeptoren werden während paroxysmaler Depolarisationen aktiviert

NMDA-Rezeptoren werden durch den endogenen Neurotransmitter Glutamat oder durch N-methyl-D-aspartat (NMDA) aktiviert. Der Ionenkanal erlaubt dann den Einstrom von mono- und divalenten Kationen, vorwiegend Na^+ und Ca^{2+}, in das Zellinnere. Eine vermehrte Beteiligung von NMDA-Rezeptoren an der exzitatorischen Transmission im Hippokampus ist bereits frühzeitig im Kindling-Modell für Epilepsie in physiologischen Experimenten beschrieben worden. NMDA-Rezeptoren sind auch deswegen ein besonders attraktiver Kandidat für eine solche Beteiligung, da diese Rezeptoren bei dem Ruhemembranpotential von Nervenzellen in der Regel durch Magnesiumionen in der äußeren Kanalpore blockiert sind. Bei Depolarisation, zum Beispiel im Rahmen von epileptiformen Entladungen, werden NMDA-Rezeptoren ***spannungsabhängig deblockiert*** und erlauben den Einstrom von Kalzium und Natrium in die Zelle. Hinzu kommt, daß durch Krampfaktivität die extrazelluläre Magnesiumkonzentration absinkt. Es handelt sich hierbei also um positive Rückkoppelungsmechnismen. Aus diesem Grund wurde die Beteiligung von NMDA-Rezeptoren an paroxysmalen Depolarisationen vermutet und experimentell bestätigt [1, 2, 9].

Veränderungen des NMDA-Rezeptors beruhen vorwiegend auf veränderter Regulation durch Phosphorylierung und Dephosphorylierung, nicht auf veränderter Expression von Rezeptoruntereinheiten

Bisher sind auf der Rezeptorebene eine Verlängerung der Öffnungszeit des NMDA-Rezeptors, eine erhöhte Sensitivität gegenüber Agonisten und eine verringerte Magnesiumsensitivität beobachtet worden. Überraschenderweise konnten bisher keine chronisch persistierenden Veränderungen in der Zusammensetzung der Untereinheiten des NMDA-Rezeptors in Tiermodellen beobachtet werden. Es ist wahrscheinlich, daß ein Teil der beobachteten physiologischen Eigenschaften von NMDA-Rezeptoren in epileptisch verändertem Gewebe auf einer Regulation des NMDA-Rezeptors durch Phosphorylierung oder Dephosphorylierung beruht.

AMPA- und GABA-Rezeptoren zeigen veränderte funktionelle Eigenschaften, die durch veränderte Expression von Rezeptoruntereinheiten erklärt werden

AMPA-Rezeptoren. AMPA-Rezeptoren sind, im Gegensatz zu NMDA-Rezeptoren, für einen Großteil der Neurotransmission am Ruhemembranpotential oder bei hyperpolarisierten Membranpotentialen verantwortlich, da sie nicht durch Mg^{2+}-Ionen blockiert werden. Sie werden ebenfalls durch Glutamat und zusätzlich durch den pharmakologischen Agonisten α-Amino-3-hydroxy-5-methyl-4-isoxazol-propionat (AMPA) aktiviert, worauf vorwiegend Na^+-Ionen in die Zellen einströmen können. Die Ca^{2+}-Permeabilität von nativen AMPA- Rezeptoren ist meist gering. Sie wird durch die Zusammensetzung des AMPA-Rezeptors aus verschiedenen Untereinheiten bestimmt. Vier Untereinheiten (A-D) sind bisher bekannt, von denen jeweils zwei verschiedene Splicevarianten existieren (flip und flop). Die Untereinheit GluRB enthaltende AMPA-Rezepto-

Tabelle 31.3. Neurotransmittersysteme und Epilepsie

Transmitter	Neuronale Verteilung	Akute Applikation von Agonisten/Antagonisten	Tiermodelle	Humane fokale Epilepsien
Katecholamine – Noradrenalin (NA) – Dopamin (DA) – Serotonin (5-HT)	Neurone in Pons und Mittelhirn mit Projektion in u. a.Kortex, Hippokampus, Hypothalamus, Rückenmark.	– NA und DA unterdrücken penicillininduzierte Krampfaktivität im Hirnschnitt.	– Depletion von NA/DA/5-HT oder Zerstörung/pharmakologische Blockade von NA/DA/5-HTergen Afferenzen erniedrigt die Krampfschwelle und erleichtert die Ausbildung von Krämpfen im Kindlingmodell an der Ratte. – Abnormitäten im NA-System in verschiedenen genetischen Tiermodellen festgestellt.	– Erhöhte Synthese von NA im kortikalen Fokus, Erniedrigung der α_1-Adrenorezeptordichte im Kortex, möglicherweise durch erhöhte NA-Konzentration.
Acetylcholin (ACH)	Neurone im Septum und Nucleus basalis mit Projektion in Kortex und Hippokampus.	– Cholinerge Agonisten (z. B. Pilokarpin) erzeugen schwere Krampfanfälle in intakten Tieren. – Topische Applikation von ACH im Hippokampusschnittpräparat führt zu prolongierten Entladungen.	– Applikation von cholinergen Agonisten verursacht Kindling. – Im Verlaufe des Kindlingprozesses veränderte Sensitivität für ACH. – Acetyltransferase und ACHesterase vermehrt → erhöhter Turnover von ACH in verschiedenen akuten Krampfmodellen im intakten Tier.	– Acetyltransferase und ACHesterase vermehrt → erhöhter Turnover von ACH im kortikalen Fokus.
GABA	– Hauptsächlich Transmitter lokaler Interneurone, die ubiquitär im ZNS vorhanden sind.	– Blockade von GABA-Rezeptoren führt im adulten Hirnschnitt zu epileptiformen Entladungen. – Im juvenilen Hirnschnitt können GABA-Rezeptoren exzitatorische Wirkung haben und an Krampfaktivität beteiligt sein.	– In den meisten Modellen Präservation von GABAergen Neuronen. – Im Kindlingmodell trotz vorhandener GABAerger Interneurone starke Verminderung der durch $GABA_A$-Rezeptoren vermittelten Hemmung nach hochfrequenter Stimulation, möglicherweise durch erhöhte Zinksensitivität des GABA-Rezeptors in diesem Modell. – Erhöhung der durch $GABA_B$-Rezeptoren vermittelten Hemmung.	– Das GABAerge System ist Ziel für eine Reihe gebräuchlicher Antiepileptika (Barbiturate, Benzodiazepine). – GABAerge Interneurone bleiben bei chronischer Epilepsie im Gegensatz zu CA1- oder CA4-Neuronen erhalten, sind aber möglicherweise funktionell eingeschränkt. Die funktionelle Einschränkung kann entweder durch Deafferenzierung von Interneuronen oder eine erhöhte Zinksensitivität von humanen $GABA_A$-Rezeptoren erklärt werden.

Tabelle 31.3. (Fortsetzung)

Transmitter	Neuronale Verteilung	Akute Applikation von Agonisten/Antagonisten	Tiermodelle	Humane fokale Epilepsien
Glutamat	- Ubiquitärer exzitatorischer Neurotransmitter.	- Applikation von diversen glutamatergen Agonisten und Antagonisten für verschiedene Subtypen ionotroper Rezeptoren (NMDA, AMPA Kainat), kann in-vitro und in-vivo Krampfaktivität auslösen bzw. blockieren.	- NMDA-Antagonisten sind in verschiedenen Krampfmodellen protektiv gegenüber der Entwicklung von Anfällen und Neurotoxizität. - Verstärkte Glutamaterge Transmission im Kindlingmodell, vermutlich durch metabolische Regulation des NMDA-Rezeptors. - Veränderte Zusammensetzung von AMPA-Rezeptoren durch Expression unterschiedlicher Rezeptoruntereinheiten oder Splicevarianten.	- NMDA-Rezeptoren sind Ziel einer Reihe neuer Antiepileptika. - Ähnliche Veränderungen von NMDA- und AMPA-Rezeptoren wie im Kindlingmodell. - Zirkulierende Antikörper, die die GluRC-Untereinheit des AMPA-Rezeptors aktivieren, verursachen ein kindliches Epilepsiesyndrom (Rasmussen Enzephalitis).

ren sind wenig Ca^{2+}-permeabel, eine Verminderung des relativen Anteils von GluRB gegenüber GluRA, C und D erhöht die Ca^{2+}-Permeabilität. In der Tat wurde eine Veränderung des Verhältnisses von AMPA-GluRB und A,C und D bei humaner Epilepsie beschrieben. Weitere Veränderungen beinhalten eine veränderte Expression von Splicevarianten der AMPA-Rezeptoruntereinheiten im Kindling-Modell für Epilepsie. Die Rolle von AMPA-Rezeptoren wird auch durch eine menschliche Erkrankung unterstrichen, bei der zirkulierende Antikörper gegen die GluRC Untereinheit des AMPA-Rezeptorkomplexes zu einer progressiven schweren Epilepsie und Enzephalitis im Kindesalter führen ***(Rasmussen's Enzephalitis)***. Es konnte gezeigt werden, daß die Autoantikörper an AMPA-Rezeptoren agonistische Wirkungen entfalten können [10].

GABA-Rezeptoren. GABA-Rezeptoren sind die wichtigsten hemmenden Neurotransmitterrezeptoren im ZNS. Wenn der endogene Neurotransmitter γ-Aminobuttersäure (GABA) an den ***ionotropen GABA$_A$-Rezeptor*** bindet, öffnet sich ein Cl^--selektiver Kanal, der unter den meisten Fällen einen (inhibitorischen) Cl^--Einstrom vermittelt. Die Molekularbiologie dieses Rezeptors ist komplex, es sind mindestens 17 Untereinheiten bekannt. GABA$_A$-Rezeptoren scheinen sowohl in humaner wie auch in experimenteller Epilepsie verändert zu sein [1]. Im Falle des Rezeptors scheinen diese Veränderungen auf der transkriptionellen Ebene stattzufinden. Ein besonders interessantes Merkmal dieser veränderten GABA$_A$-Rezeptoren ist die ***erhöhte Zinksensitivität*** in Epilepsiemodellen und auch bei humaner Epilepsie. Es ist möglich, daß durch diese Eigenschaft die GABAerge Hemmung durch Zinkfreisetzung von Körnerzellaxonen (Moosfasern, s. unten) während paroxysmaler neuronaler Aktivität dynamisch vermindert werden kann. Dieser Mechanismus könnte besonders bedeutsam sein, da es bei TLE zu einer aberranten rekurrenten Innervation von Körnerzelldendriten durch Moosfasern kommt. Im Gegensatz zu dem GABA$_A$-Rezeptor scheint die durch den metabotropen (über intrazelluläre Signaltransduktionskaskaden wirkenden) ***GABA$_B$***-Rezeptor vermittelte Hemmung in experimentell erzeugter Epilepsie erhöht zu sein.

! Vielfältige Veränderungen von spannungsabhängigen Ionenkanälen und Neurotransmitterrezeptoren werden bei chronischer Epilepsie auf Expressionsebene (z. B. AMPA- und GABA-Rezeptoren) oder Regulationsebene durch intrazelluläre Signalkaskaden (z. B. NMDA-Rezeptor) beobachtet.

Veränderungen des neuronalen Netzwerks entstehen durch neuronalen Zelltod, Neubildung von Nervenzellen und axonale Reorganisation

Insbesondere bei der AHS wird ein ***selektiver Untergang von Nervenzellen*** in den CA1-, CA3- und CA4-Subfeldern beobachtet. Gleichzeitig findet in verschiedenen chronischen Epilepsiemodellen eine ***Neubildung von Körnerzellen*** der Area dentata statt. An Fortsätzen überlebender und möglicherweise neugebildeter Nervenzellen werden Sprossungsvorgänge der Axone ***(axonales Sprouting)*** beobachtet [12,13]. Im Falle der Körnerzellen des Hippokampus ist dieses Phänomen besonders gut untersucht, da die Axone dieser Neurone ***(Moosfasern)*** sowohl Zink als auch das Neuropeptid Dynorphin enthalten. Daher können mit einer histochemischen Darstellung diese Fasern selektiv angefärbt werden. Vermutlich existiert axonale Reorganisation auch in anderen, von Epilepsie betroffenen Arealen des ZNS. Die genauen Mechanismen, die bei TLE die Ausbildung von axonaler Reorganisation und Sprouting kontrollieren, sind noch nicht bekannt. Es ist aber wahrscheinlich, daß die Ausschüttung von diffusiblen Wachstumsfaktoren, die das Wachstum von Nervenzellen beeinflussen können, eine große Rolle spielt. Zudem ist ein vermehrtes Vorkommen von Bestandteilen der extrazellulären Matrix beobachtet worden, die in Kulturansätzen ebenfalls das Auswachsen von neuronalen Fortsätzen beeinflußt.

Funktionell führt sowohl die axonale Reorganisation als auch der Verlust/die Neubildung bestimmter Nervenzelltypen zu einer tiefgreifenden Umorganisation der Verknüpfung überlebender Nervenzellen (Abb. 31.4)

Exzitatorisches Feedback Sprouting. Ein Beispiel für „feedback sprouting" stellt das Sprossen der Axone von Körnerzellen ***(Moosfasern)*** im epileptisch veränderten Hippokampus dar. Die Ziele dieser Axone sind normalerweise Pyramidenzellen der CA3-Region, die jedoch bei Temporallappenepilepsie zum großen Teil zugrunde gegangen sind. Die Axone der Körnerzellen innervieren unter diesen Bedingungen in der inneren Molekularschicht aberrant die apikalen Dendriten der Körnerzellen. Dies resultiert in einer monosynaptischen exzitatorischen Rückkoppelung. Es ist im Moment unklar, ob nicht auch hemmende Interneurone Ziele für aberrant auswachsende Axone sein können.

Sprouting von Interneuronen. Gleichzeitig treten auch Sprossungsvorgänge im Bereich der ausgehenden Fortsätze von inhibitorischen GABAergen Interneuronen auf. Es ist noch nicht klar, ob die hierdurch verursachte vermehrte Inhibition, wenn sie phasisch aktiviert wird, nicht auch zu einer Synchronisation größerer Zellverbände führen kann.

Reorganisation des hippokampalen Netzwerkes entsteht durch Zelltod bestimmter Nervenzellpopulationen und Neubildung von Nervenzellen in anderen Arealen. Überlebende und möglicherweise neugebildete Nervenzellen zeigen größtenteils Reorganisation und Aussprossung von Axonen. Axonale Reorganisation gibt es sowohl bei erregenden, glutamatergen wie auch bei hemmenden, GABAergen Neuronen.

Die Kaliumpufferfunktion der Gliazellen und die Transmitteraufnahme in die Gliazellen können bei Epilepsie gestört sein

Eine Fülle aktueller Ergebnisse hat gezeigt, daß Gliazellen nicht nur das Stützgewebe des ZNS ausmachen, sondern im Gegenteil eine sehr enge funktionelle Verbindung mit Nervenzellen eingehen [5]. Wichtige Aufgaben von Gliazellen sind die ***Regulation der Ionenzusammensetzung*** des extrazellulären Milieus und die Beendigung von Neurotransmitterwirkungen durch ***Aufnahme und Metabolisierung von Neurotransmittern*** aus dem synaptischen Spalt. Zusätzlich ist die trophische Interaktion von Neuronen und Gliazellen via Wachstumsfaktoren und Molekülen der extrazellulären Matrix ein wichtiger Faktor bei der entwicklungsabhängigen Veränderung des ZNS.

Im Rahmen von epileptiformen Ereignissen kommt es durch Aktivierung von spannungs- und transmitteraktivierten Leitfähigkeiten zu größeren transmembranären Ionenverschiebungen. Hierbei steigt die extrazelluläre Kaliumkonzentration stark an, während die Konzentration von Natrium, Kalzium, Magnesium oder Chloridionen abfällt. Die Kontrolle der im extrazellulären Milieu anzutreffenden Kaliumkonzentration ist besonders wichtig, da das Ruhemembranpotential von Neuronen und Gliazellen im wesentlichen von dem Gleichgewichts- (Nernst-) Potential von Kalium bestimmt wird, das von dem Kaliumgradienten zwischen Zellinnerem und Zelläußerem abhängig ist. Eine Erhöhung der extrazellulären Kaliumkonzentration führt also zu einer Verminderung dieses Gradienten. Dies hat einerseits eine Depolarisation der Neurone zur Folge, andererseits wird die Amplitude repolarisierender, spannungsabhängiger Kaliumauswärtsströme in Neuronen reduziert.

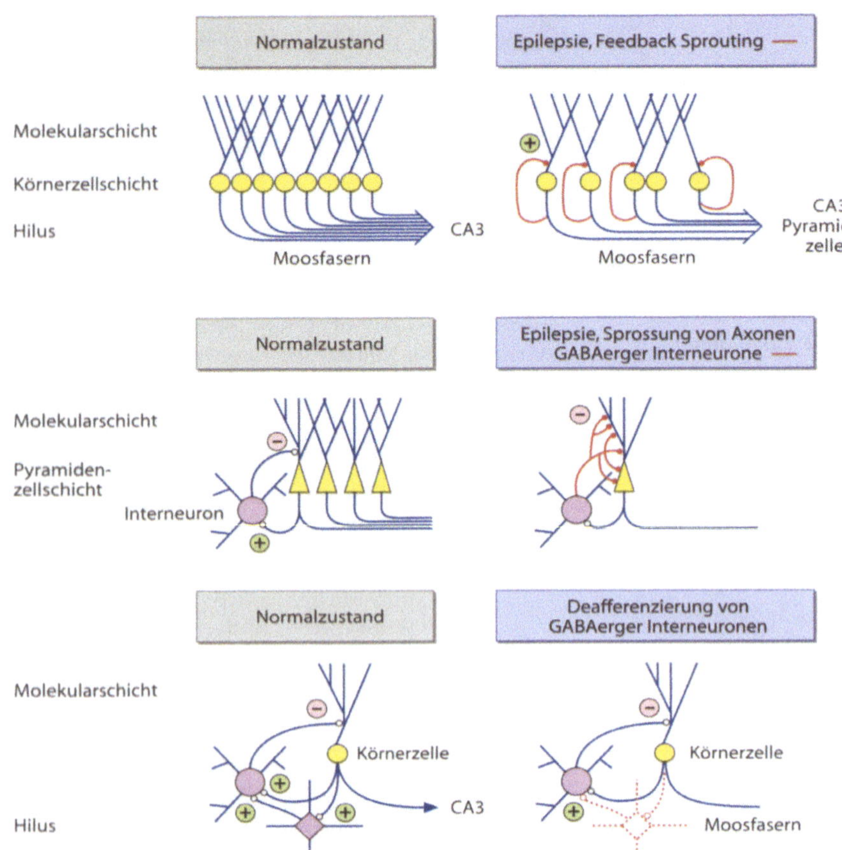

Abb. 31.4. Schematische Veranschaulichung verschiedener Veränderungen neuronaler Verknüpfung im Hippokampus bei AHS. *Links*: Normalzustand, *rechts*: chronische Temporallappenepilepsie. Neue (pathologische) Axonkollateralen sind *rot* dargestellt. Hemmende (GABAerge) Synapsen sind mit einem (-), erregende (glutamaterge) mit einem (+) gekennzeichnet. *Oberes Paneel*: Körnerzellen bilden bei AHS rekurrente, erregende Verbindungen von Axonkollateralen zu apikalen Körnerzelldendriten aus (Moosfasersprouting). *Mittleres Paneel*: Sprouting betrifft auch die Axone von hemmenden (GABAergen) Interneuronen. *Unteres Paneel*: Möglicherweise erhalten Interneurone bei chronischer Epilepsie weniger erregende Eingänge durch Zellverlust von afferenten Neuronen

Um diese Phänomene zu verhindern, haben Gliazellen verschiedene funktionelle Spezialisierungen entwickelt. Hierzu gehört die Ausbildung von Ionenkanälen, durch die Kalium spannungsabhängig in Gliazellen aufgenommen werden kann. Gliazellen sind über „gap junctions" miteinander funktionell verbunden, durch die Änderungen der intrazellulären Kaliumkonzentration an verbundene Gliazellen weitergegeben werden können. Es leuchtet ein, daß durch diesen Mechanismus (Kaliumpufferungshypothese) örtlich begrenzt auftretende Kaliumtransienten gepuffert und auf ein weiteres Areal verteilt werden können (Abb. 31.5). Die Aufnahme von Kalium in Gliazellen durch spannungsabhängige Kanäle scheint u. U. im chronisch epileptischen Präparat gestört zu sein, so daß die räumliche Pufferung von Kaliumtransienten beeinträchtigt sein könnte. Eine weitere wichtige Aufgabe von Gliazellen ist die Aufnahme von Neurotransmittersubstanzen aus dem Bereich des synaptischen Spaltes. Glutamat und GABA als wichtige exzitatorische und inhibitorische Neurotransmitter werden mit hoher Affinität aus dem Extrazellulärraum aufgenommen und beenden so die Transmitterwirkung. Sowohl der Glutamat- wie auch der GABA-Uptake scheint in der menschlichen Temporallappenepilepsie eine verminderte Effektivität aufzuweisen.

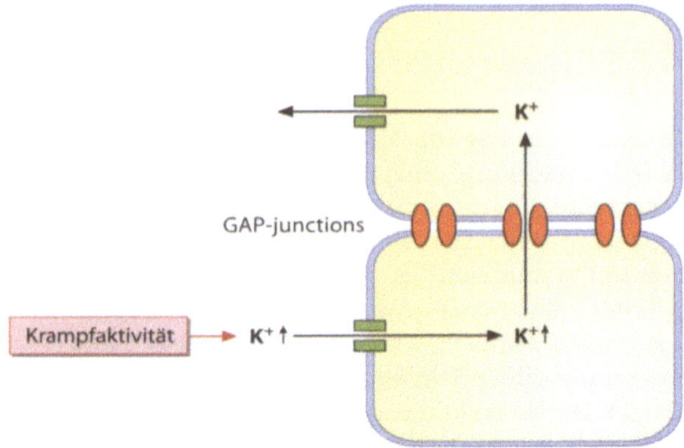

Abb. 31.5. Bei Krampfaktivität in den Extrazellulärraum freigesetztes Kalium kann durch Gliazellen aufgenommen und an entfernten Orten wieder abgegeben werden

> **!** Gliazellen stehen in einem engen funktionellen Zusammenhang mit Nervenzellen. Sie sind für die Regulation extrazellulärer Ionenkonzentrationen und für die Entfernung von Neurotransmittern aus dem synaptischen Spalt wichtig. Diese Funktionen von Gliazellen sind vermutlich bei chronischer Epilepsie beeinträchtigt.

Das kollektive Verhalten von Neuronen im epileptogenen Fokus: „paroxysmal depolarization shift" (PDS) und epileptischer Spike

Im epileptischen Fokus ist ein diagnostisch und physiologisch wichtiges Kennzeichen der erhöhten Synchronisationsbereitschaft das Vorkommen von ***hochamplitudigen Spikes*** im interiktalen EEG oder SEEG. Das zelluläre Korrelat dieser Spikes scheint eine 100 bis 200 ms lange synchrone Depolarisation mit aufgelagerten Bursts von Aktionspotentialen zu sein (Abb. 31.6) [16]. Dieses Phänomen hängt sowohl von der synaptischen Verknüpfung dieser Neurone als auch von den intrinsischen Membraneigenschaften ab. Im normalen Gehirn existiert ebenfalls ein kleiner Anteil Neurone im Kortex und Hippokampus, die auf Depolarisation mit Burstentladungen antworten. Diese Zellen werden bei der Epileptogenese als ***Schrittmacherzellen*** rekrutiert und können eine große Anzahl von anderen Neuronen über exzitatorische Projektionen synchronisieren. In Strukturen, die keine Bursterneurone enthalten, wie zum Beispiel die Area dentata, ist spontane rhythmische Aktivität nur schwer auszulösen.

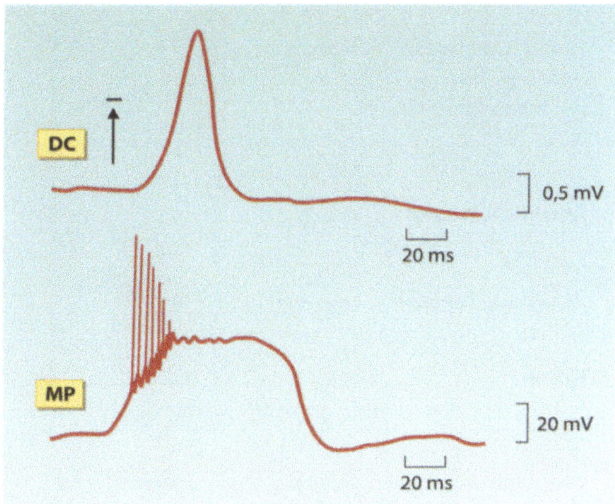

Abb. 31.6. *DC* Extrazellulär gemessenes Feldpotential, *MP* Membranpotential

Eine weitere Möglichkeit der Synchronisierung von vor allem räumlich dicht gepackten Neuronenverbänden besteht über ***ephaptische Interaktionen***. Hierbei können Strukturen mit einer hohen Packungsdichte und laminärer Organisation (z. B. die Pyramidenzellschicht des Hippokampus) bei synchronisierter Entladung im Rahmen eines Krampfgeschehens große Feldpotentiale erzeugen, die angrenzende Neurone bis zur Aktionspotentialschwelle depolarisieren können.

> **!** Neurone im epileptischen Fokus zeigen häufig Burstentladungen, die die zelluläre Grundlage für im EEG beobachtete interiktale Spikes darstellen. Diese Eigenschaft kann für die Synchronisation von Neuronen bei einem Anfallsgeschehen wichtig sein.

31.4 Pathogenese und Mechanismen der Chronifizierung bei fokalen Epilepsien

Epileptische Anfälle können vermutlich über plastische Veränderungen an Synapsen chronifizieren

Die Frage, ob fokale Epilepsien progrediente Erkrankungen sind und was der Mechanismus der Chronifizierung sein könnte, ist potentiell von hoher therapeutischer Relevanz. Der Dreh- und Angelpunkt dieser Fragestellung ist, ob Krampfaktivität zu einer morphologischen oder funktionellen, über sehr lange Zeit stabilen Veränderung führen kann. Schon früh wurde beobachtet, daß im Verlauf von Epilepsien Anfälle eine ähnliche Semiologie aufweisen, sich aber mit der Zeit auf weitere Areale des ZNS ausweiten können. Dies legt nahe, daß es aufgrund von Anfällen zu einer Bahnung kommen kann, die dazu führt, daß darauf folgende Anfallsereignisse mit hoher Wahrscheinlichkeit eine ähnliche Ausbreitung zeigen.

Eine zelluläre Grundlage dieser Bahnung können ***Prozesse synaptischer Plastizität*** sein. In der Tat legt das ***Kindling-Modell***, bei dem repetitiv unterschwellig mesiale Temporallappenstrukturen gereizt werden, einen solchen aktivitätsabhängigen Vorgang nahe. Ein weiterer wichtiger Punkt bei der Chronifizierung von Epilepsien ist die selektive Vulnerabilität bestimmter Zellpopulationen, die Neubildung von bestimmten Nervenzellpopulationen und die Ausbildung synaptischen Sproutings. Alle diese Phänomene werden durch überschießende neuronale Aktivität möglicherweise stark beeinflußt.

Primär generalisierte Epilepsien haben eine andere Ätiologie als fokale Epilepsien

Bei primär generalisierten Epilepsien häufen sich die Hinweise, daß es sich hierbei ebenfalls um eine heterogene Erkrankung handelt. Ein großer Teil dieser Epilepsieformen hat eine ***genetische Grundlage.*** Bei einer Reihe dieser Erkrankungen ist der molekulare Defekt bereits chromosomal lokalisiert (Tabelle 31.4). In einem Teil der Fälle betrifft die krankheitsverursachende Mutation eine Veränderung in einem Neurotransmitterrezeptor oder Ionenkanal.

Im Falle der ***Absenceepilepsien*** kristallisiert sich zunehmend ein möglicher Mechanismus für die Entstehung der für diese Anfallsformen typischen Entladungen heraus. Zwischen thalamischen und kortikalen Projektionsneuronen existiert eine mächtige reziproke erregende Verbindung. Die Neurone dieses Kreislaufes erhalten eine GABAerge Innervation von Neuronen im Nucleus reticularis des Thalamus. Thalamische Projektionsneurone können entweder tonisch entladen oder in kurzen Intervallen Burstentladungen generieren. Im Burstmodus findet eine phasische Erregung der inhibitorischen Interneurone des Nucleus retiularis statt, die in Projektionsneuronen des Thalamus vermutlich eine durch $GABA_B$-Rezeptoren vermittelte Hyperpolarisation auslöst. Diese kann in denselben Neuronen einen Kalziumstrom mit niedriger Aktivierungsschwelle (T-Typ oder LVA, „low voltage activated") auslösen, der relativ schnell inaktiviert. Die bei Absencen auftretenden typischen ***3/Sekunde-Rhythmen*** resultieren also aus der Wechselwirkung von den intrinsischen Bursteigenschaften der thalamischen Projektionsneurone, Kalziumströmen vom T-Typ und phasischer $GABA_B$erger Hemmung.

Tabelle 31.4 Erbliche Epilepsiesyndrome mit bekannter chromosomaler Lokalisation

Epilepsieform	Phänotyp	Vererbung	Chromosomale Lokalisation	Betroffenes Gen
Benigne Familiäre Neonatale Konvulsionen	Krampfanfälle beginnen postnatal und verschwinden im ersten Lebensjahr.	Autosomal-dominant	20q oder 8q	?
Juvenile Myoklonische Epilepsie	Aufwachmyoklonus, Absencen, generalisierte Anfälle mit Beginn in der Jugend.	Unklar: Autosomal-dominant, rezessiv oder multifaktoriell	6q21.2–q11	?
Progressive Myoklonische Epilepsie				
– Unverricht-Lundborg	Im Alter von 5–15 Jahren Myoklonien, tonisch-klonische Anfälle, neurologische Ausfälle	Autosomal-rezessiv	21q	?
– Lafora	Tonisch-klonische Anfälle, Myoklonien, Demenz und neurologische Ausfälle	Autosomal-rezessiv	6q23–25	?
Progressive Epilepsie mit Geistiger Retardierung	Progressive generalisierte tonisch-klonische Epilepsie im Kindesalter mit folgender geistiger Retardierung	Rezessiv	8q	?
Nächtliche Frontallappen-epilepsie	Kurze, in Serien auftretende motorische Anfälle während des Schlafs	Autosomal-dominant	20q13.2	Neuronaler α4 nikotinischer ACH rezeptor

Zu dieser Hypothese paßt, daß Substanzen wie Ethosuximid und Trimethadion, die den T-Typ- Kalziumstrom blockieren, zur Behandlung von Absenceepilepsien eingesetzt werden können. Zudem werden in verschiedenen Tiermodellen Absencen durch $GABA_B$-Antagonisten blockiert. Eine Reihe von Tiermodellen zeigt eine sehr große Ähnlichkeit mit dem klinischen Bild und der Pharmakosensitivität von Absenceepilepsien. Hierzu zählt zum Beispiel die ***Genetically Epilepsy Prone Rat of Strasbourg (GAERS)***. Bei dieser Ratte scheint ein Kalziumkanaltyp vom T-Typ im Thalamus überexprimiert zu sein [8].

> **!** Primär generalisierte Epilepsien sind eine heterogene Gruppe, von denen die meisten eine genetische Grundlage aufweisen.

31.5 Literatur

1. Bradford HF (1995) Glutamate, GABA and epilepsy. Prog Neurobiol 47: 477–511
2. Dingledine R, McBain CJ, McNamara JO(1990) Excitatory amino acid receptors in epilepsy. TIPS 11: 334–8
3. Doose H (1998) Epilepsien im Kindes- und Jugendalter. Desitin Arzneimittel (erhältlich über epi.info@desitin.de)
4. Engel J (ed) (1987) Surgical treatment of the Epilepsies. Raven Press, New York
5. Grisar TM (1986) Neuron-glia relationships in human and experimental epilepsy: a biochemical point of view. Adv Neurol 44: 1045–73
6. Hauser WA, Hesdorffer DC (1990) Epilepsy: frequency, causes and consequences. Epilepsy Foundation of America. Demos Publications, New York
7. Heinemann U (1987) Basic mechanisms of the epilepsies. In: Halliday AM, Butler SR, Chichester PR (eds) A textbook of clinical neurophysiology. John Wiley & Sons, New York Brisbane Toronto Singapore, pp 497–534
8. Marescaux C, Vergnes M, Depaulis A (1992) Genetic absence epilepsy in rats from Strasbourg – a review. J Neural Transm Suppl 35: 37–69
9. Meldrum BS (1994) The role of glutamate in epilepsy and other CNS disorders. Neurol 44 (supp 8): 14–23
10. Pellegrini-GiampietroDE, Gorter JA, Bennett MV, Zukin RS (1997) The GluR2 (GluR-B) hypothesis: Ca^{2+} -permeable AMPA receptors in neurological disorders. TINS 20: 464–70
11. Poeck K, Hacke W (1998) Neurologie, 10. Auflage. Springer, Berlin Heidelberg New York
12. Prince DA, Salin P, Tseng GF, Hoffman S, Parada I (1997) Axonal sprouting and epileptogenesis. Adv Neurol 72: 1–8
13. Represa A, Niquet J, Pollard H, Khrestchatisky M, Ben-Ari Y (1994) From seizures to neo-synaptogenesis: intrinsic and extrinsic determinants of mossy fiber sprouting in the adult hippocampus. Hippocampus 4: 270–274
14. Shorvon S, Dreifuss F, Fish D, Thomas D (eds) (1996) The Treatment of Epilepsy. Blackwell Science Ltd, Oxford London Edinburgh Cambridge Carlton Victoria
15. Sommer W (1998) Erkrankung des Ammonshorns als aetiologisches Moment der Epilepsie. Arch Psychiatr Nervenkr 10: 631–675
16. Walden J, Speckmann EJ (1993) Elementarprozesse epileptischer neuronaler Aktivität. In: Walden J, Witte OW, Speckmann EJ (Hrsg) Epileptische Anfälle – Entstehung und Therapie. Springer, Berlin Heidelberg New York, pp 1–9
17. Wolf HK et al. (1993) Surgical pathology of temporal lobe epilepsy. Experience with 216 cases. J Neuropathol Exp Neurol 52: 499–506
18. Wyllie E (ed) (1993) The Treatment of Epilepsy: Principles and Practice, 2nd ed. Williams & Wilkins, Baltimore Philadelphia London Paris Bangkok Buenos Aires Hong Kong Munich Sydney Tokyo Wroclaw

Zentrale und periphere motorische Störungen

J. Noth und W. Nacimiento

EINLEITUNG Ein 62 jähriger Patient bemerkt, daß sein Schriftbild kleiner und unregelmäßiger wird, in Ruhe rhythmische Bewegungen der Finger der rechten Hand auftreten und der rechte Arm beim Gehen weniger mitschwingt als der linke. Seiner Frau fällt ein starrer Gesichtsausdruck und eine leisere, stockende Stimme auf. Nach leichter Beschwerdezunahme während eines halben Jahres und beginnendem Ruhetremor des rechten Fußes wird der Patient einem Neurologen vorgestellt, der nach Durchführung eines unauffälligen kranialen Kernspintomogramms eine Behandlung mit einem L-DOPA-Präparat (kombiniert mit einem Dekarboxylasehemmer) beginnt, das alle Symptome bis auf den Ruhetremor bessert. Der Neurologe stellt die Diagnose eines rechtsbetonten idiopathischen Parkinson-Syndroms vom Indifferenztyp und stellt den Patienten zusätzlich auf einen D_2-Rezeptor-Agonisten ein.

32.1 Allgemeine Pathophysiologie der zentralen und peripheren Motorik

Das zentrale motorische System ist in einer hierarchischen und parallelen Struktur aufgebaut (Abb. 32.1)

Zu den wichtigsten zentralen Schaltstellen der Motorik gehören die Rückenmarkssegmente, die motorischen Kerngebiete des Hirnstamms, der ***primärmotorische Kortex*** (Area 4 nach Brodmann) und die ***motorischen Assoziationsareale*** des Kortex ***(prämotorischer Kortex)***. Außerhalb dieses Hauptflusses zentraler motorischer Information liegen die ***Basalganglien*** und das ***Kleinhirn***. In beiden Kerngebieten finden wichtige sensomotorische Verarbeitungsprozesse statt, deren Ergebnisse entweder dem prämotorischen Kortex oder Kerngebieten des Hirnstammes zugeleitet werden.

Der hierarchische Aufbau des ZNS bedeutet, daß übergeordnete Zentren einen erregenden oder hemmenden Einfluß auf die untergeordneten Zentren ausüben. So treten nach Läsionen der absteigenden kortikobulbären und kortikospinalen Bahnen, z. B. durch einen ischämischen Insult im Bereich der inneren Kapsel, ***pathologische spinale Reflexe*** (***Babinski-Zeichen*** u. a.) auf, die als Ausdruck einer Enthemmung spinal integrierter Reflexe anzusehen sind.

Die absteigenden motorischen und die aufsteigenden afferenten zentralen ***Bahnsysteme*** besitzen spezielle Aufgaben, so daß nach Ausfall eines Bahnsystems ein anderes, intakt gebliebenes System nur bedingt die Funktion des ausgefallenen Systems übernehmen kann. Der funktionelle Ausfall ist am größten, wenn mehrere Bahnsysteme gemeinsam geschädigt sind. Dies läßt sich am Beispiel der kortikofugalen Bahnen, die zum Hirnstamm (kortikobulbär) und zum Rückenmark (kortikospinal) projizieren, am besten verdeutlichen. Die entsprechenden Fasern stammen vom gesamten sensomotorischen Kortex (nur etwa 40 % der Ursprungszellen liegen im primärmotorischen Kortex). Alle Fasern treffen auf dem Weg zum Hirnstamm in der inneren Kapsel zusammen. ***Ischämische Insulte*** der gesamten inneren Kapsel schädigen an dieser Stelle alle für die Willkürmotorik wichtigen kortikofugalen Bahnen und führen deshalb zu schweren spastischen Hemiparesen ***(Wernicke-Mann-Typ)*** mit kontralateraler Beugespastik des Armes und Streckspastik des Beines. Teilläsionen der inneren Kapsel oder umschriebene kortikale Läsionen werden dagegen besser kompensiert.

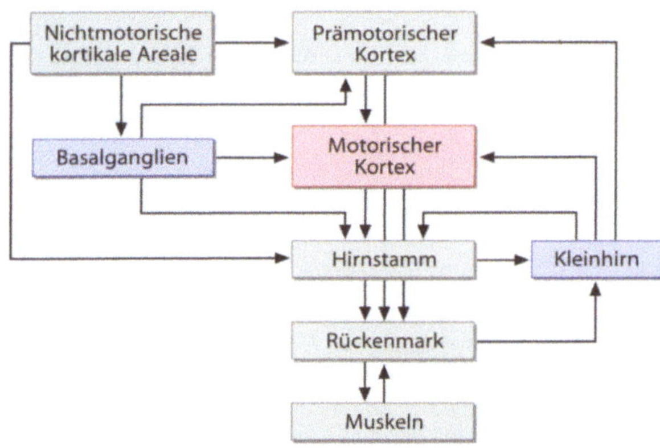

Abb. 32.1. Flußdiagramm des hierarchischen Aufbaus der zentralen Motorik. Impulse aus nichtmotorischen Anteilen des Kortex, insbesondere aus dem limbischen System, werden für die Bewegungsprogrammierung dem prämotorischen Kortex direkt oder indirekt über die Basalganglien und das Kleinhirn zugeleitet. Das endgültige motorische Programm wird vom primärmotorischen Kortex an den Hirnstamm und das Rückenmark weitergeleitet. Präparatorische Signale gelangen vom prämotorischen Kortex direkt zum Rückenmark. Das Kleinhirn vergleicht Bewegungsintension mit Bewegungsvollzug und sendet Korrektursignale zurück an alle motorischen Zentren. Die aufsteigenden sensorischen Bahnen des ZNS sind im Flußdiagramm nicht enthalten

Im Hirnstamm liegen lange Bahnsysteme, Kerngebiete absteigender motorischer Systeme, integrative neuronale Zentren (z. B. Schluckzentrum) und Motoneurone auf engem Raum zusammen. Umschriebene Läsionen im Hirnstamm können deshalb eine Vielzahl sensomotorischer Störungen hervorrufen

Im Hirnstamm liegen die Motoneurone für die Versorgung der Augenmuskeln, der orofazialen Muskulatur und der Kau- und Sprechmuskulatur. Läsionen des Hirnstamms können deshalb zu Schädigungen der Axone des kortikospinalen Trakts und des „zweiten motorischen Neurons" (kraniale Motoneurone) führen. Bei Auftreten spastischer Paresen der Extremitätenmuskulatur und schlaffer Paresen der Gesichts- und Zungenmuskulatur ***(Bulbärparalyse)*** sollte differentialdiagnostisch deshalb sowohl an eine umschriebene Hirnstammläsion wie auch an eine Systemdegeneration ***(amyotrophe Lateralsklerose)*** gedacht werden. Umschriebene Läsionen des Hirnstamms durch ischämische oder hämorrhagische Insulte, Entzündungen oder Tumoren können eine Vielzahl sensomotorischer Syndrome hervorrufen, da die Kerngebiete und langen Bahnen dort auf engstem Raum zusammenliegen. Eines der häufigsten Hirnstammsyndrome ist das ***Wallenberg-Syndrom***, das nach einem Verschluß der hinteren unteren Kleinhirnarterie auftritt und den dorsolateralen Anteil der Medulla oblongata betrifft. Die klinische Symptomatik besteht aus akut auftretendem Drehschwindel (Nucleus vestibularis inferior), Übelkeit und Erbrechen (Area postrema), Dysarthrie und Schluckstörungen (Nucleus ambiguus), Horner-Syndrom (zentrale Sympathikusbahn), Singultus (Respirationszentrum) sowie kontralateraler Analgesie und Thermhypästhesie (Tractus spinothalamicus).

Die zentralen motorischen Bahnen lassen sich in ein ventromediales System zur Versorung der Rumpfmuskulatur und ein dorsolaterales System für die Extremitätenmuskulatur einteilen. Ausfälle der streng unilateral angelegten kortikospinalen Bahn für die Handmuskulatur werden am schlechtesten kompensiert

Die für die Rumpfmuskulatur verantwortlichen Bahnen (vestibulo-, tekto-, retikulospinaler Trakt des Hirnstamms und der ***anteriore kortikospinale Trakt***) verlaufen im Rückenmark im medialen Vorderstrang und terminieren an Interneuronen in medialen Anteilen der Vorderhörner des Rückenmarks. Für die Extremitätenmuskulatur sind der ***laterale kortikospinale Trakt*** und das dorsolaterale System des Hirnstamms (rubrospinaler Trakt) verantwortlich. Diese Bahnen deszendieren im Seitenstrang und terminieren vorwiegend im ***lateralen Vorderhorn*** [9]. Da die ventromedialen Bahnen bilateral angelegt sind, können Ausfälle dieser Bahnen funktionell gut kompensiert werden. Das laterale System ist dagegen streng unilateral angelegt, so daß größere Läsionen dieser Bahnen im Erwachsenenalter zu irreversiblen ***spastischen Paresen der Extremitätenmuskulatur*** führen. Das gilt insbesondere für Läsionen der kortikospinalen Fasern zu den distalen Armmuskeln. Die Handmuskeln stehen fast ausschließlich unter direkter Kontrolle des primärmotorischen Kortex, so daß bei Ausfall der von dort ausgehenden kortikospinalen Fasern, z. B. im Bereich der inneren Kapsel, keine Kompensation durch andere absteigende Bahnen möglich ist. Patienten mit Läsionen des kortikospinalen Trakts verlieren deshalb die Fähigkeit zu Feinbewegungen der entsprechenden Hand.

! Die motorischen Systeme sind hierarchisch organisiert: Bewegungsausführungen werden von parallel angeordneten kortiko- und bulbospinalen Projektionen gesteuert. Schädigungen des ventromedialen deszendierenden Systems, das die Rumpfmuskulatur versorgt, werden gut kompensiert, während Schädigungen des unilateral angelegten dorsolateralen Systems, besonders in den distalen Armmuskeln, zu bleibenden spastischen Paresen führen.

Schädigungen von α-Motoneuronen führen zu schlaffen Muskelparesen mit Abschwächung der entsprechenden Muskeleigenreflexe („Sehnenreflexe"). Erkrankungen mit selektivem Ausfall der die Muskelspindeln innervierenden γ-Motoneurone sind nicht bekannt.

Ein ***α-Motoneuron*** und das zugehörige Kontingent von Muskelfasern wird als ***motorische Einheit*** bezeichnet. Unter pathologischen Bedingungen (z. B. Degeneration motorischer Nervenfasern bei Polyneuropathie) tritt eine schlaffe Muskelparese mit Atrophie der denervierten Muskulatur auf. Die entsprechenden Muskeleigenreflexe, die durch einen Schlag auf die Muskelsehne ausgelöst werden, sind abgeschwächt oder aufgehoben. Die verbliebenen motorischen Einheiten können durch terminales Aussprossen und Reinnervation von denervierten Muskelfasern sehr viel größer werden. Im Unterschied zu dieser ***neurogenen Muskelatrophie*** kommt es bei der ***Myopathie*** zum Untergang von Muskelfasern bei erhaltener Zahl von Motoneuronen mit entsprechend kleineren motorischen Einheiten. Die Unterscheidung läßt sich elektromyographisch und histologisch durch eine Muskelbiopsie treffen.

Die ***γ-Motoneurone*** können durch Erregung der Muskelspindelfasern die Empfindlichkeit der Spindelafferenzen und damit den Verstärkungsfaktor des Muskeldehnungsreflexes verändern. Ob ***globale Erregbarkeitsänderungen*** von γ- gegenüber α-Motoneuronen oder von statischen gegenüber dynamischen γ-Motoneuronen eine pathophysiologische Bedeutung für motorische Erkrankungen zukommt, ist nicht eindeutig geklärt. Die lange Zeit als gesichert angesehene Überaktivität von γ-Motoneuronen als Ursache des spastischen Muskeltonus konnte eindeutig widerlegt werden. Nicht auszuschließen ist jedoch, daß in Analogie zur experimentellen Dezerebrierungsstarre nach Sherrington die unmittelbar nach Hirnstammverletzungen auftretenden ***Streck- oder Beugespasmen*** auf Enthemmungsphänomenen von γ-Motoneuronen beruhen.

Intradural verlaufen die motorischen Fasern in feinen, kaum Bindegewebe enthaltenden Faszikeln und vereinen sich vor dem Austritt durch die Dura zu den ***Ventralwurzeln***. Innerhalb des Rückenmarks wird das Myelin der Wurzelfasern von Oligodendrozyten, außerhalb von Schwann-Zellen gebildet. Die Übertragung der Erregung vom α-Motoneuron auf die von ihm versorgten Muskelfasern erfolgt an der motorischen Endplatte durch Acetylcholin (ACh). Störungen der Erregungsübertragung an der Endplatte bewirken klinisch eine belastungsabhängige Muskelschwäche ***(Myasthenie)***.

Die kranialen und spinalen α-Motoneurone integrieren alle zentralen motorischen Programme und bilden die gemeinsame motorische Endstrecke zur Skelettmuskulatur. Schädigungen dieser α-Motoneurone im Bereich ihrer Zellkörper, Wurzeln oder peripheren Nervenfasern führen klinisch zu einem einheitlichen Bild mit schlaffen Muskelparesen und Muskelatrophien.

Somatosensorische Information wird im Rückenmark in drei getrennten Wegen den supraspinalen Zentren zugeleitet:

- ***Hinterstrang*** (synonym mit lemniskalem System): ipsilaterale Projektion zum Hirnstamm, dort gekreuzt über den ventrobasalen Thalamus zum primärsensorischen Kortex;
- ***Vorderseitenstrang*** (synonym mit spino-thalamischem System): segmental gekreuzte Projektion vom Rückenmark zum ventrobasalen Thalamus, von dort zum primärsensorischen Kortex;
- ***Kleinhirnseitenstrang***: nach ipsilateraler segmentaler Verarbeitung ungekreuzt zum Kleinhirn.

Isolierte Läsionen dieser drei Systeme ohne Beteiligung motorischer Bahnen sind beim Menschen relativ selten. Aus klinischen und tierexperimentellen Beobachtungen lassen sich dennoch einige grundsätzliche sensomotorische Störungen bei Ausfall eines dieser Sy-

Tabelle 32.1. Spezifische Funktionsstörungen bei Läsionen afferenter Systeme

Hinterstrangsystem	
Modalitäten: Tastsinn, Propriozeption, Diskrimination, Vibration	Störung explorativer Fingerbewegungen („active touch", z. B. Ertasten oder Manipulieren von Gegenständen, Astereognosie), Schwierigkeiten der Kraft- und Haltungskontrolle bei fehlender visueller Rückmeldung
Spino-thalamisches System	
Modalitäten: Schmerz und Temperatur	Fehlende Schmerz- und Temperaturwahrnehmung
Kleinhirnseitenstrangsystem	
Modalitäten: verarbeitete Information der somatosensorischen Eingänge	Vermutet werden Störungen des motorischen Lernens (z. B. die Anpassung an veränderte interne (Muskelschwäche durch Ermüdung) und externe Bedingungen)

Tabelle 32.2. Einfluß der Somatosensorik auf motorische Programme

unabhängig von somatosensorischer Rückmeldung	– unabhängige Fingerbewegungen – repetitive Hand- und Fingerbewegungen (Winken, Triller beim Klavierspielen) – Nachzeichnen von Figuren mit dem Finger in der Luft
abhängig von somatosensorischer Rückmeldung	– Feinmotorik Manipulationen von kleinen Gegenständen (Zuknöpfen, Schreiben, Pflücken von Beeren) – Konstante Kraftausübung ohne visuelle Kontrolle (Koffertragen) – Korrektur von unerwarteten externen Störungen – Erlernen neuer motorischer Programme

steme ableiten (Tabelle 32.1). Die Konsequenzen, die der Ausfall der Somatosensorik für die Motorik des Menschen hat, konnte an einigen Patienten mit seltenen, rein sensiblen Polyneuropathien mit vollständiger Aufhebung aller somatosensorischer Eingänge zum Rückenmark bei erhaltenem motorischen Ausgang (Deafferentierung) untersucht werden [10]. Die motorischen Funktionen, die bei diesen Patienten noch erhalten bzw. gestört waren, sind in Tabelle 32.2 zusammengefaßt.

Relativ umschriebene Läsonen des Hirnstrangsystems können im ventrobasalen Thalamuskern auftreten. Durch Aufhebung des Lagesinns haben diese Patienten Schwierigkeiten, den kontralateralen Arm ohne visuelle Kontrolle ruhig ausgestreckt zu halten. Das langsame Abweichen des Armes zusammen mit choreatisch anmutenden Finger- und Handbewegungen hat zur Bezeichnung ***Thalamushand*** geführt. Ein Syndrom mit selektiver Schädigung des spinothalamischen Systems ist die ***Syringomyelie.*** Dabei kommt es durch eine Höhlenbildung im Bereich des Zentralkanals des Rückenmarks zur Degeneration der die Mittellinie kreuzenden Axone der spinothalamischen Neurone. Die Folge ist eine Aufhebung der Schmerz- und Temperaturempfindung in Verbindung mit Atrophien der Skelettmuskulatur durch Vorderhornschädigung. Bevorzugt betroffen sind die Hände. Diese Patienten können sich schwere Brandwunden oder andere Verletzungen zuziehen, da die Schutzfunktion der Schmerz- und Temperaturempfindung aufgehoben ist.

Neben dem somatosensorischen System ist auch das visuelle System für viele motorische Bewegungsabläufe und Lernprozesse von Bedeutung. Fehlende visuelle Kontrolle führt zwangsläufig zur Aufhebung von visuell gesteuerten Folge- und Greifbewegungen sowie feinmotorischen Bewegungsabläufen, aber auch zu Gang- und Standunsicherheit, insbesondere bei Patienten mit Schädigungen weiterer für die Standstabilisierung wichtiger Systeme (Polyneuropathien, beidseitiger Vestibularisausfall).

32.2 Motorische Störungen nach peripheren Nervenläsionen

Nach peripheren Nervenläsionen ist das klinische Bild durch motorische, sensible und vegetative Funktionsstörungen charakterisiert, die sich als Reiz- und/oder Ausfallsymptome manifestieren können

Lokalisation und Ausprägung der klinischen Symptomatik hängen wesentlich vom Ort, von der Ursache und der zeitlichen Dynamik der Schädigung ab. Wenn einzelne periphere Nerven oder spinale Wurzeln betroffen sind, manifestieren sich die neurologischen Symptome in den entsprechenden Innervationsgebieten und lassen sich aufgrund ihrer topographischen Anordnung als charakteristische periphere Nervensyndrome oder Wurzelsyndrome identifizieren.

Nach akuter, vollständiger Durchtrennung eines gemischten peripheren Nervs oder einer Wurzel entwickeln sich in den betroffenen Muskeln und Hautarealen, die in bezug auf die Wurzelsegmente als Myotome und Dermatome bezeichnet werden, ***schlaffe Plegien*** und ***Muskelatrophien*** sowie Sensibilitätsausfälle für sämtliche Qualitäten.

Die in der Folge auftretenden Störungen der Hauttrophik und der Schweißsekretion entstehen durch Läsion vegetativer Nervenfasern, die an den Extremitäten aufgrund ihrer anatomischen Anordnung im lumbosakralen und zervikalen Bereich nur bei Plexus- oder distal davon lokalisierten Nervenläsionen, nicht jedoch nach isolierten Wurzelaffektionen auftreten (s. Kap. 30).

Bei chronischen, inkompletten Nervenläsionen, z. B. einer Wurzelkompression bei Bandscheibenvorfall oder einer Polyneuropathie, können partielle Ausfälle in Form von ***schlaffen Paresen*** und reduzierter Wahrnehmung sensibler Reize entstehen. Als Folge der Funktionsbeeinträchtigung motorischer und sensibler Nervenfasern sind in den betroffenen Muskeln die ***Eigenreflexe*** abgeschwächt oder aufgehoben.

Besonders charakteristisch sind bei chronischen Affektionen peripherer Nerven zusätzliche ***sensible Reizerscheinungen***, die in Kap. 5 näher erläutert werden.

Motorische Reizerscheinungen nach inkompletten peripheren Nervenläsionen treten weniger häufig auf; sie können sich als intermittierende Muskelkrämpfe manifestieren (z. B. als Wadenkrämpfe bei Polyneuropathien oder als Hemispasmus facialis der mimischen Muskulatur nach peripheren Facialisparesen); seltener sind tonische Kontrakturen, wie sie gelegentlich in mimischen Muskeln nach Fazialisparesen zu sehen sind. Als Pathomechanismus liegen diesen motorischen Reizerscheinungen in erster Linie ***ephaptische Phänomene*** im Bereich der Nervenläsion zugrunde. Darunter ist das Überspringen von Aktionspotentialen auf benachbarte Axone aufgrund von Myelinschädigungen und Erregbarkeitsänderungen der konduktilen Axonmembran zu verstehen. Aber auch Reorganisationsvorgänge an den synaptischen Eingängen der betroffenen Motoneurone (s.unten) dürften dabei als „zentrale" Komponente eine pathogenetische Rolle spielen. Faszikulationen sind umschriebene Muskelzuckungen, die bei chronischen Denervierungen zu beobachten sind.

Die Kontinuitätsunterbrechung peripherer Nerven führt zu komplexen zellulären und molekularen Prozessen proximal und distal der Läsion, die auf eine strukturelle und funktionelle Nervenregeneration ausgerichtet sind

Innerhalb weniger Wochen werden die degenerierenden Axone distal der Nervendurchtrennung von Makrophagen abgeräumt (s. Abb. 32.2). Die myelinbildenden Schwann-Zellen, die als Glia-Äquivalent im peripheren Nervensystem wichtige trophische Funktionen erfüllen, proliferieren und produzieren in enger Interaktion mit aktivierten Fibroblasten und Perizyten ein regenerationsförderndes Milieu, an dem verschiedene neurotrophe Faktoren und deren Rezeptoren, Komponenten der extrazellulären Matrix und Zelladhäsionsmoleküle beteiligt sind. Proximal der Läsion kommt es in den Zellkörpern regenerierender Neurone zu einer retrograden Reaktion mit charakteristischen strukturellen Veränderungen. Dabei zeigt sich eine Ballonierung des Somas, der Zellkern wird an den Rand des Zytoplasmas verlagert, und das rauhe endoplasmatische Retikulum löst sich auf.

Die ***axotomierten Nervenzellen*** stellen ihren Stoffwechsel derart um, daß die Synthese transmitterassoziierter Moleküle, die während der Regeneration nicht benötigt werden, gedrosselt wird. Stattdessen werden vermehrt Strukturproteine und wachstums-assoziierte Moleküle synthetisiert, die für die axonale Regeneration wichtig sind. Dieses neuronale Regenerationsprogramm wird durch das regenerationsfördernde

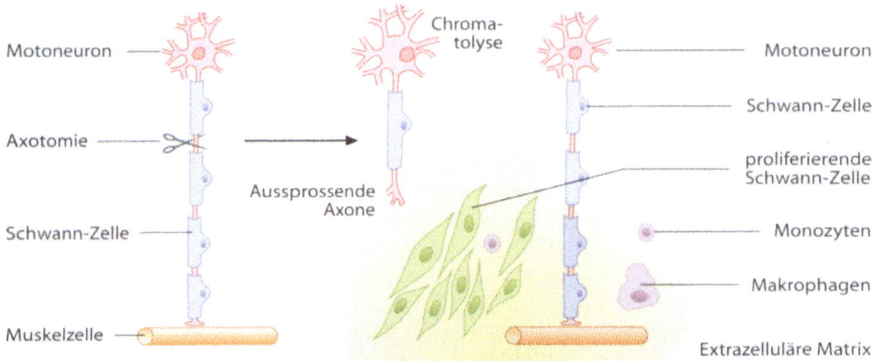

Abb. 32.2. Zelluläre Reaktionen nach Axotomie peripherer Nerven. Nach Axotomie eines Motoneurons wird im chromatolytischen Zellkörper ein metabolisches Regenerationsprogramm in Gang gesetzt, das zum axonalen Transport von Strukturproteinen und wachstumsassoziierten Molekülen zu den Wachstumsfortsätzen führt. Die aussprossenden Axone treffen auf ein wachstumsförderndes Milieu, das von proliferierenden Schwann-Zellen und von der extrazellulären Matrix gebildet wird. Die Zellfragmente der degenerierten Axone distal der Läsion werden von Monozyten und Makrophagen, die aus dem Blut stammen, abgeräumt. Der Regenerationsprozeß wird durch Reinnervation der Muskelzellen abgeschlossen und führt zur funktionellen Restitution der Motorik. (Modifiziert nach [2])

Milieu distal der Läsion ergänzt. Dadurch entsteht eine koordinierte ***axonale Aussprossung*** mit einer Geschwindigkeit von ca. 1 mm pro Tag, die im günstigsten Fall mit gezielter Reinnervation und funktioneller Restitution einhergeht [2, 11].

Gute ***Regenerationsergebnisse*** sind insbesondere dann zu erwarten, wenn die Kontinuität der endo- und perineuralen Hüllstrukturen nach der Läsion erhalten bleibt und die Distanz zwischen Schädigungsort und Zielorgan kurz ist. Eine funktionell signifikante Regeneration ist nicht zu erwarten, wenn die axonale Durchtrennung somanah lokalisiert ist (z. B. traumatische Wurzelausrisse oder hochgradige Plexusverletzungen), da unter diesen Bedingungen zahlreiche motorische und sensible Neurone degenerieren und eine topographisch geordnete axonale Aussprossung über sehr lange Distanzen nicht möglich ist.

Bei ***suboptimaler Regeneration*** können partielle Fehlaussprossungen oder ephaptische Phänomene zu Störungen der Feinmotorik, Synkinesien und sensiblen Reizerscheinungen führen. Aber auch „zentrale" Phänomene an den synaptischen Eingängen axotomierter spinaler oder kranialer Motoneurone können sich u. U. in ähnlicher Weise funktionell ungünstig auswirken: An der Somaoberfläche axotomierter Motoneurone kommt es wenige Tage nach der Läsion zu einer Proliferation von aktivierten Mikrogliazellen, die mit einer Abtrennung axosomatischer Boutons einhergeht. Dieses sog. „***synaptic stripping***" wird nach einigen Wochen durch Astrozytenfortsätze, die nach Abwanderung der Mikrogliazellen die Somaoberfläche bedecken, aufrechterhalten und kann offenbar über lange Zeiträume persistieren [8]. Aus dieser partiellen Deafferentierung resultieren trotz vollständiger Regeneration peripherer Nerven Funktionsstörungen an den synaptischen Eingängen der betroffenen Neurone.

Erkrankungen des peripheren Nervensystems können isoliert einzelne Nerven betreffen oder sich generalisiert mit variablen Verteilungsmustern und Schwerpunkten manifestieren

Typische Beispiele für Schädigungen einzelner Nerven sind ***traumatische*** oder ***druckbedingte Läsionen***. Letztere kommen in erster Linie bei entsprechend exponierten, also oberflächlich oder durch anatomische Engpässe verlaufenden Nerven vor (z. B. N. peronaeus in Höhe des Fibulaköpfchens, N. ulnaris im Bereich des Sulcus N. ulnaris oder N. medianus im Karpaltunnel). Das Ausmaß der dadurch verursachten neurologischen Störungen und die Prognose bezüglich Dauer und Umfang der Restitution nach Beseitung der Noxe hängen im wesentlichen davon ab, welche Strukturen des Nervs läsioniert sind.

Die leichteste Form ist die ***Neurapraxie***, bei der die Nervenfasern mit ihren Hüllstrukturen (Epi-, Peri- und Endoneurium) intakt bleiben und lediglich eine reversible axonale Funktionsstörung im Sinne einer Leitungsblockierung stattfindet. Gravierender ist die sog. ***Axonotmesis***, die mit einer kompletten Kontinuitätsunterbrechung der Axone einhergeht, während die Hüllstrukturen erhalten bleiben. Nach einer solchen Verletzung kommt es zu einer ***Waller-Degeneration*** und einer entsprechenden Denervierung, von der Skelettmuskulatur, Haut-, Gelenk-, Sehnen- und Muskelrezeptoren sowie glatte Gefäßmuskeln und Schweißdrüsen betroffen sein können. Die bereits beschriebenen axonalen Regenerationsvorgänge laufen unter günstigen Bedingungen ab, da die axonalen Wachstumsfortsätze unmittelbaren Kontakt mit dem wachtumsfördernden Milieu des nichtneuronalen Gewebes haben (Abb. 32.2). Die schwerste Form der mechanischen Nervenverletzung ist die ***Neurotmesis***, bei der die Axone und sämtliche Hüllstrukturen vollständig durchtrennt sind. Eine funktionsgerechte Aussprossung ist unter diesen Bedingungen nicht möglich; es kommt vielmehr zur Ausbildung eines Neuroms am proximalen Nervenstumpf [11].

Nicht selten entstehen unter traumatischen Einwirkungen Kombinationen der genannten Läsionsmuster, so daß in einem Nerv Axone und Hüllstrukturen teilweise durchtrennt und teilweise noch erhalten sind. Bei partieller Axonotmesis sind nicht alle Axone eines Nervs durchtrennt, so daß keine vollständige Denervierung vorliegt. Um die Ausprägung einer mechanisch verursachten peripheren Nervenaffektion beurteilen zu können, sind genaue Kenntnisse über den Schädigungsmechanismus sowie klinisch-neurologische und elektrophysiologische Verlaufsuntersuchungen erforderlich. Auch der Restitutionsverlauf muß klinisch und elektrophysiologisch beurteilt werden.

Zahlreiche toxische, entzündliche, metabolische und degenerative Erkrankungen verursachen in der Regel ***generalisierte Polyneuropathien*** mit unterschiedlich akzentuierter Beteiligung motorischer, sensibler und vegetativer Nerven [11]. Nur selten führen diese Erkrankungen zur Schädigung einzelner Nerven. Am häufigsten sind diabetische und alkoholtoxische Polyneuropathien. In den meisten Fällen manifestieren sich die Symptome der Polyneuropathie distal betont und symmetrisch an den Extremitäten, seltener finden sich sog. Schwerpunktneuropathien mit ausgeprägter Schädigung einzelner Nerven bzw. Nervengeflechte (Plexus) oder Polyneuropathien vom Multiplex-Typ mit multilokulärer Affektion peripherer Nerven.

Wichtig ist die pathophysiologische Unterscheidung zwischen ***demyelinisierenden*** und ***axonalen Polyneuropathien***, wobei häufig primär oder im Verlauf der Erkrankung kombinierte Formen anzutreffen sind. Bei chronischem Verlauf kann eine primär axonale Polyneuropathie zu einer sekundären Demyelinisierung führen, und eine primär demyelinisierende Form kann sekundär axonale Schädigung hervorrufen. Analog zu den mechanischen Nervenverletzungen kommt es bei der Polyneuropathie nur dann zur Denervierung, wenn die axonale Kontinuität aufgehoben ist. Eine vorübergehende, ausschließlich demyelinisierende Nervenschädigung kann prognostisch günstig sein, wenn sich nach Abklingen der Noxe (z. B. eines entzündlichen Prozesses) die Funktion des Myelins rasch erholt und die Axone intakt bleiben.

Eine rein klinische Differenzierung zwischen demyelinisierender und axonaler Polyneuropathie ist nicht möglich. Zu diesem Zweck sind elektoneurographische und elektromyographische Untersuchungen erforderlich. Neurographisch läßt sich ein demyelinisierender Prozeß in erster Linie durch eine Verlangsamung der Nervenleitgeschwindigkeit identifizieren, während bei einer axonalen Polyneuropathie die Amplituden der Muskelsummenaktionspotentiale bzw. der sensiblen Nervenaktionspotentiale reduziert sind. Die Denervierung läßt sich im Verlauf der Polyneuropathie elektromyographisch anhand charakteristischer Befunde erkennen [11].

Bei mechanisch bedingten Nervenläsionen können operative Maßnahmen indiziert sein, z. B. eine Dekompression des N. medianus beim Karpaltunnel-Syndrom oder eine spannungsfreie Naht der proximalen und distalen Stümpfe komplett durchtrennter Nerven zur Verbesserung der Regenerationsbedingungen nach Trauma. Polyneuropathien können sich klinisch bessern, wenn zugrundeliegende metabolische, toxische oder entzündliche Ursachen behoben werden. Krankengymnastische Behandlungen tragen zur Besserung motorischer Störungen (Paresen und afferente Ataxien) bei und verhindern die Entwicklung von Kontrakturen.

Die Störungen der neuromuskulären Übertragung, insbesondere die Myasthenien, sind in Kap. 29 erläutert.

Die motorischen Funktionsstörungen nach peripheren Nervenläsionen sind durch schlaffe Lähmungen, abgeschwächte bzw. erloschene Muskeleigenreflexe sowie Muskelatrophien charakterisiert. Die Kontinuitätsunterbrechung peripherer Nerven führt zur Waller-Degeneration der Axone distal der Läsion und über zelluläre und molekulare wachstumsfördernde Mechanismen in der Regel zur Regeneration mit axonaler Aussprossung, Reinnervation und funktioneller Restitution.

32.3 Motorische Störungen bei Läsionen deszendierender Bahnen: Spinaler Schock und Spastik

Akute Läsionen deszendierender Bahnen führen zu Paresen, die initial mit schlaffem, im weiteren Verlauf mit spastisch erhöhtem Muskeltonus einhergehen

Die klinische Manifestation der daraus resultierenden motorischen Störungen soll am Beispiel einer akuten Rückenmarksverletzung mit Durchtrennung deszendierender Bahnen veranschaulicht werden: Unmittelbar posttraumatisch kommt es distal der Läsion zum ***spinalen Schock***, der durch schlaffe Plegien oder Paresen und erloschene spinale Reflexe charakterisiert ist. Mit variabler zeitlicher Latenz von meist mehreren Wochen entwickelt sich das ***Syndrom der Spastik***. Wesentliches klinisches Merkmal der Spastik ist die geschwindigkeitsabhängige Muskeltonuserhöhung bei passiver Dehnung. Darüber hinaus finden sich ***gesteigerte Muskeleigen***- und ***Flexorreflexe***, ***Pyramidenbahnzeichen*** (z.B. ***Babinski-Zeichen***), nicht selten auch Kloni und spinale Automatismen in Form von Massenbewegungen. Bei kompletten Läsionen kommt es zu Plegien, bei inkompletten Läsionen zu Paresen der betroffenen Extremitäten, die in ihrer Ausprägung nicht immer mit der spastischen Muskeltonuserhöhung korrelieren. Koordinationsstörungen beim spastischen Syndrom resultieren nicht nur aus den Lähmungen, sondern auch aus Feinmotorikstörungen und Synkinesien. Das Alter des Patienten sowie Lokalisation, Ausdehnung und Ursache der Läsion beeinflussen die klinische Manifestation und den Verlauf dieses Syndroms [5, 14].

Nach akuter ***supraspinaler*** Kontinuitätsunterbrechung deszendierender motorischer Bahnen ist die initiale schlaffe Phase der Paresen (***zerebraler Schock***) in der Regel wesentlich kürzer als die des spinalen Schocks. Die anschließende zerebrale Spastik ist der spinalen Spastik ähnlich, wobei Kloni, gesteigerte Flexorreflexe und Massenbewegungen generell nach spinalen Läsionen überwiegen. Manchen Patienten mit inkompletten Läsionen ermöglicht die Stützfunktion der spastischen Muskeltonuserhöhung das Stehen und Gehen, woraus ersichtlich wird, daß die Spastik auch einen restitutiven Charakter hat [14].

Während nach Unterbrechung peripherer Nerven eine axonale Regeneration mit funktioneller Restitution die Regel ist, findet im ZNS keine funktionell relevante Regeneration durchtrennter Axone statt

Es wird vermutet, daß diese fehlende Regeneration dazu beiträgt, die hochgradige Komplexität der Verknüpfung neuronaler Netzwerke im ausgereiften ZNS zu stabilisieren, indem eine mögliche Fehlaussprossung mit Etablierung falscher synaptischer Verbindungen verhindert wird. Dieses teleologische Konzept impliziert, daß sich eine partielle Fehlinnervation ungünstiger auswirken würde als das völlige Ausbleiben der Regeneration [15].

In den vergangenen Jahren konnten einige zelluläre und molekulare Mechanismen, die der fehlenden Regeneration zugrundeliegen, in Tierexperimenten identifiziert werden. Dabei lassen sich ***neuronale*** und ***nichtneuronale regenerationshemmende Vorgänge*** unterscheiden, die vorwiegend in axotomierten ***motorischen Systemen*** untersucht wurden [2, 13, 15] (Abb. 32.3).

Die wichtige Frage, ob axotomierte ZNS-Neurone zumindest über einen gewissen Zeitraum überleben, kann nicht für alle Systeme einheitlich beantwortet werden. Die zellulären Reaktionen sind graduell unterschiedlich. In einigen Populationen des ZNS (z.B. im Clarke-Nukleus) kommt es unter solchen Bedingungen zu einem umfangreichen Zelltod, während andere Neurone mit einer ausgeprägten Atrophie der Zellkörper reagieren (z.B. Neurone des Nucleus ruber) oder mit weitgehend intakter Struktur über längere Zeiträume persistieren können (z.B. kortikale Motoneurone). Ein wichtiger Faktor, der über Zelltod oder Überleben von ZNS-Neuronen nach Axotomie entscheidet, ist die Distanz der Läsionsstelle zum Soma: Nach somanaher Axotomie degenerieren weitaus mehr Neurone als nach somaferner Durchtrennung. In einigen Systemen konnte beobachtet werden, daß axotomierte Neurone eine erhöhte Expression von Zytoskelett- und wachstumsassoziierten Proteine aufweisen. Dieses läsionsinduzierte neuronale Regenerationsprogramm wird jedoch nur über wenige Tage aufrechterhalten, so daß die axonale Aussprossung nicht über ein abortives Stadium hinausgeht (s. Abb. 32.3).

Bei limitierter, aber grundsätzlich vorhandener Regenerationskapazität durchtrennter ZNS-Axone konnte die naheliegende Vermutung, daß ***nicht-neuronale Mechanismen*** im unmittelbaren Bereich und distal der axonalen Verletzung im Gehirn oder im Rückenmark wesentlich zur Verhinderung einer effizi-

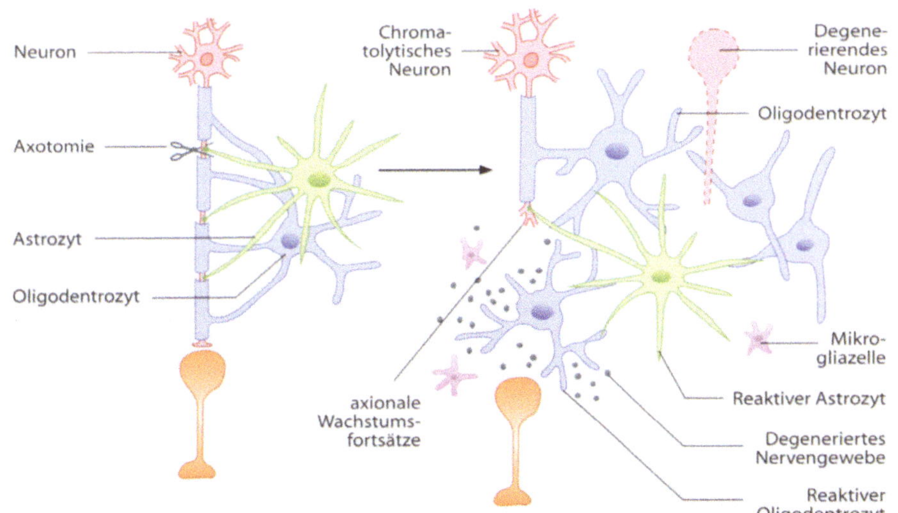

Abb. 32.3. Zelluläre Reaktionen nach Axotomie im ZNS. - Im ZNS kommt es nach Axotomie zum Zelltod zahlreicher Neuronen. Die überlebenden chromatolytischen Nervenzellen können eine axonale Regeneration induzieren. Diese bleibt jedoch abortiv, da sich das von Mikrogliazellen, Astrozyten und Oligodendrozyten generierte Milieu distal der Läsion wachstumshemmend auswirkt. Die Wachstumsfortsätze der Axone können daher nur wenige Millimeter weit aussprossen, so daß die Zielregionen nicht erreicht werden und eine funktionelle Restitution ausbleibt. (Modifiziert nach [2])

enten Aussprossung durchtrennter Nervenfasern beitragen, tierexperimentell bestätigt werden. Im unmittelbaren Bereich einer traumatischen ZNS-Läsion werden regenerationshemmende Mechanismen während der frühen posttraumatischen Phase in Form von ***entzündlichen Reaktionen*** und im weiteren Verlauf durch ***gliale*** und ***mesenchymale Narbenbildung*** wirksam. Im Rückenmark kann es als chronische posttraumatische Gewebsreaktion zur Entwicklung von Zysten kommen, die sich über den Läsionsbereich hinaus in kranio-kaudaler Richtung in Form einer ***Syringomyelie*** ausdehnen und zu einer sekundären Verschlechterung neurologischer Ausfälle führen können. Eine langstreckige aktive Hemmung der axonalen Regeneration im ausgereiften ZNS (von der Läsionsstelle bis zu den denervierten Zielneuronen) erfolgt durch ***Wachstumsinhibitoren***, die von Oligodendrogliazellen exprimiert werden [15]. Es handelt sich dabei um Glykoproteine (NI35 und NI250), die bereits unter Normalbedingungen vorhanden sind und möglicherweise zur Stabilisierung synaptischer Verknüpfungen der etablierten neuronalen Netzwerke beitragen. Im Gegensatz zu den physiologischerweise vorhandenen Oligodendroglia-assoziierten Inhibitoren treten astrozytäre regenerationshemmende Effekte im Bereich der Verletzung und distal davon erst nach postläsionaler Aktivierung dieser Zellen in Erscheinung. Die molekularen Komponenten dieser durch Astrozyten vermittelten Regenerationshemmung sind noch umstritten.

Die spontan ablaufenden ***zellulären Reorganisationsvorgänge*** intakt gebliebener neuronaler Verbände im ZNS stellen die pathophysiologische Grundlage für die komplexen motorischen Funktionsstörungen nach Läsionen deszendierender Bahnen dar. Während die Paresen durch die Unterbrechung der deszendierenden Bahnen einfach zu erklären sind, gibt es noch keine gesicherten Erkenntnisse zur Pathophysiologie der spastischen Muskeltonuserhöhung und der gesteigerten Muskeleigenreflexe. Die früheren Hypothesen, daß eine Funktionsverstärkung der γ-Motoneurone und/oder eine intraspinale Aussprossung segmentaler Afferenzen dazu beitragen, können aufgrund experimenteller Ergebnisse nicht mehr aufrechterhalten werden. Neuere Befunde weisen darauf hin, daß neben funktionellen Veränderungen der Muskulatur [5] synaptische Reorganisationsvorgänge im Rückenmark, die mit veränderter Erregbarkeit spinaler Neurone einhergehen, zur Entstehung der Spastik beitragen können [12].

Häufige Ursachen von Läsionen deszendierender motorischer Bahnen sind zerebrale ischämische oder hämorrhagische Insulte

Sie manifestieren sich bei einseitigen supra- und infratentoriellen Lokalisationen als spastische Hemiparesen und bei bilateraler Ausdehnung im Hirnstamm, meist in Kombination mit komplexen Hirnnerven- und Kleinhirnfunktionsstörungen, als spastische Tetraparesen. Vaskuläre Erkrankungen sind als Ursache spinaler Läsionen seltener. Hier dominieren die traumatischen Läsionen, von denen überwiegend jüngere Patienten betroffen sind. Als weitere Ursachen für spinale und supraspinale Läsionen, die mit zentralen Paresen einhergehen können, sind entzündliche Erkrankungen (z. B. Multiple Sklerose, virale Infektionen), Tumoren (z. B. ZNS-eigene Tumoren oder Metastasen) sowie degenerative Erkrankungen (z. B. spastische Spinalparalyse) und metabolische Störungen (z. B. funikuläre Myelose) zu nennen.

Die ***amyotrophische Lateralsklerose (ALS)*** ist eine relativ häufige neurodegenerative Erkrankung, die mit Untergang kortikaler, bulbärer und spinaler Motoneurone einhergeht. Als Ursache des neuronalen Zelltodes werden bei der ALS in erster Linie exzitotoxische und immunpathologische Mechanismen angeschuldigt. Wegen der Degeneration des ersten und zweiten Motoneurons kombinieren sich mit variabler Akzentuierung die bereits beschriebenen Symptome der zentralen und der peripheren Parese. Im Verlauf können spastische Muskeleigenreflexe und Pyramidenbahnzeichen durch periphere Paresen „ausgelöscht" werden. Charakteristischerweise sind auf Hirnstammebene die Motoneurone der Augenmuskeln und auf spinaler Ebene die der quergestreiften Sphinkteren von der Degeneration ausgespart, so daß Okulomotorikstörungen und Inkontinenz auch im Spätstadium *nicht* auftreten. Der seltenen familiären Form der ALS liegt ein Defekt der Superoxydismutase zugrunde. Die daraus resultierenden Schädigungsmechanismen, die zum Untergang der Motoneurone führen, sind noch nicht hinreichend bekannt.

> **!** Akute Läsionen deszendierender motorischer Bahnen führen initial zur schlaffen Lähmung und zum Ausfall oder zur Abschwächung spinal integrierter Reflexe. Nach Abklingen dieses spinalen Schocks entwickelt sich das Syndrom der Spastik, welches durch geschwindigkeitsabhängige Muskeltonuserhöhung, gesteigerte spinale Reflexe, Pyramidenbahnzeichen, Paresen, Koordinationsstörungen und rasche Ermüdbarkeit charakterisiert ist. Während die axonale Regeneration nach peripheren Nervenläsionen die Regel ist, bleibt diese im ZNS aus. Die Reorganisation intakt gebliebener neuronaler Systeme und muskuläre Veränderungen führen über noch unbekannte Mechanismen zur Entwicklung der Spastik.

32.4 Basalganglienerkrankungen

Die Basalganglien sind subkortikal gelegene Kerngebiete, die spezielle Aufgaben der interkortikalen Informationsverarbeitung für die Motorik und für kognitive Aufgaben wahrnehmen

Sie verarbeiten Informationen aus dem ipsilateralen zerebralen Kortex und geben die verarbeiteten Signale an den ipsilateralen frontalen Kortex und an Hirnstammgebiete weiter. Das kortikale Projektionsareal der somatosensorischen Schleife der Basalganglien ist die supplementmotorische Area (SMA). Die „kognitive Schleife" projiziert zum präfrontalen Kortex. Zu den Basalganglien im engeren Sinne gehören das ***Striatum*** mit dem Nucleus caudatus und dem Putamen (Neostriatum), der Nucleus accumbens (ventrales Striatum), der ***Globus pallidus*** mit dem äußeren und inneren Segment (GPe, GPi), der ***Nucleus subthalamicus*** (STN) und die ***Substantia nigra*** (SN) mit der pars compacta (SNC) und der pars reticulata (SNr).

Die Basalganglienerkrankungen lassen sich phänomenologisch in zwei Hauptgruppen einteilen. Bei der ***hypokinetisch-rigiden Form*** ist die Generierung von Bewegungen erschwert, bei der ***hyperkinetischen Form*** treten unwillkürliche Bewegungen auf. Hypokinetische Syndrome sind häufig mit Bradykinese (Bewegungsverlangsamung), Hypertonus der Skelettmuskulatur (Rigor) und Tremor vergesellschaftet. Die Tonuserhöhung ist dabei definiert als gesteigerter „plastischer" Widerstand bei passiven Muskeldehnungen. Charakteristisch für die hyperkinetischen Syndrome sind spontan auftretende oder die willkürlichen Bewegungen begleitende unkontrollierbare Kontraktionen ganz unterschiedlicher Dauer (kurze Dauer bei ***Chorea*** und ***Ballismus***, länger und zum Teil tonisch bei ***Dystonien*** und ***Athetose***). Trotz der zunehmenden Kenntnisse über die morphologischen und neurochemischen Zusammenhänge ist das pathophysiologische Korrelat der meisten Basalganglienerkrankungen noch lückenhaft oder unbekannt (Übersicht in [3]). Aus diesem Grund sollen exemplarisch nur einige Erkrankungen herausgegriffen werden, insbesondere der ***Morbus Parkinson*** und die ***Chorea Huntington*** als pathophysiologisch gut verstandene und typische Beispiele für ein hypokinetisches bzw. hyperkinetisches Syndrom.

Das idiopathische Parkinson-Syndrom gehört zu den neurodegenerativen Erkrankungen mit Verlust dopaminerger Neurone in der Substantia nigra

Das ***Parkinson-Syndrom*** tritt im mittleren bis höheren Lebensalter auf. Die Prävalenz liegt bei 150/100.000 Einwohner. Die Kardinalsymptome sind ***Ruhetremor, Akinese und Rigor*** (zahnradartige Muskeltonuserhöhung). Zusätzlich können eine Hypophonie, eine Mikrographie, Startschwierigkeiten und Propulsionen beim Gehen sowie vegetative Störungen (Seborrhoe, Obstipation, Miktionsstörungen) auftreten. Der verlangsamte Gedankengang wird als Bradyphrenie bezeichnet. Eine Demenz gehört nicht zum typischen klinischen Verlauf.

Durch einen ätiologisch noch nicht geklärten, langsam fortschreitenden Verlust dopaminerger Neurone der Substantia nigra (Pars compacta) kommt es im Striatum zum Dopamin-Defizit, der erst dann symptomatisch wird, wenn etwa 70 % der Neurone untergegangen sind. Die verminderte Dopaminfreisetzung im Striatum führt zu einer gesteigerten Erregung der zum GPe-projizierenden GABAergen Neurone (s. auch Abb. 32.4 a). Dadurch kommt es zu einer Steigerung der Entladungsrate der GABAergen (hemmenden) Projektionsneurone der Ausgangskerne der Basalganglien (Gpi und SN). Die daraus resultierende verstärkte Hemmung der Projektionskerne im Thalamus (Nucleus ventralis anterior und lateralis, VA und VL) bewirkt eine Erregungsabnahme im prämotorischen Kortex und insbesondere im supplementmotorischen Areal (SMA), dem wichtigsten prämotorischen Projektionsareal der sensomotorischen Basalganglienschleife. Darauf beruht die Akinese und Bradykinese des Parkinson-Patienten. Ruhetremor und Muskeltonuserhöhung (Rigor) entstehen vermutlich durch neuronale Regulationsstörungen im Hirnstamm und im Rückenmark, wohin der GPi/SNr-Komplex ebenfalls hemmend projiziert.

Das beschriebene pathophysiologische Modell des Parkinson-Syndroms wird gestützt durch klinische, pharmakologische und tierexperimentelle Untersuchungen:

- Orale Behandlung mit L-DOPA, das in den Terminalen der striatonigralen Neurone zu Dopamin umgebaut wird, und die Gabe von Dopamin-Rezeptor-Agonisten bessern die Parkinsonsymptomatik.
- Behandlung mit Dopamin-Rezeptoren-Blockern (Neuroleptika) ruft eine Parkinson-ähnliche Symptomatik hervor (medikamentöses Parkinsonoid).
- Eine vaskuläre Schädigung des N. subthalamicus (STN) bei Gesunden führt zum ***Ballismus***, einer der stärksten Hyperkinesen. Läsionen des STN im tierexperimentellen Parkin-

a

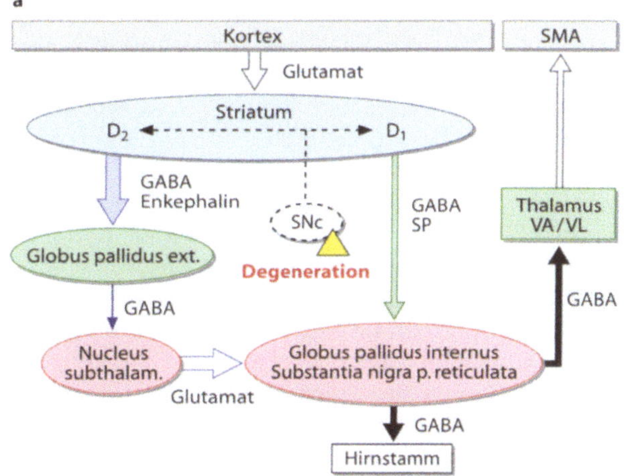

b

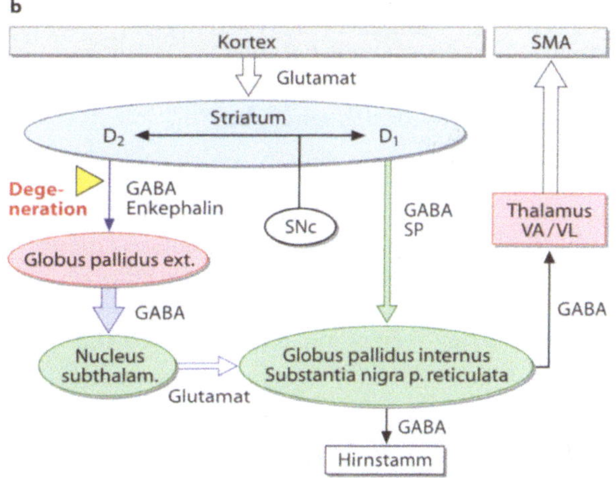

Abb. 32.4 a, b. Gegenüberstellung der Aktivitätsänderungen in den Basalganglien beim Parkinson-Syndrom und bei der Chorea Huntington als typische Beispiele eines hypo- bzw. hyperkinetischen Syndroms. **a** Parkinson-Syndrom: Die Degeneration der dopaminergen nigrostriatalen Neurone führt zu einer gesteigerten Aktivität der striatalen Projektionsneurone (GABAerge und enkephalinhaltige Zellen) zum Globus Pallidus externus (GPe). Über den indirekten Weg zum Globus Pallidus internus (GPi)-Substantia nigra pars reticulata (SNr) resultiert daraus eine gesteigerte Aktivität der Neurone dieser Ausgangskerne zum Thalamus und zum Hirnstamm. **b** Chorea Huntington: Hier bewirkt die vorwiegende Degeneration des striatalen Projektionsneurone zum GPe (indirekter Weg) eine verminderte Aktivität der Neurone der Ausgangskerne (GPi/SNr) durch relatives Überwiegen der Hemmung über den direkten Weg. Die *dicken Pfade* markieren verstärkte, die *dünnen Pfade* verminderte Transmissionen; *rot unterlegte* Kerngebiete kennzeichnen gesteigerte, *grün unterlegte* verminderte neuronale Aktivität

son-Modell (MPTP-Modell) bringt alle Parkinson-Symptome zum Verschwinden.
- Die neuronalen Aktivität des GPi ist im MPTP-Modell des Parkinson-Syndroms erhöht.

Parkinson-plus-Syndrome. Während beim idiopathischen Parkinson-Syndrom die Degeneration auf die dopaminergen Neurone der Substantia nigra beschränkt bleibt, gibt es eine Reihe weiterer neurodegenerativer Erkrankungen, bei denen Parkinsonsymptome mit Degeneration anderer Systeme auftreten können. Nichtansprechen auf L-Dopa im relativ frühen Erkrankungsstadium sollte immer Anlaß zu sorgfältiger Suche nach Symptomen geben, die über die Parkinson-Symptomatik hinausgehen. Die wichtigsten Parkinson-plus-Syndrome sind

- Multisystematrophien,
- progressive supranukleäre Blicklähmung,
- Parkinson-Demenz-ALS-Komplex,
- kortikobasale Degeneration,
- Parkinson-Syndrom bei seniler Demenz vom Alzheimer-Typ (SDAT).

Symptomatische Parkinson-Syndrome. Diese können nach Kohlenmonoxyd- oder Manganintoxikationen auftreten. Nach chronischer Einnahme von Neuroleptika (Dopaminrezeptor-Antagonisten) wird nicht selten das ***Parkinsonoid*** beobachtet, welches durch Hypokinese und Rigor charakterisiert ist.

Die Chorea Huntington ist eine neurodegenerative Erkrankung mit Manifestation im mittleren Lebensalter, bei der es zu choreatischen Bewegungsstörungen, psychischen Symptomen und Demenz kommt. Der Gendefekt beruht auf einer gesteigerter Trinucleotid-Wiederholung auf dem Chromosom 4, die pathophysiololgische Bedeutung des gestörten Genprodukts „Huntingtin" ist jedoch noch nicht bekannt

Klinik. Die nach dem Erstbeschreiber benannte Krankheit gehört mit einer Prävalenz von 4–8/100.000 zwar zu den relativ seltenen motorischen Erkrankungen, ist innerhalb der Gruppe der Basalganglienerkrankungen molekulargenetisch, neurochemisch und neuromorphologisch jedoch am besten untersucht. Die Erkrankung manifestiert sich im mittleren Lebensabschnitt. Die typischen klinischen Symptome sind:

- ubiquitäre choreatische Bewegungsstörungen,
- psychische Störungen (Affekt, Stimmung),
- Demenz.

Pathophysiologie. Die Erkrankung wird autosomal-dominant mit voller Penetranz vererbt. Der genetische Defekt beruht auf einer Verlängerung eines CAG-Abschnittes (Trinucleotid-Repeat) auf dem kurzen Arm des Chromosomen 4 [6]. Als sicher pathologisch wird eine CAG-Wiederholung von größer als 40 angesehen. Die Funktion des Genprodukts (Huntingtin) ist noch nicht hinreichend bekannt. ***Huntingtin*** kommt in fast allen Körperzellen vor. Vermutlich bindet Huntingtin als Regulatorprotein an ein weiteres Protein, das als Komplex mit dem pathologischen Huntingtin möglicherweise zytotoxische Eigenschaften besitzt. Inzwischen ist auch die Ursache der lange umstrittenen Spontanmutationen bekannt. Die CAG-Wiederholungen in den Keimzellen sind instabil. Bei grenzwertigen CAG-Wiederholungen eines Elternteils, besonders des Vaters, zwischen 35 und 39 kann in der nachfolgenden Generation die kritische Zahl von 40 erreicht oder überschritten werden. Bei Genträgern manifestiert sich die Erkrankung umso früher, je größer die Anzahl der CAG-Wiederholungen ist.

Schon im frühen Stadium läßt sich eine Atrophie des Striatums durch bildgebende Verfahren nachweisen. Später tritt eine kortikale Atrophie hinzu. Im Unterschied zum Parkinson-Syndrom degenerieren die ***Projektionsneurone des Neostriatums*** selbst. Es sind vorwiegend die mittelgroßen „spiny"-Neurone, die zum Globus pallidus externus (GPe) projizieren und frühzeitig betroffen sind. Diese Neurone sind GABAerg und enthalten den Ko-Transmitter Enkephalin. Das derzeitige Konzept der Entstehung der choreatischen Bewegungsstörungen ist in Abb. 32.4 b dargestellt [1]. Durch die Degeneration der hemmenden Projektionsneurone zum GPe kommt es zu einer Disinhibition der ebenfalls GABAergen Projektion zum Nucleus subthalamicus, der somit funktionell ausgeschaltet ist. Die daraus resultierende Erregungsstörung in der neuronalen Kaskade bis zur SMA ist genau entgegengesetzt derjenigen des Parkinson-Syndroms.

Bei der ***juvenilen Westphal-Variante*** überwiegt schon im frühen Erkrankungsstadium die Degeneration der direkt zum GPi und SNr projizierenden striatalen Projektionsneurone (direkter Weg) mit Disinhibition der Ausgangsneurone der Basalganglien, so daß klinisch die Muskelrigidität überwiegt. Ähnlich kommt es im Spätstadium der Chorea Huntington aufgrund dieses Degenerationsweges häufig zum hypokinetisch-rigiden Finalstadium.

Für die meisten der hyperkinetischen Syndrome (andere choreatische Bewegungsstörungen, Dystonien einschließlich der Beschäftigungskrämpfe) ist der zugrundeliegende Pathomechanismus noch nicht bekannt [3].

> **!** Basalganglienerkrankungen können sich als hypo- oder hyperkinetische Bewegungsstörungen manifestieren. Parkinson-Syndrom und Chorea Huntington sind pathophysiologisch gut definierte, typische Beispiele für diese Gruppe motorischer Erkrankungen. Das durch Degeneration dopaminerger Neurone der Substantia nigra bedingte Parkinson-Syndrom ist charakterisiert durch Akinese, Rigor und Ruhetremor. Die autosomal-dominant vererbte Chorea Huntington, die mit generalisierten choreatischen Hyperkinesen, psychischen Störungen und Demenz einhergeht, beruht auf einer Verlängerung eines CAG-Repeats auf dem Chromosom 4, was zur Produktion eines pathologischen Proteins, dem Huntingtin, führt.

32.5 Kleinhirnerkrankungen

Das Kleinhirn koordiniert alle motorischen Systeme einschließlich der Okulomotorik und der Sprechmotorik, so daß sich Kleinhirnläsionen auf alle motorischen Subsysteme auswirken können. Das Leitsymptom der Kleinhirnschädigung ist die Ataxie

Für das Verständnis der Pathophysiologie von Kleinhirnerkrankungen sind folgende Organisationsprinzipien von Bedeutung:

- Kleinhirnläsionen führen zu ***ipsilateralen*** motorischen Störungen (im Unterschied zur kontralateralen Verschaltung des Großhirns und der Basalganglien).
- Nach funktionellen Gesichtspunkten kann das Kleinhirn in drei Regionen (Tabelle 32.3) mit unterschiedlichen afferenten und efferenten Verbindungen (Vestibulo-, Spino- und Pontozerebellum) eingeteilt werden. Bei Läsionen dieser Subsysteme können die in Tabelle 32.3 genannten Funktionsstörungen auftreten.
- Das Kleinhirn ist an der Programmierung und Koordination von Bewegungen beteiligt, kann aber keine Bewegungen initiieren und trägt nicht zur maximalen Willkürkraft bei. Kleinhirnschädigungen führen deshalb nicht zu Paresen und nicht zur Akinese.

Aus diesen allgemeinen Funktionsprinzipien lassen sich folgende pathophysiologische Grundsätze der Kleinhirnerkrankungen ableiten:

- Fokale Kleinhirnschädigungen (Blutungen, ischämische Insulte, Tumoren) können motorische Subsysteme isoliert beeinflussen.
- Globale Kleinhirnschädigungen (toxisch, entzündlich, paraneoplastisch, neurodegenerativ) können alle motorischen Systeme gleichermaßen betreffen.
- Aufgrund des komplizierten Schaltplans des Kleinhirns können ganz spezifische Funktionsstörungen auftreten (Läsionen afferenter oder efferenter Bahnen, Degeneration oder toxische Schädigungen einzelner Neuronenpopulationen, Schädigungen der Kleinhirnrinde oder der Kleinhirnkerne, Transmitter- oder Rezeptorstörungen). Klinisch lassen sich diese verschiedenen pathophysiologischen Mechanismen nicht differenzieren, da letztlich immer der gestörte Ausgang aus dem Kleinhirn die klinischen Symptome bestimmt.

Kleinhirnhemisphärenläsionen sind durch das Auftreten von Extremitätenataxie, Dysdiadochokinese und Dysarthrie charakterisiert

Das führende Symptom der Kleinhirnhemisphärenläsion (Neozerebellum) ist die ipsilaterale Extremitätenataxie. Im Vordergrund steht die ***Dysmetrie*** (meistens Hypermetrie) mit Überschießen von Zielbewegungen und daran anschließende Korrekturbewegungen (Intentionstremor). Weitere Symptome sind die ***Dysdiadochokinese*** (die Unfähigkeit, rasch aufeinanderfolgende Pro- und Supinationsbewegungen der Hände durchzuführen), die Dekomposition von glatten Bewegungsabläufen mit eckigen, unkoordinierten Bewegungen und der niederfrequente Haltetremor (2–3 Hz). Eine Besonderheit der Kleinhirnhemisphärenschädigung ist das pathologische ***Reboundphänomen***. Unerwartetes Loslassen, z. B. des mit maximaler Will-

Tabelle 32.3. Unterteilung des Kleinhirns nach funktionell-anatomischen Gesichtspunkten

Phylogenese	Funktionelle Einteilung	Anatomie	Läsionen
Archizerebellum	Vestibulozerebellum	Flocculus nodulus	Störungen der Augenbewegungen und der Gleichgewichtsregulation
Palaeozerebellum	Spinozerebellum	Vermis, Pars intermedia	Störungen der Stand-, Gang- und Rumpfmotorik sowie der proximalen Extremitätenkontrolle
Neozerebellum	Zerebro-Zerebellum oder Pontozerebellum	Kleinhirnhemisphären	Störungen der Ziel-, Fein- und Sprechmotorik

kürkraft gebeugten Unterarmes, führt zu ungebremsten Bewegungen. Schließlich gehört auch die ***zerebelläre Dysarthrie*** mit skandierender, z.T. explosiver Sprechweise (Löwensprache) und falscher Betonung von Silben zu den neozerebellären Symptomen.

Wesentlich zum Verständnis der Pathophysiologie des Neozerebellum haben Kühlungsexperimente der Kleinhirnkerne des Cebus-Affen beigetragen. Kühlung des Nucleus dentatus erzeugt eine typische Extremitätenataxie mit Dysmetrie, gestörten Folgebewegungen und kinetischem (Intentions-) Tremor. Daraus folgt, daß die Kleinhirnataxie durch eine Unterbrechung des Informationsflusses in Höhe der Kleinhirnkerne hervorgerufen werden kann. Die zur Zeit zur Verfügung stehenden klinischen Untersuchungsinstrumente reichen noch nicht aus, um spezifische Läsionen, wie z.B. selektive Purkinjezellschäden von Läsionen der Kleinhirnkerne, unterscheiden zu können. Insbesondere berücksichtigt die klinische Routineuntersuchung nicht die möglichen Defizite im motorischen Lernen.

Läsionen des Kleinhirnwurms und paramedianer Anteile sind durch Stand- und Gangataxie, Rumpfataxie und, wenn das Vestibulozerebellum betroffen ist, durch Okulomotorikstörungen gekennzeichnet

Schädigungen des Oberwurmes und der paramedianen Anteile des Vorderlappens, wie sie besonders bei Patienten mit chronischem Alkoholismus auftreten, sind durch eine Stand- und Gangataxie gekennzeichnet. Im Romberg-Versuch mit geschlossenen Augen tritt eine bevorzugte Schwankaktivität in antero-posteriorer Richtung mit einer Frequenz von 2–3 Hz auf, die durch eine Destabilisierung (kurzer Stoß gegen die Kniekehle) provoziert werden kann. Der Knie-Hacke-Versuch ist bei Oberwurmläsionen gestört. Läsionen des Unterwurms sind durch eine Rumpfataxie gekennzeichnet [7]. Schädigungen des Flokkulus und Nodulus (Vestibulozerebellum) führen zu Okulomotorikstörungen mit sakkadierter Blickfolge und fehlender Fixationssuppression des vestibulo-okulären Reflexes.

Trotz der Vielzahl der ätiologisch unterschiedlichen Kleinhirnläsionen (Tabelle 32.4) wird die klinische Symptomatik in erster Linie dadurch bestimmt, welche der weitgehend parallel und separat angelegten Kleinhirnschleifen geschädigt wird. Klinisch kaum unterscheidbar ist der Schädigungsort innerhalb einer dieser Schleifen. So kann eine Extremitätenataxie durch Läsionen der Kleinhirnseitenstränge, der Kleinhirnrinde oder -kerne oder aber auch durch eine Schädigung des ventrolateralen (VL) Thalamus, dem Projektionskern auf dem Weg zum motorischen Kortex, entstehen.

Tabelle 32.4. Ätiologische Einteilungen der Kleinhirnerkrankungen

- Vaskulär (Ischämien, Blutungen)
- Tumoren (Metastasen, Medulloblastome, Angiome u.a.)
- Paraneoplastisch (kleinzellige Bronchialkarzinome, Ovarialkarzinome)
- Entzündlich (Enzephalitis, Abszeß)
- Metabolisch (Vitamin-B1-, B12- oder E-Mangel, M. Refsum u.a.)
- Toxisch (Alkohol, medikamentös u.a.)
- Neurodegenerativ (autosomal-dominant, -rezessiv, z.B. Friedreich-Ataxie, idiopathisch)
- Ataxien im Rahmen anderer Grunderkrankungen (Creutzfeldt-Jakob-Erkrankung, HIV-Infektion, Myoklonus-Epilepsie u.a.)

Erhebliche Fortschritte hat es in der ***Klassifikation der erblichen Ataxien*** gegeben, die heute nicht mehr nach neuropathologischen Kriterien, sondern vielmehr nach klinischen, ätiologischen und genetischen Gesichtspunkten eingeteilt werden. Bei den erblichen Ataxien (autosomal dominant oder rezessiv) sind schon mehr als 10 Unterformen hinsichtlich der Genloki identifiziert. Allerdings ist der zugrundeliegende Stoffwechseldefekt nur bei den autosomal-rezessiven Ataxien, die meist mit Demenz, Epilepsie und sensorischen Störungen einhergehen, bekannt. Übersicht in [8].

32.6 Tremor

> Tremor wird definiert als rhythmische, unwillkürliche, regelmäßige Bewegung, die vorwiegend orofacial oder als Kopf- oder Extremitätentremor auftritt

Man unterscheidet in Abhängigkeit von der klinischen Manifestation der topischen Verteilung folgende Tremorformen:

- Ruhetremor (vorwiegend beim M. Parkinson),
- Haltetremor (essentieller Tremor, zerebellärer Tremor, gesteigerter physiologischer Tremor, medikamentös oder metabolisch induzierter Tremor),
- Intentionstremor (Kleinhirnerkrankungen).

Die richtige Einordung einer Tremorform gelingt meist durch Abschätzung oder Messung der Tremorfrequenz unter den verschiedenen Aktivierungsbedingungen. Gelegentlich hilft die Registrierung der Tremorfrequenz und -amplitude unter zunehmender Gewichtsbelastung der ausgestreckten Hände oder die probatorische medikamentöse Behandlung. In Abb. 32.5 sind die wichtigsten Tremorformen und ihre Klassifikationsmerkmale zusammengestellt [4].

> Tremor kann entweder durch verstärkte Bahnung des Muskeldehnungsreflexes oder durch Aktivierung eines zentralen Generators zustandekommen

Für die oben aufgeführten Tremorformen kommen vorwiegend zentrale pathophysiologische Mechanismen in Frage. Die durch gesteigerte Muskeleigenreflexe ausgelösten rhythmischen Bewegungen werden als ***Klonus*** bezeichnet (s. Spastik, S. 518) und zählen nicht zu den eigentlichen Tremorformen. Gesteigerte Muskeleigenreflexe werden für den verstärkten physiologischen Tremor mitverantwortlich gemacht. Die hohe Frequenz von 8–12 Hz spricht jedoch gegen einen wesentlichen Beitrag gesteigerter Muskeleigenreflexe. Der zugrundeliegende Mechanismus ist vielmehr eine ge-

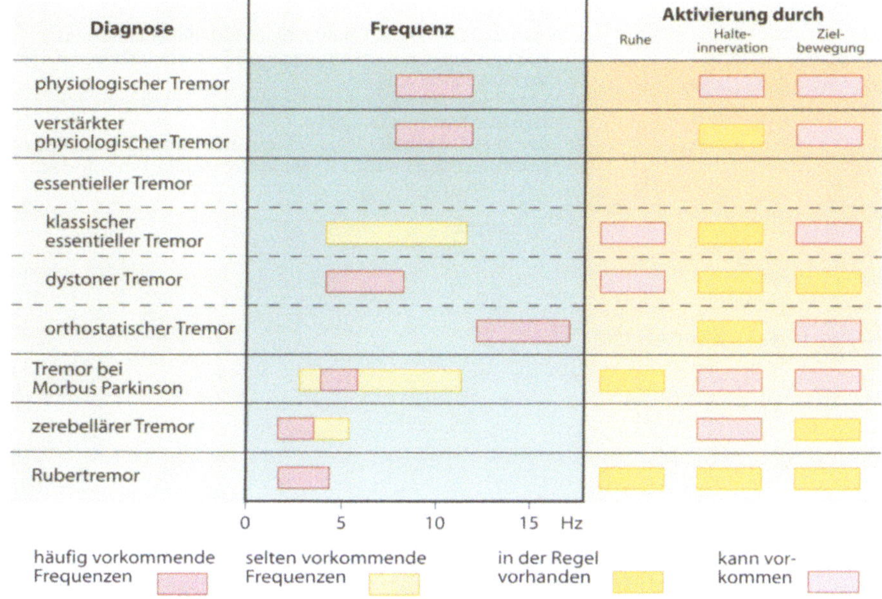

Abb. 32.5. Unterteilung der Tremorarten nach dominanter Frequenz und nach Aktivierbarkeit. (Modifiziert nach [3])

steigerte Synchronisation motorischer Einheiten, hervorgerufen durch Überaktivität der vom Hirnstamm ausgehenden noradrenergen Bahn.

Für den klassischen ***essentiellen Tremor***, der als Haltetremor in Erscheinung tritt und meist im Erwachsenenalter mit geringer Progredienz auftritt, ist ein zentraler Generator verantwortlich. PET-Untersuchungen und klinische Beobachtungen stützen die schon lange vermutete Beteiligung der unteren Olive und des Kleinhirns. Die Entstehung des ***Ruhetremors des Parkinson-Patienten*** ist noch nicht geklärt. Da Ruhetremor und Akinese beim M. Parkinson völlig unabhängig auftreten können, müssen unterschiedliche Pathomechanismen verantwortlich sein. Die zur Behandlung des schweren Parkinsontremors erfolgreich durchgeführten stereotaktischen ventralen Thalamotomien und Pallidotomien sind mit der Annahme eines zentralen Generators vereinbar. Der ***zerebelläre Intentionstremor*** (s. auch Abschnitt 32.6) wird auf die verspätete Antagonisteninnervation, die für die Dysmetrie verantwortlich ist, zurückgeführt. Da auch die daran anschließenden Korrekturbewegungen überschießend erfolgen, entstehen die oszillierenden Bewegungen.

> **!** Als Tremor werden unwillkürliche rhythmische Bewegungen von Muskelgruppen bezeichnet. In Abhängigkeit von den Aktivierungsbedingungen werden Ruhe-, Halte- und Intentionstremor unterschieden. Die häufigsten Formen sind neben dem gesteigerten physiologischen Tremor der Ruhetremor beim Parkinson-Syndrom und der essentielle Haltetremor. Für die meisten Tremorformen wird die pathologische Aktivität eines zentralen Generators postuliert.

32.7 Literatur

1. Albin RL, Young AB, Penney JB (1989) The functional anatomy of basal ganglia disorders. Trends Neurosci 12: 36–375
2. Bähr M, Bonhoeffer F (1994) Perspectives on axonal regeneration in the mammalian CNS. Trends Neurosci 17: 473–479
3. Conrad B (1996) Pathophysiologie der Bewegungsstörungen. In: Conrad B, Ceballos-Baumann O (Hrsg) Bewegungsstörungen in der Neurologie, Georg Thieme Verlag, Stuttgart New York
4. Deuschl G, Krack P, Lank M, Timmer J (1996) Clinical Neurophysiology of Tremor. Clin Neurophysiol 13: 110–121
5. Dietz V (1992) Human neuronal control of automatic functional movements: Interaction between central programs and afferent input. Physiol Rev 72: 22–69
6. Huntington's disease collaborative research group (1993). A novel gene containing a trinucleotide repeat that is expanded and unstable on Huntington's disease chromosomes. Cell 72: 971–983
7. Klockgether T, Bürk K, Dichgans J (1996) Zerebelläre Bewegungsstörungen (Ataxien). In: Conrad B, Ceballos-Baumann O (Hrsg) Bewegungsstörungen in der Neurologie. Georg Thieme Verlag, Stuttgart New York
8. Kreutzberg GW (1993) Perineuronal glial reactions in regeneration of motoneurons. In: Biology and pathology of astrocyte-neuron interactions. Federoff J et al. (Hrsg). New York: Plenum Press, 283–290
9. Kuypers HGJM (1981) Anatomy of the descending pathways. In: Brooks VB (Hrsg) Handbook of Physiology, Section 1, Vol. II, Williams and Wilkins, Baltimore
10. Marsden CD, Rothwell JC, Day BL (1984) The use of peripheral feedback in the control of movement. Trends Neurosci 7: 253–257
11. Mumenthaler M, Schliack H (1987) Läsionen peripherer Nerven, Diagnostik und Therapie. Thieme-Verlag, New York
12. Nacimiento W, Brook GA, Noth J (1997) Lesion-induced neuronal reorganization in the spinal cord. In: Brain Plasticity. Feund HJ, Sabel BA, Witte OW (eds). Advances in Neurology, 73: 37–55
13. Nacimiento W, Noth J (1997) Zelluläre Pathomechanismen und experimentelle Therapien nach Rückenmarkstrauma. In: Nervenheilunde, 16: 1–11
14. Noth J (1997) Klinik und klinische Neurophysiologie der Spastik. Akt. Neurol 5: 188–193
15. Schwab M, Bartholdi D (1996) Degeneration and regeneration of axons in the lesioned spinal cord. Physiol Rev 76: 319–370

Vertigo

V. Henn †[1]

EINLEITUNG **Fall 1.** Eine 60jährige Frau berichtet über plötzlich auftretende Schwindelattacken, speziell bei Kopfbewegungen. Diese heftigen Schwindelattacken dauern bis zu einer Minute, und sie sei danach oft noch über Minuten bis zu Stunden benommen. Dieser Schwindel sei zum erstenmal vor vier Wochen aufgetreten, habe zugenommen und trete inzwischen täglich auf. Die gezielte Befragung ergibt, daß der Schwindel regelmäßig auftritt, wenn sie sich im Bett liegend nach rechts dreht. Sie könne deswegen entgegen ihrer Gewohnheit nur auf ihrer linken Seite schlafen. Auch sei sie schon mehrmals mit heftigem Schwindel aufgewacht. Der erfahrene Kliniker kann schon aus der Anamnese schließen, daß hier höchstwahrscheinlich ein Lagerungsschwindel vorliegt, und er kann die Patientin durch ein einfaches Lagerungsmanöver des Kopfes von ihren Beschwerden befreien.

Fall 2. Ein 55jähriger Patient mit vaskulären Risikofaktoren wie Rauchen, Diabetes mellitus und Hypertonie erwacht mit heftigem Drehschwindel. Er kann sich kaum am Bettrand halten, bewegt sich auf Händen und Füßen bis ins Badezimmer und erbricht. Er nimmt die Umgebung bewegt und verschwommen wahr. Sein Hausarzt sieht einen Spontannystagmus nach links bei erhaltenem Gehör und weist ihn in die Klinik ein mit der Verdachtsdiagnose eines akuten Labyrinthausfalls auf der rechten Seite bei Infarkt der Arteria labyrinthi.

33.1 Vertigo, ein vieldeutiges Symptom

Das Symptom Vertigo oder Schwindel ist vieldeutig. Es kann z. B. eine akute vestibuläre Erkrankung mit Drehschwindel vorliegen oder der Schwindel kann das Symptom einer Angstneurose sein. Auch bei Gesunden kann Vertigo auftreten, z. B. bei der Seekrankheit

Eine vestibuläre Störung führt fast immer zu Schwindel, verbunden mit ***pathologischen Nystagmus***, der entweder bereits als Spontannystagmus zu beobachten ist oder nach Provokation auftritt, und der aufgrund unserer pathophysiologischen Kenntnisse gut erklärt werden kann. Schwindel ist neben Rücken- und Herzbeschwerden sowie Verdauungsstörungen der häufigste Anlaß, weswegen ein Patient seinen Hausarzt aufsucht. Für die klinische Differentialdiagnose darf man nicht vergessen, daß bei wahrscheinlich rund der Hälfte aller Patienten, die Schwindel angeben, keine somatische Ursache gefunden wird, d.h. die Diagnose eines ***phobischen*** Schwindels gestellt werden muß, der definitionsgemäß ohne erkennbare somatische Störung einhergeht. Die Seekrankheit, auch ***Kinetose*** genannt, ist im strengen Sinn keine Krankheit, da sie bei jedem Gesunden ausgelöst werden kann und nach Abklingen der Symptome ohne Folgen bleibt.

Eine vestibuläre Störung geht in der Regel einher mit

- Schwindel,
- pathologischem Nystagmus,
- Ataxie, d.h. einer Störung der Bewegungskoordination,
- vegetativen Symptomen.

Diese vier Symptomgruppen können durch anatomische Verbindungen, ausgehend von den vestibulären Kernen, erklärt werden, nämlich:

[1] Herr Prof. Volker Henn verstarb im Dezember 1997. Der zu diesem Zeitpunkt vorliegende Entwurf seines Beitrags wurde von einem der Herausgeber (RFS) abgeschlossen. Die Abbildungen mit Ausnahme der Abb. 33.4 wurden freundlicherweise von Herrn Privatdozent Dr. Urs Schwarz, Neurologische Poliklinik, Universitätsspital Zürich, Schweiz, in druckreife Form gebracht.

- Über die kortikale Projektion kommt es zu Schwindel, also zu einer gestörter Bewegungswahrnehmung;
- die besonders engen vestibulo-okulomotorischen Verbindungen zeichnen für den pathologischen Nystagmus verantwortlich;
- vestibulo-spinale und vestibulo-zerebelläre Bahnen verknüpfen die Labyrinthe mit dem motorischen System;
- die vegetativen Symptome werden über die Projektionen zu der Vaguskerngruppe in der Medulla oblongata angestoßen.

33.2 Schwindel und pathologischer Nystagmus als Folge akuter labyrinthärer Störungen

Da die Neurone des vestibulären Nerven eine hohe Ruheaktivität aufweisen, wird ein einseitiger akuter Ausfall der Labyrinthfunktion immer zu einer asymmetrischen Erregung in den vestibulären Kernen führen und damit pathologischen Nystagmus auslösen

Die drei Bogengänge des Labyrinths dienen der Detektion von Rotationsbeschleunigungen, während die Otolithen auf Linearbeschleunigungen reagieren. Abb. 33.1 zeigt die geometrische Anordnung der Sensoren. Man sieht, daß die Kupula des hinteren Bogengangs mit ihren Haarzellen den tiefsten Teil des Labyrinths bildet.

Beim Symptom des ***paroxysmalem Lagerungsschwindels*** haben sich einzelne Otokonien, d. h. Kalziumkarbonatkristalle der Otolithen, spontan oder durch ein mechanisches Trauma abgelöst. Dann werden sich Kristallbruchstücke an der tiefsten Stelle des Labyrinths ansammeln. Da sie schwerer als Endolymphe sind, werden sie bei einer Positionsänderung des Kopfes ihre Lage im hinteren Bogengang verändern und damit einen Druckgradienten an der Kupula des hinteren Bogengangs provozieren. Dies wird als fortdauernde Winkelbeschleunigung in der Ebene des hinteren Bogengangs interpretiert. Die Patienten erleben einen heftigen Schwindel (s. einleitende Fallbeschreibung), der in der Regel über eine halbe Minute abklingt und der von einem pathologischem Nystagmus in der Ebene des hinteren Bogengangs begleitet ist. Der Nystagmus hat also eine kombiniert rotatorisch-vertikale Komponente.

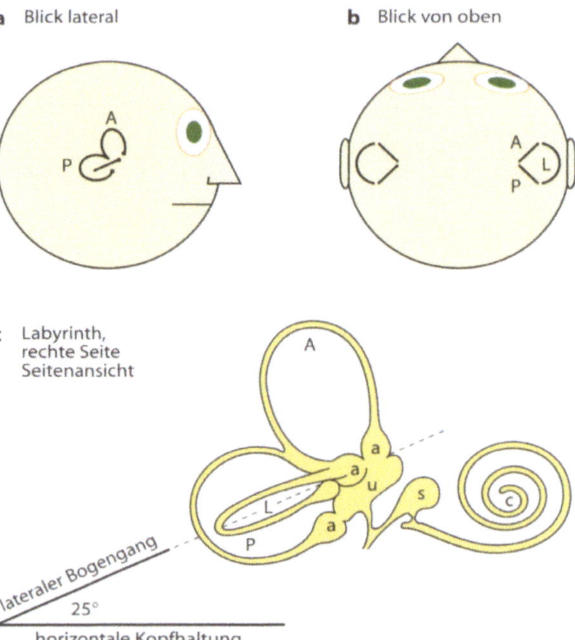

Abb. 33.1a–c. Geometrie des Labyrinths. **a** Seitenansicht auf die rechten Bogengänge. **b** Aufsicht von oben. **c** Seitenansicht des rechten Labyrinths. Die Haarzellen der Kupulae in den drei Ampullen registrieren Winkelbeschleunigungen in der Ebene des jeweiligen Bogengangs. Utrikulus und Sakkulus registrieren Linearbeschleuninungen in ihrer jeweils anatomischen Ebene, d. h. annähernd horizontal für den Utriulus and vertikal für den Sakkulus

In der Klinik werden Manöver angewandt, bei denen der Arzt den Patienten in einer bestimmten Reihenfolge in verschiedene Kopfpositionen bringt, mit dem Ziel, die Otolithenbruchstücke aus dem hinteren Bogengang zu luxieren und auszuschwemmen. Man nimmt an, daß sie sich dann in der Regel an der Labyrinthwand verfangen und phagozytiert werden. Der paroxysmale Lagerungsschwindel ist ein Krankheitsbild, bei dem simple anatomische und physiologische Kenntnisse es dem Arzt ermöglichen, einen Patienten, der mitunter seit Monaten oder Jahren unter massiven Schwindelanfällen leidet, durch ein mechanisches Manöver, das nur wenige Minuten dauert, von seiner Symptomatik zu befreien.

Ein ***akuter einseitiger Labyrinthausfall***, wenn sich z. B. die Labyrintharterie akut thrombotisch verschließt (s. einleitende Fallbeschreibung), wird zu einer Reduktion der Aktivität im afferenten Nerven führen. Abbildung 33.2 zeigt, wie eine Differenz der Aktivität in den vestibulären Afferenzen Ursache einer Drehempfindung und von pathologischem Nystagmus wird.

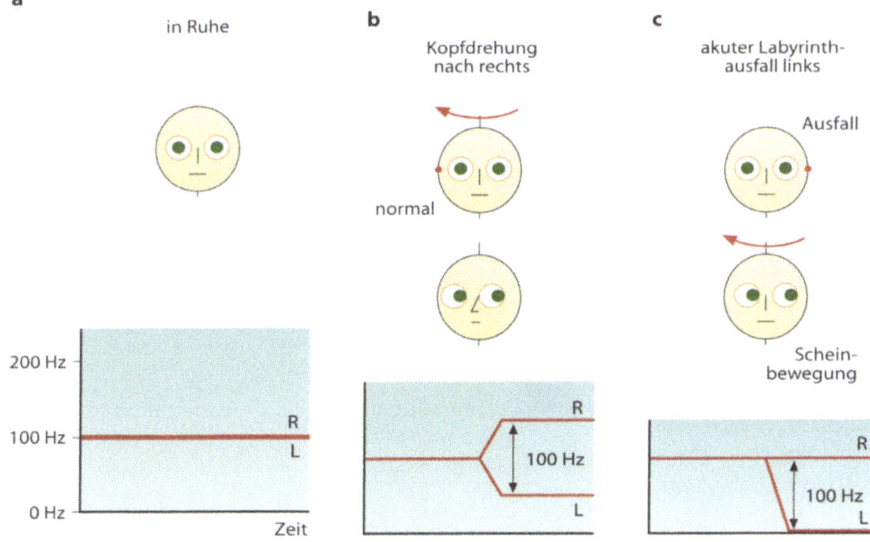

Abb. 33.2a-c. Tonische und phasische Impulsaktivität in den afferenten vestibulären Nerven unter Normalbedingungen und bei Ausfall des linken Labyrinths. **a** Bei unbewegtem Kopf zeigen die afferenten Fasern eine mittlere Ruheaktivität von 100 Hz, symmetrisch von beiden Labyrinthen. **b** Bei einer Drehung, d. h. Winkelbeschleunigung, nach rechts erhöht sich die Aktivität im rechten Nerven *(R)*, und nimmt symmetrisch dazu im linken Nerven *(L)* ab. Eine solche Erregungsdifferenz wird vom Zentralnervensystem als Drehung nach rechts interpretiert. **c** Bei akutem Labyrinthausfall auf der linken Seite ist die Aktivität im linken Nerven erloschen; es resultiert daher bereits bei unbewegtem Kopf eine Erregungsdifferenz, die als Winkelbeschleunigung interpretiert wird

Die Registrierung der Aktivität einzelner afferenter Nervenfasern beim Rhesusaffen zeigen eine Ruhefrequenz von 100 Hz. Bei einer Drehung nach rechts wird diese Aktivität in den Afferenzen vom Bogengang der rechten Seite erhöht und auf der linken Seite, da symmetrisch angeordnet, erniedrigt. Das Zentralnervensystem interpretiert diese Differenz mit einer höheren neuronalen Aktvität aus dem rechten Labyrinth als Maß für die Winkelbeschleunigung. Im pathologischen Fall, wenn z. B. die Afferenzen vom Labyrinth auf der linken Seite ausfallen, wird daher auch bei unbewegten Kopf eine Erregungsdifferenz von 100 Hz bestehen, addiert aus 100 Hz vom rechten, aber 0 Hz vom linken Labyrinth. Weil die Aktivität vom rechten Labyrinth größer ist, verspürt der Patient eine Bewegungsempfindung nach rechts. Da eine Rechtsdrehung mit vestibulärem Nystagmus nach rechts einhergeht, wird man einen Spontannystagmus nach rechts beobachten. Da über vestibulo-spinale Bahnen auch das Erregungsgleichgewicht im Rückenmark gestört ist, wird der Patient eine Fallneigung zeigen.

> **!** Eine akute Verschiebung des Gleichgewichts zwischen neuronaler Aktivität vom rechten und linken Labyrinth wird als Akzeleration des Kopfes gedeutet. Dies führt zu Nystagmus, der das retinale Bild, und zu spinalen Reflexen, die Stand und Gang stabilisieren sollen.

33.3 Kompensation nach akutem Labyrinthausfall

Schon innerhalb von Stunden und Tagen nach einem Labyrinthausfall setzt ein Prozeß ein, der die symmetrische Aktivität in Neuronen der vestibulären Kerne wieder herstellt

Beobachten wir den Patienten mit einseitigem Labyrinthausfall über einige Tage, dann werden wir sehen, daß der Spontannystagmus schwächer wird. Parallel dazu erlangt der Patient wieder eine Stand- und Gangstabilität, und die anfänglich permanente Drehempfindung wird schwächer und schwindet ganz. Wiederum haben die Registrierung der Aktivität einzelner Zellen in den vestibulären Kernen gezeigt, daß die zentrale Erregungsdifferenz langsam schwindet. Als Mechanismus nimmt man Sprouting an, das heißt, neues Auswachsen oder zumindest funktionelle Stärkung von synaptischen Verbindungen. Gleichzeitig erhöht sich der Gain (d.h. der Verstärkungsgrad) für motorische Reflexe sowie die Perzeption von Bewegung, da bei nur noch einseitig funktionierendem Labyrinth die Erregungsdifferenzen bei jeder Kopfbewegung nur noch halb so groß sein können. Dieser Mechanismus wird spontan in Gang gesetzt, die Normalisierung aber ist stark von aktiver Bewegung abhängig. Wenn der Patient im Bett liegt und jede Bewegung meidet, wird die Rehabilitation nicht erfolgreich sein. Der Patient, der trotz anfänglichem Schwindel körperlich aktiv wird, verliert oft innerhalb von Tagen bis zu wenigen Wochen jede Symptomatik.

Symptome nach chronischem, d.h. lang zurückliegendem, einseitigem Labyrinthausfall. Viele Patienten geben überhaupt keine Symptome an. Wenn man sie beobachtet oder ihre Kopfbewegungen mißt, sieht man, daß diese langsamer sind. Sie haben unbewußt gelernt, ihren Kopf nur noch so schnell zu bewegen, daß auf der Seite des gesunden Labyrinths keine vollständige Inhibition der Ruheaktivität auftritt. Wenn jemand nicht ausgesprochen sportlich aktiv ist, nimmt er ein solches Defizit nicht wahr. Den pathophysiologischen Mechanismus kann man einfach demonstrieren (Abb. 33.3).

Die Diagnose eines einseitigen Labyrinthausfalls kann man leicht mit dem sogenannten Kopf-Impuls-Test am Krankenbett stellen. Man fordert den Patienten auf, die Nase des Untersuchers zu fixieren. Dieser dreht den Kopf des Patienten schnell um ca. 10–20°. Wenn der Patient bei forcierter Drehung des Kopfes nach rechts die Fixation gut halten kann, bei Drehung nach links aber seinen ungenügenden vestibulo-okulären Reflex durch Korrektursakkaden ausgleichen muß, kann man die Diagnose eines linksseitigen Labyrinthausfalls stellen.

> **!** Ein einseitiger Labyrinth-Ausfall kann in der Regel gut kompensiert werden, so daß er nur mit speziellen Untersuchungen noch nachweisbar ist.

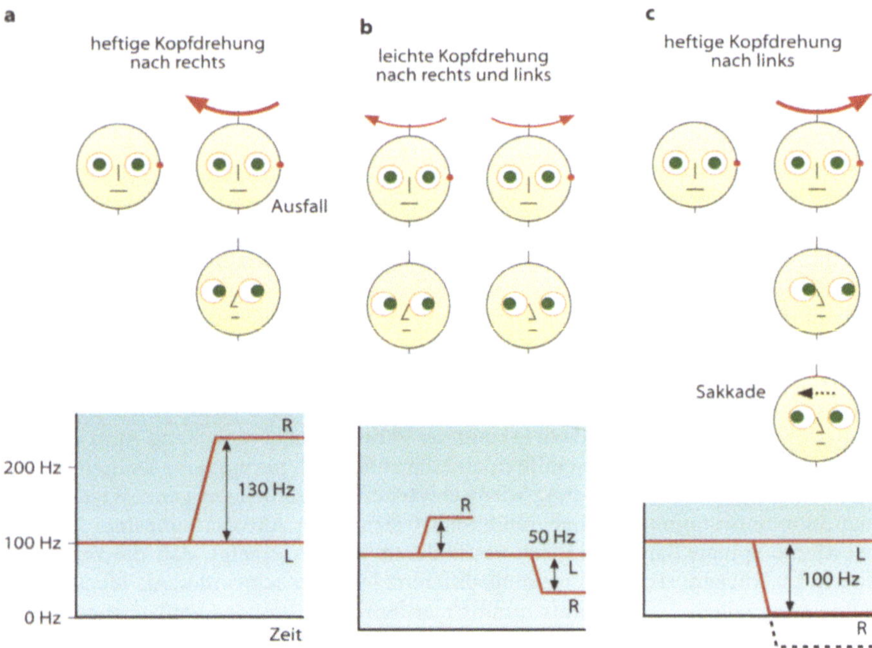

Abb. 33.3a–c. Schemata neuronaler Aktivität in den vestibulären Kernen nach chronischem Ausfall des Labyrinths auf der linken Seite. Aufgrund von Messungen beim Rhesusaffen darf man auch für den Menschen annehmen, daß die mittlere Ruheaktivität von Neuronen in den vestibulären Kernen 50 Hz beträgt und im chronischem Stadium nach Ausfall symmetrisch wird. **a** Bewegt der Patient seinen Kopf schnell nach rechts, wird die Winkelbeschleunigung durch Differenz der Aktivität in den vestibulären Kernen adäquat erkannt und die Augen bewegen sich kompensatorisch. **b** Wird der Kopf langsam nach rechts oder nach links bewegt, wird dies adäquat wahrgenommen, und die Augen zeigen entsprechende kompensatorische Bewegungen. **c** Dreht der Patient seinen Kopf schnell nach links, entsteht ebenfalls eine Erregungsdifferenz, die aber kleiner ausfällt, weil die Entladungsrate keine negativen Werte annehmen kann. Der vestibulo-okuläre Reflex ist dann insuffizient, und der Patient muß die ungenügende kompensatorische Bewegung durch Korrektursakkaden ausgleichen

33.4 Langsame Schädigung des Labyrinths oder des vestibulären Nerven

Langsam sich entwickelnde pathologische Prozesse bleiben oft ohne Symptome, weil es dabei zu einem ständigen Angleichen der symmetrischen Aktivität in den vestibulären Kernen kommt; daher wird manchmal eine einseitige Störung nur als Zufallsbefund entdeckt

Ein Tumor der Schwann-Zellen des 8. Hirnnerven, ein sog. Akustikus-Neurinom (richtiger wäre der Ausdruck ***Schwannom***) wächst erfahrungsgemäß sehr langsam über Jahre. Diese Patienten zeigen häufig eine leichte Schwindelsymptomatik über wenige Wochen, die dann wieder abklingt, um sich nach Monaten zu wiederholen. Diese Symptomatik kann erklärt werden durch die langsam zunehmende Raumforderung, die druckbedingt oder sekundär über Abklemmen von kleinen Arterien zu einer Schwindel-Symptomatik führt, die wie nach einem akuten Labyrinth-Ausfall fortlaufend kompensiert wird. Mit Größerwerden des Tumors gibt es Rezidive solcher Schwindelbeschwerden, aber der Patient sucht seinen Hausarzt häufig erst dann auf, wenn sein Gehör durch Kompression des akustischen Anteils des 8. Hirnnerven beeinträchtigt wird.

Wegen dieser Kompensationfähigkeit mit Schwinden der Symptomatik müssen Patienten mit Schwindel sehr genau untersucht, d.h. pathologische Zeichen müssen provoziert werden. Eine Testung mit physiologischer Stimulation auf einem Drehstuhl oder einem Linearbeschleuniger stimuliert naturgemäß immer beide Labyrinthe. Während man einen totalen Labyrinthausfall mit dem Kopf-Impuls-Test gut erkennen kann, lassen sich auch kleinere Asymmetrien labyrinthärer Aktivität durch kalorische Stimulation testen.

Mechanismus der kalorischen vestibulären Testung. Der äußere Gehörgang wird mit Wasser von 44° gespült. Das führt beim liegenden Patienten zu einer Ausdehnung der Endolymphe im lateralen Bogengang, was wie bei einer Drehung zu einem Druckgradienten an der Kupula führt. Der Patient wird einen Nystagmus mit horizontaler Komponente zum ipsilateralen Ohr zeigen. Bei Kaltspülung (30° oder auch Eiswasser) hat der Nystagmus die umgekehrte Richtung. Für die Einführung dieser auch heute noch meistgebrauchten vestibulären Untersuchung erhielt Robert Bárány den Nobelpreis. Es kam als große Überraschung, daß eine solche kalorische Stimulation auch unter Bedingungen der Schwerelosigkeit bei Spacelab-Flügen zu einer Reaktion führte. Man muß daher annehmen, daß nicht nur die Endolymphe, sondern auch die Haarzellen der Kupula direkt erwärmt werden und damit ihre Ruheaktivität verändern. Der bei Erwärmung oder Abkühlung des äußeren Gehörgangs auftretende Nystagmus ist ein zuverlässiger Indikator für die Funktion der lateralen Bogengänge, während es mit den üblichen Methoden nicht möglich ist, den anterioren oder posterioren Bogengang isoliert zu testen.

> **!** Auch wenn eine adäquate physiologische Stimulation des vestibulären Systems eine Linear- oder Rotationsbeschleunigung darstellt, ist die „unphysiologische Stimulation" mit der kalorischen Prüfung sehr wertvoll, da sie die Labyrinthe einseitig testen kann.

33.5 Beteiligung anderer Hirnnerven und des Kleinhirns bei zentralvestibulären Störungen

Die engen anatomischen Verhältnisse im kaudalen Hirnstamm führen dazu, daß bei einer akuten zentralvestibulären Störung fast immer auch nichtvestibuläre Ausfälle auftreten

Akute Ausfälle im Zentralnervensystem sind meistens vaskulär bedingt. Die vestibulären Kerne, im rostralen Anteil der lateralen Medulla oblongata gelegen, werden von Endästen der Vertebralarterien versorgt, speziell der PICA („posterior inferior cerebellar artery"). Ein akutes Ausfallsyndrom ist so charakteristisch, daß es auch heute noch nach seinem Erstbeschreiber ***Wallenberg-Syndrom*** genannt wird. Die vestibulären Symptome umfassen neben einem spontanen Nystagmus und Fallneigung oft auch eine veränderte Raumwahrnehmung. Der Patient sieht dann mitunter den Raum invertiert, so daß die Krankenschwester mit den Füßen nach oben erscheint. Weitere Ausfälle betreffen benachbarte Hirnstrukturen, d.h. Ausfälle von seiten des 5., 9., 10. oder 12. Hirnnerven und eine Hemiataxie (pathologische Koordination von Armen und Beinen auf der ipsilateralen Seite, bedingt durch Miteinbezug des Zerebellums auf der gleichen Seite).

Die gute Kompensationsfähigkeit des vestibulären Systems führt dazu, daß sich langsam entwickelnde pathologische Prozesse häufig lange ohne Symptome bleiben

Für den Patienten, bei dem schließlich die Diagnose eines langsam wachsenden Hirnstammtumors gestellt wird, ist typisch, daß er über langsam sich entwickelnden uncharakteristischen Schwindel klagt. Eine klare Diagnose kann häufig erst gestellt werden, wenn Symptome benachbarter Strukturen, d. h. anderer Hirnnerven oder der langen Bahnen, wie der Pyramidenbahn auftreten.

Rollreaktion der Augen („Ocular Tilt Reaction"). Während ein spontaner Nystagmus durch Interaktion mit dem visuellen System in der Regel schnell kompensiert wird und damit verschwindet, bleiben zentrale Otolithensignale häufig länger unkompensiert. Eine Asymmetrie der Aktivität wird vom Zentralnervensystem als Schiefstellung des Kopfes interpretiert. Die vermeintliche Kompensation dieser Abweichung von der Vertikalen führt zu einer Rollung der Augen in die Gegenrichtung (Drehung um die Blickachse, sog. Torsion). Wird den Patienten die Aufgabe gestellt, in einem sonst dunklem Raum einen Leuchtstab senkrecht einzustellen, dann ergeben sich deutliche Abweichungen von der Vertikalen.

Zerebelläre Störungen. Die enge anatomische Verbindung der vestibulären Kerne mit dem Flokkulus, dem Nodulus und der Uvula, die entsprechend auch „Vestibulo-Zerebellum" genannt werden, machen eine klinische Abgrenzung von Pathologie in den vestibulären Kernen oder des Zerebellums oft unmöglich. Anatomisch liegt das Vestibulo-Zerebellum in unmittelbarer Nähe des Foramen magnum, dem Loch in der Schädelbasis, durch das die Medulla hindurchtritt und dann das Halsmark bildet. Bei einer ***Arnold-Chiari-Mißbildung*** ist der kaudale Anteil des Zerebellums in das Foramen magnum hineingezogen. Patienten klagen dann über andauerden Schwindel, und bei der Untersuchung sieht man einen vertikalen spontanen Nystagmus. Wenn man chirurgisch das Foramen ovale erweitert und somit das Zerebellum von Druck entlastet, zeigen die Patienten oft eine deutliche Besserung.

! Gleichzeitig mit akuten vestibulären Störungen auftretende, nichtvestibuläre Symptome sind für die Beurteilung der Lokalisation und der Art des pathologischen Prozesses wichtig. Zentrale vestibuläre Strukturen haben eine gute Kompensationsfähigkeit, die die Diagnose langsam sich entwickelnder pathologischer Prozesse erschweren.

33.6 Kortikale vestibuläre Projektionen

Der Bewegungssinn verwertet nicht nur Informationen aus dem Labyrinth, sondern auch von den visuellen, akustischen und somatosensorischem Systemen. Der Ausfall des Rezeptororgans nur eines dieser Sinnessysteme führt deswegen nicht zu einer Beeinträchtigung des Bewegungssinns

Es ist auffallend, daß unter den fünf Sinnen der Bewegungssinn fehlt. Der Bewegungssinn hat allerdings einige Besonderheiten. Die klassischen Sinne, wie Hören oder Sehen, haben *ein spezifisches* peripheres Rezeptorsystem, das über mehrere Stationen zu einer lokal wohl abgegrenzten ***kortikalen Projektion*** führt. Bei einem Ausfall der Rezeptoren, z. B. der Retina, ist man blind. Das gleiche gilt für Läsionen entlang der Sehbahn oder der kortikalen Projektion in Areal V1 am Okzipitalpol unseres Gehirns. Bewegungen werden aber über viele Sinnessysteme vermittelt, am ausgeprägtesten über das visuelle System, wenn sich große Teile des Gesichtsfeldes bewegen. Das macht man sich bei Großleinwänden im Kino zunutze. Ein solcher falscher Bewegungseindruck kann aber auch leicht auftreten, wenn man im Zug sitzt und abzufahren glaubt, bis man merkt, daß tatsächlich der Nachbarzug fährt und man selbst stationär ist. Verallgemeinert heißt das, daß Informationen über Bewegung von vielen Sinnessystemen kommen. Ein völliger Ausfall der Bewegungsempfindung ist klinisch nicht beschrieben worden, weil die anderen Sinnessystem den spezifischen Ausfall beider Labyrinthe kompensieren können und zudem Bewegung kortikal nicht nur in einem umschriebenen Areal, sondern multipel repräsentiert ist.

Entsprechendes gilt für die subjektive Vertikale, die normalerweise der Richtung der Schwerkraft entspricht. Neben der Information von den Otolithen wird diese Information auch über das visuelle System vermittelt. Wenn man im Laboratorium Räume aufbaut, die künstlich schiefe Wände haben, neigt man dazu, die Wände als aufrecht und sich selbst als geneigt zu sehen. Weitere Informationen über die Richtung der Schwerkraft kommen vom somatosensorischen System. Es gibt nur wenige Extremsituationen, in denen der labyrinthlose Patient die Richtungsorientierung ganz verlieren kann. Ein Beispiel ist das Tauchen: Da sich der Taucher mit seinem Bleigürtel und teilweise aufgeblasener Tauchweste entsprechend dem spezifischen Gewicht des Wassers äquilibriert, gibt es für sein somatosensorisches System keine Druckdifferenz zwischen „oben" und „unten". Wenn dazu im offenen Meer die visuelle Orientierung fehlt, tut er gut daran, wenn er die Richtung der aufsteigenden Luftblasen als nach oben gerichtet annimmt.

Bis jetzt ist keine kortikale Region abgegrenzt worden, die ausschließlich Afferenzen von den Otolithen erhalten würde, vielmehr werden, wie in Abb. 33.4 zu sehen, eine Reihe kortikaler Areale bei Reizung des vestibulären System aktiviert. Dies scheint ein Paradox zu sein, da allgemein die Vorstel-

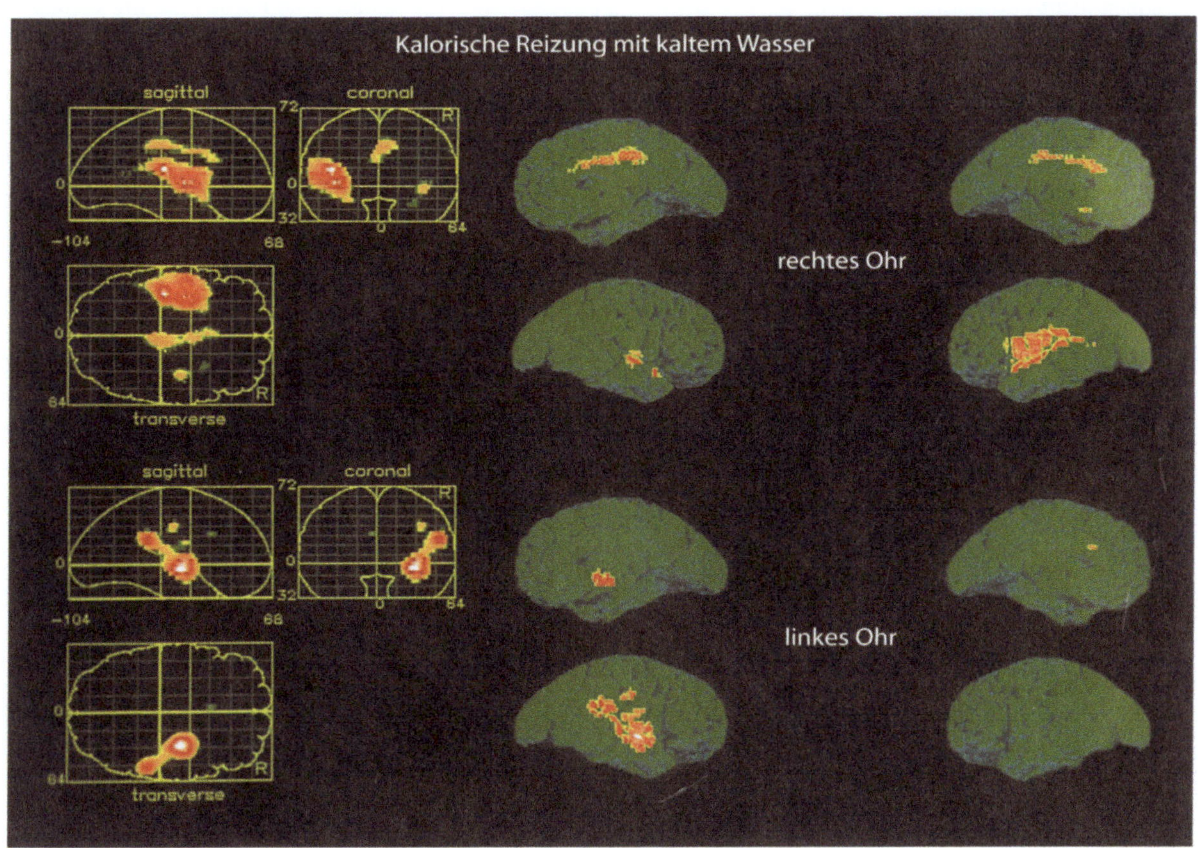

Abb. 33.4. Kortikale Projektionen des vestibulären Systems beim Menschen. Das Labyrinth wurde kalorisch mit kaltem Wasser gereizt. Gemessen wurde die Erhöhung der lokalen Durchblutung mit dem Positron-Emissions-Tomogramm (PET). Man sieht die multiple subkortikale und kortikale Projektion mit Schwerpunkten im temporoparietalen Kortex, der Insel, des Putamen und des anterioren zingulären Kortex. Die Reizung nur eines Labyrinths führt zu einer bilateralen, wenn auch asymmetrischen Aktivierung. (Aus Bottini et al. 1994, mit freundlicher Genehmigung)

lung besteht, daß jede bewußte Wahrnehmung eine kortikale Repräsentation haben muß. Da für jedes Sinnessystem nicht nur die Erkennung eines Gegenstands wichtig ist, sondern auch seine Lokalisation, kann man die Hypothese aufstellen, daß das vestibuläre System das allgemeine Koordinatensystem für die räumliche Repräsentation spezifischer anderer Sinne liefert. Im visuellen Kortex finden sich z. B. Zellen, die eine Richtung kodieren, die sich mit der Richtung der Schwerkraft ändert, d. h. funktionell kann man weit verbreitet einen Otolitheneinfluß finden. Es ist wahrscheinlich, daß die Otolithen relevante Signale für die Koordinaten des visuellen, akustischen oder sensomotorischen Raums einschließlich ihrer Ausrichtung zur Schwerkraft liefern. Damit wäre eine gesonderte kortikale Repräsentation ausschließlich für Otolithen-Afferenzen nicht notwendig.

> **!** Wie für jedes andere Sinnessystem, das zu einer bewußten Wahrnehmung führt, ist auch das vestibuläre System kortikal repräsentiert. Die multiple und zum Teil multisensorische Repäsentation hat zur Folge, daß es einen gänzlichen Verlust des Bewegungssinns nicht gibt.

33.7 Diagnostische Prinzipien vestibulärer Pathologie

Die enge funktionelle und anatomische Verbindung zwischen vestibulärem und okulomotorischem System führt dazu, daß fast immer eine vestibuläre Pathologie an pathologischen Augenbewegungen zu erkennen ist

Wie oben beschrieben, ist das Labyrinth das Rezeptorsystem, das uns die Richtung der Schwerkraft und Bewegungsinformationen übermittelt. Der Kliniker versteht unter dem Begriff „vestibuläres System" meist nur das Labyrinth, die vestibulären Kerne und ihre Verbindungen zum Vestibulo-Zerebellum. Da es eine monosynaptische Verbindung zu den Kernen der Augenmuskeln gibt, wird eine pathologische Asymmetrie der Erregung im vestibulären System fast immer auch zu pathologischem Nystagmus führen. Eine asymmetrische neuronale Aktivität in den vestibulo-spinalen Bahnen führt zu einer Schiefhaltung des Rumpfes und damit zu einer Fallneigung. Wegen der ausgeprägten Interaktionen mit anderen Sinnessystemen ist aber die Bewegungswahrnehmung häufig nur in der akuten Phase ge-

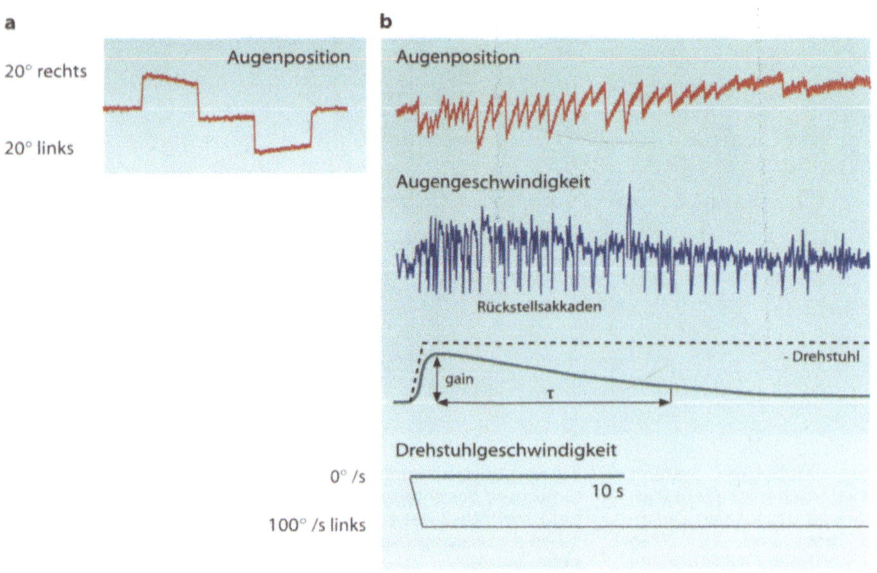

Abb. 33.5 a, b. Vestibulärer Verstärkungsgrad (Gain) und Zeitkonstante. In **a** Eichung der Augenbewegung, wobei die Versuchsperson von der Mitte aus 20° nach rechts oder nach links blickt. Dargestellt ist nur die horizontale Augenposition. **b** Die Versuchsperson wird in Dunkelheit auf eine Geschwindigkeit von 100°/s (d.h. eine Umdrehung alle 3,6 s) beschleunigt. Dabei tritt Nystagmus auf, der eine Geschwindigkeit von 80°/s erreicht, d.h. einen Gain von 0,8 hat. Der Nystagmus verliert in der Dunkelheit seine Geschwindigkeit mit einer Zeitkonstante von 10,5 s

stört (s. oben, Inversion der Raumwahrnehmung beim Wallenberg-Syndrom), und der Bewegungssinn verschwindet nie ganz.

Während man bei anderen Sinnessystemen die subjektive Antwort auf eine sensorische Stimulation prüft, genügt dies nicht, um eine mögliche Pathologie im Labyrinth oder zentralen Anteilen des vestibulären Systems zu testen. Der Kliniker ist darauf angewiesen, diejenigen motorischen Systeme zu testen, die eine möglichst enge Verbindung zu den vestibulären Kernen haben. Dies trifft für das okulomotorische System zu. Die Prüfung, ob pathologischer Nystagmus vorliegt, ist daher ein essentieller Teil jeder vestibulären Untersuchung (Abb. 33.5 und 33.6). Andererseits darf der Kliniker nicht vergessen, daß sich nicht alle Störungen mit pathologischem Nystagmus manifestieren. Eine physiologisch adäquate Stimulation des vestibulären Systems in allen Raumebenen der Kanäle ist ohne aufwendige Apparatur nicht möglich. Wenn man sich aus praktischen Gründen auf eine Testung von horizontalem Nystagmus beschränkt, muß man sich immer bewußt bleiben, daß man damit nur einen Teil des vestibulären Systems erfaßt.

Normaler oder pathologischer Nystagmus. Nystagmus ist die adäquate Reaktion des okulomotorischen Systems auf Bewegung, um das retinale Bild zu stabilisieren. In idealer Weise bewegen sich die Augen mit gleich großer, aber entgegengerichteter Geschwindigkeit zum Kopf. Es ist eine alte Tradition, die Richtung des Nystagmus nach der Richtung der schnellen Phase zu benennen, da diese bei der direkten Beobachtung des Patienten leichter zu identifizieren ist. Bei höheren Reizgeschwindigkeiten kann das okulomotorische System häufig keine adäquate hohe Geschwindigkeit generieren. Dann ist der Gain (d.h. Verstärkungsgrad) erniedrigt. Einen Gain von *eins* hat man, wenn sich Augen- und Kopfbewegung genau entsprechen. Ein Gain von 0,5 zeigt an, daß sich die Augen nur mit halber Geschwindigkeit bewegen. Ein weiteres Maß für die vestibuläre Funktion ist die Zeitkonstante (τ). Das Labyrinth ist nur auf Änderungen der Geschwindigkeit empfindlich. Bei

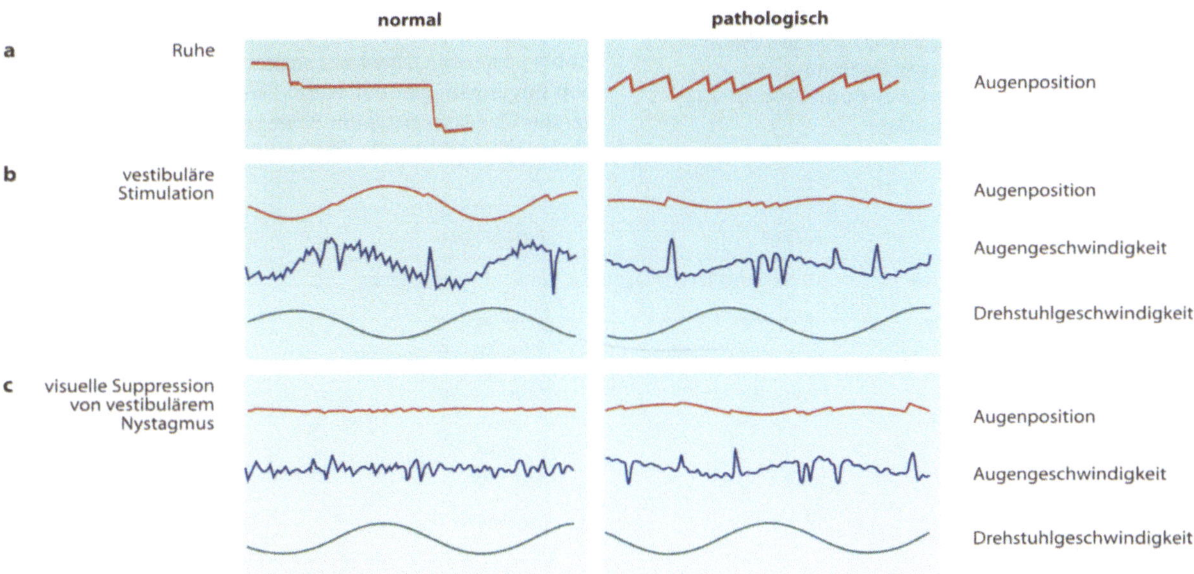

Abb. 33.6a–c. Beispiele von Nystagmus, wobei nur die horizontale Augenposition dargestellt ist: **a** spontan; **b** bei vestibulärer Stimulation im Dunkeln mit einem sinusförmigen Stimulationsprofil; **c** mit dem gleichem sinusförmigen Stimulationsprofil, aber der Aufgabe, visuell eine mitbewegte Leuchtmarke zu fixieren

dem Ende einer Akzeleration verschwinden aber weder die Bewegungsempfindung noch der Nystagmus plötzlich. Sie dauern fort und klingen erst allmählich ab, was mit der Zeitkonstante gemessen wird. Sie gibt an, wann der ursprüngliche Wert auf 37 % (d.h. e^{-1}) abgesunken ist. Die Tabelle 33.1 zeigt den Bereich normaler und pathologischer Werte von Nystagmus.

Die Beispiele in den Abbildungen und Tabellen zeigen, daß man für die Eingrenzung von Pathologie die Stärke (d.h. Gain), Richtung und vor allem exakt die Bedingungen wissen muß, unter denen Nystagmus gesehen bzw. nicht gesehen wurde. Der Eintrag in eine Krankengeschichte „Patient hat Nystagmus" ist sehr mißverständlich, da Nystagmus bei entsprechender Stimulation eine physiologische Antwort ist, der untersuchende Arzt aber möglicherweise sagen will, daß hier ein spontaner Nystagmus im Hellen zu beobachten ist, der auch mit visueller Fixation nicht unterdrückt werden kann. Die umgekehrte Feststellung, „Patient hat keinen Nystagmus", wird den Neurologen alarmieren, da das Fehlen jeder Nystagmus-Antwort auf adäquate Stimulation eines von mehreren Kriterien des Hirntodes ist, während möglicherweise nur ausgedrückt werden sollte, daß bei unbewegtem Kopf des Patienten kein spontaner Nystagmus gesehen werden kann.

! Störungen im vestibulären System sind fast immer an pathologischen Augenbewegungen zu erkennen. Diese lassen sich oft mit Nystagmusprüfungen provozieren und erkennen. Der physiologische Nystagmus ist von den pathophysiologischen Formen sorgfältig und eindeutig abzugrenzen.

33.8 Synthese, Adaptation und Störungen der Positions- und Bewegungsempfindung

Jede Bewegungsempfindung wird aus mehreren Signalen gewonnen. Wenn man im Laboratorium die verschiedenen Signalkomponenten getrennt prüft, darf man nicht vergessen, daß das eine weitgehend artifizielle Situation ist. Deswegen sollen noch einmal anhand der sensorischen Signale zwei Aspekte der normalen Labyrinthfunktion besprochen werden

Kombination von Bogengangs- und Otolithen-Signalen. Eine Drehbewegung geschieht selten um eine exakt vertikale Achse. Die meisten natürlich vorkommenden Bewegungen geschehen um Achsen, die eine Neigung zur Richtung der Schwerkraft haben. Dies resultiert immer in einem dynamischen Otolithen-Signal. Ein Otolithensignal ist aber vieldeutig. Da die Otolithen Sensoren für Linearbeschleunigungen sind, kann eine Verschiebung des Kopfes prinzipiell nicht von einer Neigung relativ zur Schwerkraft unterschieden werden, wie in Abb. 33.7 gezeigt. Nur bei zusätzlicher Information von den Bogengängen oder vom visuellen System kann die genaue Charakteristik der Bewegung analysiert werden. Eine pathologische Verschiebung der Signale innerhalb

Prüfung	normal	pathologisch
Blick geradeaus, visuelle Fixation	kein spontaner Nystagmus	spontaner Nystagmus
Blick geradeaus ohne visuelle Fixationn (dunkel, Frenzel-Brille)[1]	bis zu 5 % spontaner Nystagmus	über 5 % spontaner Nystagmus
vestibuläre Stimulation (Drehung im Dunkeln)	Gain 0.6–1.0 τ = 10–20s	Gain < 0.6 τ < 10 s τ < 50 s
optokinetische Stimulation	Gain 0.5–1.0	Gain < 0.5
visuell-vestibuläre Stimulation (Drehung im Hellen)	Gain 1.0	Gain < 0.8
visuelle Suppresion von vestibulärem Nystagmus (Drehung mit visueller Fixation)	vollständig	unvollständig

[1] Die oben gemachte Feststellung, dass Nystagmus dazu dient, das visuelle Bild zu stabilisieren, ist in Dunkelheit natürlich eine unsinnige Feststellung. Das visuelle System wäre aber zu langsam, um ohne Hilfe des vestibulären Systems bei schneller Kopfdrehung das Bild zu stabilisieren. Deswegen ist es sinnvoll, den vestibulären Anteil an der Bildstabilisierung zu messen

Tabelle 33.1.

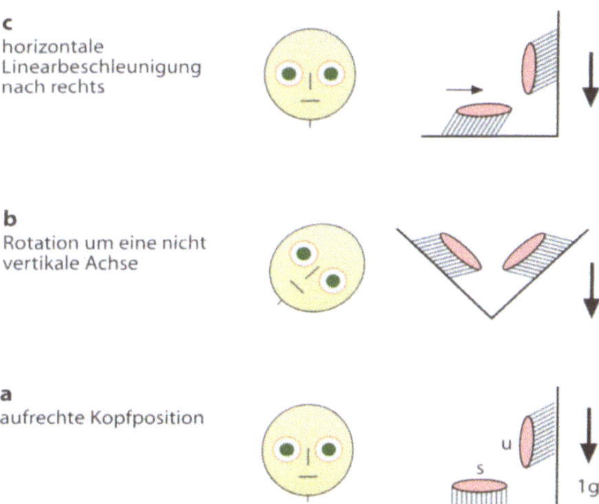

Abb. 33.7a-c. Verschiedene Kopfpositionen mit einem Schema der Otolithen, der Utrikulus waagerecht und der Sakulus senkrecht. **a** Aufrechte Kopfposition; **b** Rotation um eine nichtvertikale Achse; Schrägstellung des Kopfes mit Auslenkung der Otolithen; **c** Gleiche Auslenkung der Otolithen, verursacht durch horizontale Linearbeschleunigung

dieser multisensorischen Konvergenz ist häufig Ursache von Schwindel und pathologischem Nystagmus, andererseits aber auch der Grund, warum das vestibuläre System so anpassungsfähig ist und fokale Läsionen oft gut kompensieren kann.

Der Unterschied zwischen aktiver und passiver Kopfbewegung. Will man in einem Fahrstuhl nach oben fahren und der Fahrstuhl fährt unerwartet nach unten, so werden die meisten Gesunden zumindest marginal ein Unwohlgefühl verspüren. Die Registrierungen von einzelnen Zellen in den vestibulären Kernen zeigen im Tierexperiment, daß bei aktiven Kopfbewegungen zentral ein Signal generiert wird, das dem labyrinthären Signal entgegengerichtet ist. Bei passiven Kopfbewegungen fehlt dieses Signal. Auf diese Weise kann in den zentralen vestibulären Strukturen klar zwischen einer aktiven und passiven Bewegung unterschieden werden. Das ist besonders wichtig für den Fall, daß einer aktiven Bewegung eine passive überlagert wird, die ausgeglichen werden muß.

Neue Reizkombinationen lassen das vestibuläre System adaptieren

Wird man einer neuen Kombination vestibulärer Stimuli ausgesetzt, adaptiert man nach gewisser Zeit, wie es auch nach der Überwindung einer Kinetose (s. unten) geschieht. Der einfachste Fall ist, daß man eine neue Brille verschrieben bekommt, wobei die Größe des retinalen Abbilds leicht verändert wird. Deswegen muß dann auch der Gain des vestibulären und optokinetischen Nystagmus verändert werden. Nach einer Angewöhnungszeit, die durchaus die Symptome einer Kinetose in leichter Ausprägung beinhalten kann, hat man sich an die neue Situation adaptiert und kann problemlos zwischen Brillentragen und ohne Brille wechseln. Das erfordert, daß wir zwischen zwei verschiedenen Gain-Werten für den vestibulo-okulären Reflex wechseln können.

Kinetosen wie die Seekrankheit können als Antwort auf widersprüchliche sensorische Informationen aufgefaßt werden; bei jedem Gesunden kann man eine Bewegungskrankheit auslösen, wobei allerdings die Schwellen sehr verschieden sind

Die ***Ursache einer Kinetose*** liegt in einer Fehlinterpretation labyrinthärer Signale. Bei hohem Sehgang gibt es neben Rollbewegungen zusätzlich Auf-und-ab-Bewegungen, die nur im Zusammenhang mit einer stabilen visuellen Fixation interpretiert werden können. Bei bewegter See fehlt dieser „Fixpunkt". Hält man sich in der Kabine auf, so meldet das Labyrinth deutlich Bewegungen und generiert entsprechend vermeintlich kompensatorische Augenbewegungen, während das visuelle System meldet, daß die Umgebung stabil ist, wobei die vestibulär ausgelösten Augenbewegungen das retinale Bild weiter destabilisieren. Warum eine solche Reizkonstellation zu Nausea, Erbrechen und einer allgemeinen autonomen Dysregulation führen, ist Gegenstand vieler Spekulationen, wovon keine eine überzeugende Antwort geliefert hat.

Unter den Bedingungen der ***Schwerelosigkeit*** muß man sich an eine neue Kombination vestibulärer Signale gewöhnen. Die Signale von den Bogengängen bei aktiver oder passiver Kopfbewegung bleiben unverändert, während sich die Signale von den Otolithen grundlegend verändern. *Bewegungen* des Kopfes werden normal signalisiert, während die *Position* des Kopfes ohne Reiz der Schwerkraft nicht signalisiert werden kann. Astronauten berichten daher über Symptome einer Kinetose, die während der ersten Tage des Raumflugs fast regelmäßig auftreten. Das Wiedereintreten in das Schwerefeld der Erde löst eine ähnliche Symptomatik aus, wobei allerdings erschwerend hinzukommt, daß auch die kardiovaskulären Reflexe und der gesamte Bewegungsapparat wieder an Normalwerte der Schwerkraft adaptieren müssen.

> **!** Eine normale Bewegungsempfindung beruht nicht nur auf einer multisensorischen Konvergenz, sondern ist abhängig davon, ob die afferenten Signale der „Erwartung" entsprechen. Wie andere sensorische Systeme auch, adaptiert das vestibuläre System auf neue Reizkombinationen. Bei Fehlinterpretationen vestibulärer und visueller Signale kommt es zu Kinetosen.

33.9 Literatur

1. Baloh RW (1984) Dizziness, Hearing Loss, and Tinnitus: the Essentials of Neurotology. FA Davis, Philadelphia
2. Baloh RW, Halmagyi GM (1996) Disorders of the Vestibular System. Oxford University Press, New York Oxford
3. Bottini G, Sterzi R, Paulescu E, Vallar G, Cappa SF, Erminio F, Passingham RE, Frith CD, Frackowiak RSJ (1994) Identification of the central vestibular projections in man: a positron emission tomography activation study. Exp Brain Research 99:164–169
4. Brandt Th (1990) Vertigo: Its Multisensory Syndromes. Springer, London
5. Cohen B, Henn V (1988) Representation of Three-Dimensional Space in the Vestibular, Oculomotor, and Visual Systems. Annals of the New York Academy of Sciences, vol 545
6. Highstein SM, Cohen B, Büttner-Ennever JA (1996) New Directions in Vestibular Research. Annals of the New York Academy of Sciences, vol 781
7. Leigh RJ, Zee DS (1991) The Neurology of Eye Movements, 2nd edn. FA Davis, Philadelphia

Endogene Psychosen

34

H. Beckmann

EINLEITUNG Ein 32 jähriger Patient wurde in die Psychiatrische Klinik überwiesen und äußerte bei der ersten Untersuchung Beziehungsideen. Er sei bespitzelt worden, man habe sich auf der Straße zusammengestellt und über ihn gesprochen. Auch habe man ihn wissen lassen, daß zwischen ihm und seiner Frau etwas nicht in Ordnung sei. Dieses sei auch dem Benehmen eines Nachrichtensprechers im Fernsehen zu entnehmen gewesen. Schließlich habe seine Nachbarschaft Gerüchte über ihn verbreitet. Auch habe man ihm in der Straßenbahn zugerufen: „Da ist er, wir werden ihn schon bekommen". Es sei klar, daß er jetzt beruflich ruiniert sei. Dies rege ihn mächtig auf. Aber auch in der Klinik rede man schlecht über ihn, Patienten wissen über ihn Bescheid, er soll auch Berufsgeheimnisse weitergegeben haben. Der Patient war deutlich suizidal. In den folgenden Wochen war er stets reizbar, machte Anstalten, Mitpatienten anzugreifen, von denen er sich beeinträchtigt fühlte. Er hörte Stimmen, die ihm ankündigten, daß die Ärzte nichts Gutes mit ihm vorhätten, dann wieder verfiel er in Angstzustände und versuchte sich zu suizidieren, indem er sich Schnittwunden beibrachte. Nach der Applikation von Neuroleptika in mittleren Dosierungen wurde er ruhiger, die Gereizheit ließ nach und auch die Stimmen waren nicht mehr vorhanden. Unter Dauergabe von niedrigdosierten Neuroleptika gelang es, ihn in den Beruf zu reintegrieren, wobei der ambulant weiterbehandelnde Nervenarzt aber doch stets eine latente Gereizheit und Überempfindlichkeit bei ihm feststellte. Der Versuch, die Medikamente völlig abzusetzen, mißlang, da er wieder vermehrt Beziehungsideen äußerte und auch Stimmen auftraten. Drei Jahre später wurde der Patient wieder in akutem Zustand aufgenommen. Die Symptomatik war der der Erstaufnahme durchaus ähnlich. Ein Suizidversuch war der Aufnahme vorausgegangen. Die Neuroleptika sprachen nicht mehr so prompt an wie zuvor. Er fühlte sich zum Tode verurteilt durch allerlei Behörden, äußerte Vergiftungsideen und war nur äußerst schwer zu bewegen, Medikamente einzunehmen. Zwischenzeitlich wurde ihm vom Arbeitgeber gekündigt, ein Reintegrationsprozeß über die Tagesklinik und beschützende Wohneinrichtungen hatten keinen durchgreifenden Erfolg. Es blieb ein Defekt im Sinne einer latenten Gereizheit, immer wieder auftretenden Beziehungsideen und der Unfähigkeit, sich einem geordneten Tagesablauf zu stellen. Diagnose: paranoide Schizophrenie, schubförmiger Verlauf, Defektbildung.

34.1 Gestörte Hirnentwicklung bei Psychosen

Die modernen „atheoretischen" und operationalisierten Diagnosesysteme (DSM-IV und ICD-10) werden in regelmäßigen Zeitabständen durch Expertengruppen modifiziert

Die naturwissenschaftliche Erforschung der sogenannten „endogenen Psychosen" ist während der letzten Jahrzehnte durch immer wieder auftauchende unterschiedliche ideologische Konzepte stark behindert worden. Auch die immer wieder vorgenommenen Klassifikationen der Psychosen (International Classification of Diseases 10) hat zwar zu einer Vergrößerung der Reliabilität, aber einer Verminderung der Validität geführt. So arbeiten die meisten Forscher noch immer mit dem von Kraepelin vorgegebenen Konzept der Dementia praecox (Schizophrenie) bzw. der manisch-depressiven Krankheit. Andere nosologische Einteilungen, die erfolgversprechender wären, sind demgegenüber vernachlässigt worden (Wernicke, Kleist, Leonhard).

Pränatale Entwicklungsstörungen in Hirnstrukturen schizophrener und manisch-depressiver Patienten sind gesicherte Befunde

Bildgebende Verfahren. In den letzten Jahrzehnten konnten durch die modernen bildgebenden Verfahren (CT, NMR, PET) eine Reihe von Strukturabweichungen sowohl quantitativer als auch qualitativer Art in Hirnarealen schizophren oder manisch-depressiv Erkrankter gefunden werden. Am häufigsten ist dabei die Vergrößerung besonders des linken lateralen Ventrikels und ***diskrete Strukturdefizite*** in temporobasalen Anteilen des Kortex, die sich in über 2/3 der Fälle nachweisen lassen [22, 11, 18, 9, 3].

Für die Verarbeitung von externen und internen Informationen ist die Regio entorhinalis im mediobasalen Schläfenlappen von zentraler Bedeutung

Informationsverarbeitung. Der orbitofrontale Kortex ist entwicklungsgeschichtlich als jung zu betrachten. Er ist beim Menschen in integrierender Weise an Planung, Logik und vorausschauendem Denken und Handeln beteiligt. Wohl deshalb ist er ein wesentlicher Untersuchungsgegenstand von Hirnforschern, die sich mit dem morphologischen Substrat der Geisteskrankheiten, aber auch der normalen Psychologie beschäftigen.

Das ***limbische System*** besteht aus verschiedenen zentralen Hirnstrukturen, die – sehr verkürzt beschrieben – zur Aufrechterhaltung des „milieu interne", Modulation der Immunlage und der Hormonausschüttung, Generierung von Trieben und Instinkten, aber auch Stimmung, Verhalten, Antrieb und Informationsverarbeitung, wesentlich beitragen (Abb. 34.1).

Für die zentrale Informationsverarbeitung ist die auf dem mediobasalen Gyrus temporalis gelegene ***Regio entorhinalis*** von großer Bedeutung. Sie empfängt sensorische Informationen von allen Assoziationszentren des Kortex und ist überdies mit dem orbitofrontalen Kortex und dem rostralen und ventralen Klaustrokortex verbunden. Ihre bedeutsame Funktion als ein ***Informationsverarbeitungssystem*** innerhalb des Kreislaufs von Papez (Papez circuit) des limbischen Systems ergibt sich auch daraus, daß starke Projektionen zum Hippokampus via Tractus perforans bestehen. Eine entorhinal-hippokampale Schleife bildet ei-

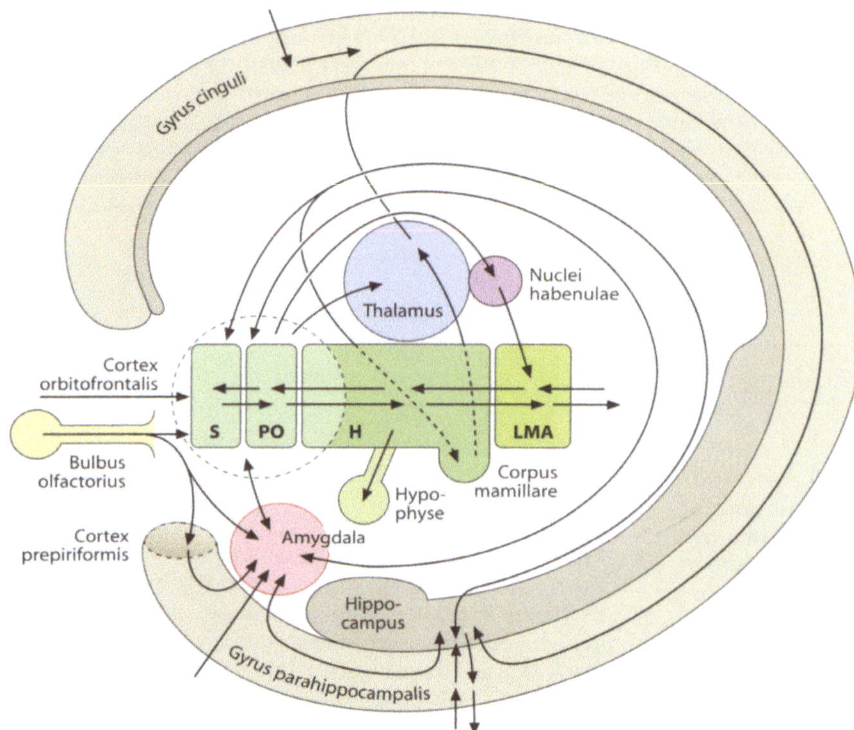

Abb. 34.1. Zusammenfassung des limbisch-hypothalamischen Komplexes. Unterteilung des Gebietes in zentrale Einheiten und limbische Ringe. *H* Hypothalamus; *LMA* limbisches Mittelhirngebiet; *PO* Area praeoptica; *S* Septum (aus [25])

nen eigenen Kreislauf. Vom Hippokampus selbst werden die gespeicherten, nach ihrer Relevanz selektierten Informationen über den Thalamus zum vorderen Cingulum und von dort zurück zur Regio entorhinalis und dem Subikulum des Hippokampus projiziert (Abb. 34.2).

In der ***normalen Entwicklungsphase***, während des 2. pränatalen Trimenons, migrieren die Zellen von der Proliferatonszone innerhalb des Ventrikularbereichs hin zur kortikalen Oberfläche. Dabei wandern sie in Kohorten und Kolumnen. Hierbei wird die oberste Schicht als letzte gebildet. Die ***„jungen" Neuronen*** zeigen eine oval-bipolare Form während ihrer Migrationszeit zum Kortex hin, wo sie dann als reife Pyramidalzellen ihre gewohnte polygonale Formation annehmen.

Neuronale Migration. Die neuronale Migration in der Regio entorhinalis ist gewöhnlich am Ende des 6. Schwangerschaftsmonats [15, 20] vollendet, während

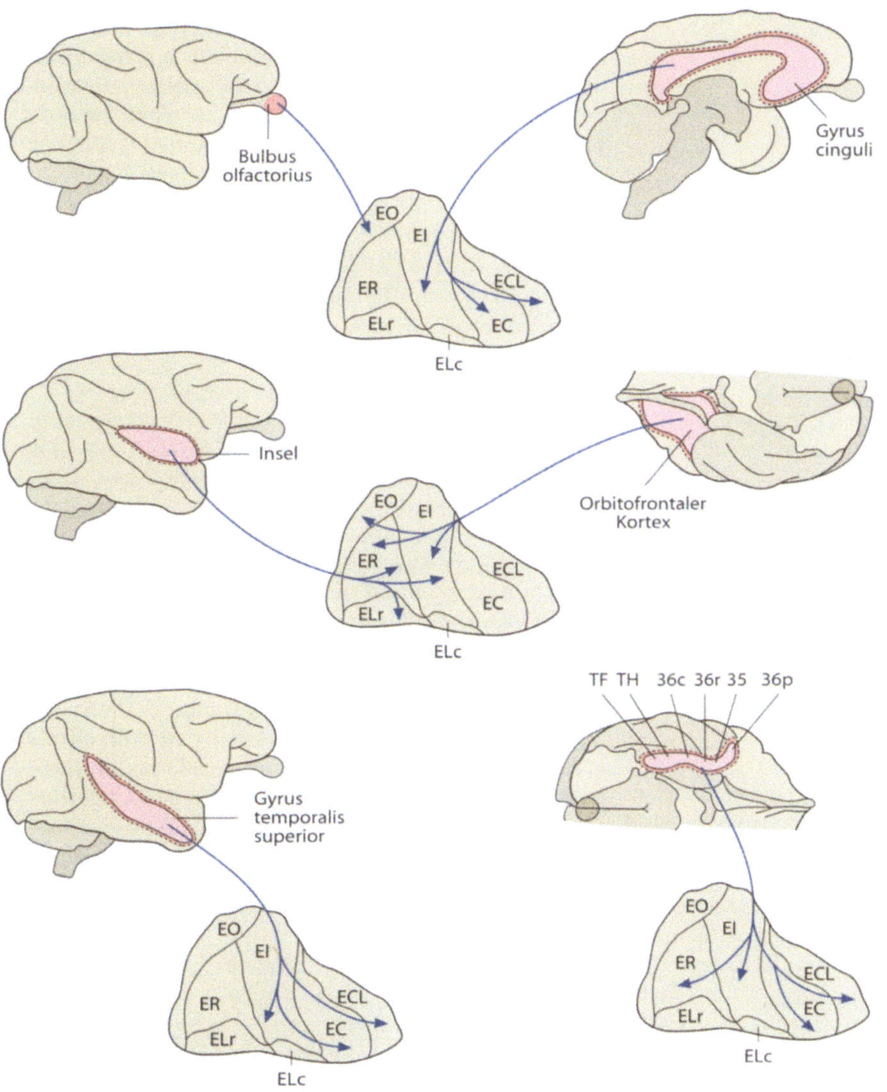

Abb. 34.2. Gesamtschema der hauptsächlichen kortikalen Afferenzen der Regio entorhinalis: die Topographie der verschiedenen Regionen, die auf die entorhinale Region projizieren, ist angegeben. Kortikale orbitofrontale und Inselregionen projizieren auf rostrale Anteile der entorhinalen Rinde, während der Gyrus cinguli und die Felder der oberen Schläfenlappenwindung mehr mit kaudalen Regionen Verbindung haben. Die verschiedenen Felder der perirhinalen und parahippokampalen Rindenregionen projizieren gleichmäßig innerhalb der ganzen entorhinalen Rinde. Abkürzungen der verschiedenen Regionen der entorhinalen Rinde: *EO* olfaktorisches Feld; *ER* rostrales Feld; *ELr* rostral-laterales Feld; *Ei* intermediales Feld; *EC* kaudales Feld; *ELc* kaudal-laterales Feld; *ECL* kaudal-limitierendes Feld [16]

erste Anzeichen hierfür gegen Ende des 3. Monats zu sehen sind. Mögliche Störungen der Migration während dieser Zeit können durch genetische Malprogrammierung und/oder ***exogene Noxen*** zustande kommen.

> **!** In der Regio entorhinalis, die an zentraler Stelle der Informationsverarbeitung liegt, kommt es zu Fehlfunktionen, da diese sich in der normalen Entwicklungsphase während des 3.–6. Schwangerschaftsmonats nicht normal entwickelt. Hierfür können exogene und/oder endogene Einflüsse verantwortlich sein.

34.2 Migrationsstörungen in der Regio entorhinalis

Bei den kortikalen Anomalien stehen zytoarchitektonische Störungen der rostralen Regio entorhinalis im Vordergrund. Diese lassen auf Störungen der neuronalen Migration während der pränatalen Hirnentwicklung schließen

In mehreren Serien zytoarchitektonischer Studien des Temporallappens, besonders seines temporobasalen Anteil, fanden sich Malformationen, die auf pränatale Entwicklungsstörungen dieser allokortikalen Anteile des Gehirns hindeuteten. Die histologischen Untersuchungen mußten allerdings mit Nissl-Färbung und Celloidin-Einbettung vorgenommen werden, um die zytoarchitektonischen Abweichungen besonders klar hervortreten zu lassen [7, 19].

Entwicklungsstörungen der Gyration. Die Entwicklungsstörungen zeigen sich auch in einer morphologischen Störung des mittleren und unteren Gyrus temporalis, wobei die linke Hälfte in der Regel heftiger betroffen ist. Die Sulki laufen nicht in einer horizontalen Richtung, sondern sind quer von kaudal unten nach rostral oben ausgerichtet. Oft sind sie durch abnorme vertikale Einbuchtungen unterbrochen. Insgesamt sind die Gyrationsmuster auffällig plump, die Oberfläche weist nicht das gewöhnliche superfizielle Mikrorelief auf. Natürlich können Anomalien wie diese auch bei Oligophrenen verschiedener Ätiologie oder in anderen kongenitalen Störungen gefunden werden. Jedoch werden diese in den Sammlungen schizophrener Hirne auffällig häufig gesehen.

Zytoarchitektonische Veränderungen. Die Zytoarchitektur innerhalb der rostralen Regio entorhinalis, die auf dem Gyrus parahippocampalis liegt, zeigt besonders in den zentralen und lateralen Feldern ***deutliche Anomalien*** auf (Abb. 34.3). Diese bestehen aus massiven Störungen der Zytoarchitektur von Schicht II und Schicht III (pre-α und pre-β), die bei sehr starker Vergrößerung auffällig zutage treten. Die hier gemeinten Malformationen sind nicht so sehr quantitativer als ***struktureller*** Art. Im wesentlichen zeigen sich zwei grundlegende Veränderungen, nämlich bei ***fehlender Schicht pre-α*** liegen nur wenige atypische Neuronen vor, bei Typ 2 fehlen ebenfalls die insulären Formationen von pre-α, zusammen mit den oberen Regionen der Schicht pre-β erscheint die pre-α Schicht jedoch als eine ***„Doppelreihe“***. Diese besteht aus einer oberen schmalen Schicht in einer Reihe nebeneinander liegender kleiner Neurone und einer unteren Reihe dicht stehender Ansammlungen ***atypischer Neuronengruppen***, die hier normalerweise nicht vorkommen und sich von den Pyramidenzellen der Schicht pre-β deutlich abheben. Sie werden von den Autoren als ***malformierte Heterotopien*** angesehen. Bei den malformierten Heterotopien in der Schicht pre-β werden wiederum zwei sich gut abzeichnende neuronale Formationen angetroffen. Zum einen handelt es sich um ***atypische pyramidale Nervenzellen*** mit einem erheblich reduzierten Volumen, die in der Regel so dicht aneinander liegen, daß sie lichtmikroskopisch nicht voneinander zu trennen sind (Cluster). Andererseits sind in der Schicht pre-β Gruppen locker verstreuter fusiformer oder ***bipolarer Neurone*** zu sehen, die im Vergleich deutlich kleiner erscheinen und oft in Kolumnen vorkommen. Die histologisch auffallende Volumenminderung der Nervenzellen in der Schicht III bei Schizophrenen kann mit Hilfe einer computergestützten Analysemethode nachgewiesen werden. Beide neuronalen Gruppen können in verschiedenen Schnitthöhen alternierend angetroffen werden. Diese atypischen Neurone ähneln ***„jungen“ Neuronen*** [27], die in der letzten Migrationsphase gleichsam stecken geblieben sind und als ektopische Neurone nicht in der Lage waren, ihre vorbestimmten Zielpunkte in der kortikalen Schicht pre-α einzunehmen. Aus diesen Gründen dürfte es sich um eine lokal begrenzte ***Entwicklungs- und Migrationsstörung*** der rostralen Regio entorhinalis in einer späteren Phase der Entwicklung handeln (2. Trimenon).

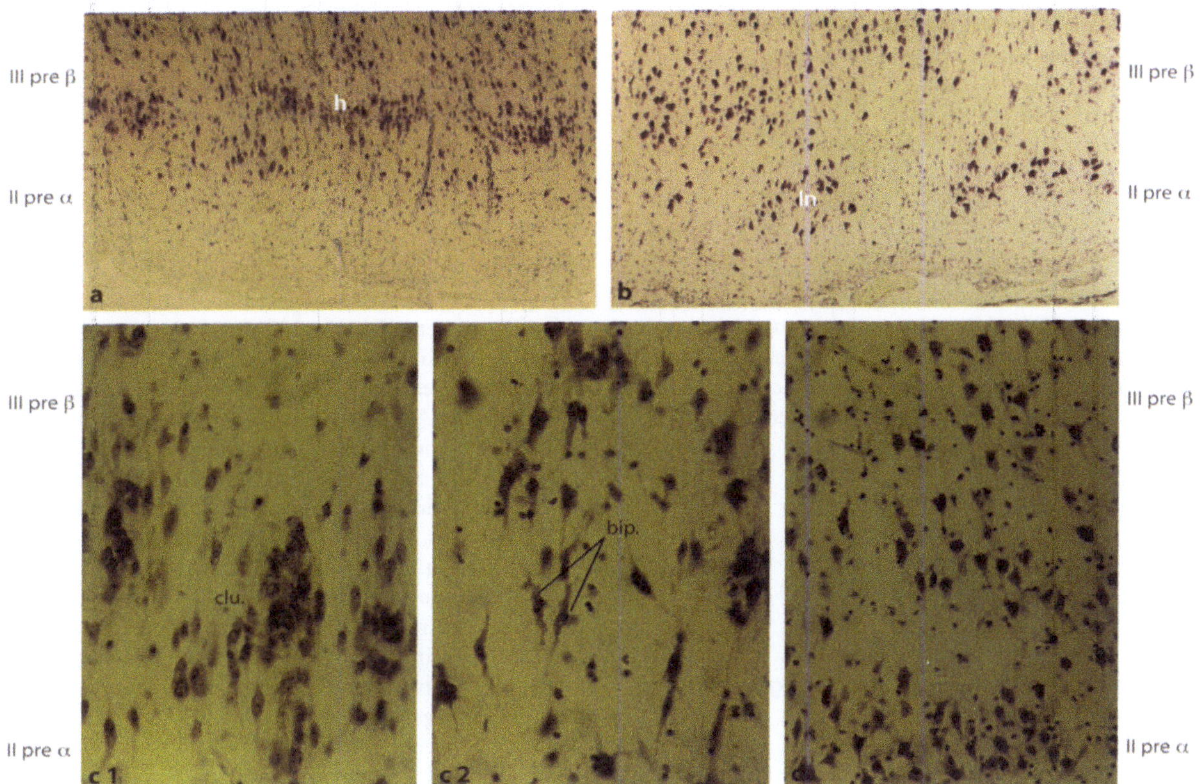

Abb. 34.3 a-d. Frontalschnitte durch den Gyrus parahippocampalis des linken Schläfenlappens. **a** Schizophrenie; rostraler Sektor der Regio entorhinalis in Schnitthöhe des rostralen Anteils des Nucleus amygdalae. Schwach entwickelte Rindenschichten und gestörte Struktur der oberen Schichten II pre-α und III pre-β; *h* heterotope Malformationen; Nissl (20 μ) 25 fach. **b** Kontrollfall mit normaler Zytoarchitektur in gleicher Schnitthöhe; Schichten II-III der Regio entorhinalis; *In* Insel von normalen Nervenzellen; Nissl (20 μ) 25 fach. **c1** und **c2** Ausschnitte der oberen Schichten des Falles **a** mit den Schichten II pre-α und III pre-β; die insuläre Formation der Schicht II pre-α ist nicht regulär angelegt; heterotope Gruppen *(clu)* und numerische Verminderung von Nervenzellen in der Schicht III pre-β; Volumenminderung von wahrscheinlich unreifen Neuronen; *bip* bipolare Kolumnen; Nissl (20 μ) 125 fach. **d** Ausschnitt der oberen Schichten II pre-α und III pre-β der Kontrolle **b**; Nissl (20 μ) 125 fach

Zytoarchitektonische Störungen als Audruck einer pränatalen Entwicklungsstörung in der Regio entorhinalis können daher wegen ihrer zentralen Bedeutung für die intrazerebrale Informationsverarbeitung sehr wohl das ***morphologische Substrat*** eines großen Teils psychopathologischer Phänomene sein, die uns bei den endogenen Psychosen begegnen.

Die Stammganglien sind bei Schizophrenen größer, die Neuronenzahlen sind auf der rechten Seite erhöht. Dies ist als Kompensation gestörter Hirnentwicklung zu deuten

Volumetrie. In einer Studie fand sich eine signifikante Vergrößerung des ***relativen Striatumvolumens*** (Volumendichte) in einer sorgsam angeglichenen Gruppe Schizophrener auf beiden Seiten sowohl im Putamen als auch im Nucleus caudatus und Nucleus accumbens [8]. Bemerkenswerterweise korreliert das Volumen des Striatums signifikant mit dem Volumen der jeweiligen Hemisphäre. Das insgesamt ***geringere Hemisphärenvolumen*** bei Schizophrenen im Vergleich zu normalen Kontrollen ist nicht mehr umstritten. Betrachtet man, wie bisher geschehen, isoliert lediglich das absolute Striatumvolumen, so ist dieses bei beiden Gruppen gleich. Die diskrepanten volumetrischen Befunde verschiedener Untersucher, die das absolute Volumen des Striatums nicht mit der identischen Hemisphäre in Beziehung setzten, können so erklärt werden.

Neuronenzahlen im Striatum. Die Gliazahlen in der Striatumformation sind rechts und links exakt gleich. Bei Auszählung der Neuronenzahlen finden sich allerdings hochsignifikante ***Vermehrungen*** auf der rechten ($p < 0{,}01$) (Abb. 34.4) und tendenziell auch auf der linken Seite. Der Gliaindex ist auf keiner Seite signifikant verschieden. Diese Befunde weisen auf eine ***verminderte Apoptose*** während der Hirnentwicklung hin, die wir als Kompensation für die oben beschriebene Malformation der Regio entorhinalis interpretieren. Entsprechende Vorgänge lassen sich ohne weiteres beim Tier produzieren [23].

Neuronale Strukturanomalien der Lamina V- und VI-Pyramidenzellen im orbitofrontalen Kortex bei Schizophrenen

Malformationen in der Orbitofrontalregion. Auch in der Orbitofrontalregion erhoben Senitz und Winkelmann [28] neuropathologische Befunde in den Areae 10 und 11 nach Brodmann. Mit der Darstellung der Neurone in ihrer Gesamtstruktur können besonders auffallende ungewöhnliche Formen beschrieben werden:

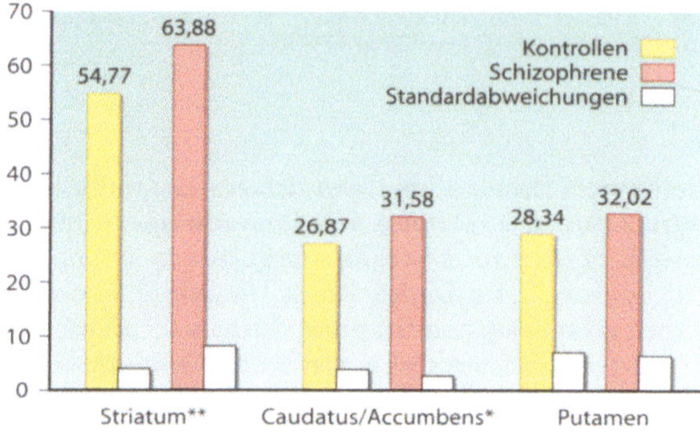

Abb. 34.4. Durchschnittliche Werte mit Standardabweichungen *(weiße Säulen)* der absoluten Neuronenzahl des Corpus striatum, Nucleus accumbens/Nucleus caudatus und des Putamen (in Mill.) bei Kontrollen *(gelbe Säulen)* und Schizophrenen *(rosa Säulen)*. Statistisch signifikante p-Werte des t-Tests sind durch Sterne gekennzeichnet *(rechte Seite)*

1. in der Schicht VI sogenannte „***Dreickeckszellen***", die gegenüber den Kontrollen vermehrt und irregulär angeordnet vorkommen;
2. in der Schicht V viele Pyramidenzellen mit ***gabelförmig verzweigten Hauptdendriten***, die bis in die Schicht II verfolgt werden können (Abb. 34.5). Eine derartige Dendritenverdoppelung ist nur als Veränderung während der Rindenentwicklung denkbar;
3. in der Schicht III finden sich Formen von Pyramidenzellen mit relativ ***dicken Dendriten*** und ***atypisch langen***, ungewöhnlich geformten und großen ***Spines*** (Synapsen). Die Anzahl der Spines ist signifikant gegenüber Kontrollen erhöht. Sie können an einer größeren Anzahl von Pyramidenzellen gefunden werden. Sie liegen büschelförmig am Hauptdendriten, bestehend aus mehreren gegabelten Spineköpfen. Bei diesen Neuronen handelt es sich um gewöhnliche Formen, die als ***plastische Veränderungen*** im Bereich des Dendritenstammes anzusehen sind [14]. Man interpretiert sie als Ausdruck einer veränderten Funktion. Da diese Region ganz eng mit der rostralen Rinde verbunden ist, könnte es sich um ein von der Entorhinalismißbildung abhängiges entwicklungsbedingtes Geschehen während der ***Migrationsphase*** handeln. Auch hier wieder sind sowohl parallel laufende ***diskrete Störungen*** während der Entwicklung als auch sekundäre

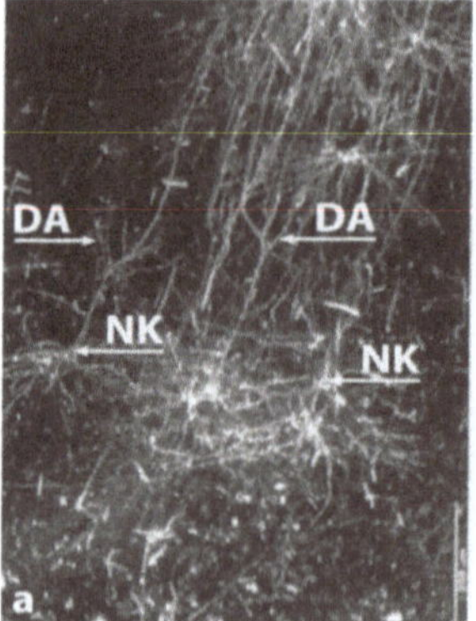

Abb. 34.5 a,b. Schizophrenie. Präfrontalkortex des Menschen. Konfokalmikroskopie. **a** Übersicht; Gruppe anomaler Pyramidenzellen der Rindenschicht V. Deutlich sichtbar die anomale Aufgabelung der Hauptdendriten. Darstellung mit dem Fluoreszenzfarbstoff DiI*. Dieser lipophile Farbstoff dringt postmortal durch die Zellmembran und stellt dadurch die Nervenzellen mit allen Dendriten und des axonalen Aufzweigungsfeldes dar. **b** Einzelne anomale Pyramidenzelle. Abkürzungen: *DA* anomale Dendritenaufgabelungen; *NK* Nervenzellkörper. * DiI = 1,1'-dioctadecyl-3,3,3',3-tetramethylindocyanine perchlorate

Kompensationseffekte mit plastischen Veränderungen im Bereich pyramidaler Neuronen der Schicht III festzustellen (Tabelle 34.1).

Das Gehirn Schizophrener enthält verschiedenartige, charakteristische Veränderungen, die als Mißbildungen während der pränatalen Entwicklungszeit des Gehirns aufgefaßt werden.

34.3 Exogene Einflüsse

Epidemiologische Befunde deuten auf eine mögliche Schädigung des zentralen Nervensystems während des 2. Trimenons der Gestationszeit hin

Epidemiologische Untersuchungen. Verschiedene epidemiologische Befunde weisen ebenfalls auf eine Störung der Hirnentwicklung während des 5. pränatalen Entwicklungsmonats hin. Die gut etablierte Befundlage hinsichtlich einer ***höheren Inzidenz*** schizophrener Geburten ***in der Frühjahrszeit*** bezieht sich im wesentlichen auf die kaum oder nicht erblichen Formen von Schizophrenien, die stark destruktiv und chronisch verlaufen, während die genetisch stark belasteten Formen eher ein ***Geburtendefizit*** während der Frühjahrsmonate zeigen (Tabelle 34.2). Der 4. und 5. Gestationsmonat liegt in diesem Fall im November/Dezember und prädisponiert zu ***Viruserkrankungen*** aller Art, nicht nur für ***Influenza*** A. Hierüber gibt es eine bedeutende Literatur, die den Zusammenhang zwischen Viruserkrankung der Mutter im 2. Trimenon und später auftretender Schizophrenie belegt. Mednick et al. [24] fanden eine höhere Inzidenz schizophren Erkrankter, die von Müttern geboren worden waren, die ***Influenza A2*** während des 2. Trimenons durchgemacht hatten. Ähnliche Befunde stammen von O'Callaghan et al. [26] und Kendell und Kempf [21]. Negative Befunde kommen lediglich aus zwei Untersuchungen, die in ländlichen Gegenden mit geringer Populationsdichte vorgenommen wurden.

Andere Klassifikationen deuten auf beachtliche Unterschiede im Einfluß Genetik/Umwelt hin.

Die ursprünglich von Mednick vorgelegten Befunde konnten von uns im Prinzip reproduziert werden, wobei wir neben dem weltweit benutzten Konzept der Schizophrenie eine subtile Klassifikation nach Kleist-Leonhard anwendeten, die schizophrene Erkrankungen in ***systematische*** (gering erbliche) und ***unsystematische*** (stark hereditäre) Formen unterteilt [30]. Bei Anwendung dieser nosologischen Differenzen ergaben sich bemerkenswerte Unterschiede! Fast die Hälfte der Mütter mit Kindern, die später an einer ***nicht-erblichen Form*** von Schizophrenie erkrankten, hatten eine ***virale Infektion*** während des 5. Monats ihrer Schwangerschaft. Im

Tabelle 34.1. Studien, die auf pränatale Störungen der Zellmigration im Kortex Schizophrener und Manisch-Depressiver hinweisen. *n*: Schizophrene/Kontrollen

Autoren	n	Befunde
Jakob und Beckmann [17]	64/10	Störungen der Zellmigration im limbischen Allokortex (Regio entorhinalis)
Kovelman und Scheibel [22]	10/8	Desorientierung der Pyramidenzellen im Hippokampus
Jakob und Beckmann [18]	76/16	Störungen der Zellmigration in der Regio entorhinalis, Störungen der Zytoarchitektonik der Insel
Falkai et al. [12]	13/11	Zellverlust und Heterotopien in der Regio entorhinalis
Arnold et al. [3]	6/16	Zytoarchitektonische Störungen in der Regio entorhinalis
Benes et al. [10]	10/9	Verminderte Neuronenzahl in Lamina II (präfrontal), V (Gyrus cinguli) und III (motorischer Kortex)
Beckmann und Jakob [6]	4/4	Störungen der Zellmigration und der rostralen Regio entorhinalis bei manisch-depressiven Patienten
Akbarian et al. [1, 2]	5/5	Störungen der Zellmigration im Temporallappen und im präfrontalen Kortex
Jakob und Beckmann [19]	5/5	Heterotope Malformationen in der Regio entorhinalis
Arnold et al. [4]	8/8	Abnorme Zytoarchitektur des entorhinalen Kortex

Tabelle 34.2. Studien über die saisonale Geburtenhäufung Schizophrener im Zusammenhang mit Infektionserkrankungen der Mutter während des 2. Gestationstrimenons

Autoren	n	Geburtsjahrgänge	Häufung von Geburten später schizophren Erkrankender	Art der Infektion	Kritische Zeit der Schwangerschaft
Watson et al. [32]	3246	1915–1959	Dezember - Mai	Diphterie Pneumonie Influenza	Keine
Torrey et al. [31]	7526	1920–1955	März - Mai	Masern Varizellen Poliomyelitis Influenza	5.–7. Monat
Barr et al. [5]	7231	1911–1950	Unabhängig von Jahreszeit (Geburt 3 Monate nach Erkrankung)	Influenza	6. Monat
Sham et al. [29]	14830	1939–1960	März - Juni Januar - März	Influenza	3.–7. Monat
Franzek und Beckmann [13]	1299	1900–1965	Februar - Mai	Unspezifische Bronchitis (Virusinfektion)	5.–6. Monat

Gegensatz hierzu war das Vorkommen infektiöser Erkrankungen während der Gestationszeit im Vergleich von Müttern, die später schizophren werdende Kinder geboren hatten, und solchen, die gesunden Nachwuchs hatten, gleich (Abb. 34.6). Hierbei ist zu erwähnen, daß Embryos mit einem erhöhten genetischen Risiko für Geisteskrankheiten häufiger Anlaß zu ***Aborten*** geben, ***totgeboren*** werden oder einen ***plötzlichen Kindstod*** erleiden, besonders wenn zusätzlich toxische Umwelteinflüsse in der kritischen Zeit der Gestation auftreten.

Ein Zusammenwirken genetischer und toxischer Einflüsse während der Gestationszeit bewirkt eine Vulnerabilität für „endogene" Psychosen

Nimmt man alle bisher vorliegenden Fakten zusammen, so weisen diese auf ***genetische*** oder ***toxische*** Einflüsse, wie z. B. Virusinfektionen, die den Fötus während des ***zweiten Trimenons*** schädigen, hin. Diese bewirken zytoarchitektonische Fehlentwicklungen besonders in ***allokortikalen Strukturen*** wie der ***Regio entorhinalis***, aber auch dem ***Orbitofrontalhirn***. Dies kann nur teilweise durch eine niedrigere Apoptoserate in der späteren Entwicklung, z. B. in striatalen Strukturen, kompensiert werden.

Fehlentwicklungen dieser Art können durchaus ***Vulnerabilitätsfaktoren*** darstellen, die die Grundlage dafür bieten, daß Reifungsprozesse oder Stressoren während der Pubertät und/oder Umwelteinflüsse zur Manifestation psychiatrischer Erkrankungen im Jugend- und Erwachsenenalter führen.

Bildgebende Verfahren sowie neuropathologische Untersuchungen decken sowohl subkortikale als auch kortikale Veränderungen im Gehirn Schizophrener auf. Neben einer Vergrößerung der Stammganglien sind zytoarchitektonische Störungen der rostralen Regio entorhinalis sowie dem orbitofrontalen Kortex zu nennen. Diese können nur auf Störungen der neuronalen Entwicklung des Gehirns zurückgeführt werden. Aus diesen können Veränderungen der Verarbeitung und Filterung von Informationen exogener und endogener Art resultieren. Epidemiologische Befunde, die auf Schädigungen des zentralen Nervensystems während des 2. Trimenons hindeuten, interagieren mit den morphologischen und bilden das Substrat für „endogene" Psychosen.

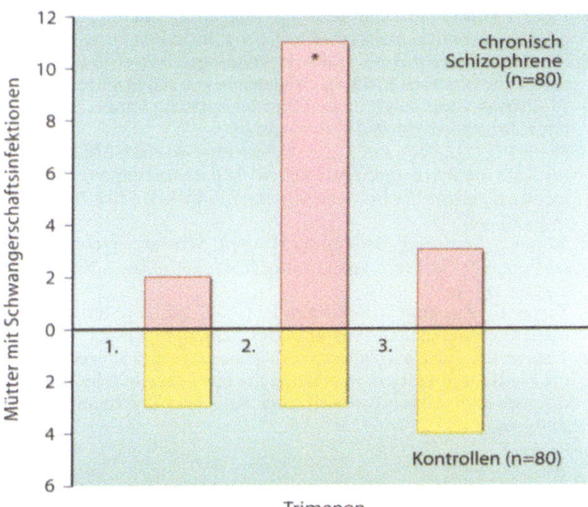

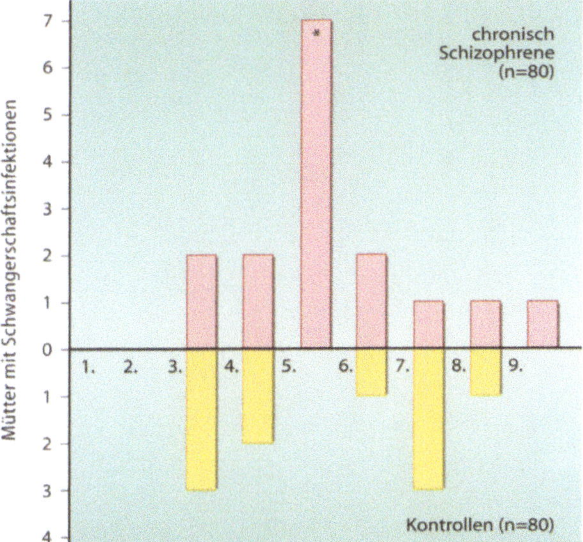

Abb. 34.6. Zahl der Mütter schizophrener Patienten (DSM-III-R) und Gesunder und Verteilung nach Trimenon oder Schwangerschaftsmonat. In der Gruppe der Schizophrenen ist die Inzidenz mütterlicher Infektionen im 2. Trimenon signifikant höher ($p < 0,05$) als im 1. oder im 3. Trimenon. Sieben von 16 Infektionen ereigneten sich im 5. Schwangerschaftsmonat ($p < 0,02$). Mütter ohne schizophrenen Nachwuchs wiesen keine gehäuften Infektionskrankheiten im 2. Trimenon bzw. 5. Gestationsmonat auf

34.4 Literatur

1. Akbarian S, Bunney WE, Potkin SG, Wigal SB, Hagman JO, Sandman CA, Jones EG (1993 a) Altered distribution of nicotinamide-adenine dinucleotide phosphate-diaphorase cells in frontal lobe of schizophrenics implies disturbances of cortical development. Arch Gen Psychiatry 50:169–177
2. Akbarian S, Vinuela A, Kim JJ, Potkin SG, Bunney WE, Jones EG (1993 b) Distorted distribution of nicotinamide-adenine dinucleotide phosphate-diaphorase neurons in temporal lobe of schizophrenics implies anomalous cortical development. Arch Gen Psychiatry 50:178–187
3. Arnold SE, Hyman BT, van Hoesen GW, Damasio AR (1991) Some cytoarchitectural abnormalities of the entorhinal cortex in schizophrenia. Arch Gen Psychiatry 48: 625–632
4. Arnold SE, Ruscheinsky DD, Han LY (1997) Further evidence of abnormal cytoarchitecture of the entorhinal cortex using spatial point pattern analyses. Biol Psychiatry 42:639–647
5. Barr CE, Mednick SA, Munk-Jorgensen P (1990) Exposure to influenza epidemics during gestation and adult schizophrenia. A 40 year study. Arch Gen Psychiatry 47:869–874
6. Beckmann H, Jakob H (1991) Prenatal disturbances of nerve cell migration in the entorhinal region: a common vulnerability factor in functional psychoses? J Neural Transm [Gen-Sect] 84:155–164
7. Beckmann H, Jakob H (1994) Pränatale Entwicklungsstörungen von Hirnstrukturen bei schizophrenen Psychosen. Nervenarzt 65:454–463
8. Beckmann H, Lauer M (1997) The human striatum in schizophrenia. II. Increased number of striatal neurons in schizophrenics. Psychiatr Res: Neuroimaging Section 68:99–109
9. Benes FM, Bird ED (1987) An analysis of the arrangement of neurons in the cingulate cortex of schizophrenic patients. Arch Gen Psychiatry 44: 608–616
10. Benes FM, McSparren J, Bird ED, SanGiovanni JP, Vincent SL (1991) Deficits in small interneurons in prefrontal and cingulate cortices of schizophrenic and schizoaffective patients. Arch Gen Psychiatry 48:996–1001
11. Bogerts B, Meertz E, Schönfeldt-Bausch R (1985) Basal ganglia and limbic system pathology in schizophrenia: a morphometric study of brain volume and shrinkage. Arch Gen Psychiatry 42: 784–791
12. Falkai P, Bogerts B, Rozumek M (1988) Limbic pathology in schizophrenia: the entorhinal region – a morphometric study. Biol Psychiatry 24:515–521
13. Franzek E, Beckmann H (1992) Season-of-birth reveals the existence of etiologically different groups of schizophrenia. Biol Psychiatry 32:375–378
14. Geinisman Y, Morrell F, de Toledo-Morrell L (1989) Perforated synapses on double-headed dendritic spines: a possible structural substrate of synaptic plasticity. Brain Res 480:326–329
15. Humphrey T (1966) The development of the human hippocampal formation correlates with some aspects of its phylogenetic history. In: Hassler R, Stephan H (eds) Evolution of the forebrain. Thieme, Stuttgart, pp 104–116
16. Insausti R, Amaral DG, Cowman WM (1987) The entorhinal cortex of the monkey. II. Cortical afferents. J Comp Neurol 264:356–395
17. Jakob H, Beckmann H (1984) Clinical neuropathological studies of developmental disorders in the limbic system in chronic schizophrenia. In: Schizophrenia: an integrative view. XIV Congress CINP. Ricerca Scientifica Educazione Permanente [Suppl] 39:81

18. Jakob H, Beckmann H (1986) Prenatal developmental disturbances in the limbic allocortex in schizophrenics. J Neural Transm 65: 303–326
19. Jakob H, Beckmann H (1994) Circumscribed malformation and nerve cell alterations in the entorhinal cortex of schizophrenics. J Neural Transm [GenSect] 98: 83–106
20. Kahle W (1969) Die Entwicklung der menschlichen Großhirnhemisphäre. Springer, Berlin
21. Kendell RE, Kempf IW (1989) Maternal influenza in the etiology of schizophrenia. Arch Gen Psychiatry 46:878–882
22. Kovelman JA, Scheibel AB (1984) A neurohistological correlate of schizophrenia. Biol Psychiatry 19:1601–1619
23. Loopuijt, LD, Villablanca RJ (1993) Increase in size of the caudate nucleus of the cat after a prenatal neocortical lesion. Dev Brain Res 71:59–68
24. Mednick SA, Machon RA, Huttunen MO, Bonett D (1988) Adult schizophrenia following prenatal exposure to an influenza epidemic. Arch Gen Psychiatry 45:189–192
25. Nieuwenhuys R, Voogd J, van Huijzen C (1988) The human central nervous system, 3. Aufl. Springer, Berlin Heidelberg New York
26. O'Callaghan E, Gibson T, Colohan HA, Walshe D, Buckley P, Larkin C, Waddington JL (1991) Season of birth in schizophrenia. Evidence for confinement of an excess of winter births to patients without a family history of mental disorder. Br J Psychiatry 158:764–769
27. Rakic P (1988) Defects of neuronal migration and the pathogenesis of cortical malformations. Prog Brain Res 73:15–37
28. Senitz D, Winkelmann E (1981) Morphologische Befunde in der orbitofrontalen Rinde bei Menschen mit schizophrenen Psychosen. Eine Golgi- und elektronenoptische Studie. Psychiatr Neurol Med Psychol (Leipz) 33:1–9
29. Sham PC, O'Callaghan E, Takei N, Murray GK, Hare EH, Murray RM (1992) Schizophrenia following prenatal exposure to influenza epidemics between 1939 and 1960. Br J Psychiatry 160:461–466
30. Stöber G, Franzek E, Beckmann H (1994) Schwangerschaftsinfektionen bei Müttern von chronisch Schizophrenen. Nervenarzt 65: 175–182
31. Torrey EF, Rawlings R, Waldman IN (1988) Schizophrenic birth and viral diseases in two states. Schizophr Res 1:73–77
32. Watson CG, Kucala T, Tilleskjor C, Jacobs L (1984) Schizophrenic birth seasonality in relation to the incidence of infectious diseases and temperature extremes. Arch Gen Psychiatry 41:85–95

35 Schlafstörungen

J. Zulley und P. Geisler

EINLEITUNG

Fall 1. Die 29jährige Krankenschwester berichtet, daß sie seit etwa 4 Jahren an zunehmender Tagesmüdigkeit leide. Sie sei schon in den unmöglichsten Situationen eingeschlafen, z. B. während des Essens, aber auch in Übergabebesprechungen. In letzter Zeit habe sie in der Arbeit immer wieder Fehler gemacht, die auf Unkonzentriertheit und Übermüdung zurückzuführen seien, so habe sie sogar eine Spritze der falschen Patientin verabreicht. Sie schlafe regelmäßig 8 Stunden pro Nacht, ihr Schlaf sei gut, und sie träume viel. Auf gezielte Nachfrage gibt sie an, daß ihr seit einigen Monaten bei Freude und Überraschung manchmal für einige Sekunden die Beine einknicken. Der allgemeinkörperliche, neurologische und psychopathologische Befund sind unauffällig. Im EEG zeigen sich Vigilanzschwankungen (Abflachung und Theta-Wellen), die übrigen Zusatzbefunde (CCT, NMR, Doppler, evozierte Potentiale) sind völlig unauffällig. In der Schlafpolygraphie zeigt sich eine Einschlaflatenz von 1,5 Minuten, die erste REM-Periode beginnt 4 Minuten nach dem Einschlafen. Es handelt sich um eine Narkolepsie mit den Symptomen Einschlafattacken, automatische Handlungen und Kataplexien. Die frühe REM-Periode in der Schlafpolygraphie sichert die Diagnose.

Fall 2. Der 41jährige Monteur klagt über nachlassende Leistungsfähigkeit, er werde schon vormittags müde. Bei längeren Autofahrten habe er Mühe, sich wach zu halten. Nachts wache er häufig naßgeschwitzt auf. Am Morgen fühle er sich wie gerädert und habe Kopfschmerzen und einen trockenen Hals. Den Alkoholkonsum habe er völlig eingestellt, da es dadurch noch schlechter werde. Die Beschwerden hätten angefangen, nachdem er das Rauchen aufgehört und deshalb um 15 kg zugenommen habe. Seine Ehefrau gibt an, daß er heftig schnarche und immer wieder bis zu einer halben Minute mit dem Atmen aussetze, so daß sie Angst habe, er würde ersticken. Körperlicher Befund: Adipositas (114 kg bei 180 cm Körpergröße), Rachen gerötet, lange, schlaffe Uvula; Herz und Lunge frei, RR 170/105. In der Schlafpolygraphie finden sich in einer Nacht 240 obstruktive Apnoen mit bis zu 60 Sekunden Dauer (Apnoe-Index 32/h Schlaf), minimale O_2-Sättigung 73 %. Bereits nach der ersten Nacht mit einem nCPAP- („nasal continuous positive airway pressure") Gerät (8 mbar) war die Müdigkeit wesentlich geringer, und innerhalb einiger Tage erreichte der Patient wieder seine frühere Leistungsfähigkeit. Auch die übrigen genannten Beschwerden klangen ab, und er schnarchte nicht mehr. Ihm wurde ein nCPAP-Gerät verordnet, das er seitdem jede Nacht verwendet. Diagnose: obstruktive Schlaf-Apnoe.

35.1 Schlafregulation und Schlafstörungen

Der Schlaf ist integraler Bestandteil eines kontinuierlichen Ruhe-Aktivitäts-Wechsels; als aktiver Zustand ermöglicht er Regenerationsvorgänge in einem Zeitraum, der für Leistungsfunktionen ineffektiv ist

Der normale Schlaf ist gekennzeichnet durch mehrere rhythmische Strukturen [4]. Der Schlaf ist eingebunden in einen tagesperiodischen (zirkadianen) Wechsel von Schlafen und Wachen und auch innerhalb des Schlafes zeigt sich ein 90minütiger Wechsel in seiner Schlafstruktur. Ein weiteres Charakteristikum des Schlafes ist sein homöostatisch regulierter Anteil an Tiefschlaf (SWS), der in Abhängigkeit von der Dauer der vorhergehenden Wachzeit vorwiegend in der ersten Hälfte der Schlafzeit auftritt.

Der ***Schlaf-Wach-Rhythmus*** ist integraler Bestandteil einer ***zirkadianen Periodik.*** Diese rhythmische Struktur findet sich in praktisch allen Funktionen lebender Organismen wieder [12]. Die Regulation erfolgt durch ein endogenes Steuerungssystem, welches im Sinne „innerer Uhren" oder „Oszillatoren" diese ca. 24stündige Periodik erzeugt. Durch externe Zeitgeber werden diese Rhythmen mit unserem natürlichen Tag-Nacht-Wechsel synchronisiert. Als wesentlicher Zeitgeber für den Menschen hat sich helles Licht (> 2.500 Lux) erwiesen. Diese Regulation erfolgt über die Retina, von der die Lichtinformation über den retinohypothalamischen Trakt zum ***Nucleus suprachiasmaticus*** im Hypothalamus weitergeleitet wird (Abb. 35.1). Von dort wird bei einer Mindesthelligkeit von 2.500 Lux eine Information an das Pinealorgan weitergegeben, welches die Unterdrückung der Ausschüttung des Hormons ***Melatonin*** zur Folge hat [13].

Die Ausschüttung von Melatonin kann somit als Interface zwischen den äußeren Lichtbedingungen (Tag – Nacht) und dem inneren Funktionszuständen des Organismus gesehen werden. Der Schlaf ist eingebunden in dieses System, spielt aber eine eher passive Rolle, da das zirkadiane System Zeitpunkte erhöhter Schlafbereitschaft vorgibt.

Die Schlafstruktur selbst wird durch Messung des Elektroenzephalogramms ***(EEG)***, Elektrookulogramms ***(EOG)*** und des Elektromyogramms ***(EMG)*** erfaßt [10]. Die wesentliche Unterteilung des Schlafes in verschiedene Schlafstadien ist durch den zyklischen Wechsel von Schlafphasen mit synchronisierten und desynchronisiertem EEG in REM und NREM-Schlaf gekennzeichnet. Der NREM-Schlaf beinhaltet den für die Erholung wohl bedeutsamen Tiefschlaf (SWS), der überwiegend in der ersten Schlafhälfte auftritt (Abb. 35.2).

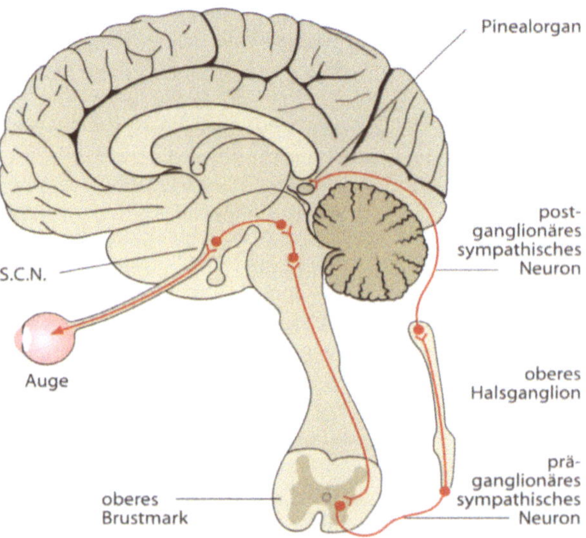

Abb. 35.1. Weitergabe der Lichtinformation über die Retina, den retinohypothalamischen Trakt zum Nucleus suprachiasmaticus *(SCN)*. Bei genügender Lichtintensität (> 2500 Lux) erfolgt Suppression der Melatoninausschüttung aus dem Pinealorgan [13]

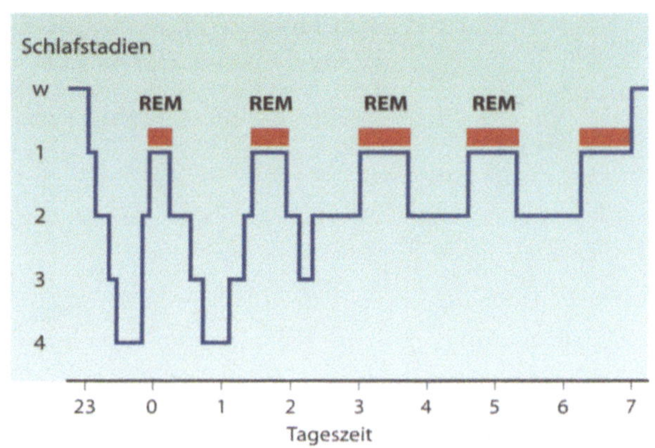

Abb. 35.2. Ungestörter Verlauf der Schlafstadien über eine Nacht (schematisch) mit den Schlafstadien 1, 2, 3, 4 und REM

Tabelle 35.1. Diagnostische Klassifikation der Schlafstadien nach der Internationalen Klassifikation der Schlafstörungen (ICSD) [9]

1. **Dyssomnien**
- **Intrinsische Schlafstörungen**
  - psychophysiologische Insomnie
  - Fehlbeurteilung des Schlafs
  - idiopathische Insomnie
  - Narkolepsie
  - rezidivierende Hypersomnie
  - idiopathische Hypersomnie
  - obstruktives Schlafapnoe-Syndrom
  - zentrales Schlafapnoe-Syndrom
  - zentrales alveoläres Hypoventilationssyndrom
  - periodische Bewegungen der Gliedmaßen
  - Restless-legs-Syndrom
- **Extrinsische Schlafstörungen**
  - inadäquate Schlafhygiene
  - umweltbedingte Schlafstörung
  - höhenbedingte Schlafstörung
  - anpassungsbedingte Schlafstörung
  - Schlafmangelsyndrom
  - Schlafstörung aufgrund mangelnder Schlafdisziplin
  - Einschlafstörung durch Fehlen des gewohnten Schlafrituals
  - Insomnie bedingt durch Nahrungsmittelallergie
  - Schlafstörung bedingt durch nächtliches Essen oder Trinken
  - Schlafstörung bei Hypnotikaabhängigkeit
  - Schlafstörung bei Stimulanzienabhängigkeit
  - alkoholinduzierte Schlafstörung
  - toxisch induzierte Schlafstörung
- **Störung des zirkadianen (Schlaf)Rhythmus**
  - Schlafstörung bei Zeitzonenwechsel (Jet-Lag)
  - Schlafstörung bei Schichtarbeit
  - unregelmäßiges Schlaf-Wach-Muster
  - verzögertes Schlafphasensyndrom
  - vorverlagertes Schlafphasensyndrom
  - Schlaf-Wach-Störung bei Abweichung vom 24-Stunden-Rhythmus

2. **Parasomnien**
- **Aufwachstörungen (Arousal-Störungen)**
  - Schlaftrunkenheit
  - Schlafwandeln
  - Pavor nocturnus
- Störungen des Schlaf-Wach-Übergangs
  - Schlafstörungen durch rhythmische Bewegung
  - Einschlafzuckungen
  - Sprechen im Schlaf
  - nächtliche Wadenkrämpfe
- **REM-Schlaf-assoziierte Parasomnien**
  - Alpträume
  - Schlaflähmung
  - Beeinträchtigung der Erektionen im Schlaf
  - schmerzhafte Erektionen im Schlaf
  - REM-Schlaf-abhängige Asystolie (Sinus-Arrest)
- **Andere Parasomnien**
  - Bruxismus
  - Enuresis nocturna
  - schlafbezogenes abnormales Schlucksyndrom
  - nächtliche paroxysmale Dystonie
  - Syndrom des ungeklärten plötzlichen nächtlichen Todes
  - primäres Schnarchen
  - kindliche Schlafapnoe
  - angeborenes zentrales Hypoventilationssyndrom
  - plötzlicher Kindstod

3. **Schlafstörungen bei körperlichen/psychiatrischen Erkrankungen**
- **Bei psychischen Störungen**
  - Psychosen
  - affektive Störungen
  - Angststörungen
  - Panikstörung
  - Alkoholismus
- **Bei neurologischen Erkrankungen**
  - degenerative Hirnerkrankungen
  - Demenz
  - Parkinsonismus
  - letale familiäre Insomnie
  - schlafbezogene Epilepsie
  - Status epilepticus im Schlaf
  - schlafbezogene Kopfschmerzen
- **Bei anderen körperlichen Erkrankungen**
  - Schlafkrankheit/Trypanosomiasis (afrikanische Schlafkrankheit)
  - nächtliche kardiale Ischämie
  - chronische obstruktive Lungenerkrankung
  - schlafbezogenes Asthma
  - schlafbezogener gastroösophagialer Reflux
  - peptisches Ulkus
  - Fibrositis-Syndrom

Schlafstörungen sind objektive oder subjektive Veränderungen des normalen Schlafablaufs oder verstärkte Tagesmüdigkeit, die als störend oder beeinträchtigend erlebt werden [6]. Schlafstörungen können externe oder interne Auslöser haben. Sie sind gekennzeichnet durch Abweichungen von der oben dargestellten Abfolge der Schlafstadien, die sich vor allem durch einen Zerfall des rhythmischen Prozesses mit einem vermehrten Anteil an Wachphasen und somit verkürztem Gesamtschlaf, aber auch durch vermehrten Schlaf am Tage ausdrückt.

Zu den extern verursachten ***(extrinsischen) Störungen*** gehören sowohl durch Lärm, mangelnde Schlafhygiene, aber auch durch Substanzen induzierte Schlafstörungen. Intern verursachte ***(intrinsische) Störungen*** sind vor allem psychisch oder körperlich bedingte Störungen.

Es existieren verschiedene Klassifikationssysteme von Schlafstörungen. Das derzeit gebräuchlichste stellt die International Classification of Sleep Disorders (ICSD) dar [9] (Tabelle 35.1). Dieses System unterscheidet zwischen ***Dyssomnien*** (Insomnien, Hypersomnien mit internen oder externen Auslösern, Störungen der zirkadianen Schlafrhythmik), ***Parasomnien*** (Begleitstörungen während des Schlafes) und ***Schlafstörungen bei körperlich/psychiatrischen Erkrankungen***.

> **!** Der gesunde Schlaf ist Bestandteil eines tagesperiodischen Prozesses und weist selbst einen charakteristischen Ablauf verschiedener Schlafstadien auf. Schlafstörungen werden üblicherweise unterschieden nach Dyssomnien (zirkadiane Rhythmusstörungen, Insomnien und Hypersomnien), Parasomnien und Schlafstörungen bei körperlich/psychiatrischen Erkrankungen.

35.2 Störungen des zirkadianen Rhythmus

Beeinträchtigungen des Schlafes können aus einer Störung der zirkadianen Periodik entstehen; diese kann ihre Zykluslänge verändern, zeitlich verschoben oder deutlich reduziert sein

Störungen des Schlafs bei Veränderungen der biologischen Periodik werden in den gängigen Diagnosekriterien mit ***Störungen des zirkadianen Rhythmus*** berücksichtigt. Gekennzeichnet ist die Störung durch eine, gegenüber dem Normalzustand veränderte Phasenbeziehung zwischen dem zirkadianen System einerseits und dem Schlaf-Wach- bzw. Tag-Nacht-Wechsel andererseits. In anderen Worten: Der Schlaf findet zur falschen Zeit statt (Abb. 35.3). Näher aufgeschlüsselt wird dies in das vorverlagerte Schlafphasensyndrom, verzögerte Schlafphasensyndrom, unregelmäßige Schlaf-Wachmuster, die Schlafstörungen bei Schichtarbeit und Schlafstörung bei Zeitzonenwechsel.

Das ***vorverlagerte Schlafphasensyndrom*** besteht in einer Unfähigkeit, abends bis zum gewünschten Zeitpunkt wach zu bleiben. Das verfrühte Zu-Bett-Gehen (ca. 19 Uhr) entspricht dem starken Schlafbedürfnis des Betroffenen zu dieser Zeit. Am frühen Morgen erwacht der Patient und kann dann nicht wieder einschlafen. Der Schlaf kann ausreichend sein, ausschlaggebend ist der deutlich verfrühte Zeitpunkt des Zu-Bett-Gehens und Aufstehens.

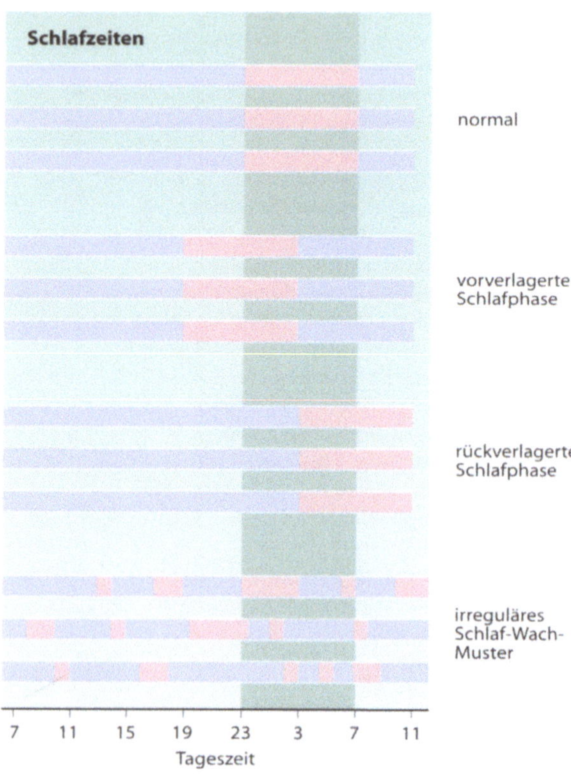

Abb. 35.3. Schema der Verteilung von Wachen *(blau)* und Schlafen *(rot)* bei den verschiedenen Störungen des zirkadianen Rhythmus. Angegeben ist die Lage der Schlafphasen (vorverlagert, verzögert, unregelmäßig)

Aus chronobiologischer Sicht ist als Grundlage des vorverlagerten Schlafphasensyndroms eine Verkürzung der zirkadianen Periodik (z. B. Körpertemperatur und Kortisol) anzusehen. Dies drückt sich im 24-Std.-Tag in einer Vorverlagerung der Rhythmen und somit in einem verfrühten Schlaf aus. Es kann von einem Extremtyp der „Lerche" gesprochen werden. Für diese Morgentypen konnten ähnliche Rhythmusveränderungen gefunden werden, die jedoch nicht als Schlafstörung gewertet werden.

Beim ***verzögerten Schlafphasensyndrom*** wird im Gegensatz zu der bisher beschriebenen Störung eine Phasenrückverlagerung der endogenen zirkadianen Periodik gegenüber dem 24-Std.-Tag angenommen. Der Patient kann erst sehr spät zu Bett gehen und vor allem erst sehr spät am Tage aufwachen (später Vormittag). Der restliche Vormittag dieser Menschen ist durch stärke Müdigkeit und reduzierter Leistung gekennzeichnet. Diese Störung kann als Extremtyp der „Eule" bezeichnet werden, mit den entsprechenden physiologischen Veränderungen, die auch als Abendtypen bezeichnet werden.

Neben den beiden genannten Schlafstörungen wird auf der Grundlage einer chronobiologischen Störung auch das ***unregelmäßige Schlaf-Wach-Muster*** aufgeführt. Im Vordergrund steht hier eine Störung der Schlafkontinuität mit häufigem Erwachen und längerem Wachliegen während der Nacht. Als Folge sind die Patienten tagsüber so müde, daß sie häufig schlafen. Über Tag und Nacht hinweg zeigen sie somit ein polyphasisches Schlaf-Wach-Verhalten mit mehreren kürzeren Schlafphasen (mindestens 3 Schlafphasen in 24 Std.). Der Nachtschlaf verteilt sich somit auf mehrere kleine Schlafepisoden, die auch am Tage auftreten. Diese Form der Schlafstörung kann bei ansonsten gesunden Personen, aber auch bei älteren, depressiven Patienten und in deutlicher Ausprägung bei Patienten mit schweren degenerativen Gehirnfunktionsstörungen auftreten. Offenbar ist die normale zirkadiane Strukturierung bei den Betroffenen geschwächt oder aufgehoben.

Auch Schichtarbeit und Zeitzonenwechsel stören den Schlaf-Wach-Rhythmus

Eine weitere Form von Schlafstörungen ist im Zusammenhang mit den Auswirkungen der Schichtarbeit und des Zeitzonenfluges auf den Menschen aufgeführt. Diagnostisch wird unterschieden zwischen ***Schlafstörungen bei Schichtarbeit*** und ***Schlafstörung bei Zeitzonenwechsel***. Im ersteren Fall klagen die Schichtarbeiter, im zeitlichen Zusammenhang mit einer Arbeitsschicht, über zuwenig Schlaf, bei gleichzeitiger Müdigkeit während der Arbeitszeit und der Freizeit. Außerdem kommt es zu vermehrten Konzentrationsstörungen wie auch zu Veränderungen des psychischen Befindens mit verstärkter Gereiztheit oder Depressivität. Gestört sind auch die Verdauungsfunktionen mit der Folge einer Zunahme der Magen-Darm-Erkrankungen.

Vor allem bei der Nachtschicht ist der Schichtarbeiter gezwungen, zu einer Zeit zu schlafen, in der unsere Umwelt Tag signalisiert, und zu arbeiten, wenn diese Nacht anzeigt. Da die innere Uhr im wesentlichen durch das Tageslicht, aber auch durch soziale Reize synchronisiert wird und diese zeitliche Konstellation sich beim Schichtarbeiter nicht ändert, verbleibt seine innere Uhr in der normalen Phasenlage, wie beim „Nicht-Schichtarbeiter". Dies besagt, daß der Schichtarbeiter gegen seine innere Uhr und gegen den natürlichen 24-Stunden-Tag schläft und arbeitet. Auch nach langjähriger Schichtarbeit weist der Rhythmus einen gestörten Verlauf auf, da sich diese endogenen Regulationsmechanismen nicht umstellen. Auf längerer Dauer führt dies zu gravierenden körperlichen und psychischen Schädigungen.

Völlig unterschiedlich ist die Situation nach einem ***Zeitzonenflug***. Die „plötzliche" und einmalige Verschiebung der natürlichen zeitlichen Tagesstruktur nach dem Zeitzonenwechsel über mindestens zwei Zeitzonen bringt den Mensch in eine Umwelt, die um mehrere Stunden verschoben ist. Die innere Uhr reagiert nur verlangsamt auf Änderungen und somit entspricht die äußere Umwelt nicht mehr dem Lauf der inneren Uhr. Da in der folgenden Zeit keine weitere Veränderung der Umwelt erfolgt, wirken sämtliche äußeren Zeitgeber gleichsinnig und konstant auf den Menschen ein. Die innere Uhr des Menschen wird durch diesen permanenten Einfluß auf die neue Zeit eingestellt, wobei pro übersprungene Zeitzone mit einem Tag gerechnet werden muß.

Abweichungen des Schlafs vom optimalen Zeitpunkt im zirkadianen Rhythmus können intern oder extern verursacht werden und führen zu Schlaf- und Leistungsstörungen

35.3 Insomnie

Als Insomnie werden Schlafstörungen bezeichnet, deren Hauptsymptom Ein- und Durchschlafstörungen darstellen. Diese Gruppe stellt die häufigste Form der Schlafstörungen dar

Ein insomnisches Syndrom kann durch eine Vielzahl von äußeren und inneren (körperlichen und psychischen) Ursachen ausgelöst werden. Diese müssen durch sorgfältige Anamnese und, wenn nötig, durch weitergehende Untersuchungen bis hin zur Polysomnographie ausgeschlossen werden, ehe eine primäre Insomnie diagnostiziert werden kann.

Psychophysiologische Insomnie. Diese stellt die klassische Form der Insomnie dar [5]. In der Polysomnographie findet sich meist eine verlängerte Einschlaflatenz (über 30 min), vermehrte Schlafunterbrechungen und ein erhöhter Anteil von Leichtschlaf (Schlafstadium 1). Der Tiefschlafanteil kann reduziert, aber auch normal sein. Die Patienten klagen über eine reduzierte Leistungsfähigkeit und Abgeschlagenheit am Tage, aber nicht über Schläfrigkeit und ungewolltes Einschlafen. Sie zeigen ein erhöhtes Anspannungsniveau. Die Schlafstörung nimmt einen hohen Stellenwert in ihrem Leben ein und ist mit Angst oder anderen starken negativen Affekten besetzt.

Häufig finden sich Persönlichkeitscharakteristika, die auf erhöhte Depressivität und Ängstlichkeit hinweisen. Auf der Grundlage dieser Charakteristika reagieren die Betroffenen auf belastende Lebensereignisse mit einem erhöhten Erregungsniveau, „Hyperarousal". Dieses kann sich auf physiologischer, emotionaler und kognitiver Ebene manifestieren:

- ***physiologisch***: Übererregung autonomer Funktionen (erhöhte Körpertemperatur, gesteigerte Noradrenalin- und Kortisolausschüttung sowie eine Zunahme des Ruhemuskeltonus);
- ***kognitiv***: Unfähigkeit abzuschalten;
- ***emotional***: verstärkte Ängstlichkeit.

Die psychophysiologische Insomnie wird auch als ***„gelernte Insomnie"*** bezeichnet. Nach Hauri [3] bildet ein anlagebedingt leicht störbares Schlaf-Wach-System, evtl. mit erhöhter Erregbarkeit („Hyperarousal") die Grundlage der Störung. Aus irgendeinem Grund, der später oft nicht mehr nachvollziehbar ist (Streß, persönliche Konflikte, körperliche Erkrankung etc.) kommt es initial zu einer Verschlechterung des Schlafes. Die eigentliche Erkrankung entwickelt sich dann in Form eines doppelten „Teufelskreises" (Abb. 35.4): Als Folge der Schlafstörung ist die Leistungsfähigkeit am Tage reduziert. Aus dem Versuch, sich wachzuhalten, entsteht ein erhöhtes Anspannungsniveau am Tage. Die Patienten versuchen nachts „mit aller Kraft" einzuschlafen, die Anspannung steigt dadurch noch weiter an und das Einschlafen wird um so schwieriger. Wenn sich das Erlebnis der Schlafstörung wiederholt, stellt sich die Erwartungsangst ein, in der folgenden Nacht wiederum nicht schlafen zu können. Schließlich ent-

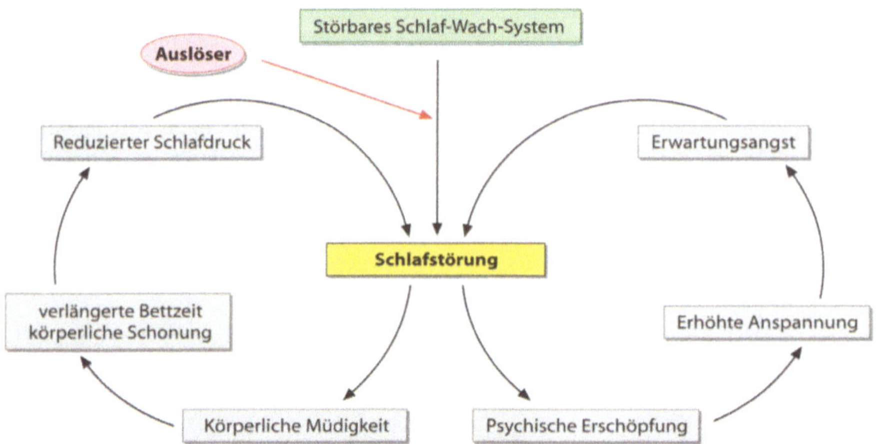

Abb. 35.4. Auf der Basis eines primär leicht störbaren Schlaf-Wach-Systems entwickelt sich durch einen äußeren Auslöser eine Insomnie, die durch verhaltensbedingte und psychoreaktive Faktoren aufrechterhalten wird und chronifiziert

wickelt sich eine negative Konditionierung im klassischen Sinne, das Schlafzimmer und das Bett sind mit der Erwartung verbunden, nicht schlafen zu können.

Ein Teufelskreis aus innerer Anspannung, gestörtem Schlaf und Erwartungsangst, hält die Schlafstörung aufrecht

Die zweite Ebene des Teufelskreises liegt im Verhaltensbereich. Als Kompensation für den gestörten Schlaf verlängern die Patienten meist die im Bett verbrachte Zeit über ihren objektiven Schlafbedarf hinaus. Am Tage schonen sie sich wegen der empfundenen Störung der Leistungsfähigkeit. Dadurch wird der Schlafdruck verringert und die Störung weiter verschlechtert. Häufig wird die Situation durch chronischen Schlafmittelkonsum noch weiter kompliziert.

Patienten mit psychophysiologischer Insomnie zeigen eine Verlängerung der Einschlaflatenz, eine Zunahme der Frequenz nächtlicher Wachperioden, erhöhte Anteile des Schlafstadium 1 und eine Reduktion der Schlafeffizienz.

Ein Vergleich subjektiver und objektiver Daten hat ergeben, daß Schlafgestörte das Ausmaß ihrer Schlafstörung häufig überschätzen

Idiopathische Insomnie. Im Gegensatz zur psychophysiologischen Insomnie läßt sich kein Auslöser der Erkrankung ermitteln und der Beginn der Störung liegt in der frühesten Kindheit, oder es wird angegeben, daß die Störung „schon immer" bestanden hat. Die Ursache der idiopathischen Insomnie ist unklar, vermutlich handelt es sich um eine heterogene Gruppe von Dysfunktionen des komplexen Schlaf-Wach-Regulationssystems. Im Erwachsenenalter ist diese Störung meist nie in ihrer reinen Form zu beobachten, weil sich sekundäre Störungen ähnlich wie bei der psychophysiologischen Insomnie überlagern.

Schlafwahrnehmungsstörung. Die subjektive Symptomatik der Schlafwahrnehmungsstörung unterscheidet sich nicht wesentlich von der psychophysiologischen Insomnie. Auch diese Patienten klagen über einen gestörten Nachtschlaf bis hin zu der Aussage, seit langer Zeit überhaupt nicht mehr zu schlafen. Im Gegensatz dazu steht ein relativ geringes Ausmaß von Tagesmüdigkeit. In der Polysomnographie findet sich ein nur mäßig bis überhaupt nicht gestörtes Schlafprofil. Nach der ICSD-Definition liegt die Schlaflatenz unter 20 Minuten, die Schlafdauer über 6,5 Stunden, und die Zahl der Arousals und Wachphasen ist nicht erhöht. Die mittlere Einschlaflatenz im multiplen Schlaflatenztest (MSLT) muß über 10 Minuten liegen, d.h. es liegt keine gesteigerte Einschlafneigung vor.

! Objektive Symptome einer Insomnie sind eine verlängerte Einschlaflatenz, eine reduzierte Schlafeffizienz und eine verkürzte Schlafdauer. Insomnien sind durch ein gesteigertes kognitives, emotionales und vegetatives Erregungsniveau (Hyperarousal) gekennzeichnet

35.4 Narkolepsie und Hypersomnie

Die Narkolepsie stellt eine Störung der Schlaf-Wach-Regulation dar, die durch Tagesmüdigkeit, Schlafattacken und Symptome des disinhibierten REM-Schlafes (Kataplexien, hypnagoge Halluzinationen und Schlaflähmungen) gekennzeichnet ist. Letztere fehlen bei den anderen Hypersomnien

Ätiologie der Narkolepsie. Die Ursache der Narkolepsie ist auch über 100 Jahre nach der ersten Beschreibung durch Gelineau nicht bekannt. Seit 1984 weiß man, daß ein genetisch festgelegter Faktor, das HLA DR2 mit der Narkolepsie eng assoziiert ist. Darüber hinaus müssen aber auch noch ein oder mehrere äußere Faktoren eine Rolle spielen, da monozygote Zwillinge bezüglich der Narkolepsie meist diskordant sind [5].

Verlauf. Der Erkrankungsgipfel liegt zwischen dem 15. und 25. Lebensjahr, die Erkrankung kann aber auch in jedem anderen Lebensalter manifest werden. Der Beginn kann schleichend oder akut sein, meist tritt als erstes Symptom die Tagesschläfrigkeit auf. Nachdem die Krankheit ihre volle Ausprägung erreicht hat, bleiben die Symptome meist lebenslang mit gewissen Fluktuationen bestehen.

Non-REM-Symptomatik. Das Leitsymptom der Narkolepsie ist die ***Tagesschläfrigkeit mit unkontrollierbaren Einschlafattacken***. Phasen mit normaler Wachheit wechseln sich mit Müdigkeitsphasen ab, in denen die Patienten auch in ungewöhnlichen Situationen, wie z.B. beim Essen oder im Gespräch, einschlafen. In den Müdigkeitsphasen können auch ***automatische Handlungen*** auftreten Diese stellen eine Fortsetzung von Aktivitäten im „Halbschlaf" dar und resultieren oft in erheblichen

Fehlleistungen. Der *Nachtschlaf* ist demgegenüber vor allem nach längerem Krankheitsverlauf oft *stark gestört*.

REM-Symptomatik. Die *Kataplexien (affektiver Muskeltonusverlust)* werden durch starke emotionale Reize wie Freude, Ärger oder Überraschung ausgelöst. Der Kranke verliert plötzlich ganz oder teilweise die Kontrolle über seine Willkürmuskulatur. Das Ausmaß reicht von einer nur Sekundenbruchteile dauernden Schwäche der Sprechmuskeln bis zu einer minutenlangen völligen Bewegungsunfähigkeit. Währenddessen ist der Patient bei vollem Bewußtsein. Die Kataplexie endet spontan. *Schlaflähmungen* sind ein Erwachen mit völliger Bewegungsunfähigkeit und können als Kataplexie aus dem Schlaf heraus aufgefaßt werden. Als *hypnagoge Halluzinationen* werden intensive, wirklichkeitsnahe Traumerlebnisse beim Einschlafen bezeichnet.

Schlafpolygraphische Befunde. Charakteristisch sind *Sleep-Onset-REM-Perioden* (SOREM), also REM-Perioden, die innerhalb von 15 Minuten nach dem Einschlafen auftreten. Bei Gesunden beginnt der Schlaf fast immer mit einer Non-REM-Periode, und die REM-Latenz liegt über 40 Minuten. Außerdem ist die Einschlaflatenz mit weniger als 5 Minuten verkürzt (Abb. 35.5).

Pathophysiologie. Bei der Narkolepsie ist die Regulation des Non-REM- und des REM-Schlaf-Systems gestört. Tagesschläfrigkeit und Schlafattacken gelten als Ausdruck einer Enthemmung von Non-REM-auslösenden Systemen, während die REM-Symptomatik (Kataplexien, Schlaflähmungen, hypnagoge Halluzinationen, SOREM) Folge der REM-Schlaf-Disinhibition sind. Die REM-Symptome können als Persistieren (Schlaflähmung) oder isoliertes Auftreten (Kataplexien) der für den REM-Schlaf typischen aktiven Hemmung der Motoneurone auf der Hirnstammebene angesehen werden. Wie im REM-Schlaf sind die Eigenreflexe (H-Reflexe, z. B. der Patellarsehnenreflex) auch in der Kataplexie nicht nachweisbar.

Etwa 99 % der Narkolepsiepatienten (bei Kaukasiern) weisen den ***HLA-DR-Typ 2*** auf, der in der Normalbevölkerung eine Häufigkeit von ca. 25 % hat. Das ist die stärkste bisher bekannte Assoziation einer Erkrankung mit einem bestimmten HLA-Typus. Es ist noch offen, ob das DR2-Molekül selbst oder ein anderes, eng damit gekoppeltes Gen bzw. dessen Genprodukt für die Krankheitsempfänglichkeit verantwortlich ist. Die Tatsache,

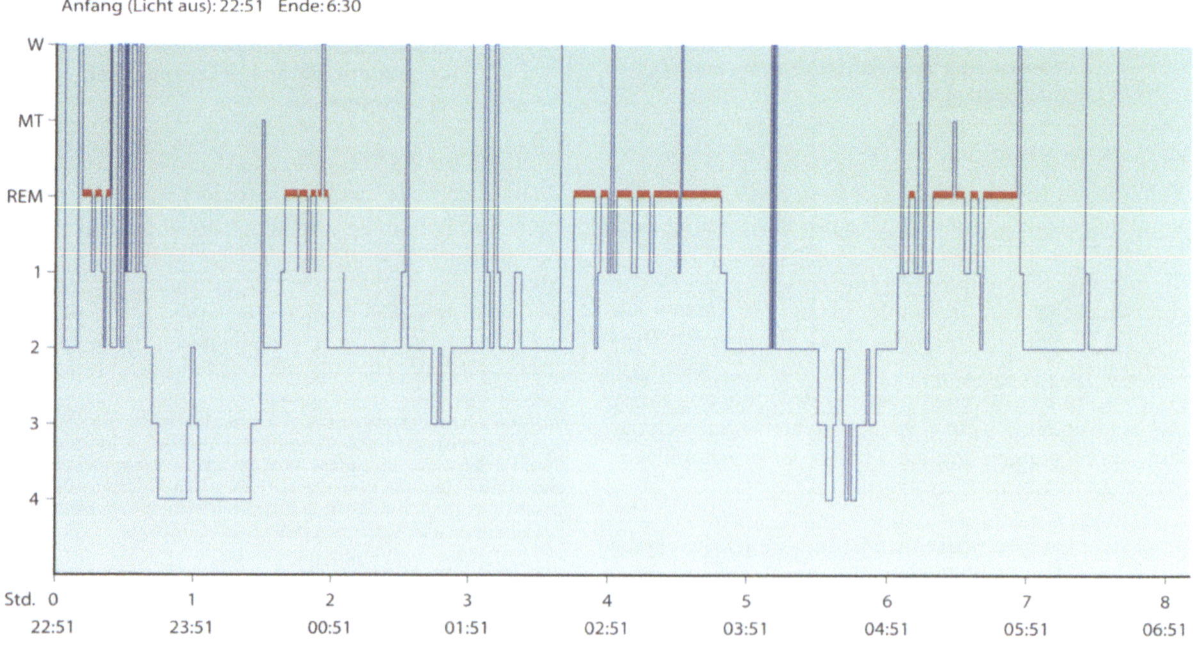

Abb. 35.5. Schlafprofil einer 27jährigen Narkolepsiepatientin. Die Schlafstadien nach Rechtschaffen und Kales [8] wurden in 30-Sekunden-Epochen bestimmt und graphisch aufgetragen. Beachte die REM-Periode unmittelbar nach dem Einschlafen (Sleep-Onset-REM)

daß monozygote Zwillinge häufig für Narkolepsie diskordant sind, belegt aber eindeutig, daß genetische Faktoren für das Auftreten der Narkolepsie nicht ausreichend sind, sondern exogene Einflüsse dazutreten müssen. Als Risikofaktoren werden Streß, Schichtarbeit, sehr unregelmäßige Schlafzeiten, Schädel-Hirn-Traumen sowie bakterielle und virale Infekte vermutet.

Andere Formen der Hypersomnie. Sie unterscheiden sich von der Narkolepsie durch das Fehlen der REM-Symptomatik. Sie verursachen ein unterschiedliches Ausmaß der Tagesmüdigkeit [7]. Wenn eine somatische oder psychische Ursache der Hypersomnie gefunden werden kann, liegt eine ***symptomatische Hypersomnie*** vor. Bei einer Störung ohne erkennbare äußere oder innere Ursache mit kontinuierlichem Verlauf (ohne symptomfreie Intervalle) spricht man ***idiopathischer Hypersomnie.*** Bei der ***rezidivierenden Hypersomnie*** treten Phasen von übermäßiger Schläfrigkeit mindestens einmal pro Jahr auf und dauern 3 Tage bis 3 Wochen. Wenn die Störung mit Hyperphagie (Freßattacken) und Hypersexualität kombiniert ist, liegt das Vollbild des ***Kleine-Levin-Syndroms*** vor.

> **!** Die Narkolepsie ist durch die Symptomkombination aus Tagesmüdigkeit, Schlafattacken und Kataplexien definiert. Neben genetischen Einflüssen werden auch Streßfaktoren, Traumen und Infekte als Auslöser vermutet. Hypersomnien unterscheiden sich durch das Fehlen von Kataplexien und können verschiedene innere und äußere Ursachen haben.

35.5 Schlafbezogene Atemregulationsstörungen

Die häufigste Ursache von Tagesschläfrigkeit stellt das Schlaf-Apnoe-Syndrom dar. Meistens sind übergewichtige Männer im Alter über 50 Jahren betroffen. Pathognomonisch ist die Kombination von lautem, unregelmäßigem Schnarchen und Tagesmüdigkeit

Im Schlaf treten vielfältige Störungen der Atemregulation auf. Ihre enorme Häufigkeit (bis ca. 1 % der Bevölkerung) und schwerwiegenden Folgen wurden erst in den letzten Jahren erkannt. Die weitaus häufigsten Formen stellen die ***Schlaf-Apnoe-Syndrome*** dar [1]. Andere Störungen, wie die zentrale alveoläre Hypoventilation und das angeborene zentrale Hypoventilationssyndrom („Undines Fluch"), sind seltener und werden hier nicht behandelt. Von Bedeutung sind ferner die Beziehung des Asthma bronchiale zum Schlaf und die Atemstörungen im Schlaf bei neuromuskulären Erkrankungen und bei chronisch obstruktiven Lungenerkrankungen.

Atemregulation im Schlaf. Die Atmung im Schlaf wird durch die liegende Körperposition und eine veränderte Regulation bestimmt. Durch das Liegen steigt der abdominelle Druck auf das Diaphragma, die Atempumpe wird belastet. Das Atemminutenvolumen nimmt ab, der pCO_2 steigt und der pO_2 sinkt leicht ab. Die hyperkapnische und die hypoxische ventilatorische Antwort nehmen schlafstadienabhängig ab, am ausgeprägtesten im REM-Schlaf. Der Widerstand der oberen Luftwege (pharyngeale Resistance) nimmt aufgrund von Muskelerschlaffung zu.

Formen der Schlaf-Apnoe. Von einem Schlaf-Apnoe-Syndrom spricht man, wenn pro Stunde Schlaf mehr als 5 Atempausen von mehr als 10 Sekunden Dauer auftreten. Als Ursache kann einer Schlaf-Apnoe zugrunde liegen

- eine Obstruktion der oberen Atemwege („***obstruktive*** Schlaf-Apnoe"),
- eine Störung des zentralnervös vermittelten Atemantriebs („***zentrale*** Schlaf-Apnoe"),
- ein Mischbild aus obstruktiver und zentraler Form („***gemischte*** Schlaf-Apnoe") (Abb. 35.6).

Obstruktive Schlaf-Apnoe. Die Grundlage dieser Störung ist ein ***rezidivierender Verschluß (Obstruktion) des Oropharynx*** durch einen Kollaps der umgebenden Weichteilstrukturen aufgrund von Muskelerschlaffung im Schlaf. Es folgen frustrane Atembewegungen mit zunehmender Intensität, Abfall des pO_2 und Anstieg des pCO_2. Schließlich kommt es zu einer Weckreaktion (Arousal), die von einem Anstieg des Muskeltonus begleitet wird und zur Öffnung der Luftwege mit einem lauten Schnarchgeräusch (Eröffnungsschnarchen) führt. Eine Vorstufe ist das ***obstruktive Schnarchen***, bei dem sich die Rachenwände einander annähern, den Atemwegswiderstand erhöhen und durch Vibration Schnarchgeräusche erzeugen, den Luftfluß aber nicht völlig unterbinden.

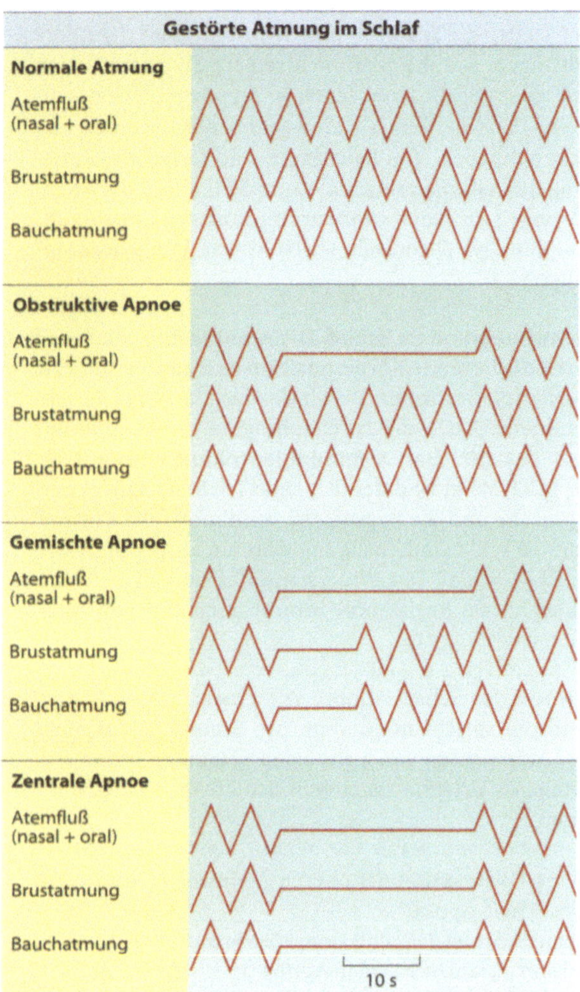

Abb. 35.6. Schematische Darstellung verschiedener Atemmuster im Schlaf. Die Kurven stellen die Signalauslenkung in der Polygraphie dar. Der Atemfluß wird über einen Thermosensor an Nasen- und Mundeingang gemessen, die Brust- und Bauchatmung über Dehnungssensoren an Thorax und Abdomen

Die Apnoen sind mit mannigfachen physiologischen Reaktionen verbunden, wie Pulsfrequenzschwankungen, kardialen Arrhythmien, Blutdruckanstieg im kleinen und großen Kreislauf und Muskeltonuserhöhung. Durch die immer wiederkehrenden Arousals wird der Schlafablauf völlig zerstückelt, es findet sich oft kein Tiefschlaf und kein REM-Schlaf mehr. Die zahlreichen Arousals (bis zu 500 pro Nacht) werden subjektiv meist nicht wahrgenommen, da sie nur kurz andauern, führen aber zu einer ***ausgeprägten Tagesmüdigkeit.*** Bei einem Teil der Patienten führen die Schlafunterbrechungen aber auch zu längeren Wachphasen und damit zu Beschwerdebild einer Insomnie. Bei schwereren Formen der Schlafapnoe (Apnoe-Index > 20/h) ist ohne Behandlung die Lebenserwartung deutlich reduziert, das Risiko für Schlaganfälle und Herzinfarkte steigt. Als Ursache der Störung kommen verschiedene anatomische und funktionelle Faktoren in Betracht (Tabelle 35.2).

Die Behandlung der Wahl ist eine pneumatische Schienung der oberen Atemwege durch die Applikation von kontinuierlichem positivem Atemwegsdruck über eine Nasenmaske in der Nacht (nCPAP). In besonderen Fällen kommen auch operative Verfahren (Raffung des Gaumensegels [UPPP], Tonsillektomie, Vorverlagerung von Unter- und Oberkiefer) oder andere mechanische Verfahren (Esmarch-Prothese zur Unterkieferprotraktion) zur Anwendung. Eine medikamentöse Therapie, z. B. mit Theophyllin, ist nur bei leichteren Fällen erfolgversprechend.

Zentrale Schlaf-Apnoe. Aufgrund von ***fehlendem zentralnervösem Atemantrieb*** kommt es zu einem Stillstand der Atmung. Für mindestens 10 Sekunden sind keine Atembewegungen und demzufolge auch kein Luftfluß an Nase und Mund nachzuweisen. Die Apnoe kann durch ein Arousal beendet werden, in manchen Fällen setzt die Atmung aber auch ohne Weckreaktion wieder ein. Die Störung kann verschiedene Ursachen haben. In Frage kommen Funktionsstörungen des Atemzentrums im Hirnstamm, gestörte Chemosensitivität für CO_2 und O_2, verlängerte Kreislaufzeit bei Herzinsuffizienz und Regulationsstörungen beim Übergang vom Wachen in den Schlaf.

Tabelle 35.2. Ursachen, die zu einer Obstruktion des Oropharynx im Schlaf führen können

- **Anatomische Faktoren**
  - Adipositas
  - anlagebedingt enger Oropharynx
  - Retrogenie
  - Makroglossie
  - Tonsillen-Hypertrophie
  - behinderte Nasenatmung
- **Funktionelle Faktoren**
  - muskuläre Insuffizienz des Oropharynx bei neuromuskulären Erkrankungen
  - alkoholbedingte Muskelrelaxation
  - medikamentös bedingte Muskelrelaxation (z. B. Benzodiazepine)

Gemischte Schlaf-Apnoe. Die einzelnen Atempausen beginnen mit einer zentralen Apnoe und gehen dann in eine obstruktive Apnoe über.

! Die obstruktive Schlafapnoe ist die häufigste Ursache von Tagesmüdigkeit und führt unbehandelt zu einem erhöhten Risiko für Schlaganfälle und Herzinfarkte.

35.6 Periodische Bewegungen im Schlaf und Restless-legs-Syndrom

Das Leitsymptom des Restless-legs-Syndroms (RLS) sind unangenehme Mißempfindungen der Beine, die vor allem abends und nachts in Ruhe und aus dem Schlaf heraus auftreten

Periodische Bewegungen im Schlaf (PLMS). Die PLMS sind unwillkürliche Bewegungen der Beine, seltener auch der Arme, die im Schlaf wiederholt in einem Intervall von 10–60 Sekunden auftreten. Die Bewegungen sind mit einer Muskelaktivierung von 0,5–5 Sekunden Dauer verbunden und bestehen meist in einer Beugung des Beins im Kniegelenk und einer Dorsalflexion des Fußes mit Spreizung und Dorsalflexion der Zehen. Die Bewegung kann recht heftig sein und zu einer Weckreaktion (Arousal) führen. Durch wiederholte Arousals aufgrund von PLMS kann es, wie bei der Schlaf-Apnoe, zu einer erheblichen Störung der Schlafkontinuität und zu ausgeprägter Tagesmüdigkeit kommen.

Restless-legs-Syndrom. Das RLS und das PLMS-Syndrom sind eng vergesellschaftet. Bei fast allen RLS-Patienten lassen sich PLMS nachweisen. PLMS-Syndrome können dagegen auch isoliert ohne subjektive RLS-Symptomatik auftreten. Die Ursache beider Störungen ist noch unklar. RLS finden sich gehäuft bei Dialysepatienten und bei Schwangeren. Die idiopathische Form zeigt eine familiäre Häufung. PLMS treten, mit oder ohne subjektive Symptome, auch bei vielen Schlaf-Apnoe-Patienten auf. Da RLS und PLMS auf L-DOPA und Dopaminagonisten gut ansprechen, liegt es nahe, eine Funktionsstörung der Basalganglien als Ursache anzunehmen. Diskutiert werden als Ursache auch periphere Schäden (Polyneuropathie) und Störungen auf der Rückenmarksebene [11]

! Das RLS ist durch quälende Mißempfindungen der Beine in Ruhe gekennzeichnet, die sich durch Bewegung bessern. Sie verursachen Schlafunterbrechungen. Den Mißempfindungen gehen meist periodische Beinbewegungen voraus.

35.7 Extrinsische und sekundäre Schlafstörungen

Der Schlaf unterscheidet sich von der Bewußtlosigkeit unter anderem dadurch, daß man aus dem Schlaf durch äußere Reize weckbar ist. Das impliziert, daß Reize auch im Schlaf wahrgenommen werden und deshalb zu Schlafstörungen führen können

Externe Reize werden ohne Bewußtwerdung gefiltert und bewertet; je nach Intensität und Signalinhalt (z. B. Schreien eines Säuglings bei einer Mutter) resultiert eine Arousal-Reaktion des Organismus. Die subtilste Reaktion ist ein K-Komplex (EEG-Muster ohne Schlafstadienwechsel), die ausgeprägteste ein vollständiges sofortiges Erwachen. Arousals sind meist von Pulsbeschleunigung, Blutdruck- und Muskeltonusanstieg begleitet.

Äußere Faktoren, die zu Arousals führen, können ***Lärm, thermische Reize (Hitze, Kälte), Licht, Berührung, Erschütterung*** und ähnliches sein. Intermittierende Reize höherer Intensität führen zu einer stärkeren Reaktion als kontinuierliche Reize niedrigerer Intensität. Aversive Besetzung verstärkt die Reaktion auf bestimmte Reize (Beispiel: Kinderlärm wird als störend erlebt, während Autogeräusche toleriert werden).

Fast alle psychiatrischen Erkrankungen sind mit Schlafstörungen assoziiert. Dabei dominieren insomnische Syndrome, seltener kommt es zu Hypersomnien

Psychische Erkrankungen. Psychische Erkrankungen gehen meist mit einem ***erhöhten psychophysiologischen Erregungsniveau*** (Hyperarousal) einher, das Schlafstörungen verursacht. Auf somatischer Ebene ist damit eine Dysregulation der Achse Hypothalamus-Hypophyse-Nebennierenrinde verbunden. Besonders charakteristisch ist das ***frühmorgendliche Erwachen der Depressiven***, zu einem Zeitpunkt, an dem die Stimmung im Rahmen der zirkadianen Schwankung ihren Tiefpunkt erreicht Bei Angststörungen und neurotischen Erkrankungen ist eher mit Einschlafstörungen zu rechnen, da es dem Patienten nicht gelingt, seine gesteigerte kognitive Aktivität beim Einschlafen „abzuschalten".

Körperliche Erkrankungen können direkt (Störung der Schlafregulation) oder indirekt (Schmerzen, Angst, Juckreiz) zu Schlafstörungen führen

Neurologische Erkrankungen. Direkte Störungen der Schlaf-Wach-Regulation kommen bei verschiedenen Affektionen der schlafregulierenden Zentren des Gehirns vor. Charakteristische Beispiele sind die REM-Behaviour-Disorder („Ausagieren der Träume aufgrund gestörter Inhibition des Muskeltonus") und die Hypersomnie als Folge der Encephalitis lethargica (hypothalamische Läsion). Indirekte Schlafstörungen treten z. B. beim M. Parkinson aufgrund der Unfähigkeit zum Körperlagewechsel im Schlaf oder bei neuromuskulären Erkrankungen (Schlaf-Apnoe-Syndrome) auf.

Körperliche Erkrankungen. Häufig kommt es hier zu einem vermehrten Schlafbedürfnis. Der Prototyp ist die afrikanische Schlafkrankheit, eine Trypanosomeninfektion, aber auch andere Infektionen führen zu Müdigkeit. Diese wird wahrscheinlich über Zytokine vermittelt. Chronische Schmerzreize, z. B. bei rheumatischen Erkrankungen, oder Juckreiz, z. B. bei Nierenerkrankungen oder Diabetes, führen ebenfalls häufig zu gestörtem Schlaf. Ferner führen zahlreiche Medikamente zu Schlafstörungen oder Tagesmüdigkeit.

Schlafstörungen treten als direkte oder indirekte Folge von vielen psychischen und körperlichen Erkrankungen auf. Sie müssen bei der Therapie als eigenständiges Symptom berücksichtigt werden.

35.8 Parasomnien

Parasomnien sind Störungen, die beim vollständigen oder inkompletten Erwachen oder bei Schlafstadienwechseln auftreten und den Schlafprozeß unterbrechen. Sie sind Ausdruck einer Aktivierung des Zentralnervensystems, die sich in der Regel über die Skelettmuskulatur oder das vegetative Nervensystem äußert

Schlafwandeln. Das typische Schlafwandeln tritt aus dem ***Tiefschlaf*** heraus auf und ist als inkomplettes Erwachen aufzufassen, bei dem Teile des Gehirns, die für die bewußte Steuerung des Verhaltens zuständig sind, noch inaktiv sind, so daß Bewegungs- und Handlungsabläufe in automatisierter Form stattfinden. Bei Kindern ist es, zumindest in milder Form, sehr häufig (bis 35 %). Mit zunehmendem Alter wird es, entsprechend der abnehmenden Schlaftiefe, seltener. Beim Schlafwandeln Erwachsener findet sich eine deutliche familiäre Häufung als Hinweis auf eine genetische Mitbedingtheit. Faktoren, die zu einem tieferen Schlaf führen (körperliche Anstrengung, Übermüdung), erhöhen auch die Gefahr des Schlafwandelns. Durch das Schlafwandeln kann es zu schweren Unfällen und Verletzungen kommen. Die sprichwörtliche „schlafwandlerische Sicherheit" gibt es in der Realität nicht.

Einschlafzuckungen. Kurze Myoklonien beim Einschlafen (Übergang zum Stadium 1), die gelegentlich zu einem Hochschrecken führen, sind ein normales, physiologisches Phänomen unbekannter Ursache. Die Einschlafmyoklonien können zu einer Schlafstörung führen, wenn sie in gesteigertem Umfang auftreten.

Alpträume. Alpträume sind lange, furchterregende Träume, die den Schläfer aus dem REM-Schlaf reißen. Bei Kindern sind Alpträume sehr häufig und werden mit zunehmendem Alter seltener. Sie können durch psychische Traumen ausgelöst oder verstärkt werden. Ihre Funktion ist es vermutlich, die ***traumatischen Erlebnisse*** in das Leben des Individuums zu integrieren [2]. Vermehrte Alpträume können aber auch Vorboten einer Exazerbation einer schizophrenen Psychose sein. Einige ***Medikamente*** (L-DOPA, andere Parkinson-Medikamente, Beta-Blocker, Antihypertensiva und andere) können ebenfalls Alpträume auslösen.

Pavor nocturnus. So wird ein plötzliches Erwachen aus dem Tiefschlaf (Stadium 4) mit den psychischen und körperlichen Anzeichen intensiver Furcht bezeichnet. Pavor nocturnus ist häufig mit ***Schlafwandeln*** assoziiert und zeigt viele Parallelen zu dieser Störung. Er tritt meist bei Kindern auf und verschwindet häufig spontan ohne Behandlung.

> **!** Parasomnien, die aus dem REM-Schlaf heraus auftreten, sind meist mit Traumerleben verbunden, während bei Non-REM-Parasomnien oft das Wachbewußtsein vorübergehend beeinträchtigt ist.

35.9 Literatur

1. Grote L, Schneider H (1998) Schlafapnoe und kardiovaskuläre Erkrankungen. Georg Thieme Verlag, Stuttgart
2. Hartmann E (1994) Nightmares and other Dreams. In: Kryger MH, Roth T, Dement WC (Hrsg.) Principles and Practice of Sleep Medicine, 2. Aufl., W. B. Saunders Company, Philadelphia
3. Hauri P (1994) Primary Insomnia. In: Kryger MH, Roth T, Dement WC (Hrsg.) Principles and Practice of Sleep Medicine, 2. Aufl., W. B. Saunders Company, Philadelphia
4. Hobson JA (1990) Schlaf. Gehirnaktivität im Ruhezustand. Spektrum, Heidelberg
5. Hohagen F (1996) Insomnien: Untersuchungen zur Diagnostik, Prävalenz und Behandlung, Urban & Schwarzenberg, München, Wien, Baltimore
6. Kryger MH, Roth T, Dement WC (1994) Principles and Practice of Sleep Medicine. W. B. Saunders Company, Philadelphia
7. Meier-Ewert K (1989) Tagesschläfrigkeit: Ursachen, Differentialdiagnose, Therapie, edition medizin, VCH, Weinheim (Reihe Praktische Neurologie, Bd. 9)
8. Rechtschaffen A, Kales A (eds) (1968) A Manual of Standardized Terminology, Techniques and Scoring System. Public Health Service, U. S. Government Printing Office, Washington D. C
9. Schramm E, Riemann D (Hrsg.) (1995) Internationale Klassifikation der Schlafstörungen (ICSD). Verlags Union, Weinheim
10. Schulz H (Hrsg) (1997) Kompendium Schlafmedizin für Ausbildung, Klinik und Praxis. Ecomed, Landsberg
11. Trenkwalder C (1998) Restless Legs Syndrom. Klinik, Differentialdiagnose, Neurophysiologie, Therapie. Springer, Heidelberg
12. Winfree AT (2000) Biologische Uhren: Zeitstrukturen des Lebendigen. Springer, Heidelberg
13. Zulley J, Wirz-Justice A (eds) (1999) Lichttherapie. Roderer, Regensburg

Sachverzeichnis

B

C

G

H

J

K

L

M

N

O

P

Q

R

S

T

U

V

Liebe Leserin, lieber Leser,

Autoren und Verlag haben sich Mühe gegeben, dieses Lehrbuch für Sie so zu schreiben und gestalten, daß Sie optimal damit lernen und repetieren können.
Ist uns dies gelungen?

Wir freuen uns, wenn Sie uns über Ihre Erfahrungen berichten. Bitte schreiben Sie uns oder besuchen Sie uns im Internet!

Unsere Internet-Adresse:
http://www.studmedforum.springer.de/

Unsere e-mail Adresse:
med.lehrbuch@springer.de

Unsere Postadresse:
Springer-Verlag
Programmplanung Med. Lehrbuch
z. Hd. Anne C. Repnow
Tiergartenstraße 17
69121 Heidelberg

MIX
Papier aus verantwortungsvollen Quellen
Paper from responsible sources
FSC® C105338

If you have any concerns about our products,
you can contact us on
ProductSafety@springernature.com

In case Publisher is established outside the EU,
the EU authorized representative is:
Springer Nature Customer Service Center GmbH
Europaplatz 3, 69115 Heidelberg, Germany

Printed by Libri Plureos GmbH
in Hamburg, Germany